Oliver Bringmann, Walter Lange, Martin Bogdan
**Eingebettete Systeme**
De Gruyter Studium

# Weitere empfehlenswerte Titel

*Digitaltechnik und digitale Systeme*
*Eine Einführung mit VHDL*
Jürgen Reichardt, 2021
ISBN 978-3-11-070696-3, e-ISBN 978-3-11-070697-0,
e-ISBN (EPUB) 978-3-11-070706-9

*Elektronik für Informatiker*
*Von den Grundlagen bis zur Mikrocontroller-Applikation*
Manfred Rost, Sandro Wefel, 2021
ISBN 978-3-11-060882-3, e-ISBN 978-3-11-060906-6,
e-ISBN (EPUB) 978-3-11-060924-0

*VHDL-Simulation und -Synthese*
*Entwurf digitaler Schaltungen und Systeme*
Jürgen Reichardt, Bernd Schwarz, 2020
ISBN 978-3-11-067345-6, e-ISBN 978-3-11-067346-3,
e-ISBN (EPUB) 978-3-11-067350-0

*Mikrocontrollertechnik mit AVR*
*Programmierung in Assembler und C – Schaltungen und*
*Anwendungen*
Günter Schmitt, Andreas Riedenauer, 2019
ISBN 978-3-11-040384-8, e-ISBN 978-3-11-040388-6, e-ISBN (EPUB)
978-3-11-063688-8

*FPGA Hardware-Entwurf*
Frank Kesel, 2018
ISBN 978-3-11-053142-8, e-ISBN 978-3-11-053145-9; e-ISBN (EPUB)
978-3-11-053199-2

Oliver Bringmann, Walter Lange,
Martin Bogdan

# Eingebettete Systeme

Entwurf, Synthese und Edge AI

4., überarbeitete Auflage

**DE GRUYTER**
OLDENBOURG

**Autoren**

Prof. Dr. Oliver Bringmann
Eberhard Karls Universität Tübingen
Mathematisch-Naturwissenschaftliche Fakultät
Lehrstuhl für Eingebettete Systeme
72076 Tübingen, Germany
oliver.bringmann@uni-tuebingen.de

Dr. Walter Lange
71088 Holzgerlingen
wltrlange@aol.com

Prof. Dr. Martin Bogdan
Universität Leipzig
Fakultät für Mathematik und Informatik
Lehrstuhl für Neuromorphe Informationsverarbeitung
bogdan@informatik.uni-leipzig.de

ISBN 978-3-11-070205-7
e-ISBN (PDF) 978-3-11-070206-4
e-ISBN (EPUB) 978-3-11-070313-9

**Library of Congress Control Number: 2021949185**

**Bibliografische Information der Deutschen Nationalbibliothek**
Die Deutsche Nationalbibliothek verzeichnet diese Publikation in der Deutschen
Nationalbibliografie; detaillierte bibliografische Daten sind im Internet über
http://dnb.dnb.de abrufbar.

© 2022 Walter de Gruyter GmbH, Berlin/Boston
Einbandabbildung: MARHARYTA MARKO / iStock / Getty Images Plus
Druck und Bindung: CPI books GmbH, Leck

www.degruyter.com

# Vorwort

Der Siegeszug des Personal Computers in den achtziger Jahren des vergangenen Jahrhunderts wird abgelöst durch die wachsende Verbreitung der Eingebetteten Systeme. Eingebettete Systeme werden immer kleiner, heute bestehen sie aus mikroelektronischen Einheiten, deren Strukturen zu weniger als einem Tausendstel des Durchmessers eines Menschenhaares zusammengeschrumpft sind. Man spricht vom „unsichtbaren Computer". Die elektronischen Winzlinge drängen nicht nur in alle Bereiche der Technik, der Wirtschaft, des Bauwesens, sondern auch in alle privaten Lebensbereiche wie den Haushalt, die Freizeit usw. Beinahe jeder Teenager trägt ein hoch kompliziertes Mini-System in Form eines Handys in der Tasche, aber auch in Kraftfahrzeugen, Photoapparaten, medizinischen Geräten, Flugzeugen, Haushalsgeräten, Fernsehapparaten usw. findet man Eingebettete Systeme, die dort Steuerungs-, Regelungs- und Datenverarbeitungs-Aufgaben wahrnehmen (Ubiquitous Computer, Ambient Intelligence [deMan03]). Nach heutigen Schätzungen werden bereits weit mehr Prozessoren in Eingebetteten Systemen eingebaut als in PCs. Damit wächst auch ständig der Bedarf an Programmcode für Eingebettete Systeme.

Das vorliegende Buch will der wachsenden Bedeutung der Eingebetteten Systeme Rechnung tragen. Es richtet sich hauptsächlich an Studenten der Informatik und der Naturwissenschaften in den Bachelor- und Masterstudiengängen, die sich für die praxisbezogene Facette der Informatik interessieren sowie an Ingenieure, die sich in das Themengebiet einarbeiten wollen und die Grundkenntnisse auf dem Gebiet der Elektrotechnik, Elektronik, der Rechnerarchitektur, der Technischen und der Theoretischen Informatik mitbringen.

Ziel des Buches ist es, einen Überblick über die Grundlagen, Anwendungen sowie die Entwicklungsmethodik von Eingebetteten Systemen zu vermitteln, wobei versucht wird, den Stoff mit vielen Beispielen aus der Praxis anschaulich und verständlich darzustellen. Für jeden einzelnen Themenbereich ist jedoch eine tiefer gehende Behandlung im Rahmen dieses Buches nicht möglich und der Spezialliteratur vorbehalten. Studenten, aber auch Ingenieure aus anderen Fachbereichen, die sich in das Gebiet Eingebettete Systeme einarbeiten wollen, werden eventuell einige der folgenden Fächer vertiefen müssen: Digitale Signalverarbeitung, Regelungs- und Steuerungstechnik, Rechnerarchitektur, Betriebssysteme, Formale Verifikation, Spezifikationssprachen, Hardwarebeschreibungssprachen, Techniken des Niedrig-Leistungsaufnahme (Low Power), Datensicherheit, Zuverlässigkeit, Telekommunikation, drahtlose Kommunikation, Sensoren, Aktoren usw. Hinweise auf einschlägige Literatur werden gegeben.

Ein Lehrbuch stützt sich immer auch auf vorhandene Literatur. Wir haben zum Beispiel folgende Quellen verwendet: D. D. Gajski et al.: Embedded Systems Design, [Ga09], W. Wolf, Computers as Components, [Wolf02], Principles of Embedded Computing System Design [Wolf07], P. Marwedel, Eingebettete Systeme [Mar07], G. Martin und H. Chang,

https://doi.org/10.1515/9783110702064-202

Winning the SoC Revolution [Mart03] und viele andere. Weitere Bücher, wissenschaftliche Aufsätze, Normen usw. sind im Text und in den Bildunterschriften zitiert und in der Literaturliste zusammengefasst.

Eine Anmerkung zur Rechtschreibung: Zusammengesetzte Wörter werden aus Gründen der besseren Lesbarkeit meist in der Bindestrich-Form geschrieben. Zum Beispiel wird anstatt Hardwarebeschreibungssprachen die Bindestrich-Form Hardware-Beschreibungs-Sprachen verwendet. Beide Schreibformen existieren nebeneinander. Die im Buch aufgeführten Firmennamen sind gesetzlich geschützte Bezeichnungen.

Die meiste Fachliteratur ist in englischer Sprache und daher sind fast alle Fachausdrücke englisch. Oft gibt es deutsche Begriffe für diese Fachausdrücke, die in diesem Buch bevorzugt verwendet werden, jedoch wird in einem solchen Fall der englische Ausdruck das erste Mal und oft auch die Abkürzung in Klammern dahinter gesetzt. Zum Beispiel: „System-Verhaltensmodell" (System Behaviour Model SBM). Viele Fachausdrücke haben sich allerdings bei uns so eingebürgert, dass eine Übersetzung nicht verstanden oder zur Verwirrung führen würde. Ein Beispiel dafür ist der Begriff „Chip" als Siliziumplättchen, das eine gedruckte elektronische Schaltung enthält.

Dieses Buch ist aus Vorlesungen an den Universitäten Tübingen und Leipzig entstanden. Wir danken Herrn Professor Dr. Wolfgang Rosenstiel für die Unterstützung und Beratung bei den Tübinger Vorlesungen und den Kollegen des Arbeitsbereichs Technische Informatik der Universität Tübingen für viele Diskussionen, Anregungen und Hilfen. Ein herzlicher Dank geht an Herrn Professor Dr. Oliver Bringmann für die fachliche Durchsicht und für viele konstruktive Vorschläge zur Aktualisierung des Inhalts. Des weiteren danken wir Herrn Prof. Dr. Udo Kebschull (ehemals Universität Leipzig) für die Einführung der Vorlesung VHDL an der Universität Leipzig, die den Nährboden für die Vorlesung Eingebettete Systeme bereitet hat. Weiterhin danken wir Herrn Jörn Hoffmann von der Universität Leipzig für die Erstellung des Titelbildes und der Durchsicht eines Kapitels sowie den Herren Wolfgang Fuhl und Benjamin Matthes aus Tübingen für die Durchsicht einzelner Kapitel des Buches und für viele Korrekturvorschläge.

Die Struktur des Buches ist wie folgt: Im ersten Kapitel wird der Begriff „Eingebettete Systeme" erklärt und abgegrenzt, Beispiele werden aufgeführt und erläutert sowie der typische Aufbau von Eingebetteten Systemen beschrieben und Bauformen und Implementierungsarten werden vorgestellt. Kapitel 2 gibt einen Überblick über die Verwendung von Mikroprozessoren in Eingebetteten Systemen. Kapitel 3 geht auf verteilte Systeme und Verbindungselemente bei Eingebetteten Systemen ein, beispielsweise auf parallele und serielle Busse. In Kapitel 4 wird das weite Gebiet der Entwicklungsmethodik von den Anforderungen über die Spezifikation zur Modellierung und der Realisierung von Eingebetteten Systemen vorgestellt. Kapitel 5 behandelt Beschreibungssprachen für den Systementwurf mit Schwerpunkt auf VHDL (Very High Speed Integrated Circuit Hardware Description Language) und SystemC. Kapitel 6 ist den Sensornetzwerken gewidmet. Kapitel 7 stellt den theoretischen Hintergrund der High-Level-Synthese vor. High-Level-Synthesesysteme sind wichtige Werkzeuge für den Entwickler von Eingebetteten Systemen. Die Kapitel 1, 2, 3 und 5 sind Grundlagenkapitel und für Bachelorstudenten gedacht, während die Kapitel 4, 6 und 7 weiterführende Themen behandeln und eher für Masterstudenten und Fortgeschrittene bestimmt sind.

Für positive Kritik und vor allem Verbesserungsvorschläge sind wir aufgeschlossen und dankbar. Unsere Email-Adressen können Sie beim Verlag erfragen oder auch im Internet auf den Seiten der Universitäten Tübingen und Leipzig finden. Wir wünschen unseren Lesern einen guten Lernerfolg beim Lesen des Buches!

Die Autoren. Tübingen und Leipzig im Dezember 2012.

## Vorwort zur zweiten Auflage

Wir freuen uns, dass sich Herr Dr. Thomas Schweizer als dritter Autor unserem Autorenteam angeschlossen hat.

Die Texte und Bilder der zweiten Auflage wurden überarbeitet, etwas komprimiert und aktualisiert. Die kurzen Kapitel 1 und 2 wurden zusammengelegt. Einige Abschnitte aus Kapitel 4 „Entwicklungsmethodik" wurden in die Kapitel 3 „Kommunikation" und Kapitel 7 „Software-Synthese und High-Level-Synthese" übernommen, da sie dort besser zum Kontext passen.

Unser Dank gilt folgenden Personen: Herrn Dr. Stefan Stattelmann für die Genehmigung, seine Materialien im Abschnitt „Performanzabschätzung" im Kapitel 4 verwenden zu dürfen, Herrn Dipl.-Ing. (FH) Dieter Schweizer für Korrekturlesen, dem Leser Bastian Haetzer vom Institut für Technische Informatik der Universität Stuttgart für Korrekturen und Fragen zum Text, Herrn Dipl.-Inform. Jörn Hoffmann für Anregungen zur Erweiterung des Abschnitts „Betriebssysteme" im Kapitel 2, dem Lektor und den Mitarbeitern des DeGruyter-Verlags für die sehr gute Zusammenarbeit.

Für positive Kritik, Korrektur- und Verbesserungsvorschläge sind wir aufgeschlossen und dankbar. Schicken sie bitte diese an
Herrn Dr. Thomas Schweizer (tschweiz(at)informatik.uni-tuebingen.de) oder an den Verlag.

Walter Lange, Martin Bogdan und Thomas Schweizer.
Tübingen und Leipzig im März 2015.

## Vorwort zur dritten Auflage

Wir freuen uns, dass sich Herr Prof. Dr. Oliver Bringmann unserem Autorenteam angeschlossen hat.

Alle Kapitel des Buches wurden aktualisiert. Die Gliederung wurde verändert. „Entwicklungsmethodik" und „Modelle" sind als Kapitel 2 und Kapitel 3 ausgewiesen und wurden überarbeitet. Insbesondere wurde das Kapitel „Hardware-Synthese" neu gestaltet und durch den Teil „RT-Synthese" erweitert.

Wir danken Herrn Dustin Peterson vom Lehrstuhl für Eingebettete Systeme der Universität Tübingen für die Mithilfe an der Bearbeitung der Bilder, für wertvolle Diskussionen und Beiträge zu den Themen Hardwaresynthese und Low Power Design (siehe Abschnitt 2.10, Seite 72, und Abschnitt 5.1.19, Seite 223). Ein weiterer Dank gilt den Mitarbeitern des DeGruyter-Verlags für die sehr gute Zusammenarbeit.

Für positive Kritik, Korrektur- und Verbesserungsvorschläge sind wir aufgeschlossen und dankbar. Schicken sie bitte diese an
Herrn Professor Dr. Oliver Bringmann (oliver.bringmann(at)uni-tuebingen.de) oder an den Verlag.

Oliver Bringmann, Walter Lange und Martin Bogdan.
Tübingen und Leipzig im Juni 2018.

# Vorwort zur vierten Auflage

Die Kapitel des Buches wurden aktualisiert.

Künstliche Intelligenz (KI) dringt mehr und mehr in viele unserer Lebensbereiche ein. Dem haben wir Rechnung getragen und eine Einführung in Systeme mit künstlicher Intelligenz in Kapitel 1 eingefügt (Seite 11). Eingebetteten KI-Systemen wird ein neues Kapitel gewidmet (Kapitel 4, Seite 107), das in die Grundlagen von KI-Systemen, insbesondere Neuronale Netze einführt, sowie maschinelles Lernen, Hardware für KI-Systeme und weitere Themen behandelt. Auf autonome Fahrzeuge als klassische Anwendung von KI-Systemen gehen wir etwas näher ein.

Der Abschnitt „Bussysteme im Kraftfahrzeug" wurde durch die aktuellen Entwicklungen und Trends erweitert (Seite 453).

Wir danken Herrn Dr. Dustin Peterson für seine Mithilfe beim Bearbeiten und Verwalten der Dateien für dieses Buch. Ein weiterer Dank gilt Herrn Paul Palomero Bernardo und seinem Team für den Beitrag „Ultra Trail" [PaBe20], dessen Text gekürzt und in den Rahmen des Buches eingepasst wurde.

Wie bei jeder neuen Auflage danken wir den Mitarbeitern des DeGruyter/Oldenbourg-Verlags für die sehr gute und freundliche Zusammenarbeit.

Für positive Kritik, Korrektur- und Verbesserungsvorschläge sind wir dankbar. Schicken sie bitte diese an
Herrn Professor Dr. Oliver Bringmann (oliver.bringmann(at)uni-tuebingen.de) oder an den Verlag.

Oliver Bringmann, Walter Lange und Martin Bogdan.
Tübingen und Leipzig im Oktober 2021.

# Inhaltsverzeichnis

# 1 Einführung, Systeme, Bauformen und Technologien

Eingebettete Systeme nehmen dem Menschen vielfältige Routinearbeiten ab. Wir betrachten als Beispiel das Eingebettete System „Temperaturregelung" (siehe Abbildung 1.3, Seite 5). Zu Beginn des vorigen Jahrhunderts wurde die Temperatur in einem Raum durch die Intensität des Heizens und der Lüftung bestimmt, die eine Person im Raum vornahm. Dadurch waren relativ große Temperaturschwankungen unvermeidlich. Erst mit dem Aufkommen und der Verbreitung der Messgeräte, der Elektronik und der mathematischen Grundlagen wurden Geräte ersonnen, die Regel- und Steueraufgaben übernehmen konnten. Mit dem Eingebetteten System „Temperaturregelung" ist es möglich, sehr effizient und wirtschaftlich, ohne menschlichen Arbeitsaufwand die Temperatur in einem Raum in engen Grenzen konstant zu halten.

Dieses Kapitel beginnt mit einer Auslegung des Begriffs Eingebettete Systeme und mit einigen Beispielen für Eingebettete Systeme aus unserer Umgebung und der Industrie. Der typische Aufbau von Eingebetteten Systemen wird vorgestellt und anhand der Beispiele Temperaturregelung und „Smartphone" veranschaulicht. In weiteren Abschnitten gehen wir auf verschiedene Bauformen und auf Technologien von Eingebetteten Systemen ein.

## 1.1 Begriffsbestimmung und Beispiele

**Eingebettete Systeme sind Rechensysteme, die in einen technischen Kontext, bzw. in ein übergeordnetes System eingebunden sind** und vordefinierte Aufgaben erfüllen. Sie werden ausschließlich für diese Funktionen entwickelt. In dem vorliegenden Buch werden ausnahmslos elektronische Systeme behandelt. Eingebettete Systeme sind, wenn nicht gerade das Herzstück, so doch meist unverzichtbarer integraler Bestandteil in beispielsweise folgenden übergeordneten Systemen (siehe Abbildung 1.1):

- in Transportsystemen, zum Beispiel in Kraftfahrzeugen als Antriebssteuerung, Klimaregelung, Bremssysteme, Navigationssysteme, Assistenz- und autonome Fahrsysteme.
- in Flugzeugen z. B. als Autopilot, Klimaanlage und Druckregelung in der Kabine,
- in Eisenbahnen,
- in Schiffen,
- in medizinischen Geräten als Tomographen, Mikromessgeräten, zum Beispiel für die Darmspiegelung, in Herzschrittmachern, künstlichen Prothesen usw.
- in der mobilen und Festnetz-Kommunikation,
- in militärischen Geräten und Anlagen,
- im „intelligenten Haus" bzw. im „intelligenten Büro" als Klimaregelung, Sicherheitsüberwachung, Anzeige von belegten Räumen usw.,

https://doi.org/10.1515/9783110702064-001

- in optischen Geräten,
- in Produktionsanlagen als Fließbandsteuerung, zur Steuerung von Hochregallagern, als Klimaregelung, in Alarmsystemen usw.,
- in Kraftwerken, als Steuerung und Regelung der Energieumwandlung in Wärme oder Strom und deren Verteilung,
- in der Chemie- und Verfahrenstechnik als Prozess-Steuerungen,
- in Multimedia-Anwendungen, z. B. in der Unterhaltungselektronik und in Spielen,
- in Handel- und Bankenendgeräten als Kassensysteme, in speziellen Druckern, zum Beispiel in Kontoauszugsdruckern, Sparbuchdruckern, in Geldausgabe-Automaten usw.

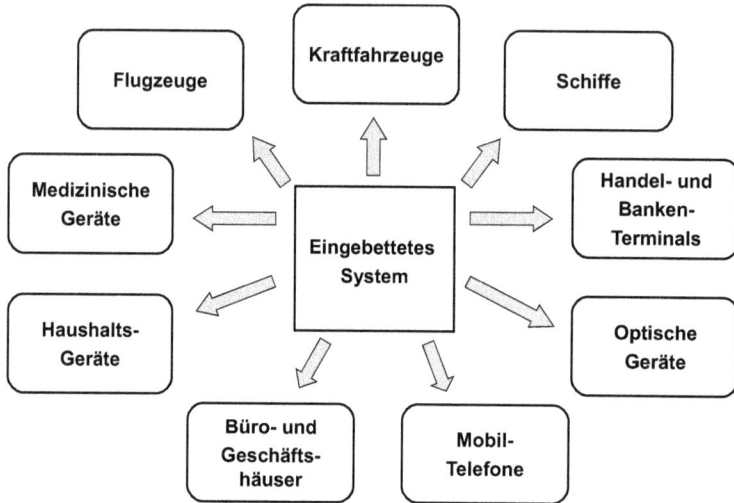

**Abbildung 1.1:** *Beispiele von übergeordneten Systemen, die Eingebettete Systeme enthalten können.*

Wie bereits erwähnt, gehört zu einem Eingebetteten System immer ein übergeordnetes System, in dem es eine dedizierte Aufgabe ausführt. Damit ist der Begriff „Eingebettetes" System hinlänglich eingegrenzt. Ist beispielsweise das Platzbuchungssystem einer Fluggesellschaft ein Eingebettetes System? Antwort: Nein, es ist selbst ein eigenständiges Software-System, das zwar in einem oder mehreren Computern läuft, die aber nicht als übergeordnete Systeme betrachtet werden.

Der Trend zur Miniaturisierung Eingebetteter Systeme und zur Durchdringung aller Arbeits- und Lebensbereiche schlägt sich nieder in den folgenden Begriffen: „allgegenwärtiges Computing" (Ubiquituos Computing [Mar07]), „überalleindringendes Computing" (Pervasive Computing [Hnsm01]), „Intelligente Umgebung" (Ambient Intelligence, AmI [deMan03]), Internet of Things (IoT) und Cyber-Physische Systeme. Während „allgegenwärtiges Computing" die Tendenz „Information überall und zu jeder Zeit" zum Ausdruck bringt, zielt das „überalleindringende Computing" mehr in die Richtung praktischer Geräte wie intelligente Assistenten, intelligente Raum- und Gebäudesysteme (Smart Home, Smart Building), Haushaltsmaschinen, die nach und nach von Eingebetteten Systemen gesteuert bzw. geregelt werden und mit den Benutzern kommunizieren.

„Ambient Intelligence" bedeutet, dass hochintegrierte Chips in unsere nächste Umgebung einziehen werden, in unsere Kleider, Jacken, Handschuhe, beispielsweise als medizinische Helfer, Körpersensoren, Gesundheitsüberwachung, Smart Watches, zur Unterhaltung, im Sport oder als Helfer im Beruf, z. B. als Erinnerungs-Ansage für einen Termin bzw. als Navigationshilfe in einem unübersichtlichen Gebäude. Auf Cyber-Physische Systeme gehen wir in Abschnitt 1.4, Seite 8 näher ein.

# 1.2    Systemkategorien

Im vorhergehenden Abschnitt werden Beispiele Eingebetteter Systeme in verschiedenen Industriezweigen und Anwendungen aufgeführt. Eine Einteilung in verschiedene Kategorien kann aus verschiedenen Gesichtspunkten vorgenommen werden. A. Jantsch [Jan04] zeigt eine Klassifikation entsprechend der Systemeigenschaften.

Eine Klassifizierung der Eingebetteten Systeme im Hinblick auf die Schnittstellen nach außen und in Bezug auf die Bedienung des jeweils übergeordneten Systems kann für den zivilen Nutzungsbereich – ohne Anspruch auf Vollständigkeit – wie folgt vorgenommen werden:

– Eingebettete Systeme, die Steuerungs- und Regelungsaufgaben wahrnehmen und die keine offenen Bedienungs-Schnittstellen zum Benutzer haben. Dies sind überwiegend sogenannte „versteckte Systeme" wie z. B. die Heizungsregelung, ABS im Kraftfahrzeug, Autopilot im Flugzeug, Herzschrittmacher, Fokussiersteuerung in der Kamera, Geräte der Unterhaltungs- und Kommunikationselektronik wie z. B. Fernseh-, Videound Stereo-Geräte usw.

– Geräte, die von der Fachfrau bzw. vom Fachmann bedient werden. In diesem Zusammenhang bedeutet Fachfrau/Fachmann eine Person, die Kenntisse über das Einsatzgebiet des Geräts besitzt oder einer Anlernung bedarf, entweder durch eine Fachperson oder entsprechende Literatur. Beispiele dafür sind: Steuerungen von chemischen Prozessen und Kraftwerken, medizinische Geräte, physikalische Messgeräte usw.

– Datenendgeräte, die von der Fachfrau bzw. vom Fachmann bedient werden. Datenendgeräte sind Geräte, die mit einem zentralen Computer verbunden sind. Oft stehen diese Geräte mit einer Datenbank in Verbindung. Beispiele sind: Supermarkt-Kasse, elektronische Waagen im Supermarkt, Drucker in LAN-Umgebungen usw.

– Selbstbedienungsgeräte, die von Laien benutzt werden: z. B. alle sogenannten Automaten wie Fahrkartenautomat, Geldausgabeautomat, Haushaltsmaschinen usw. Für diese Geräte ist besondere Beachtung auf eine gute Benutzerführung zu legen. Die Bedienung muss einfach sein und die Bedienerführung gut verständlich. Besonders wichtig ist, dass Fehlbedienungen keine katastrophalen Folgen haben, sondern wieder geduldig zum Ausgangspunkt der Bedienung führen und eventuell dem Benutzer den Fehler anzeigen. Selbstbedienungsgeräte, die in der Öffentlichkeit stehen, haben oft Vandalismus zu erleiden, d. h. sie müssen entsprechend mechanisch robust aufgebaut werden.

– Mobile, tragbare Geräte für die private und geschäftliche Nutzung meist mit drahtloser Verbindung zu einer Basisstation bzw. einem Server wie zum Beispiel Smartphones, Laptops und Tablets.

Je nach Systemkategorie werden an die übergeordneten Systeme und an die Eingebetteten Systeme verschiedene Anforderungen gestellt (siehe Abschnitt 2.1, Seite 34).

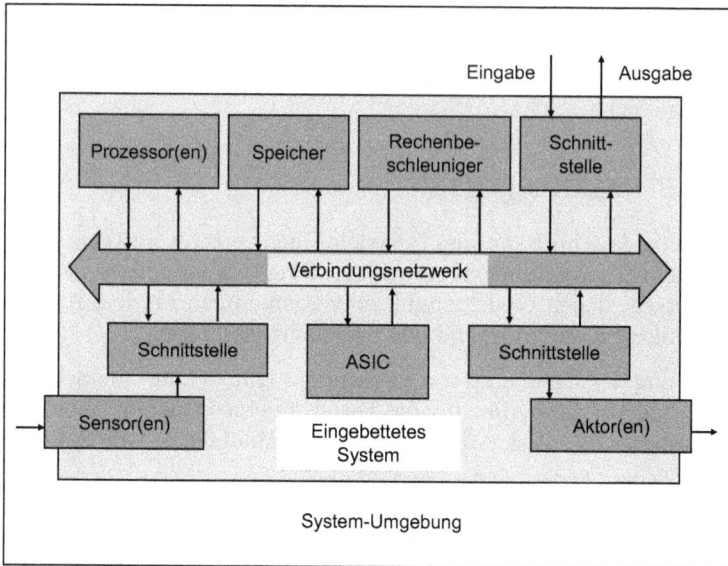

**Abbildung 1.2:** *Typischer Aufbau eines Eingebetteten Systems.*

# 1.3    Typischer Aufbau

Der **typische Aufbau** von Eingebetteten Systemen ist in Abbildung 1.2 dargestellt. Ein Eingebettetes System enthält in der Regel einen Prozessor, der ein Mikroprozessor, Mikrocontroller oder ein anwendungsspezifische Prozessor sein kann. Auf die Art und die Anwendungsbereiche der verschiedenen Prozessoren wird intensiver in Kapitel 9 eingegangen. In vielen Fällen ist ein zweiter, dritter usw. Prozessor bzw. ein ASIC (Application Specific Integrated Circuit), also ein anwendungsspezifischer Schaltkreis nötig, um die erforderliche Rechenleistung zu bewältigen, die bei Eingebetteten Systemen oft in „Echtzeit" ausgeführt werden muss (siehe Abschnitt 2.1.1, Seite 36). Diese zusätzlichen Prozessorsysteme werden „Rechenbeschleuniger" genannt. Heute werden meist „Mehrprozessorsysteme" oder Multiprozessor-Systeme (siehe Seiten 408 und 29) eingesetzt. Der Speicher enthält sowohl Daten als auch das Ausführungs-Programm des Prozessors bzw. der Prozessoren und kann sowohl als RAM (Random Access Memory) als auch als ROM (Read Only Memory) bzw. als Flash-Speicher ausgeführt sein. Als zusätzliche Prozessoren können auch FPGAs (siehe Seite 26) zum Einsatz kommen. Beispiele für die Verwendung von Mehrprozessorsystemen sind Smartphones, Videogeräte, Laptops, usw.

Wir unterscheiden Eingabe- und Ausgabe-**Schnittstellen**. Beispiele für Eingaben sind bei einer Temperaturregelung der Sollwert der Temperatur und Parameter der Heizanlage. Ausgaben sind beispielsweise Fehler-Anzeigen. Schnittstellen sind auch nötig für

**Sensor**-Eingaben und **Aktor**- (oder „Aktuator")-Ausgaben. Der Wert des Temperatur-Sensors in einer Temperaturregelung ist eine Eingabe. Der Stellwert für das Mischer-Ventil, das beispielsweise in einer Heizungsregelung (siehe Abbildung 1.3) die Mischung des Heizungswassers mit dem Heizwasser-Vorlauf und -Rücklauf regelt und damit die Temperatur der Heizkörper bestimmt, stellt eine Aktor-Ausgabe dar.

Das **Verbindungsnetzwerk** in einem eingebetteten System ist in der Regel ein „Bus" (siehe Abschnitt 10.2, Seite 424). Ein **ASIC** (siehe Abbildung 1.19) ist ein anwendungs-spezifischer Integrierter Schaltkreis. Es ist ein Hardware-System, das speziell für eine dedizierte Anwendung entwickelt und gefertigt wird. Die Vorteile von ASICs sind folgende: Bei sehr hohen Stückzahlen sind sie sehr kostengünstig. Die Ausführungszeit einer Berechnng auf einem ASIC kann relativ kurz sein, ebenso ist die Leistungsaufnahme relativ gering. Die Nachteile von ASICs sind: Da sie nur für die eine Anwendung bestimmt sind, sind sie recht unflexibel, auch kleine Änderungen sind nicht möglich. Der Aufwand für die Entwicklung und Einführung in die Produktion von ASICs ist relativ hoch.

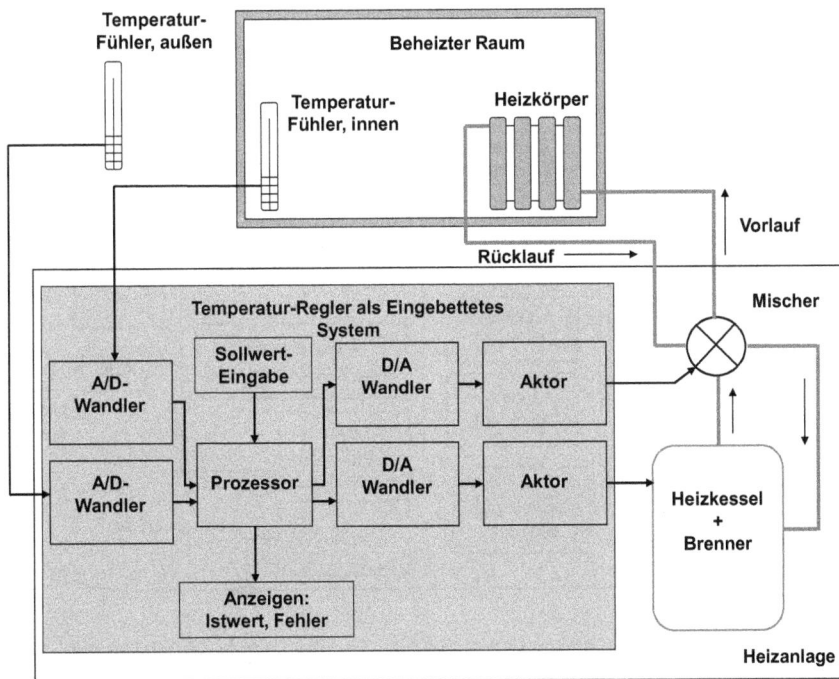

*Abbildung 1.3:* Schematische Darstellung einer Temperaturregelung als Beispiel für ein Ein-gebettetes System. Das übergeordnete System ist die Warmwasser-Heizanlage.

Abbildung 1.3 zeigt schematisch ein einfaches Beispiel für eine Temperaturregelung als Eingebettetes System. Das übergeordnete System ist die zentrale Warmwasser-Heizungs-anlage für ein Haus. Gezeigt wird ein beheizter Raum, in dem sich ein Heizkörper und als Sensor ein Temperaturfühler befindet. Ein weiterer Temperaturfühler ermittelt die Au-ßentemperatur. Das Eingebettete System hat an den Sensoreingängen Analog/Digital-Wandler (A/D-Wandler), in dem die analogen Temperaturfühler-Signale in digitale Signale umgewandelt werden. Der Prozessor, der als Eingabe den Temperatur-Sollwert und die Parameter der Heizanlage erhält, berechnet aus dem Sollwert und dem Istwert der Temperatur im Raum den Stellwert für den Mischer, der den Heißwasser-Zufluss für den Heizkörper im Raum steuert. Der Stellwert liegt zunächst als digitaler Wert vor und wird in einem Digital/Analog-Wandler (D/A-Wandler) in einen analogen Wert umgewandelt.

Der Außenfühler dient dazu, die Heizleistung zusätzlich zu steuern und bei hohen Aussentemperaturen den Brenner ganz abzuschalten. Je nach Anforderungen an die Regelgenauigkeit muss in diesem Beispiel der Prozessor in der Lage sein, entweder Differenzen zwischen Ist- und Sollwert zu bilden (Proportional P-Regler) oder auch bei höheren Anforderungen die Eingangsfunktion zu integrieren bzw. zu differenzieren (PI- bzw. PID-Regler). Als Parameter werden z. B. das Raumvolumen, die Leistung der Heizanlage, der Zusammenhang zwischen Stellwert und Heizenergiezufuhr eingegeben.

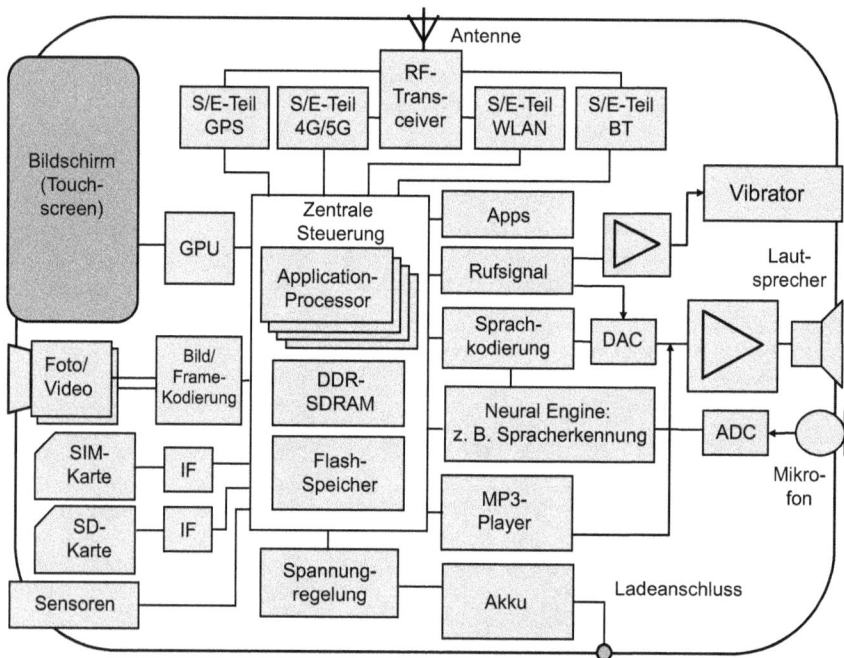

**Abbildung 1.4:** *Vereinfachte und schematische Darstellung eines „Smartphone" mit seinen Teilsystemen als Beispiel für Eingebettete Systeme. IF heißt „Interface" (Schnittstelle). S/E-Teil heißt Sende/Empfangsteil.*

Ein etwas populäreres Beispiel für Eingebettete Systeme ist ein **Smartphone**, dessen Aufbau schematisch vereinfacht in Abbildung 1.4 gezeigt wird. Ein Smartphone ist ein mobiles Telefon mit vielen, teils hochkomplizierten Zusatzfunktionen bzw. Teilsystemen. Es enthält auf kleinstem Raum zum Beispiel folgende Systeme:

– Eine zentrale Steuerung mit einem „Applikations-Prozessor", der aus 4-8 Prozessorkernen bestehen kann. Zum Beispiel wird das „Snapdragon 845"-Modul der Firma Qualcomm mit dem „Kryo 385"-Prozessorbaustein verwendet [Qual18], der vier ARM-Cortex A75 und vier ARM-Cortex A55 Prozessorkerne integriert hat (siehe

Seite 410). An diesen Prozessoren sind Speichereinheiten angeschlossen, wobei der DDR-SDRAM (Double Data Rate Synchronous Dynamic RAM) als Arbeitsspreicher dient, während der Flash-Speicher als Langzeitspeicher (wie eine Festplatte) verwendet wird.

- Ein Energiespeicher (Akku) mit Ladeanschluss-Buchse und Spannungsregelung.
- Ein berührungsempfindlicher Bildschirm (Touch Screen) für Anzeige und Eingabe. Eine Tastatur für alphanumerische/numerische Zeichen wird bei Bedarf angezeigt. Videos und Computerspiele können dargestellt werden. Dafür ist ein Graphikprozessor nötig (GPU, Graphic Processor Unit).
- Eine SIM-Karte mit Schnittstelle (Interface IF).
- Eine SD-Karte (Secure Digital Memory Card) als Speichererweiterung.
- Sende-Empfangsteile (S/E-Teil) für ein mobiles Telefon mit 4G oder 5G-Technologie (4. oder 5. Generation), für GPS (Global Positioning System), für WLAN (Wireless Local Area Network) und für Bluetooth (BT). Der RF-Transceiver (Radio-Frequency Transmit/Receive) besteht aus einem HF-Teil und einem Basisband-Prozessor. Für den 4G/5G-Sende/Empfangsteil wird der Rechenaufwand für die Kodierung/Dekodierung der Übertragungsprotokolle mit bis zu 16 applikationsspezifischen Prozessorkernen bewerkstelligt.
- Mikrofon, Sprachcodierung und -Decodierung. Vor dem Lautsprecher liegt ein Audioverstärker.
- In der Regel zwei Fotoapparate, davon einer mit Videoaufnahmefähigkeit.
- Eine „Neural Engine" z. B. für Spracherkennung (siehe Seite 419).
- MP3-Player und andere Anwendungen, die ladbar sind (Apps).
- Sensoren, z. B. Lage- und Beschleunigungssensor in MEMS-Technologie (Seite 20).

| | Sensoren | Sensor-Schnittstelle | Aktor-Schnittstelle | Aktoren |
|---|---|---|---|---|
| Temparatur-regelung | Temparatur-fühler | A/D-Wandler | D/A-Wandler, Komparatoren, Pulsformer | Mischer-Motor Heizungs-Schalter |
| Antiblockier-System (ABS) | Schlupfanzeige Drehzahl | A/D-Wandler | D/A-Wandler Pulsformer | Hydraulik-Ventile |
| Laserdrucker | Temparatur-fühler, Tasten, Schalter | A/D-Wandler, Parallel-schnittstelle | D/A-Wandler, Pulsformer | Lasersteuerung, Leistungs-Elektronik für Motoren |
| Verbrennungs-Motor-Brennstoff-Einspritzung | Motor-Drehzahl, Position des Gaspedals und der Kurbelwelle | A/D-Wandler, Komparatoren | D/A-Wandler, Pulsformer | Zündung, Brennstoff-Einspritzung |

*Abbildung 1.5: Beispiele für Sensoren/Aktoren und deren Schnittstellen bei verschiedenen Eingebetteten Systemen.*

## 1.3.1   Beispiele für Sensoren und Aktoren

**Tabelle Abbildung 1.5** zeigt Beispiele verschiedener Eingebetteter Systeme, deren Sensoren und Aktoren mit den jeweiligen dazugehörigen Schnittstellen. Aufgeführt ist eine Temperaturregelung, ein Antiblockiersystem (ABS), ein Laserdrucker und eine

Verbrennungs-Motoreinspritzung im Automobil. Sensoren und viele Aktoren werden heute hauptsächlich in Mikrosystemtechnik hergestellt [Elw01] (siehe Abschnitt 1.7, Seite 20).

## 1.4    Cyber-Physische Systeme (Cyber Physical Systems)

Eine grundlegende Definition von Cyber-Physischen Systemen (CPS) wurde 2006 von Edward A. Lee eingeführt (übersetzt nach [Lee06]): *„Cyber-Physische Systeme sind die Kombination aus Rechenprozessen (Computation) und physischen Prozessen. Eingebettete Rechner und Netzwerke beobachten und kontrollieren physische Prozesse, üblicherweise mit Rückkopplungen, wobei der physische Prozess den eingebetteten Rechner beeinflußt und umgekehrt."*

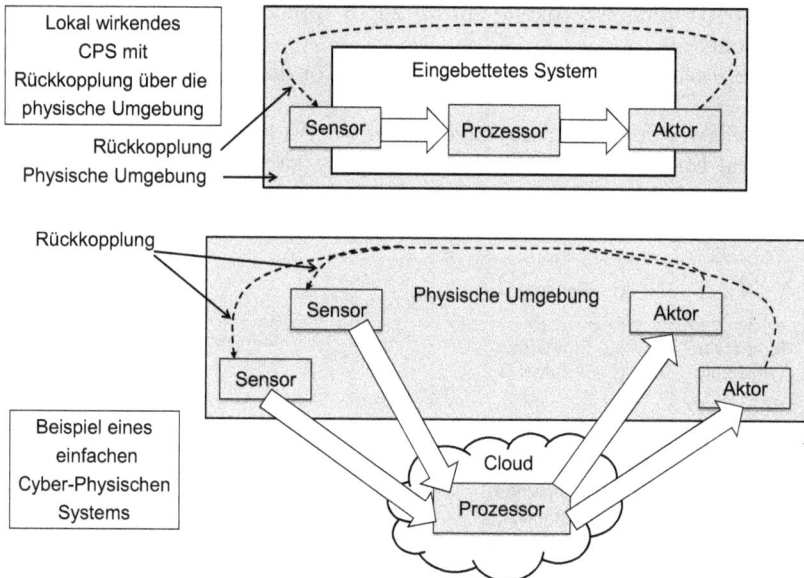

**Abbildung 1.6:** *Oben: Schematischer Aufbau eines lokal wirkenden CPS, es entspricht einem Eingebetteten System. Unten: Beispiel eines Cyber-Physischen Systems, die Verarbeitung wird in ein entferntes System verlegt, z. B. in die Cloud.*

Der ursprünglich von Edward A. Lee eingeführte Begriff des CPS erweitert die Definition von Eingebetteten Systemen um die einbettende Umgebung. Darunter ist zu verstehen, dass das Eingebettetes System mit der Umgebung interagiert und z. B. ein geschlossener Regelkreis mit Eingebettetem System und der physischen Umgebung in einem ganzheitlichen Modell beschrieben werden kann. Im Jahr 2011 wurde von der Deutschen Akademie der Technikwissenschaften [AKT18] die Bezeichnung CPS folgendermaßen erweitert: Bei Cyber-Physischen Systemen handelt es sich um verteilte Eingebettete Systeme (siehe Seite 17), die über ein Netzwerk von Sensoren und Aktoren auf die reale Welt zugreifen und damit Steuerungs- und Regelungsaufgaben über das Netzwerk koordiniert ausführen können. Die reale Welt wird durch CPS mit der virtuellen Welt der Informationstechnik zu einem Internet der Dinge (IoT), Daten und Dienste verknüpft.

Dabei sind verschiedene Spielarten vorstellbar: So können verteilte Sensoren/Aktoren über die Cloud in ein CPS eingebunden sein oder der Steuerungs- oder Regelungsdienst kann selbst in der Cloud ausgeführt werden.

Abbildung 1.6 Seite 8 oben zeigt ein einfaches, lokal wirkendes CPS mit Rückkopplung über eine physische Umgebung. Das entspricht einem Eingebetteten System (hier einem Regelsystem) wie es in Abbildung 1.2, Seite 4 dargestellt wird. In Abbildung 1.6 unten wird das Beispiel eines allgemeinen CPS gezeigt, dessen Sensoren und Aktoren in einer physischen Umgebung verteilt sind und die Datenverarbeitung in einem Prozessor in der Cloud geschieht.

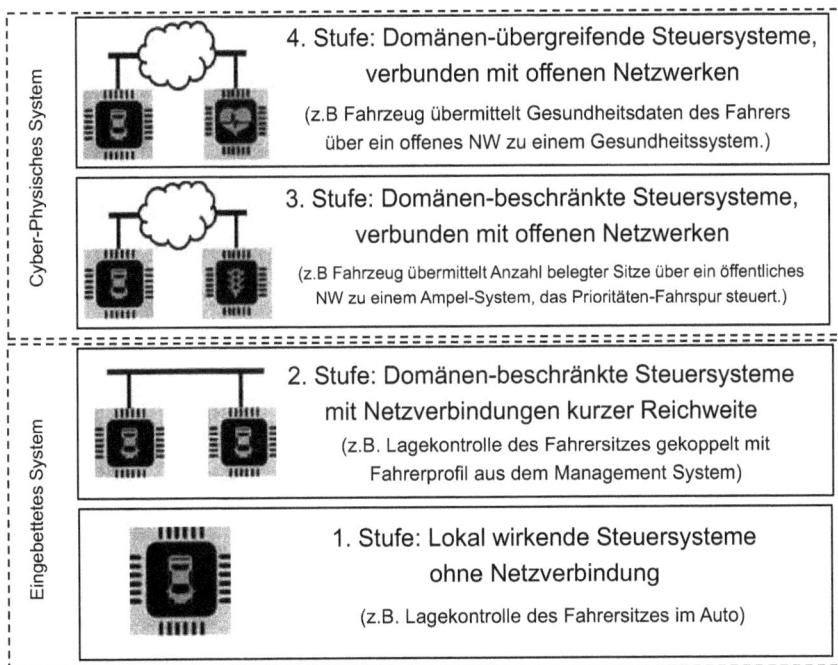

*Abbildung 1.7:* Die Klassifikationsstufen von Eingebetteten und Cyber-Physischen Systemen nach Kowalewski [Kow14]. Texte ins Deutsche übersetzt. NW bedeutet Netzwerk.

### Die 4 Klassifikationsstufen für Eingebettete und Cyber-Physische Systeme

Kowalewski et al. [Kow14] unterscheiden vier Klassifikationsstufen von Eingebetteten und Cyber-Physischen Systemen. Am Beispiel der Automobilbranche werden diese vier Stufen in Abbildung 1.7 gezeigt. Stufe 1 zeigt ein Eingebettetes System am Beispiel eines lokal wirkenden Steuersystems, das die Lagekontrolle eines Fahrersitzes im Automobil bewerkstelligt (Non-networked local acting control systems). In der Stufe 2 sind Eingebettete Systeme an ein lokales Netzwerk, z.B. an ein WLAN angeschlossen (Domain-restricted close-networked control systems). Als Beispiel wird die Lagekontrolle des Fahrersitzes, gekoppelt mit dem Fahrerprofil aus einem Management System erwähnt. Die dritte und vierte Stufe zählen zu den Cyber-Physischen Systemen.

In der 3. Stufe bewegt sich beispielsweise ein Fahrzeug im öffentlichen Raum, deren Domäne eingeschränkt ist (Domain-restricted open-networked control systems). Im Beispiel übermittelt ein Fahrzeug die Anzahl der belegten Sitze über ein öffentliches Netzwerk zu einem Ampelsystem, das eine Prioritäten-Fahrspur steuert: Voll besetzte Autos haben Vorfahrt.

In der 4. Stufe tauschen Kontrollsysteme Daten über Domänen-übergreifende Netzwerke aus (Domin-crossing open-networked control systems). Im Beispiel überträgt ein Fahrzeug die Gesundheitsdaten des Fahrers (vital Parameter) über ein offenes Netzwerk an ein Gesundheitssystem, an das beispielsweise auch ein Krankenwagen angeschlossen ist.

**Anwendungsgebiete von CPS**

Cyber-Physische Systeme dringen nach und nach in viele Gebiete der Industrie, der Landwirtschaft, des häuslichen Lebens, des Militärs usw. ein. Weiter unten wird auf einige Bereiche näher eingegangen. CPS haben z. B. Schnittstellen mit Sensornetzwerken (siehe Abschnitt 10.7, Seite 471) und dem „Internet der Dinge" (**Internet of Things IoT**). Unter dem Internet der Dinge versteht man die Vernetzung von physischen und virtuellen Gegenständen durch ein globales, „internetähnliches" Netz (siehe auch [IoT17]). Das IoT soll die Aktivitäten des Menschen durch Information(en) unterstützen. Genauso wie die Cyber-Physischen Systeme, steht das IoT noch am Anfang der Entwicklung.

**CPS im Gesundheitswesen**
Gesundheitsdaten, z. B. Blutdruck, Blutwerte, Herzaktivität, von Personen mit labilem Gesundheitszustand, die sich nicht in einer Krankenanstalt befinden, lassen sich mit CPS überwachen. Dafür müssen Sensoren unter die Haut implantiert werden.

**CPS im Verkehr**
Fahrerassistenzsysteme und Fahrzeuge, die sich autonom (eigenständig, ohne menschlichen Fahrer) im öffentlichen Straßenverkehr bewegen, verwenden CPS, um sich dem Verkehrsgeschehen anzupassen.

**CPS in der modernen Fabrik**
Cyber-Physische Systeme haben in Fabrikationsanlagen und bei der Automatisierung sehr viele Anwendungsmöglichkeiten. Beispielsweise bei der Steuerung und Überwachung von Robotern, beim Rohmaterial-, Werkzeug-, Halbzeuge-, Bauteile-, Lacke-, Schmierstoff-, und sonstigem Teilenachschub, bei der Montage, beim Testen, beim Abstransport von Fertigteilen usw. Maschinen und Roboter werden miteinander kommunizieren, die Weitergabe von zu bearbeitenden Teilen organisieren, Fehler melden und korrigieren.

Das ist die Herausforderung von Industrie 4.0 [Ind40-21]. Produktionsbetriebe sollen mit modernen Informations- und Kommunikationssystemen ausgerüstet werden. CPS helfen mit, Industrie 4.0 schrittweise zu verwirklichen. Dabei ist die „Daten-, Informations- und Kommunikationssicherheit (Security) der kritischste Erfolgsfaktor für die Realisierung und Einführung von Cyber-Physischen Produktions-Systemen (CPPS)" [VDI-CPS13]. Durch die nötige massive zusätzliche Vernetzung in den Produktionsanlagen treten vermehrt Security-Gefährdungen auf, die abgewehrt werden müssen.

**CPS in der Energiewirtschaft**

Cyber-Physische Systeme können eingesetzt werden z. B. in der Energieumwandlung, Energiespeicherung und Energieverteilung über „intelligente Netze" („Smart Grids" [SmGr21]). CPS helfen mit bei der Regulierung des Transports von elektrischer Energie.

# 1.5  Systeme mit Künstlicher Intelligenz (KI-Systeme)

Der Begriff „**Künstliche Intelligenz**" (KI, Artificial Intelligence, AI) wurde 1955 von John McCarthy geprägt. McCarthy (1927 - 2011) war vielfach ausgezeichneter Professor für Computer Science (Informatik) und bekannter Pionier auf dem Feld für künstliche Intelligenz an der Stanford University in Kalifornien (siehe [WikJMC20]).

Was versteht man unter Künstlicher Intelligenz? Im Allgemeinen bezeichnet Künstliche Intelligenz, den Versuch, menschliche Intelligenz nachzubilden, das heißt, einen Computer so zu programmieren, dass dieser eigenständig Probleme bearbeiten kann. Oftmals wird damit aber auch eine effektvoll nachgeahmte, vorgetäuschte Intelligenz bezeichnet, insbesondere bei Computerspielen, die durch meist einfache Algorithmen ein intelligentes Verhalten simulieren soll.

In dem grundlegenden Lehrbuch *Künstliche Intelligenz* von Stuart Russel und Peter Norwig [RuNo12] wird der **Turing-Intelligenz-Test**, entwickelt von Alan Turing (1950), aufgeführt, der folgendes aussagt: „Ein Computer besteht den Test, wenn ein menschlicher Fragesteller, der fünf Minuten lang schriftliche Fragen stellt, nicht erkennen kann, ob die Antworten von einem Menschen stammen oder nicht ... Das Programm besteht den Test, wenn es den Gesprächspartner in 30% der Fälle täuschen kann." Man unterscheidet den „eingeschränkten Turing-Intelligenz-Test", wobei das Gesprächsthema sich auf ein bestimmtes Wissensgebiet (zum Beispiel Medizin) beschränkt und Fragen nur aus diesem Gebiet gestellt werden dürfen und den „uneingeschränkten Turing-Intelligenz-Test", bei dem das Gesprächsthema unbeschränkt ist.

Es wird zwischen „symbolischer KI" und „neuronaler KI" unterschieden. Die **symbolische KI** oder regelbasierte KI basiert auf strukturiertem Wissen (z.B. semantische Netze, Graphenalgorithmen, logisches Schlussfolgern), sie wird oft als „klassische" KI bezeichnet und geht davon aus, dass menschliches Denken von einer logisch-begrifflichen Ebene aus rekonstruiert werden kann.

Die **neuronale KI** nähert sich aus einer anderen Richtung: Sie versucht, die Lernfähigkeit des menschlichen Gehirns nachzubilden und Muster in Daten zu erkennen. Wir werden uns in Kapitel 4 hauptsächlich mit neuronaler KI beschäftigen. Die neuronale KI oder datenbasierte KI basiert auf statistischen Methoden, z.B. künstliche Neuronale Netze, Data Mining, Entscheidungsbäume usw.

Bei Wikipedia [WikKI20] findet man folgende Erklärung: „Künstliche Intelligenz ist ein Teilgebiet der Informatik, das sich mit der Automatisierung intelligenten Verhaltens und maschinellem Lernen befasst." Abgesehen davon, dass der Begriff „Intelligenz" nicht eindeutig definiert ist, trifft diese Erklärung eher das heutige Verständnis von Künstlicher Intelligenz.

Aus philosphischer Sicht wird die *„starke"* und die *„schwache"* KI-Hypothese unterschieden [RuNo12]. Die starke KI-Hypothese behauptet, dass Maschinen mit Künstlicher Intelligenz wirklich denken können (und nicht nur denken simulieren), die schwache KI-Hypothese hingegen geht davon aus, dass Maschinen mit KI agieren, „als ob sie denken könnten". Wir wollen dieser Frage nicht weiter auf den Grund gehen und betrachten im Folgenden KI-Ssteme aus der Sicht der Technischen Informatik und der Eingebetteten Systeme.

Was sind KI-Systeme? Eine kurze Charakterisierung wäre zum Beispiel: *„KI-Systeme sind Computersysteme, die spezielle, komplexe Aufgaben ausführen und sich anpassen können, das heißt lernfähig sind, um ihre Aufgabe optimal zu bewältigen."* Auf Maschinelles Lernen gehen wir in Kapitel 4 näher ein.

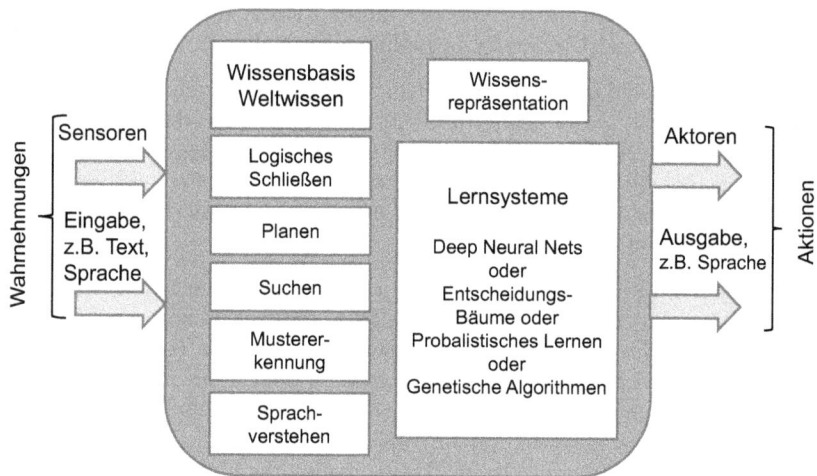

***Abbildung 1.8:*** *Besipiel: Schematischer Aufbau eines intelligenten Agenten (erweitert aus [RuNo12]).*

### Der intelligente Agent

Ein „intelligenter Agent" beinhaltet ein KI-System, das auf Grund von Wahrnehmungen (als Eingabe) rationale (intelligente) Aktionen durchführt, um ein vorgegebenes Ziel zu erreichen. Allen Newell, John Laird und Paul Rosenbloom haben 1987 die Architektur eines „vollständigen Agenten" bei ihren Arbeiten an der „Soar-Architektur" entwickelt (zitiert in [RuNo12]). Soar steht für „State, Operate, Apply Result" und ist ein Projekt an der Carnegie Mellon Universität in den USA. Ein vollständiger Agent kann komplexe Aufgaben meistern, ähnlich den menschlichen Fähigkeiten.

Abbildung 1.8 zeigt den schematischen Aufbau eines **intelligen Agenten** der ein KI-System beinhaltet. Ein intelligenter Agent kann zum Beispiel ein Humanoider Roboter sein (siehe unten). Agenten erhalten Informationen über Sensoren und einen zusätzlichen Eingabeapparat, die Eingangsinformationen werden „Wahrnehmungen" (Perceptions) genannt. Sie agieren über Aktoren und einem Ausgabeapparat mit ihrer Umgebung. Die Ausgaben werden „Aktionen" (Actions) genannt. Sensoren und der Eingabeapparat können zum Beispiel sein:

– Mikrofon(e),
– Kamera, Videokamera,
– Empfangsantenne(n) für Funk, GPS, etc.,
– Radar-Empfangsantenne, Laser-Empfangssensor.

Aktoren (auch Aktuatoren, engl. effectors) und die Ausgabe können zum Beispiel sein:

– Lautsprecher,
– Bildschirm,
– Sendeantenne für Funk, GPS, Radar, Laser etc.,
– Mechanische Stellglieder zum Beispiel für Greifarme usw.,
– Antrieb für einen Bewegungsapparat.

Ein intelligenter Agent ist zum Beispiel der „Spurhalte-Agent" oder das „Spurhalte-System" in einem autonom fahrenden Automobil. Der Spurhalte-Agent muss das Fahrzeug auf einer Straße „in der Spur" halten und den Abstand zu anderen Fahrzeugen gewährleisten. Ein anderes Beispiel wäre der „Überhol-Agent", der für ein Überholmanöver des Fahrzeugs zuständig ist. Das Internet ist eine beliebte Umgebung für intelligente Agenten. Der Suffix „-bot" charakterisiert diese webbasierten KI-Systeme [RuNo12].

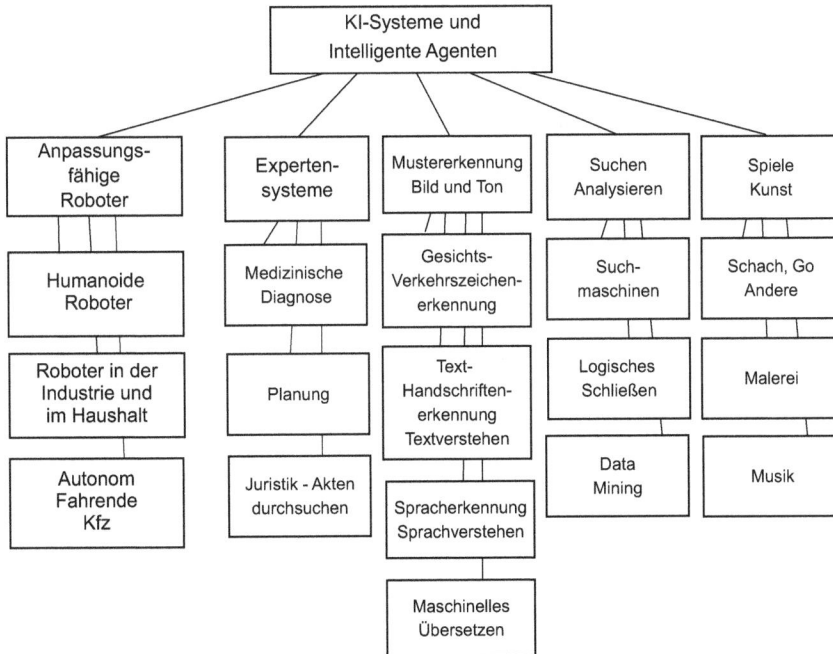

**Abbildung 1.9:** *Anwendungen von KI-Systemen bzw. Intelligenten Agenten*

## 1.5.1 Anwendungen von KI-Systemen

Es gibt ein große Menge von Anwendungen für KI-Systeme oder für intelligente Agenten. In Abbildung 1.9 sind einige Beispiele aufgeführt und in „Anpassungsfähige Roboter", „Expertensysteme", "Mustererkennungs-Systeme", „Such- und Analysesysteme", „Spiele und Kunst" aufgeteilt.

**Anpassungsfähige Roboter**

Roboter gibt es schon längere Zeit, hauptsächlich in der Industrie. Dort agieren sie stationär, führen einige, immer wiederkehrende Handgriffe zum Beispiel an Fließbändern der Automobilindustrie aus. Mobile Roboter kommen hinzu, die beispielsweise Nachschub von Teilen an die Fließbänder bringen. Heute werden die Roboter dank KI-Systemen anpassungs- und lernfähig. Beipiele sind der **Humanoide Roboter** und das autonom fahrende Automobil. Humanoide Roboter sind dem Menschen in der Form und der Mechanik, zum Beispiel durch künstliche Gliedmaßen, nachgebaut.

Ein Humanoider Roboter, der auch den uneingeschränkten Turing Test bestehen könnte, müsste folgende Fähigkeiten aufweisen [MaDa19]:
- Eine Wissensbasis an „Weltwissen". Darunter versteht man:
  - Verständnis für Raum und Zeit.
  - Verständnis der Schwerkraft. (Dinge fallen nach unten).
  - Verständnis von Ursache und Wirkung (Kausalität).
  - Grundlegende Kenntnisse von physikalischen Objekten, ihren Eigenschaften und Interaktionen. (Kugeln rollen (nach unten), Blei ist schwerer als Styropor).
  - Grundlegende Kenntnisse von Menschen und anderen Lebewesen, ihrem Verhalten und Interaktionen.
- Lernfähigkeit (siehe Abschnitt Maschinelles Lernen, Seite 132)
- Text- und Sprachverständnis.
- Logisches Schließen (Schlussfolgern, *engl. Reasoning*)

Diese Fähigkeiten müssen in eine Architektur eingebettet werden, die erweitert werden kann durch zusätzliche Wissensgebiete, die komplex und „unscharf" sein können. Unter unscharfem Wissen versteht man Wissen, das unsicher ist und das mit der „Wahrscheinlichkeitslogik" („Fuzzy-Logik") behandelt werden kann. Mit Hilfe der oben genannten Fähigkeiten muss das intelligente System ein Modell der Welt in Zeit und Raum konstruieren können und sich selbst in diesem Modell verorten.

Humanoide Roboter könnten im Pflegedienst oder im Haushalt eingesetzt werden, vorausgesetzt, sie wären verfügbar und erschwinglich. Dabei denken wir nicht an den Staubsauger-Roboter „Roomba" der Firma iRobot [IRob20], der bereits millionenfach verkauft wurde, der jedoch nicht wirklich „intelligent" im Sinne des Turing-Intelligenz-Tests ist (siehe oben). Wir denken vielmehr an Gehilfen, die putzen, kochen und pflegen können. Dazu schreiben Gary Marcus et al. in [MaDa19], Seite 98 (frei übersetzt): „... *aber die Aussicht, dass ein Robotergehilfe, der kochen, putzen und die Windeln eines Babys wechseln kann und vor dem Jahr 2025 verfügbar sein wird, ist praktisch Null."*

Im Jahr 2011 ereignete sich nach einem Tsunami, ausgelöst von einem unerwartet starken Erdbeben vor der japanischen Küste eine Kernreaktor-Katastrophe im japanischen Fukushima. Mehrere Reaktorblöcke wurden durch Kernschmelze und der folgenden Explosionen zerstört. In einer für Menschen gefährlichen, verstrahlten Umgebung sind Roboter mit Künstlicher Intelligenz außerordentlich nützlich. Da diese damals nicht zur Verfügung standen, wurden ferngesteuerte Roboter der Firma iRobot aus Bedford, Massachusets, USA [IRob20] nach dem Unglück eingesetzt um die Lage in den verstrahlten Räumen zu untersuchen und Aufräumarbeiten durchzuführen. Zu den Robotern zählen im weitesten Sinne auch die selbstfahrenden Autos, auch autonom fahrende Automobile genannt. Bei einem sich autonom bewegenden System zeigen Sensoren an, wo es sich befindet und wo es sich hinbewegt. Das System selbst beinhaltet meist mehrere intelligente Agenten. Auf diese Fahrzeuge gehen wir in Kapitel 4 näher ein.

Roboterfahrzeuge agieren in „*Offenen Umgebungen*". Es gelten eine gewisse Anzahl von Regeln, an die sich eine künstliche Intelligenz halten muss, jedoch ist die Anzahl von Akteuren meist „nach oben offen" und damit unbegrenzt. Damit sind auch die Ereignisse, die eintreten können und auf die das System reagieren muss, unbegrenzt. Im Gegensatz dazu gehen wir auf „Geschlossene Umgebungen" auf Seite 16 näher ein.

Zum Beispiel gelten für ein Roboterfahrzeug in der Bundesrepublik Deutschland die 27 Paragraphen der Straßenverkehrsordnung (StVo), die allerdings nicht immer einfach zu interpretieren sind. Zum Beispiel Paragraph 1 der StVo Punkt (2):

„Wer am Verkehr teilnimmt, hat sich so zu verhalten, dass kein anderer geschädigt, gefährdet oder, mehr als nach den Umständen unvermeidbar, behindert oder belästigt wird." Dieser Punkt muss in vielen Situationen im Straßenverkehr angemessen interpretiert werden. Das fahren auf Autobahnen ist im Gegensatz zur Fahrt auf Landstraßen oder in der Stadt noch relativ einfach, trotzdem können auch hier unvorhergesehene Ereignisse eintreten. Zum Beispiel fliegt ein Vogel gegen die Windschutzscheibe, verdeckt die Sicht und auch den einen oder anderen Sensor. Diese oder ähnliche Situationen muss ein autonom fahrendes Fahrzeug angemessen meistern können.

## Expertensysteme

Expertensysteme sind KI-Systeme, die Fachleuten bei der Analyse bestimmter Aufgaben helfen und bei der Suche von Problemlösungen aus einer Wissensbasis. Beipiele für den Einsatz von Expertensystemen sind:

- Medizinische Diagnose. Es werden die Symptome eines Patienten eingegeben und das System findet die Ursachen und Behandlungsmöglichkeiten.
- In der Juristik: durchsuchen und analysieren von Akteninhalten.
- Bei der Planung. Beispiel: Große Bauvorhaben wie große Flugplätze oder unterirdische Bahnhöfe.

## Mustererkennung

KI-Systeme werden häufig zur Erkennung von Bild- und Tonmustern eingesetzt. Bildmuster können beispielsweise sein:

- Gesichtserkennung,
- Handschriftenerkennung,
- Texterkennung,
- Mustererkennung in der medizinischen Diagnose, zum Beispiel bei der Krebserkennung.

Aus der Texterkennung folgt das *Textverständnis*, das ein umfangreiches Wissen voraussetzt, gepaart mit der Fähigkeiten Ableitungen und Schlüsse zu ziehen. Das funktioniert bisher mit künstlicher Intelligenz nur sehr eingeschränkt. Ein weiteres Folgegebiet der Texterkennung ist das *maschinelle Übersetzen* in andere Sprachen.

Bei der Spracherkennung wird das Frequenzgemisch einer Sprachaufnahme analysiert. Bei jedem Menschen ist dieses Frequenzgemisch charakteristisch. Solche Spracherkennungs-Systeme können beispielsweise eingesetzt werden in Automobilen, die nur auf den Befehl „Öffne die Tür" des Eigentümers (oder Fahrers) das Fahrzeug aufschließen. Auf das Thema Mustererkennung und Spracherkennung gehen wir im Kapitel 4 näher ein.

**Suchmaschinen und Data Mining**

Schnelle und zuverlässige Suchmaschinen im Internet sind zu wichtigen Werkzeugen nicht nur für Forscher und Entwickler geworden, sondern sind auch im täglichen Gebrauch sehr nützlich. Suchmaschinen finden dem Suchbegriff ähnliche oder unvollständig angegebene Ausdrücke und können so den Sucher korrigieren. Dazu ist nötig, dass die Suchalgorithmen Ähnlichkeiten in verschiedenen Wörtern finden und logisch auf andere Zusammenhänge schließen können.

Mit *Data Mining* bezeichnet man die Auswertung großer Datenmengen mit Hilfe von statistischen und KI-Methoden, um darin bestimmte Trends und Muster zu erkennen. Beispiel: Wie ändert sich das Geräusch einer elektrisch angetriebenen Ölpumpe, wenn eine neue Wartung oder Schmierung nötig ist? Hier werden Geräuschanlysen des Pumpenantriebs durchgeführt. Tritt eine Frequenzverschiebung zu höheren Frequenzen auf (z. B. ein „Quietschen", das dem menschlichen Ohr zunächst verborgen bleibt), wird eine Wartung fällig.

**Spiele und Kunst**

Im Jahr 1966 gelang es das erste Mal in der Schach-Geschichte, dass ein KI-System, der Schachcomputer **„Deep Blue"** der Fa. IBM den damaligen Schachweltmeister Garry Kasparov regulär schlagen konnte.

Ein anderes Beispiel für ein erfolgreiches Computerspiel ist **„AlphaGo"** und „AlphaGo Zero" des Unternehmens Google „DeepMind" aus den Jahren 2015 bzw. 2017. Go ist ein sehr altes Brettspiel, das im fernen Osten (Japan, China, Korea etc.) sehr populär ist. AlphaGo und AlphaGo Zero bekamen lediglich die Spielregeln des Go-Spiels einprogrammiert und wurden anhand von Spielen gegen sich selbst trainiert (eingelernt). AlphaGo sowie AlphaGo Zero waren danach in der Lage professionelle Go-Spieler zu schlagen, zum Beispiel im Jahr 2016 schlug AlphaGo den südkoreanichen Go-Großmeister Lee Sedol. Auffällig war, dass AlphaGo Spielzüge machte, die erfahrene Go-Spieler angeblich nie ausgeführt hätten, die aber zum Erfolg führten [Alpha17].

Computerspiele agieren in *„geschlossenen Umgebungen"*. Das heißt es gibt eine feste, begrenzte Anzahl (einfacher) Regeln, ein festegelegtes Aktionsziel (Spielziel), eine begrenzte Anzahl von Akteuren, (Spielern und Spielfiguren) und Spielzügen. Damit ist die Anzahl von möglichen Ereignissen in diese Umgebung begrenzt und meist vorhersehbar, es gibt eine vorausberechenbare, optimale Aktion als Antwort auf jede Aktion des Spielgegners und zur Erreichung des Aktionsziels. Im Gegensatz dazu stehen die „Offenen Umgebungen", siehe Seite 15. Geschlossene Umgebungen sind jede Art von Gesellschaftsspielen, zum Beispiel Poker, Brettspiele wie Schach, Go usw.

Computer mit KI-Systemen können in geschlossenen Umgebungen sehr erfolgreich sein, das zeigt das oben genannte Beispiel des Schachcomputers „Deep Blue". Es gibt keine unvorhersehbaren Ereignisse, die mit „vernünftiger Intelligenz" gemeistert werden müssen.

In der Kunst können KI-Systeme zum Beispiel angelernt werden expressionistische Bilder zu erstellen oder in einer bestimmten Stilrichtung zu malen. Beispielsweise wurde einem KI-System beigebracht ein bestimmtes Motiv (etwa eine Mühle) im Stile Vincent Van Goghs (1853-1890) zu malen. Selbst Kunstkenner hatten Schwierigkeiten zu erkennen, dass das entstandene Bild *nicht* von Van Gogh stammte. KI-Systemen kann auch beigebracht werden, beispielsweie einen Schlager zu komponieren. Allerdings konnte einem KI-System bisher „echte" (menschliche) Kreativität nicht nachgewiesen werden.

In KI-Systeme sind große Erwartungen gesetzt worden, vor allen Dingen, was die zeitliche Verfügbarkeit betrifft. Es gab viele Vorhersagen, beispielsweise wie diese von dem Nobelpreisträger, Sozialwissenschaftler und KI-Pioner Herbert A. Simon im Jahr 1965: *„Machines will be capable, within twenty years, of doing any work a man can do."* [MaDa19]. Diese Vorhersage ist bis heute so nicht eingetroffen. Dennoch haben KI-Systeme etwa nach dem Jahr 2015 große Fortschritte verzeichnet, dank Tiefer Neuronaler Netzwerke (Deep Neural Nets), hohen Rechenleistungen und energiesparender Lernmethoden. Wir gehen im Kapitel 4: „Eingebettete KI-Systeme" näher darauf ein.

# 1.6    Verteilte Systeme

Verteilte Systeme (Distributed Systems) sind eine Ansammlung von Eingebetteten Systemen, die in einem übergeordneten System – räumlich voneinander getrennt – Messungen, Steuerungs- und Regelungsaufgaben wahrnehmen. Die einzelnen Eingebetteten Systeme sind durch ein Netzwerk miteinander und mit einem zentralen Prozessor verbunden und können Daten austauschen. Verteilte Systeme findet man z. B. im Automobil, in Flugzeugen, Bahnen, Schiffen, in Produktionsstätten, in Sensornetzwerken usw. Die Vorteile von Verteilten Systemen sind:

– Die einzelnen Eingebetteten Systeme sind näher am „Ort des Geschehens" und dadurch können Reaktionen durch kürzere Leitungswege schneller erfolgen.
– Es müssen weniger Daten zum zentralen Prozessor transportiert werden.
– Die einzelnen Systeme bilden autonome Einheiten und das bedeutet Entkopplung von anderen Prozessorelementen und vom zentralen Prozessor.
– Die einzelnen Eingebetteten Systeme können separat gefertigt und getestet werden.

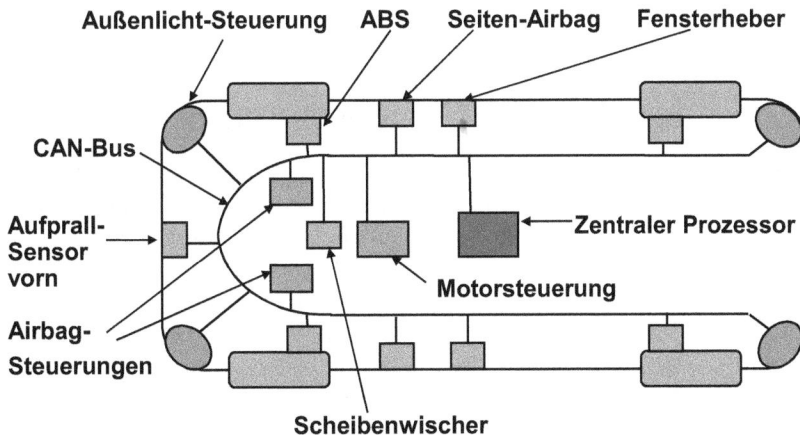

**Abbildung 1.10:** *Beispiel eines Verteilten Systems in einem Automobil, schematisch dargestellt. Die einzelnen Eingebetteten Systeme sind über den CAN-Bus miteinander und mit dem zentralen Prozessor verbunden.*

Das klassische Beispiel für ein Verteiltes System findet man im Automobil (siehe Abbildung 1.10). In einem heutigen Mittelklasse- und Oberklassewagen sind beispielsweise folgende Eingebetteten Systeme („Electronic Control Units (ECUs)" genannt), als Steuer- und Regelsysteme installiert:

- Automatisches Bremssystem oder Antiblockiersystem (ABS),
- Airbagsteuerungen,
- Elektronisches Stabilitätsprogramm ESP,
- Elektronische Differentialsperre EDS,
- Lenkhilfe (Servolenkung, meist hydraulisch),
- Klimaanlage (AC: Air Condition),
- ferngesteuerte Wagen-Schließanlage,
- Diebstahlsicherung,
- elektrische Fensterheber,
- Scheibenwischanlage mit Regensensor,
- automatische Scheinwerfer-Winkeleinstellung (abhängig von der Beladung),
- eine „Antischlupfregelung" (Traction Control) die das Drehmoment auf die Antriebsräder regelt, um ein „Durchdrehen" der Räder zu vermeiden usw.
- Anti Collision Control (oder Adaptive Cruise Control ACC): Anti-Kollisions-Kontrolle: Warn- und Aktionssystem um Kollisionen zwischen Fahrzeugen zu vermeiden. Diese Systeme sind noch nicht allgemein verfügbar.

Im Automobil werden verschiedene Verbindungsnetzwerke eingesetzt, der „CAN-Bus" (Controller Area Network, siehe Abschnitt 10.5.1, Seite 455) sowie der „FlexRay"- der „MOST"- und der „LIN"-Bus (siehe Abschnitt 10.5.2, Seite 461). Auf Grund der steigenden Anzahl von Einzelsystemen, und den Anforderungen an Echtzeit-Steuerungen wird mehr und mehr die Kommunikationsstruktur „Automotive Ethernet" in Kraftfahrzeugen verwendet (siehe Seite 464). Die Ethernet-Technologie wird bereits zum Beispiel für die Diagnose, für die interne Kommunikation, für Fahrerassistenzsysteme (ADAS: Advanced Driver Assistance System), im Infotainment-Bereich, für die Verständigung zwischen Elektrofahrzeugen und Ladestationen usw. zum Einsatz gebracht.

## 1.7    Bauformen von Eingebetteten Systemen

Eingebettete Systeme werden oft als „unsichtbare Computer" bezeichnet. In der Tat bauen Eingebettete Systeme zu einem großen Teil auf kostengünstiger Computer-Hardware mit anwendungsspezifischen Schnittstellen auf und führen vordefinierte Aufgaben oft mit anwendungsspezifischer Software aus. Neue Rechenarchitekturen und Technologien sowie die Chipfertigung werden meist mit Zeitverzögerung übernommen und den Anforderungen von Eingebetteten Systemen angepasst. Bauformen von Eingebetteten Systemen sind:

- Ein-Chip-Systeme (System-on-a-Chip, SoC), ASICs und Programmierbare Ein-Chip-Systeme (PSoC),
- Multi-Chip-Module und 3D-ICs,
- Mikrosysteme und
- Platinen-Systeme.

Bei **Ein-Chip-Systemen** (System on a Chip, SoC) ist das gesamte System auf einem Chip integriert. Der Entwicklungsaufwand ist wie auch bei den „Application Specific Integrated Systems" (ASICs) sehr hoch (siehe Tabelle Abbildung 1.11), dafür ist die Zuverlässigkeit bei diesen Systemen ebenfalls sehr hoch; denn ein Chip ist relativ klein, leicht und in einem Gehäuse eingebaut. Es ist im Vergleich zu Platinensystemen sehr robust und ziemlich unempfindlich gegen Erschütterungen und Stöße. Die Leistungsaufnahme ist niedrig, denn Leitungstreiber und Ausgabe-Puffer entfallen bzw. sind nur an der Peripherie des Chips nötig. Die Entwicklung von Ein-Chip-Systemen lohnt sich nur, wenn die Stückzahlen sehr hoch sind, d. h. abhängig von System und Anwendung etwa in der Größenordnung von einigen zehn- bis hunderttausend Stück und darüber.

Auf programmierbare Ein-Chip-Systeme (PSoCs) und Multiprozessor-Systeme auf einem Chip (MPSoCs) wird auf Seite 29 näher eingegangen.

| | Mikrosysteme | ASIC oder SoC | Multi-Chip-Mo-Module (MCM) oder SIP | Platinen-Systeme (Board-Syst.) |
|---|---|---|---|---|
| Größe | Sehr klein (1) | Sehr klein (2) | Klein (3) | Sehr groß (10) |
| Leistungs-aufnahme | Sehr niedrig (1) | Sehr niedrig (1) | Sehr niedrig (1-2) | Sehr hoch (10) |
| Zuverlässigkeit | Sehr hoch (10) | Sehr hoch (10) | Sehr hoch (9) | Gering (1) |
| Entwicklungs-kosten- und -zeit | Sehr hoch (10) | Sehr hoch (10) | Hoch (8) | Niedrig (3) |
| Stückkosten Bei hoher Stückzahl | Sehr niedrig (1) | Sehr niedrig (2) | Niedrig (3) | Sehr hoch (10) |

*Abbildung 1.11: Vergleich von Bauformen Eingebetteter Systeme. Bewertungsziffern sind von 1 (sehr klein) bis 10 (sehr groß).*

Ein **Multi-Chip-Modul** (MCM, oder Multi Chip Package MCP) besteht aus mehreren separaten Chips (englisch: Dies), die meist auf einem Keramik- oder Kunststoffplättchen (dem Verdrahtungsträger) mit aufgedampfter oder aufgedruckter Verdrahtung planar aufgebracht sind. Die Verdrahtung geschieht durch „bonden", d. h. hauchdünne Drähte (25 bis 500 $\mu$m) aus einer Gold- oder Aluminium-Legierung werden mit den Anschlüssen des Chips und dem Verdrahtungsträger mit speziellen Verfahren verschweißt. Der Verdrahtungsträger wird mit den Chips wie ein Einzelchip in ein Gehäuse eingeschweißt und ist von außen nicht als MCM erkennbar. Die Bezeichnung MCM wird auch auf Module angewendet, die neben Halbleiter-Chips diskrete passive Bauelemente wie z. B. Kondensatoren oder Widerstände in SMD-Bauformen (Surface Mounted Device) beinhalten. Die Einzelchips können speziell für die Integration in einem MCM und auf der Basis unterschiedlicher Technologien entworfen werden, deren Integration auf einem Einzelchip schwierig wäre. Beispiele sind hier Mikrocontroller und ihre analogen Peripheriebausteine und/oder Flash-, oder SRAM-Speicher, Mikroprozessorkerne und Cache-Bausteine oder in Handys die Kombination von Prozessoren mit SRAM-Speichern, Flash-Speichern, Mikrosystemen und anderen Funktionseinheiten.

Werden mehrere Chips übereinander gestapelt, spricht man von einem **System-in-Package (SIP)**, auch „Die-Stacking" genannt. Damit das komplette Bauteil bei gestapelten Chips nicht zu hoch wird, werden die Chips vorher oft mit einigem Aufwand dünn geschliffen. Die Verdrahtung wird entweder mittels Durchkontaktierung durch die Chips oder durch Dünnschichten an den Seitenkanten mit aufgedruckten Leiterbahnen ausgeführt. Anschließend wird das Chip-Paket mit einer Kunstoffmasse vergossen, die Anschlüsse zu den externen Pins werden gebondet (verschweißt) und in ein Gehäuse verpackt. Die Anzahl der gestapelten Chips ist durch die nötige Wärmeabfuhr begrenzt. Ein MCM oder ein SIP lässt sich meist schneller produzieren als ein SoC. Die 3D-ICs der Firma Xilinx$^{TM}$ [Xi21] sind ähnlich aufgebaut wie SIPs. Mehrere Kintex- und Virtex-Chips (siehe Tabelle 1.17, Seite 28) werden übereinander gestapelt und miteinander verbunden. In der Bewertung der Eigenschaften liegen MCMs und SIPs zwischen den Ein-Chip-Systemen und den Platinen-Systemen (siehe Tabelle Abbildung 1.11, Seite 19).

**Mikrosysteme**, die im englischen Sprachraum *Micro Electronic Mechanical Systems*, abgekürzt **MEMS** genannt werden, sind Elektromechanische Systeme, die mechanische und elektronische Strukturen im Mikrometerbereich ($10^{-6}$ m) (meist) auf einem Chip kombinieren. Bei einer weiteren Verkleinerung der Mikrosysteme spricht man von *Nanosystemen*. Die Mikrosystemtechnik schöpft aus den Erfahrungen der Chipfertigung, die Schaltkreisstrukturen im Mikrometer- bzw. Nanometerbereich herstellen können [Leo06]. Mikrosysteme werden aus verschiedenen Materialien hergestellt, allen voran wird das aus der Halbleitertechnik bekannte Silizium und Siliziumdioxyd verwendet, aber auch z. B. bestimmte Polymere, Metalle und Keramik kommen zum Einsatz. Metalle wie z. B. Gold, Nickel, Aluminium, Kupfer, Platin, Silber usw. werden auf z. B. Silizium aufgedampft oder durch eine galvanische Methode „elektroplattiert". Silizium weist gute mechanische Eigenschaften auf. Es ist relativ hart aber auch spröde. Ein längliches, dünnes Siliziumplättchen kann bis zu einem gewissen Grad wie eine mechanische Feder verformt werden und kehrt nach der Auslenkung wieder vollständig in die Ausgangsform zurück („Hookean Material"). Diese Eigenschaft von Silizium wird bei einigen Mikrosensoren ausgenutzt [Leo06] [Elw01]. Eine typische Anwendung eines Mikrosystems ist die Kombination eines Sensorelements mit einem ASIC oder mit einem SIP. Beispiele von Mikrosystemen sind:
- Druckköpfe für Tintenstrahldrucker,
- Beschleunigungssensoren,
- Gyroskope (Kreiselkompass) in der Navigation und zur Lageregelung,
- Drucksensoren,
- Sensoren für Durchflussmessungen von Flüssigkeiten,
- Mikrofone und Lautsprecher,
- Hörgeräte,
- Sehhilfen,
- Medikament-Dosierungvorrichtungen in der Medizin usw.

Die Kombination von elektronischen, mechanischen und optischen Mikrosystemen nennt man *Micro Optical Electrical Mechanical Systems* **MOEMS**. MOEMS können beispielsweise Laserlicht-Signale in Glasfaser-Lichtleitern manipulieren. Anwendungsbeispiele von MOEM-Systemen sind [Leo06]:
- Laser-Scanner,
- Optische Schalter (Optical Switches) z. B. für Glasfaser-Kommunikationssysteme,

- Mikrospiegel-Arrays in dynamischen Mikrospiegel-Anzeigen (Dynamic Micromirror Displays DMD),
- Oberflächenemitter-Laser (Vertical Cavitiy Surface Emitting Laser VCSEL) usw.

Die Bereiche Forschung, Entwicklung und Produktion von Mikro-, Nanosystemen wie MEMS und MOEMS wachsen ständig, da diese Systeme leicht, langlebig und bei großen Stückzahlen sehr kostengünstig sind. Wir gehen auf Mikrosysteme nicht weiter ein.

**Platinen-Systeme** bestehen aus Leiterplatten, auch „gedruckte Schaltungen" (Printed Circuits Boards PCB) genannt. Leiterplatten sind die Träger elektronischer Bauteile und bestehen aus faserverstärktem, isolierendem Kunststoff, auf denen die elektronischen Bauteile, meist Module mit eingegossenen Chips, aufgebracht sind. Die Verbindungsleitungen zwischen den Bauteilen und den Steckverbindungen bestehen aus einer dünnen, aufgedruckten Kupferschicht (etwa $35\mu m$). In der Regel gibt es zwei Leiterbahnen-Schichten, eine längs der Plattenebene (oft auf der Oberseite der Leiterplatte), eine quer dazu, (auf der Unterseite der Platte). Bei komplizierten Schaltungen kann es bis zu 12 Leiterebenen geben. Die Modulanschlüsse, es sind in der Regel vergoldete Kupferstifte, werden durch Löcher in der Leiterplatte gesteckt und an der Unteseite der Platte an „Lötaugen" (Pads) an die Leiterbahnen angelötet. Bei der „Oberflächenmontagetechnik" (Surface mounted Technology SMT) werden die Bauteile (die Surface mounted Devices SMD) direkt auf die Oberseite der Leiterplatte an die Leiterbahnen aufgelötet. Die SMT ist platzsparend, benötigt keine Bohrlöcher für die Modulanschlüsse und kommt mit dünneren Leiterplatten aus.

Bei Prototypen-Boards kauft der Entwickler die einzelnen Teile des Systems bzw. entwirft fehlende Teile selbst, lässt es auf ein „Board" oder eine Platine aufbringen und testet das gesamte System. Der Entwicklungsaufwand ist relativ gering, dafür sind die Produktions- und Stückkosten sehr hoch und die Zuverlässigkeit wegen des relativ großen Verdrahtungsnetzes und der Verbindungsstecker gering. Platinen-Systeme können bei höheren Beanspruchungen versagen, z. B. bei Erschütterungen, weil Lötstellen zwischen Modulanschlüssen und gedruckten Leiterbahnen den Kontakt verlieren, oder weil Leiterbahnen oder Steckverbindungen brechen.

## 1.7.1   Prozessorarten

Die Auswahl des datenverarbeitenden Elements, das heißt des Prozessors eines Eingebetteten Systems hängt ab von den Anwendungsanforderungen, von der Stückzahl, von der Vorgeschichte der Entwicklung, von der geforderten Leistungsaufnahme, vom Zeitplan der Fertigstellung usw.

Abbildung 1.12 zeigt schematisch verschiedene Prozessorarten. Auf der linken Seite von Abbildung 1.12 sind Vielzweck-, Mikro-, Spezial-, Digitale Signal- und anwendungsspezifische Befehlssatz-Prozessoren dargestellt. Für diese Prozessoren muss Software entwickelt werden. Auf der rechten Seite von Abbildung 1.12 ist Hardware als Implementierungsart von Eingebetteten Systemen gezeigt, die programmierbare (bzw. konfigurierbare) Hardware, das FPGA (siehe Seite 23), das PLD (siehe Seite 25), das programmierbare System auf einem Chip (PSoC) und die anwendungsspezifische Hardware (ASIC).

**Vielzweck-Prozessoren** (General Purpose Processor) sind für Systeme mit hohen Leistungsanforderungen und vielseitiger Programmierbarkeit geeignet. Sie verfügen meist

über mehrere Prozessorkerne, sind relativ teuer, benötigen viel elektrische Energie und
werden in Personal Computern (PC) eingesetzt. Sie sind ungeeignet für Eingebettete
Systeme, insbesondere für Echtzeitsysteme (siehe Abschnitt 6.1.7, Seite 254). Spezial-
prozessoren und Mikroprozessoren sind im Vergleich zu Vielzweck-Prozessoren für eine
spezielle Anwendung ausgelegt und führen diese Anwendung effizient aus bei relativ
geringem Energiebedarf und relativ geringen Kosten.

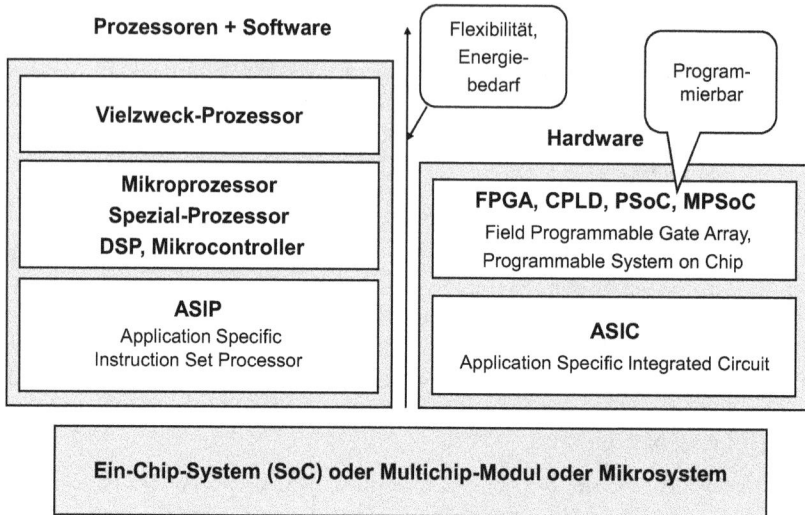

**Prozessoren + Software**

Flexibilität,
Energie-
bedarf

Program-
mierbar

**Vielzweck-Prozessor**

**Hardware**

**Mikroprozessor**
**Spezial-Prozessor**
**DSP, Mikrocontroller**

**FPGA, CPLD, PSoC, MPSoC**
Field Programmable Gate Array,
Programmable System on Chip

**ASIP**
Application Specific
Instruction Set Processor

**ASIC**
Application Specific Integrated Circuit

**Ein-Chip-System (SoC) oder Multichip-Modul oder Mikrosystem**

*Abbildung 1.12:* Prozessorarten von Eingebetteten Systemen.

**Mikroprozessoren** und **Mikrocontroller** werden speziell für Eingebettete Systeme
entwickelt. Es gibt sie in großer Vielfalt als „Mikroprozessor/Mikrocontroller-Familien"
auf dem Markt (siehe Abschnitt 9.5, Seite 410). Mikroprozessoren und -kontroller haben meist eine Menge von Zusatz- und Peripheriebausteinen auf dem Chip und können
beinahe für jede Anwendung passend ausgewählt werden. Ein **Spezialprozessor** ist ein
Prozessor für besondere Aufgaben. Kann mit diesem auch eine ganze Klasse von Anwendungen ausgeführt werden, so spricht man von einem „domänenspezifischen" Prozessor. Ein Beispiel dafür ist der Graphikprozessor auf einer Graphikkarte, der oft Funktionseinheiten für Pixel-Operationen und mehrere Speicherbänke mit parallelem Zugriff
für die Komprimierung/Dekomprimierung von Video/Audio-Daten enthält. **Digitale**
**Signal-Prozessoren** (DSP) werden beispielsweise für die Verarbeitung von Audio- und
Video-Datenströmen eingesetzt.

**Mikrocontroller** sind Prozessoren, denen hauptsächlich spezielle Steuerungsaufgaben
zugewiesen werden (siehe Abschnitt 9.3, Seite 407) und die meist nicht für große Rechenleistungen ausgelegt sind. Die Grenze zwischen Mikroprozessoren und Mikrocontrollern
ist unscharf. Prozessoren mit anwendungsspezifischem Befehlssatz (Application Specific
Instruction Set Processors **ASIP**) verfügen über einen speziellen Befehlssatz mit ange-
passten Funktionseinheiten und einer eigenen Speicherarchitektur. Ein Beispiel für einen
speziellen Befehl ist die Operationsverkettung „Multiply-Accumulate" (MAC), die bei
Matrizen-Rechnungen und bei Digitalen Signal-Prozessoren (DSPs) eingesetzt wird.

**Field Programmable Gate Arrays (FPGA)** sind Hardware-Komponenten, die vom Benutzer konfigurierbar sind. FPGAs sind praktisch „programmierbare Hardware", auf sie wird im Abschnitt 1.8.2, Seite 26 näher eingegangen. Unten rechts in der Abbildung 1.12 ist das vollkundenspezifische **ASIC** aufgeführt. Es ist spezielle Hardware für eine spezifische Anwendung, es ist nicht flexibel, weist aber die beste Leistung (Performanz) bei geringster Leistungsaufnahme auf (siehe Abschnitt 1.8).

**Ein-Chip-Systeme (SoC)** oder Multichip-Module können Mikroprozessoren, Speicherbausteine für die erforderliche Software und Daten, Spezialprozessoren, ASIPs, sowie FPGAs und ASICs enthalten. Mikrosysteme, in denen Mikroprozessoren integriert sind, werden die dazugehörigen Programme normalerweise in einem ROM (Read only Memory) speichern. Mikrosysteme werden in der Regel keine FPGAs enthalten. Für das SoC gilt das Gleiche wie für das ASIC bezüglich Kosten, Entwicklungszeit und Energiebedarf.

# 1.8 Schaltkreise für Eingebettete Systeme

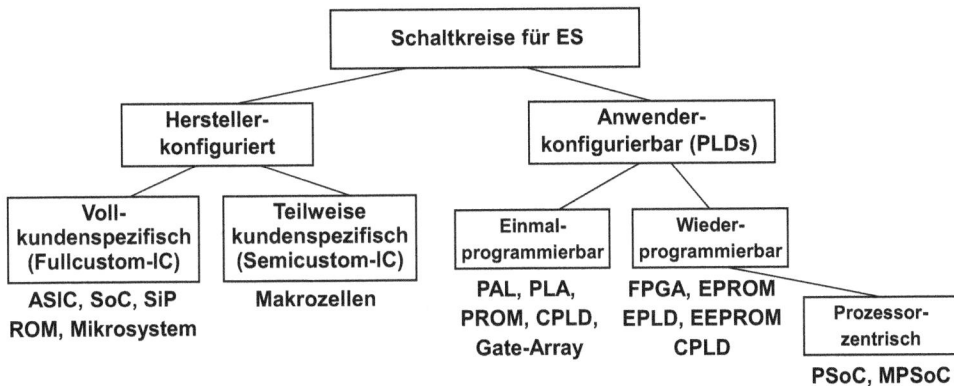

*Abbildung 1.13:* *Schaltkreise für Eingebettete Systeme. FPGA bedeutet Field programmable Gate Array, PSoC bedeutet Programmable System on Chip.*

Wie Abbildung 1.13 zeigt, können Integrierte Schaltkreise (ICs) für Eingebettete Systeme in „Hersteller-konfiguriert" und „Anwender-konfigurierbar" eingeteilt werden.

Bei den herstellerkonfigurierten Schaltkreisen unterscheidet man zwischen vollkundenspezifische (anwendungsspezifischen) und teilweise kundenspenzifischen Schaltkreisen. Die anwenderkonfigurierbaren ICs können als einmalprogrammierbare und wiederprogrammierbare Bauteile kategorisiert werden.

## 1.8.1 Herstellerkonfigurierte Schaltkreise

Zu herstellerkonfigurierten Integrierten Schaltungen gehören die vollkundenspezifischen (Full custom) und die teilweise kundenspezifischen Schaltkreise (Semi-Custom Integratet Circuits, siehe Abbildung 1.13 oben). vollkundenspezifischen Schaltkreise sind anwendungsspezifischen Integrierte Schaltkreis (ASIC, siehe Seite 5), das Read-only-Memory

(ROM), das Ein-Chip-System (SoC), das System-in-Package (SiP, Seite 20) und das Mikrosystem (Seite 20). Wie in den vorhergehen Abschnitten bereits erwähnt, ist die Entwicklung dieser Systeme teuer und aufwändig. Man spricht hier von „Maskenprogrammierten Schaltkreisen". Beispielsweise werden bei der Fertigung eines ASIC etwa dreißig fotolithograhische Masken verwendet. Ein ganzer Maskensatz ist sehr teuer. ASICs haben aber auch große Vorteile in Bezug auf Zuverlässigkeit, Größe und Stückkosten bei großen Stückzahlen (siehe Tabelle Abbildung 1.19, Seite 31). Das ROM ist ein Programmspeicher, der nur gelesen werden kann und der nicht flüchtig ist, auch wenn die Versorgungsspannung ausgeschaltet ist. Er ist gedacht für Prozessoren, bei denen Teile der Software unverändert bleibt (zum Beispiel beim „Hochfahren" des Prozessors).

Zu den teilweise kundenspezifischen Schaltkreis-Technologienn (Semi-custom), gehören die „Makrozellen" (siehe Abbildung 1.14), die auch „Standardzellen" genannt werden. Darunter versteht man vorgefertigte Maskensätze fester Größe, bei denen die Anordnung der Standard- und Makrozellen und die Verdrahtung durch den Kunden konfiguriert wird. Die Standard- und Makrozellen findet man in vorgegebenen Bibliotheken. Neben einfachen Zellen (z. B. NAND, NOR, Inverter), die zu Blöcken zusammengefasst werden können, werden komplexe Strukturen wie Prozessorkerne, Speicher, Standardzellen-Blöcke, Analog-Digital-Converter (ADCs), DACs usw. kundenspezifisch zusammengestellt und verdrahtet. Die Kombination der Makroszellen geschieht am Bildschirm werkzeugunterstützt und möglichst flächenoptimiert. Die Einsparung basiert auf den teilweise vorgefertigten fotolithograhische Masken. Die Chip-Flächenausnutzung kann bei diesem Verfahren jedoch nicht so optimal durchgeführt werden wie beim ASIC.

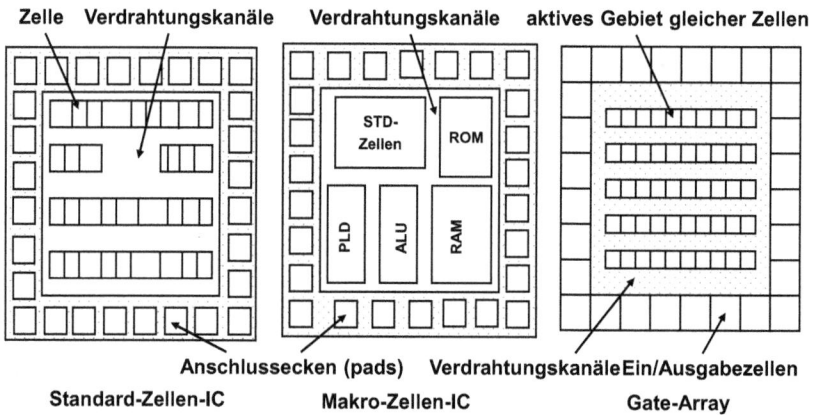

**Abbildung 1.14:** *Zellen-basierte, teilweise kundenspezifische Technologie. Die linke Seite zeigt schematisch einen Standard-Zellen-Schaltkreis, in der Mitte ist schematisch ein Makro-Zellen-Schaltkreis abgebildet. Rechts: Array-basierter kundenspezifische Technolgie: Gate Array.*

## 1.8.2    Anwenderkonfigurierbare Schaltkreise

Unter dem Oberbegriff „Programmable Logic Devices" (PLDs) werden die klassischen programmierbaren Logik-Bausteine oder anwenderkonfigurierbare Schaltkreise, das sind einmalprogrammierbare und wiederprogrammierbare Schaltkreise (siehe Bild 1.13, Seite 23) zusammengefasst. PLDs sind etwa seit dem Jahre 1976 auf dem Markt verfügbar, werden heute jedoch praktisch von den CPLDs und FPGAs verdrängt.

Unter dem Oberbegriff PLD und **SPLD** (Simple PLD) existierten verschiedene Arten von Bausteinen, mit leider nicht immer eindeutigen Bezeichnungen.

Zu den **Einmalprogrammierbaren Schaltkreisen** gehören z. B.
- PLDs mit „Programmable Array Logic" (PAL)-Struktur, und mit „Programmable Logic Array" (PLA)-Struktur,
- „Eraseable Programmable Logic Devices" (EPLDs),
- bestimmte „Complex Programmable Logic Devices" (CPLDs),
- „Programmierbare Read Only Memories" (PROMs),
- Gate-Arrays.

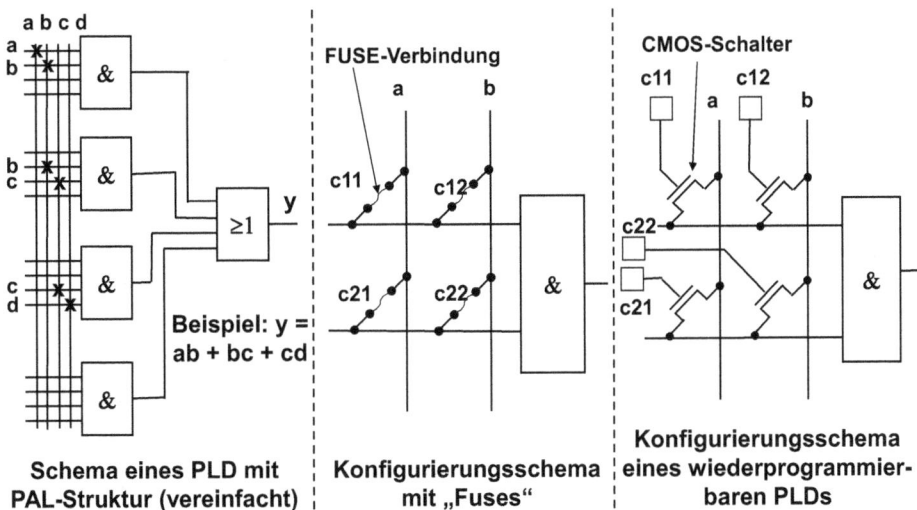

**Abbildung 1.15:** *Links: Vereinfachte Struktur eines PLD mit PAL-Struktur. Mitte: Konfigurierungsschema mit „Fuses". Rechts: Konfigurierungsschema eines wiederprogrammierbaren PLDs.*

Das Schema eines **PLD** (Programmable Logic Device) mit Programmable Array Logic (PAL)-Struktur zeigt Abbildung 1.15, linke Seite. Die zu implementierende Logik muss in der konjunktiven Normalform bzw. als „Sum of Products", beispielsweise in der Form $y = ab + bc + cd$ vorliegen, wobei der Produktterm $ab$ das logische UND und $a + b$ das logische ODER bedeutet. Dies ist realisierbar durch eine Reihe von UND-Gattern, deren Ausgänge in einem ODER-Gatter zusammengefasst werden, (beim PLA sind es mehrere ODER-Gatter, siehe unten). Die Eingangsvariablen, im Beispiel: $a$, $b$, $c$, $d$, meist auch die invertierten Variablen $\bar{a}$, $\bar{b}$, $\bar{c}$, $\bar{d}$, werden als Reihe paralleler Leitungen senkrecht zu den Eingängen der UND-Gatter geführt und sind durch eine Isolierschicht von den Eingangsleitungen getrennt. Soll eine bestimmte Verbindung einer Eingangsvariablen, (z. B. im Bild die Variable a) mit einem Eingang hergestellt werden, so wird durch eine kurzzeitig angelegte „Programmierspannung" (relativ hohe Spannung), zwischen der Variablenleitung und der Eingangsleitung, aus einer isolierenden Halbleiterschicht (mit hohem Widerstand) eine leitende Schicht (mit niedrigem Widerstand) erzeugt.

Diese Methode nennt man **Anti-Fuse-Verfahren**. Beim **Fuse-Verfahren**, (Fuse bedeutet Schmelzsicherung), sind zunächst alle Verbindungen in der Eingangs-Matrix fest vorhanden (siehe Abbildung 1.15, Mitte). Die nicht erwünschten Verbindungen werden durch einen Stromstoß aufgeschmolzen und dadurch getrennt. Sowohl das Fuse- als auch das Anti-Fuse-Verfahren erzeugen sogenannte „strahlungsharte" (Radiation Hard) Verbindungen, die in strahlungsbelasteter Umgebung, z. B. in der Raumfahrt, in Kernkraftwerken, Kernforschungsanlagen (z. B. CERN, DESY), usw. eingesetzt werden. In Abbildung 1.15, rechte Seite ist das Schema eines wiederprogrammierbaren PLDs dargestellt. An den Kreuzungspunkten der Eingangsleitungen mit den Variablen-Leitungen (a und b) liegen CMOS-Schalter, die über die Konfigurierungs-Anschlüsse c11 bis c22 durch einen positiven Spannungspegel aktiviert werden können.

Beim Programmable Logic Array **PLA** sind im Gegensatz zum PAL mehrere programmierbare ODER-Gatter am Ausgang verfügbar. Sie enthalten oft auch programmierbare Speicherelemente, zum Beispiel D-FFs und Tri-State-Ausgänge (siehe Abschnitt 10.2.1, Seite 425), sodass nicht nur Grundschaltungen mit kombinatorischer Logik (Schaltnetze), sondern auch Schaltwerke einfach konfiguriert werden können.

Die Firma Lattice hat eine Modifikation der PALs unter der Bezeichnung „Generic Array Logic" (GAL) auf den Markt gebracht. GALs bestehen aus einem programmierbaren Array aus UND-Bausteinen und fest verdrahteten ODER-Bausteinen. GALs sind meist wiederprogrammierbar, unter der Bezeichnung EEPLD (Electrically Eraseable PLD) sind sie elektrisch löschbar. EPLDs (Eraseable PLD) können durch UV-Licht gelöscht werden.

Bei den **CPLDs**, die die PLDs inzwischen im Wesentlichen ersetzt haben, werden mehrere programmierbare PLA-Blöcke über ein „Koppelfeld" miteinander verbunden. Das programmierbare Koppelfeld enthält „Rückkopplungen" von den Ausgängen zu den Eingängen. An den Ein- und Ausgängen liegen meist schnelle Speicher, wie Latches, Flipflops oder Register. Eingesetzt werden CPLDs z. B. für Analog/Digital Konverter (ADC, DAC), Digitale Signal Umsetzer (DSP), Read only Speicher (ROM) usw.

Beim „**Gate-Array**" (siehe Abbildung 1.14, Seite 24), liegt die Grundstruktur und damit die Chipgröße sowie die Anzahl der Ein/Ausgabeanschlüsse fest. Das Verbindungsnetz zwischen den Zellen wird kundenspezifisch ausgeführt. Das heißt, in vielen Fällen wird der Baustein nicht optimal genutzt werden können. Gate-Arrays werden eingesetzt für kleinere Serien und bei spezielle Anwendungen, z. B. wenn „strahlungsharte" Schaltkreise benötigt werden (siehe oben). Sie werden mehr und mehr von den FPGA's (Field programmable Gate Arrays) abgelöst (siehe unten).

### Wiederprogrammierbare Schaltkreise

Die Bedeutung der **wiederprogrammierbaren** (auch rekonfigurierbaren) oder **Feldprogrammierbaren** Schaltkreise (Field Programmable Gate Arrays, **FPGAs**) hat im letzten Jahrzehnt sehr stark zugenommen. Zu ihnen gehören auch die rekonfigurierbaren CPLDs (Complex Programmable Logic Devices), sowie die **programmierbaren Systeme auf einem Chip** (Programmable System on a Chip, **PSoC**) und die **Multiprozessor Systeme auf eine Chip** (MPSoC).

**FPGAs**, anfangs **LCAs** (Logic Cell Arrays) genannt, werden auch als programmierbare bzw. **rekonfigurierbare Hardware** bezeichnet. Sie wurden 1984 von der Firma **Xilinx**

I/O-Block          Logik-Zelle: CLB

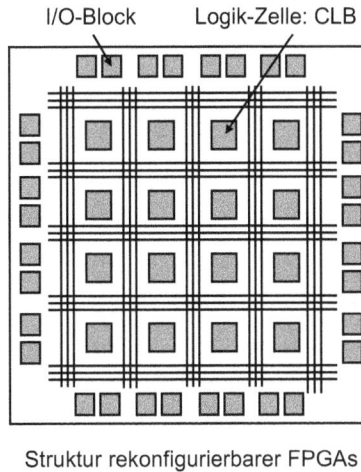

Struktur rekonfigurierbarer FPGAs

**Abbildung 1.16:** *Vereinfachte Struktur eines rekonfigurierbaren FPGAs.*

[Xi21] eingeführt. Die Firma Xilinx ist Marktführer auf diesem Gebiet und produziert eine große Vielzahl von FPGAs, programmierbaren Ein-Chip-Systemen (PSoCs) und programmierbaren Multiprocessor-Chip-Systemen (MPSoCs).
Anwendungen für FPGAs sind z. B. :

– Prototypen, d. h. für die Emulation beliebiger Hardware, beispielsweise für Automobil-Fahrerassistenzsysteme, die noch in der Erprobung sind (Automotive Driver Assistance System ADAS).
– Für Eingebettete Systeme, bei denen Flexibilität gefordert ist und Änderungen im Betrieb möglich sind.
– Für Rechenbeschleuniger (siehe Abschnitt 1.3, Seite 4).
– Für kleinere Stückzahlen, ein vollkundenspezifisches ASIC lohnt sich nicht.
– Für Steuergeräte in der Raumfahrt und beim Militär.

Dasselbe FPGA kann innerhalb einer Anwendung mehrfach verwendet werden. Dafür muss es während der Laufzeit **dynamisch rekonfiguriert** werden, d. h. die Konfiguration muss bei Bedarf neu in das FPGA geladen werden. Dies kann, je nach Ausführung, zwischen Sekunden und Bruchteilen von Millisekunden geschehen. Obwohl die Taktfrequenzen in der Regel kleiner sind als bei vollkundenspezifischen ASICs, werden FPGAs oft als Hardware-Beschleuniger eingesetzt, da hier die Parallelität der Ausführung – eine wesentliche Grundeigenschaft der Hardware – die geringere Taktfrequenz ausgleichen kann. Der Unterschied der Taktfrequenzen zwischen ASICs und FPGAs schrumpft allerdings im Laufe der Zeit. Vor einem Jahrzehnt war die Taktfrequenz bei den meisten FPGAs etwa zehn mal niedriger als bei ASICs. Heute nähern sich die Taktfrequenzen der Hochleistungs-FPGAs von Firmen wie Xilinx, Altera, usw. und Prozessoren die im gleichen Jahr gefertigt werden, mehr und mehr an.

Abbildung 1.16 zeigt die vereinfachte Struktur eines rekonfigurierbaren FPGAs. Sie ist ein Feld aus Logik-Blöcken, auch Logik-Zellen oder „Configurable Logic Blocks (CLBs)" genannt, zwischen denen Verbindungsleitungen angebracht sind. An der Peripherie des

Bausteins liegen die Eingabe/Ausgabe (I/O)-Blöcke. Auf den heutigen FPGAs befinden sich außer den Logik-Zellen beispielsweise auch RAM-Speicherblöcke (sogenannte Block-RAM), DSP-"Slices", Transceiver usw. (siehe Tabelle 1.17, Seite 28). Ein wichtiger Begriff ist die „Granularität" der Logik-Blöcke. Sie kann folgende Blockgrößen annehmen: Gatter, Tabellen mit Speichern (Look Up Tables LUTs mit FlipFlops, siehe unten) und Funktionsblöcke (**CLB** Configurable Logic Blocks). CLBs sind zum Beispiel Arithmetisch-Logische Komponenten (ALUs), Kommunikationseinheiten und/oder Prozessorkerne. Während Gatter für ein FPGA eine geringe Granularität darstellen, sind LUTs, und CLBs „grob-granular".

Die **Look Up Tables (LUTs)** haben jeweils 4 bis 6 Eingänge und Speicherbausteine (Flipflops) an den Ausgängen. Sie sind durch konfigurierbare Selektoren (Multiplexer) miteinander verbunden. Look Up Tables sind im Wesentlichen Wahrheitstabellen, die je nach Konfigurierung verschiedene logische Funktionen in der disjunktiven Normalform (DNF) oder der konjunktiven Normalform (KNF) realisieren können. Die CLBs werden heute durch die Bezeichnung „**Slices**" ersetzt, wobei flächenmäßig etwa vier Slices einen CLB abdecken. Die Konfigurierung kann bei einigen FPGAs über die „JTAG-Schnittstelle" (siehe Abschnitt 8.5.4, Seite 378) durchgeführt werden.

| Auswahl von Xilinx-FPGAs | Spartan-7 | Artix-7 | Kintex UltraScale+ | Virtex UltraScale+ |
|---|---|---|---|---|
| Max. Logic-Zellen | 102 000 | 215 000 | 1 843 000 | 8 938 000 |
| Max. Speicher (Mb) | 4,2 | 13 | 142 | 455 |
| Max. DSP-Slices | 160 | 740 | 3 528 | 12 288 |
| Max. Transceiver-speed (Gb/s) | -- | 6,6 | 32,75 | 58 |
| Max. I/O-Pins | 400 | 500 | 572 | 1 976 |
| Strukturbreite (nm) | 45 | 28 | 20 | 16 |

*Abbildung 1.17: Vergleich einiger handelsüblicher Xilinx-FPGAs aus der Spartan-Reihe, der Artix-, der Kintex- und der Virtex-Reihe. Die Zahlen geben jeweils die Eigenschaften des Typs mit den Höchstwerten der genannten Familie wieder (Quelle: [Xi21], Stand: Juli 2021).*

Tabelle Abbildung 1.17 zeigt einige Eigenschaften der wichtigsten Xilinx-FPGA-Familien. Die Zahlen in der Tabelle geben jeweils die Charakteristika des Typs mit den Höchstwerten der genannten Familie wieder. Am unteren Ende der Skala steht die Spartan-Familie als „Niedrigpreis-Familie" (Spartan-6 und Spartan-7) mit relativ niedrigem Energiebedarf, gedacht für den Massenmarkt, z. B. für die Anwendung im Automobilbau bei einfachen Funktionen, für drahtlose Kommunikations-Geräte (Mobiltelefone), für Flachbildschirme usw. Die Virtex-Linie ist die Hochleistungs-Familie für hohe Anforderungen an Performanz und Datenübertragungsgeschwindigkeit. Zwischen der Spartan- und der Virtex-Linie liegen die Artix- und die Kintex-Familien. Sie finden Anwendungen beispielsweise in Eingebetteten Systemen von Fahrer-Assistenzsystemen in Autombilen, in der Raumfahrt, der Industrie, der Medizin und der Wissenschaft (IMS) sowie in militärischen Geräten.

In der Tabelle Abbildung 1.17 sind als Eigenschaften die maximale Anzahl Logik-Zellen der Xilinx-Module, die maximale Speichergröße, die maximale Anzahl Digitale Signal-Prozessor (DSP)-Slices, die Tranceiver-Speed, d. h. die Übertragungsgeschwindigkeit der Daten-Übertrager-Einheiten in Gigabit pro Sekunde (Gb/s), die maximalen Ein/Ausgabe-Pins und die Strukturbreite aufgeführt. Bemerkenswert ist, dass die Strukturbreiten bei den aufgeführten Xilinx-FPGA-Familien im Wesentlichen mindestens seit dem Jahr 2014 gleich geblieben sind. Die **Logik-Zellen** (bzw. Logik-Blöcke, CLBs, siehe oben) sind die kleinsten Logik-Einheiten der FPGA-Module, die durch die Konfigurierung ihre spezifische Funktion erhalten und miteinander verbunden werden (nicht zu verwechseln mit den „Standard-Zellen" aus Abbildung 1.14, Seite 24). Jede Logik-Zelle enthält einige Tausend Transistoren. Dadurch wird eine massive Parallelverarbeitung möglich. Die **DSP-Slices** sind die kleinsten Einheiten für den Aufbau eines Digitalen Signal-Prozessors. Ein DSP-Slice enthält je einen Multiplizierer, Addierer und Akkumulator (Speicherbaustein mit einem oder mehreren Registern), um schnelle Multiply-Accumulate (MAC)-Funktionen durchzuführen.

Ein ausgefeiltes Sicherheits-System, das die Verschlüsselung nach dem Advanced Encryption Standards AES-256 einschließt, schützt die Konfigurations-Datei, die sozusagen die gesamte Schaltungsbeschreibung enthält. Die Typen Virtex 4QV und 5QV entsprechen der Spezifikation die für Systeme der Raumfahrt gelten (Space Grade). Das heißt, sie funktionieren zum Beispiel in einem erweiterten Temperaturbereich, in strahlungsbelasteter Umgebung usw. Die SoC-Typen Spartan, Artix, Kintex, Virtex XQ, z. B. Virtex Zynq 7000Q, sind für militärische Geräte zugelassen (Defense Grade). Auch hier gilt ein erweiterter Temperaturbereich, sicheres Funktionieren bei Erschütterungen usw.

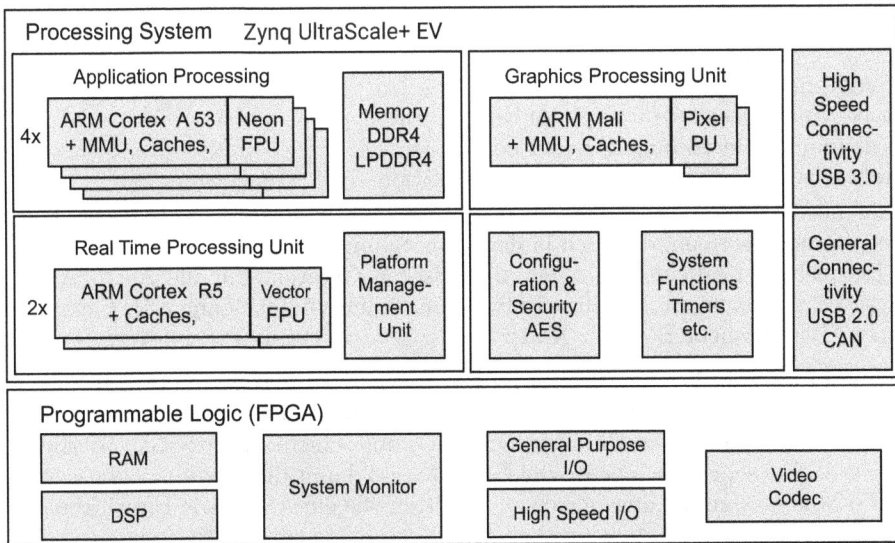

**Abbildung 1.18:** *Vereinfachtes Blockschaltbild eines Xilinx-Mikroprozessor-Programmierbaren System-on-a-Chip (MPSoC) aus der „Zynq-Familie": Zynq UltraScale+ EV. EV steht für Enbedded Vision (vereinfacht aus [XiSoC21]).*

**Programmierbare Ein-Chip-Systeme (PSoCs und MPSoCs)**

Programmierbare Ein-Chip-Systeme (PSoCs) und Multiprocessor Systems on a Chip (MPSoCs) der Firma Xilinx [XiSoC21] sind sogenannte Prozessor-zentrische Entwicklungsplattformen (siehe Abbildungen 1.13 und 1.18), die auf einem Chip-System Software-, Hardware- und Eingabe/Ausgabe-Modellierung ermöglichen. Den Entwickler erhält im MPSoC durch die Kombination von mehreren Prozessorkernen und konfigurierbarer Hardware eine sehr gute Rechenleistung und ein Optimum an Flexibilität. Bei der Firma Xilinx kann der Entwickler z. B. zwischen verschiedenen Zynq$^{TM}$-MPSoCs wählen [XiSoC21]:

- „Cost Optimized"-Familie: „Dual-core Entry Point to Heterogeneous Processing": Zynq UltraScale+ CG mit Dual ARM Cortex$^{TM}$-A53, Dual ARM Cortex-R5F, 16nm FinFET+ Programmable Logic (4 Prozessorkerne).
- Zynq UltraScale+ EG: „Broadest Device Range for Next-Generation Applications" mit Quad ARM Cortex-A53, Dual ARM Cortex-R5F, GPU (Graphic Processor Unit): ARM MAli$^{TM}$-400MP2, 16nm FinFET+ Programmable Logic (7 Prozessorkerne).
- Abbildung 1.18 zeigt das vereinfachte Blockschaltbild des Zynq UltraScale+ EV: „Video Codec Enabled for Multimedia and Embedded Vision" mit Quad ARM Cortex-A53, Dual ARM Cortex-R5F, GPU ARM Mali-400MP2 16nm FinFET+ Programmable Logic (7 Prozessorkerne).

Die Anwendungsbereiche für Programmierbare Ein-Chip-Systeme und MPSoCs sind vielfältig, zum Beispiel [Xi21]:

- Automotiver Bereich: Für Prototypen von Fahrerassistenz-Systemen,
- Militärische Geräte,
- Digitales Radio, Digitales Fernsehen: HDTV (High Definition Television),
- Videokonferenz-Systeme,
- Monitore und Projektionsgeräte,
- Professionelle Kameras,
- Encoder und Decoder für Digitale Unterschriften,
- Medizinische Anwendungen z. B. Endoscopie,
- Drahtgebundene und drahtlose Kommunikation der 5. Generation, usw.

Programmierbare Systeme auf einem Chip sind effektiv einsetzbar für Prototypen von Eingebetteten Systemen, die noch in der Entwicklung sind oder für kleine Stückzahlen, zum Beispiel bei medizinischen oder militärischen Geräten. Für die Entwicklung und Analyse dieser Systeme stellt Xilinx Entwicklungshilfen zu Verfügung z. B. Entwicklungs-Platinen (Development Boards) [Xi21].

**Vergleich der Schaltkreis-Technologien für Eingebettete Systeme**

Tabelle Abbildung 1.19 zeigt einen ungefähren qualitativen Vergleich der Technologien. Bei einem ASIC, einem Ein-Chip-System (SoC) oder einem Mikrosystem ist jeweils die Transistordichte sehr hoch, ebenso die Taktrate und damit die Ausführungsgeschwindigkeit. Ein Mikrosystem ist etwa gleich zu bewerten wie ein ASIC. Die Entwicklungs- und die Einführung in die Produktion wird bei diesen Systemen relativ lang sein, es fallen dadurch hohe Entwicklungskosten und hohe Prototypen-Kosten an. Hohe Kosten für die Einführung in die Produktion bedeutet, dass für eine geringe Anzahl von Versuchsmustern die Kosten ebenfalls sehr hoch ausfallen, dafür sind aber die Stückkosten bei hoher Stückzahl optimal niedrig. Das heißt: Ein ASIC, bzw. ein SoC oder ein Mikrosystem eignet sich am besten für ein ausgereiftes Produkt, das mit sehr hohen Stückzahlen in Serie

| | ASIC, SoC Mikrosysteme | Makro-zellen | Standard-Zellen | Gate-Array | FPGA, PSoC, MPSoC |
|---|---|---|---|---|---|
| Anzahl Transistoren | Sehr hoch bis $10^9$ | Sehr hoch bis $10^9$ | Hoch bis $10^7$ | Hoch bis $10^7$ | Sehr hoch ($10^7$-$10^9$) |
| Chip-Fläche | Sehr klein (1) | Klein (3) | Mittel (5) | Mittel (5) | Sehr groß (10) |
| Taktrate | Sehr hoch (10) | Sehr hoch (9) | Hoch (8) | Hoch (8) | Mittel bis Hoch (5-9) |
| Entwicklungszeit | Sehr lang (10) | Lang (8) | Mittel (5) | Mittel (5) | Kurz (1-3) |
| Einführung in die Produktion | Sehr lang (10) | Lang (8) | Lang (8) | Relatv kurz (2-3) | Sofort verfügbar (1-2) |
| Prototypen-Kosten | Sehr hoch (10) | Sehr hoch (8-9) | Hoch (8) | Mittel (6) | Sehr niedrig (1) |
| Stückkosten bei hoher Stückzahl ($> 10^6$) | Sehr niedrig (1) | Sehr niedrig (2) | Niedrig (3) | Mittel (6) | Sehr hoch (10) |

**Abbildung 1.19:** *Vergleich der Schaltkreis-Technologien für Eingebettete Systeme. Die Bewertungsziffern sind sehr grob und reichen von (1): sehr klein bis (10): sehr groß. Das ASIC, das SoC und das Mikrosystem gehören zu den vollkundenspezifischen Systemen.*

geht. Die Fertigung von Standardzellen-Schaltungen nimmt normalerweise weniger Zeit in Anspruch als bei einem ASIC, die Kosten für wenige Prototypen werden auch hier sehr hoch sein, jedoch werden die Stückkosten bei sehr hoher Stückzahl höher sein als bei ASICs, da die Chip-Fläche bei Zellen-basierten Schaltungen größer ausfallen wird.

**Einige weitere FPGA-produzierende Firmen und deren Produkte**

Ohne für ein Unternehmen werben zu wollen, führen wir im Folgenden einige bekannte Firmen auf, die FPGAs und CPLDs produzieren, um die Vielfalt der FPGA- und CPLD-Produktion aufzuzeigen. Dem Entwickler, der FPGAs oder CPLDs einsetzen möchte, sei empfohlen, mehrere Produzenten bzw. Lieferanten zu analysieren, um das passende Produkt zu finden.

– Die Firma Intel übernahm Ende 2015 die Firma Altera (www.altera.com). Die Produkte sind: CPLDs, FPGA-Bausteine und SoCs mit Prozessorkernen beispielsweise für Rechenbeschleuniger in Multiprozessor-Systemen.

– Die Firma Microchip (www.microchip.com) übernahm 2016 die Firma Atmel. Microchip bietet eine breite Palette von digitalen und analogen Bausteinen an. Beispiele sind 8-, 16- und 32-Bit-Mikrocontroller in allen Preisklassen, Touch-Screen-Steuerungen, analoge Verstärker, alle Arten von Reglern (Spannungs-, Akku-Laderegler, usw.), strahlungsharte FPGAs, High Speed Networking-, Video Bausteine usw.

– Die Firma Microsemi (www.microsemi.com) übernahm im Jahre 2010 die Firma Actel. Microsemi hat mit der Firma Microchip fusioniert. Microsemi hat ihre Produktpalette mit Actel-FPGAs erweitert und liefert beispielsweise strahlungsharte FPGAs auf der Basis der „Antifuse"-Technologie (siehe Seite 26), „Low-Power"- und „Mixed-Signal"-FPGAs, SoCs mit integriertem Prozessorkern ARM Cortex-M3, usw.

– Die Firma Lattice Semiconductor (www.latticesemi.com) liefert eine Vielzahl von Low-power-FPGAs und CPLDs z. B. für die mobile Kommunikation, Video- und

Fernseh-Übertragungs-Steuerungen, Steuerungen für Virtual-Reality-Brillen, integrierte Schaltungen für effektives Energie-Management (Power Management) usw.

Alle oben genannten Firmen bieten zudem Werkzeuge für die Entwicklungsunterstützung, zum Beispiel Debug-Hilfen und Entwicklungsplatinen an.

# 1.9 Zusammenfassung

Eingebettete Systeme sind bereits integraler Bestandteil unserer Umgebung, sei es in unserem Büro, im Wohnhaus, im Kraftfahrzeug, in medizinischen Geräten, in Industrieanlagen usw. Ein typisches Eingebettetes System enthält ein oder mehrere Prozessorelemente, Verbindungselemente, Schnittstellen zu Sensoren und Aktoren sowie zu Eingabe- und Ausgabevorrichtungen. Sensoren nehmen bestimmte physikalische Größen der Umgebung auf zum Beispiel Temperatur, Wege, Schaltereinstellungen und berechnen mit Hilfe eines Prozessors oder mehrerer Prozessorelemente den Zeitverlauf eines Aktorsignals. Das Aktorsignal muss oft in „Echtzeit" erfolgen, das heißt es muss als Reaktion zum Sensorsignal bestimmte Zeitgrenzen einhalten.

Die Bauformen von Eingebetteten Systemen sind Ein-Chip-Systeme (System-on-a-Chip, SoC), Multi-Chip-Module, Mikrosysteme und Platinen-Systeme. Die Wahl der Bauform hängt stark von der Stückzahl der zu fertigenden Systeme ab. Die Wahl der Prozessorart, die für das zu entwickelnde Eingebettete System verwendet wird, ist eine wichtige Entscheidung des Entwicklers. Sie hängt von vielen Faktoren ab, z.B. von den Anforderungen, der erwarteten Stückzahl, des geforderten Termins der Markteinführung, von den Funktionen usw. Die Prozessorfunktion des Eingebetteten Systems kann demnach mit Hilfe von Mikroprozessoren, Mikrocontrollern, Spezial-Prozessoren, FPGAs, voll kundenspezifischen (ASICs), programmierbaren Systemen auf einem Chip, teilweise kundenspezifischen Schaltkreisen oder Ein-Chip-Systemen implementiert werden.

Der Trend der Technologieentwicklung von Eingebetteten Systemen geht bei großen Stückzahlen in Richtung voll kundenspezifischer Integrierter Schaltkreise bzw. Ein-Chip-Systeme mit mehreren Prozessoren und geringem Energiebedarf. Bei kleineren Stückzahlen werden häufig rekonfigurierbare FPGAs oder programmierbare Systeme auf einem Chip (PSoCs und MPSoCs) eingesetzt. Der Trend geht in Richtung programmierbarer Systeme. Damit steigt der Bedarf an Software.

# 2 Entwicklungsmethodik

Ausschlaggebend für die Entwicklung bzw. den Entwurf eines neuen Produkts ist ein Bedarf oder eine Marktchance, d. h. die Aussicht für den Verkaufserfolg eines Produkts. Aus dem Bedarf werden die Anforderungen an das Produkt formuliert. Entwicklungsmethodik bedeutet *die Vorgehensweise, aus den Anforderungen schrittweise ein qualitativ hochwertiges Produkt zu entwickeln mit dem Ziel, dieses Produkt zu produzieren und zu verkaufen.*

Der Anstoß für eine Produktentwicklung gibt meist ein Auftraggeber, der ein Unternehmer sein kann oder der Auftraggeber ist die Marketing- oder Planungs-Abteilung eines Unternehmens. Der Auftraggeber sucht sich einen Auftragnehmer der in der Lage ist, die Entwicklung durchzuführen, es kann ein Entwicklungshaus sein, oder die Entwicklungsabteilung im selben Unternehmen. Wir haben es in der Regel mit zwei Parteien zu tun: Einem Auftraggeber (einem Kunden), der seine Vorstellungen von dem neuen System in einem Dokument festhalten wird, einem **Lastenheft** (siehe Abschnitt 2.1.2, Seite 37) oder bereits in einer *Spezifikation* (siehe Abschnitt 2.1.4, Seite 40). Der Auftragnehmer formuliert aus den Anforderungen des Lastenhefts ein **Pflichtenheft** (siehe Abschnitt 2.1.3, Seite 39) als Angebot.

Das zu entwickelnde Produkt kann ein umfassendes System sein, beispielsweise ein Flugzeug oder ein Geldausgabeautomat, dessen grundlegender Aufbau schematisch in Abbildung 2.1, Seite 43 gezeigt wird. Das Produkt kann auch ein Teilsystem sein, ein Eingebettetes System, beispielsweise die Steuerung eines Geldausgabeautomaten oder die Steuerung des Kartenlesers eines Geldausgabeautomaten. Ein Eingebettetes System besteht in der Regel aus zwei Entwicklungsbereichen, der Softwareentwicklung (siehe Abschnitt 2.4, Seite 44) und der Hardwareentwicklung (siehe Abschnitt 2.5, Seite 53), die idealerweise miteinander koordiniert ablaufen sollten.

Die folgenden Abschnitte behandeln die heute relevanten Grundlagen für den Entwurf und die Modellierung Eingebetteter Systeme. Zunächst wird auf die Kundenanforderungen, auf das Lastenheft, eingegangen, danach auf das Pflichtenheft und die Spezifikation. Die Softwareentwicklung und die Hardwareentwicklung werden in eigenen Abschnitten behandelt. Der Hauptteil des Abschnitts Hardwareentwicklung beschäftigt sich mit den aktuellen Hardware-Entwurfsmethodem „Plattformbasierten Entwurf" und dem „Modellbasierten Entwurf".

https://doi.org/10.1515/9783110702064-002

# 2.1  Kundenanforderungen und Spezifikation

## 2.1.1  Nichtfunktionale Anforderungen

Eingebettete Systeme sind in den übergeordneten Systemen oft nur schwer zugänglich, bestimmen aber meist entscheidend das Verhalten dieses Systems. Unterschieden wird grundsätzlich zwischen „funktionalen" und „nichtfunktionalen" Anforderungen an das System bzw. an das Eingebettete System. Während die funktionalen Anforderungen vom Auftraggeber des Eingebetteten Systems in einem Anforderungskatalog (Requirements Document RD) oder im „Lastenheft" (siehe Abschnitt 2.1.2) formuliert werden, muss der Entwickler auf die nichtfunktionalen Anforderungen selbst achten. In guten Entwicklungsbüros werden die nichtfunktionalen Anforderungen als Richtlinien ausgegeben und selbstverständlich in einer Entwicklung eingeplant. Im Folgenden wird eine Unterscheidung zwischen allgemein gültigen und besonderen nichtfunktionalen Anforderungen vorgenommen. Möglicherweise sind die Listen nicht vollständig. Die folgenden **nichtfunktionalen Anforderungen** gelten allgemein für Eingebettete Systeme:

- Zuverlässigkeit, Verfügbarkeit,
- energiesparend,
- Effizienz,
- Größe und Gewicht sollen angemessen sein,
- Physikalische und elektrische Robustheit,
- Heterogenität, Verarbeitung unterschiedlicher Datenarten,
- Entwicklungszeit *(Time-to-Market)* soll möglichst kurz sein,
- Hardwareaufwand und Teilekosten sollen möglichst gering sein,

Die **Zuverlässigkeit** und Verfügbarkeit stehen als sehr wichtige Eigenschaften obenan. Insbesondere in Kraftfahrzeugen und Flugzeugen hängt von der Zuverlässigkeit von Eingebetteten Systemen oft die Sicherheit von Menschenleben ab. Beispielsweise darf in einem Flugzeug der Autopilot oder in einem Kraftfahrzeug das Bremssystem nicht versagen. **Verfügbarkeit** ist eng mit der Zuverlässigkeit verknüpft und bedeutet, dass das Eingebettete System in der Ausführung seiner Funktion nicht aussetzen darf, es sollte möglichst 100 % verfügbar sein. In Eingebetteten Systemen mit programmierbaren Prozessoren dürfen zum Beispiel Programme nicht in Endlosschleifen fallen oder endlos auf eine Eingabe warten.

**Energiesparend** müssen alle Eingebetteten Systeme sein, die ihre Energie aus Akkus beziehen, also alle tragbaren Eingebettete Systeme. Jedoch besteht diese Forderung auch zunehmend für alle Computersysteme, da Energie allgemein teurer wird. Ein Eingebettetes System spart Energie, wenn die Verlustleistung möglichst gering gehalten wird. Dies kann beispielsweise durch die Wahl geeigneter Mikroprozessoren bzw. durch Mehrprozessorsysteme erreicht werden.

Eingebettete Systeme sollen **effizient**, also leistungsfähig und wirtschaftlich funktionieren. Die Stromversorgung bzw. der Akku soll das Gerät möglichst lange funktionsfähig halten. Das heißt, zur Effizienz gehört in vielen Fällen nicht nur möglichst geringe Größe und Gewicht, sondern auch Sparsamkeit im Energiebedarf, möglichst geringe Programmgröße usw.

**Größe und Gewicht, physikalische und elektrische Robustheit** spielen besonders bei mobilen Systemen wie Kraftfahrzeugen, Flugzeugen, tragbaren Geräten und militärischen Geräten eine Rolle. Beispielsweise darf ein Handy nicht zu groß und zu schwer

sein, sonst ist es unhandlich und wird nicht gekauft. Eingebettete Systeme in Kraftfahrzeugen, Flugzeugen und Geräten müssen unempfindlich gegenüber Erschütterungen,
Feuchtigkeit, elektromagnetischen Feldern, Temperaturschwankungen usw. sein. Erschütterungen werden gemessen in „Erdbeschleunigungen g" z. B. müssen Handys zwischen
„4 g" und „8 g", also vier bis achtfache Erdbeschleunigung aushalten, ohne ihre Funkti-
onstüchtigkeit einzubüßen. „Elektromagnetische Verträglichkeit" abgekürzt EMV (Elec-
tro Magnetic Compatibility EMC) bedeutet, dass elektrische bzw. magnetische Felder
bis zu einer spezifizierten Stärke die Funktion des Geräts nicht stören dürfen.

Eingebettete Systeme sind oft **heterogen** aufgebaut, d. h. bestehen aus unterschiedlichen Hardware- und Software-Komponenten. Beispielsweise kann eine Temperatur-
Regelung aus dem analogen Temperaturfühler, einem digitalen Verarbeitungsteil das
die „Stellgröße" in Abhängigkeit der Zeit berechnet und wiederum aus einem analogen
Stellglied bestehen. In diesem Beispiel werden **unterschiedliche Datenarten** verarbeitet. Die Temperatur wird als analoges Datum gemessen. Die Temperatur-Abweichung
wird als digitales Datum algebraisch ermittelt und daraus wird die Stellgröße bestimmt,
die wieder als analoge Größe ausgegeben wird (siehe Abbildung 1.3, Seite 5). Die Tem-
peraturänderung ist ein **asynchrones Ereignis**, d. h. ein Ereignis, das normalerweise
nicht zeitgleich mit einem Taktsignal auftritt. Bei anderen Eingebetteten Systemen,
zum Beispiel bei Videodekodern, werden die Daten als **kontinuierliche Datenströme**
eingegeben.

Die **Entwicklungszeit** ist in Konkurrenzsituationen oft von Wichtigkeit. In vielen
Fällen entscheidet der Zeitpunkt der Markteinführung über den Verkaufserfolg eines
Produkts. Diese Forderung gilt allgemein für Entwicklungsabteilungen. Im Besonderen
gilt dies z. B. für den Spielzeugmarkt. Vor dem Weihnachtsgeschäft müssen neue Spiel-
zeuge in den Läden sein. Hier spielt auch der Preis eine überragende Rolle. Bei Spiel-
zeugen sind weitere Randbedingungen die Ungefährlichkeit für Kinder, Ungiftigkeit der
Materialien, scharfe Kanten dürfen nicht auftreten usw.

**Hardwareaufwand und Optimierung der Teilekosten** gilt ebenfalls allgemein für
Entwicklungsabteilungen. In unserem Fall bedeutet es, die Hardware für das Eingebettete System so zu wählen, dass die Teilekosten minimal werden. Dies kann bei der
Selektion der Mikroprozessoren eine Rolle spielen oder bei der Entscheidung zwischen
einem FPGA oder einem ASIC (siehe Abschnitt 1.7, Seite 18). Bei Spielzeug spielen
beispielsweise die Hardwarekosten und damit der Preis eine große Rolle.

### Besondere Anforderungen an Eingebettete Systeme

Die folgende Liste der Anforderungen trifft für einen großen Teil der Eingebetteten
Systeme zu, jedoch grundsätzlich nicht für alle.

- Echtzeitverhalten, Verarbeitungsgeschwindigkeit,
- Wartbarkeit,
- Wiederverwendbarkeit und Skalierbarkeit (z. B. bei Teilsystemen und Komponenten),
- verteilte Implementierung (verteilte Systeme),
- Geringe Verlustleistung (z. B. bei mobilen Geräten: Handys) Erweiterter Tempera-
  turbereich (z. B. bei militärischen Geräten),
- Manipulationssicherheit, Datensicherheit, Sicherheit gegen Vandalismus (zum Bei-
  spiel bei Selbstbedienungsgeräten).
- Einfachheit der Bedienung (zum Beispiel bei Selbstbedienungsgeräten).

Viele dieser Kriterien scheinen dem Kunden selbstverständlich oder sind ihm nicht bewusst, müssen aber für den Entwickler dennoch formuliert werden.

**Echtzeitverhalten** (Real Time Behaviour) wird vielfach zu den funktionalen Eigenschaften gerechnet. Echtzeitverhalten bedeutet, dass Informationen unter Einhaltung von Zeitschranken verarbeitet werden müssen. Man unterscheidet **harte Echtzeitschranken** (Hard Real Time Constraints) und **weiche Echtzeitschranken** (Soft Real Time Constraints). Die harten Echtzeitschranken müssen auf jeden Fall vom entsprechenden Eingebetteten System eingehalten werden, bei Nichteinhaltung ist möglicherweise eine Katastrophe die Folge. Ein Beispiel dafür ist das ABS-Bremssystem im Kraftfahrzeug. Beim Überschreiten einer weichen Echtzeitschranke leidet schlimmstenfalls die Qualität des Systems, es ist jedoch keine Katastrophe zu erwarten. Falls zum Beispiel das Dekodieren eines einzelnen Teilbildes in einem Videogerät länger dauert als spezifiziert, kommt es eventuell zu einer kurzen ruckartigen Bildfolge, aber der Videofilm läuft weiter. Echtzeitverhalten spielt eine zentrale Rolle in der Entwicklung von Eingebetteten Systemen und wird im Abschnitt „Modellbasierte Entwicklungsmethode", Seite 69 näher betrachtet. In diesem Zusammenhang wird der Begriff **„Reaktivität"** angeführt. Typisch für viele Eingebettete Systeme ist, dass sie auf Stimuli, d. h. Anregungen bzw. Zustandsänderungen von außen in bestimmten Zeitgrenzen reagieren, also Reaktivität zeigen.

**Wartbarkeit** bedeutet, dass fehlerhafte Teile leicht diagnostiziert, repariert bzw. ausgetauscht werden können. Im weiteren Sinne versteht man unter Wartbarkeit auch, dass mögliche Fehlerquellen bereits vor dem Versagen des gesamten Systems erkannt werden, z. B. dadurch, dass Fehlermeldungen und grenzwertige Ereignisse innerhalb des Systems, die zu Fehlern führen können, frühzeitig aufgezeichnet und angezeigt werden. Heutzutage wird bei den meisten Eingebetteten Systemen nicht mehr repariert, sondern fehlerhafte Teile bzw. das gesamte Eingebettete System werden ausgetauscht.

Bei **verteilten Systemen** besteht das Gesamtsystem aus einigen Teilsystemen oder Komponenten, die lokal im übergeordneten System **verteilt** sind. Die Komponenten kommunizieren über ein gemeinsames Kommunikationssystem zum Beispiel über einen seriellen Bus (siehe Abschnitt 1.6, Seite 17).

**Wiederverwendbarkeit** und **Skalierbarkeit** von Komponenten oder Systemteilen ist eine wichtige Forderung an den Entwickler. Dies gilt sowohl für den Hardware- als auch für den Software-Bereich. Teile, die entwickelt und getestet wurden sind kostengünstiger, wenn sie erneut verwendet werden können. Die Voraussetzungen dafür sind, dass die Schnittstellen passen oder skalierbar sind z. B. durch generische Datenbreiten, die bei der Implementierung angepasst werden. „Entwickeln für Wiederverwendung" (Design for Reuse) bedeutet von Anfang an, das zu entwickelnde Teil „universeller" zu gestalten, damit es auch bei der nächsten Version des Systems oder bei ähnlichen Systemen passt.

Ein **erweiterter Temperaturbereich** gilt für viele Eingebettete Systeme, die außerhalb von Gebäuden und in Umgebungen mit großen Temperaturschwankungen funktionieren müssen. Beispiele dafür sind Geräte auf Baustellen, Geldausgabeautomaten die im Freien stehen oder militärische Geräte. Hier gelten im Allgemeinen größere Temperaturbereiche, in denen die einwandfreie Funktion des Geräts sichergestellt sein muss, zum Beispiel $-60^0$ C bis $+80^0$ C.

**Manipulationssicherheit**, **Datensicherheit**, Sicherheit gegen Vandalismus und **Einfachheit der Bedienung** wird bei Selbstbedienungsgeräten und allen sogenannten Automaten gefordert, die in der Öffentlichkeit stehen und deren Steuerung in den Bereich Eingebettete Systeme fallen. Beispiele sind Geldausgabeautomaten, Fahrkartenautomaten, Getränke- und Lebensmittelautomaten usw. Manipulationssicherheit bedeutet, dass die Steuersoftware und auch beispielsweise die Konfiguration des FPGA eines Systems nicht von einem Außenstehenden (einem „Hacker") veränderbar sein darf. Aus diesem Grund sind zum Beispiel die Konfigurationsdateien des Xilinx MPSoC: Zynq UltraScale verschlüsselbar (Abschnitt „Programmierbare Ein-Chip-Systeme", Seite 29 und [Xi21]). Datensicherheit bedeutet, dass beispielsweise die Daten, die in einen Geldausgabeautomaten eingegeben werden, geschützt bleiben. Es handelt sich dabei zum Beispiel um die Geheimzahl oder die Daten, die von einer EC-Karte eingelesen werden. Sie dürfen von Außenstehenden in keinem Fall erreichbar sein.

Je nach Verwendungszweck sind mehrere der oben genannten nichtfunktionalen Anforderungen wichtig, eventuell in unterschiedlicher Priorität. Militärischen Geräten wird beispielsweise der Forderung nach Robustheit eine höhere Priorität zugewiesen als die Effizienz. Bei kommerziellen Geräten, z. B. bei Haushaltsgeräten, steht die Forderung nach Effizienz an höherer Stelle als die Robustheit. Bei Handys wird die Reihenfolge der Prioritäten sein: Größe, Gewicht, Verlustleistung, Einfachheit der Bedienung, Robustheit.

## 2.1.2 Lastenheft

Ein Kunde sieht einen Bedarf für ein System, das nicht handelsüblich auf dem Markt verfügbar ist und wendet sich mit einem Anforderungsdokument (Requirements Document oder Product Requirements Document PRD) bzw. einem „Lastenheft" an die Marktabteilung eines Entwicklungshauses. In vielen Fällen hängt die Auftragserteilung von einem Angebot ab, dem ein „Pflichtenheft", als Antwort auf ein Lastenheft, zugrunde liegt. Dies gilt in gleichem Maße auch für Softwaresysteme. Die Form des Lasten- und Pflichtenhefts ist im deutschsprachigen Raum unter [DIN69905] genormt. Das Lastenheft ist damit sozusagen ein im deutschsprachigen Raum genormter Anforderungskatalog, der oft bei (öffentlichen) Ausschreibungen für ein Projekt verwendet wird. Das Lastenheft enthält die *„Gesamtheit der Forderungen an die Lieferungen und Leistungen eines Auftragnehmers"*. Im juristischen Sinne sind Lastenheft und Pflichtenheft Vertragsdokumente für eine Projektentwicklung. Das Lastenheft enthält folgende Punkte:

1. Zielsetzung
2. Produkteinsatz
3. Produktübersicht
4. Produktfunktionen
5. Produktdaten
6. Produktleistungen
7. Qualitätsanforderungen
8. Ergänzungen

Wichtig ist eine gründliche „Machbarkeits-Analyse" der Kundenanforderungen (Requiremets Analysis). Kunden sind meist keine Ingenieure bzw. Informatiker und haben nur verschwommene Vorstellungen von den technischen Möglichkeiten für die Realisierung eines Systems und der damit verbundenen Kosten.

In Bezug auf die Kundenanforderungen werden wir uns nicht an die Punkte des Lastenhefts nach DIN 69905 halten, sondern für unsere Beispiele die kürzere Version aus dem Buch von Wolf [Wolf02] wählen, die auch mehr die Anforderungen an Eingebettete Systeme berücksichtigt. Im Anforderungskatalog müssen zumindest folgende Punkte aufgeführt werden:

- Name: Kennzeichnende Namensgebung des (Eingebetteten) Systems.
- Aufgabe: Kurze Beschreibung des System-Verhaltens.
- Eingabe/Ausgabe: Datenfolge: z. B. periodisch, sporadisch. Datentypen: z. B. analog, digital.
- Funktionen: Beschreibt die gewünschten Funktionen in Hinsicht auf: Ausgabe = Funktion(Eingabe).
- Geschwindigkeit: Zeitgrenze oder andere Randbedingung.
- Kosten: Meist obere Kostengrenze.
- Energieversorgung: Festnetz oder Akkumulator.
- Größe/Gewicht:Beispiel: tragbar oder stationär. Beispiel: Handgröße.

Als Beispiel werden im Folgenden die gekürzten Kundenanforderungen für einen fiktiven Geldausgabe-Automaten dargestellt.

- Name: Geldausgabeautomat.
- Aufgabe: Gibt anstelle eines Kassenangestellten automatisch Geld aus.
- Eingabe: EC-Karte, PIN (Persönliche Identifikations-Nummer), Wahl der Funktion, Wahl der gewünschten Geldmenge.
- Ausgabe: Kontostand, gewünschte Geldmenge.
- Funktionen: Selbstbedienungsgerät. Soll verschiedene Geldscheine ausgeben können. Prüft: EC-Karte und Geheimzahl (PIN). Auswahl der Transaktionen: Geldabhebung oder Kontostandsabfrage. Anfrage der Karten-Gültigkeit in der Bank-Zentrale. Auswahl des Betrags der Geldabhebung soll über einen Bildschirm mit seitlichen Tasten möglich sein. Der Abhebungsbetrag soll in der Bank-Zentrale autorisiert werden. Das Datum der Transaktion soll auf der EC-Karte vermerkt werden. Betrug und Diebstahl sollen praktisch unmöglich sein. Der Automat soll sicher sein gegen Vandalismus.
- Geschwindigkeit: Soll schneller sein als ein Kassierer.
- Energiebedarf: Festnetz-Anschluss.
- Kommunikation: Anschluss an die Bank-Zentrale über das Telefon-Netz.
- Größe/Gewicht: Nach Bedarf.
- Kosten: kleiner als das Jahresgehalt eines Kassierers.

Ein Geldausgabeautomat ist ein übergeordnetes System, die Steuerung desselben wird einem zentralen Eingebetteten System anvertraut, das wiederum einige untergeordnete Eingebettete Systeme kontrolliert. Es handelt sich hier um ein System von hierarchisch angeordneten, verteilten Eingebetteten Systemen. Die oben aufgeführten Kundenanforderungen betreffen wie üblich, hauptsächlich die funktionalen Anforderungen, in unserem Geldausgabeautomaten-Beispiel sind die Wahl der EC-Karte und des PIN als Eingabe eindeutige funktionale Anforderungen, während die Kosten, der Energiebedarf sowie Größe und Gewicht nichtfunktionale Anforderungen sind.

Das Beispiel ist stark gekürzt; denn das Management einer Bank wird anstatt „Betrug und Diebstahl sollen praktisch unmöglich sein", sich etwas präziser ausdrücken, wie zum Beispiel: die Geldscheine im Geldausgabeautomat sollen vor Diebstahl in einem Safe in einer bestimmten genormten Sicherheitsklasse geschützt werden. Auch die

„Wahl der Funktion" wird wahrscheinlich ausführlicher beschrieben, zum Beispiel wie die Kundenführung auf dem Bildschirm und die Auswahl erfolgen soll.

Bei diesem Beispiel ist in jedem Fall eine ausführliche Anforderungs-Analyse und noch einige Rücksprachen mit dem Kunden (der Bankzentrale) notwendig, bevor die Vorarbeiten für die Entwicklung und der Kostenvoranschlag erfolgen kann. Ein Geldausgabeautomat ist in der Realität bereits ein etwas größeres System und eine Bank wird dafür im deutschsprachigen Raum eher ein Lastenheft erstellen und eine Ausschreibung in die Wege leiten. Das Pflichtenheft wird für dieses Beispiel viele DIN A4 Seiten betragen.

## 2.1.3    Pflichtenheft

Aus dem Lastenheft (bzw. dem Anforderungsdokument) erstellt das Entwicklungshaus bzw. der „Dienstleister" ein Pflichtenheft (bzw. ein Spezifikationsdokument). Damit kann sich beispielsweise der Dienstleister an einer Ausschreibung beteiligen. Wie im vorhergehenden Abschnitt erwähnt, ist die Form des Pflichtenhefts im deutschsprachigen Raum unter [DIN69905] genormt. Im englischsprachigen Raum bzw. in USA wird das Pflichtenheft oft „Final Functional Specification" genannt und beinhaltet im Wesentlichen die Spezifikation des übergeordneten Systems (siehe Abschnitt 2.1.4). Das Pflichtenheft ist damit sozusagen eine Art „genormte Spezifikation". Das Pflichtenheft enthält die vom „Auftragnehmer erarbeiteten Realisierungsvorgaben" und beschreibt die „Umsetzung des vom Auftraggeber vorgegebenen Lastenhefts". Analog zum Lastenheft ist das vorgeschlagene Gliederungsschema des Pflichtenhefts wie folgt:

1. Zielbestimmung
   - Musskriterien
   - Wunschkriterien
   - Abgrenzungskriterien
2. Produkteinsatz
   - Anwendungsgebiete
   - Zielgruppen
   - Betriebsbedingungen
3. Produktumgebung
   - Software
   - Hardware
   - Produkt-Schnittstellen
4. Produkt-Funktionen (Hauptteil)
5. Produktdaten
6. Produktleistungen
7. Benutzeroberfläche
   - Benutzermodell
   - Kommunikationsstrategie und -aufbau
   - Benutzerdokumentation
8. Qualitäts-Ziele
9. Testszenarien/Testfälle
10. Entwicklungs-Umgebung
11. Einführungsstrategie
12. Anhänge

## 2.1.4    Spezifikation

### Das Spezifikations-Dokument

Wir unterscheiden zwischen Spezifikations-Dokument und modellbasierter Spezifikation. Der Unterschied zwischen diesen Spezifikationsformen ist, dass das Dokument in Textform erstellt wird und das Modell in einer „System Level Design Language (SLDL)" [Ga09]. In diesem Abschnitt bezeichnen wir mit „Spezifikation" nur das Spezifikations-Dokument. Haubelt und Teich [HaTei10] definieren die Spezifikation eines Systems *als die präzise Beschreibung des Verhaltens des Systems einschließlich der geforderten Eigenschaften an die Implementierung des Systems.*

Das Pflichtenheft als Vertragsgrundlage für ein zu entwickelndes System bzw. Eingebettetes System beschreibt das System meist nicht detailliert und eindeutig genug, um auf dieser Basis eine Entwicklung beginnen zu können. In der Regel beinhaltet das Pflichtenheft die Beschreibung des übergeordneten Systems und damit fehlen im Pflichtenheft wichtige Schnittstellenangaben zwischen dem Hauptsystem und den Untersystemen.

Als Beispiel sei hier das Teilsystem „Kartenleser" im Geldausgabeautomaten aufgeführt. Hier muss spezifiziert werden, welches Medium auf der Karte ausgelesen werden soll, der „Chip" oder die Daten des Magnetstreifens. Welche Daten werden an das zentrale System weitergegeben? Wie soll die Prüfung der Daten stattfinden? Wie sollen die Kartendaten mit der Prüfung der Geheimzahl verknüpft werden? usw. Das heißt, falls das gesamte System hierarchisch konzipiert ist, müssen auch die Teilsysteme und die Schnittstellen zu den Teilsystemen spezifiziert werden. Halten wir fest: Die Spezifikation ist eine Erweiterung des Pflichtenhefts (oder ersetzt das Pflichtenheft) und legt unter anderem detailliert die Schnittstellen nicht nur nach außen, sondern auch zwischen zentralem Eingebetteten System und den Teilsystemen fest. Die Spezifikation basiert auf der Architekturfestlegung des Systems (siehe Abschnitt 2.2.1, Seite 41). Die Spezifikation muss folgenden Kriterien standhalten:

Die Spezifikation legt umfassend und präzise die Eingabedaten und die korrespondierenden Ausgabedaten fest. Bei zeitlichen Abhängigkeiten werden in der Regel obere oder untere Grenzwerte der Ausführungszeiten angegeben, die nicht über bzw. unterschritten werden dürfen. Die Ausgabedaten mit zeitlichen Abhängigkeiten werden oft auch als „Reaktionen" bezeichnet. Damit ist die geforderte Funktion des Systems festgelegt im Sinne von: Die *Ausgabedaten und -Reaktionen* sind eine Funktion von *Eingabedaten und -Aktionen.* Zu den Ausgabedaten gehören auch mögliche Fehlermeldungen, die im Laufe der Entwicklung erweitert werden können.

Die Spezifikation muss **eindeutig, widerspruchsfrei, fehlerfrei** und **vollständig** sein. *Anmerkung:* Die Forderung nach Vollständigkeit einer Spezifikation muss allerdings relativiert werden. Größere Systeme, beispielsweise größere Softwaresysteme sind oft so komplex, dass sie nicht mehr überschaubar sind und daher kann das System zu Beginn der Entwicklung auch nicht vollständig spezifiziert werden. Agile Entwicklungsmethoden, beispielsweise Scrum (siehe Abschnitt 2.4.4, Seite 47) bieten dafür eine Lösung. Jedoch müssen zum Beispiel Schnittstellen-Spezifikationen die Forderung nach Vollständigkeit erfüllen.

Die Spezifikation ist sozusagen die Basis für die gesamte Entwicklungsarbeit. Fehler in der Spezifikation, beispielsweise Fehler bei der Festlegung der Eingabe- bzw. Ausgabe-

Datenformate, Fehler in den Schnittstellen usw. erfordern im besten Falle Nacharbeit und verzögern oft den Entwicklungsverlauf drastisch. Fehler sind oft mit sehr hohen Kosten verbunden, die zum Scheitern des Projekts führen können. Sie können im schlimmsten Fall, wenn sie unentdeckt bleiben, dramatische Folgen eventuell sogar für Menschenleben haben. Daher gibt es für größere Projekte verschiedene Versionen des Spezifikations-Dokuments: Die „Initiale Spezifikation" („Initial Specification"), zum Schluss die „Endgültige Spezifikation" („Final Functional Specification"). Dazwischen gibt es oft weitere Versionen. Nach jeder Ausgabe einer Dokumenten-Version werden „Reviews" mit Planern und Entwicklungsingenieuren durchgeführt. Reviews sind Besprechungen mit dem Ziel, die Spezifikation auf die o. g. Punkte hin zu überprüfen und Fehler zu finden. Oft wird die Spezifikation eines übergeordneten Systems, (die anstelle eines Pflichtenhefts erstellt wird), mit dem Kunden besprochen. In diesem Fall besitzt diese Spezifikation Vertragscharakter und das Entwicklungshaus kann verlangen, dass der Kunde die Spezifikation gegenzeichnet. Das Spezifikations-Dokument wird meist in natürlicher Sprache erstellt. Es gibt hier keine einheitliche Sprachregelung. Die Beschreibung der geforderten Funktionalität sowie die präzise Spezifizierung von Zeitabhängigkeiten, d. h. des zeitlichen Funktionsablaufs des Systems oder von Teilsystemen ist Teil der Modellierung (siehe Kapitel 3, Seite 77).

**Die modellbasierte Spezifikation**

Falls die Entscheidung für die Entwicklung eines Eingebetteten Systems gefallen ist, wird in der Regel auf der Basis des Spezifikationsdokuments eine modellbasierte Spezifikation als **Verhaltensmodell** erstellt Wir nennen die modellbasierte Spezifikation kürzer System-Verhaltensmodell (System Behavior Model SBM) oder Anwendungsmodell. Das System-Verhaltensmodell wird in einer System Level Design Language (SLDL) wie zum Beispiel SystemC oder SystemVerilog beschrieben. Das System-Verhaltensmodell ist in der Regel ein auf dem Computer ausführbares, das bedeutet simulierbares Modell. Es gibt bei der Simulation wichtige Aufschlüsse über die grundlegenden Funktionen des Systems. Damit können z. B. die Algorithmen, die in diesem System zur Anwendung kommen, überprüft und optimiert werden.

Im Kapitel 3 wird auf verschiedene Modelle näher eingegangen.

## 2.2 Der Beginn einer Entwicklung

Am Anfang einer Entwicklung steht ein Entwicklungsauftrag. Die Beschreibung des zu entwickelten Systems kann in einem Pflichtenheft stehen, dem eine Architekturfestlegung und eine Spezifikation folgt.

### 2.2.1 Der Architekturbegriff

Je nach System wird der Begriff Architektur etwas anders interpretiert. Unter der Architektur von Softwaresystemen wird im engeren Sinne verstanden: *die Aufteilung des Systems in Komponenten mit den jeweiligen Schnittstellen, in Prozesse und Abhängigkeiten zwischen ihnen einschließlich der benötigten Ressourcen* [RechPom02]. Der IEEE-Standard 1471-2000 definiert: Software-Architektur ist die *grundlegende Organisation eines Systems, dargestellt durch dessen Komponenten, deren Beziehungen zueinander und zur*

*Umgebung sowie den Prinzipien, die den Entwurf und die Evolution des Systems bestimmen.* Letztere Bezeichnung trifft grundsätzlich auch für Hardwarearchitekturen zu, wobei diese oft in Blockschaltbildern dargestellt werden.

Beispielsweise wird bei einer Uhr zwischen „digitaler" und „analoger" Architektur unterschieden, zusätzliche Unterschiede gibt es in der Implementierung. Die Architektur-Unterscheidung betrifft nicht nur die Art der Anzeige, sondern auch die prinzipielle Wirkungsweise die z. B. durch den elementaren Zeitgeber der Uhr festgelegt ist. Bei der historischen Uhr mit analoger Architektur und mechanischer Implementierung ist der elementare Zeitgeber ein mechanisches Schwingelement, die „Unruhe". Sie legt den konstanten Zeittakt fest, der durch ein mechanisches Getriebe in die Drehung des Sekundenzeigers sowie der Minuten- und Stundenzeiger übersetzt wird. Damit kann eine Armbanduhr und eine Kirchturmuhr dieselbe Architektur aufweisen, unterschiedlich sind die jeweiligen Implementierungen. Die Uhr mit digitaler Architektur besitzt in der Regel ein piezoelektrisches Schwingelement als elementaren Zeitgeber, den sogenannten „Schwingquarz", der einen elektrischen Zeittakt abgibt. Die Implementierung ist in der Regel elektronisch, d. h. aus dem elektrischen Zeittakt wird durch Logik-Schaltkreise die digitale Anzeige der Uhrzeit abgeleitet.

Unter der Architektur von Prozessoren wie sie in Computern und Eingebetteten Systemen verwendet werden, versteht man beispielsweise den Befehlssatz (RISC oder CISC), den Aufbau und den Zugriff zum Speichersystem z. B. „Von Neumann-Architektur" oder „Harvard-Architektur", die Cache-Struktur, Pipeline-Eigenschaften usw. (siehe Abschnitt 9.2.1, Seite 383).

Im vorliegenden Buch wird der „typische Aufbau" von Eingebetteten Systemen, wie er in Abbildung 1.2, Seite 4 dargestellt ist, als Architektur bezeichnet. Die Architektur ist in diesem Zusammenhang die Struktur des Eingebetteten Systems, die als Blockdiagramm dargestellt werden kann. Architekturunterschiede gibt es zum Beispiel bei dem Prozessorelement oder den Prozessorelementen des Eingebetteten Systems, es können programmierbare Prozessoren sein oder applikationsspezifische Prozessoren (ASICs) oder beides.

Auf der Basis der Spezifikation inklusive der Architektur wird eine initiale Kostenschätzung der Entwicklungs- und Produktkosten des Systems durchgeführt. Eine Richtlinie für den Endpreis des Produkts ist nach [Wolf02] etwa der Faktor vier bis fünf der gesamten Hardwarekosten. Die Preisgestaltung von Firmen ist jedoch marktabhängig und wird nach Möglichkeit geheim gehalten, daher sind solche Richtlinien mit Vorsicht zu betrachten.

Abbildung 2.1 zeigt als Architektur-Beispiel die strukturelle Aufteilung eines fiktiven Geldausgabeautomaten in sieben Teilsysteme: eine zentrale Steuerung als Eingebettetes System, eine Bildschirmanzeige, ein Kartenlese- und -Schreibgerät, eine Tastatur für die Benutzereingabe, ein Kommunikationsmodul für die Kommunikation mit der Zentrale und die mechanischen Einheiten: Geldkassetten und Geldausgabe-Mechanismus. Es ist sinnvoll, für jedes Teilsystem eventuell die Geldkassetten ausgenommen, ein Eingebettetes System als Steuersystem einzusetzen.

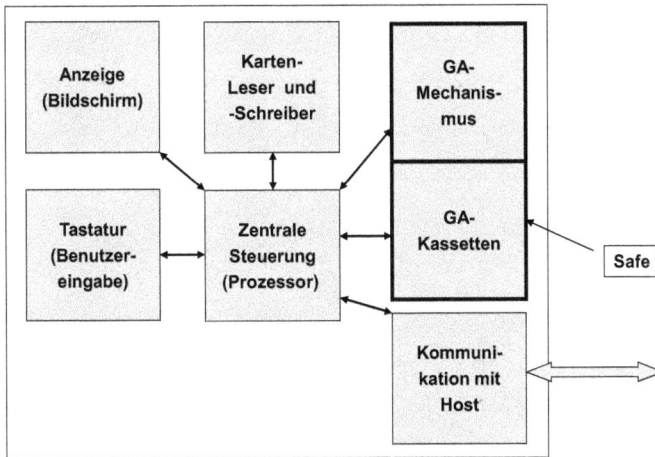

***Abbildung 2.1:*** *Architektur-Beispiel eines GAA: strukturelle Aufteilung in Teilsysteme.*

# 2.3  Hardware/Software-Co-Entwurf

Hardware/Software-Co-Entwurf (HW/SW-Codesign oder auch Funktions-/Architektur-Co-Entwurf) bedeutet: die Funktionalität (die Software SW) und die Architektur (die Hardware HW) für ein Eingebettetes System werden gleichzeitig (concurrent) entwickelt. Das setzt voraus, dass in der Hardware ein oder mehrere Prozessoren eingeplant werden, für die die Software entwickelt wird, und deren Architektur (Befehlssatz bzw. Instruktionssatz) und deren Eigenschaften (Taktfrequenz etc.) bekannt sind.

Abbildung 2.2 zeigt das Prinzip des Entwicklungsprozesses. Die funktionale Modellierung (die Software) und die Architektur (die Hardware) werden zunächst getrennt voneinander entworfen, arbeiten aber auf ein gemeinsames Ziel hin, nämlich ein optimales System zu entwickeln. Die SW- und HW-Entwickler stimmen sich gegenseitig ab. Die SW- und HW-Modelle treffen sich zum Zeitpunkt der Systemintegration. In Verfeinerungsschritten, in denen verschiedene Aufteilungen zwischen HW und SW analysiert werden, entsteht schließlich der „Virtuelle Prototyp", das heißt ein ausführbares Modell auf RT-Ebene (PCAM, Pin- und zyklusgenaues Modell, siehe Seite 103), das akkurate Analysedaten in Bezug auf Funktion und Ausführungszeiten liefert.

Typisch für den HW/SW-Co-Entwurf sind zum Beispiel:
– Integrierter Entwurfsablauf von der Spezifikation bis zu detaillierten Systemmodellen.
– Integration verschiedener Modellierungssprachen (Systembeschreibungssprachen) zur ganzheitlichen Systemmodellierung.
– Berücksichtigung von Anwendungssoftware, Betriebssystem, Netzwerk und Hardware-Plattformen.
– Generierung von Referenzmodellen (virtuellen Prototypen) für eine frühe Analyse und Verifikation.

Ein maßgeblicher Vorteil des HW/SW-Co-Entwurfs ist die Optimierung des Systems in Bezug auf Kosten und Funktionalität durch optimale Aufteilung (Partitionierung) des Entwurfs zwischen Hardware und Software.

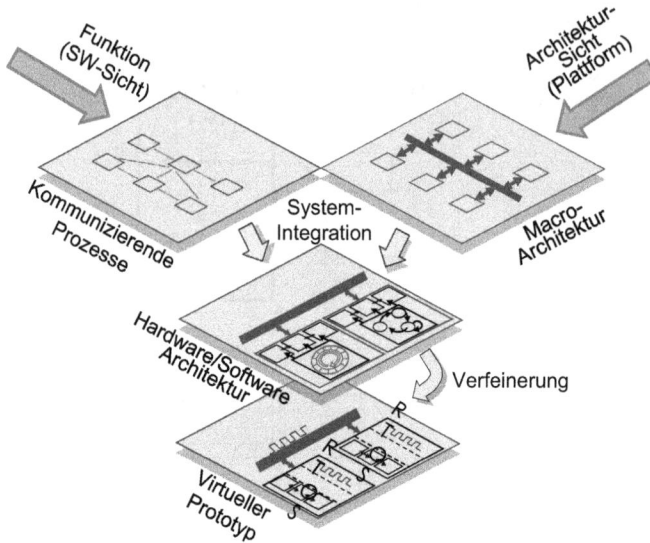

**Abbildung 2.2:** *Entwicklungsprozess des HW-SW-Co-Entwurfs (Funktions-/Architektur-Co-Entwurf).*

Beispiel: Die Simulation ergibt, dass die Mindest-Ausführungszeit für ein Echtzeit-System nicht eingehalten wird. Es wird ein zusätzlicher Prozessor eingeführt, der die Parallelität der Datenverarbeitung erhöht und dadurch die Ausführungszeit reduziert. Auch der umgekehrte Fall ist denkbar: Die Ausführungszeit lässt eine Einsparung eines HW-Prozessors zu, die vorhandenen Prozessoren können die zusätzliche Datenverarbeitung übernehmen.

Der HW/SW-Co-Entwurf wird zum Plattformbasierten Entwurf (siehe Seite 66), wenn die Hardware-Plattform vollständig vorhanden ist. Beim Plattformbasierten Entwurf entfällt der oben genannte Vorteil des HW/SW-Co-Entwurfs, doch der Nutzen einer bereits vorhandenen Plattform überwiegt in den meisten Fällen.

# 2.4    Software-Entwicklung

## 2.4.1    Das Wasserfallmodell

Das Wasserfallmodell [Royce70] wie es Abbildung 2.3 zeigt, war als Entwicklungsmethode bzw. als Vorgehensmodell für größere Software-Systeme konzipiert worden. Der gesamte Entwicklungsprozess wird in Phasen mit bestimmten Zielsetzungen aufgeteilt.

Das Bild 2.3 stellt sechs Phasen dar: In der ersten Phase werden die Anforderungen vom Kunden an das Software-Entwicklungshaus gestellt. Dies kann in Form eines Lastenhefts (siehe Abschnitt 2.1.2) geschehen. Das Software-Haus analysiert die Anforderungen, entwirft eine Software-Architektur (siehe Abschnitt 2.2.1), schreibt ein Pflichtenheft, falls ein Lastenheft vorliegt. Es wird eine Spezifikation erstellt, ein Entwicklungs-Zeitplan ent-

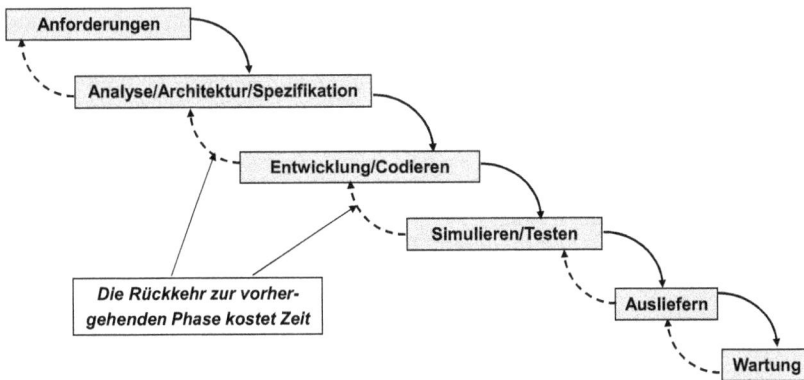

**Abbildung 2.3:** *Das Wasserfallmodell als Entwurfsmethode von größeren Software-Systemen.*

worfen und die Kosten abgeschätzt. Mit Pflichtenheft, Spezifikation, Kostenschätzung und Entwicklungs-Zeitplan verhandelt das Software-Haus mit dem Kunden, der daraufhin eventuell die Anforderungen präzisiert. Dies ist durch den gestrichelten Pfeil rückwärts zur ersten Phase (Rückkopplung) in der Abbildung dargestellt. Falls die vertraglichen Regelungen zwischen Kunden und Software-Haus abgeschlossen sind, kann die eigentliche Entwicklung und das Kodieren in der dritten Phase beginnen. Auch hier ist eine Rückkopplung zur zweiten Phase vorgesehen, die eine eventuelle Korrektur der Spezifikation bedeutet. In der vierten Phase wird das Programmpaket simuliert und getestet. In der Simulation, (siehe Abschnitt 8.2, Seite 362), wird das reale Umfeld, in dem das Software-System oder einzelne Programmteile nach Fertigstellung ausgeführt werden sollen, durch einen „Testtreiber" dargestellt und das Programm simuliert. Durch den Test werden meist Korrekturen am Programmcode nötig, angedeutet durch den Rückkopplungspfeil. Danach folgen die Auslieferung und die System-Wartung.

Im Wasserfallmodell bewegt sich wie oben beschrieben, der Entwicklungsfluss wie ein Wasserfall von einer Phase zur nächsten. Die folgende Phase wird erst begonnen, wenn die vorangehende beendet und dokumentiert ist. Werden die Zielsetzungen nicht erreicht, so wird eine Rückkehr zur vorhergehenden Phase durchgeführt, Teile der vorhergehenden Phase werden wiederholt. Nachteile des Wasserfallmodells ([Raasch91]) sind z. B. :

– Vom Anwender wird erwartet, alle Anforderungen in der ersten Projektphase vollständig zu formulieren. Dies ist meist nicht möglich.

– Die strenge Einteilung in sequenziell ablaufende Phasen trifft bei realen Projekten nicht immer zu. Entwicklungsphasen wie z. B. Codieren, Simulieren und Testen gehen in der Regel ineinander über.

– Die Anzahl Iterationen (Rückkehr zur vorhergehenden Phase) kosten sehr viel Zeit und erschweren die Planung.

– Weder das Management noch der zukünftige Anwender kann sich während des Projektablaufs ein genaues Bild vom Projektstand und der Qualität der bisherigen Entwicklung machen. Da helfen auch die Dokumente am Phasen-Ende wenig. Die noch zu erwartende Arbeit ist schwer abzuschätzen.

– Das Produkt ist erst nützlich anwendbar, wenn es vollkommen fertig gestellt ist. Der Anwender hat keine Möglichkeit, sich probeweise mit dem System zu beschäftigen.

Wegen der genannten Nachteile eignet sich das Wasserfallmodell in der strengen Form nicht für größere Projekte. Es gibt viele Beispiele von Software-Systemen, die gescheitert sind, weil strikt nach dem Wasserfall-Modell vorgegangen wurde. Um ein gestecktes Projekt-Ziel zu erreichen, ist das folgende Vorgehensmodell wesentlich besser geeignet.

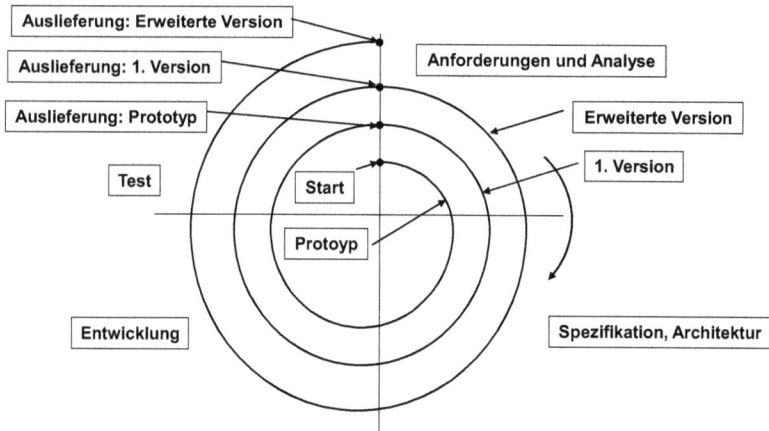

**Abbildung 2.4:** *Das Spiralmodell als Vorgehensmodell von größeren Software-Systemen.*

## 2.4.2    Das Spiralmodell

Abbildung 2.4.2 zeigt das Spiralmodell [Boehm86]. Ein 360°-Umlauf in der Spirale stellt einen Entwicklungszyklus dar. Die 4 Quadranten bilden die Entwicklungsphasen. Im 1. Quadranten wird eine gründliche Analyse der Anforderungen bzw. der vorhergehenden Version durchgeführt. Danach folgt im 2. Quadranten die Architektur- und die Spezifikationsphase. Entwickelt und programmiert wird im dritten, und im 4. Quadranten folgt der Test und die Auslieferung der betreffenden Version. Jeder Quadrant entspricht *nicht* genau 25% der Entwicklungszeit. Das Testen kann etwas mehr Zeit in Anspruch nehmen, die Analyse der Anforderungen eventuell etwas weniger usw. Das Spiralmodell geht von einem Prototyping-Ansatz aus. Im Umlauf durch den ersten Teil der Spirale wird ein Prototyp erstellt, der dem Kunden die Möglichkeit gibt, die Basis-Anforderungen zu überprüfen. Bevor die nächste Version begonnen wird, erfolgt eine gründliche Analyse der vorhergehenden Version. Korrekturen werden für die nächste Version eingeplant und die Zielsetzung wird neu festgelegt. Das Spiralmodell erlaubt bei jedem Spiraldurchlauf eine erneute Anpassung an die Realität, die Überwachung der einzelnen Projekt-Versionen und die Abstimmung mit dem Kunden ist einfacher und daher ist das Spiralmodell als Entwicklungsmodell effizienter als das Wasserfallmodell.

## 2.4.3    Agile Software-Entwicklungsmethoden

In der System-Entwicklung hat sich die Erkenntnis durchgesetzt, das größere Software-Systeme zu komplex sind, um sie in vollem Umfang zu überschauen und sie umfassend vor Entwicklungsbeginn systematisch zu planen. Der Versuch einer solchen anfänglichen detaillierten Projektplanung, beispielsweise beim Wasserfallmodell, führt zu großem bürokratischen Aufwand der letztlich einem effektiven Entwicklungsverlauf im Wege steht. Projektleiter und Entwickler von Software-Systemen suchten neue und schneller zum Ziel führende Methoden. Eine dieser Methoden ist das „Extreme Programming" von Kurt Beck [Beck00], die das Lösen einer Entwicklungsaufgabe ohne detailliert festgelegten Ablaufplan in den Vordergrund stellt.

Der Oberbegriff für flexiblere und „schlankere" (lean), das heißt unbürokratische Entwicklungsmethoden sind **agile** (agil: flink, beweglich) Entwicklungsprozesse. Bei diesen Methoden wird das neue System nicht in allen Einzelheiten voraus geplant und danach am Stück entwickelt, sondern es werden zunächst die Ziele des Projekts festgelegt und danach inkrementell und iterativ in mehreren Schritten das Projekt bis zum fertigen Produkt entwickelt. Dabei wird im Auge behalten, dass sich während der Entwicklung die Anforderungen an das Produkt noch ändern können [Ag14]. Als Beispiel eines agilen Entwicklungsprozesses gilt die erfolgreich eingesetzte Methode **Scrum**.

## 2.4.4 Die Projekt-Entwicklungsmethode Scrum

„Scrum" (Gedränge beim Sport, z. B. in einem Rugbyspiel) wird von Scrum-Trainern selbst nicht als Software-Entwicklungsmethode bezeichnet, sondern als *„Framework (Rahmenwerk) zur Risiko- und Werteoptimierung"* oder auch als *„Prozessmodell und Regelwerk um Prozesse zu steuern, um Abteilungen und Firmen zum Erfolg zu führen"* (zitiert aus [Glo08]). Da Scrum für Projektentwicklung allgemein gilt, kann Scrum auch für die Entwicklung von Eingebetteten Systemen eingesetzt werden, die im Allgemeinen aus Hardware und Software bestehen. Scrum setzt auf eine iterative und inkrementelle Methode, die in einzelnen Schritten, den jeweiligen **Sprints**, funktionierende Teile des zu entwickelnden Systems erstellt, die zum Schluss das Gesamtsystem bilden. Wir geben einen kurzen Überblick aus dem Buch von Kurt Gloger [Glo08] wie Scrum angewendet werden kann.

Scrum beruht auf drei Prinzipien:
1. Transparenz: Die Hindernisse und der Fortschritt eines SW-Projekts werden für alle Entwicklungsteilnehmer sichtbar aufgezeigt und festgehalten.
2. Überprüfung: In gewissen, nicht allzu weit auseinander liegenden zeitlichen Abständen wird die Produktfunktionalität beurteilt und ausgeliefert (Prinzip des Spiralmodells).
3. Anpassung: Die Anforderungen an das endgültige System werden nicht am Anfang des Projekts zementiert, sondern immer wieder neu evaluiert (bewertet) und bei Bedarf angepasst. Ziel ist eine effektive, kostengünstige und vor allem qualitativ hochwertige Erstellung eines Software-Systems.

### Die Rollen im Scrum-Prozess

„Scrum ist eine Arbeitsweise mit klar definierten Rollen, einem sehr einfachen Prozessmodell und einem klaren und einfachen Regelwerk" (zitiert aus [Glo08]). Diese Rollen und das Regelwerk wollen wir in aller Kürze vorstellen. Der Scrum-Prozess besteht aus sechs Rollen, sechs Besprechungen (Meetings) und neun Artefakten. Unter Artefakten versteht man in diesem Zusammenhang Dokumente, die zum größten Teil während der Produktentwicklung entstehen und gepflegt werden. Die Rollen des Scrum-Prozesses sind (aus [Glo08]):

**Der Kunde** ist der Produkt-Käufer oder der Auftraggeber, der das Produkt bezahlt.
**Der Anwender und Nutzer** definiert gemeinsam mit dem Produkt-Owner die Anforderungen. Er wird in die Produktentwicklung einbezogen und hilft mit, dass das Produkt vernünftig anwendbar ist.
**Der Manager** schafft den Rahmen in dem das Produkt entwickelt wird. Er sorgt dafür, dass die nötigen Ressourcen und die Organisations-Richtlinien bereitgestellt werden.
**Der Produktowner** ist verantwortlich für die Produktentwicklung. Er plant und lenkt die Entwicklungsarbeiten. Er arbeitet eng mit dem Entwicklungsteam zusammen und trifft die nötigen Entscheidungen.
**Das Team** erarbeitet das Produkt. Es entwickelt die einzelnen Funktionen nach einem selbst erstellten Zeitplan und ist verantwortlich und bestrebt, Qualitätsanforderungen und vorgegebene Standards einzuhalten.
**Der Scrummaster** hilft dem Team, die gesetzten Ziel zu erreichen. Er hilft, Probleme und Schwierigkeiten, die das Team behindern, zu lösen und aus dem Weg zu räumen. Der Scrummaster schult das Team so, dass es die gestellten Aufgaben lösen kann.

### Der Scrum-Prozess

Abbildung 2.5 zeigt schematisch den Ablauf des Scrum-Prozesses. Der Scrum-Prozess beginnt mit einer Produkt-Idee, sie wird **Vision** genannt. Die Idee kann von einem Kunden kommen oder vom Produktowner aus der Planungs- oder Marketing-Abteilung eines Unternehmens. Die Vision skizziert ein neues Produkt mit überzeugenden Anwendungsmöglichkeiten.

Der Produktowner legt alleine oder mit Hilfe von erfahrenen Entwicklern die Funktionen des Produkts fest, die in den *Product-Backlog-Items* festgehalten werden. Die Product-Backlog-Items sind vergleichbar mit einem Dokument, das im englischen Sprachgebrauch „Functional Objectives" (Funktionale Ziele) genannt wird. Die Liste der einzelnen Funktionen wird *Product Backlog* genannt. Als nächstes wird ein Scrum-Team aus Software-Entwicklern und Programmierern gebildet, die in der Lage sind, die Backlog-Items in verwendbare Software umzusetzen. Das Scrum-Team schätzt den Umfang und den Zeitaufwand der nötig ist, um die einzelnen Backlog-Items zu realisieren.

Wird die Entwicklung des Produkts auf der Basis der Schätzung des Produkt-Teams vom Unternehmen genehmigt, so kann der Scrum-Prozess beginnen (siehe Abbildung 2.5). Das Produkt wird inkrementell in zeitlichen Intervallen von ca. 15 bis 28 Tagen, den **Sprints** erarbeitet. Das Ergebnis jedes Sprints ist ein fertiges, getestetes, auslieferbares Programmteil, der „Potential Shippable Code" oder „Usable Software" genannt wird. Jeder Sprint beginnt mit der Sprint-Planung, die zwei Besprechungen umfasst, das *Sprint-Planungs-Meeting 1 und 2* (Sprint Planning Meeting 1 und 2).

Im **Sprint Planning Meeting 1** sind alle oben genannten Projektbeteiligten mit Ausnahme des Kunden anwesend. Gemeinsam mit dem Team, dem Produkt-Owner und dem Management wird das Ziel für den ersten Sprint festgelegt. Das Team selbst bestimmt, wie viele Funktionen, das heißt Backlog-Items, es im ersten Sprint schaffen will. Sie werden im *Selected Product Backlog* aufgelistet. Das Team und der Produktowner geben ein Commitment (Verpflichtung) für das Selected Product Backlog ab.
Das **Sprint Planning Meeting 2** entspricht einem „Design Workshop". Hier planen die Teammitglieder die Architektur des ersten Produkt-Teils (des Selected Product Backlog), die Details der Anwendung, die nötigen Schnittstellen und die nötigen Testfälle.

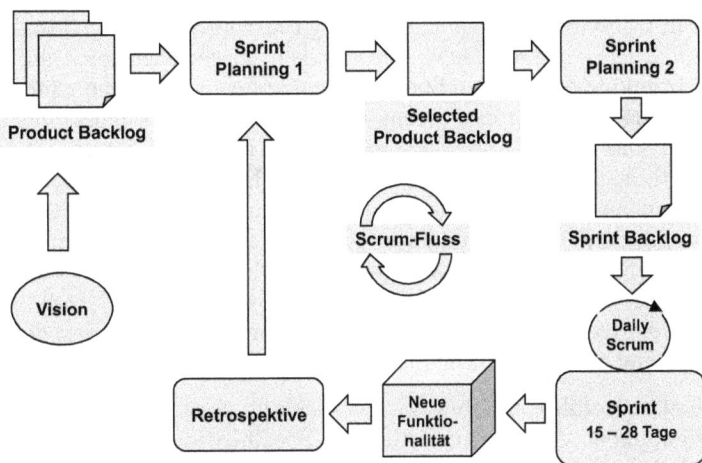

**Abbildung 2.5:** *Der Scrum-Process nach [Glo08].*

Die erste Planung wird im *Sprint Backlog* festgehalten. Die Teammitglieder einigen sich, wer welche Aufgaben aus dem Sprint Backlog übernimmt.

Im **Daily-Scrum-Meeting**, das 15 Minuten nicht überschreiten soll, treffen sich die Teammitglieder zusammen mit dem Scrummaster täglich. Die einzelnen Teammitglieder berichten kurz:

– von Problemen,
– vom Fortschritt der Arbeit,
– woran sie arbeiten und was bis zum nächsten Meeting fertig sein sollte.

In einem Logbuch werden die Punkte festgehalten.

Während des Sprint-Zeitraums, der vor Beginn festgelegt wird und der im Rahmen von 15 bis 28 Tage bleiben soll, erarbeitet das Scrum-Team zusammen mit dem Scrummaster die *neue Funktionalität*. Am Ende des Sprints wird diese im **Sprint Review Meeting** präsentiert und demonstriert. Möglicherweise genügt die neue Funktionalität bereits für die Freigabe einer ersten Version des neuen Produkts.

Nach dem Sprint-Review führen die Teammitglieder ein **Sprint Retrospektive-Meeting** durch, in dem die Erfahrungen aus dem Sprint erläutert und die Arbeitsprozesse optimiert werden. Der Scrum-Fluss (Abbildung 2.5) wird so oft wiederholt, bis der gesamte Product Backlog abgearbeitet, das Produkt fertiggestellt ist und freigegeben werden kann. In der Praxis hat sich die Methode Scrum bewährt [Glo08]. Für ein Unternehmen, das Scrum als Projekt-Entwicklungsmethode einführen möchte, wird ein erfahrener Scrum-Trainer bzw. ein „Scrum-Coach" empfohlen.

## 2.4.5 Programmentwicklung

Die Zielsetzung der Software-Entwicklung für Eingebettete Systeme unterscheidet sich von der Zielsetzung der Entwicklung für große Software-Systeme. Für beide Systeme gilt die Forderung nach Zuverlässigkeit d. h. Qualität, Robustheit und Wartbarkeit (siehe Abschnitt 2.1, Seite 34). Eingebettete Systeme sind jedoch meist Echtzeitsysteme, sie werden oft in tragbare Geräte eingebaut mit Platzbeschränkungen und Forderungen nach niedrigem Energiebedarf. Diese Forderungen wirken sich auch auf die Software aus. Platzbeschränkungen können Speicherbegrenzungen bedeuten und Einsparungen beim Energiebedarf erfordern eine genaue Analyse der Performanz und der Struktur der Programme. Die Tendenz in der Entwicklung von Eingebetteten Systemen geht hin zur automatischen Generierung nicht nur der Hardware mit Hilfe der High-Level-Synthese, sondern auch der Software. Dies trifft zu für die automatische Erzeugung von Unterstützungscode von Anwenderprogrammen wie z. B. die „Hardware dependent Software HdS" (siehe Abschnitt 6.5.3, Seite 288). Jedoch wird die Entwicklung von Programmcode für Berechnungsmodelle (Models of Computation MoC, siehe Abschnitt 3.4, Seite 81), sowie für Algorithmen als kreative Handlung noch einige Zeit der Entwicklerin oder dem Entwickler vorbehalten bleiben.

Wie weiter oben ausgeführt, beginnt die Entwicklung eines Eingebetteten Systems mit Anforderungsdokument, Architekturfestlegung, Spezifikation, Generierung eines System-Verhaltensmodells bzw. Modellierung der Algorithmen des Systems in einem oder mehreren Berechnungsmodellen. Für die Entwicklung von komplexer Software für Eingebettete Systeme kann der Scrum-Entwicklungsprozess eingesetzt werden (siehe oben).

Für Eingebettete Systeme wird die Programmiersprache C empfohlen, jedoch wo immer möglich, sollten auch objektorientierte Programmiersprachen wie zum Beispiel C++ oder Java zur Anwendung kommen. Falls Software nicht als Intellectual Property (IP) eingekauft werden kann, wird der Entwickler sich für Software-Eigenentwicklung entscheiden und den Entwurf zum Beispiel mit Hilfe von Klassendiagrammen durchführen (siehe nächsten Abschnitt). Wo immer möglich, sollten **Entwurfsmuster** (Design Patterns, siehe Abschnitt 2.4.7, Seite 52) verwendet werden. Zeitkritische Programmteile werden oft in Assembler geschrieben und auf Ausführungszeit optimiert (siehe Abschnitt 6.3, Seite 266). Ist ein Programm für den Einsatz in einem tragbaren Gerät gedacht, wird es in der Regel auf Energiebedarf optimiert (siehe Seite 268).

## 2.4.6  Entwickeln von Klassendiagrammen mit CRC-Karten

Die CRC-Karte (Class-Responsibility-Collaboration-Karte) ist ein Hilfsmittel nicht nur für objektorientierte Entwicklung, sondern auch allgemein für Eingebettete Systeme. Das Konzept wurde 1989 von Beck und Cunningham vorgestellt [BeCun89]. Das Grundprinzip besteht darin, für jede Klasse eine Karteikarte zu erstellen und auf dieser deren Eigenschaften zu notieren. Für CRC-Karten gibt es keine Norm. Es bieten sich dafür Registrierkarten etwa der Größe $3'' \times 5''$ (7,5 cm × 12,5 cm) an. Diese bestehen aus drei Bereichen (siehe Abbildung 2.6):

– Oben links steht der Name der Klasse.
– In die linken Spalte schreibt man die Verantwortlichkeiten der Klasse.
– In der rechte Spalte stehen die Klassen, mit denen die beschriebene Klasse zusammenarbeitet (kollaboriert).

Es gibt eine Vielzahl von Erweiterungen des ursprünglichen Konzepts, die zusätzliche Bereiche hinzufügen und teilweise auch die Rückseiten der Karten verwenden. Der Vorteil der CRC-Karten liegt in der einfachen Handhabung. Man kann problemlos Informationen hinzufügen oder streichen. Auf Grund des einfachen Ansatzes ist man auch

| Namen der Klasse | Kollaboriert mit (Klasse) |
|---|---|
| **Verantwortlichkeiten** (**Responsibilities**): **Zuständigkeiten** **Eigenschaften** **Funktionen** (**Methoden**) | *Klasse_A* *Klasse_B* *Klasse_C* |

**Abbildung 2.6:** *Beispiel einer CRC-(Class-Responsibility-Collaboration)-Karte [Wolf02].*

unabhängig von verwendeten Programmiersprachen und -werkzeugen. Der begrenzte Platz zwingt die Entwickler zusätzlich dazu, sich auf die wesentlichen Aufgaben einer Klasse zu konzentrieren. Relationen zwischen den Klassen kann man wie folgt veranschaulichen: Der Namen der kollaborierenden Klassen stehen bereits auf der Karte, man kann nun z. B. die Karten an eine Tafel heften und Bezugslinien zwischen den Karten zeichnen, so erhält man das Klassendiagramm. Das Verfahren scheint zunächst trivial zu sein, es ist aber sehr wirkungsvoll, wenn es in einer Gruppe von Entwicklern und Spezialisten des Gebiets, wofür das System entwickelt werden soll, „gespielt" wird. Der Vorteil dieser anerkannten Methode ist, dass mehrere versierte Personen, auch Nicht-Computer-Fachleute, völlig informal miteinander kommunizieren und kreative Ideen einbringen können.

Eine objektorientierte (OO) Klasse enthält Funktionalität und kann ein reales Objekt oder ein Hilfsobjekt innerhalb der Architektur des Systems repräsentieren. Eine OO-Klasse hat einen inneren Zustand und eine funktionale Schnittstelle. Die funktionale Schnittstelle beschreibt die Fähigkeiten der Klasse. Die Liste der Verantwortlichkeiten auf der CRC-Karte ist eine informale Art, diese Funktionen bzw. die funktionalen Schnittstellen zu beschreiben, ohne auf die Implementierung einzugehen. Die Kollaborateure sind einerseits die Klassen, die Daten an die betrachtete Klasse weitergeben und andererseits die Klassen, die die Methoden, d. h. die Funktionen der betrachteten Klasse nutzen. So kann eine CRC-Karte in eine Klassen-Definition einer OO-Sprache übertragen werden. In einer CRC-Karten-Sitzung sollte man folgende Punkte abarbeiten [Wolf02]:

1. Entwickle eine initiale Liste aller Klassen, d. h. einen initialen Kartenstapel von CRC-Karten.
2. Entwickle jeweils eine initiale Liste von Verantwortlichkeiten (Responsibilities) und Kollaborateuren für jede Klasse, d. h. für jede CRC-Karte. Diese Listen sollen später verfeinert werden.
3. Liste alle möglichen Ablauf-Szenarien des Systems auf. Die Szenarien beginnen meist mit einem Anstoß (einem Ereignis) von außen. Beispiel für ein solches Szenario ist eine Geldabhebung an einem Geldausgabe-Automaten (siehe Sequenz-Diagramm Abbildung 3.14, Seite 95).
4. Gehen Sie gründlich jedes einzelne Szenario mit der Entwicklergruppe durch (Walk Through). Während des Walkthrough präsentiert jede Person seine Klassen mit deren Verantwortlichkeiten. Dabei werden die Einträge auf den CRC-Karten ergänzt

und verfeinert. Wenn nötig, sollten neue Klassen hinzugefügt und andere Klassen gestrichen werden.

5. Eventuell muss ein zweiter Walkthrough ähnlich dem vorhergehenden durchgeführt werden, wenn übergreifende Änderungen bei den Szenarien, den Klassen, den Verantwortlichkeiten und den Kollaborateuren durchgeführt wurden.

6. Füge Klassen-Beziehungen hinzu. Sobald die CRC-Karten verfeinert werden, werden Unter- und Überklassen klarer und können den Karten hinzugefügt werden.

Die CRC-Karten können direkt die Vorlage für die Implementierung des Programms sein. Sie können aber auch zunächst die Vorlage für eine formales Modell des Systemverhaltens mit Hilfe eines UML-Diagramms (siehe Seite 94), z. B. eines UML-Klassendiagramms oder eines Sequenz-Diagramms (Abbildung 3.14, Seite 95) sein.

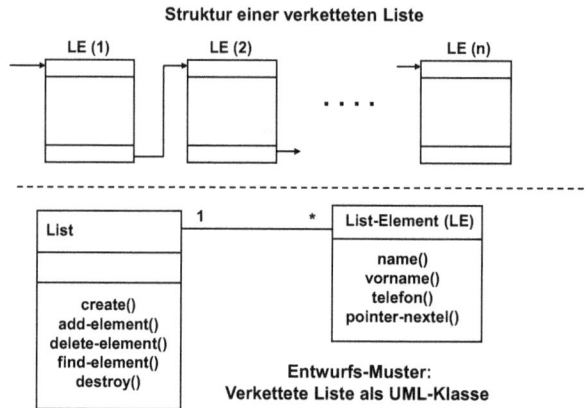

**Abbildung 2.7:** *Beispiel eines Entwurfsmusters. Oben: Struktur einer verketteten Liste. Unten: Beschreibung der verketteten Liste als UML-Klasse (nach [Wolf02]).*

## 2.4.7   Entwurfsmuster

Entwurfsmuster (Design Patterns)) sind eine verallgemeinerte Beschreibung einer bestimmten Klasse von Problemlösungen. Zum Beispiel kann ein Entwickler C-Code für eine Verkettete Liste als Datenstruktur selbst schreiben oder die Beschreibung einer Entwurfsmuster-Sammlung entnehmen. Der letztere Weg ist die bessere Methode; denn auch ein Programmierer sollte möglichst viele Programme wiederverwenden.

Abbildung 2.7 zeigt oben die Datenstruktur einer verketteten Liste (VL). Zur Erinnerung: Eine verkettete Liste ist sehr nützlich, um beispielsweise ein Telefonbuch oder die Liste aller Angestellten einer Firma anzulegen. Jedes List-Element (LE) ist eine Datenstruktur, bei einem einfachen Telefonbuch enthält das List-Element Namen, Vornamen und Telefonnummer einer Person. Jedes List-Element ist mit seinem Vorgänger und Nachfolger über Zeiger verbunden. Die verkettete Liste, beispielsweise als UML-Klasse (siehe Seite 94, enthält die Methoden, die auf eine verkettete Liste angewendet werden können (unten im Bild 2.7). Diese Methoden sind z. B. create(): generiere ein List-Element, add-element(), delete-element(), find-element() usw. Das List-Element ist selbst eine Klasse, die im Beispiel Namensfelder, ein Nummernfeld und einen Zeiger für das nächste List-Element enthält. Ein Entwurfsmuster kann erweitert werden, d. h. es kann an die Wünsche des Benutzers angepasst werden. Aus Entwurfsmustern kann sich ein Programmierer ein Subsystem zusammenstellen.

Ein typisches, bekanntes Entwurfsmuster ist das in der Programmiersprache Small-talk vorgestellte *Model View Controller MVC*. Dabei übernimmt das *Model* die Repräsentation der Daten, das *View-Objekt* beschreibt die Darstellung der Daten z. B. auf einem Bildschirm und das *Controller-Objekt* ist für die Benutzereingabe zur Behandlung der Daten zuständig [RechPom02]. Entwurfsmuster für Eingebettete Systeme sind z. B. Entwurfsmuster für Digitale Filter, für endliche Automaten (siehe DEA bzw. FSM, Abschnitt 3.8.1, Seite 101), zirkulare Puffer (FIFOs) für die Verarbeitung von Datenströmen usw.

Zustandsmaschinen können für die Beschreibung von steuerungsdominanten- oder „reaktiven" Systemen eingesetzt werden. Ein Beispiel dafür ist die Zustandsbeschreibung einer Waschmaschine (siehe Abbildung 5.17, Seite 207). Eine Waschmaschine reagiert auf eine Programmeinstellung, den Startknopf, das Erreichen einer Wassertemperatur, auf Zeitgeber usw. Zirkulare Puffer bzw. FIFOs (Circular Buffer) werden für die Verarbeitung von Datenströmen eingesetzt. Bei der Verarbeitung von Datenströmen kommen die Daten in regelmäßigen Zeitabständen an und müssen in Echtzeit abgearbeitet werden. Programmierbeispiele für Entwurfsmuster in den Programmiersprachen C oder Java findet man in Entwurfsmuster-Sammlungen und -Katalogen, wie zum Beispiel in [Gam96], zitiert in [RechPom02].

# 2.5 Hardware-Entwicklungsmethodik

## 2.5.1 Die Produktivitätslücke

Gordon Moore, ein Mitbegründer der Firma Intel (www.intel.com) sagte 1965 voraus, dass die Transistordichte (bzw. die Anzahl der Transistoren pro Chip) und damit die Komplexität von Integrierten Schaltkreisen (IC's) jeweils nach 18 bis 24 Monaten um ungefähr das Doppelte anwachsen wird. Diese Prognose, **Mooresches Gesetz** genannt, hat etwa die letzten 4 Jahrzehnte angehalten. Bereits ältere Untersuchungen des *SEmiconductor MAnufacturing TECHnology SEMATECH*-Konsortiums in den USA (www.sematech.org) haben gezeigt, dass die jährliche Produktivitätssteigerung der Elektronik-Entwickler im untersuchten Zeitraum um etwa 37% hinter dem Anwachsen der Transistordichte zurückliegt. Das Auseinanderklaffen der Kennlinien „Anstieg der Transistordichte" und „Produktivität der Entwickler" nennt man die Produktiviätslücke (Productivity Gap, siehe Abbildung 2.8). Die Abbildung 2.8 gilt für die Entwicklung von Prozessor-Chips. Im Jahr 2020 wies der Prozessor M1 der Firma Apple $1,6 \times 10^{10}$ Transistoren auf [WikTrC21]. Bei RAM-Speichern z. B. beim SDRAM-Speicher der Firma Samsung liegt die Transistordichte im gleichen Jahr bei $1,37 \times 10^{11}$ [WikTrC21].

Etwa seit dem Jahr 2005 steigt die Produktivität dank der Wiederverwendung von bereits fertig entwickelten Schaltungen wieder stärker an. Ein Beispiel ist die Entwicklung von Mehrkern-Prozessoren. Aus einem Einkern-Prozessor lässt sich durch Vervierfachung der gleichen Struktur ein Quad-Core-Prozessor erzeugen. Um die Produktivität der Entwickler zu steigern und die Entwicklungszeit zu verkürzen, werden Systeme auf höheren

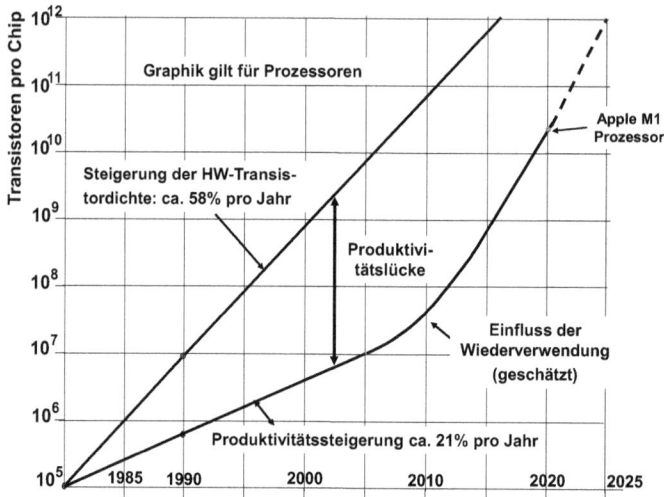

**Abbildung 2.8:** *Produktivitätslücke und Entwicklung der EDA-Industrie (nach Sematech, geschätzter Einfluss der Wiederverwendung hinzugefügt).*

Abstraktionsebenen entworfen und neue Werkzeuge für die Automatisierung des Entwurfs geschaffen. Das Schlagwort hierfür ist: „Electronic Design Automation (EDA)".

Abbildung 2.9 (nach Sangiovanni-Vincentelli) zeigt den Trend in den letzten Jahrzehnten. In den 1970er Jahren wurde ein Schaltkreis durch Eingabe der Transistoren entworfen. Die Produktivität stieg in den 1980er Jahren durch Abstraktion und Anhebung des Entwurfs auf die Gatterebene oder Logik-Ebene.

In den 1990er Jahren wurde der Systementwurf auf der Register-Transferebene (RT-Level) durch Werkzeuge zur Eingabe von Elektronik-Bausteinen durchgeführt.

Ende der 1990er Jahre und in den 2000er Jahren kamen Synthese-Werkzeuge und Hardware-Beschreibungssprachen (Hardware Description Languages HDL) auf, der Entwurf von Systemen wurde schließlich durch System-Beschreibungssprachen wie SystemC und SystemVerilog auf System-Ebene angehoben (System Level Design, siehe Kapitel 5) und damit die Produktivität der Entwickler weiter erhöht.

Die (unvollständige) Liste von produktivitätssteigernden Maßnahmen ist beispielsweise wie folgt:
– Entwurf und Modellierung auf höheren Abstraktionsebenen unter Verwendung von Hardware- und System-Beschreibungssprachen (z. B. VHDL und SystemC).
– Verstärkter Einsatz der Entwurfsautomatisierung durch Computer Aided Design (CAD)- und „Electronic System Level (ESL)"-Design-Werkzeuge wie zum Beispiel High-Level-Synthese- und Software-Synthese-Werkzeuge.
– Plattformbasierte Entwicklung und Wiederverwendung (Reuse) von Komponenten (Intellectual Property IP) und Systemteilen.
– Formale Methoden der Verifizierung (Formale Verifikation).
Im Folgenden wird auf diese Maßnahmen näher eingegangen.

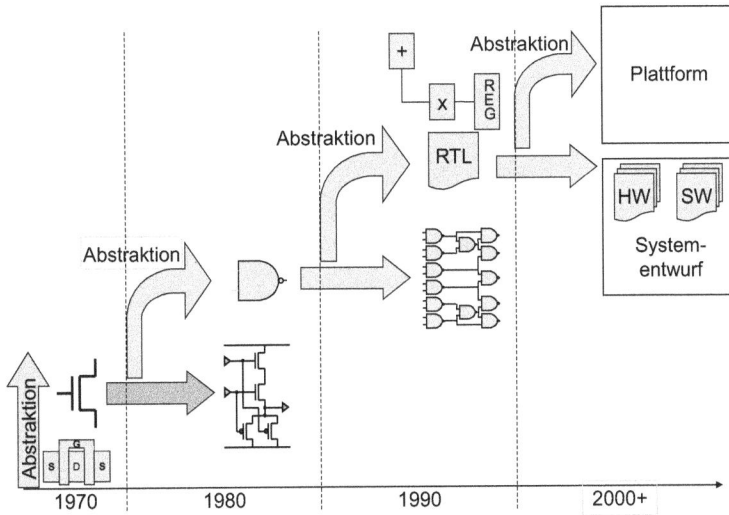

**Abbildung 2.9:** *Evolution des Hardware-Entwurfs und Erhöhung der Entwicklungs-Produktivität durch Abstraktion (nach Sangiovanni-Vincentelli).*

## 2.5.2   Die Abstraktionsebenen

Beim Entwurf von Eingebetteten Systemen wird sowohl Hardware als auch Software entwickelt. Der Trend geht heute eindeutig mehr in Richtung Software. Software ist flexibler, erweiterungsfähiger und bei den Entwicklern beliebter. Der Nachteil der Software ist: Die Ausführungszeit ist meist höher als bei Hardware-Realisierungen. Da aber bei Eingebetteten Systemen die Ausführungszeit oft eine wesentliche Rolle spielt, muss immer wieder auf „schnelle" Hardware zurückgegriffen werden. Das heißt, auch die Hardware-Entwicklung ist für Eingebettete Systeme wichtig. Zu Beginn einer Entwicklung ist jedoch die Unterscheidung zwischen Hardware- und Software-Entwicklern unwesentlich.

Abbildung 2.10 zeigt das sogenannte Y-Diagramm von Gajski und Kuhn [GaKu83]. Es dient dazu, ein Hardware-System bzw. die Entwicklungsstufen eines Hardware-Systems auf verschieden abstrakten Ebenen und „Sichten" anschaulich darzustellen. Die konzentrischen Kreise des Y-Diagramms zeigen die fünf Entwicklungs- oder Abstraktionsebenen: die Systemebene, die Algorithmische Ebene, die Register-Transfer-Ebene, abgekürzt: RT-Ebene, die Logik-Ebene und die Technologie-Ebene. Die drei Balken des „Y" zeigen die „Domänen" oder Sichten auf eine Entwicklung. Die Sichten sind: Die Verhaltens-Sicht, die Struktur-Sicht und die physikalische oder geometrische Sicht. In der Verhaltens-Domäne in Abbildung 2.10 wird auf Systemebene das Verhalten des Systems mittels eines System-Verhaltensmodells (System Behaviour Model SBM), beispielsweise mit Hilfe einer Process State Machine (PSM), mit Flussdiagrammen und StateCharts (siehe Abschnitt 3.5.2, Seite 90) dargestellt. Auf Algorithmischer Ebene wird das Verhalten durch Algorithmen beschrieben, auf RT-Ebene durch Endliche Automaten bzw. FSMs, auf Logik-Ebene durch Boolesche Gleichungen und schließlich auf Technologie-Ebene durch Differentialgleichungen. Hier wird der Begriff „Abstraktions-

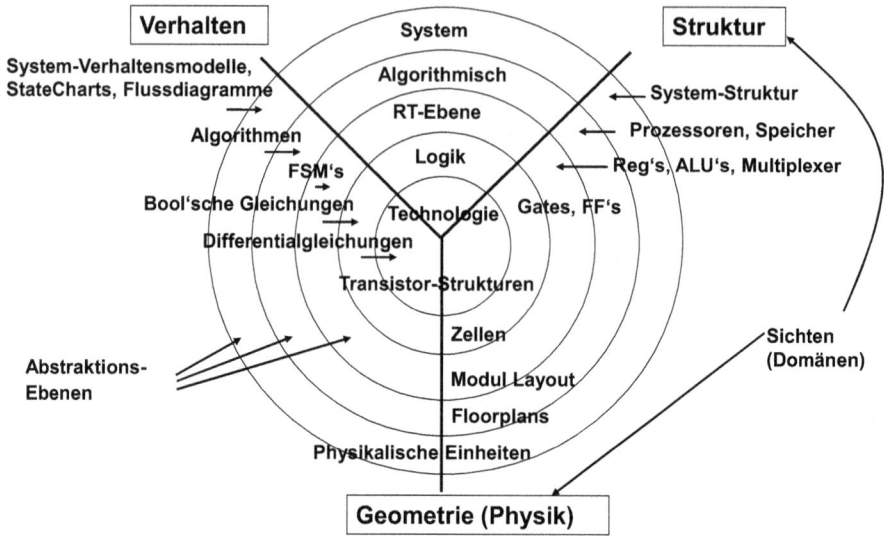

**Abbildung 2.10:** *Das Y-Diagramm von Gajski und Kuhn [GaKu83].*

ebene" verständlich: je „höher" die Ebene liegt, desto abstrakter ist die Darstellungs-
weise des Systems. Ein Flussdiagramm stellt z. B. ein wesentlich abstrakteres, jedoch
übersichtlicheres Bild des Systems dar als die Beschreibung des Systems durch Boolesche Gleichungen. Die Struktur-Domäne zeigt, dass die Abstraktionsebenen sich unter
anderem durch die „Granularität" unterscheiden, d. h. durch die kleinsten Struktur-
Einheiten oder Baugruppen, die dargestellt werden. Auf den einzelnen Ebenen sind dies
die folgenden Struktur-Einheiten:

- Auf der Systemebene sind es System-Einheiten bzw. größere Baugruppen mit eigen-
  ständiger Funktionalität, z. B. Monitor, EC-Kartenleser usw.
- Auf der Algorithmischen Ebene sind es Einheiten, die Algorithmen ausführen können:
  zum Beispiel Prozessoren.
- Auf der RT-Ebene (Register Transfer) sind es Register und andere RT-Einheiten wie
  Arithmetisch-Logische-Einheiten (ALUs), Addierer, Multiplizierer usw.
- Auf der Logik-Ebene sind es Logik-Gatter.
- Auf der Technologie-Ebene sind dies z. B. Transistoren, CLBs bei FPGAs usw.

Schließlich zeigt die physikalische bzw. die Geometrie-Domäne, auf die Ebenen bezogen
von „außen nach innen":

- Physikalische Einheiten.
- Den Floorplan, der die Anordnung der Zellen und Baugruppen auf dem Chip darstellt. Beim „hierarchischen" Floorplan, Beispiel siehe Abbildung 2.11, sind die einzelnen Funktionseinheiten bereits intern verdrahtet und bleiben als Struktur-Einheiten
  erhalten, während bei einem „flachen Floorplan" die Zellen aller Baugruppen auf dem
  Chip verteilt (platziert) und verdrahtet sind.
- Das Modul-Layout. Es stellt die flächige Auslegung bzw. Gestaltung eines Funktions-
  blocks oder „Moduls" auf dem Chip dar Beispiel: Macro-Zellen.
- Logik-Zellen, z.B. Standardzellen,

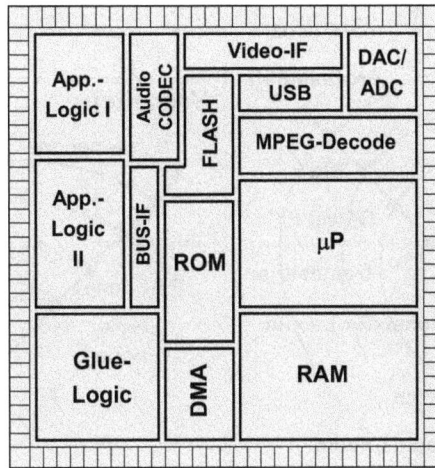

**Abbildung 2.11:** *Beispiel eines hierarchischen Floorplans. Der Floorplan stellt die Anordnung der einzelnen funktionalen Baugruppen auf dem Chip dar.*

– Transistor-Strukturen.

Eine Entwicklungsaufgabe besteht darin, die anfänglich abstrakteren Verhaltensbeschreibungen und -Strukturen wie sie das Y-Diagramm zeigt, schrittweise von Ebene zu Ebene bzw. von außen zur Mitte des Diagramms mehr und mehr zu „verfeinern", das heißt realer zu gestalten, bis zur Technologie-Ebene, die die Realisierung und den Abschluss der Entwicklung darstellt. Erfolgt der Entwurfsablauf von der Systemebene des Y-Diagramms strikt sequenziell durch alle Systemebenen hindurch zur Technologie-Ebene, sozusagen „von oben nach unten", so spricht man von einem „Top-down-Entwurf". Abbildung 2.12 (nach [Gerez00]), linke Seite zeigt einen Top-down Entwurf, bei dem sich die „Entwurfslinie" wie eine Spirale durch das Y-Diagramm zieht. Hier wird bereits nach der Festlegung der Prozessoren der Floorplan bestimmt, obwohl noch keine Details in Bezug auf den Modul-Entwurf vorliegen. Ähnliches gilt für den Modul- und Zellen-Entwurf. Dies ist durchaus sinnvoll, da dadurch beispielsweise die Leitungslängen und damit die Laufzeit-Verzögerungen der Signale frühzeitig geschätzt werden können. Bild 2.12, rechte Seite zeigt einen **Top-Down-Entwurf** in der Verhaltens- und Struktur-Domäne. Die physikalische Domäne wird hier nicht betrachtet. Hat man sich hingegen bei Entwicklungsbeginn bereits für eine bestimmte Technologie entschieden, z. B. für einen oder für mehrere Prozessoren und entwirft danach dafür die Algorithmen und Programme auf der algorithmischen Ebene, so wird von einem **Bottom-up-Entwurf** gesprochen. Tatsächlich gibt es keinen reinen Bottom-up-Entwurf. Jeder Entwurfsprozess beginnt in der Regel in der Systemebene mit den Kundenanforderungen und der Spezifikation. Der „Plattform-basierte Entwurf" (siehe Abschnitt 2.6, Seite 66) ist quasi eine moderne Bottom-up-Entwurfsmethode z. B. für Ein-Chip-Systeme (SoC).

Das Beispiel einer einfachen arithmetischen Operation auf den Abstraktionsebenen Algorithmische-, RT- und Logik-Ebene zeigt Abbildung 2.13. Die arithmetische Operation sei eine Addition von drei natürlichen Zahlen, die nur 0 und 1 annehmen können. Auf der **Algorithmischen Ebene** gehören die beiden Zahlen in der Verhaltensdomäne zur

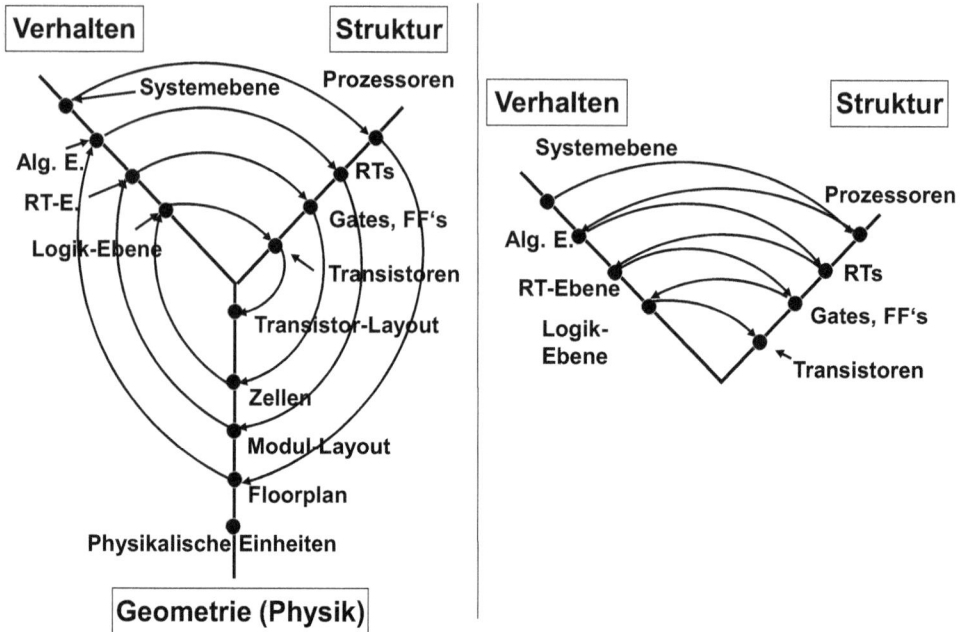

**Abbildung 2.12:** *Linke Seite: Ein Top-down Entwurf (nach [Gerez00]). Rechte Seite: Ein Top-down Entwurf in der Verhaltens- und Struktur-Domäne, dargestellt im Y-Diagramm.*

Menge der natürlichen Zahlen. In der Strukturdomäne ist eine Addierstruktur dargestellt. Auf der **RT-Ebene** sind in der Verhaltensdomäne die Bereiche der drei Zahlen festgelegt und die Realisierung in der Hardware als Bitsignale. Das Signal s (Summe) ist ein Bitvektor mit 2 Komponenten. Die Struktur der Addier-Operation auf RT-Ebene wird zu einer Hardware-Komponente: einem Addierer, der drei Bit-Eingänge (a,b,c) und einen Bitvektor s[0,1] als Ausgang hat. Die RT-Struktur auf RT-Ebene nennt man „bitgenau" oder „pingenau". Auf **Logik-Ebene** ist die Operation in der Verhaltensdomäne mit Booleschen Gleichungen beschrieben. In der Strukturdomäne ist der Addierer als „Vollbaddierer"-Baustein mit zwei XOR-, zwei UND- und einem ODER-Gattern realisiert (siehe Abschnitt 5.1.3, Seite 177). Das Beispiel zeigt die „Verfeinerungen" die von einer Abstraktionsebene zur nächsten durchgeführt werden. Es kommen Informationen hinzu, die für die Realisierung der endgültigen Schaltung nötig sind.

## 2.5.3   Evolution der Entwicklungsmethoden

Die Entwicklungsmethoden von Systemen und Eingebetteten Systemen werden ständig weiterentwickelt. Es gibt generell zwei Tendenzen in der Evolution der Entwicklungsmethoden, die Hand in Hand gehen: Zum Einen wird der Schwerpunkt der Entwicklungsarbeit von niedrigeren zu höheren Abstraktionsebenen verschoben und zum Anderen wird sie mehr und mehr von Werkzeugen unterstützt, die Teile der Arbeit automatisieren. Beides hilft die Entwicklungszeit zu verkürzen und dadurch die Produktivität zu erhöhen. Die Evolution der Entwicklungsmethoden von 1960 bis heute wird in drei Zeitabschnitte

| Abstrak-tions-Ebene | Domäne | |
|---|---|---|
| | Verhalten | Struktur |
| Algorith-mische Ebene | $s = a + b + c$  <br> $s, a, b, c \in \{N\}$ | a, b, c → + → s |
| RT-Ebene | $s = a + b + c$ <br> $s[0], s[1], a, b, c : \in \{0,1\}$ <br> (Bitsignal) | a, b, c → Add (+) → s[0], s[1] |
| Logik-Ebene | $s[0] = (a\ \text{xor}\ b)\ \text{xor}\ ci$ <br> $s[1] = (a\ \text{and}\ b)\ \text{or}$ <br> $(c\ \text{and}\ (a\ \text{xor}\ b))$ <br> <br> $s[0], s[1], a, b, c :$ Bitsignal | a, b, c → (=1, &, ≥1) → s[0], s[1] |

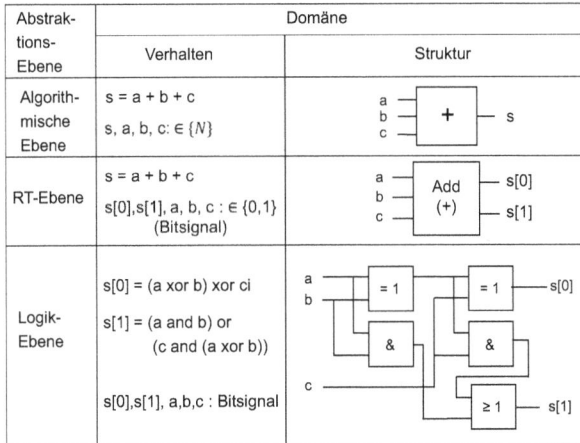

**Abbildung 2.13:** *Beispiel der Darstellung einer einfachen arithmetischen Operation (einer Addition von drei Bitsignalen) in den Abstraktionsebenen: Algorithmische-, RT- und Logik-Ebene und in der Verhaltens- und Struktur-Domäne.*

bzw. in drei Methoden mit den folgenden Bezeichnungen eingeteilt [Ga09]:
- Erfassen und Simulieren etwa von 1960 bis 1980,
- Beschreiben und Synthetisieren etwa von 1980 bis 2000,
- Spezifizieren, Explorieren und Verfeinern etwa von 2000 bis heute.

Der Beginn und das Ende der Zeitabschnitte sind unscharf und in der Literatur nicht einheitlich. In den folgenden Abschnitten wird näher auf die einzelnen Entwicklungsmethoden eingegangen.

### Erfassen und Simulieren

Die intuitive Entwicklungsmethode, die zu Beginn der 1960er Jahre für Eingebettete Systeme angewendet und bis etwa Beginn der 1980er Jahre praktiziert wurde, ist „Erfassen und Simulieren" (Capture and simulate [Ga09]), siehe Bild 2.14 oben. Nachdem die Kundenanforderungen im Requirements-Dokument (RD) vorliegen, wird das Spezifikationsdokument erstellt. Danach werden auf algorithmischer Ebene die erforderlichen Algorithmen und die Architektur bzw. die Struktur des Systems entworfen. Diese wird in weiteren Entwurfsschritten in Hardware- bzw. Software-Module aufgeteilt. Die Hardware-Schaltungen werden auf Logikebene entwickelt. Zu Beginn der 1960er Jahre werden sogar noch Transistorschaltungen konstruiert. Falls Software-Entwicklung nötig ist, wird diese erst begonnen, wenn die Hardware-Entwicklung abgeschlossen ist. Der Software-Entwickler von Eingebetteten Systemen schreibt in den 1960er und 1970er Jahren Assembler-Programme. Bei der Methode Erfassen und Simulieren wussten die Entwickler erst mit der Simulation ihrer Schaltung, ob diese der Spezifikation genügte, in den meisten Fällen war das nicht der Fall. Daraus entstand der Mythos, dass eine Spezifikation (immer) unvollständig ist. Es dauerte Jahre, bis die Entwickler merkten, dass ein Spezifikationsdokument unabhängig von der Implementierung ist [Ga09].

Das Optimierungsziel für die Schaltungen war bis etwa Ende der 1970er Jahre hauptsächlich die Chip-Fläche möglichst klein zu halten („Area Driven Design"), denn die

**Erfassen und Simulieren (Capture and simulate, ADD) ca. 1960 bis 1980**

**Beschreiben und Synthetisieren (Describe and synthesize, TDD, BBD) ca. 1980 bis 2000 (Methode ab ca. 1990 bis 1995)**

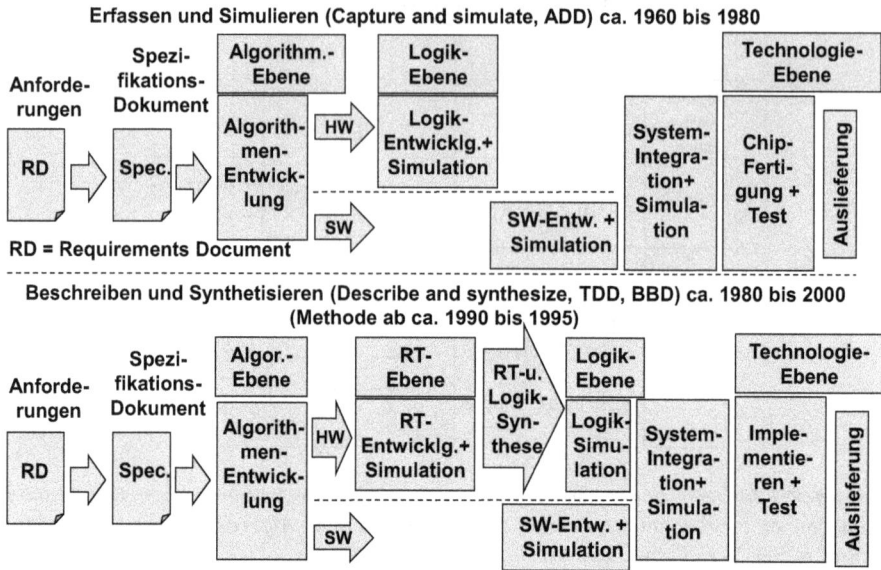

*Abbildung 2.14: Entwicklungsmethoden etwa von 1960 bis Anfang der 1990er Jahre. Oben: Erfassen und Simulieren (ungefähr 1960 bis 1980). Unten: Beschreiben und Synthetisieren (etwa 1980 bis 2000). Das Bild zeigt die Methode ungefähr seit 1990 bis 1995. Die HW-Modellierung begann etwa ab 1990 auf der RT-Ebene. ADD, TDD bedeutet: Area Driven Design, Time Driven Design. BBD bedeutet: Block Based Design.*

Chip-Fläche ist sehr teuer (siehe auch Abschnitt „Evolution der Chip-Entwicklung", Seite 63). Die Nachteile der Methode Erfassen und Simulieren sind:

- Das Verfahren ist sehr zeitaufwändig. Der Zeitaufwand ist schwer zu schätzen.
- Fehler im Entwurf und Unstimmigkeiten mit der Spezifikation werden spät erkannt.
- Optimierungen sind schwierig, hängen stark von der Erfahrung der Entwickler ab.
- Simulationen können erst relativ spät und auf Logik-Ebene durchgeführt werden.
- Die Software kann erst umfassend getestet werden, wenn die Hardware entwickelt ist, da die Hardware auch Schnittstellen einschließt. Es entsteht eine „Entwurfslücke", die sogenannte „Software-Lücke" [Ga09].
- Daher ist diese Methode für größere, komplexere Systeme ungeeignet.

## Beschreiben und Synthetisieren

Die Methode Beschreiben und Synthetisieren (Describe and synthesize) [Ga09], siehe Abbildung 2.14 unten, wird etwa von Beginn der 1980er Jahre bis etwa Ende der 1990er Jahre praktiziert. Auf Systemebene wird das Anforderungsdokument (oder das Pflichtenheft) und das Spezifikations-Dokument erstellt, die Architektur festgelegt und in Module bzw. Teilsysteme aufgeteilt (partitioniert). In den 1980er-Jahren sind Logik-Synthese-Systeme verfügbar, die den Entwicklungsfluss stark beeinflussen. Die Entwickler beschreiben erst das Verhalten bzw. die Funktion in booleschen Gleichungen entsprechend des Spezifikations-Dokuments und erstellen danach automatisch die Struktur. Beide Beschreibungen sind simulierbar und auf Äquivalenz verifizierbar. Die Entwürfe sind heute viel zu groß für diese Art der Beschreibung und der Äquivalenzprüfung. Etwa ab Beginn der 1990er-Jahre wird die RT-Ebene als neue Abstraktionsebene eingeführt mit pin- und zyklusgenauen Modellen sowie der RT-Synthese (siehe Abbildung 2.14 unten). Etwa ab 1995 werden High-Level-Synthese (HLS)-Werkzeuge in der Praxis eingesetzt. Diese erlauben die Abstraktionsebene der Entwicklung auf die Algorithmische Ebene anzuheben (siehe Abbildung 2.15) oben. Jedoch wird immer noch der Systementwurf auf Hardware- und Softwareentwicklung aufgeteilt und die Softwareentwicklung wird erst nach der Hardwareentwicklung begonnen. Die „Entwurfslücke" besteht weiterhin. Auch die Methode „Beschreiben und Synthetisieren" ist für die Entwicklung von komplexeren Ein-Chip-Systemen ungeeignet. Die Begriffe „Time Driven Design (TDD)" und „Block Based Design (BBD)" werden im Abschnitt 2.5.3, Seite 63 erklärt. Dem Plattform-basierten Entwurf ist der Abschnitt 2.6, Seite 66 gewidmet.

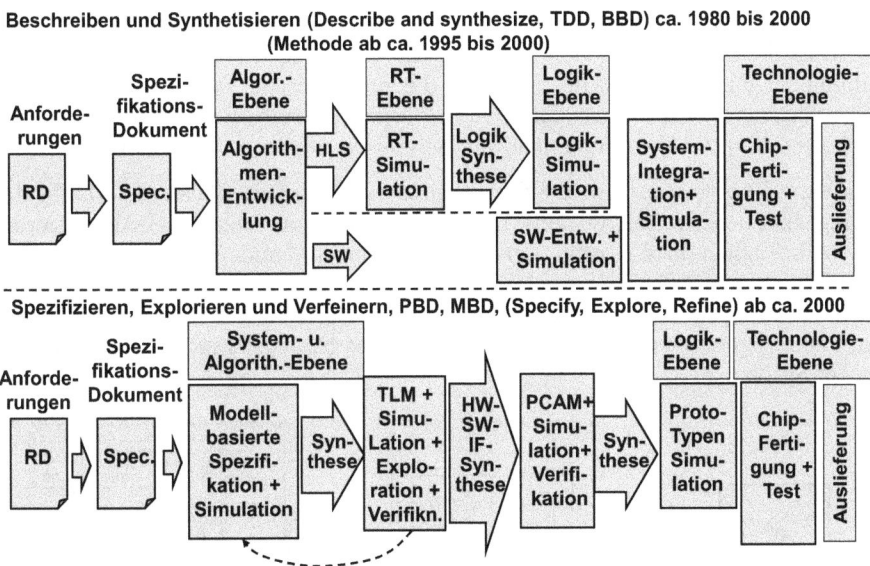

*Abbildung 2.15: Entwicklungsmethoden etwa ab 1995. Oben: Beschreiben und Synthetisieren etwa ab 1995: Die HW-Modellierung beginnt auf Algorithmischer Ebene. Das Modell wird durch die High-Level-Synthese (HLS) auf die RT-Ebene transformiert. PBD bedeutet: Platform Based Design, MBD bedeutet: Model Based Design.*

## Spezifizieren, Explorieren und Verfeinern

Die Weiterentwicklung der Entwurfsmethoden für komplexe Hardware/Software-Systeme ist durch die Stichworte „Spezifizieren, Explorieren und Verfeinern (SER)" gekennzeichnet. Sie wird etwa seit dem Jahr 2000 angewendet. Stark vereinfacht zeigt Abbildung 2.15 unten die einzelnen Entwurfsschritte dieser Top-down-Entwurfsmethode, die die Grundlage der Modellbasierten Entwicklungsmethode und des „Plattformbasierten Entwurfs" (PBD) bildet [Chang99] [Ga09] (Abschnitte 2.6/2.8, Seiten 66 und 69).

Auf der Basis des Anforderungsdokuments (bzw. des Pflichtenhefts) und des Spezifikations-Dokuments wird auf System-Ebene ein ausführbares, d. h. ein simulierbares

Modell, die „modellbasierte Spezifikation" entwickelt (siehe Abschnitt 2.1.4, Seite 41). Dieses Modell wird auch System Behavioural Model (SBM) oder System Architectural Model (SAM) genannt. Dabei wird zunächst *nicht* zwischen Hardware-Entwicklung und Software-Entwicklung unterschieden. Die „Entwurfslücke" wird dadurch geschlossen, dass die Abstraktionsebene von der RT-Ebene zur Systemebene angehoben wird. Es bleibt jedoch die Aufgabe, die im Text des Spezifikations-Dokuments beschriebenen Funktionen möglichst vollständig in der modellbasierten Spezifikation abzubilden.

Der Vorteil der SER-Methode ist unter anderem, dass die Funktionen des spezifizierten System-Modells bereits in einer sehr frühen Phase simulierbar, vorzeigbar und mit dem Spezifikations-Dokument vergleichbar sind. Es können mehrere Modelle mit verschiedenen Details erstellt werden, die verschiedene Entwurfsentscheidungen repräsentieren.

Jedes Modell wird verwendet, um bestimmte Systemeigenschaften und System-Metriken zu validieren und zu explorieren, zum Beispiel Funktionalität, Performanz, Kommunikation, Energiebedarf usw. [Ga09]. Das ausführbare Modell ist Grundlage für: die Beschreibung der Funktionalität des Systems, die automatische Verifikation kritischer Systemeigenschaften, die Entwurfs-Exploration (siehe unten) verschiedener Realisierungseigenschaften und die Wiederverwendung bereits bestehender Teil-Systeme.

Die Entwurfs-Exploration bzw. die **Exploration des Entwurfsraums** erlaubt die Optimierung einer bestimmten System-Metrik. Sie dient dazu, verschiedene Realisierungsalternativen bezüglich ihrer Kosten, Leistungsfähigkeit und anderer Metriken miteinander zu vergleichen, um für die Zielanwendung die optimale Lösung in Bezug auf Kosten, Leistung (und anderer Metriken) zu erhalten. Die Abbildungen 7.9 und 7.10 auf den Seiten 302 und 303 zeigen beispielhaft die Exploration des Entwurfsraums für ein bestimmtes Hardware-System.

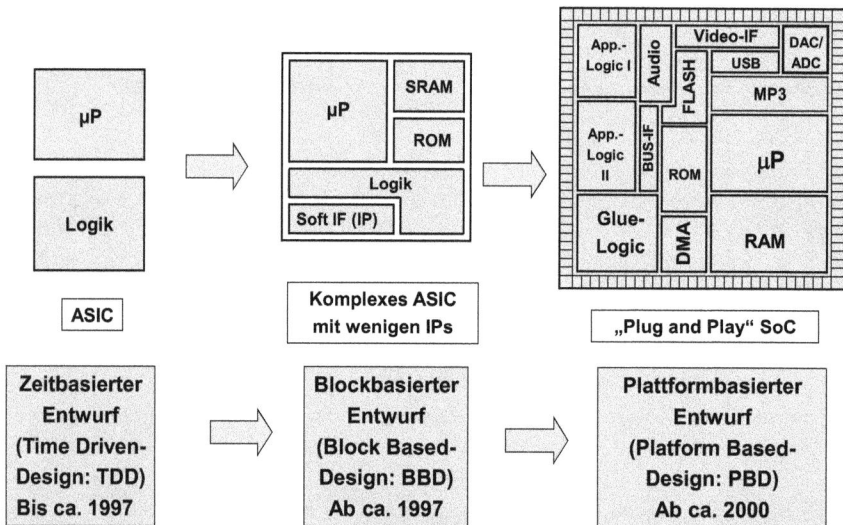

***Abbildung 2.16:*** *Chip-Entwicklung: Vom ASIC zum SoC und vom Zeit-basierten zum Plattformbasierten Entwurf (nach [Chang99]).*

Manche Eingebettete Systeme sind **heterogen** aufgebaut, d. h. sie bestehen aus Teilsystemen grundsätzlich verschiedener Signalarten. Verschiedene Teilsysteme können sein:

- Analoge Systeme: Die Daten-Verarbeitung bzw. -Übertragung geschieht analog, zum Beispiel bei drahtloser Datenübertragung. Ein/Ausgabe-Signale sind hier Spannungen oder Ströme verschiedener Größe.
- Digitale Systeme: Die Datenverarbeitung geschieht rein digital. Man unterscheidet zwischen programmierbaren Prozessoren, bei denen eine Software-Entwicklung nötig ist und anwendungsspezifischen Integrierten Schaltkreisen, den ASICs.

Für die Teilsysteme kann, je nach Umfang, ebenfalls ein eigener Entwicklungsprozess nötig sein. Eine Partitionierung in Hardware und Software wird nach folgenden Kriterien durchgeführt:

- Hardware-Teile, auch „spezifische Hardware", ASICs oder „Rechenbeschleuniger" genannt, werden eingesetzt wenn eine schnelle Ausführung eines umfangreichen Algorithmus auf Daten bzw. Datenströme ausgeführt werden muss. Beispiele: Datenkompression, Video- und Audiodaten-Komprimierung und -Dekomprimierung.
- Software-Teile, d. h. programmierbare Prozessoren werden eingesetzt, wenn Funktionen einfacher, kostengünstiger und flexibler in Software zu lösen sind und die Ausführungsgeschwindigkeit der Software auf dem Prozessor ausreicht.

**Systemintegration** bedeutet das Zusammenführen aller Teilsysteme zu einer Systemeinheit mit nachfolgender Verifikation (zum Beispiel Simulation) des gesamten Systems. Falls Fehler gefunden werden, müssen diese in einer Wiederholung des Verfeinerungsschritts korrigiert werden.

### Evolution der Silizium-Technologie und der Chip-Entwicklung

Die **Evolution der Silizium-Prozess-Technologie** für Ein-Chip-Systeme ab 1997 ist in Tabelle Abbildung 2.17 (erweitert aus [Chang99]) dargestellt. Die Strukturbreite, das heißt die kleinste Distanz zum Beispiel zwischen Leiterbahnen auf einem Chip, ist in den Jahren von 1997 bis 2020 von 350 nm ($10^{-9}$ m) auf 5 nm geschrumpft. Diese Werte gelten für Chips der angegebenen Vielzweck-Prozessoren zum Beispiel in Smart Phones, Laptops usw., die in den aufgeführten Jahren auf dem Markt erhältlich sind. Die Komplexität der Chips ist von etwa 7,5 Millionen Transistoren bis etwa über 16 Milliarden ($16 \times 10^9$: Apple M1-Prozessor 2020) für Vielzweck-Prozessoren gestiegen. Bei Graphic-Prozessoren stieg die Zahl auf 54 Milliarden Transistoren (Nvidia GA 102 Ampere) [WikTrC21].

Die Kosten einer Chip-Fabrik sind im gleichen Zeitraum von ca. 1,5 Mrd. ($1,5 * 10^9$) Euro auf über 6 Mrd. Euro angestiegen (geschätzt). Das entspricht in etwa dem Wert von 6000 Einfamilienhäusern einschließlich Grundstück mit einem durchschnittlichen Preis von je einer Million Euro (2020).

Dagegen ist der Entwurfszyklus für einen vergleichbaren Entwurf von 18 Monaten auf geschätzte 5-6 Monate gesunken. Der Entwurfszyklus hängt allerdings stark von der Art und der Komplexität des Eingebetteten Systems ab. Die Reduzierung des Entwurfszyklus wird erreicht durch moderne, hocheffiziente Entwurfs- und Testmethoden zum Beispiel durch den Plattform-basierten Entwurf (siehe Abschnitt 2.6, Seite 66).

**Die Evolution der Chip-Entwicklung** geht Hand in Hand mit der Entwicklung der Silizium-Technologie. Die ersten Integrierten Schaltkreise (IC) waren Logik-Bausteine

| | 1997 | 2002 | 2007 | 2018 | 2020 |
|---|---|---|---|---|---|
| Strukturbreite | 350 nm | 130 nm | 90 - 65 nm | 10 - 7 nm | 5 nm |
| Kosten einer Chip-Fabrik (ca. Euro) | 1,5 - 2 Mrd. | ca. 4 Mrd. | ca. 5 Mrd. | ca. 6 Mrd. | > 6 Mrd. |
| Entwurfszyklus (Monate) | 18 - 12 | 10 - 8 | ca. 6 - 7 | ca. 5-6 | ca. 5-6 |
| Entwurfs-Zyklus Für Folge-Version | 8 – 6 Monate | 4 - 3 | 3 - 2 | 3 - 2 | 3 - 2 |
| Anzahl Transistoren | 7.5 M | 55 M | 540 M | 8.500 M | 16.000 M |
| Prozessor | Intel (Klamath) Pentium 2 | Intel Pentium 4 | Fujitsu SPARC64 | Qualcomm Snapdragon | Apple M1 |
| Anwendungen | Handy PDA | MP3 Player PDA | Smartphone, Laptop | Smartphone, Laptop | Smartphone, Laptop |

**Abbildung 2.17:** *Evolution der Silizium-Prozess-Technologie. Erste Spalte nach [Chang99]. Strukturbreiten, Anzahl Transistoren, Prozessor-Bezeichnungen aus [WikTrC21]. Die Werte für die Entwurfs-Zyklen und die Kosten der Chip-Fabrik in den letzten drei Spalten sind von den Autoren geschätzt. PDA: Personal Digital Assistent.*

und einfache Mikroprozessoren. Chips sind Implementierungen von Integrierten Schaltkreisen auf Halbleiterplättchen, die meist aus einem Silizium-Einkristall ausgesägt sind. Als erster Mikroprozessor auf einem Chip, gilt der Intel$^{TM}$ 4004, ein 4-Bit-Prozessor mit einer Strukturbreite von 10 $\mu$m, der in den Jahren 1969 bis 1970 entwickelt wurde und 1971 in Serie ging.

In den 1970-er Jahren galt als Richtlinie für die Chipentwicklung der **Area driven design ADD**, die Chipfläche sollte möglichst klein gehalten werden.

Das war solange interessant, als die Chip-Flächen durch die relativ großen Strukturbreiten ebenfalls groß wurden. Mit schrumpfenden Strukturbreiten wurden die Chip-Flächen etwa proportional zum Quadrat der Strukturbreiten kleiner und damit gewann der **Zeitbasierte Entwurf** (Time driven design: TDD, etwa ab den 1980er Jahren) an Bedeutung (siehe Abbildung 2.16 und Tabelle Abbildung 2.18). Bei dieser Entwurfsmethode war das primäre Entwicklungsziel eine Verringerung der Ausführungszeit der integrierten Schaltung. Es wurden mittelgroße ASICs von relativ kleinen, homogenen Gruppen entwickelt. Eine Floorplanung (siehe Abbildung 2.11 Seite 57) wurde in die Entwicklung nicht einbezogen. Späte Änderungen auf RT-Ebene bedeuteten ein relativ hohes Risiko.

Die TDD-Methode wurde abgelöst durch den **Blockbasiertern Entwurf** (Block Based Design BBD) etwa in den Jahren 1997 bis 1998 (Abbildung 2.16 und Tabelle Abbildung 2.18). Mit dem Blockbasiertern Entwurf wurden größere Subsysteme wie zum Beispiel Datenkompressions-Komponenten oder Mikroprozessoren mit Speicher entworfen. Die Subsysteme wurden auch als Intellectual Property (IP) entwickelt und auf den Markt gebracht. Fläche, Zeitverhalten und Schnittstellen des IP müssen exakt bekannt sein.

| | Zeitbasierter Entwurf Bis ca. 1997 | Blockbasierter Entwurf Ab ca. 1997 | Plattformbasierter Entwurf, ab ca. 2000 |
|---|---|---|---|
| Komplexität Anzahl Transistoren | 30k bis 1500k | 900k bis 9M | 1.8M bis xM |
| Entwurfsebene | RT-Ebene | Algorithmische und RT-Ebene | Systemebene |
| Entwicklungsziel | Kundenspezifisch | Blöcke, Kundenspezifische Schnittstellen | Schnittstellen zum System und Bus |
| Wiederverwendung | Keine | Gelegentlich | Fest eingeplant |
| Entwurfsgranularität | Gatter und Speicher | Funktionale Blöcke, Prozessorkerne | Virtuelle Komponenten (VCs) |
| Testarchitektur | Boundary scan (S-scan) | B-scan, Jtag, Bist | Hierarchisch/Parallel B-scan, Jtag, Bist |
| Mixed Signal (MS) | n/A | A/D-Wandler, PLL | MS-Funktionen und Schnittstellen |
| Platzieren und Verdrahten | Flach | Hierarchisch/ Flach | Hierarchisch |

**Abbildung 2.18:** *Entwicklungscharakteristika der Zeitbasierten-, Blockbasierten- und Plattformbasierten Entwurfsmethoden. MS bedeutet: „Mixed Signal" (gekürzt aus [Chang99]).*

Tabelle Abbildung 2.18 zeigt die Entwicklungscharistika der Zeit-, Block- und Plattformbasierten Entwurfsmethoden für Ein-Chip-Systeme (SoC). Auf den Plattformbasierten Entwurf wird auf Seite 66 näher eingegangen. Während das Entwicklungsziel beim Zeitbasierten Entwurf noch kundenspezifische ICs, also ASICs waren, ändert sich dies beim Blockbasierten Entwurf hin zu Funktionsblöcken, beispielsweise Blöcke für Datenkompression oder -Verschlüsselung. Unter einer „Virtuellen Komponente (VC)" versteht man eine Komponente, die als Hardware-Beschreibung und als Netzliste mit eingebauten Test-Möglichkeiten bzw. Selbst-Tests (Built-in-Self-Test BIST) vorliegt. Virtuelle Komponenten sind bereits getestet. VCs können funktionale Blöcke, aber auch Prozessorkerne sein. Auf die Begriffe der Test-Architektur wird im Abschnitt 8.5, Seite 373 etwas ausführlicher eingegangen. Die Begriffe „Boundary Scan (BS)" und JTAG werden in Abschnitt 8.5.4, Seite 378 näher erklärt. "Mixed-Signal (MS)" bedeutet: Es werden sowohl digitale als auch analoge Baugruppen auf dem Chip integriert. Ein „PLL" ist ein „Phase-Locked-Loop"-Baustein, auf den wir nicht näher eingehen. „Hierarchische Platzierung und Verdrahtung" bedeutet, dass die entsprechende Baugruppe „als Block verdrahtet" auf das Chip gesetzt wird. Verdrahtet werden lediglich die Ein- und Ausgänge des Blocks auf dem Chip.

Abbildung 2.19 zeigt über einer Zeitskala seit 1970 zusammengefasst, die Evolution der Chip-Entwicklung, der Silizium-Technologie (siehe Abschnitt 2.5.3, Seite 63) und der Entwicklungs-Methoden für Eingebettete Systeme.

**Evolution der Chip-Entwicklung und der Chip-Entwicklungs-Methoden**

| Area Driven Design | | Time Driven Design | BBD | Platform based Design |
|---|---|---|---|---|

**Evolution der Si-Prozess-Technologie am Beispiel von Prozessoren: Strukturabstände in nm**

| 10 000 nm | 3000 | 1500 | 1000 | 350 | 180 | 90 | 45 | 22 | 16 | 14 | 10 | 5 |
|---|---|---|---|---|---|---|---|---|---|---|---|---|

| i 4004 | i 8086 | i386DX | i386SL | Pentium | | Athlon 64 | | | Apple M1 |
|---|---|---|---|---|---|---|---|---|---|

**Evolution der Entwicklungs-Methoden für ES**

| Capture & Simulate | Describe and Synthesize | Specify, Explore & Refine |
|---|---|---|

| 1970 | 1980 | 1990 | 2000 | 2010 | 2020 |
|---|---|---|---|---|---|

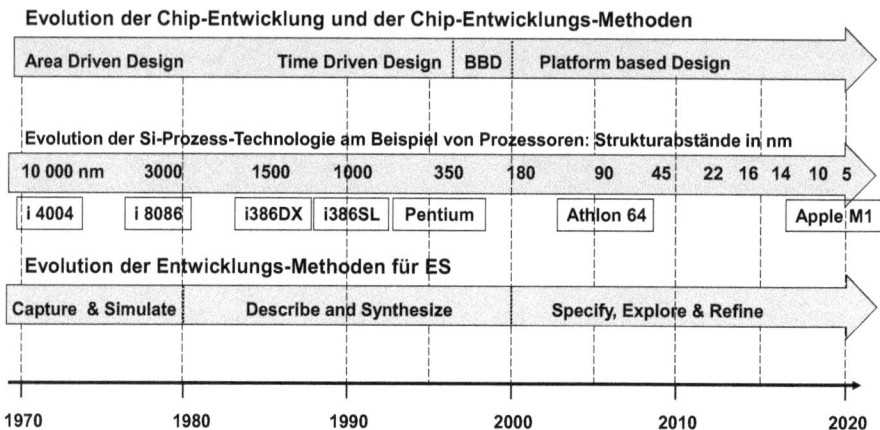

**Abbildung 2.19:** *Übersicht über die Evolution der Chip-Entwicklung, der Silizium-Technologie und der Entwicklungsmethoden.*

# 2.6    Plattformbasierter Entwurf

Der Plattformbasierte Entwurf (Platform Based Design PBD) nach [Chang99] und [Mart03] *ist eine moderne systematische Entwurfsmethode, um Entwicklungszeit und -risiko für den Entwurf und die Verifikation von Ein-Chip-Systemen (SoC) zu reduzieren.* Der Plattformbasierte Entwurf ist geprägt durch das Prinzip Wiederverwendung, das durch die „Intellectual Property (IP)"-Bausteine weit verbreitet wurde.

### Was versteht man unter einer Entwicklungsplattform?

Eine Entwicklungsplattform stellt eine Entwurfsumgebung dar, die auf die Entwicklung eines bestimmten Zielprodukts oder einer Produktfamilie ausgerichtet ist. Ähnlich wie bei einem Baukasten, bei dem man die einzelnen Bauklötzchen zusammenstecken kann, um eine größere Einheit aufzubauen, kann man auf einer Entwicklungsplattform die einzelnen Elemente bzw. Komponenten wie Prozessoren, Speicher, Eingabe/Ausgabe-Treiber, Rechenbeschleuniger, Verbindungselemente wie Busse, Brücken, Transducer usw. zu einem Eingebetteten System zusammenbauen und beispielsweise als „System on a Chip" (SoC) realisieren. Wichtig ist, dass die einzelnen Elemente zusammenpassen und dass die Plattform durch passende Intellectual Property-Komponenten erweiterbar ist. Die Komponenten und die Funktionsblöcke sind oft in einer Hardware-Beschreibungssprache, meist VHDL oder Verilog, beschrieben und werden als „Virtuelle Komponenten" (Virtual Components VC) bezeichnet.

Für die Entwicklungsplattform werden zudem Entwurfssysteme wie Compiler, Synthesesysteme, Simulationswerkzeuge, Debugger, Platzierungs- und Verbindungswerkzeuge (Place and Route), Testtreiber, Testsysteme, Dokumentationssysteme usw. definiert.

### Entwicklungs-Ziel und -Richtlinien beim Plattformbasierten Entwurf

Das Entwicklungsziel des Plattformbasierte Entwurf ist ein System auf einem Chip (SoC). Die Floorplanung, (Floorplan siehe Seite 56), Platzieren und Verdrahten der Teilsysteme beim Plattformbasierten Entwurf ist streng hierarchisch, d. h. die Blöcke bleiben auf dem Chip zusammen. Plattformbasierter Entwurf fasst sozusagen auf einer „Plattform" zusammen:

- Entwickelte und getestete Funktionsblöcke (VCs), mit möglichst genormten Schnittstellen, mit passendem Takt und bekanntem Energiebedarf,
- Möglichst genormte Verbindungselemente z. B. Busse mit verschiedenen Bandbreiten,
- Eingebauten Selbst-Tests (BIST),
- Erprobte Software für die programmierbaren Prozessoren auf der Plattform.

Man entwickelt nicht mehr auf RT-Ebene, sondern auf „Architektur-Ebene". Es ist eine Teilebene der System-Ebene. Man geht in diesem Fall davon aus, dass beim Entwurf des Systems die Architektur durch die Plattform vorgegeben ist. Bezugnehmend auf die Tabelle Abbildung 2.18 (Seite 65) ist:

- das Entwicklungsziel nicht mehr ein oder mehrere Teilsysteme, sondern die Anpassung der Schnittstellen der VCs an das Gesamtsystem bzw. an einen Bus des SoC,
- Eine Test-Architektur ist mit Boundary-Scan, JTAG und eingebauten Selbst-Test: BIST (siehe Seite 65) fest eingeplant.
- Moderne Ein-Chip-Systeme können gemischte Signale (Mixed Signals: MS) verarbeiten. Beispiele sind Mobiltelefon, Bluetooth-Maus, usw.
- Platzieren, Verdrahten, Floorplanning (siehe Seite 56) wird hierarchisch durchgeführt und von Anfang an in die SoC-Entwicklung einbezogen.

Bei der Entwicklung von Ein-Chip-Systemen ist die Vorbereitung und die Produktion des ersten Wafers mit den ersten Chips sehr teuer und zeitaufwändig. Daher muss „der erste Schuss sitzen" d. h. die Entwicklung des SoC muss so durchgeführt werden, dass das erste Chip fehlerfrei und voll funktionsfähig ist. Dies setzt einen präzise geplanten Entwicklungsverlauf voraus. Die „Virtuellen Komponenten (VCs)" müssen so entwickelt, verifiziert und unter den geforderten Umweltbedingungen (Temperatur, Strahlung usw.) getestet sein, dass sie ohne Risiko auf dem Chip verwendet werden können. Das gesamte System muss vor der Chipproduktion ebenso getestet werden. Dafür werden entsprechende Electronic Design-Automation (EDA)-Werkzeuge benötigt, zum Beispiel:

- Entwurfs-Werkzeuge für die Architektur-Ebene,
- Selektions-Hilfen für die Virtuellen Komponenten,
- Verifizierungs- und Test-Werkzeuge,
- Werkzeuge für Zeit-Analysen (Untersuchung der Signal-Verzögerungszeiten),
- Werkzeuge für das Floorplanning usw.

Bedingt durch den hohen Kosten- und Zeitdruck sind die Entwicklungs-, Test- und System-Integrationsschritte des Plattformbasierten Entwurfs für Ein-Chip-Systeme bis ins kleinste Detail festgelegt und werden auch strikt eingehalten [Chang99] [Mart03].

Heutige Entwicklungsplattformen sind meist Multiprozessor-Programmierbare Systeme auf einem Chip (MPSoCs), ausgestattet mit mehreren Prozessoren und einer Vielzahl von Peripheriebausteinen. Sie sind auf bestimmte Anwendungsbereiche ausgerichtet wie z. B. Geräte für den Audio-, Video-, TV-Bereich, für mobile Kommunikation, für „Infotainment"-Systeme im Automobil, für mobile Kommunikation mit Multimediafunktionen sowie für Systeme mit künstlicher Intelligenz (KI, siehe Kapitel 4).

### Prozessor-zentrische Entwicklungsplattformen

Bei den Prozessor-zentrischen Entwicklungsplattform stehen ein oder mehrere Prozessoren und viele Hardware-Komponenten auf einem Chip zur Verfügung und können

zu einem Eingebetteten System miteinander verbunden (konfiguriert) werden. Beispiele
dafür sind die Zynq UltraScale$^{TM}$-Bausteine der Firma Xilinx (siehe Abbildung 1.18,
Seite 29), oder andere programmierbare SoCs (siehe Abschnitt 1.8.2, Seite 29). Weite-
re Beispiele sind hochintegrierte Mikroprozessoren und Mikroprozessorfamilien wie die
ARM-, die NXP-, Microchip-, Texas-OMAP und Infineon-Familien (siehe Abschnitt 9.5,
Seite 410).

# 2.7    Transaction-Level-Modellierung (TLM)

Allgemein wird bereits in einer möglichst frühen Entwicklungsphase ein zu entwerfendes
System als System-Verhaltensmodell modelliert und simuliert. Ein System-Verhaltensmodell kann ein oder mehrere Berechnungsmodelle beinhalten. Die Simulation mit Sys-
tem-Verhaltens- oder Berechnungsmodellen ist besonders wichtig, beispielsweise bei mobilen Kommunikationssystemen, bei denen komplexe Algorithmen z. B. beim Kodieren und Komprimieren von Daten und effiziente Hardware- und Software-Implementierungen realisiert werden müssen.

Die Modellierung des System-Verhaltensmodells wird in der Regel in einer Systembeschreibungssprache, z. B. SystemC (Abschnitt 5.2, Seite 225) ausgeführt und ist nicht
„zeitgenau", das heißt „untimed".

Das System-Verhaltensmodell wird in der System-Synthese (Abschnitt 7.2, Seite 292)
auf eine Entwicklungsplattform abgebildet. Das Ergebnis davon ist das „Transaction
Level Model (TLM)". Das TLM erhält durch die System-Synthese eine Struktur, die
einzelnen Prozesse des Berechnungsmodells werden dabei auf Prozessor-Elemente (PEs)
abgebildet. Die bevorzugte Programmiersprache für das TLM ist SystemC (siehe Abschnitt 5.2, Seite 225). Die Kommunikation zwischen den Prozessen geschieht im TLM
über sogenannte abstrakte Kanäle, (in SystemC Channels genannt).

Eine wesentliche Eigenschaft des TLM ist wie der Name sagt, die Beschreibung von
Transaktionen, d. h. der Datenaustausch zwischen den einzelnen Prozessen. Dafür wurde
der Begriff „Transaction Level", also „Transaktionsebene" geprägt, die im Y-Diagramm
nicht unmittelbar vorkommt, die man sich jedoch als Fläche vorstellen kann, die in der
Strukturdomäne liegt und jeweils einen Teil der Systemebene, der algorithmischen- und
der RT-Ebenen überdeckt (siehe Abbildung 3.15, Seite 96). Abbildung 3.16, Seite 98
zeigt Verfeinerungsschritte, die während des Übergangs vom System-Verhaltensmodell
(SBM) zum Register-Transfer-Modell durchgeführt werden und zwar beim Entwickeln
der Kommunikationsmodule und der Module, die die Funktionalität bestimmen [Ga09].
Die y-Achse in Bild 3.16, Seite 98 zeigt den Verfeinerungsgrad der Modelle, die die
Funktionalität bestimmen.

Das erste Modell, das System-Verhaltensmodell (SBM) oder das Berechnungsmodell ist
„zeitfrei" (untimed) dargestellt. Nach einem Verfeinerungsschritt, kann der Zeitablauf
des Modells in der Transaktionsebene ungefähr beschrieben sein (approximate timed)
und schließlich, nach einigen weiteren Verfeinerungsschritten ist der Zeitablauf auf der
RT-Ebene genau beschrieben (cycle timed). Die x-Achse in Bild 3.16, Seite 98 zeigt den
Verfeinerungsgrad der Kommunikation der Modelle. Auch sie können zeitfrei, im TLM
ungefähr beschrieben und schließlich in der RT-Ebene exakt repräsentiert sein. Insbesondere unterscheidet man beim Verfeinern des TLM je nach Einbinden verschiedener

Kommunikationsschichten explizit das Netzwerk-TLM, das Protokoll-TLM und das Bus-zyklusgenaue Modell BCAM (siehe unten), die Schritt für Schritt genauere Zeitabläufe liefern.

Das ideale TLM stellt einen vernünftigen Kompromiss dar (trade off) zwischen Ausführungszeit und Genauigkeit der Performanzabschätzung des Entwurfs. Dies wirkt sich unmittelbar auf die Dauer der Simulation aus. Ein relativ einfaches TLM wird in relativ kurzer Zeit simulierbar sein. Je genauer das TLM in Bezug auf Performanz ist, desto länger wird eine Simulation dauern. Im Laufe der Analyse des zu entwickelnden Systems müssen eventuell bestimmte Eigenschaften (Metriken) abgeschätzt werden. Es können TLMs beschrieben werden, die nur diese interessanten Eigenschaften modellieren wie zum Beispiel Performanz und Energiebedarf.

**Modellieren der Kommunikation mit TLMs**

Der Begriff *Transaction* ist eine Abstraktion des Begriffs *Kommunikation* (TLM 2.0 Language Reference Manual [TLM2.0]). Die Kommunikations-Modellierung, die getrennt von der Modellierung der Funktionalität durchgeführt werden kann, ist eine der wichtigsten Eigenschaften des Transaction Level Models [Ga09].

Abbildung 3.17, Seite 99 zeigt die drei System-Modelle, die für die Entwicklung eines Eingebetteten Systems mindestens nötig sind: Das System-Verhaltensmodell (System Behavior Model), das Transaction-Level-Modell und das zyklusgenaue Modell (Cycle Accurate Model CAM). Die Software-Schichten im Mikroprozessor (siehe Abbildung 3.17, Seite 99) sind: Der „Hardware Abstraction Layer (HAL)", der direkt auf der Hardware liegt und eine Anpassung zwischen Betriebssystem und Hardware erlaubt, darüber das Betriebssystem (OS) mit der Anwendung und der Realisierung der Kommunikations-Schichten 2b bis 6. Die Anwendungs-Modelle (System-Verhaltensmodelle) kommunizieren über einen abstrakten Message-Passing (MP)-Kanal.

Die Modellierung der Kommunikation geschieht auf der Basis des ISO/OSI Referenzmodells (siehe Abschnitt 10.1, Seite 421), das sieben Schichten aufweist. Im TLM werden die Schichten 2 (Data Link) bis 6 (Presentation) modelliert. Für jede Übertragungsschicht kann je ein TLM modelliert werden. Die TLMs werden umso genauer, je mehr Schichten einbezogen werden. Im Laufe der Verfeinerung der Kommunikation in einer Systementwicklung ist es sinnvoll, folgende TLM's etwas genauer in Betracht zu ziehen: Das Netzwerk TLM, das Protokoll-TLM und das Bus-zyklusgenaue Modell BCAM (Bus Cycle Accurate Model).

# 2.8 Die Modellbasierte Entwicklungsmethode

Der traditionelle Systementwurf basiert auf der Plattformbasierten Entwicklungsmethode mit der Modellierung einer virtuellen Plattform (siehe Abschnitt 2.6, Seite 66). Die virtuelle Plattform kann für parallele Entwicklung von Software und Hardware verwendet werden. Abstrakte C/C++-Komponenten-Modelle werden für programmierbare Prozessorelemente und für spezielle Hardware-Komponenten eingesetzt. Die Hardware-Peripheriegeräte werden durch „Remote Function Calls" (RFC) angesprochen, sodass die Simulationsgeschwindigkeit hoch ist. Das erfordert weniger Aufwand und Zeit als die Entwicklung eines Prototypen-Boards. Mit System-Entwurfssprachen (SLDLs) wie zum Beispiel SystemC können Mehrprozessor-Architekturen modelliert werden.

Die Plattformbasierte Entwurfsmethode hat jedoch Nachteile [Ga09]:

- Die Plattform-Entwicklung muss von erfahrenen SystemC- und Modell-Entwicklern durchgeführt werden, sie ist sehr aufwändig.
- Änderungen der Plattform müssen von Hand eingefügt werden,
- Bei Produktänderungen müssen Teile der Software neu geschrieben und getestet werden. Das kostet viel Zeit.

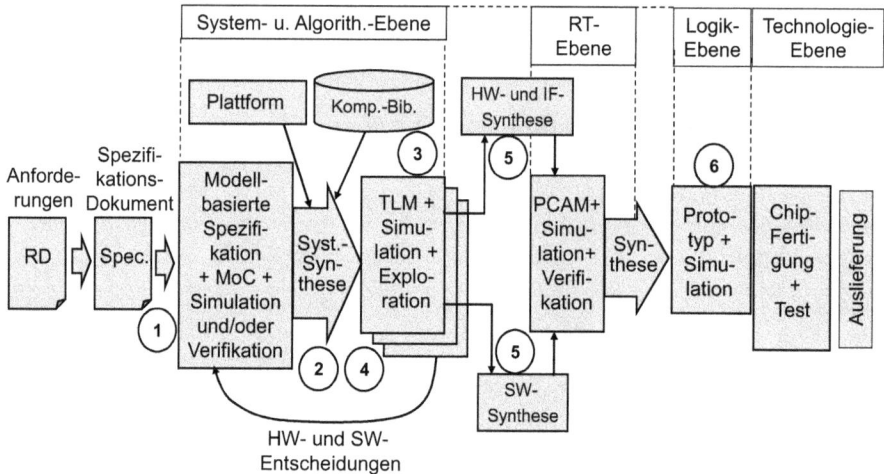

**Abbildung 2.20:** *Schematische Darstellung des modellbasierten Entwicklungsflusses. Die eingekreisten Zahlen bedeuten die im Text erwähnten Entwicklungsschritte (nach [Ga09]).*

Diese Nachteile vermeidet die modellbasierte Methode nach Gajski et al [Ga09], die wir im Folgenden verkürzt wiedergeben. Sie wird in Abbildung 2.20 schematisch veranschaulicht. Es ist im Prinzip ein Specify-Explore-Refine-Verfahren (siehe Abschnitt 2.5.3, Seite 61), das weitgehend auf Werkzeugunterstützung baut. Die Methode wird in folgende Schritte unterteilt:

1. Auf der Grundlage des Spezifikations-Dokuments entwirft der Anwendungsentwickler die Anwendung als modellbasierte Spezifikation bzw. als System-Verhaltensmodell (die beiden Begriffe sind synonym) in C/C++ oder z. B. als Process State Machine PSM. Die nötigen Algorithmen werden mit Hilfe von Berechnungsmodellen (MoCs) oder Entwurfsmustern entwickelt oder als IPs eingekauft. Damit ist eine frühe funktionale Verifikation (bzw. Simulation) möglich.

2. Das System-Verhaltensmodell wird (werkzeugunterstützt) in der System-Synthese auf Systemebene (siehe nächsten Abschnitt) auf eine Plattform abgebildet. Falls die Plattform nicht definiert ist, muss das Synthesewerkzeug die Plattform automatisch erzeugen. Dafür wird die Komponenten-Bibliothek zu Hilfe genommen. Sie enthält die Plattform-Komponenten (IPs), die Verbindungselemente und die Software-Plattform(en), mit den Metriken, Funktionen und Schnittstellen („Dienste") der Komponenten. Komponenten sind z. B. Software- und Hardware-Prozessoren, Speicher usw. Verbindungselemente sind Busse, Brücken und Transducer. Die Software-Plattform

enthält zum Beispiel Echtzeitbetriebssysteme (RTOS), Treiber für allgemeine Peripheriekomponenten und für die Kommunikationselemente.

3. Das Ergebnis der Synthese auf Systemebene ist ein Transaction Level Model, ein TLM (siehe Abschnitt 3.7, Seite 96). TLM's sind die zentralen Modelle in dieser Entwurfsmethode. Mit Hilfe des TLM kann der Systementwickler eine Entwurfsraum-Exploration durchführen (siehe Abschnitt 2.5.3, Seite 62) und bestimmte Metriken wie zum Beispiel Performanz und Energiebedarf untersuchen.

4. Durch Hardware- und Software-Entscheidungen wird das System-Verhaltensmodell und die Plattform modifiziert. Eine erneute System-Synthese erzeugt ein verbessertes TLM, dessen Metriken überprüft werden. In der Regel wird es einige „Explorations-Iterationen" geben, bis ein zufriedenstellendes TLM gefunden ist.

5. Mit dem endgültigen TLM wird durch werkzeugunterstützte Hardware-, Software- und Schnittstellen- (Interface IF)-Synthese das PCAM (Pin- and Cycle Accurate Model, siehe Seite 103) und die nötige Software generiert und verifiziert.

6. Der Implementierungs-Entwickler kann schließlich auf der Basis des PCAM ein Test-Board bauen und – nach ausgiebigen Tests – mit Hilfe der automatisch erzeugten Software ein FPGA und/oder ein ASIC erstellen lassen.

# 2.9 Plattformen und Bibliotheken für den Entwurf von DNNs

Systeme mit künstlicher Intelligenz (KI, siehe Kapitel 4) und maschinellen Lernfähig-keiten, breiten sich mehr und mehr aus und gehören in vielen Bereichen der Industrie z. B. in der Prozessentwicklung und in der Automobiltechnik, bei den Fahrerassistenz-systemen und bei autonomen Fahrzeugen, bereits zum Alltag. Als dominantes Netzwerk für Maschinelles Lernen gilt an erster Stelle das „Tiefe Neuronale Netzwerk" (DNN, siehe Seite 119).

Für die Entwicklung von Tiefen Neuronalen Netzwerken für Eingebettete KI-Systeme wurden verschiedene Entwicklungsplattformen (Frameworks) bzw. Bibliotheken (Libra-ries) erstellt und frei verfügbar veröffentlicht, zum Beispiel Caffe, Tensorflow, Torch, Pytorch, Theano, MXNet, CNTK [Sze17] und [Sze20].

**Caffe**

Caffe (Convolutional architecture for fast feature embedding) wurde von der Universität Berkeley (USA) im Jahr 2014 der Öffentlichkeit zur Verfügung gestellt. Es unterstützt die Entwicklung von Neuronalen Faltungsnetzwerken (Convolutional Neural Networks) mit den Programmiersprachen C, C++, Python und MATLAB [Ji14], zitiert in [Sze17].

**Tensorflow**

Unter einem Tensor versteht man ein mehrdimensionales Array. Tensorflow wurde 2015 von der Firma Google publiziert. Es verwendet die Programmiersprachen C++ und Py-thon. Tensorflow ist sehr flexibel und unterstützt verschiedene Prozessoren (CPUs) und Graphik Prozessoreinheiten (GPUs). Die Berechnungen werden als Datenfluß-Graphen gezeigt, die die Tensoren übersichtlich darstellen [Sze17].

**Torch und Pytorch**

Die Entwicklungsplattform Torch, auch als „Machine Learning Library" bezeichnet, wurde vom KI-Entwicklungslabor (AI Research lab: FAIR) der Firma Facebook zusammen mit der New York University (NYU) entwickelt und verwendet die Programmiersprachen C, C++ und Lua. Der Nachfolger von Torch ist Pytorch, der Python einsetzt [Sze20] [WikPT21].

**Theano, MXNet, CNTK, Keras**

Weitere Plattformen bzw. Bibliotheken sind zum Beispiel Theano, MXNet und CNTK [Nv21], zitiert in [Sze20]. Zudem gibt es Bibliotheken die auf die oben genannten Plattformen zugreifen und so eine Entwicklung beschleunigen können. Eine dieser Bibliotheken ist **Keras**, die in Python geschrieben ist und die die Plattformen Tensorflow, CNTK und Theano unterstützt.

Die Entwicklungsplattformen sind sowohl für Forscher von Tiefen Neuronalen Netzwerken (DNN) als auch für Anwendungsentwickler unentbehrlich um effiziente Hochleistungsnetzwerke zu entwickeln.

Zum Beispiel können die Plattformen effiziente Software oder Hardware-Beschleuniger einbinden. So können beispielsweise die meisten Plattformen auf Nvidias cuDNN-Library zugreifen, um die Graphics Processor Units von Nvidia zu verwenden. Die Hardware-Entwickler können mit Hilfe der Plattformen verschiedene HW-Realisierungen simulieren und vergleichen.

# 2.10   Berücksichtigung des Energiebedarfs bei der Entwicklung

Bei elektronischen Systemen wird elektrische Energie verwendet, um Rechenleistung in einer bestimmten Zeitspanne zu generieren. Physikalisch gesehen wird die elektrische Energie jedoch zu nahezu hundert Prozent in Wärmeenergie umgewandelt.

Der **Energiebedarf** von Computern und Eingebetteten Systemen erzeugt also ungewollt Wärme und kostet Geld. Computerzentren benötigen oft doppelt Energie, einerseits weil die Computer Wärmeenergie erzeugen und andererseits weil diese Computer mit Hilfe einer Klimaanlage durch Kühlung vor Überhitzung geschützt werden müssen.

Der Entwurf von Hardwaresystemen erfordert neben der Betrachtung funktionaler Eigenschaften auch die Berücksichtigung nicht-funktionaler Aspekte wie des Flächen- oder des Energiebedarfs der Integrierten Schaltungen (ICs). Während sich eine Vergrößerung der Fläche in steigenden Produktionskosten niederschlägt, hat ein erhöhter Energiebedarf auch Folgen für den Betrieb eines Systems. So beeinflusst die Energie beispielsweise die Betriebskosten, aber auch die Laufzeit und Reichweite mobiler Systeme wie zum Beispiel Smartphones oder Automobile.

Ein Entwicklungsziel ist deshalb, den Energiebedarf von Integrierten Schaltkreisen zu senken und es ist unerlässlich, den Energiebedarf eines Systems bereits in der Entwurfsphase durch energiesparende Entwicklungsmethoden (Low Power Design, oder kürzer: Power Design) zu berücksichtigen.

Der elektrische Energiebedarf $E$ eines Systems (zum Beispiel in Wh) ergibt sich aus der Summe der elektrischen Leistung $P$ (Watt) über die Zeit:

$$E(Wh) = \int P(t)dt \qquad (2.1)$$

Die elektrische Gesamtleistung $P(t)$ setzt sich dabei aus der dynamischen Leistungsaufnahme $P_{dyn}$ – hervorgerufen durch Schaltvorgänge – und der statischen Leistungsaufnahme $P_{stat}$ – hervorgerufen hauptsächlich durch Leckströme – zusammen. Leckströme bedeuten: Ladungen fließen an den Gattern oder an den Drains von CMOS-Transistoren ab und müssen erneuert werden. Im allgemeinen lässt sich die Leistungsaufnahme eines CMOS-Transistors durch folgende Formel beschreiben:

$$P(W) = [P_{dyn}] + [P_{stat}] = \left[\alpha * f * C_L * V_{DD}^2\right] + [(I_{SUB} + I_{DS}) * V_{DD}] \quad (2.2)$$

Die Einflussgrößen, die bei der statischen und dynamischen Leistungsaufnahme eine Rolle spielen, sind, neben den Leckströmen $I_{SUB}$ und $I_{DS}$:
– relative Schalthäufigkeit $\alpha$,
– Taktfrequenz $f$,
– Lastkapazität $C_L$,
– Versorgungsspannung $V_{DD}$,
Aus Gleichung 2.2 sehen wir: der dynamische Energiebedarf eines IC hängt unter anderem vom Quadrat der Versorgungsspannung und von der Höhe der Taktfrequenz ab.

Fazit: Je kleiner die Versorgungsspannung eines Chips, desto geringer der Energiebedarf. Beispiel: Eine Reduktion der Drainspannung $U_{dd}$ von 5 V auf 3,3 V bringt $(5/3,3)^2 = 2,3$, d. h. eine 2,3-fache Ersparnis des Energiebedarfs. Dennoch darf die Versorgungsspannung nicht zu klein gehalten werden (siehe auch weiter unten: „Anpassung des Versorgungsnetzwerks"), denn einerseits führt dies zu einer Erhöhung der Schaltverzögerungen und andererseits muss zwischen der logischen 0 (Spannung 0 V) und der logischen 1 (etwa Versorgungsspannung) ein für den Logikbaustein sicher erkennbarer Unterschied sein, der auch durch Toleranzen in der Schwelle zwischen 0 und 1 nicht beeinträchtigt wird. Die Störsicherheit der Schaltung hängt somit ebenfalls von der Höhe der Versorgungsspannung ab. Je höher die Drainspannung, desto höher ist die Störsicherheit. Bei höherer Drainspannung müssen die Störimpulse höher sein, die fälschlicherweise in einem Logikgatter eine Umwandlung einer 0 in eine 1 – und umgekehrt – verursachen können.

### Reduktion der Schalthäufigkeit

Untersuchungen von Wimer [Wim12] und Peterson [Pet18] haben gezeigt, dass die Mehrheit der Register in Prozessorsystemen nur selten überschrieben werden, jedoch durch einen dauerhaften Takt einen signifikanten Beitrag zur dynamischen Leistungsaufnahme haben. *Clock Gating* ist eine Methode zur Reduktion dieser Leistung. Beim Clock Gating werden alle Register vom Taktbaum getrennt (siehe Abb. 2.21 (links)), die sich innerhalb eines Taktes nicht ändern, was zu einer hohen Reduktion der Schaltvorgänge führen kann. Da hierbei allerdings zusätzliche Clock-Gate-Zellen (z.B. Latches) eingefügt werden müssen, ist eine Analyse der Schaltung zur Identifikation von Registergruppen mit ähnlicher Schaltcharakteristik notwendig, um die zusätzliche, durch das Clock Gating induzierte Leistungsaufnahme zu minimieren. Eine weitere häufig eingesetzte Technik zur Reduktion der Schaltvorgänge ist *Operand Isolation*, bei der die Eingänge einer Schaltung (z.B. eines Multiplizierers) konstant gehalten werden, solange das Ergebnis der Komponente nicht benötigt wird. Operand Isolation ist schematisch in Abb. 2.21 (rechts) dargestellt ist.

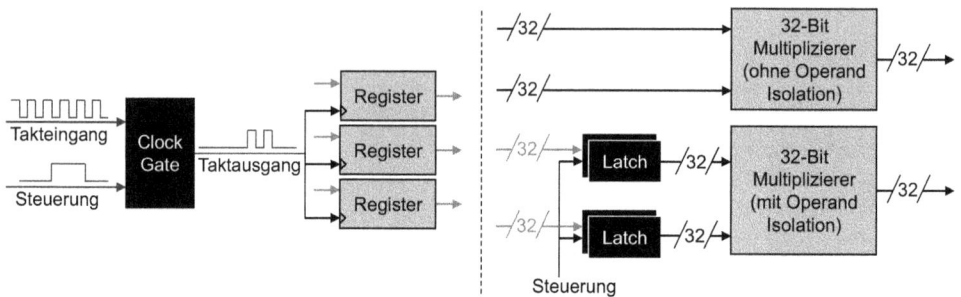

**Abbildung 2.21:** *Schematische Darstellung der Techniken zur Reduktion der Schalthäufigkeiten: Clock Gating (links) und Operand Isolation (rechts)*

### Anpassung der Taktfrequenz

Häufig findet man in größeren Schaltungen mehrere Subsysteme wie Prozessoren, Bussysteme, Speicher und Rechenbeschleuniger. Da diese oftmals unterschiedliche zeitliche Anforderungen haben, kann die Taktfrequenz einzelner Komponenten (oder Komponentengruppen) durch die Verwendung verschiedener *Clock Domains* an deren Randbedingungen angepasst werden. Clock Domains stellen dabei Bereiche innerhalb einer Schaltung dar, die mit dem gleichen Takt angesteuert werden. VHDL (siehe Kapitel 5) ermöglicht die Implementierung von Clock Domains durch dedizierte Taktsignale sowie durch die Synchronisierung der Clock Domains beispielsweise über FIFO-Speicher. Die Implementierung von Clock Domains mit variabler Taktfrequenz, was als *Frequenzskalierung* bezeichnet wird, ist in VHDL ebenfalls möglich.

### Reduktion parasitärer Kapazitäten

Jede Standardzelle beinhaltet parasitäre Eingangskapazitäten, die bei Umschaltvorgängen entsprechend geladen oder entladen werden müssen. Daher gilt, dass u.a. durch die Reduktion der Anzahl logischer und arithmetischer Blöcke die Gesamtkapazität der Schaltung gesenkt werden kann und dadurch auch eine Verringerung der dynamischen Leistung erreicht wird. Hierfür wird bei einer gegebenen Implementierung häufig auf *Resource Sharing* zurückgegriffen (nähere Details zu Resource Sharing siehe Abschnitt 7.4.2, Seite 351).

### Anpassung des Versorgungsnetzwerks

Neben den genannten Techniken, die grundsätzlich direkt in VHDL umgesetzt werden können, hat ein Entwickler beim Entwurf auch die Möglichkeit das Versorgungsnetzwerk, das heißt, das Netzwerk der Versorgungsspannung(en) $V_{DD}$ zu spezifizieren (was allerdings nicht direkt mit dem VHDL-Standard möglich ist).

Wie oben bereits erwähnt, kann die dynamische Leistungsaufnahme eines Systems durch eine Absenkung der Versorgungsspannung $V_{DD}$ stark reduziert werden. Da dies zu einer

Erhöhung von Schaltverzögerungen führt, muss das Versorgungsnetzwerk sehr gezielt angepasst werden, um die Funktionalität weiterhin zu gewährleisten. Hier setzen sogenannte *Multi Voltage Designs* an. Bei Multi Voltage Designs wird ein System, analog zum Partitionieren in Clock Domains, in verschiedene *Power Domains* unterteilt. Jede Power Domain erhält eine eigene Versorgungsspannung, die an die Anforderungen bzgl. der zeitlichen Verzögerung angepasst werden kann. Dadurch kann die dynamische Leistung in den Power Domains dauerhaft gesenkt werden, ohne die Funktionalität zu beeinträchtigen. Daneben ermöglicht das sogenannte *Power Gating* eine dynamische Abschaltung von inaktiven Komponenten durch die Integration von Leistungstransistoren in die Spannungsversorgung, wodurch neben der dynamischen auch die statische Leistungsaufnahme gesenkt werden kann.

Zur Umsetzung von Power Gating und Multi Voltage Designs wurde 2007 das *Unified Power Format (UPF)* entwickelt und als IEEE-Standard 1801 [IEEE1801] veröffentlicht (siehe Abschnitt 5.1.20, Seite 224).

# 2.11 Zusammenfassung

Gefragt sind heute produktive Entwicklerinnen und Entwickler, die Eingebettete Systeme effektiv und mit hoher Qualität entwerfen, modellieren, verifizieren und zur Produktion freigeben. Um dies leisten zu können, werden nicht nur mächtige Modellierungssprachen und Modellierungswerkzeuge, kurz „Elektronik Design Automation (EDA)"-Werkzeuge, sondern auch effektive Entwicklungs- und Verifikationsmethoden benötigt.

Das vorhergehende Kapitel geht auf die Grundlagen der Hardware- und Software-Entwicklung für Eingebettete Systeme ein wie z.B. auf die verschiedenen Abstraktionsebenen und Sichten. Jedoch unterliegen die Entwicklungsmethoden und Technologien selbst einer Entwicklung und ändern sich von Jahr zu Jahr. Dies wird am Überblick über die Evolution der Entwicklungsmethoden von den 1970er-Jahren bis zum Plattformbasierten Entwurf deutlich.

# 3 Modelle

Bewirbt sich ein Architekt um den Auftrag für ein öffentliches Bauprojekt, so erstellt er ein *Modell* des geplanten Gebäudes. Ein Modell bedeutet in der Architektur ein verkleinertes physisches Abbild des zu realisierenden Objekts. Bei Eingebettetes System geht es nicht um ein physisches Abbild, das Modell eines Eingebetteten Systems beschreibt in abstrakter Form die Funktion und die Architektur des Systems.

Modelle liefern die Basis für Analysen, Simulationen, Synthese und Verifkation. Modell-Konzepte können einen großen Einfluss haben auf Qualität, Genauigkeit, Performanz (Ausführungszeit) des Entwurfs und Schnelligkeit beim Erreichen von Resultaten [Ga09]. Die Modell-Qualität von Software-Systemen ist genormt unter dem „Qualitätsmodell" ISO/IEC 9126. Diese Norm ist zu einem großen Teil auch für Eingebettete Systeme anwendbar.

Im folgenden Kapitel beschäftigen wir uns mit verschiedenen Modellen, die ein Entwickler beschreibt, um das zukünftige Eingebettete System darzustellen. Wir behandeln zum Beispiel Programmmodelle, Modelle auf verschiedenen Abstraktionsebenen: Verhaltensmodelle, Berechnungsmodelle, zustandsbasierte Modelle.

## 3.1 Definition eines Modells

Zu Beginn der System-Entwicklung steht die Beschreibung der geforderten Funktionalität in einem System-Verhaltensmodell. *Ein Modell ist ein abstraktes Abbild eines Systems oder Teilsystems.* Ein bestimmtes Modell enthält die Charakteristika und Eigenschaften, die relevant für eine Aufgabe sind bzw. im Fokus einer Untersuchung stehen. Zum Beispiel kann die Aufgabe sein, die Ausführungszeit für ein Teilsystem so zu verringern, dass sie unter einer festgelegten Zeitschranke liegt. Ein Modell heißt **minimal**, wenn es ausschließlich die Charakteristika für eine bestimmte Aufgabe enthält. Ein Modell sollte

- eindeutig,
- vollständig,
- verständlich und
- leicht änderbar sein.

Oft wird in der englischsprachigen Literatur anstatt modellieren auch der Ausdruck „spezifizieren" verwendet, der aber in unserem Fall bereits mit dem Begriff „Erstellen des Spezifikations-Dokuments" (siehe Abschnitt 2.1.4, Seite 40) belegt ist.

https://doi.org/10.1515/9783110702064-003

## 3.2 Programm-Modelle

Programm-Modelle sind unabhängig vom verwendeten Quell-Code. Mit Programm-Modellen ist ein Programmablauf nicht nur übersichtlich darstellbar, sie sind nützlich bei der Programmanalyse und -Optimierung. Das Ziel einer Programmanalyse ist, zum Beispiel folgende Optimierungen durchzuführen [Wolf02]:

1. Ermitteln der Operationen, die unabhängig voneinander sind, um eventuell diese Operationen nebenläufig oder in anderer Reihenfolge auszuführen.
2. Ermitteln der Operationen, die Datenabhängigkeiten haben und an eine bestimmte Reihenfolge gebunden sind.
3. Optimierung von Schleifen.
4. Verringerung von Speicherübertragungen (Memory Transfers) oder externe Eingaben/Ausgaben.

Die Zielsetzungen können z. B. sein: Ausführungszeit-Minimierung, Programmgrößen-Minimierung oder Energiebedarfs-Minimierung (siehe auch Abschnitt 6.2, Seite 265).

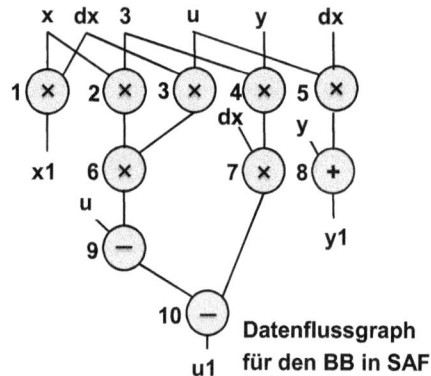

**Abbildung 3.1:** *Beispiele für einen allgemeinen Basisblock (BB): linke Seite oben. Derselbe Basisblock ist darunter in „Single Assignment Form" (SAF) dargestellt. Rechts im Bild ist der Datenflussgraph (DFG) für die SAF des BB gezeigt (nach [Wolf02]).*

Unsere grundlegenden Programm-Modelle sind der **Datenflussgraph** (DFG) und der **Kontroll-Datenflussgraph** (CDFG) [Wolf02] [Bring03]. Der Datenflussgraph ist ein azyklischer, gerichteter Graph (directed acycled graph DAG) und beschreibt einen **Basisblock** (BB) eines Programms. Die Knoten des Datenflussgraphen stellen die Operationen dar, die Kanten die Datenflüsse von einer Operation zur nächsten oder zu einer Variablen, sie sind mit den Variablenwerten beschriftet. Ein Basisblock ist eine Operationsfolge ohne Kontrollstrukturen (if .. then .. else). „Azyklisch" bedeutet, der Graph hat einen Eingang und Ausgang, es gibt z. B. keine Kante, die vom Ausgang wieder zum Eingang zeigt, mehrere Zuweisungen zur gleichen Variablen sind nicht erlaubt.

In Abbildung 3.1 ist oben links als Beispiel der Basisblock des Differentialgleichungs-lösers aus Abbildung 7.7, Seite 299 gezeigt. Die Zuweisungen enthalten auf der linken und rechten Seite teilweise die gleichen Variablen, z. B. x := x + dx; das macht den Basisblock zyklisch. Für die Programmanalyse ist jedoch die azyklische Form des Basisblocks günstiger, die in der „Single-Assignment-Form SAF" realisiert ist. Die Operationen im DFG sind nummeriert. Aus dem DFG ist ersichtlich, dass die Reihenfolge der Operationen Nr. 1, 2, 3, 4 und 5 keine Rolle spielt, sie könnten parallel oder sequenziell ausgeführt werden. Im Falle von Datenabhängigkeiten wie es in unserem Beispiel für die Operationen 2, 6, 9, 10 und 3, 6, 9, 10 sowie 4, 7, 10 der Fall ist, muss eine bestimmte Reihenfolge eingehalten werden. Man sagt: der Datenflussgraph definiert eine „partielle Ordnung" (Partial Order) der Operationen. Dies ist ein Vorteil der Datenflussgraphen-Darstellung von Programmen. Datenfluss-Sprachen, (Programmiersprachen) wie z. B. Id (Irvine Data Flow Language), Lucid oder Lustre nutzen diesen Vorteil des DFG [Wolf02].

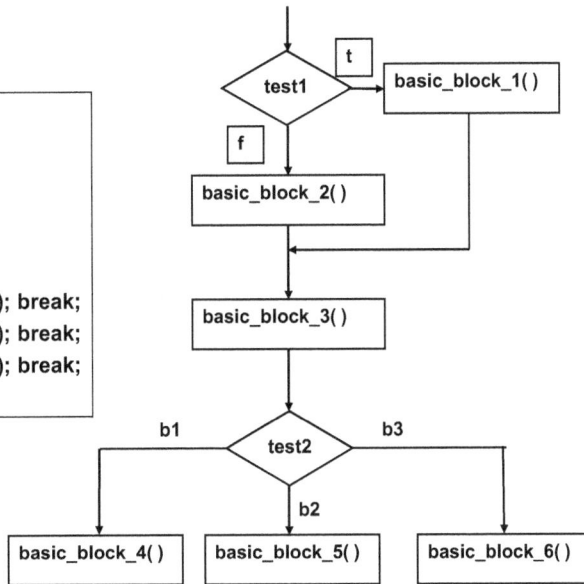

**Abbildung 3.2:** *Beispiel eines Kontroll-Datenflussgraphen (CDFG). Links das Beispiel eines C-Code-Blocks, rechts der dazugehörige CDFG. t, f bedeuten „true", „false" (nach [Wolf02]).*

Der Kontroll-Datenflussgraph enthält im Gegensatz zum Datenflussgraphen eine oder mehrere Kontrollstrukturen. Abbildung 3.2 zeigt auf der linken Seite das Beispiel eines C-Code-Blocks, rechts den dazugehörigen Kontroll-Datenflussgraphen. Die rautenförmigen Knoten im CDFG stellen die Kontrollstrukturen dar, zuerst die „if-Kontrollstruktur", danach die Fallunterscheidung „switch ()...case b1 bis b3". Die Basisblöcke können durch Funktionsaufrufe ersetzt werden [Wolf02].

# 3.3 Modellkategorien

Im Y-Diagramm können auf jeder Abstraktionsebene und in jeder Sicht oder Domäne mindestens ein, oft mehrere Modelle generiert werden. Für ein zu entwickelndes System kann es Modelle auf Systemebene bis hin zur Logikebene geben. Dabei werden beim Übergang von der höheren Ebene zur niedrigeren Ebene Verfeinerungen zugefügt.

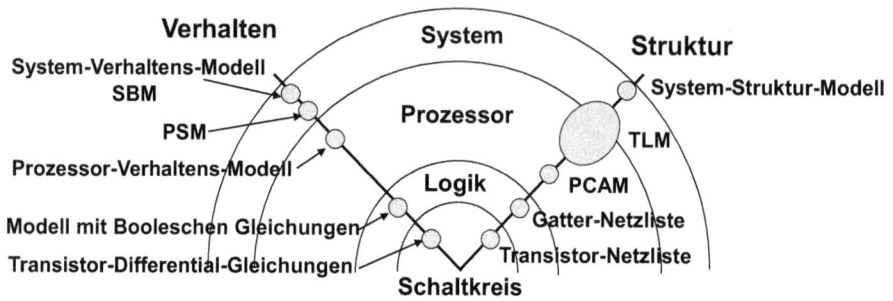

**Abbildung 3.3:** *Modelle im Y-Diagramm. Die Algorithmische- und die RT-Ebene werden durch die Prozessor-Ebene ersetzt. In jeder Abstraktionsebene und in jeder Domäne werden verschiedene Modelle definiert (nach [Ga09]).*

Abbildung 3.3 zeigt verschiedene Modelle in den Abstraktionsebenen und in der Verhaltens- und Struktur-Domäne des Y-Diagramms, in der Systemebene und der Verhaltens-Domäne z. B. das System-Verhaltensmodell und die Process State Machine (PSM, siehe Abschnitt 3.5.3, Seite 93), in der Struktur-Domäne das System-Strukturmodell. Damit ist auch die Process State Machine ein System-Verhaltensmodell. Die Algorithmische- und die RT-Ebene sind auf diesem Bild durch die Prozessor-Ebene ersetzt, da wir, dem Trend gehorchend, von programmierbaren Prozessoren im System ausgehen. Auf dieser Ebene finden wir z. B. in der Verhaltens-Domäne das Prozessor-Verhaltens-Modell. In der Struktur-Domäne der Prozessorebene liegen z. B. das Prozessor-Strukturmodell, das TLM und das „Pin Cycle Accurate Model" (PCAM) des Prozessors (siehe Abschnitt 3.8.2, Seite 103). Das „Transaction Level Model" TLM (siehe Abschnitt 3.7, Seite 96) kann Ausprägungen sowohl in der Systemebene als auch in der Prozessorebene haben. Ein TLM ist auch ein ausführbares System-Strukturmodell. Spezielle Modelle werden nach Bedarf zusätzlich für wichtige Metriken (Performanz, Energiebedarf usw.) generiert. Modelle können wie folgt klassifiziert werden:

**Verhaltensmodelle** sind Modelle in der Verhaltensdomäne des Y-Diagramms. Beispiele sind das System-Verhaltens-Modell (SBM), die Prozess-Zustandsmaschine (PSM) und die Berechnungsmodelle (siehe Seite 81).

**Zustandsbasierte Modelle** (siehe Seite 88) werden meist zur Modellierung von steuerungsdominanten Systemen verwendet (siehe Seite 102), z. B. von reaktiven Echtzeitsystemen. Ein reaktives Echtzeitsystem reagiert auf Eingabe-Signale innerhalb bestimmter Zeitgrenzen mit entsprechenden Ausgabe-Signalen. Zustandsorientierte Modelle werden in der Regel durch Deterministische Endliche Automaten (DEA oder FSM, siehe Seite 101) beschrieben. Zum Beispiel ist das grundlegende Verhaltensmodell auf RT-Ebene der synchrone DEA.

**Aktivitätsorientierte Modelle.** Ein Beispiel dafür ist der Datenflussgraph (DFG) (siehe Abbildung 3.1, Seite 78). In einem DFG werden die Aktivitäten und deren Daten- und Ausführungs-Abhängigkeiten dargestellt. Dieses Modell ist zur Modellierung der Datenverarbeitung in Multimedia-Anwendungen geeignet.

**Strukturorientierte Modelle** beschreiben das System als Struktur von Teilsystemen, Prozessorelementen, Bauteilen usw. (Beispiel siehe Abbildung 2.1, Seite 43).

**Datenorientierte Modelle** stellen das System mit Datenobjekten sowie Attributen und Relationen dar. Diese Modelle werden meist in Informationssystemen verwendet, zum Beispiel in Datenbanksystemen und meist nicht in Eingebetteten Systemen. Die Beschreibung der Datenorganisation steht hier an erster Stelle.

**Wie viele Modelle werden für eine Entwicklung benötigt?**

Die Anzahl der benötigten Modelle für eine bestimmte Entwicklung hängt vom System und den Anforderungen ab. Zu viele Modelle kosten unnötig Zeit und zu wenige können eine effektive Entwicklung behindern. Die „Entwicklertypen" bestimmen die richtige Anzahl der verschiedenen Modelle. Man kann die Entwickler nach Gajski [Ga09] in drei Kategorien einteilen:

– Anwendungsentwickler (Application Designer),
– Systementwickler (System Designer) und
– Implementierungs-Entwickler (Implementation Designer).

Der **Anwendungsentwickler** benötigt ein funktionales- oder System-Verhaltensmodell, (System Behaviour Model: SBM) um zu beweisen, dass die verwendeten Algorithmen auf einer gegebenen Plattform funktionieren. Das SBM berücksichtigt die System-Anforderungen (Requirements) in einem oder mehreren Berechnungsmodellen (Models of Computation MoC). Ein Berechnungsmodell wird verwendet, um Beschreibungen von Anwendungs-Algorithmen darzustellen und zu optimieren. Das Anwendungsprogramm wird in Module (Prozesse usw.) partitioniert, die durch Kanäle oder ähnliche Mechanismen miteinander kommunizieren. Das Berechnungsmodell wird auch verwendet, wenn Zusatzfunktionen (Features) und Erweiterungen entwickelt werden.

Der **Systementwickler** benötigt mindestens ein, meist aber mehrere Transaction-Level-Modelle (TLM) (siehe Abschnitt 3.7, Seite 96) für die Verfeinerung des System-Entwurfs und um verschiedene Entwurfs-Metriken wie Performanz, Datenverkehr, Kommunikation, Energiebedarf usw. abzuschätzen. Mit Hilfe des „zeitmarkierten TLM" (timed TLM, siehe Abschnitt 6.4.1, Seite 270) kann der Systementwickler die Ausführungszeiten des Anwendungs-Programms in Simulationsläufen näherungsweise ermitteln. Zusätzlich muss die Kommunikationszeit für jeden Pfad und jede Nachricht ausgemessen werden. TLMs erlauben schnell und mit ausreichender Genauigkeit verschiedene Optimierungs-Szenarien durch Simulation zu explorieren.

Das zyklusgenaue Modell (CAM: Cycle Accurate Model) bzw. PCAM (Pin-CAM) wird vom **Implementierungs-Entwickler** bzw. Hardware-Entwickler verwendet, um die Korrektheit der generierten Hardware abzuschätzen und zu verifizieren. Das PCAM wird auch von Software-Entwicklern verwendet, um die System-Software und Firmware (Software in einem ROM) zu verifizieren. Aus einem PCAM wird das Hardware-Zielsystem, ein Prototyp, ASIC oder Ein-Chip-System (SoC) erzeugt.

# 3.4 Modelle auf System- und algorithmischer Ebene: Berechnungsmodelle

Ein Berechnungsmodell bzw. ein Model of Computation (MoC) ist nach Gajski [Ga09] „eine verallgemeinerte Art, Systemverhalten in abstrakter, konzeptioneller Form zu beschreiben". Im Y-Diagramm kann das Berechnungsmodell der Verhaltensdomäne auf algorithmischen Ebene und teilweise der Systemebene und der RT-Ebene zugeordnet werden (siehe Abbildung 3.15, Seite 96). Im Gegensatz zum System-Verhaltensmodell (SBM), das das ganze System umfasst, kann ein Berechnungsmodell auch nur für ein Teilsystem erstellt werden. Ein Entwickler verwendet Berechnungsmodelle, *um das Verhalten gemäß den Anforderungen und Beschränkungen des Systems zu beschreiben*. Berechnungsmodelle werden typischerweise formal bzw. grafisch dargestellt. Sie basieren generell auf einer Partitionierung des Verhaltens in Module. Nach Gajski [Ga09] definieren Berechnungsmodelle *„eine partielle Ordnung (von Aktionen) mit einer relativen Sequenz von nebenläufigen Ausführungen für Ereignisse, basierend auf Datenabhängigkeiten"*. Berechnungsmodelle erfassen nur Verhaltens-Aspekte. Daher muss jedes System-Modell strukturelle Aspekte hinzufügen.

Das allgemeinste Berechnungsmodell wird beschrieben als Programm, durch sequenzielle, imperative Programmiersprachen wie z. B. C, C++, Java usw. Das Verhalten wird als Sequenz von Befehlen festgelegt. „Imperative Modelle" können grafisch durch Flussdiagramme oder „Activity"-Programme repräsentiert werden (beispielsweise mit UML, siehe Abschnitt 3.6, Seite 94). Programme können in hierarchische Strukturen aufgeteilt werden, zum Beispiel in Prozesse. Neben den imperativen, funktionalen oder logischen Programmiersprachen können auch prozedurale oder Objekt-Orientierte Programmiermethoden verwendet werden [Ga09].

## 3.4.1   Prozessbasierte Berechnungsmodelle und -Netzwerke

Prozessbasierte Berechnungsmodelle (MoCs) repräsentieren nach Gajski [Ga09] *Berechnungen als Menge nebenläufiger Prozesse, wobei diese intern als sequenziell programmierte Module beschrieben sein können*. Prozessbasierte Berechnungsmodelle sind datenorientiert (siehe Seite 102). Das Gesamtsystem wird als Menge von Codeblöcken modelliert, die parallel ausgeführt werden und i. A. unabhängig voneinander sind. Sie sind zeitlich unbestimmt (untimed) und die Ordnung ist nur festgelegt durch den Datenfluss zwischen den Prozessen in einer Art Erzeuger-Verbraucher-Beziehung.

Allgemeine prozessbasierte Modelle unterstützen den Datenaustausch zwischen Prozessen, **Inter-Prozess-Kommunikation (IPC)** genannt (siehe Seite 247). Threadbasierte Modelle kommunizieren über gemeinsamen Speicher (Shared Memory), mit zusätzlichen Mechanismen wie Semaphoren, Mutex usw. um explizit den Zugriff zu gemeinsamen Ressourcen zu sichern. Bei Message-Passing-Modellen (Seite 248) hat jeder Prozess einen separaten lokalen Speicher und tauscht Datenblöcke aus, entweder synchron oder asynchron. Im synchronen Fall wird der Sender blockiert, bis der Empfänger bereit ist, die Daten zu empfangen (Blockierendes Senden, blockierendes oder nicht blockierendes Empfangen, Abbildung 10.34, Seite 468). Im asynchronen Fall werden die Nachrichten gepuffert und die Sender können blockieren oder nicht, abhängig vom Puffer-Füll-Status.

**„Verklemmungen"** (Deadlocks) können auftreten, wenn es eine zirkulare Abhängigkeit zwischen zwei oder mehreren Prozessen gibt, wobei jeder Prozess eine exklusive Ressource belegt. Beispiel: Prozess P2 wartet auf Daten von Prozess P1 und blockiert eine Semaphore (siehe Seite 248), P1 wartet auf die Semaphore um die Daten für P2 aus dem Speicher zu holen.

Deadlocks können vermieden werden, indem statisch sicher gestellt wird, dass zirkulare Verkettungen nicht auftreten oder dadurch, dass Verkettungen dynamisch zur Laufzeit aufgebrochen werden [Ga09].

**Determinismus** in Bezug auf Ein- und Ausgaben bedeutet, dass die gleichen Eingaben in ein Modell immer die gleichen Ausgaben erzeugen. Dies wird in der Regel für Eingebettete Systeme unumgänglich sein. Ein Modell ist nicht deterministisch, wenn sein Verhalten für einige Eingangsdaten undefiniert ist. Nichtdeterminitische Modelle erschweren die Verifikation. Ein deterministisches Modell wird gute Ergebnisse garantieren, neigt aber zur „Überspezifizierung". Beispiel: Echt nebenläufige Prozesse müssen in Bezug auf die Ausführungs-Reihenfolge nicht deterministisch sein: Das ergibt die nötigen Freiheitsgrade um einen spezifischen Schedule (z. B. für eine Optimierung) zu ermöglichen.

Um diese Probleme in den Griff zu bekommen, wurden verschieden prozessbasierte Berechnungsmodelle im Laufe der Jahre entwickelt. Diese können grob unterteilt werden in [Ga09]:
- Prozessbasierte-Netzwerke,
- Datenfluss-Netzwerke,
- Prozess-Kalkuli (Process Calculi).

Die Modellierung von prozessbasierten Netzwerken ist sehr aktuell bei Mehrprozessor-Systemen, bei „Verteilten Systemen" und bei Modellen, die Datenströme (z. B. Video-Datenströme) verarbeiten. Spezielle prozessbasierte Netzwerke wurden vorgeschlagen, die in globaler Hinsicht deterministische Eigenschaften liefern [Ga09].

## 3.4.2   Kahn-Prozess-Netzwerke (KPN)

Das Kahn-Prozess-Netzwerk wurde 1974 von Gilles Kahn vorgestellt. Es besteht aus nebenläufig ausgeführten Prozessen, die über unidirektionale Punkt-zu-Punkt-Verbindungs-Kanäle miteinander kommunizieren können. Die Verbindungskanäle stellen unbegrenzte FIFO-Speicher dar. Die sendenden Prozesse blockieren nie und schreiben ihre Nachrichten, „Token" genannt, in die FIFO-Speicher, in denen sich dadurch unbegrenzt Daten ansammeln können. Der Empfänger-Prozess kann blockieren, wenn der FIFO leer oder eine Nachricht noch nicht vollständig angekommen ist.

Abbildung 3.4 zeigt das Beispiel eines Kahn-Prozess-Netzwerks nach [Ga09] mit vier Prozessen P1 bis P4, die über FIFO-Speicher miteinander kommunizieren.

Das Verhalten des Kahn-Prozess-Netzwerks ist deterministisch und unabhängig von der Reihenfolge, in der die Prozesse ausgeführt werden und auf die Kanäle zugreifen. Diese Reihenfolge kann statisch eingeplant („geschedult") werden, sie bestimmt damit den Speicherbedarf des Netzwerks. Eine Plausibilitätserklärung dafür findet man im nächsten Abschnitt „Datenfluss-Modelle" beim Scheduling des SDF-Beispiels.

Kahn-Prozess-Netzwerke sind „Turing-vollständig" (Turing complete). Das heißt in etwa, sie können alle Berechnungen durchführen, die auch eine Turing-Maschine durchführen kann. Die „Turing-vollständige"-Ausführung bedeutet für Kahn-Prozess-Netzwerke: Die Prozesse laufen solange sie bereit (ready) sind, aber sie könnten dadurch unbegrenzte Speicher-FIFOs benötigen. Es ist nicht entscheidbar, ob KPN terminieren (Halteproblem) oder ob sie mit begrenztem Speicher laufen können [Ga09].

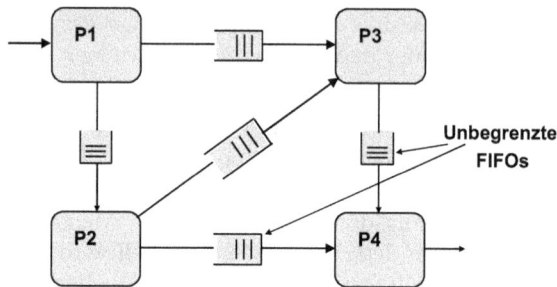

**Abbildung 3.4:** *Beispiel eines einfachen Kahn-Prozess-Netzwerks. Die Prozesse P1 bis P4 sind mit unbegrenzten FIFO-Speichern verbunden (nach [Ga09]).*

In Sonderfällen können Systeme, die auf der Basis von Kahn-Prozess-Netzwerken modelliert sind, simuliert werden, nämlich dann, wenn die sendenden Prozesse *nicht* mehr Daten produzieren als die empfangenden Prozesse verarbeiten können. Im allgemeinen Fall kann allerdings ein Kahn-Prozess-Netzwerk in der realen Welt nicht simuliert werden; denn da muss ein System-Modell mit begrenztem Speicher ausführbar sein. Soll ein Kahn-Prozess-Netzwerk simuliert werden, so muss dem System eine *dynamische Zeitablaufplanung (Scheduling)* hinzugefügt werden. Diese dynamische Zeitablaufplanung kann zwei unterschiedliche Ziele verfolgen, entweder sie berücksichtigt den begrenzten Speicher (Demand Driven Scheduling) oder sie sorgt dafür, dass die Prozesse ununterbrochen ausgeführt werden (Data Driven Scheduling).

Data Driven Scheduling bevorzugt „Turing-Vollständigkeit" und lässt damit die Prozesse immer dann laufen, wenn sie bereit sind, ohne Rücksicht auf die Begrenztheit der Speicher. Beispiel (nach Gajski [Ga09]): Wir nehmen an, P1 und P2 im Bild 3.4 produzieren Token schneller, als P3 und P4 sie verarbeiten können. Beim Data Driven Scheduling werden sich damit unbegrenzt Token an den FIFOs von P3 und P4 ansammeln. Wenn die FIFOs voll sind, wird das gesamte System blockiert.

Demand Driven Scheduling berücksichtigt die Puffer-Speichergröße und wird die Prozesse anhalten, wenn die FIFOs die Daten nicht mehr aufnehmen können. Wir betrachten beispielsweise eine Variante in der P3 keine Token mehr konsumiert oder in einer Verklemmung mit einem anderen Prozess blockiert ist. In diesem Fall würde ein Demand Driven Scheduling P1 und P2 nicht mehr zur Ausführung kommen lassen und auch P4 blockieren. In der Praxis werden daher häufig hybride Scheduling-Algorithmen angewendet, zum Beispiel Park's Algorithmus [Ga09]: Die Prozesse werden solange ausgeführt, bis die Puffer voll sind und danach werden die Puffer stückweise vergrößert. Die Speicherbegrenzung ist bei diesem Algorithmus variabel.

Vorteilhaft bei Kahn-Prozess-Netzwerken ist die Einfachheit der Netzwerke. Es gibt viele Realisierungen, die auf der Modellierung von Kahn-Prozess-Netzwerken basieren. Ein Nachteil von Kahn-Prozess-Netzwerken ist, dass im allgemeinen Fall dynamisches Scheduling und dynamische Speicher-Zuweisung nötig ist, um die Prozesse am Laufen zu halten und Blockieren zu vermeiden [Ga09].

### 3.4.3 Datenfluss-Netzwerke

„Datenfluss-Netzwerke" wurden entwickelt, um das aufwändige dynamische Scheduling bei Kahn-Prozess-Netzwerken zu vermeiden. Sie sind Abwandlungen von Kahn-Prozess-Netzwerken und enthalten teilweise Elemente von Petri-Netzen (siehe Abschnitt 3.5.1, Seite 88). Datenfluss-Netzwerke auch Datenfluss-Modelle genannt, sind deterministisch, für periodische Ausführung gedacht und werden für die Verarbeitung von kontinuierlichen Datenströmen eingesetzt, zum Beispiel beim Entwurf von Video-Anwendungen. Zudem werden sie im DSP-Bereich verwendet und als Basis für einige kommerzielle Werkzeuge wie LabView$^{TM}$ und Simulink$^{TM}$ (siehe Abschnitt 8.4, Seite 372).

*Ein Datenfluss-Netzwerk ist ein gerichteter Graph, bei dem die Knoten atomare Ausführungsblöcke sind und Aktoren genannt werden. Die Kanten sind unbegrenzte Warteschlangen* [Ga09]. Die Prozesse in einem Datenfluss-Netzwerk entsprechen damit den Aktoren. Die Aktoren kommen erst dann zur Ausführung, sie „feuern" (fire) wenn alle Eingabedaten verfügbar sind. Bei jeder Ausführung konsumiert ein Aktor anstehende Nachrichten, „Token" genannt, an den Eingängen und erzeugt Ergebnis-Token an den Ausgängen. Ähnlich den Kahn-Prozess-Netzwerken verwenden Datenfluss-Netzwerke unbegrenzte, unidirektionale FIFOs. Eine Variante der Datenfluss-Netzwerke ist der „Synchrone Datenflussgraph".

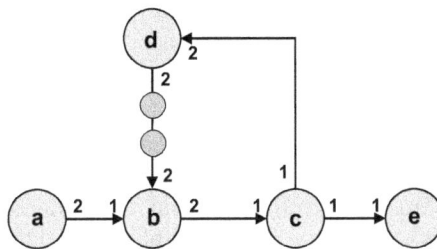

**Abbildung 3.5:** *Beispiel eines einfachen „Synchronen-Datenflussgraphen": SDF, (modifiziert nach [Ga09]).*

In einem **Synchronen Datenflussgraphen (SDF)** sind die Anzahl Token, die von einem Aktor in einem „firing-Intervall" konsumiert und produziert werden, konstant. Daher ist der Datendurchsatz durch das System vorbestimmt und kann nicht dynamisch geändert werden, d. h. die Anzahl Token pro Zeiteinheit ist gleichbleibend. (*Anmerkung:* Die Bezeichnung „synchron" hat in diesem Zusammenhang nichts mit der Taktsynchronisation in elektronischen Schaltungen zu tun.) Interessant sind solche Datenflussgraphen, die nach einer bestimmten Periode der Verarbeitung eines Datenpakets wieder in den ursprünglichen Ausgangszustand zurückkehren. Dies ist nur mit sogenannten *konsistenten* Datenflussgraphen zu erreichen [TeiHa10], für die ein statischer Zeitablaufplan (Schedule) erstellt werden kann. Statisch „geschedulte" Datenflussgraphen haben begrenzte FIFO-Speicher, deren Kapazität vor der Laufzeit bekannt ist.

Das Beispiel eines Synchronen Datenflussgraphen in Abbildung 3.5 (nach [Ga09]) zeigt 5 Aktoren $a$, $b$, $c$, $d$ und $e$. Aktor $a$ erzeugt bei jeder Ausführung 2 Token. Aktor $b$ konsumiert 3 Token, einen von $a$, 2 von $d$ und erzeugt 2 Token. Aktor $c$ konsumiert einen Token und schickt je einen Token zu den Aktoren $d$ und $e$ usw. Der Graph wird dadurch initialisiert, dass 2 Token auf den Übergang (Arc) $(d \to b)$ platziert werden. Diese Initialisierungs-Token sind nötig, um Verklemmungen zu verhindern.

Um die **Konsistenz** eines Synchronen Datenflussgraphen zu untersuchen, kann man nach Teich und Haubelt [TeiHa10] rein formal oder nach Gajski [Ga09] wie folgt vorgehen: Zunächst werden die relativen Konsum- (Consumation)- und Produktions-Raten dadurch bestimmt, dass das System linearer Gleichungen in Bezug auf Produktion und Konsum von Tokenraten aufgelöst wird. Für unser Beispiel erhält man die sogenannten Gleichgewichts-(Balance)-Gleichungen

$$2a = b;\ 2b = c;\ b = d;\ 2d = c;\ c = e;$$

Durch ineinander Einsetzen erhält man: $4a = c = 2d = 2b = e$. Gibt es eine widerspruchsfreie Lösung des Gleichungssystems wie im Beispielfall, dann ist unser Datenflussgraph konsistent.

Ein wichtige Charakteristik für einen konsistenten Synchronen Datenflussgraphen ist der **Zeitablaufplan** (Schedule), der die Ausführungssequenz der einzelnen Knotenübergänge (Arcs) während einer Durchlaufperiode oder Iteration festlegt. Nach der Ausführung einer Periode bzw. des Zeitablaufplans muss sich der Synchrone Datenflussgraph wieder in seinem Anfangszustand befinden. Für unser SDF-Beispiel sind im Anfangszustand alle in den Übergängen liegenden FIFOs leer, mit Ausnahme des FIFOs $(d \to b)$ in dem die beiden initialen Token gespeichert sind.

Ein Scheduling- und Simulations-Algorithmus, zum Beispiel ein angepasstes List-Scheduling (siehe Abschnitt 7.3.3, Seite 315), kann verwendet werden, um einen Schedule zu bestimmen [Ga09]. Ein Zeitablaufplan für unser Beispiel Abbildung 3.5 kann auch intuitiv dadurch erreicht werden, dass eine Iteration simuliert wird. Tritt eine Verklemmung durch fehlende Token während dieser Iteration auf, so werden Initialisierungs-Token solange auf Arcs gesetzt, bis ein gültiger Zeitablaufplan erreicht wird. In einer Simulation feuern wir zuerst Aktor $a$. Danach kommt Aktor $b$ an die Reihe, gefolgt von Knoten $c$, der zwei Mal ausgeführt wird. Dann wird $d$ einmal gefeuert und $e$ zwei Mal. Bis jetzt haben wird den Schedule $abccdee$. Wir erinnern uns, dass noch ein Token auf dem Arc zwischen $a$ und $b$ übrig ist, also muss die Sequenz $bccdee$ noch einmal ausgeführt werden und liefert damit den endgültigen Zeitablaufplan $a\ bccdee\ bccdee$.

Durch Variationen des Algorithmus können unterschiedliche Zeitablaufpläne für einen Graphen erreicht werden. Die **Puffergrößen** (für die Token) werden bei verschiedenen Zeitablaufplänen variieren. Abbildung 3.6 zeigt eine triviale Methode, die Anzahl der Token-Puffer aus einer Tabelle, in der die einzelnen FIFO-Puffer aufgeführt sind abzuzählen. Für jeden FIFO werden die erzeugten (p wie produced) und konsumierten (c wie consumed) Puffer eingetragen. Die erste Initialisierung ist in der Spalte „Init" für den Puffer $(d \to b)$ festgehalten. Für den Teil-Zeitablaufplan *Init abccdee* erhält man damit ein Maximum von 2 Token auf jedem Arc und ein Maximum von insgesamt 10 Token-Puffern für unser Beispiel-Netzwerk. Die maximale Anzahl Tokenpuffer gilt auch für den gesamten Schedule, da für den zweiten Durchlauf des Teil-Zeitablaufplans *bccdee* keine zusätzlichen Puffer benötigt werden. Nach Ablauf des Gesamt-Zeitablaufplans ergibt sich derselbe Zustand wie zu Beginn der Iteration. Formt man den obigen Zeitablaufplan etwas um, so erhält man *a bceced bceced*. Dieser Schedule benötigt lediglich 9 Tokenpuffer.

**Teil-Schedule: Init,abccdee**

| | Init | Kn a | Kn b | | Kn c | | Kn c | | Kn d | | Kn e | | Kn e | | Puffer-größe |
|---|---|---|---|---|---|---|---|---|---|---|---|---|---|---|---|
| | p | p | p | c | p | c | p | c | p | c | p | c | p | c | |
| FIFO (a→b) | | 2 | | -1 | | | | | | | | | | | 2 |
| FIFO (b→c) | | | 2 | | | -1 | | -1 | | | | | | | 2 |
| FIFO (c→d) | | | | | 1 | | 1 | | | -2 | | | | | 2 |
| FIFO (d→b) | 2 | | -2 | | | | | | 2 | | | | | | 2 |
| FIFO (c→e) | | | | | 1 | | 1 | | | | | -1 | | -1 | 2 |
| Summe | | | | | | | | | | | | | | | 10 |

**Abbildung 3.6:** *In der Tabelle für den Teil-Schedule Init abccdee sind die Anzahl Tokenpuffer auf den Arcs des Beispiel-SDF aus Abbildung 3.5 mit den jeweils erzeugten (p) und konsumierten (c) Token eingetragen. Daraus lässt sich die Gesamtzahl der Tokenpuffer abzählen. Kn bedeutet Knoten bzw. Aktor, Init steht für Initialisierung.*

Ein Umformen des obigen Zeitablaufplans bzw. eine Variation des Scheduling-Algorithmus kann zu einem Zeitablaufplan von $a2b4(ce)2d$ führen, vorausgesetzt, es werden für diese Variante des SDF-Graphen vier initiale Token auf den Arc $(d \rightarrow b)$ gelegt. Dieser Schedule würde insgesamt 15 Token-Puffer benötigen. Möglicherweise würde dieser Zeitablaufplan zu einem kleineren Programmcode führen, da für die Ausführung der Aktorfolgen $2b$, $4(ce)$ und $2d$ Schleifen eingesetzt werden können.

Datenflussgraphen (DFGs) oder CDFGs (Control-DFGs, Seite 79) können als Sonderfälle von SDF- und SADF-Graphen (Synchrone azyklische Datenflussgraphen) angesehen werden, wenn sie gerichtet und azyklisch sind. Aktoren, die Operationen darstellen, dürfen nur einen Wert (Token) pro Arc und Ausführung produzieren und konsumieren. Eine Erweiterung der SDFs, die zur Analyse von DSPs eingesetzt wird, sind *Skalierbare SDFs*: Scalable SDF (SSDF), die oft als Eingabestrukturen für die Software-Synthese verwendet werden [Ga09].

Zusammenfassend kann man sagen: SDF-Ansätze kommen mit statischen Zeitablaufplänen (Schedules) aus und erlauben eine effiziente Implementierung von Modellen, in denen Abhängigkeiten zwischen kommunizierenden Prozessen statisch gelöst werden können.

## 3.4.4 Prozess-Kalkuli (Process Calculi)

Unter „Process Calculi" oder „Prozess Algebren" versteht man eine Reihe von Methoden, um nebenläufige Prozesse auf höchster Abstraktionsebene formal zu beschreiben. Für die Process Calculi wurden mathematische Rahmenwerke definiert, nicht nur um die Funktionen der Prozesse sondern auch Nebenläufigkeit, Sequenz, die Kommunikation einschließlich Synchronisation, Rekursion, Reduktion usw. zu beschreiben und um die Korrektheit, die Äquivalenz usw. dieser Prozesse zu beweisen. Beispiele aus der Familie der Process Calculi sind:

„Communicating Sequential Processes" (CSP), eingeführt 1978 von Tony Hoare. Es ist eine Prozessalgebra zur Beschreibung von Prozessen und der Kommunikation zwischen Prozessen. Auf der Basis von CSP wurde die Entwufssprache „Occam" entwickelt.

„Calculus of Communicating Systems" (CCS), vorgestellt 1980 von Robin Milner, wird eingesetzt zur Beschreibung und Verifikation der Korrektheit von kommunizierenden Prozessen. Weitere Process Calculi sind z. B. „Algebra of Communicating Processes" (ACP), Pi-Kalkulus usw.

## 3.5    Zustandsbasierte Modelle

Zu den zustandsbasierten Modellen gehören die Deterministischen Endlichen Automaten (DEA) bzw. die FSMs (Seite 101), die Prozess-Zustandmaschinen (PSMs, Seite 93) und viele andere mehr. Ein Erweiterung ist die „Super State Machine with Data" (SFSMD). Ein „Superstate" ist ein Zustand mit „Unterzuständen".

Petri-Netze sind ein anderes Beispiel für ein formales, zustandbasiertes Modell. „Hierarchical und Concurrent FSMs" (HCFSM) werden z. B. verwendet bei StateCharts, die wie auch die Petri-Netze, ein Diagrammtyp von UML sind (siehe Abschnitt 3.6).

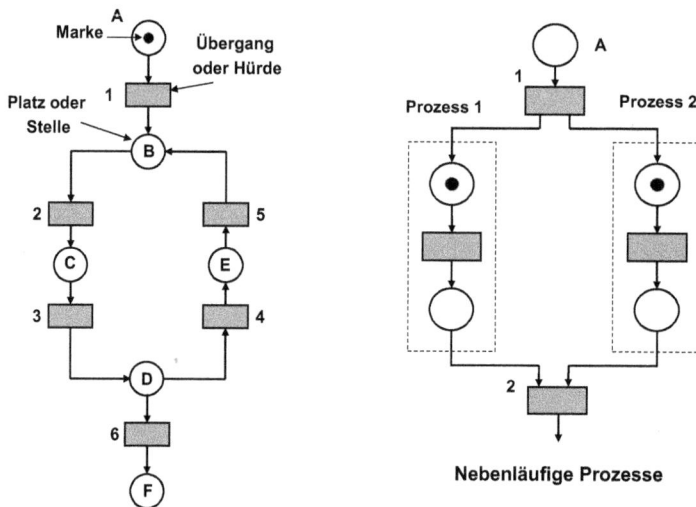

**Abbildung 3.7:** *Beispiele von Petri-Netzen: Linke Seite: sequenzieller Prozess mit Schleife. Rechte Seite: zwei nebenläufige Prozesse (nach [RechPom02]).*

### 3.5.1    Petri-Netze

Petri Netze wurden 1962 von Carl Adam Petri eingeführt. Sie stellen eine grafische Form der Verhaltensbeschreibung in steuerungsdominanten (siehe Seite 102) Systemen dar. Ein Petri-Netz enthält die Grundsymbole „Plätze" bzw. „Stellen" und „Übergänge", auch „Transitionen" oder Hürden genannt. Wie Abbildung 3.7 linke Seite zeigt, bildet die Verbindung der Plätze und Übergänge durch Pfeile einen gerichteten Graphen, der den Funktionsablauf bzw. eine „Ablaufstruktur" bestimmt [RechPom02]. Die Übergänge stellen die datenverarbeitenden Einheiten dar, während die Plätze sozusagen die Behälter für die „Marken" oder „Token" sind. Die Marken werden dargestellt durch einen kleinen gefüllten Kreis und geben den Zustand an, in dem das System sich gerade befindet. Damit wird es in der Regel in einem sequenziellen System nur eine Marke geben, die im Laufe der Ausführung von einem Anfangsplatz zu einem Endplatz bzw. Endknoten wandert. Eine Steuereinheit, der „Dämon" steuert den Lauf der Marke.

Abbildung 3.7 linke Seite, zeigt ein Petri-Netz-Beispiel als sequenziellen Prozess mit den Plätzen A bis F und den Übergängen 1 bis 6. Eine Marke wird von Platz A durch die Übergänge und Plätze laufen, wobei der Dämon in Platz D entscheidet, ob eine Schleife über E, B, C, D durchlaufen wird oder ob die Marke direkt über die Hürde 6 gelangt, um danach den Endplatz F zu erreichen (nach [RechPom02]). Mit Petri-Netzen lassen sich auch nebenläufige (concurrent) oder parallele Prozesse bzw. Systeme mit Nebenläufigkeit bzw. Parallelität darstellen. Abbildung 3.7 rechte Seite stellt schematisch zwei nebenläufige Prozesse dar. Dazu erhält der Übergang 1 zwei Ausgänge, einen zu Prozess 1 und einen zu Prozess 2. Im Übergang werden zwei Marken erzeugt, die gleichzeitig in die Prozesse 1 und 2 übergehen, d. h. der Prozessablauf wird in zwei Steuerflüsse verzweigt (fork). Danach laufen die beiden Prozesse 1 und 2 unabhängig voneinander ab. Im Übergang 2 werden die beiden Funktionsabläufe wieder vereinigt (join), die beiden Marken der beiden Prozesse werden vernichtet und eine neue Marke wird für den weiterlaufenden, sequenziellen Prozess erzeugt.

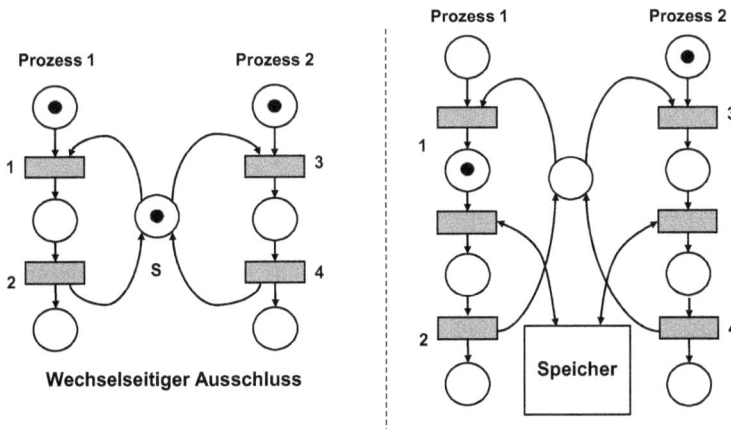

**Abbildung 3.8:** *Beispiele für Petri-Netze. Linke Seite: Darstellung von wechselseitigem Ausschluss (nach [RechPom02]). Rechte Seite: Beispiel für wechselseitigen Ausschluss: Zugriff zu einem gemeinsamen Speicher.*

Beim Zugriff auf gemeinsame Ressourcen z. B. beim Zugriff paralleler Prozesse auf einen gemeinsamen Speicher, kommt der Mechanismus des „Wechselseitigen Ausschlusses" (Mutual Exclusion) zum Einsatz, der mit Petri-Netzen darstellbar ist wie Abbildung 3.8, linke Seite zeigt. Sind die Prozesse 1 und 2 beim Übergang 1 bzw. 3 angekommen, kann nur der Prozess weiterarbeiten, der die Marke S vom Dämon erhält. Die Marke wird vom Platz S entfernt, der andere Prozess muss warten, er wird „verriegelt" (lock). Nach dem

Durchlauf des „kritischen Abschnitts" legt der Prozess die Marke wieder an den Platz S zurück, der wartende Prozess erhält die Marke und kann weiterlaufen. Zu beachten ist, dass hier drei Marken verwendet werden.

Das praktische Beispiel des Wechselseitigen Ausschlusses, bei dem zwei Prozesse auf einen gemeinsamen Speicher zugreifen, zeigt Abbildung 3.8 rechte Seite. Die Marke in der Mitte des Modells bedeutet die Bedingung für den Zugriff auf den Speicher.

In unserem Beispiel hat Prozess 1 die Marke erhalten und darf auf den Speicher zugreifen. Prozess 2 muss solange warten, bis Prozess 1 die Aktion beendet und die Marke wieder an ihren Platz zurück gelegt hat.

Der Schwerpunkt von Petri-Netzen liegt auf „ursächlichen Abhängigkeiten" (Causal Dependencies) in verteilten Systemen wie sie beispielsweise der wechselseitige Ausschluss darstellt. Ein Programmierer versteht unter einer ursächlichen Abhängigkeit ein „If-then-else"-Konstrukt. Alle Entscheidungen können lokal dadurch getroffen werden, dass die Vor- und Nachbedingungen im Petri-Netz analysiert werden. Nachteile von Petri-Netzen sind, dass hierarchische Elemente praktisch nicht darstellbar sind, dass Zeit-Verzögerungen nicht modelliert werden können, dass die Modellierung von Daten nicht möglich ist und dass Sprach-Elemente zur Beschreibung fehlen. Selbst erweiterte Versionen von Petri-Netz-Werkzeugen können nicht alle oben genannten Anforderungen erfüllen [Mar21]. Petri-Netze verlangen keine globale Synchronisation und sind daher speziell zur Modellierung verteilter Systeme geeignet. Auch im Bereich der „parallelen Programmierung" werden sie zur Analyse von nebenläufigen Prozessen eingesetzt, die nicht unabhängig voneinander ablaufen, sondern Datenabhängigkeiten haben. Durch die wachsende Verbreitung verteilter Systeme erlangen Petri-Netze wieder steigende Bedeutung. Petri-Netze können formal definiert werden und eignen sich damit für die formale Verifikation, d. h. für formale Beweise in Bezug auf Systemeigenschaften.

## 3.5.2   StateCharts

StateCharts wurden 1987 von David Harel vorgestellt, 1989 von Drusinsky und Harel präziser definiert ([Harel87] [DrusHar89], beide zitiert in [Mar21]). Mit Hilfe von StateCharts werden hierarchische, nebenläufige und kommunizierende endliche Automaten bzw. FSMs beschrieben (Hierarchical Concurrent FSM HCFSM) und sind damit zustandsorientiert, also zur Modellierung von steuerungsdominanten Systemen geeignet. StateCharts bestehen aus Zuständen und Zustandsübergängen. Es gibt zusätzlich noch einige weitere Beschreibungselemente und Eigenschaften, um Funktionsfolgen von Systemen darzustellen wie zum Beispiel Zustands-Hierarchien. Ein „Super-State" kann ein Diagramm von Unterzuständen oder „Sub-States" enthalten. Diese wiederum können Super-States von weiteren Sub-States sein. Sub-States, die keine Super-States darstellen, werden „Basic-States" oder Grundzustände genannt. Es gibt zwei Typen von Zuständen: „OR-States" und „AND-States" (siehe Abbildung 3.9). Ein StateChart-Diagramm mit OR-States stellt einen sequenziellen Funktionsablauf dar. Es gibt in diesem Fall jeweils nur einen aktiven Zustand. Ein StateChart mit AND-States beschreibt Nebenläufigkeit, jeder AND-State ist aktiv.

Abbildung 3.9 rechte Seite, zeigt als Beispiel den Beginn der Modellierung einer Geldausgabeautomaten-Steuerung mit StateCharts: Zunächst wird der Leerlauf-Zustand und der „Super-State": „GAA-Transaktion" festgelegt. Der GAA-Transaktion-Zustand wird

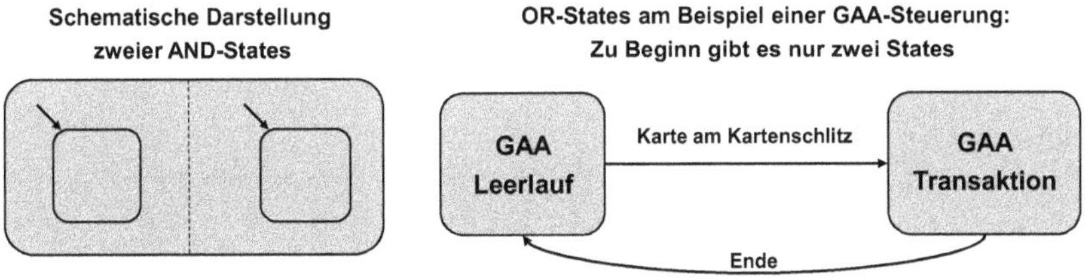

**Abbildung 3.9:** *Modellieren mit StateCharts. Linke Seite: Darstellung zweier AND-States. Rechte Seite: Modellieren der Steuerung eines GAA mit StateCharts: Zu Beginn der Modellierung mit StateCharts gibt es den Leerlauf-Zustand und den „Super-State" „GAA-Transaktion".*

im nächsten Schritt durch Unter-Zustände verfeinert wie Abbildung 3.10 zeigt. Der Zustandsübergang, der mit einem Punkt beginnt, zeigt auf den Anfangs-Zustand, hier ist es der Zustand „Karte prüfen". Es ist der erste Unter-Zustand, der belegt wird, wenn der Übergang in den Super-Zustand stattfindet. Alle Unter-Zustände des Zustands „GAA-Transaktion" sind OR-States.

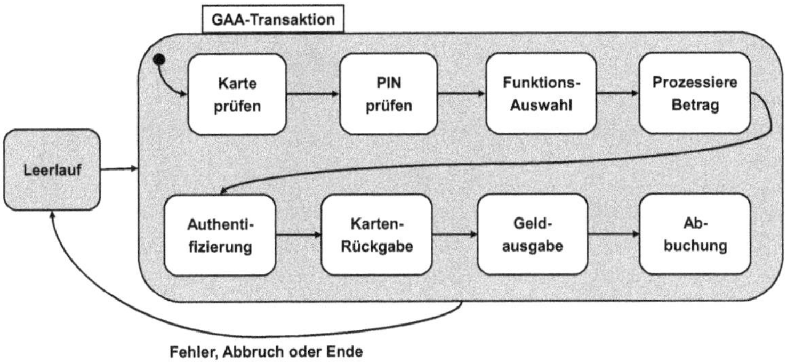

**Abbildung 3.10:** *Beispiel des Super-Zustands „GAA-Transaktion" (vereinfacht). Der Super-State ist verfeinert worden. Er enthält ein StateChart-Diagramm mit Sub-States, die selbst Super-States sind. Die Bildschirm-Anzeigen des GAA sind in die Zustände integriert.*

Der Super-Zustand GAA-Transaktion beinhaltet grob die Aufgliederung in die einzelnen Transaktions-Schritte (siehe Abbildung 3.10). Sie sind der Reihe nach: Karte prüfen, PIN prüfen usw. PIN bedeutet: „Persönliche Identifikations-Nummer" oder Geheimzahl. Die Funktionsauswahl kann z. B. „Kontostand abfragen" oder „Geld abheben" inklusive Betragseingabe sein. „Prozessiere Betrag" bedeutet die Prüfung des eingegebenen Betrags auf eine ausgabefähige Stückelung. Authentifizierung bedeutet die Überprüfung, ob das Kundenkonto für den gewünschten Betrag gedeckt ist und die Bestätigung dafür. Die restlichen Zustände sind selbsterklärend. In jedem Zustand findet eine Bildschirm-Anzeige statt. Die Zustandsübergänge sind in der Regel beschriftet.

In Abbildung 3.10 sind die Zustandsübergänge ohne Beschriftung, sie müssten da in etwa lauten: „vorheriger Zustand erfolgreich abgeschlossen". Aus jedem Zustand kann es bei Fehlern oder Abbruch eine Rückkehr zum Leerlauf geben, meist mit Karten-Rückgabe, die hier der Einfachheit halber nicht gezeigt ist. Nach Abschluss des Zustands der GAA-Transaktion erfolgt eine Rückkehr in den Leerlauf.

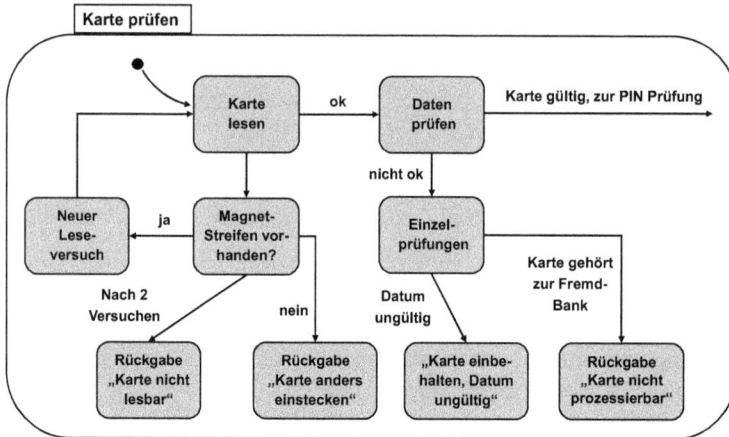

**Abbildung 3.11:** *Beispiel: Die Verfeinerung des Super-Zustands „Karte prüfen".*

Der Super-Zustand „Karte prüfen" wird dem Teilsystem Kartenleser/Schreiber zugeordnet. Es ist sinnvoll, dies als ein eigenständiges Eingebettetes System zu behandeln. Der Funktionsablauf ist in Abbildung 3.11 durch StateCharts dargestellt. Es sind auch hier OR-States.

Am Beispiel des Kartenlesers wird deutlich, dass der Aufwand für die Behandlung der Sonder- bzw. Fehlerfälle wie z. B. „Karte nicht lesbar", „Karte falsch eingesteckt", „Magnetstreifen-Daten unleserlich", „Daten ungültig" usw., in der Regel insgesamt etwa fünf bis zehn mal höher ist, als für den „Normalfall", bei dem die Karte lesbar und die Daten gültig sind. Dies gilt als Faustregel für alle Systeme.

StateCharts sind gut geeignet für lokale, steuerungsdominante Systeme [Mar21]. Die Semantik von StateCharts ist präzise festgelegt. Hierarchische Zustände sowie die Möglichkeit durch Verwenden von UND- und ODER-Zuständen Nebenläufigkeit und Sequenz von Abläufen zu modellieren, sind Vorteile von StateCharts. Kommerzielle Werkzeuge für StateCharts sind (zitiert in [Mar21]): zum Beispiel StateMate$^{TM}$ (www.ilogix.com), StateFlow$^{TM}$ (www.mathworks.com), BetterState$^{TM}$ (www.windriver.com). Einige dieser Werkzeuge können StateCharts in die Hardware-Beschreibungssprache VHDL (siehe Seite 168) oder in die Programmiersprache C übersetzen. Aus VHDL kann mit Hilfe von Synthesewerkzeugen direkt Hardware erzeugt werden. Damit gibt es bei Verwendung von StateCharts einen vollständigen Pfad vom Modell bis zur Hardware. Wählt man die Übersetzung von StateCharts nach C, so erhält man ebenfalls einen vollständigen Weg vom Modell zur Software. Leider lässt die Effizienz des von StateChart-Werkzeugen übersetzten Programmcodes oft zu wünschen übrig. Für verteilte Anwendungen sind StateCharts weniger gut geeignet [Mar21].

### 3.5.3 Prozess-Zustandsmaschinen

(Process State Machines PSMs) Prozess-Zustandsmaschinen sind Modelle, die nebenläufige und/oder sequenzielle kommunizierende Endliche Automaten mit Daten (FSMDs)
asynchron ohne globalen Zeitbezug zusammenfassen [Ga09]. Das erfordert komplexe
Kommunikations-Protokolle wie zum Beispiel Message Passing, damit die FSMDs zuverlässig kommunizieren.

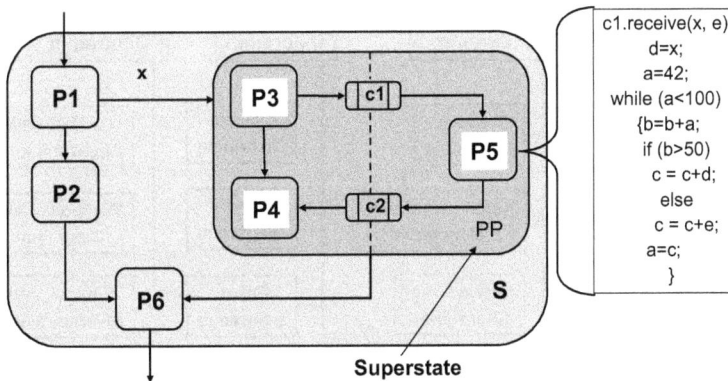

**Abbildung 3.12:** *Beispiel einer einfachen Prozess-Zustandsmaschine (PSM). Das Bild zeigt
sechs Prozesse P1 bis P6, die zum Teil nebenläufig, zum Teil sequenziell ausgeführt werden
(nach [Ga09]).*

Prozess-Zustandsmaschinen enthalten asynchrone Prozesse, die entweder in einer sequenziellen, imperativen Programmiersprache z. B. C/C++, Java oder in der System-
Beschreibungssprache SystemC geschrieben sind. Damit die PSM als deterministisches
System verwendet werden kann, muss der Datenaustausch zwischen den Prozessen synchronisiert werden. PSMs enthalten in der Regel eine Mischung aus Kommunikations-
und Berechnungscode. Bei heutigen PSM-Modellen wird eine Trennung von Kommuni-
kations- und Berechnungscode vorgenommen. SystemC und SpecC stellen das Konzept der Kanäle (Channels) vor, um die Kommunikation einzukapseln (siehe Abschnitt
„Channels, Ports und Interfaces", Seite 230). Daher ist eine Verwendung von SystemC
für die Programmierung von PSMs zu empfehlen.

Ein dem Buch von Gajski entnommenes und etwas modifiziertes Beispiel eines PSM-
Modells zeigt Abbildung 3.12. Die „Blätter" des Modells bestehen aus sechs Prozessen,
P1 bis P6, die in Standard C oder C++ geschrieben sind. Das System beginnt bei
der Ausführung von P1. Abhängig vom Datum x, wird entweder der „Superstate" PP
ausgeführt oder der Prozess P2. Innerhalb des Superstates PP in dem mehrere „Un-
terzustände" zusammengefasst sind, läuft die Sequenz von P3 und P4 parallel zu P5.
Nebenläufige Prozesse tauschen Daten über die SystemC-Kanäle c1 und c2 aus. Der
Superstate PP beendet die Ausführung, wenn P4 und P5 ihre Ausführung abgeschlossen haben. P6 vereint die Ausgänge von PP und P2. Das Systemmodell S geht in den
Endzustand, wenn P6 beendet ist.

Prozess-Zustandsmaschinen vereinen Hierarchie und Nebenläufigkeit und bieten eine
Kombination von prozess- und zustandsbasierter Beschreibung. Sie erlauben datenori-

entiertes und steuerungsdominantes (siehe Seite 102) Verhalten zu modellieren. Weitere
Vorteile ergeben sich durch die Trennung von Berechnung und Kommunikation. PSM-
Modelle können den kompletten Entwicklungsprozess begleiten, von der Spezifikation
des abstrakten Systemverhaltens bis zum zyklusgenauen Modell (CAM) [Ga09].

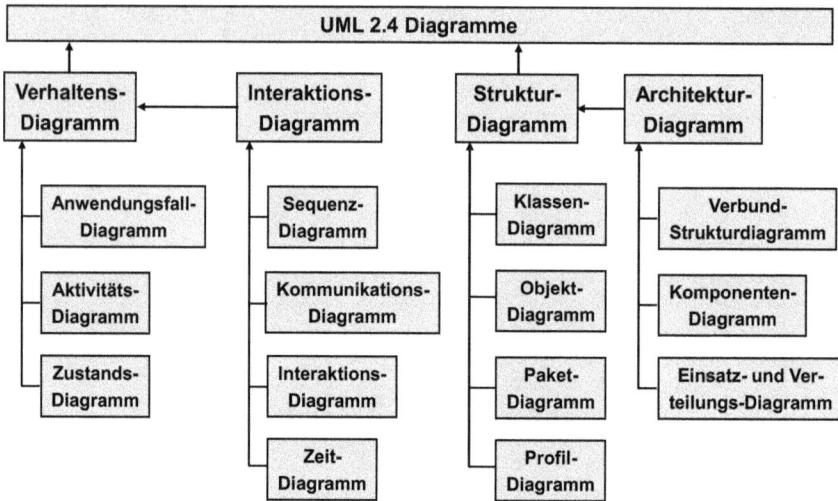

**Abbildung 3.13:** *Beispiele der Diagrammtypen von UML 2.4: In Verhaltens- und Strukturdia-
gramme eingeteilt (nach [UML12]). Das Kollaborationsdiagramm ist nicht gezeigt.*

# 3.6    Unified Modeling Language (UML)

UML ist eine objektorientierte, formale, grafische Beschreibungssprache für die Modellierung, Visualisierung, Entwicklung und Dokumentation von Systemen und Geschäfts-
modellen, die sich großer Beliebtheit erfreut. Viele weltweit eingesetzte Software-Werkzeuge unterstützen die Modellierung mit UML.

Die Begründer von UML: Booch, Rumbaugh und Jacobson [Booch99] reichten zusammen mit den Vertretern namhafter Firmen wie Hewlett Packard, IBM, Microsoft, Oracle
usw. 1997 die erste UML-Version (Version 1.1) bei der „Object Management Group"
(OMG) zur Standardisierung ein.

Die ersten UML-Versionen bis Version 1.4 waren für die Modellierung von Software-
Systemen gedacht und für die Modellierung von Eingebetteten Systemen nicht geeignet,
weil eine Partitionierung in Komponenten und Prozesse nicht modelliert werden und
Zeitverhalten nicht beschrieben werden konnte.

Um UML auch für den Entwurf von Eingebetteten Systemen einzusetzen, gab es mehrere Vorschläge, UML auch für Echtzeit-Anwendungen zu erweitern [Mar21]. Daraus
entstand die UML-Version 2.0, die dreizehn Diagrammtypen im Vergleich zu neun Diagrammtypen in Version 1.4 aufweist. Die Version UML 2.4 (2012) hat 14 Diagrammtypen. Sie sind in Abbildung 3.13 in Verhaltens- und Struktur-Diagramme aufgeteilt.

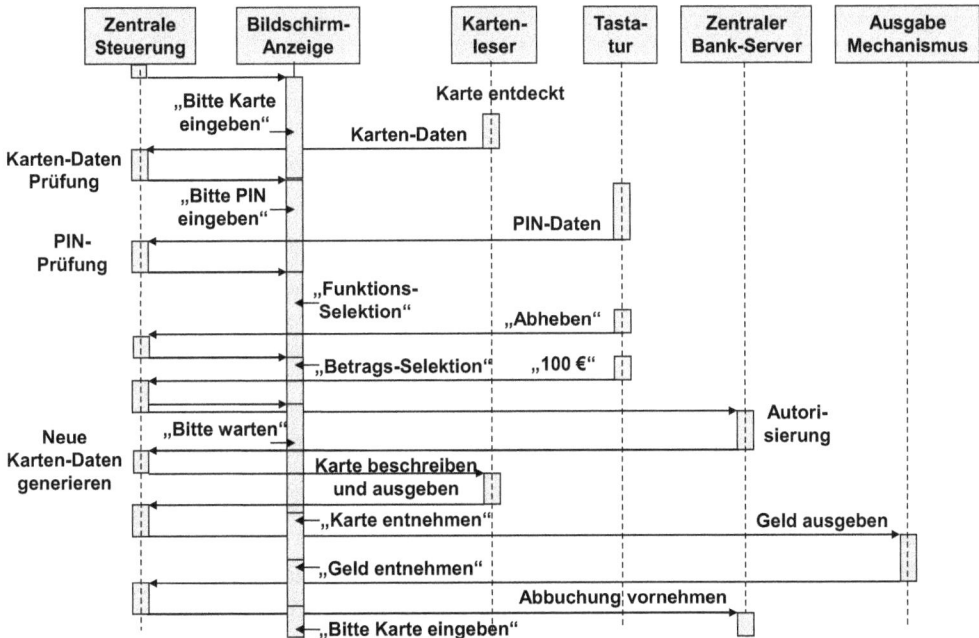

**Abbildung 3.14:** *Beispiel für ein UML-Sequenz-Diagramm: Ausschnitt aus dem Zeitablauf eines Geldausgabe-Automaten (vereinfacht).*

Zu den **Verhaltensdiagrammen** zählen:

- Anwendungsfalldiagramme (Use case Diagrams): Diese Diagramme beschreiben typische Anwender-Szenarios des Systems.
- Aktivitätsdiagramme (Activity Diagrams) sind im Wesentlichen erweiterte Petri-Netze (siehe Abschnitt 3.5.1, Seite 88).
- Zustandsdiagramme (State Machine Diagrams) sind eine Variante der StateCharts (siehe Abschnitt 3.5.2 Seite 90).
- Zu den **Interaktionsdiagrammen** zählen folgende Diagramme:
  - Sequenzdiagramme (Sequence Diagrams) zeigen die Sequenz von Prozess-Verarbeitungen oder Teil-Systemen. Die Zeit ist als senkrechte Achse von oben nach unten repräsentiert (siehe Abbildung 3.14).
  - Kommunikationsdiagramme (Communication Diagrams) stellen Klassendiagramme und die Kommunikation zwischen Klassen (Austausch von „messages") dar.
  - Interaktionsdiagramme.
  - Zeitdiagramme (Timing Diagrams) beschreiben den Zeitablauf der Zustandsänderungen von Objekten.
  - Kollaborationsdiagramme (in Abbildung 3.13 nicht gezeigt), stellen Objekte und ihre Interaktionen, auf Ereignisse bezogen dar.

Zu den **Strukturdiagrammen** zählen:

- Klassen-Diagramme (Class Diagrams) beschreiben Vererbungs-Relationen von Objekt-Klassen.
- Objekt-Diagramme.

- Paket-Diagramme (Package Diagrams) beschreiben die Partitionierung von Software in Module.
- Zu den **Architekturdiagrammen** gehören folgende Diagramme:
  - Verbund-Strukturdiagramme (Composite Structure Diagrams).
  - Komponenten-Diagramme (Component Diagrams) repräsentieren Komponenten, die in Anwendungen oder Systemen verwendet werden.
  - Einsatz- und Verteilungsdiagramme (Deployment Diagrams) beschreiben die Hardware- oder Software-Knoten einer „Execution Architecture", d. h. einer Architektur, die hauptsächlich Prozesse bzw. Prozessoren beinhaltet.
  - Profil-Diagramme (Profile Diagrams) sind Zusatz- oder Hilfsdiagramme, die kundenspezifische, besonders gekennzeichnete Werte und Einschränkungen erlauben. Sie schaffen einen Erweiterungsmechanismus für den UML-Standard. Sie erlauben es, ein UML-Metamodell an verschiedene Plattformen (zum Beispiel J2EE oder .NET) oder an verschiedene Einsatzgebiete (zum Beispiel Echtzeitmodellierung oder Geschäftsprozess-Modellierung) anzupassen [UML12].

Abbildung 3.14 zeigt das Beispiel eines UML-Sequenz-Diagramms. Es ist ein Ausschnitt aus einer vereinfachten Transaktion eines Geldausgabeautomaten. Die senkrechten Spalten stellen die Teilsysteme des Geldausgabeautomaten dar, mit einer Ausnahme: Der zentrale Bankserver ist nicht Teil des Geldausgabeautomaten, sondern ein Rechner, der über eine Kommunikationsleitung mit dem Geldausgabeautomaten verbunden ist. Die Zeitachse führt senkrecht von oben nach unten. Es könnte eine genaue Zeitskala eingeführt werden. Die Rechtecke innerhalb der Teilsystem-Diagramme stellen die Aktionen der Teilsysteme dar und die waagerechten Pfeile die Kommunikation von der zentralen Steuerung zu den Teilsystemen und die Antworten der Teilsysteme. Mit Sequenz-Diagrammen kann auch Parallel-Verarbeitung dargestellt werden.

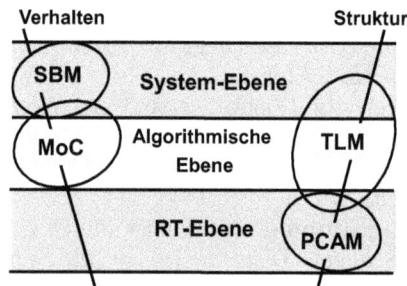

**Abbildung 3.15:** *Lage des System-Verhaltensmodells (SBM), des Berechnungsmodells (MoC), des Transaction Level Model (TLM) und des Pin- und zyklusgenauen Modells (PCAM) im Y-Diagramm.*

# 3.7    Transaction-Level-Modellierung (TLM)

Allgemein wird bereits in einer möglichst frühen Entwicklungsphase ein zu entwerfendes System als System-Verhaltensmodell modelliert und simuliert. Ein System-Verhaltensmodell kann ein oder mehrere Berechnungsmodelle beinhalten. Die Simulation mit System-Verhaltens- oder Berechnungsmodellen ist besonders wichtig, beispielsweise bei mobilen Kommunikationssystemen, bei denen komplexe Algorithmen z. B. beim Kodieren und Komprimieren von Daten und effiziente Hardware- und Software-Implementierungen realisiert werden müssen. Die Modellierung des System-Verhaltensmodells wird in der Regel in einer Systembeschreibungssprache, z. B. SystemC (Abschnitt 5.2, Seite 225) ausgeführt und ist nicht „zeitgenau", das heißt „untimed". Das System-Verhaltensmodell wird in der System-Synthese (Abschnitt 7.2, Seite 292) auf eine Entwicklungsplattform abgebildet. Das Ergebnis davon ist das „Transaction Level Model (TLM)". Das TLM erhält durch die System-Synthese eine Struktur, die einzelnen Prozesse des Berechnungsmodells werden dabei auf Prozessor-Elemente (PEs) abgebildet. Die bevorzugte Programmiersprache für das TLM ist SystemC. Die Kommunikation zwischen den Prozessen geschieht im TLM über sogenannte abstrakte Kanäle, (in SystemC Channels genannt).

Eine wesentliche Eigenschaft des TLM ist wie der Name sagt, die Beschreibung von Transaktionen, d. h. der Datenaustausch zwischen den einzelnen Prozessen. Dafür wurde der Begriff „Transaction Level", also „Transaktionsebene" geprägt, die im Y-Diagramm nicht unmittelbar vorkommt, die man sich jedoch als Fläche vorstellen kann, die in der Strukturdomäne liegt und jeweils einen Teil der Systemebene, der algorithmischen- und der RT-Ebenen überdeckt (siehe Abbildung 3.15).

Abbildung 3.16 zeigt Verfeinerungsschritte, die während des Übergangs vom System-Verhaltensmodell (SBM) zum Register-Transfer-Modell durchgeführt werden und zwar beim Entwickeln der Kommunikationsmodule und der Module, die die Funktionalität bestimmen [Ga09].

Die y-Achse in Bild 3.16 zeigt den Verfeinerungsgrad der Modelle, die die Funktionalität bestimmen. Das erste Modell, das System-Verhaltensmodell (SBM) oder das Berechnungsmodell ist „zeitfrei" (untimed) dargestellt. Nach einem Verfeinerungsschritt, kann der Zeitablauf des Modells in der Transaktionsebene ungefähr beschrieben sein (approximate timed) und schließlich, nach einigen weiteren Verfeinerungsschritten ist der Zeitablauf auf der RT-Ebene genau beschrieben (cycle timed).

Die x-Achse in Bild 3.16 zeigt den Verfeinerungsgrad der Kommunikation der Modelle. Auch sie können zeitfrei, im TLM ungefähr beschrieben und schließlich in der RT-Ebene exakt repräsentiert sein. Insbesondere unterscheidet man beim Verfeinern des TLM je nach Einbinden verschiedener Kommunikationsschichten explizit das Netzwerk-TLM, das Protokoll-TLM und das Bus-zyklusgenaue Modell BCAM (siehe unten), die Schritt für Schritt genauere Zeitabläufe liefern.

Das ideale TLM stellt einen vernünftigen Kompromiss dar (trade off) zwischen Ausführungszeit und Genauigkeit der Performanzabschätzung des Entwurfs. Dies wirkt sich unmittelbar auf die Dauer der Simulation aus. Ein relativ einfaches TLM wird in relativ kurzer Zeit simulierbar sein. Je genauer das TLM in Bezug auf Performanz ist, desto länger wird eine Simulation dauern.

Im Laufe der Analyse des zu entwickelnden Systems müssen eventuell bestimmte Eigenschaften (Metriken) abgeschätzt werden. Es können TLMs beschrieben werden, die nur diese interessanten Eigenschaften modellieren wie zum Beispiel Performanz und Energiebedarf.

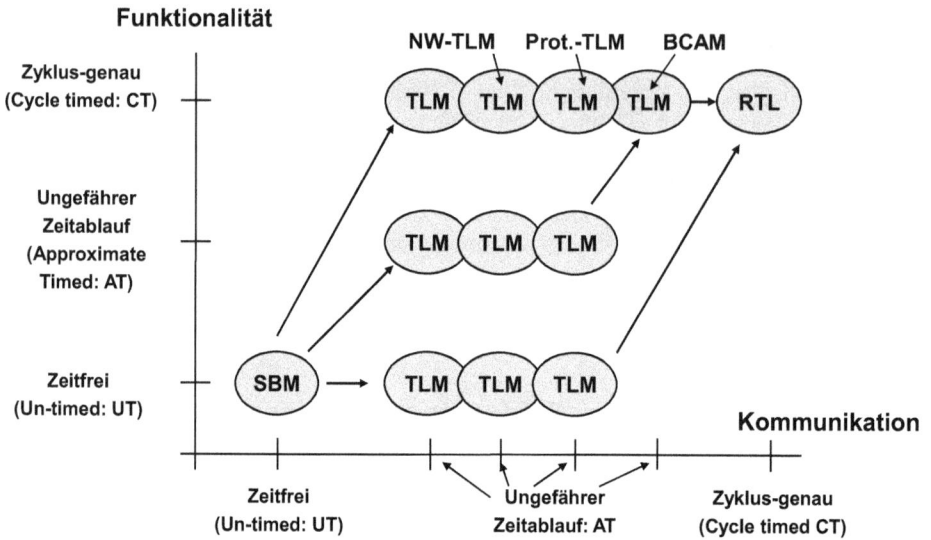

**Funktionalität**

NW-TLM   Prot.-TLM   BCAM

Zyklus-genau
(Cycle timed: CT)

TLM   TLM   TLM   TLM → RTL

Ungefährer
Zeitablauf
(Approximate
Timed: AT)

TLM   TLM   TLM

Zeitfrei
(Un-timed: UT)

SBM  →  TLM   TLM   TLM

**Kommunikation**

Zeitfrei                        Ungefährer                Zyklus-genau
(Un-timed: UT)              Zeitablauf: AT            (Cycle timed CT)

**Abbildung 3.16:** *Mögliche Verfeinerungsschritte beim Übergang vom SBM zur RT-Ebene. NW-TLM: Netzwerk-TLM, Prot-TLM: Protocol-TLM, BCAM: Bus Cycle Accurate Model (nach [Ga09]).*

## 3.7.1   Modellieren der Kommunikation mit TLMs

Der Begriff *Transaction* ist eine Abstraktion des Begriffs *Kommunikation* (TLM 2.0 Language Reference Manual [TLM2.0]). Die Kommunikations-Modellierung, die getrennt von der Modellierung der Funktionalität durchgeführt werden kann, ist eine der wichtigsten Eigenschaften des Transaction Level Models [Ga09].

Abbildung 3.17 zeigt die drei System-Modelle, die für die Entwicklung eines Eingebetteten Systems mindestens nötig sind: Das System-Verhaltensmodell (System Behavior Model), das Transaction-Level-Modell und das zyklusgenaue Modell (Cycle Accurate Model CAM).

Es ist sinnvoll, diese Modelle etwas genauer in Betracht zu ziehen. Die Software-Schichten im Mikroprozessor (siehe Abbildung 3.17) sind: Der „Hardware Abstraction Layer (HAL)", der direkt auf der Hardware liegt und eine Anpassung zwischen Betriebssystem und Hardware erlaubt, darüber das Betriebssystem (OS) mit der Anwendung und der Realisierung der Kommunikations-Schichten 2b bis 6.

Die Anwendungs-Modelle (System-Verhaltensmodelle) kommunizieren über einen abstrakten Message-Passing (MP)-Kanal. Die Modellierung der Kommunikation geschieht auf der Basis des ISO/OSI Referenzmodells (siehe Abschnitt 10.1, Seite 421), das sieben Schichten aufweist. Im TLM werden die Schichten 2 (Data Link) bis 6 (Presentation) modelliert. Für jede Übertragungsschicht kann je ein TLM modelliert werden. Die TLMs werden umso genauer, je mehr Schichten einbezogen werden.

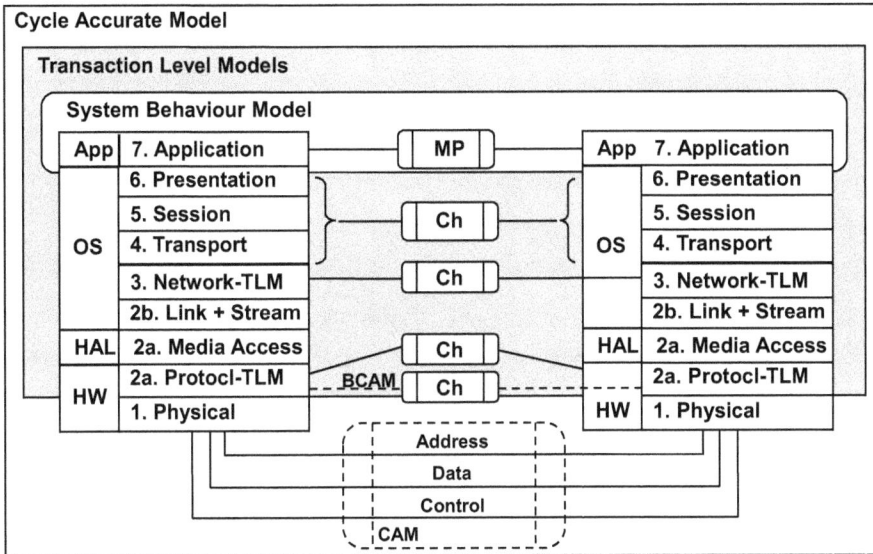

*Abbildung 3.17:* *Schematische Darstellung der drei System-Modelle: System-Verhaltensmodell (SBM), TLM und CAM (Cycle accurate Model), sowie zwei, über eine Busverbindung kommunizierende programmierbare Prozessoren. Network TLM, Protocol-TLM und BCAM werden gezeigt (nach [Ga09]).*

## 3.7.2  Das Netzwerk-TLM

Das Netzwerk-TLM beinhaltet die gesamte Struktur der System-Architektur, die Anwendung und das endgültige Kommunikations-Netzwerk [Ga09], einschließlich der Prozessor-, Speicher und Kommunikations-Elemente, die durch abstrakte Bus-Kanäle miteinander verbunden sind. Abbildung 3.18 zeigt ein stark vereinfachtes Beispiel eines Netzwerk-TLM. Das Beispiel besteht nur aus zwei Prozessoren, einem programmierbaren Prozessor, in dem der Prozess P1 läuft und einem Hardware-Prozessor mit Prozess P2. Die beiden Prozessoren sind über Busse miteinander verbunden. Die Betriebssystem-Schichten (OS) des programmierbaren Prozessors (CPU) werden eingebunden. Auf der Hardware-Seite gibt es kein Betriebssystem. Die Busse bestehen aus einem Master- und Slave-Bus, verbunden über eine Brücke und einem seriellen Bus.

Details, beispielsweise andere Slave-Komponenten, ein Datenspeicher usw., sind nicht dargestellt. Die Kommunikationselemente (Communication Elements CE) beschreiben die Datenübertragung zwischen den Prozessorelementen sowie die Synchronisierung und das Speichern von Daten. Die grafische Darstellung der Kommunikationskanäle ist dem Buch von Gajski [Ga09] entnommen, sie sind als längliche Rechtecke mit abgerundeten Kappen gezeichnet und entsprechen so nicht der Norm für SystemC-Channels. Modelle von Brücken und Transducern, die das Netzwerk in Segmente aufteilen und die Daten weiterleiten, werden hinzugefügt. Mit dem Netzwerk-TLM kann der Datenverkehr in jedem Netzwerk-Segment simuliert werden. Dadurch gewinnt man schnelle Rückschlüsse über Verzögerungen, die durch den Datenaustausch im Netzwerk entstehen.

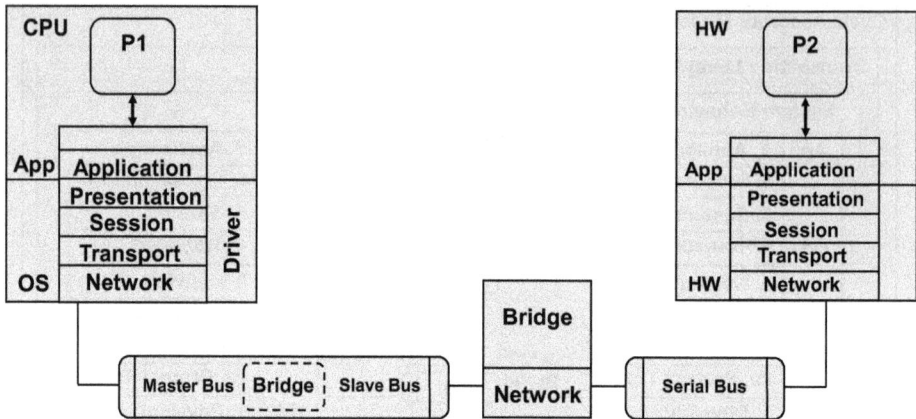

**Abbildung 3.18:** *Schematische Darstellung eines Netzwerk-TLM-Beispiels. Links ein programmierbarer Prozessor mit Betriebssystem, rechts ein Hardware-Prozessor-Beispiel [Ga09].*

### 3.7.3   Protokoll-TLM und Bus-zyklusgenaues Modell

**Das Protokoll-TLM** implementiert die gesamte anwendungsspezifische Funktionalität und schließt die Kommunikationsschichten bis zur MAC-Schicht ein. Aktuelle Modelle von Bus-Brücken werden eingefügt. Die höhere Detaillierung bedeutet größere Genauigkeit bei Zeitmessungen, wenn das TLM zeitmarkiert wird (siehe Abschnitt 6.4.1, Seite 270). Das Protokoll-TLM simuliert langsamer als das Netzwerk-TLM [Ga09].

**Das Bus-zyklusgenaue Modell** (Bus Cycle Accurate Model BCAM) enthält alle Anwendungs- und Kommunikationsschichten, außer der Physikalischen Schicht. Es ist zyklusgenau und simuliert akkurat die Kommunikationszeit.

Der Vorteil der detaillierten Erfassung von Funktionalität und Kommunikation muss jedoch erkauft werden durch eine längere Simulationszeit [Ga09].

## 3.8   Modellieren auf RT-Ebene

*Auf der Register-Transfer-Ebene (RT-Ebene) werden in einer synchronen Schaltung innerhalb von Taktperioden bzw. Taktzyklen Daten durch Transferfunktionen zwischen Speicherelementen (Registern) ausgetauscht [Bring03]. Transferfunktionen sind hier datenverarbeitende Funktionen, z. B. arithmetische Operationen. Abbildung 3.20, Seite 102 oben zeigt schematisch eine Register-Transferfunktion. In Abbildung 7.40, Seite 339 sind Beispiele von Transferfunktionen (Multiplizierer und Alu) in einer realen Schaltung gezeigt.*

Modelle auf RT-Ebene sind taktzyklusgenau oder kurz: **zyklusgenau** (cycle timed) und **pingenau** (pin accurate).
**Zyklusgenau** bedeutet: Der Zeitverlauf der Datenverarbeitung des Systems bzw. des Moduls ist in Bezug zu einem Taktsignal exakt festgelegt.
**Pingenau** bedeutet: Alle Signale des Systems bzw. des Moduls sind deklariert und die

Datenbreite der Signale in „Bitleitungen" ist festgelegt. Beispiel: Die Eingangsdaten „Data_in" eines Systems werden durch einen 64 Bit Vektor binär dargestellt und damit hat das Signal „Data_in" 64 Bitleitungen.

### 3.8.1  Das grundlegende Verhaltensmodell auf RT-Ebene

ist der Deterministische Endliche Automat (DEA) bzw. die Finite State Machine (FSM). Es ist ein 6-Tupel: $FSM = (E, A, Z, \delta, \omega, z_0)$, wobei:

- $E$ ist die endliche Eingabemenge,
- $A$ ist die endliche Ausgabemenge,
- $Z$ ist die endliche Zustandsmenge,
- $z_0 \in Z$, ist der Anfangszustand,
- $\delta : Z \times E \to Z$, ist die *Zustands-Übergangsfunktion*,
- $\omega : Z \to A$, ist die Ausgabebelegung für den **Moore-Automaten**, $\omega : E \times Z \to A$, ist die Ausgabebelegung für den **Mealy-Automaten**.

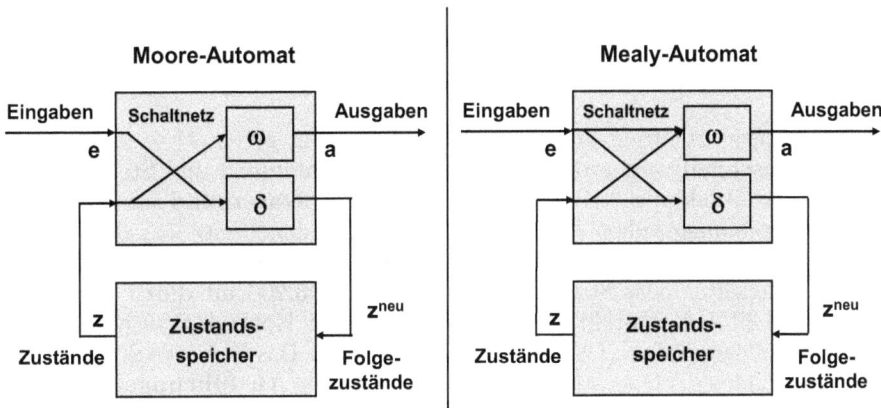

**Abbildung 3.19:** *Schematische Darstellung von Moore- und Mealy-Automaten. Beim Mealy-Automaten (rechte Seite) gibt es eine direkte Verbindung vom Eingang e zum Schaltnetz.*

Man unterscheidet zwischen Moore-Automaten und Mealy-Automaten. Beim **Moore-Automat** hängt der Ausgabewert $a$ nur vom augenblicklichen Zustand $z$ ab (siehe Abbildung 3.19, linke Seite). Beim **Mealy-Automat** hängt der Ausgabewert $a$ von der Eingabebelegung und vom augenblicklichen Zustand $z$ ab (siehe Beispiel Abbildung 3.19, rechte Seite).

DEAs bzw. FSMs werden durch Zustandsdiagramme dargestellt. Zustandsdiagramme sind zyklische, gerichtete Graphen. Zyklisch bedeutet in diesem Zusammenhang, dass es vom letzten Zustand zum ersten Zustand des Graphen einen Zustandsübergang gibt. Die Knoten des Graphen stellen die Zustände dar, die Kanten die Zustandsübergänge.

Man kann ein synchrones Schaltwerk bzw. ein Eingebettetes System durch einen endlichen Automaten (DEA bzw. FSM) beschreiben. In den einzelnen Zuständen der FSM werden Daten sequenziell verarbeitet. Die Weiterschaltung von einem Zustand zum nächsten geschieht jeweils mit der positiven oder negativen Taktflanke eines Taktes.

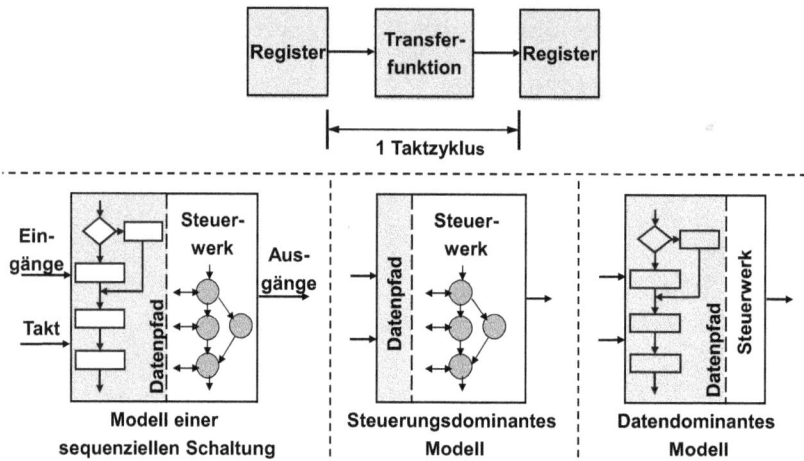

**Abbildung 3.20:** *Oben: Schematische Darstellung einer Register-Transfer-Funktion. Unten links: Ein einfaches Modell eines Schaltwerks (Sequenzielle Logik). Unten Mitte: Steuerungsdominantes Modell. Unten rechts: Datendominantes Modell.*

Wird die Datenverarbeitung und die Zustandssteuerung getrennt, so erhält man eine **Verhaltensbeschreibung auf RT-Ebene**, die in Datenpfad und Steuerwerk aufgeteilt ist, wie es Abbildung 3.20 unten links zeigt. Der **Datenpfad** im Bild 3.20 kann mit einem Datenflussgraphen (DFG) beschrieben werden (Seite 78). Er enthält alle Operationen auf Daten, die an die Eingänge der Schaltung gegeben werden und die Daten-Abhängigkeiten. Das **Steuerwerk** in Abbildung 3.20 kann durch einen Kontrollflussgraphen (CFG) dargestellt werden. Der DFG mit Kontrollstrukturen ergibt den Kontroll-Datenflussgraphen, (Abbildung 3.2, Seite 79). Das Steuerwerk steuert in den einzelnen Zuständen die Operationen des Datenpfads. Die **Ausführungszeit** des Schaltwerks entspricht der **Summe der Taktperioden** die nötig sind, um das Steuerwerk vom Anfangszustand bis zum Endzustand zu durchlaufen.

Überwiegt im Modell der elektronischen Schaltung der Anteil des Steuerwerks, so spricht man von einem **steuerungsorientierten** oder **steuerungsdominanten** (control oriented or dominated) Modell (Bild 3.20 unten Mitte). Die Datenverarbeitung ist hierbei untergeordnet. Beispiele sind: Waschmaschinensteuerung, Fahrstuhlsteuerung, Verkehrsampel-Steuerung, Datenrouter usw. Überwiegt der Datenpfad-Anteil, so spricht man von einem Datenpfad-orientierten bzw. **datenorientierten** oder von einem **datendominanten** Modell (im Bild 3.20 unten rechts). Datendominante Systeme verarbeiten oft kontinuierliche Datenströme. Beispiele sind Geräte der Multimediatechnik wie Videogeräte, Computerspiele, aber auch Differentialgleichungslöser, Navigationsgeräte usw. Beim Videogerät wird je ein „Strom" von Video- und Audiodaten dekodiert, dekomprimiert und zu Gehör bzw. zur Anzeige gebracht. Bei den Daten-Transformationen im Videogerät werden arithmetische Operationen auf den Datenströmen angewendet (z. B. Diskrete Cosinus-Transformation DCT, Huffman-Codierung usw.)

Ältere Entwicklungsmethoden setzten auf der RT-Ebene auf, durch Entwurf von „hierarchischen" Zustandsdiagrammen. Zustandsdiagramme sind in der Regel nicht hierarchisch, die Hierarchie kann aber sozusagen künstlich erzeugt werden, wenn von einem quasi „übergeordneten" Zustand eine Unter-FSM oder Sub-FSM aufgerufen wird. Der übergeordnete Zustand wartet in seinem Zustand so lange, bis die Sub-FSM terminiert. Heute stehen für solche Modellierungen geeignetere Werkzeuge zur Verfügung wie zum Beispiel StateCharts (siehe Abschnitt 3.5.2, Seite 90).

Abbildung 5.17, Seite 207 zeigt als Beispiel die vereinfachte Steuerung einer Waschmaschine mit Hilfe eines hierarchischen Zustandsdiagramms. Die Kreise stellen die einzelnen Zustände dar, die Pfeile die Zustandsübergänge. Es gibt die Zustände: Ruhe, Wasserzulauf (Wasser), Heizung, Waschen, Spülen, Pumpen, Schleudern. Das Waschmaschinenbeispiel zeigt ein steuerungsdominantes Eingebettetes System. Es führt hauptsächlich Steuerungsaufgaben durch.

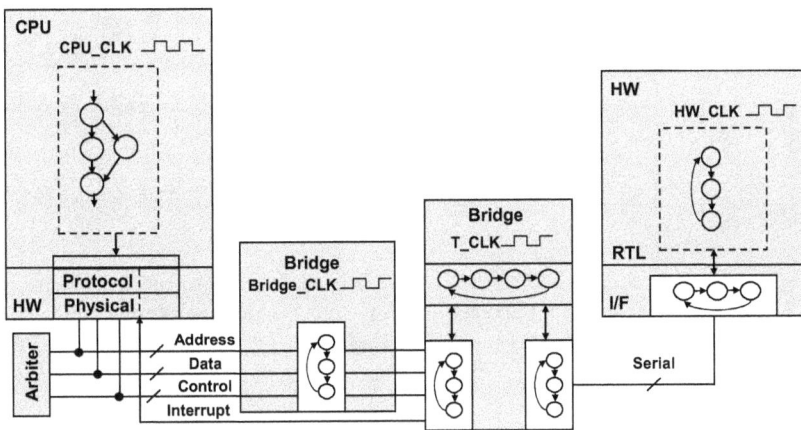

*Abbildung 3.21: Schematische Darstellung des Strukturmodells auf RT-Ebene: Das pin- und zyklusgenaue Modell (PCAM nach [Ga09]).*

## 3.8.2 Das Strukturmodell auf RT-Ebene (PCAM)

Das grundlegende Strukturmodell auf RT-EBene ist das pin- und zyklusgenaue Modell (PIN and Cycle Accurate Model PCAM). Es entsteht aus der Synthese des Verhaltensmodells, also eines synchronen endlichen Automaten bzw. aus der High-Level Synthese einer Verhaltensbeschreibung auf algorithmischer Ebene. Geht man von einer modellbasierten Entwicklungsmethode aus (siehe Abschnitt 2.8, Seite 69), so erhält man das PCAM als Verfeinerung des Netzwerk-TLM bzw. des BCAM. In diesen Verfeinerungsschritten sind Synthese-Werkzeuge eingebunden. Das PCAM ist das endgültige Ergebnis des System-Entwicklungs-Prozesses. Es liefert den Implementierungsentwicklern eine Umgebung auf RT-Ebene mit der Möglichkeit, eine zyklusgenaue Simulation des gesamten Systems durchzuführen. Damit kann vor der Synthese auf Logik-Ebene eine gründliche Verifikation durchgeführt werden [Ga09].

Abbildung 7.40, Seite 339 zeigt den Datenpfad des PCAM für die Differentialgleichungslöser-Schaltung. Zum kompletten PCAM fehlt noch das Steuerwerk. Abbildung 3.21 zeigt schematisch das Beispiel eines weiteren PCAM (nach [Ga09]) für ein kleines Eingebettetes System, dessen Netzwerk-TLM in Abbildung 3.18, Seite 100 dargestellt ist. Das Beispiel besteht aus zwei Prozessoren, einem programmierbaren Prozessor (CPU), der über einen Bus, eine Brücke und einer zweiten Brücke mit einem Hardware-Prozessor verbunden ist. In allen Prozessoren einschließlich der Hardware-Komponenten und den Kommunikationselementen werden endliche Automaten implementiert, die in der Verhaltensdomäne durch einen Datenpfad mit Steuerwerk beschrieben werden können und die mit spezifischen Takt-Signalen getaktet werden. Auf der CPU-Seite läuft der CPU-Takt, auf der Brücke der Brücken-Takt usw.

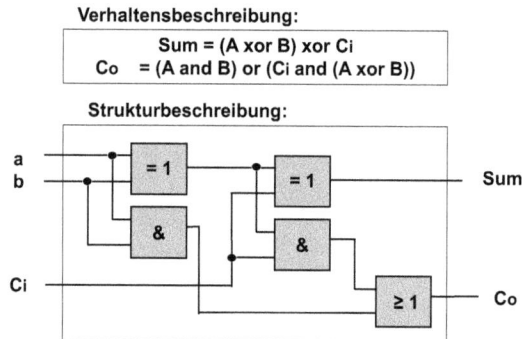

**Abbildung 3.22:** *Ein einfaches Modell-Beispiel eines Schaltnetzes auf Logikebene oder Gatterebene. Ein Ein-Bit-Addierer ist dargestellt. Oben die Verhaltensbeschreibung des Modells als Boolesche Gleichungen, darunter das Strukturmodell.*

# 3.9    Modelle auf Logik-Ebene

Ein Verhaltensmodell auf Logik-Ebene ist im Wesentlichen die Beschreibung der Funktion eines Systems bzw. einer elektronischen Schaltung mit Booleschen Gleichungen oder Logik-Gleichungen. Ein Strukturmodell ist damit die Realisierung dieser Logik-Gleichungen durch Logik-Gatter, es ist ein Netzwerk aus logischen Gattern, beispielsweise UND- und ODER-Gattern oder NAND-Gattern. In Abbildung 5.4, Seite 177 ist die Verhaltensbeschreibung und die Strukturbeschreibung auf Logik-Ebene eines Ein-Bit-Volladdierers dargestellt. Das gleiche Beispiel findet man in Abbildung 2.13, Seite 59 im Vergleich mit Beschreibungen auf Algorithmischer- und RT-Ebene.

Die **Ausführungszeit des Gatternetzes** entspricht im Wesentlichen der **Summe der Gatterverzögerungszeiten** des längsten Pfades der in Reihe liegenden Gatter, die ein Eingangs-Signal vom Eingang bis zum Ausgang durchlaufen muss.

Laufzeiten auf den Leitungen werden im Gattermodell meist nicht berücksichtigt. Im Fall der Abbildung 5.4, Seite 177 sind dies drei Gatterverzögerungszeiten für den Ausgang carry.

Auf Logik-Ebene wird seit den 1980-er Jahren nicht mehr „von Hand" modelliert, sondern mit Logik-Synthese-Werkzeugen gearbeitet. Diese Werkzeuge übersetzen die Booleschen Gleichungen aus der Logik-Verhaltensbeschreibung in eine Gatterstruktur. Die Hauptaufgabe des Logik-Synthesewerkzeugs besteht darin, eine Logik-Optimierung

durchzuführen. Heute ist oft die Logik-Synthese in einem RT-Synthesewerkzeug integriert, die RT-Verhaltensbeschreibung wird dabei zuerst in eine RT-Struktur und danach
in eine Gatterstruktur übersetzt.

# 3.10   Zusammenfassung

Modelle liefern die Basis für Analysen, Simulationen, Synthese und Verifkation. Modell-
Konzepte können einen großen Einfluss haben auf Qualität, Genauigkeit, Performanz
(Ausführungszeit) des Entwurfs und Schnelligkeit beim Erreichen von Resultaten [Ga09].

Die Anzahl der benötigten Modelle für die Entwicklung eines bestimmten Eingebetteten Systems hängt ab von den Anforderungen und der Komplexität des Systems. Der
Anwendungsentwickler wird ein funktionales oder System-Verhaltensmodell verwenden
(SBM), der Systementwickler ist angewiesen auf ein Transaction Level Model (TLM) und
der Implementierungs-Entwickler benötigt ein Pin-und zyklusgenaues Modell (PCAM).

# 4     Eingebettete KI-Systeme

Eingebettete KI-Systeme werden, wie bereits in Kapitel 1 (Seite 11) beschrieben, in vielen Bereichen, wie Automobilbau, Robotik, Medizintechnik, Internet der Dinge (IoT), Industrielle Produktion oder Mensch-Maschine-Interaktion eingesetzt. Die in den letzten Jahren erzielten Durchbrüche im Bereich des Maschinellen Lernens (ML) vor allem durch tiefe neuronale Netze (Deep Neural Networks, DNN) führen dazu, viele Innovationen in diesen Domänen einzuführen. Eingebettete Systeme werden befähigt, Verfahren der Künstlichen Intelligenz effizient zu realisieren. Dabei werden die Daten bereits im Sensorsystem zielgerichtet aufbereitet, analysiert und interpretiert, um Erkenntnisse daraus ableiten sowie situationsspezifische Schlussfolgerungen ziehen zu können.

Hierzu sind verteilte Systemarchitekturen nötig, welche in Echtzeit Informationen aus verschiedenen Quellen sammeln, auswerten und verarbeiten können. Grundlage hierfür ist eine intelligente Sensor-Infrastruktur, die es erlaubt, bereits im Edge-Knoten (Sensorknoten) eine große Menge an homogenen und heterogenen Sensordaten von Mikrofonen, Kameras, Ultraschall, etc. effizient zu kombinieren. Autonome Systeme funktionieren jedoch nur im Verbund. Deshalb ist neben lokaler Intelligenz in den Edge-Devices (Edge AI) inklusive der Fusionierung verschiedener Sensordaten in einem Fusionsknoten auch immer der Austausch mit weiteren Akteuren (z. B. anderen Fahrzeugen) bzw. übergeordneten Systemeinheiten in Fog- und Cloud-Knoten notwendig. Diese Zusammenhang ist in der folgenden Abbildung 4.1 grafisch dargestellt.

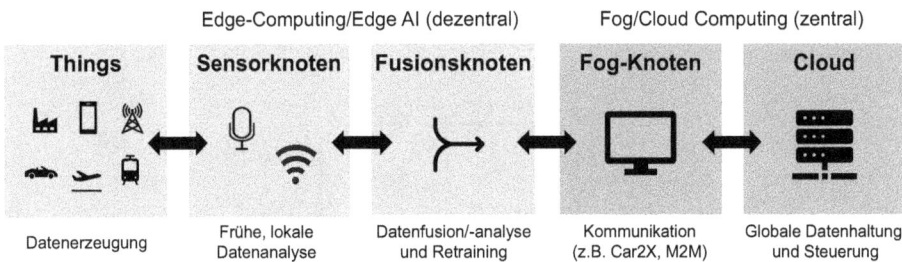

***Abbildung 4.1:*** *Verarbeitungskette von Cloud-gekoppelten Edge-AI-Systemen.*

Verfahren, die auf Maschinellem Lernen beruhen, erfordern beim Lernen (Training) eine sehr hohe Rechenleistung, die bislang den Einsatz von hochleistungsfähigen Hardwarearchitekturen (z.B. Graphics Processing Units-Cluster bzw. GPU-Cluster) bedingen. Auch bei der Anwendung von trainierten neuronalen Netzen (genannt Inferenz) wird bereits eine vergleichsweise hohe Rechenleistung benötigt. Da in Eingebetteten Systemen aber nur begrenzte Rechen- und Speicherressourcen zur Verfügung stehen, besteht ein hoher Bedarf an Hardwarearchitekturen mit integrierten anwendungsspezifischen Rechenbeschleunigern, um KI-basierte Ansätze unter Verwendung von Tiefen Neuronalen

https://doi.org/10.1515/9783110702064-004

Netzen energieeffizient auszuführen, ohne die Echtzeitanforderungen zu verletzen („Embedded/Edge AI"). Hierzu sind neue Codesign-Ansätze erforderlich, die eine gemeinsame Optimierung der Systeme mit Künstlicher Intelligenz mit der zugrundeliegenden Hardware-Plattform (Prozessorkerne, KI-Rechenbeschleunigern und spezialisierte Speicherarchitektur) ermöglichen.

In diesem Kapitel wird zunächst eine kurze Einführung in die Grundlagen von künstlichen Neuronalen Netzen und Tiefen Neuronalen Netzen (DNNs) gegeben. Wir beschäftigen uns mit Maschinellem Lernen und gehen danach auf die applikationsspezifischen Hardware-Architekturen ein. Als Beispiel behandeln wir den aktuellen Stand der Elektronik von autonom fahrenden Kraftfahrzeugen.

# 4.1    Grundlagen künstlicher Neuronaler Netze

Künstliche Neuronale Netze sind in der Lage, bestimmte Fähigkeiten zu lernen, ohne explizit dafür programmiert worden zu sein ([Sam59] zitiert in [Sze20]). Das bedeutet, dass künstliche Neuronale Netze mit Hilfe eines einzigen Programms anspruchsvolle Aktivitäten erlernen können, die mit der Programmierung direkt nichts zu tun haben. Das ist ein Gegensatz zu den herkömmlichen Programmen die für einen bestimmten Zweck erstellt werden und deren statisches und dynamisches Verhalten durch handgeschriebene Heuristiken bestimmt werden [Sze20].

Die Amerikaner Warren S. McCulloch und Walter Pitts veröffentlichten 1943 eine wissenschaftliche Abhandlung, die eine Studie über neuronale Netze enthielt [McCu43]. Sie schufen, in Anlehnung an eine Zelle im tierischen oder menschlichen Gehirn, den Begriff „Neuron", als Schaltelement mit einem Schwellenwert (einem Vorspannungswert als Schaltschwelle). Ein neuronales Netz (bzw. Netzwerk) ist somit eine Ansammlung von Neuronen, die miteinander verbunden sind. Ein Künstliches Neuronales Netz ist eine (sehr stark vereinfachte) Nachbildung eines (kleinen) Teils eines menschlichen oder tierischen Neuronalen Netzes.

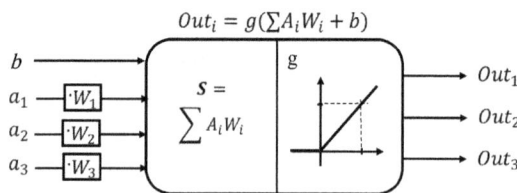

**Abbildung 4.2:** *Oben: Schema eines beliebigen Neuronknotens.*

**Das natürliche Neuron als Vorbild für das künstliche Neuron**

Auf der Basis der Studie von McCulloch und Pitts stellte Frank Rosenblatt 1958 das erste sehr einfache Künstliche Neuronale Netz vor ([Ro58]). Er nannte es **Perzeptron** (Perceptron). Wir nennen ein Perzeptron mit zwei Eingangsknoten und einem Ausgangsknoten ein „Einzelnes Perzeptron" oder „Einfaches Perzeptron" (Single Perceptron, siehe Abbildung 4.4).

Abbildung 4.2 oben zeigt einen beliebigen Neuronknoten (bzw. ein künstliches Neuron) $i$. (Die Begriffe „Neuron" und „Neuronknoten" oder kurz „Knoten" sind im Folgenden synonym.) An den Eingängen des Neuronknotens liegen die Aktivierungssignale $a_1, a_2, a_3, ..$, zusammengefasst mit dem Aktivierungsvektor $A_i = (a_1, a_2, a_3, ...)$. $a_1$ kommt vom Knoten 1, $a_2$ vom Knoten 2, usw. Der **Schwellenwert** $b$ auch *Bias* genannt, liegt ebenfalls am Eingang, kommt aber nicht vom vorherigen Knoten, sondern ist in der Regel spezifisch für jeden Knoten.

Jeder Eingangswert $a_1, a_2, a_3, ..$ wird mit einem **Gewicht** $W$ (Weight) multipliziert. Der Aktivierungswert $a_1$ wird mit $W_1$, $a_2$ mit $W_2$, $a_3$ mit $W_3$ multipliziert. $W_i$ ist der Vektor der Gewichtswerte $W_i = (W_1, W_2, W_3, ...)$. Im Neuronknoten wird die gewichtete Summe aller Aktivierungssignale gebildet:

$$S = \sum A_i \times W_i \tag{4.1}$$

Das Neuron $i$ kann erst umschalten, bzw. „feuern", wenn die Summe der Aktivierungssignale $S$ den Schwellenwert $b$, oder *Bias*, überschreitet.

Den Ausgangswert $Out_i$ erhält man durch Anwendung der Aktivierungsfunktion $g$ auf die Summe $S$ aus Formel 4.1. Wird zum Beispiel bei Verwendung der Step-Funktion $Step_t$ der Schwellenwert $t$ überschritten, schaltet der Neuronknoten auf „1". Damit wird $Out_i$ zu:

$$Out_i = g(\sum A_i \times W_i + b) \tag{4.2}$$

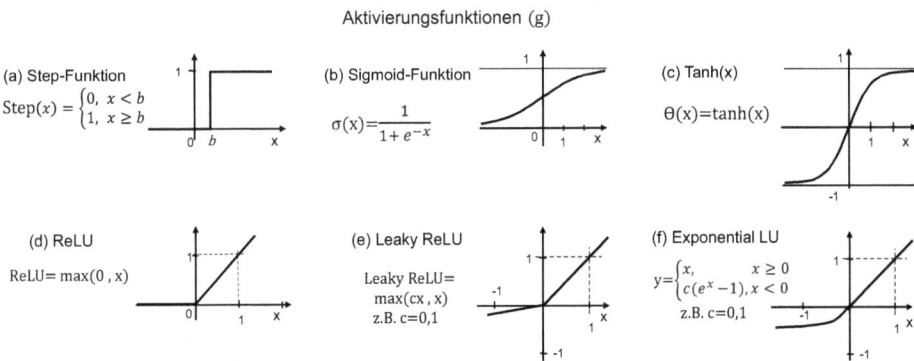

Aktivierungsfunktionen (g)

(a) Step-Funktion
$Step(x) = \begin{cases} 0, & x < b \\ 1, & x \geq b \end{cases}$

(b) Sigmoid-Funktion
$\sigma(x) = \dfrac{1}{1 + e^{-x}}$

(c) Tanh(x)
$\theta(x) = \tanh(x)$

(d) ReLU
$ReLU = \max(0, x)$

(e) Leaky ReLU
Leaky ReLU = $\max(cx, x)$
z.B. c=0,1

(f) Exponential LU
$y = \begin{cases} x, & x \geq 0 \\ c(e^x - 1), & x < 0 \end{cases}$
z.B. c=0,1

**Abbildung 4.3:** *Aktivierungsfunktionen g. Die Funktionen a) bis c) sind konventionelle Funktionen. Die ReLU (d), sowie die ReLU-Varianten (e) und (f) werden für Tiefe Neuronale Netze verwendet. Für x wird im Neuronknoten der Wert S eingesetzt (nach [StLi18]).*

In Abbildung 4.3 werden sechs „**Aktivierungsfunktionen**" $g$ gezeigt: Die Funktionen (a) bis (c) wurden für herkömmliche Neuronale Netze verwendet, Tiefe neuronale Netze (siehe Seite 119) nutzen hauptsächlich Varianten der ReLU: Funktionen (d) bis (f). Die Differenzierbarkeit der Aktivierungsfunktion ist wichtig für Optimierungsalgorithmen, hauptsächlich beim Anlernen.

- (a) die **Step-Funktion** (Stufenfunktion), sie wird heute als Aktivierungsfunktion in der Regel nicht mehr verwendet, da sie unstetig ist und damit nicht differenzierbar.
- (b) **Sigmoid-Funktion** $\sigma(x) = 1/1 + e^{-x}$. Die Sigmoid-Funktion ist differenzierbar und zwingt $x$ zwischen die Werte 0 und +1. $\sigma(x)$ ist flacher als $tanh(x)$ geht aber ebenfalls für $x > 1$ in Sättigung und wird deshalb heute kaum noch verwendet.
- (c) **Tangens Hyperbolicus** $tanh(x) = (e^x - e^{-x})/(e^x + e^{-x})$, ist differenzierbar. Für den Wert $x$ wird im Neuronknoten der Wert $S$ eingesetzt. Die Funktion $tanh(x)$ „zwingt" $x$ zwischen die Werte $-1$ und $+1$. $tanh(x)$ wird heute kaum noch verwendet, da der Wert $tanh(x)$ für $x > 1$ in Sättigung geht.
- (d) **Rectified Linear Units ReLU** $ReLU(x) = max(0, x)$. „To Rectify" bedeutet „geraderichten" oder „gleichrichten". Negative Werte von $x$ werden „abgeschnitten" (auf 0 gesetzt). Die Funktion relu(x) ist entweder 0 für $x \leq 0$ oder $relu(x) = x$ für $x > 0$, es gibt keine „Sättigung" für große Werte von $x$. Da die Ableitung von ReLU entweder 0 oder 1 ist, kommt es im Gegensatz zu alternativen Aktivierungsfunktionen wie tanh(x) oder Sigmoid(x) nicht zu verschwindenden Gradienten (Vanishing-Gradient-Problem). Durch die daraus resultierende, bessere und schnellere Trainierbarkeit tiefer neuronaler Netze (DNN) ist ReLU zu einer der am häufigsten eingesetzten Aktivierungsfunktionen geworden und gilt als entscheidender Durchbruch im Feld des Deep Learnings [Nair10].
- (e) **Leaky ReLU** $LeakyReLU = max(cx, x)$, wobei $c$ eine kleine Konstante ist, zum Beispiel $c = 0, 1$. „Leaky ReLU" bedeutet so viel wie „Undichtes ReLU". Für $x < 0$ ist der Wert für Leaky ReLU nicht Null. Einige Netzwerk-Modelle verwenden die Leaky-ReLU-Aktivierungsfunktion, sie kann die Genauigkeit des Ergebnisses bei der Inferenz (siehe Seite 139) erhöhen.
- (f) **ELU** Die „Exponential Linear Units" ist ähnlich der Leaky ReLU, für $x < 0$ weist ELU eine e-Funktion auf. ELU kann die Genauigkeit des Ergebnisses bei der Inferenz erhöhen.

Abbildung 4.4 links zeigt als Beispiel die logischen Funktionen AND, OR, NOT dargestellt mit Einfachen Perzeptrons (siehe Seite 108) und der Step-Funktion als Aktivierungsfunktion $g$.

Das Einzelne Perzeptron kann nur sehr einfache Funktionen realisieren. Selbst die Boolesche Funktion $XOR$ ist damit nicht mehr darstellbar. Mit einem Mehrschichtigen Perzeptron mit einer zusätzlichen Schicht von Neuronen, „Hidden Layer" (verdeckte Schicht) genannt, ist dies möglich. (Für eine Erklärung dafür siehe [RuNo12]).

Abbildung 4.4 oben rechts zeigt ein mehrlagiges Perzeptron (Multi Layer Perceptron MLP) mit einer Eingabeschicht, einer „verdeckten" Schicht, und einem Ausgabeneuron. In Abbildung 4.4 rechts unten ist ein einfaches MLP gezeigt, das eine $XOR$- Funktion realisiert. Der Ausgang der $XOR$-Funktion ist: $Out_{XOR} = 1$ für $x, y = (0, 1)$ oder $x, y = (1, 0)$ und $Out_{XOR} = 0$ für $x, y = (0, 0)$ oder $x, y = (1, 1)$. Der Leser kann dies als Übung mit Hilfe der Formel 4.2 selbst nachprüfen.

Neuronale Netze mit mindestens zwei verdeckten Schichten können relativ komplizierte Funktionen realisieren. Abbildung 4.5 zeigt links ein Neuronales Netz mit zwei verdeckten Schichten, rechts das einfache Neuronale Netz für das folgende Beispiel-01.1, das den Leser mit den Formeln 4.1 und 4.2 vertraut machen soll.

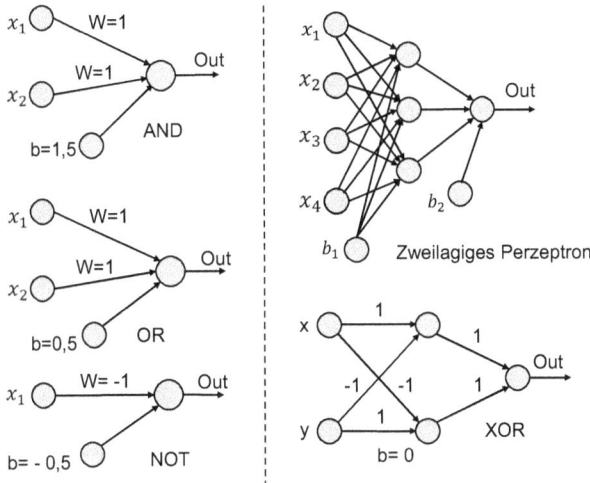

**Abbildung 4.4:** *Beispiel: Linke Seite: Die logischen Funktionen AND, OR, NOT, dargestellt mit einem „Single Perceptron". Die Aktivierungsfunktion g ist eine Step-Funktion. Quelle: [RuNo12], etwas geändert. Rechte Seite oben: Ein Mehrschichtiges Perzeptron (MLP). Rechte Seite unten: Ein einfaches MLP, das die XOR-Funktion realisiert.*

**Beispiel-01.1:**

Gegeben: Ein einfaches Neuronales Netz nach Abbildung 4.5 rechts mit sechs Eingangs-knoten $I_{1,...,6}$ und dem Ausgangsknoten $Out$ soll folgende Funktion realisieren: Für die Eingangswerte: $I_1 = 1, I_2 = 0, I_3 = 1, I_4 = 1, I_5 = 0, I_6 = 0$, gilt $Out = 1$, sonst $Out = 0$. Der Ausgangsknoten enthält eine Stepfunktion. Der Schwellenwert $b$ hat den Wert $b = 0.75$. Der Vektor der Eingangswerte ist: $I_i = (1, 0, 1, 1, 0, 0)$.

Gesucht: Welche Werte haben die Gewichte $W_i$? Die gesuchten Gewichte $W_i$ kann man als Vektor schreiben: $W_i = (W_1, W_2, W_3, W_4, W_5, W_6)$.

Empirische Lösung: Aus der Formel 4.2 bei Anwendung einer Step-Funktion ($Step_b$) mit Schwellenwert $b$ erhält man:

$$Out = 1 = Step_b(W_1 \cdot I_1 + W_2 \cdot I_2 + W_3 \cdot I_3 + W_4 \cdot I_4 + W_5 \cdot I_5 + W_6 \cdot I_6)$$

Wir suchen zunächst die Gewichte für $Out = 1$, unter der Annahme, dass $I_2 = I_5 = I_6 = 0$ ist. Das heißt: $(W_1 \cdot I_1 + W_3 \cdot I_3 + W_4 \cdot I_4) > b$,

Für $I_1 = I_3 = I_4 = 1$ erfüllt die Gleichung $W_1 + W_3 + W_4 = 1$ obige Bedingung. Geht man davon aus, dass $W_1 = W_3 = W_4 = W$, so erhält man: $3W = 1$ und $W = 1/3$. Abgerundet ergibt dies die Werte: $W_1 = 0.3, W_3 = 0.3, W_4 = 0.3$.

Wie groß sind die Gewichte für $Out = 0$?
$Out = 0$ soll erfüllt sein für alle $I_i$, die *nicht* $= (1, 0, 1, 1, 0, 0)$ sind. Das heißt für $I_i = (0, 0, 0, 0, 0, 0) \mid (1, 0, 0, 0, 0, 0) \mid (0, 1, 0, 0, 0, 0) \mid \ldots \mid (1, 1, 0, 0, 0, 0) \mid \ldots$
$(1, 1, 1, 1, 1, 1) \mid \ldots$

Bei einem $I_i = (1, 0, 1, 1, 0, 0)$ mit den oben ermittelten Gewichten $W_1, W_3, W_4$ ist die Summe $\sum A_i \times W_i = 0.9 > b = 0.75$. Daher muss zum Beispiel für $I_i = (1, 1, 1, 1, 0, 0)$,

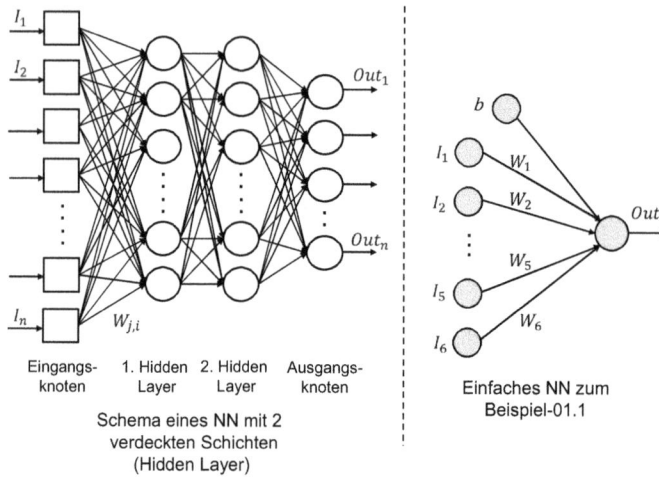

**Abbildung 4.5:** *Linke Seite: Schema eines mehrschichtigen Neuronalen Netzes (NN bzw KNN) mit zwei verdeckten Schichten (Hidden Layer), die jeweils voll miteinander verbunden sind (Fully Connected). Rechte Seite: Einfaches Neuronales Netz für das Beispiel-01.1.*

$W_2$ mindesten $-0.2$ sein, damit $\sum A_i \times W_i < b$ ist. Dasselbe gilt auch für $W_5$ und $W_6$. Wir wählen, um auf der sicheren Seite zu sein: $W_2 = W_5 = W_6 = -0.5$. Damit gilt für die Lösung: Die gesuchten Gewichte sind: $W_i = (0.3, -0.5, 0.3, 0.3, -0.5, -0.5)$.

### Attribute von Neuronalen Netzen

In Abbildung 4.5 linke Seite, sind alle Knoten zwischen den Schichten des Neuronalen Netzes miteinander verbunden. Zum Beispiel sind alle Knoten der Eingangschicht mit allen Knoten der Ausgangsschicht (in unserem Fall der ersten verdeckten Schicht) verbunden. In diesem Fall spricht man vom Attribut „voll verbunden" (**fully connected**) und von einem „Fully Connected Layer". Im Gegensatz dazu nennt man Schichten, deren Eingangsknoten *nicht* mit allen Knoten der Ausgangsknoten verbunden sind „spärlich verbunden" (**sparsely connected** siehe Abbildung 4.29, Seite 150).

Der allgemeine Fall in Bezug auf die Gewichte $W_i$ auf den Verbindungen zwischen den Knoten eines Neuronalen Netzes ist, dass jedes dieser Gewichte einen beliebigen Wert annehmen kann. Es gibt auch Fälle, in denen zwei oder mehr Gewichte $W$ den gleichen Wert haben können. In diesem Fall spricht man vom Attribut „gemeinsame Gewichte" oder **weight sharing**. Weight sharing spart Speicherplatz und wird angestrebt um Tiefe Neuronale Netze zu vereinfachen. Eine bestimmte Schicht, die die Attribute „sparsely connected" und "weight sharing" verwendet, ist die „CONV-Schicht" (siehe Seite 119).

Wird der Ausgang einer Schicht eines Neuronalen Netzes mit dem Eingang der nächsten Schicht verbunden, und geschieht dies bei allen Schichten des Netzes, so spricht man vom „**feed forward**"-Attribut eines NN oder vone „Feed-forward Netzen" (siehe nächter Abschnitt). Beispiele dieser NN-Typen sind Multi-Layer Perzeptrons und Neuronale Faltungs-Netzwerke (Convolutional Neuronal Networks, siehe Seite 115). Im Gegensatz dazu werden Neuronale Netze mit Rückkopplungen „Rekurrente Neuronale Netze", bzw. „**Recurrent Neuronal Networks**" genannt (siehe Seite 121).

## 4.1.1 Feed-Forward Netze

Abbildung 4.5 links auf Seite 112 zeigt ein typisches Neuronales Netz mit einer Eingangsschicht, einer Ausgangsschicht und zwei verdeckten Schichten (Hidden Layer). Dieses Neuronale Netz und auch das Perzeptron sind **Feed-Forward Netze** (Vorwärtsgerichtete Netze). Das heißt, die Information fließt vom Eingang geradlinig durch das Netz zum Ausgang. Es gibt keine Rückkopplungen. Ein Feed-Forward Netz ist ein „direkter azyklischer Graph" (DAG), es hat keine internen Zustände und kein Gedächtnis (mit Ausnahme für die Parameter des Netzwerks, zum Beispiel für die Gewichte ($W$)).

Mit einem Neuronalen Netz können zum Beispiel folgende Abbildungen durchgeführt werden:
- Ein Vektor kann auf einen anderen Vektor abgebildet werden.
- Eine Matrix auf eine andere Matrix.
- Eine Matrix auf einen Vektor.
- Ein Vektor auf eine Matrix.

Kurz gesagt: Am Eingang eines Neuronalen Netzwerks legt man die Parameter einer Anwendung, die in die Form eines Vektors (oder einer Matrix) repräsentiert werden.

Das folgende Beispiel zeigt die Abbildung eines Vektors auf einen anderen Vektor als Ergebnis einer Matrixmultiplikation.

**Beispiel eines einfachen NN**

Das folgende Beispiel eines einfachen Neuronalen Netzes ist – leicht abgeändert – einem Videovortrag von Luis Serrano von UDACity ([LuSe2-20]) entliehen.

Der Koch einer Mensaküche kann zwei verschiedene Gerichte zubereiten: Pizza und Spaghetti. Abhängig vom Wetter tischt er entweder Pizza auf, wenn es sonnig ist, oder er liefert Spaghetti, wenn es regnet. Ein dritte Mahlzeit: Currywurst mit Pommes bereitet er vor. Der Koch lässt ein Neuronales Netz entwickeln, das ihn an die Wahl des aktuellen Gerichts erinnert, wie folgt.

Aufgabenstellung des neuronalen Netzes:
- wenn sonnig, dann Pizza (Pz),
- wenn Regen, dann Spaghetti (Sp).
- Currywurst mit Pommes wird vorbereitet (CuP).

Da wir dem Netzwerk nur Zahlen eingeben können, übersetzen wir die Mahlzeiten-Begriffe (Pizza, Spaghetti) in Zahlen, wir **kodieren** die Mahlzeiten. Dies kann zum Beispiel mit Hilfe einer Tabelle geschehen. Der Eingang in die Tabelle ist zum Beispiel „Pizza" und wir lesen dafür aus der Tabelle den Vektor $(1, 0, 0)$ aus.

Die Aufgabenstellung des Kochs lässt sich mathematisch beschreiben und lösen: Für Pizza, Spaghetti und Currywurst mit Pommes kodieren wir folgende Vektoren:

$$Pz = \begin{bmatrix} 1 \\ 0 \\ 0 \end{bmatrix} ; \quad Sp = \begin{bmatrix} 0 \\ 1 \\ 0 \end{bmatrix} ; \quad CuP = \begin{bmatrix} 0 \\ 0 \\ 1 \end{bmatrix} ; \tag{4.3}$$

Auf die dritte Mahlzeit $CuP$ gehen wir auf Seite 122 näher ein. Für das Wetter kodieren wir folgenden Vektor:

$$Sonnig(So) = \begin{bmatrix} 1 \\ 0 \end{bmatrix} ; \quad Regen(Re) = \begin{bmatrix} 0 \\ 1 \end{bmatrix} ;$$

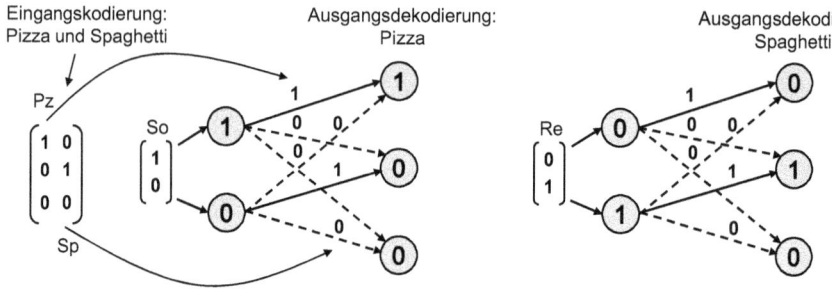

**Abbildung 4.6:** *Beispiel: Einfaches Neuronales Netz, das bei sonnigem Wetter das Gericht „Pizza" ausgibt und bei Regen „Spaghetti" (ähnlich [LuSe2-20]).*

Die „Gerichte-Matrix" $PzSp$ für Pizza und Spaghetti fasst die beiden Vektoren für Pizza und Spaghetti (plus einen freien Platz) zusammen:

$$PzSp = \begin{bmatrix} 1 & 0 \\ 0 & 1 \\ 0 & 0 \end{bmatrix}; \tag{4.4}$$

Die Multiplikation der Gerichtematrix $PzSp$ mit dem Wetter *Sonnig* ergibt die Mahlzeit für einen sonnigen Tag (die Rechenvorschrift für eine Matrizenmultiplikation findet man zum Beispiel in [WikMat20]):

$$PzSp \times So = \begin{bmatrix} 1 & 0 \\ 0 & 1 \\ 0 & 0 \end{bmatrix} \times \begin{bmatrix} 1 \\ 0 \end{bmatrix} = \begin{bmatrix} 1 \\ 0 \\ 0 \end{bmatrix} = Pz;$$

Desgleichen ergibt die Multiplikation der Gerichtematrix $PzSp$ mit dem Wetter *Regen* die Mahlzeit für einen Regentag:

$$PzSp \times Re = \begin{bmatrix} 1 & 0 \\ 0 & 1 \\ 0 & 0 \end{bmatrix} \times \begin{bmatrix} 0 \\ 1 \end{bmatrix} = \begin{bmatrix} 0 \\ 1 \\ 0 \end{bmatrix} = Sp;$$

Die Matrizenmultiplikation lässt sich genau mit einem einfachen Neuronalen Netz, wie es in Abbildung 4.6 gezeigt wird, nachbilden. Die beiden Eingangsknoten nehmen den Wetter-Vektor auf (Sonne oder Regen), die drei Ausgangsknoten zeigen das Ergebnis als Vektoren an. Der Vektor $(1, 0, 0)$ bei „Sonne" am Eingang muss als „Pizza" **dekodiert** werden. Der Vektor $(0, 1, 0)$ bei „Regen" am Eingang wird als „Spaghetti" dekodiert. Auf den Kanten wird die Gerichtematrix (Gleichung 4.4) als Gewichte eingetragen.

Die Gewichte können auch durch Anlernen bestimmt werden (siehe Seite 134). Die Werte für die Ausgangsknoten werden nach der Formel 4.1, Seite 109 errechnet. Bei einem Vergleich der Formel 4.1 mit der Rechenvorschrift für die Matrizenrechnung erkennt man, dass die beiden identisch sind.

**Das Convolutional Neuronal Netzwerk CNN**

Das Convolutional Neural Netzwerk CNN (Neuronales Faltungs-Netzwerk) ist ein Neuronales Feed-Forward-Netzwerk mit einer Eingangsschicht, mindestens zwei verdeckten
Schichten und einer Ausgangsschicht (ähnlich Bild 4.5, rechte Seite). Die vier Schichten
des einfachsten CNN nennt man:

- Eingangsschicht,
- Convolution Layer (Faltungsschicht)
- Pooling Layer (Vereinigungs- oder Bündelungsschicht)
- Fully Connected Layer (Bindungsschicht oder Ausgangsschicht)

Die Schichten „Convolution Layer" und „Pooling Layer" können mehrfach auftreten.

Das Convolutional NN ist zur Zeit das prominenteste Netzwerk in der Bildverarbeitung und Bilderkennung. Es findet viele weitere Anwendungen in vielen Bereichen der
Künstlichen Intelligenz, zum Beispiel der Spracherkennung.

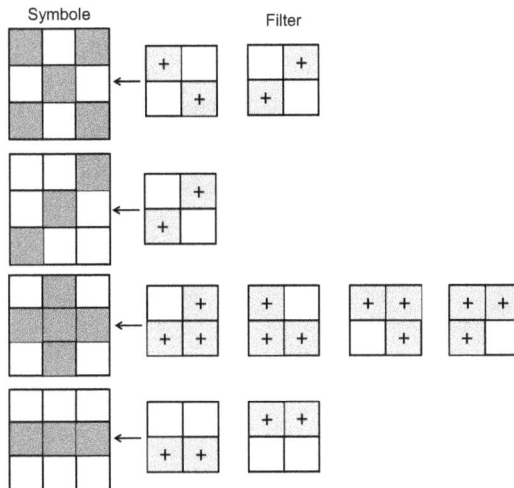

**Abbildung 4.7:** *Convolutional Neural Network: Beispiel: Erkennen der Symbole X, /, +, - und
die dafür verwendeten Filter.*

Wir erklären die Wirkungsweise anhand einfacher Muster und nehmen als Vorbild (etwas
abgeändert) die Videovorlesung von Luis Serrano von UDACity ([LuSe20]).

Nehmen wir an, wir wollen die vier Symbole der Grundrechnungsarten Multiplkati-
on „X", Division „/" Addition „+", und Subtraktion„„-", als 3x3 Pixelbilder mit dem
Computer erkennen und unterscheiden. Die Eingangs-Pixelbilder werden auch **Input
feature maps: ifmaps** genannt. Beim Convolutional Neural Netzwerk werden **Filter**
für die Erkennung der Pixelmuster verwendet. Dafür nehmen wir kleinere 2x2 Filter, die
jeweils einen Teil des Pixelmusters des Bildes enthalten und gehen zunächst davon aus,
dass diese Filter bereits vorhanden sind (siehe Bild 4.7). Für die Erkennung des „X"
sind dies X-Filter-01 und X-Filter-02 (siehe Bild 4.8). X-Filter-01 zeigt die Pixel einer
nach links geneigten Diagonale, X-Filter-02 die Pixel einer nach rechts geneigten Diagonale. Da die Filter kleiner sind als das Pixelmuster, wenden wir eine „zweidimensionale

Faltung" an (**2D**-Convolution). Das heißt, wir „schieben" die Filter erst über die oberen beiden Pixelreihen und danach beginnen wir wieder von vorne und schieben die Filter über die unteren Pixelreihen.

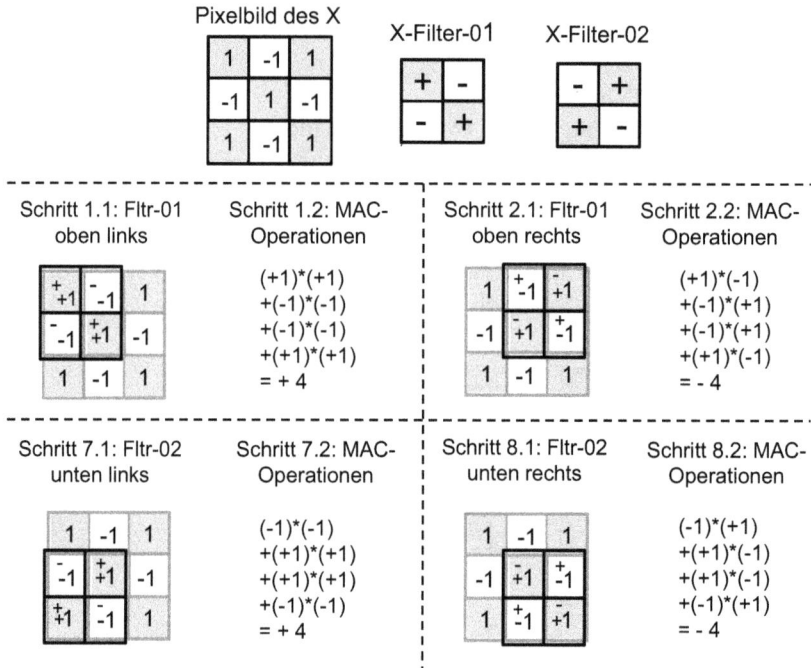

**Abbildung 4.8:** *Convolutional Neural Network (CNN): Erkennung des Pixelbildes „X" im Convolution Layer. Es werden die Schritte 1,2 mit X-Filter-01 und die Schritte 7,8 mit X-Filter-02 gezeigt.*

Wir beginnen das Verfahren im **Convolution Layer**, in der Faltungsschicht des CNN mit dem X-Filter-01. Dabei gilt: Jedes belegte (dunkle) Filterfeld und auch Pixelfeld erhält die Wertigkeit +1 und jedes freie (helle) Pixelfeld die Wertigkeit -1. Das Verfahren besteht aus acht Schritten (siehe Bild 4.8). Im ersten Schritt wird das X-Filter-01 auf die ersten vier Pixel im Pixelbild links oben gelegt (gefaltet). Jedes Feld des Filters wird mit jedem korrespondierenden Feld des Pixelbildes multipliziert und das Ergebnis zur nächsten MAC-Operation addiert. Insgesamt sind dies vier „Multiply and accumulate (MAC)"-Operationen pro Filterstellung. Das Ergebnis der MAC-Operationen für Schritt 1 ist +4.

Im Schritt 2 wird das X-Filter-01 nach rechts um eine Schrittweite **stride** genannt, verschoben. Ein *stride* entspricht hier einer Pixelspalte. Danach werden, – wie im Schritt 1 – wieder die vier Multiplikationen und Additionen durchgeführt. Das Ergebnis ist -4. Je nach Größe des Pixelbildes und des Filters kann der *stride* auch > 1 sein.

Die Schritte 3 bis 6 sind nicht im Bild 4.8 dargestellt, der Leser ist angehalten, die Ergebnisse selbst nachzuvollziehen.

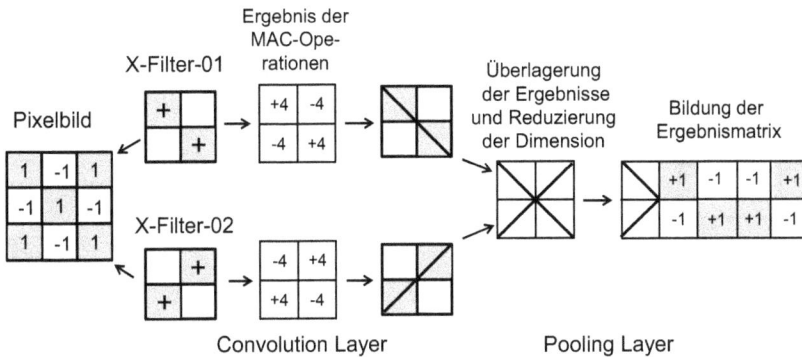

**Abbildung 4.9:** *Convolutional Neural Network (CNN): Erkennung des Pixelbildes „X" im Convolution und Pooling Layer. Im Convolution Layer werden die Faltungen durchgeführt, im Pooling Layer werden die Ergebnisse überlagert, es geschieht eine Dimensionsreduktion.*

Schritt 3: Das X-Filter-01 wird nach unten links geschoben. Das Ergebnis der MaC-Operationen (MAC-Ops) ist -4.

Schritt 4: Das X-Filter-01 wird nach unten rechts geschoben. MAC-Ops.-Ergebnis: +4.

Schritt 5: Wir wechseln zum X-Filter-02 (siehe Bild 4.8). Das X-Filter-02 wird nach oben links auf das X-Pixelbild gelegt. Das Ergebnis der MAC-Ops. ist: -4.

Schritt 6: Das X-Filter-02 wird nach oben rechts geschoben. MAC-Ops-Ergebnis: +4.

Die Schritte 7 und 8 sind wieder im Bild 4.8 dargestellt. Im Schritt 7 wird das X-Filter-02 in die linke untere Ecke gelegt. Das Ergebnis der MAC-Ops. ist: +4.

Schritt 8: Das X-Filter-02 wird nach unten rechts geschoben. MAC-Ops.-Ergebnis: -4.

Alle Pixelbilder, bei denen die MAC-Ergebnisse über dem Schwellenwert +3 liegen, also +4 betragen, werden verwendet. Im Beispiel sind dies die Bilder der Schritte 1,4, 6 und 7. Alle Pixelbilder, mit MAC-Ergebnissen < +3 werden verworfen.

In der Bündelungsschicht **Pooling Layer** werden die im Convolution Layer ausgesuchten Pixelbilder übereinander gelegt, zudem wird eine **„Dimensionsreduktion"** durchgeführt. Im Convolution Layer wurde eine 2D-Faltung durchgeführt. Im Pooling Layer, wird die 2D-Darstellung des Pixelbildes in eine **1D-Darstellung** der Ergebnismatrix umgewandelt (siehe Bild 4.9).

In unserem Beispiel sind dies die rechtsgerichtete Diagonale und die linksgerichtete Diagonale, die zu einem „X" zusammengefügt werden.

Zudem wird eine sogenannte Ergebnismatrix aus den beiden gefundenen Pixelbildern gebildet. Der Convolutional Layer und der Pooling Layer haben sozusagen (in unserem Beispiel) *die Symbol-Pixelbilder in die Ergebnis-Matrizen kodiert* [LuSe20].

Die Ergebnismatrix ist in unserem Beispiel (für das Erkennen des X-Symbols) im Wesentlichen die Aneinanderreihung der beiden X-Filter (siehe Bilder 4.9 und 4.10).

Im **Fully Connected Layer**, in der Bindungsschicht wird aus der Ergebnismatrix ein „Endfilter" gebildet. Es wird über alle Ergebnismatrizen der Symbole gelegt (gefaltet).

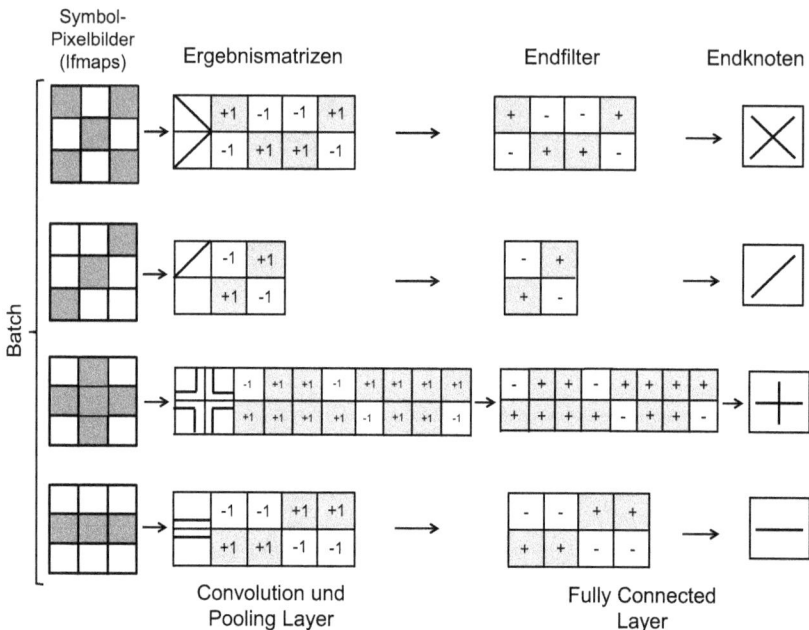

**Abbildung 4.10:** *Fully Connected Layer: Die Ergebnismatrizen aus dem Convolution- und Pooling Layer werden den Endknoten zugeordnet.*

Das Symbol, bei dem ein Maximum des MAC-Wertes auftritt, wird mit dem Endknoten, verbunden. In unserem Beispiel gibt es die Endknoten für das „X", „/", „+" und „-".

Beispiel: Ein beliebiger Endknoten $Z$ soll das Symbol „X" anzeigen. Der Knoten $Z$ verwendet das X-Endfilter und legt es über alle Ergebnismatrizen. Für das X-Symbol ergibt die Faltung auf die X-Ergebnismatrix das maximale Ergebnis bei der MAC-Operation, also wird die X-Ergebnismatrix mit dem Endknoten $Z$ verbunden. Dies wird für alle restlichen Ergebnismatrizen und Endknoten durchgeführt (siehe Bild 4.10).

Soll das Convolutional Neural Network **komplexere Bilder** erkennen und unterscheiden, so können mehr als zwei verdeckte Schichten nötig sein, beispielsweise je zwei (oder mehr) Convolution und Pooling Layer und zwei (oder mehr) Fully Connected Layer. Dieses CNN hätte sieben (oder mehr) Schichten insgesamt. Dabei treten die Convolution und Pooling Layer jeweils paarweise auf.

Die Eingabe-Pixelbilder nennt man auch „Eingabe-Merkmals-Karten" (Input Feature Maps: **Ifmaps**). Mehrere Ifmaps werden oft zu einem Stapel, **Batch** genannt, zusammengefasst (siehe Abbildung 4.10), die in der Darstellung ähnlich sind, beziehungsweise bestimmte Bildelemente gemeinsam haben. Das Training von großen Mengen Ifmaps erfordert viel Zeit und große Mengen an elektrischer Energie. Das Aufteilen einer Ifmap-Menge in kleineren Batches spart Trainingszeit und elektrische Energie für das Training, da auch möglicherweise Filter-Gewichte innerhalb eines Batches wiederverwendet werden können.

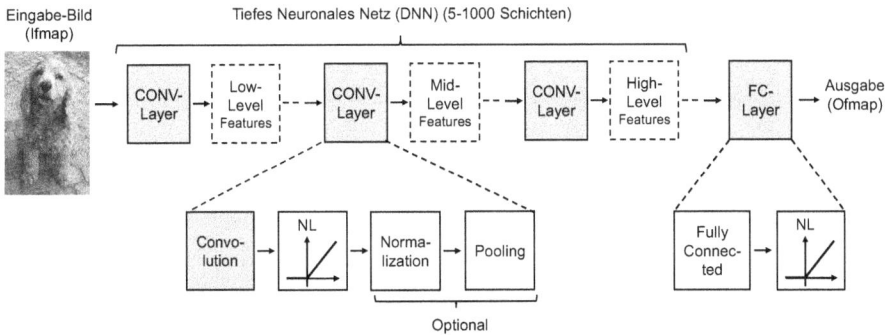

**Abbildung 4.11:** *Ein Tiefes Neuronales Faltungs-Netzwerk (Deep Neuronal Convolutional Network) hat etwa 5 bis über 1000 verdeckte Schichten [Sze17].*

## 4.1.2 Tiefe Neuronale Netzwerke (Deep Neural Networks)

Im Gegensatz zu Abbildung 4.8 weist ein Tiefes Neuronales Faltungs-Netzwerk (Deep Convolutional Neural Networks DCNN) zwischen **fünf und über tausend „CONV"-Schichten** auf, wobei eine CONV-Schicht aus folgenden Einzelschichten besteht (siehe Abbildung 4.11 und [Sze17], [Sze20]):

- Einer Faltungsschicht (Convolutional layer).
- einer nichtlinearen Funktion (NL), z. B. einer ReLU-Einheit.
- Einer „Normalisierung", zum Beispiel einer „Batch Normalisierung (BN)" (optional).
- Einer Pooling-Schicht (optional). Die Pooling-Schicht fasst Ergebnisse von Faltungen zusammen (siehe zum Beispiel Abbildung 4.8) und reduziert die Dimensionalität.

Bei Anwendung einer **Batch-Normalisierung** werden die Aktivierungswerte eines Batches der Eingangs-Merkmalkarten (siehe Seite 118) so skaliert und in einen Zahlenbereich transformiert, dass der Mittelwert der Werte $M = 0$ ist und eine Standard-Abweichung von 1 entsteht [Io15]. Eine Batch-Normalisierung bewirkt, dass in der Regel die Trainingszeit verkürzt und die Genauigkeit erhöht wird.

Die überwiegende Mehrzahl der Tiefen Neuronalen Netze sind vorwärtsgerichtete (Feed Forward)-Netze (siehe Seite 113), aber auch Recurrent Neural Nets können tief strukturiert sein.

Große, komplexe Probleme aus dem Bereich der KI waren mit Rechner-Hardware aus früheren Zeiten nicht lösbar. Mit den neuen Strukturen tiefer Neuronaler Netze ist das Thema etwa seit dem Jahr 2006 zu einem guten Teil von Geoffrey Hinton und Yann LeCun vom Kanadischen Institut CIFAR (Canadian Institute for Advanced Research) wiederbelebt worden. An dieser Stelle ist auch die Firma Google zu erwähnen, die Tiefe Neuronale Netzwerke für verschiedene Anwendungen eingesetzt haben. Ein wichtige Rolle spielt die Computer-Rechenleistung zum Anlernen von Tiefen Neuronalen Netzen, auf die wir in Abschnitt 4.4.3 Seite 144 näher eingehen.

**„Deep Learning"**, das heißt „tiefes Lernen" oder „tiefgehendes Lernen" ist im Prinzip überwachtes Lernen (siehe Seite 132). Damit bezeichnet man das Anlernen von Datensätzen mit Tiefen Neuronalen Netzen. Bei Deep Learning geht es um die optimale

Bestimmung der Neuronen-Gewichte über viele verdeckte Schichten hinweg. Das Beispiel auf Seite 115, das das Anlernen von Fotos auf einem mehrschichtigen Convolutional Neuronal Netzwerk beschreibt, kann Deep Learning genannt werden.

## 4.1.3    Zeitlich veränderliche Datenreihen - Sequentielle Daten

Sequentielle Daten begleiten uns ständig, sei es als Sprache oder Musik, die sich als Schallwellen ausbreiten. Ihr Arzt nimmt den Verlauf Ihres Herzschlags in Form eines Elektro-Kardiogramms (EKG) auf. Der Börsenbericht zeigt den Verlauf der Aktienkurse usw. Wer Geld in Aktien investiert hat, interessiert sich dafür, wie sich die Aktienkurse in der Zukunft verhalten werden. Für autonom fahrende Autos ist es wichtig, wie sich der Bewegungsablauf benachbarter Fahrzeuge entwickelt. Kurz gesagt: Die Analyse und Vorhersage von sequentiellen Daten ist von Bedeutung. Dafür werden meistens **Recurrente Neuronale Netze** verschiedener Ausprägungen eingesetzt, zum Beispiel das Long Short-Term Memory (LSTM) (siehe Seite 125).

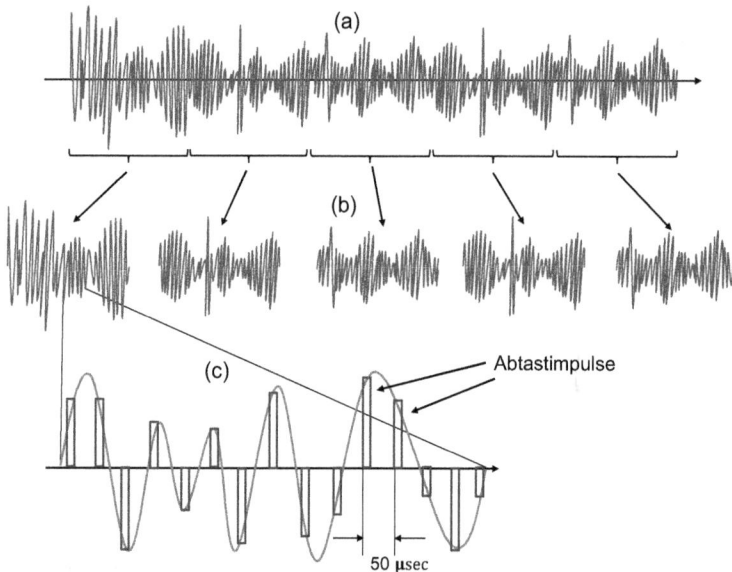

**Abbildung 4.12:** *Aufnahme einer Schallwelle für die Analyse in Neuronalen Netzen. (a) Eine Schallwelle. (b) Die Schallwelle wird in Zeitabschnitte aufgeteilt. (c) Die Zeitabschnitte werden abgetastet („gescannt") und digitalisiert.*

Eine gute Vorbereitung der Daten zur Analyse mit Hilfe eines Neuronalen Netzes ist erforderlich. Soll zum Beispiel gesprochene Sprache simultan in eine andere Sprache übersetzt werden, nehmen wir an: Deutsch in Englisch, so wird die Schallwelle (siehe Abbildung 4.12 (a)) zunächst in kleinere Zeiteinheiten aufgeteilt (Abbildung 4.12 (b)). Die Zeitabschnitte werden nach dem WKS-Abtasttheorem [WKS-20] abgetastet, digitalisiert und einem Recurrenten Neuronalen Netz, zur Analyse weitergereicht.

In Abbildung 4.12 (c) ist die Abtastung schematisch dargestellt. Nehmen wir an, wir wollen Sprache analysiern, so genügt es nach dem WKS-Abtasttherom für eine gute Sprachqualität Sprachfrequenzen zwischen etwa $f_{min} = 100$ Hertz und $f_{max} = 10$ kHz zu untersuchen. Die Abstände der Abtastimpulse wären in diesem fall $d \leq 1/(2 \times f_{max}) = 0,05\ ms$ bzw. 50 $\mu sec$. Die Länge des Zeitabschnitts kann zu $1ms$ gewählt werden. Für diesen Fall hätten wir 20 Eingangsneuronen im Neuronalen Netzwerk.

Liegt Text vor, der analysiert werden soll, so kann dieser aufgeteilt werden in Sequenzen von Worten oder Zeichen. Es gibt viele weitere Datenbeispiele, die für eine Untersuchung interessant sind: weiter oben wurden bereits das EKG, die Aktienkurse oder, – bei einem autonom fahrenden Auto, – der Bewegungsablauf eines Nachbarfahrzeugs erwähnt. Hier ist zu erwähnen, dass die Datenvorverarbeitung bei allen Netzen - auch bei CNN - sehr wichtig ist.

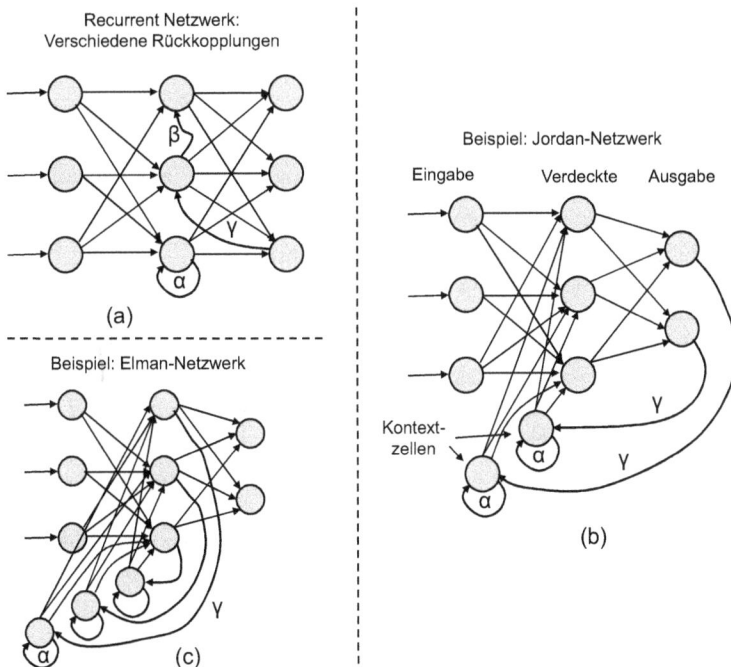

**Abbildung 4.13:** *Links (a) Recurrent Netzwerk mit verschiedenen Rückkopplungen. Rechts (b) Jordan Netzwerk.*

## 4.1.4 Rekurrente Neuronale Netze

Während es bei einem klassischen Feed-Forward Netzwerk (siehe Seite 113) keine Rückkopplungen zwischen den Neuronknoten gibt, ist dies bei einem Recurrenten Netzwerk (Recurrent Neuronal Network) der Fall.

Rekurrente Netze können verschiedene Arten von Rückkopplungen aufweisen, wie in Abbildung 4.15 (a) gezeigt. Es können direkte Rückkopplungen sein ($\alpha$), seitliche Rückkopplungen ($\beta$) oder indirekte ($\gamma$). Als Übergang von Feed-Forward-Netzen zu Rekurrenten

Netzen können „**Partiell Rekurrente Netze**" betrachtet werden. Dazu gehören zum Beispiel die **Jordan-Netze** und die **Elman-Netze**. Bei Jordan-Netzen werden die Ausgangsneuronen auf sogenannte Kontextzellen mit dem Gewicht $\gamma = 1$ zurückgekoppelt, um den vorherigen Ausgang zu speichern (siehe Abbildung 4.15 (b)). Dabei gilt: Die Anzahl der Kontextzellen ist gleich der Anzahl der Ausgangsneuronen. Die Speicherung erfolgt durch eine Rückkopplung $\alpha$ der Kontextzelle „auf sich selbst". Jordan-Netze haben ein „Erinnerungsvermögen".

Eine Eigenschaft der Jordan-Netze ist, dass die Anzahl Kontextzellen gleich ist wie die Anzahl der Ausgangszellen. Dies ist beim Elman-Netz nicht der Fall. Beim Elman-Netz geschieht die Rückkopplung nicht von den Ausgangszellen, sondern von den Zellen der verdeckten Schicht (siehe Abbildung 4.15 (c)).

Rückkopplungen eines Rekurrenten Netzwerks von den Ausangsneuronen zu den Eingangsneuronen zeigt Abbildung 4.14 (d). Um zu veranschaulichen wie dieses Netzwerk funktioniert, führen wir das Beispiel von Luis Serrano [LuSe2-20] auf Seite 113 wie folgt weiter:

Ein Koch in einer Mensa hat auf seinem Speisezettel lediglich drei Mahlzeiten: Pizza, Spaghetti und Currywurst mit Pommes. Er legt eine Reihenfolge der Gerichte fest: Es sollen sich immer Spaghetti, Currywurst mit Pommes und Pizza nacheinander ablösen.

Aufgabenstellung des erweiterten neuronalen Netzes:
- Am 1. Tag der Woche z.B. Montag, gibt es Spaghetti.
- Am 2. Tag, z.B. Dienstag, gibt es Currywurst mit Pommes.
- Am 3. Tag, z.B. Mittwoch, gibt es Pizza.

Wie auf Seite 113 bereits erwähnt, lässt sich die Aufgabe mathematisch durch Vektoren beschreiben und lösen: Für die Pizza (Pz), Spaghetti (Sp) und Currywurst mit Pommes (Cup) schreiben wir wieder die Vektoren wie in den Gleichungen 4.3 auf Seite 113, wobei das Gericht $Cup$ mit dem Vektor $Cup = (0, 0, 1)$ neu hinzukommt.

Die „Gerichtematrix" $PzSpCuP$ fasst die drei Vektoren für Pizza, Spaghetti und Currywurst mit Pommes zusammen. Wir berücksichtigen gleichzeitig die Reihenfolge und setzen den „Spaghettivektor" an die erste Stelle in der Matrix wie folgt:

$$SpCupPz = \begin{bmatrix} 0 & 0 & 1 \\ 1 & 0 & 0 \\ 0 & 1 & 0 \end{bmatrix} ; \tag{4.5}$$

Abbildung 4.14 zeigt das Neuronale Netz, das diese Aufgabe löst. Es hat drei Eingangsneuronen und drei Ausgangsneuronen. Die Gewichte $W_i$ auf den Kanten entsprechen der „Gerichtematrix" (Gleichung 4.5), damit wird die Gerichtematrix zur „Gewichtematrix". Im Bild 4.14 liegen auf den dünn gezeichneten Kanten je eine „0", auf den dickeren eine „1". Die Gewichte werden in der Regel durch einen Anlernvorgang (siehe Seite 134) festgelegt. Das Gericht von heute (1. Tag) erhalten wir durch multiplizieren der Gerichtematrix $SpCupPz$ mit dem Gericht vom letzten Tag, Pizza, siehe Abbildung 4.14 (a) und Gleichung 4.6. Das Ergebnis ist Spaghetti.

$$SpCupPz \times Pz = \begin{bmatrix} 0 & 0 & 1 \\ 1 & 0 & 0 \\ 0 & 1 & 0 \end{bmatrix} \times \begin{bmatrix} 1 \\ 0 \\ 0 \end{bmatrix} = \begin{bmatrix} 1 \\ 0 \\ 0 \end{bmatrix} = Sp; \tag{4.6}$$

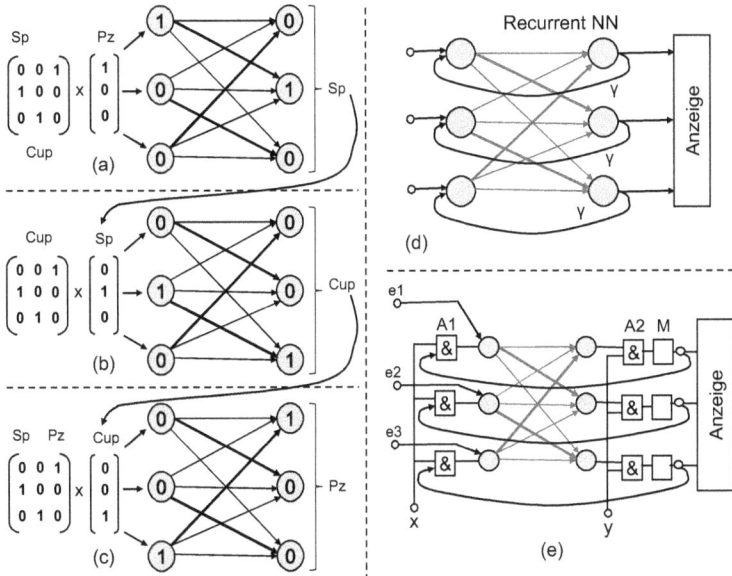

**Abbildung 4.14:** *Beispiel für ein einfaches Rekurrent NN (ähnlich [LuSe2-20]).*

Das Gericht für den Dienstag (2. Tag) erhalten wir durch multiplizieren der Gerichtematrix $SpCupPz$ mit dem Gericht vom Montag, siehe Abbildung 4.14 (b) und Gleichung 4.7. Das Ergebnis ist Currywurst mit Pommes.

$$SpCupPz \times Sp = \begin{bmatrix} 0 & 0 & 1 \\ 1 & 0 & 0 \\ 0 & 1 & 0 \end{bmatrix} \times \begin{bmatrix} 0 \\ 1 \\ 0 \end{bmatrix} = \begin{bmatrix} 0 \\ 1 \\ 0 \end{bmatrix} = Cup; \tag{4.7}$$

Das Gericht für den Mittwoch (3. Tag) erhalten wir durch multiplizieren der Gerichtematrix $SpCupPz$ mit dem Gericht vom Dienstag siehe Abbildung 4.14 (c), und so weiter.

Diese Reihenfolge gelingt uns auch, indem wir das Ergebnis des Vortages als Rückkopplung auf den Eingang zurückführen, wie es in Abbildung 4.14 (d) gezeigt wird. Das Rekurrent Netzwerk in Bild 4.14 (d) ist praktisch ein Speicher. Daten die in das NN eingegeben werden, „laufen" durch das NN, erscheinen am Ausgang und werden wieder auf den Eingang zurückgekoppelt. (Wir gehen davon aus, dass der Eingang inzwischen abgeschaltet ist.) Die Daten kreisen mit hoher Geschwindigkeit durch die Neuronen und auf der Anzeige sieht man höchstens ein Flimmern.

Wie könnte das Neuronale Netz aus Abbildung 4.14 praktisch nutzbar gemacht und das Ergebnis angezeigt werden? Das gelingt z. B. dadurch, dass die Rückkopplung zeitweise unterbrochen wird und die Ausgangsdaten kurzzeitig gespeichert werden. Um diese kurzzeitige Speicherung zu erreichen, werden die Schalter A1 und A2 und drei Speicherzellen M eingeführt (siehe Abbildung 4.14 (e)). Die Schalter A1 und A2 können in unserem Fall AND-Gatter sein, da wir rein digitale Daten haben. Als Gewichte auf den Kanten liegen die Daten aus der Gerichtematrix Abbildung 4.5.

In das Rekurrent Netzwerk Bild 4.14 (e) wird am 1. Tag über die Eingänge $e1, e2, e3$ die erste Mahlzeit eingegebn: Pizza. Die Schalter A1 sind offen (x = 0), A2 geschlossen, ($\gamma = 1$). In die Speicherzellen M wird das Ergebnis gespeichert und angezeigt: Spaghetti $Sp = (0, 1, 0)$.

Am 2. Tag wird die Eingabe ausgeschaltet, A2 wird geöffnet ($\gamma = 0$), A1 geschlossen (x = 1). Das Gericht Spaghetti (0, 1, 0) wird aus dem Speicher M in die Eingangsneuronen übernommen. In den Ausgangsnueronen erscheint die Mahlzeit „Cup" (0, 0, 1). Um das Gericht anzuzeigen, wird A1 geöffnet, A2 geschlossen. In der Anzeige erscheint „Cup". Am 3. Tag verfährt man wie am 2. Tag und erhält „Pizza" in der Anzeige.

Die Gewichte, bzw. die Rückkopplungsfaktoren $\gamma$ für die Rückkopplung im Rekurrent Netzwerk in Abbildung 4.14 (d) wurden $\gamma = 1$ gewählt. Was passiert, wenn man $\gamma < 1$ wählt, zum Beispiel $\gamma = 0.9$ zulässt? In diesem Fall erscheint bei der ersten Rückkopplung der Vektor $Sp = (0, 0.9, 0)$ am Eingang des RNN. Dieser Vektor wird auf den Ausgang als $Cup = (0, 0, 0.9)$ transformiert und erneut mit $\gamma = 0.9$ zurückgekoppelt. Der Vektor $Cup$ wird zu $Pz = (0.9, 0, 0)$. Bei der nächsten Rückkopplung wird der Vektor am Ausgang wieder mit $\gamma = 0.9$ multipliziert. Das heißt bei $n$ Rückkopplungen bzw. Durchläufen werden die positven Werte in der Matrix zu $(0.9)^n$. Sie werden immer kleiner und konvergieren schließlich gegen Null. Man sagt, das RNN hat nach einer größeren Anzahl $n$, das heißt nach einer bestimmten Zeit, ihren eingegebenen Wert **„vergessen"**.

Wird andererseits der Rückkopplungsfaktor $\gamma > 1$ gewählt, so werden die Werte in den Vektoren immer größer, sie wachsen unbegrenzt an. Man sagt, sie **„explodieren"**.

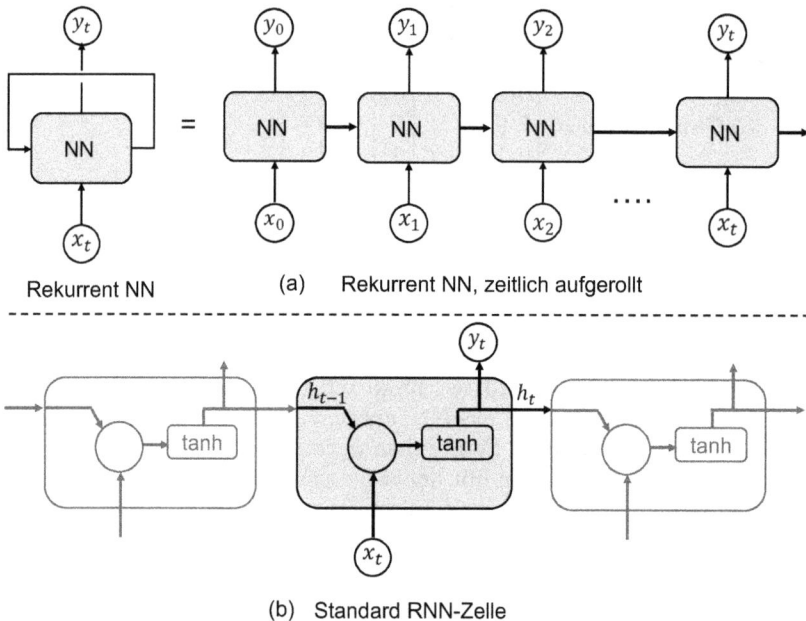

**Abbildung 4.15:** (a) Oben: Ein Rekurrent NN kann als rückgekoppelte Zelle oder zeitlich „aufgerollt" dargestellt werden. (b) Unten: Die typische Struktur einer RNN-Zelle ist dargestellt, die enthält einen einfachen Rechnungsknoten.

Abbildung 4.15 (a) nach [PhiM20] zeigt eine etwas andere Sicht auf ein Rekurrentes Netzwerk. Es ist „zeitlich aufgerollt". Einzelne Zeitschritte sind sequentiell dargestellt. Bild 4.15 (b) zeigt eine sogenannte RNN-Zelle. Die Eingabe in die RNN-Zelle im Zeitabschnitt $b$ ist der Vektor $x_t$, die Ausgabe $y_t$. Der Vektor $h_{t-1}$ beinhaltet Information von vorhergegangenen Daten. Die beiden Vektoren $h_{t-1}$ und $x_t$ werden (meist durch eine Vektormultiplikation) zu einem „neuen" Vektor verbunden, der Informationen über die Vergangenheit und die Gegenwart enthält. Dieser Vektor durchläuft die **tanh-Aktivierung** (Tangens hyperbolicus) und wird als $y_t$ und $h_t$ ausgegeben. Die $tanh$-Aktivierung sorgt dafür, dass die Daten immer zwischen $-1$ und $+1$ liegen, sie „quetscht" sozusagen die Daten und bedingt, dass die Daten nicht „explodieren" (siehe Seite 124). Ist $h_t < \pm 1$, so wird der Wert nach einiger Zeit „vergessen". Der Vektor $h_t$ wird nach $h_{t-1}$ zurückgekoppelt und dadurch gespeichert.

Rekurrent Neuronale Netzwerke sind relativ einfach aufgebaut. Man sagt, sie haben ein „Kurzzeitgedächtnis". Für kurze Daten-Sequenzen funktionieren sie gut. Für längere Datenreihen, für die ein „Langzeitgedächtnis" nötig ist, sind die Long Short-Term Memorys (LSTM) besser geeignet.

## 4.1.5 Long Short-Term Memory LSTM

Hochreiter und Schmidhuber haben das Long Short-Term Memory LSTM 1997 vorgestellt [HoSch97]. Unter einem „Short-Term Memory" versteht man auf deutsch ein Kurzzeitgedächtnis. Ein LSTM ist sozusagen „ein langanhaltendes Kurzzeitgedächtnis". Das LSTM kann sequentielle Daten wie Sprache und Musik verarbeiten, synthetisiern, also künstlich nach vorgegebenen (eingelernten) Mustern erzeugen und auch Vorhersagen aus eingelernten Texten oder Bildern treffen.

Hochreiter und Schmidhuber gehen typische Probleme von Rekurrent Neuronalen Netzen an:
- Wann ist ein Kontext sinnvoll? Das heißt, welche wichtigen, beschreibende Daten sollte sich das Neuronale Netz merken?
- Wie lange sollten diese „Kontext-Daten" gespeichert werden, über wie viele zurückliegende Zeitabschnitte hinweg? Oder Kurz: Kann das „Vergessen" eines Neuronalen Netzes gesteuert werden? (Siehe Seite 124).
- Können lokale Minima bei der Fehlerminimierung durch das „Fehlerabstiegsverfahren" vermieden werden?

Das LSTM ermöglicht eine Erinnerung an einen Kontext über viele (etwa 1000) Zeitschritte hinweg. Zudem erinnert sich LSTM – im Gegensatz zu Rekurrenten Neuronalen Netzen (RNN) – an frühere Fehler und erreicht dadurch beim Einlernen in der Regel sicher ein Fehlerminimum.

Beispiel für ein langanhaltendes Kurzzeitgedächtnis: Ein längerer Text beginnt mit: „Ich bin in Spanien aufgewachsen ...„ Gegen Ende des Textes erscheint der unvollkommene Satz: „Ich spreche fließend ... ". Welches Wort fehlt? Der relevante Kontext dazu liegt mehrere Zeitschritte zurück. Ein typisches Rekurrent Network hat das normalerweise bereits „vergessen". Ein LSTM kann das fehlende Wort vorhersagen: „spanisch", weil es sich den Kontext „Spanien" gemerkt hat. Dazu gehört unter anderem auch die Fähigkeit des Netzwerks, von dem Land „Spanien" auf die Sprache „spanisch" zu schließen.

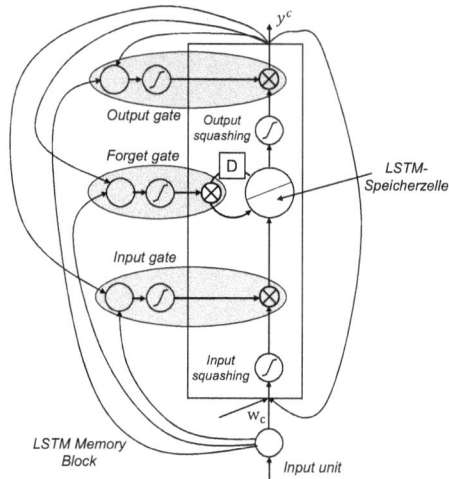

**Abbildung 4.16:** *Schema eines LSTM-Memory-Blocks mit einer LSTM-Zelle (nach [Ge00]). Der Memory-Block enthält eine Speicherzelle und drei Steuerknoten (Gates): Das Input-, Forget- und Output-Gate.*

Abbildung 4.16 zeigt schematisch einen LSTM-Memory-Block nach Geers et al. [Ge00]. Verglichen mit einer RNN-Zelle enthält sie zusätzliche Operationen, die durch sogenannte „Gatter" (gates) gekennzeichnet sind und den Informationsfluss im LSTM steuern. Der LSTM-Memory-Block enthält eine Speicherzelle und ist Teil der verdeckten Schicht (Hidden Layer) in einem Neuronalen Netz.

Die Eingangsdaten werden dem LSTM-Memory-Block aus den „Input Units" der Eingangsschicht zugeführt. Die Operationen des Memory-Blocks mit der Speicherzelle sind:

1. Dateneingabe über das „Input Squashing" und das "Input Gate".
2. Aktualisieren des Zellzustands (update) und Speichern von relevanten Daten in der Speicherzelle.
3. Steuerung des Vergessens (forget) durch das „Forget Gate".
4. Steuerung der Ausgabedaten durch das „Output Gate"

Zu (1) Die „Input Units" sind in der Regel die Neuronknoten der Eingangs-Schicht (Input Layer) eines Neuronalen Netzes. Die Verbindungen von den Eingangsknoten zum Memory-Block sind mit den Gewichten $w_c$ belegt, die angelernt werden. Die Eingangsdaten werden einer „Squashing-Operation" (Input Squashing) unterzogen, das heißt sie werden so „zusammengedrückt", dass sie zwischen 0 und 1 liegen. Dies wird zum Beispiel mit einer Sigmoid-Funktion erreicht (siehe Seite 110). Wendet man eine Tangens hyperbolicus-Funktion (tanh) an, so liegen die Daten nach der Operation zwischen $-1$ und $+1$.

Zu (2) Im Inneren des Memory-Blocks liegt die „Speicherzelle", (Memory cell) die den Zellzustand (cell state) speichert und für das **Speichern von relevanten Daten** zuständig ist. Die Speicherung erfolgt durch eine Rückkopplung, dessen Gewicht durch das Forget Gate multiplikativ gesteuert wird. Die Rückkopplung enthält eine Verzögerung $D$, die einen Zeitschritt beträgt. Die **Aktualisierung des Zellzustands** geschieht additiv durch das Zusammenführen der Datenelemente aus den Input Units und den zuvor gespeicherten Daten aus der Speicherzelle.

(3) Das „Forget Gate" wurde im Jahr 2000 durch Gers et al. [Ge00] dem LSTM hinzugefügt. Das ursprüngliche LSTM von Hochreiter und Schmidhuber [HoSch97] beinhaltete lediglich das Input- und Output Gate. Das Forget Gate führt die **„Steuerung des Vergessens"** mit Hilfe eines multiplikativen Gatters durch, das heißt, es kann die Daten der Speicherzelle über die Rückkopplung nach passenden Zeitabschnitten auf 0 zurücksetzen oder stufenweise verringern.

Die relevanten, das heißt die wichtigen Informationen werden dadurch behalten und gewichtet, dass das Forget Gate über die Sigmoid-Funktio die Daten mit 1 multipliziert, die unwichtigen Daten werden dadurch graduell verringert dass das Gate die Daten mit einer Zahl < 1 multipliziert und verworfen (vergessen), wenn die Multiplikation mit 0 erfolgt. Der Inhalt der Speicherzelle wird wieder über eine „Squashing Operation" dem Output Gate übergeben.

(4) Das „Output Gate" steuert das **Ausgeben der Ausgangsdaten.** Wir errinnern daran, dass das LSTM zu den Rekurrent Netzwerken gehört, bei denen das Ausgangssignal auf den Eingang des Memory-Blocks zurückgekoppelt ist.

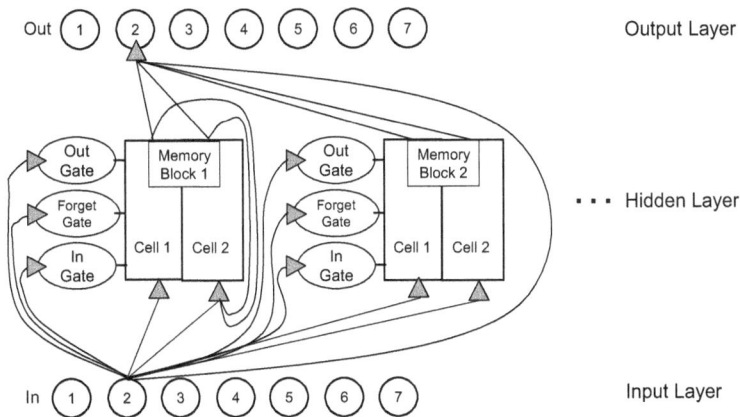

**Abbildung 4.17:** *Beispiel einer LSTM-Netztopologie (nach [Ge00]). Das Netzwerk besteht aus drei Schichten. In der verdeckten Schicht sind nur zwei der vier erweiterten Memory-Blöcke gezeigt. Für eine bessere Übersicht sind nur einige der Verbindungen dargestellt.*

### LSTM-Netztopologie

Das Beispiel eines LSTM-Netzes zeigt Abbildung 4.17 nach [Ge00]. Es besteht aus drei Schichten: Einer Eingangs-Schicht (Input Layer), der verdeckten Schicht (Hidden Layer) und der Ausgangsschicht (Output Layer). Die Eingangsschicht besteht in unserem Beispiel aus 7 Neuronen, die Ausgangsschicht ebenfalls. (Anmerkung: Die Neuronenzahl der Eingangs- und Ausgangsschicht kann unterschiedlich sein.) Die verdeckte Schicht enthält vier erweiterte Memory-Blöcke (siehe Abbildung 4.16), von denen lediglich zwei dargestellt sind. Ein erweiterter Memory-Block enthält hier jeweils zwei Speicherzellen. Jeder Memory-Block wird durch die drei Gatter: Input-, Forget- und Output Gatter gesteuert.

Es gibt damit insgesamt 8 Speicherzellen und 12 Gatter. Jeder Eingangsknoten ist mit jeder Speicherzelle, jedem Gatter und jedem Ausgangsknoten verbunden, davon sind im Bild 4.17, der Übersicht wegen, nur die Verbindungen eines Eingangsknotens gezeigt. Nur die Ausgänge der verdeckten Schicht sind „rekurrent" auf die Eingänge derselben Schicht zurückgekoppelt. Ale Gatter und Output Units haben Vorspannungen (Bias), die hier nicht gezeigt sind.

Die Veröffentlichung des LSTM 1997 gab den Anstoß für eine ganze Familie von Rekurrent Netzwerken: den **Gated Recurrent Units GRU**, die im Modellieren und Vorhersagen von sequentiellen Abläufen sehr erfolgreich sind.

**Anlernen von Long Short-Term Memories (LSTMs)**

Durch Anlernen merkt sich ein LSTM welche Zeit-Sequenzen für das Netz relevant sind. Zum Beispiel lernt es einen die relevanten Begriffe aus einem vorgegebenen Text und kann bei Vorhersagen ein gesuchtes Wort daraus ableiten, aus obigem Beispiel Seite 125 lernt das LSTM das Wort „Spanien" als relevantes Wort und leitet daraus später „spanisch" ab.

Ein gängige Anlernmethode für LSTMs ist die überwachte Lernmethode „Back Propagation Through Time" (BPTT) (siehe Seite 138).

**Anwendungen von LSTM-Netzen**

LSTM-Netze werden häufig angewendet beispielsweise für [MIT6S191-20]:
- Maschinelle Sprachübersetzungen zum Beispiel Englisch ins Deutsche.
- Erzeugung von synthetischer Musik: Beispiel: Ein LSTM wird mit Musik von Beethoven angelernt und erzeugt danach eine „neue" Sonate, die charakteristisch für eine Beethoven-Sonate ist.
- Vorhersage eines Bewegungsablaufs, einer „Trajektorie" (trajectory prediction) (siehe Beispiel unten).
- Modellierung der athmosphärischen Zusammensetzung in Abhängigkeit von der Zeit und dem Wetter (environmental prediction). Beispiel siehe unten.

Beispiel für die Vorhersage eines Bewegungsablaufs: Auf der Fahrbahn rechts von einem autonom fahrenden Kraftfahrueug fährt ein weiteres Fahrzeug. Weiter vorne ist die rechte Fahrbahn durch ein parkendes Vehikel blockiert. Es ist vorherzusehen, dass das rechts fahrende Fahrzeug in die Fahrbahn des autonom fahrenden Autos einschneiden wird. Daher muss letzteres abbremsen.

Modellierung der Zusammensetzung der Luft zu einer bestimmten Zeit an einem bestimmten Ort. Beispiel: Das Wetteramt der Stadt Stuttgart soll eine Vorhersage über die Zusammensetzung der Luft auf dem Schlossplatz der Stadt treffen. Die Vorhersage soll für den nächsten Tag um die Mittagszeit bei gegebenen Wetterverlauf gelten. Vorhergesagt werden soll beispielsweise der Feinstaubgehalt, die Feuchtigkeit, der $CO_2$-Gehalt, der $CO$-Gehalt usw.

## 4.1.6   Temporale Faltungs-Netze – TCN

Ähnlich der räumlichen (spatial) Faltung bei Convolutional Neuronal Nets (CNN) (Seite 115) kann Faltung auch bei zeitlich aufeinanderfolgen Daten, bei temporalen Sequenzen mit Temporalen Faltungs-Netzen (Temporal Convolutional Networks) angewendet werden. Lea et al. [Lea16] schlugen als Erste ein Temporales Neuronales Netz für die **Semantische Segmentierung** (video action segmentation) vor. Mit Hilfe der Semantische Segmentierung werden zum Beispiel Objekte erkannt, die sich bewegen und es kann eine Vorhersage getroffen werden in welche Richtung sich diese Objekte bewegen werden. Das ist außerordentlich nützlich für autonom fahrende Kraftfahrzeuge (siehe auch Seite 156).

In der Veröffentlichung von [Lea16] ist das Temporale Faltungs-Netzwerk sowohl in den Encoder als auch in den Decoder einer „Encoder-Decoder"- oder Sequenz-zu-Sequenz-Architektur [Go16] eingebaut.

Die Idee dahinter ist wie folgt:

– Ein Encoder, Leser (reader) oder Eingangs-RNN (Rekurentes NN) prozessiert die Eingangs-Sequenz und gibt einen sogenannten Kontext $C$ aus, der normalerweise eine Funktion der letzten verdeckten Schicht ist.
– Ein Decoder oder Writer oder Ausgangs-RNN bearbeitet den Kontext $C$ und generiert eine Ausgangs-Sequenz, die ein Vektor mit fester Länge ist.

Das Neue an dieser Architektur ist, dass die Eingangs- und Ausgangs-Vektoren verschiedene Längen haben können.

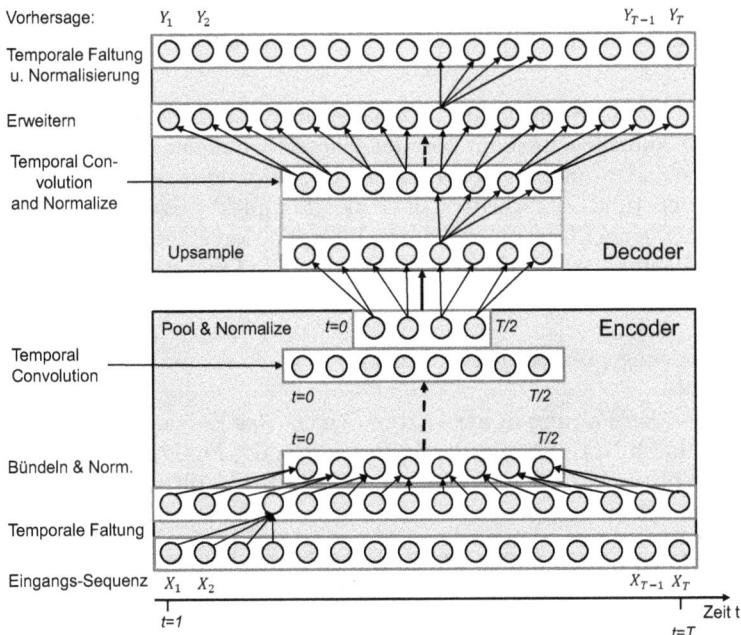

**Abbildung 4.18:** *Schematischer Aufbau eines Encoder-Decoder-Netzwerks mit eingebetteten Temporalen Netzwerken (Temporal Convolution Network: TCN, nach [Lea16]). Die Eingangssequenz ist zeitlich von der Zeit $t = 1$ bis $t = T$ aufgerollt dargestellt.*

Abbildung 4.25 zeigt schematisch den Aufbau des Encoder-Decoder-Netzwerks mit den eingebetteten Temporalen Convolution Netzwerken von Lea et al. [Lea16]. Wir können an diese Stelle nur sehr kurz auf die Funktion des Netzwerks eingehen. Für eine ausführlichere Beschreibung verweisen wir den Leser auf die angegebene Literatur. Das Netzwerk ist zeitlich von der Zeit $t = 1$ bis zur Zeit $t = T$ aufgerollt. es besteht aus Encoder und Decoder. An den Eingangsneuronen des Encoders liegen die Vektoren $X_1$ bis $X_T$ als zeitlich aufeinanderfolgende Sequenz. Der Encoder kann mehrere „Faltungsschichten" (Convolution-Layer) aufweisen. In unserem Fall besteht der Aufbau aus drei Schichten. Jede Faltungsschicht besteht aus drei Teilen:

1. Einer eindimensionalen (1-D) temporalen Faltungsschicht (Temporal Convolution).
2. Einer Bündelungsschicht (Pooling).
3. Einer Normalisierungsschicht.

Zu (1): Für Jede Faltungsschicht wird ein Satz von eindimensionalen Filtern eingesetzt, die erfassen, wie sich die Eingangsvektoren $X_i$ über den Aktionsverlauf ändern. Die Filter sind parameterisiert, das heißt verfügen sozusagen über Gewichtsvektoren, die in der Trainingsperiode eingelernt wurden. Lea et al. verwenden für die drei Schichten jeweils 32, 64 und 96 Filter.

Zu (2) In der Bündelungsschicht (Pooling Layer) werden in unserem Fall jeweils zwei Zeitschritte additiv zusammengefasst. Das verlängert die Aktivierungsperiode um den Faktor zwei und verringert die gesamte Anzahl Zeitschritte auf $T/2$. Dadurch kann die Aktivierung über eine längere Zeitperiode durchgeführt werden.

Zu (3) Der Aktivierungsvektor wird mit der höchsten Antwort im jeweiligen Zeitschritt normalisiert. Das heißt, der Wertebereich des Vektors auf den Bereich zwischen 0 und 1 skaliert.

Das Ergebnis der letzten Schicht wird (sozusagen als Kontext) an den Decoder übergeben. Der Decoder ist ähnlich aufgebaut wie der Encoder, mit der Ausnahme, dass anstatt der Bündelung ein „Upsampling" erfolgt. Das Upsampling ist eine Erweiterung der Aktivierungsvektoren (und Zeitschritte), hier als „Samples" bezeichnet. Im Allgemeinen werden die zusätzlichen „Upsamples" durch Interpolation erzeugt. In unserem Fall wird lediglich jede Eingabe verdoppelt. Die Reihenfolge der Operationen in einer verdeckten Schicht ist im Encoder:

- Upsampling
- Temporale Faltung (Temporal Convolution)
- Normalisieren

Nach der temporalen Faltung in der letzten Schicht des Encoders erhält man den Ausgangsvektor $Y$ durch Normalisierung mit der „Softmax"-Funktion. Damit wird ein Vektor in den Wertebereich $(0, 1)$ transformiert. Der Vektor $Y$ gilt als Vorhersage für weitere zeitliche Folgen.

Temporalen Faltungs Netze zeigen gute Ergebnisse. Sie benötigen weniger Trainingszeit als vergleichbare Netzwerke. Ihre Anwendungen sind neben der oben erwähnten Semantischen Segmentierung zum Beispiel Sprachverbesserungen durch Rauschentfernung [Pan19], Fremdsprachenübersetzungen, Vorhersagen von atmosphärischen und Meeresströmungen [Jin20] usw.

## 4.1.7    Residual Netzwerke: ResNets

Tiefe Neuronale Netzwerke erreichen gute Ergebnisse bei der Bildklassifizierung, jedoch ist es nicht sinnvoll, die Anzahl der verdeckten Schichten bei reinen Feed Forward Netzwerken (siehe Seite 113) grenzenlos zu erhöhen. Das Problem zeigt sich beim Trainieren des Netzwerks. Der Gradientenabstieg des Fehlers beim Anlernen (siehe Formel 4.9, Seite 134) geht gegen Null wenn der Gradient < 1 und „explodiert", wenn der Gradient > 1 ist, je mehr Schichten angelernt werden müssen. Daher sind tiefe Feed Forward Netze schwer zu trainieren und der Bilderkennungsfehler kann sich sogar mit steigender Schichtenanzahl erhöhen.

Kaiming He et al. haben in Ihrer Veröffentlichung [Kai15] dargelegt, dass die Steigerung des Bilderkennungsfehlers bei vielen Parameter-Schichten unterdrückt werden kann, wenn jeweils eine bestimmte Menge von Schichten durch eine „Brücke" (Shortcut Connection) verbunden werden. Sie nennen ihr Netzwerk **Residual Network: ResNet**, im gezeigten Beispiel werden jeweils zwei Parameter-Schichten überbrückt. Abbildung

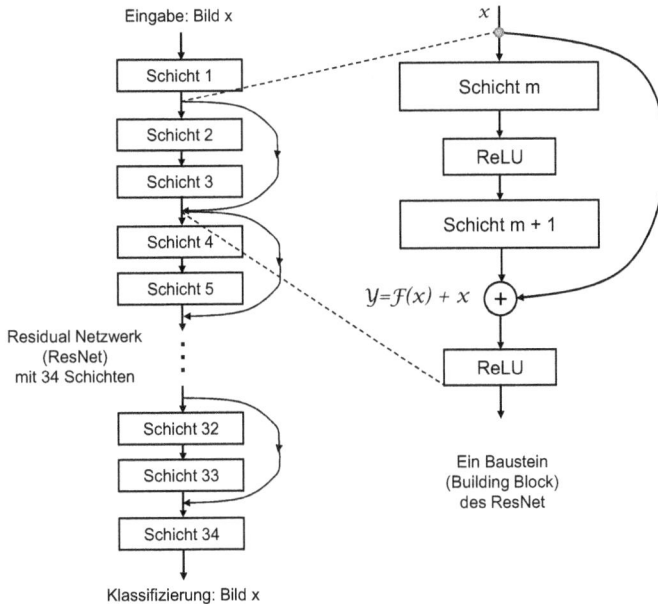

**Abbildung 4.19:** *Links: Beispiel eines Residual Netzwerks (ResNet) mit 34 Parameter-Schichten. Rechts: ein Baustein des ResNet mit zwei überbrückten Parameter-Schichten (ähnlich [Kai15]).*

4.19 links zeigt das Beispiel eines Residual Netzwerk mit 34 Schichten wobei 32 Schichten in 16 Bausteine (building blocks) zu je zwei Schichten mit Brücken-Verbindungen (Shortcut Connections) aufgeteilt sind. Zwischen den beiden Parameter-Schichten im ResNet-Baustein liegt eine „Rectified Linear Units ReLU" (Seite 110). Der Eingang in einen ResNet-Baustein sei der Vektor $x$, der Ausgang $y$. Die Funktion, eines ResNet-Bausteins, die angelernt wird, sei $F(x, \{W_i\})$, mit den Gewichten $W_i$. Durch die Brücken-Verbindung wird der Vektor $x$ zum Ausgang von $F$ addiert. Damit ist:

$$y = F(x, \{W_i\} + x) \tag{4.8}$$

Die Argumentation für die Brückenverbindung ist wie folgt: Der Überbrückung umgeht einige Schichten. Eine Schicht lernt nur die „Änderung" (die „Residuals") bzw.

den Unterschied zur Vorgängerschicht. Die Gewichte der Funktion $F(x, \{W_i\})$ könnten auf Null gesetzt werden, wenn diese zusätzlichen Schichten die Genauigkeit der Bildklassifizierung verringern. Experimente mit Residual Netzwerken haben gezeigt, dass tiefere Netzwerke mit höherer Bilderkennungs-Genauigkeit als bei reinen Feed-Forward-Netzen aufgebaut werden können [Kai15]. Bei dem jährlich stattfindenden Wettbewerb „ImageNet Large Scale Visual Recognition Challenge (ILSVRC)" (siehe auch Seite 141) gewannen ResNets im Jahr 2015 den ersten Platz.

## 4.2    Maschinelles Lernen oder Training von NN

Ein „Intelligenter Agent" (siehe Seite 12) kann aus Wahrnehmungen (Perceptions) bzw. eingegebenen Daten eine Handlungsweise oder eine *Hypothese* erlernen, die ihm erlaubt Vorhersagen zu treffen. Das Lernen kann mit oder ohne Rückmeldung (Feedback) erfolgen.

Das „Maschinelle Lernen", der **Anlernvorgang** oder das **Training** eines Neuronalen Netzwerks wird mit Hilfe einer **Trainingsdatenmenge** oder kurz Trainigsmenge durchgeführt. Eine Trainingsmenge besteht aus mehreren Datensätzen, die dem Lernsystem zum Einlernen eingegeben werden. Über eine **Testdatenmenge**, kurz: Testmenge, die etwa gleich groß (oder kleiner) sein sollte wie die Trainingmenge, wird überprüft, ob das Lernsystem seine Aufgabe gelernt hat. Auf die Vorgehensweise beim Anlernen wird auf Seite 138 eingegangen.

Es gibt verschiedene „Klassen" von Lernalgorithmen:
- Überwachtes Lernen
  - Korrigierendes Lernen
  - Verstärktes Lernen
- Unüberwachtes Lernen

Beim **„überwachten Lernen"** (Supervised Learning) lernt der Agent aus einer Trainingsdatenmenge Gesetzmäßigkeiten, die bekannt sind (zum Beispiel als Expertenwissen oder als Naturgesetz) und bildet daraus eine „Hypothese", das heißt eine möglichst genaue Vorhersage. Die Bildung der Hypothese wird bestimmt durch einen „Überwacher" oder Lehrer (Supervisor), der eine Rückmeldung (feedback) an das Lernsystem gibt.

Beim **„verstärkten Lernen"** (Reinforced Learning) lernt der Agent aus „Verstärkungen" der Rückmeldung. Das können Belohnungen oder Bestrafungen sein. Beipiel: Ein Paketbote kann an der Höhe des Trinklgeldes abschätzen, wie pünktlich und freundlich er seinen Job ausgeführt hat.

Beim überwachten Lernen beobachtet der Agent Ein- und Ausgabepaare und lernt eine Funktion, die Eingaben auf Ausgaben abbildet. Die Eingaben sind Wahrnehmungen die auch an den Überwacher (oder Lehrer) übergeben werden, der die Ausgaben bestimmt.

Beispiel für überwachtes Lernen: (ähnlich [RuNo12]): Ein autonom fahrendes Automobil soll angelernt werden. Es übermittelt seine Wahrnehmungen an einen Überwacher, der Anweisungen wie „bremsen", „beschleunigen", „drei Grad nach rechts", „fünf Grad nach links" usw. gibt. Das autonome Fahrzeug merkt sich die Anweisungen des Überwachers in Abhängigkeit der Geschwindigkeitsangabe, den Abständen zu den anderen Verkehrsteilnehmern und den Wahrnehmungen, die Videobilder sind, die die Straßen- und Verkehrsverhältnisse darstellen. Nach einiger Zeit sollte das Fahrzeug so viel gelernt haben, dass es selbständig fahren kann.

Beim überwachten Lernen wird eine Abbildung von Wahrnehmungs- oder Eingabewerten $x_i$, die aus einer Trainingsdatenmenge stammen, auf Ausgabewerte $y = f(x_i)$ in einem sogenannten *Hypothesenraum* abgebildet. Es wird versucht, die Funktion $y = f(x)$ so weit wie möglich einer Hypothesefunktion anzunähern. Falls die Werte $y_i(x_i)$ Zahlen sind, spricht man von **Regressioin**. $y_i(x_i)$ können auch anderen Wertemengen zugehören, zum Beispiel Farben (rot, grün, blau etc.) oder Wetterzuständen (sonnig, heiter, bewölkt, regnerisch etc.). In letzterem Fall bezeichnet man den Lernvorgang als **Klassifizierung**.

Überwachtes Lernen ist somit die „Suche im Raum möglicher Hypothesen nach einer Hypothese $h$, die gute Ergebnisse liefert, selbst für neue Werte, die über die Trainingsmenge hinausgehen" [RuNo12].

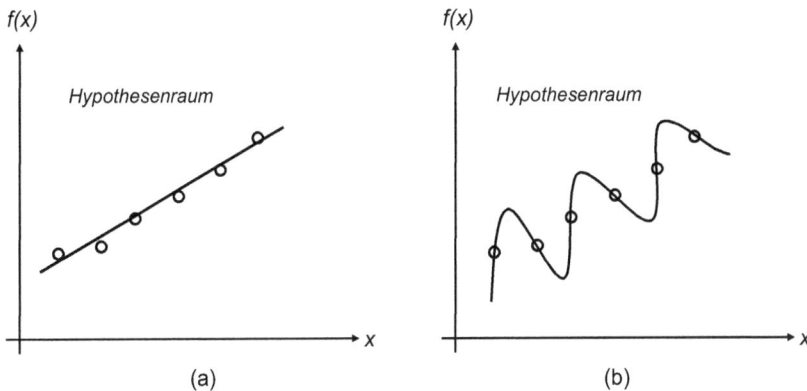

**Abbildung 4.20:** *Beispiele von Hypothesen: (a) Eine lineare Hypothese (b) Ein Polynom 6. Grades für dieselbe Datenmenge (ähnlich [RuNo12]).*

Abbildung 4.20 (ähnlich [RuNo12]) zeigt ein Beispiel, in dem der Hypothesenraum durch die $(x, y)$-Ebene dargestellt wird. Ziel ist es, die Funktion $y = f(x)$ an die beobachteten Datenpunkte einer Trainigsmenge anzupassen. In der Abbildung 4.20 (a) gelingt es, eine Gerade $y = ax + b$ so durch die Punktemenge zu legen, dass sie fast alle Punkte berührt. Würde die Gerade genau durch alle Punkte gehen, könnten wir sie als **konsistente Hypothese** bezeichnen. In der Abbildung 4.20 (b) wurde ein Polynom 6. Grades so durch die Punkte gelegt, dass es genau durch alle Punkte der Menge geht, also eine konsistente Hypothese darstellt.

Welche der beiden Hypothesen ist „besser" und sollte ausgewählt werden? Eine Regel besagt, man sollte die „einfachste (konsistente) Hypothese" verwenden. Diese Regel ist bekannt als das **Ockhams Rasiermesser** (Ockham's Razor), benannt nach dem englischen Philosophen William von Ockham (1288–1347). Im Falle unseres Beispiels wäre das die (nahezu konsistente) Gerade in Abbildung 4.20 (a).

Die Hypothese in Abbildung 4.20 (b) ist eine Folge von **Überanpassung** (Overfitting) Überanpassung kann auftreten, wenn der Hypothesenraum und die Anzahl der Eingabeattribute, oder Eingabevariablen zunehmen. Allgemein gesagt: Überanpassung kann entstehen, wenn zusätzliche Werte, die für die Lernaufgabe nicht relevant sind, einen Einfluss auf die Hypothese haben.

Dem gegenüber steht die **Unteranpassung** (Underfitting), wenn für die Lernaufgabe nicht genügend relevante Attribute (oder Variablen) berücksichtigt wurden. In manchen Fällen wird keine Funktion $y = f(x)$ gefunden, die $y$-Werte sind stochastisch verteilt. In diesem Fall spricht man von einer **Probalistischen Verteilung** $P(Y|x)$. $P(Y|x)$ ist die bedingte Wahrscheinlichkeit, dass die Zufallsvariable $Y$ auftritt unter der Bedingung von $x$.

Beim „**Nicht überwachten Lernen**" oder „unüberwachten Lernen" lernt der Agent Muster in der Eingabe, ohne eine Rückmeldung (Feedback) zu erhalten [RuNo12]. Der Agent versucht in den Eingabewerten *Cluster* zu erkennen. Das sind Anhäufungen von Datenwerten bzw. Punkten, die sich vom Rauschen unterscheiden. Beispiel: Ein Eisverkäufer legt eine Tabelle an von guten und schlechten Verkaufstagen und Verkaufszeiten in Abhängigkeit vom Wetter, ohne eine Anleitung dafür bekommen zu haben.

### Der Anlernvorgang für Neuronale Netzwerke

Theoretisch mögliche Anlernmethoden bei Neuronalen Netzen sind:

- Änderung der Architektur: Hinzufügen oder Löschen bestehender Verbindungen. Hinzufügen oder Löschen von Neuronen.
- Veränderungen der Wichtung (der Gewichte $W$) der Verbindungen (siehe Seite 109).
- Veränderung der Eigenschaften der verwendeten Neuronen, zum Beispiel des Schwellenwerts oder der Aktivierungsfunktion (siehe Seite 109).

Die gängingste Methode ist die **Veränderung der Gewichte** der Verbindungen.

Bei einem Single Perzeptron (siehe Seite 108) haben wir die Gewichte $W$ für ein Beispiel vorgegeben. Auch das Beispiel für das Convolutional Neural Network (CNN), das einfache Pixelbilder erkennt, wurde mit vorgegebenen Filtern erklärt (siehe Seite 115). Dies ist normalerweise nicht der Fall. Sowohl die Gewichte $W$ für ein Neuronales Netz, als auch die Filter für ein CNN werden in der Regel durch *Anlernen* bestimmt.

Die meisten Lernmethoden für Neuronale Netzwerke (einschließlich des Perzeptrons) folgen der Methode des „besten Hypothese-Netzwerks" [RuNo12], wobei ein Hypothese-Netzwerk definiert wird durch die angenommenen Gewichte $W$ bzw. die Filterwerte für ein CNN.

Für das Single Perzeptron, das uns wieder als Beispiel für ein einfachstes Neuronales Netz dienen soll, beginnt man mit einem „initialen Netzwerk", das zufällig angenommene Gewichte $W$ hat, die zum Beispiel im Bereich $[-0.5, +0.5]$ liegen und einem „Anlern-Datensatz" für die Eingangswerte $I$. Für den ersten angenommenen Gewichtsvektor $W_{init}$ wird ein Fehler $Err$ auftreten zwischen dem Ausgang $Out$ und dem gewünschten Ausgang $T$ (Target) [RuNo12].

$$Err = T - Out \tag{4.9}$$

Ist der Fehler $Err$ positiv, so muss $W$ so angepasst werden, dass $Out$ größer wird, ist er negativ, muss $Out$ verkleinert werden. Durch gezielte Veränderungen der Gewichte $W$ wird der Fehler $Err$ schrittweise verringert. Man spricht von einem **Gradientenabstieg** (gradient descent) [RuNo12]. Bei Perzeptrons hat die Suche durch den Gewichtsraum keine lokalen Minima, so dass sich schließlich als Ergebnis des Gradientenabstiegs der korrekte Gewichtsvektor ergibt.

Wir können den gewünschten Effekt mit der folgenden Perzeptron-Anlern-Regel aus [RuNo12] angeben, die für (einfache) Perzeptrons gilt:

$$W_j \leftarrow W_j + \eta \times I_j \times Err \qquad (4.10)$$

Wobei $I_j$ die Eingangswerte sind und $\eta$ eine Konstante ist und **Lernrate** (Learning Rate) genannt wird. Die (empirische) Regel 4.10 ist eine leicht abgeänderte Variante der von Frank Rosenblatt 1960 (siehe Seite 108) vorgeschlagenen Regel (zitiert in [RuNo12]). Rosenblatt bewies, dass ein Perzeptron-Anlern-System, das die obige Regel 4.10 verwendet, zu einem Gewichtsvektor $W$ konvergiert, der das Anlernbeispiel korrekt repräsentiert, solange die Anlernbeispiele zu einer bestimmten (einfachen) Klasse von Beispielen gehören, auf die wir hier nicht näher eingehen. Die Lernrate $\eta$ bestimmt die Anzahl der Schritte, die benötigt werden, um das gewünschte Ergebnis zu erreichen. Die richtige Wahl von $\eta$ bestimmt wesentlich den Lernerfolg. Dabei darf $\eta$ nicht zu groß gewählt werden, sonst tritt ein „Overshooting" auf, das heißt, das Anlernsystem „schießt über das Ziel hinaus", und das Lernziel wird verfehlt. Wird $\eta$ zu klein angenommen, so wird die Anlernphase unnötig verlängert. Kurz gesagt: Das Anlernen von Perzeptrons ist einfach, weil die Menge der Funktionen, die für Perzeptrons in Frage kommen, einfach ist.

**Beispiel-01.2** Als Beispiel für überwachtes Lernen und für die Verwendung der Formeln 4.9 und 4.10 nehmen wir die Aufgabe aus Beispiel-01.1 von Seite 111 und Abbildung 4.4 um die Gewichte $W$ für ein Single Perzeptron zu finden.

Gegeben ist der Eingangsvektor $I_b = (1, 0, 1, 1, 0, 0)$, für den $Out = 1$ sein soll. Für $I_b \neq (1, 0, 1, 1, 0, 0)$ soll $Out = 0$ sein. Der Ausgangsknoten enthält eine Stepfunktion. Der Schwellenwert ist $b = 0,75$.

Gesucht: Der Gewichtsvektor $W_i$.

Lösung: Wir suchen zunächst die Gewichte für $I_b = (1, 0, 1, 1, 0, 0)$ und $Out = 1$. Also $W_1, W_3, W_4$. Der initiale Gewichtsvektor soll sein:

$W_{init} = (0.5, 0.5, 0.5, 0.5, 0.5, 0.5)$

Wir wenden die Formel 4.9 auf unser Beispiel an und gehen davon aus, dass wir den Wert $Out = \sum (W \times I)$ (ohne Anwendung der Stepfunktion) messen können. Der Fehler $Err$ errechnet sich zu:

$Err = T - Out = 1 - \sum (W \times I) =$

$Err = 1 - (0.5 \cdot 1 + 0.5 \cdot 0 + 0.5 \cdot 1 + 0.5 \cdot 1 + 0.5 \cdot 0 + 0.5 \cdot 0) = -0.5$

Der Fehler ist negativ, daraus folgt, $Out = \sum (W \times I)$ muss verringert werden.

Für den zweiten Anlern-Schritt wird eine Lernrate $\eta = 0.2$ gewählt. Damit wird nach Gleichung 4.10 zum Beispiel für $W_1$:

$W_1 \leftarrow W_{1-init} + 0.2 \cdot 0,5 \cdot 1 \cdot (-0.5)$, $W_1 = 0.4$

Wir wählen $W_1 = W_3 = W_4 = 0.4$. Damit wird

$$Err = 1 - Out = 1 - \sum (W \times I) = 1 - (0.4 + 0.4 + 0.4) = -0.2$$

Wir wenden die Formel 4.10 mit $\eta = 0.2$ erneut an und erhalten für $W_1 = W_3 = W_4 = 0.36$. Wir setzen $W_1 = W_3 = W_4 = W$. Damit ist der Fehlerwert: $Err = 1 - 1.08 = -0.08$. Der Fehler ist geringfügig negativ. Das heißt, wir können $W$ etwas kleiner wählen, zum Beispiel auf 0.3 abrunden. Damit erhalten wir für

$W_1 = W_3 = W_4 = 0.3$. Test: Bei $I_b = (1,0,1,1,0,0)$ und $Out = Step_b(\sum A_i \times W_i)$ ist $Out = 1$.

Als nächstes suchen wir die Gewichte $W_2, W_5, W_6$, für die Bedingung $I_b \neq (1,0,1,1,0,0)$ und $Out = 0$, das heißt: für $I_b = (1,0,0,0,0,0) \mid (0,1,0,0,0,0) \mid \ldots (1,1,1,1,0,0) \mid \ldots$.

Wir suchen zunächst $W_2$, und wählen dafür eine Eingangsbelegung, die uns den Wert $Out = 0$ liefern soll. Günstig ist es, dafür eine Belegung zu nehmen, bei der die Gewichte $W_1, W_3, W_4$ aktiv sind, (bei denen $I_1 = I_3 = I_4 = 1$ ist), also zum Beispiel: $I_b = (1,1,1,1,0,0)$.

Wir setzen die gefundenen Gewichte $W_1, W_3, W_4 = 0.3$ ein und wählen für die gesuchten Gewichte $W_2 = W_5 = W_6$ zunächst denselben Wert, also $W_2 = W_5 = W_6$ Mit den Formeln 4.9 und 4.10 erhalten wir nach einigen Iterationen das Gewicht $W_2 \approx -0.4$. Zur Sicherheit wählen wir $W_2 = -0.5$. Damit erhalten wir – wie im Beispiel-01.1 – den Gewichtsvektor $W$ zu:

$W_{final} = (0.3, -0.5, 0.3, 0.3, -0.5, -0.5)$
Test: Bei $I_b \neq (1,0,1,1,0,0)$ und $Out = Step_b(\sum A_i \times W_i)$ ist $Out = 0$.

Für das Anlernen von Neuronalen Netzen mit mehreren verdeckten Schichten wird für jede Schicht ein eigener Gewichtsvektor benötigt. Das Anlernen ist damit wesentlich komplizierter als im obigen Beispiel und wir gehen im Rahmen dieses Buches nicht weiter darauf ein.

Für Convolutional Neuronale Netzwerke, werden die Filter in der Regel ebenfalls durch Anlernen bestimmt. Für unser Beispiel auf Seite 115 würde für das X-Filter-01 zunächst ein beliebiges $2 \times 2$–Filter ausgewählt werden. Das Verfahren wird entsprechend Seite 116 durchgeführt. Der Fehler $Err$ wird errechnet und verglichen mit dem gewünschten Ausgang. Ein neues Filter wird ausgesucht, das den Fehler verringert usw. Das Anlernen geschieht auch hier nach der Gradientenabstiegs-Methode, bis das geeignete Filter gefunden wird.

## 4.2.1    Feed-Forward Lernen

Beim überwachten Feed-Forward Lernen von Neuronalen Netzen werden die Trainingsdaten an den Eingang des Netzes angelegt. Die Ausgabe des Netzes wird mit der gewünschten Ausgabe verglichen und der Fehler als Differenz von Ausgabe und gewünschter Ausgabe errechnet. Die Gewichte auf den Verbindungen der Eingangsneuronen zur ersten verdeckten Schicht (und weiter von der ersten verdeckten Schicht zur zweiten Schicht usw.) werden so verändert, dass der Fehler schrittweise verringert wird, bis er Null wird.

## 4.2.2 Backpropagation

Backpropagation (Rückpropagierung), auch Backpropagation of Error (Fehlerrückfüh-rung) genannt, ist eine überwachte Lernmethode für mehrschichtige Neuronale Netze. Die überwachte Lernmethode bedingt, dass ein Überwacher existiert, der die gewünschte Ausgabe des Neuronalen Netzes kennt.

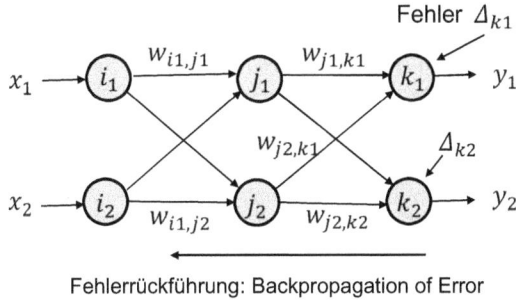

**Abbildung 4.21:** *Knotenbezeichnungen für die Gewichtsaktualisierungen für Backpropagation-Lernen bei Neuronalen Netzen (ähnlich [RuNo12]).*

Abbildung 4.21 zeigt ein einfaches Neuronales Netz mit einer verdeckten Schicht $j_1, j_2$. Am Ausgang liegen zwei Neuronen $k_1, k_2$. Der Fehler beim Einlernen ergibt sich ent-sprechend Gleichung 4.9, Seite 135, er tritt am Ausgang der Neuronen $k_1, k_2$ auf. $Err_k$ sei der Fehlervektor $(Err_{k1}, Err_{k2})$. Es ist zweckmäßig einen modifizierten Fehler $\Delta_k = Err_k \times g'(in_k)$ einzuführen, wobei $g'$ die Ableitung der differenzierbaren Aktivierungs-funktion $g$ ist (siehe Seite 109) und $(in_k)$ der Eingabevektor in die Knoten $k_1, k_2$ [RuNo12]. Um den Fehler am Ausgang zu verringern, müssen die Gewichte der Kno-teneingänge korrigiert werden und dafür modifizieren wir die Gleichung 4.10. Für die Korrektur der Gewichte der Ausgangsschicht gilt:

$$W_{j,k} \leftarrow W_{j,k} + \eta \times a_j \times \Delta_k \tag{4.11}$$

Dabei ist für das Beispiel in Abbildung 4.21:
- $W_{j,k}$ die Gewichtsmatrix mit den Vektoren $(w_{j1,k1}, w_{j2,k1})$ und $(w_{j1,k2}, w_{j2,k2})$
- $\eta$ ist die Lernrate (siehe Seite 135).
- $a_j$ ist der Eingabevektor in die Knoten $k_1$ und $k_2$.
- $\Delta_k$ ist der Fehlervektor $\Delta_{k1}, \Delta_{k2}$.

Auch die Gewichte der verdeckten Knoten $j_1, j_2$ in Abbildung 4.21 tragen einen be-stimmten Anteil am Fehler $\Delta_k$ bei. Demzufolge werden die Gewichte für die verdeckten Knoten ebenfalls korrigiert. Die Rückführungsregel für $\Delta_j$-Werte lautet (Beweis siehe [RuNo12]):

$$\Delta_j = g'(in_j) \sum_k w_{j,k} \Delta_k \tag{4.12}$$

Damit ist die Regel für die Korrektur der Gewichte der verdeckten Knoten $j$:

$$W_{i,j} \leftarrow W_{i,j} + \eta \times a_i \times \Delta_j \tag{4.13}$$

Der Algorithmus für die Backpropagation Lernmethode für ein mehrschichtiges Neuronales Netz (NN) ist (vereinfacht, ähnlich [RuNo12]):
- Die Gewichte $w$ für das NN werden anfangs beliebig gewählt.
- Der Eingabedaten $x_i$ werden an den Eingang des Netzes gelegt und ergeben die Ausgabe $y_j$.
  In der Eingabeschicht ist $a_i \leftarrow x_i$.
  Für jeden Knoten $j$ im Netz sind die Eingabedaten: $in_j = \sum_i w_{i,j} a_i$ und
  $a_j = g(in_j)$.
- Die Deltawerte werden von der Ausgabeschicht zur Eingabeschicht zurückgeführt.
  Für die Knoten in der Ausgabeschicht berechne die Deltawerte:
  $\Delta[j] = g'(in_j) \times (y_j - a_j)$
- Für jeden verdeckten Knoten berechne:
  $\Delta[i] = g'(in_i) \sum_j w_{i,j} \Delta[j]$.
- Jedes Gewicht der verdeckten Knoten $j$ wird mit dem Deltawert aktualisiert:
  $w_{i,j} \leftarrow w_{i,j} + \eta \times a_i \times \Delta[j]$.

Die Backpropagation-Lernmethode ist weit verbreitet. Es gibt verschiedene Varianten, zum Beispiel Quickprop, Backpropagation mit variabler Lernrate $\eta$ und Backpropagation mit Trägheitssystem.

Die Methode **Backpropagation Through Time** (BPTT) wird bei rückgekoppelten Neuronalen Netzen (Recurrent Neuronal Nets) verwendet, die sequentielle Daten verarbeiten. BPTT wird zum Beispiel eingesetzt bei Elman Netzen (siehe Seite 122) und LSTM (Long Short-Term Memory)-Netzen (siehe Seite 125).

## 4.2.3   Maschinelles Lernen oder die Vorgehensweise beim Anlernen von Neuronalen Netzwerken

Angenommen, uns wird die Aufgabe gestellt, eine Gesichtserkennung mit einem Lernsystem, zum Beispiel mit einem Neuronalen Netzwerk durchzuführen. Wie gehen wir vor? Russell und Norvig [RuNo12] führen fünf Punkte auf:
1. Sammle eine große Menge von Beispiel-Datensätzen.
2. Teile sie auf in zwei getrennte Mengen: in eine **Trainingsmenge** (Training Set) und eine **Testmengen** (Test Set). Das Verhältnis von Trainingsmenge zu Testmenge kann 50% zu 50%, bis zu 75% zu 25% betragen. Wichtig ist, dass die Trainingsmenge und die Testmenge unabhängig bleiben und nicht vermischt werden.
3. Wende die Trainingsmenge auf ein Lernsystem an, zum Beispiel auf ein CNN, um ein Hypothese-Netzwerk (siehe Seite 134) zu generieren.
4. Miss den Prozentsatz der Testmenge, die korrekt vom Lernsystem klassifiziert wurde.
5. Wiederhole die Schritte 1 bis 4 für verschiedene Größen von zufällig gewählten Training Sets.

Das Ergebnis dieser Vorgehensweise ist die mittlere Vorhersage-Qualität als Funktion der Größe eines Trainings-Sets. Die Funktion kann graphisch dargestellt werden und wird die **Learning curve** (*Lernkurve*) genannt. Die Lernkurve zeigt in der Regel, dass die Qualität der Vorhersage mit der Größe des Training Sets steigt. Es ist ein gutes Zeichen, wenn das Lernsystem ein bestimmtes Muster in den Daten erkannt hat . Aus der Lernkurve ist auch ersichtlich, welche Größe das Training Set haben sollte um eine gewisse Vorhersage-Qualität zu erreichen [RuNo12].

Wir wenden die Methode beispielhaft auf die Gesichtserkennung an und erinnern uns, dass ein Convolutional Neuronales Netz (siehe Seite 115) für Bild- und Mustererkennung geeignet ist. Es wird ein CNN mit mehreren Schichten gewählt, da Gesichtserkennung eine komplexe Anwendung ist. Die Aufgabe ist zum Beispiel, die Gesichter von Herrn Max Mustermann und von Frau Jana Musterfrau zu unterscheiden

Punkt 1: Es werden ca. 100-200 Beispiel-Fotos von Max Mustermann und ebenso viele von Jana Musterfrau besorgt.

Punkt 2: Die Beispiel-Mengen werden aufgeteilt in jeweils eine Trainingsmenge und eine Testmenge von Max und von Jana. Also zum Beispiel ca. 50-100 Fotos von Max für die Trainingsmenge und 50-100 Fotos für die Testmenge und das Gleiche für Jana.

Punkt 3. Die Bilder der Trainingsmenge von Max werden an den Eingang eines geeigneten CNN gelegt und das Ergebnis wird auf einen Ausgangsknoten des CNN gegeben, der den Namen „Max Mustermann" anzeigt. Das CNN wird mit allen Fotos von Max aus der Trainingsmenge angelernt. Das Gleiche wird mit der Trainingsmenge von Jana durchgeführt. Ein zweiter Ausgangsknoten zeigt den Namen „Jana Musterfrau" an.

Punkt 4. Der nächste Schritt ist das Testen. Miss nacheinander mit der Testmenge von Max und Jana den Prozentsatz der korrekt vom Lernsystem unterschiedenen Bilder.

Punkt 5. Nimm die Lernkurven für Max und Jana auf. Dazu werden weitere unabhängig von den zuerst verwendeten Mengen an Fotos benötigt.

## 4.3    Training und Inferenz

**Inferenz** bedeutet im Zusammenhang mit KI-Systemen so viel wie: „Aus gelernten Daten Schlüsse ziehen". Neuronale KI (siehe Seite 11) bietet die Möglichkeit, lernfähige Systeme zu realisieren. Es wird zwischen der Lern- oder Trainingsphase und der Inferenzphase unterschieden. In der Inferenzphase findet die Anwendung des trainierten Systems statt.

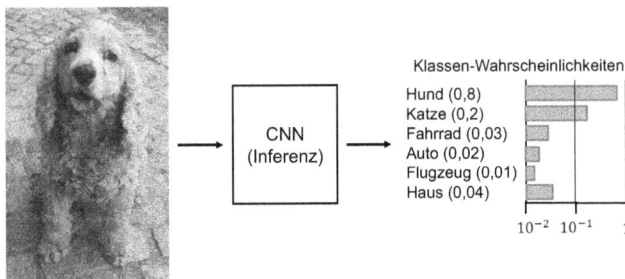

*Abbildung 4.22: Inferenz: Ein Bild wird mit einer bestimmten Wahrscheinlichkeit unter Berücksichtigung eines zuvor eintrainierten Trainingssets erkannt (nach [Sze17]).*

Abbildung 4.22 (nach [Sze17]) zeigt das Beispiel einer Inferenz. Die Eingabebilder (Input feature maps: Ifmaps) eines Hundes, einer Katze, eines Fahrrads, eines Autos, eines Flugzeugs und eines Hauses des Trainingssets wurden durch suksessive Anpassung der

Gewichte und der Schwellenwerte (Bias) eines Tiefen Neuronalen Faltungs-Netzwerks (CNN) angelernt (eintrainiert). Bei der Inferenz wird eine Ifmap eines zu klassifizierenden Bildes an den Eingang des CNN angelegt und das CNN unter Verwendung der trainierten Gewichte und Schwellenwerte ausgewertet. An den Ausgängen erscheinen die Klassifikations-Wahrscheinlichkeiten für die jeweiligen Bildklassen. Das Hundebild erhält, wie erwartet, die höchste Klassifikations-Wahrscheinlichkeit.

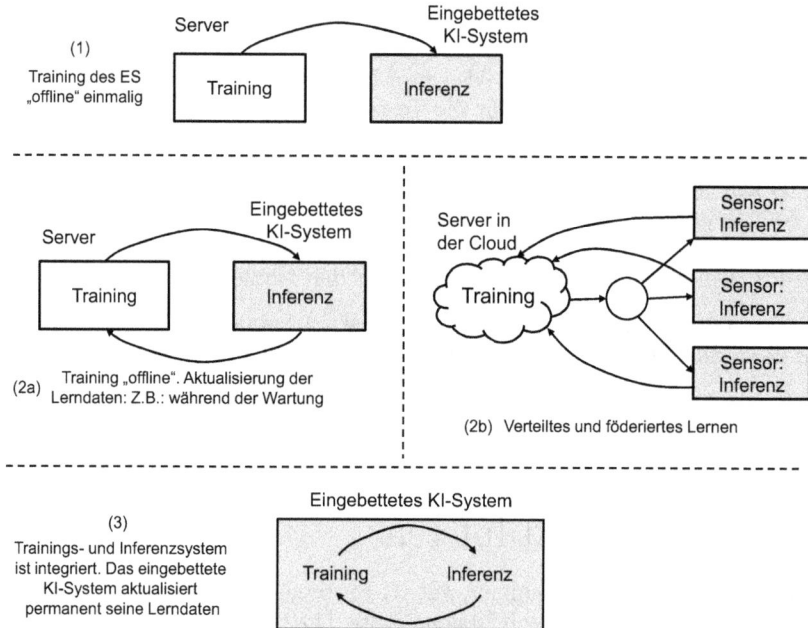

***Abbildung 4.23:*** *Es gibt vier Möglichkeiten der Anordnung von Trainingssystem und Inferenz-system eines Eingebetteten KI-Systems.*

Abbildung 4.23 zeigt vier mögliche Anordnungen von Trainingssytem und Eingebettetem KI-System. In Anordnung (1) sind das Trainingssystem und das Eingebettete KI-System getrennt, das KI-System wird sozusagen „offline trainiert". Das Trainingssystem kann ein Server sein oder ein spezielles Computersystem.

Anordnung (2a) zeigt eine Rückkopplung zwischen dem KI-System und dem Trainings-system. Das KI-System meldet dem Trainingssystem, ob der Anlernvorgang erfolgreich war oder ob noch Regulierungsbedarf besteht. In bestimmten Fällen kann das KI-System „nachtrainiert" werden. Nach dem Stand der Technik Anfang des Jahres 2021 gilt die Anordnung (2a) für autonom fahrende Kraftfahrzeuge. Das autonom fahrende Auto wird anfangs trainiert und kann zum Beispiel bei der Wartung mit neuen Daten „nach-trainiert" werden.

Anordnung (2b) ist in Planung. Diese Anordnung zeigt das sogenannte **„verteilte und föderierte Lernen"**. Der gezeigte Lernansatz soll helfen, KI in **Edge Devices**, wie Sensorsystemen, mit möglichst minimalem Rechenaufwand zu integrieren. Beim verteilten Lernen wird ein Modell (z.B. in der Cloud) basierend auf einem globalen Datensatz trainiert. Jeder Sensorknoten trainiert beim föderierten Lernen sein eigenes lokales Modell basierend auf dem eigenen lokalen Datensatz, ohne dabei seinen Datensatz mit der Cloud austauschen zu müssen. Lediglich Parameter werden mit der Cloud ausgetauscht, um daraus ein globales Modell zu erzeugen. Um die Vertrauenswürdigkeit zu gewährleisten, müssen föderierte Lernverfahren so eingesetzt werden, dass die Informationen zwischen Sensorsystem und Cloud generell nach dem Prinzip „so wenig wie möglich und so viel wie nötig" ausgetauscht werden. Aktuelle Initiativen in Europa, digitale Souveränität durch vertrauenswürdige und sichere Cloud-Dienste (GAIA-X) zu erreichen, erfordern entsprechend ganzheitlich beginnend im intelligenten Sensorsystem („Edge AI") zu denken und durch Nutzung von lokaler Intelligenz im Sensorknoten ein sicheres, verteiltes föderiertes Lernen zu realisieren.

In Abbildung (3) ist das Trainingssystem im Eingebetteten KI-System integriert. Das KI-System wird zum ersten Mal angelernt und lernt danach während der Inferenzphase permanent weiter, aktualisiert sozusagen „online" seine Parameter. Die Anordnung von Training und Inferenz beeinflusst die verwendete eingebetteten Hardware-Architekturen stark. Bei einem Eingebetteten KI-System muss die Inferenz, das heißt die Anwendung, in Echtzeit erfolgen (in Real Time, siehe Seite 36). Dabei wird gefordert, dass die Hardware sehr kosten- und energieeffizient ausgeführt wird.

## 4.3.1 Prominente DNNs auf der ILSVRC

Die **ImageNet Large Scale Visual Recognition Challenge (ILSVRC)** ist ein jährlich ausgetragener Wettbewerb für Bilderkennungssysteme [Ru15]. In der Regel verkörpern diese Systeme Tiefe Neuronale Netze, meist Convolutional Networks (Faltungs-Netzwerke).

Die Bilderkennungssysteme verwenden den **ImageNet**-Datensatz, der mehr als 14 Millionen Bilder, in etwa tausend Klassen und etwa 20.000 Kategorien beinhaltet. Kategorien sind zum Beispiel: „Ballon", „Erdbeere", bestehend aus jeweils mehreren hundert Bildern. Klassen sind zum Beispiel: „Dalmatiner-Hunde", „Schnauzer", „Pudel" etc. oder: „Flamingo", „Hühner", „Spatzen".

Es werden in der Regel *Modelle* von Tiefen Neuronalen Netzen (DNNs) eingesetzt, das sind Programmbeschreibungen dieser Netze. Die Modelle müssen die zuvor festgelegte Kennzeichnung (Label) des Bildes herausfinden.

Bei der Bestimmung der **Genauigkeit** bzw. **Fehlerrate** der Bilderkennung in Prozent, (wobei $Fehlerrate(\%) = 100\% - Genauigkeit(\%)$), wird festgelegt, dass ein CNN-Modell ein Label vorhersagt, das unter den $X$ Labels mit den höchsten Wahrscheinlichkeiten liegt (**Top-X**-Fehlerrate). Beispiel: **Die Top-5**-Fehlerrate ist somit der Bruchteil der Testbilder, für die das vorhergesagte Label unter den 5 Labels mit den höchsten Vorhersage-Wahrscheinlichkeiten liegt.

Beispiel 2: In Abbildung 4.22 wird z. B. festgelegt, dass zur Bestimmung der Fehlerrate bei der Erkennung des gezeigten Bildes das gefundene Label (Hund) unter den Top-2 Labels liegen muss. Die Top-2 Labels in Abbildung 4.22 sind „Hund" mit 80 % und „Katze" (20 %).

Bei der Bestimmung der Top-1 Fehlerrate für Abbildung 4.22, wird nur der Bruchteil der Bilder in Betracht gezogen, die das Label „Hund" vorhersagen.

## Die ILSVRC-Testsieger der Jahre 2012 bis 2015

Wir führen an dieser Stelle nicht alle Testergebnisse der einzelnen Wettbewerbe der ILSVRC in den angegebenen Jahren auf, sondern lediglich hervorragende Netzwerke, die zu den Gewinnern gehören und die wir weiter unten in den Abbildungen 4.25 und 4.26 vergleichen. Im Folgenden geben wir eine kurze Übersicht über diese populäre DNN-Modelle. Für die meisten dieser Tiefen Neuronalen Netzwerke gibt es Modellbeschreibungen mit vortrainierten Gewichten, die gratis im Internet verfügbar sind.

Das **LeNet** [YaLeC89-1] [Sze17] wurde 1989 von Yan LeCun vorgestellt und wurde entwickelt, um schwarz/weiß-Handschriften in der Größe 28 × 28 Pixel zu erkennen. LeNet war das erste erfolgreich in der Praxis eingesetzte DNN und fand seine Anwendung in Geldautomaten in den USA, um handgeschriebene Ziffern auf Schecks zu erkennen. Das bekannteste LeNet, das LeNet-5 enthält zwei CONV-Schichten (siehe Seite 119) und zwei Fully-Connected-(FC)-Schichten. Jede CONV-Schicht verwendet 5 × 5-Filter, mit 6 Filtern in der ersten und 16 Filtern in der zweiten Schicht. LeNet verwendet (noch) eine Sigmoid-Aktivierungsfunktion (siehe Seite 110) und benötigt 60 tausend Gewichte und 341 tausend MAC-Operationen/Bild.

Der ILSVRC-Testsieger 2012 war das **AlexNet** [Kri12] [AlxN12]. Es ist ein erfolgreiches Bilderkennungs-CNN (Convolutional NN), das von Alex Krizhevsky in Zusammenarbeit mit Ilya Sutskever und Geoffrey Hinton entwickelt wurde. AlexNet wurde mit Grafikkarten-GPUs (GPU: Graphic Processing Units) aufgebaut. Es erreichte eine Top-5-Bilderkennungs-Fehlerrate von 15,3%, das heißt, die Testgenauigkeit entsprach 84,7%. AlexNet besteht aus 5 CONV-Schichten und 3 Fully Connected (FC) Schichten. In jeder CONV-Schicht werden zwischen 96 und 384 Filter verwendet. Die Filtergrößen reichen von 3 × 3 bis 11 × 11 Filtern. In jeder Schicht werden ReLU-Aktivierungsfunktionen eingesetzt. Um die Menge der Gewichte zu reduzieren, werden die Ausgänge der 1. Schicht in 2 Gruppen aufgeteilt. AlexNet erfordert 61 Millionen Gewichte und 724 Millionen MACs um ein 227 × 227 Pixel-Bild zu prozessieren.

Im Jahr 2013 gehörte das **ZFNet** vom Team „Clarifai" mit Matthew D. Zeiler and Rob Fergus von der New York University, USA zu den Gewinnern. Wir gehen nicht weiter auf die ZFNets ein.

Die **VGG-Modelle (einschließlich VGG16)** sind eine Menge von „Convolutional Neural Network-Modellen (ConvNet)" die von K. Simonyan und A. Zisserman von der „Visual Geometry Group" der Universität Oxford vorgestellt wurden [Si15]. Das **VGG16** zusammen mit GoogLeNet (siehe unen) gehörten 2014 zu den Gewinnern des ILSVRC 2014. Die VGG16-Netze erreichten eine Testgenauigkeit von ca. 92,7% in der Kategorie „Klassifizierung" (Fehler: 7,405%) und ca. 74,7 % in der Kategorie „Lokalisierung". VGG16 ist 16 Schichten tief strukturiert, die aus 13 CONV-Schichten und 3 FC-Schichten bestehen. Alle CONV-Schichten haben die gleiche Filter-Größe von 3 × 3. VGG16 erfordert 138 Millionen Gewichte und 15,5 GMACs (Giga-MACs: $10^9$ Multiply-Accumulate)-Operationen, um ein 224 × 224 Bild zu prozessieren. VCC16 verwendete die Hardware: „NVIDIA Titan Black GPUs".

Das **GoogLeNet** hat zusammen mit VGG16 (siehe oben) die besten Ergebnisse auf der ILSVRC 2014 erzielt [Szg15], [Sze20]. GoogLeNet hat in der Kategorie: „mean average precision (mAP)" (Mittlere Genauigkeit der Bilderkennung) am besten gepunktet. GoogLeNet (auch als Inception-vx bezeichnet), stellte ein „Inception"-Modul vor

(Eingangsmodul), das aus parallelen Schichten zusammengesetzt ist. Verschiedene Filtergrößen ($1 \times 1$, $3 \times 3$, $5 \times 5$) werden für jede parallele Verbindung verwendet. Unterschiedliche Filtergrößen haben den Effekt, das Eingangsbild in verschiedenen Maßstäben zu prozessieren. Um bessere Trainingsgeschwindigkeiten zu erreichen, ist GoogLeNet so aufgebaut, dass die Gewichte und Aktivierungen, die während des Trainings für die Backpropagation-Aktionen gespeichert werden, alle in den GPU-Speicher passen. Um die Anzahl Gewichte zu reduzieren, werden $1 \times 1$-Filter angewendet. Die 22 Schichten bestehen aus 3 CONV-Schichten, gefolgt von 9 Inception-Schichten, jeweils 2 CONV-Schichten mit einer FC-Schicht tief. Seit seiner Einführung im Jahr 2014 hat Google mehrere Versionen heraus gebracht: Inception-v1, -v3, v-4. Inception-v3 erreichte mit Batch-Normalisierung und einem 2,5-fachen Anstieg der Rechenleistung einen über 3% niedriegeren Top-5-Fehler als Inception-v1. Das GoogLeNet wurde für das autonome Fahrzeug der Firma Google entwickelt.

Zu den Gewinnern der ISLVRC seit dem Jahr 2015 gehören die **ResNets** (siehe Seite 130 und [Kai15]). Es gibt verschiedene Versionen von ResNet: ResNet-18, ResNet-50, ResNet-152. Von 2015 bis 2017 zeigten ResNet-152 mit 152 Schichten in verschiedenen Varianten hervorragende Ergebnisse.

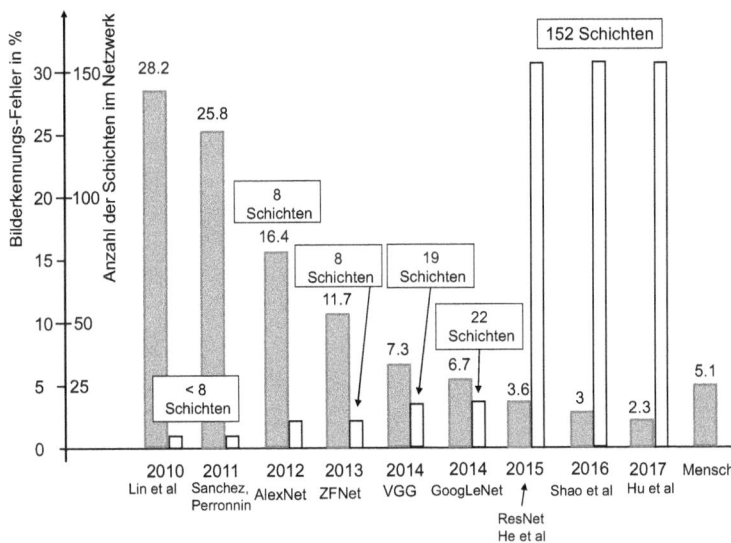

**Abbildung 4.24:** *Die Gewinner des ILSVRC-Bilderkennungs-Wettbewerbs von 2010 bis 2017. Von 2015 bis 2017 zählten ResNet-152 zu den Gewinnern [StLi18].*

Abbildung 4.24 [StLi18] zeigt die Gewinner des ILSVRC-Bilderkennungs-Wettbewerbs von 2010 bis 2017. Die Gewinner in den Jahren 2010 und 2011 verwendeten „flache" Neuronale Netzwerke mit relativ wenig Schichten (unter 8). Die Ergebnisse lagen bei einem Bilderkennungsfehler von 28,2% und 25,8%. Zwischen 2011 und 2012 wurden Neuronale Faltungs-Netze (Convolutional Neuronal Networks) eingeführt und Alex Krizhewsky et al. gewann den ILSVRC mit dem 8-schichtigen AlexNet und einem Fehler von 16,4%. Seit dem Jahr 2015 lagen die Bilderkennungsfehler bei Einsatz der ReNets unter dem menschlichen Bilderkennungsfehler von 5,1%.

# 4.4     Hardware für Eingebettete KI-Systeme

## 4.4.1     Hardware-Kategorien für Eingebettete KI-Systeme

Je nach Verwendungszweck gibt es verschiedene Hardware-Kategorien für Eingebettete KI-Systeme. Man spricht auch von „Rechenbeschleunigern für maschinelles Lernen" (Machine Learning Accelerators). Eine Übersicht diese Kategoerien findet man zum Beiepiel in [Reu20]. Die Kategorien sind:

– Forschungs-Chips (Research Chips). In vielen Universität rund um die Welt wird an Rechenbeschleunigern für Eingebettete KI-Systeme geforscht.
– Chips mit sehr niedrigem Energiebedarf (Very Low Power Chips). Diese Chips werden für tragbare Geräte mit Akkubetrieb benötigt.
– Chips für spezielle Eingebettete Systeme, zum Beispiel für kleinere Drohnen (UAVs: Unmanned Aerial Vehicle), Kamera-Prozessoren, kleinere Roboter usw.
– Autonome Systeme, zum Beispiel Autonom fahrende Kraftfahrzeuge, Unbemannte Luftfahrzeuge (UAVs), Roboter, Robotic Process Automation (RPA).
– Chips und Elektronikkarten für Rechenzentren (Data Center Chips and Cards). Diese Kategorie beinhaltet verschiedene CPUs (zentrale Prozessoreinheiten), FPGAs oder PSoCs und Datenfluss-Beschleuniger, auf die wir nicht weiter eingehen.

## 4.4.2     Optimierung von Neuronalen Netzen

Neuronale Netze erfordern beim Training eine sehr hohe Rechenleistung, die bisher den Einsatz von hochleistungsfähigen Hardwarearchitekturen, zum Beispiel Cluster von Graphics Processing Units (bzw. GPU-Cluster) bedingen. Auch bei der Inferenz wird eine vergleichsweise hohe Rechenleistung benötigt. Daher besteht in Eingebetteten Systemen der Bedarf, tiefe Neuronale Netze zu optimieren, damit Rechenaufwand, Speicher- und Energiebedarf bei der Inferenz möglichst gering bleiben.

Optimierungsmethoden sind zum Beispiel:
– Pruning: Beschneiden bzw. Verringern der Anzahl Netzwerkknoten so, dass das gewünschte Ergebnis den Anforderungen (sprich den gewünschten Genauigkeitsanforderungen) entspricht (siehe Seite 150).
– Quantisierung: Die verwendeten Gewichtswerte werden auf eine kleinere Stellenzahl abgebildet (siehe Seite 150).

## 4.4.3     Computer-Rechenleistung zum Anlernen von Neuronalen Netzen

Die nötige Computer-Rechenleistung um Neuronale Netze anzulernen (zu „trainieren"), ist im Laufe der Jahre ständig angestiegen. Abbildung 4.25 [OpAI19] zeigt den Verlauf des Rechenleistungs-Bedarfs vom Jahr 1959 bis ins Jahr 2020. Auf der y-Achse ist die Rechenleistung in Petaflops pro Sekunde und Tag in einer logarithmischen Skala aufgetragen. Dabei sind ein Petaflop/s $10^{15}$ *Floating Point Operations per second* bzw. $10^{15}$ *Gleitkommaoperationen pro Sekunde*. Ein Petaflop/s-day sind $10^{15}$ Flop/s angewandt über einen ganzen Tag ($\approx 10^{20}$ Operationen). Es sind zwei deutlich voneinander getrennte Kurven-Bereiche zu erkennen: Angefangen mit dem Perzeptron im Jahr 1959,

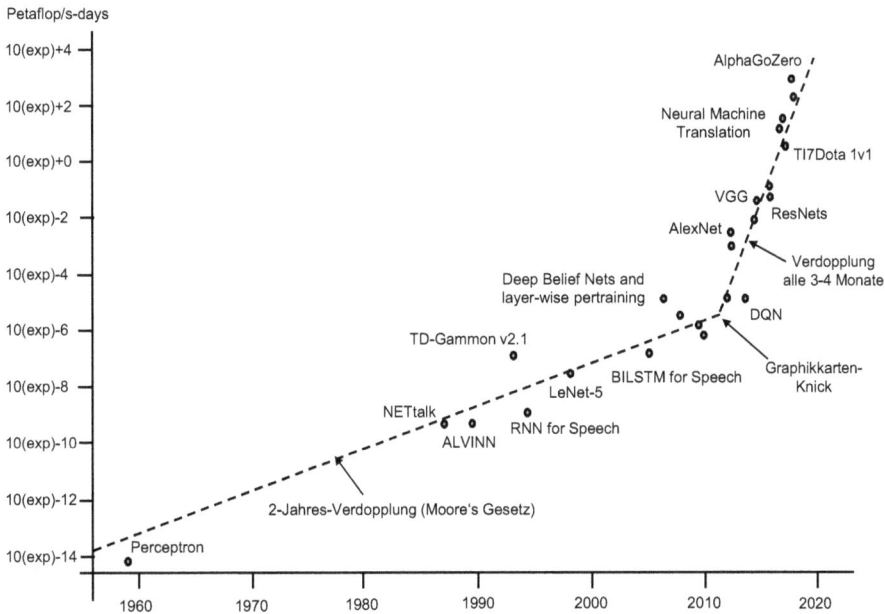

**Abbildung 4.25:** *Anstieg der benötigen Computer-Rechenleistung zum Anlernen von Neuronalen Netzen. (nach [OpAI19]).*

steigt die Kurve des Leistungsbedarfs bis 2012 mit einer 2-Jahres-Verdopplungsrate an. Das entspricht dem Moore's Gesetz (siehe Seite 53).

Im Jahr 2012 entdeckten die KI-Forscher, dass sie die leistungsfähigen Graphikkarten verwenden können, die es auf dem Markt gibt, um daraus kostengünstig vielschichtige Neuronale Netze (Deep Neural Networks) zu bauen. Von da an erkennen wir in der Kurve einen Knick (wir nennen diesen den „Graphikkarten-Knick") und die Kurve steigt seither mit einer drei- bis vier-monatigen Verdopplung des Leistungsbedarfs an. Das bedeutet, dass die Rechenleistung für das Anlernen des **AlexNet**-Systems 2012 bis zum *AlphaGo Zero*-System 2017 um mehr als das 300.000-fache angestiegen ist(!). AlphaGo Zero ist ein erfolgreiches Go-Spielsystem (siehe Seite 16).

Die hohe und voraussehbar immer weiter steigende Rechenleistung, die für maschinelles Lernen nötig ist, bedingt einen hohen elektrischen Energiebedarf. Das führt nicht nur zu steigenden Kosten, sondern ist auch umweltschädlich. Die Papers *Green IT* [GrAI19] und *Tackling Climate Change with Machine Learning* [TaCl19] befassen sich mit der Wirtschaftlichkeit von maschinellem Lernen und geben Hinweise darauf, wie Energiebedarf beim Anlernen von Neuronalen Netzen eingespart werden kann.

### Komplexität von Tiefen Neuronalen Netzen zur Bildklassifikation

Canziani et al. [Can17] haben eine Analyse und einen Vergleich verschiedener Tiefer Neuronaler Netzwerke (DNNs) durchgeführt, die an den ImageNet-Wettbewerben (siehe Seite 141) von 2012 bis 2017 teilgenommen und den ersten Platz belegt haben. Die Ergebnisse der einzelnen Ansätze der ImageNet-Wettbewerber sind nicht exakt vergleichbar, da verschiedene Bildausschnitte und unterschiedliche „Top-X"-Fehlerraten (siehe Seite 141) verwendet wurden. Canziani et al. haben für alle gezeigten Netzwerke (DNNs) die Top-1-Fehlerrate und ein einheitliches Bildausschnitt-Verfahren (center crop) durchgeführt und über der Rechenleistung in GOP/sec (Giga Operations/sec) aufgetragen, die für die jeweilige Bild-Klassifikation (Inferenz) aufgewendet wird.

Aus diesem Grund unterscheiden sich die Genauigkeiten der Abbildung 4.26 von den Genauigkeiten, die zuvor den Publikationen entnommen und weiter oben erwähnt wurden. Die Kreisflächen um die einzelnen Messpunkte sind proportional der Anzahl der gespeicherten Parameter (Gewichte und Schwellenwerte (Biases)) für die genannten Netzwerke.

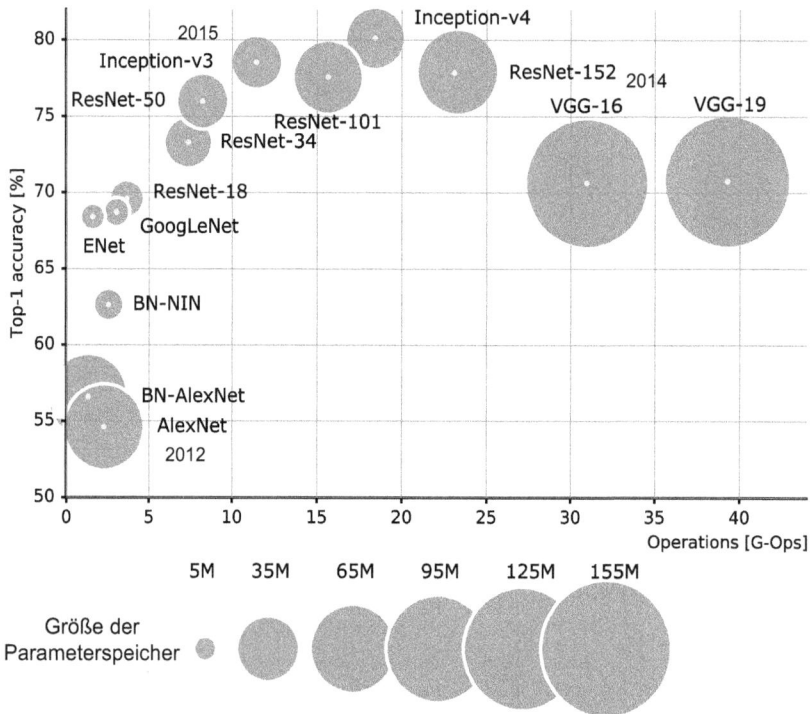

**Abbildung 4.26:** *Komplexität von Tiefen Neuronalen Netzen zur Bildklassifikation. Die Top-1-Genauigkeit ist in Abhängigkeit der Rechenleistung in GOP/sec aufgetragen, die für eine einzelne Bild-Klassifikation aufgewendet wird. Die Kreisflächen um die einzelnen Punkte sind proportional der Anzahl der gespeicherten Parameter. Die Kreisflächen unter dem Diagramm sind ein Maß für die Größe der Parameterspeicher. Die Inception-Netzwerke entsprechen den GoogLeNets, das BN-AlexNet ist ein Batch-Normalized AlexNet (aus [Can17]).*

## 4.4.4 Reduzierung der Komplexität von DNNs

Die Abbildungen 4.25 und 4.26 zeigen, wie stark die Rechenleistungen für das Training und die Inferenz von immer komplexer werdenden Tiefen Neuronalen Netzwerken (DNNs) im Laufe der Jahre ansteigen. Hohe Rechenleistungen bedeuten hohen Energiebedarf, der bei mobiler Anwendung einem Akku mit nur begrenzter gespeicherter elektrischer Energie entnommen wird. Daher besteht eine dringende Forderung, die Rechenleistung sowohl beim Training als auch bei der Anwendung von Tiefen NN zu senken. Das bedeutet, die Komplexität der Netzwerke zu reduzieren, ohne wesentliche Einbußen an Genauigkeit in Kauf zu nehmen.

Es gibt verschiedene Methoden, die Komplexität und den Energiebedarf von Tiefen Neuronalen Netzwerken zu verringern, zum Beispiel: [Te20]:

– „Leichtgewichtigere" Modelle von DNN zum Beispiel:
– Quantisierung
– Beschneiden und Verdichten des Netzwerks (Pruning and Deep Compression)

Um **leichtgewichtigere Modelle** von DNNs zu erhalten, die weniger elektrische Energie benötigen, ist die Modellgröße und die Ausführungsgeschwindigkeit zu verringern.

Für Neuronale Faltungs-Netzwerke (Convolutional Neural Networks) gibt es zum Beispiel folgende verschiedene Methoden zur Reduzierung der Komplexität [Te20]:

– Gruppen-Faltungen (Group Convolutions).
– Punktuelle Faltungen (Pointwise Convolutions) mit punktuellen oder „Bottleneck"-Filtern.

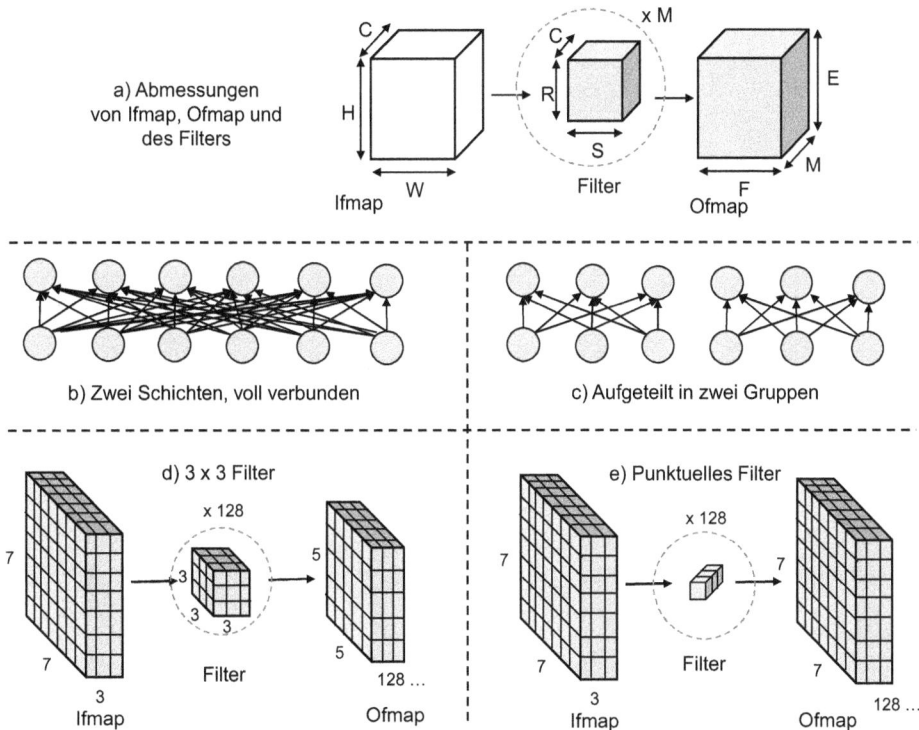

**Abbildung 4.27:** *Faltungskosten. Oben: a)Abmessungen von Ifmap, Filter und Ofmap. Mitte: b) Zwei voll verbundene Schichten. c) Die beiden Schichten von b), aufgeteilt in zwei Gruppen. d) Beispiel einer Faltung mit einem 3x3 Filter. e) Beispiel einer Faltung mit einem punktuellen Filter (ähnlich [Te20]).*

## Faltungskosten und Gruppenfaltungen

Für eine Schicht eines Faltungsnetzwerks (Convolutional Neural Network) zeigt Abbildung 4.27 a) die Abmessungen von Eingabemerkmalskarten (Input feature maps Ifmap), eines Filters und von Ausgabemerkmalskarten (Output feature maps: Ofmaps). Die Ifmaps sollen die Abmessungen $L \cdot H \cdot C$ haben. Der Wert $C$ bestimmt die Anzahl der Musterkarten am Eingang der Schicht eines NN, C ist beispielsweise $C = 3$ für ein Farbmuster mit $R, G, B$-Karten.

Die **Filter** für ein Merkmal (feature), haben die Größe $R \cdot S \cdot C$. Wir nehmen ein quadratisches Filter an und setzen $R = S = k$. Für eine Filtertiefe $C$ benötigen wir damit $k^2 \cdot C$ Faltungen.

Die Ausgabemerkmalskarten $Ofmaps$ haben die Abmessungen $E \cdot F \cdot M$. Die Anzahl der Karten ist M.

Die **Kosten der Faltungen** (convolutions) in einer Schicht in Anzahl der Multiply-Accumulate-Operationen berechnen sich demnach zu [Te20]:

$$Anzahl(MACs) = k^2 \cdot C \cdot M \cdot E \cdot F \tag{4.14}$$

Die Anzahl der Gewichte $W$ berechnen sich zu [Te20]:

$$Anzahl(W) = k^2 \cdot M \cdot C \tag{4.15}$$

Abbildung 4.27 b) zeigt zwei Schichten mit sechs Neuronknoten, die voll miteinander verbunden sind. In diesem Fall ergeben sich $6 \cdot 6 = 36$ Verbindungen. Teilt man beispielsweise die Schichten in zwei Gruppen auf, wie in Abbildung 4.27 c) gezeigt, so halbieren sich die Anzahl Verbindungen und damit auch die Anzahl MAC-Operationen zu $2(3 \cdot 3) = 18$. Dieses Prinzip ist auch bei Faltungen anwendbar, man spricht hier von **Gruppenfaltungen**.

Wir haben bei Gruppenfaltungen $G$ Gruppen mit $M/G$ Filtern, sowie $G$ Ausgangsmerkmalskarten (Ofmaps) mit einer Tiefe von $M/G$. Damit ist die Anzahl der MAC-Operationen für eine Faltungsschicht:

$$MACs = k^2 \cdot C/G \cdot G \cdot M/G \cdot E \cdot F = k^2 \cdot C/G \cdot M \cdot E \cdot F \tag{4.16}$$

AlexNet (siehe Seite 142) hat das erste Mal Netzwerke in Gruppen aufgeteilt und konnte damit eine erhebliche Anzahl von MAC-Operationen einsparen.

## Punktuelle Faltungen

Faltungen mit Filtern, die große Flächen aufweisen, sind relativ aufwändig. Deshalb werden oft Filter der Größe $1 \cdot 1$, „punktuelle Filter" genannt, verwendet. Gute Einsparungen in Bezug auf MAC-Operationen werden durch die Kombination von Gruppenfaltungen und punktuellen Faltungen erzielt.

**Beispiel** nach [Te20]:
A.) Gegeben ist entsprechend Abbildung 4.27 d) ein Eingabemerkmal Ifmap der Pixelgröße $7 \cdot 7 \cdot 3$, wie es beispielsweise bei der Erkennung verschieden farbiger Verkehrzeichen (rot, blau, grün, schwarz, weiß) angewendet werden könnte.

Dazu verwenden wir zunächst 128 angelernte Filter der Größe $3 \cdot 3 \cdot 3$, die mit einer Schrittweite $stride = 1$ über das Eingabemuster gefaltet werden. Dadurch erhalten wir 128 Ausgabemerkmal Ofmap der Größe $5 \cdot 5 \cdot 3$ unter denen eines mit dem Eingabemerkmal identisch sein sollte.

Wie viele MAC-Operationen werden benötigt?

Die Faltungskosten betragen nach Formel 4.14:

$$Anzahl(MACs) = k^2 \cdot C \cdot M \cdot E \cdot F = 9 \cdot 3 \cdot 128 \cdot 5 \cdot 5 = 86400$$

B.) Um die Anzahl MAC-Operationen zu reduzieren, verwenden wir ein punktuelles $1 \cdot 1 \cdot 3$-Filter, entsprechend Abbildung 4.27 e). Wie viele MAC-Operationen werden jetzt benötigt?

Nach Formel 4.14 ergeben sich die Faltungskosten zu:

$$Anzahl(MACs) = k^2 \cdot C \cdot M \cdot E \cdot F = 1 \cdot 3 \cdot 128 \cdot 7 \cdot 7 = 18816$$

Wird eine Gruppenfaltung mit $G = 2$ Gruppen angewendet, so halbiert sich die obige Zahl auf $Anzahl(MACs) = 9408$. Das ist eine Reduzierung der ursprünglichen Anzahl MAC-Operationen von 86400 um 89%.

Die **Reduzierung der Genauigkeit** – soweit tolerierbar, kann eine bedeutende Vereinfachung des Netzwerks bewirken. Oft ist eine Genauigkeit von 100 % nicht erforderlich, zum Beispiel bei der Mustererkennung oder der Spracherkennung genügt bei den meisten Anwendungen eine Genauigkeit von über 93 % bis 96 % (Beispiel siehe Seite 162 „UltraTrail").

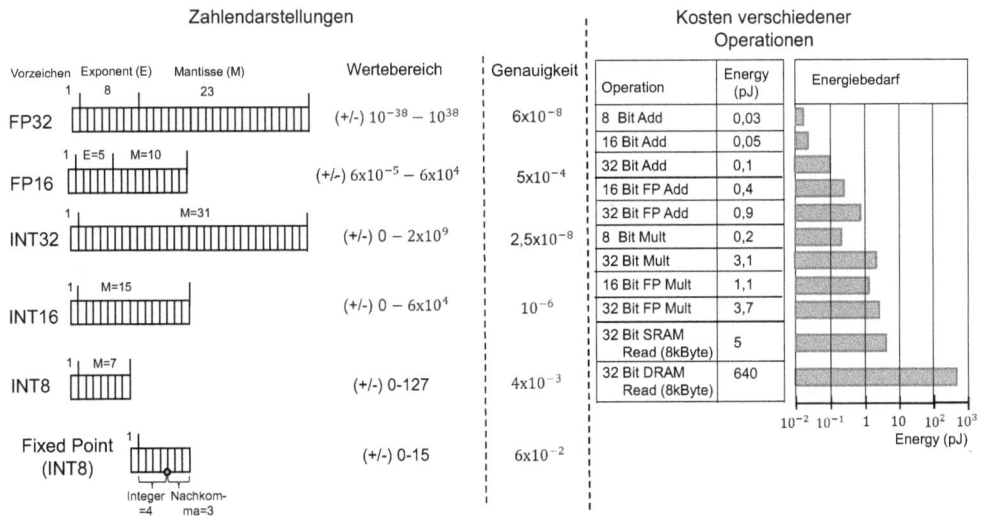

**Abbildung 4.28:** *Binäre Zahlendarstellungen, Genauigkeiten und Kosten verschiedener Operationen (aus [Te20]). Das Lesen eines DRAM-Speichers ist wesentlich teurer als mathematische Operationen.*

## Quantisierung

Quantisierung bedeutet, die Zahlenwerte (beispielsweise der Gewichte $W$) werden auf eine kleinere Stellenzahl abgebildet, um Speicher- und Rechenressourcen einzusparen. Dies führt in der Regel zu einer reduzierten Genauigkeit (precision), die aber meist zur Erfüllung der Anforderungen genügt.

Die Norm IEEE 754 definiert die Zahlendarstellungen für binäre Zahlen in Computern. Die „einfache Genauigkeit" (single precision) legt zum Beispiel das Format von „Floating Point 32" (FP32), einer 32-stelligen binären Gleitkommazahl fest. Die „niedrige Genauigkeit" (low Precision) verwendet 16 oder 8 Stellen. Zum Beispiel die Gleitkommazahl FP16 oder die Integer Zahl INT8 mit 8 Stellen. Eine Zusammenstellung der gebräuchlichsten Zahlendarstellungen zeigt Abbildung 4.28 [Te20].

Die Abbildung einer Zahl $x_1$ auf eine Zahl $x_q$ geschieht durch Division von $x_q$ durch den Skalierungswert *scale*. *scale* ist das Verhältnis der Wertebereiche von $x_1$ und $x_q$,

$$scale = \frac{max(x_1) - min(x_1)}{max(x_q) - min(x_q)}; \qquad x_q = \frac{x_1}{scale} \qquad (4.17)$$

Abbildung 4.28 zeigt rechts den Energiebedarf für verschiedene Operationen bei Verwendung verschiedener Zahlendarstellungen. So benötigt beispielsweise die Addition zweier 8-Bit Integerzahlen $0,03pJ$, während die selbe Operation für zwei 32-Bit-Gleitkommazahlen $0,9pJ$ beansprucht, also die 30-fache elektrische Energie.

Die Chipfläche für einen 8-Bit-Addierer ist 116 mal kleiner als für einen FP32-Bit-Addierer [Te20]. Die geringere Genauigkeit des 8-Bit-Addierers kann in vielen Fällen in Kauf genommen werden.

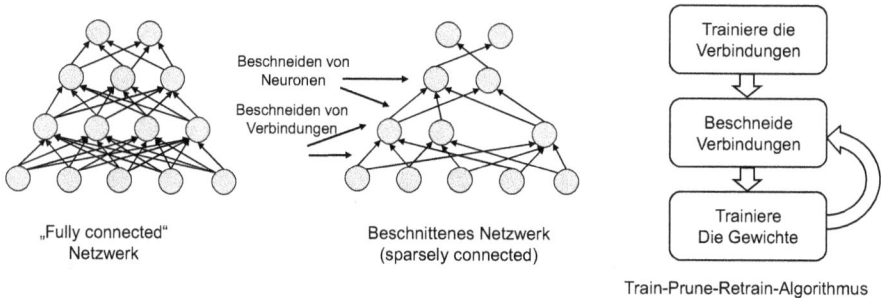

***Abbildung 4.29:*** *Beschneiden (Pruning) von Tiefen Neuronalen Netzwerken. Linke Seite: Ein schematisiertes „Fully connected DNN", rechts daneben ein „beschnittenes" oder „spärlich verbundenes" Netzwerk. Rechte Seite: Der „Train-Prune-Retrain"-Algorithmus (aus [Te20]).*

## Beschneiden und Komprimieren eines NN (Pruning and Deep Compression)

Yann LeCun hat 1989 [YaLeC89] vorgeschlagen, Tiefe Neuronale Netze dadurch zu vereinfachen, dass Gewichte $W$, die nicht wesentlich zur Genauigkeit des Ergebnisses beitragen, gelöscht werden. Damit verbunden ist eine Beschneidung (Pruning) der Verbindungen zwischen den Neuronen oder sogar eine Löschung einzelner Neuronenknoten.

Dadurch wird der Trainingsaufwand und auch die Komplexität der Inferenz (siehe Seite 139) reduziert. Der Vorschlag beinhaltet folgende Aktionen, die in Abbildung 4.29, rechte Seite, schematisch als Train-Prune-Retrain-Algorithmus dargestellt sind:

- „Trainiere die Verbindungen" bedeutet: Berechne den Einfluss von jedem Gewicht $W$ in jeder Verbindung in Bezug auf den Genauigkeitsverlust.
- „Beschneide Gewichte" (Prune) bedeutet: Entferne Gewichte $W$, Verbindungen und Neuronen, die einen geringen Einfluss auf die Genauigkeit haben. Entferne Multiplikationen mit Null.
- „Trainiere die Gewichte neu" (Retrain) besagt: Justiere die verbleibenden Gewichte $W$ neu.

Han et al. [Han16] zeigten, dass etwa 90 % der Verbindungen des AlexNet (siehe Seite 142) eliminiert werden können, ohne dass ein nennenswerter Genauigkeitsverlust auftritt. AlexNet hat vor der Anwendung des „Train-Prune-Retrain"-Algorithmus 60 Millionen Verbindungen, danach 6 Millionen.

## 4.4.5 Hardware-Architekturen für DNN-Rechenbeschleuniger

Für die Entwicklung von Tiefen Neuronalen Netzwerken (DNNs) stehen verschiedene Plattformen (Frameworks) bzw. Bibliotheken zur Verfügung, die inzwischen auch in Hardware-Entwicklungsumgebungen eingebettet werden: Zum Beispiel „Caffe", „Tensorflow", „PyTorch" usw. Auf Seite 71 sind einige dieser Plattformen aufgeführt.

Die Architekturen für DNN-Rechenbeschleuniger (Accelerators, siehe Seite 4) werden bestimmt durch:

- die notwendige hohe Rechenparallelität für Multiply-Accumulate (MAC)-Operationen,
- einen schnellen und effizienten Speicherzugriff,
- Wiederverwendung von Daten für MAC-Operationen.

Um eine MAC-Operation (zum Beispiel für eine Faltungsoperation) auszuführen, müssen folgende Einzeloperationen durchgeführt werden:

- Lesen der die Eingangsmerkmalskarte (Input feature map Ifmap) aus dem Speicher.
- Lesen der Filtergewichte $W_i$.
- Multiplizieren der Eingangswerte $a_i$ bzw. der Aktivierungswerte mit dem Gewicht $W_i$.
- Lesen der partiellen Summe aus dem Speicher.
- Addieren des Produkts zur partiellen Summe und bilden von $\sum a_i \cdot W_i$.
- Speichern der aktualisierten partiellen Summe.

Jede MAC-Operation erfordert somit vier Speicherzugriffe. Beispielsweise benötigt das AlexNet (siehe Seite 142) etwa drei Milliarden ($3 \cdot 10^9$) Speicherzugriffe für eine Inferenz [Te20]. Im ungünstigsten Fall führt jeder Speicherzugriff zu einem DRAM-Speicherzugriff. DRAM-Zugriffe sind wesentlich (etwa um den Faktor 10 – 100) langsamer und erfordern einen höheren Energiebedarf als eine Rechenoperation (siehe Abbildung 4.28, Seite 149).

Aus diesem Grund wird zwischen das DRAM und dem Prozessor eine lokale Speicherhierarchie (siehe Seite 390) gelegt, um die Operationen schneller und energieeffizienter ausführen zu können. Bei einem Prozessor sind dies Cache-Speicher, bei Rechenbeschleu-nigern lokale SRAM-Speicher, wobei wiederzuverwendende Daten lokal zu speichern sind. Wie in Abbildung 4.30 gezeigt, gibt es zwei grundlegende Anordnungen für parallel operierende DNN-Architekturen [Sze20]:

- Die „zeitlich orientierte" bzw. „temporale Architektur" (Abb. 4.30 links), und die
- „räumlich orientierte" Architektur bzw. die „spatial Architecture" (Abbildung 4.30 Mitte).

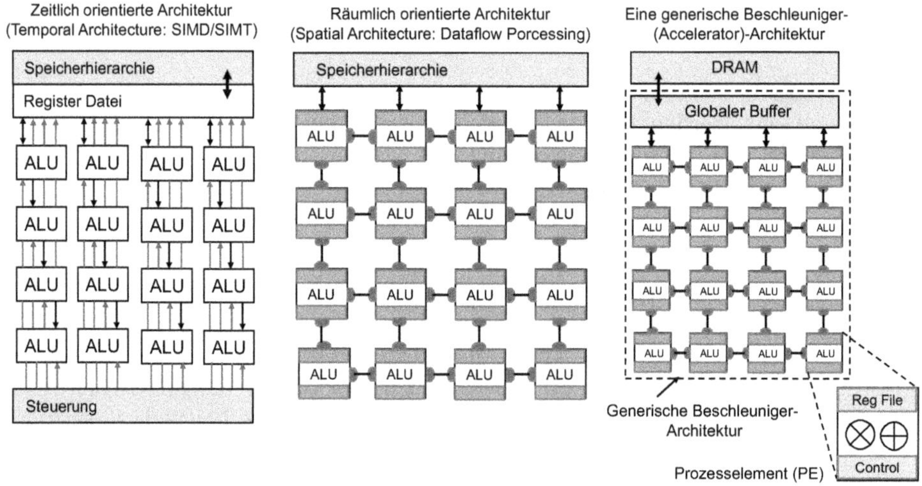

**Abbildung 4.30:** *Hoch parallel arbeitende Computer-Architekturen. Linke Seite: Anordnung einer „Temporalen Architektur". Mitte: Anordnung für eine Räumliche Architektur. Rechte Seite: Eine generische Beschleuniger-Architektur (aus [Sze20]).*

Die **temporale Architektur** verwendet eine zentrale Steuerung für eine große Anzahl von Arithmetisch-Logische Einheiten (ALUs), die nicht untereinander kommunizieren und die ihre Daten typischerweise aus Speichern holen. Diese Architekturen werden in zentralen Prozessor-Einheiten (CPUs) oder in Graphik-Prozessoren (GPUs) eingesetzt, die Verfahren wie „Single Instruktion Multiple Data (SIMD)" oder „Single Instruktion Multiple Threads (SIMT)" verwenden, um die parallele Abarbeitung der Rechenaufgaben durchzuführen [Sze20].

**„Räumlich orientierte" Architekturen** bzw. „spatial Architectures" (Abbildung 4.30 rechts), erlauben die Kommunikation zwischen den ALUs und verwenden eine Methode, die „Dataflow Processing" („Datenfluss-Ausführung") mittels systolischer Arrays genannt wird, das heißt, die ALUs bilden eine Verarbeitungskette über die direkt Daten von einer ALU zur nächsten geschickt werden können. In manchen Fällen kann jede ALU ihre eigene Steuerung (Control) und ihren eigenen lokalen Speicher haben. Diese ALU wird im Allgemeinen als Prozessorelement (Processing Element PE) bezeichnet (Abbildung 4.30 rechts.)

Räumlich orientierte Architekturen werden meist in ASICs (siehe Seite 5) und FPGAs (siehe Seite 23) eingesetzt [Sze20]. In Abbildung 4.30 rechts wird die „generische Architektur" eines DNN-Rechenbeschleunigers gezeigt, der in der räumlichen Anordnung ausgeführt ist. Er enthält einen „Globalen Speicher" (Global Buffer), auf den schnell und ohne großen Energiebedarf zugegriffen werden kann.

**Daten-Wiederverwendung:** Der Aufwand für das Laden und Speichern von Daten kann durch eine weitere Eigenschaft von DNNs reduziert werden, dadurch dass oft gleiche Daten für mehrere MAC-Operationen Verwendung finden. Es gibt drei Arten von Wiederverwendungen [Sze20]:

– Faltungs-Wiederverwendung (Convolutional Reuse): Die Abmessungen eines Filters ($R \cdot S$) sind oft kleiner als die der Ifmap ($H \cdot W$, Seite 147). Das Filter gleitet über die Ifmap. Das bedeutet, dass die Eingabe-Aktivierungen und Filterwerte wiederverwendet werden.
– Wiederverwendung der Eingabemerkmalskarte (Ifmap). Es werden mehrere Filter (Anzahl M, Abbildung 4.27, Seite 147), auf die gleiche Ifmap angewendet.
– Wiederverwendung von Filtern. Anwendung eines oder mehrerer Filter auf mehrere zeitlich aufeinander folgende feature maps (Stapel bzw Batch mit Anzahl N Ifmaps).

Der Energiebedarf kann dadurch reduziert werden, dass die Daten in relativ kleinen (und kostengünstigen) Speichern gespeichert werden und zeitlich (**temporal**) mehrere Male wieder verwendet werden, oder räumlich (**spatial**) zu mehreren Prozesseinheiten gesendet werden [Sze20]. Umgesetzt werden die Wiederverwendungsarten durch unterschiedliche Datenzugriffsmuster unter Verwendung konstanter Gewichte (gewichtsstationärer Datenfluss, weight-stationary dataflow), konstanter Eingabe-Aktivierungen (eingabe-stationärer Datenfluss, input-stationary data flow), sowie PE-lokaler, partieller Summen (ausgabestationärer Datenfluss, output-stationary data flow). Dabei sind lokal auch Mischformen möglich.

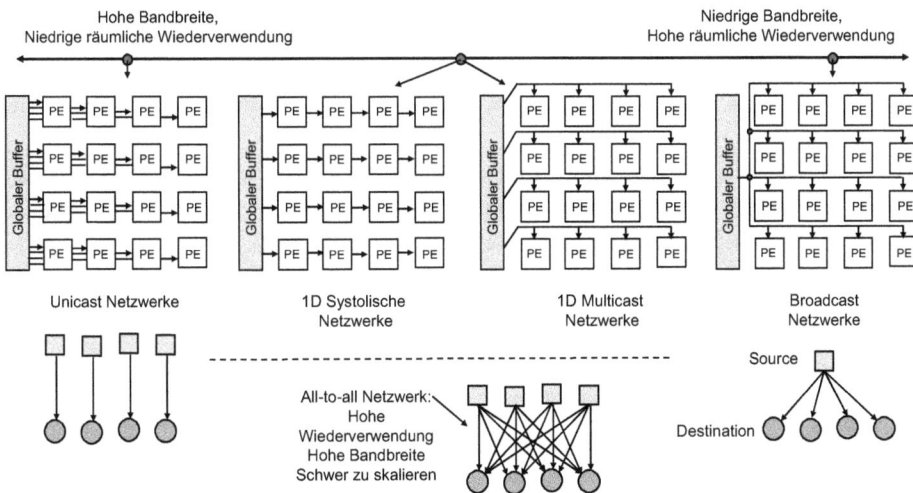

**Abbildung 4.31:** *Typische Verbindungsnetzwerke für DNN-Rechenbeschleuniger (Accelerators, aus [Sze20]).*

## DNN-Verbindungsnetzwerke für Rechenbeschleuniger (NoC)

Das Verbindungsnetzwerk auf dem Chip (Network on Chip NoC) ist ein wesentliches Teil von DNN-Rechenbeschleunigern. Das NoC muss folgende Kriterien erfüllen [Sze20]:

– Unterstützung der hochparallelen Datenverarbeitung dadurch, dass die Daten schnell
  und effizient zwischen den Speichern und dern Prozesselementen transportiert werden.
– Ausnutzung der Daten-Wiederverwendung bei Erfüllung der Bandbreiten-Anforderungen um die Energieeffizienz zu verbessern.
– Skalierbarkeit, um eine Anpassung an die Erfordernisse des Netzwerks zu erfüllen.

Abbildung 4.31 zeigt vier gebräuchliche Typen von NoC-Ausführungen für DNN-Rechenbeschleuniger. Im Bild 4.31 oben links ist das Beispiel eines **Unicast-Netzwerks**
(Unicast: siehe auch Seite 442) dargestellt, es weist eine hohe Bandbreite (Bandwidth:
Datendurchsatz pro Sekunde) auf, aber die räumliche Wiederverwendung der Daten ist
gering (low spatial reuse).

Das eindimensionale **Systolische Netzwerk** (1D-Systolic Network) ist in Abbildung
4.31 oben, als zweites Netzwerk dargestellt. Bei diesem Netzwerk werden die Daten
(zeilenweise) durch die einzelnen PEs hindurchgeschoben, das heißt, die Daten werden
zeilenweise von einem PE zum nächsten weiter gegeben. Es weist eine mittlere Bandbreite und eine mittlere Wiederverwendung auf.

Auch das **eindimensionale Multicast Netzwerk** (1D Multicast Network) in Abbildung 4.31 oben, 3. von links, weist eine mittlere Bandbreite und eine mittlere Wiederverwendung auf. Daten aus einem Speicherplatz des Global Buffers werden an eine Reihe
parallel arbeitender PEs verteilt (Multicast: siehe auch Seite 442).

Beim **Broadcast Netzwerk** (Abbildung 4.31 oben rechts) werden die Daten aus einem
Speicherplatz des Global Buffers an alle PEs im Netzwerk verteilt (Broadcast: siehe
auch Seite 442). Bei diesem Netzwerk ist die Bandbreite niedrig, die räumliche Wiederverwendung hoch.

Beim **All-to-All-Netzwerk** (Abbildung 4.31, unten Mitte) werden die Daten aus allen
Speicherplätzen an alle PEs verteilt. Es weist eine hohe Bandbreite und hohe Wiederverwendung auf, ist aber, was das Netzwerk betrifft, sehr aufwändig und schwierig zu
skalieren [Sze20].

Bei einem Tiefen Neuronalen Netzwerk können die Daten nicht simultan wiederverwendet werden, deshalb wird in vielen Beschleunigerarchitekturen eine **Mischung** aus den
oben beschriebenen Netzwerken eingesetzt [Sze20].

## 4.4.6    Eine klassische Anwendung von KI: Autonomes Fahren

Eine klassische Anwendung für Künstliche Intelligenz ist das autonome (oder automatisierte) Fahren. Das heißt, ein Kraftfahrzeug wird nicht durch einen menschlichen Fahrer
durch den Verkehr gesteuert, sondern ein anpassungsfähiges (lernfähiges) elektronisches
System, das aus Sensoren, Steuerungs- und Regelungsschaltungen besteht, manövriert
das Automobil durch den Verkehr. Seit Ende der 1950er Jahre ist das autonome Fahrzeug eine Vision bei Ingenieuren und Fachleuten der Automobilbranche, aber erst in den
1980er Jahren führte Ernst Dieter Dickmanns, Professor an der Universität der Bundeswehr München (1975-2001) und Gastprofessor an der CalTech Universität in Pasadena,
Kalifornien, und am MIT (Massachusetts Institute of Technology) Experimente mit
autonom fahrenden Autos durch, die jedoch noch starke Eingriffe einer Fahrerin bzw.

eines Fahrers bedurften [AuF21]. Seither arbeiten praktisch alle namhaften Automobil-entwickler intensiv an der Verwirklichung des autonomen Fahrzeugs, insbesondere an der elektronischen Steuerung. Welche Fähigkeiten muss die Elektronik dieses Fahrzeugs besitzen?

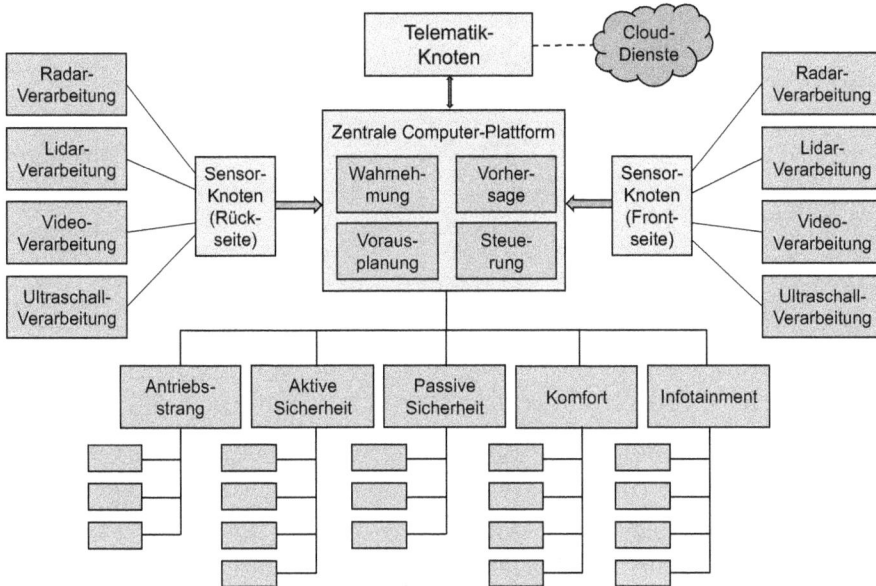

**Abbildung 4.32:** *Beispiel einer Elektrik/Elektronik-Architektur im Kraftfahrzeug.*

## 4.4.7 Die Elektrik/Elektronik-Architektur

Das Beispiel für eine Elektrik/Elektronik-Architektur (E/E-Architektur) für autonome Fahrzeuge wird in Abbildung 4.32 schematisch gezeigt. Im Zentrum befindet sich die zentrale Computer-Plattform, in der alle Fäden zusammenlaufen. Diese Plattform erhält die Sensorsignale der Frontseite und der Rückseite des Automobils und verarbeitet sie so, dass sowohl Steuerungssignale für das Fahrzeug als auch eine Verhaltensvorhersage der Nachbarfahrzeuge erstellt werden kann (siehe nächster Abschnitt).

Zudem greift das zentrale Computer-System über Bussysteme (siehe Seite 453) auf die Steuerungen und Regelungen für den Antriebsstrang (Powertrain, bzw. Motor- und Ge-triebesteuerung), Aktive Sicherheit (Chassis and Driver Assistance), Passive Sicherheit (Passive Safety), Komfort (Body and Comfort) und Infotainment zu und liefert die ent-sprechenden Steuersignale für einen reibungslosen Betrieb unter Gewährleistung hoher Sicherheitsanforderungen. Telematik ist ein Schlagwort für die Verbindung von Telekom-munikation und Informatik. In unserem Fall verbindet der Telematik-Knoten Cloud-Dienste mit der Informationsverarbeitung im Automobil, das heißt mit der zentralen Computer-Plattform.

## 4.4.8 Das elektronische Steuersystem

Abbildung 4.33 zeigt den schematischen Aufbau des elektronischen Systems für autonome Fahrzeuge. Als Eingabe dienen:

- Videokameras, vorne und hinten.
- Radarsensoren, vorne, hinten, seitlich
- LIDAR: Light Detection and Ranging: Laser-Sensoren, für Abstands- und Geschwindigkeitsmessung. Funktioniert ähnlich wie Radar.

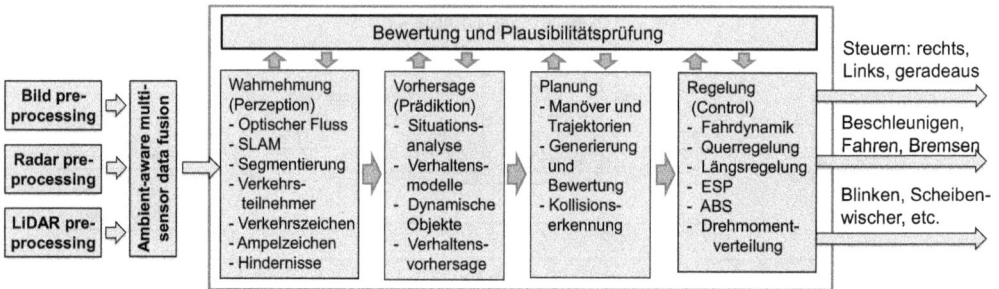

Bewertung und Plausibilitätsprüfung

Steuern: rechts, Links, geradeaus

| Bild pre-processing | Ambient-aware multi-sensor data fusion | Wahrnehmung (Perzeption) <br> - Optischer Fluss <br> - SLAM <br> - Segmentierung <br> - Verkehrs-teilnehmer <br> - Verkehrszeichen <br> - Ampelzeichen <br> - Hindernisse | Vorhersage (Prädiktion) <br> - Situations-analyse <br> - Verhaltens-modelle <br> - Dynamische Objekte <br> - Verhaltens-vorhersage | Planung <br> - Manöver und Trajektorien <br> - Generierung und Bewertung <br> - Kollisions-erkennung | Regelung (Control) <br> - Fahrdynamik <br> - Querregelung <br> - Längsregelung <br> - ESP <br> - ABS <br> - Drehmoment-verteilung |
| --- | --- | --- | --- | --- | --- |
| Radar pre-processing | | | | | |
| LiDAR pre-processing | | | | | |

Beschleunigen, Fahren, Bremsen

Blinken, Scheiben-wischer, etc.

**Abbildung 4.33:** *Schematischer Aufbau eines elektronischen Systems für autonome Fahrzeuge.*

Die Videokameras liefern 30 Bildern pro Sekunde unter zusätzlicher Angabe eines Zeitstempels zur Synchronisation. Die Sensorausgänge werden unter Berücksichtigung von Kontext und Umgebungsbedingungen fusioniert (Ambient-aware multisensor data fusion). Das heißt so viel wie „Umgebungsbewusste Datenfusionierung aus mehreren Sensoren". Es entsteht ein Bild der Umgebung, das die folgenden Module weiter verarbeiten können. Dieses Umgebungsbild wird an vier Einheiten mit folgenden Aufgaben übergeben:

(1) Die **Wahrnehmungseinheit (Perzeption)** führt folgende Aufgaben durch:
- Verarbeitung des optischen Flusses, das heißt: aus den vielen Einzelbldern wird eine Umgebung erkannt, die sich fließend ändert.
- „SLAM": (Simultaneous Localization and Mapping with Dynamic Rigid Objects): Das heißt soviel wie: Simultane Positionsbestimmung und Kartenerstellung mit dynamischen festen Objekten. Es ist ein Navigationsverfahren, das ursprünglich für mobile Roboter entwickelt wurde und sich auch für ein mobiles Fahrzeug eignet. Es erstellt eine Karte der unmittelbaren Fahrzeugumgebung und positioniert das Ego-Fahrzeug selbst, als Objekt in dieser Umgebung, einschließlich der Bewegungsrichtung plus andere feste, sich bewegende Objekte.
- Die **Semantische Segmentierung** unterteilt die bildlich erfassten Objekte in zusammenhängende Segmente bzw. Regionen entsprechend eines bestimmten „Ähnlichkeitskriteriums". Zum Beispiel werden Personen, Kinder, ein rollender Ball auf der Fahrbahn, Nachbarfahrzeuge usw. identifiziert und gegen statische Objekte, wie die Fahrbahn, Fahrbahnmarkierungen, Bäume am Fahrbahnrand usw. abgegrenzt. Es wird ausgerechnet, in welcher Richtung sich die dynamischen Objekte bewegen und eventuell die Fahrbahn des Autos kreuzen können. Das heißt, mit Hilfe der Semantischen Segmentierung kann eine Vorhersage über die Bewegung eines Objektes (oder mehrerer Objekte) getroffen werden (siehe auch Seite 128).

– Andere Verkehrsteilnehmer werden von der Semantischen Segmentierung erkannt. Fahrzeuge, die sich links, rechts, vor und hinter dem eigenen Auto bewegen, gleichermaßen Verkehrszeichen, Ampeln und Hindernisse.

(2) Die **Vorhersageeinheit (Prädiktion)** führt eine Situationsanalyse durch und verwendet dabei Verhaltensmodelle um eine Vorhersage über das Verhalten der dynamischen Objekte zu treffen.

(3) Die **Planungseinheit** plant die Manöver des eigenen Fahrzeugs in Beziehung zu den anderen Objekten, und berechnet die Trajektorien (Bewegungsabläufe) zur Durchführung der Manöver.

(4) Die **Regelung der Fahrdynamik** sorgt durch hochentwickelte Regelkreise, dass sich das Fahrzeug möglichst ruckfrei und sicher unter Berücksichtigung physikalischer Gesetzmäßigkeiten durch den Verkehr bewegt. Aus den Sensordaten bezüglich Weg und Zeit, werden Beschleunigungen, Energiebedarf, Leistungen, Widerstände etc. berechnet und berücksichtigt. Dabei wird unterschieden zwischen „Längsregelung", die die Bewegung entlang der Fahrzeug-Längsachse, also der eigentlichen Ortsveränderung, regelt und der „Querregelung", die die Bewegung entlang der Querachse regelt. Hierbei arbeiten die Programme: „ESP" (Elektronisches Stabilitätsprogramm) und „ABS" (Antiblockiersystem) zusammen. Das ESP, auch ESC (Electronic Stability Control) genannt, verhindert durch eine gezielte Bremskraftregelung für die einzelnen Räder, dass das Fahrzeug schleudert, bzw. ausbricht und das Fahrsystem die Kontrolle über das Fahrzeug verliert. Das Antiblockiersystem verhindert, durch wiederholtes Absenken und Anheben des Bremsdrucks, dass die Räder bei einer Vollbremsung blockieren. Dadurch wird ein „Rutschen" des Fahrzeugs unterbunden, die Reifen werden geschont, die Bremswirkung verstärkt und die Fahrzeugkontrolle bleibt erhalten.

Die Ausgaben der oben genannten vier Einheiten werden bewertet, geprüft und an ein Modul gegeben, das daraus die Fahrzeug-Steuerungssignale wie lenken, beschleunigen, bremsen, blinken etc. generiert.

| | AlexNet | VGG16 | GoogleNet |
|---|---|---|---|
| Gesamtzahl der Schichten | 25 | 256 | 141 |
| Gesamtmenge der Daten (MB) | 699 | 564 | 1190 |
| Parametermenge (MB) | 234 | 542 | 23 |
| Gesamtmenge GMACs (naive) | 484 | 99729 | 15 |
| Gesamtmenge GMACs (optimiert) | 85 | 15909 | 4 |

*Abbildung 4.34: Komplexität aktueller DNNs bei einer Bildauflösung von 1920x768x3.*

Für die Wahrnehmung, zum Beispiel für die semantische Segmentierung, für die Vorhersage, die Planung usw. werden hauptsächlich Tiefe Neuronale Netze (DNNs) und Convolutional Neural Networks (CNNs) verwendet.

In der Tabelle Abbildung 4.34 sind drei Beispiele von CNNs und deren Komplexität aufgeführt, in Bezug auf Anzahl der Schichten (Layers), der gesamten Daten, die verarbeitet werden (Total Data Size), die gesamte Speichergröße für Parameter (z. B. für die Gewichte), die gesamte Rechenleistung in GMACs ($10^9$ Multiply-Accumulate Operationen) für die "naive" Verarbeitung und die Rechenleistung für die optimierte Verarbeitung, hauptsächlich mit Hilfe des „Gemm"-Algorithmus. Gemm steht für „General Matrix Multiplication". Es ist ein bekannter Algorithmus, der in der Linearen Algebra, beim maschinellen Lernen, in der Statistik usw. verwendet wird.

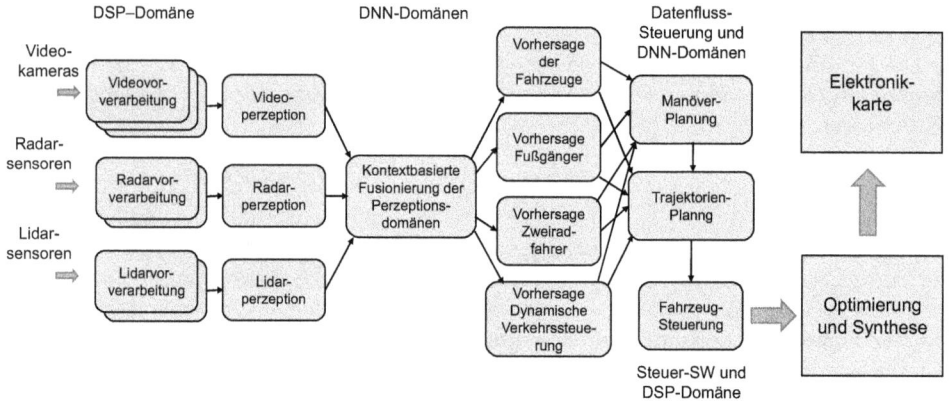

DSP–Domäne — DNN-Domänen — Datenfluss-Steuerung und DNN-Domänen

Videokameras → Videovorverarbeitung → Videoperzeption

Radarsensoren → Radarvorverarbeitung → Radarperzeption

Lidarsensoren → Lidarvorverarbeitung → Lidarperzeption

Kontextbasierte Fusionierung der Perzeptionsdomänen

Vorhersage der Fahrzeuge; Vorhersage Fußgänger; Vorhersage Zweiradfahrer; Vorhersage Dynamische Verkehrssteuerung

Manöver-Planung; Trajektorien-Planng; Fahrzeug-Steuerung

Elektronik-karte; Optimierung und Synthese

Steuer-SW und DSP-Domäne

**Abbildung 4.35:** *Autonomes Fahren: Beispiel für die Implementierung komplexer Funktionen. Von den Fahrzeug-Sensoren bis zur Synthese der Ekektronik-Karte.*

## 4.4.9    Autonomes Fahren: Beispiel für die Implementierung

Ein Beispiel für die Implementierung komplexer Funktionen in einem autonom fahrenden Automobil zeigt Abbildung 4.35. In der Domäne der digitalen Signalprozessoren (DSP-Domäne) werden die Signale der Videokameras, sowie der Radar- und Lidarsensoren vorverarbeitet. In der DNN-Domäne der **Perzeptionen** (Wahrnehmungen) kommen Tiefe Neuronale Netzwerke zum Einsatz. Die Perzeptionen werden anschließend kontextbasiert sowohl räumlich (spatial) als auch zeitlich (temporal) fusioniert. Anschließend folgt eine Verhaltensprädiktion aller sich bewegender Objekte unter Berücksichtigung von Verhaltensmodellen, zum Beispiel der

– Nachbarfahrzeuge,
– Zweiräder, z. B. Fahrräder, Roller, etc.
– Fußgänger,
– der dynamischen Verkehrssteuerung, z. B. durch Polizeikräfte, Ampeln etc.

Hierfür finden u. a. DNNs Verwendung, die auf einem definierten Zeitintervall operieren (TCNs) und gegebenenfalls Speichersemantik besitzen (CSTNs). Aus der Menge der Vorhersagen (Prädiktionen) und der Navigationsinformation wird eine Manöverplanung abgeleitet, z. B. ein Fahrbahnwechsel, ein Überholmanöver, ein Abbiegevorgang usw. und an die Trajektorienplanung zur korrekten Umsetzung des Manövers weitergeleitet.

Die Trajektorienplanung erzeugt schließlich die Kommandos für die Fahrzeugdynamiksteuerung, die diese unter Beachtung physikalischer Gesetzmäßigkeiten ausführt.

Jedes einzelne Tiefe Neuronale Netzwerk (DNN) der DNN-Domänen wird optimiert (siehe Seite 144) und das gesamte Netzwerk aus Digitalen Signalprozessoren (DSPs) und sonstigen Prozessorelementen wird einer Hardware-Synthese unterzogen, deren Ergebnis eine optimierte Elektronikplattform für ein autonom fahrendes Automobil ist.

## 4.4.10 Elektronik-Hardware für KI-Systeme

In den Jahren von 2018 bis 2021 sind zahlreiche Elektronik-KI-Systeme für autonom fahrende Kraftfahrzeuge entwickelt und produziert worden, zum Beispiel von den Firmen Nvidia, Tensilica, Mobileye,Tesla usw. Das Tesla-System stellen wir exemplarisch kurz vor.

### Block-Diagramm des Tesla FSD-Computer Chip

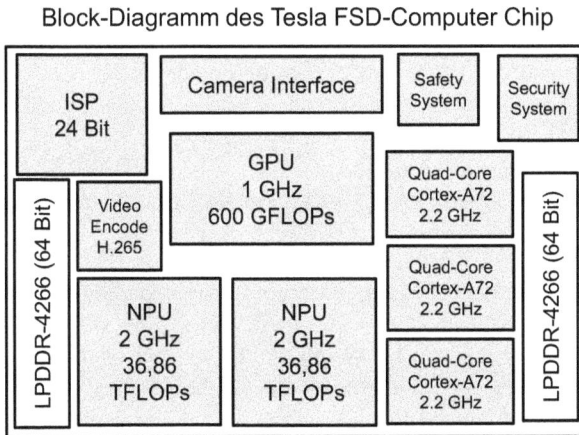

***Abbildung 4.36:*** *Block-Diagramm des „Tesla Full Self-Driving (FSD) Computer Chip" (aus [TeFSD19]).*

**Das Tesla Full-Self Driving Computer-Chip FSD**

Die Firma Tesla (seit Oktober 2021) mit Sitz in Austin, Texas, USA, hat Entwicklerinnen und Entwickler aus unterschiedlichen Domänen (KI, Software, Hardware-Architektur, System-on-Chip-Entwurf) zusammengebracht, die Anfang 2019 den hochmodernen „Tesla Full Self Driving Chip (FSD)" [TeFSD19] zur Produktion bei der Firma Samsung freigaben. Abbildung 4.36 zeigt das Block-Diagramm des „Tesla Full Self-Driving (FSD) Computer Chip", der in einer 14 nm-Technologie gefertigt wird. Er enthält folgende Prozessor-, Beschleuniger- und Schnittstellen-Einheiten:

- Eine Graphikprozessor Einheit (GPU), die mit einer Taktfrequenz von 1 GHz betrieben wird und bis zu 600 GFLOP pro Sekunde ($600 \cdot 10^9$ GFLOPS) liefert.
- Zwei Neural-Prozessor-Einheiten (NPU), die mit 2 GHz arbeiten und bis zu 36,86 TFLOPS liefern (Tera FLOPS = $10^{12}$ FLOPS). Die NPU wird auch als „Neural Network Accelerator" (NNA) bezeichnet, sie errechnet die Bewegungsvorhersagen des Fahrzeugs.
- Einen Bild-Signal-Prozessor (Image Signal Prozessor ISP) mit einer 24 Bit-Datenbreite, der Bilder von 8 „High Dynamic Range (HDR)"-Bildsensoren verarbeitet. Insgesamt können bis zu einer Milliarde ($10^9$) Pixel pro Sekunde prozessiert werden.
- Drei ARM Quad-Core Cortex-A72 Prozessoren mit einer Taktfrequenz von je 2,2 GHz (siehe Seite 410). Das sind zusammen 12 ARM Prozessorkerne, die für die Datenverarbeitung bestimmt sind.
- Das Safety-System (Absicherungssystem) prüft die Aktuatorausgaben in Bezug auf Betriebssicherheit (siehe unten).

- Das Security-System (Datensicherheits-System) sichert den Ausführungscode gegen Hackerangriffe. Es gewährleistet, dass nur Programmcode ausgeführt wird, der kryptographisch gesichert ist.
- Die beiden Speicherbänke mit insgesamt 8 GB Speicher zu je 64 Bit Datenbreite (Busbreite) sind LPDDR4-Speicher (Low Power Double Data Rate SRAM-Speicher). Die LPDDR-Speicher sind für mobile Anwendungen entwickelt worden.

### Zusammenfassung der Kennwerte des FSD-Computer Chips

Einige Kennwerte des Tesla-FSD-Chips, zusammengefasst, sind:

- Abmessungen: 37,5 mm · 37,5 mm.
- 14nm FinFET CMOS, 2 GHz.
- 6 Milliarden ($6 \cdot 10^9$) Transistoren.
- 2 Tesla NPUs (Neural Processor Units) als HW-Beschleuniger mit speziellen NN Instruktionen.
- Leistungsbedarf für ein FSD-Computer Chip: 36 W.
- DVFS Power Management für die Elektronikkarte, die einen Leistungsbedarf von weniger als 100 W hat.
- AEC Q100: Qualifizierung von Elektronikkomponenten (siehe unten).
- 2 FSD-Computer Chips pro Elektronikkarte (Board).

DVFS Power Management bedeutet „Dynamic Voltage and Frequency Scaling". Es ist eine Technik zur Reduzierung der Leistungsaufnahme. Die Taktfrequenz und die Betriebsspannung kann „skaliert" werden, das heißt nach Bedarf eingestellt werden.

AEC Q100 (Automotive Electronics Council) ist eine US-amerikanische Organisation zur Standardisierung der Qualifizierung von Elektronikkomponenten in der Automobilzulieferindustrie. AEC Q100 ist das bevorzugte Zuverlässigkeitstestdokument für integrierte Schaltungen in Kraftfahrzeugen [WikAEC21].

### Die TESLA-FSD-Elektronik

Ein FSD-Chip führt die in Abbildung 4.33 (Seite 156) dargestellten Funktionen aus. Die Tesla-Elektronikkarte trägt zwei FSD-Chips, plus Zubehör und Stecker für die Sensor- und Videocamera-Anschlüsse. Die Karte ist in den Tesla-Autos hinter dem Handschuhfach eingebaut. Die Sensoren erfassen Trägheitsmessungen (Insertia Measurement) des Fahrzeugs, Radar-Daten, GPS-Daten, Ultraschall-Daten, Drehzahlen der Räder, Winkeleinstellung der Steuerung, Daten der Straßenkarte usw.

Die Sensor-Daten werden gleichzeitig beiden FSD-Chips zugeführt und verarbeitet. Die beiden FSD-Computer erstellen unabhängig voneinander einen zukünftigen Ausführungsplan für die Bewegung des Fahrzeugs und einen Ausführungsplan für die unmittelbaren auszuführenden Bewegungen. Die beiden unabhängig erstellten Pläne werden vom **Safety System** verglichen. Es wird zunächst geprüft, ob die Pläne gleich sind und erst dann werden die Aktionen für die Aktoren (bzw. Aktuatoren wie Steuerung, Bremsen etc.) freigegeben [TeFSD19]. Falls die beiden Pläne nicht gleich sein sollten, kann das Safety-System entscheiden, ob es ein FSD-Computer-Chip für fehlerhaft erklärt, mit dem anderen weiter fährt, oder anhält.

| Chips für FSD-Anwendungen | Ascend-310 | Tesla FSD | Journey3 | Nvidia Xavier | Renesas V3U | Mobileye Q5 |
|---|---|---|---|---|---|---|
| Abmessungen oder Fläche | 15x15 mm | 37,5 x 37,5 mm | K. A. | 350 mm² | 230,46 mm² | K. A. |
| Technologie, Bauform | 12 nm FinFET Compact SoC | 14nm FinFET SoC | 16nm FinFET, SoC | 12nm CMOS, SoC | 12 nm FinFET Compact SoC | 7nm FinFET, SoC |
| Anzahl Transistoren | K.A. | 6 Milliarden | K. A. | 9 Milliarden | K. A. | K. A. |
| Taktfrequenz oder Datendurchsatz | 11-22 TOPS/Core 2 TOPS/W | 2 GHz 2x36,8 TFLOPs | 2,5 TOPS | I/O Bandwith: 40GB/s | 60,4 TOPS 13,8 TOPS/W | 24 TOPs @ 34 W |
| Neural Processor Units (NPUs) | 2x 3D Matrix Unit 4096 FP16 MACs | 2 | 2 x BPU Bernoulli | DLA, PVA | 3 CNN IP 3 x 13824 MACs | 2nd Gen. PMA |
| Graphic Processor Unit (GPU) | – | 600 GFOP/s | – | Volta-GPU 8 Streaming-Kerne | GE7800 | 18x Computer Vision Processor |
| General Purpose Processor | 8x Cortex-A55 | 3x Cortex-A72 | 4x ARM A53 + Cortex R5 | 8-Kern ARM64 | 8x Cortex-A76 @ 1,8 GHz | 8x MIPS Cores |
| Image Signal Processor (ISP) | FHD Video Codec 16 Kanäle | 1 Mrd. Pixel/s | 8MP@30fps | Native HDR-Processing | 4x Image rec. core (480Mpix) | 7 x 8 Mpixel Kanäle |
| Spezial-Systeme oder Beschleuniger (Camera IF, Video Enc., Safety etc.) | 2x2048bit SIMD Vector Inst. | 4 PUs | IPU | MM-Beschleuniger | Scratchpad + DMA-Controller | Mehrere PUs 40 Gb/s |
| Speicher | 32 GB LPDDR4X | 2xLPDDR 64 Bit (8 GB) | 4GB DRAM | LPDDR4X-4266 PHY | LPDDR4x-4266 PHY | LPDDR4X-4267 PHY |
| Leistungsaufnahme | 8 W | 36 W | 2,5 W for typical perception workloads | 30 W | 25 W | 10 W |
| Freigabe | 2019 | 2020 | 2020 | 2020 | 2021 | 2021 |

**Abbildung 4.37:** *Vergleich von „Full Self Driving"-Chips verschiedener Hersteller. K.A. steht für: Keine Angabe.*

### Vergleich einiger Chips für autonom fahrende Kraftfahrzeuge

In Tabelle Abbildung 4.37 zeigen wir einige Hochleistungs-Computer Chips verschiedener Hersteller, die zur Steuerung autonom fahrender Autos gedacht sind. Es sind dies:

- Das **Ascend-310-Chip** von HiSilicon. Die chinesische Firma HiSilicon wurde 1991 als Huaweis ASIC Design Center gegründet. Im Jahr 2004 wurde HiSilicon zu einer unabhängigen hundertprozentigen Tochtergesellschaft von Huawei. Das Ascend-310-Chip enthält einen effizienten, flexiblen und programmierbaren KI-Prozessor [HiSi21].
- Das **Tesla FSD-Chip** (siehe oben).
- Das **Journey3**-Chip der chinesischen Firma „Horizon Robotics" wurde 2020 auf den Markt gebracht. Mit der „Brain Processor Unit Bernoulli" (BPU) hat Horizon einen eigenen Prozessor auf DNN-Basis für bildliche Wahrnehmung (Perzeption) entwickelt.
- Das Chip bzw. das SoC **Nvidia Tegra Xavier**, Model Tegra194 [WikXa21] wurde im Januar 2018 angekündigt, im Juni 2018 begann die Fertigung. Nvidia Xavier beinhaltet unter anderem eine „Volta"-Graphic-Processor-Unit, mit 8 Stream-Multiprozessor-Kernen. Sie kann max. 22,6 Tera-Operationen pro Sekunde (TOPs) für 8-Bit-Integer Zahlen verarbeiten. Zudem ist der General Purpose Prozessor: „Carmel" mit 8 ARM-64 Kernen und die „Compute Unified Device Architecture" (CUDA, eine Parallelverarbeitungsplattform) mit 512 Tensor-Kernen integriert. Der Image Signal Processor (ISP) hat einen Durchsatz von 2,4 GPiX/sec (Giga-Pixel pro sec) und die 2xDeep Learning Accelerators (DLA) weisen einen Durchsatz von insgesamt 11,4 Tera-FLOPS für Half Precision FP (FP16)-Zahlen auf. Ein „Integrated Memory Controller" steuert den LPDDR4X-4266 Speicher mit 8 Kanälen, die 32 Bit breit sind und eine maximale Bandbreite von 127,1 GiB/s zur Verfügung stellen. Nvidia plant für das Jahr 2022 die Freigabe des SoC **Orin** mit 254 TOPs und das SoC **Atlan** mit 1000 TOPs im Jahr 2024.
- Das **Renesas-V3U-Chip**. Die „Renesas Electronics Corporation" ist ein japanischer

Halbleiterkonzern. Der Name Renesas steht für „Renaissance Semiconductor for Advanced Solutions". Das Renesas-V3U-Chip ist ein System-on-Chip (SoC), das als effizienter und leistungsfähiger Neural-Netzwerk-Beschleuniger gilt [Ren21].

- Die Firma **Intel-Mobileye** [MoEye21] ist ein israelisches Tochterunternehmen der Intel Corporation. Mabileye produziert Chips und Elektronik für Fahrerassistenzsysteme (ADAS: Advanced Driver Assistance Systems). Die Chips **Mobileye EyeQ3 bis EyeQ5** sind für autonom fahrende Kraftfahrzeuge bestimmt. Das Chip EyeQ5 beinhaltet unter anderem einen leistungsfähigen Vektor Microcode Processor (VMP). Der VMP ist eine VLIW-SIMD-Prozessor, der an die „Computer Vision Applications" angepasst ist, das heißt an Video-Cameras und Radar-Lidar-Systeme. Zudem ist ein „Multithreaded Processing Cluster" (MPC) von 8 CPUs und 2 Threads integriert. Mobileye hat bereits das Chip **EyeQ6** mit höherer Leistung als Q5 angekündigt, es soll 2022 frei gegeben werden.

**Abbildung 4.38:** *Beispiel für ein Keyword-Spotting-System (KWS). Es erkennt gesprochene Kennworte, Hier zum Beispiel „Open trunk".*

## 4.4.11   Ein „Always on KWS-System": UltraTrail

Ein „Always on Keyword Spotting System (KWS)", ist ein „immer verfügbares Kennwort-Erkennungssystem", das permanent eingeschaltet ist und gesprochene Kennworte erkennt. Diese Kennworte sind zum Beispiel „Fahr", „Stop", „links", „rechts", „open the trunk" usw. Abbildung 4.38 zeigt ein Beispiel für ein Keyword-Spotting System. Ein kleines Mikrofon nimmt die akustischen Signale auf, übergibt sie an das KWS-System, das schließlich die Aktoren für die Öffnung des Kofferraums betätigt.

Ein Prototyp eines KWS-Systems, „UltraTrail" genannt, wurde von Paul Palomero-Bernardo et al. am Institut für Eingebettete Systeme der Universität Tübingen entwickelt und optimiert [PaBe20]. UltraTrail ist ein „Rechenbeschleuniger" (siehe auch Seite

4), das heißt, er übernimmt die Funktion „Keyword-Spotting" als effektives und sparsames Subsystem. Da ein KWS-System dauernd eingeschaltet sein muss, ist ein möglichst geringer Energiebedarf wichtig. UltraTrail wurde trainiert um folgende 10 Worte aus dem „Google Speech Commands Dataset" [Wa18] zu erkennen: „yes", „no", „up", „down", „left", „right", „on", „off", „stop" und „go". Es hat eine Wort-Erkennungsgenauigkeit von 93%. Um die strikten Anforderungen an Leistungsbedarf, Erkennungsgenauigkeit und Echtzeitfähigkeit zu erfüllen, wurde beim Entwurf von UltraTrail auf eine enge Co-Optimierung zwischen dem auszuführenden Tiefen Neuronalen Netzwerk (DNN) und der Hardwarearchitektur gesetzt. Als Neuronales Netz kommt ein TC-ResNet (Temporal Convolutional Residual Network, siehe Seite 130) [ChoiT19] zum Einsatz.

Das ResNet ist analog zu herkömmlichen ResNets aufgebaut, verwendet jedoch eindimensionale Faltungen entlang der Zeitachse der Eingabedaten anstatt der aus der Bildklassifikation bekannten zweidimensionalen Faltung. Damit eignet es sich für die Verarbeitung eindimensionaler Sensordatenströme wie beispielsweise Audiosignalen.

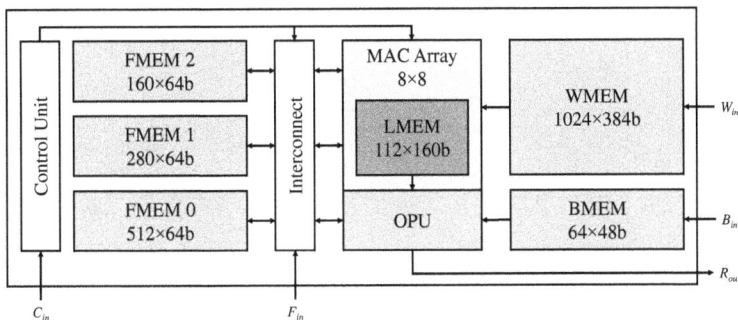

**Abbildung 4.39:** *Blockdiagramm der UltraTrail-Architektur nach [PaBe20].*

Für eine effiziente Ausführung von UltraTrail werden die Parameter und Features des TC-ResNet auf 6 Bit und 8 Bit Festkomma-Werte „quantisiert". Unter Quantisierung versteht man in unserem Fall eine Methode, die Gleitkommazahlen so in Festkommazahlen umwandelt, dass der Genauigkeitsverlust der Zahlen minimiert wird [Ben17]. Gegenüber der, während des Trainings üblichen 32 Bit oder 64 Bit Gleitkommadarstellung wird der Speicherbedarf zur Ausführungszeit (Inferenz) durch die Quantisierung deutlich reduziert. Zudem ermöglicht diese den Einsatz von Festkomma-Arithmetik, die effizienter in Hardware implementierbar ist als Gleitkomma-Arithmetik. Divisionen werden generell durch Shift-Operationen approximiert.

Um den Genauigkeitsverlust durch die Quantisierung zu minimieren, wird ein quantisierungsbewusstes Training (Quantisation Aware Training, QAT) verwendet, welches bereits während des Trainings die Auswirkungen der Quantisierung simuliert, sodass diese beim Erlernen der Parameter beachtet werden kann. Die Hardwarearchitektur von UltraTrail ist in Abbildung 4.39 schematisch gezeigt. Sie wurde für die Ausführung des spezialisierten TC-ResNet ausgelegt.

Im Zentrum steht ein **Multiply-Accumulate(MAC)-Array** bestehend aus 64 MAC-Einheiten, die in einem 8x8-Array angeordnet sind. Es ist für die Berechnung der rechenintensiven Faltungsoperationen zuständig. Die Größe und der Datenfluss des MAC-

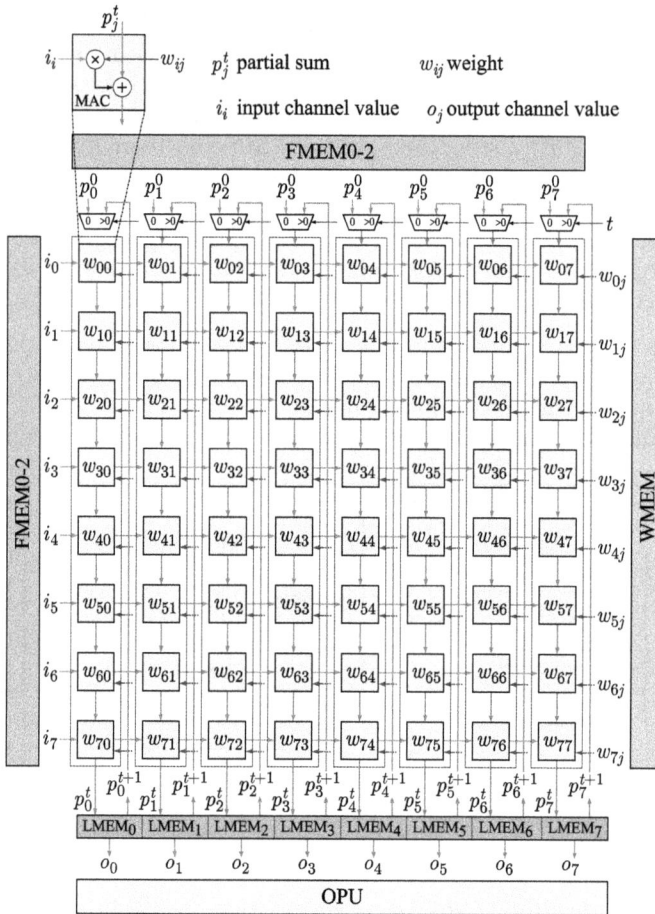

**Abbildung 4.40:** *Schema des UltraTrail MAC-Arrays [PaBe20].*

Arrays sind so gewählt, dass eine optimale Abbildung des TC-ResNet auf die verfügbaren Recheneinheiten möglich ist, sodass UltraTrail einen konstanten und maximalen Durchsatz von 64 MACs/Takt erreicht. Abbildung 4.40 zeigt den schematischen Aufbau des Arrays. Jeweils acht Ausgabe-Features $o_j$ werden parallel berechnet. Hierfür werden immer acht Eingabe-Features $i_i$ an die einzelnen MAC-Einheiten geleitet, wo sie mit den dazugehörigen Gewichten $w_{ij}$ multipliziert werden. Die Produkte werden noch im selben Takt entlang eines kombinatorischen Pfades (senkrecht) aufsummiert und anschließend in dem lokalen Speicher (LMEM) als partielle Summen $p_j$ abgelegt. Der Vorgang wiederholt sich mit neuen Eingabe-Features und Gewichten, bis die Ausgabe-Features vollständig akkumuliert sind. Für die Addition eines Vorspannungswerts (Bias) sowie der Berechnung der Aktivierungsfunktionen und des Poolings wird eine separate **Output Processing Unit (OPU)** verwendet. MAC-Array und OPU sind von einer verteilten **Speicherarchitektur** umgeben, die aus einem Gewichtsspeicher (WMEM), Bias-Speicher (BMEM) und drei Feature-Speichern (FMEM) besteht. Die Feature Speicher halten die Ein- und Ausgabedaten der einzelnen DNN-Layer. Das heißt: die initiale Eingabe in das neuronale Netz (zum Beispiel MFCC-Features) und im Verlauf der Inferenz die Zwischenergebnisse der einzelnen Ebenen bis hin zum Endergebnis. MFCC-Features sind „Mel Frequency Cepstral Coefficients", sie werden zur automatischen Spracherkennung verwendet und führen zu einer kompakten Darstellung des Frequenzspektrums [MFCC21]. Durch diese Speicherarchitektur können die hohen Anforderungen an die Ausführungsgeschwindigkeit erfüllt und gleichzeitig ungenutzter Speicher selektiv abgeschaltet werden, um die Leistungsaufnahme zu verringern. Damit unterschiedliche TC-ResNet-Varianten ausgeführt werden können, besitzt UltraTrail eine programmierbare Steuereinheit, die eine Konfiguration zur Laufzeit erlaubt.

UltraTrail wurde als Chip realisiert. Es hat die Abmessungen: 0,45mm x 0,45mm, und ist damit kleiner als ein Sandkorn(!). Der Leistungsbedarf für Echtzeit-KWS auf UltraTrail ist $8,2\mu W = 8,2 \cdot 10^{-6} W$. Das Chip wurde in das „Pulpissimo SoC" integriert und von der Firma „Globalfoundries" (USA, mit einer Fabrik in Dresden) in der 22nm FD-SOI-Technologie gefertigt. Pulpissimo ist eine Entwicklungsplattform, die in Zusammenarbeit der ETH Zürich mit der Universität von Bologna entwickelt wurde [Pimo21]. Pulpissimo ist Teil der „Pulp-Plattform" [Pulp17].

# 4.5  Zusammenfassung

Die Ausführung von Systemen mit Künstlicher Intelligenz in Eingebetteten Systemen ist mit hohen Herausforderungen im Bereich Hardware-Komplexität, Echtzeit-Ausführbarkeit und Energiebedarf verbunden.

In diesem Kapitel geben wir zunächst eine kurze Einführung in die Entwicklung und die Grundlagen von Tiefen Neuronalen Netzen (DNNs). Wir beschäftigen uns mit Maschinellem Lernen, mit dem Training und dem Einsatz (Inferenz) von DNNs. Danach betrachten wir die Rechenleistung beim Training, bei der Inferenz, stellen Optimierungsmöglichkeiten vor und beleuchten insbesondere wie neuronale KI in Eingebetteten Systemen effizient realisiert werden kann.

Applikationsspezifische Hardware-Architekturen von DNN-Rechenbeschleunigern werden vorgestellt und als Beispiel behandeln wir den aktuellen Stand der Elektronik von autonom fahrenden Kraftfahrzeugen und ein „Keyword-Spotting-System: UltraTrail".

# 5 Beschreibungssprachen für den Systementwurf

Im Kapitel 2 Entwicklungsmethodik werden Wege von der Idee eines Eingebetteten Systems bis zur Realisierung desselben aus Hardware- und Softwarekomponenten aufgezeigt. Die Hardwarekomponenten sind meist elektronische Schaltungen, die zunächst als Modell in einer Hardware-Beschreibungssprache dargestellt werden können.

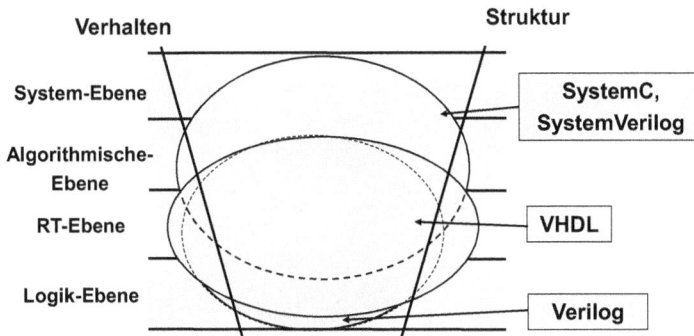

*Abbildung 5.1:* *Übersicht über eine Auswahl von Beschreibungssprachen in Abhängigkeit der Einsatzmöglichkeiten auf verschiedenen Abstraktionsebenen.*

Hardware-Beschreibungssprachen (Hardware Description Languages HDL) ermöglichen es, eine Schaltung auf verschiedenen Abstraktionsebenen zu beschreiben und zu simulieren. Sie dienen in der Regel auch als Eingabe für eine Synthese bzw. High-Level-Synthese (siehe Abschnitt 7.3, Seite 297), zur Generierung einer Schaltungsstruktur bzw. einer physikalischen Schaltung. In Abbildung 5.1 sind einige gängige Beschreibungssprachen in Abhängigkeit ihrer Abdeckung der einzelnen Abstraktionsebenen und Domänen im Y-Diagramm (siehe Abbildung 2.10, Seite 56) dargestellt. Aus Abbildung 5.1 wird die Abgrenzung zwischen einer System- und einer Hardware-Beschreibungssprache ersichtlich: während System-Beschreibungssprachen Systeme vor allem auf der Systemebene und der algorithmischen Ebene darstellen können, fokussieren die Hardware-Beschreibungssprachen auf die algorithmische, RT- und Logikebene.

Es existieren eine Reihe von System- und Hardware-Beschreibungssprachen, von denen mit SystemC, SystemVerilog, Verilog und VHDL die wohl prominentesten in Abbildung 5.1 eingeordnet werden. Im Folgenden konzentrieren wir uns in diesem Buch auf VHDL sowie SystemC. Ebenfalls wird wegen der großen Anzahl an kommerziellen und frei verfügbaren Werkzeugen nicht explizit auf Werkzeuge zur Erzeugung der Schaltungssimulation bzw. zur Synthese eingegangen. Das Kapitel soll dem Leser einen

https://doi.org/10.1515/9783110702064-005

Einstieg in VHDL und SystemC bieten um erste Schaltungen zu beschreiben und zu simulieren; es wird jedoch kein Anspruch auf eine vollständige Beschreibung erhoben. Als weiterführende Literatur sei für die Sprache VHDL in erster Stelle auf den Language Reference Guide (LRM) [VHDL08] verwiesen und zusätzlich auf folgende Lehrbücher: [MolRit04], [ReiSch07].

# 5.1    VHDL – Eine Hardware-Beschreibungssprache

Hardware-Beschreibungssprachen (Hardware Description Languages, HDL) wurden entwickelt um Schaltungen entsprechend ihrer elektrischen Funktionsweise möglichst exakt zu beschreiben und zu simulieren. Es stellt sich dabei die Frage, warum dies nicht auch mit Programmiersprachen wie beispielsweise C, C++ oder Java realisierbar ist. Die Antwort ist denkbar einfach: Viele grundlegende Anforderungen, die sich durch die Anwendung ergeben, können mit prozeduralen Programmiersprachen nicht oder nur sehr umständlich erfüllt werden (vgl. Tabelle 5.1). So werden beispielsweise Funktionen in elektronischen Schaltungen zeitgleich, also nebenläufig, abgearbeitet. Nebenläufigkeit muss daher durch die Sprache aktiv unterstützt werden.

|                        | Hardware-Beschreibungs-sprachen                    | Programmiersprache                         |
| ---------------------- | -------------------------------------------------- | ------------------------------------------ |
| Operationen            | parallel und sequenziell                           | sequenziell                                |
| Zeitverhalten (Timing) | wichtig, spezifizierbar                            | nicht beschreibbar                         |
| Beschreibungssicht     | Verhalten und Struktur                             | Verhalten                                  |
| Beschreibungsziel      | Simulation, Synthese, Verifikation, Dokumentation  | Implementierung, Verifikation, Dokumentation |
| Beschreibungsebenen    | Algorithmus, RT-Ebene, Logikebene, Schaltkreisebene | Algorithmus                                |

*Tabelle 5.1:* *Die wichtigsten Unterschiede aus Sicht der Anforderungen zwischen Hardwarebeschreibungssprachen und Programmiersprachen.*

Einen wichtigen Punkt stellt das Zeitverhalten dar: Elektronische Schaltungen besitzen ein Zeitverhalten, das durch den Einsatz von Bauteilen definiert wird. So müssen beispielsweise bei digitalen Bausteinen die Gatterlaufzeiten berücksichtigt werden. In getakteten Schaltungen wird das Zeitverhalten noch wichtiger, da alle Bauteile direkt oder indirekt über einen gemeinsamen Takt synchronisiert werden. Entsprechend muss die Beschreibungssprache in der Lage sein, das geforderte Zeitverhalten realer Bauteile umzusetzen und in der Simulation zu realisieren. Auch in Beschreibungssicht und -ziel sowie -ebenen unterscheiden sich Hardwarebeschreibungs- und Programmiersprachen. Während Programmiersprachen die Implementierung eines Algorithmus zum Ziel haben, müssen Hardwarebeschreibungssprachen mehrere Möglichkeiten realisieren (vgl. Tabelle 5.1). Ausgehend vom Algorithmus soll die Beschreibung in eine Schaltung umsetzbar sein und auch simuliert werden können. Das beinhaltet entsprechend das elektrische Verhalten der verwendeten Bauteile oder Schaltungen, sodass eine korrekte Funktion implizit verifiziert werden kann. Darüber hinaus soll aufbauend auf der Hardware-Beschreibung eine Möglichkeit gegeben werden, eine Schaltung zu synthetisieren, die den vorgegebenen Algorithmus auf eine Schaltungsstruktur der geplanten Zieltechno-logie abbilden kann. Eine weiterer Vorteil von Hardware-Beschreibungssprachen ist die implizite Dokumentation der gestellten Aufgabe bzw. der erstellten Schaltung durch die intuitive und verständliche Beschreibung der Schaltung – wenn man sich an die Kon-ventionen hält und erklärende Namen bei der Beschreibung der einzelnen Funktionen und Module verwendet. Dadurch wird nicht nur eine Kommunikationsmöglichkeit mit dem Auftraggeber oder den Teamkollegen eröffnet, sondern auch die Wartbarkeit und die Wiederverwendbarkeit einzelner Schaltungen oder deren Teile erhöht.

Im Folgenden wird auf den Entwurf einer Schaltung mit der Hilfe von VHDL eingegan-gen. VHDL wurde ausgewählt, weil diese Sprache alle oben genannten Eigenschaften erfüllt: VHDL ist

- normiert,
- Hersteller-unabhängig,
- Technolgie-unabhängig,
- simulierbar,
- einfach lesbar und verständlich,
- kann als Dokumentation dienen,
- synthetisierbar.

Ziel ist es hier, dem Leser einen Einstieg in die Hardware-Beschreibungssprache VHDL zu ermöglichen, um eine Schaltung in VHDL auf Grund einer Spezifikation oder eines Anforderungsdokuments korrekt zu beschreiben. Daher wird ein pragmatischer Ansatz zur Einführung in die Thematik gewählt. Für tiefer gehende Betrachtungen der Sprache sowie weniger gebräuchliche Details sei auf die bereits oben zitierte Literatur verwiesen.

**Historisches**

VHDL (Very High Speed Integrated Circuit Hardware Description Language) wurde im Jahre 1980 vom amerikanischen Verteidigungsministerium (Departement of Defense DOD) in Auftrag gegeben. Die Motivation war, eine eindeutige Dokumentations- und Simulationssprache für elektronische Hardware zu erhalten, um die Kosten für die War-tung von militärischen Geräten zu senken. Es wurde ein Gremium gegründet, das die Entwicklung und Normierung von VHDL in die Wege leitete. Zunächst wurde auf den Konstrukten der Programmiersprachen Pascal und ADA aufgebaut, jedoch mussten die grundlegenden Eigenschaften einer Hardware-Beschreibungssprache, wie Darstellung der Parallelität, der Hierarchie und des Zeitverhaltens neu entwickelt werden. Neu war auch die Simulationssemantik von VHDL, die das Hardwareverhalten auf Grund der VHDL-Beschreibung darstellen musste. Die erste genormte Ausgabe von VHDL erschien 1987 unter der Bezeichnung IEEE-1067, eine Erweiterung gab es 1993. Im Jahre 1999 erschien die Erweiterung VHDL-AMS (Analog-Mixed-Signal, IEEE 1076.1).

VHDL ist sehr weit verbreitet, hauptsächlich in Europa. Die meisten Anbieter von EDA-Werkzeugen unterstützen diese Sprache. VHDL wurde auch zur Grundlage für die Ent-wicklung weiterer Hardware- und Systembeschreibungssprachen, wie z. B. Verilog und SystemC.

## 5.1.1    Grundlegender Aufbau

Bei der Lösung einer Aufgabe wird aus Sicht der zu erstellenden Hardware, die im Folgenden mit Hilfe von VHDL beschrieben werden soll, zunächst ein System modelliert, das aus einzelnen Beschreibungen von Subsystemen besteht. Auf diese Art und Weise wird eine Hierarchie gebildet, bei dem einzelne Systeme wiederum als Subsysteme in einem übergeordneten System eingebaut werden können.

Entsprechend ist die Struktur von VHDL hierarchisch aufgebaut (siehe Abbildung 5.2). Jedem (Sub-)System ist eine sogenannte Entity übergeordnet. Die Entity beschreibt die Schnittstelle, also die Ein- und Ausgänge des Systems bzw. der zu beschreibenden Hardware. Zu jeder Entity gehört wiederum mindestens eine sogenannte „Architecture" (mehrere sind möglich), die wiederum die eigentliche Beschreibung der zu verwirklichen-den Aufgabe beinhaltet. Innerhalb der Architecture kann (muss aber nicht) wiederum eine Komponente, als „Component" bezeichnet, als Teil der Beschreibung eingebunden werden. Eine Komponente (Component), ist quasi ein eigenes System, das in diesem Fall als Subsystem hierarchisch eingebunden ist und selber wieder aus einer Entity und einer Architecture besteht usw. Die „höchste" Entity in einer solchen hierarchischen Struktur nennt man „Top-Level Entity". Eine bereits geprüfte Entity kann als Komponente in anderen Schaltungsbeschreibungen weiter verwendet werden.

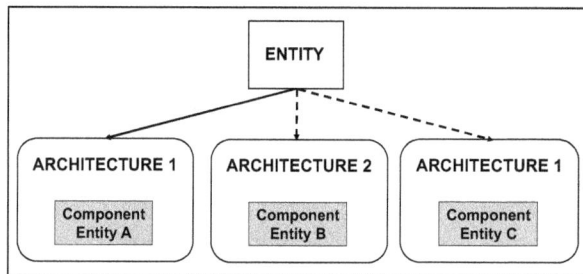

**Abbildung 5.2:** *Hierarchische Struktur in VHDL. Ausgehend von der Top-Entity wird ihr eine (von mehreren möglichen) Architectures mit der zugehörigen Beschreibung zugeordnet. Diese Architecture kann dabei wiederum Components besitzen, die selber jeweils eine eigenständige Entity mit einer zugeordneten Architecture haben können.*

Eine weitere Eigenschaft von VHDL ist die Zuordnung unterschiedlicher „Architectu-res" innerhalb einer Entity. Das heißt, ein Container mit den entsprechenden nach außen sichtbaren Schnittstellen kann intern mit unterschiedlichen Beschreibungen gefüllt werden. Welche korrespondierende Architecture innerhalb eines Projektes ausgewählt wird, wird über die „Configuration" (siehe Abschnitt 5.1.11, Seite 202) festgelegt. Die Confi-guration ist letztendlich eine Tabelle in der genau aufgelistet wird, welcher Entity welche der möglichen Architecture zugeordnet wird. Das ermöglicht zum Beispiel, im Laufe einer Entwicklung verschieden abstrakte Modelle zu entwerfen und mit derselben Entity zu simulieren. Man beginnt mit der Architecture eines Verhaltensmodells auf algorithmischer Ebene und synthetisiert diese zu einem Strukturmodell auf RT-Ebene. Weitere Modelle können bis zur Fertigstellung vorangehen oder folgen.

## Entwurfsebenen

Ein wichtiger Punkt sind die Entwurfsebenen (siehe Y-Diagramm Abbildung 2.10, Seite 56 und Abbildung 5.1). Entsprechend dem Y-Diagramm kann die Beschreibung des VHDL-Codes auf verschiedenen Entwurfsebenen erstellt werden. Die in VHDL möglichen Entwurfsebenen sind:

- Algorithmische Ebene,
- Register-Transfer-Ebene und
- Logikebene.

**Algorithmische Ebene** Auf dieser Ebene wird die zu entwickelnde Hardware wie ein Algorithmus beschrieben. Das bedeutet, dass in diesem Fall lediglich eine Anweisung für eine bestimmte auszuführende Funktion beschrieben und kein Zusammenhang zur späteren Schaltungsstruktur gegeben wird. In der algorithmischen Ebene wird kein Bezug auf den globalen (oder lokalen) Takt oder auf Rücksetzsignale genommen. Das ist auch an folgendem VHDL-Beispielcode ersichtlich:

```
MAIN_LOOP: loop
    x1 := x + dx;
    u1 := u - (3*x*u*dx) - (3*y*dx);
    y1 := y + (u*dx);
    x := x1; u := u1; y := y1;
    exit MAIN_LOOP when x1 > a; end loop;
```

## Register-Transfer-Ebene

Der Register-Transfer-Ebene (RT-Ebene) kommt im Schaltungsentwurf eine besondere Bedeutung zu, da auf dieser Ebene der Takt (CLOCK) der Schaltung eingeführt wird. Dadurch kann die Synchronisierung einzelner Schaltungsteile realisiert werden (siehe Abschnitt 10.6, Seite 467). Auf dieser Ebene wird die Schaltung „zeitgenau" und „pingenau" dargestellt (siehe Abschnitt 3.8, Seite 100). „Zeitgenau" bedeutet, dass bei einer Schaltwerk-Beschreibung, (siehe Seite 203), die Ausführungszeit als Anzahl der Taktperioden (auch Taktzyklen genannt) festgelegt wird. „Pingenau" bedeutet, dass die Datenbreiten bestimmt werden, die Signale im Schaltungsmodell sind vom Typ „Bit" oder vom Typ „Vektor" (nicht vom Typ Integer). Auf der Register-Transfer-Ebene werden auch Rücksetzsignale eingeführt, die eine Schaltwerk (z. B. im Fehlerfall) in den Anfangszustand zurücksetzen. Typische Beispiele von Beschreibungen auf RT-Ebene sind das D-FlipFlop in Abschnitt 5.1.9, Seite 196 oder die Ampelsteuerung in Abschnitt 5.1.12, Seite 204.

**Logik-Ebene** Die aus Ingenieurssicht einfachste Ebene dürfte die Logik-Ebene als Beschreibungsebene sein. In dieser Abstraktionsebene wird die Schaltung mit Hilfe von logischen Gattern beschrieben. Damit wird die Hardware als Kombination der Gatter und deren individuellen Eigenschaften (z. B. : Gatterlaufzeit) dargestellt. Ein VHDL-Beispielcode sieht wie folgt aus:

```
sum <= a XOR b after 2 ns;
carry <= a AND b after 2 ns;
```

**Hardware-Modellierung in der Architecture**

Wie bereits erwähnt, kann jede Entity mehrere Architectures (z. B. auf verschiedenen Abstraktionsebenen) erhalten. Eine durch die Configuration ausgewählte Architecture beinhaltet genau die Beschreibung des Schaltungsteils, das entsprechend der Vorgaben erstellt werden soll. Falls zu einer Entity nur eine Architecture beschrieben wird, kann die Configuration weggelassen werden. Um die zugehörige Hardware in VHDL zu beschreiben, gibt es prinzipiell zwei (bzw. drei) unterschiedliche Modellierungen:

- Verhaltensbeschreibung (Behavioural Modeling) mit Datenflussbeschreibung,
- Strukturbeschreibung (Structural Modeling).

Verhaltensbeschreibungen und Strukturbeschreibungen können auf jeder Abstraktionsebene, also beispielsweise auf Logikebene, RT- und Algorithmischer Ebene, modelliert werden. Wir verwenden als erste Beispiele die Beschreibungen eines Halbaddierers und Volladierers. Ein Halbaddierer dient der Addition zweier Bits und besteht aus zwei Gattern mit zwei Eingängen: einem XOR und einem AND. Beim Halbaddierer werden, wie in Abbildung 5.3 dargestellt, auf die Eingänge beider Gatter jeweils ein Bit geschaltet. Ausgehend von den Eingängen (a, b) berechnet das XOR die resultierende Summe (sum) und das AND den Übertrag (carry). Die Zuweisung eines Wertes auf ein Signal wird durch den Operator <= durchgeführt.

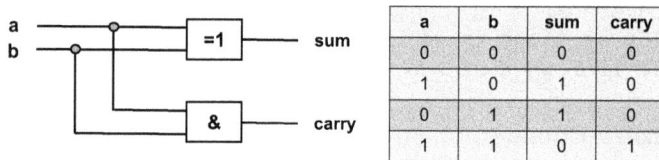

| a | b | sum | carry |
|---|---|-----|-------|
| 0 | 0 | 0   | 0     |
| 1 | 0 | 1   | 0     |
| 0 | 1 | 1   | 0     |
| 1 | 1 | 0   | 1     |

**Abbildung 5.3:** *Links: Schaltung eines Halbaddierers, rechts: Wahrheitstabelle des Halbaddieres. Eingänge sind a und b, Ausgänge sind sum und carry.*

**Verhaltensbeschreibungen** auf Logik-Ebene stellen die Verknüpfungen der Signale mit logischen Gattern dar. Hierbei gibt es zwei Beschreibungsarten, die Verhaltensbeschreibung als **Datenflussbeschreibung** in der die einzelnen Operationen sequenziell aufgelistet werden und Kontrollstrukturen *nicht* vorkommen. Siehe obiges Beispiel unter „Logik-Ebene" und als weiteres Beispiel die Architecture DATFLUSS auf Seite 175. Zudem gibt es die Verhaltensbeschreibung auf Logikebene als VHDL-Prozess in der Kontrollstrukturen wie Verzweigungen und Schleifen vorkommen können (siehe Abschnitt 5.1.8, Seite 190). Verhaltensbeschreibungen auf RT-Ebene werden später ausführlich behandelt. Im folgenden Beispiel eines Halbaddierers als VHDL-Prozess werden Schlüsselworte und Deklarationen weggelassen:

```
IF (a = '1' AND b = '1') THEN
   sum <= '0';
   carry <= '1';
ELSE
   IF (a = '1' OR b = '1') THEN
      sum <= '1';
   ELSE
      sum <= '0';
```

```
      carry <= '0';
   END IF;
END IF;
```

**Strukturbeschreibungen** verfolgen einen anderen Ansatz. Hier werden Strukturen aus einzelnen Komponenten (Component) gebildet, indem diese Komponenten in der Architecture miteinander verbunden („verdrahtet") werden. Die entsprechenden Komponenten sind dabei bereits über eine Entity mit zugehöriger Architecture beschrieben. Ein Strukturbeschreibungs-Beispiel des Volladdierers, in dem zwei Halbaddierer und ein OR-Gatter verwendet werden, findet man in Abschnitt 5.1.3 Seite 177.

## 5.1.2   Das Sprachkonzept

Das Sprachkonzept von VHDL unterscheidet sich von Programmiersprachen wie beispielsweise C, C++, Java, Pascal usw. auf Grund der Anforderungen des Hardwareentwurfs erheblich. Hierbei stechen vor allem die Anforderungen hinsichtlich des Einbezugs der genauen zeitlichen Abhängigkeiten zwischen den einzelnen Komponenten sowie der Laufzeit von Komponenten und die Abbildung parallel ablaufender Schaltungsteile hervor. Das bedeutet für den Entwickler in VHDL, eine Anpassung hinsichtlich des Programmierstils: Es ist hilfreich, wenn die Entwicklerin oder der HW-Entwickler bei der Beschreibung eines Systems oder einer Schaltung „in Hardware denkt" und vom sequenziellen Denken beim Programmentwurf – wie es bei anderen Programmiersprachen üblich ist, – abrückt. Hierbei darf man sich nicht davon irritieren lassen, dass der Quellcode natürlich weiterhin sequenziell gelistet wird, obwohl innerhalb eines Zeitschrittes – mit Ausnahme der VHDL-Prozessbeschreibung (darauf wird später genauer eingegangen) – alle Signaländerungen nebenläufig in Abhängigkeit von den gegebenenfalls angegebenen Schaltzeiten durchgeführt werden.

Die Tendenz in der Systementwicklung geht in Richtung höherer Abstraktionsebenen, das heißt Beschreibungen von Systemen bzw. Teilsystemen werden eher auf höheren Abstraktionsebenen (z. B. auf der algorithmischen Ebene) durchgeführt und danach synthetisiert. Trotzdem muss eine Entwicklerin oder ein Entwickler das Ergebnis einer Synthese, also z. B. die Beschreibung auf RT- oder Logikebene verstehen können.

Das Sprachkonzept von VHDL ist darauf ausgelegt, nebenläufige Prozesse wie sie in der Schaltungstechnik üblich sind, durch die Beschreibung und Kombination paralleler Schaltungsteile darzustellen. Dies wird durch die Möglichkeit der Kombination einzelner Bauteile zur Generierung einer größeren Schaltung erreicht. Am Beispiel eines Ein-Bit-Volladdierers, kurz Volladdierer genannt, in Abbildung 5.4, Seite 177, kann dieser nebenläufige Aufbau einer Schaltung aus einzelnen Bauteilen gezeigt werden: Nach der Definition des Halbaddierers kann dieser zum Aufbau des Volladdierers herangezogen werden. Neben zwei Halbaddierern wird zusätzlich ein ODER-Gatter benötigt. Einmal erstellt, kann dieser Volladdierer als nebenläufige VHDL-Beschreibung wiederum beliebig oft in weiteren hierarchisch geordneten Schaltungen eingesetzt werden, ohne die Nebenläufigkeit zu verlieren. Dabei werden die Gatterlaufzeiten des ursprünglichen Halbaddierers weiterhin verwendet.

## 5.1.3  Die Schaltungsbeschreibung

Wie bereits in Abschnitt 5.1.1 aufgezeigt, benötigt man auf Grund der hierarchischen Struktur in VHDL folgende Beschreibungsteile um eine Schaltung in der Hardware-Beschreibungssprache VHDL zu modellieren:

- Entity,
- Architecture,
- Component.

Darüber hinaus können in einem Package (siehe Abschnitt 5.1.15, Seite 212) für ein bestimmtes Projekt vordefinierte Funktionen bzw. Variablen und Konstanten oder auch technologieabhängige Komponenten definiert werden. Während in Abschnitt 5.1.1 der hierarchische Aufbau der Beschreibungsteile bereits definiert wurde, wird in diesem Abschnitt auf den Aufbau sowie auf die Schlüsselwörter der einzelnen Beschreibungsteile eingegangen. Die Abfolge entspricht dabei dem Aufbau der hierarchischen Struktur.

**Entity**

Die höchste hierarchische Stufe ist die Entity. Betrachtet man eine Schaltung, so ist die Entity der Beschreibungsteil, der alle Ein- und Ausgänge der Schaltung beschreibt. Dies gilt ebenso für die äußere Sichtweise der gesamten zu entwerfenden Schaltung wie auch für einzelne in der Schaltung verwendeten Bauteile. Die Entsprechungen in einer realen Hardware wären die Anschlüsse (Pins) an einem Gehäuse für Bauteile bzw. die verwendeten Ein- und Ausgangssignale einer Steckkarte oder eines Eingebetteten Systems. Zum Testen einer Schaltung bzw. eines Bauteils werden quasi an der hierarchisch höchsten Entity die Eingangssignale an den als Eingänge definierten Pins angelegt und das Ergebnis an den als Ausgänge definierten Pins beobachtet. Für den in Abbildung 5.3 dargestellten Halbaddierer stellt sich die Entity wie folgt dar:

```
entity HALBADD is
   port (a,b : in bit;
         sum, carry : out bit);
end HALBADD;
```

Eine Entity beginnt mit dem Schlüsselwort `entity` und definiert den Beginn der Entity. Dem Schlüsselwort `entity` folgt direkt der Name der Entity, in dem Beispiel also `HALBADD`. Der Name der Entity kann frei definiert werden; Schlüsselwörter sind nicht erlaubt. Dabei sollte allerdings darauf geachtet werden, eine aussagekräftige Bezeichnung zu wählen.

Danach werden, gekennzeichnet durch das Schlüsselwort `port`, die Ein- und Ausgänge definiert. Auch wenn die Reihenfolge unerheblich ist, beginnt man in der Regel mit der Aufzählung der Eingänge und schließt mit der Aufzählung der Ausgänge. Hierbei werden die einzelnen Namen des jeweiligen verwendeten Typs, (siehe Abschnitt 5.1.4, Seite 178), durch ein Komma getrennt. Die Aufzählung für einen Typ schließt mit einem Doppelpunkt, gefolgt von dem Schlüsselwort für Ein- bzw. Ausgang und dem Typ. Das Schlüsselwort für einen Eingang ist `in` und für einen Ausgang `out`. Abgeschlossen wird die Zeile mit einem Semikolon. Zu beachten ist hierbei, dass das Semikolon nach dem zuletzt definierten Typ außerhalb der Klammern von `port` steht.

Im obigen Beispiel wird eine Entity mit dem Namen HALBADD definiert, welche die Eingänge a, b vom Typ bit und die Ausgänge sum, carry vom Typ bit besitzt. a, b, sum, carry vom Typ bit sind dabei Signale, die die Werte '0' oder '1' annehmen können (vgl. Abschnitt 5.1.4, seite 178).

### Architecture

Zu jeder Entity gehört mindestens eine Architecture, wobei einer Entity mehrere unterschiedliche Architectures zugeordnet werden können. Die Architecture ist der eigentliche Kern der zu beschreibenden Schaltung in VHDL. Hier wird die Funktionalität der Schaltung festgelegt bzw. beschrieben. Wie im Abschnitt 5.1.1 bereits eingeführt, kann die Beschreibung als Verhaltens- oder Strukturbeschreibung modelliert werden. Innerhalb einer Architecture können die Beschreibungsformen gemischt werden.

Im unten dargestellten Beispiel wurde die Datenflussbeschreibung auf Logik-Ebene für den Halbaddierer gewählt, die für eine Synthese bestimmt ist.

```
architecture DATFLUSS of HALBADD is   -- für eine Synthese bestimmt
  -- benötigte Deklarationen
begin
  sum <= a XOR b;
  carry <= a AND b;
end DATFLUSS;
```

Für eine Simulation wird sinnvollerweise hinter jede Signalzuweisung ein **after x ns** gesetzt, um die geschätzte Verzögerung der logischen Operation, (siehe Abschnitt 5.1.6, Seite 185), zu charakterisieren, wie das folgende Beispiel zeigt:

```
architecture VERHALTEN of HALBADD is   -- für eine Simulation bestimmt
  -- benötigte Deklarationen
begin
  sum <= a XOR b after 1 ns;
  carry <= a AND b after 1 ns;
end VERHALTEN;
```

Der Beschreibungsteil beginnt mit einem Schlüsselwort **architecture**, worauf der Name der Architecture mit dem Verbindungswort „of" folgt. Auf das Verbindungswort folgt der Name der zugehörigen Entity, wobei für eine Entity mehrere Architectures definiert werden können. Dadurch wird eindeutig festgelegt, mit welcher Entity diese Architecture verbunden wird. Gleichzeitig werden die verwendeten Ein- und Ausgänge für die Schaltungsbeschreibung der Architecture definiert.

Mit den Schlüsselworten **begin** und **end** werden der Anfang und das Ende der Schaltungsbeschreibung definiert, wobei nach dem Schlüsselwort **end** der Name der zugehörigen Architecture eingefügt wird. Zwischen den Schlüsselworten **begin** und **end** wird die Implementierung des Schaltverhaltens eingefügt. Die dahinter liegende Beschreibungsform kann entsprechend Abschnitt 5.1.1 gewählt oder auch gemischt werden. Da durch die Mischung der Beschreibungsformen die ohnehin bereits in der Regel komplexe Schaltungsbeschreibung unübersichtlicher wird, sollte man sich in der Praxis gut überlegen, ob man diesen Weg beschreitet. Grundsätzlich ist zu empfehlen, wenn möglich, nur eine Beschreibungsform pro Architecture zu verwenden. Signale, Variablen oder Konstanten, die zusätzlich zu den **port**-Signalen in der **architecture** zur Beschreibung der Funktion der Schaltung benötigt werden, müssen vor dem Beginn der Schaltungsbeschreibung deklariert werden. Die Deklaration entspricht einer Aufzählung der Namen, getrennt durch Kommata und abgeschlossen durch einen Doppelpunkt, gefolgt von dem zugehörigen Typ und einem Semikolon. Im folgenden Beispiel werden Signale des Typs bit definiert:

```
signal sum1, carry1, carry2 : bit;
```

**Component**

Im Abschnitt 5.1.1 wurde die Verwendung von Komponenten (Component) bereits bei der Beschreibung der Strukturmodellierung erläutert. Eine Komponente (Component) ist eine bereits bestehende Schaltung (mit eigener Entity und eigener zugehöriger Architecture), die als Teilschaltung innerhalb einer Architecture eingesetzt werden kann. Verwendet man eine Komponente, so muss diese innerhalb der Schaltungsbeschreibung instanziiert und mit den Eingängen und Ausgängen verbunden werden:

```
HA2: HALBADD port map (ain, bin, sum1, carry1);
```

Im obigen Fall wird eine Instanz des Halbaddierers mit dem Namen HA2 instanziiert. Dem Namen der Instanz folgt nach dem Doppelpunkt der Name der zugehörigen Entity (hier die Entity HALBADD aus Abschnitt 5.1.3), welche gleichzeitig die Ein- und Ausgänge der Instanz definiert. Über das Schlüsselwort **port map** wird die Zuordnung der Signale, mit denen die Komponente verbunden werden soll, auf die Ein- bzw. Ausgänge der Entity der Instanz festgelegt. Man kann auch sagen: Die Signale, zum Beispiel die Ports der übergeordneten Entity, hier **ain**, **bin** usw. werden mit den Ein- und Ausgängen (den Ports der Komponente) verbunden. Dabei wird die Reihenfolge der zu verbindenden Signale innerhalb von **port map** auf die Reihenfolge der in der Entity definierten Ports für die Ein- und Ausgabe abgebildet (map). Diese Verbindungsart nennt man „Positionszuordnung".

Die Zuordnung kann jedoch auch, wie im folgenden Beispiel, direkt dem Namen der Signale der zugehörigen Entity zugewiesen werden. In diesem Fall muss die Zuordnung nicht in der Reihenfolge der deklarierten Signale erfolgen. Diese Verbindungsart nennt man „Namenszuordnung".

```
HA2: HALBADD port map (b=>bin, a=>ain, carry=>carry1, sum=>sum1);
```

Verwendet man mehrere Komponenten zur Beschreibung von Schaltungen, so werden die Verbindungen von einer Komponente zur anderen, wie in der realen Schaltungstechnik, über Signale (Verbindungsdrähte) hergestellt. Die benötigten Signale für die Verbindungen müssen, wie in Abschnitt 5.1.3 dargestellt, innerhalb der **architecture** vor dem Schlüsselwort **begin** deklariert werden.

**Strukturbeschreibung**

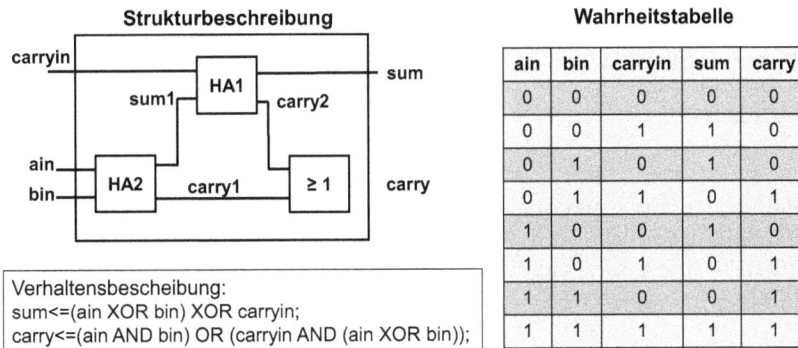

**Wahrheitstabelle**

| ain | bin | carryin | sum | carry |
|-----|-----|---------|-----|-------|
| 0   | 0   | 0       | 0   | 0     |
| 0   | 0   | 1       | 1   | 0     |
| 0   | 1   | 0       | 1   | 0     |
| 0   | 1   | 1       | 0   | 1     |
| 1   | 0   | 0       | 1   | 0     |
| 1   | 0   | 1       | 0   | 1     |
| 1   | 1   | 0       | 0   | 1     |
| 1   | 1   | 1       | 1   | 1     |

**Abbildung 5.4:** *Aufbau eines Ein-Bit-Volladdierers aus zwei Halbaddierern (siehe Abbildung 5.3) und einem ODER-Gatter als Strukturbeschreibung (links oben) und als Verhaltensbeschreibung (links unten). Die internen Signale* sum1, carry1 *und* carry2 *werden zur Verbindung der Halbaddierer-Instanzen untereinander bzw. mit dem Oder-Gatter benötigt. Rechte Seite: Die Wahrheitstabelle des Ein-Bit-Volladdierers.*

### Beispiel: Der Ein-Bit-Volladdierer

Als Beispiel für einen Schaltungsentwurf wird ein Ein-Bit-Volladdierer in VHDL beschrieben. Der Ein-Bit-Volladdierer (kurz Volladdierer genannt) ist entsprechend der Schaltung aus Abbildung 5.4 aufgebaut (siehe auch Abbildung 2.13, Seite 59). Die zum Ein-Bit-Volladdierer gehörige Entity definiert die Signale carryin, ain und bin als Eingänge sowie die Signale sum und carry als Ausgänge. Alle Signale sind vom Typ bit. Damit ergibt sich für die Entity der folgende VHDL-Code:

```
entity VOLLADD is
  port (ain, bin, carryin : in bit;
        sum, carry : out bit);
end VOLLADD;
```

In der Architecture des Volladdierers, die zur Entity VOLLADD gehört, wird eine Strukturbeschreibung entsprechend der Schaltung aus Abbildung 5.4 ausgeführt. Dabei wird davon ausgegangen, dass ein Halbaddierer mit der Entity HALBADD existiert wie er auf Seite 174 mit der zugehörigen Architecture definiert wurde. Neben den beiden Halbaddierer-Instanzen HA1 und HA2 wird noch ein ODER-Gatter benötigt. Dafür muss eine Entity und eine zugehörige Architecture existieren, die wegen ihrer Einfachheit hier nicht dargestellt wird. Zusätzlich werden die internen Verbindungen als Signale sum1, carry 1 und carry 2 deklariert. Die Verbindungen werden jeweils in der Positionszuordnung gezeigt.

```
architecture STRUCT of VOLLADD is
  signal sum1, carry1, carry2 : bit;        -- Verbindungssignale

  component HALBADD is                       -- Komponente HALBADD
    port (a,b : in bit;
          sum, carry : out bit);
  end component;
```

```
component ORGATE  -- Es existiert eine Entity ORGATE mit Architecture
   port(a,b : in bit;
        o : out bit);
end component;

begin
   HA1:HALBADD port map(carryin,sum1,sum,carry2);  -- Positionszuordnung
   HA2:HALFADD port map(ain,bin,sum1,carry1);      -- Positionszuordnung
   ODER:ORGATE port map(carry1,carry2,carry);      -- Positionszuordnung
end STRUCT;
```

Der Vollständigkeit halber ist die Verhaltensbeschreibung des Ein-Bit-Volladdierers in Abbildung 5.4 links unten zugefügt, die leicht in eine VHDL-Architecture eingefügt werden kann. Sie ist wesentlich kürzer als die Strukturbeschreibung und enthält die logischen Operationen OR, XOR und AND, die in Abschnitt 5.1.6 Seite 185 beschrieben werden.

## 5.1.4   Signale und Datentypen

Abweichend von anderen Programmiersprachen wird in VHDL – gemäß der Anwendung in der Schaltungsentwicklung – von Signalen (oder Objekten) gesprochen, welche bestimmte Werte innerhalb einer zu entwerfenden Schaltung repräsentieren. Jedem dieser Signale muss ein Typ zugewiesen werden, der seiner Nutzung entspricht und gleichzeitig die Menge der zulässigen Werte für diesen Typ definiert. Für einen Typ dürfen nur Werte aus dieser Menge zugewiesen werden. Die Deklaration des Typs kann entsprechend der erstmaligen Verwendung des Signals an unterschiedlichen Stellen erfolgen.

Im Beispiel Abschnitt 5.1.3, Seite 177 werden die Typen in der Entity für die Eingabe/Ausgabe Ports bzw. in der Architecture definiert. In allen Fällen des Beispiels werden den Signalen der Typ bit zugeordnet. Das ist das Signal, das man in der digitalen Schaltungstechnik verwendet und in der Regel als Wert nicht die zugehörige Spannung, sondern den Pegel angibt. Deshalb darf dieser Typ lediglich die Werte '0' oder '1' annehmen. Wird auf ein Signal mit einem bestimmten Typ eine Operation angewendet, so muss diese Operation auch für diesen Typ definiert sein (vgl. Abschnitt 5.1.6, Seite 185). Im Beispiel des Volladdierers werden auf die Signale boolesche Funktionen wie AND und XOR angewendet; diese Operationen sind für den Typ bit zulässig. Was in obigem Beispiel für den Typ bit zutrifft, kann auf alle anderen Typen übertragen werden. Jeder Typ bezieht seine Wertemenge aus der dazugehörigen physikalischen oder theoretischen Begründung. Oftmals werden in VHDL Typen global als Objekte bezeichnet. Jedes Objekt gehört dabei einer Objektklasse an. In VHDL existieren die Objektklassen Signale, Konstante und Variable. Objekte müssen grundsätzlich vor der erstmaligen Nutzung deklariert werden. Das bedeutet, dass der Name, der Typ und eventuell eine dem Typ entsprechende Voreinstellung definiert wird.

**Signale** besitzen die Eigenschaft, dass sie zu verschiedenen Zeitpunkten unterschiedliche Werte annehmen können. Das bezieht sich natürlich nur auf die Werte, die für diesen Typ definiert sind.

Für **Konstante** (Constant) wird genau ein fester Wert aus dem Wertebereich des Typs festgelegt. Dieser Wert kann zum Beispiel technologiebestimmt sein und für unterschiedliche Technologien, auf welche die Schaltung abgebildet werden soll, eingestellt werden.

**Variable** können nur in Prozessen eingesetzt werden (siehe Abschnitt 5.1.8 Seite 190). Sie können – wie in anderen Programmiersprachen auch – einen Wert aus dem Wertebereich ihres Typs zu bestimmten Zeitpunkten annehmen.

### Vordefinierte Typen

In VHDL können Typen vom Entwickler definiert werden. Es gibt aber auch eine Menge vordefinierter Typen mit einem zugehörigen Wertebereich. In der Tabelle Abbildung 5.5 sind die wichtigsten vordefinierten VHDL-Typen mit Wertebeispielen angegeben und deren hauptsächliche Verwendung in den jeweiligen Abstraktionsebenen und Domänen. Die in der Tabelle angegebenen Typen werden in der Folge kurz genauer betrachtet.

| VHDL-Typ | Bereich | Wertebeispiele | Verwendung, in (Ebene, Domäne) | |
|---|---|---|---|---|
| | | | Abstraktionsebene | Domäne |
| integer, z. B. 32 Bit | - 2 147 483 648 bis + 2 147 483 647 | 0, 1, 12, 40 588, - 2, -73, -455, … | Algorithmische | Verhalten |
| positive | 1 bis 2 147 483 647 | 1, 32, 519, … | Algorithmische | Verhalten |
| natural | 0 bis 2147 483 647 | 0, 3, 81 378, .. | Algorithmische | Verhalten |
| real | -1e38 bis +1e38 | 3,141; -2,718, .. | Algorithmische | Verhalten |
| character, string | ASCII-Zeichen ASCII-Zeichenkette | 'a', 'A', '0', '1', … "VHDL", "Syn", .. | Konstante Algorithmische | Verhalten |
| time | <integer> <unit> | 23 fs, 340 ns, 48 ms, 3 s, 2 hr | Nur f. Simulation, Algorithmische | Verhalten |
| enumerated | ASCII-Zeichenkette | ST0, Z1, gelb, .. | Konst. Alle Ebenen | Verh., Strukt. |
| boolean | {FALSE, TRUE} | TRUE, FALSE, .. | Alle VHDL-Ebenen | Verh., Strukt. |
| bit, bit_vector | {'0', '1'} | '1', '0', '1', .. "110010", "01", .. | RT und Logik | Verh., Strukt. |
| std_logic, std_ulogic | {'U', 'X', '0', '1', 'H', 'W', 'L', 'Z',' -'} | 'U', '0', 'H', 'Z', .. | RT und Logik | Verh., Strukt. |
| signed (32 Bit) | - 2 147 483 648 bis + 2 147 483 647 | 0, 1, 12, 40 588, - 2, -73, -455, … | Alle Ebenen | Verh., Strukt. |
| unsigned (32 Bit) | 0 bis 4 294 967 295 | 0, 7, 25, 92 489, … | Alle Ebenen | Verh., Strukt. |

**Abbildung 5.5:** *Die wichtigsten vordefinierten Typen in VHDL mit Bereichen, Beispielwerten, sowie deren hauptsächliche Anwendung in Bezug auf die jeweilige Abstraktionsebene und Domäne. Der Typ „time" eignet sich nur für die Simulation, nicht für die Synthese.*

**integer**-Typen sind Ganzzahl-Typen deren Wertebereich alle ganzen Zahlen in dem in der Tabelle angegebenen Bereich für eine 32-Bit-Maschine umfasst. Hierbei sind Vorzeichen erlaubt. Eine Besonderheit stellen Unterstriche dar, die in eine Zahl zur besseren Lesbarkeit eingeführt werden können, z. B. 156_694_390. Zudem kann auch eine andere Basis als die Zehn gewählt werden. In diesem Fall steht dann die Basis vor der Zahl und wird durch ein #-Zeichen von der Zahl getrennt: Zum Beispiel 5#134_214_320. „Untertypen" des Typs integer sind der Typ positive, der nur positive ganze Zahlen ohne die Null, im angegebenen Bereich beinhaltet und der Typ natural, der die natürlichen, positiven, ganzen Zahlen einschließlich der Null im angegebenen Bereich umfasst.

**real** definiert als Typ Gleitkomma-Zahlen in dem in der Tabelle angegebenen Bereich. Die Gleitkomma-Zahl muss in der Darstellung einen Punkt besitzen, z. B. 47.89. Negative Zahlen sind erlaubt. Die Darstellung einer Gleitkommazahl ist genormt und besteht aus Vorzeichen, Mantisse und Exponent. Bei der Synthese muss das Synthesewerkzeug die Gleitkomma-Zahl entsprechend der Norm in einen Bit-Vektor umwandeln können.

**character** definiert als Typ Buchstaben bzw. Zeichen aus der ASCII-Tabelle. Jedes Zeichen steht in der Beschreibung zwischen zwei einfachen Hochkommata z. B. 'a', '1', '?', '*' usw. Der Typ character wird wie eine Konstante behandelt.

**string** stellt als Typ eine verknüpfte Folgen von Zeichen dar. In diesem Fall steht die Zeichenkette zwischen zwei doppelten Hochkommata (siehe Tabelle Abbildung 5.5). Eine Verknüpfung (Concatenation) von zwei Zeichenketten kann über den Operator '&' durchgeführt werden.

**time** hat als Typ eine besondere Eigenschaft, er besteht aus zwei Teilen:
- einem Wert, der den Bereich einer Ganzzahl (integer) hat und
- einem Teil für die Einheit (Unit).

Beispiele für die Verwendung des Typs time findet man in der Tabelle Bild 5.5. Der Typ time kann nur zur Modellierung von Simulationszeiten verwendet werden und ist für die Synthese nicht geeignet. Vordefiniert sind die folgenden Zeiteinheiten:
- fs (Femtosekunden),
- ps (Picosekunden),
- ns (Nanosekunden),
- us (Mikrosekunden),
- ms (Millisekunden),
- sec (Sekunden),
- min (Minuten),
- hr (Stunden).

**enumerated** ist der sogenannte Aufzählungstyp. Die einzelnen Typelemente sind Zeichenketten. Der Typ enumerated wird verwendet um eine Menge von Konstanten zu bezeichnen und kann beispielsweise eingesetzt werden, um in einem Zustandsautomaten die einzelnen Zustände zu definieren, oder in einer Ampelschaltung die Farben der einzelnen Ampeln zu benennen (siehe Beispiel „Ampelsteuerung" auf Seite 206).

**boolean** wird als Typ in seiner Wertigkeit von der booleschen Logik abgeleitet. Er besitzt damit die Werte TRUE und FALSE. Die Deklaration im Standardpaket (siehe Abschnitt 5.1.15 Seite 214) lautet: type BOOLEAN is (FALSE, TRUE);

**bit** ist der bereits in Abschnitt 5.1.4 beschriebene Typ, der sich aus der digitalen Schaltungstechnik und dem über die Pegel definierten Wertebereich ableitet. Entsprechend dem 'HIGH'- und 'LOW'-Pegel kann der Typ bit die Werte '0' und '1' annehmen.

**bit_vector** als Typ ist eine Kette von Werten des Typs bit. Für die Beschreibung von Bussen verwendet man in der Regel den Typ std_logic_vector (siehe unten).

**std_logic**, **std_ulogic** und **std_logic_vector** gehören als Typen zur sogenannten neunwertigen Logik (siehe Abschnitt 5.1.5, Seite 182). Sie werden verwendet, wenn mehrere
Bustreiber (siehe Abbildung 10.3, Seite 426) auf jeweils eine Bus-Leitung schreibend
zugreifen. Im Abschnitt 5.1.5, Seite 182 wird näher auf diese Typen eingegangen.

**signed** (vorzeichenbehaftet) und **unsigned** (vorzeichenlos) sind die Typen, die für arithmetische Operationen auf RT- und logischer Ebene verwendet werden. Es sind – wie der
Typ std_logic/std_ulogic – neunwertige Logik-Typen und damit „verwandt" mit diesen
(siehe Abschnitt 5.1.16, Seite 215).

### Vektoren

Unter einem Vektor versteht man in VHDL die Zusammenfassung von Objekten oder
Signalen eines Typs. Mit Hilfe solcher Vektoren können beispielsweise Datentypen mit
einer bestimmter Datenbreite erstellt werden. Dies ist gerade bei Eingebetteten Systemen wichtig, wenn zum Beispiel Kommunikationsverbindungen über parallele Busse
aufgebaut werden sollen. Die Deklaration eines Vektors wird bestimmt durch die Anzahl
der Elemente des Vektors und durch die Richtung (auf- oder abwärts) in der die einzelnen Elemente gezählt werden. Die Richtung wird durch die Ausdrücke LOW to HIGH
bzw. HIGH downto LOW festgelegt. Dabei ist HIGH der höchste Rangwert (Most significant Bit MSB bei Bitvektoren) und LOW der niedrigster Rangwert (Least significant
Bit LSB bei Bitvektoren). Dabei muss der Wert LOW kleiner sein als der Wert HIGH. In
der Folge sind beispielhaft zwei Deklarationen von Bitvektoren aufgeführt:

```
signal AD_bus : bit_vector(11 downto 0);
signal Data_row : bit_vector(16 to 32);
```

In diesem Fall werden zwei Datenbusse definiert, einmal der Bus eines AD-Wandlers in
der typischen Breite von 12 Bit. Entsprechend der Definition startet die Reihenfolge mit
dem MSB und schließt mit dem LSB. In genau umgekehrter Reihenfolge ist der Teil des
Datenbusses für die Zeile (Row) eines Speicherbausteins definiert: Links steht in diesem
Fall das LSB und rechts das MSB. Die Zuweisung von Werten zu einen Vektor wird in
Abschnitt „Zuweisungen und die neunwertige Standard Logik" Seite 182 aufgezeigt.

In VHDL können Zahlen auch im oktalen oder hexadezimalen Format als Vektoren dargestellt werden. Die Basis wird dabei vor dem Vektor aufgeführt. Bei Oktalzahlen wird
der Buchstabe „O", bei Hexadezimalzahlen der Buchstabe „X" und bei Binärzahlen
kann der Buchstabe „B" vor die Zeichenkette gestellt werden. (Einfacher ist aber die
Darstellung eines Bitvektors im Datentyp bit_vector deklariert.) Wie bei dem Typ
integer können bei einer vorgestellten Basis Unterstriche zur besseren Lesbarkeit eingesetzt werden. In der Folge sind verschiedene Beispiele von Vektoren aufgeführt.

```
"101010101010"      -- Bitvektor
B"101010101010"     -- Bitvektor
O"3274"             -- Oktalzahl
X"B3F"              -- Hexadezimalzahl
```

Neben der Zuweisung von einzelnen Signalen können auch die einzelnen Elemente eines
Vektors bzw. der gesamte Vektor einem anderen Vektor zugewiesen werden, vorausgesetzt die Vektoren bestehen aus dem gleichem Typ.

Wichtig ist dabei, dass die Anzahl der zugewiesenen Elemente auf beiden Seiten der Zuweisung übereinstimmen. Das heißt für die Zuweisung

```
signal AD_bus : bit_vector(3 downto 0);
signal FFTin : bit_vector(0 to 3);
  FFTin <= AD_bus;
```

wird in einem Schritt der gesamte Wert von `AD_bus` auf `FFTin` zugewiesen, wobei die Stellen der einzelnen Werte beibehalten werden (siehe unten). Auch Teilbereiche von Vektoren können zugewiesen werden:

```
  FFTin(0)  <= AD_bus(3);
  FFTin(1)  <= AD_bus(2);
  FFTin(2)  <= AD_bus(3);
  FFTin(3)  <= AD_bus(0);
  FFTin (2 to 3)<= AD_bus(3 downto 2); -- Zuweisung von Teilbereichen
  AD_bus(1 downto 0) <= "10";          -- eines Vektors
```

**Arrays**

Unter dem Schlüsselwort `array` versteht man in VHDL ein Feld von Vektoren. Folgendes Typ-Beispiel für ein Speicher-Array mit 1024x32 Bit (4kByte) aus Vektoren ist, – leicht geändert, – dem Buch von Reichardt/Schwarz [ReiSch07] entnommen:
`type Memory_TYPE is array (0 to 1023) of std_logic_vector(31 downto 0);`

## 5.1.5  Zuweisungen und die neunwertige Standard Logik

Eine oft unterschätzte Problematik bei der Verwendung von Signalen ist die Zuweisung. Eine Signal-Zuweisung wird durch das Zeichen `<=` im VHDL-Code durchgeführt. Wie in Abbildung 5.6, linke Seite dargestellt, bedeutet die Zuweisung schaltungstechnisch de facto den Einsatz eines Treibers, der durch ein Signal auf einen Pegel gesetzt wird. Aus Sicht der digitalen Schaltungstechnik wird damit der Ausgang des Treibers entweder auf die Spannung (`LOW`) gezogen oder auf die Spannung des `HIGH`-Pegels gesetzt. Im folgenden Beispiel wirken zwei verschiedene Treiber `a` und `b` vom Typ `bit` auf das selbe Signal `c`:

```
architecture DATFLUSS of BEISPIELZUWEISUNG is
signal a, b, c : bit;
  c <= a;
  ......
  c <= b;
end DATFLUSS;
```

Bei Signalen vom Typ bit sind mehrere Treiber für das selbe Signal nicht erlaubt. Der VHDL-Compiler bringt in diesem Fall den Fehler: `Multiple Sources`. Bei einer realen Schaltung kann das zu einem Kurzschluss führen.

In der Praxis tritt dennoch der Fall auf, dass zwei Treiber auf die selbe Leitung wirken und zwar dann, wenn beispielsweise Ausgangssignale von Komponenten auf eine

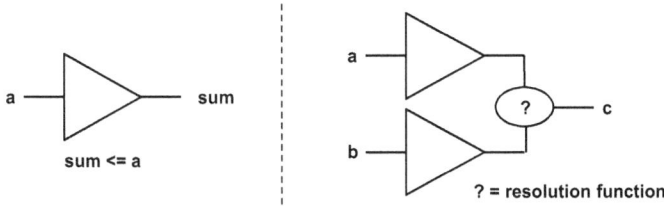

**Abbildung 5.6:** *Linke Seite: Grundsätzliche Umsetzung einer Zuweisung in einer Schaltung. Jede Zuweisung repräsentiert einen Treiber, die – wie in diesem Fall – das Signal a auf das Signal sum umsetzt. Rechte Seite: Bei der Zuweisung mehrerer Signale auf ein Signal in einer Simulation muss der Konflikt durch eine resolution function gelöst werden.*

gemeinsame Busleitung schreibend zugreifen. Dies geschieht in der Regel zu verschiedenen Zeiten. In diesem Fall müssen in der Schaltung sogenannte Tri-State-Treiber (siehe Abbildung 10.3, Seite 426) eingesetzt werden, die einen Kurzschluss verhindern. In der VHDL-Simulation wird der Konflikt durch eine `resolution function` (siehe Abbildung 5.6, rechte Seite) gelöst. Der Tri-State-Treiber hat die Ausgangszustände '0', '1' und 'Z', wobei 'Z' für hochohmig steht. Schreibt beispielsweise der Treiber für a (siehe oben) auf die Busleitung c, so muss der Treiber für b am Ausgang auf 'Z' stehen und umgekehrt. Die Werte '0', '1', 'Z' werden durch einen Wert 'X' ergänzt, der als „undefinierter Wert" bezeichnet wird. Diesen undefinierten Wert 'X' liefert die `resolution function`, wenn beispielsweise die Signale a und b in Abbildung 5.6, rechte Seite) die Werte '0' und '1' annehmen. Die *vierwertige Logik* ergibt sich damit aus den Werten '0', '1', 'Z' und 'X'.

Die `resolution function` wird aus der Teil-Ordnung (Partial Order) der Werte '0', '1', 'Z', 'X' abgeleitet, siehe Abbildung 5.7, linke Seite. Die Kanten im Bild geben die „Dominanz" der Signal-Werte an [Mar21]. Das heißt, 'X' dominiert die Werte '1', '0', und diese dominieren den Wert 'Z'. Es wird eine Operation „suprenum" (sup) für jeweils zwei Signale definiert, die das dominierende Signal zurück liefert.
Beispiele: sup('Z','1')= '1'; sup('1','0')='X' [Mar21].

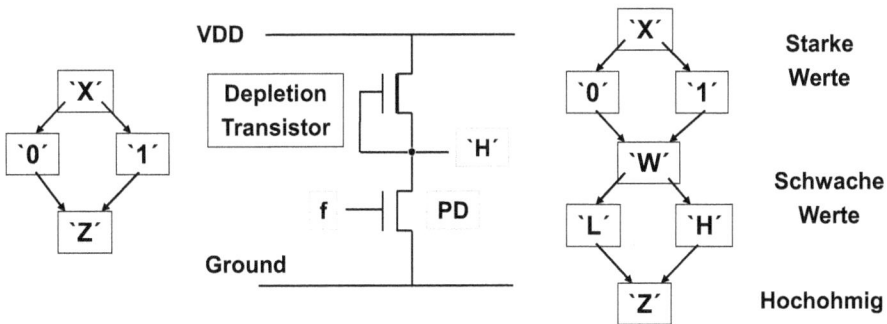

**Abbildung 5.7:** *Linke Seite: Teil-Ordnung der „starken" Logik-Werte ('0','1','Z','X') Mitte: Schema eines Treiber-Transistors für einen Signaltreiber mit „Depletion-Transistor". Rechte Seite: Teil-Ordnung der siebenwertigen Logik (nach [Mar21]).*

Drei Signalzustände ('0', '1', 'Z') reichen für eine genauere Beschreibung einer CMOS-Schaltung nicht aus. In den Signaltreiber (Abbildung 10.3, Seite 426) wird sicherheitshalber in den Pfad zwischen Drain und dem VDD-Anschluss noch ein, wie ein Widerstand wirkender „Depletion Transistor" eingefügt (siehe Abbildung 5.7, Mitte). Dieser Widerstand soll Stromspitzen niedrig halten, die durch Störimpulse verursacht werden und die Schaltung gefährden können. (Ein Depletion-Transistor verbraucht wesentlich weniger Chipfläche als ein „normaler" Widerstand.) Der Depletion-Transistor bewirkt, dass der '1'-Wert schwächer wird, er wird „High" genannt und mit einem 'H' bezeichnet. Die gleiche Maßnahme wird im Source-Pfad des Transistors vorgenommen,. Dadurch ergibt sich der „Low"-Wert 'L'. Die resolution function löst 'H' und 'L' zu „Weak" 'W' auf und somit ergibt sich die *siebenwertige Logik*, deren Teil-Ordnung in der Abbildung 5.7 rechte Seite gezeigt wird.

Der siebenwertigen Logik werden die Werte 'U' (nicht initialisiert) und '-' (Don't care) zugefügt und daraus erhält man den *neunwertigen* VHDL-Logik-Typ std_logic und std_ulogic, der in der Standard Logik-Bibliothek IEEE 1164 definiert ist. Bei der std_ulogic, (das „u" steht für unresolved), wird die resolution function nicht angewendet und somit können nicht zwei Signale einem gemeinsamen Signal zugewiesen werden. In manchen Fällen wählen Entwickler den „unresoved" Typ, um durch den Compiler auf Konflikte aufmerksam gemacht zu werden. Der Entwickler muss dann selbst für die Auflösung des Konflikts sorgen. Im Folgenden werden die neun Werte des VHDL-Typs std_logic und std_ulogic zusammengefasst:

```
Type std_logic is (
   'U'  -- nicht initialisiert
   'X'  -- unbekannt, stark
   '0'  -- logisch 0, stark
   '1'  -- logisch 1, stark
   'Z'  -- Hochohmig, mittel
   'W'  -- unbekannt, schwach
   'L'  -- logisch 0-Pegel, schwach
   'H'  -- logisch 1-Pegel, schwach
   '-'  -- don't care, sehr schwach);
```

Bei der Verwendung der Standard-Logik sind alle möglichen Werte aus schaltungstechnischer Sicht definiert. Die Priorität (Stärke) der einzelnen Zustände ist von oben nach unten absteigend aufgeführt. Verwendet man das Package standard_logik_1164 ist eine resolution function bereits im Typ definiert. Dafür muss das Package eingebunden werden, wobei zunächst die Bibliothek ausgewählt und dann die Verwendung des Package standard_logik_1644 bestimmt wird (siehe Abschnitt 5.1.15, Seite 212 und Abschnitt 5.1.16, Seite 215). Vor die VHDL-**entity** setzt man folgende Zeilen:
- library IEEE;
- use IEEE.Std_Logic_1164.all;

### Selektive und bedingte Signal-Zuweisungen
Mit selektiven und/oder bedingten Signal-Zuweisungen können einfache Schaltungen problemlos beschrieben werden. Zum Beispiel Multiplexer oder Spezialschaltungen.

Bei bedingten Zuweisungen werden einfache Kontrollstrukturen verwendet. In der **architecture** gelten für die Bedingung die Schlüsselwörter **when...else..**, da das **if** ..

```
-- Beispiel für selektive Zuweisungen

entity HALBADD is
    port (IN        : in  bit_vector(1 downto 0);
          SUM, CARRY : out bit);
end HALBADD;

architecture VERHALTEN of HALBADD is
    begin
        SUM    <= '1' when IN = "10"  else
                  '1' when IN = "01" else  '0';
        CARRY <= '1' when IN = "11" else  '0';
end VERHALTEN;
```

```
-- Beispiel für eine Multiplexerbeschreibung

entity AUSWAHL is
    port (SEL  : in bit;              -- Selektor
          EIN  : in  bit_vector(1 downto 0);
          YO   : out bit);
end AUSWAHL;
architecture VERHALTEN of AUSWAHL is
    begin
        with SEL select
            YO <= EIN(0) when '0',  -- 1. Element
                  EIN(1) when '1';   -- 2. Element
end VERHALTEN;
```

**Abbildung 5.8:** *Linke Seite: Beschreibung einer Halbaddierer-Schaltung auf der Basis von bedingten Zuweisungen. Rechte Seite: Beschreibung eines Multiplexers (nach [ReiSch07]).*

then . . else für den VHDL-Prozess reserviert ist (siehe Abschnitt 5.1.8, Seite 190). In der Abbildung 5.8 stellen wir zwei kleine Beispiele vor, die, – mit Änderungen, – dem Buch von Reichardt/Schwartz [ReiSch07] entnommen wurden. Auf der linken Seite von Bild 5.8 ist die Schaltungsbeschreibung des bekannten Halbaddierers gezeigt. Das Summen-Bit SUM des Halbaddierers wird dann zu '1', wenn die Bitvektor-Eingabe "10" oder "01" ist. Das Beispiel AUSWAHL auf der rechten Seite von Abbildung 5.8 hat die Funktion eines Multiplexers. Das Signal SEL kann ein Vektor sein, falls mehr als zwei Selektionen getroffen werden müssen. Die Schlüsselworte sind hier with...select und auf der rechten Seite der Zuweisung .. when ... Der Ausgang YO darf kein Vektor sein, aber mehrere Ausgänge sind möglich. Wenn der Selektor SEL auf '0' steht, dann wird das erste Element von EIN() ausgegeben. Steht SEL auf '1', so wird das zweite Element von EIN() ausgegeben.

## 5.1.6    Operationen

Bisher haben wir bereits Signale und Signalzuweisungen betrachtet ohne uns ausführlich darum zu kümmern, in welcher Form und unter welchen Bedingungen Operationen auf Signale angewendet werden. Ein Ausdruck beschreibt die Anwendung eines Operators auf einen oder mehrere Operanden. Führt man beispielsweise eine Addition zweier Werte durch und weist das Ergebnis dem Signal z zu: z <= x+y;, so sind x und y die Operanden, + der Operator und x + y der Ausdruck. Auf Grund der unterschiedlichen Signale und Objekte ist in VHDL darauf zu achten, dass der Operator in einem Ausdruck mit den verwendeten Objekten und Typen kompatibel ist. Ein Operator wird durch seinen Namen, seiner zugrunde liegenden Funktion, der Anzahl und den Typen der Operanden sowie vom Typ des Rückgabewertes charakterisiert. In Tabelle 5.2 sind die wichtigsten vordefinierten Operatoren aufgeführt.

**Logische Operatoren** Wie bereits oben angesprochen, muss der Operator für den Typ der Operanden passen, damit der Ausdruck korrekt ausgeführt wird. Unter die Gruppe der logischen Operatoren fallen AND, OR, NAND, NOR und XOR. Neben der aus schaltungstechnischer Sicht logischen Anwendung dieser Operatoren auf den Typ bit kann der Operator auch auf die davon abgeleiteten Typen bit_vector, std_logic,

| Typ | Operator | Priorität |
|---|---|---|
| Logisch | AND, OR, NAND, NOR, XOR | niedrigste |
| Relational | $=, /=, <, \leq, >, \geq$ | |
| Addierend | $+, -, \&$ | |
| Vorzeichen | $+, -$ | |
| Sonstige | $**$, ABS, NOT | höchste |

*Tabelle 5.2: Die wichtigsten vordefinierten Operatoren in VHDL.*

`std_logic_vector`, `std_ulogic` und `std_ulogic_vector` angewendet werden. Daneben sind diese Operatoren auch auf den Typ `boolean` anwendbar. Die Operatoren haben untereinander die gleiche Priorität und müssen dabei im Falle von Folgen von Operatoren geklammert werden um die Priorität zu definieren. Sie werden in diesem Fall von links nach rechts ausgeführt. Folgen der Typen `AND`, `OR` und `XOR` müssen nicht geklammert werden, da das Ergebnis identisch bleibt. Die höchste Priorität hat der Operator `NOT`. Valide VHDL-Codes sind die folgenden:

```
signal a, b, c, d, e, f : bit;
  a <= c AND f;
  b <= a OR c OR d;
  c <= d NAND (e NAND a);
  d <= (e NOR f) NOR (b NOR c);
  e <= (f AND a) OR (b XOR d);
```

**Relationale Operatoren** dienen dem Vergleich von Operanden des gleichen Typs. Das Ergebnis dieses Vergleichs ist vom Typ `boolean` ('FALSE' oder 'TRUE'). Im folgenden Beispiel werden zwei Ganzzahlen (Integer) verglichen.Je nach Ausgang des Vergleichs wird bei 'TRUE' der Wert des Signals c vom Typ `bit` auf '1' bzw. bei 'FALSE' auf '0' gesetzt:

```
signal a, b: integer;
signal c : bit;
  if a < b then
    c <= '1';
  else
    c <= '0'
  end if;
```

*Anmerkung: „Das if..then"-Konstrukt gilt nur im VHDL-Prozess (siehe Abschnitt 5.1.8, Seite 190).*

Derartige Vergleiche können auch für Vektoren gleicher Typen und unterschiedlicher Länge durchgeführt werden. In diesem Fall ist zu beachten, dass der Vergleich der beiden Elemente links beginnt. Es wird solange Element für Element verglichen, bis das Ende eines der beiden Vektoren erreicht ist. Das heißt, es wird nicht der Gesamtwert der Vektoren verglichen, sondern jedes Element für sich. Damit hat ein *Bit-Vektor* "1110" nicht den Wert 14! Das Ergebnis des Vergleichs hat wie in Abbildung 5.9 nur Bezug auf die von links gezählten Elemente. Im Vergleich der beiden Vektoren "1110" mit "10110" ergibt sich, dass "1110" größer als "10110" ist.

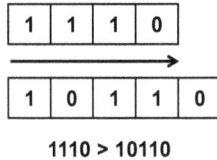

**1110 > 10110**

*Abbildung 5.9: Der Vergleich zweier Vektoren beginnt immer links und wird pro Element des Vektors durchgeführt. Im abgebildeten Beispiel ergibt sich daraus, dass "1110" größer als "10110" ist.*

**Arithmetische Operatoren** Auf logischer Ebene in der Verhaltenssicht wird eine Addition durch Boolsche Gleichungen dargestellt, die durch die Synthese in logische Gatter in der Struktursicht umgewandelt werden. Auf höheren Abstraktionsebenen, z. B. auf der algorithmischen Ebene werden arithmetische Operationen abstrakter dargestellt, es werden arithmetische Operatoren verwendet. Beispielsweise wird die Addition, wie hinlänglich bekannt, durch den arithmetischen Operator, das „+“-Symbol gekennzeichnet (siehe auch Abbildung 2.13, Seite 59). Auf RT-Ebene sind die arithmetischen Operationen für die Datentypen `signed` und `unsigned` definiert. Signale und Vektoren von anderen Typen, z. B. von Bitvektoren müssen in diese Typen konvertiert werden. (Siehe Abschnitt 5.1.16, Seite 215). Als Datentypen werden auf algorithmischer Ebene zum Beispiel die Typen `integer` und `real` verwendet. Die Operanden müssen vom gleichen Typ sein. Für Vektoren dieser Typen sind die arithmetischen Operatoren nicht definiert. Bei Integer-Operationen wird empfohlen, den Wertebereich anzugeben. Folgendes Beispiel zeigt eine einfache Verhaltensbeschreibung auf algorithmischer Ebene:

```
entity ADDITION is
  port(a, b : in integer range 0 to 1500;
       sum : out integer range 0 to 3000);
end ADD;
architecture ARITHMETIC of ADDITION is
  begin
    sum <= a + b;
  end ARITHMETIC;
```

## 5.1.7 Die eventgesteuerte VHDL-Simulation und der Delta-Zyklus

Ein VHDL-Simulator verfügt über eine *Simulationsuhr* und über ein handvoll *Regeln*, nach denen die Simulation abläuft. Die wichtigste Regel heißt kurz *Wysiwys: What you simulate is what you synthesize*. Das heißt soviel wie: „Aus der VHDL-Schaltungs- oder Systembeschreibung wird in der Synthese eine elektronisch korrekte Schaltungsstruktur generiert und genau diese soll auch in der Simulation wiedergegeben werden." In der Simulation müssen daher die Hardware-Eigenschaften *Parallelität der Anweisungen* und *Zeitverhalten* berücksichtigt werden.

Aus diesem Grund werden die Signalzuweisungen in der VHDL-Simulation prinzipiell (scheinbar) nebenläufig ausgeführt. Dabei spielt die Reihenfolge der sequenziell geliste-

ten Zuweisungen keine Rolle. Wie erreicht der Simulator (scheinbar) parallele Signalzuweisungen, obwohl die Anweisungen sequenziell aufgelistet werden? Nehmen wir an, in
den folgenden **architecture DFL1** und DFL2 stehen zwei Signalzuweisungen sequenziell
gelistet. In DFL2 ist die Reihenfolge umgekehrt wie in DFL1:

```
  architecture DFL1 ...                architecture DFL2 ...
    begin                                begin
      b <= a;                              a <= b;
      a <= b;                              b <= a;
    end DFL1;                            end DFL2;
```

Der Simulator errechnet zunächst *alle* Ausdrücke auf den rechten Seiten der Zuweisungen, speichert sie jeweils in separaten Registern ab, um sie dann am Ende der
**architecture** den Signalen auf der linken Seite der Zuweisung zuzuweisen. Falls auf
der rechten Seite lediglich ein Signal steht, wird dieses zwischengespeichert. Wir wenden
diese Methode auf unsere obigen beiden Architectures an und fragen den aufmerksa-
men Leser: „Werden die Werte der Signale a und b vertauscht?" Um diese Frage zu
beantworten und um die Antwort zu erläutern, gehen wir zunächst davon aus, dass die
Zuweisungen in DFL1 und DFL2 von einem Software–Compiler sequenziell abgearbeitet
werden und dass anfangs das Signal a den Wert „7" und das Signal b den Wert „13" beinhaltet. Das Ergebnis der sequenziellen Zuweisungen in der **architecture DFL1** wäre für
a und b gleich dem Wert des Signals a, nämlich „7". In der **architecture DFL2** wäre
das Ergebnis der sequenziellen Zuweisungen gleich dem Wert des Signals b, nämlich
„13". Es findet also keine Vertauschung der Werte in a und b statt und die Reihenfolge
der Instruktionen und Zuweisungen spielt beim Software–Compiler eine Rolle.

Nun betrachten wir den VHDL-Compiler in der Simulation und wenden die oben genannte Methode an. Hierbei wird zunächst der Wert „7" von a in einen Zwischenspei-
cher, z. B. in ein Register **alpha** gespeichert. Dasselbe geschieht mit dem Wert „13" des
Signals b, dieser kommt in das Register **beta** (siehe Abbildung 5.10). Am Ende der
**architecture** werden das Register **alpha** mit dem Wert „7" dem Signal b und das Register **beta** mit dem Wert „13" dem Signal a zugewiesen. Das geschieht gleichermaßen
sowohl in der **architectur DFL1** als auch in **architectur DFL2**.

Demnach lautet die Antwort auf die obige Frage: *Die Werte der beiden Signale werden in unseren Beispielen in der VHDL-Simulation vertauscht und zwar unabhängig
von der Reihenfolge der Zuweisungen.* Das bedeutet auch, dass die Signalzuweisungen
scheinbar parallel erfolgen. Der Simulator führt diese Aktionen in einer Zeit durch, die
als **Delta-Zyklus** oder **Delta-Delay** bezeichnet wird. Der Deltazyklus verbraucht die
Simulationszeit null, das heißt für die Aktion der (scheinbar) parallelen Signalzuweisungen wird die Simulationsuhr angehalten. Wir betrachten den Simulationsablauf von
Anfang an: Nach dem Start der Simulation zur Simulationszeit $t=0$ steht zunächst die
Simulationsuhr still und die VHDL-Beschreibung wird vom Simulator einmal nach der
obigen Beschreibung ausgeführt und dabei werden alle Signalzuweisungen durchgeführt.
Die Simulation beginnt also mit einem Deltazyklus (siehe Abbildung 5.10). Danach wird
die Simulationsuhr um einen diskreten Zeitschritt, der am Simulator einstellbar ist (zum
Beispiel eine ns), weitergeschaltet. Der Simulator prüft nach, ob zur Simulationszeit $t=1$

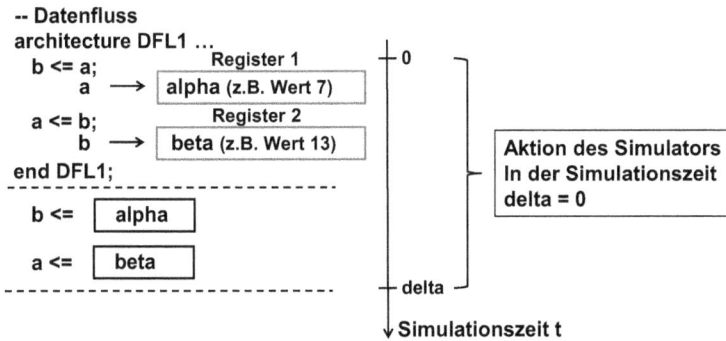

**Abbildung 5.10:** *Linke Seite: Darstellung der Signalzuweisungen im VHDL-Simulator: Alle Werte der Signale auf der rechten Seite der Zuweisung werden zuerst zwischengespeichert und am Ende der* **architecture** *den linken Seiten zugewiesen. Rechte Seite: Die Simulation führt diese Aktion in der Simulationszeit Delta=0 aus.*

*ns* ein „Event" (Ereignis) aufgetreten ist. Falls das nicht zutrifft, schaltet der Simulator die Simulationsuhr um einen weiteren diskreten Zeitschritt weiter (z. B. eine weitere ns). Wieder wird geprüft, ob ein Event vorliegt usw. Diese Simulationsmethode nennt man *eventgesteuerte, zyklusbasierte Simulation* (siehe auch Abschnitt 8.2, Seite 362). Zyklusbasiert heißt, die Simulation wird in diskreten Zeitzyklen durchgeführt.

Wann liegt ein Event vor? Ein Event kann mehrere Ursachen haben. Die häufigste Ursache ist, dass sich ein Signal oder mehrere Signale auf den rechten Seiten von Zuweisungen in einem bestimmten Zeitschritt ändern. In diesem Fall hält der Simulator die Simulationsuhr an, (z. B. im Zeitzyklus x ns) und führt einen Deltazyklus für die neue Errechnung der entsprechenden rechten Seiten mit der Zwischenspeicherung der neuen Werte und den dazugehörigen Zuweisungen durch. Als Beispiel für ein Event nehmen wir wieder unsere Verhaltenbeschreibung unseres Halbaddierers auf Logikebene:

```
architecture DATFLUSS of HALBADD is
   begin
      carry <= a AND b after 2 ns;
      sum <= a XOR b after 1 ns;
   end DATFLUSS;
```

In diesem Beispiel sind die Zuweisungen zu den Signalen **carry** und **sum** um 2 ns bzw. um 1 ns verzögert. Diesen Fall wird der Simulator wie folgt behandeln: Nach dem initialen Durchlauf durch die **architecture** zur Simulationzeit $t = 0$ werden die beiden rechten Seiten der Zuweisungen berechnet und *nur zwischengespeichert*, aber nicht zugewiesen, da der Simulator die Schlüsselworte **after** hinter den Zuweisungen entdeckt.

Die Simulationsuhr wird jetzt um 1 ns weitergeschaltet. Zur Zeit *t=1 ns* steht aber ein Event an: nämlich die Zuweisung zum Signal sum. Die Simulationsuhr wird angehalten und in einem Deltazyklus wird die Zuweisung des Zwischenspeichers, in dem das Ergebnis von **a XOR b** liegt, dem Signal **sum** zugewiesen.

Danach wird die Simulationsuhr wieder um 1 ns weitergeschaltet. Zur Simulationszeit *t=2 ns* steht wieder ein Event an, nämlich die Zuweisung zum Signal `carry`.

Eine weitere Regel bzw. eine Forderung ist, dass sich der Simulator *deterministisch* verhält. Das bedeutet, dass bei gleicher VHDL-Beschreibung, gleichen Eingangssignalen usw. die Simulationsergebnisse immer gleich sind. Das kann aber bei mehreren verschiedenen Zuweisungen zum gleichen Signal wie in der Beispielzuweisung gezeigt (siehe Beispielzuweisung, Seite 182), nicht deterministisch werden, da am Ende eines Deltazyklus die Zuweisungen zu den Signalen vom Simulator in beliebiger Reihenfolge ausgeführt werden dürfen. Hier hilft die `resolution function` (siehe Abschnitt Datentypen), wenn die Signale vom `resolved` Typ sind. Sind die Signale vom `unresolved` Typ, dann muss der Simulator in diesem Fall einen Fehler ausgeben.

## 5.1.8   Der VHDL-Prozess

Ein VHDL-Prozess (Process) stellt eine Besonderheit innerhalb VHDL dar, er wird hauptsächlich verwendet, um das Verhalten von Systemen bzw. Elektronik-Schaltungen zu beschreiben, d. h. für Verhaltensbeschreibungen auf RT- oder algorithmischer Ebene. In einem VHDL-Prozess werden neben den schon bekannten Signalen zusätzlich Variable eingeführt, mit einer eigenen Notation für die Zuweisung. Im Gegensatz zu anderen VHDL-Beschreibungen werden die Signal- und Variablenzuweisungen (in der Simulation) nicht (scheinbar) nebenläufig, sondern wie aus der Software-Programmierung gewohnt, sequenziell ausgeführt. Signal-Zuweisungen werden erst am Ende des Prozesses ausgeführt. Die Syntax des VHDL-Prozess ist wie folgt:

```
label : process (Sensitivitätsliste)
  -- Deklarationen
 begin
  -- sequenzielle Anweisungen
 end label;
```

Zunächst wird der Prozess mit einer (optionalen) Marke oder einem `label` deklariert. Nach dem Schlüsselwort `process` folgt in der Regel eine Sensitivitätsliste von Signalen. Die Marke kann weggelassen werden, wenn es nur einen Prozess in der Architektur gibt. Bei mehreren Prozessen innerhalb einer Architektur sind die Marken wichtig, damit der Compiler die Prozesse unterscheiden und z. B. Fehler zuweisen kann.

Ein Prozess hat zwei Zustände: *ausgesetzt* oder *schlafend* (suspended) und *aktiv* (active). In der Simulation wird über die Sensitivitätsliste der zugehörige Prozess initiiert: Ändert sich der Wert eines Signals der Sensitivitätsliste so wird die sequenzielle Abarbeitung der aufgeführten Anweisungen angestoßen: er wechselt vom ausgesetzten in den aktiven Zustand. Ändert sich durch die Abarbeitung der Anweisungen ein Signal der Sensitivitätsliste, so wird nach dem Abschluss eines kompletten Durchlaufs des Prozess so lange wieder erneut aktiviert, bis die Signale der Sensitivitätsliste einen stabilen Wert angenommen haben. Dementsprechend muss die Sensitivitätsliste alle Signale enthalten, die eine Neuberechnung des Prozesses notwendig machen. Die Abarbeitung des VHDL-Prozesses geschieht in einem Deltazyklus (oder mehreren Deltazyklen) (siehe Seite 188). Der Prozess wird abgeschlossen durch ein `end <label>;` oder, (wenn die Marke fehlt), durch ein `end process;`.

An Stelle der Sensitivitätsliste kann der Prozesses auch über eine `wait`-Anweisung gesteuert werden. In diesem Fall sieht die Syntax wie folgt aus:

```
label : process
  -- Deklarationen
 begin
  -- sequenzielle Anweisungen
   wait on <Sensitivitätsliste>;
 end label;
```

Eine `wait`-Anweisung kann auch zwischen den sequenziellen Anweisungen stehen. Für
die `wait`-Anweisung gibt es verschiedene Ausprägungen (siehe Abschnitt „Kontrollstrukturen in VHDL-Prozessen", Seite 193). Wird an einer beliebigen Stelle eines Prozesses
eine `wait`-Anweisung angewendet, erlaubt VHDL keine Sensitivitätsliste. Wie bereits
erwähnt, wird ein Prozess innerhalb der Architecture als Verhaltensbeschreibung eingesetzt. Eine Architecture kann dabei eine beliebige Anzahl von VHDL-Prozessen beinhalten:

```
architecture X of Y is
begin
  -- Nebenläufige Befehle
 PROZESSA : process
  -- sequenzielle Befehle
 end PROZESSA;
  -- Nebenläufige Befehle
 PROZESSB : process
  -- sequenzielle Befehle
 end PROZESSB;
  -- Nebenläufige Befehle
end X;
```

In der Simulation wird ein einzelner Prozess innerhalb der Architecture in seiner Gesamtheit als eine einzelne Anweisung betrachtet, die mit den anderen nebenläufigen
Befehlen innerhalb der Architecture parallel (in der Regel) in einem Deltazyklus ausgeführt wird. Jede nebenläufige Anweisung kann prinzipiell durch einen Prozess mit der
gleichen Funktionalität ersetzt werden, (umgekehrt gilt dies nicht).

### Signal- und Variablenzuweisungen im Prozess

In Abschnitt 5.1.7, Seite 187 wurde bereits ausführlich auf die Zuweisung von Signalen
in der Simulation eingegangen und explizit die Problematik der mehrfachen Zuweisung
von Signalen auf ein einzelnes Signal erwähnt. Es sei an dieser Stelle nochmals an die
`resolution function` erinnert. Im Fall des Prozesses ergibt sich diese Problematik auf
Grund der Eigenschaft der sequenziellen Abarbeitung nicht. Die sequenziellen Zuweisungen werden im Prozess so interpretiert, dass ausschließlich die letzte Zuweisung auf ein
Signal ausgeführt wird. Das zugewiesene Signal wird dabei erst am Ende des Prozesses
aktualisiert. Bindet man das Beispiel aus Abschnitt „Zuweisungen und die neunwertige

```
architecture DATENFLUSS of ZUWEIS is
   signal c, a, b : std_logic;
begin
   PROCZUWEIS: process (a, b)
    c <= a;
    ......
    c <= b;
   end PROCZUWEIS;
end DATENFLUSS;
```

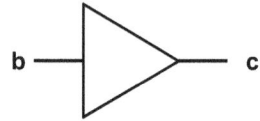

**Abbildung 5.11:** *Die erste Zuweisung auf das Signal c innerhalb eines Prozesses wird ignoriert.*
*Es wird nur die letzte Zuweisung durchgeführt.*

Standard Logik" Seite 182 für die Zuweisung des Signals c in einen Prozess ein, so ergibt
sich die VHDL-Beschreibung in Abbildung 5.11, linke Seite.

In diesem Beispiel Abbildung 5.11 wird keine `resolution function` benötigt. Hier wird
nur das Signal b auf c zugewiesen und die Zuweisung von Signal a auf c spielt keine
Rolle. Im Gegensatz zur Schaltung in Abbildung 5.6 ergibt sich durch den Einsatz des
Prozesses die in Abbildung 5.11 rechte Seite dargestellte Schaltung.

Eine weitere Besonderheit innerhalb des Prozess ist die Zuweisung von Werten an Variable. Im Gegensatz zu Signalen, bei denen nur die letzte Zuweisung auf das Signal
am Ende des Prozess übernommen wird, wird eine Wertänderung bei Variablen sofort umgesetzt und zählt ab diesem Zeitpunkt bis zur nächsten Änderung oder dem
Ende eines Prozess-Durchlaufs. Variable sind nur in dem Prozess gültig, in dem sie
deklariert werden, während Signale in der ganzen Architektur gelten. Die Variablen-
Zuweisung geschieht durch den Zuweisungsoperator `:=`. Folgendes Beispiel zeigt verschiedene Variablen- und Signalzuweisungen:

```
signal a, b : bit;
signal aus: bit_vector(1 to 8);
ZUWEIS_BEISPIEL : process (a, b);
   variable x, y : bit;
begin
   x := '1'; -- setzt x sofort auf '1'
   y := '1'; -- setzt y sofort auf '1'
   a <= '1'; -- setzt a auf '1', Zuweisung am Ende des Prozess
   b <= '1'; -- setzt b auf '1', Zuweisung wäre am Ende des Prozess
   aus(1) <= x; -- setzt aus(1) auf '1', Zuweisung am Ende des Prozess
   aus(2) <= y; -- setzt aus(2) auf '1', Zuweisung am Ende des Prozess
   aus(3) <= a; -- setzt aus(3) auf a, Zuweisung am Ende des Prozess
   aus(4) <= b; -- setzt aus(4) auf b, Zuweisung am Ende des Prozess
   x := '0';  -- setzt x sofort auf '0'
   y := '0';  -- setzt y sofort auf '0'
   b <= '0';  -- setzt b auf '0', Zuweisung am Ende des Prozess
   aus(5) <= x; -- setzt aus(1) auf '0', Zuweisung am Ende des Prozess
   aus(6) <= y; -- setzt aus(2) auf '0', Zuweisung am Ende des Prozess
```

```
    aus(7) <= a; -- setzt aus(3) auf a, Zuweisung am Prozessende
    aus(8) <= b; -- setzt aus(4) auf b='0', Zuweisung am Prozessende
END ZUWEIS_BEISPIEL;
```

Am Ende des Prozesses hat der Bit-Vector „aus" den Wert "11100010". Interessant sind die Werte von `aus(4)` und `aus(8)`, da auf diese beiden Signale im Vektor das Signal b zugewiesen wird. b wird während des Prozess einmal von '1' auf '0' geändert. Es gibt einen zweiten Deltazyklus, weil a und b in der Sensitivitätsliste stehen. Damit ist die erste Zuweisung für b hinfällig, auch wenn die Zuweisung auf `aus(4)` sequenziell gesehen vor der Änderung von b geschehen ist, zählt nur die letzte Zuweisung. Bei den Variablen liegt der Fakt anders. Hier wird die Änderung sofort übernommen und entsprechend der sequenzielle Ablauf auf die Werte im Vektor umgesetzt. Die letztendliche Zuweisung geschieht aber auch in diesem Fall erst am Ende des Prozesses. Das bedeutet, dass alle Signalzuweisungen in dem Prozessdurchlauf, in dem die Zuweisung aktuell stattfindet, *noch nicht wirksam* werden, sondern erst beim *nächsten* Prozessdurchlauf.

### Kontrollstrukturen in VHDL-Prozessen

Im VHDL-Prozess ist Hardware mit Operationen und Kontrollstrukturen wie Schleifen, Verzweigungen usw. modellierbar wie sie in ähnlicher Form in höheren Programmiersprachen, zum Beispiel in C oder Pascal zur Verfügung stehen.

**Schleifen** werden mit dem Schlüsselwort `loop` eingeleitet. Die `loop` kann mit dem Befehl `exit when <bedingung>` verlassen werden. Die Syntax der Endlosschleife findet man in Abbildung 5.12 (a). Als Bedingung wird im Beispiel $a < b$ eingesetzt. Das Beispiel einer For-Schleife mit fester Iterationszahl i wird in Bild 5.12 (b) gezeigt. Die Variablen a und b sind ganzzahlig. Im ersten Fall ist $a < b$ und die Iterationszahl i wird inkrementiert. Im zweiten Fall ist $a > b$ und i wird abwärts gezählt. Das Beispiel einer While-Schleife ist in Abbildung 5.12 (d) aufgeführt.

Die Syntax von **Verzweigungen** beginnt mit dem Schlüsselwort `if` und ist beispielhaft in Abbildung 5.12 (e) dargestellt Wenn die Bedingung `<bedingung>` wahr ist, dann wird der `then`-Programmteil ausgeführt, sonst der `else`-Zweig. Eine Erweiterung des `if`-Konstrukts mit unbeschränkter Anzahl von Verzweigungen und Bedingungen ist mit dem Schlüsselwort `elsif` möglich. **Die Fallunterscheidung** ist ähnlich der `switch`-Anweisung in der Programmiersprache C und wird im Beispiel Abbildung 5.12 (f) beschrieben. Die Variable a kann verschiedene Ganzzahl-Werte annehmen. Hat sie beispielsweise den Wert 5, dann wird der Programmteil hinter: `when 5 =>` ausgeführt. Hat a den Wert 7, dann wird der Programmteil hinter: `when 7 =>` ausgeführt usw. Wichtig ist, dass alle möglichen Belegungen von a zugewiesen werden. Mit dem Term `when others =>` (ohne Semikolon) werden alle restlichen Werte für a abgedeckt, die nicht in `when ..`-Beziehungen aufgeführt sind, er darf nicht vergessen werden. Hinter: `when others =>` kann ein Vorgabewert (Default) gesetzt werden, zum Beispiel Null.

Mit der **Wait-Anweisung** kann das Zeitverhalten von Prozessen festgelegt werden. Beispielsweise können Prozesse jeweils mit einer positiven Taktflanke aktiviert werden. Die Wait-Anweisung kann verschiedene Ausprägungen haben. Weiter oben haben wir bereits den Ausdruck `wait on <Signalliste>;`, als Beispiel `wait on (ready, enable);` kennengelert (siehe Abbildung 5.12 (g)). Ein Prozess bleibt ausgesetzt, bis sich ein Signal in der `Signalliste` ändert. Der `wait`-Ausdruck in Abbildung 5.12 (h) kann nur in der

```
-- (a) Endlosschleife
loop ...;
exit when a < b; ...;           -- (f) Fallunterscheidung
end loop;                       variable a : integer;
                                case a is
-- (b) For-Schleife,                when 5 => ...;
-- i zählt aufwärts                 when 7 => ...;
for i in a to b                     when others =>
loop ...;                       end case;
end for;

                                -- (g) Wait-Konstrukt
-- (c) For-Schleife             wait on <Signalliste>;
-- i zählt abwärts              wait on (ready, enable);   -- Beispiel
for i in a downto b
loop ...;                       -- (h) Wait-Konstrukt
end for;                        wait for <time>;
                                wait for 10 ns;   -- Beispiel

-- (d) While-Schleife
while <bedingung>               -- (j) Wait-Konstrukt
loop ...;                       wait until <Boolsche Bedingung>;
end while;                      wait until (read and enable); -- Beispiel


-- (e) Verzweigung             -- Beispiele
if <bedingung> then ...;        wait until clk'event and clk ='1';
else ...;                       wait until clk'event and clk ='1' and ready ='1';
elsif <bedingung2> ...;
elsif <bedingung3> ...;
end if;
```

**Abbildung 5.12:** *Verschiedene Kontrollstrukturen im VHDL-Prozess: (a): Endlosschleife, (b): For-Schleife, i zählt aufwärts (c): For-Schleife, i zählt abwärts, (d) While-Schleife (e) Verzweigungen und (f): Fallunterscheidung. (g) bis (j): Wait-Konstrukte.*


Simulation verwendet werden: Der Prozess bleibt in der Simulation ausgesetzt und wird beispielsweise nach der Zeit 10 ns wieder aktiviert. Die `wait`-Notierung in Abbildung 5.12 (j) wird verwendet, wenn wir auf mehrere Signale warten: Diese `wait`-Ausprägung kann auch verwendet werden, wenn wir eine Schaltung mit einer (positiven oder negativen) Taktflanke synchronisieren möchten. In der oberen Zeile der Beispiele in Abbildung 5.12 (j) wird der Prozess jeweils durch eine positive Taktflanke aktiviert, wobei `clk` das Taktsignal bedeutet und der Apostroph `'event` mit dem Schlüsselwort `event` ein *Ereignis-Attribut* (siehe Abschnitt 5.1.14, Seite 210) bezeichnet. In der unteren Zeile muss auch noch das Signal `ready` aktiv sein. Wird ein `wait`-Ausdruck in dieser Form im Prozess einer Schaltungsbeschreibung verwendet, so wird das Synthese-Werkzeug in der Schaltung taktflankengesteuerte Flipflops erzeugen.

## 5.1.9    Beispiele einfacher Prozessbeschreibungen

Ein Flipflop (FF) ist ein bistabiles Speicherelement und kann die kleinste Informationseinheit: ein Bit speichern. Die Grundschaltung eines Flipflop auf Logik-Ebene ist eine kreuzweise rückgekoppelte Struktur von beispielsweise zwei NAND-Gattern, wie

Abbildung 5.13, rechte Seite zeigt. Für die Grundschaltung aus NAND-Gattern sind die Eingangssignale „null-aktiv", das heißt, im Ruhezustand nimmt das Signal den Spannungspegel der logischen Eins an und im aktiven Zustand den der logischen Null. Die Beschreibung auf Logik-Ebene wollen wir nicht weiter vertiefen. Ein Synthese-Werkzeug akzeptiert die wesentlich einfachere RT-Beschreibung und entnimmt aus der Synthese-Bibliothek ein passendes Flipflop, das robust und möglichst unempfindlich gegen Störimpulse sein soll.

Als Beispiele einfacher Prozessbeschreibungen wählen wir ein Set-Reset-Flipflop (RS-FF), ein D-Flipflop und ein 32-Bit-Register mit Reset und Enable-Eingang. Die Beispiele sind, etwas geändert, dem Buch von Reichardt und Schwarz [ReiSch07] entnommen.

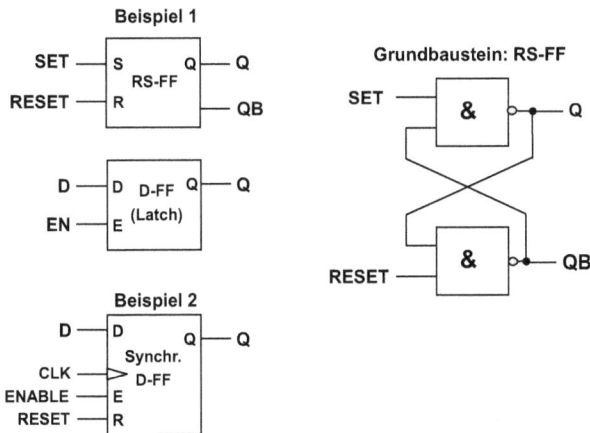

**Abbildung 5.13:** *Linke Seite oben: Entity-Block eines einfachen RS-FF. Mitte: D-FF (Latch). Unten: Synchrones D-FF. Rechte Seite: Einfache Grundschaltung eines Flipflop.*

### Einfaches Set-Reset-Flipflop

Die folgenden VHDL-Beschreibungen stellen ein einfaches Set-Reset-Flipflop (RS-FF) dar, dessen Entity in Beipiel 1, Abbildung 5.13, linke Seite oben als Block dargestellt ist. Die erste Beschreibung zeigt den Prozess P1 mit Sensitivitätsliste:

```
-- Prozessbeschreibung P1
entity RSFF is
 port  (SET, RESET : in bit;
        Q, QB      : out Bit);
 end RSFF;
architecture BEHAVE1 of RSFF is
  begin
    P1: process (SET, RESET)      -- Prozess ist empfindlich
      begin                       -- auf Set und Reset
        if SET = '1' and RESET = '0' then
          Q  <= '1'; QB <= '0';   -- Ausgänge Q, QB werden gesetzt
        elsif SET = '0' and RESET = '1' then
          Q  <= '0'; QB <= '1';
```

```
        end if;
      end P1;
end BEHAVE1;
```

Ändert sich ein Signal in der Sensitivitätsliste, beispielsweise das Signal SET, dann wird der Prozess P1 aktiviert und das Ausgangssignal Q wird auf '1', der Ausgang QB (Q-bar, invertiertes Q) wird auf '0' gesetzt, vorausgesetzt das Signal RESET steht auf '0'. Selbst wenn SET nur ein schmaler, positiver Impuls ist, bleibt Q solange auf '1' stehen, bis das RESET-Signal aktiv wird und Q wieder zurücksetzt. Hierbei muss SET wieder auf '0' stehen. Die zweite Beschreibung (Prozessbeschreibung 2) stellt das gleiche Set-Reset-Flipflop dar, aber im Unterschied zur ersten Beschreibung hat der Prozess P2 keine Sensitivitätsliste, sondern eine Wait-Anweisung:

```
-- Prozessbeschreibung P2
entity RSFF is
 port ( SET, RESET : in bit;
        Q, QB      : out Bit);
 end RSFF;
architecture BEHAVE2 of RSFF is
  begin
    P2: process                    -- Ohne Sensitivitätsliste
      begin
      wait on SET or RESET         -- Statt Sensitivitätsliste ein Wait
        if SET = '1' and RESET = '0' then
          Q  <= '1'; QB <= '0';
        elsif SET = '0' and RESET = '1' then
          Q  <= '0'; QB <= '1';
        end if;
      end P2;
end BEHAVE2;
```

Die Prozesse wechseln dauernd zwischen aktivem und inaktivem Zustand und werden unendlich oft wiederholt. Die Eingabesignale selbst aktivieren die Prozesse.

**D-Flipflop**

Ein „einfaches" D-FlipFlop (D-FF) wird auch *Latch* (Riegel, verriegeln) genannt. Abbildung 5.13 links Mitte, zeigt das Block-Symbol für ein Latch. Es hat zwei Eingänge, einen D- (Data) und einen E-Eingang (Enable). Ist der E-Eingang *True*, so übernimmt der Ausgang Q den Wert des Eingangs D und hält ihn („verlatcht") ihn, wenn der E-Eingang wieder auf *False* geht.

Die folgende VHDL-Beschreibung stellt ein *taktflankengesteuertes* D-Flipflop mit ENABLE- und RESET-Eingang dar, dessen Entity in Beipiel 2, Abbildung 5.13, linke Seite unten als Block dargestellt ist (nach [ReiSch07]). Taktflankengesteuert heißt: Das Flipflop wird, im Gegensatz zu obigem RS-FF in der Regel durch eine positive Taktflanke aktiviert. Wie weiter oben schon erwähnt, synchronisiert der Takt die einzelnen Komponenten einer elektronischen Schaltung. Ein taktflankengesteuertes D-FlipFlop nennt man auch ein *synchrones Register*. Die Taktflankensteuerung geschieht durch die Anweisung: elsif CLK'event and CLK = '1' then..

Für ein Synthese-Werkzeug bedeutet diese Anweisung, dass ein *Master-Slave-FF* generiert werden soll. Ein Master-Slave-FF besteht aus zwei Flipflops. Die positive Taktflanke setzt das Master-FF auf den Wert des D-Eingangs (Daten-Eingang) und die negative Taktflanke übergibt den Wert des Master-FF an das Slave-FF, das zugleich das Ausgangs-FF ist. Dieses FLipflop ist zwar aufwändig, aber weniger störanfällig.

```
-- Prozessbeschreibung P3
entity D_FLIPFLOP is
 port ( D, RST, CLK, ENABLE : in bit;
                      Q   : out bit);
  end D_FLIPFLOP;

architecture VERHALTEN3 of D_FLIPFLOP is
  begin
    P3: process (CLK, RST)
       begin
         if RST = '1' then Q <= '0';        -- Reset
         elsif CLK'event and CLK = '1' then -- FLankensteuerung
            if ENABLE = '1' then            -- Enable
            Q  <= D;
            end if;
         end if
     end P3;
end VERHALTEN3;
```

In der Sensitivitätsliste von Prozess P3 stehen hier nicht mehr die Eingabesignale wie beim RS-FF, sondern nur noch der Takt CLK und das Rücksetzsignal RST. Das heißt, auch RST kann den Prozess P3 aktivieren, unabhängig vom Takt. Man spricht hier von einem *asynchronen Reset*, der ein D-FF oder ein Register zurücksetzt.

**Ein 32-Bit-Register**

Ein *n-Bit-Register* ist in der Regel aus n D-FlipFLops mit ENABLE und REST (siehe oben) aufgebaut. Um ein 32-Bit-Register in VHDL zu beschreiben, ändert sich die VHDL-Beschreibung lediglich in der Entity, in der statt des ein Bit-Eingangs und Ausgangs jetzt Vektoren stehen. Zudem müssen bei Reset alle Bits des Ausgangs auf '0' gesetzt werden. Folgende Prozessbeschreibung P4 stellt die Beschreibung eines 32-Bit-Registers dar (nach [ReiSch07]).

```
-- Prozessbeschreibung P4
entity REG_32BIT is
 port ( D   : in  bit_vector(31 downto 0); -- Register-Eingänge
        Q   : out bit_vector(31 downto 0); -- Register-Ausgänge
        RST, CLK, ENABLE : in bit);
  end REG_32BIT;
```

```
architecture VERHALTEN4 of REG_32BIT is
  begin
    P4: process (CLK, RST)
      begin
        if RST = '1' then Q (others=> '0');   -- Alle Ausgänge auf '0'
        elsif CLK'event and CLK = '1' then
          if ENABLE = '1' then
            Q  <= D;                           -- Zuweisung von Vektoren
          end if;
        end if;
    end P4;
end VERHALTEN4;
```

## 5.1.10   Generische Komponenten mit größeren Datenbreiten

Der Halbaddierer und der Ein-Bit-Volladdierer aus den Abbildungen 5.3 und 5.4 sind erst nützlich, wenn sie als Grundbausteine für Addierer und Multiplizierer größerer Datenbreiten dienen. Im Bild 5.14 ist auf der linken Seite die **entity** als Schaltungsblock

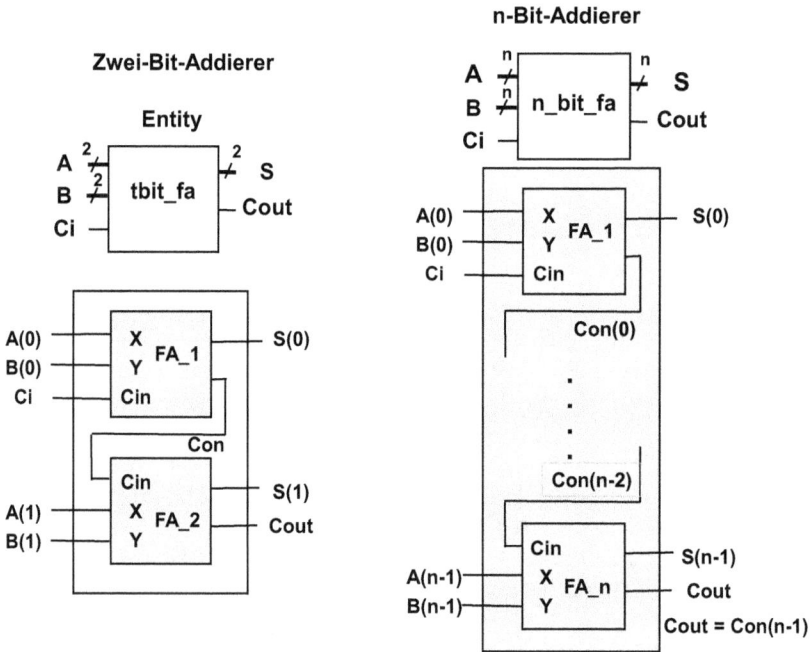

**Abbildung 5.14:** *Linke Seite: Entity und Struktur-Schaltbild des Zwei-Bit-Addierers. Rechte Seite: Entity und Struktur des n-Bit-Addierers.*

und darunter die Struktur eines Zwei-Bit-Addierers gezeigt. Bei der **entity** sind die Eingänge A und B und der Summen-Ausgang (S) zweielementige Vektoren, im Schaltblock vereinfacht dargestellt als eine Leitung mit einem kleinen Querstrich, der mit einer

„2" beschriftet ist. Die Struktur ist aus zwei Ein-Bit-Volladdierern aufgebaut, wobei der carry-Ausgang Con(0) des ersten Volladdierers (FA_1) mit einem Eingang des Volladdierers (FA_2) verbunden ist. Die Bezeichnungen der Volladdierer (FA_1), (FA_2) stellen zugleich die Marken der Instanziierungen der Komponente full_adder in der folgenden VHDL-Struktur-Beschreibung des **Zwei-Bit-Addierers** dar.

```
entity TBIT_FA is
   port (A, B: in bit_vector(1 downto 0);
           Ci: in bit;
   Cout       : out bit;
   S          : out bit_vector(1 downto 0);
end TBIT_FA;

architecture STRUCT of TBIT_FA is
component full_adder is
       port (X,Y,Cin : in bit;
               S, C : out  bit);
end component;

signal Con : bit;        -- Verbindungsdraht

begin
  FA_1: full_adder port map (X=>A(0), Y=>B(0), Cin=>Ci, Co=>Con,
        Sum => S(0));  -- Namenszuweisung, unten: Positionszuweisung
  FA_2: full_adder port map (A(1), B(1), Con,S(1), Cout);
end STRUCT;
```

Der beschriebene Addierer stellt einen sogenannten „Ripple-Carry-Addierer" dar. Das heißt, in dieser Addierer-Schaltung wird der Übertrag seriell von einem Volladdierer zum nächsten übertragen. Diese Addiererstruktur ist zwar recht einfach aber in der Ausführungszeit relativ langsam. Die wesentlich schnelleren „Carry-Look-Ahead-Adder" (Addierer mit Übertragsvorschau) sind komplizierter und benötigen mehr Chip-Fläche.

Der Zwei-Bit-Addierer soll hier als Beispiel dienen für Addierer, die für größere Datenbreiten einsetzbar sind, beispielsweise für eine 16-Bit-Addierer. An der Beschreibung des Zwei-Bit Addierers erkennt man, dass der Schreibaufwand für einen 16-Bit-Addierer um etwa den Faktor 8 ansteigen wird und damit auch die Fehlermöglichkeiten gleichermaßen zunehmen. Besser wäre es, der Computer würde die gewünschten Addierer-Instanzen automatisch generieren. Zu diesem Zweck wurden die *generischen* VHDL-Komponenten geschaffen. Die folgende generische VHDL-Beschreibung stellt das Beispiel eines **n-Bit-Volladdierers** dar.

```
entity N_BIT_FA is
   generic (wb: positive:= 16);
   port     (A, B: in bit_vector(wb-1 downto 0);
           Ci   : in bit;
           Cout : out bit;
           S    : out bit_vector(wb-1 downto 0);
```

```
end N_BIT_FA;

architecture STRUCT of N_BIT_FA is
component full_adder is
       port (X,Y,Cin : in bit;
               S, C : out  bit);
end component;
signal Con : bit_vector(wb-1 downto 0);   -- Verbindungsdrähte
begin
  U0 : full_adder port map (A(0),B(0),Ci, S(0),Con(0));
  U1 : for i in 1 to wb-1 generate    -- generate-Anweisung
  F1 : full_adder port map (A(i),B(i),Con(i-1),S(i),Con(i));
       end generate;
  Cout <= Con(wb-1);                     -- Ausgangsverbindung
end STRUCT;
```

Die generische (generic) Variable, die wir mit wb benennen und die für die Wortbreite verwendet wird, hat einen (optionalen) Vorgabewert, den wir mit 16 ansetzen. Die obige VHDL-Beschreibung erzeugt noch keinen Addierer der Wortbreite wb, sondern ist sozusagen eine Konstruktionsbeschreibung oder eine *Klassenbeschreibung* für einen Ripple-Carry-Addierer mit variabler Wortbreite.

Als Basis-Komponente für das Beispiel wird der Ein-Bit-Volladdierer wie in der Zwei-Bit-Addierer-Beschreibung verwendet. In der Architekturbeschreibung wird zuerst die Eingangsverbindung in der Zeile mit der Marke U0 beschrieben. Danach wird in der Zeile U1 in einer for-Schleife die generate-Anweisung eingesetzt, die die Anzahl wb-1 Instanzen der Volladdierer-Komponente erzeugt und verdrahtet. Zum Schluss wird der Übertragsausgang Cout angeschlossen.

Wir benötigen für unser Beispiel noch eine Programm, in das der generische n-Bit-Addierer eingebunden wird und das ein Addierer-Objekt mit der gewünschten Wortbreite erzeugt. Dafür verwenden wir das Konzept des *Test-* oder *Simulationstreibers*, wie er in Abschnitt 5.1.13, Seite 208 vorgestellt wird. Die folgende VHDL-Beschreibung zeigt die **Generierung eines 32-Bit-Addierers**.

```
entity TEST is generic (wb: positive:=32);
end TEST;

architecture ADDIERER_TEST of TEST is
component N_BIT_FA is
port    (A, B: in bit_vector(wb-1 downto 0);
            Ci   : in bit;
            Cout : out bit;
            S    : out bit_vector(wb-1 downto 0);
end component;

signal Ci,Cout : bit;
signal A,B,S: bit_vector(wb-1 downto 0); -- Verbindungssignale
```

```
begin
   FA: N_BIT_FA generic map (wb => 32)    -- wie oben
  port map (A, B, Ci, Cout, S);
   .......                                -- Testbefehle
end architecture;
```

Die Test-entity trägt nur die Zuweisung für die gewünschte Wortbreite, zum Beispiel 32 Bit: generic (wb: positive:=32) und ist sonst leer. Der n-Bit-Volladdierer mit der Bezeichnung N_BIT_FA (wie oben) wird als Komponente in den Testtreiber eingebunden. Wir benötigen noch die Verbindungssignale, die die gleichen Namen tragen dürfen wie die Eingabe- und Ausgabesignale der Komponente und deklarieren diese im Deklarationsteil der **architecture**. Unter der Marke **FA:** wird der n-Bit-Volladdierer mit dem Befehl **generic map** instanziert und mit der Anweisung **port map** mit den Verbindungssignalen verbunden. Hier wird die gewünschte Wortbreite wiederholt (wb => 32). Damit ist das Addierer-Objekt instanziiert und kann mit Testwerten an den Eingängen, z. B. mit A <= 25; B <= 35; auf die richtige Funktion getestet werden.

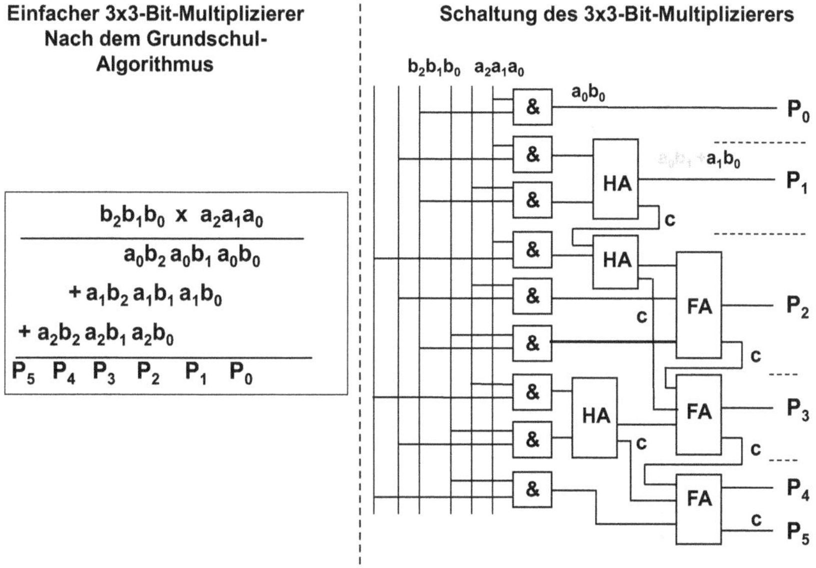

**Abbildung 5.15:** *Linke Seite: Multiplizier-Grundschulalgorithmus, angewendet auf zwei dreielementige Bit-Vektoren. Rechte Seite: Schaltungsstruktur des 3x3-Bit Wallace-Tree-Multiplizierers. „HA" bedeutet Halbaddierer, „FA" bedeutet Fulladdder (Volladdierer). P0, P1, P2, P3, P4, P5 sind die Binärstellen des Produkts.*

Der Ein-Bit-Halbaddierer und der Ein-Bit-Volladdierer können auch als Basis-Komponenten für eine einfache Multiplizierer-Beschreibung verwendet werden, zum Beispiel für den **Wallace-Tree-Multiplizierer**, wie er als Beispiel für einen 3x3-Bit-Multiplizierer in Abbildung 5.15 gezeigt wird. Auf der linken Seite dieser Abbildung ist der bekannte Multiplizier-Grundschulalgorithmus, angewendet auf zwei dreielementige Bit-Vektoren, dargestellt. Hier wird zunächst rechts mit dem erste Bitelement a0 jedes Element des Vektors b0b1b2 multipliziert. Das ergibt die erste Zeile mit den Ausdrücken a0b0 a0b1 a0b2. Die nächste Zeile wird eine Stelle nach links gerückt und dasselbe wird mit dem zweiten Bitelement a1 berechnet. Die Produkte a0b0, a0b1 usw. entsprechen bei Bitwerten der logischen UND-Verknüpfung. Zum Schluss werden die einzelnen Produkt-Ausdrücke, die untereinander stehen, zu den Produktstellen P0, P1, .. bis P5 aufaddiert. Auf der rechten Seite der Abbildung 5.15 ist die Schaltungsstruktur des 3x3-Bit Wallace-Tree-Multiplizierers gezeigt, die aus dem Algorithmus auf der linken Seite resultiert. Mit steigender Wortbreite der einzelnen Faktoren wächst die Multiplizierer-Struktur wie ein Baum, (daher der Name).

## 5.1.11   Konfigurationsanweisungen

Im Abschnitt 5.1.1 wird bereits die „Configuration" erwähnt. Sie wird verwendet, um einer **entity** eine Architektur aus mehreren Archtekturbeschreibungen zuzuordnen. Das ergibt die Möglichkeit, im Laufe einer Entwicklung ein System oder Teilsystem zunächst mit abstrakteren, danach mit verfeinerten Modellen zu beschreiben und zu simulieren. Wir setzen voraus, dass alle Modelle die gleichen Schnittstellen in der **entity** haben. In der Konfigurationsanweisung wird angegeben, welche **architecture** in einer **entity**-Beschreibung aktuell simuliert werden soll. Die Syntax der **configuration**-Anweisung kann man vereifacht folgendermaßen schreiben:

```
configuration <configuration_identifier> of <entity_name>
   for <architekture_name>
      for <label, label ..> | all : <component_name>
         use entity <entity_name(architecture_name)>;
      end for;
   end for;
end <configuration_identifier>;
```

In folgendem Beispiel der Volladdierer-Beschreibung aus Abschnitt 5.1.3 wird beispielhaft eine Konfigurationsanweisung für den Halbaddierer eingesetzt:

```
entity VOLLADD is
  port (a,b, carryin : in bit;
        sum, carry : out bit);
end VOLLADD;

architecture STRUCT of VOLLADD is
   signal sum1, carry1, carry2 : bit;   -- Verbindungssignale
   component HALBADD is
     port (a,b : in bit;
         sum, carry : out bit);
   end component;
For all: HALBADD use work.halbadd(DATFLUSS) end for; -- Konfiguration
   component ORGATE                 -- Es existiert eine Entity ORGATE
     port(a,b : in bit;
          o : out bit);
   end component;
```

```
begin
   HA1:HALBADD port map(carryin,sum1,sum,carry2); -- Positionszuordnung
   HA2:HALFADD port map(a,b,sum1,carry1);         -- Positionszuordnung
   ODER:ORGATE port map(carry1,carry2,carry);     -- Positionszuordnung
end STRUCT;
```

Die Beispiel-Konfigurationsanweisung `For all: ...` bedeutet: Für alle Komponenten mit der `entity HALBADD` benutze die Verhaltensbeschreibung, die in der Datei `halbadd` und im Ordner `work` steht mit der `architecture DATFLUSS`. Konfigurationen können auch in Dateien zusammengefasst werden. Für das obige Volladdierer-Beispiel könnte ein Konfigurations-Anweisung in einer Konfigurationsdatei wie folgt aussehen:

```
configuration VOLLADD_KONFIG of VOLLADD
   for STRUCT
      for HA1, HA2 : HALBADD use entity HALBADD(DATFLUSS);
      end for;
   end for;
end <configuration_identifier>;
```

Anstatt: `for HA1, HA2 : HALBADD use ..`
kann auch geschrieben werden: `for all : HALBADD use ...`

## 5.1.12   Der VHDL-Prozess als Beschreibung für Schaltwerke

Eine Addiererschaltung wird als **Schaltnetz** bezeichnet. Schaltnetze haben keine inneren Zustände. Signale, die an die Eingänge eines Schaltnetzes, zum Beispiel eines Addierers gelegt werden, werden in Gattern miteinander logisch verknüpft und das Ergebnis davon erscheint, etwas verzögert, unmittelbar am Ausgang.

Ein **Schaltwerk** hat jedoch innere Zustände. Damit kann man sogenannte sequenzielle Schaltungen beschreiben. Die meisten Steuerungen, beispielsweise eine Fahrstuhlsteuerung, Waschmaschinen- oder Ampelsteuerung haben verschiedene Zustände und können mit Zustandsdiagrammen dargestellt werden.

Ein vereinfachtes Zustandsdiagramm für eine Waschmaschinensteuerung ist in Abbildung 5.17 gezeigt. Mit Zustandsdiagrammen kann man deterministische endliche Automaten (DEA, Abschnitt 3.8.1, Seite 101) beschreiben, die auf englisch Finite State Machines (FSM) genannt werden. DEAs bzw. FSMs können als VHDL-Prozess modelliert werden.

Es gibt zwei Beschreibungsformen für Zustandsautomaten, die **explizite Finite State Machine** (FSMe) und die **implizite Finite State Machine** (FSMi). Die explizite FSM wird mit `process (sensitivitätsliste)` und die implizite FSM mit `process` und dem Befehl `wait()` oder `wait until ..` in der Prozessbeschreibung dargestellt.

Da wir elektronische Schaltungen in der Regel synchron, das heißt mit einem Takt betreiben, steuern wir auch den Zustandsautomaten mit einem Takt und bezeichnen diesen als *synchronen deterministischen endlichen Automaten*. Zum Zeitpunkt einer Taktflanke wird der Automat von einem Zustand in den nächsten geschaltet.

## Die explizite FSM (FSMe)

Als Beispiel für die Modellierung einer expliziten FSM wählen wir die VHDL-Beschreibung einer Ampelsteuerung, d. h. die Steuerung von Verkehrsampeln an einer Straßenkreuzung. Ein Beispiel für das stark vereinfachte Zustandsdiagramm einer Ampelsteuerung zeigt die linke Seite der Abbildung 5.16.

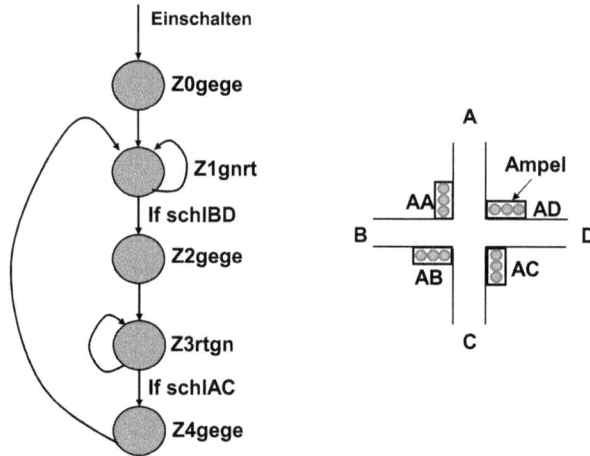

**Abbildung 5.16:** *Linke Seite: Darstellung eines Zustandsautomaten für eine vereinfachte Ampelsteuerung. Rechte Seite: Schema einer Straßenkreuzung mit vier Ampeln.*

Die Ampelsteuerung hat fünf Zustände Z0 bis Z4, sie steuert vier Ampeln, AA, AB, AC, und AD, die an einer Straßenkreuzung zweier sich kreuzender Straßen A-C, B-D stehen (siehe Abbildung 5.16, rechte Seite). Die Ampel AA gilt für Fahrzeuge, die in Richtung A-C fahren, die Ampel AC gilt für Fahrzeuge in entgegengesetzter Richtung. Für die Straße B-D gilt das Entsprechende für die Ampeln AB und AD.

Die Ampelsteuerung hat folgende einfache Spezifikation: Frühmorgens, werden die Ampeln über die Ampelsteuerung eingeschaltet. Alle Ampeln stehen zuerst für eine Taktperiode, die wir auf 7 Sekunden ansetzen, im Zustand Z0, in dem sie auf gelb geschaltet werden. Wir bezeichnen deshalb zum besseren Verständnis den ersten Zustand mit Z0gege. Das erste ge steht für die Ampeln AA und AC, das zweite ge für die Ampeln AB und AD. Nach der ersten Taktperiode schaltet die Ampelsteuerung in den Zustand Z1gnrt, die Ampeln AA, AC werden auf grün, die Ampeln AB, AD auf rot geschaltet.

Vor den Ampeln liegen in der Straße Induktionsschleifen, die von „0" auf „1" schalten, wenn ein Fahrzeug erkannt wird. Die Schleifensignale der Ampeln AA und AC sind über eine ODER-Schaltung verknüpft, sodass wir für die beiden Ampeln der Straße A-C ein Schleifensignal erhalten, das wir SchlAC nennen. Das Schleifensignal der Straße B-D heißt entsprechend SchlBD. Falls die Induktionsschleifen SchlBD der Straße B-D ein Fahrzeug detektieren, soll die Ampelsteuerung vom Zustand Z1gnrt bei der nächsten positiven Taktflanke (nach 7 Sekunden) in den Zustand Z2gege schalten. Beide Ampelpaare wechseln die Farben nach gelb (ge) und bleiben sieben Sekunden lang auf gelb. Mit der nächsten positiven Taktflanke wird in den Zustand Z3rtgn geschaltet. Die Ampeln AA, AC stehen damit auf rot, die Ampeln AB, AD auf grün.

Das Spiel beginnt wieder von Neuem, wenn ein Fahrzeug von den Schleifen der Straße A-C erkannt wird. Die Anlage schaltet in den Zustand Z4gege und danach wieder in den Zustand Z1gnrt. Mit Hilfe eines Reset-Signals wird die Ampelanlage wieder in den Zustand Z0 geschaltet. Die **VHDL-Beschreibung der Ampelsteuerung** folgt:

```vhdl
entity AMPEL is
port (AC      :    out bit_vector(2 downto 0);
      BD      :    out bit_vector(2 downto 0);
      SCHLAC  :    in  bit;   -- Schleifendetektoren der Straße A-C
      SCHLBD  :    in  bit;   -- Schleifendetektoren der Straße B-D
      CLK     :    in  bit;
      RESET   :    in  bit);
END AMPEL;


architecture BEHAVE of AMPEL is
type STATE_TYPE is (Z0gege, Z1gnrt, Z2gege, Z3rtgn, Z4gege);
signal STATE : STATE_TYPE;

begin
  AMPELPROC: process (CLK, RESET, SCHLAC, SCHLBD)
  -- Die Schaltbefehle sind "100": rot, "010" gelb, "001": grün
  begin
    if RESET ='1' then STATE <= Z0gege;
    elsif CLK'event AND CLK ='1' then
      case STATE is
        when Z0gege => AC <= "010"; BD <= "010";   -- "010": gelb
          STATE <= Z1gnrt;            -- Straße A-C hat grün, B-D rot
        when Z1gnrt =>
          AC <= "001"; BD <= "100"; -- schaltet AC gn, BD rot
          if SCHLBD = '1' then      -- KFZ wartet vor AB- od. AD-Ampel
            STATE <= Z2gege;
          end if;
        when Z2gege => AC <= "010"; BD <= "010"; -- schaltet gelb-gelb
          STATE <= Z3rtgn;
        when Z3rtgn =>
          AC <= "100"; BD <= "001"; -- "100": rot, "001": grün
          if SCHLAC = '1' then      -- KFZ wartet vor AC-Ampel
            STATE <= Z4gege;
          end if;
        when Z4gege => AC <= "010"; BD <= "010"; -- schaltet gelb-gelb
          STATE <= Z1gnrot;
      end case;
    end if;
  end AMPELPROC;
end BEHAVE;
```

Die Prozessbeschreibung der Ampelsteuerung ist in der Form der expliziten FSM. In der Architekturbeschreibung wird das Zustandssignal STATE (auch Zustandsregister genannt,) deklariert. Dafür definieren wir zunächst einen eigenen Aufzählungs-Zustandstyp, den wir STATE_TYPE nennen und der fünf Zustände beinhaltet. Der Prozess der Ampelsteuerung beginnt mit den Abfragen nach dem Reset-Signal und nach der positiven Taktflanke: elsif CLK'event AND clk = 1. Bei jeder positiven Taktflanke, die jeweils nach sieben Sekunden erscheint, wird in einer Fallunterscheidung case das Zustandsregister STATE abgefragt, das die aktuellen Zustände speichert. In den Zuständen Z1gnrt und Z3rtgn werden jeweils die Schleifen der anderen Ampeln geprüft. Falls dort ein Fahrzeug entdeckt wird, schaltet die Steuerung das Signal AC für die beiden Ampeln AA und AC und das Signal BD für die Ampeln AB und AD um. Danach wird in den nächsten Zustand gewechselt. Die Schaltbefehle sind "100": rot, "010": gelb und "001": grün. Falls keine Fahrzeuge vor den anderen Ampeln warten, bleibt die Steuerung im gleichen Zustand. Das Weiterschalten zum nächsten Zustand geschieht dadurch, dass in das Zustandsregister STATE jeweils der folgende Zustand eingespeichert wird.

Das Beispiel soll die Beschreibung einer expliziten FSM demonstrieren, es ist natürlich nicht perfekt. Bei hohem Verkehrsaufkommen schaltet die Steuerung jeweils nach sieben Sekunden die Ampeln der Straße A-C auf grün, die Ampeln der Straße B-D auf rot und umgekehrt. Das ist zu häufig. Das Beispiel kann leicht durch Einfügen weiterer Zustände so erweitert werden, dass die Grünphase an den Verkehr der jeweiligen Straße angepasst wird. Es können auch zusätzliche Zustände mit anderen Farbkombinationen eingeführt werden, zum Beispiel die Kombination rot-gelb vor dem Zustand gelb-gelb usw.

**Die implizite FSM (FSMi)**

Wie oben erwähnt, wird für die Modellierung der **impliziten FSM** die VHDL-Prozess-Beschreibung mit wait()- bzw. wait until..-Befehlen verwendet. Wir nehmen als Beispiel die Beschreibung einer vereinfachten Waschmaschinen-Steuerung, deren Zustandsdiagramm in Abbildung 5.17 gezeigt wird. Das Zustandsdiagramm hat sieben Zustände, es beginnt mit dem Ruhe-Zustand, der durch Drücken des Startknopfes START und durch die Bedingung tuere_zu in den „Wasser-Zustand" übergeht, in dem Wasser in die Waschtrommel eingelassen wird. Der Zustandsübergang bei „Wasser" zum eigenen Zustand (gebogener Pfeil) bedeutet, es wird solange gewartet, bis das Signal wasser_ok = 1 ist. Danach wird zum „Heiz-Zustand" gewechselt. Hat die Wassertemperatur die gewünschte Temperatur erreicht (HEIZEN_OK), so geht das System in den Zustand „Waschen" über. Der Waschzustand wird eine eigene „Unterzustandsmaschine" aufrufen, die den eigentlichen Waschvorgang durchführt. Nach dem Waschen folgt das Spülen, Pumpen, Schleudern usw.

Die Eingänge der Steuerung sind der Takt CLK vom Typ bit und das Startsignal START. Es folgen die Sensor-Signale WASSER_OK, wenn der richtige Wasserstand in der Trommel erreicht ist, TEMP_OK, wenn die spezifizierte Wasser-Temperatur erreicht ist, WASCHEN_OK, wenn der Waschgang beendet ist usw. Die Eingaben mit Ausnahme des Taktes sind vom Typ std_logic (siehe Abschnitt 5.1.5 Seite 184). Die Ausgänge der Steuerung sind die Befehle WASSER_AUF, HEIZEN, WASCHEN usw., sie steuern entsprechende Schalter; beispielsweise öffnet der Befehl WASSER_AUF das Ventil für den Wasserzufluss. Die **VHDL-Beschreibung der Waschmaschinen-Steuerung** als FSMi folgt:

```
entity WASCHEN is
port (START, WASSER_OK, TEMP_OK, WASCHEN_OK, SPUELEN_OK,
      SCHLEUDERN_OK, PUMPEN_OK, TUERE_ZU  : in std_logic;
```

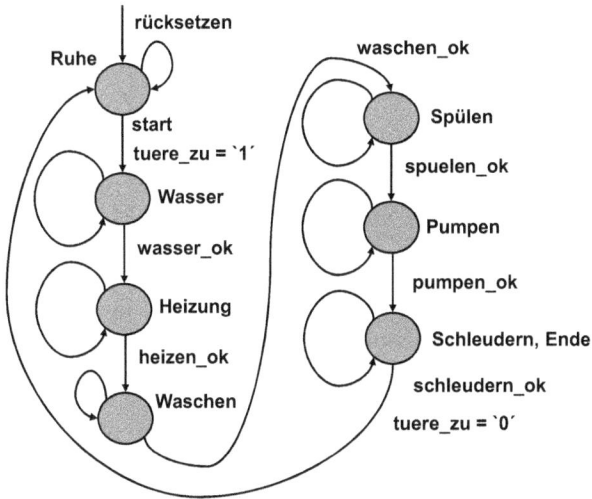

*Abbildung 5.17:* Beispiel eines Zustandsdiagramms: Eine vereinfachte Steuerung einer Wasch-maschine.

```
        CLK                 : in bit;
        HEIZEN, WASSER_AUF, WASCHEN, SPUELEN,
        SCHLEUDERN, PUMPEN : out std_logic);   -- Befehle
END WASCHEN;

architecture BEHAVE of WASCHEN is
begin
  WASCH: process
  begin      -- Alle Befehle zuruecksetzen
    HEIZEN <= '0'; WASSER_AUF <= '0'; WASCHEN <= '0';
    SPUELEN <= '0'; SCHLEUDERN <= '0'; PUMPEN <= '0';

    MAIN_LOOP: loop
      wait until CLK'event AND CLK = '1' AND START = '1';
      wait until CLK'event AND CLK = '1' AND TUERE_ZU = '1';
         WASSER_AUF <= '1';
      wait until CLK'event AND CLK = '1' AND WASSER_OK = '1';
         WASSER_AUF <= '0'; HEIZEN <= '1';
      wait until CLK'event AND CLK = '1' AND HEIZEN_OK = '1';
         HEIZEN <= '0'; WASCHEN <= '1';
      wait until CLK'event AND CLK = '1' AND WASCHEN_OK;
         WASCHEN <= '0'; SPUELEN <= '1';
      wait until CLK'event AND CLK = '1' AND SPUELEN_OK = '1';
         SPUELEN <= '0'; PUMPEN <= '1';
      wait until CLK'event AND CLK = '1' AND PUMPEN_OK = '1';
         PUMPEN <= '0'; SCHLEUDERN <= '1';
      wait until CLK'event AND CLK = '1' AND SCHLEUDERN_OK = '1';
```

```
        SCHLEUDERN <= '0'; TUERE_ZU <= '0'; -- Waschtrommel-Tuer auf
    end loop;
  end process;
end BEHAVE;
```

Im Prozess WASH werden zunächst alle Befehle inaktiv, das heißt auf '0' gesetzt. Der Prozess selbst, als implizite FSM (FSMi) besteht aus einer Endlos-Schleife: loop. In der Beschreibung der impliziten FSM werden keine Zustände und kein Zustandsregister deklariert. Innerhalb der Haupt-Schleife MAIN_LOOP: loop des Prozesses sind acht wait until..-Befehle, das entspricht der Anzahl der Zustände des Zustandsautomaten plus einem Endzustand. In der **Simulation** wird der Prozess jeweils durch eine positive Taktflanke angestoßen. Die Prozessabarbeitung läuft von einem wait until.. zum nächsten wait until.. und wartet dort wieder auf die nächste Taktflanke sowie auf das entsprechende Signal. Die Zustände ergeben sich sozusagen implizit während des Programmdurchlaufs.

Die Beschreibung der Waschmaschinen-Steuerung ist natürlich nicht perfekt. Sie soll lediglich beispielhaft die VHDL-Beschreibungsform der impliziten FSM veranschaulichen. Beispielsweise ist die Fehlerbehandlung nicht berücksichtigt. Falls ein Fehler auftritt, muss die Maschine stehen bleiben, den Fehler anzeigen, die Verriegelung der Waschtrommel öffnen, möglichst noch das Wasser auspumpen usw. Ein Rücksetzsignal (Reset) fehlt in der Beschreibung. Man kann die Abfrage dafür relativ einfach hinter jedes wait until.. setzen, etwa in der Form if reset = 1 then exit MAIN_LOOP;.

Die implizite FSM hat den Vorteil der einfachen Beschreibung, die Deklaration des Zustandsregisters und die Abfrage nach den jeweiligen Zuständen entfällt. Auch der fortlaufende Programmfluss der FSMi kommt dem Programmierstil der meisten Entwickler entgegen. Ein Nachteil der impliziten FSM ist, dass viele Synthese-Systeme VHDL-Prozesse mit mehreren wait until.. nicht synthetisieren können, während dieselben Systeme Beschreibungen von expliziten FSMs ohne Probleme akzeptieren. In der Elaborationsphase (siehe Seite 346) vieler Synthese-Systeme wird eine FSM-Beschreibung mit mehreren waits in eine FSMe mit Sensitivitätsliste übersetzt. Das korrespondierende Beispiel zur Waschmaschinen-Steuerung siehe Seite 347. Ein weiterer Nachteil der impliziten FSM ist zudem, dass nicht beliebig zwischen den Zuständen gewechselt werden kann wie es bei der expliziten FSM möglich ist. Die implizite FSM eignet sich nur für Beschreibungen, die eine fortlaufende Zustandsfolge haben und ist daher für die Modellierung vieler Zustandsautomaten für Steuerungen nicht geeignet. Sehr gut geeignet ist die implizite FSM für die Beschreibung von Simulations- und Testtreibern (siehe Abschnitte 8.2 und 5.1.13).

## 5.1.13 Beispiel eines Simulationstreibers in VHDL

Um VHDL-Schaltungsbeschreibungen zu simulieren, benötigen wir ein Simulationswerkzeug und einen Simulationstreiber (oder Testtreiber). Firmen, die Entwicklungssysteme für Systembeschreibungssprachen bauen, wie Mentor, Synopsys, Cadence usw. bieten solche Simulationswerkzeuge (Simulatoren) an. Die Firma Mentor stellt zeitbegrenzt eine „Student Edition" des Simulators „Modelsim$^{TM}$" zur Verfügung. Möglicherweise tun dies auch noch andere der oben genannten Firmen.

Das Prinzip eines Simulationstreibers wird in Abschnitt 8.2.1, Seite 362 vorgestellt. Der Simulationstreiber schließt das „Device under Simulation (DUS)" ein und hat nach außen keine Schnittstellen. Die Eingänge und Ausgänge des Device under Simulation werden intern mit dem Simulationstreiber verbunden. Der Simulationstreiber liefert den Steuertakt CLK für das DUS. Die VHDL-entity des „Device under Test" (DUT) bzw. „Device under Simulation" wird als component in die VHDL-Beschreibung des Simulationstreibers eingebunden. Damit kann jedes VHDL-Schaltungsbeispiel in diesem Kapitel in einen Simulationstreiber eingebunden und simuliert werden. Ein Takt-Prozess (siehe Code-Beispiel des Simulationstreibers) wird geschrieben und der Simulations- bzw. der Testablauf wird als **implizite FSM** hinzugefügt. In der impliziten FSM entspricht jede Wait-Phase, d. h. der Programmteil zwischen zwei wait until.., einem Testfall, in dem verschiedene Kombinationen von Stimuli (siehe Abschnitt 8.2, Seite 362) an die Eingänge des Device under Test gelegt werden. Jeder Testfall wird in einer Taktperiode durchgeführt. Für das **Beispiel eines Simulationstreibers** in VHDL verwenden wir die Ampelsteuerung aus Abschnitt 5.1.12, Seite 204. Das unten stehende Programmbeispiel beschreibt verkürzt den Simulationstreiber für die Ampelsteuerung:

```
Library IEEE;
USE IEEE.std_logic_1164.all;
-- Simulationstreiber für eine Ampelsteuerung
entity SIMU_TREIBER_AMPEL is
end SIMU_TREIBER_AMPEL;
architecture BEHAVE of SIMU_TREIBER_AMPEL is
component AMPEL is
port (AC      :    out bit_vector(2 downto 0);
      BD      :    out bit_vector(2 downto 0);
      SCHLAC  :    in  bit;    -- Schleifendetektoren der Straße A-C
      SCHLBD  :    in  bit;    -- Schleifendetektoren der Straße B-D
      CLK     :    in  bit;
      RESET   :    in  bit);
end component;
signal  AC      :   bit_vector(2 downto 0);   -- Verbindungen
signal  BD      :   bit_vector(2 downto 0);   -- können den gleichen
signal  SCHLAC  :   bit;                       -- Bezeichner haben
signal  SCHLBD  :   bit;
signal  CLK     :   bit:= '0';                 -- Initialisierung
signal  RESET   :   bit;
begin
   CLK <= NOT CLK AFTER 10 ns;   -- Takt-Prozess
   DUS_AMPEL: AMPEL port map (AC, BD, SCHLAC, SCHLBD, CLK, RESET);
   STIMULAUS: process
 begin
      RESET   <= '1';   -- Anfangsbedingung
      SCHLAC  <= '0';   -- Anfangsbedingung
      SCHLBD  <= '0';   -- Anfangsbedingung
    wait until CLK'event AND CLK= '1';
      RESET   <= '0';
    wait until CLK'event AND CLK= '1';
```

```
      SCHLAC  <= '1';
  wait until CLK'event AND CLK= '1';
      SCHLAC  <= '0';
  wait until CLK'event AND CLK= '1';
      SCHLBD <= '0';
  wait until CLK'event AND CLK= '1';
  wait until CLK'event AND CLK= '1';
  ...
end process;
end architecture;
```

Die Top-Entity SIMU_TREIBER_AMPEL hat keine Ports. Die Ampel-Entity (siehe Seite 205) wird als component eingebunden. Es gibt eine Anzahl Signal-Deklarationen, welche die Eingabe- und Ausgabe-Verbindungen zum Device under Simulation darstellen. Man kann hier die gleichen Bezeichner wie in der Port-Deklaration des component verwenden, das ist einfacher, aber auch etwas unübersichtlicher. Der Taktprozess besteht nur aus einer Zeile: CLK <= NOT CLK AFTER 10 ns; Die Dauer der Taktperiode kann für die Simulation beliebig gewählt werden, hier ist sie $2 \times 10 = 20$ $ns$ lang. In Wirklichkeit ist der Takt der Steuertakt für die Ampel. Das Taktsignal CLK muss unbedingt initialisiert werden, sonst läuft der Taktprozess nicht los. Die Initialisierung der Ampel-Komponente und die Verbindung mit dem Treiber geschieht in der Port-Map: DUS_AMPEL. Der Stimulus-Prozess ist eine FSMi, in der für jeden impliziten Zustand Stimuli gesetzt werden können. Für jeden Zustand wird ein wait until CLK'event AND CLK= '1'; eingefügt.

**Durchführung der Simulation**: In den Simulator wird die Top-Entity des Simulationstreibers eingegeben und im Simulationsfenster (Beispiel siehe Abbildung 8.2, Seite 363) erscheinen die Ausgänge in Abhängigkeit der Eingaben und des Taktes.

## 5.1.14   VHDL-Attribute

Eine nützliche Programmierhilfe sind die vordefinierten VHDL-Attribute. Es gibt eine Vielzahl von Attributen in VHDL und wir beschränken uns hier darauf, häufig einsetzbare Attribute vorzustellen. Attribute werden durch ein Apostroph ' und einen Bezeichner gekennzeichnet. Zum Beispiel: Das Attribut <signal>'event erkennt eine Signaländerung. Wir stellen eine Auswahl vordefinierter Attribute vor:

– Signal-Attribute: Ein neues Signal wird aus einem anderen Signal abgeleitet oder ein Signal-Ereignis wird erkannt.
– Wert-Attribute (value): Die aufgerufene Funktion gibt einen Wert zurück.
– Funktions-Attribute oder Wert-Attribute: Eine Funktion (function) wird aufgerufen, die einen Wert zurück gibt.
– Bereichs-Attribute: Eine Funktion wird aufgerufen, die einen Bereich zurück gibt.
– Typ-Attribute: Eine Funktion wird aufgerufen, die einen Typ zurück gibt.
– Zeitintervall-Überprüfungen können in Zusammenhang mit Signal-Attributen in Simulationen durchgeführt werden.

Oft gibt es Kombinationen dieser Attribute, z. B. können Signal-Attribute Werte oder Zeitintervalle zurückgeben.

Das **Signal-Attribut** `<signal>'event` erkennt eine Signaländerung, z. B. eine Taktflanke. Das Ereignis wird in der Form einer Booleschen Variablen verwirklicht, die beim
Auftreten der Signaländerung wahr (true) wird. Beispiel:
`if clk'event and clk = '1' then Q <= D;` beschreibt ein einfaches D-Flipflop. Oder:
`if clk'event and clk = '1' and clk'last_value = 'Z' then Q <= D;`
beschreibt ein mögliches Spezial-Flipflop.

Das Attribut `<signal>'active` bringt true zurück, wenn das Signal aktiv wird.
Das Attribut `<signal>'last_event` bringt die *Zeit* seit dem letzten Ereignis zurück.
Dies kann z. B. die Summe von definierten Verzögerungszeiten in einer Simulation sein.
Das Attribut `<signal>'last_value` bringt den Signal-Wert zurück, der vor diesem Er-
eignis auftrat.

Das **Funktions- oder Wert-Attribut** `<Typ>'left | right | high | low;` bringt
die rechten, linken, höchsten oder niedrigsten Werte eines VHDL-Aufzählungstyps zurück. Zum Beispiel:

```
type STATE is (0 TO 7);
variable A, B, C, D : STATE;
  A := STATE'left;        -- A = 0
  B := STATE'right;       -- B = 7
  C := STATE'high;        -- C = 7
  D := STATE'low;         -- D = 0
```

Das Attribut `<Vektor>'length` bringt die Länge eines Vektors als Ganzzahl zurück.

```
Signal a_bitvector: bit_vector(15 downto 0);
Signal b_int : integer;
b_int <= a_bitvector'length; -- Länge des Vektors: 16
```

Funktions-Attribute können in Aufzählungstypen verwendet werden, wenn die Vor-
gänger- oder Nachfolger-Werte gefragt sind. Das Attribut `<Aufzählungs-Typ>'pred(x)`
bringt den Vorgänger von x zurück. Das Attribut `<Aufzählungs-Typ>'succ(y)` bringt
den Nachfolger von y zurück. Zum Beispiel:

```
type COLOR is (ROT, BLAU, GELB, GRUEN, ORANGE);   -- Aufzählungstyp
Variable A, B : COLOR;
  A := COLOR'succ(BLAU);        -- A = GELB
  B := COLOR'pred(ORANGE);      -- B = GRUEN
```

Das **Bereichs-Attribut** `<Vektor>'range` bringt den Bereich eines Vektors zurück.
Das Attribut `<Vektor>'reverse_range` bringt den umgekehrten Bereich eines Vektors
zurück.

```
signal DATA_IN : std_logic_vector(0 to 7);
 for i in DATA_IN'range
   loop                        -- range ist hier: (0 to 7)
    REG_IN(i) := DATA_IN(i);   -- reverse_range wäre: (7 downto 0)
   end loop;
 end for;
```

## 5.1.15   Unterprogramme und Packages

Unterprogramme (subprograms) können Prozeduren (procedure) und Funktionen (function) sein, die eine sehr ähnliche Semantik und Syntax wie in der Programmiersprache PASCAL haben. Unterprogramme sind sehr nützlich, wenn bestimmte Funktionen oder Programmteile wiederholt eingesetzt werden müssen. Ein Funktion wird in einer Zuweisung verwendet und bringt nur einen Wert zurück. Eine Prozedur wird als separate Anweisung aufgerufen und kann mehrere Werte zurückbringen. Packages fassen Unterprogramme zusammen.

**Die VHDL-Funktion** wird entweder im Deklarationsteil einer `architecture` oder in einem Package deklariert. Dem Schlüsselwort `function` folgt der Funktions-Bezeichner und danach in Klammern das Parameterfeld. Im Parameterfeld steht nur der Übergabewert gefolgt von Doppelpunkt und Typ des Übergabewerts. Danach kommt das Schlüsselwort `return`, der Typ des Rückgabewerts, danach das Schlüsselwort `is` und die Deklaration des Rückgabewerts. Zwischen `begin` und `end <Bezeichner>` wird die Funktion als VHDL-Prozess beschrieben. Folgendes Beispiel ist (leicht geändert und erweitert), dem Buch von D. L. Perry [Per91] entnommen:

```
entity CONV is
   port (I1 : in bit_vector(7 downto 0);
         O1 : out integer);
end CONV;

architecture BEHAVE of CONV is
  -- Funktionsbeschreibung:
  function VECT_TO_INT(S : bit_vector(7 downto 0))
    return integer is
    variable RESULT : integer := 0;
    begin
      for i in 7 downto 0 loop
        RESULT := RESULT * 2;
        if S(i) = '1' then
          RESULT := RESULT + 1;
        end if;
      end loop;
    return RESULT;
  end VECT_TO_INT;          -- Ende Funktionsbeschreibung
begin
  O1 <= VECT_TO_INT(I1);    -- Funktionsaufruf
end BEHAVE;
```

Die Funktion mit Namen VECT_TO_INT ist in unserem Beispiel in einer Entity mit Namen CONV und einer `architecture` BEHAVE eingebettet. Der Eingabe-Parameter (S) ist ein Bit-Vektor. Im Beispiel ist der Rückgabe-Wert ein Bit-Vektor vom Typ `integer`. Die Beispiel-Funktion konvertiert einen BIT-Vektor in eine Integer-Zahl. Der Aufruf der Funktion geschieht in der Architektur BEHAVE. Der Eingabewert I1() überschreibt den Funktionseingabewert S(). Der Rückgabe-Wert wird dem Ausgabe-Port O1 zugewiesen.

**Die VHDL-Prozedur** ist neben der Funktion ein zweites mögliches Unterprogramm. Die Deklaration einer VHDL-Prozedur (`procedure`) erfolgt wie bei der Funktion entweder im Deklarationsteil einer `architecture` oder in einem Package.

Prozeduren können mehrere Ausgabe-Werte haben. Im untenstehenden Beispiel sind sowohl der Wert Q als auch FLAG Ausgabe-Werte. Auch INOUT-Werte sind möglich (siehe später). Eine Prozedur hat eine eigene Anweisung als Aufruf: Beispiel: VECTOR_TO_INT(A, B, C, D); wobei z. B. A und B die Eingabe- und C und D die Rückgabe-Werte sein können.

Das folgende Beispiel (aus [Per91]) wandelt wieder einen Bitvektor beliebiger Größe in eine Integer-Zahl um. Die FLAG, vom Typ `boolean` wird „true", falls im Eingabe-Vektor ein Wert gefunden wird, der nicht '0' bzw. '1' entspricht.

```
procedure V_TO_INT (I2 : in bit_vector;    -- ohne Vektor-Bereich
   FLAG : out boolean;  Q : out integer) is
   begin
   Q := 0; FLAG := false;
   for i in 1 to I2'range loop   -- Range-Attribut
     Q := Q * 2;
       if I2(i) = '1' then
         Q := Q + 1;
       elsif I2(i) /= '0' then
         FLAG := true;
       end if;
   end loop;
end V_TO_INT;
```

**Ein Package** ist eine Art Bibliothek, es enthält Elemente, die global von mehreren Entwicklungseinheiten (Entities) verwendet werden können. Ein Package besteht aus zwei Teilen:

- Einem Package-Deklarations-Teil. `declaraton`. Ähnlich wie bei der Entity im VHDL-Modell, wird im Deklarations-Teil die Schnittstelle eines Package-Elements definiert.
- Einem Package-Body. Ähnlich wie bei einer VHDL-Architektur enthält der Package-Body die Verhaltens- oder Strukturbeschreibung des Package-Elements.

Eine Package-Deklaration kann enthalten:

- Unterprogramm-Deklarationen,
- Typ-Deklarationen und Konstanten-Deklarationen,
- Globale Signale,
- Komponenten-Deklarationen (`component`),
- Benutzer-definierte Attribute,
- USE clause (Weitere Packages).

Ein Package-Body kann enthalten:

- Unterprogramm-Beschreibungen,
- Typ-Deklarationen und Konstanten-Deklarationen,
- USE clause (Weitere Packages).

Das folgende Beispiel mit dem gewählten Bezeichner MYPACK enthält die oben beschriebene Funktion VECT_TO_INT und die Prozedur V_TO_int. In der Entitiy, die die Unterprogramme anwendet, muss folgende „USE-Clause" eingefügt werden:
USE work.mydir.MYPACK.all. Das Package MYPACK steht im Verzeichnis mydir.

```
package MYPACK is
function  VECT_TO_INT(I1 : bit_vector)
   return integer is
     variable RESULT : integer := 0;

procedure  V_TO_INT (I2 : in bit_vector;
 FLAG : out boolean;  Q : out integer);
end MYPACK;
-- - - - - - - - - - - - - - - - - - - - - - -
package body MYPACK is
   function  VECT_TO_INT(I1 : bit_vector)
   return integer is
     variable RESULT : integer := 0;
     begin ...   -- hier steht der Source-Code
       ...
     end VECT_TO_INT;
   procedure  V_TO_INT (I2 : in bit_vector;
     FLAG : out boolean;  Q : out integer) is
     begin
       ... -- hier steht der Source-Code
     end V_TO_INT;
end MYPACK;
```

Das obere Teil des Package MYPACK bis zur gestrichelten Linie ist das Package-Deklarations-Teil, das untere Teil des Package MYPACK ist der Package-Body.

### Standard-Bibliotheken und -Packages

Die Standard-Bibliothek, (auch Standard-Package oder Standardpaket genannt), die Library STD, wird bei Kompilierungen automatisch eingebunden und beinhaltet VHDL-Standard-Typen und Standard-Operationen. Das Package TEXTIO unterstützt ASCII I/O-Operationen für Texte, es muss speziell mit der USE-clause eingfügt werden. Die LIBRARY IEEE enthält wichtige Packages z. B. das Paket mit der neunwertigen Logik STD_LOGIC_1164 und folgende Packages, die die Firma Synopsys beigesteuert hat: Das Package STD_LOGIC_ARITH enthält arithmetische Operationen und Typen-Konversions-Funktionen (siehe unten) des Standards IEEE 1076.3. Das Package STD_LOGIC_SIGNED und STD_LOGIC_UNSIGNED enthält die VHDL-Typen SIGNED und UNSIGNED. Falls in einer **architecture** beispielsweise die neunwertige Logik-Typen, sowie die Vorzeichen-behafteten Typen **signed** und die logischen Operatoren verwendet werden, müssen die oben genannten Packages aus der Library IEEE vor eine **entity** wie folgt eingebunden werden:

```
Library IEEE;
use IEEE.STD_LOGIC_1164.ALL;    -- neunwertige Logik
use IEEE.STD_LOGIC_ARITH.ALL;   -- arithmetische Operationen
use IEEE.STD_LOGIC_SIGNED.ALL;  -- vorzeichenbehaftete Typen
```

Die Arbeits-Bibliothek WORK wird von jedem VHDL-Kompiler automatisch während des Kompiliervorgangs angelegt. Sie enthält Zwischenergebnisse von Kompilierungen bei der Simulation und Synthese.

## 5.1.16  Typ-Konvertierungen

Nur Signale bzw. Variable gleichen Typs können in VHDL einander zugewiesen werden. „Verwandte" Typen können durch „casting" (zurechtschneiden) konvertiert werden, vorausgesetzt, die Vektorbreiten sind gleich, sonst müssen Konvertierungs-Funktionen verwendet werden (siehe unten).

Zum Beispiel sind die Ganzzahltypen integer, die Integer-Sub-Typen natural und positive miteinander verwandt. Signale dieser Typen kann man einander zuweisen, wenn man auf der rechten Seite den Typ des Signals durch casting auf den Signaltyp der linken Seite „zuschneidet". Beispiele sind:

```
signal A : integer;
signal B : positive;
   A <= integer(B);    -- Casting
   B <= positive(A);   -- Casting
```

Verwandt sind auch die Typen signed, unsigned und std_logic_vector. Hier gilt für die Zuweisung das Gleiche wie oben. Beispiele sind:

```
signal AS     : signed;
signal BSTDL  : std_logic_vector(31 downto 0);
   AS      <= signed(BSTDL);   -- Casting
   BSTDL   <= std_logic(AS);   -- Casting
```

Um Signale oder Variablen „nicht verwandter" Typen einander zuweisen zu können, müssen Konvertierungsfunktionen eingesetzt werden. Es gibt zwei Pakete von Konvertierungsfunktionen. Das eine steht in der Bibliothek STD_LOGIC_1164 und das andere Paket steht in der Bibliothek STD_LOGIC_ARITH. Man findet diese Pakete entweder direkt beim IEEE-Konsortium oder zum Beispiel in der Bibliothekensammlung der Simulationswerkzeuge. Wir betrachten zuerst die Konvertierungsfunktionen aus der Library STD_LOGIC_1164, das Konvertierungen der Typen bit und bit_vector in die Typen std_logic_vector(), std_ulogic_vector() und umgekehrt durchführt.

```
Library IEEE;
Use IEEE.STD_LOGIC_1164.ALL;
function TO_BIT (S : std_ulogic; xmap : bit)) return bit    -- 1
function TO_BITVECTOR(S : std_(u)logic_vector; xmap : bit)  -- 2
```

```
function TO_STD_ULOGIC(B :  bit)                              -- 3
function TO_STDLOGICVECTOR(B : bit_vector)                    -- 4
function TO_STDLOGICVECTOR(S : std_ulogic_vector)            -- 5
function TO_STDULOGICVECTOR(B : bit_vector)                   -- 6
function TO_STDULOGICVECTOR(S : std_logic_vector)            -- 7
```

Die Funktionen TO_XXX konvertieren die Typen im Parameterfeld in den Typ XXX. Das Schlüsselwort xmap bedeutet: schwache Werte werden auf '0' oder '1' abgebildet, der Default-Wert ist '0'. Bei den Funktionen -- 4 bis -- 7 sind nur Vektoren aufgeführt. Falls nur ein Bit-Typ konvertiert werden soll, muss ein Vektor mit Dimension 1 verwendet werden. Im folgenden Beispiel sollen Signale, die als Bitvektoren in die entity ARITH eingegeben werden, arithmetischen Operationen unterzogen werden. Arithmetische Operationen sind aber nur für die Typen signed oder unsigned definiert.

```
LIBRARY IEEE;
use IEEE.STD_LOGIC_1164.ALL;
use IEEE.STD_LOGIC_ARITH.ALL;
use IEEE.STD_LOGIC_SIGNED.ALL;
use IEEE.STD_LOGIC_UNSIGNED.ALL;
entity ARITH is port (A, B : in bit_vector(8 downto 0);
                SUM, DIFF : out bit _vector(8 downto 0));
end ARITH;
architecture VERHALTEN of ARITH is
begin
  process (A, B)
    begin
    Variable A1, B1 : std_logic_vector(8 downto 0);
    Variable SUM1   : unsigned(8 downto 0);
    Variable DIFF1  : signed(8 downto 0);
    A1 := TO_STDLOGICVECTOR(A);   -- Konvertierung bit_vector zu
    B1 := TO_STDLOGICVECTOR(B);   -- std_logic_vector
    SUM1  := unsigned(A1) + unsigned(B1); -- Casting, arith. Operation
    DIFF1 := signed(A1) - signed(B1);     -- Casting
    SUM  <= TO_BITVECTOR(Std_Logic_Vector(SUM1));  -- Konv., Casting
    DIFF <= TO_BITVECTOR(Std_Logic_Vector(DIFF1)); -- Konv., Casting
    end process;
end VERHALTEN;
```

Im obigen Beispiel müssen die Eingabesignale A und B vom Typ bit_vector in den Typ signed umgeformt werden, damit die arithmetischen Operationen Addition und Subtraktion durchgeführt werden können. Dazu führen wir im Prozess die Hilfsvariablen A1, B1, SUM1, DIFF1 ein und weisen das Ergebnis der arithmetischen Operationen den Variablen SUM1 und DIFF1 zu. Die Ausgabesignale sind SUM und DIFF vom Typ bit_vector. Das bedeutet, dass die Ergebnisse der Addition und der Subtraktion wieder in den Typ bit_vector konvertiert werden müssen.

Die Konvertierungsfunktionen aus der Synopsys-Bibliothek STD_LOGIC_ARITH führen Konvertierungen der Typen integer in die Typen signed, std_logic_vector und umgekehrt durch. Damit können Operationen, die in der algorithmischen Ebene mit integer-Typen vorgenommen werden, in die RT-Ebene mit signed Typen übertragen werden. Im Folgenden sind die Konvertierungsfunktionen aus der Synopsys-Bibliothek aufgeführt:

```
Library IEEE;
Use IEEE.STD_LOGIC_ARITH.ALL;
function CONV_INTEGER(ARG: signed)                     return integer
function CONV_INTEGER(ARG: std_ulogic)                 return small_int
function CONV_UNSIGNED(ARG: integer, SIZE: integer)    return unsigned
function CONV_UNSIGNED(ARG: unsigned, SIZE: integer)   return unsigned
function CONV_UNSIGNED(ARG: signed, SIZE: integer)     return unsigned
function CONV_UNSIGNED(ARG: std_ulogic, SIZE: integer) return unsigned
function CONV_SIGNED(ARG: integer, SIZE: integer)      return signed
function CONV_SIGNED(ARG: unsigned, SIZE: integer)     return signed
function CONV_SIGNED(ARG: signed, SIZE: integer)       return signed
function CONV_SIGNED(ARG: std_ulogic, SIZE: integer)   return signed
function CONV_STD_LOGIC_VECTOR(ARG: integer, SIZE: integer)
        return std_logic_vector
function CONV_STD_LOGIC_VECTOR(ARG: unsigned, SIZE: integer)
        return std_logic_vector
function CONV_STD_LOGIC_VECTOR(ARG: signed, SIZE: integer)
        return std_logic_vector
function CONV_STD_LOGIC_VECTOR(ARG: std_ulogic, SIZE: integer)
        return std_logic_vector
```

Im Unterschied zu den Funktionen aus der Library STD_LOGIC_1164 heißen diese Funktionen CONV_XXX, wobei XXX der Typ ist, in den der Typ aus dem Argumentenfeld konvertiert werden soll. Bei den Konvertierungen in die Vektortypen (un)signed und std_logic_vector ist im Argumentenfeld jeweils die Vektorbreite als Integer-Zahl anstelle von SIZE: einzugeben.

Einige Funktionen konvertieren Typen in die gleichen Typen z. B. CONV_UNSIGNED(ARG: unsigned, SIZE: integer) return unsigned, damit können Typen mit unterschiedlichen Vektorgrößen konvertiert werden, z. B. ein Typ mit Vektorbreite 16 in einen Typ mit Vektorbreite 32. Im folgenden Beispiel wird eine Konvertierung in einem VHDL-Prozess angewendet:

```
LIBRARY IEEE;
use IEEE.STD_LOGIC_1164.ALL;
use IEEE.STD_LOGIC_ARITH.ALL;
use IEEE.STD_LOGIC_SIGNED.ALL;
entity BEISP2 is port (T_SLOGIC   : in  std_logic_vector(31 downto 0);
                       B_SLOGIC   : out std_logic_vector(31 downto 0));
end BEISP2;
architecture VERHALTEN of BEISP2 is
begin
process (T_SLOGIC)
```

```
  variable SUM   : signed(31 downto 0);
  variable A_INT : integer:= 0;
   begin
      A_INT := 365;
      SUM    := CONV_SIGNED(A_INT,SUM'length)) + SIGNED(T_SLOGIC);
      B_SLOGIC  <= STD_LOGIC_VECTOR(SUM);
   end process;
end VERHALTEN;
```

Im Beispiel BEISP2 führen wir eine Addition mit dem Ganzzahlwert A_INT und dem
Eingabewert T_SLOGIC vom Typ std_logic_vector durch. Dazu werden die Summan-
den in signed-Typen konvertiert und addiert. Danach wird die Summe SUM vom Typ
signed in den Typ std_logic_vector zugeschnitten und dem Ausgangssignal B_SLOGIC
zugewiesen.

## 5.1.17   Die Assert-Anweisung

Die Assert-Anweisung wird verwendet zur automatischen Prüfung von Simulations-
Ergebnissen und für Testanordnungen. Die Syntax ist:

```
assert <Boolscher Ausdruck>
 report "Text"
 severity <note | warning | error | failure>;
```

Nach dem Schlüsselwort assert kann ein Boolscher Ausdruck geprüft werden. Ist er
wahr, erfolgt keine Reaktion, ist er falsch, so kann eine der folgenden vier Nachrichten, „Severity Level" genannt, ausgegeben werden: Note (Nachricht), Warning, Error,
Failure. Der „Severity Level" ist ein Maß für das Gewicht einer aufgetretenen Unre-
gelmäßigkeit in einer Simulation, sie reicht von einer Nachricht über die Warnung bis
zur Anzeige eines Fehlers bzw. Fehlverhaltens. Beispiel:

```
assert RESET /= '0'
 report "Falscher RESET-Wert"
 severity error;
```

In obigem Beispiel wird geprüft, ob das Signal RESET auf '0' steht. Wenn dies nicht der
Fall ist, wird die Nachricht „Falscher RESET-Wert" angezeigt und ein Fehler ausgegeben.

## 5.1.18   Simulationsbeispiel für ein Zweiprozessorsystem

Das folgende Beispiel Abbildung 5.18 stellt ein kleines System dar, das aus einem Master-
Prozessor, einem „Service"-Prozessor (der ALU), und einem Verbindungselement, dem
Bus besteht. Es ist die einfachste Form eines Mehrprozessor-Systems, wie es zum Beispiel in Abbildung 9.15 auf Seite 409 gezeigt wird. Das Simulationsbeispiel simuliert und
verifiziert mit Hilfe der assert-Anweisung im Wesentlichen die Funktionen der kleinen
ALU und die Bus-Kommunikation aus der Sicht des Masterprozessors. Die Funktionen
des Masterprozessors sind nicht komplett modelliert, er ist als Simulationstreiber beschrieben, der reduziert ist auf die Buskommunikation mit dem Slave, der kleinen ALU.

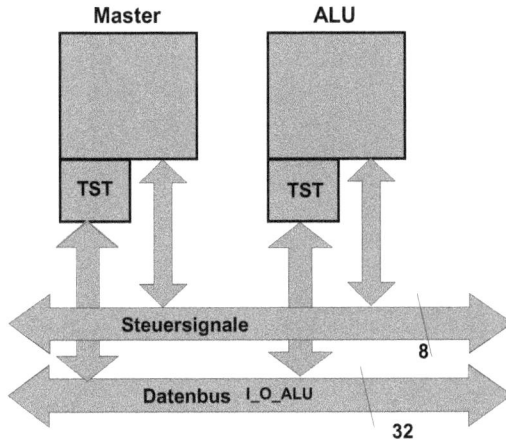

**Abbildung 5.18:** *Anordnung von Masterprozessor und ALU für unser Beschreibungsbeispiel. Es sind der Datenbus und die Steuerleitungen gezeigt, die den Datenaustausch zwischen den Modulen ermöglichen. TST heißt Tri-State-Treiber.*

Die **ALU** führt Additionen, Subtraktionen und Multiplikationen als Dienstleistungen für den Master-Prozessor durch. Es ist eine RT-Beschreibung, wobei die arithmetischen Operationen (Addition usw.) sozusagen in der arithmetischen Ebene als Rechensymbole dargestellt sind. Der **Master-Prozessor** fordert diese Dienstleistungen an, indem er zwei Operanden (Operand1, Operand2) und danach die „Operations-Identifikation (OPID)" für die gewünschte Operation (zum Beispiel für eine Addition) über den Bus zur ALU schickt. Die ALU führt die Operation aus und schickt das Ergebnis auf dem Bus zurück. Die VHDL-Beschreibung für die ALU sieht beispielsweise wie folgt aus:

```
Library IEEE;
use IEEE.std_logic_1164.all;
use ieee.std_logic_arith.all;
use ieee.std_logic_signed.all;
------------------------------------------------------------------
-- Uni, Fakultät, Institut, Arbeitsbereich, Uebungen zur Vorlesung ..
-- Aufgabe: Kleine ALU, Name, Datum
------------------------------------------------------------------
entity ALU is
 port (CLK,RESET,OPERAND1RDY,OPERAND2RDY,OPIDRDY : in bit;
          OPID          : in Bit_Vector(1 downto 0);
          ERGEBNISRDY   : out BIT;
       I_O_ALU      : inout  std_logic_vector(31 downto 0));
end ALU;

architecture BEHAVE of ALU is
signal VAR1, VAR2, VAR3 : signed(31 downto 0);
signal READY : bit;
```

```
begin                              -- Architektur BEHAVE
READ: process(CLK, RESET, OPERAND1RDY, OPERAND2RDY, OPIDRDY)
   begin                           -- Lese-Prozess: Liest vom Bus
     if RESET = '1' then      -- alle Ausgänge auf 0 setzen
         VAR1 <= (others => '0');
         VAR2 <= (others => '0');
         VAR3 <= (others => '0');
         ERGEBNISRDY    <= '0';
         READY <= '0';
     elsif clk'EVENT AND clk = '1' THEN
         if OPERAND1RDY = '1' THEN      -- Lies ersten Operand
           VAR1 <= SIGNED(I_O_ALU);     -- casting
         end if;
         if OPERAND2RDY = '1' then      -- Lies zweiten Operand
           VAR2 <= SIGNED(I_O_ALU);     -- casting
         end if;
         if OPIDRDY = '1' then
           case OPID is                 -- Lies OPID
             when "01" => VAR3 <= VAR1 + VAR2;     -- Addition
             when "10" => VAR3 <= VAR1 - VAR2;     -- Subtraktion
                                                   -- Multiplikation:
             when "11" => VAR3 <= VAR1(15 downto 0)*VAR2(15 downto 0);
             when others => null;
           end case;
           ERGEBNISRDY <= '1';          -- Das Ergebnis ist bereit
           READY <= '1';
         end if;
     end if;
   end process;

WRITE: process(CLK, RESET) -- Schreib-Prozess: Schreibt auf den Bus
   begin
     if RESET = '1' then
       I_O_ALU <= (others => 'Z');    -- Tri-State-Treiber hochohmig
     elsif CLK'event and CLK = '1' then
       if READY = '1' then
         I_O_ALU <= std_logic_vector(VAR3); -- Auf den Bus schreiben
       else I_O_ALU <= (others => 'Z');
       end IF;
     end if;
   end process;
end BEHAVE;
```

Die **Entity** der ALU hat als Eingabe die Signale CLK, RESET, OPERAND1RDY, OPE-RAND2RDY, OPIDRDY vom Typ Bit und die Operations-ID OPID als Bit_Vector, da diese die drei verwendeten Grundrechnungsarten kennzeichnen muss. Die Eingabesignale sind „unidirektional", sie werden von der ALU nur gelesen. Das Signal I_O_ALU stellt den Bus-anschluss dar, es ist ein **inout**-Port, über dieses Signal kann auf den bidirektionalen Bus sowohl geschrieben, als auch vom Bus gelesen werden (siehe auch Abschnitt 10.2 „Der parallele Bus", Seite 424). Das Signal I_O_ALU verkörpert einen Tri-State-Treibers (siehe Abschnitt 10.2.1, Seite 425), vom Typ `std_logic_vector`. Ein Takt `CLK` synchronisiert das Schreiben und Lesen vom Bus. Die Architektur der ALU enthält zwei Prozesse: den `READ`-Prozess, der vom Bus liest und den `WRITE`-Prozess, der auf den Bus schreibt. Im `READ-Prozess` werden bei aktivem RESET-Signal alle lokalen Signale und Ausgangssignale auf '0' gesetzt. Sind die `OPERAND1RDY`- und `OPERAND2RDY`-Signale aktiv, werden jeweils die Operanden 1 bzw. 2 in die lokalen Signale `VAR1` bzw. `VAR2` gelesen und auf den Typ `signed` als Vorbereitung für die arithmetische Operation zugeschnitten.

Die gewünschte Operation (Addition, Subtraktion oder Multiplikation) wird entsprechend der `OPID` ausgeführt und in das Signal `VAR3` gespeichert. Bei der Multiplikation ist zu beachten, dass die Vektorbreite des Ergebnissignals der Summe der Vektorbreiten der beiden Faktoren entsprechen muss. Das heißt, wenn `VAR3` die Vektorbreite 32 hat, dann müssen die Vektoren `VAR1` und `VAR2` auf jeweils 16 Stellen eingeschränkt werden. Entsprechend sind die Zahlenwerte der Signale zu wählen. Sind die Operationen abgeschlossen, werden die Signale `READY` und `ERGEBNISRDY` aktiviert.

Im `WRITE-Prozess` ist ein 32-Bit breiter Tristate-Treiber integriert, der durch das Signal I_O_ALU repräsentiert wird. Er steht nach einem `RESET` im „Default-Zustand" 'Z', damit ist der Ausgang hochohmig. Wird das Signal `READY` aus dem READ-Prozess aktiviert, so wird das Ergebnissignal in das Tri-State-Treiber-Signal I_O_ALU und damit auf den Bus geschrieben. Nach jeder Operation sollte vom Master wieder ein Reset-Signal auf die ALU gegeben werden.

Für die folgende VHDL-Beschreibung des Master-Prozessors wird als Vorlage das „Beispiel eines Simulationstreibers" Abschnitt 5.1.13, Seite 208 verwendet.

```
Library IEEE;
USE IEEE.std_logic_1164.all;
use IEEE.std_logic_arith.all;
use IEEE.std_logic_signed.all;
--
-- Der Master-Prozessor als Simulationstreiber für die ALU
--
entity MASTER_PROC is end;
architecture TEST_TREIBER of MASTER_PROC is
component ALU is
port ( CLK,RESET,OPERAND1RDY,OPERAND2RDY,OPIDRDY : in bit;
        OPID          : in bit_vector(1 downto 0);
        ERGEBNISRDY   : out bit;
        I_O_ALU       : inout  std_logic_vector(31 downto 0));
end component;

signal  CLK :  bit:= '0';
signal  RESET, OPERAND1RDY, OPERAND2RDY,OPidRDY,ERGEBNISRDY : bit;
signal  OPID : bit_vector(1 downto 0);
signal  BIG_BUS  : std_logic_vector(31 downto 0);   -- BUS
-- BUS ist ein VHDL-Keyword, daher wird big_bus genommen
```

```
   begin
      CLK <= not CLK after 10 ns;   -- Takt-Prozess
      DUT1: ALU port map (CLK, RESET, OPERAND1RDY, OPERAND2RDY, OPIDRDY,
             OPID, ERGEBNISRDY, BIG_BUS);
      STIMULUS: process       -- Prozess mit wait-Instruktionen
      variable OPERAND1 : integer := 0;   -- Operand 1
      variable OPERAND2 : integer := 0;   -- Operand 2
      variable ERGEBNIS : integer := 0;
      begin
      -- Additions-Test
         RESET <= '1';                          -- Anfangsbedingungen
         OPERAND1RDY <= '0'; OPERAND2RDY <= '0';
         OPIDRDY <= '0'; OPID <= "00";
         BIG_BUS <= (others => 'Z');      -- Bustreiber hochohmig setzen
      wait until CLK'event and CLK = '1';
         RESET <= '0';
      wait until CLK'event and CLK = '1';   -- Warte auf Taktflanke
         OPERAND1 := 220;  OPERAND2 := 330; -- Setzen der Operanden
         OPERAND1RDY <= '1';       -- Operand 1 auf den Bus schreiben
         BIG_BUS <= CONV_STD_LOGIC_VECTOR(OPERAND1, 32);
      wait until CLK'event and CLK = '1';
         OPERAND1RDY <= '0';
      wait until CLK'event and CLK = '1';
         OPERAND2RDY <= '1';       -- Operand 2 auf den Bus schreiben
         BIG_BUS <= CONV_STD_LOGIC_VECTOR(OPERAND2, 32);
      wait until CLK'event and CLK = '1';
         OPERAND2RDY <= '0';
         BIG_BUS <= (others=> 'Z');
      wait until CLK'event and CLK = '1';
         OPID <= "01";  -- ADDIEREN
         OPIDRDY <= '1';
      wait until CLK'event and CLK = '1';
         OPIDRDY <= '0';
      wait until CLK'event and CLK = '1' and ERGEBNISRDY = '1';
         ERGEBNIS := CONV_INTEGER(signed(std_logic_vector(BIG_BUS)));
         assert (ERGEBNIS /=  (OPERAND1 + OPERAND2))   -- in eine Zeile
               report "Addition falsch" severity error; -- schreiben
      wait until CLK'event and CLK = '1';
      -- Multiplikationstest und Subtrakionstest
         ..........
   end process;
end architecture;
```

Die Architektur TEST_TREIBER des Master-Prozessors ist sozusagen das „Top-Level-Modul" für unser kleines System in Abbildung 5.18.

Sie ist reduziert auf die Kommunikation mit dem Service-Prozessor (der ALU), und schließt die kleine ALU als Komponente und den Bus als Verbindungselement ein. Die

Komponente ALU ist über die `ALU port map` mit dem Master-Prozessor verbunden, wobei die Verbindungssignale der Einfachheit halber dieselben Namen tragen wie die Port-Signale der ALU, mit Ausnahme des Verbindungselements. Der `BIG_BUS` ist das Verbindungselement. Er wird behandelt wie ein Tri-State-Treiber. Der Takt wird in einem Taktprozess generiert, der auch die Komponente synchronisiert.

Der Stimulus-Prozess kann als implizite FSM (FSMi) (siehe gleichnamigen Abschnitt Seite 206) oder als explizite FSM beschrieben werden. Er ist hier als FSMi-Testprozess dargestellt, der die einzelnen Funktionen der ALU: Addition, Subtraktion und Multiplikation nacheinander austestet. Der Additionstest wird beispielhaft gezeigt, bei dem zuerst die `integer`-Operanden der Übersicht halber mit beliebigen ganzzahligen Werten belegt werden, danach in den Typ `std_logic_vector` konvertiert und auf den Bus geschrieben werden. Das Ergebnis prüft eine `assert`-Anweisung mit Ganzzahlwerten, wobei der „Bus-Vektor" in einen `integer`-Wert konvertiert werden muss.

Für die **Simulation** unseres kleinen Beispielsystems wird ein Simulator verwendet, zum Beispiel „Modelsim$^{TM}$" der Firma Mentor. Simuliert wird das „Top-Level-Modul", das heißt der Master-Prozess mit der ALU als Komponente. Das Beispiel zeigt sequenzielle Kommunikation über einen Bus, die hier einige Zeit für die Ausführung benötigt. Eingebettete Systeme sind meist zeitkritisch und daher wird man in der Praxis relativ einfache Operationen nicht in einen zweiten Prozessor auslagern, sondern besser im Master-Prozessor ausführen. Schwierigere Rechenaufgaben werden von Rechenbeschleunigern oder „Streaming Units" übernommen, wobei die Datenübertragung oft über einen gemeinsamen Speicher (Shared Memory) oder über mehrere Busse stattfindet.

## 5.1.19 Entwurf energiesparsamer Hardwaresysteme mit VHDL

Im Abschnitt 2.10 „Energiebedarf von elektronischen Systemen", Seite 72, werden die Aspekte des Energiebedarfs für elektronische Schaltungen, zum Beispiel das *Clock Gating* und das *Multi Voltage Design* besprochen.

Zur Umsetzung von Power Gating und Multi Voltage Designs wurde 2007 das *Unified Power Format (UPF)* entwickelt und als IEEE-Standard 1801 [IEEE1801] veröffentlicht. UPF ist ein umfangreiches Tcl-basiertes Austauschformat, das einerseits die Spezifikation von komplexen „Energiesparsamer Entwicklungen" (Power Designs) zur Implementierung der in Abschnitt 2.10 genannten Techniken mit kommerziell verfügbaren EDA-Werkzeugen ermöglicht, aber auch für die Verifikation und Simulation von Power Designs konzipiert wurde.

Tcl ist eine Skriptsprache mit Bytecode-Interpreter, die 1988 an der Universiät von Kalifornien, Berkeley als Makrosprache für ein akademisches „Computer aided Design" (CAD)-System entwickelt wurde. Neben der rein Tcl-basierten Implementierung von UPF bietet der Standard auch die Möglichkeit, UPF-Bibliotheken in VHDL einzubinden, um VHDL entsprechend um Konzepte für das Power Design zu erweitern. Eine umfangreiche Darstellung des UPF-Befehlsumfangs und der VHDL-Bibliothek findet man in [IEEE1801].

## 5.1.20 Implementierung von Power Gating mit UPF und VHDL

Anwendungsbeispiel: Gegeben sei das in Abb. 5.19 dargestellte System bestehend aus einem Prozessor, einem Bussystem und einem Speicher.

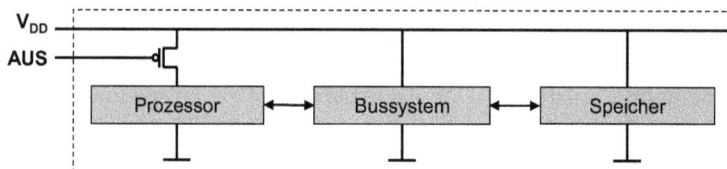

**Abbildung 5.19:** *Beispielsystem für die Steuerung von Power Gating über ein externes Kontrollsignal.*

Der Prozessor soll über ein Signal *AUS*, das von einem sogenannten Power Management Controller (siehe Abschnitt 9.2.9, Seite 404) kommt, von der Spannungsversorgung getrennt werden können. Nachfolgend dargestellt ist das entsprechende Power Design als UPF-Skript, das diese Anforderungen umsetzt:

```
set_scope top

# Top-Level Power Domain mit Basis-Versorgungsnetzwerk
create_power_domain TOP_PD -include_scope
create_supply_port VDD_port -domain TOP_PD
create_supply_port VSS_port -domain TOP_PD
create_supply_net VDD -domain TOP_PD
create_supply_net VSS -domain TOP_PD
connect_supply_net VDD -ports VDD_port
connect_supply_net VSS -ports VSS_port
set_domain_supply_net TOP_PD \
-primary_power_net VDD \
-primary_ground_net VSS

# Abschaltbare Power Domain
create_supply_net VVDD -domain TOP_PD
create_domain GATED_PD -elements {Prozessor}
set_domain_supply_net GATED_PD \
-primary_power_net VVDD -primary_ground_net VSS

# Leistungstransistor / Power Switch
create_power_switch SWITCH \
-input_supply_port {VIN VDD} \
-output_supply_port {VOUT VVDD} \
-control_port {SLEEP AUS} \
-on_state {FULL_ON VIN {!SLEEP}} \
-off_state {FULL_OFF {SLEEP}}
```

## 5.1.21   Zusammenfassung

VHDL ist eine sehr umfangreiche Hardware-Beschreibungssprache, die eine große Vielfalt von System-Beschreibungsmöglichkeiten bietet. Im VHDL-Language Reference Manual [VHDL08] werden über zweihundert VHDL-Instruktionen bzw. VHDL-Schlüsselwörter definiert. Der vorliegende Abschnitt vermittelt lediglich eine didaktisch aufgebaute Einführung und einen begrenzten Überblick über die Hardware-Beschreibungssprache VHDL. Die Einführung beginnt mit der Erklärung des hierarchischen Sprachkonzepts, mit der Beschreibung von einfachen Schaltungen auf Logik-Ebene und wird fortgesetzt durch Beschreibungsbeispiele auf RT-Ebene wie zum Beispiel einer kleinen Verkehrsampelsteuerung und einer vereinfachten Waschmaschinensteuerung. Dabei wird die Beschreibung von Zustandsdiagrammen mit VHDL-Prozessen behandelt.

Beispiele von Simulationstreibern in VHDL geben Hilfestellung für die Simulation der VHDL-Hardware-Beschreibungen, dabei wird auch auf die Kommunikation über Busse mit Hilfe von Tri-State-Treibern eingegangen. Die produktive Entwicklerin bzw. der produktive Entwickler wird sich jedoch vor einer komplexen Modellierungsaufgabe eingehender mit der Sprache VHDL beschäftigen und bei einer Syntheseaufgabe Erfahrung mit dem verwendeten Synthese-Werkzeug sammeln müssen, bevor aus einer komplexeren Schaltung erfolgreich ein Silizium-Chip synthetisiert werden kann.

# 5.2   Die System-Beschreibungssprache SystemC

SystemC ist eine System-Beschreibungssprache (System Level Design Language SLDL) das heißt eine Entwurfssprache auf Systemebene. Bei der Modellierung eines Systems mit SystemC gibt es zunächst keine Trennung zwischen Hardware und Software. Das Ziel ist, mit Hilfe der Beschreibungssprache SystemC ein ausführbares, d. h. simulierbares Modell und im Laufe der Entwicklung das Transaction Level Model (TLM) als Abbildung einer System-Verhaltensbeschreibung auf eine Plattform zu erstellen (siehe Abschnitte 5.2.4 und 3.7). SystemC erlaubt es, hierarchische Module zu beschreiben sowie Funktionalität und Kommunikation zu trennen und unterstützt dadurch das „Refinement" einer Entwicklung durch mehrere Entwicklungsschritte.

In der folgenden kurzen Übersicht über die System-Beschreibungssprache SystemC wird zunächst auf die Grundlagen der Sprache eingegangen. Danach werden im Abschnitt 5.2.2 Beschreibungselemente von SystemC wie z. B. Module, Kanäle (Channels), Ports, Interfaces, Prozesse usw. vorgestellt und die Einbindung in SystemC-Code am Beispiel einer kleinen Arithmetisch-Logischen Einheit (ALU) behandelt. Im Abschnitt 5.2.2, Seite 236 wird die SystemC-Beschreibung des Beispiels soweit vervollständigt, dass eine Simulation durchgeführt werden kann. Die Entwickler die SystemC genauer kennen lernen möchten, um komplexe Eingebettete Systeme zu beschreiben, seien auf folgende weiterführende Literatur verwiesen: an erster Stelle wird der Language Reference Guide (LRM) [SC-LRM] empfohlen und zusätzlich folgende Lehrbücher, die auch im Text zitiert werden: [Groet02], [BlckDon04] sowie der „Golden Reference Guide" [SCGRG06].

**Historisches**
SystemC entstand 1999 aus einer Idee von Mitarbeitern der Firma Synopsys$^{TM}$, der Universität von Kalifornien (UC) Irvine, den Firmen Infineon$^{TM}$, Frontier Design$^{TM}$ und

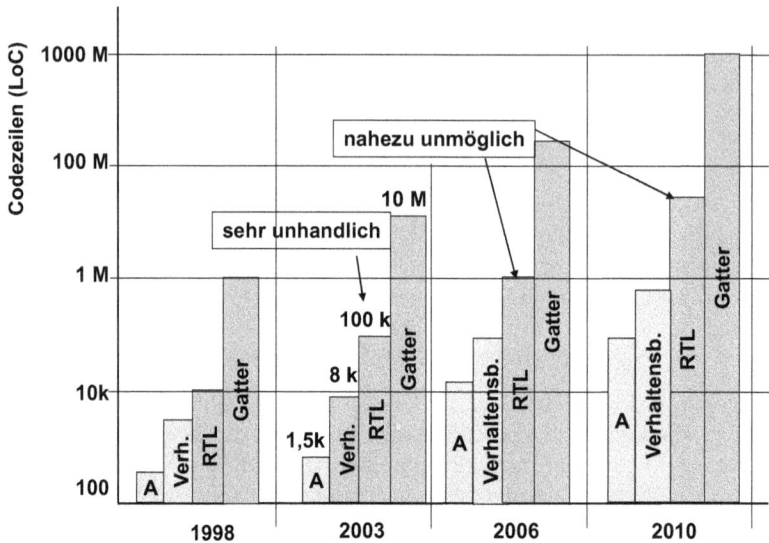

**Abbildung 5.20:** *Übersicht über den Anstieg der Codezeilen (LoC) im Laufe der Jahre für Architekturbeschreibungen (A), Verhaltens-, RTL- und Gatterbeschreibungen (Netzlisten) für ein mittelgroßes System (nach [BlckDon04]).*

IMEC$^{TM}$. Es wird eine „Open SystemC Initiative (OSCI)" gebildet, die das Konzept von SystemC entwirft. Elemente der System-Beschreibungssprache SpecC von David D. Gajski und VHDL fließen in SystemC ein. Die Standardisierung der SystemC-Version 2.1 erfolgte vom „Institute of Electrical and Electronics Engenieers" IEEE im Jahr 2005 unter der Nummer IEEE 1666-2005 [SC-LRM]. OSCI ist mit der Normenorganisation Accellera zur Accellera Systems Initiative (ASI) vereinigt worden.

**Wozu brauchen wir SystemC?**

Die Komplexität von Eingebetteten Systemen steigt im Laufe der Jahre exponentiell an. Abbildung 5.20 (nach [BlckDon04]) zeigt anschaulich den Anstieg der Codezeilen (Lines of Code LoC) im Laufe der Jahre für Architektur- (A), Verhaltens-, RTL-, und Gatterbeschreibungen (Netzlisten) für ein mittelgroßes System. Benötigte beispielsweise die RTL-Beschreibung eines solchen Systems im Jahre 1998 etwa 10 Tausend Codezeilen, so wuchs die Zeilenzahl fünf Jahre später auf etwa 100 Tausend, im Jahre 2006 bereits auf ca. 1 Million und etwa 4 Jahre später auf ca. 800 Millionen an. Das entspricht ungefähr 20 Millionen Seiten Lines of Code und ist praktisch unmöglich zu überschauen und zu handhaben. Es bestand daher der Bedarf an einer Beschreibungssprache, die ein System, das Hardware, Software und Kommunikationselementen einschließt, abstrakter und damit kompakter beschreiben kann, als dies die damals vorhandenen Sprachen vermochten. Die kompaktere Beschreibung auf höherer Abstraktionsebene bedeutet auch eine kürzere Simulationszeit und einfachere Verifikation. Die Open SystemC Initiative einigte sich auf eine Erweiterung der Programmiersprache C/C++ durch einen Simulationskern, um Nebenläufigkeit simulieren zu können, zusätzliche Datentypen, Erweiterung der Hierarchie, Trennung von Funktionalität und Kommunikation, Berücksichtigung der Zeit usw.

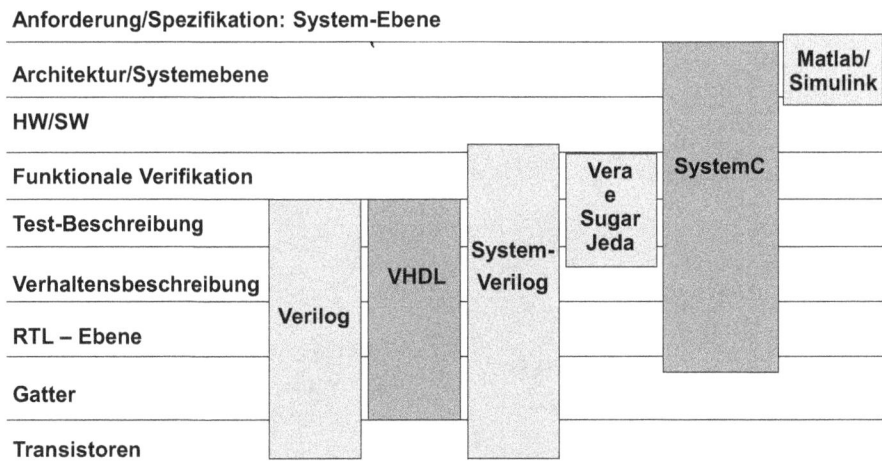

**Abbildung 5.21:** *Sprachenvergleich verschiedener Entwicklungs- und Test-Sprachen. SystemC deckt den größten Anwendungsbereich im Vergleich mit anderen Sprachen ab (nach [BlckDon04]).*

Abbildung 5.21 [BlckDon04] zeigt in etwa die Position, die SystemC innerhalb der vorhandenen Sprachvielfalt innehat. Während mit Matlab/Simulink ein System nur auf Systemebene beschrieben werden kann, um beispielsweise Berechnungsmodelle (MoCs) zu simulieren, reicht der Anwendungsbereich von SystemC von der Systemebene bis einschließlich zur RT-Ebene, wobei die Bereiche Hardware/Software-Beschreibung, funktionale Verifikation, Testbeschreibung und Verhaltensbeschreibung eingeschlossen sind. Diese Vielfalt und Möglichkeiten der Anwendung bietet wie auch Abbildung 5.21 zeigt, keine andere Sprache, vor allem nicht auf höheren Abstraktionsebenen.

## 5.2.1 Grundlagen von SystemC

Mit SystemC können z. B. komplexe heterogene Systeme und Systeme, die aus kommunizierenden Subsystemen aufgebaut sind, modelliert werden. Heterogene Systeme verarbeiten verschiedene Datenarten, z. B. analoge und digitale Daten. Abbildung 5.22 zeigt den Schichtenaufbau von SystemC [BlckDon04]. SystemC ist keine eigene, unabhängige Sprache, sondern baut auf dem C- bzw. C++-Sprachstandard auf und ist in einem Satz von zusätzlichen Bibliotheken zu C++ enthalten. Zum zentralen Kern gehören die SystemC-Datentypen, bestehend aus zwei- und vierwertiger Logik, Bit- und Bit-Vektor-Typen, Ganzzahlen und Festkommazahlen. Weiterhin gehören zum zentralen Kern primitive Kanäle (Primitive Channels), SystemC-Prozesse, SC_Module und der Simulationskern. Primitive Channels wie z. B. Signale, FIFOs, Mutex, Semaphore, Timer usw. sind in der SystemC-Bibliothek definiert. Um die Komplexität zu beherrschen, sind Hardware- und Software-Entwürfe in Blöcke aufgeteilt. Ein Funktionsblock, der z. B. in der Sprache VHDL aus einem Entity/Architecture-Paar besteht, wird in SystemC entsprechend aus einer „Kopfdatei": d. h. der Header-Datei mit der Erweiterung .h und einer Codedatei mit der Erweiterung .cpp gebildet.

| Anwender-Bibliotheken | | | |
|---|---|---|---|
| Vordefinierte primitive channels Signal, FIFO, Mutex, Semaph., Timer etc. | | | |

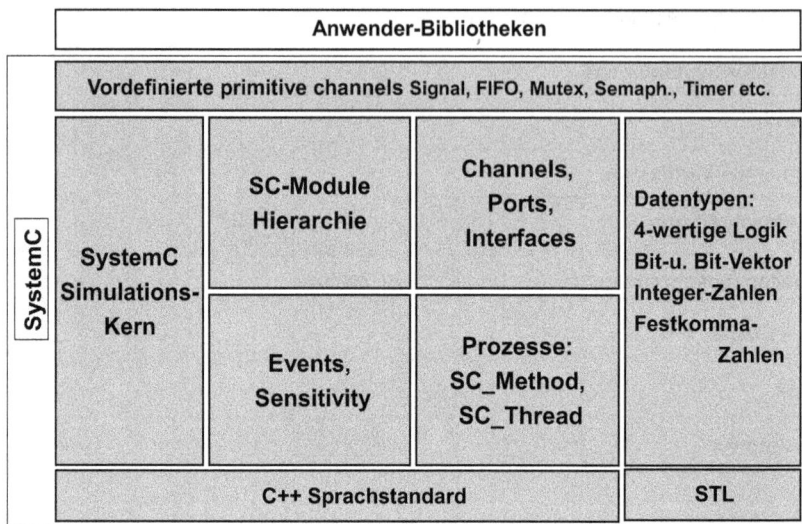

**Abbildung 5.22:** *Schichtenaufbau von SystemC (nach [BlckDon04]).*

SystemC-Module (SC_MODULE()) kommunizieren über „primitive" oder „hierarchische" **Channels** miteinander. Hierarchische Channels sind von SystemC-Modulen abgeleitet und enthalten wiederum SystemC-Module, womit zum Beispiel komplexe Kommunikations-Netze oder Busse beschrieben werden können. Channels als Elemente von SystemC enthalten Schnittstellen-Beschreibungen (Interfaces) und können im Laufe der Entwicklung durch verfeinerte, detaillierte Channels (Kanäle) ausgetauscht werden.

### SystemC-Datentypen

Die Datentypen von C und C++ reichen in der Regel für eine Systementwicklung nicht aus, der Systementwickler kann eigene Datentypen definieren. Neben den C/C++-Ganzzahltypen *char*, *short*, *unsigned short*, *int*, *unsigned int* usw. und den Gleitkommatypen *float*, *double*, *long*, *long long*, *long double*, stehen dem Entwickler weitere Datentypen in SystemC zur Verfügung. Im Folgenden ist eine Auswahl aufgeführt.

- Zweiwertige Bit-Typen: *sc_bit* mit den Werten ('0', '1'), wobei '0' = false und '1' = true ist,
- Vierwertige Logik-Typen *sc_logic* mit den Werten ('0', '1', 'Z', 'X'). 'Z' bedeutet hochohmig und 'X' bedeutet unbekannter Wert,
- 1 bis 64-Bit Ganzzahl-Typen mit Vorzeichen (signed Integer): $sc\_int < T >$,
- 1 bis 64-Bit Ganzzahl-Typen ohne Vorzeichen (unsigned Integer): $sc\_uint < T >$,
- Beliebig große Ganzzahl-Typen mit Vorzeichen (signed Integer): $sc\_bigint < T >$,
- Beliebig große Ganzzahl-Typen ohne Vorzeichen (unsigned Integer): $sc\_biguint < T >$,
- Beliebig lange zweiwertige Bit-Vektoren $sc\_bv < T >$,
- Beliebig lange vierwertige Vektoren $sc\_lv < T >$,

– Festkommazahl-Typen mit Vorzeichen (signed fix und fixed point):
$sc\_fix < T >$, $sc\_fixed < T >$,
– Festkommazahl-Typen ohne Vorzeichen (unsigned fix fixed point):
$sc\_ufix < T >$, $sc\_ufixed < T >$.

$T$ bedeutet Schablonenklasse, in der u. a. die Bitbreite $W$ selektierbar ist. Die Datentypen $sc\_fixed <>$ und $sc\_ufixed <>$ müssen zur Compile-Zeit fest definiert sein, während $sc\_fix <>$ und $sc\_ufix <>$ dynamisch änderbar sind (siehe [SC-LRM]). Die Datentypen erlauben genügend Flexibilität, um komplexe Berechnungen für anwendungsspezifische Schaltkreise durchzuführen.

**Operatoren für Datentypen von SystemC**

In folgender Tabelle 5.3 sind die Operatoren für die SystemC-Typen $sc\_int$, $sc\_uint$, $sc\_bigint$, $sc\_biguint$ zusammengefasst. Dabei ist zu beachten, dass nicht alle Operatoren auf alle Datentypen anwendbar sind.

| Logische Bit-Operationen | $\&, |, \wedge, >>, <<, \sim$ |
|---|---|
| Arithmetische Operatoren | $+, -, *, /, \%$ |
| Zuweisungen (Assignment) | $=, + =, - =, * =, / =, \% =, \& =, | =, \wedge =$ |
| Gleichheits-Operatoren | $==, ! =$ |
| Relationale Operatoren | $<, <=, >, >=$ |
| Auto-Inkrement/Dekrement | $++, --$ |
| Bit-Select/Part-Select | [ ], range() |
| Konkatenation | (,) |

*Tabelle 5.3: Operatoren für Bit- und Ganzzahl-Datentypen.*

Die logischen Bitoperationen in der ersten Zeile der Tabelle 5.3 bedeuten von links nach rechts: Bitweises UND, ODER, exklusives ODER, Schiebeoperation nach rechts und links, Negation.

Die Zuweisungsoperationen in der dritten Zeile der Tabelle 5.3 bedeuten von links nach rechts: Zuweisung, Zuweisung mit Addition, Zuweisung mit Subtraktion, Zuweisung mit Produkt, Zuweisung mit Division, Zuweisung mit Modulo-Bildung, Zuweisung mit logischem UND, Zuweisung mit logischem ODER, Zuweisung mit logischem exklusivem ODER.

**Der Zeitbezug bei SystemC**

SystemC erhält mit der Zeitklasse `sc_time` einen Zeitbezug, der für Zeitabschätzungen bei Simulationen mit Echtzeitmodellen wichtig ist. Die Klasse `sc_time` wird verwendet, um Zeitintervalle wie z. B. Verzögerungszeiten und Simulationszeiten darzustellen. Ein Objekt der Klasse `sc_time` wird intern aus einer 64-Bit-Fließkommazahl und einer `sc_time_unit` zusammengesetzt. Beispiel:

```
sc_time t (40, SC_NS);
sc_time_unit: SC_FS, SC_PS, SC_NS, SC_US, SC_MS, SC_SEC
```

Im obigen Beispiel ist `sc_time` die Klassenbezeichnung, `t` der Klassennamen oder Klassenbezeichner, den der Entwickler auswählt und `SC_NS` die Zeiteinheit, die der Zahl 40 (im Beispiel) zugewiesen wird. Die Klasse Zeiteinheit `sc_time_unit` hat den Vorgabewert (default) `1 ps` (`SC_PS`): $10^{-12}$ sec. Die angegebenen Zeiteinheiten liegen jeweils um den Faktor Tausend auseinander. Die kleinste Zeiteinheit ist Femtosekunden `SC_FS` ($10^{-15}$ sec), gefolgt von Pico-, Nano-, Mikro-, Milli- und schließlich Sekunden.

## 5.2.2 Beispiel eines SystemC-Moduls

In den folgenden Abschnitten wird am Beispiel einer kleinen ALU Schritt für Schritt eine SystemC-Codestruktur aus den einzelnen SystemC-Beschreibungselementen aufgebaut, bis eine funktionsfähige simulierbare Beschreibung des Funktionselements ALU vorliegt.

### SystemC-Module

Das SystemC-Modul: `SC_MODULE()` ist ein grundlegender Baustein von SystemC. Es ist die kleinste Struktureinheit, in der eine bestimmte Funktionalität beschrieben wird. Im Laufe einer Entwicklung wird ein System in kleinere überschaubare Teile: in Module bzw. `SC_MODULE()` aufgeteilt, um die Komplexität des Systems zu beherrschen.

Ein typisches SystemC-Modul enthält Ports, Prozesse, Interne Daten, Channels und – hierarchisch aufgebaut, – weitere Module. Ports sind die Schnittstellen nach außen oder zu Channels. Das heißt, über Ports werden Eingangsdaten angenommen und Daten nach außen gegeben. Channels beschreiben die Kommunikation zwischen Modulen. Das folgende Beispiel stellt schematisch die einfachste Beschreibung eines Moduls dar:

```
#include <systemc.h>
#include <iostream>

SC_MODULE(ALU) {
        // Ports, Prozesse mit Funktionsbeschreibungen usw.
        SC_CTOR(ALU) {
        // Konstruktor, Prozess-Deklaration
        // Sensitivitätslisten usw.
        }
};
```

### Channels, Ports und Interfaces

Unter dem deutschen Wort „Kanal" verstehen wir in diesem Abschnitt ausschließlich SystemC-Channels. **Kanäle** (Channels) übertragen Daten zwischen Modulen und Prozessen, sie können auch Daten puffern. Man unterscheidet zwischen primitive Channels und hierarchischen Channels (Hierarchical Channels). Primitive Channels sind zum Beispiel Signal, Timer (Zeitgeber), Mutex (Multiplexer, Selektionselement), First-in-First-out-Speicher (FIFO) usw. Channels helfen dem Entwickler die Kommunikationsbeschreibung von der Funktionsbeschreibung zu trennen. Die Kommunikations-Beschreibung kann durch einfaches Austauschen der Channels verfeinert werden, ohne dass die Funktionsbeschreibung beeinflusst wird. So kann zum Beispiel ein Message-Passing-Channel zwischen Berechnungsmodellen (MoCs) zu Beginn einer Entwicklung bei dem später daraus generierten Transaction Level Model (TLM) relativ einfach durch einen Bus-Channel ersetzt werden.

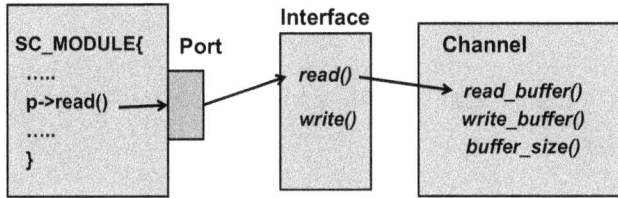

**Abbildung 5.23:** *Beziehung zwischen Ports, Interfaces und Channels in SystemC.*

**Ports** sind Objekte (Proxy Objects), die den Zugriff zu Channels erlauben, wobei ein Interface diesen Zugriff beschreibt. Ein **Interface** ist damit sozusagen ein Fenster zu einem Kanal, um einen Port mit dem Kanal zu verbinden. Abbildung 5.23 versucht dies anschaulich zu machen: Ein Port verwendet die Interface-Methoden `read()` und `write()`. Im Channel werden diese Methoden ausführlicher beschrieben und beispielsweise durch `read_buffer()` und `write_buffer()` implementiert. Im Parameterfeld eines Ports kann ein Interface aufgeführt werden, über das der Port kommuniziert. Beispiel einer Port-Deklaration innerhalb eines `SC_Module`:
`sc_port<sc_signal_inout_if<int> > p;`
Der Port p greift beispielsweise auf die `read()` und `write()`- Methoden zu. Vom Port p kann mit `p->read()` gelesen und mit `p->write()` kann vom Port p in einen Channel geschrieben werden. Die Methoden `p->read()` und `p->write()` nennt man Interface-Methoden-Aufrufe: *Interface method calls IMC*. Abbildung 5.24 zeigt die grafische No-

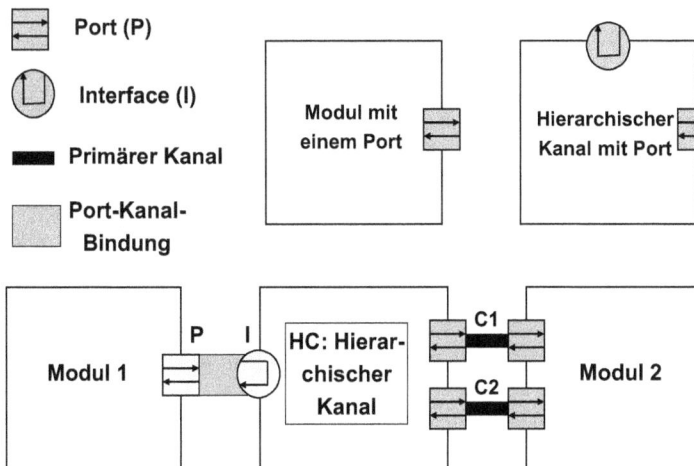

**Abbildung 5.24:** *Grafische Notation für SystemC-Ports, -Interfaces, -Module und -Kanäle (nach [Groet02]).*

232                                     5  Beschreibungssprachen für den Systementwurf

tation für SystemC-Ports, -Interfaces, -Module und -Kanäle (aus [Groet02]). Channels
und hierarchische Kanäle werden wie Module dargestellt. Die Abbildung 5.24 unten zeigt
ein Darstellungsbeispiel für Verbindungen zwischen zwei Modulen über Ports/Interfaces
und einen hierarchischen Kanal. Auf die in Abbildung 5.24 gezeigte Port-Kanalbindung
gehen wir hier nicht weiter ein.

Folgender Codeausschnitt zeigt die Deklaration der Ports für unser SC-Modul von Seite 230, das im Laufe dieses Kapitels zu einem kleinen Beispiel für eine ALU-Beschreibung
komplettiert werden wird:

```
SC_MODULE(ALU) {
        sc_in<int>  a;        // Port a
        sc_in<int>  b;        // Port b
        sc_in<int>  opcode;   // Port opcode
        sc_out<int> c;        // port c

        SC_CTOR(ALU) {..} ... // Konstruktor, Prozesse, Initialisierung
};
```

Im obigen Codeausschnitt werden sc_in<int> a;, sc_out<int> c; und sc_in<int>
opcode; *Signal-Ports* genannt, a, b und opcode bezeichnet man als Signale.

**Primitive Channels** sind z. B. sc_fifo<T> und sc_mutex<T>. Der FIFO (First-in-first-
out)-Kanal sc_fifo<T> implementiert die Interfaces
sc_fifo_in_if<T> und sc_fifo_out_if<T>. Diese Schnittstellen können blockierende
oder nichtblockierende Zugriffe liefern. Bei einem blockierendem Lesen (blocking read)
wird der rufende Prozess solange ausgesetzt, d. h. er muss warten, bis Daten im FIFO-
Speicher eingetroffen sind. Bei einem nichtblockierenden Zugriff kann der aufrufende
Prozess weiterlaufen [Groet02].

Die SystemC-Mutex-Klasse sc_mutex wird verwendet, um kritische Abschnitte (Critical
Sections) zu modellieren, z. B. den Zugriff auf gemeinsame Variable. Falls zwei Prozesse
versuchen, auf einen kritischen Abschnitt zuzugreifen, wird der erste Prozess den Mutex
schließen (Mutex lock), bevor er in den kritischen Abschnitt eintritt. Wenn der Mutex
geschlossen ist, muss der zweite Prozess warten.

**Hierarchische Kanäle** (Hierarchical Channels) sind Hilfsmittel, um komplexe Kom-
munikations-Strukturen zu modellieren. Ein etwas älteres Beispiel für einen hierarchischen Kanal ist der „On Chip Bus OCB", ein Interface-Standard der VSIA (Virtual
Socket Interface Alliance) [VSI06]. Er enthält mehrere Einheiten wie z. B. Arbiter, Dekoder, Steuereinheit usw. Solche standardisierte Kommunikations-Systeme stellen Wiederverwendbarkeit und Skalierbarkeit sicher. Die VSIA wurde 2008 aufgelöst und hat
alle Aufgaben an die OCP-IP (Open Core Protocol International Partnership, siehe
www.ocpip.org) übertragen.

Primitive und Hierarchische Kanäle unterscheiden sich u. a. in einem wichtigen Punkt:
Primitive Kanäle verfügen über die Methoden request_update() und update(), hierarchische Kanäle nicht. Diese Methoden bewirken, dass bei der Simulation eine Signal-
bzw. Kanaländerung als Ereignis (Event) an den Prozess weitergeleitet wird, der dieses
Signal bzw. diesen Kanal in der Sensitivitätsliste (Sensitivity-List, siehe unten) stehen

hat. Der genannte Prozess wird daraufhin wieder aktiviert (siehe Abschnitt Simulationssemantik, Seite 239). Bei VHDL-Signalen ist diese Funktion ebenfalls inhärent vorhanden. Auf die Modellierung von hierarchischen Kanälen kann in diesem Rahmen nicht
eingegangen werden. Wir verweisen auf weiterführende Literatur, z. B. auf [Groet02].

**Prozesse**

Ein SystemC-Prozess ist die Grundeinheit einer Funktionalität und muss in ein Modul
eingebettet sein. Er wird als „Member-Funktion" des Moduls bezeichnet. Es gibt zwei
Arten von Prozessen:
- Methoden-Prozess (Method Process). Er wird definiert mit dem Macro `SC_METHOD(){}`
- Thread-Prozess (Thread Process), definiert mit Macro: `SC_THREAD(){..}`
- Clocked Thread-Prozess. Definiert mit Macro: `SC_CTHREAD`. Dieser Prozess soll in
  Zukunft wegfallen, ist aber noch im Language Reference Manual zu finden [SC-LRM].

Ein **Methoden-Prozess** hat keine inneren Zustände und wird den Programmblock,
wenn angestoßen, von Anfang bis Ende ausführen. Diese Prozesse eignen sich zur Modellierung von Schaltnetzen. Endliche Automaten können mit dem Methoden-Prozess
nur explizit, das heißt durch eine explizite FSM (FSMe) modelliert werden (siehe auch
Abschnitt 5.1.12, Seite 204). Eine explizite FSM wird als taktgesteuerter, endlicher Automat mit expliziten Zuständen dargestellt, die in einem Zustandsregister gespeichert
werden. Bei jeder (positiven) Taktflanke wird der Automat um einen Zustand weitergeschaltet. Der folgende Codeausschnitt zeigt als Beispiel die Deklaration eines Metho-
denprozesses. Es ist die Weiterführung der Beschreibung des kleinen ALU-Beispiels von
Seite 232, das die vier Grundrechnungsarten ausführen kann:

```
SC_MODULE(ALU) {
    sc_in<int>  a;
    sc_in<int>  b;
    sc_in<int>  opcode;
    sc_out<int> c;
     void berechne() {                       // Member Funktion
        switch (opcode.read()) {
            case 1: c = a + b; break;   // Addition
            case 2: c = a - b; break;   // Subtraktion
            case 3: c = a * b; break;   // Multiplikation
            case 4: c = a/b;   break;   // Ganzzahldivision
            default : c = 0;   }
    }
    SC_CTOR(ALU) {                          // MF deklariert als
        SC_METHOD(berechne);               // Methoden-Prozess
        sensitive << a << b << opcode;} // Sensitivit.-Liste:
};
```

In der Member-Funktion (MF) **berechne** wird die Funktion des Prozesses beschrieben.
Im Beispielfall der kleinen ALU wird der Operationsmodus **opcode** gelesen undje nach

Eingabe wird eine Ganzzahl-Addition, -Subtraktion, -Multiplikation oder Ganzzahldivision durchgeführt. Es sei erwähnt, dass der Divisor auf Null geprüft werden sollte, was hier der Einfachheit halber weggelassen wird. Die **Simulation** dieses kleinen Beispiels wird auf Seite 236 behandelt.

In einem **Thread-Process** `SC_THREAD` muss die Ausführung durch ein `wait()` ausgesetzt werden, sonst besteht die Gefahr, dass bei der Simulation der Simulator in einer Endlosschleife verharrt und die Simulation nicht terminiert. Der Thread-Prozess wird ebenfalls innerhalb des Konstruktors definiert [Groet02]:

```
SC_MODULE(module_name) {
   SC_CTOR(process_name) {
   SC_THREAD(thread_process_name) {..} // Thread-Prozess
   }
};
```

Ein Thread-Prozess entspricht einer impliziten FSM (FSMi, siehe auch Seite 206). Die implizite FSM kann inhärente Zustände haben, wobei jedes `wait()` einen separaten Zustand einleitet. Soll in einem bestimmten Zustand eine Funktion ausgeführt werden, so wird diese Funktion zwischen zwei `wait()` eingefügt. Soll die implizite FSM bei jeder (positiven) Taktflanke quasi um einen Zustand weiter geschaltet werden, so setzt man den Thread-Prozess sensitiv zur positiven Taktflanke. Beispiel:

```
SC_CTOR(process_name) {
    SC_Thread(thread_process_name); {
        sensitive << clk.pos() ....
        wait(..);  }  }
```

Um den Prozess in den nächsten Zustand zu schalten, kann auch in der wait()-Instruktion mit `wait(clk.posedge);` auf die nächste positive Taktflanke gewartet werden. Das erfordert ein `clk`-Signal z. B. vom Typ `bit` am Eingang des Moduls.

### Der Modul-Konstruktor

Der Modul-Konstruktor `SC_CTOR` führt mehrere Aufgaben durch:
– Initialisierung, Allokierung von Untermodulen und Herstellung von Verbindungen,
– Registrierung von Prozessen und Verbindung der Prozesse mit dem Simulationskern von SystemC,
– Definition von statischer Sensitivität, zum Beispiel durch die Operation: `sensitive << a` (siehe oben). Das heißt: der entsprechende Methoden-Prozess wird durch eine Änderung des Signals bzw. des primitiven Kanals `a` (wieder) aktiviert (siehe auch nächsten Abschnitt: „Events“).

Der Konstruktor schließt die Definitionen für die Prozesse `SC_METHOD()` und `SC_THREAD()` ein. Alternativ zum Konstruktor kann auch das Macro:
`SC_HAS_PROCESS` eingesetzt werden, d. h. wenn das Macro `SC_CTOR()` in einem Modul nicht verwendet wird, aber eine Prozessinstanz in einem Modul erzeugt werden soll, so muss das Macro `SC_HAS_PROCESS` aufgerufen werden (siehe [SC-LRM] und [BlckDon04]). Wird das `SC_MODULE()` in der .h-Datei deklariert, so möchte man oft die Komplexität

des Konstruktors in der Deklaration verbergen und in die `.cpp`-Datei übernehmen. In diesem Fall muss das Macro `SC_HAS_PROCESS` an die Stelle des Konstruktors in der `.h`-Datei gesetzt werden.

Eine andere Anwendung für `SC_HAS_PROCESS` ist die Parameterübergabe. Es können verschiedene Parameter z. B. Speichergrößen, FIFO-Tiefen, Adressbereiche für Dekoder, usw. nach dem Aufruf von `SC_HAS_PROCESS` definiert werden (siehe [BlckDon04]).

### Events und Sensitivität

Events sind Ereignisse, die einen ausgesetzten Prozess (Suspended Process) in der Simulation wieder aktivieren. Beispiele: Die positive Flanke eines Taktsignals, Signaländerungen, der Übergang von „FIFO voll" zu „FIFO leer" bei einem FIFO-Kanal usw. In SystemC ist ein Event ein Objekt, abgeleitet aus der Klasse `sc_event`. Der Besitzer (Owner) des Events, also meist ein `SC_Modul()`, muss dem Simulator in der Simulation eine Mitteilung (Notifikation) übergeben, dass ein Event aufgetreten ist.

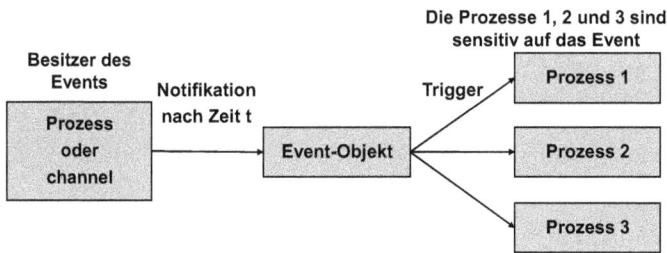

*Abbildung 5.25:* *Ereignisse (Events) in der Simulation.*

In der Abbildung 5.25 ist dies verdeutlicht. Ein Prozess oder Channel als „Besitzer" (Owner) des Events gibt die, für das Event-Objekt relevanten Zeitmarken durch „Notification" an ein Event-Objekt weiter. Das Event-Objekt aktiviert (triggert) danach wartende Prozesse zu bestimmten Zeitpunkten.

Ein Prozess, in unserem ALU-Beispiel der Prozess „berechne()" ist abhängig (sensitiv) von den Eingängen (ports) bzw. Signalen/primitiven Kanälen a, b, usw. Immer wenn sich entweder a oder b oder ein anderes Signal auf das der Prozess sensitiv ist ändert, bedeutet dies, dass ein Event aufgetreten ist.

Nach dem Auftreten eines Events wird in unserem ALU-Beispiel die entsprechende Berechnung erneut ausgeführt. Man nennt diese Abhängigkeit „statische Abhängigkeit" (Static Sensitivity), sie wird im jeweiligen Prozess festgelegt durch die Notation: `sensitive << a << b;`

„Dynamische Sensitivität" (Dynamic Sensitivity) ist in der Regel verbunden mit wait()-Instruktionen. Zum Beispiel durch die Events `event` und `eventa` mit `wait(event)` bzw. mit `wait(event & eventa)`. Es ist möglich, Zeitintervalle anzugeben, in denen der entsprechende Prozess wieder aktiviert werden soll, z. B. mit `wait(t);`, wobei das Zeitintervall t definiert wird zu: `sc_time(10,SC_NS);` oder mit `wait(10, SC_NS, event);` das heißt, falls nach 10 ns `event` nicht erscheint, bleibt `event` unberücksichtigt. Ein Thread-Prozess kann die statische Sensitivitätsliste mit der dynamischen überschreiben.

**Instanziierungen und Simulation**

Bisher haben wir hauptsächlich SystemC-Klassen besprochen, z. B. die Modulklasse oder die primitive Kanalklasse Signal usw. Die Klassenbeschreibung definiert die Eigenschaften einer Objektfamilie, aber erzeugt noch keine Objekte.

Die Klasse SC_MODULE(ALU) erzeugt zum Beispiel keine ALU, sondern beschreibt wie die „ALU" funktionieren soll. Das Ziel unserer SystemC-Modellbeschreibung ist zunächst die Simulation des Modells, die Verfeinerung des Modells bis die gewünschte Funktionalität erreicht ist und danach die Implementierung des Modells als Hardware- oder Multiprozesssystem durch Syntheseschritte (siehe Abschnitt 7.1, Seite 291).

Bevor das ausführbare Modell eines Systems simuliert werden kann, müssen in einer separaten Aktion, dem „Elaboration"-Schritt, die Instanzen der Module generiert und die Module durch Instanzen von Kanälen miteinander verbunden werden wie es im Konstruktor der Module beschrieben wurde. Das heißt, im Elaboration-Schritt wird die Struktur des Systems generiert. Das hierarchisch an erster Stelle liegende Modul instanziiert alle Untermodule. Es ist sinnvoll, in einer „Toplevel-Beschreibung" toplevel() die Instanzen der Module, die simuliert werden sollen und die Simulations-Umgebung zu ordnen. Wir zeigen hier einen **SystemC-Simulationstreiber** für unser ALU-Beispiel von Seite 233 (ähnlich [Groet02]).

```
#include <systemc.h>
#include <iostream>


Void toplevel() {      // Toplevel
SC_MODULE(ALU)  {      // Deklaration der ALU
  sc_in<int> a; ... ... }
  sc_signal<int> sig_a,sig_b,sig_opcode,sig_c; // Verb.-Signale
  ...              };
int sc_main (int argc, char * *) {
  toplevel()                               // toplevel Aufruf
  ALU iALU ("iALU");                       // Instanz der ALU
  iALU(sig_a,sig_b,sig_opcode,sig_c);      // Verbindungen
  sig_a = 100; sig_b = 200; sig_opcode = 1; // Stimulus Add.
  sc_start(100, SC_NS);                    // startet Simul.
  std:: cout << sc_time_stamp() << endl    // Ausgabe
  << "a=" << sig_a << endl                 // Ausgabe
  << "b=" << sig_b << endl                 // Ausgabe
  << "opcode=" << sig_opcode << endl       // Ausgabe
  << "Ergebnis=" << sig_c                  // Ausgabe
  << std::endl;
  ......
  ......                    // Weitere Stimuli und sc_starts
  return 0; }
}
```

In der Toplevel-Beschreibung toplevel() des Simulationstreibers werden zunächst die ALU und danach die Verbindungssignale zu unserem „Device Under Simulation" deklariert (siehe Abschnitt 8.2, Seite 362). Im Hauptprogramm `sc_main()` wird der Programmteil `toplevel()` aufgerufen und danach die Instanziierung der AlU beschrieben. Mit `iALU(sig_a, sig_b, ...);` werden die Eingänge und der Ausgang der ALU mit den Verbindungssignalen verbunden. Ein Simulationsschritt beginnt bei der Compilierung mit dem Aufruf von `sc_start(100, SC_NS);` mit der Simulationszeit 100 ns.

Die Durchführung der Simulation des SystemC-Beispiels entspricht einer Compilierung, beispielsweise mit den g++-Compiler auf einem Computer mit Unix-Betriebssystem. Der **Simulationsaufruf** kann beispielsweise wie folgt aussehen:

```
g++ <myfile.cpp> -l systemc -l pthread
```

`-l` bedeutet „library", `<myfile.cpp>` ist Ihre Aufgaben-Datei, in unserem Fall zum Beispiel `alu.cpp`. Für die Ausgabe auf dem Bildschirm Ihres Computers geben Sie nach der Simulation zum Beispiel ein: `./alu`.

### Hierarchische Module

SystemC-Module können zu übergeordneten Strukturen, sogenannten „hierarchischen Modulen" zusammengesetzt werden. Als Beispiel für die Beschreibung eines hierarchischen Moduls wird ein Multiplizierer mit drei Eingängen in Abbildung 5.26 gezeigt.

Der „Mult3" wird aus zwei einzelnen Multiplizierern `mult1` und `mult2` mit je zwei Eingängen zusammengesetzt. Die Eingänge `in1` und `in2` werden an `mult1` gelegt, das Ergebnis von `mult1` wird über eine Zusatzverbindung `tmp` mit dem Eingang a von `mult2` verbunden und der Eingang `in3` wird an Eingang b von `mult2` geleitet. Das hierarchische Modul `Mult3` wird im folgenden Programmteil beschrieben:

```
SC_MODULE(Mult3) {
    sc_in<int>  in1;           // Eingangsport
    sc_in<int>  in2;
    sc_in<int>  in3;
    sc_out<int> prod;          // Ausgangsport
    sc_signal<int> tmp;        // interne Verbindung
    Multiplier * mult1;        // Zeiger auf 1. Multiplizierer
    Multiplier * mult2;        // Zeiger auf 2. Multiplizierer

    SC_CTOR(Mult3) {
        mult1 = new Multiplier("mult1"); // Instanziierung
        *mult1(in1, in2, tmp);           // Verbindungen
        mult2 = new Multiplier("mult2");
        *mult2 ->a(tmp);       // Namens-
        *mult2 ->b(in3);       // Verbindungen
        *mult2 ->c(prod);      // Ausgang
    }
};
```

Die Modulinstanziierung von `Mult3` wird `iMult3` genannt und ist einschließlich der Simulationsumgebung im `toplevel()`- Teil beschrieben (nach [Groet02]):

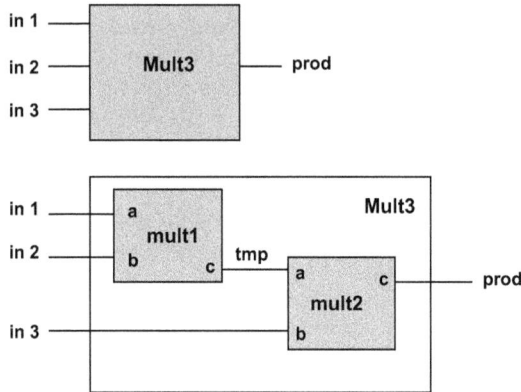

**Abbildung 5.26:** *Beispiel für ein hierarchisches Modul: Multiplizierer mit drei Eingängen, zusammengesetzt aus zwei einzelnen Multiplizierern.*

```
Void toplevel() {
    sc_signal<int>  sig_a,sig_b,sig_c,sig_prod;  // V-Signale
    Mult3 iMult3 ("iMult3");
    iMult3(sig_a, sig_b, sig_c, sig_prod);        // Verbindungen
        // andere Module und Test-Umgebung, Stimuli setzen

    sc_start(100, SC_NS);        // Beginn der Simulation
}
    sc_main( ) {
        toplevel() ...           // ruft topevel auf
}
```

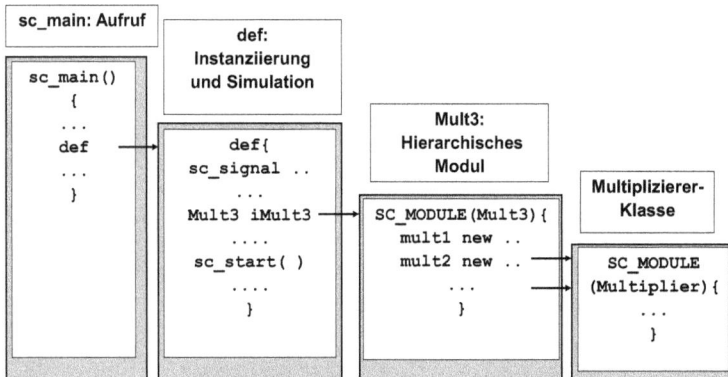

**Abbildung 5.27:** *Modul-Instanziierung für ein hierarchisches Modul: Reihenfolge der Instan-tiierungen.*

Die Reihenfolge der Instanziierungen der einzelnen Programmteile bei der Simulation, ausgehend vom Hauptprogramm **sc_main()** für das hierarchische Modul **Mult3** zeigt die Abbildung 5.27. Um das hierarchische Beispiel-Modul zu simulieren, setzt man das SC_Modul(Mult3) und den obigen „Toplevel"-Teil in den SystemC-Simulationstreiber (siehe Seite 236) ein, setzt genügend Test-Stimuli und führt den Simulationsaufruf durch, wie auf Seite 237 beschrieben.

## 5.2.3 Simulationssemantik

Aufgabe des SystemC-Simulationskerns ist es, die Funktion von Nebenläufigkeit bzw. Parallelverarbeitung zu vermitteln. Der Ablaufplaner bzw. Simulations-Scheduler ist das Herz des SystemC-Simulators. Er steuert:
– den Zeitablauf und damit die Reihenfolge der Prozesse,
– die Aktualisierung (update) der Prozesse und Kanäle als Folge von Ereignissen (Events),
– Nebenläufigkeiten auf der Basis von Deltazyklen: Zwei Aktionen werden scheinbar simultan ausgeführt, wenn sie in der gleichen Simulationsphase erscheinen.

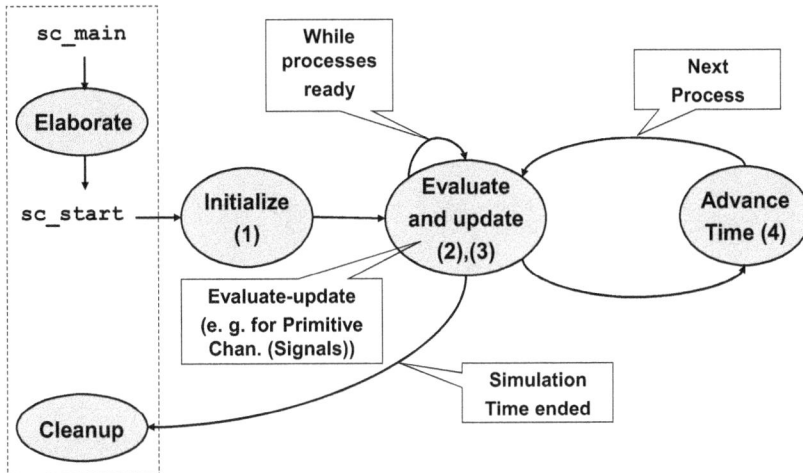

**Abbildung 5.28:** *Überblick über die Simulationssemantik von SystemC (nach [BlckDon04]).*

Einen schematischen Überblick über die Simulationssemantik von SystemC zeigt Abbildung 5.28 (vereinfacht nach [BlckDon04]). Nach dem Aufruf von sc_main beginnt die Vorverarbeitung in der „Elaborationsphase" (Elaborate). Hier werden unter anderem die Module „konstruiert", die Modulverbindungen durchgeführt und die Simulationsparameter gesetzt.

Die Simulation läuft in folgenden Schritten ab: Mit dem Befehl sc_start() wird der Simulationskern aufgerufen. Die Initialisierung der SystemC-Beschreibung wird im ersten Schritt wie folgt durchgeführt: SC_METHOD()-Prozesse werden einmal ausgeführt. SC_THREAD()-Prozesse werden bis zum ersten Synchronisationspunkt, d. h. bis zum ersten wait() ausgeführt. Die Reihenfolge der Prozessausführungen im Scheduler ist nicht spezifiziert, jedoch deterministisch. Die Initialisierung kann unterbunden werden durch den Befehl dont_initialize().

Der eigentliche Simulationszyklus verläuft in den drei Schritten „Evaluate" (Schritt 2), „Update" (Schritt 3) und „Advance Time" (Schritt 4). Im Evaluierungsschritt (Evaluate

Schritt 2) werden alle Prozesse, die bereit (ready) sind, selektiert und ausgeführt bzw. weiter ausgeführt, wenn sie zuvor durch ein `wait()` ausgesetzt (suspendiert) wurden. Beispielsweise wird bei Thread-Prozessen an dieser Stelle aller Code ohne Unterbrechnung ausgeführt, der zwischen zwei `wait()` steht. Der Evaluierungsschritt verläuft in zwei Phasen: Evaluate und update. Die Auswirkungen von Ereignissen (z. B. von Signaländerungen) werden evaluiert und führen zur Aktualisierungs- (update)-Phase in der weitere Prozesse zur Ausführung bereit werden. In Abbildung 5.29 oben sind drei Warteschlangen gezeigt: in der ersten warten Ereignisse (Events). In der zweiten Schlange warten Prozesse darauf, dass sie in der Evaluierungsphase durch die Events in der ersten Schlange zu bestimmtem Zeitpunkten (t0), (t1) usw. zur Aktualisierung bereit (ready) gemacht werden. Die dritte Warteschlange zeigt bereite Prozesse die auf die Ausführung (Aktualisierung, update) warten. Nach der Ausführung des ersten bereiten Prozesses (im Beispiel P0) wird der Prozess in die Schlange der wartenden Prozesse zurückgestellt und der nächste Prozess ist zur Ausführung an der Reihe [BlckDon04].

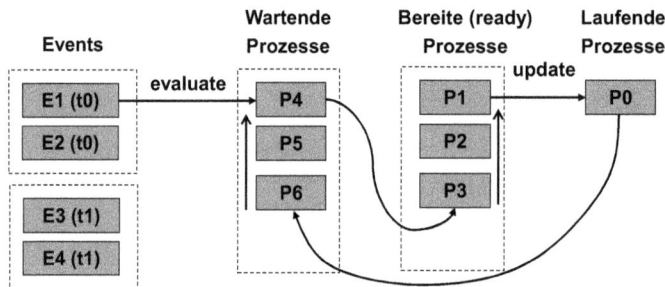

**Abbildung 5.29:** *Simulationssemantik von SystemC: Schritte des Schedulers und Warteschlangen der Events und der Prozesse.*

Während der Evaluierungsphase werden neue Variablenwerte zu Speicherstellen zugewiesen. Diese werden zunächst in einen separaten Speicher aufgenommen und in der Aktualisierungsphase in die entsprechende Speicherstelle geschrieben. Die Evaluierungs/Aktualisierungs-Schritte (Evaluate/Update) werden wiederholt, bis alle Prozesse aktualisiert sind. Sie werden in einem sogenannten Deltazyklus ausgeführt, d. h. es läuft während dieser Aktionen keine Simulationszeit ab. Falls nach der Evaluierungsphase die Aktualisierung der Simulationszeit nötig ist, zum Beispiel durch ein `sc_time t(5, SC_NS); wait(t);`, so wird die „Advance time"-Phase ausgeführt, die die Simulationszeit akkumuliert und weiter schaltet, z. B. zum Zeitpunkt (t1) in Abbildung 5.28.

## 5.2.4     Transaction-Level-Modellierung mit SystemC

Das klassische Anwendungsbeispiel von SystemC ist das Trannsaction Level Model (TLM), das im Abschnitt 3.7, Seite 96 etwas ausführlicher beschrieben wird. Der Begriff *Transaction* ist eine Abstraktion des Begriffs *Kommunikation* (siehe TLM 2.0 Language Reference Manual [TLM2.0]). Das bedeutet, dass beim TLM der Schwerpunkt auf die Entwicklung und Verfeinerung der Transaktionen, d. h. des Datenaustauschs zwischen Prozessoren und Prozessen gelegt wird. TLMs werden z. B. durch Abbildung eines Berechnungsmodells (Model of Computation) auf eine Plattform generiert [Ga09] (siehe

Abschnitt 3.7, Seite 96 und Abbildung 7.1, Seite 292) und erhalten dadurch eine Struktur – in der Regel aus mehreren Prozessen und Verbindungselementen. SystemC bietet mit Channels, Ports und Interfaces eine Palette von Beschreibungselementen an, um Verbindungselemente und Kommunikation zu modellieren. Damit wird ein Vorteil von SystemC offenbar: Die getrennte Modellierung von Kommunikation und Funktionalität.

Unser kleines ALU-Beispiel aus den vorhergehenden Abschnitten ist weder pingenau noch zyklusgenau und liegt damit auf einer höheren Abstraktionsebene als RTL (siehe Abschnitt 5.2.5, Seite 241). Jedoch ist das ALU-Beispiel keine *typische* TLM-Beschreibung; denn es gibt darin nur einen Prozess und keine Kommunikation über Channels zu anderen Prozessoren und Prozessen. Im Abschnitt 6.5.3, Seite 285 wird als Beispiel für eine Task-Beschreibung in einem Prozessor mit zwei Subtasks und zwei SystemC-Channels (siehe Abbildung 6.29, Seite 285) ein Beispiel-Ausschnitt eines TLM mit einem Codebeispiel in Liste 5.1 (Abbildung 6.30, Seite 286) gezeigt.

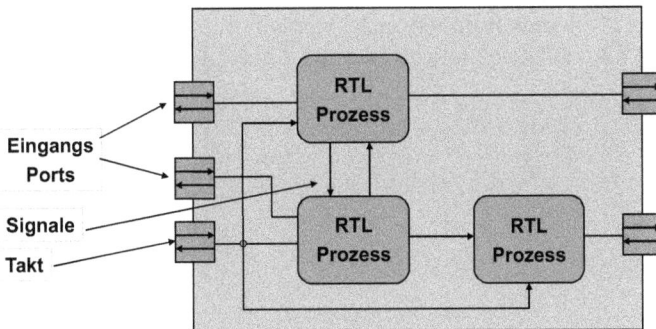

***Abbildung 5.30:*** *Typisches SystemC RT-Modell (nach [Groet02]).*

## 5.2.5 RTL-Modellierung mit SystemC

SystemC wurde hauptsächlich für Modellierungen auf Systemebene und für TLMs konzipiert, es können damit aber auch Modelle auf Register-Transfer-Ebene (Register Transfer Level RTL) beschrieben werden (siehe Abbildung 5.21, Seite 227).

Abbildung 5.30 zeigt schematisch ein typisches SystemC-RTL-Modul. Es besteht aus einer Anzahl RT-Prozessen, die innerhalb und nach außen über Signale miteinander kommunizieren.

RTL-Modelle sind pingenau und zyklusgenau (siehe Abschnitt 3.8, Seite 100). Pingenau bedeutet, dass die Datenbreite der verwendeten Signale festgelegt ist. Dies wird beispielsweise durch Verwendung von Bitvektoren mit definierter Vektorlänge erreicht.

Durch Einführung eines Taktsignals in das SC_MODULE() erhält man die Zyklusgenauigkeit, das die Ausführungszeit des Modells bestimmt. Das grundlegende Verhaltensmodell auf RT-Ebene ist der synchrone deterministische endliche Automat (DEA) bzw. die synchrone FSM (siehe Abschnitt 3.8.1, Seite 101). Mit der Member-Funktion eines SystemC-Moduls kann man eine implizite oder explizite FSM beschreiben (siehe Abschnitt 5.2.2, Seite 233).

## 5.2.6   Zusammenfassung

Die System-Beschreibungssprache SystemC hat seit den Anfängen im Jahre 1999 einen unvergleichlichen Siegeszug angetreten. Der Erfolg dieser Beschreibungssprache beruht sicher nicht nur darauf, dass ein Bedarf dafür bestand, sondern auch, dass Programmierer und Entwickler mit der Sprache C und C++, worauf SystemC basiert, umzugehen wussten.

Mit SystemC können Eingebettete Systeme auf hoher Abstraktionsebene effektiv beschrieben und simuliert werden. Das macht die Sprache attraktiv und hilft mit, die Produktivität der Entwicklerinnen und Entwickler zu steigern. Das Transaction Level Model (TLM), ein zentrales Entwurfsmodell in der modernen Entwicklung von Eingebetteten Systemen, wird ausschließlich in SystemC beschrieben.

Der vorliegende Abschnitt kann nur einen kleinen Einblick in die Vielfalt von SystemC geben. Wichtige Themen wie zum Beispiel die Channel- und TLM-Programmierung in SystemC können in diesem Rahmen nicht vertieft werden. Wir verweisen den interessierten Leser auf die vielfältige weiterführende Literatur.

# 6    Eingebettete Software

Der Trend in der Entwicklung von Eingebetteten Systemen geht heute in Richtung Software-Entwicklung, da Software flexibler, leichter änder- und erweiterbar ist und allgemein von den Entwicklungsingenieuren der Hardware-Entwicklung vorgezogen wird. Dadurch gewinnt auch die Software-Synthese im Entwicklungsablauf von Eingebetteten Systemen an Bedeutung. Der Nachteil von Software ist, sie wird sequentiell ausgeführt und ist in der Regel langsamer als Hardware.

Mikroprozessor-Programme in Eingebetteten Systemen müssen meist in Echtzeit ablaufen und damit bestimmte Zeitgrenzen einhalten, das heißt, die Ausführungzeit eines Programms muss bekannt sein. Leider ist die Ausführungzeit durch Programmanalyse nur annähernd bestimmbar, da diese mit den Werten der Eingabedaten variiert.

Im folgenden Kapitel gehen wir auf wesentliche Themen ein, die für den Softwareentwickler wichtig sind: Betriebssysteme, Compiler, Programm-Optimierungen, Programmanalyse-Methoden und schließlich auf die Software-Synthese.

## 6.1    Betriebssysteme

*Betriebssysteme sind Programme, die Anwendungsprogramme beim Zugriff auf die Hardware bzw. die Ressourcen des Prozessors unterstützen.* Mit anderen Worten: *Ein Betriebssystem stellt Programme zur Verwaltung und zur Ablaufsteuerung von Anwenderprogrammen zur Verfügung.* Damit liefert es die **Schnittstelle** (Application Program Interface API) zwischen Anwendungsprogrammen bzw. Anwender und dem Prozessor des Computer-Systems.

### 6.1.1    Wann kann auf ein Betriebssystem verzichtet werden?

Benötigen Eingebettete Systeme mit einem Mikroprozessor unbedingt ein Betriebssystem? Wir betrachten in Abbildung 6.1 ein sehr einfaches Beispiel für ein Eingebettetes System. Für einen Tank in der chemischen Industrie wird ein Füllstandsmessgerät benötigt. Die Aufgaben sind einfach: Am Tank sind vertikal von oben nach unten mehrere Flüssigkeitssensoren angebracht. Die Flüssigkeitssensoren werden in bestimmten Zeitabständen abgefragt und der Füllstand wird in einem Register abgespeichert. Der Registerinhalt wird drahtlos oder über einen einfachen seriellen Bus, z. B. einen I2C-Bus (siehe Kapitel 10, Abschnitt 10.4.1), an die Zentrale weitergeleitet.

Für dieses Beispiel können wir einen einfachen, preisgünstigen Niedrigpreis-Mikrokontroller (siehe Seite 407) verwenden, in dem bereits ein Timer (Zeitgeber), Eingabe/Ausgabe-Schnittstellen für die Sensoren und für den seriellen Bus vorhanden sind und der

https://doi.org/10.1515/9783110702064-006

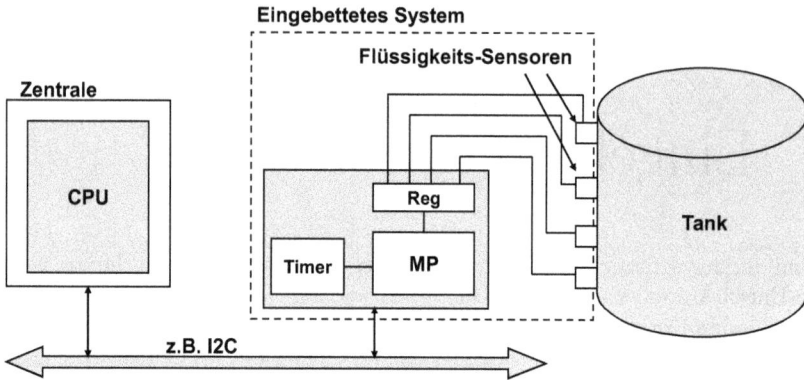

**Abbildung 6.1:** *Ein einfaches Beispiel für ein Eingebettetes System mit einem Mikroprozessor (MP): Ein Füllstandsmessgerät für einen Tank.*

„unterbrechungsfähig" (Interrupt-fähig) ist. Für dieses Beispiel ist kein mächtiges Betriebssystem (wie z. B. Linux) nötig. Was wir hier brauchen, ist ein sogenanntes „Bringup"-System für den Mikrocontroller: Es ist ein kleines Programm, das beim Einschalten mindestens folgende Aufgaben erledigt:

– Selbst-Test des Mikrocontrollers: Einfache Befehlstests: zum Beispiel: funktioniert die Addition $2 + 3 = 5$ korrekt?
– Speicher-Test: Schreib- und Lese-Test. Ein bestimmtes Bitmuster wird in jede Speicherzelle eingeschrieben, ausgelesen und geprüft.
– Eingabe/Ausgabe-Test.
– Initialisierungen, zum Beispiel Initialisierung des Interrupt-Handlers.
– Start des Timers. Der Timer startet das Hauptprogramm.

Das Hauptprogramm fragt die Sensoren ab und speichert die Ergebnisse in ein Register. Danach gibt es den Registerinhalt, eingepackt in ein Nachrichtenpaket, auf den seriellen Bus und wartet wieder auf die nächste Timerunterbrechung. Derartige Systeme ohne Betriebssystem werden auch als „Base Metal Systeme" bezeichnet.

Nicht alle Anwendungsprogramme für Eingebettete Systeme können so einfach durch ein sequentiell ablaufendes Hauptprogramm repräsentiert werden. In unserem Einfachbeispiel gibt es keine Echtzeitanforderungen. Daher genügt auch ein Minimal-Betriebssystem. Ein Video-Gerät z. B. weist mit diffizileren Aufgaben auf: Es muss in Echtzeit folgende Aufgaben erledigen: Einlesen und Dekomprimieren der Bildschirminhalte, der „Frames", Anzeigen der Frames, Auslesen und Dekomprimieren der Tonspur, Abspielen der Tonspur. Diese Aufgaben werden durch verschiedene Prozesse wahrgenommen, die scheinbar nebenläufig und unter Einhaltung von Zeitgrenzen ausgeführt werden. Hier ist ein fähiges Betriebssystem gefragt (siehe Abschnitt 6.1.7, Seite 254).

### Interrupt-basiertes Multitasking

Man kann auch bei kleineren Systemen mit einigen wenigen Prozessen auf ein Betriebssystem verzichten, wenn die Installation eines Echtzeit-Betriebssystem (RTOS, siehe Seite 254) zu aufwändig erscheint. In diesem Fall kann das *Interrupt-basiertes Multitasking* eingesetzt werden, das in dem Buch von Gajski [Ga09] beschrieben wird. Hier werden folgende Programmteile verwendet: Das Anwendungsprogramm und Kommunikationstreiber für die interne und externe Kommunikation (als Unterstützung für die Anwendung), ein Interrupt-Handler, ein Hardware-Abstraction Layer (HAL), der den Zugriff zur Prozessor-Hardware abstrahiert.

Die „Schichtung" dieser Programmteile nennt man Stack. Dieser Stack des Interrupt-basiertes Multitasking ist beinahe identisch mit dem Stack in Abbildung 6.8, Seite 254 mit dem Unterschied, dass das RTOS fehlt und durch eine RTOS-Abstraction-Schicht (RAL) ersetzt wird, die eine relativ „dünne" RTOS-Emulations-Schicht enthält. Das RAL liefert hier kein Task-Management mehr, stattdessen muss der Code in den Tasks an das Interrupt-basierte Multitasking angepasst werden. Der Begriff „Task" wird auf Seite 250 erläutert. Eine Task ist im Wesentlichen ein Prozess (siehe Seite 246) oder ein Prozessteil, der von einem Betriebssystem verarbeitbar ist.

Das RTOS verfügt über einen eigenen Stack und kann daher in jedem Punkt der Ausführung einer Task zu einer anderen Task wechseln, vorausgesetzt die Tasks sind „präemptiv" (siehe Seite 255). Bei einem Taskwechsel wird der Kontext der aktuellen Task auf dem Stack gespeichert. Das RTOS holt sich den Kontext der neuen Task und fährt mit der Ausführung fort. Beim Interrupt-basierten Multitasking teilen die Tasks einen gemeinsamen Stack, der nicht für die Speicherung verschiedener Kontexte verwendet werden kann. Die Lösung des Problems funktioniert wie folgt: die Tasks werden in einzelne Zustände aufgebrochen, die in einem endlichen Automaten (FSM) (siehe Abschnitt 3.8.1, Seite 101) ausgeführt werden. Interrupts werden nur an den Zustandsgrenzen zugelassen. Damit merkt sich die einzelne Task im Zustandsregister selbst den Zustand, in dem sie unterbrochen wurde.

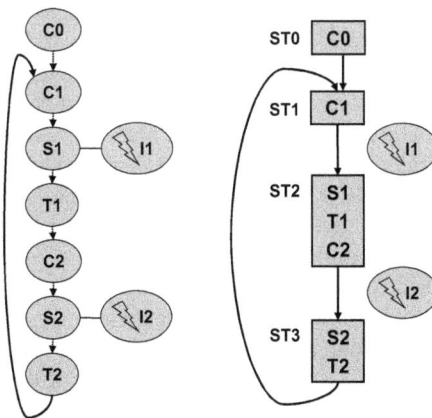

**Abbildung 6.2:** *Zustandsfolgen der Eingangs-Task und die Ausgangs-Task als FSM (nach [Ga09]).*

In Abbildung 6.2 wird dieses Verfahren erläutert. Die Eingangs-Task besteht aus Anwendungs-Programmteilen für die Berechnung (im Bild $C$ wie *Computation*) und Aufrufe für den Kommunikationstreiber. Der Treibercode enthält einen Synchronisationsteil $S$ und einen Übertragungsteil $T$. Unter der Annahme, dass jede Task aus Sequenzen der Codeteile $C, S, T$ besteht, ist im Bild die Eingangs-Task in $C1, S1, T1$ und $C2, S2, T2$

aufgeteilt, danach kehrt die Ausführung zu $C1$ in einer Schleife zurück. In den Synchronisationsteilen $S1$ und $S2$ wird jeweils ein Interrupt ausgeführt.

Die Hauptfunktion (*main*-Funktion) der Ausgangs-Task kann in eine FSM mit verschiedenen Zuständen aufgeteilt werden wie in Bild 6.2 rechte Seite, gezeigt. Im Bild sind es vier Zustände, $ST0$, $ST1$ bis $ST3$. Der Zustand $ST0$ enthält die Initialisierung $C0$. Der Zustand $ST1$ enthält die Berechnung $C1$ nach der die Task (die FSM) durch den Interrupt $I1$ unterbrochen werden kann. Im Zustandsregister merkt sich die FSM den Zustand $ST2$ als Folgezustand. Es kann ein Taskwechsel stattfinden. Wenn nach dem Taskwechsel die Synchronisation $S1$ erfolgt, läuft die Ausgangs-FSM im Zustand $ST2$ weiter, bis die Berechnung $C2$ beendet ist und erneut durch einen Interrupt $I2$ unterbrochen werden kann usw. Bei diesem Verfahren muss auf die lokalen Variablen geachtet werden. Innerhalb des Zustands können sie verwendet werden, jedoch bei einem Zustandswechsel kann der Wert derselben verloren gehen. Daher müssen lokale Variable in globale Variable überführt werden. Die Task-FSM wird im Interrupt-Handler ausgeführt.

## 6.1.2   Konzepte von Betriebssystemen

Betriebssysteme verwenden bestimmte grundlegende Konzepte und Abstraktionen wie zum Beispiel Prozesse, Dateien (Files), Adressräume usw., die wichtig sind, um die Funktion von Betriebssystemen zu verstehen. Ein Schlüsselbegriff ist der *Prozess*. Ein Prozess ist im Wesentlichen ein Computerprogramm, das zur Ausführung bereit ist [Tan09]. Jedem Prozess wird ein *Adressraum* (Adress Space) für ein Speicherbereich zugewiesen. Der Adressraum ist eine Liste von Speicheradressen, er reicht beispielsweise von Adresse A bis Adresse B. Der Speicherbereich, gekennzeichnet durch den Adressraum enthält das ausführbare Programm, die Daten des Programms und seinen „Kellerspeicher", den Stack. Ein Stack ist praktisch ein Last-in-First-out-(LIFO)-Speicher, in dem sich das Programm wichtige Daten merkt, um das Programm auszuführen. Ebenfalls dem Prozess zugeordnet ist der „Kontext", auch Aktivierungsdaten (Activation Records) genannt. Die Aktivierungsdaten enthalten eine Menge von Ressourcen, beispielsweise Registerinhalte, Programmzähler (Program Counter), den Stack-Zeiger, Prozess-Zustand, Start- und Rückkehr-Adresse, eine Liste von offenen Dateien usw. Abbildung 6.3 rechts zeigt schematisch einen Mikroprozessor in dessen Speicher drei Programme (Prozessor-Codes) und die dazugehörigen Aktivierungsdaten geladen sind. Der Programmzähler im Mikroprozessor in Abbildung 6.3 rechts zeigt auf Prozess 2, der gerade ausgeführt wird. Die Aktivierungsdaten werden in die Register übernommen. Ein Prozess aus Betriebssystems-Sicht ist im Wesentlichen ein Container, der alle Informationen beinhaltet, die nötig sind, um ein Programm auszuführen [Tan09]. Auf Prozesse aus Entwickler- bzw. Programmierer-Sicht gehen wir im nächsten Abschnitt etwas näher ein.

## 6.1.3   Prozesse

Prozesse aus der Sicht des Entwicklers sind überschaubare Programme oder Programmteile, die helfen, die Software-Komplexität eines Systems übersichtlicher zu gestalten. Sie lösen meist eine bestimmte Datenverarbeitungs-Aufgabe, das heißt sie lesen Daten, verarbeiten sie und schreiben sie zurück.

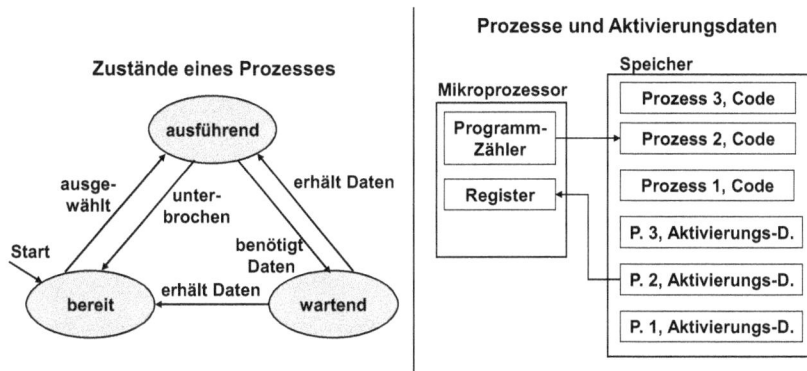

**Abbildung 6.3:** *Links: Zustände eines Prozesses. Rechts: Prozesse und Aktivierungsdaten (nach [Wolf02]).*

Prozesse oder Programme sollten **reentrant** (wiedereintrittsfähig, ablaufinvariant) sein, das heißt, mehrere Instanzen reentranter Prozesse sind nebenläufig ausführbar, ohne sich zu stören. Mit einfacheren Worten: Ein Prozess ist reentrant, wenn er, ohne ihn neu zu laden, wiederholt ausführbar ist und jedes Mal seine Aufgabe zum Beispiel mit anderen Daten löst. Beispiel: Ein Prozess, der reentrant ist, darf keine globale Variable, die den Prozessablauf beeinflusst, lesen und danach mit einem anderen Wert überschreiben. **Non-reentrante** Prozesse bzw. Programme sind fehleranfälliger [Wolf02].

Prozesse haben drei **Zustände**, die Ausführung betreffend, (siehe Abbildung 6.3, links): bereit (ready), ausführend (executing) oder aktiv, wartend (waiting oder suspended). Ein Prozess ist beim Start im Zustand „bereit" (ready). Wird der Prozess vom Betriebssystem zur Ausführung freigegeben, so geht er in den Zustand „ausführend" oder aktiv. In den Warte-Zustand geht der Prozess beispielsweise wenn er Daten benötigt und kehrt zur Ausführung zurück, wenn die Daten verfügbar sind. Ist ein Prozess im Warte-Zustand, so kann das Betriebssystem einen zweiten Prozess starten. Viele Prozesse im Ausführungszustand können unterbrochen werden und kehren dann in den Zustand „bereit" zurück. Betriebssysteme machen es möglich, dass auf einem Mikroprozessor *mehrere Prozesse* scheinbar nebenläufig ausgeführt werden. Das Betriebssystem wechselt den Prozess dadurch, dass die Aktivierungsdaten, die zum sogenannten „Kontext" des Prozesses gehören, ausgetauscht werden. Das Umschalten von einem Prozess zum nächsten, nennt man „Kontextwechsel" (Context Switching).

Der Speicherbereich eines Prozesses wird in heutigen Betriebssystemen vor Zugriffen anderer Prozesse geschützt (Protected Memory). Die Verwaltung solcher Speicherbereiche wird oft von „Memory Management Units" (MMUs) durchgeführt. Will man beispielsweise in Eingebetteten Systemen den Aufwand für MMUs sparen, so werden **„Light-Weight Processes"** oder **„Threads"** verwendet, die gemeinsamen Speicherplatz benutzen.

### Datenaustausch zwischen Prozessen

Prozesse tauschen sehr häufig Daten untereinander aus. Man nennt die Kommunikation zwischen Prozessen **Inter-Prozess-Kommunikation IPC**.

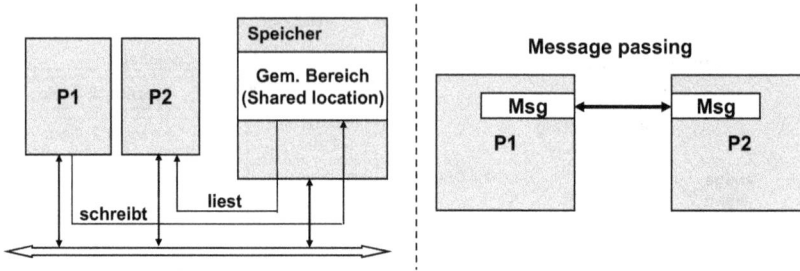

**Abbildung 6.4:** *Lins: Datenaustausch zwischen Prozessen über einen gemeinsamen Speicherbereich (Shared Memory). Rechts: Datenaustauschdurch durch Nachrichten (Messages): „Message Passing".*

Für die IPC gibt es verschiedene Möglichkeiten:
– Datenaustausch über gemeinsamen Speicherbereich (**Shared Memory**),
– Datenaustausch über Nachrichten (**Message Passing**).

Abbildung 6.4 links zeigt schematisch den Datenaustausch über einen gemeinsamen Speicherbereich (Shared Location). Prozess P1 schreibt Daten in diesen Bereich und Prozess P2 liest die Daten. Dauert das Schreiben und Lesen mehrere Taktzyklen, so muss sichergestellt werden, dass nicht genau während dieser Aktionen eine Unterbrechung (Interrupt) stattfindet. Das heißt, ein Interrupt muss ausgeblendet, „maskiert" werden (siehe Seite 388).

Prozesse können sowohl innerhalb eines Prozessors Daten austauschen, in diesem Fall spricht man von „Interne Inter Prozess Kommunikation" (Interner IPC), als auch zwischen verschiedenen Prozessoren, dann spricht man von „Externer IPC". Bei externer IPC, zum Beispiel in Netzwerken (siehe Abschnitt 10.3, Seite 441) geschieht der Datenaustausch oft über Nachrichtenblöcke oder Datenblöcke bzw. „Messages". Diese Methode nennt man „Message Passing" (siehe Abbildung 6.4, rechte Seite). Für die Datenübertragung sind folgende Aktionen in dieser Reihenfolge nötig:
– Die **Synchronisierung** stellt sicher, dass sowohl der Sende- als auch der Empfangsprozess bereit zum Datenaustausch ist (siehe Abschnitt 10.6, Seite 467).
– Ein **wechselseitigen Ausschluss** stellt sicher, dass die Ressource (z. B. der gemeinsame Speicher oder die Verbindungsleitung), die für den Datenaustausch benötigt wird, für die beteiligten Prozesse reserviert ist (siehe Abschnitt 3.5.1, Seite 89). Der wechselseitigen Ausschluss kann zum Beispiel über eine **„Semaphore"** (das kann ein Bit sein), realisiert werden.
– Schließlich folgt die Datenübertragung über die Befehle „send" und „receive".

Die Verwaltung des Datenaustauschs bzw. der Kommunikation übernimmt in der Regel das Betriebssystem, in Eingebetteten Systemen meist ein Echtzeitbetriebssystem (Real Time Operation System, RTOS siehe Abschnitt 6.1.7, Seite 254). Tasks sind Prozesse, die vom Betriebssystem verwaltet werden können. Die Kommunikation zwischen Tasks kann durch „abstrakten Kanäle" beschrieben werden (siehe auch Abschnitt 5.2.2, Seite 230). Im Beispiel Abbildung 6.5 ist auf der linken Seite die interne Inter-Prozess-Kommunikation über die abstrakten Kanäle $c1$ und $c2$ gezeigt und kann so in einem „Transaction Level Model" (TLM, siehe Abschnitt 3.7, Seite 96) beschrieben werden.

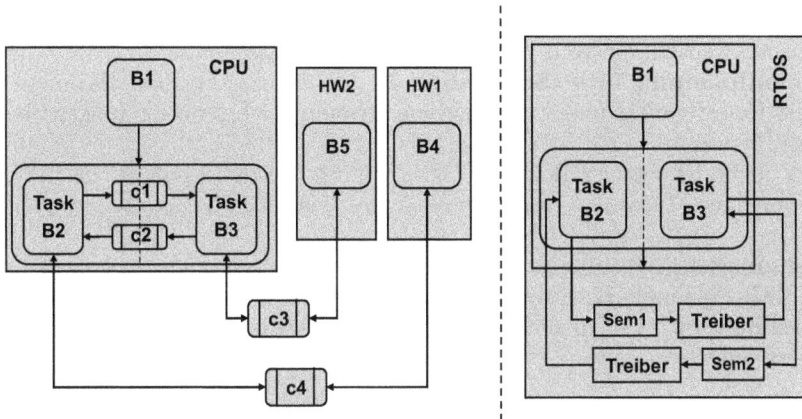

**Abbildung 6.5:** *Linke Seite: Die Kommunikation wird im TLM durch abstrakte Kanäle beschrieben (c1 bis c4). Rechte Seite: Das Betriebssystem (RTOS) ersetzt die beiden abstrakten Kanäle c1 und c2 durch „RTOS-Primitive", durch Semaphoren und Treiber (nach [Ga09]).*

Im Betriebssystem, das die Kommunikation steuert, werden abstrakte Kanäle durch sogenannte „RTOS-Primitive", zum Beispiel durch Semaphoren und Kommunikations-Treiber ersetzt, wie auf der rechten Seite in Abbildung 6.5 gezeigt [Ga09].

In der Abbildung 6.5, linke Seite, kommuniziert z. B. die Task B2 über den externen Kanal $c4$ mit Task B4 auf dem Hardware-Prozessorelement HW1 und die Task B3 mit Task B5 auf HW2 über den externen Kanal $c3$. Das TLM aus Abbildung 6.5 links ist in Abbildung 6.28, Seite 284 als „Protokoll-TLM" etwas ausführlicher dargestellt und beschrieben.

## 6.1.4 Aufgaben und Schichtenmodell eines Betriebssystems

Betriebssysteme erfüllen eine oder mehrere der folgenden Aufgaben [RechPom02]:

- **Abstraktion.** Darunter versteht man die Kapselung der Prozessor-Hardware, sodass sie vom Anwendungsprogramm nicht sichtbar ist. Zur Verwaltung der Hardware und damit zu den Abstraktionsaufgaben gehören zum Beispiel:
  - Die Speicherverwaltung: Arbeitsspeicher, Caches, Peripheriespeicher,
  - Unterbrechungsbearbeitung (Interrupt Administration),
  - Eingabe/Ausgabeverwaltung, Ansteuerung der E/A-Einheiten, die in den Treiberprogrammen realisiert ist, Zuteilen von Betriebsmitteln (Ressourcen), Dateiverwaltung, Fehlererkennung und Fehlerbehandlung, Binden und Laden von Programmen und Programmteilen.
- **Plattform für Anwendungsprogramme.** Das Betriebssystem definiert eine Menge von Programmierschnittstellen (Application Programming Interfaces APIs), sodass die Dienste des Betriebssystems nutzbar sind. Diese Schnittstelle wird von vielen Betriebssystemen als ein Satz von Funktionen beispielsweise für die Programmiersprachen C oder Java definiert. Wird C++ oder Java verwendet, so sind nicht nur ob-

jektorientierte Schnittstellen möglich, sondern es können auch Anwenderprogramme geschrieben werden, die vom Betriebssystem unabhängig sind.

- **Zeitablaufplanung bzw. Scheduling** im Mehrprozessbetrieb. Darunter versteht man die Koordination und Zuteilung von Ressourcen bei nebenläufigen (konkurrierenden) Prozessen.

- **Schutz** mehrerer aktiver Benutzer. Dies gilt für Betriebssysteme, die für Mehrbenutzersysteme (Multiuser) ausgelegt sind und trifft für Eingebettete Systeme kaum zu.

- **Bedienungsschnittstelle** für Benutzer. Bei Rechnersystemen wird sie „Oberfläche" oder „Shell" genannt. Bei Eingebetteten Systemen ist sie meist nicht vorhanden. In manchen Fällen wird sie in einfacher Form beispielsweise zur Fehlerdiagnose oder zum Test verwendet.

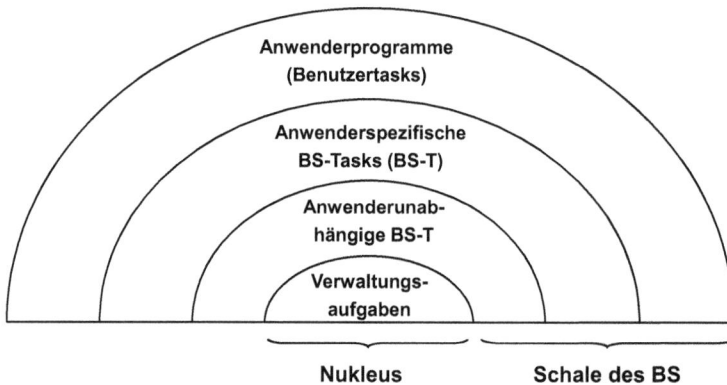

**Abbildung 6.6:** *Schichtenmodell eines Betriebssystems (BS). Die Programme der einzelnen Schichten werden als „Tasks" bezeichnet.*

Betriebssysteme sind in „Schichten" aufgebaut. Abbildung 6.6 zeigt das Schichtenmodell eines Betriebssystems. Der Kern des Betriebssystems, der auch „Kernel" oder „Nukleus" genannt wird, enthält die Verwaltungsaufgaben des Betriebssystems. Diese Verwaltungsaufgaben des Kerns (oder Kernels) sind:

- Verwaltung der Betriebsmittel: Prozessor, Speicher, Ein/Ausgabe usw.,
- Unterbrechungsbehandlung (Interrupt handling),
- Ablaufplanung (Scheduling) und Umschaltung zwischen den „Tasks",
- Kommunikation zwischen den Tasks (Inter Prozess Communikation IPC).

Um den Kern herum liegen die „Schalen" oder Schichten. Auf die Funktionen tiefergelegener Schichten kann von den Programmen oder Tasks zugegriffen werden, ohne deren Verhalten im Detail zu kennen.

**Tasks** sind Programme oder Programmteile, die vom Betriebssystem verarbeitbar sind. Ein Prozess kann aus mehreren Tasks bestehen. Auf den Schalen von innen nach außen liegen nacheinander die anwenderunabhängigen Betriebssystem-Tasks, die anwenderspezifischen Betriebssystem-Tasks und – auf der äußersten Schale – die Anwenderprogramme.

## 6.1.5   Arten von Betriebssystemen

Je nach Computersystem unterscheiden wir verschiedene Betriebssysteme [Tan09]:

– Betriebssysteme für Großrechner (Main Frames, Enterprise Systems) sind ausgelegt für große Zuverlässigkeit (durch Redundanz der Hardware) und extensive Transaktionsraten, die in die Tausende von Transaktionen pro Sekunde gehen können und ebenso große Eingabe/Ausgabe-Funktionalität benötigen. Sie werden eingesetzt z. B. in Banken und Versicherungsunternehmen.

– Betriebssysteme für Server müssen über ein Netzwerk viele Benutzer gleichzeitig mit Diensten versorgen, beispielsweise Druckeraufträge ausführen, Internetabfragen bedienen, Maildienste durchführen usw.

– Multiprozessor-Betriebssysteme für Großrechner („Number Cruncher"), die beispielsweise umfangreiche industrielle Berechnungen und Simulationen, wissenschaftliche Datenverarbeitung oder Berechnungen für Wettervorhersagen durchführen müssen.

– Betriebssysteme für Personal Computer, die eine gute Einzelbenutzer- und Multiprogrammierungs-Unterstützung bieten müssen.

– Betriebssysteme für Eingebettete Systeme.

Uns interessieren hauptsächlich Betriebssysteme für Eingebettete Systeme, beispielsweise für Smartphones (Mobile Telefone mit Eigenschaften mobiler Computer), digitale Fotoapparate, Kraftfahrzeuge, Videogeräte, Haushaltsgeräte, MP3-Player, Smart Cards, Sensornetzwerke, Flugzeuge, militärische Geräte usw. Die Betriebssysteme dafür müssen oft Echtzeitbetriebssysteme sein (siehe Abschnitt 6.1.7, Seite 254). Diese Geräte haben gemeinsam, dass in den meisten Fällen keine Benutzer-Anwendungen in den Speicher des Prozessors geladen werden können. Das bedeutet eine gewisse Vereinfachung, weil ein Schutz zwischen den Anwendungen nicht nötig ist. Betriebssysteme wie QNX und VxWorks können hier zur Anwendung kommen.

**Betriebssysteme für Smartphones** können die Aufgaben von mobilen Telefonen und von PC-Anwendungen erledigen und laufen in der Regel auf einem 64-Bit-Prozessor im geschützten Modus (Protected Mode). Sie beherrschen den Aufbau und Abbau einer Telefonverbindung, Sprachcodierung und -Dekodierung, oftmals Spracherkennung, digitale Fotoapparate und vieles mehr. Der Unterschied zu einem PC ist, dass Smartphones keine Festplatten großer Speicherkapazität haben [Tan09]. Beispiele für Smartphone-Betriebssysteme sind Symbian, Palm-OS, Android, iOS.

**Betriebssysteme für Kraftfahrzeuge** unterliegen speziellen Normen (siehe Abschnitt „Das OSEK-Betriebssystem und die AUTOSAR-Middleware", Seite 263).

**Betriebssysteme für Sensornetzwerke** müssen den Anforderungen in diesen Netzwerken gerecht werden. In Sensornetzwerken kommunizieren die Netzwerkknoten drahtlos miteinander und senden ihre Daten ebenfalls drahtlos zu einer Basisstation. Der Energiebedarf muss minimal sein. Die Prozessoren in den Sensoren verwenden meist ein kleines, einfaches Echtzeitbetriebssystem, beispielsweise TinyOS [Tan09]. Auf Sensornetzwerke gehen wir in Abschnitt 10.7 näher ein.

**Betriebssysteme für Smart Cards** sind am kleinsten. Sie müssen ihre Verarbeitungsleistung bei ziemlichen Speichereinschränkungen erbringen. Einige Smart Cards werden über Kontakte mit dem Kartenleser verbunden, andere erhalten ihre Energie induktiv über Magnetfelder. Einige Smart Cards können mehrere Funktionen ausführen, wie elektronische Zahlungen (als Geldkarte), Authorisierungen bei Überweisungen und

Abbuchungen. Einige Smart Cards sind Java-orientiert und beinhalten eine Java Virtual Machine (JVM). Während der Ausführung werden Java-Applets geladen und interpretiert. Die Betriebssysteme sind oft proprietäre Systeme [Tan09].

## 6.1.6    Strukturen von Betriebssystemen

Es gibt eine ganze Reihe verschiedener Strukturen von Betriebssystemen. Beispiele sind: Monolithische Systeme, geschichtete Systeme, Mikrokernel, Client-Server-Systeme, virtuelle Maschinen usw. [Tan09]. Für Eingebettete Systeme sind die ersten drei genannten Systeme interessant.

### Monolithische Systeme

Das allgemeinste Betriebssystem, das monolithische System läuft als einzelnes Programm im Kernel-Modus. Das Betriebssystem besteht aus einer Sammlung von Prozeduren, die in einer einzigen großen Binärdatei zusammengelinkt sind. Jede Prozedur kann jede andere aufrufen, um einen Dienst zu verwenden, die diese Prozedur liefern kann. Bei sehr vielen Prozeduren kann dies jedoch zu einem komplexen, unübersehbaren System werden. Um das aktuelle Benutzerprogramm zu erstellen, müssen alle Prozeduren des Systems einschließlich des Benutzerprogramms relativ aufwändig kompiliert und gelinkt werden. Der Nachteil ist, falls ein Fehler irgendwo in einer der Prozeduren ist, kann das Betriebssystem abstürzen und das ganze System lahm legen. Viele monolithische Systeme weisen deshalb eine gewisse Schichtung auf bzw. unterstützen ladbare Erweiterungen, z. B. Gerätetreiber und Dateisysteme, die nach Bedarf geladen werden können [Tan09].

### Geschichtete Betriebssysteme

Einfach strukturierte Betriebssysteme bestehen beispielsweise aus drei Schichten [Tan09]:
– Das Hauptprogramm bzw. das Anwenderprogramm,
– Eine Menge Prozeduren, die System-Aufrufe (System Calls) ausführen,
– Eine Menge Hilfsprozeduren (Utility Procedures), die die Service-Prozeduren unterstützen, zum Beispiel Druckauftrag ausführen, Daten von einem Anwender-Programm holen, Kommunikationstreiber usw.).
Jede Schicht kann getrennt modifiziert, erweitert und kompiliert werden.

### Mikrokernel

Mit dem Schichtenansatz in geschichteten Betriebssystemen haben die Betriebssystem-Entwickler die Wahl, wo die Kernel-Grenze gezogen wird. Es spricht viel dafür, möglichst wenig Funktionen in den Kernel zu packen, da ein Fehler im Kernel das ganze System zum Abstürzen bringen kann, was bei Eingebetteten Systemen fatal wäre. Man erhält also bessere Zuverlässigkeit, wenn das Betriebssystem in kleine, gut definierte Module aufgeteilt wird und nur der Mikrokernel im „Kernel Modus" läuft, der Rest des Systems läuft im „Benutzer-Modus". Lässt man beispielsweise jeden Gerätetreiber und das Dateisystem als Benutzer-Prozess laufen, dann wird ein Fehler in dem jeweiligen Prozess die einzelne Komponente abstürzen lassen, aber das eigentliche System läuft weiter. Beispiele bekannter Mikrokernel-Systeme sind PikeOS, QNS, Symbian, MINIX 3.

Herder et al. [Her06] und [Tan09] beschreiben ein zuverlässiges, akademisches Mikrokernel-Betriebssystem **MINIX 3**, das an der „Vrije Universiteit Amsterdam" entwickelt wurde und unter *www.minix3.org* frei verfügbar ist. Das MINIX 3-Betriebssystem ist „POSIX-konform" (Portable Operating System Interface), das heißt, es entspricht der POSIX-Norm, das ist eine genormte Schnittstelle zwischen Anwendungsprogrammen und dem Betriebssystem. Abbildung 6.7 zeigt die Architektur von MINIX 3.

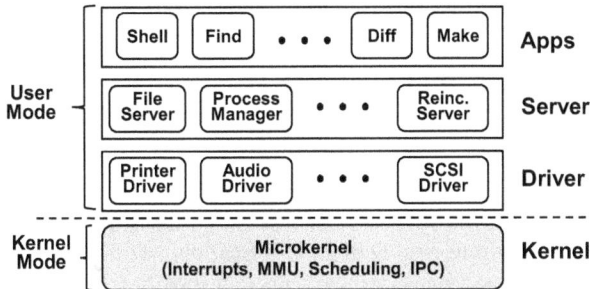

*Abbildung 6.7: Architektur des Betriebssystems MINIX 3. Die Anwendungen (Apps), die Server und die Treiber (Gerätetreiber) laufen im Benutzer-Modus (User Mode) (aus [Her06]).*

Der Minix-Mikrokernel ist relativ klein. Er enthält die Unterbrechungssteuerung (Interrupt Controlling), das Prozess-Scheduling, die Inter-Process-Communication-Steuerung und bietet etwa 35 Kernel-Aufrufe an, um die Betriebssystem-Funktionen auszuführen. Diese Aufrufe führen z. B. folgende Funktionen durch: Verbinden von Interrupt-Handlern mit Unterbrechunges-Anforderungen, Verschieben von Daten zwischen den Adressräumen, Voraussetzungen für die Ausführungen neuer Prozesse schaffen usw. Über dem Kernel, der im geschützten Modus (Kernel-Modus) läuft, liegen in drei Schichten die Geräte-Treiber, die Server und die Benutzer-Programme (Apps), die im Benutzer-Modus laufen. Falls ein Treiber einen Eingabe/Ausgabe-Zugriff ausführen will, bildet er eine Programm-Struktur, die den I/O-Port und den Zeiger auf die zu schreibenden bzw. zu lesenden Daten enthält und führt einen Kernel-Aufruf (Kernel Call) aus, um den I/O-Zugriff auszuführen. So kann der Kernel die Autorisierung des Eingabe/Ausgabe-Befehls überprüfen und verhindern, das ein fehlerhafter Treiber z. B. auf eine Festplatte schreibt.

Die Server in Abbildung 6.7 bedienen das Dateisystem, managen die Prozesse usw. Der „Reincarnation Server" (Reinc. Server) prüft, ob die anderen Server und Treiber fehlerfrei arbeiten. Im Fehlerfall wird der fehlerhafte Server automatisch ersetzt. Damit wirkt das System selbst heilend und arbeitet sehr zuverlässig.

### Das Client-Server-Modell

Beim Client-Server-Modell unterscheidet man zwischen zwei Klassen von Prozessen: den *Servern*, die bestimmte Dienste liefern und den *Clients*, die diese Dienste nutzen. Die unterste Schicht des Client-Server-Betriebssystem-Modells ist oft ein Mikrokernel [Tan09]. Die Kommunikation zwischen Client und Server geschieht häufig durch "Message Paassing". Um einen Dienst zu nutzen, schickt ein Client eine Nachricht (Message) an den Server, der mit einer Nachricht antwortet. Das Client-Server Modell ist eine Abstraktion und kann sowohl auf einem einzelnen Prozessor laufen, als auch auf verschiedenen Prozessoren, die durch ein Netzwerk miteinander verbunden sind. Ein Beispiel für das

Client-Server-Modell ist das Internet. Ein Benutzer (Client) schickt von seinem Heim-PC eine Anfrage an einen Server und bekommt eine Web-Seite als Antwort zurück [Tan09].

## 6.1.7  Echtzeitbetriebssysteme und Echtzeitsysteme

Handelsübliche Echtzeit-Betriebssysteme (Real Time Operating Systems RTOS) sind bei Entwicklern von Eingebetteten Systemen sehr beliebt, da sie flexibel und zuverlässig sind. Sie werden eingesetzt in größeren Eingebetteten Systemen mit mehreren Prozessen, bei kleinen Eingebetteten Systemen mit wenigen Prozessen kann das Interrupt-basierte Multitasking (siehe Seite 244) anstatt eines RTOS verwendet werden.

Abbildung 6.8 zeigt die Einbettung eines Echtzeitbetriebssystems in den „Software-Stapel" (SW-Stack) eines Mikroprozessors. Der Software-Stapel zeigt die Hierarchie der Software-Programme. Die unterste Schicht des Stapels ist die HAL-Schicht (Hardware-Abstraction Layer), sie passt die Hardware an das darüber liegende Echtzeit-Betriebssystem an. Die HAL-Schicht beinhaltet die Treiber für die Kommunikation auf dem Bus, die Schnittstelle mit der programmierbaren Interrupt-Steuereinheit (PIC) und für die Programmierung des Zeitgebers (Timer). Über der HAL-Schicht liegt das RTOS. Das RTOS liefert die Dienste für das Task-Management, für die Kommunikation und für das Zeitgeber-Management. Die RTOS-Abstraktions-Schicht RAL (RTOS Abstraction Layer) passt die Schnittstellen des RTOS, Application Programming Interfaces (APIs) genannt, an die Anwendung an. Es sind die Schnittstellen zum Beispiel für die Task-Generierung, die Semaphoren und Zeitgeber-Einstellungen, die je nach Betriebssystem verschieden sein können. Standardisierte APIs für Echtzeit-Betriebssysteme gibt es bei den Systemen POSIX, OSEK, dagegen haben zum Beispiel die Betriebssysteme $\mu$COS II, VXWorks, eCOS proprietäre APIs [Ga09]. Die Anwendungs-Software benutzt direkt die „high-level" Kommunikationstreiber („Treiber" in Abbildung 6.8) und das RAL. Die Treiber liefern Dienste für die interne und externe Kommunikation, für die Synchronisierung über Interrupts, Bus-Zugriffe usw.

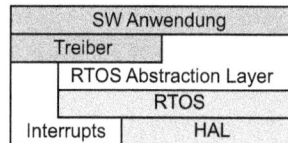

**Abbildung 6.8:** *Software-Stapel (SW-Stack) für RTOS-basiertes Multitasking (nach [Ga09]).*

Echtzeitbetriebssysteme in Eingebetteten Systemen *müssen Aktionen innerhalb bestimmter Zeitgrenzen ausführen.* Ein Eingebettetes System, das mit einem Echtzeit-Betriebssystem arbeitet, nennt man ein **Echtzeitsystem.** Man unterscheidet zwischen harten und weichen Echtzeitsystemen [RechPom02] [Kop97]:

– Bei **Harten Echtzeitsystemen** (Hard Real-Time Systems) sind Fehler im Werte- und Zeitbereich nicht akzeptierbar, sie können katastrophale Folgen haben.

– Bei **Weichen Echtzeitsystemen** (Soft Real-Time Systems) liegen die potentiellen Kosten eines Fehlers im Werte oder Zeitbereich in der gleichen Größenordnung wie der Nutzen des Systems.

Mit anderen Worten: Ein hartes Echtzeitsystem, das mit einem Echtzeit-Betriebssystem arbeitet, und das gesetzte Zeitgrenzen (auch nur gelegentlich) nicht einhält, ist nicht nur nutzlos, es kann (katastrophalen) Schaden anrichten. Beispiele für harte Echtzeitsysteme sind Herzschrittmacher und ABS-Bremssteuerungen im Kraftfahrzeug. Bei weichen Echtzeitsystemen kann eine *gelegentliche* Überschreitung einer Zeitgrenze toleriert werden. Für einen Entwickler ist das Attribut „gelegentlich" zu ungenau. Nehmen wir als Beispiel für ein weiches Echtzeitsystem ein Videogerät, das einen Videofilm abspielt. Manche Geräte bringen in einer Sekunde 50 Bilder (Frames) zur Anzeige, das heißt die Zeitgrenze in der ein Frame dekodiert und zur Anzeige gebracht wird, ist 20 ms. Falls es einen möglichen Zeitfehler von 2% gibt, kommt durchschnittlich jede Sekunde ein Frame zu spät bzw. nicht zur Anzeige, was sich als kleines „Ruckeln" des Videofilms pro Sekunde auswirken kann. Das ist zweifellos zu oft und ist als Qualitätsmangel kaum tragbar. Beträgt aber der Zeitfehler 0,1%, so würde der Frame-Ausfall alle 20 Sekunden auftreten, das würde kaum bemerkt und könnte toleriert werden. Ein anderes Beispiel für ein weiches Echtzeitsystem ist eine Briefsortiermaschine: Landet ein Brief auf Grund eines Zeitfehlers des Eingebetteten Systems in seltenen Fällen in einem falschen Fach, so ist das wieder ein Qualitätsmanko und der Schaden hält sich in Grenzen.

Die Anforderungen an harte Echtzeitbetriebssysteme sind wie folgt:
- Das Zeitverhalten muss vorhersagbar sein.
- Das Betriebssystem muss eine präzise Zeitablaufplanung durchführen können.
- Allgemein: Das Betriebssystem muss Anwendungen mit harten Zeitgrenzen in Bruchteilen von ms unterstützen können (das heißt, es muss „schnell" sein.)

Vorhersagbares Zeitverhalten erfordert, dass eine obere Zeitgrenze der Ausführungszeit (WCET, siehe Seite 266) garantiert wird, d. h. beispielsweise, für einen Speicherzugriff muss ein „Worst Case"-Zeitwert eingehalten werden. Der „Worst Case" ist der ungünstigste Fall, der Fall mit den ungünstigsten Randbedingungen. Weiterhin müssen Unterbrechungen ausgeschaltet werden oder dürfen nur sehr kurz und von bekannter Dauer sein.

## 6.1.8   Zeitablaufplanung in Echtzeitbetriebssystemen

Bei Echtzeitbetriebssystemen zählt die Zeitablaufplanung (das Scheduling) zur Kernaufgabe. Das „Scheduling" beschäftigt sich mit Tasks, das sind Prozesse oder Teile von Prozessen, die vom Betriebssystem verarbeitet werden können. Der Zeitablaufplaner oder kürzer „Scheduler" genannt, teilt die einzelnen Tasks eines Systems einem oder mehreren Prozessoren zur Abarbeitung zu. Wir betrachten im Folgenden Einzelprozessor-Systeme. Eine Klassifizierung von Zeitablaufmethoden (Scheduling) für Betriebssysteme nach Marwedel [Mar21] bei harten/weichen Zeitgrenzen und periodischen/aperiodischen Datenflüssen zeigt Abbildung 6.9. Uns interessieren hauptsächlich die harten Zeitgrenzen. Nach Abbildung 6.9 können Tasks wie folgt eingeplant werden:
- **Periodisch**: Tasks, die alle $T_p$ Zeiteinheiten ausgeführt werden müssen, werden periodische Tasks genannt. $T_p$ ist die Periode.
- **Aperiodisch** sind alle Tasks, die nicht periodisch sind.
- **Präemptiv** (auch preemptiv, preemptive) bedeutet, eine Task kann vom Scheduler unterbrochen werden, wenn eine Task mit höherer Priorität gestartet werden muss. Um präemptives Multitasking zu realisieren, wird der Unterbrechungsmechanismus

(Interrupt, siehe Seite 388) eingesetzt. **Non-präemptiv** bedeutet, eine Task wird ohne Unterbrechung beendet.
- Beim **statischen Scheduler** wird der Zeitablauf der einzelnen Tasks vor der Ausführung geplant.
- Ein **dynamischer Scheduler** führt die Zeitablaufplanung zur Laufzeit durch.

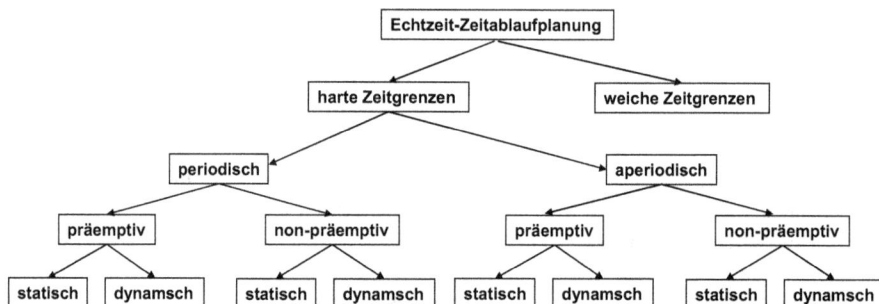

**Abbildung 6.9:** *Klassifizierung der Zeitablaufplan-Methoden (Scheduling-Methoden) für Echtzeitbetriebssysteme bei verschiedenen Anforderungen [Mar21].*

**Periodische Tasks** treten in periodisch ablaufenden Systemen auf, in denen gleiche Aktionen in diskreten Zeitabständen wiederholt werden, z. B. bei Videosystemen oder Motorsteuerungen. Die Einzelbilder eines Videofilms (die „Frames") werden periodisch in einer bestimmten Taktfrequenz (beispielsweise konstant 100 Hz) angezeigt, damit beträgt die Taktperiode $T_p = 10\ ms$, die für die Verarbeitung eines Frames bis zur Anzeige bleibt. Etwas diffiziler ist die Zeitablaufplanung bei einer Motorsteuerung, da hier die Taktfrequenz nicht konstant bleibt, sie hängt von der Drehzahl des Motors ab, bleibt jedoch innerhalb bestimmter Grenzen. In diesem Fall muss die höchste mögliche Drehzahl des Motors in Betracht gezogen werden, das Scheduling muss noch bei dieser maximalen Drehzahl einwandfrei funktionieren. Aperiodische Daten treten beispielsweise bei einem ABS-System im Kraftfahrzeug auf, das System wartet auf das Ereignis „Bremsen" und tritt dann in Aktion.

### Statische und dynamische Scheduler

Bei **statischen Schedulern** wird der Zeitablaufplan zur Entwurfszeit des Systems in einer „Task Description List (TDL)" festgelegt [Mar21]. In der TDL stehen die Startzeiten und die maximalen Ausführungszeiten (WCET) der einzelnen Tasks. Der durch einen Zeitgeber (Timer) gesteuerte „Dispatcher" verwendet die TDL um die Tasks zu starten und zu stoppen. Systeme, die durch Timer und Dispatcher gesteuert werden, nennt man „vollkommen zeitgesteuerte Systeme" (Entirely Time Triggered Systems [Kop97], zitiert von Marwedel [Mar21]). Der Vorteil des statischen Scheduling ist, dass die Einhaltung der Zeitgrenzen durch Messungen überprüft werden kann. In komplexen Systemen ist die Vorhersage der Ausführungszeit schwierig und daher ist die statische Festlegung des Zeitablaufplans oft eine praktische Lösung. Der Nachteil ist, dass die Ausnutzung des Prozessors meist nicht sehr effizient ist, d. h. der optimale Zeitablaufplan wird in der Regel nicht erreicht [Mar21]. Beispiel einer statischen Scheduling-Methode ist das „Rate Monotonic Scheduling" RMS (siehe unten).

Bei **dynamischen Schedulern** kann meist eine bessere Ausnutzung des Prozessors erzielt werden. In Abschnitt 6.1.8, Seite 259 wird die dynamische Scheduling-Methode „Earliest Deadline First" EDF beschrieben.

### Rate Monotonic Scheduling (RMS)

Rate Monotonic Scheduling, vorgestellt von Liu und Layland 1973 [Liu73], zititiert in [Mar21] und [Wolf02], ist eine der ersten Echtzeit-Scheduling-Methoden für periodische Prozesse in Echtzeit-Systemen und wird noch heute viel eingesetzt. RMS ist eine statische Methode, die feste Prioritäten verwendet. Sie baut auf folgendem stark vereinfachten Modell eines Systems mit mehreren nebenläufigen Prozessen auf:

- Alle Prozesse (Tasks) laufen periodisch auf einem Mikroprozessor.
- In der Ausführungszeit wird das Kontext-Switching vernachlässigt.
- Es gibt keine Datenabhängigkeiten zwischen den Tasks. Die Tasks sind unabhängig.
- Die Ausführungszeit für eine Task ist konstant.
- Die jeweilige Task-Zeitgrenze (Deadline) wird an das Periodenende gesetzt.
- Die bereite Task höchster Priorität wird für die nächste Ausführung ausgewählt.
- Der Prozess (Task) mit der **kürzesten Periode** hat die **höchste Priorität**.

Als *Deadline* bzw. *Deadlineintervall* bezeichnet man das Zeitintervall zwischen dem Zeitpunkt, zu dem die Task $T_i$ bereit (ready) ist und dem Zeitpunkt, zu dem die Ausführung dieser Task innerhalb der Periode $P_i$ beendet sein muss. Der Name RMS ist aus der Prioritätsfunktion der Tasks abgeleitet, *die Priorität der Tasks ist eine monoton fallende Funktion ihrer Periode* [Mar21], das heißt, der Prozess mit der kürzesten Periode hat die höchste Priorität. RMS ist eine präemptive Schedulingmethode, das heißt, die Tasks müssen unterbrechbar sein.

| Task | Ausf.Z | Periode | Priorität |
|------|--------|---------|-----------|
| T1 | 1 | 4 | 1 |
| T2 | 2 | 6 | 2 |
| T3 | 3 | 12 | 3 |

**Gezeigt ist der „unrolled schedule":**
**Alle Tasks können eingeplant werden.**
**Dieser Schedule ist erreichbar (feasible).**

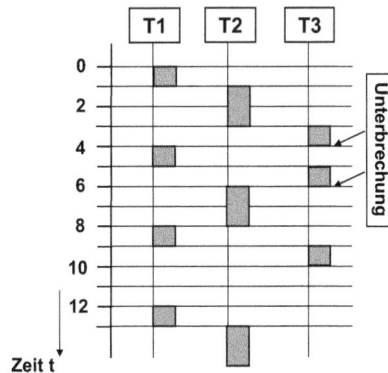

**Abbildung 6.10:** *Einfaches Beispiel für Rate monotonic Scheduling (RMS): Gezeigt ist der Zeitablauf dreier Tasks mit verschiedenen Perioden [Wolf02].*

Abbildung 6.10 zeigt ein einfaches Beispiel für einen RMS-Zeitplan mit drei Tasks, die unterschiedliche Perioden aufweisen [Wolf02]. In der Tabelle in Abbildung 6.10 links sind die Ausführungszeiten, die Perioden und die daraus abgeleiteten Prioritäten der einzelnen Tasks gezeigt. Task 1 (T1) hat die Ausführungszeit $t_1 = 1$ Zeiteinheit (ZE), die Periode $P_1 = 4$ ZE und daraus abgeleitet die Priorität 1. Task 2 (T2) hat die Ausführungszeit

$t_2 = 2$ ZE, die Periode $P_2 = 6$ ZE, die Priorität 2. T3 hat die Ausführungszeit 3 ZE, die Periode 12 ZE und die Priorität 3.

Im Zeitablaufplan in Bild 6.10 rechts ist der „abgerollte Zeitablaufplan" (Unrolled Schedule [Wolf02]) gezeigt. Task T1 wird entsprechend seiner Priorität zuerst eingeplant (zum Zeitpunkt 0), danach T2 und T3. T1 wird periodisch zu den Zeitpunkten 4, 8, 12 usw. ausgeführt. Zum Zeitpunkt t = 4 wird T3 unterbrochen und T1 wird wieder eingeplant, danach kommt T3 im Zeitpunkt 5 wieder zum Zug, allerdings nur eine Zeiteinheit lang, da zum Zeitpunkt 6 Task 2 wieder eingeplant werden muss, usw. Dieser Zeitplan ist erreichbar (feasible).

| Task | Ausführungs-zeit (ZE) | Periode (ZE) | Priorität |
|------|:---:|:---:|:---:|
| Task 1 (T1) | 2 | 4 | 1 |
| Task 2 (T2) | 3 | 6 | 2 |
| Task 3 (T3) | 3 | 12 | 3 |

*Tabelle 6.1: Einfaches RMS-Beispiel für einen nicht erreichbaren Zeitablaufplan. „ZE" bedeutet Zeiteinheit (nach [Wolf02]).*

Tabelle 6.1 nach [Wolf02] zeigt einen nicht erreichbaren Zeitablaufplan. Während einer Periode von Task 3, die 12 Zeiteinheiten (ZE) dauert, muss T1 drei Mal, T2 zwei Mal und T3 ein Mal ausgeführt werden. Insgesamt sind dies $3 \times 2 + 2 \times 3 + 3 = 15$ ZE. Die Periodendauer von T3 beträgt aber nur 12 ZE. Das bedeutet, dieser Zeitablaufplan ist nicht erreichbar. Aus dem Beispiel Tabelle 6.1 kann man eine einfache Regel für die Erreichbarkeit eines RM-Schedule ableiten, bei dem die längste Periodendauer ein ganzes Vielfaches der einzelnen Tasks ist (und die oben aufgeführten Punkte für das RMS-Systemmodell gelten): *Sind n Tasks in ein RM-Schedule einzuplanen, bei dem die längste Periodendauer $P_l$ jeweils ein ganzes Vielfaches der einzelnen Tasks ist, so darf die Summe der Ausführungszeiten aller n Tasks die längste Periode $P_l$ nicht überschreiten.*

Die Prozessorauslastung $U$ (Utilization) für das RMS nach [Liu73], zitiert in [Mar21], für eine Menge von $n$ Tasks mit den Perioden $p_i$ und den Ausführungszeiten $T_i$ ist:

$$U = \sum_{i=1}^{n} (T_i/p_i) \leq n(2^{1/n} - 1) \tag{6.1}$$

Bei $n = 2$ Tasks in der Formel 6.1 liegt die Prozessorauslastung $U$ bei ca. 83 %, d.h. der Prozessor ist ca. 17 % der Zeit im Leerlauf. Bei einer hohen Anzahl von Prozessen $n \to \infty$, geht $U$ maximal gegen $ln2 \approx 0,69$. In unserem Beispiel Abbildung 6.10 ist die Prozessorauslastung $U = 1/4 + 2/6 + 3/12 \approx 0,83$.

Das Beispiel Abbildung 6.10 ist ein Sonderfall: Die Periodendauer von T3 ist ein ganzzahliges Vielfaches der Perioden von T1 und T2. Für diesen Sonderfall kann eine höhere Prozessorauslastung erreicht werden. Betrachtet man Abbildung 6.10 genauer, so sieht man, dass das Zeitintervall zwischen Zeitpunkt t = 10 und t = 12 nicht ausgenutzt ist, das heißt die Ausführungszeit von T3 könnte um 2 Zeiteinheiten auf 5 ZE verlängert werden. Setzt man die $AZ_{T3} = 5$ ZE in Formel 6.1 ein, so ergibt sich die Prozessorauslastung zu: $U = 1/4 + 2/6 + 5/12 \approx 0,95$.

Liu und Layland [Liu73] haben bewiesen, dass RMS für Ein-Prozessorsysteme optimal ist, auch wenn die Prozessorauslastung nicht optimal ist. Das heißt, dass ein Zeitablaufplan mit RMS immer gefunden wird, wenn ein solcher theoretisch erreichbar ist. RMS ist relativ einfach zu implementieren. Die Tasks werden nach Priorität vor der Ausführung in einer Liste sortiert und der Scheduler sucht in der Liste nach der ersten bereiten Task [Wolf02]. Die Komplexität des RMS-Algorithmus ist $O(n)$.

### Earliest Deadline First Scheduling (EDF)

Earliest Deadline First Scheduling (EDF), vorgestellt von Liu und Layland 1973 [Liu73] und Horn [Horn74], zititiert in [Mar21] und [Wolf02], ist eine optimale **dynamische Scheduling-Methode** für periodische und nicht-periodische Prozesse in Echtzeit-Systemen. Die EDF-Methode ändert die Task-Prioritäten während der Ausführung, basierend auf den „Ankunftszeiten" der Tasks, d. h. basierend auf den Zeiten, wann die einzelnen Tasks bereit zur Ausführung werden. EDF ist eine präemptive Scheduling-Methode.

| Task | Ankunft | Ausf.-zeit | Deadline |
|------|---------|------------|----------|
| T1   | 0       | 8          | 20       |
| T2   | 4       | 3          | 15       |
| T3   | 5       | 8          | 16       |

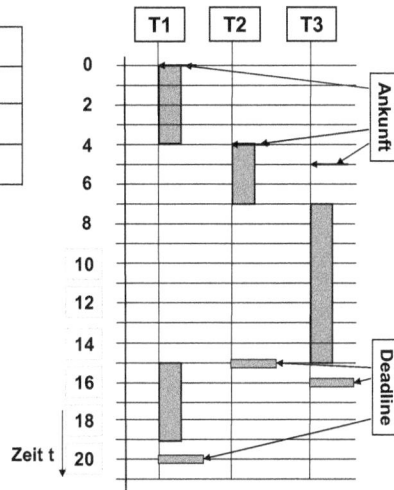

**Abbildung 6.11:** *Einfaches Beispiel für die EDF-Scheduling-Methode (EDF): Gezeigt ist der Zeitablauf dreier Tasks mit verschiedenen „Ankunftszeiten", Ausführungszeiten und Zeitgrenzen (Deadlines) (nach [Mar21]).*

Beim EDF-Scheduling werden die Prioritäten in der Reihenfolge der Task-Zeitgrenze (Deadline) zugewiesen. Die Task, deren Deadline am nächsten liegt, erhält die höchste, die Task, deren Deadline am weitesten entfernt ist, die niedrigste Priorität. Die Tasks sind bei EDF in einer Liste gespeichert und nach jeder Task-Ankunftszeit bzw. Task-Beendigung werden die Prioritäten neu berechnet und die Task mit der höchsten Priorität wird eingeplant. Gegebenenfalls wird die gerade ausgeführte Task unterbrochen, wenn sich bei der Berechnung zeigt, dass die Priorität der neu angekommenen Task höher ist. Dadurch ist die Komplexität von EDF $O(n^2)$ [Mar21]. Die Prozessorauslastung kann bei EDF höher sein als bei RMS.

Abbildung 6.11 zeigt ein einfaches Beispiel für die EDF-Scheduling-Methode: In der Tabelle im Bild 6.11 sind drei Tasks T1 bis T3 mit verschiedenen Ankunftszeiten,

Ausführungszeiten und Zeitgrenzen (Deadlines) gezeigt. Task T1 erscheint zum Zeitpunkt t = 0, hat eine Zeitgrenze bei t = 20 und eine Ausführungszeit von 8 Zeiteinheiten (ZE). Task T2 erscheint zum Zeitpunkt t = 4, hat eine Zeitgrenze bei t = 15 und eine Ausführungszeit von 3 ZE. Für T3 gilt: Ankunft t = 5, Zeitgrenze t = 16, Ausführungszeit = 8 ZE. In Abbildung 6.11 rechts ist der Zeitablaufplan gezeigt: Zuerst erscheint T1, wird eingeplant, die Ausführung beginnt. Zum Zeitpunkt t = 4 erscheint die Task T2, die Zeitgrenze ist t = 15, also „näher" als die von T1. Deshalb wird T1 unterbrochen und die Ausführung von T2 beginnt. Zum Zeitpunkt t = 5 trifft T3 ein. Die Zeitgrenze liegt bei t = 16, also darf T2 beendet werden und läuft bis t = 7. Danach wird T3 gestartet, da die Zeitgrenze näher als bei T1 liegt. T3 wird bei t = 15 beendet. Danach wird schließlich T1 zu Ende ausgeführt.

Liu und Layland [Liu73] zeigen, dass EDF eine Prozessorauslastung von 100 % erreichen kann. Die Implementierung eines EDF-Schedulers ist relativ komplex [Wolf02]. Allgemein ist der Verwaltungsaufwand bei statischen Scheduling-Methoden geringer und die sichere Vorhersage des Zeitablaufplans ist ebenfalls ein Pluspunkt. Deshalb werden für Eingebettete Systeme mit Echtzeit-Anforderungen statische Methoden bevorzugt [Ga09].

**Weitere Scheduling-Methoden**

Marwedel [Mar21] beschreibt weitere Scheduling-Algorithmen wie „Earliest Due Date" (EDD) und „Latest Deadline first" (LDF). Die Scheduling-Methode „Least Laxity first" (LLF) setzt die Prioritäten nach kleinstem zeitlichen Spielraum (Laxity) der Tasks ansteigend, wobei sich der zeitliche Spielraum berechnet aus Deadline minus „Ready Time" minus Ausführungszeit der Task. Die Zeit zwischen „bereit sein" einer Task und dem Beginn der Ausführungszeit (Start Time) nennt man „Ready Time".

# 6.1.9   Prioritätsumkehr

Bei der Zeitablaufplanung in Echtzeitbetriebssystemen für einen Prozessor, auf dem mehrere Tasks laufen, die auf eine gemeinsame Ressource zugreifen, kann es zu einem Problem kommen, das Prioritätsumkehr (Priority Inversion) genannt wird [Mar21]. Im Beispiel 1 Abbildung 6.12 links ist ein Fall von Prioritätsumkehr bei zwei Tasks dargestellt. Die Task T1 hat die höhere, Task T2 die niedrigere Priorität. Task T2 ist zum Zeitpunkt 0 bereit und wird ausgeführt. Zum Zeitpunkt 3 greift T2 auf eine gemeinsame Ressource zu, man nennt dies *wechselseitigen bzw. gegenseitigen Ausschluss* oder *die Task tritt in einen kritischen Abschnitt ein* (siehe auch Abschnitt 3.5.1, Seite 89. Zum Zeitpunkt 5 ist Task T1 mit der höheren Priorität bereit und unterbricht T2 während der Ausführung im kritischen Abschnitt. T1 muss im Zeitpunkt 7 selbst auf die gemeinsame Ressource zugreifen und da diese von T2 belegt ist, darf T2 jetzt den kritischen Abschnitt zu Ende ausführen. Die Priorität wird scheinbar umgekehrt. Sobald T2 den kritischen Abschnitt beendet hat, wird die Task T2 wieder unterbrochen und die Task T1 wird bis zum Ende ausgeführt.

Wir betrachten Beispiel 2 in Abbildung 6.12, bei dem das Betriebssystem drei Tasks T1 bis T3 einplanen (schedulen) muss. T1 hat die höchste, T3 die niedrigste Priorität. Task T3 ist zum Zeitpunkt 0 bereit und wird ausgeführt. Zum Zeitpunkt 2 tritt T3 in einen kritischen Abschnitt ein. Zum Zeitpunkt 4 ist Task T2 mit der höheren Priorität bereit

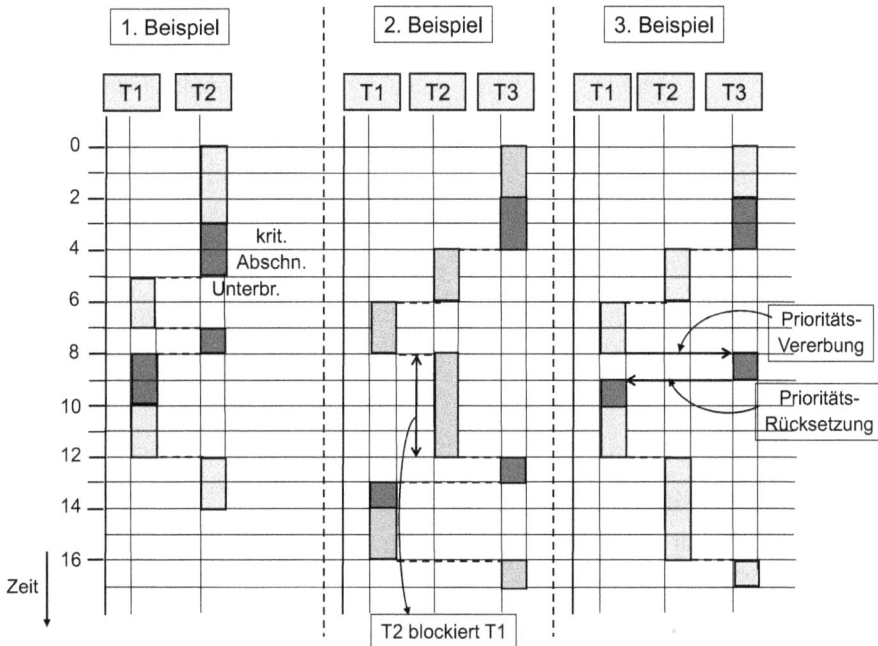

**Abbildung 6.12:** *Prioritätsumkehr und Prioritätsvererbung. Beispiel 1: Prioritätsumkehr bei zwei Tasks. Beipiel 2: Prioritätsumkehr mit drei Tasks. Beispiel 3: Prioritätsvererbung.*

und unterbricht T3 während der Ausführung im kritischen Abschnitt. Die Task T1 mit der höchsten Priorität unterbricht T2 im Zeitpunkt 6, muss aber zum Zeitpunkt 8 auf die gemeinsame Ressource zugreifen, die gerade T3 belegt hat. T1 geht in den Wartezustand, aber T2 mit der höheren Priorität als T3 nimmt die Ausführung bis zum Zeitpunkt 12 auf, an dem T2 terminiert oder selbst auf die gemeinsame Ressource zugreifen möchte. Damit gibt T2 die Kontrolle an die Task T3 ab, die jetzt den kritischen Bereich zu Ende ausführen kann und danach die Priorität an T1 zurück gibt, die zum Zeitpunkt 13 in den kritischen Bereich eintritt und zum Zeitpunkt 16 ihre Ausführung beendet. Zum Zeitpunkt 8, an dem T1 in den von T3 belegten kritischen Bereich eintreten möchte, übernimmt T2 die Kontrolle und blockiert die Ausführung der höher priorisierten Task vom Zeitpunkt 8 bis 12. Diese Blockade kann dazu führen, dass von der Task T1 eine Zeitgrenze nicht eingehalten wird. Das kann die Funktion des ganzen Systems beeinträchtigen, im schlimmsten Fall zum Versagen eines wichtigen Systems führen, wie dies zum Beispiel beim Mars-Pathfinder der Fall war ([Jon97] zitiert in [Mar21]).

## 6.1.10   Prioritätsvererbung

Das Problem der Ausführungsverzögerung der Task mit der höchsten Priorität bei der Prioritätsumkehr kann durch die Methode der Prioritätsvererbung vermieden werden [Mar21]. Im Beispiel 3 der Abbildung 6.12, rechte Seite, wird das Prinzip der Prioritätsvererbung gezeigt. Die Task T3 mit der niedrigsten Priorität beginnt zum Zeitpunkt 0 eine Ausführung und belegt zum Zeitpunkt 2 eine gemeinsame Ressource, das heißt sie tritt in einen kritischen Abschnitt ein. Task T3 wird im Zeitpunkt 4 von der Task T2 mit der höheren Priorität unterbrochen und im Zeitpunkt 6 startet T1 mit der höchsten Priorität die Ausführung. Fordert nun T1 zum Zeitpunkt 8 die gemeinsame Ressource an, die T3 belegt, so „erbt" T3 die Priorität der Task T1 und kann den kritischen Abschnitt zu Ende ausführen. Danach wird die Priorität wieder zurückgesetzt, T1 kann auf die gemeinsame Ressource zugreifen und beendet die Ausführung im Zeitpunkt 12. Da T3 die Priorität von T1 im Zeitpunkt 8 erbt, kann T2 die Ausführung von T3 nicht mehr blockieren, wie in Beispiel 2 geschehen. Die Tasks T2 und T3 können nach dem Zeitpunkt 12 ihre Ausführungen beenden.

Beim Mars-Pathfinder konnte das Problem bei der Prioritätsumkehr von der Bodenstation über Funk dadurch behoben werden, dass die Methode der Prioritätsvererbung im Betriebssystem VxWorks über die Debugging-Schnittstelle eingeschaltet wurde [Mar21].

## 6.1.11  Betriebssystem-Beispiele für Eingebettete Systeme

### Das Symbian-Betriebssystem

Anfang der 2000er-Jahre kam das Betriebssystem Symbian für mobile Telefone verschiedener Firmen, hauptsächlich aber für Nokia-Telefone auf den Markt. Symbian entwickelte sich aus einem Echtzeit-Betriebssystem (siehe Seite 254) für mobile Telefone zu einem Betriebssystem auf einer Smartphone-Plattform. Symbian ist Objekt-orientiert und verwendet einen Mikrokernel-Ansatz, eine Client-Server-Architektur und unterstützt Multitasking und Multithreading, sowie ein erweiterbares Speichersystem [Tan09].

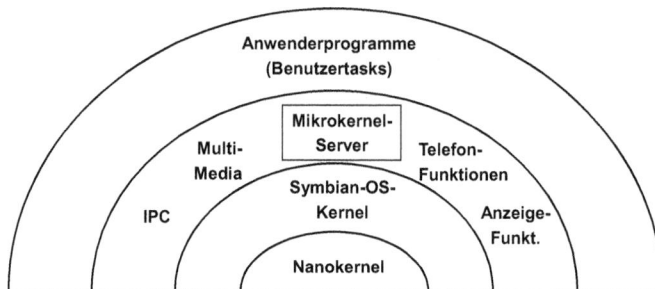

***Abbildung 6.13:*** *Architektur des Symbian-Betriebssystems (nach [Tan09]).*

Abbildung 6.13 (aus [Tan09]) zeigt schematisch die Symbian-Architektur. Der „Nanokernel" enthält lediglich die grundlegensten Funktionen wie das Scheduling und Synchronisier-Funktionen mit den Objekten Mutex und Semaphore und ist damit schnell ausführbar. In der Kernel-Schicht befinden sich die etwas komplizierteren Kernel-Funktionen wie z. B. komplexere Objekt-Dienste, Benutzer-Threads, Prozess-Scheduling, Kontext-Switching, dynamische Speicherverwaltung, dynamisch geladene Bibliotheken, komplexe Synchronisation, Interprozess-Kommunikation usw. [Tan09]. Symbian hatte seinen Verbreitungs-Höhepunkt in der Mitte der 2000er Jahre. Seit dem Jahr 2011 wird es von dem Betriebssystem Android mehr und mehr vom Markt verdrängt.

## Das Android-Betriebssystem

Das frei verfügbare Android-Betriebssystem von der Firma Google ist eine Plattform für mobile Geräte, insbesondere für Smartphones. Android hat seit dem Jahr 2011 den Markt der Smartphone-Betriebssysteme im Sturm erobert und alle Konkurrenten weit hinter sich gelassen. Ein Grund dafür ist, dass Benutzeranwendungen (Apps) in Java programmiert werden können und relativ problemlos zu installieren sind. Das hat zu einer Vielfalt von zum Teil kostenlosen Anwendungen geführt. Das Android-Betriebssystem basiert auf einem Linux-Kernel und eignet sich z. B. für ARM-, MIPS und x86-Prozessoren. Software-Entwicklungshilfen wie das *Software Development Kit* (SDK) sind frei bei *www.android.com* (Letzter Zugriff: 2014) verfügbar.

## Das OSEK-Betriebssystem und die AUTOSAR-Middleware

OSEK/VDX (Offene Systeme für die Elektronik im Kraftfahrzeug/Vehicle Distributed Executive) [OSE14] ist eine europäische Organisation, die etwa seit dem Jahr 1994 an der Vereinheitlichung einer Software-Architektur für Elektronische Steuergeräte (Electronic Control Units ECU) im Kraftfahrzeugbau arbeitet.

Das OSEK/VDX-Gremium gibt eine Spezifikation heraus, dessen Ziel es ist, die Schnittstellen zwischen Betriebssystem und Steuergerät zu vereinheitlichen, die Skalierbarkeit von Hardware und Software sicher zu stellen, Fehler-Prüf-Mechanismen vorzuschlagen und die Portierng von Anwendungen zu ermöglichen. Die Spezifikation der OSEK/VDX-Systems umfasst folgende Teile (siehe Abbildung 6.14 (a)): Das OSEK-COM, das OSEK-NM, das OSEK-Betriebssystem und das OSEK-OIL (nicht gezeigt). Das OSEK-COM stellt die Zwischenschicht zwischen den Anwendungen und dem Verbindungsnetzwerk zu den Steuergeräten dar und liefert die Schnittstellen zur Anwendung für die Kommunikation. Das OSEK-NM (Netzwerk-Management) verwaltet das Netzwerk zwischen zentralem Prozessor und den Steuergeräten. Das OSEK-OIL (OSEK Implementation Language) stellt eine Beschreibungssprache zur Konfigurierung der OSEK-Module und Steuergeräte dar [Str12].

Das OSEK-Betriebssystem ist ein Ereignis- und Prioritäts-gesteuertes Echtzeit-Multitasking-System mit statischem Scheduling (siehe Abschnitt 6.1.8, Seite 256). Die OSEK-Tasks sind präemptiv und erhalten statische Prioritäten. Beanspruchen zwei Tasks gleichzeitig die selbe Ressource, so wird das Scheduling über das *Priority-Ceiling-Protokoll* Deadlock-frei gesteuert [Str12].

Abbildung 6.14 (b) zeigt ein Beispiel für die Zeitablaufplanung nach dem Priority-Ceiling-Protokoll. Wir betrachen die Tasks T1, T2 und T3 jeweils mit den Prioritäten 24, 22, und 20. Zum Zeitpunkt $z0$ läuft die Task T3 mit der niedrigsten Priorität, die anderen beiden Tasks sind im Zustand „suspended" bzw. „waiting". Zum Zeitpunkt $z1$ belegt T3 die Ressource R1, z. B. einen gemeinsamen Speicher oder das Kommunikationsnetz. Zum Zeitpunkt $z2$ wird die Task T1 mit der Priorität 24 bereit und fordert die Ausführung an. Da aber T3, obwohl mit der geringeren Priorität, sich in einem kritischen Abschnitt befindet, das heißt die Ressource R1 noch nicht freigegeben hat, erhält T3 den „Priority-Ceiling", also die höchste Priorität (in diesem Fall mindestens 24 oder höher) und darf daher die Ressource weiter nutzen und die Ausführung fertig stellen. Im Zeitpunkt $z3$ hat T3 die Transaktion beendet, gibt die Ressource und den Priority-Ceiling wieder frei und setzt die Ausführung aus. Jetzt startet T1 mit der höchsten Priorität die Ausführung und erhält die Ressource R1 zugeteilt. T2 muss warten, bis die

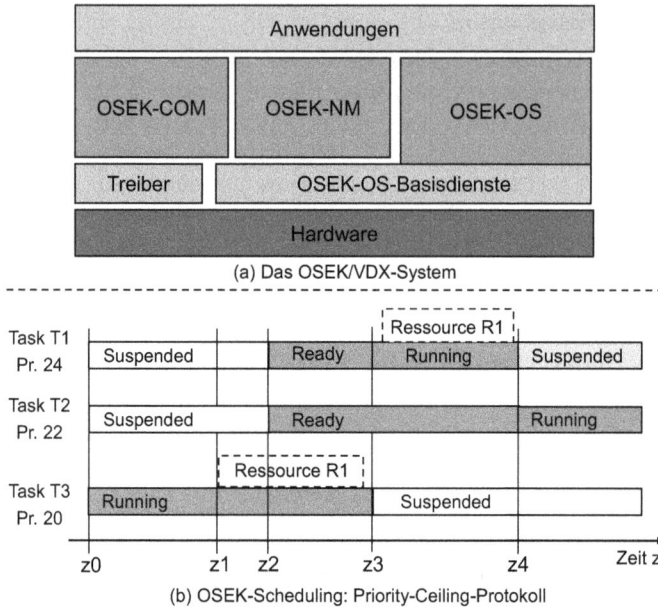

(a) Das OSEK/VDX-System

(b) OSEK-Scheduling: Priority-Ceiling-Protokoll

**Abbildung 6.14:** *(a) Software-Module des OSEK/VDX-Systems. (b) Beispiel für das OSEK-Scheduling nach dem Priority-Ceiling-Protokoll (nach [Str12]).*

Ausführung von T1 zu Ende ist. Das Priority-Ceiling-Protokoll funktioniert so ähnlich wie die Prioritätsvererbung (siehe Abschnitt „Prioritätsvererbung" Seite 261).

Neben dem ereignisgesteuerten OSEK-OS gibt es noch das zeitgesteuerte OSEK-Time-System, das nach dem TDMA (Time Division Multiple Access)-Verfahren arbeitet. Das TDMA-Verfahren ordnet den einzelnen Tasks „Zeitschlitze" für die Ausführung zu [Str12].

AUTOSAR (Automotive Open Systems Architecture)[AU14][Str12] ist eine internationale Organisation von Firmen, die im Kraftfahrzeugbau und als Zulieferer für den Automobilbau tätig ist und an einer Standardisierung der Software-Architektur für ECUs zusammenarbeitet. Durch die Vereinheitlichung der Software-Architektur durch AUTO-SAR bei der Entwicklung von Steuergeräten bei den einzelnen Automobilherstellern und Zulieferfirmen entstehen grundsätzlich keine Wettbewerbsnachteile, es vereinfacht dafür die Zusammenarbeit zwischen Herstellern und Zuliefern und erhöht die Flexibilität, Austauschbarkeit und Erweiterbarkeit von Software-Komponenten.

AUTOSAR definiert eine „Middleware" oder ein Framework, in dessen Rahmen eine Schnittstelle zu einem Betriebssystem definiert wird, die auf dem OSEK-OS (siehe oben) basiert. Der Standard ISO 17356-3 (2005) wurde von AUTOSAR auf den Weg gebracht. Er beschreibt das Konzept und die Schnittstelle (API) zu einem Multitasking-fähigen Echtzeitbetriebssystem, das für Kraftfahrzeuge verwendet werden kann.

# 6.2    Compiler

Abbildung 6.15 zeigt die Erzeugung eines ladbaren Programms, das in einer höheren Programmiersprache wie C oder Java geschrieben wurde. Der Generierungsprozess geschieht
meist in mehreren Schritten. Der Compiler erzeugt zunächst den leicht verständlichen
Prozessor-spezifischen Assembler-Code, der vom Assembler in den binären Objekt-Code
übersetzt wird. Der Linker fügt mehrere Objekt-Code-Dateien zusammen, generiert die
Instruktions-Adressen und erzeugt ausführbaren (executable) Code. Der Lader (Loader)
schließlich lädt das ausführbare Programm in den Hauptspeicher des Mikroprozessors.

Ein Standard-Compiler, beispielsweise für die Programmiersprache C und für einen bestimmten Mikroprozessor ist meist relativ preisgünstig oder frei erhältlich. Für Eingebettete Systeme mit speziellen Anforderungen lohnt es sich in der Regel, einen optimie-
renden Compiler zu verwenden, wenn er für den ausgewählten Mikroprozessor verfügbar
ist. Es gibt Compiler mit verschiedenen Optimierungszielen [Mar21], z. B. Compiler für:

– die Optimierung der Ausführungszeit,
– die Optimierung des Energiebedarfs,
– digitale Signalverarbeitung,
– VLIW-Prozessoren,
– Netzwerkprozessoren,
– Multicore-Prozessoren.

Viele Compiler liefern ausgefeilte Optimierungsmethoden beispielsweise Schleifenopti-
mierungen, die auf Seite 267 und im Abschnitt 6.4.2, Seite 273 aufgeführt sind. Auf
weitere Optimierungen verweisen wir auf [Aho07], sowie auf Abhandlungen in [Mar21]
und die dort erwähnte weiterführende Literatur. Wie oben angedeutet, gibt es nicht für
jeden Mikroprozessor den passenden Compiler mit der gewünschten Optimierungsmethode, d. h. in vielen Fällen ist noch „Optimierung von Hand" gefragt. Im folgenden
Abschnitt wird auf manuelle Programm-Optimierungsmöglichkeiten etwas näher eingegangen.

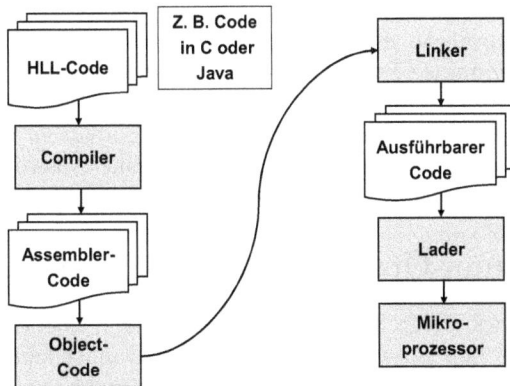

**Abbildung 6.15:** *Generierung eines ladbaren Programms, das in einer höheren Programmiersprache wie C oder Java geschrieben wurde (nach [Wolf02]).*

# 6.3    Programm-Optimierungen

**Optimierung der Ausführungszeit**

Mikroprozessor-Programme in Eingebetteten Systemen müssen meist in Echtzeit ablaufen und damit bestimmte Zeitgrenzen einhalten, das heißt, die Ausführungszeit eines Programms muss bekannt sein. Leider ist die Ausführungszeit durch Programmanalyse praktisch nicht exakt bestimmbar, da diese mit den Werten der Eingabedaten variiert. Auch die Performanz des Cache und der Pipeline ist abhängig von den Eingabedaten und den sich daraus ergebenden Datenabhängigkeiten. Eine neuere Analyse- und Simulationsmethode für die Performanz-Abschätzung aus Compiler-optimiertem Maschinencode wird in Abschnitt 6.4.2, Seite 273 vorgestellt. Die Ausführungszeit von Programmen ist daher durch Messungen und durch Simulation zusätzlich zur Programmanalyse zu überprüfen (siehe auch „TLM-basierte Performanz-Abschätzung", Abschnitt 6.4.1, Seite 270). Wir unterscheiden folgende verschiedene Arten der Ausführungszeiten (AZ) von Programmen [Wolf02]:

– **Durchschnittliche AZ** (Average Case Execution Time ACET): Ausführungszeit für „typische" Werte von Eingangsdaten. Typische Eingangsdaten sind oft schwierig zu definieren.
– **Kürzeste AZ** (Best Case Execution Time, BCET). Die kürzeste Ausführungszeit ist interessant, z. B. für periodisch ablaufende Vorgänge wie sie bei Motorsteuerungen im Kraftfahrzeug auftreten.
– Die **maximale Ausführungszeit**, **WCET** die „Worst Case Execution Time" muss in Systemen bekannt sein, die „harte Zeitgrenzen" einzuhalten haben, wie zum Beispiel in sicherheitsrelevanten Systemen [Mar21].

Auf die Abschätzung der Ablaufzeit durch Profiling, Simulation und Messung wird im Abschnitt 6.4.1, Seite 270 näher eingegangen. In vielen Fällen kann durch eine Programmoptimierung ein Programm, dessen Ausführungszeit etwa um den Faktor 2 zu lang ist, als die harte Zeitgrenze es zulässt, durch Programmoptimierung bis zu einem Faktor 3 oder 4 verkürzt werden, vorausgesetzt, ein bestimmtes Optimierungspotenzial ist im Programm vorhanden ([Lam91], zitiert in [Mar21]). Vor der Programm-Optimierung steht die **Programmanalyse**. Eine Möglichkeit ist die „Ablauf-Analyse" oder kürzer der **„Trace"** des Programms (Trace-driven Performance Analysis [Wolf02]). Ein Trace-Programm liefert die Aufzeichnung des Programm-Pfades als Liste der ausgeführten Befehle, die das Programm während seiner Ausführung abarbeitet. Traces können sehr groß werden, sie können mehrere GBytes betragen. Eine Auswertung des Trace kann daher langwierig sein und bedarf einiger Erfahrung.

## 6.3.1    Programm-Optimierung auf höherer Ebene

Die **Optimierung** eines Programms beginnt auf höherer Ebene, d. h. beim Schreiben des Programms in einer höheren Programmiersprache. Danach kann die Optimierung auf Assembler-Ebene weitergeführt werden. Letztere setzt nicht nur gute Assemblerkenntnisse des verwendeten Mikroprozessors voraus, sondern auch Compiler- und Linker-Kenntnisse (siehe Abschnitt 6.2, Seite 265). Mit anderen Worten: Falls die Compilerübersetzung eine Ausführungszeit liefert, die zu lang ist, kann das Assemblerprogramm von Hand optimiert werden. Im Zuge immer schneller werdender Prozessoren, werden die Programm-Optimierungen von Hand keine große rolle mehr spielen, dennoch

wollen wir kurz daraus eingehen. Es gibt folgende Möglichkeiten, bereits auf höherer
Programmebene eine Optimierung zu erzielen z. B. durch:

- **Verwendung von Festkomma- statt Gleitkomma-Datentypen.** In Signalver-
  arbeitungs-Algorithmen, in der Programmiersprache C, werden meist Gleitkomma-
  Datentypen verwendet. Bei vielen Anwendungen kann der Qualitätsverlust, der durch
  das Ersetzen der Gleitkommatypen durch Festkommatypen entsteht, akzeptiert werden, z. B. falls bewegte Bilder oder Spiele auf Mobiltelefonen oder auf kleineren Bild-
  schirmen gezeigt werden. Dadurch kann z. B. bei einem MPEG-2 Videokompressions-
  Algorithmus eine Verkürzung der Ausführungszeit und Verringerung des Energiebedarfs um etwa 75% erreicht werden. Durch das Werkzeug „FRIDGE (Fixed Point
  Programming Design Environment)", das kommerziell in der „Synopsys$^{TM}$ System
  Studio Tool-Suite" erhältlich ist, kann die Umwandlung von Gleitkomma- zu Fest-
  kommatypen teilweise automatisiert werden [Mar21].
- **Schleifenoptimierung.** Schleifen (Loops) kosten viel Ausführungszeit und sind ein
  wichtiges Ziel für die Optimierung. Im Folgenden sind eine Auswahl von Regeln der
  Schleifenoptimierung aus [Wolf02] und [Mar21] aufgeführt:
  - **Code-Verlagerung (Code Motion).** Die erste Regel ist: In der Schleife nur
    das berechnen, was unbedingt nötig ist. Operationen, die außerhalb der Schlei-
    fe ausgeführt werden können, z. B. Konstantenberechnungen, sollten ausgelagert
    werden.
  - **Abrollen von Schleifen (Loop Unrolling).** „Abrollen" bedeutet, die Schleife
    wird aufgelöst und der Code ausgeschrieben, das heißt, entsprechend der Anzahl
    Durchläufe wird der Code wiederholt. Das ist zu empfehlen, wenn es nicht zu viele
    Schleifendurchläufe sind und die Anzahl der Durchläufe bekannt und konstant ist.
    Dadurch wird die Schleifenverwaltung eingespart, die pro Schleifendurchlauf zwei
    Operationen kostet. Allerdings erhöht das die Code-Menge.
  - **Verringerung der Cache-Misses bei Matrixverarbeitung** durch entspre-
    chende Schleifenanpassung: siehe unten.
- **Ausnutzen des Optimierungspotenzials im Befehlssatz** des verwendeten Mikroprozessors. Oft bieten die verwendeten Mikroprozessoren in ihrem Befehlssatz
  Möglichkeiten zur Optimierung der Performanz z. B. durch Verwendung kombinierter Operationen wie Add/Multiply- oder Multiply/Accumulate-Befehle, die jeweils
  die Einzelbefehle Addieren und Multiplizieren ersetzen.

Durch **Minimieren von Cache-Misses** (siehe Abschnitt 9.2.4, Seite 391) kann ebenfalls die Performanz von Programmen verbessert werden. In der Regel werden ganze
Speicherblöcke mit aufeinanderfolgenden Adressen in den Cache geladen. Werden Ma-
trixverarbeitungen so ausgeführt, dass die Adressenfolge gleich ist wie die im Speicher,
so werden Cache-Misses verringert [Mar21].

Nach dem C-Standard von Kernighan und Richie werden Matrizen (zweidimensionale
Felder) entsprechend Abbildung 6.16 rechts angelegt (zitiert aus [Mar21]). Man nennt
diese Anordnung „Row Major Order" (zeilenorientiert). Die einzelnen Zeilen der Matrix, gekennzeichnet durch den ersten Index (j) werden zusammenhängend (blockweise)
gespeichert, es gibt $n + 1$ Blöcke. Der zweite Index, der Spaltenindex k läuft in jedem
Zeilenblock von 0 bis m, es gibt $m + 1$ Elemente $a[j][k]$ in jedem Block. Damit sollte
die Schleife sowohl für das Laden als auch für das Verarbeiten der Speicherelemente wie
Beispiel 2 aussehen. Trifft man auf die Form **Beispiel 1**, die spaltenorientierte Form
(Column Major Order) der Schleife, wie sie beispielsweise für die Abspeicherung von

Matrix A[j][k]                                                Speicheranordnung

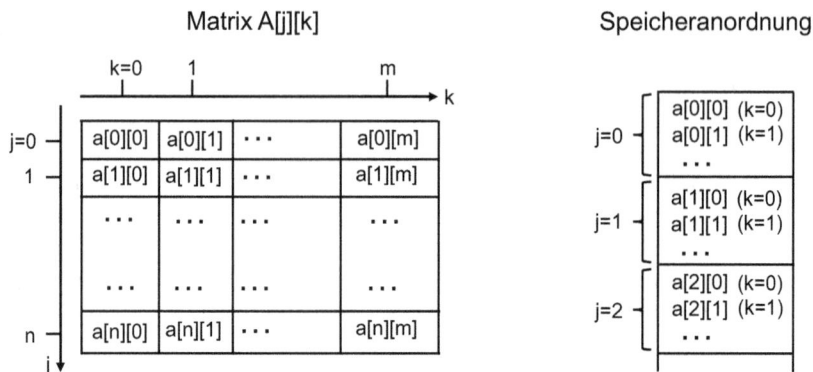

**Abbildung 6.16:** *Links: Matrixdarstellung. Rechts: Speicheranordnung der Matrixelemente in „Row Major Order" (zeilenorientiert) (nach [Mar21]).*

Matrizen in der Programmiersprache FORTRAN verwendet wird, so sollte diese in die Form nach **Beispiel 2** umgewandelt werden.

Beispiel 1: spaltenorientierte
Matrixabarbeitung
```
for (k=0; k<m; k++)
   for (j=0; j<n; j++)
      a[j][k] = a[j][k]*c;
```

Beispiel 2: zeilenorientierte
Matrixabarbeitung (C-Standard)
```
for (j=0; j<n; j++)
   for (k=0; k<m; k++)
      a[j][k] = a[j][k]*c;
```

Die **blockweise Verarbeitung** von Matrizen durch entsprechend angepasste Schleifen kann erheblich Rechenzeit einsparen. Man versucht möglichst Wiederholungen von Speicherzugriffen dadurch zu erreichen, dass die Matrizen blockweise verarbeitet werden und Matrixelemente, die wiederholt benötigt werden, in Registern zwischengespeichert werden. Man sagt: „Die Lokalität der Speicherzugriffe" wird verbessert, allerdings auf Kosten eines höheren Programmieraufwands. Eine Beschreibung dieser Methode von [Lam91] findet man in [Mar21]. Oft bieten die verwendeten Mikroprozessoren in ihrem Befehlssatz Möglichkeiten zur Optimierung der Performanz z. B. durch Verwendung kombinierter Operationen wie Add/Multiply- oder Multiply/Accumulate-Befehle (MAC), die jeweils die Einzelbefehle Addieren und Multiplizieren ersetzen.

## 6.3.2  Minimierung des Energiebedarfs in Programmen

Für tragbare Geräte, die mit Akkus bestückt sind, ist ein niedriger Energiebedarf wichtig. Der Energiebedarf wird allgemein bereits in Abschnitt 2.10 behandelt. Hier geht es darum, durch effiziente Programmierung elektrische Energie zu sparen. Software kann den Energiebedarf durch folgende Maßnahmen verringern: „Energiesparsame" Algorithmen verwenden, Speicherzugriffe minimieren, Abschalten von Teilsystemen, soweit dies möglich ist.

Die Energieeffizienz von Algorithmen kann dadurch abgeschätzt werden, dass die einzelnen Operationen des Programms analysiert werden. Abbildung 6.17 aus [Wolf02] zeigt im

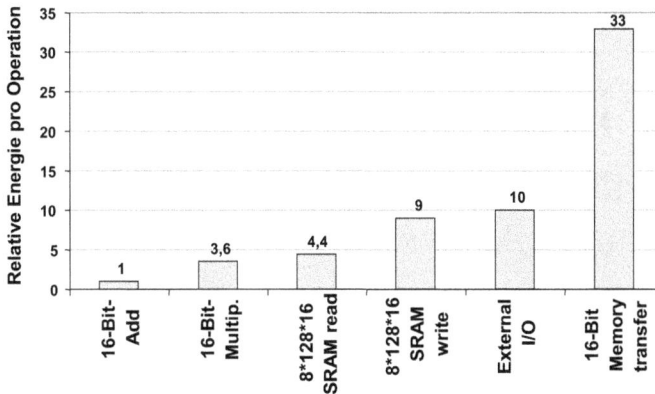

***Abbildung 6.17:*** *Energiebedarf verschiedener Operationen, verglichen mit einer 16-Bit-Addition [Wolf02].*

Vergleich zu einer 16-Bit-Addition den **Energiebedarf verschiedener Operationen** für einen bestimmten Prozessor. Aus dem Bild geht hervor, dass ein 16-Bit-Memory-Transfer für einen bestimmten Prozessor 33-mal so viel elektrische Energie erfordert wie eine 16-Bit-Addition. Das variiert sicher von Prozessor zu Prozessor, aber die Relation bleibt ungefähr erhalten und die Botschaft ist: Speicherzugriffe haben einen hohen Energiebedarf. Da Cache-Misses immer zusätzliche Speicherübertragungen einschließen, gilt es, auch im Sinne der Energieeffizienz, Cache-Misses durch geschickte Programmierung möglichst zu verringern (siehe Abschnitt 6.3.1 Seite 267).

Der **Einfluss der Speicherhierarchie** (siehe Abschnitt 9.2.3, Seite 390) spielt beim Energiebedarf eine wesentliche Rolle. Speicherzugriffe kosten am meisten elektrische Energie, Caches benötigen weniger und am energieeffizientesten sind Registerzugriffe. Daher lohnt es sich, möglichst die Speicherzugriffe zu reduzieren und die Cachezugriffe zu optimieren. Oft benötigte Daten sollten daher in Registern gehalten werden. Auch die Cache-Größe ist bei der Optimierung des Energiebedarfs von Bedeutung. Ist der Cache zu klein, so wird zu viel elektrische Energie für Speicherzugriffe verbraucht, da vermehrt Cache-Misses auftreten. Ist er zu groß, so verbraucht er selbst viel Energie, da der Cache oft als SRAM-Speicher realisiert ist. Das Optimum liegt in der Mitte [Wolf02].

## 6.3.3 Optimierung der Programmgröße

Obwohl Speicherbausteine von Jahr zu Jahr preisgünstiger werden, spielt dennoch die Programmgröße von Eingebetteten Systemen eine Rolle, besonders in tragbaren Geräten, die dazu tendieren, von Jahr zu Jahr kleiner und flacher zu werden. Eine Methode, die Größe des Programmcodes und der dazugehörigen Daten zu minimieren ist, beim Programmieren auf z. B. folgende Punkte zu achten:

– Daten nicht dupliziert speichern.
– Datenpuffer nur so groß anlegen wie benötigt.
– Eventuell Daten dynamisch generieren, anstatt sie zu speichern.
– Bei Programmcode Funktionen bzw. Subroutinen verwenden, wenn diese wiederholt gebraucht werden.

Eine andere Möglichkeit ist, den Programmcode nach dem Compilieren und Linken zu komprimieren. Für die Code-Komprimierung gibt es verschiedene Methoden, z. B. die Komprimierung und Dekomprimierung durch Rechenbeschleuniger [Wolf02].

# 6.4 Performanzabschätzungen und Zeitverhalten (Timing Analyse)

Das Zeitverhalten bzw. die Ausführungszeiten oder die Performanz von Software und Hardware sind wichtige nicht funktionale Eigenschaften von Eingebetteten Systemen, insbesondere wenn harte Echtzeitanforderungen für das betreffende System bestehen. Wir gehen davon aus, dass wir uns in der Entwicklungsphase des Eingebetteten Systems befinden und daher noch keine Hardware für das System zur Verfügung haben, an der wir das Zeitverhalten *messen* können. Das Zeitverhalten von Hardwarekomponenten liefert beispielsweise die High-Level-Synthese (siehe Abschnitt 7.3, Seite 297). Im Folgenden beschäftigen wir uns daher mit der Ausführungszeit von Software, die auf einem bestimmten Zielsystem bzw. auf einer Zielplattform ausgeführt wird. Für die Bestimmung dieses Zeitverhaltens gibt es folgende Ansätze:

- Simulation und Bestimmung der Ausführungszeiten an einem Systemmodell,
- Analytische Methoden,
- Gemischte (hybride) Methoden aus Simulation und Analyse.

Die Bestimmung der Ausführungszeiten am Simulationsmodell ist oft nicht genau genug, bietet aber in vielen Fällen bereits gute Richtwerte für die Performanz der Software. Die Ermittlung der oberen und unteren Schranken (WCET und BCET) ist damit nicht sicher durchführbar. Ein Beispiel dafür ist die TLM-basierte Performanz-Abschätzung (siehe nächsten Abschnitt).

Bei analytischen Methoden wird die Ausführungszeit von Softwarekomponenten durch eine statische Code-Analyse ermittelt. Die obere Zeitschranke ist damit sicher bestimmbar. Je nach Systemkomplexität kann diese Methode sehr aufwändig werden. Eine gemischte (hybride) Methode relativ großer Genauigkeit aus Simulation und Analyse bietet die „Performanzabschätzung von Compiler-optimiertem Maschinencode" (siehe Abschnitt 6.4.2, Seite 273).

## 6.4.1 TLM-basierte Performanz-Abschätzung

Durch die Simulation des TLM können verschiedene Metriken evaluiert werden. Metriken helfen Entwurfsentscheidungen abzuschätzen wie z. B. die Auswahl der Komponenten und Details der Abbildung der System-Verhaltensbeschreibung auf eine Plattform (siehe Abschnitt 7.2, Seite 293). Das wichtigste Kriterium für die Wahl der Komponenten bei der Abbildung ist die Performanz des Systems. Der Abschätzung geht die „Ausführungszeit-Annotation" im TLM voran (siehe unten). Die Annotation muss für die Berechnungen (Computation) und für die Kommunikations-Funktionen durchgeführt werden.

Die **Abschätzung der Ausführungszeiten** (Computation Delays) wird vor der Simulation durch Zufügen der Ausführungszeit-Annotierung (Back Annotation) im An-

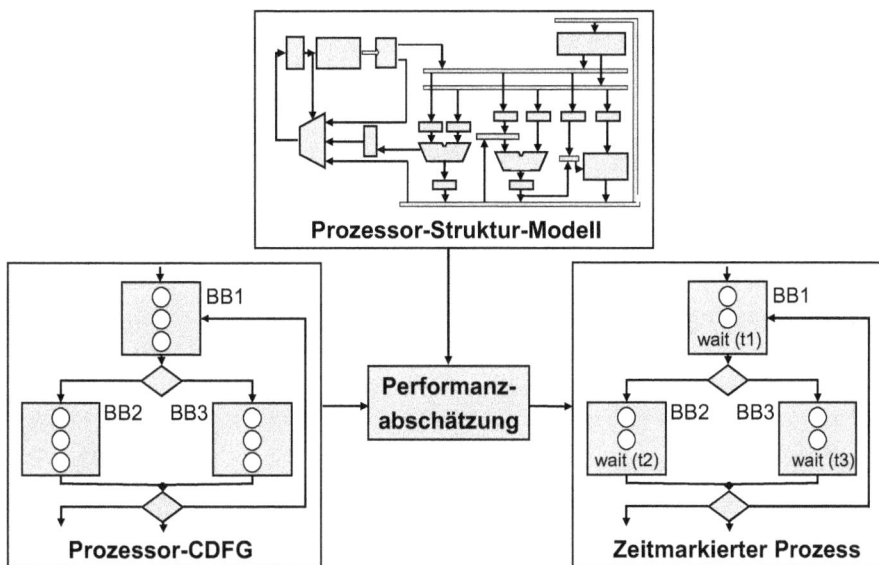

**Abbildung 6.18:** *„Back-Annotierung" für eine Berechnung im CDFG (nach [Ga09]).*

wendungscode ermöglicht. Darunter versteht man das Zufügen von Ausführungszeit-Information zum Anwendungscode im TLM (siehe Bild 6.18). Wir nennen diese Maß-nahme auch „Zeitmarkierung" des TLM. Danach liegt ein zeitmarkiertes (timed) TLM vor. Ausführungszeit-Abschätzungen werden erschwert durch [Ga09]:

- Heterogene Mehrprozessor-Plattformen, die sehr komplex sein können und hohen Per-formanzanforderungen genügen müssen.
- Die Komponenten-Modelle können in verschiedenen Sprachen oder Abstraktionsebe-nen beschrieben sein. Zyklusgenaue Komponenten-Modelle liefern z. B. hohe Genau-igkeit, sind aber eventuell nicht für die gesamte Plattform verfügbar.
- Im Falle von Legacy-Hardware (ältere Komponenten) ist es unpraktisch, ein C-Modell zu erstellen.

Die Annotierung wird auf der Basisblock-Ebene (BB-Ebene) während der TLM-Gene-rierung durchgeführt. Jeder Basisblock in der Anwendung wird analysiert und die Anzahl der Taktzyklen wird bestimmt, die für die Ausführung des Basisblock erforderlich sind. Parameter und Eigenschaften eines Prozessorelements bestimmen die Genauigkeit der Abschätzung. Diese Parameter sind zum Beispiel:

- Die Art der Instruktionsverarbeitung, z. B. Einfluss von Pipelining, Sprungvorhersage und Sprung-Verzögerung (Branch Delay),
- Cache-Größe,
- Datenpfad-Struktur und
- Speicher-Zugriffs-Zeit.

Verschiedene back-annotierte TLMs sind möglich, abhängig von der Detaillierung der PE-Modellierung. Je detaillierter das PE-Modell, desto länger ist die Simulationszeit. Daher muss ein Kompromiss (Trade Off) getroffen werden, um die optimale Abstraktion des PE-Modells zu erhalten. Zeitmarkierte TLMs sind nur ungefähr zyklusgenau, simulieren dafür mit relativ hohen Geschwindigkeiten. Die Ausführungszeit-Abschätzung mit TLMs ist für jeden Ziel-Prozessor anwendbar und liefert normalerweise größere Genauigkeit als ISS (Instruction Set Simulator)-Modelle. Der Back-Annotierungsprozess wird in der Abbildung 6.18 gezeigt. Die Vorgehensweise ist wie folgt:

1. Der Anwendungscode wird in jedem Prozess in einen CDFG (Control Data Flow Graph) transformiert.
2. Der Prozess-Code wird analysiert und die Ausführungszeit für jeden Basisblock bestimmt.
3. Die Basisblöcke werden mit den geschätzten Zeiten durch „wait()"-Instruktionen annotiert. Daraus erhält man ein „zeitmarkiertes TLM" (Timed TLM).

Dies kann für jeden beliebigen Anwendungscode und auf jedem Typ von Prozessorelement (PE) angewendet werden, für den ein Daten-Modell (z. B. ein CDFG) existiert.

**Die Abschätzung der Kommunikationszeiten** ist ein wichtiges Teil der Ausführungszeit-Abschätzung des gesamten Systems. Dabei zählt die Ende-zu-Ende-Kommunikationszeit zwischen den Prozessen, die bei einer komplexen Verbindung über mehrere Busse und Schnittstellen bedeutend werden kann [Ga09]. Die Abbildung 6.19 zeigt das Prinzip der Abschätzung der Bus-Verzögerung auf Transaktionsebene. Unter Bussen verstehen wir:

– Parallele, gemeinsame (shared) Busse und serielle Busse,
– Netzwerkverbindungen und
– Kreuzschienenverteiler.

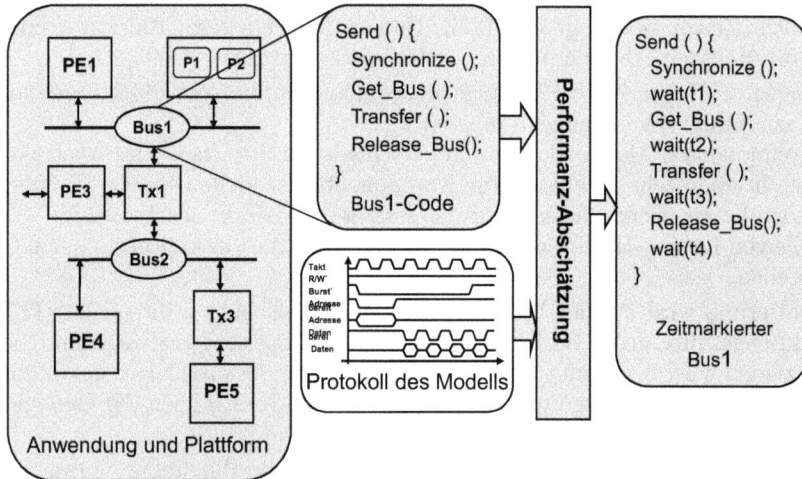

*Abbildung 6.19:* Schematische Darstellung der Abschätzung der Kommunikationszeiten. Tx ist die Abkürzung für „Transducer", PE bedeutet Prozessorelement (nach [Ga09]).

Auf Transaktionsebene sind wir interessiert an den Kommunikations-Diensten, die der Bus liefert Diese Dienste sind: Synchronisierung, Arbitrierung und Datenübertragung. Die **Synchronisierung** ist für den zuverlässigen Datenaustausch zwischen zwei Prozessen über einen Kanal erforderlich (siehe Abschnitt 10.6 Seite 467). Die Arbitrierung (siehe Abschnitt 10.2.4, Seite 432) besteht aus den zwei Ereignissen: Reservieren des Bus (Aquiring: Get_Bus), Freigeben des Bus (Release_Bus). Die Reihenfolge der Aktionen für eine gegebene Transaktion ist festgelegt (siehe Abbildung 6.19). Nach der Synchronisierung der kommunizierenden Prozesse folgt die Reservierung des Bus durch das Master-PE durch Aufruf der Arbitrierungs-Funktion „Get_Bus". Danach wird der Datentransfer durchgeführt. Zum Schluss wird der Bus durch das Master-PE freigegeben (Release Bus). Zur Abschätzung der Kommunikations-Verzögerungen wird das Bus-Protokoll verwendet.

Die **Modellieren der Datenübertragung** beginnt nach der Synchronisierung und der Arbitrierung dadurch, dass der Sendeprozess Daten auf den Bus schreibt. Bei jedem Bus-Taktzyklus wird ein Bus-Wort (entspricht der Busbreite) übertragen. Als einfachste Annäherung für die Berechnung der Datenübertragungszeit kann das Produkt aus Bus-Zykluszeit und der Anzahl der Bus-Worte verwendet werden. Durch Verwendung der optimierte Übertragungsmodi „Burst" und „Pipelineing" (siehe Abschnitt 10.2.3) können zeitmarkierte (timed) TLMs generiert werden, die Abschätzungen sowohl für die Berechnungszeiten als auch für die Kommunikationszeiten von Entwürfen für heterogene Eingebettete Systeme liefern.

## 6.4.2 Performanz-Abschätzung aus Compiler-optimiertem Maschinencode

Die meisten C- bzw. C++-Compiler verfügen über Optimierungsfunktionen, die die Eigenschaften des Zielprozessors ausnutzen und ein Software-Entwickler wird diese Optimierungen auch weitgehend anwenden. Damit eine Software-Performanzabschätzung, das heißt die Abschätzung der Ausführungszeit, beispielsweise eines C-Programms auf TLM-Ebene für Eingebettete Systeme so genau wie möglich ausfällt, insbesondere wenn Echtzeitbedingungen gefordert sind, ist daher der Compiler-optimierte Maschinencode des Ziel-Prozessors in Betracht zu ziehen. Stattelmann hat in seinen Veröffentlichungen [Stat12] [Stat13] Methoden zur effizienten Performanzabschätzung für Compiler-optimierten Maschinencode vorgestellt, in dem spezifisches Prozessorverhalten und Cache-Einflüsse berücksichtigt werden und die sowohl auf statischen als auch auf dynamischen Analysen während einer Simulation basieren (hybrider Ansatz).

Beispiele für Compiler-Optimierungen sind unter anderem Code-Verlagerung (Code motion), Abrollen von Schleifen (Loop unrolling), Verringerung der Cache-Misses bei Matrixverarbeitung durch entsprechende Codeanpassung usw. (siehe Abschnitt „Programm-Optimierung auf höherer Ebene" Seite 266). Werden einige dieser Optimierungen vom Compiler durchgeführt, so können sie bewirken, dass Beziehungen zwischen dem Sourcecode und dem optimierte Maschinencode, der aus dem Sourcecode entstanden ist, nur schwer erkennbar sind. Diese Beziehungen sind aber wichtig, wenn Ausführungszeiten von Basisblöcken in den Sourcecode annotiert werden sollen. Unter annotieren verstehen wir hier die Ausführungszeit-Annotierung, die in Abschnitt 6.4.1, Seite 270 erklärt wird. Annotierter Sourcecode eignet sich sehr gut für schnelle Simulationen bei denen gleichzeitig eine Abschätzung nicht funktionaler Eigenschaften (wie z. B. die Ausführungszeit oder der Energiebedarf) durchgeführt wird.

```
22   int odd = 0;
23   int even = 0;
24   for (int c = size-2; c >=0; c- -) {
25      if a[c] % 2
26         odd++;
27      else even++;
28   }
29   ratio = odd / even;
     ...
              (a) Source-Code
```

```
...
0x8000  addi r1 r0 0x0
0x8004  addi r2 r0 0x0
0x8008  subi r3 r6 0x2
0x800C  adda r5 r5 r6
0x8010  subi r5 r5 0x4
0x8014  ld    r4 r5
0x8018  modi r4 r4 0x2
0x801C  bez  r4 0x8028
0x8020  inc   r1
0x8024  j      0x802C
0x8028  inc   r2
0x802C  subi  r3 r3 0x1
0x8030  bnez r3 0x8010
0x8034  div   r5 r2 r1
...
         (b) Machinen-Code
```

(c) Source-Code-CFG

(d) Binär-Code-CFG

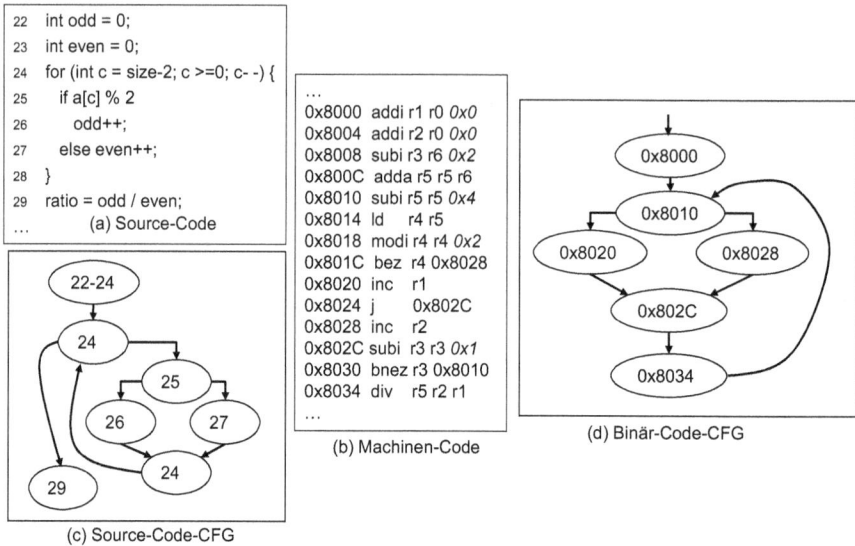

**Abbildung 6.20:** *Beispiel-Programm. (a) Sourcecode, (b) Maschinencode einer Compiler-Optimierung (c) Sourcecode-CFG (d) Maschinencode-CFG (nach [Stat13]).*

## Beziehung zwischen Sourcecode und optimiertem Maschinencode

Um die Sourcecode-Instruktionen präzise zu den Maschinencode-Instruktionen in Beziehung zu setzen, wird die Ausführungsreihenfolge der Source-Instruktionen und der Maschinen-Instruktionen verglichen. In Abbildung 6.20 (a) ist der Sourcecode in C für ein kleines Beispielprogramm dargestellt. Abbildung 6.20 (b) zeigt den Compiler-optimierten Maschinencode, der aus dem Sourcecode (a) entstanden ist. In Bild 6.20 (c) ist der Sourcecode-Kontrollfluss-Graph (CFG) gezeigt, der die Ausführungsreihenfolge des Programms wiedergibt. Die Knoten des CFG repräsentieren die Basisblöcke des Programms und enthalten die Zeilennummern des Sourcecodes. Den Maschinencode Kontrollfluss-Graph findet man in Abbildung 6.20 (d). Auch hier stellen die Knoten die Basisblöcke dar und sind mit den relativen Adressen des Maschinencodes markiert.

Im Sourcecode werden in Zeile 24 die Initialisierung der *for*-Schleife, die Modifikation der Schleifenvariablen c und der Test für die Schleifenbedingung durchgeführt. Das heißt, in einer Zeile stehen drei Instruktionen, die im Maschinencode als drei Basisblöcke dargestellt werden. Als eine übliche Optimierung hat der Compiler aus der *for*-Schleife des Sourcecodes im Maschinencode eine *do-while*-Schleife generiert. Dadurch wird immer wenigstens ein Schleifendurchlauf ausgeführt und zusätzlich wird ein Basisblock im Maschinencode eingespart. Selbst in diesem einfachen Beispiel ist durch die Optimierungen des Compilers die Beziehung zwischen den Sourcecode-Basisblöcken und Maschinencode-Basisblöcken nicht unmittelbar ersichtlich. Um die Beziehung zwischen Sourcecode und Maschinencode herzustellen, wird die **Zeileninformation** (Line Information) verwendet, die der Compiler als Debugging-Information generiert. Die Zeileninformation weist physikalische Instruktions-Adressen im Maschinencode zu Positionen im Sourcecode zu (zum Beispiel Dateiname und Zeilennummer). Die Zeileninformation lie-

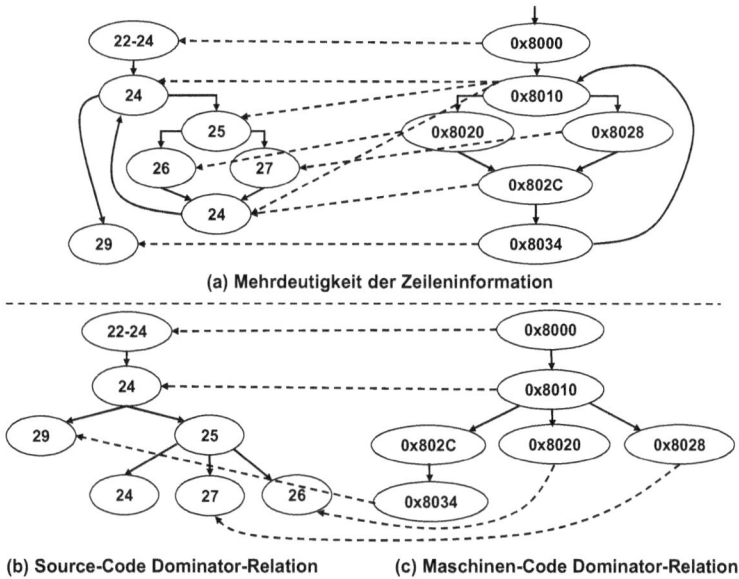

**Abbildung 6.21:** *(a) Mehrdeutigkeit der Zeileninformation aus der Debugging-Information des Beispiel-Programms (nach [Stat13]). (b) und (c) sind Dominator-Relationen und Dominator-Abbildungen für das Beispielprogramm. Die gestrichelten Pfeile von (c) nach (b) repräsentieren den Dominator-Homomorphismus (nach [Stat13]).*

fert kein präzises Abbild zwischen Maschinen-Instruktion und Sourcecode-Instruktion; denn einer Sourcecode-Zeile kann eine Maschinencode-Instruktion oder es können mehrere Maschinencode-Instruktionen bzw. -Basis-Blöcke (oder gar keine) zugewiesen werden. Diese Mehrdeutigkeit der Zeileninformation für unser kleines Beispiel ist in Abbildung 6.21 (a) gezeigt. Da die Zuordnung der Zeileninformation zu den einzelnen Basisblöcken des Maschinencodes mehrdeutig sein kann, verwendet Stattelmann zusätzlich die **Dominator-Relationen** sowohl des Sourcecodes als auch des Maschinencodes. In Kontrollflussgraphen dominiert ein Knoten k einen Knoten n dann, wenn jeder Pfad vom Startknoten zum Konten n durch den Knoten k geht. Eine Dominator-Relation für den Kontrollflussgraphen einer Programmroutine kann als Baumstruktur dargestellt werden. Abbildung 6.21 (b) zeigt die Dominator-Relation für den Sourcecode unseres Beispiels aus Abbildung 6.20, Bild 6.21 (c) zeigt die Domintaor-Relation für den Maschinencode.

Eine partielle Abbildung von Maschinencode-Basisblöcken auf Sourcecode-Basisblöcke unter Einhaltung der Dominator-Relationen nennt man **Dominator-Homomorphismus** [Stat13]. Mit Hilfe des Dominator-Homomorphismus kann die Ausführungsreihenfolge von Maschinencode-Basisblöcken zu Sourcecode-Basisblöcken in Beziehung gesetzt werden. Die gestrichelten Pfeile von den Knoten des Bildes 6.21 (c) zu den Knoten des Bildes (b) repräsentieren den Dominator-Homomorphismus für die Dominator-Relationen unseres Beispiels aus Abbildung 6.20. Man beachte, dass es für den Knoten 0x802C in Bild 6.21 (c) keine Abbildung zu einem Knoten in (b) gibt. Der Grund dafür liegt im Algorithmus des Dominator-Homomorphismus, der für diese Knoten im Laufe der Abbildung Konflikte findet und daher die entsprechende Beziehung frei lässt.

```
void init (int *a, int size) {
   for (int c = 0; c < size; c++) {
      a[c] = 0;
   }
}
Int main () {
   int a1[10];
   int a2[20];

   init (a1, 10);
   init (a2, 20);
   ...
   return 0;
}                    (a) Source-Code
```

```
     ┌─────────┐
     │ 0x8000  │
     └─────────┘
          │
     ┌─────────┐
     │ 0x8010  │⤺
     └─────────┘
          │
     ┌─────────┐
     │ 0x8020  │
     └─────────┘
          │
     ┌─────────┐
     │ 0x802C  │⤺
     └─────────┘
          │
     ┌─────────┐
     │ 0x803C  │
     └─────────┘
   (b) Maschinencode-CFG
```

```
void bb (int nextBlock)
{
   static int lastBlock = 0;

   if (lastBlock== 0 && nextBlock == 0x8000) {
      lastBlock = 0x8000;
      trace (0x8000);
      /* oder: consume(); */
      return;
   }
   if (lastBlock==0x8000 && nextBlock==0x8010)
   {
      lastBlock = 0x8010;
      trace (0x8010);
      /* oder: consume(); */
      return;
   }
   .....

   if (lastBlock==0x8020 && nextBlock==0x8010)
   {
      lastBlock = 0x802C;
      trace (0x802C);
      /* oder: consume(); */
      return;
   }
   .....

}
             (d) Pfad-Simulations-Code
```

```
void init (int *a, int size) {
   for (int c = 0; c < size; c++) {
      a[c] = 0;   bb (0x8010); bb (0x802C);
   }
}
Int main () {
   int a1[10];
   int a2[20];
                   bb (0x8000);
   init (a1, 10);  bb (0x8020);
   init (a2, 20);  bb (0x803C);
   ...
   return 0;
}
                 (c) Source-Code mit Marken
```

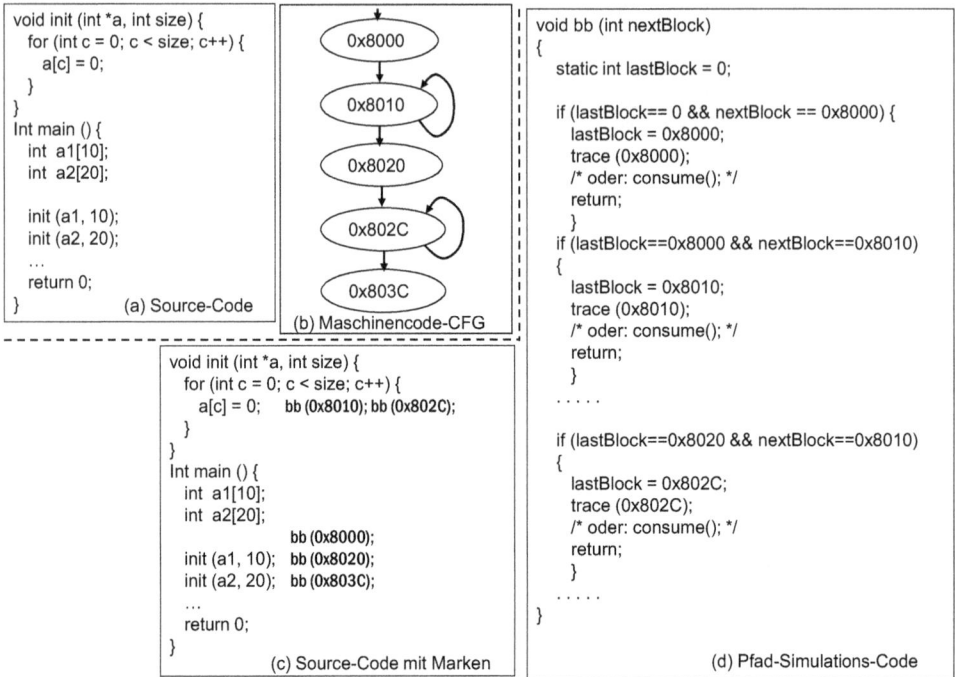

**Abbildung 6.22:** *(a) Sourcecode-Beispiel zur Erläuterung einer eingefügten Unterroutine. (b) Kontrollflussgraph zum Beispiel (a). (c) Sourcecode mit Marken für eine PfadSimulation. (d) Pfad-Simulationscode mit Annotationen. Hier sind „Traces" eingefügt, aber auch Ausführungszeit-Annotationen (consume()) können verwendet werden (nach [Stat13]).*

## Eingefügte Unterroutinen (Inlining)

In vielen Fällen verwendet das Source-Programm Unterprogramme oder ProgrammRoutinen, die nur einmal codiert und danach im Hauptprogramm durch UnterprogrammAufrufe (Subroutine Calls) mehrfach aktiviert werden. Der optimierende Compiler übersetzt diese Programme in der Regel so, dass die Unterroutinen in den Maschinencode eingefügt werden (Subroutine Inlining). In diesem Fall kann zwar die Dominator-Relation und der Dominator-Homomorphismus für die einzelne Subroutine erstellt werden, aber nach der Einfügung aller Subroutinen-Übersetzungen, ist die resultierende Abbildung kein Dominator-Homomorphismus mehr. Der Grund dafür ist, dass auf der Maschinencode-Seite Subroutinen eingefügt sind, denen auf der Sourcecode-Seite lediglich (parametrierbare) Subroutinen-Aufrufe gegenüberstehen, die genau eine codierte Subroutine aufrufen.

Abbildung 6.22 (a) zeigt ein Sourcecode-Beispiel mit einer Subroutine init, die alle Elemente eines Vektors a[c] in einer Schleife auf Null setzt. Diese Subroutine wird im Hauptprogramm zweimal aufgerufen, einmal um einen Vektor mit 10 Elementen und danach einen Vektor mit 20 Elementen zu bearbeiten. In diesem Fall sind bei jedem Aufruf die Ausführungszeiten der Subroutine stark verschieden. Abbildung 6.22 (b) stellt den Maschinencode-Kontrollflussgraphen dar. Stattelmann schlägt daher vor, eine sogenannte „Pfad-Simulation" *(Path Simulation)* durchzuführen, in der der Maschinencode-Kontrollflussgraph simuliert wird und Annotationen dynamisch eingefügt werden.

### Generierung des Pfad-Simulationscode

Die Pfad-Simulation *(Path Simulation)* erlaubt eine relativ genaue dynamische Rekonstruktion des binären Kontrollflusses. Die Grundidee der Pfad-Simulation für einen Zielprozessor ist, den Sourcecode mit sogenannten „Marken" (Marker) zu versehen, auch Instrumentierung genannt (siehe Abbildung 6.22 (c)), die die entsprechenden Maschinencode-Teile aufrufen, die ihrerseits Annotationen für verschiedene nicht funktionale Eigenschaften (wie zum Beispiel Performanz, Energiebedarf) enthalten können. Abbildung 6.22 (d) zeigt den Pfad-Simulationscode für den Sourcecode und den Kontrollflussgraph (CFG) in Bild 6.22 (a) und (b). Hier sind „Traces" eingefügt. In diesem Fall wird die Abfolge von Maschinencode-Instruktionen für den betreffenden Basisblock gezeigt. Es können auch beliebige andere Annotationen angegeben werden, wie z. B. die Ausführungszeit in Taktzyklen des Prozessors. Diese Annotation erhält die Funktion „consume()", die hier in einem Kommentar, ohne Taktzyklen-Angabe gezeigt wird.

### Kontext-sensitive Annotationen

Unter „Kontext" versteht man im Zusammenhang einer Datenverarbeitung die Daten, Programmteile, den Stack usw., kurz den Cache-Inhalt der zu einer aktuellen Programmausführung gehört. Beispielsweise verursacht eine Programmunterbrechung (Interrupt) einen Kontext-Wechsel (siehe auch Abschnitt „Interruptbasierte Synchronisierung", Seite 470) und damit ein Umladen des Cache. Unter Kontext-Sensitivität verstehen wir hier den Einfluss des Instruktions-Cache (siehe Abschnitt 9.2.4 Seite 394) auf die Ausführungszeit des Maschinencodes. Auf den Einfluss des Daten-Cache gehen wir später ein. Die Auswirkungen eines Instruktions-Cache können relativ einfach simuliert werden, ohne ein dynamisches Modell des Cache zu verwenden. Man geht davon aus, dass der Cache-Inhalt von den vorhergehenden Code-Teilen abhängig ist.

Das grundlegende Konzept für die Berücksichtigung des Instruktions-Cache zeigt Abbildung 6.23 (a) und (b), basierend auf dem Beispiel Abbildung 6.22. Die Kanten des Kontrollflussgraphen Abbildung 6.23 (a) sind mit Annotationen markiert. Für die Schleifen gibt es jeweils zwei Annotationen, co steht für die erste Iteration, bei der der Instruktions-Cache nachgeladen wird und die deshalb in diesem Beispiel mit etwa doppelt soviel Taktzyklen belegt ist als c1, die für die restlichen Iterationen gilt.

Im Pfad-Simulationscode Abbildung 6.23 (b) sind die Annotationen für die einzelnen Basisblöcke in der Funktion consume() festgehalten, die die Anzahl der „konsummierten" Taktzyklen bei der Ausführung eines Maschinencode-Basisblocks annotiert. Zusätzliche Variablen sind lastBlock, nextBlock und lastContext. Die Variablen lastBlock und nextBlock enthalten die Adressen des zuletzt ausgeführten, bzw. des nächsten auszuführenden Basisblocks, lastContext beschreibt die Ausführungsgeschichte in der Simulation. Hier wird diese Variable bei der Wiederholung einer Schleife aktiviert und beim Verlassen der Schleife deaktiviert.

Für die Schleife mit 10 Iterationen, beginnend bei Basisblock 0x8010 wird die gesamte Ausführungszeit $T$ (in Taktzyklen) wie folgt berechnet: $T = 20 + 9 \times 10 = 110$ *Zyklen*. Für die Schleife mit 20 Iterationen, beginnend bei Basisblock 0x802C wird die Ausführungszeit $T = 20 + 19 \times 10 = 210$ *Zyklen* betragen. Nehmen wir als Beispiel

```
void consume (int cycles);

void bb (int nextBlock) {
    static int lastBlock = 0;
    static int lastContext = 0;

    . . .

    if (lastBlock== 0 && nextBlock == 0x8010) {
        lastBlock = 0x8010;
        consume(3);
        return;
    }

    if (lastBlock==0x8010 && nextBlock==0x8010) {
        lastBlock = 0x8010;
        if (lastContext == 0)
            consume(20);
        else consume(10);
        lastContext = 1;
        return;
    }
    if (lastBlock==0x8010 && nextBlock==0x8020) {
        lastBlock = 0x8020;
        if (lastContext == 0)
            consume(22);
        else consume(12);
        lastContext = 0;
        return;
    }
    . . . . .
}
```

CFG-Knoten:

- 0x8000 — C0: 20 Zyklen / C1: 10 Zyklen
- 3 Zyklen
- C0: 22 Zyklen / C1: 12 Zyklen — 0x8010
- 0x8020 — C0: 20 Zyklen / C1: 10 Zyklen
- 5 Zyklen
- C0: 22 Zyklen / C1: 12 Zyklen — 0x802C
- 0x803C

(a)  Maschinencode-CFG mit Kontext-sensitiven
Annotationen

(b) Pfad-Simulations-Code mit Kontext-
sensitiven Annotationen

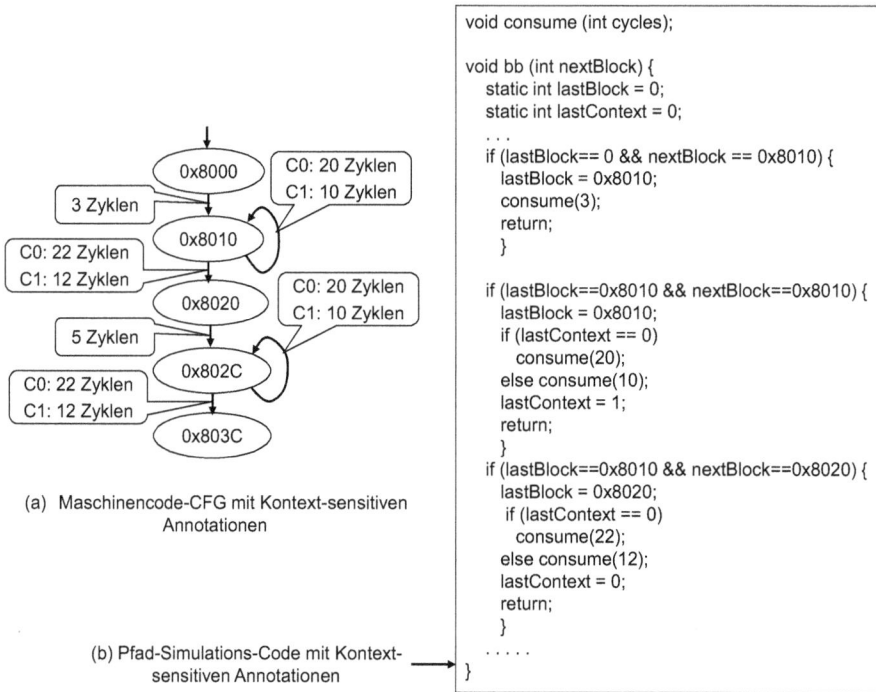

**Abbildung 6.23:** *(a) Kontrollflussgraph (CFG)-Beispiel mit Kontext-sensitiven Annotationen (b) Pfad-Simulationscode mit Kontext-sensitiven Annotationen (nach [Stat13]).*

einen Zielprozessor an, der mit 1 GHz getaktet ist, so beträgt die Zykluszeit 1 ns und damit die Ausführungszeit Z (in ns) der Schleife ab Basisblock 0x8010 $Z = 110\ ns$. Am Schluss der Simulation werden alle Werte aus den Funktionsaufrufen von `consume()` aufsummiert und ergeben die gesamte Ausführungszeit des optimierten Maschinencodes in Taktzyklen des Zielprozessors.

## Implementierung der Performanzabschätzung

Die Implementierung der Methode von Stattelmann wird in den Abbildungen 6.24 und 6.25 schematisch anhand eines kleinen Beispiels in einzelnen Schritten dargestellt. Abbildung 6.24 fasst die Implementierungsschritte (1), (2) und (4) bis (6) der Performanzabschätzung aus Compiler-optimiertem Maschinencode zusammen. Im Schritt (1) wird mittels eines Cross-Compilers der optimierte Maschinencode für den Zielprozessor erstellt. Im Schritt (2) wird der Maschinencode-Kontrollflussgraph (Maschinencode-CFG) extrahiert, der im Schritt (3) einer „Low-Level Timing Analysis" unterzogen wird, dessen Ergebnis der „Timing-Annotated Contol Flow-Graph" ist. Im „Timing-Annotated Contol Flow-Graph" sind die Knotenübergänge mit Zeitmarken belegt, die hier die Anzahl Taktzyklen des Zielprozessors für die Ausführung der entsprechenden Basisblöcke darstellen (siehe Abbildung 6.25). In der Strukturanalyse im Schritt (4) wird aus dem Maschinencode-CFG die Dominator-Relation des Maschinencode erstellt. Die Strukturanalyse im Schritt (5) generiert die Dominator-Relation für den Sourcecode. Für die

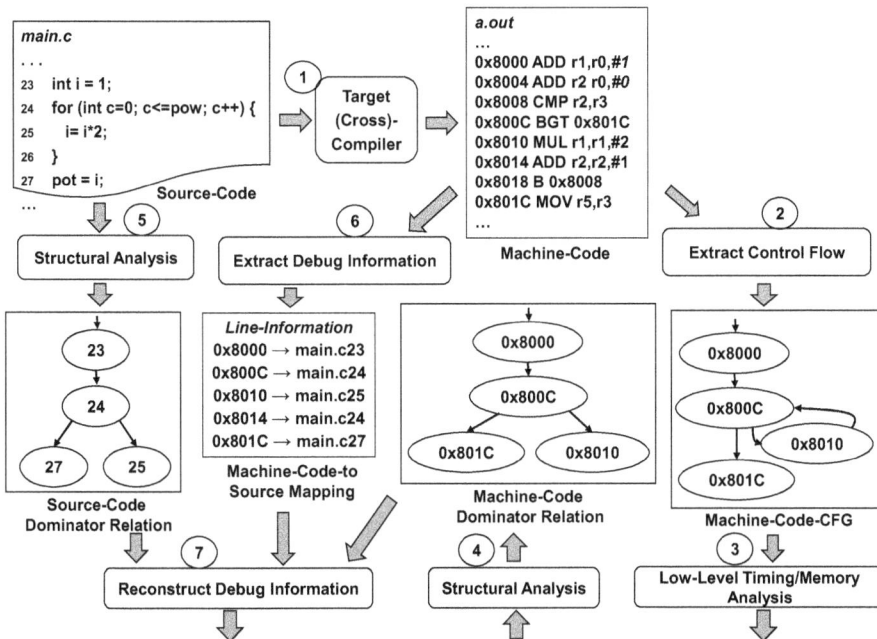

**Abbildung 6.24:** *Schematische Darstellung der Implementierungsschritte (1), (2) und (4) bis (6) der Performanzabschätzung von Compiler-optimiertem Maschinencode (nach [Stat13]).*

Schritte (1) bis (5) können hauptsächlich handelsübliche bzw. frei verfügbare Compiler und Werkzeuge verwendet werden [Stat13]. Im Schritt (6) wird aus dem optimierten Maschinencode die Zeileninformation (Line Information) aus der Debug-Information extrahiert, die im Schritt (7) zu einer „korrigierten Abbildung" aufbereitet wird, so dass die Zeilen-Beziehung zwischen Sourcecode und Maschinencode eindeutig wird (siehe Abbildung 6.25). Die Schritte (3) und (7) bis (9) werden in Abbildung 6.25 gezeigt. Das Ergebnis der Instrumentierung in Schritt (8) ist der mit „Markern" versehene Sourcecode. Schließlich wird in Schritt (9) die „Low-Level Path Analysis" durchgeführt, das heißt, der Pfad-Simulationscode wird generiert. Stattelmann hat die Annotationen in Schritt (4) und die Schritte (6) bis (9) in einem Programm implementiert [Stat13].

### Einfluss des Daten-Cache

Wie bereits im Abschnitt 6.4.2, Seite 277 erwähnt, können Caches die nicht funktionalen Eigenschaften von Eingebetteten Systemen wie z. B. Ausführungszeit und Energiebedarf stark beeinflussen. Das gilt nicht nur für den Instruktions-Cache, sondern auch für den Daten-Cache bzw. für den „unified Cache", in dem beide Cache-Arten vereinigt sind. Cache-Misses kosten relativ viel Ausführungszeit, erhöhen zudem den Energiebedarf und sollten daher analysiert und berücksichtigt werden.

Das Ziel der *statischen Daten-Cache-Analyse* ist, Speicher Zugriffe als Cache Hit oder Cache Miss (siehe Abschnitt 9.2.4 Seite 391) zu identifizieren. Da dies für alle Daten eines Programms gewährleistet sein muss, ist ein präzises Ergebnis der Analyse leider nicht immer möglich. In diesem Fall müssen zusätzliche Analysen, z. B. eine WCET-

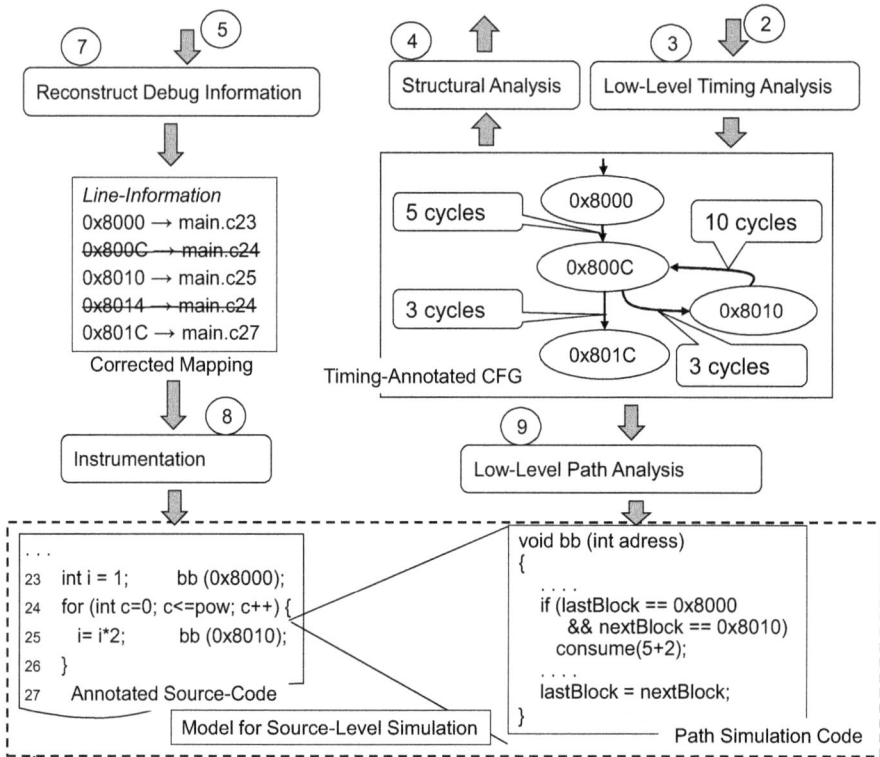

**Abbildung 6.25:** *Schematische Darstellung der Implementierungsschritte (3) und (7) bis (9) der Performanzabschätzung von Compiler-optimiertem Maschinencode (nach [Stat13]).*

Analyse durchgeführt werden. Das Beispiel in Abbildung 6.26 illustriert, warum nicht jeder Speicherzugriff als Cache Hit oder Cache Miss identifiziert werden kann.

In der Abbildung 6.26 (a) wird der Kontrollflussgraph eines kleinen Beispielprogramms mit vier Knoten bzw. Basisblöcken (1) bis (4) und zwei möglichen Programmpfaden, der Pfad über die Knoten (1), (2) nach (4) oder über (1), (3) nach (4) dargestellt. Am Ende von jedem Basisblock wird der Cache-Zustand gezeigt, nachdem in jedem Basisblock ein Speicherzugriff erfolgt ist. Es wird angenommen, dass wir einen voll-assoziativen Cache (siehe Abbildung 9.5, Seite 392) verwenden, mit drei Cache-Zeilen (Cache Lines) und die Cache-Replacement-Policy „Last recently used (LRU)" ist. Der Cache-Zustand nach Durchlauf der Knoten (1), (2) bis Knoten (4) enthält die Speicherzellen (D), (B) und (A), die zuletzt gelesenen Speicherzellen sind „oben" im Cache angeordnet (siehe Abbildung 6.26 (b)). Im Gegensatz dazu enthält der Cache-Zustand nach Durchlauf der Knoten (1), (3) bis Knoten (4) die Speicherzellen (D), (C) und (A) (siehe Abbildung 6.26 (c)). Der Cache-Zustand im Knoten (4) kann daher durch eine statische Analyse nicht genau bestimmt werden, weil er vom Pfad abhängt, den das Programm genommen hat. Abhängig vom Zweig, der am Ende des Knotens (1) gewählt wurde, ist es entweder die Speicherzelle (B) oder (C), auf die zuletzt zugegriffen wurde, bevor Knoten (4) ausgeführt wird. Für den LRU-Cache ist die Speicherzelle (D) immer der letzte Cache-

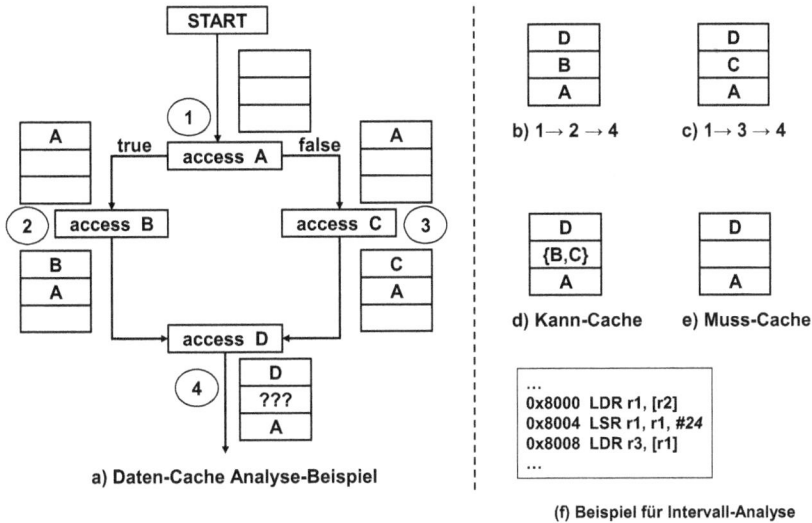

**Abbildung 6.26:** *(a) Kontrollflussgraph eines einfachen Beispielprogramms für ein Daten-Cache-Analyse. (b), (c) Cache-Zustände nach verschiedenen Programm-Pfaden. (d) Kann-Cache, (e) Muss-Cache (f) Beispiel für eine einfache Intervall-Analyse (nach [Stat13]).*

Eintrag nach der Ausführung von Knoten (4) und Speicherzelle (A) immer der erste Cache-Eintrag, der für das Beispielprogramm durchgeführt wurde. Um alle möglichen Cache-Einträge festzustellen, verwendet die statische Cache-Analyse das Konzept der „abstrakten Caches" die durch eine Cache-„Muss-Analyse" und eine „Kann-Analyse" bestimmt wird. Die Muss-Analyse legt alle Cache-Einträge fest, die sich garantiert im Cache befinden. Für unser Beispiel ist dies der „Muss-Cache" in Abbildung 6.26 (e), es ist die Schnittmenge (Intersection) aller Cache-Einträge für jeden möglichen Cache-Zustand während des Programmdurchlaufs. Andererseits bestimmt die Cache-"Kann-Analyse" alle Speicherzellen, die potenziell im Cache gespeichert sein können, es ist die Vereinigung (Union) aller Cache-Einträge für jeden konkreten Cache-Zustand (siehe Abbildung 6.26 (d), „Kann-Cache"). Die Kann-Analyse ist für manche Cache-Einträge unsicher. Diese Unsicherheit kann durch eine *Intervall*-Analyse verringert werden.

Abbildung 6.26 (f) zeigt ein kleines Code-Beispiel von ARM-Maschinen-Instruktionen, wie eine Intervall-Analyse verwendet werden kann, um den Wertebereich von Speicher-zugriffen einzugrenzen. Die erste Instruktion in Abbildung 6.26 (f) lädt Daten aus der Adresse, die in Register $r2$ gespeichert ist nach Register $r1$. Register $r1$ enthält nun alle möglichen Werte, die ein 32-Bit-Register speichern kann. Die zweite Operation führt ein logisches „Shift right" über 24 Positionen durch, das heißt, die Daten werden nach rechts verschoben und die „oberen" 24 Bits von Register $r1$ werden garantiert nach dieser Operation auf Null stehen. Dadurch wird der mögliche Wertebereich der Daten auf das Intervall [63..0] reduziert. In der dritten Instruktion ist der Speicherinhalt von $r1$ ein Adressbereich, der auf das Intervall [63..0] beschränkt ist. Stattelmanns Ansatz für die Berücksichtigung des Daten-Cache auf die Ausführungszeit eines Prozessors ist eine Kombination von Low-Level-Intervall-Analyse, die Verwendung eines abstrakten

Cache-Modells und die Methode der Sourcecode-Speicheradress-Annotation. Die Vorgehensweise um Speicherzugriffs-Annotationen zu generieren ist wie folgt:

- Der Speicherbereich für jede Maschinencode-Instruktion wird durch eine Intervall-Analyse ermittelt.
- Nach der Zuordnung der Adressen des Maschinencodes zu den Zeilennummern des Sourcecodes (siehe oben) werden die Speicherintervalle verwendet, um Speicherzugriffs-Annotationen für jeden Basisblock zu generieren. Die Sequenz von Maschinen-Instruktionen und die entsprechenden Adressbereiche werden im Pfad-Simulationscode des annotierten Programms gespeichert.
- Während der Sourcecode-Simulation des annotierten Programms werden die annotierten Intervalle in das abstrakte Cache-Modell dynamisch eingegeben. Das Cache-Modell wird durch diese Methode einfacher und genauer als bei einer statischen Cache-Analyse, bei der Unsicherheiten, z. B. des „May-Cache" bleiben (Hybride Methode). Das Ergebnis ist ein datenabhängiger Kontrollfluss.

Auf die Implementierung des Daten-Cache-Einflusses in die Performanzabschätzung gehen wir nicht weiter ein und verweisen auf [Stat13].

**Zusammenfassung**

In der Performanzabschätzung aus Compiler-optimiertem Maschinencode (auf der Basis der Programmiersprache C) nach Stattelmann [Stat13] wird zunächst eine Beziehung zwischen dem Sourcecode, der Modellbeschreibung und dem optimiertem Maschinencode dadurch hergestellt, dass die Mehrdeutigkeit zwischen dem Sourcecode und dem Maschinencode durch die Eindeutigkeit der Dominator-Relationen ersetzt wird. Danach wird der Sourcecode mit Markern instrumentiert, die einen Pfad-Simulationscode aufrufen. Der Pfad-Simulationscode enthält die Annotierungen, die nicht nur die Ausführungszeiten der Zielprozessor-Instruktionen, sondern auch Kontext-sensitive Einflüsse von Daten- und Instruktions-Cache berücksichtigen. Die Annotierungen werden teilweise durch statische Analysen und teilweise dynamisch während einer Simulation ermittelt (hybrider Ansatz). Dadurch wird eine relativ präzise Abschätzung der nicht funktionalen Eigenschaften von eingebetteter Software während eine Sourcecode-Simulation möglich. Die Simulation von annotiertem Sourcecode ist für den Entwickler nicht nur einfacher, auch die Simulationsgeschwindigkeit ist sehr viel höher als beispielsweise bei einer Instruction-Set-Simulation (ISS). Es gilt jedoch eine Einschränkung: Programmiermethoden der C++-Programmierung wie z. B. Methoden-Überladung (Overloading), Funktionszeiger (Function Pointer), Verwendung von C++-Templates komplizieren die Performanzabschätzung nach Stattelmann stark und können sie unanwendbar machen.

# 6.5  Software-Synthese

## 6.5.1  Herausforderungen der Software-Entwicklung

Die Herausforderungen der Software-Entwicklung von Eingebetteten Systemen sind bedingt durch die starke Abhängigkeit der Software von der unterlegten Hardware, durch die Kommunikation mit externen Prozessen und durch Echtzeitanforderungen [Ga09]. Betrachten wir das Beispiel „Automatisches Bremssystem ABS" im Kraftfahrzeug, so gibt es da folgende Software-Funktionen, die speziell an eine ABS-Hardware angepasst sind und bei einem Bremsvorgang aktiv werden:

- Eine Programmschleife liest die Anti-Schlupf-Sensoren an den vier Rädern aus.
- Aktoren für die Bremskraft werden angesteuert.
- Ein Prozess wird aufgerufen, der den Schlupf berechnet. Die Ergebnisse müssen innerhalb bestimmter Toleranzen liegen.
- Der ganze Vorgang muss in Echtzeit ablaufen.
- Prozesse laufen parallel und tauschen Daten aus.

Wird die Hardware ausgetauscht, so bedeutet das ebenfalls einen Austausch bzw. eine Neuentwicklung der Software.

## 6.5.2 Software-Synthese von Eingebetteten Systemen

Die Software-Synthese erzeugt automatisch den Programmcode für programmierbare Prozessoren in Eingebetteten Systemen. Dadurch wird die Produktivität beträchtlich erhöht, da das mühsame und fehlerbehaftete manuelle Programmieren und der damit verbundenen Suche nach Fehlern, einschließlich deren Korrektur („Debuggen"), entfällt. Der Entwickler benötigt weniger Detailwissen.

Unter Software-Synthese versteht man *die (automatische) Transformation eines Transaction-Level Modells (TLM) in eine Programmiersprache, wobei die Struktur des Systems berücksichtigt wird.* Aus der Menge der TLMs verschiedener Abstraktionsgrade (siehe Abschnitt 3.7 Seite 96) wählen wir das TLM mit dem niedrigsten Abstraktionsgrad, das System-Protokoll-TLM (siehe Abschnitt 3.7.3, Seite 100), besser noch ein Bus-and-Cycle-accurate Model (BCAM, Seite 100). Das TLM wird in die Programmiersprache C transformiert.

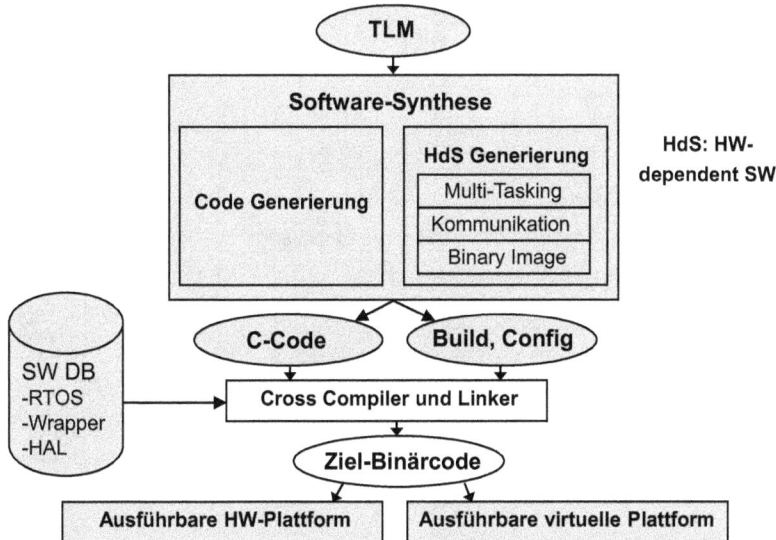

**Abbildung 6.27:** *Schematische Darstellung des Software-Synthese-Flusses (nach [Ga09]).*

Abbildung 6.27 zeigt den Software-Synthesefluss, des Protokoll-TLM, das alle Architektur-Entscheidungen wie Plattform-Struktur, Prozessverteilung auf die Prozessoren, Kommunikation usw. enthält. Der Software-Synthesefluss besteht aus zwei Teilen:

- Code-Generierung. Diese erzeugt C-Code aus einer SLDL (System Level Design Language) wie SystemC und zwar C-Funktionen und C-Strukturen.
- Hardware dependent Software (HdS)-Generierung erzeugt alle Treiber, den Unterstützungs-Code (Support Code) für die Anwendung, z. B. für das Multitasking und für die Kommunikation einschließlich der Synchronisierung.

Multitasking bedeutet, mehrere Prozesse (Tasks) müssen auf dem gleichen Prozessor ausgeführt werden. Meist löst ein Echtzeit-Betriebssystem (RTOS) diese Aufgabe. Die Binärcode-Generierung wird in zwei Stufen durchgeführt. Zuerst werden die „Build- und Configuration"-Dateien erstellt (z. B. die „Makefile") und danach erzeugt ein Cross-Compiler den endgültigen Binär-Code. Der Binärcode kann sowohl auf eine „ausführbare Hardware-Plattform" z. B. auf FPGAs oder auf die aktuellen Prozessoren auf einem Prototypen-Board, als auch auf eine „ausführbare virtuelle Plattform", das ist eine Instruction Set Simulator (ISS)-basierte Plattform (bzw. eine „Simulationumgebung") geladen und ausgeführt werden. Die ISS-basierte Plattform kann z. B. auch ein TLM sein, in dem der oder die Prozessor(en) durch jeweils ein ISS ersetzt wird. Diese Plattform liefert bereits eine recht genaue Übereinstimmung mit dem endgültigen System und erlaubt damit eine frühe Verifikation.

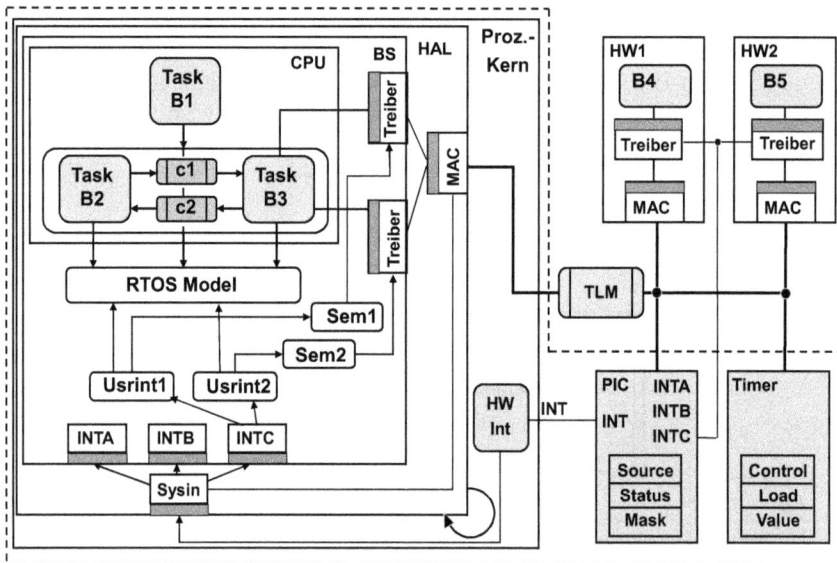

*Abbildung 6.28:* Beispiel eines Eingabe-TLM (Protokoll-TLM) für die Software-Synthese mit einem programmierbaren Prozessor (CPU) und zwei Hardware-Prozessoren (Hardware1 (HW1) und Hardware2 (HW2)) (nach [Ga09]).

**Ein TLM-Beispiel für die Software-Synthese**

Abbildung 6.28 (nach [Ga09]) zeigt ein einfaches Beispiel für ein Protokoll-TLM auf dessen Basis eine Software-Synthese durchgeführt werden soll. Das Prozessor-TLM ist aus folgenden Schichten aufgebaut: Prozessor-Kern, Hardware-Abstraction Layer (HAL), Betriebssystem (RTOS) und CPU mit den Tasks B1, B2 und B3. Der Speicher für die CPU wird der Einfachheit halber nicht gezeigt. Der Prozessor ist interruptfähig. Es gibt einen Hardware-Interrupt-Handler, eine Interruptleitung (Int) ist gezeigt.

Auf den Hardware-Prozessorelementen (PE) HW1 und HW2 laufen die Tasks B4 und B5. Die externe Kommunikation mit den Tasks auf der CPU und den Tasks auf den Hardware-PEs wird unterstützt von einem „Programmable Interrupt Controller" (PIC) und einem Zeitgeber (Timer). Die beiden letzteren Elemente werden meist dem Prozessorkern zugehörig betrachtet und sitzen oft auf dem gleichen Chip wie der Prozessor (CPU). Der PIC hat die internen Register: Source, Status und Mask, der Timer hat die Register: Control, Load und Value. Alle Komponenten sind mit dem Prozessor-Bus verbunden. Auf der Prozessor- und Hardware-Seite findet man sogenannte „Halb-Kanäle" mit Treibern und Software, die die Media Access Control (MAC)-Schicht beinhaltet. Ein „Halbkanal" hat nur auf einer Seite des Kanals einen "Master", der die Kommunikation initiiert, auf der anderen Seite liegt eine aufrufbare Schnittstelle, also ein „Slave". In unserem Fall ist die CPU mit dem RTOS der Master, die Hardware-PEs sind die Slaves.

Die Hardware-Einheiten teilen sich den Interrupt-Eingang IntC. Auf der Prozessor-Seite besteht die Interrupt-Kette aus den Modulen Sysint, IntC, Userint2, Semaphore2 (Sem2) und dem Treiber. Die Software-Synthese erzeugt Programmcode für alle Schichten innerhalb des HAL. Im Beispiel wird lediglich ein einzelner programmierbarer Prozessor betrachtet, zusammen mit zwei Hardware-PEs. Im allgemeinen Fall haben wir es mit Mehrprozessor-Systemen zu tun.

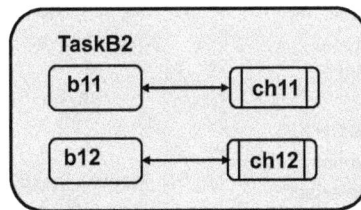

**Abbildung 6.29:** *Einfaches Beispiel als Vorlage, um Code-Generierung in der Software-Synthese zu demonstrieren (nach [Ga09]).*

## 6.5.3 Code-Generierung in der Software-Synthese

Wie in Abbildung 6.27 gezeigt, ist die Code-Generierung ein wichtiger Teil der Software-Synthese. Die Eingabe für die Code-Generierung ist ein TLM, das in einer *System Level Design Language* SLDL, zum Beispiel in SystemC geschrieben, vorliegt. Es besteht aus Prozessen (bzw. Tasks) und aus Kanälen (Channels in SystemC). Für jeden Prozess bzw. für jede Task des TLM wird ein C-Programm erzeugt. Die Anwendungsbeschreibung des TLM verwendet SLDL-Eigenschaften wie zum Beispiel Hierarchie, Nebenläufigkeit, Kommunikations-Kapselung usw. Die Code-Generierung muss diese Eigenschaften in C-Code übersetzen und kann dabei lediglich Funktionen und Datenstrukturen benutzen, die C zur Verfügung stellt.

Die wesentliche Idee aus dem Buch von Gajski [Ga09] für die automatische C-Code-Generierung aus einer SLDL ist die Übertragung eines SystemC-Moduls oder eines SystemC-Channels in ein C-Structur (`struct`) und einen Satz von C-Funktionen. Dabei kann eine Modul-Hierarchie in eine C-Struktur-Hierarchie übersetzt werden. Gajski et al. [Ga09] stellen folgende Regeln für die C-Code Generierung auf:

1. Jedes Modul wird in ein C-Structur (`struct`) konvertiert.
2. Die strukturelle Hierarchie zwischen den Modulen wird in eine C-Struct-Hierarchie übersetzt. „Child-Members" werden als Struct-Members innerhalb eines „Parent-Struct" instanziiert.
3. Variable, die innerhalb eines Moduls definiert sind, werden in Daten-Komponenten (Data Members) des entsprechenden C-Struct konvertiert.
4. Die *Ports* eines Moduls werden in Daten-Komponenten der C-Structur konvertiert.
5. *Methoden* innerhalb eines Moduls werden in globale Funktionen übersetzt. Ein zusätzlicher Parameter, der die Modul-Instanz repräsentiert, zu der die Funktion gehört, wird jeder Funktion zugefügt.
6. Eine `static struct`-Instanz wird für das gesamte Prozessorelement am Ende des jeweiligen C-Codes hinzugefügt. Es enthält die Structs aller konvertierten Module und allokiert die Daten der Software des Prozessorelements. Die Port-Abbildungen für Module und Kanäle innerhalb der Task werden in der Strukt-Initialisierung ausgeführt.

```
1    // Deklaration der Kanalklassen        21  SC_Module(B1) { // Deklaration der Haupt-Task
2    class iChannel :                        22      int a;
3        public sc_interface {               23      sc_port<iChannel> myCh;
4        public : virtual void chCall (int   24      SC_CTOR(B1){ }
5            value) = 0;  // Methode          25      void main(void) {
6                         // deklariert       26          a = 1;
7    }                                        27          myCh->chCall(a*2);
8    // Deklaration Hauptklasse CH1           28      }
9    class CH1 : public sc_channel,          29  };
10       public iChannel {  // Interface      30  SC_Module(TaskB2) {
11       // „Konstruktor":                    31      CH1 ch11, ch12; // Deklaration der Kinder
12       public : CH1                         32      B1 b11, b12;
13       (sc_module_name name) :              33      SC_CTOR(TaskB2):
14       sc_channel( name ) {}                34          ch11("ch11"), ch12("ch12"),
15           virtual void chCall( int         35          b11("b11"), b12("b12") {
16       value ) {                            36          b11.myCh(ch11);  //verbinde ch11
17       // Name check                        37          b12.myCh(ch12);  //verbinde ch12
18           cout << name() << ":             38      }
19       value = " << value << endl;  }       39      void main(void) {
20   };                                       40          b11.main();
                                              41          b12.main();
                                              42      }
                                              43  };
```

***Abbildung 6.30:*** *Liste: Teil der SystemC-Liste, die das Beispiel aus Abbildung 6.29 beschreibt. Rechte Seite (Zeilen 21 bis 43) nach [Ga09]. Die Liste ist zugleich ein Beispiel-Ausschnitt aus einem TLM.*

Um die Anwendung der Regeln zu demonstrieren, nehmen wir als einfaches Beispiel Abbildung 6.29 (nach [Ga09]). Das Beispiel zeigt eine Task B2 mit zwei sequenziell ablaufenden Instanzen b11 und b12 eines Moduls B1. Jede Modul-Instanz ist mit der Channel-Instanz der Klasse CH1, das heißt ch11 und ch12 verbunden.

Die Liste in der Abbildung 6.30 stellt die Deklarationen dieses Beispiels als Teil einer TLM, beschrieben in der System-Beschreibungssprache SystemC dar. Die Task B2 wird als SC_Module() in den Zeilen 30 bis 38, das Modul B1 in den Zeilen 21 bis 29 deklariert. In der main()-Methode des Konstruktors von B1 wird der Variablen a ein Wert zugewiesen, es wird eine Port-Klasse mit dem Interface <iChannel> und dem Namen myCh deklariert (Zeile 23) und die Methode ChCall am Port myCh (Zeile 27) aufgerufen. B2 enthält 2 Instanzen von CH1: ch11 und ch12 (Zeile 31), ebenso enthält B2 zwei Instanzen des Moduls B1: b11 b12 (Zeile 32). Der Konstruktor von B2 (Zeile 33) teilt den Instanzen von B1 und den Instanzen des Channels Bezeichnungen zu und verbindet die Channel-Instanzen mit Ports. In der main()-Methode von TaskB2 werden sequenziell die main()-Methoden von b11 und b12 aufgerufen (Zeilen 40 und 41). Das Ergebnis der Code-Generierung in ANSI-C nach den Regeln 1 bis 6, aus der Liste in Abbildung 6.30 ist wie folgt:

Anwendung der Regeln 1 und 3: Modul B1 (Zeile 21 bis 29) wird in Struct B1 konvertiert, ebenso der Channel CH1. Die Variable a wird zur identischen Datenkomponente:

```
Struct B1 {
    struct CH1 *myCh; /* port iChannel */
    int a;
};
```

Regel 2: Task B2 enthält die Instanzen von Struct B1: b11, b12 sowie des Channels CH1: ch11 und ch12.

```
Struct TaskB2 {
    struct B1 b11, b12;
    struct CH1 ch11, ch12;
};
```

Regel 4: Der Zeiger myCh zeigt auf den Port sc_port<ichannel>.

```
void B1_main(struct B1 * This) {
    (This -> a) = 1;
    CH1_chCall(This -> myCh, (This -> a)*2);
}
```

Regel 5: Die Methode main() in B1 wird konvertiert zur globalen Funktion (struct B1 * This) und referenziert den Kontext. Das ist nötig, um zwischen verschiedenen Instanzen zu unterscheiden (siehe oben). B1_main() wird mit dem Zeiger auf die Instanzen (This -> b11) aufgerufen (Code siehe unten).

Regel 6: Initialisierung von Task B2 und Verbindung von b11, b12 mit dem Port bzw. Channel ch11 bzw. ch12. Aufruf der TaskB2() und Verbindung der Tasks b11, b12 mit den Ports (Code folgt).

```
void TaskB2_main(struct TaskB2 *This) {
    B1_main(& (This  -> b11));
    B1_main(& (This  -> b12)); }
struct TaskB2 taskB2 = {
    {&(taskB2.ch11),0 /* a */ } /* b11 */,
    {&(taskB2.ch12),0 /* a */ } /* b12 */,
    {..} /*ch11*/, {..} /*ch12*/,  };
void TaskB2() {
    TaskB2_main(&task1);          }
```

Alle Code-Teile, die die Regeln erläutern, stammen aus dem Buch von Gajski et al.
[Ga09]. Wie oben gesagt, ist die Sprachkomplexität die größte Herausforderung der
Code-Generierung, daher kann nur eine Untermenge von SLDL-Eigenschaften für die
Beschreibung zugelassen werden. Jedes Werkzeug wird zusätzlich Richtlinien vorgeben,
damit der Parser die Beschreibungen sinngemäß interpretiert und das Werkzeug diese
korrekt konvertiert.

### Generierung der Hardware-abhängigen Software

Zum Software-Synthese-Fluss (siehe Abbildung 6.27, Seite 283) gehört nicht nur die
Code-Generierung, sondern auch die Generierung der Hardware-abhängigen Software
(Hardware dependent Software HdS). Dazu zählt:

- Das Betriebssystem, bzw. das System, das das Multitasking übernimmt. Das Betriebssystem ist meist ein handelsübliches Echtzeitbetriebssystem (RTOS) (siehe Abschnitt 6.1.7, Seite 254). Statt des Betriebssystems kann bei kleinen Systemen das
  „Interrupt-basierte Multitasking" (siehe Seite 244) verwendet werden.
- Zur Hardware-abhängigen Software zählt zudem die Synthese der Prozess-internen
  und Prozess-externen Kommunikation einschließlich der Datenformatierung (siehe
  Abschnitt 6.1.3, Seite 247) und der Synchronisierung (siehe Abschnitt 10.6, Seite 467).

Auf die Synthese der Hardware-abhängigen Software können wir im Rahmen dieses
Buches nicht weiter eingehen und verweisen auf [Ga09].

### Starter-Programm und Binärcode-Generierung

Die **Binärcode-Generierung** ist der letzte Schritt der Software-Synthese. Der komplette ausführbare Programm-Code für den bzw. die Zielprozessoren oder für ein Prototypen-Board wird erzeugt [Ga09].

Abbildung 6.31 zeigt die einzelnen Schritte der Binärcode-Generierung. Die Eingabe in
die Binärcode-Generierung ist das endgültige TLM, in der Regel ein Protokoll-TLM.
Die Software-Synthese erzeugt Code für die Anwendung und für die „Hardware Dependent Software (HdS)", die z. B. das Echtzeit-Betriebssystem (RTOS), die Treiber für das
RTOS, den Hardware-Abstraction Layer (HAL), den Interrupt-Handler (IH), den RTOS-
Abstraction Layer (RAL) und den Starter-Code enthält (siehe auch Software-Stapel, Abbildung 6.8, Seite 254). Zusätzlich wird ein Build-und-Configure-Schritt durchgeführt
und für jeden Prozessor eine Makefile erzeugt. Anhand der Makefile wird der Cross-
Compiler gestartet, der aus der Software-Datenbank die nötigen Teilprogramme bezieht.
Dabei sind Abhängigkeiten zwischen den einzelnen Programmteilen zu berücksichtigen,
zum Beispiel zwischen RTOS, RAL, Compiler, zwischen RTOS und HAL. Der Linker

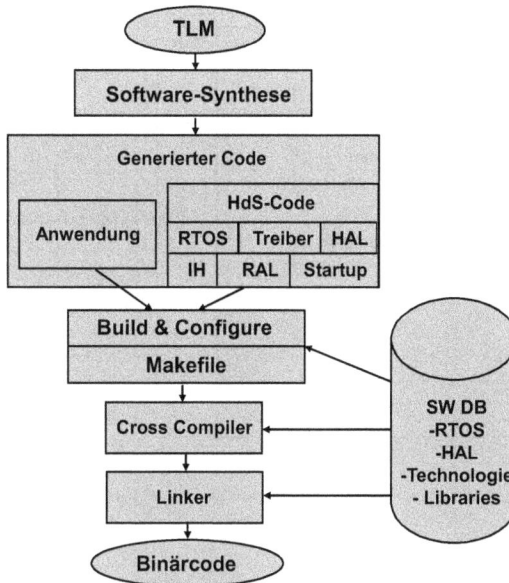

**Abbildung 6.31:** *Die Schritte der Binär-Code-Generierung. SW DB: Software Datenbank (modifiziert nach [Ga09]).*

verbindet wichtige Bibliotheken (Libraries) aus der Software-Datenbank (SW-DB) mit dem kompilierten Code. Für einen reibungslosen Synthesefluss ist wichtig, dass die Einträge in der Datenbank gut geordnet und die entsprechenden Informationen effektiv greifbar sind [Ga09].

Das **Starter-Programm** (Startup Code) verbindet nach dem Einschalten des Eingebetteten Systems alle Hardware- und Software-Komponenten, einschließlich aller Prozessoren und initialisiert sie. Im Starter-Programm werden folgende Programmteile initialisiert [Ga09]:

– Das Basis-Support-Programm (BSP) initialisiert die Hardware. Gestartet wird zum Beispiel der Zeitgeber (Timer), der programmierbare Interrupt Controller (PIC) usw.
– Das Echtzeit-Betriebssystem (RTOS).
– Die Semaphoren werden erzeugt, die für die externe Kommunikation zwischen Interrupt-Handler und OS-Treiber Verwendung finden.
– Dem Interrupt-Handler werden die „User Interrupt Request-Register" zugewiesen.

Das Betriebssystem wird gestartet, es generiert die einzelnen Tasks und beginnt mit dem Multitasking.

### Ausführung des synthetisierten Systems

Das Eingebettete System, das aus der Hardware-, Software- und Schnittstellen-Synthese entstanden ist, wird auf eine Zielplattform mit FPGA's oder auf eine „virtuelle Plattform" geladen, ausgeführt und verifiziert bzw. simuliert. Die schematische Darstellung einer Instruktionssatz-basierten (Instruction Set Simulator-(ISS)-basierten) virtuellen Plattform zeigt Abbildung 6.32 aus [Ga09], die die Verifikationsplattform für

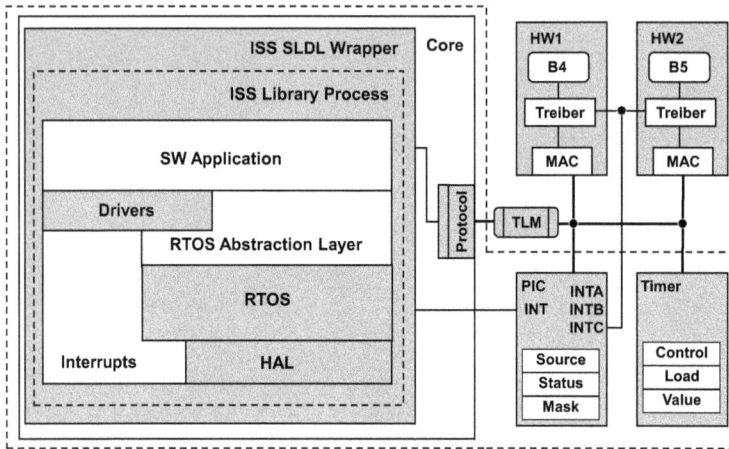

**Abbildung 6.32:** *ISS-basierte virtuelle Plattform (nach [Ga09]).*

das Beispiel-TLM aus Abbildung 6.28 darstellt. Links im Bild ist der programmierbare Prozessor-Kern dargestellt mit integriertem ISS einschließlich Programmable Interrupt Controller (PIC) und Zeitgeber (Timer). Der ISS ist in einen „SLDL-Wrapper" „eingepackt". Die gesamte synthetisierte Software einschließlich RTOS, HAL usw. wird in den ISS geladen und vom Wrapper auf Zyklus-Basis aufgerufen. Der Wrapper erkennt Bus-Zugriffe vom ISS und übersetzt diese. Interrupts werden vom Wrapper erkannt und an den ISS weiter geleitet.

Die Verifikation auf der Basis des ISS-Modells (ISM) ist relativ genau in Bezug auf die Ausführungszeit der Software und der Funktionalität. Die Genauigkeit der Ausführungszeit bezogen auf das gesamte System ist allerdings nicht höher als etwa 80% [Ga09]. Der Nachteil ist der hohe Zeitaufwand für die Simulation. Beispielsweise beträgt die Simulationszeit für ein MP3-Decoder-Modell auf ISS-Basis einige Stunden [Ga09].

# 6.6    Zusammenfassung

Das vorhergehende Kapitel geht auf die Grundlagen der Software-Entwicklung ein, die für den Softwareentwickler für Eingebettete Systeme wichtig sind, wie zum Beispiel Betriebssysteme, Compiler, Programm-Optimierungen, Programmanalyse-Methoden.

Automatisierung erhöht die Produktivität, daher ist eine automatische Generierung von Software, d. h. eine Software-Synthese, wichtig. Software-Generierung wird in Compilern schon seit langer Zeit praktiziert, sie ist jedoch bei der Entwicklung von Eingebetteten Systemen noch relativ selten. Gajski et al. [Ga09] haben einen lückenlosen Weg der Software-Synthese für programmierbare Prozessoren aufgezeigt, die in den vorhergehenden Abschnitten verkürzt wiedergegeben ist.

# 7 Hardware-Synthese

Synthese im Kontext der Hardware-Entwicklungsmethodik bedeutet die automatische *Transformation einer Verhaltensbeschreibung bzw. eines Verhaltensmodells eines Systems in die Strukturbeschreibung bzw. in ein Strukturmodell.* Damit versteht man unter Synthese allgemein einen Automatisierungsschritt im Entwicklungsablauf, der die Produktivität des Entwicklers erhöht.

In diesem Kapitel gehen wir auf verschiedene Synthesearten ein. Die Synthese auf Systemebene nach Gajski [Ga09], die „klassische" High-Level-Synthese, sowie die RT- und die Logiksynthese werden behandelt.

## 7.1 Synthese auf verschiedenen Abstraktionsebenen

Theoretisch ist auf jeder Abstraktionsebene eine entsprechende Synthese möglich. Die „einfache" Synthese bleibt in der gleichen Abstraktionsebene. Zum Beispiel versteht man unter „Logik-Synthese" die Transformation einer Verhaltensbeschreibung auf Logik-Ebene in eine Strukturbeschreibung in der gleichen Ebene. Interessant wird es, wenn die Transformation eine Ebenenbegrenzung zur tiefer liegenden Ebene schneidet wie bei der High-Level-Synthese (Abschnitt 7.3, Seite 297). Unter Synthese versteht man heute meist die *automatische Synthese.* Damit wird die Synthese zur Schlüssel-Automatisierungstechnik um die Produktivität zu erhöhen [Ga92].

Auf den verschiedenen Abstraktionsebenen des Y-Diagramms (Seite 56) gibt es verschiedene Arten der Synthese:

- Hardware-Synthese auf Technologieebene.
- Die Logik-Synthese transformiert eine Logik-Verhaltensbeschreibung in eine Logik-Struktur mit Gatter-Bausteinen.
- RT-Synthese: Eine RT-Verhaltensbeschreibung wird transformiert in eine RT-Struktur zum Beispiel in ein PCAM.
- High-Level-Synthese (HLS), auch „Architektursynthese" genannt: Die Beschreibung auf Algorithmischer Ebene wird in eine RT-Struktur transformiert.
- Synthese auf System-Ebene. Das gesamte System wird synthetisiert. Die Synthese auf Systemebene transformiert eine System-Verhaltensbeschreibung oder System-Verhaltensmodell (System Behaviour Model SBM) in ein Transaction Level Model (TLM).

https://doi.org/10.1515/9783110702064-007

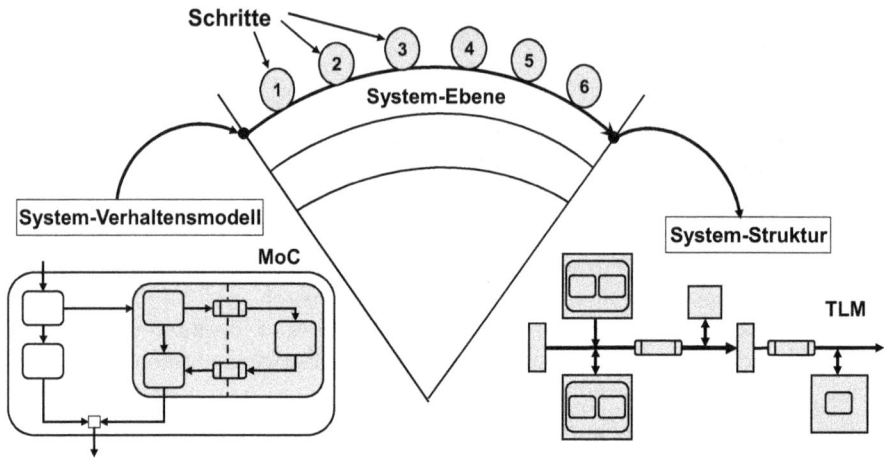

**Abbildung 7.1:** *Schematische Darstellung der Synthese auf System-Ebene im Y-Diagramm (nach [Ga09]). In der Transformation von der System-Verhaltensbeschreibung bis zur System-Struktur werden sechs Schritte ausgeführt.*

## 7.2    Synthese auf Systemebene nach Gajski

Abbildung 7.1 zeigt schematisch den Verlauf der Synthese auf Systemebene vom System-Verhaltensmodell bis zur System-Struktur. Nach der modellbasierten Entwicklungsmethode stellt die Systemstruktur ein TLM dar. Beim Verhaltensmodell gehen wir von einem Prozess-Zustandsautomaten (PSM, siehe Seite 93) aus, das durch folgende Schritte in ein optimiertes Transaction Level Model (TLM) transformiert werden kann [Ga09]:

Schritt (1): **„Profiling and Estimation"** bedeutet: Sammeln von Statistiken und Charakteristika in jedem Prozess über Typen und Häufigkeiten von Operationen, Function Calls, Speicherzugriffen und anderen Aktionen, die geeignet sind, Entwurfs-Metriken zu beurteilen. Entwurfs-Metriken sind z. B. Energiebedarf, Speichergrößen, usw. (siehe Abschnitt 6.4.1, Seite 270). Es wird zwischen statischen und dynamischen Charakteristika unterschieden. Eine *statische Charakteristik* ist z. B. die Anzahl der Lines of Code (LoCs), also die Code-Größe. Eine *dynamische Charakteristik* ist die Anzahl Operationen, die ein Modul bzw. ein Prozess während eines Simulationslaufs durchführt. „Anwendungs-Hot-Spots" sind Code-Teile, die im Vergleich zur gesamten Anwendung eine bedeutende Anzahl von Operationen ausführen. Es sind Kandidaten für eine Hardware-Implementierung. Für das Profiling wird ein Anwendungs-Code „instrumentiert", d. h. jeweils am Ende eines Basic-Blocks im Code wird ein Zähler eingefügt, der bei jeder Ausführung des Basic-Blocks inkrementiert wird. Die Zählerstände entsprechen den Ausführungshäufigkeiten der Code-Teile und werden in die dynamische Charakteristik übernommen.

Schritt (2): **Allokierung von Komponenten** und Verbindungselementen. Diese werden aus der Bibliothek entsprechend der Entwurfsziele ausgesucht und mit Bussen, Brücken oder Routern verbunden. Man kann auch mit einer definierten Plattform beginnen.

Schritt (3): **Prozess- und Kanalbindung:** Prozesse werden an Prozessor Elemente (PEs), Variable an Speicherelemente, Kanäle (Channels in SystemC) an Verbindungselemente (z. B. Busse) gebunden.

Schritt (4): **Prozess-Zeitablaufplanung (Scheduling):** Parallele Prozesse, die auf demselben PE laufen, müssen statisch oder dynamisch zeitlich eingeplant werden. Das wird z. B. von einem Echtzeitsystem (RTOS) mit dynamischem Scheduling ausgeführt.

Schritt (5): **Schnittstellen-Komponenten-Zuweisung.** Das sind meist Software-Komponenten wie zum Beispiel Gerätetreiber, Router und Interrupt-Routinen.

SChritt (6): **Modell-Verfeinerung:** Das Modell wird solange verfeinert, bis es den Anforderungen der Spezifikation genügt.

Die Schritte (2) bis (5) werden normalerweise von Hand, während (1) und (6) besser automatisch ausgeführt werden, da sie zu viele statistische Berechnungen und Code-Konstruktionen benötigen.

Für die (automatische) Synthese auf System-Ebene gibt es (2018) zwar mindestens ein akademisches Werkzeug (siehe [Ga09]), aber noch kein kommerziell verfügbares System.

**Automatisierte Synthese auf System-Ebene**

Die Synthese auf Systemebene erzeugt ein (zeitmarkiertes) TLM (siehe Abschnitt 6.4.1), das auf eine bestimmte nichtfunktionale Funktion oder Metrik, meist auf Performanz, optimiert ist. Die TLM-Generierung kann nach [Ga09] automatisiert werden, die Optimierung muss noch der Entwickler steuern. Abbildung 7.2 zeigt den TLM-Generierungs-Fluss. Das Herzstück dieses Flusses ist die Abbildung des System-Verhaltensmodells (einer PSM) auf eine vorgegebene Plattform.

Damit kann in einer Simulation eine bestimmte Metrik gemessen werden, z. B. die Performanz (Ausführungsgeschwindigkeit). Entspricht diese nicht den in der Spezifikation angegebenen Schranken, dann modifiziert der Entwickler das Modell bzw. die Plattform und wiederholt die Abbildung und die Simulation solange, bis das TLM der Spezifikation entspricht.

**Automatische Abbildung einer Anwendung auf die Plattform**

Das Beispiel einer Abbildung der Anwendung auf die Plattform wird in Abbildung 7.3 gezeigt. Oben links im Bild ist das Beispiel einer Process State Machine (PSM) dargestellt, wie sie in Abschnitt 3.5.3, Seite 93 beschrieben ist. Diese PSM entsteht aus der Umwandlung der Anwendung in eine Menge von nebenläufigen miteinander kommunizierenden Prozessen.

Auf der rechten Seite oben im Bild 7.3 ist eine typische Plattform als Beispiel abgebildet. Die Plattform stellt eine Menge von Hardware-Komponenten dar, einschließlich einer Menge von Verbindungen, die in einer Bibliothek zusammengefasst sind und der Anwendung so zu sagen als „Dienste" zur Verfügung gestellt werden. Im Beispiel sind drei verschiedene Prozessoren dargestellt, ein programmierbarer „Prozessor 1" mit Speichermodul, ein spezieller „Prozessor 2", z. B. ein IP, der als DSP eingesetzt werden kann und ein „Prozessor 3": ein Hardware-Prozessor, der ebenfalls als IP eingekauft wird. Die Prozessoren 1 und 3 sind über den Bus 1 miteinander verbunden und können über eine Schnittstellenkomponente, eine Brücke oder einen Transducer, mit Prozessor 2 über

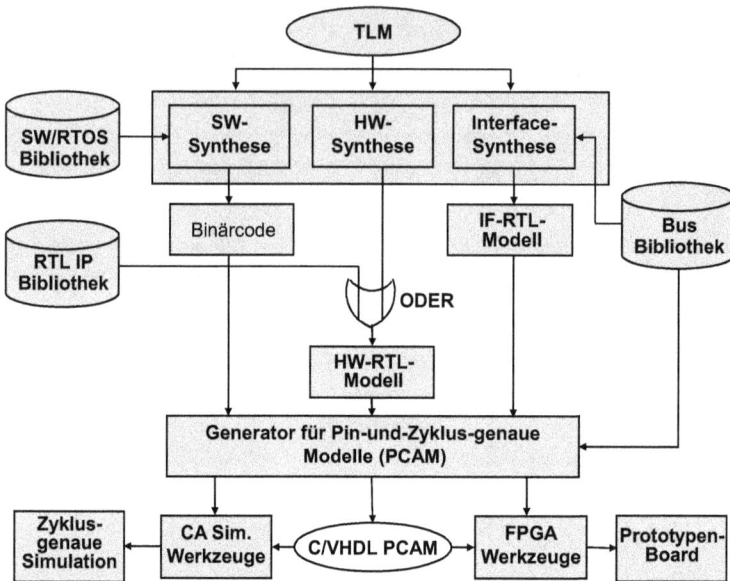

**Abbildung 7.2:** *Darstellung der automatischen TLM-Generierung (nach [Ga09]).*

Bus 2 kommunizieren. Der Entwickler kann gemeinsame Verbindungselemente wie Busse mit zentralisierter oder verteilter Arbitrierung, Brücken, serielle Verbindungen oder NoCs (Network on Chip) verwenden. Die Plattform ist sehr flexibel, sie kann leicht erweitert bzw. modifiziert werden, um ein neues TLM zu generieren. Die Plattform-Netzliste wird bevorzugt grafisch eingegeben, da es keine Sprache gibt, mit der die Plattform definiert werden kann [Ga09].

Unten im Bild 7.3 ist das Ergebnis der Abbildung gezeigt, es ist ein TLM. Die Abbildung wird auf der Basis von definierten Regeln durchgeführt:
- Prozesse werden auf Prozessorelemente (PE), zum Beispiel auf Mikroprozessoren, Hardware-Komponenten und IPs abgebildet.
- Kanäle (Channels in SystemC) werden auf Verbindungselemente abgebildet: zum Beispiel Busse, Brücken und Schnittstellen-Komponenten.

Damit ein Kanal (Channel) implementiert werden kann, muss zwischen den PEs, die den relevanten Kommunikationsprozess beinhalten, eine gültige Verbindung existieren. Für die Synchronisierung werden neue Kanäle hinzugefügt. Beispiele dafür sind die Kanäle C3 und C4, die zwischen den Prozessen P1 und P2 sowie P3 und P4 hinzugefügt wurden. Es können Anwendungs- und Plattform-abhängige Beschränkungen bei der Abbildung bestehen, zum Beispiel können für den Prozessor eine maximale Anzahl von Prozessen definiert sein. In ähnlicher Weise kann der Adressraum des Busses die Anzahl der Kanäle begrenzen, die auf ihn abgebildet werden. Zum Beispiel erlaubt eine serielle Verbindung nur eine Abbildung.

Die Abbildung soll *optimal* durchgeführt werden, das heißt die einzelnen Prozessoren der Plattformen sollen nicht nur bestens ausgelastet sein, sondern auch das ganze System

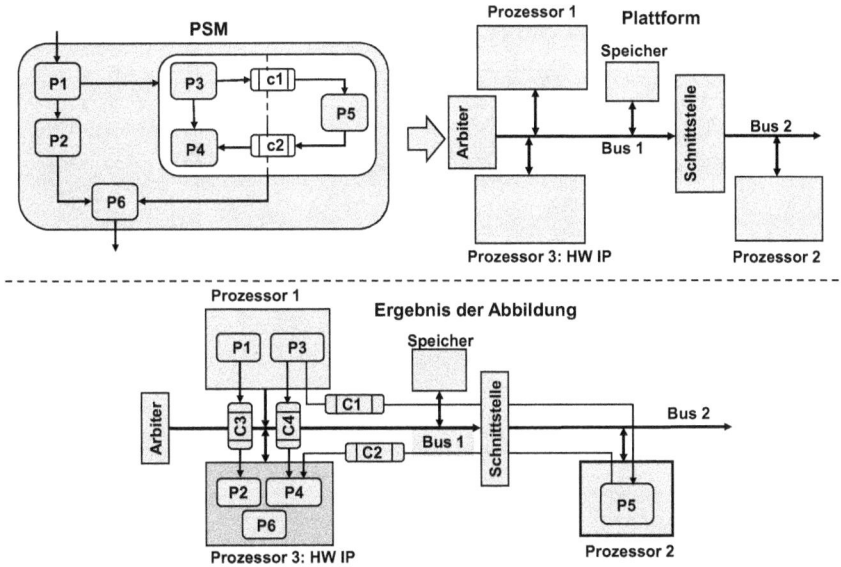

**Abbildung 7.3:** *Schematische Darstellung der Abbildung einer PSM auf eine Plattform. Oben links: Beispiel einer Process State Machine (PSM). Oben rechts: Beispiel einer Plattform. Unten: Das Ergebnis der Abbildung ist ein TLM (nach [Ga09]).*

soll eine bestimmte Metrik optimal erfüllen, zum Beispiel maximale Performanz bieten und/oder minimalen Energiebedarf bzw. beides zusammen: maximale Performanz bei minimalem Energiebedarf. Die Abbildung kann oft die Forderung nach einem Optimum von Performanz und Energiebedarf nicht alleine erfüllen, aber sie kann dazu beitragen. Um das Optimum der Auslastung von $m$ Prozessoren mit $n$ Prozessen und/oder das Optimum der System-Performanz bei einer bestimmten Abbildung exakt zu bestimmen, müssen alle möglichen Abbildungen von Prozessen auf Prozessoren analysiert werden. Das Abbildungsproblem ist bei exakter Lösung von der Komplexität NP-vollständig. Daher wird man in der Praxis heuristische Abbildungs-Algorithmen suchen, die zwar meist nur Annäherungen an das Optimum liefern, aber immerhin eine brauchbare Lösung bieten. In dem Buch von Gajski et al. [Ga09] werden zwei Abbildungsalgorthmen vorgestellt, auf die wir an dieser Stelle nicht weiter eingehen.

### Plattform-Synthese

Bei komplexen Anwendungen ist es oft wünschenswert, die Plattform automatisch zu generieren. Dazu wird die Unterstützung einer Komponenten-Datenbank benötigt. Die Komponenten-Datenbank enthält z. B. die Kosten, die Performanz, Anschlussmöglichkeiten für Schnittstellen usw. der Komponenten, die für die Plattform zur Verfügung stehen. Gajski et al. stellen in [Ga09] einen Algorithmus für die automatische Generierung einer Plattform vor.

### PCAM-Generierung

Das TLM wird verwendet, um ein System zu modellieren, zu simulieren und um verschiedene Metriken abzuschätzen, allen voran die Performanz. Es ist aber zu abstrakt,

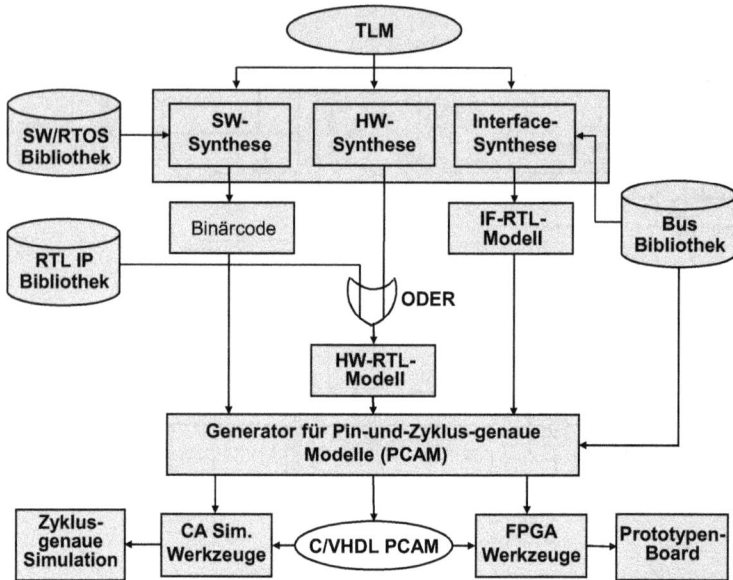

**Abbildung 7.4:** *Ablauf der automatischen PCAM-Generierung. CA bedeutet „cycle accurate"* *(nach [Ga09]).*

um einen Entwurf zu implementieren. Dazu wird ein pin- und zyklusgenaues Modell (Pin and Cycle Accurate Model PCAM, Beispiel siehe Abbildung 3.21, Seite 103) auf RT-Ebene benötigt. Ausgehend vom TLM gibt es wie in Abbildung 7.4 gezeigt, drei Schritte für die automatische PCAM-Erzeugung: Die Software-Synthese, die Hardware-Synthese (von C nach RTL) und die Schnittstellen-(Interface)-Synthese.

Für die Software-Synthese (siehe Abschnitt 6.5 Seite 282) wird eine System-Software-, das heißt eine RTOS (Real Time Operation System)- und HAL-(Hardware Abstraction Layer)-Bibliothek benötigt. Die System-Software ist anwendungs- und plattformspezifisch, sie stellt eine Schnittstelle für die Anwendungsprozesse zur Verfügung. Der Anwendungscode und die System-Software wird in eine Binär-Datei kompiliert. In der Hardware-Synthese, in der ein C-Programm oder ein VHDL-Beschreibung auf algorithmischer Ebene in eine RT-Struktur transformiert wird, (siehe Abschnitt 7.3 Seite 297), werden kundenspezifische Hardware-Komponenten auf RT-Ebene mit Hilfe der High-Level-Synthese erzeugt. IP-Modelle werden einer RTL-IP-Bibliothek entnommen. Es gibt Werkzeuge für die Schnittstellen-Synthese, die für die Schnittstellen-Komponenten RT-Strukturen erstellen. Als Unterstützung dafür dient z. B. die Bus-Datenbank (Bus Library).

Der PCAM-Generator integriert die Software-Binary-Dateien, die Hardware-RTL-Komponenten und die Schnittstellen-Komponenten, um daraus pin- und zyklusgenaue Modelle in C- oder Verilog zu erzeugen. Diese Modelle werden für die zyklusgenaue Simulation, für eine Prototypen-Erstellung und schließlich für die ASIC- oder SoC-Produktion verwendet [Ga09].

# 7.3 High-Level-Synthese

Forschungen auf dem Gebiet der High-Level-Synthese (HLS) begannen in den 1980-er Jahren in Firmen wie z. B. IBM, NEC, General Motors usw., aber auch an verschiedenen Universitäten in den USA wie Irvine, Stanford, Carnegie Mellon, Princeton und unter anderen, in Forschungsstätten wie IMEC in Belgien und am Forschungszentrum für Informatik FZI in Karlsruhe. Die ersten High-Level-Synthese-Systeme, um nur einige zu nennen, sind z. B. das „IBM High-Level Synthesis System HIS", das „CATHEDRAL-Environment" von IMEC, das Cyber-System der Fa. NEC, das „CALLAS/CADDY"-System aus dem FZI Karlsruhe (alle zitiert in [CaWo91]).

Eine grundlegende Abhandlung der High-Level-Synthese hat Professor G. De Micheli von der Stanford-Universität in den USA in seinem Buch *Synthesis and Optimization of Digital Circuits* [DeMi94] geleistet, das zu einem großen Teil Grundlage dieses Kapitels ist. Eine ausführliche Behandlung der Synthese allgemein einschließlich der High-Level-Synthese, auch Architektursynthese genannt, findet man in dem Buch von J. Teich und C. Haubelt [TeiHa10]. D. D. Gajski et al. [Ga09] stellen einige Methoden der High-Level Synthese vor, die hier teilweise wiedergegeben werden.

Schaltungsentwickler und Entwicklungs-Ingenieure standen der High-Level-Synthese anfangs skeptisch gegenüber. Die ersten High-Level-Synthese-Werkzeuge waren nicht nur teuer und komplex, sie benötigten erhebliche Einarbeitungszeiten, zudem waren die Ergebnisse oft nicht optimal. Die heutigen HLS-Werkzeuge sind in der Bedienung einfacher und liefern sehr gute Ergebnisse. Die Zeitersparnis für den Entwickler ist bei großen Schaltungsentwürfen erheblich.

## Einführung in die High-Level-Synthese

High-Level-Synthese heißt, „die makroskopische Struktur eines elektronischen Schaltkreises aus einem Verhaltensmodell (automatisch) zu generieren" [DeMi94]. Unter makroskopischer Struktur verstehen wir hier ein Schaltbild bzw. eine Netzliste auf Register-Transfer-Ebene, d. h. die einzelnen Ressourcen wie Funktionseinheiten, Verbindungselemente und Register sind *pingenau* dargestellt (siehe Abschnitt 3.8, Seite 100).

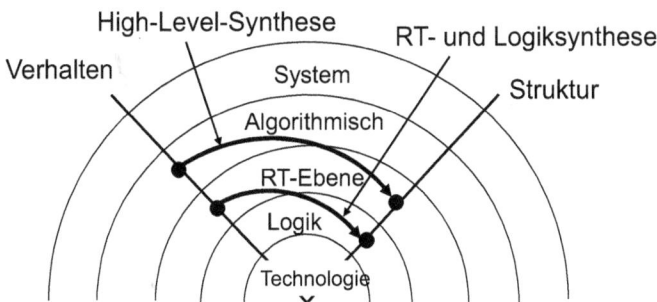

**Abbildung 7.5:** *Die High-Level-Synthese, sowie die RT- und Logiksynthese als Transformationen im Y-Diagramm von Gajski und Kuhn [GaKu83].*

**Begriffsbestimmungen**

Erinnern wir uns an das Y-Diagramm von Gajski und Kuhn [GaKu83] (siehe Abbildung 2.10, Seite 56), das uns eine Systementwicklung als Schritte durch die Abstraktionsebenen und Domänen veranschaulicht, so kann man dort die High-Level-Synthese als Transformation von der Verhaltensdomäne auf algorithmischer Ebene in die Strukturdomäne auf Register-Transferebene als Pfeil einzeichnen, wie es in der Abbildung 7.5 dargestellt ist. Mit anderen Worten: *Die High-Level-Synthese transformiert eine Verhaltensbeschreibung auf algorithmischer Ebene in eine Strukturbeschreibung auf Register-Transfer (RT)-Ebene.*

Wir nennen im Folgenden ein Werkzeug bzw. ein System, das die High-Level-Synthese automatisch durchführt, ein **HLS-Werkzeug** oder ein High-Level-Synthese-System. Die wesentlichen Teile eines High-Level-Synthese-Werkzeugs zeigt Abbildung 7.6. Die Eingabe in einer Hardware-Beschreibungssprache oder Programmiersprache wird vom **Frontend** aufgenommen. Der Kern des Systems mit den drei wesentlichen Schritten Allokierung, Scheduling und Bindung, führt die Transformation in die RT-Ebene durch, die im **Backend** des Systems als Netzliste in dem vom Benutzer gewünschten Format ausgegeben wird. In diesem Kapitel werden hauptsächlich die Funktionen des System-Kerns eines High-Level-Synthese-Systems beschrieben.

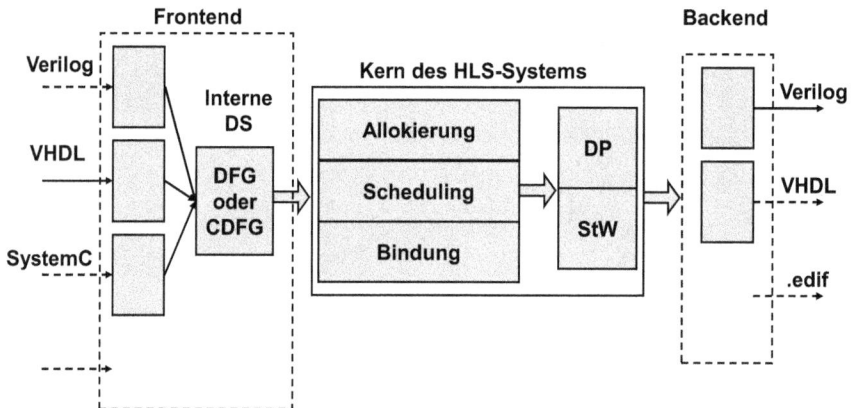

***Abbildung 7.6:*** *Die wesentlichen Teile eines HLS-Systems sind von links nach rechts: Das Frontend, der Kern des Systems und das Backend. Das Frontend transformiert die Eingabebeschreibung in eine interne Datenstruktur (DS). Das Backend gibt die RT-Struktur als Netzliste in einem gewünschten Format aus, z. B. in Verilog, VHDL oder als .edif-Datei (siehe unten).*

# Eingabe und Ausgabe eines High-Level-Synthese-Werkzeugs

Die **Eingabe** in ein High-Level-Synthese-Werkzeug ist nach obiger Erklärung ein Algorithmus, der in eine elektronischen Schaltungsstruktur transformiert werden soll und der in einer Programmiersprache wie beispielsweise C oder in einer Hardware-Beschreibungssprache wie VHDL oder Verilog beschrieben werden kann. Die Eingabebeschreibung wird im oben genannten Frontend des High-Level-Synthese-Werkzeugs umgewandelt in eine **interne Datenstruktur**, die meist einem Datenflussgraphen (Data Flow Graph DFG) oder Kontroll-DFG (CDFG) entspricht (siehe Abbildungen 3.1 und 3.2, Seite 78 und 79. Dadurch ist der Kern des High-Level-Synthese-Werkzeugs unabhängig von der Eingabe-Beschreibungssprache. Das High-Level-Synthese-Werkzeug kann durch eine Auswahl im Frontend auf eine andere Beschreibungssprache umgestellt werden, der Kern des Werkzeugs bleibt dadurch unberührt (siehe Bild 7.6).

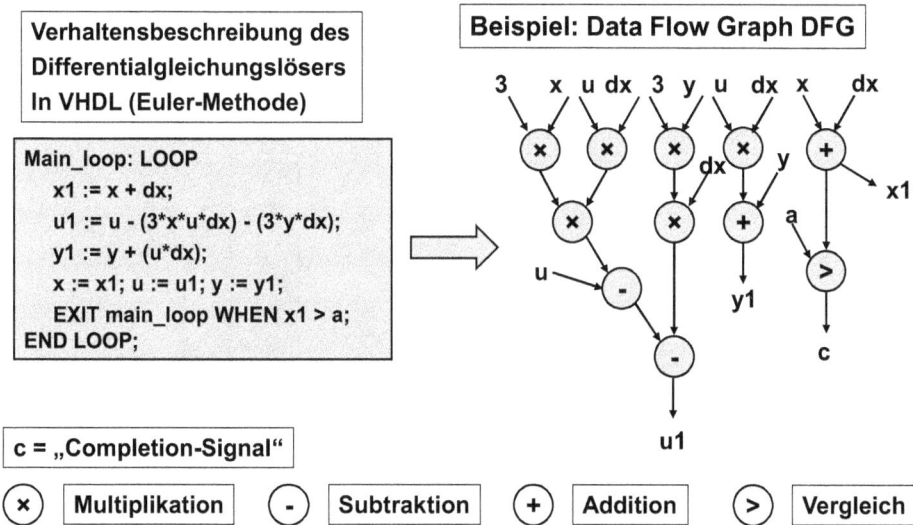

**Abbildung 7.7:** *Transformation der Eingabe im Frontend eines High-Level-Synthese-Werkzeugs in einen DFG. Hier ist als Beispiel die Beschreibung eines Differentialgleichungslösers dargestellt (nach [DeMi94]).*

Abbildung 7.7 zeigt auf der linken Seite die VHDL-Prozess-Schleife (Main_loop) des in diesem Kapitel durchgehend verwendeten Beispiels eines Differentialgleichungslösers, Diffeq genannt, als Verhaltensbeschreibung auf algorithmischer Ebene, das zuerst von Paulin et al. [Pau86] zur Erklärung des HAL-Systems, zitiert in [CaWo91] verwendet wurde und seither in vielen Veröffentlichungen zur Veranschaulichung von Algorithmen der High-Level-Synthese dient. Die Eingabebeschreibung wird durch das Frontend in einen Datenflussgraphen DFG oder in einen CDFG transformiert, der in Abbildung 7.7 rechts dargestellt ist. Die Knoten des DFG- oder CDFG-Flussgraphen stellen die einzelnen Operationen dar: Es sind dies im Beispiel Multiplikationen, Additionen, Subtraktionen und ein Vergleich. Die Kanten sind als Pfeile gezeichnet und zeigen die Datenflüsse des gerichteten Graphen. Im Bild 7.7 erfolgen die Eingaben in die obere Knotenreihe durch die im Beispiel verwendeten Variablen x, dx, u, y und durch die Konstante „3". Die Ausgabedaten erscheinen an den Unterseiten der Knoten mit x1, u1, y1, und c. Die Schleife (Loop) im Beispiel wird komplettiert durch die Verbindungen: x mit x1, u mit u1 und y mit y1, die hier nicht gezeigt sind.

Die **Ausgabe** des High-Level-Synthese-Werkzeugs, die Strukturbeschreibung auf RT-Ebene, besteht aus zwei Teilen: Einem **Datenpfad** (DP) und einem **Steuerwerk** (StW) (siehe Abbildung 3.20, Seite 102)). Das Steuerwerk ist, passend zum Datenpfad, ein endlicher Zustandsautomat. Er steuert die Komponenten des Datenpfads in Steuerzyklen

oder Taktschritten durch aufeinander folgende Zustände. Der Datenpfad auf RT-Ebene
ist in der Regel ein sequenzieller Schaltkreis mit mehreren Zuständen und besteht im
Wesentlichen aus drei Typen von Ressourcen oder Komponenten:
- Funktionale Einheiten (FE) wie z. B. Addierer, Multiplizierer, ALUs usw.,
- Speichereinheiten wie z. B. Register (Reg),
- Verbindungselemente wie z. B. Selektoren bzw. Multiplexer oder Busse.

In Abbildung 7.8 ist die Ausgabe eines High-Level-Synthese-Werkzeugs als Struktur aus
Datenpfad und Steuerwerk schematisch dargestellt.

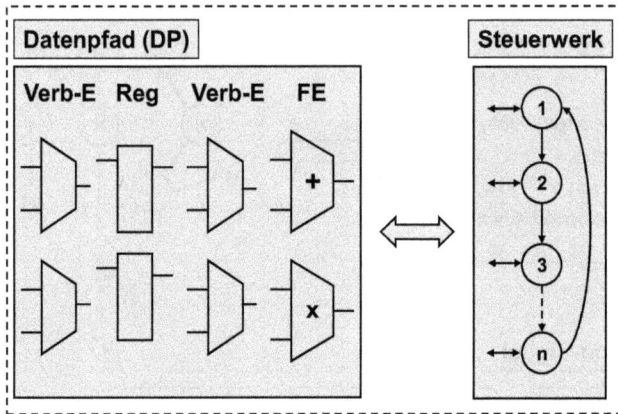

**Abbildung 7.8:** *Schematische Darstellung der Ausgabe eines High-Level-Synthese-Werkzeugs
als strukturelle RT-Beschreibung.*

In Abbildung 7.8 rechts ist schematisch ein Steuerwerk gezeigt. Es ist das Zustandsdiagramm eines zyklischen deterministischen endlichen Automaten (DEA) bzw. einer Finite
State Machine (FSM) mit $n$ Zuständen. Die Doppelpfeile an den Zuständen deuten an,
dass Daten in jedem Zustand Daten empfangen und Steuerbefehle an den Datenpfad ab-
gegeben werden. Die Steuerbefehle aktivieren die einzelnen Operationen und Register in
dem entsprechenden Zustand. Zudem erhält das Steuerwerk vom Datenpfad Informationen über die verarbeiteten Daten. Ein gleichmäßiger periodischer Steuerzyklus (Control
Cycle) bzw. ein solcher Takt schaltet die FSM von Zustand zu Zustand. Innerhalb eines
Steuerzyklus bzw. einer Taktperiode $T_c$ müssen die Operationen (oder Teiloperationen,
siehe später) des Datenpfads ausgeführt sein, d. h. es muss gelten [DeMi94]:

$$T_c > D_{max} \tag{7.1}$$

wobei $D_{max}$ die maximale Ausführungszeit einer Operation ist, auch maximale Verzögerungszeit genannt. Bei $n$ Zuständen ist somit die gesamte Ausführungszeit $T_{ges}$ der
gezeigten Schaltung: $T_{ges} = n * T_c$. Diese Beziehung gilt jedoch nur, wenn die Zustands-
dauer nur eine Taktperiode lang ist. Das ist oft nicht der Fall, in einer realen Schaltung
kann es Wartezustände und Verzweigungen in der FSM geben. Es werden somit nicht die
Anzahl Zustände der FSM für die Ermittlung der gesamten Ausführungszeit zugrunde
gelegt, sondern die Anzahl Steuerzyklen $\lambda$, **Latenz** genannt [DeMi94]. Für $T_{ges}$ gilt:

$$T_{ges} = \lambda * T_c \tag{7.2}$$

Die Ausgabedatei kann z. B. im EDIF-Format (Electronic Design Interchange Format) (siehe Abbildung 7.6), einem genormten Format zum elektronischen Austausch von Netzlisten und Schaltplänen zwischen EDA (Electronic Design Automation)-Systemen sein. Die Ausgabe kann aber auch in der gleichen Sprache erfolgen, die für die Eingabe verwendet wurde, vorausgesetzt, diese kann eine Netzlisten-Struktur beschreiben, was zum Beispiel mit VHDL und Verilog möglich ist. Die Ausgabe in der gleichen Beschreibungssprache zu wählen wie die Eingabe ist dann sinnvoll, wenn z. B. eine Simulation der Ausgabedatei mit dem gleichen Simulator durchgeführt werden soll, der für die Eingabedatei verwendet wurde.

# Bewertung von elektronischen Schaltkreisen

### Chipfläche und Performanz

Synchrone Schaltkreise werden nach verschiedenen Kriterien (Metriken) bewertet, beispielsweise nach Chipfläche, Performanz und Energiebedarf (aber auch andere Metriken sind möglich). Die Haupt-Bewertungskriterien sind Chipfläche und Performanz. Die **Chipfläche** oder Schaltkreisfläche $a$ setzt sich zusammen aus der Summe der Flächen der Komponenten, der Register, der Verbindungselemente, des Steuerwerks und der Verdrahtung. Dabei wird die Chipfläche in **Gatteräquivalenten** (Gate Equivalent GE) angegeben. Ein Gatteräquivalent entspricht in etwa der Fläche des einfachsten Gatters (das ist meist ein Inverter).

Die **Performanz** ist umgekehrt proportional der gesamten Ausführungszeit der Schaltung $T_{ges}$, wobei $\lambda$ die Latenz bedeutet und $T_c$ die Taktzeit bzw. die Steuerzykluszeit (siehe Formel 7.2).

$$Performanz = 1/T_{ges} = 1/(\lambda \times T_c) \tag{7.3}$$

Ein High-Level-Synthese-Werkzeug bewertet in der Regel den synthetisierten Schaltkreis durch Abschätzung von Fläche und Latenz oder Verzögerungszeit. Dabei wird in der Regel nur die Fläche und die Verzögerungszeit der verwendeten Komponenten in Betracht gezogen, da die Verdrahtungsfläche eventuell noch nicht bekannt ist.

### Der Entwurfsraum, Zeit- und Flächenschranken

Die Realisierung einer Schaltung wird als Punkt im Entwurfsraum dargestellt. Der Entwurfsraum wird in [DeMi94] über Chipfläche $a$, Latenz $\lambda$ und Steuerzykluszeit $t_c$ aufgespannt (siehe Abbildung 7.9). Die Steuerzykluszeit entspricht der Taktperiode des verwendeten Takts, die abhängig von der größten Verzögerungszeit der gewählten (allokierten) Komponenten eingestellt wird (siehe Formel 7.1).

High-Level-Synthese-Werkzeuge führen eine Optimierung der Schaltung durch „Exploration des Entwurfsraums durch" (siehe auch Seite 2.5.3, Seite 62). Nach dem Prinzip „Teile und herrsche" wird zunächst eine Teilfläche der Schaltung mit $t_c = const$ (siehe Abbildung 7.9) nach obiger Beziehung 7.1 ausgewählt und danach in der Teilfläche die Exploration des Entwurfsraums ausgeführt.

Abbildung 7.10 zeigt eine Teilfläche des Entwurfsraums mit einer angenommenen konstanten Steuerzykluszeit von $t_c = 10\ ns$. Auf der Ordinate ist die Chipfläche bzw. der Flächenbedarf $a$, auf der Abszisse die Latenz, also die Anzahl Steuerzyklen bzw. Taktperioden aufgetragen. (Die Latenz entspricht der Ausführungszeit der Schaltung.) Die

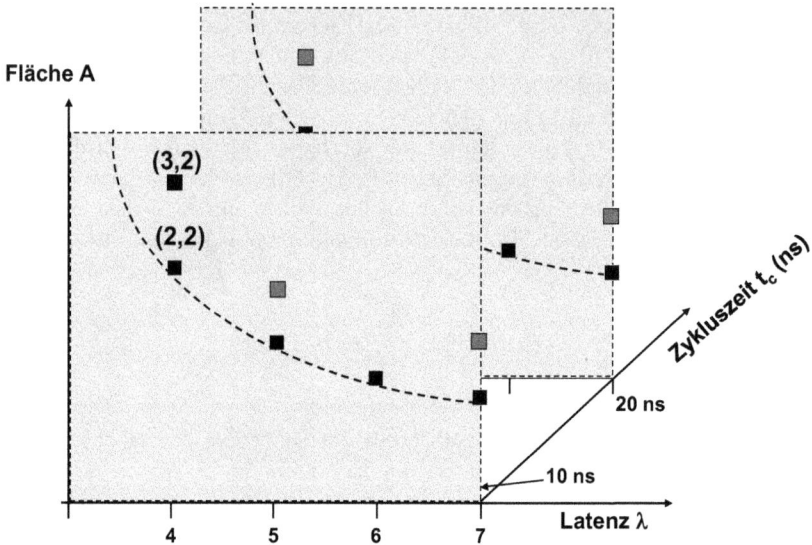

**Abbildung 7.9:** *Der Entwurfsraum ist zum Beispiel aufgespannt über der Fläche a und der Latenz λ in Steuerzyklen und der Zykluszeit $t_c$ in ns (nach [DeMi94]).*

kleinen Quadrate sind mögliche Realisierungspunkte ein und desselben Schaltungsbeispiels, hier des Differentialgleichungslösers (siehe oben).

Man sieht aus Abbildung 7.10, dass es viele verschiedene Realisierungsmöglichkeiten für dieses Schaltungsbeispiel gibt, wobei eine charakteristische Eigenschaft erkennbar ist: Bei Schaltungen mit kurzer Latenz, beispielsweise mit 4 Steuerzyklen, ist die Fläche $A_1$ relativ groß. Ist dagegen die Chipfläche klein, ist die Latenz groß (beispielsweise bei 7 Steuerzyklen). Der Grund dafür ist folgender: Eine Schaltung mit kurzer Ausführungszeit kann z. B. dadurch erreicht werden, dass möglichst viele Operationen pro Steuerzyklus nebenläufig ausgeführt werden. Das heißt es werden mehr Funktionseinheiten benötigt als bei sequenziell ausgeführten Operationen und das kostet Fläche. Zusätzlich werden performante Funktionseinheiten verwendet, die in der Regel eine größere Fläche haben, als weniger performante. Die Hardware-Kosten einer Schaltung sind etwa proportional zum Hardware-Aufwand bzw. zur Fläche $a$, die Leistungsfähigkeit (Performanz) entspricht in etwa der reziproken Latenz bzw. Ausführungszeit. Bei einem geringeren Hardware-Aufwand wird die Performanz geringer sein und umgekehrt, bei höherem Hardware-Aufwand steigt die Performanz, aber auch die Kosten steigen. Für eine bestimmte gewählte Schaltkreistechnologie gilt in etwa die Beziehung $a \times \lambda = konstant$, die als Hyperbel in den Entwurfsraum Abbildung 7.10 eingezeichnet ist. Alle Schaltungsrealisierungen, die auf der Hyperbel liegen, sind optimal und werden als **Pareto-Punkte** bezeichnet. Alle Realisierungen, die über der Hyperbel liegen, sind suboptimal und sollten vermieden werden, da sie teure Fläche verschwenden.

Eingebettete Systeme werden oft in Echtzeitsystemen eingesetzt, die eine bestimmte Ausführungszeit, d. h. bestimmte **Zeitschranken** nicht überschreiten dürfen. Eine solche Zeitschranke ist in Abbildung 7.10 beispielhaft für die Latenz $\lambda = 4, 1$ Steuerzyklen

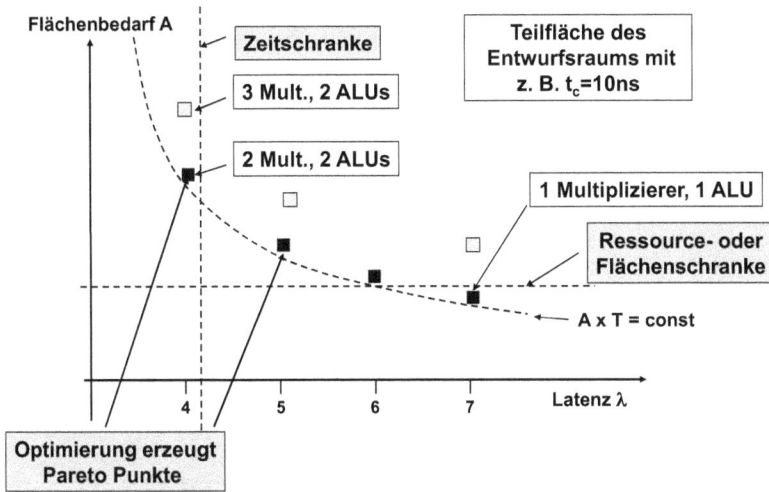

**Abbildung 7.10:** *Mögliche Realisierungsinstanzen einer Schaltung in einer Teilfläche des Entwurfsraums. Eine Teilfläche des Entwurfsraums ist hier aufgespannt über der Fläche a und der Latenz $\lambda$ in Steuerzyklen mit der Zykluszeit $T_c = const$ (nach [DeMi94]).*

bei einer konstanten Steuerzykluszeit $T_c = 10\ ns$ eingezeichnet. Die Zeitschranke $T_s$ liegt in unserem Beispiel bei $T_s = \lambda \times T_c = 4,1 \times 10\ ns = 41\ ns$. Die optimale Fläche $A_1$ ergibt sich durch den entsprechenden Paretopunkt, der als nächstes links neben der Zeitschranke liegt. Als Entwurfsziel kann auch gelten, dass die Chipfläche eine bestimmte Grenze nicht überschreiten darf, beispielsweise für kleine tragbare Geräte, bei denen bei bestimmten Funktionen die Ausführungszeit nicht wesentlich begrenzt werden muss. In diesem Fall wird eine Ressource- oder Flächenschranke gesetzt, die in unserem Beispiel Abbildung 7.10 bei $A_s$ eingezeichnet ist. Die optimale Ausführungszeit ergibt sich durch den entsprechenden Paretopunkt, der als nächstes unter der Flächenschranke liegt. In unserem Beispiel Abbildung 7.10 ist dies der Paretopunkt bei $\lambda = 7$. Daraus berechnet sich nach Formel 7.2 die gesamte Ausführungszeit zu: $T_{ges} = 7 \times 10\ ns = 70\ ns$.

## 7.3.1 Die wesentlichen Schritte der High-Level-Synthese

Der Kern des High-Level-Synthese-Systems führt im Wesentlichen vier Schritte durch:
– Die Komponentenauswahl oder Allokierung (Allocation). Siehe Abschnitt 7.3.2.
– Die Zeitablaufplanung oder Ablaufplanung (Scheduling). Siehe Abschnitt 7.3.3.
– Die Ressourcen-Bindung (Binding, Assignment). Siehe Abschnitt 7.3.4.
– Die Steuerwerksynthese. Siehe Abschnitt 7.3.5.

Die Reihenfolge der ersten drei Schritte kann bei verschiedenen High-Level-Synthese-Systemen unterschiedlich sein. Im Folgenden werden die einzelnen Schritte in der oben genannten Reihenfolge behandelt. Die ersten drei Schritte sind schematisch in Abbildung 7.11) dargestellt.

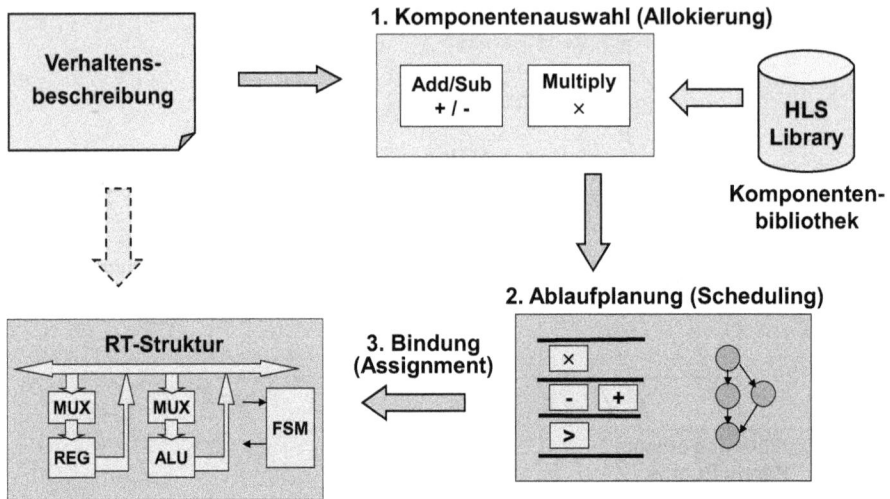

**Abbildung 7.11:** *Die ersten drei Schritte der High-Level-Synthese sind Allokierung, Ablauf-planung (Scheduling) und Bindung oder Assignment.*

## 7.3.2    Allokierung

**Allokierung** in der High-Level-Synthese bedeutet: *Es werden die, für die Synthese benötigten Ressourcen aus einer technologiespezifischen Komponentenbibliothek (HLS Library) nach dem vorgegebenen Entwurfsziel optimal ausgesucht.* Dabei ist das Entwurfsziel z. B. durch Setzen einer Zeit- oder Flächenschranke für die zu synthetisierende Schaltung gegeben (siehe Abbildung 7.10, Seite 303). Die Menge der allokierten Komponenteninstanzen nennt man *Allokation* [Bring03].

In der Komponentenbibliothek (siehe Abschnitt 7.3.2) stehen meist viele alternative Komponenten zur Verfügung. So können z. B. für die Operationen Addition, Subtraktion und Vergleich je eine separate Komponente aber möglicherweise auch eine ALU ausgewählt werden, die jede der genannten Operationen ausführen kann. Die Allokierung muss hier die geeignete Auswahl treffen und auch die Kombination verschiedener Komponenten beachten [Bring03].

pagebreakDie Allokierung muss kein separater Syntheseschritt sein. Beispielsweise wurde im *Behavioral Compiler*$^{TM}$ der Firma Synopsys$^{TM}$, einem der ersten handelsüblichen High-Level-Synthese-Werkzeuge in den frühen 1990er Jahren, die Allokierung in den Scheduling-Schritt integriert. In einem anderen High-Level-Synthese-Werkzeug der Firma Mentor$^{TM}$, in *Monet*$^{TM}$, ebenfalls aus den 1990er Jahren, wurde die Allokierung interaktiv durchgeführt, d. h. zu Beginn der Synthese wurde eine Liste verschiedener Komponenten gezeigt, aus denen der Entwickler geeignete Instanzen auswählen konnte. Die Qualität der Auswahl hängt in diesem Fall von der Erfahrung des Entwicklers ab. (*Anmerkung:* Beide genannten Synthesewerkzeuge sind nicht mehr verfügbar.)

### Die Komponenten- oder Technologiebibliothek

Die Komponentenbibliothek oder Technologisbibliothek enthält die für die High-Level-Synthese notwendigen Komponenten (Ressourcen) in einer bestimmten Technologie (siehe Abschnitt 1.8, Seite 23). Im Folgenden werden die Begriffe „Ressource", „Komponente" und „Funktionseinheit" gleichbedeutend verwendet. Jedes High-Level-Synthese-Werkzeug hat in der Regel eine Auswahl gängiger Technologie-Bibliotheken für bestimmte Strukturgrößen, z. B. je eine Bibliothek für Standardzellen-Technologie der Strukturgröße 90nm und der Makrozellen-Technologie mit 90nm-Strukturen.

Die Bibliothek enthält folgende Komponententypen:
- Funktionale und primitive Komponenten,
- anwendungsspezifische Komponenten,
- Speicherkomponenten und
- Schnittstellenkomponenten.

Die **funktionalen primitiven** Komponenten sind meist Schaltkreise für arithmetische und logische Operationen, die einmal sorgfältig entwickelt wurden und oft gebraucht werden. Für arithmetische Operationen sind dies z. B. Addierer, Subtrahierer, Vergleicher (Komparatoren) und Multiplizierer. Für logische Operationen sind dies zum Beispiel Enkoder, Dekoder usw.

Für diese Art Funktionseinheiten existiert meist eine größere Anzahl verschiedener Ausführungsarten, die entweder in Bezug auf Performanz oder in Bezug auf möglichst kleine Fläche optimiert sind. Beispiele aus der Kategorie Addierer sind einerseits die Serienaddierer mit Übertragsweiterleitung (Ripple Carry Adder, siehe Seite 199), die kostengünstig aber relativ langsam sind und andererseits die Addierer mit Übertragsvorschau (Carry Look Ahead Adder), oder der Brent-Kung-Addierer mit Baum-Struktur, die performant aber teuer sind (siehe auch Seite 349).

Die **anwendungsspezifischen** Komponenten sind Schaltkreise, die eine spezifische Funktion erfüllen wie z. B. eine Unterbrechungseinheit (Interrupt Handler) für einen Prozessor.

**Speicherkomponenten** speichern Daten. Beispiele dafür sind Register, Read-Only-Speicher (ROM), EPROMs (Eraseable Programmable ROMs) und RAM-Speicher.

**Schnittstellenkomponenten** unterstützen den Datentransfer. Es sind dies:
- Interne Schnittstellenkomponenten wie zum Beispiel die Verbindungselemente Multiplexer und Busse,
- externe Schnittstellenkomponenten wie zum Beispiel Eingabe/Ausgabe-Schnittstellen mit Speichereigenschaften.

Die Komponenten der Bibliothek sind in der Regel generisch beschrieben (siehe Abschnitt 5.1.10, Seite 198) und werden bei Bedarf mit „Modulgeneratoren" erzeugt. Beispiel: Ein High-Level-Synthese-System benötigt einen 32-Bit- und einen 64-Bit-Serienaddierer. Es gibt zwei Aufrufe an die Komponentenbibliothek, einmal mit dem Parameter Datenbreite = 32 Bit und einmal mit dem Parameter Datenbreite = 64 Bit. In der Bibliothek ist ein Serienaddierer als generische Struktur beschrieben. Beim ersten Aufruf wird mit Hilfe des **Modulgenerators** ein solcher Addierer mit der Datenbreite 32 Bit und beim zweiten Aufruf ein 64-Bit-Addierer generiert. Zusätzlich wird meist für jede Komponente in der Bibliothek technologiespezifisch angegeben:

- Die Fläche in Gatteräquivalenten (siehe oben),
- die Anzahl der nötigen Ausführungszyklen (Taktzyklen oder Steuerzyklen),
- die maximale Verzögerungszeit $D_{max}$ pro Ausführungszyklus.

**Schaltnetze** sind Komponenten, die nur aus Gattern (ohne Rückkopplung) aufgebaut sind wie z. B. Addierer. Sie benötigen nur **einen Ausführungszyklus** und enthalten keinen internen Speicher und damit keinen inneren Zustand. Die Eingangsdaten werden kontinuierlich berechnet und das Ergebnis steht nach der angegebenen maximalen Verzögerungszeit $D_{max}$ zur Verfügung, vorausgesetzt die Eingangswerte bleiben während dieser Zeit stabil.

**Schaltwerke** sind „sequenzielle Komponenten", sie enthalten interne Register, einen Takteingang und damit auch einen oder mehrere innere Zustände. Für ihre Ausführung sind mehrere Taktzyklen nötig. Beispiele für sequenzielle Komponenten sind Zähler und Zeitgeber (Timer).

## 7.3.3    Zeitablaufplanung (Scheduling)

Unter **Ablaufplanung (Scheduling)** versteht man nach De Micheli [DeMi94]: *Die Zuweisung der Operationen einer zu synthetisierenden Schaltung zu einer zeitlichen Abfolge von Steuerzyklen innerhalb gegebener Schranken, mit dem Ziel, eine Kostenfunktion zu minimieren.*

### Einführung in die Zeitablaufplanung: Der Sequenzgraph

Der **Sequenzgraph** Abbildung 7.12 rechte Seite, ist eine vereinfachte Darstellung eines Datenflussgraphen (DFG). Er wird uns helfen, die Herleitung und die Optimierung des Zeitablaufplans durchzuführen. Der Sequenzgraph entsteht dadurch, dass die Eingabewerte in die „oberste" Knotenreihe sowie die Ausgabewerte des DFG weggelassen werden und stattdessen ein Startknoten (Quellknoten) als NOP (No-operation)-Knoten sowie ein NOP-Knoten als Endknoten (Senke) eingeführt wird.

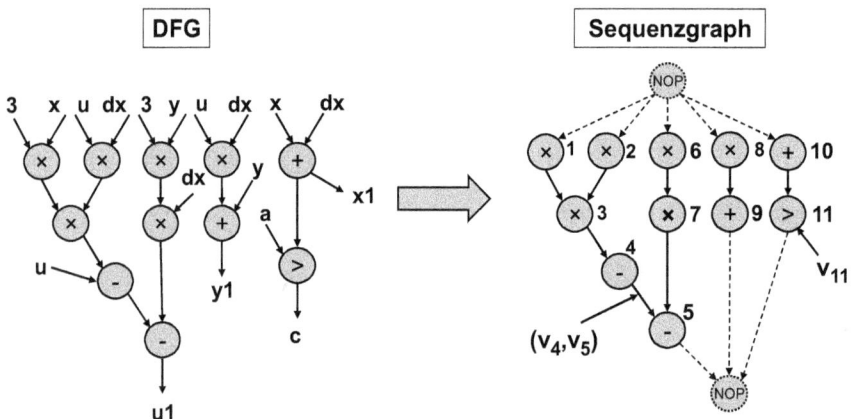

***Abbildung 7.12:*** *Der Sequenzgraph (rechte Seite im Bild) entsteht aus dem Data Flow Graph (DFG), indem die Eingabe- und Ausgabewerte weggelassen werden. Oft wird ein NOP-Quellknoten sowie eine NOP-Senke zugefügt (nach [DeMi94]).*

Während der Sequenzgraph zunächst nur die Operationen der Schaltung und die Abhängigkeiten zwischen den Operationen genau darstellt, beschreibt der Ablaufplan im Sequenzgraph die präzisen Startzeiten jeder Operation. Die Startzeiten müssen die Abhängigkeiten im Sequenzgraphen berücksichtigen. Beispielsweise dürfen zwei Operationen, zwischen denen eine Datenabhängigkeit besteht (z. B. Operation 1 und 3 im Bild 7.12) nicht nebenläufig (parallel), sondern müssen sequenziell ausgeführt werden. Der Zeitablaufplan bestimmt damit die sequenzielle und die parallele Ausführung von Operationen und damit ganz wesentlich die Performanz der Schaltung. Zugleich wird die maximale Anzahl nebenläufiger Operationen eines bestimmten Operationstyps (zum Beispiel eines Addierers) in einem Zeitschritt festgelegt und damit die untere Grenze der Anzahl der benötigten Hardware-Komponenten (Ressourcen) dieses Typs. Daher beeinflusst die Wahl des Zeitablaufplans sowohl Performanz als auch Fläche der Implementierung.

Wie oben erwähnt, wird während der Zeitablaufplanung eine Kostenminimierung durchgeführt, für die es zwei Optimierungsvarianten gibt: Die eine wird **Time Constrained Scheduling (TCS)** genannt, die andere **Resource Constrained Scheduling (RCS)**. Bei TCS wird eine Zeitschranke gesetzt (siehe Abschnitt 7.3, Seite 301) und die Ressourcen werden minimiert. Bei RCS wird eine Ressourcenschranke gesetzt und die Ausführungszeit wird minimiert bzw. es wird oft von der minimalen Ausführungszeit des *kritischen Pfades* (minimale Latenz, siehe unten) ausgegangen. Wir behandeln in diesem Buch hauptsächlich das Resource Constrained Scheduling und verweisen den an TCS interessierten Leser auf [DeMi94] oder auf [Ga09]. Mit anderen Worten: *Die Ablaufplanung hat die Aufgabe, aus einer Menge von Komponenten, der Allokation (siehe Abschnitt 7.3.2, Seite 304), Operationen zu Steuerzyklen so zuzuordnen, dass eine der Optimierungsaufgaben: RCS oder TCS gelöst wird.* Wir verwenden in den folgenden Abschnitten als Beispiel den einfachen Sequenzgraphen unserer Diffeq-Schaltung, der nicht hierarchisch ist und keine Verzweigungen und keine iterativen Elemente (Schleifen) enthält.

Sequenzgraphen der „realen Welt" sind meist sehr viel umfangreicher. Abbildung 7.25, Seite 324 zeigt als Beispiel den Sequenzgraphen einer Diskreten-Cosinus-Transformations-(DCT)-Schaltung, die auch als Benchmark unter der Bezeichnung COSINE2 verwendet wird (aus [Wang07]).

Ausgangspunkt für das Scheduling ist der **Sequenzgraph** $G_s(V, E)$, der ein gerichteter azyklischer Graph ist, wie er in Abbildung 7.12 dargestellt wird. Die **Knotenmenge** des Sequenzgraphen $V = v_i$; $i = 0, 1, ..., n$ repräsentiert die Menge der Operationen und die Kantenmenge $E = (v_j, v_i)$; $j, i = 0, 1, ..., n$ stellt die Datenabhängigkeiten zwischen den Knoten dar. Die Knoten sind nummeriert, im Bild 7.12 stellt z. B. $v_{11}$ die Operation „Vergleich" (größer als) dar. Die Kante $(v_4, v_5)$ bezeichnet z. B. die Datenabhängigkeit zwischen den Operationen $v_4$ und $v_5$. Die Zahl $n = n_{ops} + 1$ ist die Zahl der Operationen + 1. Der Quell-Knoten ist $v_0$ (NOP) und die Senke ist $v_n$ (NOP). Die **Verzögerungsmenge (Delay)** $D = d_i$; $i = 0, 1, ..., n$ ist die Menge der Ausführungszeiten der Operationen, wobei die Ausführungszeiten der Quelle und der Senke $d_0 = d_n = 0$ sind [DeMi94]. Wir nehmen hier an, dass die Verzögerungen datenunabhängig und bekannt sind. Das heißt, wir haben es mit einer *synchronen* Schaltkreisbeschreibung zu tun, die durch einen Takt gesteuert wird, dessen Taktperiode länger ist als die größte Verzögerungszeit $d_{max}$ aus der Menge $D$.

Der Einfachheit halber gehen wir zusätzlich davon aus, dass alle Operationen die gleiche Ausführungszeit aufweisen, die innerhalb eines *Zeitschritts* ablaufen kann. Daher können wir die Ausführungszeiten vereinfacht in ganzen Zahlen angeben, als Zeitschritte, Taktperioden bzw. Taktzykluszeiten. Wir bezeichnen mit $T = t_i; i = 0, 1, ..., n$ die *Startzeiten* der Operationen, d. h. die Zeitschritte, in denen die Operationen beginnen. Die Vektornotation $T$ wird oft verwendet, um alle Startzeiten in kompakter Form darzustellen. Die Startzeiten $T$ sind sozusagen Attribute der Operationsknoten.

Damit hat *die Zeitablaufplanung (Scheduling) die Aufgabe, die Startzeiten der Operationen so zu bestimmen, dass die Rangfolge der Operationen, die der Sequenzgraph vorgibt, eingehalten wird.* Rangfolge bedeutet hier, dass Datenabhängigkeiten zwischen den Operationen berücksichtigt werden. Der Sequenzgraph fordert, dass die Startzeit einer Operation mindestens so groß ist wie die Startzeit ihres Vorgängerknotens (Predecessor) plus dessen Ausführungszeit: Das heißt es gilt [DeMi94]:

$$t_i \geq t_j + d_j \quad \forall j, i : \quad (v_j, v_i) \in E \tag{7.4}$$

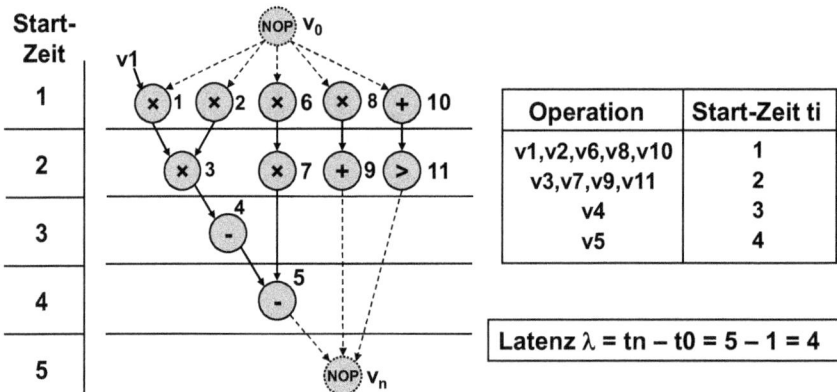

**Abbildung 7.13:** *Beispiel: Uneingeschränkter Zeitablaufplan des Sequenzgraphen des Differentialgleichungslösers. Auf der rechten Seite stehen in der Tabelle die Startzeiten der Operationen. Die Latenz ist $\lambda = 4$ ([DeMi94]).*

Die **Latenz** des Zeitablaufplans bzw. des Schedule $\lambda$ ist die Differenz zwischen den Startzeiten der Senke $v_n$ und der Quelle $v_0$: $\lambda = t_n - t_0$. In unseren Beispielen ist $t_0 = 1$, das heißt die ersten Operationen beginnen ihre Ausführungszeit im ersten Taktzyklus. Ein Zeitablaufplan, basierend auf dem Sequenzgraphen ist ein Sequenzgraph mit gewichteten Knoten, wobei jeder Knoten mit seiner Startzeit bezeichnet ist (siehe Abbildung 7.13). Ein Zeitablaufplan hat zusätzlich meist Zeit- oder Ressourcen-Einschränkungen. Auf verschiedene Scheduling-Algorithmen mit und ohne Schranken wird weiter unten näher eingegangen.

Ein **uneingeschränkter Zeitablaufplan** (Unconstrained Schedule) ist eine Menge von Operationen und deren Startzeiten $T$, die die Beziehung 7.4 befriedigt und keinen Ressourcen-Schranken unterliegt. Abbildung 7.13 zeigt als Beispiel den uneingeschränkten Zeitablaufplan des Sequenzgraphen des Differentialgleichungslösers (Diffeq).

Auf der rechten Seite im Bild stehen in der Tabelle die Startzeiten der Operationen. Wir nehmen an, dass alle Operationen die gleiche Ausführungszeit $t_i = 1$ haben. Die Latenz ist in unserem Beispiel $\lambda = t_n - t_0 = 4$.

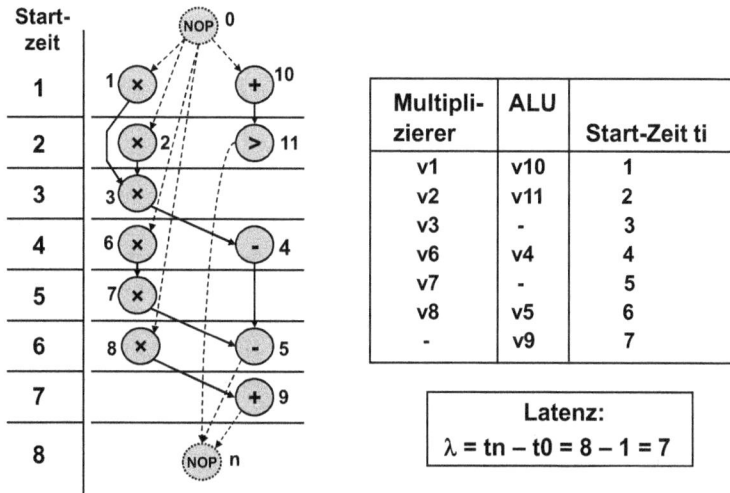

| Multipli-zierer | ALU | Start-Zeit ti |
|---|---|---|
| v1 | v10 | 1 |
| v2 | v11 | 2 |
| v3 | - | 3 |
| v6 | v4 | 4 |
| v7 | - | 5 |
| v8 | v5 | 6 |
| - | v9 | 7 |

| Latenz: |
|---|
| $\lambda$ = tn – t0 = 8 – 1 = 7 |

**Abbildung 7.14:** *Beispiel: Eingeschränkter Zeitablaufplan des Sequenzgraphen des Differentialgleichungslösers. Für den Zeitablaufplan wurde eine Schranke von einer Ressource pro Operationstyp eingeführt [DeMi94].*

Abbildung 7.14 zeigt das Beispiel eines Zeitablaufplans für den Diffeq mit Ressource-Schranken. Es wurde eine Schranke von einer Ressource pro Operationstyp eingeführt. Das heißt, nur ein Multiplizierer und eine ALU werden verwendet. Die ALU kann die Operationen Addieren, Subtrahieren und Vergleich durchführen. Rechts im Bild stehen in der Tabelle die Startzeiten der Operationen. Die Latenz beträgt: $\lambda = t_n - t_0 = 8 - 1 = 7$. Das Beispiel illustriert, dass enge Ressourcen-Schranken den Zeitablaufplan stark verlängern können.

### Zeitablaufplanung ohne Ressource-Schranken

Ein uneingeschränkter Zeitablaufplan kann *keine* Optimierung durch Minimierung der Ressourcen erreichen, jedoch können sie zwei für die High-Level-Synthese wichtige Kennzahlen des Schaltkreises, die **Minimum-Latenz** $\overline{\lambda}$ und die **Mobilität** der Operationen liefern. Die Minimum-Latenz ist die Latenz des längsten Pfades der Operationen zwischen denen Datenabhängigkeiten bestehen. Dieser Pfad läuft von der Quelle bis zur Senke und wird „kritischer Pfad" genannt. In unserem Beispiel Abbildung 7.13 wird der kritische Pfad dargestellt durch die Operationsknoten $v1, v3, v4, v5$. In der Regel kann die gesamte Ausführungszeit einer Schaltung nicht kleiner sein als die Ausführungszeit des kritischen Pfades. Minimum-Latenz und Mobilität erhält man durch Anwendung des ASAP- und ALAP-Algorithmus.

**Der ASAP-Scheduling-Algorithmus**

Den uneingeschränkten Zeitablaufplan erhält man durch Anwendung des ASAP-Algorithmus. ASAP steht für *As Soon As Possible*, die Anwendung des ASAP-Algorithmus nennt man „ASAP-Scheduling" [DeMi94], weil die Operationen „so früh wie möglich" eingeplant werden, d. h. die Startzeiten für jede Operation, soweit es die Datenabhängigkeiten zulassen, sind so klein wie möglich. Wir bezeichnen die Startzeiten, die der ASAP-Algorithmus 8.1, Abbildung 7.15, festlegt mit $t^S$, es ist ein Vektor mit ganzzahligen Komponenten $\{t^S;\ i = 0, 1, ..., n\}$.

Der Algorithmus 8.1 Abbildung 7.15 aus [DeMi94] hat als Voraussetzung den Sequenzgraphen $G_S(V, E)$ und beginnt durch Setzen des Anfangsknotens $v_0$ (NOP-Knoten, siehe Bild 7.17, linke Seite als Beispiel). In einer Schleife (*repeat*) werden die Knoten $v_i$ eingeplant (*scheduled*), deren Vorgänger (*predecessors*) bereits eingeplant sind. Das Scheduling geschieht durch Setzen der Startzeiten $t_i^S$ der Operationen. Dabei wird für $t_i^S$ der maximale Wert der Startzeit von $t_j^S$ genommen und die Ausführungszeit $d_j$ addiert, wobei die Indizes $j$ und $i$ durch die jeweilige Kante $(v_j, v_i)$ bestimmt werden, die von einem bereits eingeplanten Operationsknoten zu einem gerade einzuplanenden Knoten führen. Die Länge des ASAP-Schedules ist $\overline{\lambda} = t_n^S - t_0^S$. Es ist die Länge des „kritischen Pfades" und wird Minimum-Latenz genannt.

**Algorithmus 8.1**

**ASAP** (Gs(V, E)) {

    Schedule $v_0$ by setting $t_0{}^S$= 1;

    **repeat** {

        Select a vertex $v_j$ whose predecessors are all scheduled;

        Schedule $v_j$ by setting $t_j{}^S$ = max ($t_i{}^S$ + $d_j$); (j: $(v_i, v_j) \in E$)

    }

    **until** ($v_n$ is scheduled);

    **return** ($t^S$);

**End ASAP**

*Abbildung 7.15: Algorithmus 8.1 ASAP-Algorithmus [DeMi94].*

Ein Beispiel des ASAP-Schedule des Differentialgleichungslösers zeigt Bild 7.17, linke Seite. Wir gehen der Einfachheit halber davon aus, dass alle Operationen die gleiche Ausführungszeit $d_i = 1$ haben. Der ASAP-Algorithmus setzt zuerst $t_0 = 1$. Danach werden die Operationsknoten eingeplant, deren Vorgänger $v_0$ (NOP) bereits eingeplant wurde, das sind die Knoten $v_1, v_2, v_6, v_8, v_{10}$. Ihre Startzeit wird zu $t_0^S + d_0 = 1 + 0$ gesetzt. Danach werden die Knoten $v_3, v_7, v_9, v_{11}$ eingeplant usw. Die Startzeit des Endknotens ist $t_n^S = 5$ und damit ist die Latenz $\lambda = 5 - 1 = 4$. Der ASAP-Algorithmus liefert die minimalen Werte der Start-Zeiten der einzelnen Operationen, die durch die jeweiligen Datenabhängigkeiten erlaubt sind. Es wird keine Optimierung durchgeführt, d. h. in Bezug auf die Ressourcen ist es kein optimaler Schedule.

**Der ALAP-Algorithmus**

Der ALAP (*As Late As Possible*)-Algorithmus ist der zum ASAP komplementäre Algorithmus. Der Algorithmus 8.2, Abbildung 7.16 nach [DeMi94], hat als Voraussetzungen

**Algorithmus 8.2**
  **ALAP** (Gs(V, E))
      Schedule $v_n$ by setting $t_n{}^L = \overline{\lambda} + 1$; i = n;
      **repeat** {
          Select a vertex $v_i$ whose successors are all scheduled;
          Schedule $v_i$ by setting $t_i{}^L = \min t_j{}^L - d_i$; (j: $(v_i,v_j) \in E$); i = i -1;
      }
      **until** ($v_0$ is scheduled);
      **return** ($t^L$);
  **End ALAP**

*Abbildung 7.16:* *Algorithmus 8.2 ALAP-Algorithmus [DeMi94].*

den Sequenzgraphen $G_S(V, E)$ und $\overline{\lambda}$, die Latenz des ASAP-Schedules. Der Algorithmus beginnt durch Setzen des Endknotens $v_n$ (NOP-Knoten) mit $t_n^L = \overline{\lambda} + 1$. In einer repeat-Schleife werden die Knoten $v_i$ eingeplant, deren Nachfolger (*successors*) bereits eingeplant sind. Das Scheduling geschieht durch Setzen der Startzeiten $t_i^L$ der Operationen. Dabei wird für $t_i^L$ der minimale Wert der Startzeit von $t_j^L$ genommen und die Ausführungszeit $d_i$ wird subtrahiert, wobei die Indizes $i$ und $j$ durch die jeweilige Kante $(v_i, v_j)$ bestimmt werden, die von einem einzuplanenden Knoten zum Nachfolgeknoten führen.

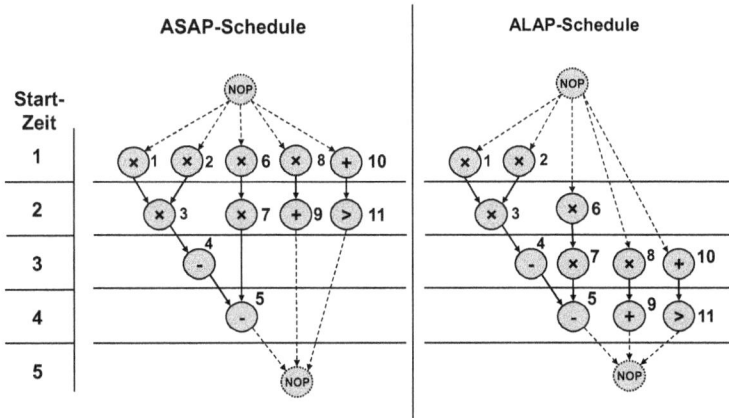

*Abbildung 7.17:* *Beispiele eines ASAP-Zeitablaufplan (linke Seite) und eines ALAP-Zeitablaufplans (rechte Seite) für den Differentialgleichungslöser [DeMi94].*

Im Beispiel Abbildung 7.17, rechte Seite ist der ALAP-Schedule des Differentialgleichungslösers dargestellt. Auch hier gehen wir von einheitlichen Operations-Ausführungszeiten $d_i = 1$ aus. Die Latenz $\overline{\lambda} = 4$ ist gegeben durch den ASAP-Algorithmus. Der Algorithmus plant zuerst $v_n$ ein und setzt $t_n^L = 5$.

Danach werden die Operationsknoten $v_5, v_9, v_{11}$ eingeplant, da der Nachfolger $v_n$ bereits eingeplant ist. Ihre Startzeiten sind: $t_n^L - 1 = 4$. Danach werden die Knoten $v_4, v_7, v_8, v_{10}$ eingeplant usw.

Der ALAP-Algorithmus liefert die maximalen Werte der Start-Zeiten der einzelnen Operationen, die durch die jeweiligen Datenabhängigkeiten erlaubt sind. Es wird keine Optimierung durchgeführt, d. h. in Bezug auf die Ressourcen ist es kein optimaler Schedule.

**Mobilität**

Eine wichtige Größe ist die Mobilität $\mu$ der Operationen. Es ist die Differenz zwischen den Startzeiten der Operationen von ALAP- und ASAP-Algortihmus: $\mu = t^L - t^S$. Die Mobilität gibt an, um wie viele Startzeit-Einheiten bzw. um wie viele Taktzyklen im Zeitablaufplan eine Operation verschoben werden kann, ohne die Funktion des Ablaufplans zu verändern. Die Mobilität liefert daher das Potenzial und den „Freiheitsgrad" für Schedule-Optimierungen.

Die Mobilität der Operationen, die auf dem kritischen Pfad liegen ist null, da die Startzeiten des ASAP- und des ALAP-Schedule gleich sind. Betrachten wir einige Mobilitäten von Operationen in unserem Differentialgleichungslöser (siehe Bild 7.17), so sehen wir, dass die Mobilität der Operationen $v_6$ und $v_7$ $\mu = 1$ ist. Die Mobilität der Operationen $v_8$, $v_9$ und $v_{10}$, $v_{11}$ ist $\mu = 2$.

### Zeitablaufplanung unter Ressourceschranken

Wir betrachten im Rahmen dieses Buches hauptsächlich die Zeitablaufplanung unter Ressourceschranken (Resource Constrained Scheduling RCS), mit Ausblicken auf die Ablaufplanung unter Zeitschranken (Time Constrained Scheduling TCS). Die TCS-Algorithmen sind meist Varianten der RCS-Algorithmen

Die Anzahl der Transistoren pro Flächeneinheit auf Chips steigt von Jahr zu Jahr. Gleichzeitig wird angestrebt, auf den Chips immer mehr Funktionen unterzubringen, die Chips zu verkleinern und energieeffizienter auszulegen. Diese Forderungen sind nur durch Ressource-Minimierung zu erfüllen.

Das Problem der optimalen Zeitablaufplanung unter Ressource-Schranken hat erhebliche praktische Bedeutung und ist bei exakter Lösung von der Komplexität NP-hart [DeMi94]. Daher werden für die Lösung des RCS-Problems bei größeren Schaltungen heuristische Verfahren verwendet, auf die in der Folge näher eingegangen wird.

Bei kleineren bis mittelgroßen Schaltungen kann man das Resource Constrained Scheduling exakt lösen durch Modellierung der Operationen im Sequenzgraphen mit „Binary Decision Variables" sowie durch Aufstellung von Gleichungen und Ungleichungen, die den Ablaufplan und die Schranken beschreiben und schließlich durch Lösen dieser Gleichungen und Ungleichungen mit Hilfe von „Integer Linear Programming (ILP)"-Methoden. Wir gehen an dieser Stelle nicht näher auf diese Methoden ein und verweisen den interessierten Leser an [DeMi94]. Praktische Implementierungen von „ILP-Schedulern" haben gezeigt, dass sie nur bei Schaltungsbeschreibungen kleinerer bis mittlerer Größe effizient sind. Bei einer Anzahl von über hundert Gleichungen und mehreren hundert Variablen versagen die ILP-Scheduler [DeMi94]. Für unseren Differentialgleichungslöser werden etwa 26 Gleichungen aufgestellt.

### Multiprozessor-Scheduling und Hu-Algorithmus

Ressource Constrained Scheduling-Probleme sind intensiv untersucht worden, weil sie Bezüge zu Operations Research haben und schwierig zu lösen sind. Nehmen wir an, dass alle Operationen durch die gleiche Ressource, den sogenannten „Multiprozessor" ausgeführt werden können, dann wird die Aufgabenstellung als *Precedence-Constrained Multiprocessor Scheduling Problem* [DeMi94] bezeichnet, das ein bekanntes NP-vollständiges Problem ist. Es bleibt selbst dann schwierig zu lösen, wenn alle Operationen einheitliche Ausführungszeiten haben. Trotz der Einschränkungen ist das Multiprozessor-Scheduling-Problem relevant in der High-Level Synthese. Beispielsweise könnten alle Operationen in einem Digitalen Signal Prozessor (DSP) so implementiert werden, dass sie die gleiche Ausführungszeiten aufweisen.

Gehen wir davon aus, dass der Zeitablaufplan die minimal mögliche Verzögerung, also die Minimum-Latenz haben soll, so wird das Multiprozessor-Scheduling-Problem zum „Minimum-Latenz-Multiprozessor-Scheduling-Problem", wofür Hu [Hu61], zitiert in [DeMi94], einen Algorithmus 8.3, Abbildung 7.18, Seite 314 entwickelt hat.

Voraussetzung für den Hu-Algorithmus 8.3 ist eine **Baumstruktur** (bzw. umgekehrte Baumstruktur) des Sequenzgraphen, zudem wird ein Multiprozessor verwendet, der jede Operation mit **gleicher Ausführungszeit** bearbeiten kann. Um den Hu-Algorithmus auszuführen, werden folgende Vorbereitungen getroffen:
– Es wird die Minimum-Latenz $\overline{\lambda}$ zugrunde gelegt, die Latenz des kritischen Pfades, die aus dem ASAP-Schedule resultiert.
– Es wird eine untere Grenze (lower bound) $\overline{a}$ der Anzahl Ressourcen (Multiprozessoren) bestimmt, die *mindestens nötig sind*, um den Zeitablaufplan mit Latenz $\overline{\lambda}$ zu erreichen. Für $\overline{a}$ hat Hu eine Berechnungsformel entwickelt (siehe unten).
– Hu „gewichtet" die Operationsknoten, sie werden mit dem „längsten Pfad" im Sequenzgraphen beschriftet (Labeling), gemessen in der Anzahl Kanten bis zur Senke (siehe Abbildung 7.19, linke Seite). Diese Beschriftung nennt man auch Gewichtung nach der „Operationstiefe" (Operation Depth OD).

Die untere Grenze der Anzahl Ressourcen um einen Zeitablaufplan mit Latenz $\overline{\lambda}$ zu erstellen ist:

$$\overline{a} = max_\gamma \left\lceil \frac{\sum_{j=1}^{\gamma} p(\alpha + 1 - j)}{\gamma + \lambda - \alpha} \right\rceil \tag{7.5}$$

Dabei bedeutet $\alpha$: Maximale Beschriftung der Operationsknoten, $\alpha = \max \alpha_i$ ($\alpha = 4$ im Beispiel Abbildung 7.19, linke Seite). $p(j)$: Anzahl der Operationsknoten mit Beschriftung $j$. $\overline{\lambda}$: Minimum-Latenz aus ASAP-Schedule. $\gamma$: Positive ganze Zahl. $\gamma$ wird sinnvollerweise gewählt zu $\gamma = \alpha + 1$. $\lceil x \rceil$ = kleinste ganze Zahl $\geq x$. Den Beweis dafür, dass $\overline{a}$ die *untere Grenze* der Anzahl Multiprozessoren ist, die nötig ist, um die Minimum-Latenz $\overline{\lambda}$ zu erreichen, findet man in [DeMi94].

Wenden wir die Gleichung 7.5 auf unser Diffeq-Beispiel an (z. B. Bild 7.13, Seite 308), so wird $p(0) = 1$, $p(1) = 3$, $p(2) = 4$, $p(3) = 2$, $p(4) = 2$ und damit gilt:

$$
\begin{aligned}
\overline{a} &= \left\lceil max\left\{ \frac{p(4)}{1}, \frac{p(4)+p(3)}{2}, \frac{p(4)+p(3)+p(2)}{3}, \frac{p(4)+p(3)+p(2)+p(1)}{4}, \frac{p(4)+p(3)+p(2)+p(1)+p(0)}{5} \right\} \right\rceil \\
&= \lceil max\{2, 2, 8/3, 11/4, 12/5\} \rceil \\
&= 3
\end{aligned}
$$

Der Wert für $\bar{a}$ ist für unser Beispiel $\bar{a} = 3$. Der Hu-Algorithmus, Algorithmus 8.3 (aus [DeMi94]) ist in Abbildung 7.18 wiedergegeben.

**Algorithmus 8.3**

**Hu** (Gs(V, E), a)

        Label the vertices      - - Beschrifte die Op-Knoten mit Gewichtung

        l = 1;           - - Kontrollzyklus (step)  S: Operationen-Menge in einem step

        **repeat** {

            U = unscheduled vertices without predecessors

                or whose predecessors have been scheduled;

            Select S $\subseteq$ U vertices, such that |S| $\leq$ a and labels are maximal;

            Schedule the S operations at step l by setting ti = l, vi $\in$ S;

            l = l + 1;

        }

        **until** (v$_n$ is scheduled);

        **return** (t);

    **End Hu**

*Abbildung 7.18:* *Algorithmus 8.3 Hu-Algorithmus [DeMi94].*

Der Hu-Algorithmus ist ein „greedy Algorithmus". Bei jedem Zeitschritt $l$ werden so viele Operationen wie möglich von den Operationen eingeplant, deren Vorgänger (*Predecessors*) bereits eingeplant sind. Die Auswahl der Operationsknoten (*Vertices*) basiert auf den Beschriftungen (*Labels*). Die Knoten, mit den höchsten Beschriftungswerten, werden zuerst ausgewählt. $a$ ist die *obere Grenze* der Anzahl Ressourcen, die verwendet werden.

Der Hu-Algorithmus kann auf unser Diffeq-Beispiel angewendet werden, da der DFG eine (umgekehrte) Baumstruktur darstellt, wenn man den Startknoten vernachlässigt. Wir verwenden den beschrifteten Graphen in Bild 7.19, linke Seite mit einer Ressourcen-Grenze $a = 3$.

Die erste Iteration des Hu-Algorithmus selektiert die nicht eingeplanten (*unscheduled*) Operationsknoten $U = \{v_1, v_2, v_6, v_8, v_{10}\}$, deren Vorgänger bereits eingeplant sind. Die Operationen $\{v_1, v_2, v_6\}$ werden im ersten Zeitschritt eingeplant, da ihre Beschriftungen $\alpha_1 = 4, \alpha_2 = 4, \alpha_6 = 3$ maximal sind und nur höchstens $a = 3$ Operationen eingeplant werden dürfen. Bei der zweiten Iteration ist die Menge $U = \{v_3, v_7, v_8, v_{10}\}$, es werden die Operationen $\{v_3, v_7, v_8\}$ im zweiten Zeitschritt eingeplant. Die Operationen $\{v_4, v_9, v_{10}\}$ sind im dritten und $\{v_5, v_{11}\}$ im vierten an der Reihe.

Das Ergebnis des Hu-Algorithmus, angewendet auf das Diffeq-Beispiel zeigt Abbildung 7.19, rechte Seite. Die Operationen werden alle von der gleichen Ressource ausgeführt, dargestellt von einem Multiprozessor, der drei Mal vorhanden sein muss.

Die Komplexität des Hu-Algorithmus ist: $O(n)$. Obwohl der Hu-Algorithmus sehr einfach und intuitiv erscheint, liefert er dennoch ein *optimales Ergebnis*, falls die oben genannten Voraussetzungen zutreffen [DeMi94]. Der Hu-Algorithmus gilt unter der Voraussetzung, dass der Sequenzgraph eine Baumstruktur ist und ein Multiprozessor mit gleicher Ausführungszeit für alle Operationen verwendet wird. Das trifft leider für die

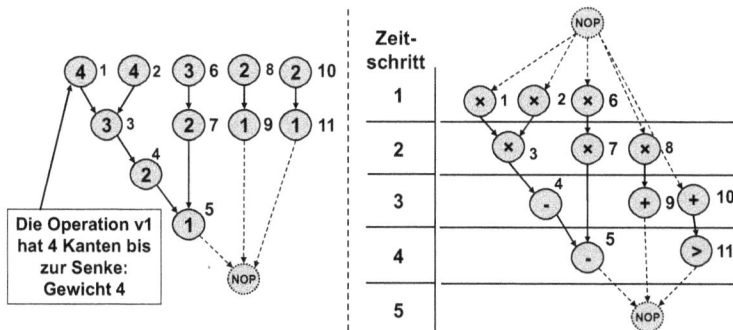

**Abbildung 7.19:** *Linke Seite: Gewichtung der Operationsknoten nach der „Operationstiefe".
Im Sequenzgraphen wird die NOP-Operation als Quelle nicht benötigt. Rechte Seite: Ergebnis
des Hu-Algorithmus, angewendet auf das Diffeq-Beispiel. ([DeMi94]).*

meisten Sequenzgraphen von realen Schaltungsbeschreibungen und auch für die verwendeten Prozessoren nicht zu. Kontrollstrukturen wie bedingte Verzweigungen, Fallunterscheidungen und Schleifen, die in Schaltungsbeschreibungen auftreten können, stören die Baumstruktur. Dennoch ist der Hu-Algorithmus wichtig, da er als Vorlage für andere Scheduling-Algorithmen dient wie z. B. für den List-Algorithmus (siehe nächsten Abschnitt).

### List-Algorithmus

Das *Das Latenz-minimierende-Scheduling-Problem unter Ressource-Schranken* ist von der Komplexität NP-hart. Deshalb wurden heuristische Algorithmen erforscht und angewendet. Wir betrachten in diesem Abschnitt eine Familie von Algorithmen, die *List-Scheduling-Algorithmen* genannt werden und zuerst von Davidson 1981 [Dav81] veröffentlicht wurden. Ein List-Algorithmus hat seinen Namen von einer Prioritätsliste, nach der die Ablaufplanung der Operationen durchgeführt wird. Diese Liste ist entscheidend für die Qualität des erzeugten Ablaufplans. Prioritätslisten können zum Beispiel nach folgenden Kriterien (auch „Heuristiken" genannt) erstellt werden:

- **Operationstiefe** (Operation Depth). Darunter versteht man die Gewichte der Operationen entsprechend der Pfade von der Quelle zur Senke, gemessen in Anzahl der Kanten wie sie bei dem Hu-Algorithmus verwendet wird. Die Operationen in der Liste werden absteigend nach den Gewichten sortiert, d. h. die Operationen mit den größten Gewichten haben höchste Selektions-Priorität.
- **Mobilität der Operationen** (Operation Mobility). Den Operationen mit der niedrigsten Mobilität wird die höchste Priorität zugewiesen.
- **Anzahl der Nachfolgeknoten** (Successor Number). Die Operationen mit der größten Anzahl von Folgeknoten erhalten höchste Priorität.

Der List-Algorithmus 8.4 Abbildung 7.20 ist eine Erweiterung des Hu-Algorithmus für mehrere verschiedene Operationstypen und für Operationen, die mehr als einen Zeitschritt für die Ausführung einer Operation benötigen. Die Scheduling-Aufgabe ist die Latenz-Minimierung unter Ressource-Schranken, wobei die Ressource-Schranken durch den Vektor $a$ repräsentiert werden. Berechnet man die Elemente des Vektors $a$ für die einzelnen Operationstypen nach der Formel 7.5 Seite 313, so erwarten wir, dass der Algorithmus 8.4 die Minimum-Latenz $\overline{\lambda}$ (siehe Anschnitt 7.3.3) liefert. Als Heuristik für die "Prioritätenliste" wird die Operationstiefe verwendet.

**Algorithmus 8.4**
**LIST_L** $(G_s(V, E), a)$ {
    l = 1;                          - - l = Kontrollzyklus (step) (l wie Index)
    **repeat** {
        **for each** resource type $k = 1, 2, \ldots n_{res}$
            Determine candidate operations $U_{l,k}$;
            Determine unfinished operations $T_{l,k}$;
            Select $S_k \subseteq U_{l,k}$ vertices, such that $|S_k| + |T_{l,k}| \le a_k$;
            Schedule the $S_k$ operations at step l by setting $t_i = l$, $v_i \in S_k$;
            l = l + 1;
        **end for**
    }
    **until** $(v_n$ is scheduled);
    **return** (t);
**End List**

**Abbildung 7.20:** *Algorithmus 8.4 List-Algorithmus [DeMi94].*

Im Algorithmus 8.4 beinhaltet die Menge der Kandidatenoperationen $U_{l,k}$ die Operationen vom Typ $k$ mit dem höchsten Gewicht nach der Liste der Operationstiefe, die noch nicht eingeplant sind, deren Vorgänger eingeplant sind und die ihre Ausführung beim Zeitschritt $l$ abgeschlossen haben. $T_{l,k}$ umfasst die Menge der unbeendeten Operationen zum Zeitschritt $l$. $U_{l,k}$ und $T_{l,k}$ sind Teilmengen der Knotenmenge $V$.

Für den Fall, dass die Ausführungszeiten der Operationen einheitlich 1 sind, es nur einen Ressourcen-Typ gibt, der Sequenzgraph Baumstruktur hat und als Prioritätsliste die Operationstiefe verwendet wird, ist der List-Algorithmus gleich dem Algorithmus von Hu, woraus ein optimaler Ablaufplan resultiert.

Der List-Algorithmus ist ein sogenannter konstruktiver Algorithmus. Es wird damit ein Zeitablaufplan konstruiert, der die Ressource-Schranken durch Konstruktion erfüllt. Die Berechnungskomplexität ist $O(n)$. Der List-Algorithmus als heuristisches Verfahren liefert jedoch nicht immer den minimalen Zeitablaufplan.

Als Beispiel für die Anwendung des List-Algorithmus wird wieder der Diffeq mit dem Sequenzgraphen aus Abbildung 7.12, rechte Seite verwendet. Wir nehmen als Ressource-Schranken an: $a_1 = 2$ Multiplizierer und $a_2 = 2$ ALUs. Beide Komponenten sollen die gleiche Ausführungszeit 1 für alle Operationen haben. Die Prioritätsliste basiert auf der Operationstiefe und ist durch die Beschriftung in Abbildung 7.19, linke Seite gegeben. Im ersten Repeat-Durchlauf des List-Algorithmus für den Zeitschritt $l = 1$ und dem Ressourcentyp $k = 1$ (Multiplizierer) wird $U_{1,1} = \{v_1, v_2, v_6, v_8\}$. Die ausgewählten Operationen im *Select*-Schritt sind: $\{v_1, v_2\}$, weil ihre Beschriftungen entsprechend der Operationstiefe maximal sind. Für $k = 2$ (Alu) wird $U_{1,2} = \{v_{10}\}$, dieser Knoten wird selektiert und eingeplant. Im zweiten Schritt für $l = 2$ und $k = 1$ wird $U_{2,1} = \{v_3, v_6, v_8\}$. Die ausgewählten Operationen im *Select*-Schritt sind: $v_3$, $v_6$, weil ihre Beschriftungen maximal sind. Für $k = 2$ wird $U_{2,2} = \{v_{11}\}$. Der Knoten $v_{11}$ wird selektiert und eingeplant. Im dritten Schritt für $l = 3$ und $k = 1$ wird $U_{3,1} = \{v_7, v_8\}$. Die Knoten $v_7$ und $v_8$ werden selektiert und eingeplant. Für $k = 2$ wird $U_{3,2} = \{v_4\}$; $v_4$ wird selektiert und eingeplant. Im vierten Schritt werden $\{v_5, v_9\}$ selektiert und eingeplant.

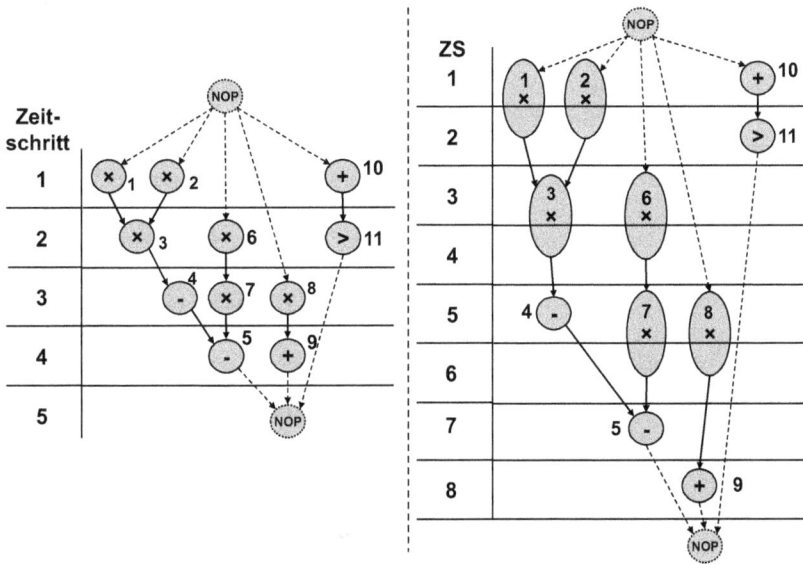

**Abbildung 7.21:** *Zwei Zeitablaufpläne, erzeugt mit dem List-Algorithmus, angewendet auf das Diffeq-Beispiel. Linke Seite: Die Ressource-Schranken sind: $a_1 = 2$ Multiplizierer und $a_2 = 2$ ALUs. Rechte Seite: Es werden langsamere (zweitaktige) Multiplizierer eingesetzt. Die Ressource-Schranken sind: $a_1 = 2$ Multiplizierer und $a_2 = 1$ ALU (nach [DeMi94]).*

Abbildung 7.21, linke Seite zeigt den Ablaufplan als Ergebnis des List-Algorithmus, angewendet auf das Diffeq-Beispiel mit den Ressourcen-Schranken $a_1 = 2$ Multiplizierer und $a_2 = 2$ ALUs. Der Ablaufplan ist bei diesem einfachen Beispiel optimal. Der Grund dafür ist, dass als Ressourcen-Schranke $a_k$ die optimale Mindestzahl an Ressourcen gewählt wurde, die nötig ist, um die Minimum-Latenz ($\lambda = 4$) zu erreichen. Wählt man $a_k$ kleiner als (2,2), dann wird die Latenz größer, wählt man $a_k$ größer als (2,2) so wird das Optimum für unser Beispiel nicht erreicht.

Der List-Algorithmus kann für Operationen angewendet werden, die mehrere Zeitschritte für die Ausführungszeit benötigen. Dies trifft beispielsweise für langsamere Multiplizierer zu, die weniger Chipfläche einnehmen. In unserem Beispiel-Zeitablaufplan Abbildung 7.21, rechte Seite, werden Multiplizierer eingesetzt, die eine Multiplikation in zwei Taktzyklen bzw. Zeitschritten ausführen. Die Ressource-Schranken im Bild 7.21 werden auf $a_1 = 2$ für die langsamen Multiplizierer und auf $a_2 = 1$ für die ALU gesetzt, die eine Operation in einem Zeitschritt ausführen kann.

List-Scheduling kann auch für die Minimierung der Ressourcen unter Zeitschranken (Time Constrained Scheduling TCS) verwendet werden. In [DeMi94] wird ein entsprechender List-Algorithmus gezeigt.

## Kräftegesteuerte Ablaufplanung

Paulin und Knight stellen 1989 die „Kräftegesteuerte Ablaufplanung" (Force Directed Scheduling FDS) vor ([PaKn89] zitiert in [DeMi94]). Diese Methode wird für beide Optimierungsverfahren, für die Ablaufplanung mit Ressource-Schranken (RCS) und für die Ablaufplanung mit Zeitschranken (TCS) eingesetzt. Paulin nennt die Ressource Constrained Scheduling-Optimierung: „Kräftegesteuertes List-Scheduling" (Force Directed List Scheduling FD-LS) und TCS: Kräftegesteuerte Ablaufplanung (Force Directed Scheduling FDS). Die Kräftegesteuerte Ablaufplanung ist ein „konstruktiver" Algorithmus und hat das Ziel, eine möglichst gleichmäßige Auslastung der Komponenten durch eine ausgewogene Verteilung derselben auf die Zeitschritte zu erreichen und dadurch den Ressourcenbedarf zu minimieren. Wir stellen hier nur das Prinzip der Kräftegesteuerten Ablaufplanung vor und verweisen für detailliertere Informationen auf [DeMi94]. Für das Verständnis des FDS-Scheduling werden zunächst folgende Begriffe erläutert: Der *Zeitrahmen ZR* (Time frame) einer Operation ist ein Zeitintervall, das begrenzt ist durch den frühesten und spätesten Zeitschritt, in dem diese Operation eingeplant werden kann. Damit ist die Breite des Zeitrahmens: $ZR = $ Mobiltät $\mu + 1$. Die Mobilität $\mu$ erhält man aus den ASAP- und ALAP-Zeitablaufplänen.

Die *Operationswahrscheinlichkeit OPW* (Operation Probability) ist außerhalb des Zeitrahmens null und innerhalb des Zeitrahmens gleich dem reziproken Wert der Breite des Zeitrahmens. Wir bezeichnen die Operationswahrscheinlichkeit zum Zeitschritt $l$ mit $\{p_i(l); i = 0, 1, ..., n\}$ $p_i(l) = 1/ZR = 1/(\mu + 1)$. Die Bedeutung der OPW ist wie folgt: Operationen, deren ZR=1 ist, sind an diesen Zeitrahmen fest gebunden. Für Operationen mit größerem Zeitrahmen gilt: Je größer der ZR, desto kleiner ist die Wahrscheinlichkeit, dass die Operation in einen bestimmten Zeitschritt eingeplant wird.

Die *Typverteilung* (Type Distribution) ist die Summe der Operationswahrscheinlichkeiten der Operationen eines bestimmten Ressourcentyps k, bezogen auf den Zeitschritt $l$. Wir bezeichnen die Typverteilung zum Zeitschritt $l$ mit $\{q_k(l); k = 1, 2, ..., n_{res}\}$. Ein *Verteilungsdiagramm* (Distribution Graph) ist ein Diagramm einer Typverteilung über die Zeitschritte eines Ablaufplans.

Verteilungsdiagramme zeigen damit die Wahrscheinlichkeiten der Einplanung eines Ressourcentyps in die Zeitschritte des Zeitablaufplans. Ein gleichförmiges Verteilungsdiagramm bedeutet eine gute Auslastung dieser Ressource.

Wir betrachten den Sequenzgraphen des Diffeq-Beispiels aus Abbildung 7.12, der in Abbildung 7.22, linke Seite dargestellt ist. Die Operationen sollen mit zwei Ressourcetypen ausgeführt werden, einem Multiplizierer und einer ALU. Wir nehmen an, dass diese Ressourcen für alle Operationen eine einheitliche Ausführungszeit aufweisen. Es werden die Zeitrahmen bei einer Minimum-Latenz von 4 Zeitschritten verwendet, die aus den ASAP- und ALAP-Zeitablaufplänen abgeleitet werden. Die Mobilitäten der Operationsknoten sind in Abschnitt „Mobilität" Seite 312 aufgeführt.

Tabelle 7.1 zeigt die Operationswahrscheinlichkeiten (OPW) $p_i(l)$ der Multiplizierer- und ALU-Operationen bezogen auf die Zeitschritte ZS1 bis ZS4 des Diffeq-Beispiels.

Die Multiplizierer-Operation $v_1$ hat die Mobilität $\mu = 0$. Daher ist $p_1(1) = 1$ und $p_1(2) = p_1(3) = p_1(4) = 0$. Ähnliche Betrachtungen gelten für die Operation $v_2$. Die Multiplizierer-Operation $v_6$ hat die Mobilität $\mu = 1$ und den Zeitrahmen $ZR = 2$. Damit ist $p_6(1) = p_6(2) = 0,5$ und $p_6(3) = p_6(4) = 0$. Bei Operation $v_8$ ist die Mobilität

| | Multiplizierer-OPW $p_i(l)$ | | | | | | ALU-OPW $p_i(l)$ | | | | | |
|---|---|---|---|---|---|---|---|---|---|---|---|---|
| | Operationen $v_i$ | | | | | | Operationen $v_i$ | | | | | |
| | 1 | 2 | 3 | 6 | 7 | 8 | Summe | 4 | 5 | 9 | 10 | 11 | Summe |
| ZS 1 | 1 | 1 | 0 | 0,5 | 0 | 0,3 | 2,8 | 0 | 0 | 0 | 0,3 | 0 | 0,3 |
| ZS 2 | 0 | 0 | 1 | 0,5 | 0,5 | 0,3 | 2,3 | 0 | 0 | 0,3 | 0,3 | 0,3 | 0,9 |
| ZS 3 | 0 | 0 | 0 | 0 | 0,5 | 0,3 | 0,8 | 1 | 0 | 0,3 | 0,3 | 0,3 | 1,9 |
| ZS 4 | 0 | 0 | 0 | 0 | 0 | 0 | 0 | 0 | 1 | 0,3 | 0 | 0,3 | 1,6 |

**Tabelle 7.1:** *Operationswahrscheinlichkeiten (OPW) $p_i(l)$ der Operationen $v_i$, bezogen auf die Zeitschritte (ZS) $l$ für Multiplizierer und ALU des Diffeq-Beispiels.*

$\mu = 2$ und der $ZR = 3$. Daher ist $p_8(1) = p_8(2) = p_8(3) \approx 0,3$ und $p_8(4) = 0$ usw. Die *Typverteilung* ergibt sich aus den Summen der Operationswahrscheinlichkeiten wie sie in Tabelle 7.1 gezeigt werden. Abbildung 7.22 zeigt auf der rechten Seite die Typverteilung des Diffeq-Beispiels für den Multiplizierer und die ALU des Diffeq-Beispiels.

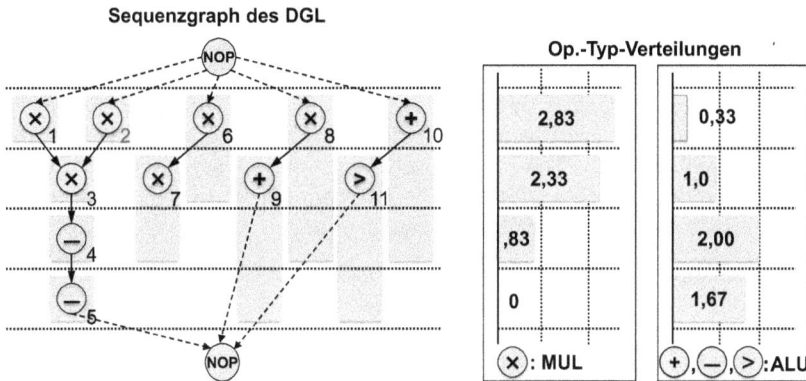

**Abbildung 7.22:** *Links: Sequenzgraph des Diffeq-Beispiels. Rechts: Typverteilung für Multiplizierer und ALU im Diffeq-Beispiel [DeMi94].*

Die Selektion der Operations-Kandidaten, die zu einem bestimmten Zeitschritt eingeplant werden, folgt dem Konzept von mechanischen Kräften. Diese Kräfte sind analog den Operationswahrscheinlichkeiten. Die Typverteilung bzw. die Kräfteverteilung, ziehen die einzelnen Operationen wie Federkräfte in die Zeitschritte hinein.

Der Force-directed-List-Scheduling-Algorithmus (FD-LS) hat die Aufgabe, die Ausführungszeit (Latenz) unter Ressource-Schranken zu minimieren (RCS). Hier werden die Operationen *mit der größten Kraft (OPW) zuerst* eingeplant, um die „lokale Nebenläufigkeit" (Parallelität) zu erhöhen und damit die Latenz zu minimieren. Die Komplexität des FD-LS-Algorithmus ist bei $n$ Operationsknoten $O(n^2)$.

Im Gegensatz zum FD-LS hat der Force-directed-Scheduling-Algorithmus (FDS) die Aufgabe, die Ressourcen unter Zeitschranken zu minimieren (TCS). Abbildung 7.23 zeigt Algorithmus 8.5 (modifiziert aus [DeMi94]). Als Zeitschranke wird die Minimale Latenz $\bar{\lambda}$ verwendet. Der Algorithmus gibt die Vektoren $t$ und $a$ zurück; $t$ steht für

**Algorithmus 8.5**
   **FDS**($G_s$(V, E), $\lambda$) {               - - Force Directed Scheduling
      a = 1:
      **repeat** {
         compute the time-frames (ZR);
         compute the operation- $(p_i(l))$ and type- $(q_k(l))$ probabilities;
         compute the self-forces, predecessor/successor/total forces;
         Schedule the operation with least force, update its time-frame;
         Update a;
      }
      **until** (all operations are scheduled);
      **return** (t,a);
   }

*Abbildung 7.23:* *Algorithmus 8.5 FDS-Algorithmus (modifiziert aus [DeMi94]).*

den Vektor der Startzeiten der Operationen, (repräsentiert den Zeitablaufplan) und $a$ ist der Ressourcen-Vektor. (Die Rückgabe des Ressourcen-Vektors ist redundant, da die Ressourcen auch aus dem Schedule abgezählt werden können.) Die Gesamtkraft, die auf eine Operation wirkt, wird in Eigenkräfte (Self-Forces) und Vorgänger/Nachfolgerkräfte (Predecessor/Successor-Forces) unterteilt. Die Kräfte, die analog den Operatioswahr- scheinlichkeiten sind, werden „Eigenkräfte" genannt. Die Zeitrahmen der einzelnen Kräfte hängen jedoch auch von den Operationen ab, die bereits eingeplant sind, also von den Vorgänger-Kräften. Dadurch ergibt sich die Notwendigkeit, in jedem neuen Zeitschritt für jede Operation die Gesamtkräfte neu zu berechnen.

Der FDS-Algorithmus plant in der Haupt-*repeat-Schleife*, jeweils nur eine Operation ein. Der Algorithmus 8.5 versucht, die Operationen *mit den kleinsten Kräften möglichst früh* einzuplanen. Damit wird die „lokale Nebenläufigkeit" reduziert, um die Ressourcen zu minimieren und die Operationen gleichmäßiger auf die Zeitschritte zu verteilen.

Wendet man den FDS-Algorithmus auf unser Diffeq-Beispiel an, so erhält der Ressourcen- Vektor $a$ den Wert $a = (2, 2)$; das heißt, das Ergebnis sind 2 Multiplizierer und zwei ALUs. Die Komplexität des FDS-Algorithmus ist bei $n$ Operationsknoten $O(n^3)$ und kann durch effektivere Berechnung der Kräfte (OPW) auf $O(n^2)$ reduziert werden.

Die Kräftegesteuerte Ablaufplanung ist weit verbreitet, da sie oft bessere Ergebnis- se erzielt, als das List-Scheduling (siehe Abschnitt „Vergleich einiger Zeitablaufplan- Algorithmen", Seite 322)).

## Weitere Algorithmen für die Ablaufplanung

Es gibt eine große Anzahl von Ablaufplanungsalgorithmen. Viele erlangten nur akade- mische Bedeutung und kamen in der Praxis wenig oder gar nicht zum Einsatz. An dieser Stelle werden einige Algorithmen erwähnt, die einen gewissen Bekanntheitsgrad erreicht haben.

Die **Ant-Colony-Optimierung** (ACO) ist eine „kooperative Such-Heuristik", ver- öffentlicht von Dorigo et al. [Do96], die angeregt wurde durch Verhaltensstudien an Ameisen. Es wurde beobachtet, dass Ameisen, die nahezu blind sind, innerhalb von kürzester Zeit den optimalen (kürzesten) Weg von ihrem Bau zu einer Futterstelle finden. Um dies zu erreichen, bedienen sie sich eines Geruchsstoffs, *Pheromon* (Pheromone) genannt, den sie auf ihrem Pfad hinterlassen. Jede Ameise folgt immer dem Pfad mit der höchsten Pheromon-Konzentration und verstärkt diese dadurch, dass sie selbst Pheromon hinterlässt. Abbildung 7.24 veranschaulicht dieses Verhalten. Angenommen, eine Ameise findet einen Futterplatz, so bringt sie zunächst soviel Futter wie sie tragen kann auf ihrem alten Weg zurück, wird aber die Wegkrümmungen etwas schneiden, da auf der Innenseite eines Bogens die Pheromonkonzentration etwas höher ist als außen. Die erste Ameise wird die andere Ameisen im Ameisenbau benachrichtigen und alle folgenden Ameisen werden die Krümmungen solange „abschleifen" bis eine nahezu gerade Spur mit höchster Pheromonkonzentration, also der kürzeste Weg zur Futterstelle führt (Bild 7.24 unten).

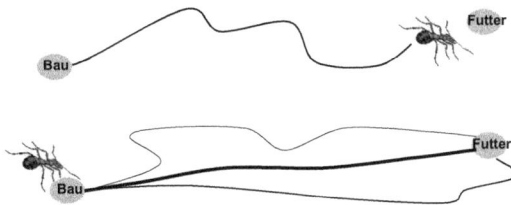

**Abbildung 7.24:** *Oben: Eine Ameise findet eine Futterstelle. Unten: Nach kurzer Zeit wird nur noch der kürzeste Pfad vom Bau zur Futterstelle mit der intensivsten Pheromonspur gewählt.*

Ähnliches erfolgt, falls ein Hindernis umgangen werden muss. Hier ergibt sich die stärkste Pheromonkonzentration dadurch, dass auf dem kürzeren Weg um das Hindernis mehr Ameisen unterwegs sind, da sie weniger Zeit dafür benötigen und den Weg öfter gehen können. Dorigo et al. [Do96] haben ACO etwas allgemeiner wie folgt charakterisiert: *ACO ist eine Optimierungsmethode, die auf einer Menge von Agenten basiert, die kooperieren um einen Suchraum gemeinsam zu erforschen.* ACO zählt zu den sogenannten evolutionären Algorithmen und wurde von Dorigo et al. zuerst mit sehr guten Ergebnissen beim Problem des Handlungsreisenden (Traveling Salesman Problem TSP) erprobt. Wang et al. [Wang07] haben ACO auch für die Ablaufplanung und zwar sowohl für Resource Constrained Scheduling (RCS) als auch für Time Constrained Scheduling (TCS) eingesetzt.

Für die Resource Constrained Scheduling-Optimierung wird eine Kombination von List-Algorithmus und ACO eingesetzt. Es werden mehrere Iterationen (z. B. 100) mit mehreren „Agenten" (z. B. 10) durchgeführt, wobei bei jeder Iteration eine neue Prioritätsliste auf der Basis der „globalen Heuristik mit der intensivsten Pheromonspur" erstellt wird. Dabei wird als „lokale Heuristik" eine der im Abschnitt „List-Scheduling" erwähnten Heuristiken verwendet, z. B. Operationstiefe (Operation Depth), Mobilität der Operationen (Operation Mobility OM), oder Anzahl der Folgeknoten (Successor Number SN).

Für die TCS-Optimierung kombiniert Wang das Force-directed-Scheduling mit ACO. Die Berechnungskomplexität des ACO-Algorithmus ist theoretisch $O(n^3)$, wobei $n$ die Anzahl der Operationsknoten im Sequenzdiagramm darstellt. Durch Einsetzen konstanter Werte für die Anzahl Iterationen und die Anzahl der Agenten kann die Komplexität auf $O(n^2)$ reduziert werden.

**Simulated Annealing** (SA)

ist kein konstruktiver Algorithmus, sondern eine sogenannte „transformationale Methode". Bei diesem Scheduling-Verfahren wird von einem initialen Ablaufplan ausgegangen, der danach iterativ verfeinert wird, indem die Operationen innerhalb der Zeitschritte beliebig solange verschoben werden, bis ein optimaler Ablaufplan erreicht ist, der allerdings auch ein lokales Optimum bedeuten kann. Es besteht die Möglichkeit, das absolute Optimum zu finden, indem auch „Uphill Moves" zugelassen werden.

Beim Simulated Annealing wird das simulierte Ausglühen bzw. das simulierte Abkühlen einer Guss-Schmelze nachgebildet. Den Atomen und Molekülen wird Zeit gelassen, sich zu einem stabilen und robusten Gussteil zu verfestigen. Es ist ein bekanntes heuristisches Optimierungsverfahren und stammt ursprünglich aus dem Gebiet Operations Research.

**Path Based Scheduling**

Camposano schlägt in [Camp91], zitiert in [Bring03], die pfadbasierte Ablaufplanung Path Based Scheduling vor. Bei Schaltungsbeschreibungen mit Kontrollstrukturen (If <Condition> then, Schleifen usw.) entstehen alternative Datenpfade unter bestimmten Bedingungen. Camposano erstellt zunächst für jeden Datenpfad einen unabhängigen Ablaufplan und optimiert diesen. Danach werden die Datenpfade wieder zusammengefügt. Nachteilig bei dieser Methode ist, dass die Anzahl der Pfade exponentiell mit der Anzahl der Verzweigungen wächst, da jede Kombination von Bedingungen einen Pfad bildet.

**Vergleich einiger Zeitablaufplan-Algorithmen**

Der folgende Vergleich einiger Scheduling-Methoden ist ein Auszug aus den Untersuchungen von Wang et al. [Wang07]. Wang zeigt Beispiele von Benchmarks, die entweder anderweitig in der Literatur aufgeführt oder in der Praxis verwendet werden und zum Teil aus der MediaBench-Suite [Lee97], zitiert in [Wang07] stammen. Die MediaBench-Suite enthält eine Reihe von Anwendungen für Bildverarbeitung und Kommunikation, die beispielsweise zum Test für Digitale Signal-Prozessoren verwendet werden können.

In Tabelle 7.2 sind die Anzahl Taktzyklen als Ergebnisse der Optimierung von Zeitablaufplanungen unter Ressource-Schranken für die Verfahren Force Directed Scheduling (FDS), List-Scheduling, Ant-Colony-Optimierung (ACO)-Scheduling und Simulated Annealing-Scheduling (SA-S) eingetragen. Die Werte für List-Scheduling sind unterteilt einerseits unter Verwendung der Prioritätsliste auf der Basis „Operationstiefe: Operation Depth (OD)" (siehe Seite 315), andererseits in „Successor Number" SN (Anzahl der Nachfolge-Knoten, siehe Seite 315). Beim ACO-Scheduling sind die Durchschnittswerte der Ergebnisse für 5 Durchläufe mit je 100 Iterationen angegeben, wobei eine feste Anzahl von 10 Agenten (Ameisen) eingesetzt wurde und als „lokale Heuristik" ebenfalls die Operationstiefe (OD). Bei der Anwendung des Simulated-Annealing-Scheduling (SA-S) werden die Durchschnittswerte der Ergebnisse von 10 Durchläufen angegeben. Es werden zwei Typen von Ressourcen gewählt: ein Multiplizierer, der zwei Taktzyklen zur Ausführung einer Multiplikation benötigt und eine ALU, die einen Taktzyklus pro Operation benötigt. Durch die Angabe der Ressourcen in Anzahl Multiplizierer/ALUs, sind die Ressource-Schranken festgelegt.

Folgende Benchmarks (siehe auch Seite 403), sind in Tab 7.2 aufgeführt:
– Der bekannte Differentialgleichungslöser Diffeq bzw. das HAL-Beispiel. Die Anzahl 8 Taktschritte sind das Optimum, da der Multiplizierer jeweils 2 Taktschritte zur Ausführung einer Operation benötigt und nur eine ALU verwendet wird.

| Benchmark | Größe Kn/Ka | Ressourcen (Mul,ALU) | FDS | List-S OD | List-S SN | ACO-S OD | SA-S |
|---|---|---|---|---|---|---|---|
| Diffeq (HAL) | 8/11 | (2,1) | **8** | **8** | **8** | **8.0** | **8.0** |
| FIR 1 | 43/44 | (2,3) | **16** | 22 | **16** | **16.0** | 21.1 |
| COSINE1 | 66/76 | (4,5) | 16 | 16 | 16 | **14.0** | 15.2 |
| COSINE2 | 82/91 | (5,8) | 14 | 14 | 13 | **12.4** | 14.9 |
| matmul | 109/116 | (9,8) | 15 | **13** | 14 | 13.8 | 14.7 |
| idctcol | 114/164 | (5,6) | 21 | 21 | 21 | **19.8** | 24.3 |
| jpeg_idct_ifast | 122/162 | (10,9) | **19** | 20 | **19** | **19.0** | 20.8 |
| jpeg_fdct_islow | 134/169 | (5,7) | **21** | 22 | **21** | 22.0 | 23.8 |
| invert_matrix_general | 333/354 | (15,11) | 26 | 28 | 25 | **24.2** | 27.1 |

**Tabelle 7.2:** *Vergleich verschiedener Scheduling-Verfahren bei Resource Constrained Scheduling (RCS): Dargestellt sind in den Spalten: Die Benchmarks, die Größe in Knoten/Kanten des Sequenzgraphen, die Ressourcen (Multiplizierer und Alus). Als Ergebnisse sind die Anzahl der Taktzyklen dargestellt. FDS: Force Directed Scheduling. List-S: List-Scheduling. OD: Operation Depth. SN: Successor Number. ACO-S: Ant-Colony-Optimization-Scheduling mit lokaler Heuristik OD und SA-S (Simulated-Annealing-Scheduling). Verkürzt nach [Wang07].*

– FIR1 ist ein „Finite Response Filter", ein digitaler Filterbaustein. Es weist ein Sequenzdiagramm mit 43 Knoten und 44 Kanten auf.
– COSINE1 und COSINE2 sind zwei Implementierungen für eine „8-Punkt Diskrete-Cosinus-Transformation" (DCT) mit schneller Ausführungszeit. COSINE1 hat feste Koeffizienten und COSINE2 hat variable Koeffizienten, die bei jeder Bearbeitung eines Abtastwertes neu eingelesen werden. Das Sequenzdiagramm der COSINE2-Funktion mit 82 Knoten und 91 Kanten ist in Abbildung 7.25 gezeigt. Die DCT wird für (verlustbehaftete) Bildkompression eingesetzt.
– „Matmul" ist ein Algorithmus für eine Matritzen-Multiplikation. idctcol ist eine Benchmark für ein inverses DCT-Verfahren.
– idctcol ist eine Benchmark für ein inverses DCT-Verfahren.
– Zwei JPEG-Benchmarks für Bildkompressions-Anwendungen sind aufgeführt: „jpeg_idct_ifast" ist eine inverse DCT für ganzzahlige (integer) Werte. Sie ist schnell (fast), aber weniger genau. „jpeg_fdct_islow" ist eine „forward DCT-Funktion" für ganzzahlige (integer) Werte. Sie ist langsam (slow), dafür aber genauer.
– „Invert_matrix_general" stellt die Invertierung einer allgemeinen Matrix dar. Es ist die Benchmark mit den meisten Operationsknoten.

Die Rechenzeit für alle Zeitablaufpläne in Tabelle 7.2 betrug nach [Wang07] auf einer 2GHz-CPU mit Linux-Betriebssystem zwischen ca. 0,1 s und 1,7 s, wobei die Ausführung des List-Algorithmus am schnellsten ist.

Für die Benchmarks mit weniger Operationsknoten wurde eine exakte Berechnung des Optimums nach der ILP-Methode mit dem CPLEX-System auf einer SPARC-Workstation mit 440 MHz Taktfrequenz und 384 MB Speicher ausgeführt. Für das HAL-Beispiel benötigte der Rechner 32 s und für das FIR1-Benchmark 11560 s (ca. 3,2 h). Die Berechnung des COSINE-Benchmark brachte kein Ergebnis, nach ca. 10 h brach der Rechner wegen Speicherüberlaufs ab.

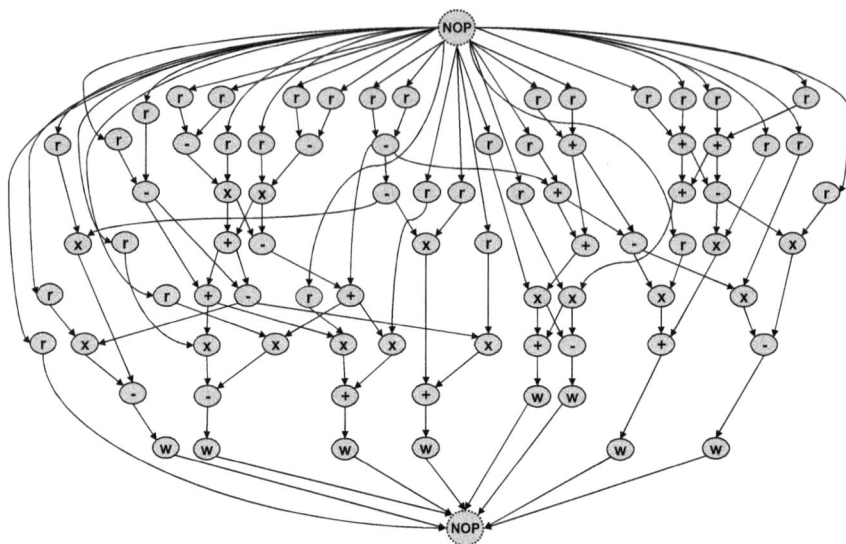

**Abbildung 7.25:** *Der Sequenzgraph einer DCT-Schaltung, auch als Benchmark COSINE2 bezeichnet, hat 82 Operationsknoten. Multiplikationen sind als x gekennzeichnet. Die Leseoperationen (r) und Schreiboperationen (w) sind in der Anzahl Knoten eingeschlossen (nach [Wang07]).*

Die besten erreichten Werte in Tabelle 7.2 sind hervorgehoben. Wie man sieht, gibt es kein Verfahren, das für alle aufgeführten Benchmarks immer das Optimum liefert. Für die eine Benchmark bringt das FDS das beste Ergebnis, für eine andere Benchmark ist das List-Scheduling oder das ACO-Scheduling besser. Das Simulated-Annealing-Scheduling schneidet am schlechtesten ab, das ACO-Scheduling zeigt für diese Auswahl der Benchmarks sehr gute Ergebnisse.

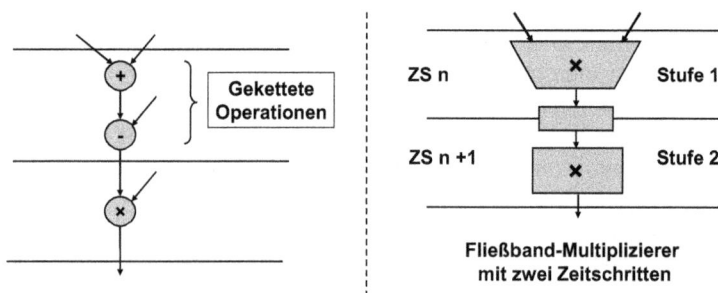

**Abbildung 7.26:** *Linke Seite: Beispiel zweier geketteter Operationen (Addition und Subtraktion im oberen Zeitschritt). Rechts: Struktureller Fließband-Multiplizierer mit zwei Zeitschritten.*

### Einige besondere Verfahren der Zeitablaufplanung

Einige besondere Verfahren der Zeitablaufplanung sind: die Operations-Kettung (Chaining), Fließbandschaltkreise und die Schleifenfaltung (Loop folding).

## Operations-Kettung (Chaining)

Operationen, deren Ausführungszeit wesentlich kleiner ist als eine Taktperiode (Zeitschritt) und die wegen Datenabhängigkeiten nacheinander ausgeführt werden müssen, können innerhalb eines Zeitschritts „gekettet" (chained) werden, vorausgesetzt die Summe der längsten Ausführungszeiten ist kleiner als die Taktperiode.

Abbildung 7.26 linke Seite zeigt beispielhaft die Kettung einer Addier- und Subtraktionsoperation. Ohne weiteres kettbar sind Operationen, die keine inneren Zustände besitzen und die durch Schaltnetze realisiert werden können.

## Fließbandschaltkreise (Pipelining)

Fließbandschaltkreise (Pipelined Circuits) können in Zeitintervallen, die kleiner sind als ihre Ausführungszeiten, Daten aufnehmen und verarbeitet weitergeben. Man unterscheidet drei Arten von Fließbandschaltkreisen:

- Strukturelle Fließbandschaltkreise,
- Funktionale Fließbandschaltkreise,
- Fließband-Schleifen oder Schleifen-Faltung (Loop Folding).

## Strukturelle Fließbandschaltkreise (Structural Pipelining)

Abbildung 7.26 rechte Seite, zeigt einen Multiplizierer als Fließbandschaltkreis, dessen Ausführungszeit zwei Zeitschritte benötigt. In diesem Fall muss das Zwischenergebnis an der Zeitschrittgrenze in einem Register gespeichert werden.

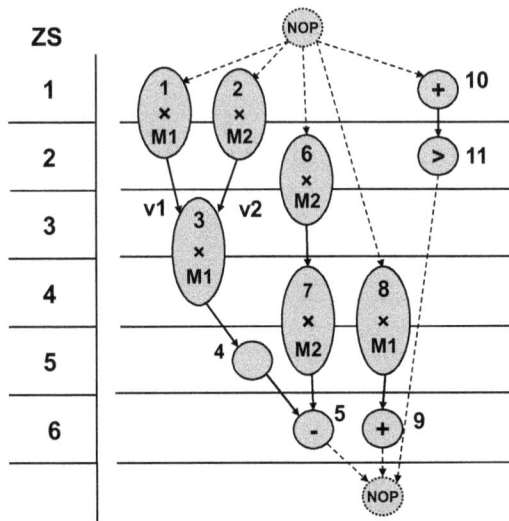

**Abbildung 7.27:** *Beispiel für strukturelle Fließbandschaltkreise: Der Diffeq-Sequenzgraph mit „zweitaktigen" Fließband-Multiplizierern (nach [DeMi94]).*

Abbildung 7.27 zeigt den Sequenzgraph des Diffeq-Schaltkreises als Beispiel für strukturelle Fließbandschaltkreise. Die Multiplizierer sind als „zweitaktige" Fließbandschaltkreise ausgelegt. Der Multiplizierer M2 beginnt im Zeitschritt 1 (ZS 1) mit Operation Nr. 2 und im ZS 2 bereits mit Operation 6, obwohl die Operation 2 noch nicht beendet ist. Dasselbe wird mit Multiplizierer M1 im Zeitschritt ZS 4 ausgeführt. Hier beginnt M1 bereits mit Operation 8, obwohl Operation 3 noch nicht beendet ist.

Abbildung 7.27 ist ähnlich dem Sequenzgraph in Abbildung 7.21 mit dem Unterschied, dass in Abbildung 7.27 strukturelle Fließband-Multiplizierer eingesetzt werden. Dadurch wird die gesamte Ausführungszeit des Diffeq-Beispiels um zwei Zeitschritte verkürzt. Der List-Scheduling-Algorithmus kann so erweitert werden, dass strukturelle Fließband-Ressourcen verarbeitet werden können. *Anmerkung:* Multiplizierer, beispielsweise ausgeführt als *Wallace Tree*-Multiplizierer (siehe Abbildung 5.15, Seite 201), sind heutzutage recht „schnell", sodass eine Multiplikation innerhalb einer Taktperiode meist problemlos ausführbar ist.

### Funktionale Fließbandschaltkreise (Functional Pipelining)

Bei Datenströmen besteht meist die Einschränkung, ein bestimmtes Datenfolge-Intervall $\delta_0$ (Data Introduction Interval [DeMi94]) einzuhalten. Beispielsweise beträgt bei Videodatenströmen für das Videobild $\delta_0 = 10\ ms$ oder $\delta_0 = 20$ ms, d. h. die einzelnen Videobilder folgen im Zeitabstand 10 ms oder 20 ms aufeinander, das entspricht einer Bildfolge-Frequenz von 100 Hz bzw. 50 Hz.

Um ein gefordertes Datenfolge-Intervall einzuhalten, werden häufig funktionale Fließbandschaltkreise eingesetzt, nach dem Vorbild des Software-Pipelining. Beim funktionalen Fließbandschaltkreis wird der Sequenzgraph in einzelne parallel laufende Fließbandstufen aufgeteilt, deren Ausführungszeit maximal dem Datenfolge-Intervall $\delta_0$ entspricht. Nach der Abarbeitung der Eingangsdaten in der ersten Fließbandstufe können wieder neue Eingangsdaten eingegeben werden.

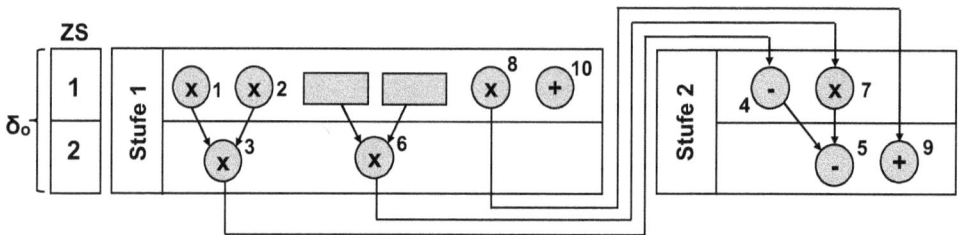

**Abbildung 7.28:** *Beispiel für einen funktionalen Fließbandschaltkreis. Der Sequenzgraph wird in zwei Fließbandstufen aufgeteilt. Die Eingabedaten für Operation 6 werden in Registern abgespeichert (nach [DeMi94]).*

Abbildung 7.28 zeigt am Beispiel des Differentialgleichungslösers die Aufteilung des Sequenzdiagramms in zwei Fließbandstufen, die parallel ausgeführt werden, wobei die gesamte Anordnung eine Ausführungszeit von zwei Taktperioden benötigt. Die Daten können jeweils nach $\delta_0 = 2$ Zeitschritten wieder neu eingegeben werden. Die Ausgabedaten erscheinen anfangs nach vier, danach jeweils nach zwei Zeitschritten. Bei Auslegung der Stufen ist darauf zu achten, dass sich alle Operationen, die Dateneingaben erhalten, in der ersten Stufe befinden. Im Beispiel Abbildung 7.28 sind dies die Operationen 1, 2, 6, 8 und 10. Operation 6 beginnt im zweiten Zeitschritt. In diesem Fall ist es angebracht, die Eingangsdaten im ersten Zeitschritt in Registern abzuspeichern, da die Eingangsdaten möglicherweise nur im ersten Zeitschritt gültig sind.

Das Beispiel in Abbildung 7.28 kann relativ einfach in 4 Fließbandstufen umgewandelt werden. In diesem Fall müssen alle Operationen, die Eingangsdaten entgegennehmen, in die erste Stufe eingefügt werden. Das bedeutet, dass die oben bereits erwähnten Operationen 1, 2, 6, 8 und 10 im ersten Zeitschritt ausgeführt werden, im Gegensatz zu Bild 7.28 rutscht die Operation 6 in den ersten Zeitschritt, es werden also insgesamt 4 Multiplizierer benötigt, ein Multiplizierer mehr als im Beispiel Bild 7.28 mit zwei Fließband-Stufen, dafür wird das Datenfolge-Intervall $\delta_0$ gegenüber dem vorherigen Beispiel halbiert, es entspricht einem Zeitschritt.

### Fließband-Schleifen oder Schleifen-Faltung (Loop Folding)

Schleifen-Faltung (Loop Folding) ist eine Optimierungsmethode, um Ausführungszeiten von Schleifen zu reduzieren [DeMi94]. Schleifenfaltung wurde zuerst für die Optimierung in Software-Compilern eingesetzt.

Wir betrachten eine Schleife mit einer festen Zahl von Iterationen $n_l$. Dann beträgt die Ausführungszeit der Schleife $n_l \lambda_l$, wobei $\lambda_l$ die Ausführungszeit des Schleifenkörpers ist. Wir nehmen an, dass die Schleife im Fließbandverfahren ausführbar ist mit einem Datenfolge-Intervall (siehe oben) $\delta_l < \lambda_l$. Damit ist die gesamte Ausführungszeit der Schleife ungefähr $n_l \delta_l < n_l \lambda_l$. Um genauer zu sein: Es muss ein Zuschlag für den Start der Fließband-Ausführung eingerechnet werden. Damit ist die gesamte Ausführungszeit der Schleife [DeMi94]: $T_a = (n_l + \lceil \lambda_l / \delta_l \rceil - 1)\delta_l$.

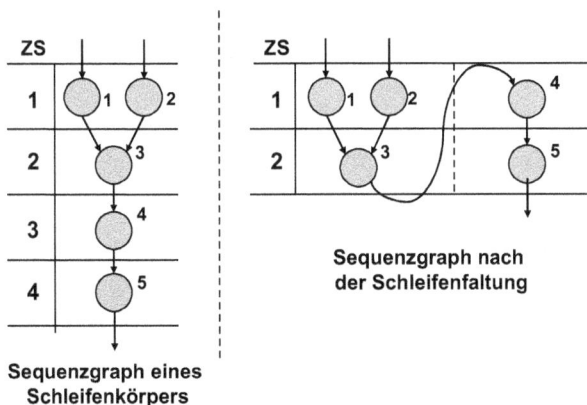

**Abbildung 7.29:** *Beispiel für eine Schleifenfaltung. Links ist der Sequenzgraph eines Schleifenkörpers dargestellt, rechts die gefaltete Schleife (nach [DeMi94]).*

Abbildung 7.29 zeigt das Beispiel einer Schleifenfaltung. Links im Bild ist der Sequenzgraph eines Schleifenkörpers mit 5 Operationen in 4 Zeitschritten (ZS) dargestellt, rechts die gefaltete Schleife [DeMi94]. Eine Taktperiode (ein Zeitschritt ZS) sei 10 ns lang und die Anzahl Iterationen sei $n_l = 30$, so dauert die Ausführung des Schleifenkörpers $\lambda_l = 4 \times 10$ ns und die Ausführung der gesamten Schleife ohne Faltung $n_l \lambda_l = 30 \times 40 = 1200$ ns. Faltet man den Schleifenkörper nach Abbildung 7.29 rechte Seite, so erhält man ein Datenfolge-Intervall $\delta_l = 20$ ns und für die Ausführungszeit der gesamten Schleife mit Faltung nach obiger Formel von De Micheli:
$T_a = (30 + \lceil 40/20 \rceil - 1)20$ ns und damit ist $T_a = 620$ ns. Für die Ausführung des Schleifenkörpers ohne Faltung benötigen wir entsprechend dem Sequenzgraph im Bild

7.29 links zwei Prozessorelemente, wenn wir davon ausgehen, dass die Prozessorelemente jede der Operationen 1-5 ausführen können. Für die Ausführung des Schleifenkörpers mit Faltung entsprechend dem Sequenzgraph im Bild 7.29 rechts werden drei Prozessorelemente benötigt.

Solche Schleifenberechnungen werden in hierarchischen Sequenzgraphen oft als ein einzelner Knoten dargestellt. Der „Unterknoten" enthält dann die Schleife bzw. die gefaltete Schleife. Schleifenberechnungen treten in Eingebetteten Systemen häufig auf, man nennt diese manchmal auch den „Berechnungskern" (Computational Kernel). Da sie relativ viel Zeit und elektrische Energie in Anspruch nehmen können, werden sie in Echtzeitsystemen und bei tragbaren Geräten vielfach nicht in der Software, sondern in einem Hardware-Teil auf dem Chip ausgeführt.

### Zusammenfassung des Abschnitts Zeitablaufplanung

Zeitablaufplanung (Scheduling) ist ein bedeutende Aufgabe nicht nur in der High-Level-Synthese. Exakte Verfahren für die Zeitablaufplanung unter Ressource- und Zeitschranken sind von der Komplexität NP-hart und beruhen hauptsächlich auf Integer-Linear-Programmimg (ILP)-Methoden. Praktische Implementierungen von „ILP-Schedulern" haben gezeigt, dass sie nur bei Schaltungsbeschreibungen kleinerer bis mittlerer Größe effizient sind. Daher werden Heuristiken verwenden, von denen einige der bekanntesten der listenbasierte (List)-Algorithmus, der kräftegesteuerte-, (Force Directed Scheduling)-Algorithmus und die Optimierung nach der Simulated Annealing-Methode sind. Methoden wie Operationen-Kettung (Chaining), Einführung von Fließbandschaltkreisen (Pipelining) und Schleifenfaltung verbessern die Performanz der Ablaufplanung.

## 7.3.4   Ressourcen-Bindung

Ressourcen-Bindung, auch Zuweisung (Assignment) genannt, bedeutet die *Zuweisung von Operationen und Speicherelementen zu Hardware-Komponenten* [DeMi94]. Es wäre denkbar, jeder Operation eine eigene Komponente zuzuweisen, beispielsweise jeder Multiplikation einen Multiplizierer. Dies ist jedoch sehr ineffizient, die einzelnen Komponenten wären sehr schlecht ausgenutzt. Das Ziel ist daher, die Hardware-Komponenten möglichst so einzusetzen, dass sie ununterbrochen Daten verarbeiten. Dies kann nur erreicht werden, wenn Operationen gleichen Typs passende Komponenten möglichst gemeinsam nutzen. Man spricht dann von „optimaler Mehrfachnutzung" (Optimal Resource Sharing) der Komponente. Wir gehen davon aus, dass der Zeitablaufplan (Schedule) wie im letzten Abschnitt beschrieben, *vor* der Ressourcen-Bindung durchgeführt wird. Diese Annahme ist nicht zwingend. Bei einigen Synthese-Methoden wird die Ressourcen-Bindung *vor* dem Scheduling durchgeführt. Ein Beispiel dafür ist der „Graph Partitioning"-Algorithmus von Gajski et al. [Ga09] (siehe Seite 335). In diesem Fall wird das Scheduling auf Chaining und Pipelining beschränkt. In der Allokierung (siehe Abschnitt 7.3.2, Seite 304) werden in unserem Fall die Komponententypen ausgesucht, die wir in der zu synthetisierenden Schaltung verwenden wollen und die in Abbildung 7.8, Seite 300 im Datenpfad schematisch dargestellt sind. Es sind dies:

- Funktionale Ressourcen bzw. Funktionseinheiten (FE) wie ALUs, Addierer, Multiplizierer usw.
- Speicherkomponenten, z. B. Register,
- Verbindungselemente wie z. B. Multiplexer (Selektoren), Busse, die den Datenverkehr

zwischen den Funktionseinheiten untereinander und zwischen Funktionseinheiten und Speichereinheiten unterstützen.

Wir nehmen an, dass wir für einen Operationstyp auch nur einen Komponententyp allokiert haben, beispielsweise wollen wir für alle Multiplikationen den gleichen Multiplizierer-Typ verwenden. Zudem kann es sinnvoll sein, ähnliche Operationen wie beispielsweise Addition, Subtraktion und Vergleich zusammenzufassen und von einem Komponententyp z. B. einer ALU ausführen zu lassen wie wir es auch schon im Abschnitt 7.3.3 gezeigt haben. Damit der Zeitablaufplan eingehalten wird, müssen wir jeder Operation im ersten Zeitschritt je eine Komponente zuweisen. Im nächsten Zeitschritt stehen diese Komponenten wieder für weitere Zuweisungen zur Verfügung, eventuell werden zusätzliche oder weniger Komponenten benötigt. Diese Zuweisungen müssen für jeden Zeitschritt durchgeführt werden, wobei die Aufgabe lautet, nur eine minimale Anzahl von Komponenten einzusetzen. Es ist wieder eine Optimierungsaufgabe und in den nächsten Unterabschnitten werden dafür exakte und heuristische Lösungsmöglichkeiten vorgestellt.

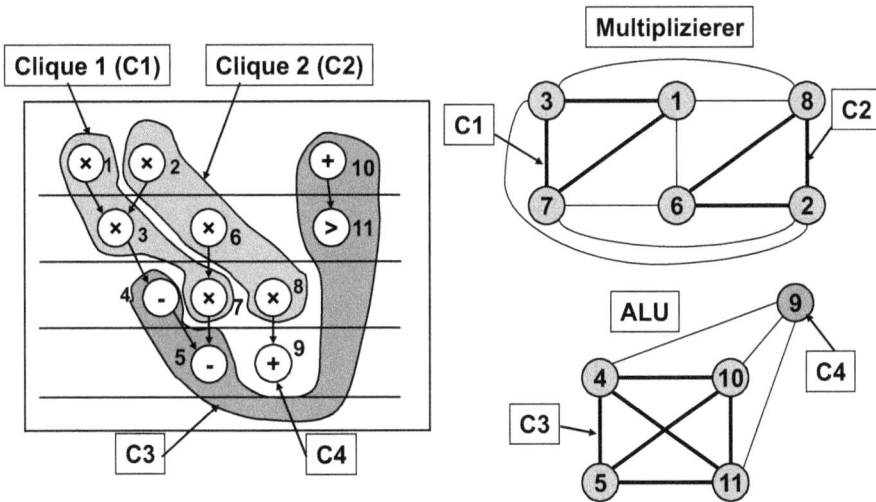

**Abbildung 7.30:** *Beispiel für die Bindung von Operationen: Auf der rechten Seite sind die Kompatibilitätsgraphen der Multiplizierer (oben) und der ALUs (unten) mit den Cliquen C1 bis C4 dargestellt. Links: Der Sequenzgraph des Diffeq-Beispiels ist gezeigt mit den maximalen Cliquen C1 bis C4 (nach [DeMi94]).*

### Kompatibilitäts- und Konfliktgraph

Beim **Kompatibilitätsgraph** können zwei oder mehr Operationen der gleichen Ressource zugewiesen werden, wenn sie *kompatibel* (verträglich) sind [DeMi94], das heißt, wenn sie:

- vom gleichen Typ sind (z. B. Addierer),
- *nicht* nebenläufig im gleichen Zeitschritt operieren,
- alternativ eingesetzt werden, d. h. sie werden z. B. verschiedenen Zweigen einer exklusiven Auswahl zugeordnet.

Kompatible Operationen kann man im Ressourcen-Kompabilitätsgraphen $G_+(V, E)$ zusammenfassen [DeMi94], dessen Knotenmenge $V = \{v_i; i = 1, 2, ... n_{ops}\}$ den Operationen entspricht und dessen Kanten $E = \{(v_i, v_j); i, j = 1, 2, \ldots n_{ops}\}$ die kompatiblen Operationspaare verbinden. Der Kompabilitätsgraph hat mindestens so viele getrennte Teilgraphen wie Ressourcentypen, d.h. für jeden Ressourcentyp, beispielsweise für Multiplizierer, ALUs usw. existiert jeweils ein Teilgraph. Ein Gruppe von kompatiblen Operationen entspricht einer Operationen-Untermenge, die alle durch Kanten im Kompabilitätsgraphen verbunden sind; d.h. es ist eine *Clique*. Eine *maximale Menge von kompatiblen Operationen* ist durch eine *maximale Clique* im Kompabilitätsgraphen repräsentiert. Maximale Cliquen bedeuten optimale Mehrfachnutzungen von Ressourcen und minimieren damit die Anzahl der nötigen Komponenten. Da jeweils eine Komponente jeder Clique zugeordnet wird, ist das Optimierungsproblem äquivalent zur *Partitionierung eines Graphen in eine minimale Anzahl maximaler Cliquen*. Die minimale Anzahl Cliquen wird als **Cliquen-Überdeckungszahl** $\kappa(G_+(V, E))$ des Kompabilitätsgraphen $G_+(V, E)$ bezeichnet. Die Lösung dieses Problems ist die exakte Lösung der Operationen-Bindung. Leider ist sie von der Komplexität NP-hart [DeMi94].

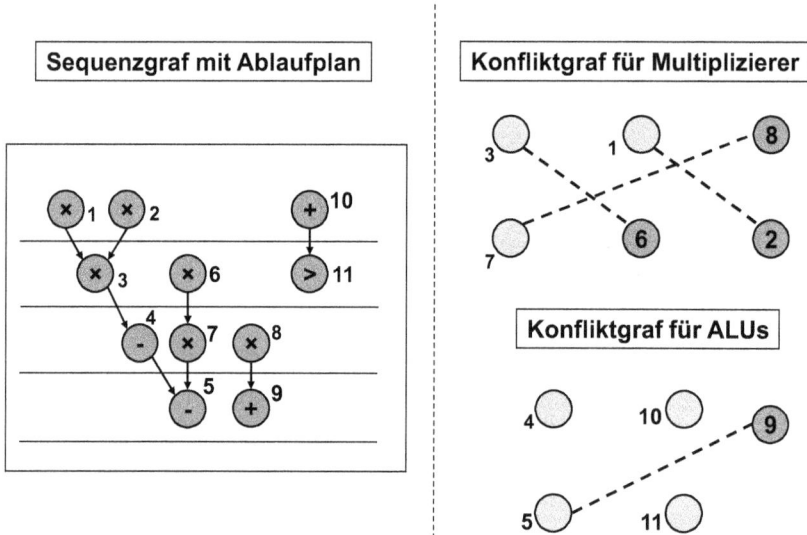

**Abbildung 7.31:** *Beispiel für die Bindung von Operationen: Auf der rechten Seite sind die Konfliktgraphen der Multiplizierer (oben) und der ALUs (unten) dargestellt. Links: Der Sequenzgraph des Diffeq-Beispiels (nach [DeMi94]).*

Zur Erklärung der Ressource-Bindung mit Hilfe des Kompatibilitätsgraphen und der Cliquen-Partitionierung verwenden wir wieder unser Diffeq-Beispiel in Abbildung 7.30. Auf der rechten Seite des Bildes sind die Kompatibilitätsgraphen für die Multiplizierer (oben) und die ALUs (unten) gezeigt. Links im Bild ist der Sequenzgraph des Diffeq-Beispiels mit den maximalen Cliquen C1 bis C4 dargestellt. Eine maximale Clique bei den Multiplizierern ist C1 mit den Operationen 1, 3 und 7, sie ist dadurch gekennzeichnet, dass in der Clique jede Operation mit jeder andern Operation durch eine Kante verbunden ist. Dasselbe gilt für die maximale Clique C2 mit den Operationen 2, 6 und 8. Die Überdeckungszahl, d.h. die minimale Anzahl maximaler Cliquen für den Multiplizierer-Kompatibilitätsgraphen ist $\kappa = 2$. Demnach benötigen wir zwei Multiplizierer M1 und M2 für unser Beispiel. Dem Multiplizierer M1 wird die Clique C1={1,3,7} mit den Operationen 1, 3 und 7 zugewiesen, der Multiplizierer M2 erhält die Operationen 2, 6 und 8 aus Clique C2={2,6,8}. Bei den ALUs gibt es ebenfalls zwei Cliquen: C3 mit den Operationen 4, 5, 10 und 11 sowie die Clique C4, die nur die Operation 9 beinhaltet. Die Überdeckungszahl, d. h. die minimale Anzahl maximaler Cliquen für den ALU-Kompabilitätsgraphen ist ebenfalls $\kappa = 2$. Wir benötigen daher zwei ALUs A1 und A2 für unser Beispiel. Der ALU A1 wird die Clique C3={4,5,10,11} mit den Operationen 4, 5, 10 und 11 zugewiesen, die ALU A2 erhält die Operation 9 aus Clique C4={9}.

Der **Konfliktgraph** ist das Komplement zum Kompabilitätsgraphen. Zwei Operationen haben einen Konflikt, wenn sie

- *nicht* vom gleichen Typ sind (z. B. Addierer, Multiplizierer),
- nebenläufig im gleichen Zeitschritt operieren.

Operationen, die gegenseitig einen Konflikt aufweisen, kann man im Ressourcen-Konfliktgraphen $G_-(V, E)$ zusammenfassen, dessen Knotenmenge den Operationen entspricht und dessen Kanten $E = \{(v_i, v_j); i, j = 1, 2, \ldots n_{ops}\}$ die Operationspaare verbinden, die einen gegenseitigen Konflikt aufweisen [DeMi94].

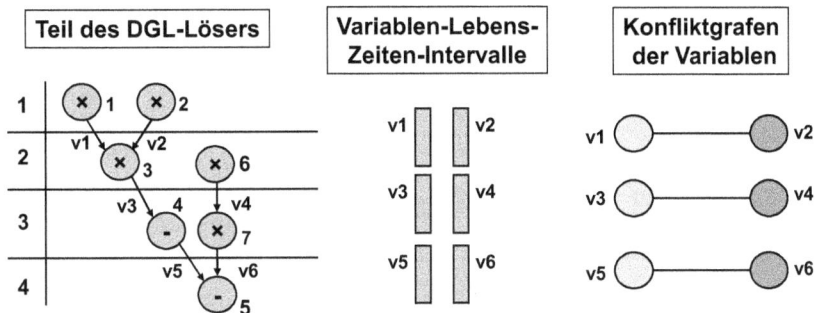

**Abbildung 7.32:** *Beispiel für die Bindung von Registern: Links ist ein Teilgraph des Diffeq-Beispiels gezeigt. In der Mitte die Intervall-Balken der Variablen-Lebenszeiten. Rechts daneben die Register-Konfliktgraphen (nach [DeMi94]).*

Abbildung 7.31 zeigt links den Sequenzgraphen des Diffeq-Beispiels, rechts oben die Konfliktgraphen für die Multiplizierer und darunter die Konfliktgraphen für die ALUs.

Beispiel: Die Multiplizierer-Operationen 1 und 2 haben einen Konflikt, weil sie im gleichen Zeitschritt operieren. Sie werden mit einer Kante verbunden und bilden einen Konfliktgraphen. Dasselbe gilt für die Operationspaare 3, 6 und 7, 8. Bei den ALUs haben die Operationen 5 und 9 einen Konflikt und bilden einen Konfliktgraphen.

Der Färbealgorithmus, angewendet auf die Konfliktgraphen $G_-(V, E)$ liefert eine Lösung des Bindungsproblems. Jede Farbe entspricht einer Ressourcen-Instanz. Der Färbealgorithmus lautet wie folgt: *Ein ungerichteter Graph ist k-färbbar, wenn seine Knoten so mit k Farben belegbar sind, dass jeweils zwei Knoten, die mit einer Kante verbunden sind, verschiedene Farben aufweisen.* Ein Optimum der Ressourcen-Bindung entspricht einer Knotenfärbung mit einer minimalen Anzahl von Farben. Diese Zahl wird die chromatische Zahl $\chi(G_-(V, E))$ genannt. Es gilt $\chi = \kappa$ [DeMi94].

In Abbildung 7.31 sind die Knoten des Konfliktgraphen statt mit Farben, mit verschiedenen Grautönen belegt. Wir benötigen zwei verschiedene Grautöne um die Konfliktgraphen der Multiplizierer einzufärben, d. h. wir benötigen zwei Multiplizierer für die Bindung. Dasselbe gilt für die ALUs. Der Knoten-Färbealgorithmus, angewendet auf den Konfliktgraphen, stellt die exakte Lösung der Operationen-Bindung dar. Leider ist auch dieser Algorithmus für allgemeine Graphen von der Komplexität NP-hart [DeMi94] und kommt daher für eine Lösung der Ressourcen-Bindung bei größeren Schaltkreisen nicht in Frage. Die Lösung der Ressourcen-Bindung kann mit dem Left-Edge-Algorithmus (siehe Abschnitt 7.3.4, Seite 332), oder mit Hilfe der Graphen-Partitionierung (siehe Abschnitt 7.3.4, Seite 335) durchgeführt werden.

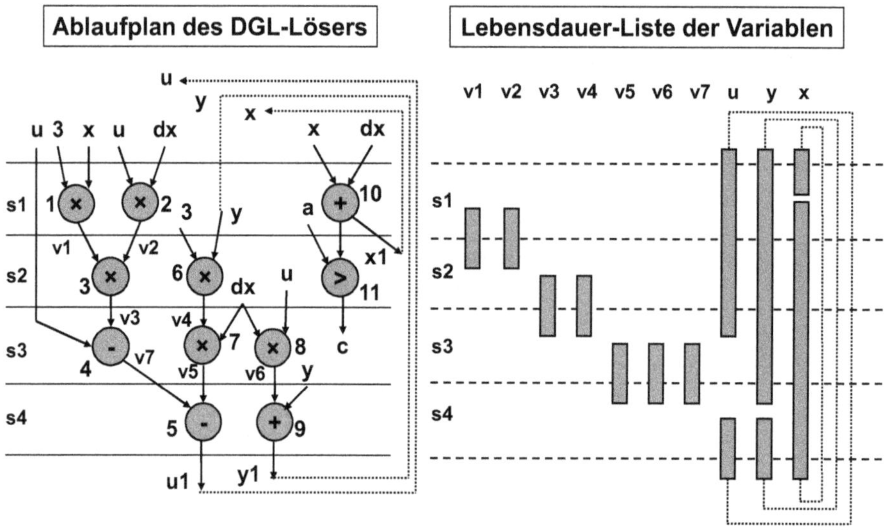

**Abbildung 7.33:** *Beispiel für die Bindung von Registern: Links ist der Sequenzgraph Diffeq-Beispiels gezeigt, rechts die Lebensdauer-Liste der einzelnen Variablen (nach [DeMi94]).*

### Bindung von Speicher-Ressourcen (Registern)

Daten, die über Grenzen von Zeitschritten transportiert werden, müssen in Registern gespeichert werden. Das heißt, jede Kante im Sequenzgraphen, die eine Zeitschritt-Grenze schneidet, bedeutet die Festlegung einer Variablen, die in einem Register gespeichert wird. Man könnte jeder Variablen ein Register zuweisen, dies ist jedoch genauso ineffizient, als wenn man jeder Operation eine eigene Komponente zuweisen würde. Mehrere Variablen versuchen daher, Register gemeinsam zu nutzen (Register Sharing). Äquivalent zur exakten Lösung der Operationen-Bindung auf der Basis des Kompabilitäts- oder Konfliktgraphen kann auch die Register-Bindung bzw. Registerzuweisung nach diesen Methoden, die allerdings von der Komplexität NP-hart sind, exakt gelöst werden.

Eine bekannte heuristische Methode, die Register-Bindung mit polynomialer Komplexität zu lösen, ist der **„Left Edge Algorithmus (LEA)"**. Eine weitere Methode stellt Gajski et al. [Ga09] vor, die **„Graph Partitioning"**-Methode, die für die Bindung von Operationen erläutert wird (siehe Abschnitt 7.3.4). Der Left-Edge-Algorithmus wurde ursprünglich für Verdrahtungswerkzeuge (Channel Routing Tools) verwendet. Kurdahi und Parker ([KuPa87], zitiert in [Ga92]) haben 1987 den LEA für die Registerzuweisung eingeführt.

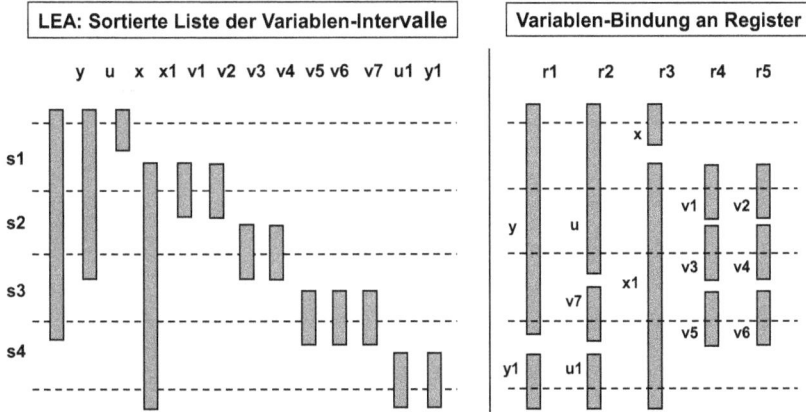

*Abbildung 7.34:* Beispiel für den Left Edge Algorithmus (LEA): Links ist die sortierte Liste der Variablen-Lebenszeit-Intervalle des Diffeq-Beispiels dargestellt, rechts die „Register-Liste" (nach [DeMi94]).

Der **Left-Edge-Algorithmus** setzt die Analyse der „Lebenszeiten" von Variablen voraus. Jeder Variablen kann eine „Lebenszeit" zugewiesen werden, die genau von der „Geburt" der Variablen, bis zu ihrem „Tod" dauert. Die Geburt ist der Zeitpunkt, in dem die Variable am Ausgang einer Operation generiert wird und der Tod ist der späteste Zeitpunkt, an dem die Variable als Eingabe für die nächste Operation verwendet wird. Wir betrachten nicht-hierarchische Sequenzgraphen und benennen darin Variablen genau an den Kanten der Datenübergänge zwischen den Zeitschritten wie sie am Teilgraphen des Diffeq-Beispiels links in Abbildung 7.32 gezeigt werden. Ein Konflikt zwischen zwei Variablen tritt auf, wenn die Lebenszeiten überlappen. Man kann die Konfliktgraphen für den Fall des Teilgraphen in Abbildung 7.32 aufzeichnen (siehe rechte Seite). Man sieht, dass in diesem Fall entsprechend dem Färbealgorithmus zwei Register genügen, um die sechs Variablen $v1$ bis $v6$ aufzunehmen. Wir betrachten als Beispiel das Sequenzdiagramm des Diffeq in Abbildung 7.33, in dem an jeder Kante die Variablen aufgeführt sind. Es sind dies dreizehn Variablen, $v1$ bis $v7$ sowie $u, u1, x, x1, y, y1$.

Für den LEA ist es von Vorteil, die Struktur des Sequenzgraphen, d. h. die einzelnen Teilgraphen in Betracht zu ziehen. Wir können vier Teilgraphen identifizieren: Teilgraph 1 umfasst die Operationen $1, 2, 3, 4$. Teilgraph 2 schließt die Operationen $6, 7, 5$ ein. Teilgraph 3 beinhaltet die Operationen $8, 9$ und Teilgraph 4 die Operationen $10, 11$. Wir erinnern uns, dass das in Abbildung 7.33 linke Seite, gezeigte Sequenzdiagramm den „inneren" Teil einer Schleife (Main Loop, siehe Abbildung 7.7) zeigt. Das heißt, um die Gleichung zu lösen, müssen mehrere Iterationen ausgeführt werden, wobei die Ausgaben $x1, u1, y1$ solange wieder an die Eingänge $x, u, y$ zurückgeführt werden, bis $x1$ die Grenze $a$ überschreitet. Bei der Ausführung des Left Edge Algorithmus werden folgende Schritte durchgeführt (nach [Ga92]):

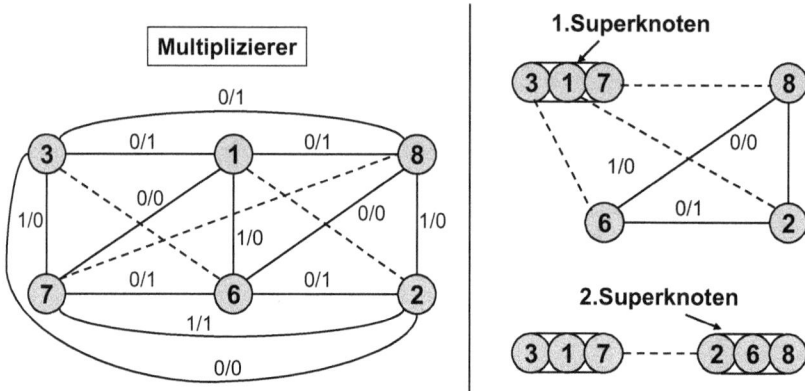

**Abbildung 7.35:** *Beispiel für die Graphen-Partitionierungs-Methode nach Gajski. Links im Bild: Der Kompatibilitätsgraph (durchgezogene Linien) und der Konflikt-Graph (gestrichelte Linien) werden für Multiplizier-Operationen des Diffeq-Beispiels kombiniert. Rechts im Bild: Zuerst werden die Knoten 1, 3, 7 zum 1. Superknoten, danach werden die Knoten 2, 6, 8 zum 2. Superknoten vereinigt (nach [Ga09]).*

| Operationen | Quellen (sources) | | Senken |
|:---:|:---:|:---:|:---:|
| | Eingang 1 | Eingang 2 | (Destinations) |
| Op 1 | 3 | r3 (x) | r4 (v1) |
| OP 2 | r2 (u) | dx | r5 (v2) |
| OP 3 | r4 (v1) | r5 (v2) | r4 (v3) |
| OP 6 | 3 | r1(y) | r5 (v4) |
| OP 7 | r5 (v4) | dx | r5 (v6) |
| OP 8 | r2 (u) | dx | r4 (v5) |

**Tabelle 7.3:** *Register-Zuweisungen für die Multiplizier-Operationen des Diffeq-Beispiels. Als Ergebnis des Left Edge Algorithmus sind die Quell-Register und die Senken-Register für die Multiplizier-Operationen mit den jeweiligen Variablen gezeigt.*

1. Die Lebensdauer-Liste wird erstellt (siehe Abbildung 7.33, rechte Seite). Darin ist jede Variable mit einem Lebensdauer-Intervall relativ zu den Zeitschritt-Intervallen vertreten.
2. Der Left-Edge-Algorithmus sortiert zuerst alle Lebenszeit-Intervalle in die „linke obere Ecke" einer sortierten Liste, wobei die höchsten Startzeiten und die längsten Intervalle bevorzugt werden (siehe Abbildung 7.34).
3. Die einzelnen Lebenszeiten-Intervalle werden ausgehend von der sortierten Liste in der „Register-Liste" bzw. in das Register-Feld (Register-Array) (Abbildung 7.34, rechte Seite) nach links „verschoben" und zwar so, dass die Intervalle nicht überlappen. Dieser Schritt wird solange wiederholt, bis die einzelnen Spalten möglichst vollständig ausgefüllt sind. Dabei werden Abhängigkeiten, die aus dem Sequenzdiagramm hervorgehen, berücksichtigt, zum Beispiel Variablen, die im gleichen Teilgraphen liegen, werden der gleichen Registerspalte zugeordnet. Dadurch können Verbindungselemente

eingespart werden (siehe später). Beispielsweise wird $x1$ der Variablen $x$ zugewiesen. $v7$ und $u, u_1$ liegen im Teilgraphen 1, $v4$ und $v5$ liegen im Teilgraphen 2 usw. Die einzelnen Spalten des Register-Array stellen zum Schluss die Registerinhalte dar. Jede Spalte entspricht einem Register.

Aus Abbildung 7.34 ist ersichtlich, dass bei Anwendung des Left Edge Algorithmus für das Diffeq-Beispiel die 13 Variablen 5 Registern $r1, r2, r3, r4, r5$ zugewiesen werden können und zwar wie folgt: $r1 \leftarrow (y, y1)$, d. h. die Variablen $y, y1$ werden in Register $r1$ gespeichert. Äquivalent dazu wird $r2 \leftarrow (u, u1, v7)$, $r3 \leftarrow (x, x1)$, $r4 \leftarrow (v1, v3, v5)$ und $r5 \leftarrow (v2, v4, v6)$ zugewiesen. Tabelle 7.3 zeigt für die Multiplizier-Operationen die Quell- und Senken-Register mit den jeweils zugeordneten Variablen.

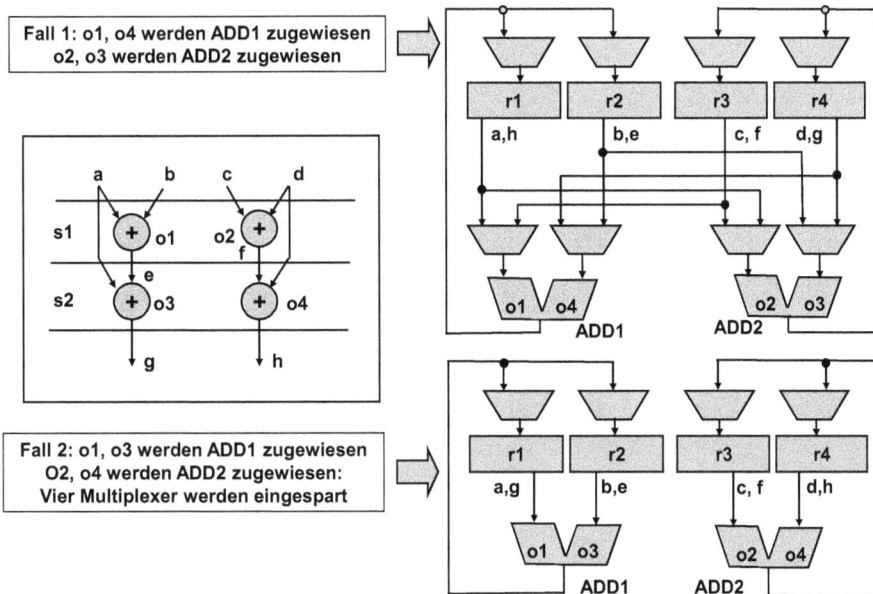

**Abbildung 7.36:** *Beispiel: Zuweisung von Verbindungselementen. Oben: Fall 1: die Operationen o1, o4 werden ADD1, o2, o3 Add2 zugewiesen. Unten: Fall 2: die Operationen o1, o3 werden ADD1, o2, o4 Add2 zugewiesen. Es werden vier Multiplexer eingespart (nach [Ga92]).*

**Die Graphen-Partitionierungs-Methode** Die Cliquen-Paritionierung für die Ressourcen-Bindung ist von der Komplexität NP-hart und deshalb für größere Schaltkreise nicht geeignet (siehe Abschnitt 7.3.4). Gajski et al. [Ga09] schlagen daher für die Ressourcen-Bindung die Graphen-Partitionierungs- (Graph Partitioning)-Methode vor und nennen den Vorgang „Resource Sharing". Die Bezeichnung „Ressourcen-Bindung" ist passender, da in diesem Schritt die Ressourcen den Operationen zugewiesen und zugleich minimiert werden. Die Graphen-Partitionierungs-Methode verwendet sowohl den Kompatibilitäts- als auch den Konflikt-Graphen und setzt die Register-Bindung voraus (siehe Abschnitt 7.3.4). Die Kanten des Kompatibilitätsgraphen werden gewichtet in der Form $s/d$, wobei $s$ die Anzahl der gemeinsamen Quellen-Register und $d$ die Anzahl der gemeinsamen Senken-Register ist. Berücksichtigt man diese Gewichtung bei der Bindung, so wird die Komplexität des Verfahrens reduziert. In der Graphen-

Partitionierungs-Methode werden in mehreren Schritten kompatible Knoten zu „Super-knoten" vereinigt, wobei hauptsächlich die Knoten bevorzugt werden, die möglichst hohe Kantengewichte tragen.

**Ablaufplan (DFG) des DGL-Lösers**

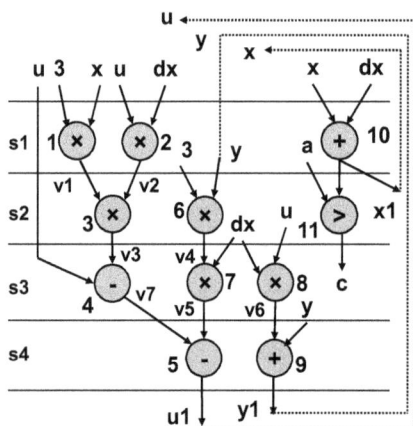

| ZS | FE | Op | Eingänge 1 | 2 | Aus-gang |
|----|------|----|------|------|------|
| s1 | Mult1 | 1 | 3 | x,r3 | v1,r4 |
|    | Mult2 | 2 | u,r2 | dx | v2,r5 |
|    | ALU1 | 10 | x,r3 | dx | x1,r3 |
| s2 | Mult1 | 3 | v1,r4 | v2,r5 | v3,r4 |
|    | Mult2 | 6 | 3 | y,r1 | v4,r5 |
|    | ALU1 | 11 | a | x1,r3 | c |
| s3 | Mult1 | 7 | v4,r5 | dx | v5,r4 |
|    | Mult2 | 8 | u,r2 | dx | v6,r5 |
|    | ALU1 | 4 | u,r2 | v3,r4 | v7,r2 |
| s4 | ALU1 | 5 | v7,r2 | v5,r4 | u1,r2 |
|    | ALU2 | 9 | v6,r5 | y,r1 | y1,r1 |

r1 <= (y,y1); r2 <= (u,u1,v7); r3 <= (x,x1); r4 <= (v1,v3,v5); r5 <= (v2,v4,v6);

**Abbildung 7.37:** *Linke Seite: DFG des Datenpfads des Diffeq-Beispiels. Rechte Seite: Ergeb-nistabelle (Synthesetabelle) aus den drei Syntheseschritten, darunter die Registerliste der fünf Register mit den jeweiligen Variablenzuweisungen.*

Abbildung 7.35 zeigt das Prinzip am Beispiel der Multiplizier-Operationen für den Diffeq-Sequenzgraphen. Auf der linken Seite im Bild ist der Kompatibilitätsgraph (mit durchgezogenen Linien) und der Konfliktgraph (mit gestrichelten Linien) aus den Ab-bildungen 7.30 und 7.31 kombiniert dargestellt. Die Gewichtung der Kanten ergibt sich aus den Quellen- und Senken-Registern, die sich durch die Anwendung des Left-Edge-Algorithmus ergeben, sie sind in der Tabelle 7.3 für die Multiplizier-Operationen zusam-mengestellt. Auf der rechten Seite im Bild 7.35 ist in zwei Schritten die Verschmelzung der Knoten zu Superknoten gezeigt: Im ersten Schritt werden die kompatiblen Knoten 1, 3, 7 verschmolzen, die Kanten zwischen 1, 3, 7 verschwinden, die Kanten zu den restlichen Knoten bleiben bestehen, es „dominieren" die Konfliktkanten und dem ersten Superknoten werden keine weiteren Knoten zugefügt. Im zweiten Schritt verschmelzen die kompatiblen Knoten 2, 6, 8 zum Superknoten Nr. 2. Es bleiben zwei Superknoten, zwischen denen eine Konfliktkante stehen bleibt. Das Resultat ist: Jeder Superknoten repräsentiert einen Multiplizierer. Dem Multiplizierer 1 sind die Operationen 1, 3, 7 zugeordnet, dem Multiplizierer 2 die Operationen 2, 6, 8. Für die ALU's und für die Register-Bindung im Diffeq-Beispiel kann dasselbe Verfahren angewendet werden. Die Graphen-Partitionierungs-Methode nach Gajski weist polynomiale Komplexität auf.

## Zuweisung von Verbindungselementen und Erstellung der Netzliste

Verbindungselemente sind z. B. Multiplexer oder Busse. Sie unterstützen den Datentransfer zwischen Funktionseinheiten (FE) bzw. Prozessoreinheiten (PE) untereinander sowie zwischen Funktionseinheiten und Speicherelementen (Registern). Die Verbindungselemente sind noch durch Leitungsdrähte bzw. durch die Verdrahtung mit Registern und Funktionseinheiten verbunden, doch diese lassen wir zunächst außer Acht. Verbindungselemente und die Verdrahtung haben einen nicht unerheblichen Einfluss auf die Performanz der gesamten Schaltung.

Wir betrachten zunächst Multiplexer als Verbindungselemente. Als Beispiel ist in der Abbildung 7.36 oben links ein kleiner Ausschnitt aus dem Sequenzgraphen eines Zeitablaufplans gezeigt, mit zwei Teilgraphen, die in zwei Zeitschritten s1 und s2 je zwei Additionen o1, o3 und o2, o4 ausführen (nach [Ga92]).

Die Aufgabe ist die Bindung oder Zuweisung sowohl von Funktionseinheiten, Speichereinheiten (Registern) als auch von Verbindungselementen, in unserem Fall Multiplexer. Wir wenden uns den Funktionseinheiten zu. Im Zeitschritt s1 haben die Operationen o1, o2, einen Konflikt, im Zeitschritt s2 haben die Operationen o3, o4 einen Konflikt. Nach Anwendung des Färbealgorithmus auf die Konfliktgraphen erhalten wir zwei Funktionseinheiten, d. h. zwei Addierer, die wir mit ADD1 und ADD2 bezeichnen.

An der Zeitschrittgrenze zu s1 sind es 4 Variable $a, b, c$ und $d$, an der Zeitschrittgrenze zwischen s1 und s2 ebenfalls 4 Variable $a, e, f$ und $d$, die wir in Registern unterbringen müssen. Wir wenden den Left-Edge-Algorithmus an und erhalten als Ergebnis 4 Register: $r_1, r_2, r_3, r_4$. Die Variablen $b, e$ werden dem Register $r_2$ und die Variablen $c, f$ dem Register $r_3$ zugeordnet.

| ZS | FE | Op | Eingänge | | Aus- |
|----|------|----|----|----|------|
| | | | 1 | 2 | gang |
| | Mult1 | 1 | 3 | x,r3 | v1,r4 |
| s1 | Mult2 | 2 | u,r2 | dx | v2,r5 |
| | ALU1 | 10 | x,r3 | dx | x1,r3 |

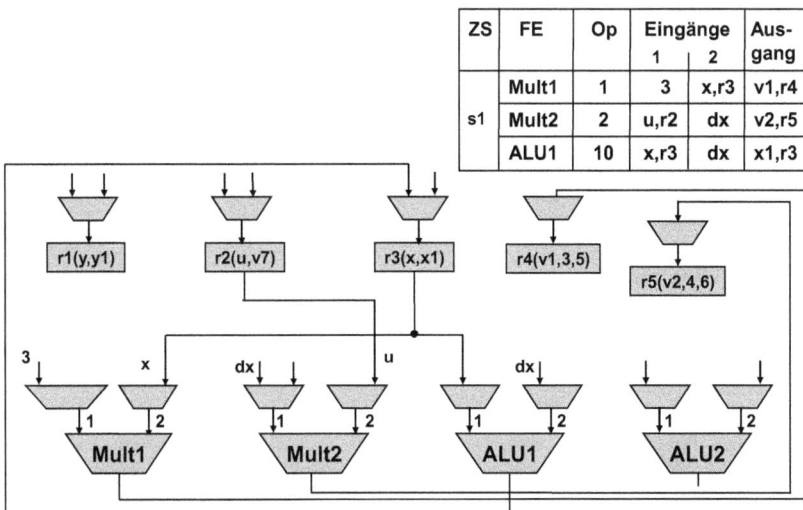

**Abbildung 7.38:** *Ergebnis der Verdrahtung nach dem ersten Zeitschritt (ZS) s1. Ein Ausschnitt der Synthesetabelle für den ersten Zeitschritt ist oben rechts gezeigt. Die drei FE, die im ersten ZS aktiv sind, Mult1, Mult2 und ALU1 sind verdrahtet.*

Wir stellen zwei legitime Fälle für die Bindung der Funktionseinheiten vor:
Fall 1: Die Operationen o1, o4 werden dem Addierer ADD1 und die Operationen o2, o3 dem Addierer ADD2 zugewiesen. Die Variablen $a, h$ sowie $d, g$ werden entsprechend Register $r_1$ und Register $r_4$ zugeteilt.
Fall 2: Die Operationen o1, o3 werden dem Addierer ADD1 und die Operationen o2, o4 dem Addierer ADD2 zugewiesen. Die Variablen $a, g$ sowie $d, h$ werden entsprechend den Registern $r_1$ und $r_4$ zugeteilt.

Für den Fall 1, der in Abbildung 7.36 oben rechts dargestellt ist, benötigen wir 4 Multiplexer als Verbindungselemente und zudem eine relativ aufwändige Verdrahtung. Für den Fall 2, der in Abbildung 7.36 unten rechts dargestellt ist, benötigen wir keine Multiplexer als Verbindungselemente, die Verdrahtung ist relativ einfach. Verallgemeinern wir Fall 2, so lässt sich daraus eine einfache Regel für die Zuweisung von Funktionseinheiten und Registern ableiten: *Kompatible Operationen des gleichen Typs und kompatible Variablen aus ein und demselben Teilgraphen sollten möglichst denselben Funktionseinheiten bzw. Registern zugewiesen werden.* Die Zuweisung von Verbindungselementen kann direkt vor der Verdrahtung bzw. Erstellung der Netzliste durchgeführt werden, insbesondere, wenn Multiplexer als Verbindungselemente gewählt werden.

> **Algorithmus 8.6**
> **Wiring** *(Synthesis Table)*
>     Place multiplexors in front of each register input and FE input
>     **for each** sx (Für jeden Zeitschritt (ZS))
>         **for each** FE (Für jede Funktionseinheit (FE))
>             **for each** input (1,2,..)
>                 **if** constant on input, wire constant;
>                 **else** wire from corresponding register output to next free input
>                     of FE multiplexor (start at input 1);
>                 **end if;**
>             **end for;**
>         Wire from output of FE to next multiplexor input of corresponding register;
>         In case of one input only of a multiplexor is used, remove the multiplexor
>         and lead the wire directly to the FE;
>             **end for;**
>         **end for;**
>     Output the netlist;
> **End Wiring**

*Abbildung 7.39:* *Algorithmus 8.6 Wiring-(Verdrahtungs)-Algorithmus.*

### Erstellung der Netzliste

Eine Netzliste ist das Ergebnis einer High-Level-Synthese. Theoretisch ausgedrückt ist es die Register-Transfer-Struktur, die aus einer Verhaltensbeschreibung auf algorithmischer Ebene mit Hilfe des Synthesewerkzeugs erzeugt wird. Praktisch gesehen ist eine Netzliste die Verdrahtungsliste der einzelnen Komponenten, das heißt der Funktionseinheiten, der Register und der Verbindungselemente. Wir betrachten in diesem Abschnitt die Verdrahtung des **Datenpfads**. Die Synthese des Steuerwerks wird weiter unten behandelt. Wir fassen die ersten drei Schritte der High-Level-Synthese kurz zusammen:

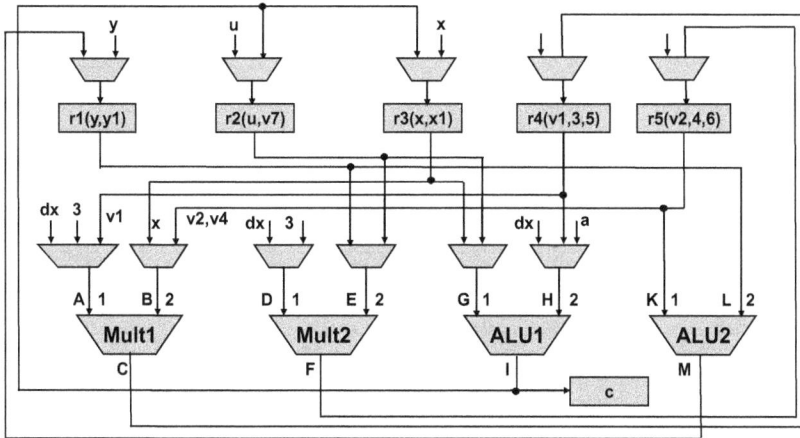

***Abbildung 7.40:*** *Fertige „innere" Verdrahtung des Datenpfads (DP) des Diffeq-Beispiels.*

(1) Im Allokationsschritt werden die Typen der Funktionseinheiten bestimmt.
(2) Im Schedulingschritt wird der Zeitablaufplan festgelegt, d. h. die Operationen einer Schaltungsbeschreibung werden den Zeitschritten (Taktperioden) zugeteilt.
(3) In der Ressourcen-Bindung wird die Anzahl der Funktionseinheiten sowie der Register festgelegt und den Operationen bzw. Variablen zugewiesen.

Die Ausgabe der Ressourcen-Bindung ist eine Tabelle und eine Registerliste mit den Variablenzuweisungen, sie stellen das Ergebnis der drei Syntheseschritte dar. In Abbildung 7.37 sind rechts die Synthesetabelle und die Registerliste für das Diffeq-Beispiel dargestellt. Wir gehen davon aus, dass die Konstanten 3, $dx$ und $a$ nicht in Registern gespeichert, sondern entweder in ROMs (Read Only Memory) enthalten oder fest verdrahtet sind. Die Synthesetabelle zeigt:
– Die einzelnen Zeitschritte $s1$ bis $s4$.
– die Konstanten bzw. Variablen an den Eingängen der Funktionseinheiten mit den Registern, die sie speichern und die Variablen an den Ausgängen der Funktionseinheiten mit den Registern, die sie speichern.

Unterhalb der Tabelle in Abbildung 7.37 ist die Registerliste mit den jeweiligen Variablenzuweisungen aufgeführt. Auf Grund dieser Tabelle können wir mit Hilfe des Algorithmus 8.6 in Abbildung 7.39 die „innere Verdrahtung" des Datenpfads durchführen, das heißt die Verdrahtung ohne Eingabe- und Ausgabe-Anschlüsse. Das Ergebnis des Algorithmus 8.6 stellt die Netzliste dar. Im ersten Schritt des Algorithmus 8.6 wird vor jedes Register und vor jeden Eingang ein generischer Multiplexer (Selektor) gelegt, d. h. die Anzahl der Eingänge ist noch offen. Danach wird in der äußeren Schleife zunächst jeder Zeitschritt und in der inneren Schleife jede Funktionseinheit in diesem Zeitschritt verdrahtet.

Abbildung 7.38 zeigt den Zustand der Verdrahtung nach Abarbeitung des ersten Zeitschritts mit Algorithmus 8.6. Vor den Eingängen jeder Funktionseinheit und jedes Registers liegen generische Multiplexer. Die Multiplexer der Multiplizierer 1 (Mult1) und Mult2 sowie der ALU1, Eingang 1 und Eingang 2 sind einfach verdrahtet. Auf die Quel-

| ZS \ FE | | Mul 1 | | | Mul 2 | | | ALU 1 | | | ALU 2 | | |
|---------|---------|---|---|---|---|---|---|---|---|---|---|---|---|
| | | A | B | C | D | E | F | G | H | I | K | L | M |
| S1 | Eingang | X | X | | X | X | | X | X | | | | |
| | Ausgang | | | X | | | X | | | X | | | |
| S2 | Eingang | X | X | | X | X | | X | X | | | | |
| | Ausgang | | | X | | | X | | | X | | | |
| S3 | Eingang | X | X | | X | X | | X | X | | | | |
| | Ausgang | | | X | | | X | | | X | | | |
| S4 | Eingang | | | | | | | X | X | | X | X | |
| | Ausgang | | | | | | | | X | | | | X |

**Abbildung 7.41:** *Verbindungstabelle. Es werden die Belegungen der Eingänge und Ausgänge in den einzelnen Zeitschritten gezeigt (nach [Ga09]).*

le der konstanten Werte „3", a und „dx" in der Tabelle Abbildung 7.37 wird nicht näher eingegangen. Sind alle Zeitschritte mit allen Funktionseinheiten im Algorithmus 8.6 verarbeitet, werden alle Multiplexer überprüft. Die Multiplexer, die vor einer Funktionseinheit liegen und nur einen Eingang haben, sind unnötig und werden entfernt. Die Multiplexer vor Registern mit einem Eingang lassen wir bestehen, für die Eingabe von Anfangs-, Rücksetz- oder Testwerten. Die generischen Multiplexer werden zum Schluss eingesetzt und verdrahtet. Abbildung 7.40 zeigt den verdrahteten Datenpfad des Diffeq-Beispiels. Die unnötigen Multiplexer an den Eingängen der Komponente ALU2 sind gestrichen. Nicht gezeigt sind die „enable"-Verbindungen der Funktionseinheiten, der Register und der Multiplexer, die an das Steuerwerk führen (siehe unten).

### Busse als Verbindungselemente

Verbindungsleitungen inklusive der Selektoren (Multiplexer) nehmen eine bedeutende Chipfläche ein, insbesondere bei größeren Datenbreiten. Chipfläche ist teuer und man versucht, wie auch bei Funktionseinheiten und Registern, möglichst Verbindungen durch Mehrfachnutzung einzusparen (Connection Sharing), z. B. durch Verwendung von Bussen. Wie bei der Ressource-Bindung, schlägt Gajski auch hier die Graphen-Partitionierungs-Methode vor [Ga09]. Dafür wird zunächst eine Verbindungstabelle angelegt, in der alle Eingänge und Ausgänge der Funktionseinheiten bezeichnet werden, die im jeweiligen Zeitschritt belegt sind.

Für unser Diffeq-Beispiel zeigt Abbildung 7.41 die Verbindungstabelle, in der für die einzelnen Zeitschritte die aktiven Belegungen durch Eingangssignale (Eingänge) und die aktive Belegung durch Ausgangssignale (Ausgänge) der Funktionseinheiten mit einem „X" bezeichnet sind. Ein „aktiver" Eingang bzw. Ausgang bedeutet, dass an diesem Eingang bzw. Ausgang im jeweiligen Zeitschritt Datensignale aktiv sind. Die Informationen für die Erstellung der Verbindungstabelle werden aus dem Ablaufplan 7.37 entnommen. Die Verbindungstabelle zeigt damit nichts grundlegend Neues, stellt aber recht übersichtlich für jeden Zeitschritt die benötigte Anzahl aktiver Eingänge und Ausgänge dar. In der Verbindungstabelle stehen in einer Eingangs- bzw. Ausgangs-Spalte die *kom-*

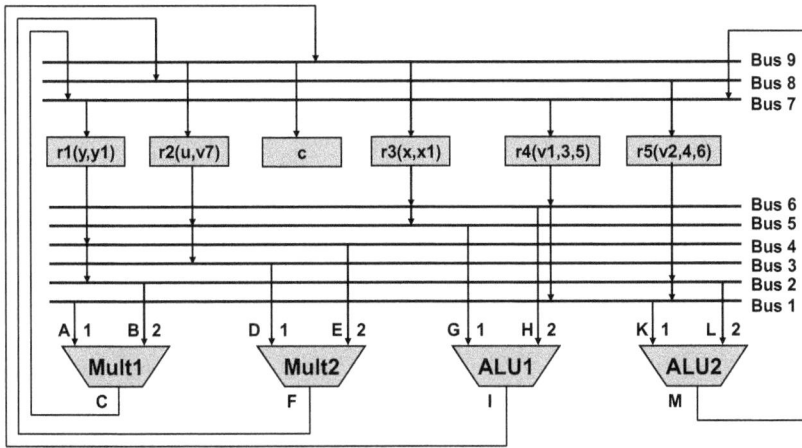

**Abbildung 7.42:** *Busse als Verbindungselemente für das Diffeq-Beispiel.*

*patiblen* Signale, das heißt Signale, die zu unterschiedlichen Zeitschritten aktiv sind und daher jeweils an denselben Bus angeschlossen werden können. Für die Eingänge (A,B), (D,E), (G,H), benötigen wir sechs separate Busse, wobei die Eingänge (K,L) kompatibel zu den Eingängen (A,B) oder (D,E) sind und zum Beispiel die Busse A,B mit benutzen können. Für die Ausgänge C,F,I benötigen wir drei separate Busse, wobei der Ausgang M kompatibel zu den Ausgängen C oder F ist. Wir erhalten somit für unser Diffeq-Beispiel sechs Eingabe-Busse und drei Ausgabe-Busse wie in Abbildung 7.42 gezeigt. Die Eingänge der Funktionseinheiten sind auf die Busse 1 bis 6 und die Ausgänge an die Busse 7 bis 9 gelegt.

Für die Anschlüsse, die schreibend auf den Bus zugreifen, also die Ausgänge der Funktionseinheiten und der Register, müssen „Tri-State-Treiber" eingesetzt werden. Tri-State-Treiber haben die aktiven Zustände „0" und „1" und den passiven, hochohmigen Zustand „Z", was soviel wie „Verbindung getrennt" bedeutet. Das Umschalten der Treiber vom passiven zum aktiven Zustand geschieht durch eine „enable" Leitung, die vom Steuerwerk kommt (siehe Abschnitt 10.2.1, Seite 425).

Bei unserem Diffeq-Beispiel ist zu untersuchen, ob der Einsatz der neun Busse plus Tri-State-Treiber anstelle der elf Selektoren plus Verdrahtung tatsächlich Einsparungen bei der Chipfläche bringt. Busse haben aber den Vorteil, dass das System einfacher „skalierbar" ist, das heißt, dass der Anschluss weiterer Funktionseinheiten einfacher durchzuführen ist. Bei größeren und komplexeren Schaltkreisen sei für die Ermittlung der optimalen Anzahl von Bussen auf die Graphen-Partitionierungs-Methode von Gajski [Ga09] verwiesen wie sie bei der Ressourcen-Bindung gezeigt wurde.

**Abschätzung der Dauer eines Zeitschritts**
Die Dauer eines Zeitschritts, die der Taktperiode entspricht, muss größer sein als alle Ausführungs- und Verzögerungszeiten der Komponenten, die innerhalb des Zeitschritts aktiv sind. Daher ist eine Analyse der Ablaufzeiten innerhalb der Zeitschritte nötig, die im High-Level-Synthese-Werkzeug automatisch durchgeführt wird. Abbildung 7.43 zeigt beispielhaft und vereinfacht die Zeitverhältnisse für den Zeitschritt $s_1$ des Diffeq-

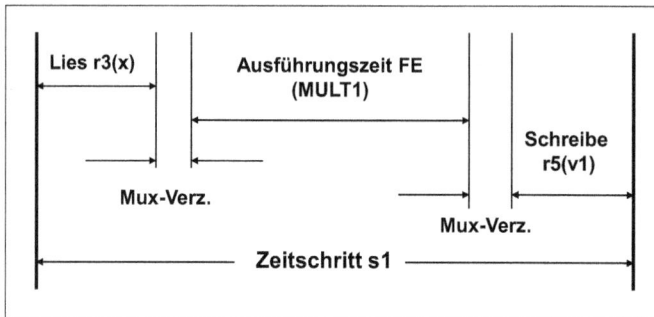

**Abbildung 7.43:** *Vereinfachte Darstellung der Ausführungs- und Verzögerungszeiten innerhalb des Zeitschritts $s_1$.*

Beispiels für eine Multiplikation, wenn der Multiplizierer Mult 1 einen Wert aus Register $r3$ ausliest, mit einem anderen Wert multipliziert und das Ergebnis in Register $r5$ zurückschreibt.

Während des Zeitschritts $s_1$ wird z. B. Variable $x$ aus Register $r_3$ ausgelesen (Lies $r_3(x)$), dem Multiplexer am Eingang des Multiplizierers Mult1 zugeführt, danach wird die Multiplikation in Mult1 ausgeführt und die Ausgabe über den Multiplexer am Eingang des Registers 5 nach $r_5$ zurückgeschrieben.

Die Verzögerungszeiten der Leitungen müssen theoretisch ebenfalls berücksichtigt werden, sie sind hier nicht gezeigt. In der Abbildung 7.43 sind die Verzögerungs- bzw. Ausführungszeiten für die Verarbeitung nicht maßstabsgerecht gezeigt, die Ausführungszeit des Multiplizierers Mult1 ist weit größer als die anderen Zeiten.

Im Zeitschritt $s_1$ unseres Diffeq-Beispiels laufen parallel noch weitere Aktivitäten ab, nämlich die Multiplikation im Multiplizierer Mult2 und die Addition in der ALU1. Gehen wir davon aus, dass die Ausführungszeit des Multiplizierers Mult2 nicht größer ist als die vom Mult 1 und die Multiplikation mehr Ausführungszeit benötigt als eine Addition, so ist die Zeitabschätzung gemäß Abbildung 7.43 für den Zeitschritt $s_1$ repräsentativ.

## 7.3.5   Steuerwerksynthese

Das Steuerwerk (Control Unit) steuert den zeitlichen Ablauf des Datenpfads. In der Regel ist das Steuerwerk ein Schaltwerk, ein synchroner, endlicher deterministischer Automat (DEA) bzw. eine Finite State Machine (FSM) (siehe Abschnitt 3.8.1, Seite 101). Die Synthese von Steuerwerken wird nicht nur in der High-Level-Synthese eingesetzt, sie ist seit langer Zeit automatisiert. Daher werden wir dieses Thema nur sehr kurz behandeln.

Die Eingänge des Steuerwerks sind Startsignal, Takt, Rücksetzsignal (reset) und Signale aus dem Datenpfad, die beispielsweise bei Bedingungsabfragen für Kontrollstrukturen (If ... then, While-Schleifen usw.) benötigt werden.

Die Ausgänge des Steuerwerks sind die Aktivierungs- oder Steuersignale für die Komponenten des Datenpfads, also für Funktionseinheiten, Register, Multiplexer und für Tri-

State-Treiber, falls Busse eingesetzt werden. Steuerwerke können z. B. microcodebasiert oder hartverdrahtet, d. h. als Schaltung eines deterministischen endlichen Automaten ausgeführt werden (siehe folgende Abschnitte).

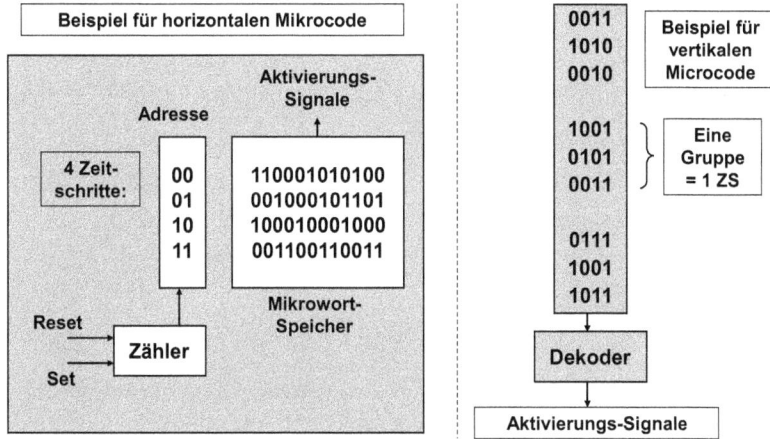

**Abbildung 7.44:** *Linke Seite: Beispiel für horizontalen Mikrocode. Rechts: Beispiel für vertikalen Mikrocode. (nach [DeMi94])*

### Das mikrocodebasierte Steuerwerk

Das mikrocodebasierte Steuerwerk verwendet einen Read-Only-Speicher (ROM), bei dem die Anzahl der Speicherworte der Anzahl der Zeitschritte $k$ entspricht. Die Adressierung des ROM erfolgt über einen Zähler mit $n$ Adressbits wobei $n = \lceil log_2 k \rceil$. Im Beispiel Abbildung 7.44 setzt das Rücksetzsignal den Zähler zurück, sodass beim Startsignal das erste Speicherwort ausgelesen wird und die Operationen des ersten Zeitschritts ansteuert. Falls der Sequenzgraph iteriert, d. h. in einer Schleife ausgeführt wird wie in unserem Diffeq-Beispiel, so setzt das letzte Steuerwort den Adresszähler wieder zurück. Der Zähler wird vom Systemtakt gesteuert.

Es gibt verschiedene Arten, ein Mikrocode-Speicher-Array zu implementieren. Die einfachste Art ist, je einem *Aktivierungssignal* je ein Bit des *Steuerworts* zuzuordnen wie es auf der linken Seite in Abbildung 7.44 gezeigt ist. Diese Anordnung im Speicher-Array wird *horizontaler Mikrocode* genannt, da die Wortlänge meist größer ist als die „Höhe", das heißt die Anzahl der Steuerworte. Im Beispiel sind 12 Aktivierungsbits pro Steuerwort gezeigt, das entspricht etwa der Anzahl Steuerbits für unser Diffeq-Beispiel. Die Werte der gezeigten Steuerbits im Beispiel sind beliebig gewählt.

Von *vertikalem Mikrocode* spricht man, wenn die Wortbreite des ROM-Speichers kleiner ist als die Anzahl der Steuerbits, wie es beispielsweise auf der rechten Seite in Abbildung 7.44 gezeigt ist.

In diesem Speicher sind die Aktivierungssignale in 4-Bit-Worte aufgeteilt. Das Steuerwort für einen Zeitschritt wird aus mehreren seriell ausgelesenen Speicherworten im Decoder zusammengesetzt. In unserem Fall wird ein Steuerwort aus drei 4-Bit-Speicherworten zusammengesetzt.

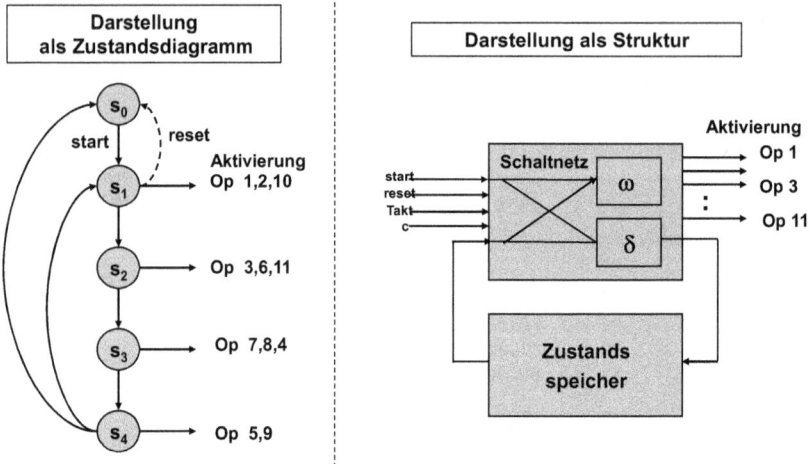

**Abbildung 7.45:** *Linke Seite: Vereinfachtes Zustandsdiagramm des Steuerwerks für das Diffeq-Beispiel. Rechts: Schematische Darstellung des Steuerwerks als Struktur.*

## Das hartverdrahtete Steuerwerk

Unter einem hartverdrahteten Steuerwerk versteht man in der Regel die Schaltung eines deterministischen endlichen Automaten (DEA) bzw. einer Finite State Machine (FSM) wie sie schematisch in Abbildung 7.45, Seite 344 rechte Seite, abgebildet ist. Links im Bild ist das Zustandsdiagramm des DEA für unser Diffeq-Beispiel vereinfacht dargestellt. Es ist ein sogenannter zyklischer Graph, d. h. vom letzten Zustand $s_4$ läuft eine Kante zum Zustand $s_1$ oder zum ersten Zustand $s_0$. Wir benötigen für unser Beispiel vier Zustände, je einen pro Zeitschritt. Zusätzlich wird ein Ruhezustand $s_0$ eingeführt, der eingenommen wird, bevor ein Rechendurchlauf beginnt und nach Beendigung eines Rechendurchlaufs oder falls das Rücksetzsignal aktiv wird. Von jedem Zustand kann ein Rücksetz-Signal (reset) zum Start-Zustand zurück führen (nicht gezeigt). Jeder Zustand liefert die entsprechenden Aktivierungssignale zu den einzelnen Operationen bzw. Komponenten des Datenpfads. Die Eingaben sind im Zustandsdiagramm nicht gezeigt. Die FSM-Struktur des Steuerwerks, rechts in der Abbildung 7.45, stellt einen Mealy-Automaten dar, der ebenfalls im Bild 3.19 gezeigt und in Abschnitt 3.8.1, Seite 101 beschrieben wird. Das Signal c ist relevant für unser Diffeq-Beispiel. Es bedeutet „completion", damit wird die Ausführung der Schleife (Loop) beendet, wenn $x > a$ ist.

Die Eingabe für eine Steuerwerksynthese ist eine Zustandstabelle mit den Eingängen, Ausgängen, einschließlich der Bedingungssignale für den nächsten Zustand. Die Syntheseschritte für das Steuerwerk erfolgen etwa nach folgendem Schema:

- **Zustandsminimierung** bedeutet: Reduzierung der Anzahl der Zustände, wenn möglich. Das trifft in unserem Fall nicht zu, die Zustände werden im Scheduling-Schritt festgelegt.
- **Zustandskodierung**: Die numerische Bezeichung der Zustände wird bestimmt.
- Der **endliche Automat** (FSM) wird meist automatisch nach Standardmethoden entwickelt, d. h. aus der Eingabetabelle wird eine Funktionstabelle erstellt. Daraus

wird zum Beispiel die disjunktive (oder konjunktive) Normalform abgeleitet sowie die Logikgleichungen für jeden Ausgabewert berechnet und minimiert.
- Die kombinatorische Logik für die Funktionen $\delta$, $\omega$ und der Zustandsspeicher werden implementiert.

Die Zustandscodierung hat einen nicht unerheblichen Einfluss auf die Anzahl der Gatter der Logikfunktionen $\delta$ und $\omega$. Die Zustände können z. B. binär, „One-Hot", graycodiert usw. sein. „One-Hot" bedeutet, dass jedem Zustand je ein Bit zugeordnet ist, das heißt, dass im „Zustandsbezeichner" jeweils nur ein Bit pro Zustand aktiv ist. „One-Hot" Codes sind relativ einfach codierbar, haben aber in Steuerwerken mit vielen Zuständen den Nachteil, dass der Zustandsbezeichner aus einer langen Bitkette besteht. Gray-Codes oder andere Codes werden verwendet, wenn das Steuerwerk sicher gegen Störimpulse sein muss. Ein Störimpuls darf einen Zustand des Steuerwerks nicht „kippen" bzw. in einen anderen gültigen Zustand überführen. Zum Beispiel darf ein Störimpuls das Steuerwerk des Landesystems eines Flugzeugs während der Landung auf keinen Fall aus dem Zustand „Räder abbremsen" bringen. Als letzte Aktion in der High-Level-Synthese werden die Signale des Steuerwerks und des Datenpfads miteinander verbunden und die Netzliste der gesamten Schaltung ausgegeben.

**Zusammenfassung des Abschnitts High-Level-Synthese**
Die High-Level-Synthese erlaubt es, Hardware-Verhaltensbeschreibungen auf algorithmischer Ebene in Strukturbeschreibungen auf Register-Transfer-Ebene zu transformieren. Dabei werden – je nach Zielsetzungen – Optimierungen in Bezug auf Chipfläche oder Performanz durchgeführt. Die High-Level-Synthese wird als Ablauf von vier Schritten dargestellt: Allokierung, Zeitablaufplanung (Scheduling), Bindung (Assignment) und Steuerwerksynthese. Bei den Schritten Zeitablaufplanung und Bindung sind die exakten Optimierungen von der Komplexität NP-hart und werden in der Praxis durch Heuristiken realisiert, auf die zum Teil ausführlich eingegangen wird. Es gibt eine Vielzahl von High-Level-Synthese-Werkzeuge auf dem Markt, die gute bis sehr gute Schaltungsergebnisse liefern. Sie sind für die Entwickler von heute unentbehrlich.

# 7.4 Register-Transfer- und Logiksynthese

Die Register-Transfer- und Logiksynthese (RT- und Logiksynthese) transformiert eine Verhaltensbeschreibung (ein Verhaltensmodell) der RT-Ebene in ein Strukturmodell auf Logikebene. Im oberen Teil des Y-Diagramms (siehe Abbildung 7.5, Seite 297) ist dieser Vorgang mit einen Pfeil dargestellt. Das Verhaltensmodell auf RT-Ebene kann z. B. die VHDL-Beschreibung eines expliziten oder impliziten endlichen Zustandsautomaten (siehe Seiten 204 und 206) darstellen. Die Strukturbeschreibung ist z. B. eine technologiespezifische Netzliste, dargestellt in der Netzlisten-Beschreibungssprache *edif* (siehe Seite 301). Wir gehen davon aus, dass diese Transformation automatisch durch ein RT-Synthese-System, auch HDL-Compiler genannt, geschieht (HDL steht für Hardware Decription Language).

Abbildung 7.46 zeigt die Schritte der RT- und Logiksynthese mit Technologieabbildung. Ausgehend von einer Register-Transfer-Level-Verhaltensbeschreibung, werden die Schritte „Parsen", „Elaboration", „Optimieren arithmetischer Ausdrücke" und „Logiksynthese mit Technologieabbildung" durchgeführt.

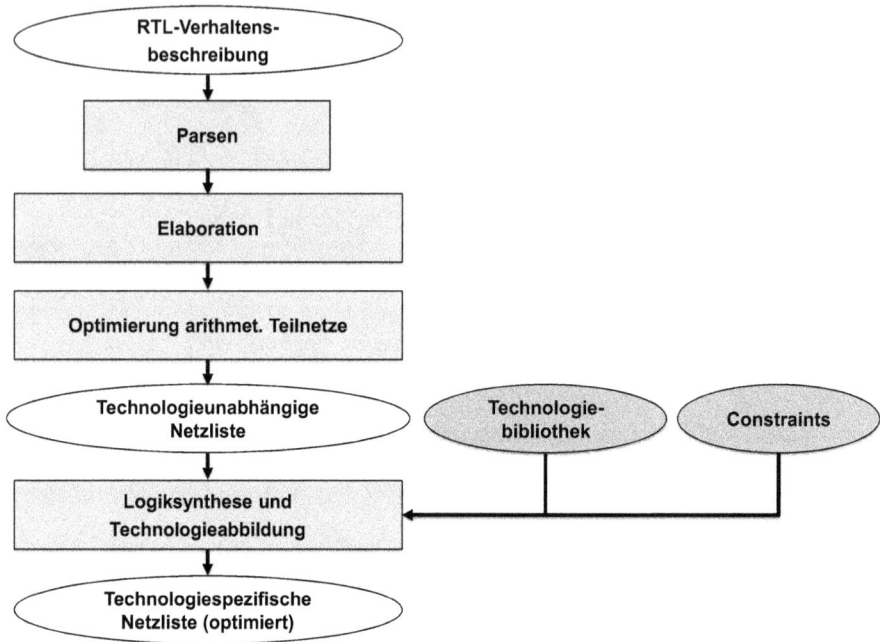

**Abbildung 7.46:** *Schritte der RT- und Logiksynthese mit Technologieabbildung.*

**Parsen** bedeutet: Analysieren des Eingabetextes der Hardwarebeschreibungssprache (HDL), mit Syntax-Prüfung (Prüfen des Satzbaus) und Prüfen, ob die Eingabe-Regeln eingehalten werden (Rule Check).

## 7.4.1    Elaboration

Die Elaboration erhält vom Parser die „geparsteVerhaltensbeschreibung". Abbildung 7.47 zeigt die schematische Darstellung des Elaborationsablaufs. Im Wesentlichen werden folgende Aktionen durchgeführt:

1. Transformation von „Multiple-Wait"-Prozessen in einen Prozess mit Sensitivitätsliste.
2. Auswertung der Prozesse und Analyse der Signale, die in jedem Kontrollpfad zugewiesen werden.
   - Integrieren von generischen Registerkomponenten, wenn nicht in allen Kontrollpfaden Zuweisungen erfolgen.
   - Integrieren einer abstrakten Multiplexerkomponente, wenn in allen Kontrollpfaden Zuweisungen erfolgen.
3. Generierung der Register-Ansteuerung in Abhängigkeit von der Sensitivitätsliste.
4. Abbildung von arithmetischen Operationen auf abstrakte (synthetische) Arithmetikkomponenten (Addierer, Subtrahierer etc.). Abbildung von Logikoperationen (AND, OR) auf generische Logikkomponenten.
5. Generierung der Verbindungsstrukturen (Prozessübergreifend).

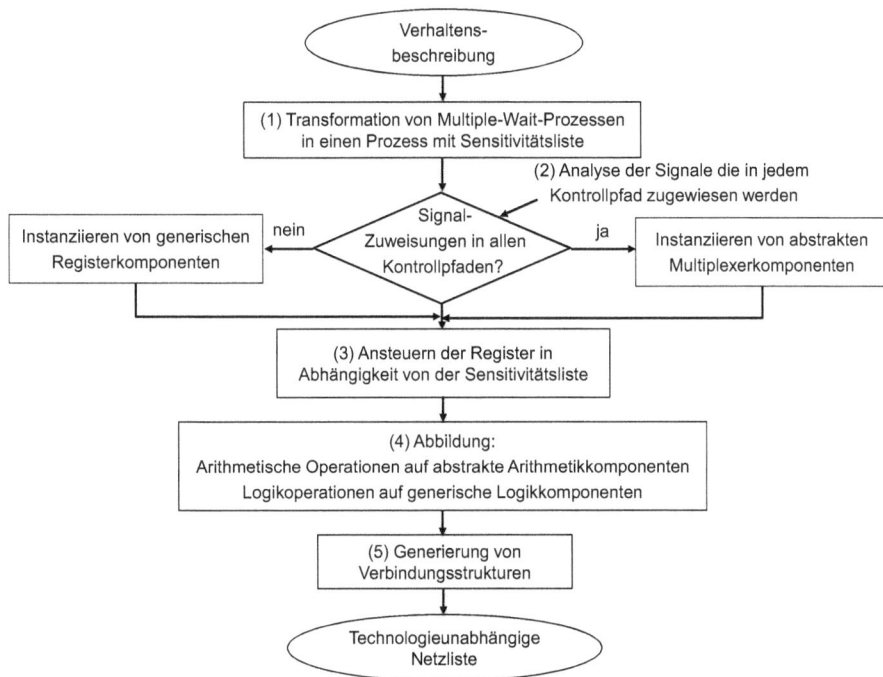

*Abbildung 7.47:* *Schematische Darstellung des Elaborationsablaufs.*

**Ergebnis der Elaboration:** Technologieunabhängige Netzliste (NL) (z. B. NL mit generischen Logikkomponenten (GTECH-NL) beim Synopsys-Design-Compiler$^{TM}$)

Zu Punkt (1) in Abbildung 7.47: Unter der **Transformation eines „Multiple-Wait"-Prozesses** in einen Prozess mit Sensitivitätsliste z. B. in VHDL, versteht man auch die Transformation einer impliziten Finite State Machine (FSMi, siehe Seite 206) in eine explizite FSM (FSMe, siehe Seite 204).

Auf Seite 206 ist beispielhaft die Steuerung einer Waschmaschine als implizite FSM in VHDL beschrieben. Sie enthält viele Wait-Ausdrücke. Bei der Transformation in eine explizite FSM wird jeder dieser Wait-Ausdrücke in einen Zustand der FSMe überführt. Der Prozess erhält eine Sensitivitätsliste (siehe Seite 190). Zum Beispiel werden die ersten beiden wait des „Waschmaschinenprogramms" (Seite 206) in die Zustände ST01 und ST02 umgewandelt. In einer case-Anweisung wird die Zustandsvariable STATE nach dem aktuellen Zustand abgefragt. Die ersten Zeilen der Zustandsabfrage der FSMe lauten:

```
if CLK'event AND CLK = '1' then
  case STATE is
    when ST01 => if START = '1'  then    STATE <= ST02;
    when ST02 => if TUERE_ZU = '1' then STATE <= ST03;
    ...
```

Zu Punkt (2): Bei der **Auswertung der Prozesse** werden die Signale analysiert, die in jedem Kontrollpfad zugewiesen werden. Ein Kontrollpfad ist ein Pfad durch einen Kontroll-Datenflussgraph (CDFG, siehe Seite 78). Dabei gibt es bei jeder Verzweigung mehrere Kontrollpfade, für jeden Zweig einen. Falls in einer Verzweigung nur eine Zuweisung erfolgt, zum Beispiel wie in `if COND then B <= A;` so wird eine generische Registerkomponente integriert, um das Ergebnis der Untersuchung `if COND ..` zu speichern. Ob es sich bei dieser Komponente um ein Latch (bzw. D-FF siehe Seite 196) oder um ein synchrones Register (siehe Seite 197) handelt, hängt von der Bedingung ab. Für folgendes Beispiel:

```
if COND then
    B <= A;
else
    D <= C;
end if;
```

wird eine abstrakte Multiplexerkomponente integriert.

Zu Punkt (3): Die **Ansteuerung der Register** wird generiert, z. B. bei expliziten VHDL-Prozessen in Abhängigkeit eines taktgebenden Signals, das in der Sensitivitätsliste steht.
Beispiel: In der Sensitivitätsliste einer Ampelsteuerung (siehe Seite 205) steht das Taktsignal mit der Bezeichnung `CLK`. Am Anfang des Prozesses steht der Ausdruck:
`if CLK'event and CLK = '1' then ..`
Das heißt, die Ansteuerung der Register geschieht mit der positiven Taktflanke.

Zu Punkt (4): **Arithmetische Operationen** (Addition, Subtraktion, etc.) werden zunächst auf abstrakte Arithmetikkomponenten abgebildet.
Zum Beispiel werden beim „Synopsys-Design Compiler$^{TM}$" diese abstrakten Komponenten als „synthetische" Komponenten bezeichnet. Später, bei der Technologieabbildung, werden diesen synthetischen Komponenten reale Komponenten aus der Technologiebibliothek zugewiesen.

Zu Punkt (5): **Generierung von Verbindungsstrukturen**. Die Verbindungen zwischen den einzelnen Komponenten werden hergestellt. Diese Aktion geschieht prozessübergreifend, das heißt, falls die Verhaltensbeschreibung mehrere Prozesse enthält, werden auch die Verbindungen zwischen den Prozessen generiert.

## 7.4.2   Optimierung arithmetischer Teilnetze

Die Optimierung arithmetischer Teilnetze umfasst z. B. folgende Aktionen:
- Konstantenpropagierung,
- Mehrfachnutzung von Teilausdrücken,
- Baumhöhenreduktion (Umsortieren von Operationen),
- Resource Sharing.

Die „Treiber" der Optimierungsphase sind die „Entwicklungsziele" (Designziele), auch „Entwicklungsschranken" genannt, (Design Constraints oder kurz Constraints), sie setzen beispielsweise die Grenzen der Chipfläche (Flächenschranke) bzw. der Verzögerungszeit (Zeitschranke) und müssen unbedingt eingehalten werden (siehe auch Bezug zur High-Level-Synthese Abbildung 7.10, Seite 303).

Eine Technologiebibliothek oder Komponentenbibliothek (siehe Seite 305) versorgt den Prozess der Logikoptimierung mit vorgefertigten generischen logischen Bauteilen wie z. B. Addierer, Multiplizierer, Ein-Ausgabeblöcke usw., die auf der Basis der Designziele ausgewählt werden. Unter einem generischen Bauteil (siehe auch Seite 198) versteht man, dass lediglich der Bauteil-Typ beschrieben ist. Beispielsweise können die Anzahl der Eingabepins für die Eingabevektoren A und B durch Parameter angegeben werden, und das RT-Synthese-System generiert damit aus dem gewählten Addierertypen einen synthetisierbaren Addierer.

Zu beachten ist, dass nicht jede simulierbare RT-Verhaltensbeschreibung auch synthetisierbar ist. Beispielsweise führen sogenannte „kombinatorische Schleifen", das sind Rückkopplungen vom Ausgang zum Eingang eines logischen Bauteils, zum Abbruch der Logiksynthese. In diesem Fall fordert eine entsprechende Fehlermeldung des Systems den Entwickler auf, die Verhaltensbeschreibung entsprechend zu korrigieren.

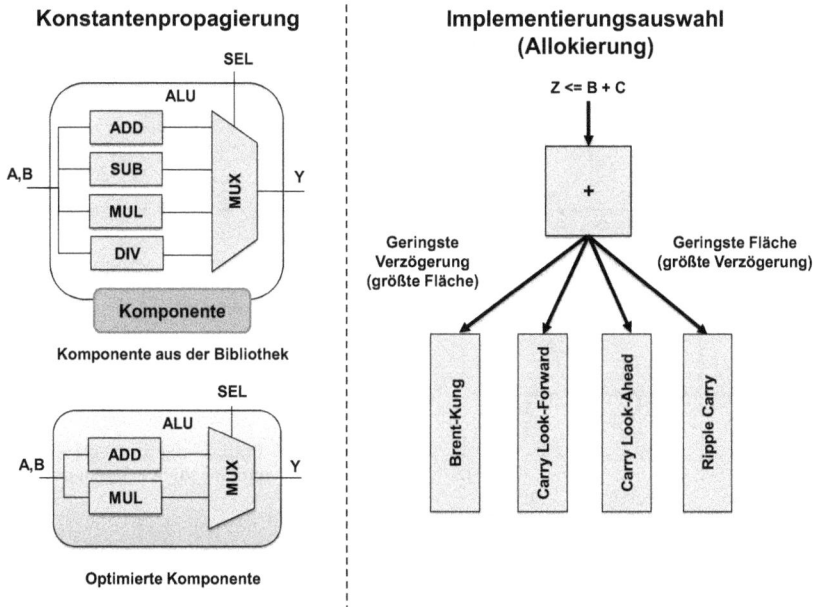

**Abbildung 7.48:** *Linke Seite: Beispiel für eine „Konstantenpropagierung". Links oben: Eine generische ALU wird aus der Bibliothek geholt. Links unten: Die optimierte ALU nach der Konstantenpropagierung. Rechte Seite: Ein Beispiel für die „Implementierungsauswahl".*

## Konstantenpropagierung (Constant Propagation)
Bei der „Konstantenpropagierung" untersucht das RT-Synthese-System die Auswirkung von Konstanten, die oft als Schwellenwerte eingesetzt werden, z. B. in einer Schaltung für eine Temeraturregelung (siehe Seite 5). Folgendes Beispiel soll das veranschaulichen: Einige Zeilen der Verhaltensbeschreibung lauten:

```
if COND then
    SEL <= '0'; Y <= A+B;
else
```

```
        SEL <= '2'; Y <= A*B;
    end if;
```

Die Ansteuerungsvariable SEL steuert eine generische ALU aus der Technologiebibliothek an, die die vier Grundrechnungsarten Addieren (ADD), Subtrahieren (SUB), Multiplizieren (MUL) und Dividieren (DIV) beherrscht (siehe Abbildung 7.48). Wenn die
Konstante COND nicht NULL ist, dann wird die Ansteuerungsvariable SEL für die ALU
auf '0' gesetzt, sonst auf '2'. Bei SEL = '0' sollen die Eingänge A,B addiert, sonst multipliziert werden. Benötigt werden nur die arithmetischen Operationen ADD und MUL
der ALU, daher kann die Hardware für die Operationen SUB und DIV „wegoptimiert"
werden.

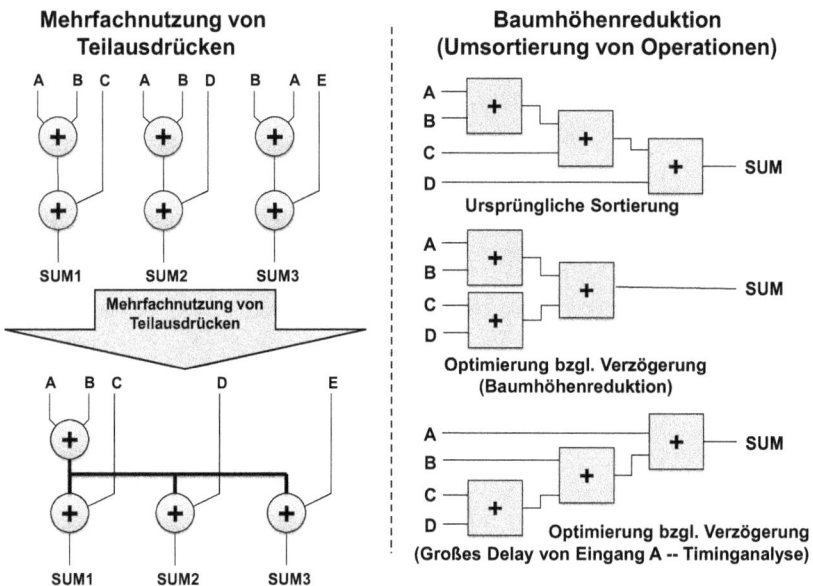

**Abbildung 7.49:** *Linke Seite: Beispiel für „Mehrfachnutzung von Teilausdrücken". Rechte
Seite: Ein Beispiel für die Baumhöhenreduktion (Umsortierung von Operationen).*

## Mehrfachnutzung von Teilausdrücken

Bei Ketten von arithmetischen Ausdrücken treten oft Zwischenergebnisse bzw. Teilausdrücke auf, die mehrfach genutzt werden können. Damit werden Komponenten eingespart. Das RT-Synthesesystem kann diese Zwischenergebnisse identifizieren und wird sie
mehrfach nutzen (teilen). Beispiel:

```
    SUM1 <= A + B + C;
    SUM2 <= A + B + D;
    SUM3 <= B + A + E;
```

Das Teilergebnis Zwischensumme = A+B kann extrahiert und für die Summenbildung
von SUM2 und SUM3 mit genutzt werden (siehe Abbildung 7.49).

## Baumhöhenreduktion

Schaltkreise mit mehreren Operationen können durch eine „Baumhöhenreduktion" optimiert werden. Eine Baumhöhenreduktion kann durch Umsortieren von Operationen erreicht werden. Beispiel: Wir betrachten die Summe: SUM = A + B + C. Im Bild 7.49, rechte Seite, wird oben die ursprüngliche Sortierung der Operationen gezeigt. Wenn wir davon ausgehen, dass alle Operanden A,B,C,D mit gleicher Verzögerung an den Eingängen erscheinen, dann können die Operationen so umsortiert werden, dass die Additionen für A,B und C,D parallel ausgeführt werden (Bild 7.49, Mitte). Dadurch wird die Verzögerungszeit für eine Operation eingespart. Im Bild 7.49 unten, wird der Fall gezeigt, dass der Wert für A später eintrifft, das heißt eine größere Verzögerung als B,C,D hat. In diesem Fall können die Additionen für B,C,D zeitlich vorgezogen werden.

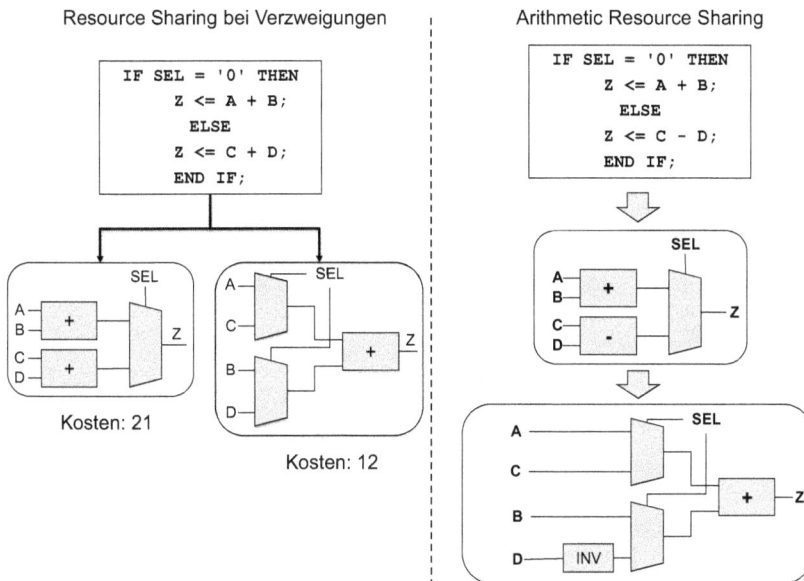

**Abbildung 7.50:** *Linke Seite: Beispiel für Resource Sharing in Verzweigungen. Links: Schaltung ohne Resource Sharing, die Kosten sind 21. Rechts: der Addierer wird mehrfach genutzt, die Kosten sind 12. Rechte Seite: Beispiel für Arithmetic Resource Sharing.*

## Resource Sharing

Unter „Resource Sharing" versteht man die Mehrfachnutzung von Komponenten, die nicht zu jedem Zeitpunkt benötigt werden. Das Verfahren wird auch in der High-Level-Synthese angewendet (siehe Abschnitt „Ressourcen-Bindung", Seite 328).

Resource Sharing kann angewendet werden:

– Bei Verzweigungen (Bedingungsanweisungen): if COND then ...else ...
– Operationen in verschiedenen Taktzyklen können sich eine Ressource teilen.

Beispiel der Mehrfachnutzung in einer Verzweigung:

```
if SEL <= '0' then
    Z <= A + B;
```

```
else
    Z <= C + D;
end if;
```

In Abbildung 7.50 ist die Hardwarerealisierung für die obige Verzweigungs-Anweisung dargestellt. Ein Addierer habe die „Kosten" 10, das heißt der Hardwareaufwand wird mit einem Richtwert 10 angegeben, ein Multiplexer hat die Kosten 1, das heißt nur ein Zehntel der Kosten eines Addierers. Links im Bild 7.50 ist die Schaltung ohne Resource Sharing gezeigt, die Kosten sind 21. Rechts im Bild: der Addierer wird mehrfach genutzt, die Kosten sind 12, das heißt, wir erhalten dadurch eine wesentliche Einsparung. Das RT-Synthesesystem (oder HDL-Compiler) kann in der Regel Entscheidungen zum Resource Sharing automatisch treffen **(Automatic Resource Sharing)**. Manche Compiler bieten die Möglichkeit, durch zusätzliche manuelle Befehle wie z. B. HDL-Attribute, Pragmas, das Resource Sharing individuell zu steuern. Dem Compiler bleiben dennoch viele Optimierungsmöglichkeiten. Bei anderen HDL-Compilern kann das Automatic Resource Sharing ganz abgeschaltet werden, der Compiler trifft dann keinerlei Resource-Sharing-Entscheidungen.

**Arithmetic Resource Sharing** Arithmetic Resource Sharing vereinigt die Konzepte von Resource Sharing und arithmetischer Optimierung (Arithmetic Optimization). Beispiel (siehe Abbildung 7.50, rechte Seite): Wir untersuchen den Ausdruck:

```
if SEL <= '0' then
    Z <= A + B;
else
    Z <= C - D;
end if;
```

Auf den ersten Blick scheint kein Resource Sharing möglich. Nach folgender kleinen arithmetischen Umformung C - D = C + (-D) erkennt man, dass mit dem invertiertem Wert von D Resource Sharing mit einem Addierer realisierbar wird.

## 7.4.3  Logiksynthese und Technologieabbildung

Die Logiksynthese hat als Eingabe eine technologieunabhängige Netzliste, bei der die Optimierung arithmetischer Teilnetze durchgeführt wurde. Es werden folgende Aktionen durchgeführt:
- Implementierungsauswahl (Implemetation Selection, Allokierung),
- Logikoptimierung bzw. Logikminimierung,
- Technologieabbildung.

**Implementierungsauswahl (Implementation Selection, Allokierung)**
Das RT-Synthesesystem trifft aus einer Technologie-Bibliothek eine Auswahl von Komponenten und wird dabei von den Entwicklungsschranken (Design Constraints) gesteuert. Diesen Vorgang nennt man „Implementierungsauswahl", er ist identisch mit der „Allokierung" bei der High-Level-Synthese (siehe Seite 304).

Beispiel: Um die arithmetische Operation Z ← B+C; durchzuführen, findet das RT-Synthesesystem 4 generische Addierertypen in der Technologiebibliothek: einen „Brent-Kung"-, „Carry-Look Forward"-, „Carry-Look Ahead"- und „Ripple-Carry"-Addierer (siehe Abbildung 7.48, Seite 349). Der Brent-Kung-Addierer glänzt mit geringster Verzögerung, hat aber die größte Chipfläche und ist damit am teuersten. Der „Ripple-Carry"-Addierer hat die größte Verzögerung, aber auch die kleinste Chipfläche, verglichen mit den drei anderen Komponenten. Die Entwicklungsschranken sagen ihm, er benötige eine Komponente mit einer geringen Verzögerung von z. B. $\leq z$ nsec. Damit können z. B. der Brent-Kung- oder der Carry-Look-Forward Addierer eingesetzt werden. Das RT-Synthesesystem wird den Addierer mit der kleineren Chipfläche wählen.

### Logikoptimierung bzw. Logikminimierung in der Logiksynthese

Die Logikoptimierung ist bestrebt, eine möglichst effiziente Implementierung einer gegebenen Schaltungslogik zu finden. Es werden hauptsächlich die Schaltnetze, die kombinatorische Logik in den Schaltwerken, Dekodern etc. optimiert.

Die arithmetischen Operationen selbst müssen nicht mehr optimiert werden, da optimierte Implementierungen meist bereits generiert wurden, z. B. bei der ASIC-Synthese durch die „Synopsys Design Ware Library$^{TM}$". Die Anzahl der Register wird ebenfalls nicht verändert, da diese durch die vorhergegangene RT-Synthese bereits festgelegt wurde.

**Minimierung der Logiktiefe (der Verzögerung, Delay)**

$$t_d = 5 \cdot t_{and} \qquad t_d = 3 \cdot t_{and}$$

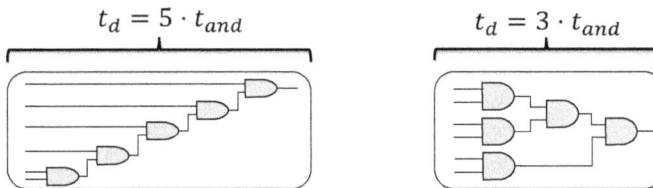

***Abbildung 7.51:*** *Beispiel für die Minimierung der Logiktiefe. Links: Die Gatter sind als Kette angeordnet, die gesamte Verzögerung beträgt $5 * t_{and}$. Rechts: Drei Gatter sind parallel angeordnet, die gesamte Verzögerung beträgt $3 * t_{and}$.*

Die **Ziele der Logikoptimierung** in der Logiksynthese sind:
- Minimierung der Logiktiefe, das heißt: Minimierung der Verzögerung (Delay).
- Beispiel siehe Abbildung 7.51.
- Minimierung der Anzahl Gatter (Fläche).
- Minimierung der Signalaktivitäten (Leistung und Energie).
- Abbildung auf verfügbare Bibliothekszellen.

Dabei spielen folgende Parameter eine Rolle:
- Die Zielarchitektur.
- Die Technologiebibliothek (z. B. Standardzellen).
- Die Entwicklungsschranken (Design Constraints).

### Zweistufigen Logikoptimierung

Das Ziel der Zweistufigen Logikoptimierung ist, eine äquivalente Beschreibung der Booleschen Funktion als Disjunktive Minimalform (DMF) zu finden. Zweistufig bedeutet in diesem Zusammenhang: Die logische Struktur besteht aus zwei Stufen: beispielsweise aus einer Stufe mit parallelen UND-Gattern, verknüpft mit einer Oder-Gatter-Stufe. Siehe vereinfachte PLD-Struktur, Abbildung 1.15, Seite 25.

Beispiel: Disjunktive Minimalformen für zweistufige Logik:
$$f_1 = (A \wedge B) \vee (A \wedge C) \vee (A \wedge D)$$
$$f_2 = (\neg A \wedge B) \vee (\neg A \wedge C) \vee (\neg A \wedge D)$$

Die Funktionen $f_1$ und $f_2$ sind „Disjunktive Minimalformen (DMF)". $f_1$ und $f_2$ sind jeweils Disjunktionen (ODER-Verknüpfungen) von drei Konjunktionen, (eine Konjunktion ist eine UND-Verknüpfung). Genau das ist eine zweistufige **Disjunktive Normalform** (DNF). Es ist auch eine disjunktive Minimalform, weil jede äquivalente Darstellung der Funktionen $f_1$ und $f_2$ mindestens genauso viele Produktterme und genau so viele Ausgänge und Eingänge besitzen würde.

**Mehrstufige Logikoptimierung: Beispiel für Extraktion**

**Vorher:**
$$f_0 = (A \wedge B) \vee (A \wedge C)$$
$$f_1 = B \vee C \vee D$$
$$f_2 = \neg B \wedge \neg C \wedge E$$

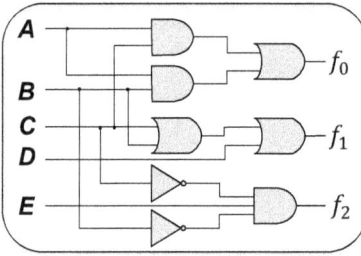

**Nachher:**
$$f_h = B \vee C$$
$$f_0 = A \wedge f_h$$
$$f_1 = f_h \vee D$$
$$f_2 = \neg f_h \wedge E$$

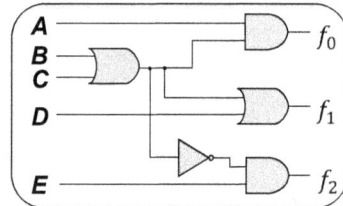

**Beispiel für Flattening:**

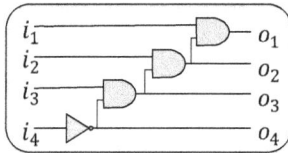

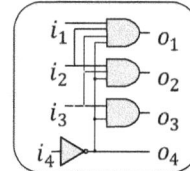

**Abbildung 7.52:** *Oben: Beispiel für eine Extraktion in der Mehrstufigen Logikoptimierung. Vorher hat das Netzwerk acht Logikgatter, nachher nur fünf. Allerdings liegen im Pfad zu $f_2$ jetzt drei anstatt zwei Gatter. Unten: Beispiel für Flattening. Links ergibt sich eine vierfache Gatterverzögerung, rechts eine zweifache.*

Die sechs Produktterme der Funktionen $f_1$ und $f_2$ können nicht gemeinsam genutzt werden. Sie sind mit 24 Transistoren in der CMOS-Technologie implementierbar. Zweistufige Logikoptimierungen werden häufig zur Schaltungssynthese für CPLDs eingesetzt, (siehe Abbildung 1.15 und Seite 26), selten für FPGAs und ASICs.

Exakte Verfahren für die Logikoptimierung sind z. B. die Verfahren von Quine-McCluskey und das KV-Diagramm (Karnaugh-Veitch-Diagramm). Der Algorithmus von Quine-McCluskey löst Probleme der Komplexitätsklasse NP-vollständig. Ein effizientes **heuristisches** Optimierungs-Verfahren ist **„Espresso"**.

Eine mehrstufige Logikstruktur hat im Vergleich zur zweistufigen Logik (siehe oben) mehr als zwei Logikstufen. Das Ziel der **Mehrstufigen Logikoptimierung** ist, eine äquivalente, optimierte Beschreibung der (mehrstufigen) Booleschen Funktion zu finden. Sie muss keiner Normalform entsprechen.

Beispiel: Mehrfachnutzung gemeinsamer Ressouren:
$$f_1 = (A \land B \lor C) \lor (A \land D)$$
$$f_2 = (\neg A \land B \lor C) \lor (\neg A \land E)$$

Der Term $K = B \lor C$ ist $f_1$ und $f_2$ gemeinsam. Damit können $f_1$ und $f_2$ als zweistufige Struktur realisiert werden:

$$f_1 = (A \land K) \lor (A \land D)$$
$$f_2 = (\neg A \land K) \lor (\neg A \land E)$$

Die Funktionen $f_1$ und $f_2$ sind in CMOS mit 20 Transistoren ohne Inverter implementierbar. Dabei müssen die Laufzeiten der einzelnen Gatter beachtet werden, da jede einzelne Stufe eine weitere Verzögerung verursacht. Die Methode wird in der FPGA- und ASIC-Synthese angewendet.

## Mehrstufige Logikoptimierung

Die mehrstufige Logikoptimierung hat Vorteile gegenüber der zweistufigen Optimierung. Grund: Für viele Funktionen ist die Berechnung der Disjunktiven Minimalform (DMF) sehr aufwändig und die Implementierung zu groß.

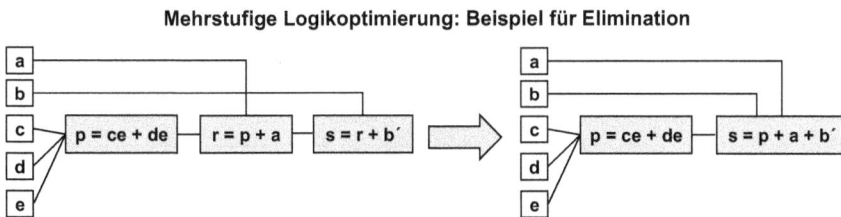

**Abbildung 7.53:** *Beispiel für eine Elimination in der Mehrstufigen Logikoptimierung. Vorher hat das Netzwerk drei Knoten, nachher zwei Knoten (geändert aus [DeMi94]).*

Beispiele: Ein N-Bit Addierer hat $2^N$ Produktterme in der DMF, Logikgatter aus den Technologiebibliotheken haben eine beschränkte Anzahl von Eingängen, z. B. $<= 4$. Daher können die Kosten für eine zweistufige Realisierung für bestimmte Schaltwerke exponentiell ansteigen.

– Hardwarebeschreibungssprachen liefern oft Boolesche Funktionen in mehrstufiger Form.
– Verschiedene Entwicklungsschranken (Constraints) können besser berücksichtigt werden (z. B. Fläche, Verzögerungszeit, Energiebedarf, ... )

Die Mehrstufige Logikoptimierung ist ein **heuristischer Lösungsansatz**. Es werden mehrere Transformationsschritte durchgeführt, um eine **globale** und **lokale Optimierung** eines Booleschen Netzwerks unter Berücksichtigung der Entwicklungsschranken (Contraints) zu erhalten.

- Die Optimierung zwischen den Knoten des Netzwerks und/oder durch Umstrukturierung des Netzwerks nennt man **globale Optimierung**.
- **Lokale Optimierung** bedeutet die Optimierung innerhalb eines Knotens.

Durch Wiederholen der Transformationsschritte

- **Elimination** (Knotenreduzierung).
- **Extraktion**: Gleiche Teilausdrücke in einem Netzwerk werden erkannt, extrahiert und als Hilfsknoten hinzugefügt.
- **Flattening**: Vereinfachung, bzw. Optimierung von Knoten und Hinzufügen von verschiedenen Knoten können globale Minima gefunden werden.

Diese Transformationsschritte werden im Folgenden ausführlicher beschrieben.

**Beispiel für eine CMOS-Zellenbibliothek**

| Bezeichnung | Aufbau | Fläche |
|---|---|---|
| INV/NAND2 | | 1 / 2 |
| NAND3 | | 3 |
| NOR | | 2 |
| NOR3 | | 3 |
| OAI22 / OAI21 | | 4 / 3 |
| XOR | | 5 |

*Abbildung 7.54:* *Oben: Beispiel für eine CMOS-Technologiebibliothek. NAND3 bedeutet z. B. ein ¬AND-Baustein mit 3 Eingängen. OAI22 bedeutet ein OR − AND − Inverted-Baustein mit 2 plus 2 Eingängen.*

## Elimination

Im Eliminationsschritt werden die Anzahl Knoten reduziert, ohne die Funktion des Logiknetzes zu ändern. Abbildung 7.53 zeigt ein Beispiel dafür. Das ursprüngliche Netzwerk hat drei Knoten. Den Knoten $r = p + a$ kann man in den Knoten $s$ integrieren und damit das Netzwerk auf zwei Knoten reduzieren. Damit kann zum Beispiel erreicht werden, dass kürzere zweistufige Realisierungen für ein Teilnetz erzeugt werden.

## Extraktion (Extraction)

Eine Unterfunktion aus zwei oder mehr Knoten des Netzwerks wird ausgeklammert und als neuer Knoten extrahiert. Die dafür nötigen Schritte sind:

- Analyse von ähnlichen logischen Ausdrücken.
- Arithmetische Umformung bestimmter Ausdrücke.
- Erkennen gleicher Teilausdrücke und extrahieren dieser Ausdrücke als Hilfsvariable.

Beispiel: Ursprüngliche Funktionen: Umgeformte Funktionen: Neue Funktionen mit $f_h$:

$$f_0 = (A \wedge B) \vee (A \wedge C) \qquad f_0 = A \wedge (B \vee C) \qquad f_h = B \vee C$$
$$f_1 = B \vee C \vee D \qquad f_1 = (B \vee C) \vee D \qquad f_0 = A \wedge f_h$$
$$f_2 = \neg B \wedge \neg C \wedge E \qquad f_2 = \neg (B \wedge C) \wedge E \qquad f_1 = f_h \vee D$$
$$f_2 = \neg f_h \wedge E$$

Vor der Extraktion hat das Netzwerk acht Logikgatter, Danach nur noch fünf. Allerdings liegen im Pfad zu $f_2$ jetzt drei anstatt zwei Gatter, das bedeutet eine größere Verzögerung für das Signal $f_2$ (siehe Abbildung 7.52, Seite 354 oben).

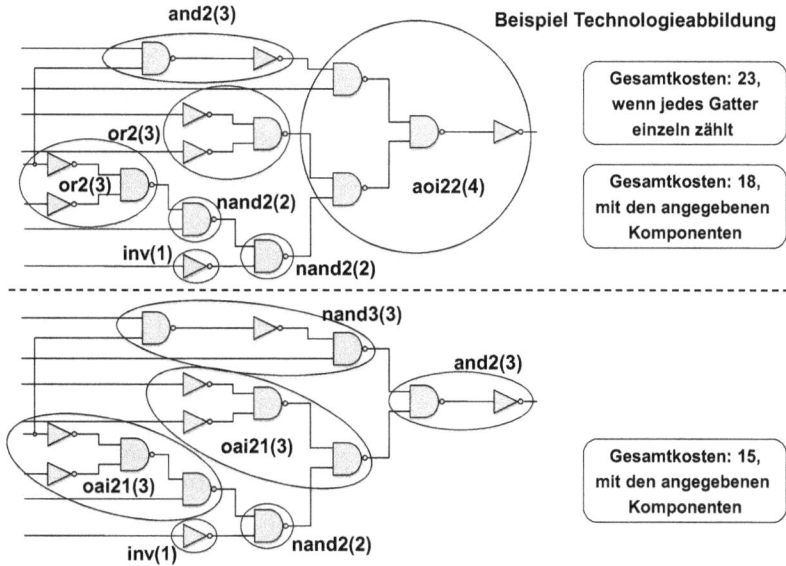

**Abbildung 7.55:** *Beispiel für eine Technologieabbildung. Ein beliebiges Logiknetzwerk soll auf Logik-Bausteine einer CMOS-Bibliothek abgebildet werden. Oben: Wird jeder Baustein einzeln aus der Bibliothek abgebildet, erhält man einen Flächen-Kostenwert von 23. Werden die im Beispiel angegebenen Bausteine genommen, erhält man einen Flächen-Kostenwert von 18. Unten: Eine andere Auswahl der Bausteine ergibt den Kostenwert 15.*

## Flattening

Mit Flattening kann z. B. durch geschickte Benutzung von Logikgattern eine höhere Performanz erreicht werden. Im Beispiel Abbildung 7.52, Seite 354, unten links werden drei Zweifach-Logikgatter verwendet, rechts drei Vierfach-Gatter. Dadurch verringert sich die Verzögerung (die Performanz wird erhöht), um zwei Logikgatter-Verzögerungen. Der tatsächliche Geschwindigkeitsgewinn (Speedup) hängt von der Zellenbibliothek ab. Zusätzlich kann man für eine Komponente auch eine zweistufige Optimierung erreichen durch „Simplification".

## Simplification

Unter Simplification versteht man die Anwendung von zweistufigen Minimierungsregeln. Im folgenden Beispiel erhält man durch Umformung mit Hilfe von Minimierungsregeln (bzw. Regeln der Booleschen Algebra, zielgerichtet angewendet) z. B. mit den Methoden von Quine-McClusky aus $f_1$ die minimierte Form $f_{1-min}$ (Optimierung durch Negieren) und durch Umformung von $f_2$ die minimierte Form $f_{2-min}$. $f_{1-min}$ bzw. $f_{2-min}$ benötigen bedeutend weniger Fläche als $f_1$ bzw. $f_2$. (Der Beweis, dass $f_1 = f_{1-min}$ bzw. $f_2 = f_{2-min}$ kann mit Hilfe von Wahrheitstabellen erbracht werden.)

Beispiele: Simplification
$$f_1 = \neg B \vee (B \wedge A) \vee (B \wedge C \wedge \neg A); \quad f_{1-min} = \neg(B \wedge \neg A \wedge \neg C)$$
$$f_2 = A \wedge (\neg A \vee B) \vee (B \wedge (B \vee C)) \vee B; \quad f_{2-min} = B$$

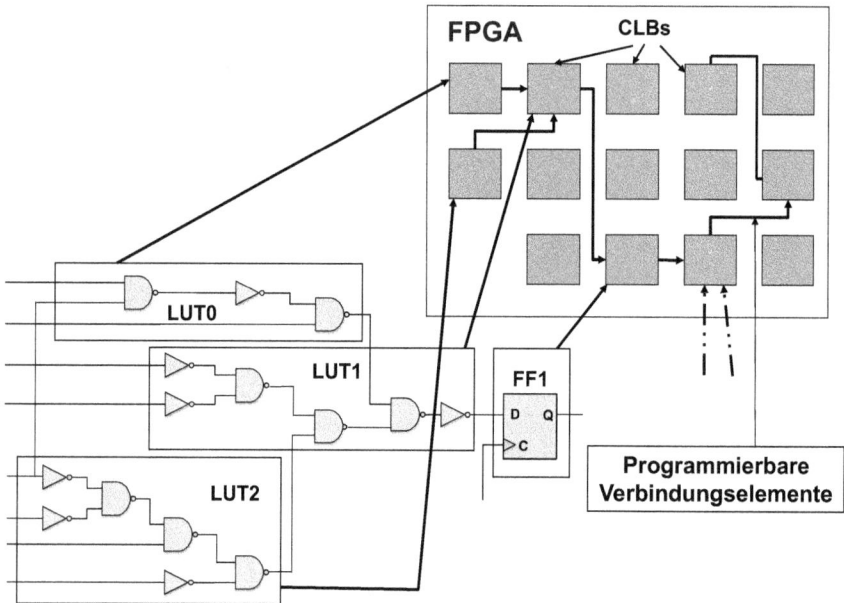

**Abbildung 7.56:** *Beispiel für die Technologieabbildung von LUT-basierten Logikzellen. Zuerst werden einzelne Logikteile auf LUTs und auf CLB-Slices abgebildet (Platzierung). Danach werden die Verbindungselemente programmiert (Routing).*

## Technologieabbildung in der Logiksynthese

Das Ziel der Technologieabbildung besteht darin, ein optimiertes Logik-Netzwerk so mit Hilfe von Logikbausteinen aus einer Technologiebibliothek aufzubauen, dass die Entwicklungsschranken (Constraints) eingehalten werden, bzw. die kleinste Fläche und Verzögerung erreicht wird.

Abbildung 7.54, Seite 356, zeigt ein Beispiel einer **CMOS-Technologiebibliothek** mit einer kleinen Auswahl an verschiedenen Logik-Bausteinen. Zum Beispiel wird ein $\neg AND$-Baustein mit 3 Eingängen in der Bibliothek mit NAND3 bezeichnet. OAI22 bedeutet ein $OR - AND - Inverted$-Baustein mit 2 plus 2 Eingängen usw.

Die Technologieabbildung kann durch folgende Maßnahme auf ein **Graphen-Überdeckungsproblem** zurückgeführt werden: Das Logiknetzwerk, sowie jeder Baustein aus der Technologiebibliothek wird jeweils als gerichteter, azyklischer Graph (Directed Acyclic Graph, DAG) dargestellt. Die Knoten des DAG sind die Logikgatter, die Kanten des DAG sind die Verbindungen.

Das Beispiel einer Technologieabbildung eines beliebigen Logiknetzwerks auf CMOS-Bausteine aus einer CMOS-Bibliothek zeigt Abbildung 7.55, Seite 357. Oben: Wird jeder Baustein einzeln aus der Bibliothek abgebildet, erhält man einen Flächen-Kostenwert von 23. Werden die im Beispiel angegebenen Bausteine genommen, erhält man einen Flächen-Kostenwert von 18. Unten im Bild 7.55: Eine andere Auswahl der Bausteine ergibt einen Kostenwert von 15.

Das Problem der Technologieabbildung entspricht nun einem Graphen-Überdeckungs-problem, das NP-vollständig ist. Eine gängige Lösungsapproximation ist z. B. :

„Zerteile das Netzwerk so, dass es aus Bäumen besteht und löse das Problem für jeden Baum in polynomialer Form."

**Technologieabbildung bei Verwendung von LUT-basierten Logikzellen**
Viele FPGAs (Field Programmable Gate Arrays) verwenden LUTs (Lookup Tables, siehe Seite 28) als Logikbausteine. In diesem Fall wird ein Logik-Netzwerk in LUTs aufgeteilt und letztere auf die CLBs (Configurable Logic Blocks, siehe Seite 28) abge-bildet. Dieser Arbeitsschritt wird „Platzierung" genannt. Danach wird das „Routing" durchgeführt, indem die Verbindungselemente zwischen den CLBs erstellt (program-miert) werden. Abbildung 7.56, Seite 358, veranschaulicht diesen Vorgang.

# 7.5  Zusammenfassung

Die Register-Transfer- und Logiksynthese (RT- und Logiksynthese) transformiert eine Verhaltensbeschreibung (ein Verhaltensmodell) aus der RT-Ebene in ein Strukturmo-dell auf Logikebene. Danach folgt in der Regel eine Technologieabbildung. Die Eingabe in ein RT-Synthese-Werkzeug ist demnach z. B. die VHDL-(oder Verilog-, SystemC-usw.) Verhaltensbeschreibung eines endlichen Zustandsautomaten, Die Ausgabe, das Ergebnis der RT- und Logiksynthese plus Technologieabbildung ist eine optimierte, technologiespezifische Netzliste. Die RT-Synthese startet mit dem Parsen der Eingabe-Verhaltensbeschreibung, fährt fort mit der **Elaboration** und durchläuft mehrere **Op-timierungsschritte** (Optimierung arithmetischer Teilnetze), wie z. B. :
- Konstantenpropagation,
- Mehrfachnutzung von Teilausdrücken,
- Baumhöhenreduktion,
- Resource Sharing.

Die **Logiksynthese** führt folgende Aktionen durch:
- Implementierungsauswahl (Allokierung),
- Logikoptmierung bzw. Logikminimierung,
  - Knotenreduzierung durch Elimination,
  - Extraktion (Extraction),
  - Flattening,
  - Simplification.

Bei der **Technologieabbildung** wird eine technologieabhängige Optimierung durchgeführt.

– Die Abbildung auf eine Logik-Zellenbibliothek geschieht in der Regel durch lösen eines Graphen-Überdeckungsproblems,

– Die Abbildung kann auf ein ASIC oder ein FPGA erfolgen. Bei der Abbildung auf ein ASIC wird eine physische Synthese durchgeführt. Bei der Abbildung auf ein FPGA findet eine Abbildung auf CLBs bzw. auf Slices statt, danach folgt ein „Place and Route"-Schritt.

# 8 Verifikation, Simulation und Test

Um die Qualität des fertigen Produkts sicherzustellen, sind Verifikation, ausgereifte Testmethoden (Abschnitt 8.5) und eingebaute Testmöglichkeiten wie beispielsweise der JTAG-Scantest (Abschnitt 8.5.4) von Bedeutung.

## 8.1 Verifikation Simulation und Validierung

Unter **Verifikation** eines Systems versteht man allgemein die *Sicherstellung, dass die Funktion des Modells eines zu entwickelnden Systems der Spezifikation entspricht.* Da die Spezifikation (siehe Seite 40) die Ausgaben eines Systems in Abhängigkeit der Eingaben plus Randbedingungen beschreibt, müssten bei einer umfassenden Verifikation alle möglichen Eingabezustände und die entsprechenden Ausgabezustände geprüft werden. Man spricht in diesem Fall von „totaler Abdeckung" (Total Coverage) der Verifikation. Dies ist in den meisten Fällen sehr zeitaufwändig und daher nicht möglich. Bei einer **formalen Verifikation** (siehe Seite 368) ist die totale Abdeckung gegeben. Die formale Verifikation eines gesamten Systems wäre daher nicht nur wünschenswert, sondern äußerst wichtig, ist allerdings für ein komplexes System (zum Beispiel für ein Handy) außerordentlich schwierig und daher nahezu unmöglich. Bei der **Simulation** kann in der Regel lediglich die Anwesenheit von Fehlern überprüft werden [HaTei10], sie kann daher die Korrektheit eines Systems nicht garantieren. Mit Hilfe der Simulation (siehe nächsten Abschnitt) kann aber wenigstens die Grundfunktion des Systems für – in den meisten Fällen – eine beschränkte Anzahl von Eingabefällen überprüft werden. Für Prüfungen des Systems in einer realen Umgebung sind in der Entwicklungsphase Prototypen mit Emulatoren geeignet.

Unter **Validierung** versteht man die Überprüfung, ob eine Spezifikation korrekt ist [HaTei10]. Im Abschnitt 2.1.4 haben wir die geforderten Eigenschaften einer Spezifikation beschrieben, sie sollte eindeutig, vollständig, fehlerfrei und widerspruchsfrei sein. Dies trifft leider jedoch in vielen Fällen nicht zu, daher wäre ein Validierung wichtig, da Spezifikationsfehler zu Produktfehlern führen können und in vielen Fällen die Ursache für ein Versagen des Systems sind. Wir haben im Abschnitt 2.1.4 zwischen Spezifikations-Dokument und modellbasierter Spezifikation unterschieden und die Verhaltensbeschreibung des Systems als System-Verhaltensmodell bezeichnet. Man kann beispielsweise durch Simulation des System-Verhaltensmodells eine angenäherte Validierung durchführen, wobei die Simulationsergebnisse mit den Aussagen des Spezifikations-Dokuments verglichen werden. Falls es Widersprüche gibt, muss eine Analyse die Widersprüche klären. Eventuell müssen Korrekturen in der Spezifikation durchgeführt werden. Auf die Validierung können wir in diesem Rahmen nicht weiter eingehen.

https://doi.org/10.1515/9783110702064-008

# 8.2    Simulation

Bei einer Simulation von Eingebetteten Systemen werden die Ausgabedaten von ausführbaren Verhaltens- und Strukturmodellen (siehe Seite 80) in Abhängigkeit von sinnvollen Eingabedaten analysiert. Man unterscheidet zwischen analogen und digitalen Simulatoren. Analoge Simulatoren arbeiten *zeit- und wertekontinuierlich*. Ein Beispiel für einen analogen Simulator ist das Simulator-Werkzeug „Spice". Wir betrachten nur digitale Simulatoren, bei denen die Modelle auf algorithmischer, RT- oder logischer Ebene abgebildet und die Eingangssignale durch binäre Werte, zum Beispiel Bitvektoren dargestellt werden.

Bei der Ausführung der Simulation zeigt das Modell, falls es korrekt beschrieben wurde, die Funktion des realen Systems, allerdings in einer anderen Zeitskala. Die Ausführung der Simulation dauert meist sehr viel länger als die Ausführung des realen Systems. In den von uns betrachteten Fällen wird in der Regel die *zeitdiskrete oder zyklusbasierte, ereignisgesteuerte oder eventgesteuerte* Simulation eingesetzt, in der die Zeit in diskreten Abständen, durch ein Taktsignal gesteuert, voranschreitet und dabei die „Ereignisse" als sogenannte „Stimuli" auf die Eingänge gegeben werden.

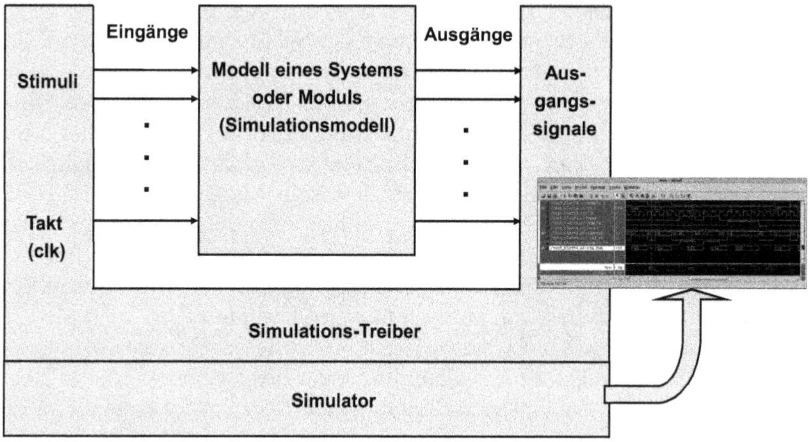

**Abbildung 8.1:** *Schematische Darstellung einer Simulationsanordnung. Rechts ist ein Ausgabefenster des Simulators angedeutet.*

## 8.2.1    Eine Simulationsanordnung

Abbildung 8.1 zeigt schematisch eine Simulationsanordnung. Das ausführbare (simulierbare) Modell wird Simulationsmodell oder „Model under Simulation" genannt. Der „Simulationstreiber" ist mit den Eingängen und Ausgängen des Simulationsmodells verbunden. Simulationstreiber und Simulationsmodell laufen auf einem Simulator-System (zum Beispiel Modelsim$^{TM}$ der Firma Mentor). Der Simulator berechnet für bestimmte Werte am Eingang des Modells die entsprechenden Ausgänge und zeigt Eingänge und Ausgänge im Ausgabefenster an (siehe Abbildungen 8.1 und 8.2).

Ein Beispiel eines Simulationstreibers in der Beschreibungssprache VHDL findet man in Abschnitt 5.1.13, Seite 208. Ein weiterer Simulationstreiber in SystemC wird in Abschnitt 5.2.2, Seite 236 vorgestellt.

Ein sich ändernder Eingangswert wird *Ereignis* (Event) genannt. Ein **ereignisgesteuerter** (Event Driven) Simulator berechnet die (neuen) Ausgangswerte, wenn ein Ereignis auftritt, danach wartet der Simulator auf das nächste Ereignis. Der „Simulationstreiber" erzeugt die Ereignisse die in diesem Fall „Stimuli" (Anregungen) genannt werden und gibt diese auf die Eingänge des Simulationsmodells. An den Ausgängen des Simulationsmodells erscheinen die Reaktionen auf die Stimuli, die vom Testtreiber angezeigt und möglichst automatisch auf Korrektheit geprüft werden.

Da dieselbe Anordnung auch für Tests verwendet wird, sind statt Simulationsmodell und Simulationstreiber die Begriffe „Device under Test" (DUT) und „Testtreiber" gebräuchlich. Werden die Stimuli durch Pseudozufallszahlen erzeugt, die sowohl die Eintreffzeitpunkte als auch die Werte der Stimuli festlegen, so spricht man von einer **stochastischen Simulation.**

### Simulation auf algorithmischer Ebene

Bei Verhaltensbeschreibungen auf algorithmischer Ebene ist der Zeitablauf des Systems noch nicht festgelegt. Die Beschreibung ist nicht zeitgenau bzw. „untimed" (siehe Seite 97). Simulationen auf algorithmischer Ebene validieren lediglich die Funktion des Systems ohne Zeitbezug.

### Simulation auf RT-Ebene

Auf RT-Ebene wird meist die **zyklusbasierte** (cycle based) Simulation bei synchronen, d. h. taktgesteuerten Modellen, angewendet. Bei der zyklusbasierten Simulation berechnet der Simulator für jeden Taktzyklus, also beispielsweise bei jeder steigenden (oder fallenden) Taktflanke die Ausgangssignale des Simulationsmodells in Abhängigkeit von den Eingangssignalen. Gatterverzögerungen werden hierbei nicht berücksichtigt.

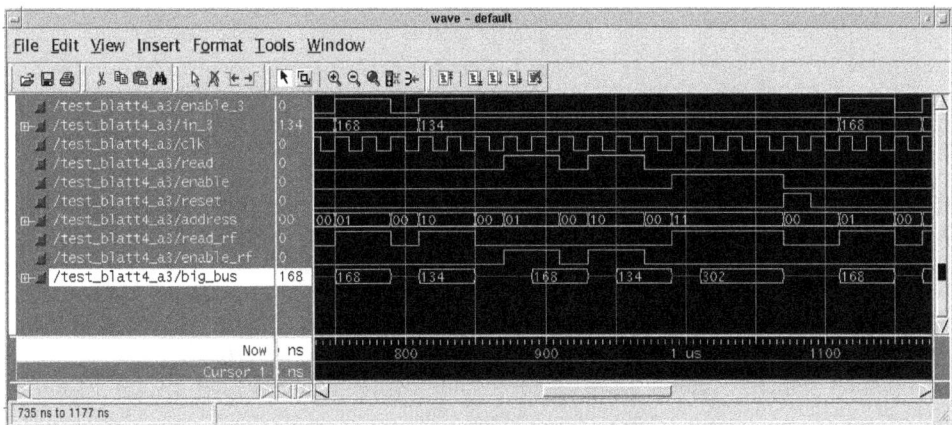

**Abbildung 8.2:** *Beispiel eines Ausgabefensters einer Simulation auf RT-Ebene des Simulators Modelsim*[TM] *von Mentor.*

Abbildung 8.2 zeigt als Beispiel das Ausgabefenster einer Simulation auf RT-Ebene des Simulators Modelsim$^{TM}$ der Fa. Mentor. Hier wird in der Regel der Zeitverlauf aller Signale angezeigt und damit ist die Abhängigkeit der Ausgangssignale von den Eingangssignalen in jedem Taktzyklus für verschiedene Werte und Eintreffzeitpunkte der Stimuli visuell überprüfbar.

Der Nutzen und der Erfolg der Simulation hängt sehr stark von der Güte des Simulationstreibers ab, der speziell an das Simulationsmodell angepasst ist, während der Simulator selbst meist als universelles Werkzeug eingekauft wird. Wichtig ist, dass die Auswahl der Stimuli im Simulationstreiber sehr sorgfältig geplant wird, da diese möglichst gut die Realität nachbilden sollen. Bei Einsatz der stochastischen Simulation müssen Randbedingungen und Bereiche der Stimuli möglichst realitätsnah gewählt werden. Die Überprüfung der Ausgangssignale in Abhängigkeit der Eingabesignale im Ausgabefenster des Simulators geschieht am Anfang einer Entwicklung meist visuell. Bei komplexeren Systemen und umfassenderen Simulationen sind automatisierte Methoden der Überprüfung unumgänglich.

## 8.2.2    Simulation auf Logik- und Technologieebene

Eine zyklusbasierte Simulation auf **Logik-Ebene** bringt keine neuen Erkenntnisse, falls die zyklusbasierte Simulation bereits auf RT-Ebene durchgeführt wurde. Auf Logikebene werden deshalb die Gatterverzögerungen in die Simulation mit einbezogen. Die Gatterverzögerungen erhält der Simulator aus der Bibliothek der Zieltechnologie (Technology Library), zum Beispiel einer Standardzellen-Bibliothek (siehe Seite 24). Der Simulator rechnet für jedes Signal, das ein Gatter passiert, die Verzögerung aus und kumuliert diese Verzögerungen für die im Ausgabefenster des Simulators angezeigten Ausgangssignale. Sind die Verzögerungen zu groß, zum Beispiel größer als die Taktperiode, so funktioniert die Schaltung nicht. In der Logik-Simulation können „Hazards" entdeckt werden. Das sind meist sehr kurze Fehlsignale am Ausgang eines Gatters, die dadurch entstehen, dass die Eingangssignale, bedingt durch Verzögerungsdifferenzen, an Gattern zu verschiedenen Zeiten eintreffen. Durch Hazards können beispielsweise Speicherelemente (Flipflops) falsch gesetzt werden. Die Simulation auf Logikebene nimmt wesentlich mehr Simulationszeit in Anspruch als die zyklusbasierte Simulation.

Bei der **Simulation auf Technologieebene** handelt es sich in der Regel um eine Analog-Simulation. Die Geometrie der Schaltung wird berücksichtigt. Es werden nicht mehr die Logik-Gatter als kleinste Einheit betrachtet, sondern die geometrischen Anordnungen der Leiterbahnen sowie die Transistoren als p- und n-dotierten Halbleiterzellen. Für die Leiterbahnen wird der elektrische Widerstand sowie die Kapazität und die Induktivität betrachtet, für die Transistoren werden Differentialgleichungen eingesetzt. Der Simulator berechnet anhand der elektrischen Gegebenheiten den Verlauf aller Signale und zeigt sie im Ausgabefenster an. Durch Vergleich mit den Signal-Soll-Verläufen kann die Funktionalität der Schaltung auf Technologieebene überprüft werden. Analog-Simulatoren sind z. B. „Spice", „Virtuoso" und „SoC-Encounter" der Firma Cadence.

### 8.2.3 Software-Simulation

Der **Befehlssatz-Simulator, Instruction-Level-Simulator (ILS)** oder **Instruction Set Simulator (ISS)**, auch „CPU Simulator" genannt, erlaubt es, die Ausführung eines Programms auf Befehlsebene (Instruction Level) zu simulieren. Der Instruction-Set-Simulator ist im Allgemeinen nicht zyklusgenau, d. h. die Anzahl der benötigten Taktzyklen entspricht nicht der Anzahl Taktzyklen, die der simulierte Mikroprozessor benötigen würde [Wolf02]. Der Instruction-Set-Simulator macht den Hauptspeicher und die Register sichtbar und bietet damit gute Analysemöglichkeiten. Er wird auf dem Host-PC eingesetzt und ist etwa um den Faktor hundert bis tausend langsamer als der Mikroprozessor selbst. Ein Instruction-Set-Simulator ist relativ teuer und nur für die gängigen Mikroprozessor-Typen verfügbar.

### 8.2.4 Debugging in Eingebetteten Systemen

Debugging heißt: Fehler finden und korrigieren. Ein „Bug" bedeutet auf Englisch ein Insekt, z. B. ein Käfer oder eine Motte. Woher kommt der Ausdruck Debugging? Es ist darüber folgende Geschichte im Umlauf: Bei einem der frühen Computer, bei dem noch elektromechanische Relais als Schaltelemente verwendet wurden, trat ein Fehler auf. Nach einigem Suchen wurde man fündig: Eine Motte hatte sich in einem Relais verfangen und verhinderte den Kontakt. Seit dieser Zeit ist der „Bug" das Synonym für einen Computerfehler, das gilt sowohl für Hardware- als auch für Softwarefehler.

Eingebettete Systeme sind normalerweise weniger benutzerfreundlich als PCs, weil Monitor, Tastatur, Maus usw. fehlen. Daher sollte der Entwickler Optionen vorsehen, um das System zu testen.

Eingebaute Selbsttests (Build in self tests BIST) oder der Bounary Scan (JTAG, siehe unten) helfen beim bereits entwickelten System weiter, zeigen jedoch lediglich den Fehler an. Für die Fehleranalyse und -Lokalisierung ist daher eine Debugging-Umgebung nötig. Ein gute Idee ist es, einen **Seriellen Port** speziell für den Test in einem Eingebetteten System vorzusehen, selbst wenn dieser im endgültigen Produkt nicht benötigt wird [Wolf02]. Der Serielle Port ist nicht nur für Debugging-Zwecke nützlich, sondern auch später für eine Diagnose nach der Auslieferung des Systems.

### 8.2.5 Software-Debugging

wird mit Debugging-Werkzeugen durchgeführt, die es für alle gängigen Mikroprozessoren gibt. Die wichtigsten Software-Debugging-Methoden sind:

- „Breakpoints" an interessanten Stellen des Programms setzen. An einem **„Breakpoint"** hält ein Programm an. Damit ist dem Entwickler Gelegenheit gegeben, den Status des Programms anzusehen, z. B. die Register und die Daten zu überprüfen.
- **Einzelschritte (Single Steps)** ausführen. An kritischen Stellen das Programm schrittweise von Befehl zu Befehl weiterschalten und die Ergebnisse prüfen.

Wenn Software-Werkzeuge ineffizient werden, sind Hardwarehilfen gefragt. Eine Hardwarehilfe für das Debuggen von Software auf einem Mikroprozessor ist der **In-Circuit Emulator** (ICE). Der In-Circuit Emulator ist speziell für einen bestimmten Mikroprozessor ausgelegt. Es sind Debugging-Hilfen eingebaut. Beispielsweise können Breakpoints gesetzt und Register ausgelesen werden, ein Programm kann in Einzelschritten ausgeführt werden, ohne dass Subroutinen oder zusätzlicher Speicher benötigt werden. Der Nachteil ist, dass die zusätzliche Hardware nur für einen speziellen Mikroprozessor-Typ ausgelegt ist. Falls ein Entwickler mehrere Mikroprozessoren einsetzen muss, bedeutet das einen großen Hardwareaufwand.

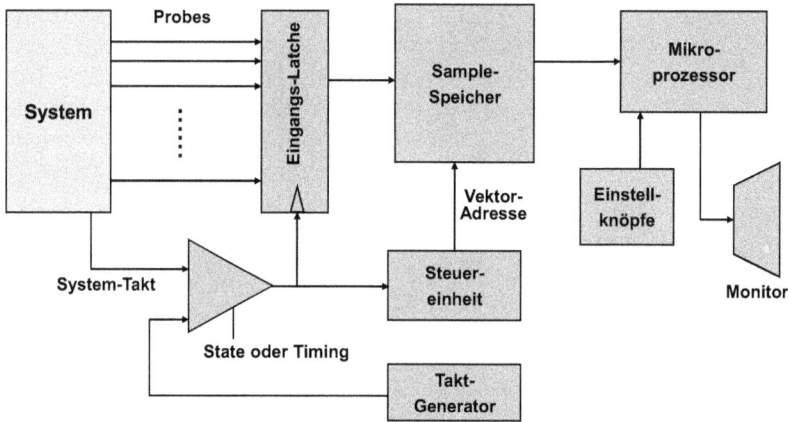

***Abbildung 8.3:*** *Architektur eines Logikanalysators (nach [Wolf02]).*

## 8.2.6    Hardware-Debugging

Der **Logikanalysator** (Logik Analyser) ist ein wichtiges Werkzeug für den Hardware-Entwickler von Eingebetteten Systemen. Ein Logikanalysator ist im Wesentlichen eine Menge (zehn bis viele hundert) von einfachen Oszillographen (Oscilloscopes), Kanäle genannt, in einem Gehäuse, deren Ausgänge zunächst gespeichert und danach auf einen Monitor geschaltet werden können. Die Eingänge der Kanäle waren bei den ersten Logikanalysatoren kleine abgeschirmte Klemmen (Probes, siehe Abbildung 8.3), die an die Hardware-Pins des Eingebetteten Systems angeschlossen wurden, später wurden dafür auch spezialisierte vielpolige Steckverbinder eingesetzt, die bereits bei der Entwicklung der Schaltung vorgesehen wurden.

Die Ausgänge können nur logische Werte, also „Null", „Eins" und „X" (unbestimmt) anzeigen (daher der Name). Zudem werden die nebenläufigen Signalverläufe aller Kanäle in einem sogenannten Sample-Speicher (Sample Memory) gespeichert. Der Zeitpunkt des Aufzeichnungsbeginns kann durch ein beliebig wählbares Signal (Trigger) angestoßen werden. Auf dem Monitor sind damit die Zeitverläufe mehrerer Kanäle, den Samples, gleichzeitig (sozusagen als Zeilen) zusammen mit einem bestimmten Taktverlauf darstellbar.

Die Anzeige auf dem Monitor ist ähnlich dem Ausgabefenster eines Simulators (siehe Abbildung 8.2, Seite 363). Ein typischer Logikanalysator kann in jeweils einem von zwei Modi arbeiten: Entweder im „Zustands"-(State)- oder im „Timing"-Modus.

Im **Zustands-Modus** wird für die „Abtastung" (Sampling) der Eingangs-Signale der System-Takt des zu untersuchenden Systems bzw. Mikroprozessors verwendet. Für die

Abtastung wird im Timing-Modus ein interner Takt genommen, der in der Regel eine vielfach höhere Taktrate aufweist als der Systemtakt. Im Zustands-Modus wird der Signalzustand in jedem Taktzyklus angezeigt.

Im **Timing-Modus** können Signalzustände innerhalb eines Taktzyklus angezeigt werden, die Zeitauflösung ist größer. Damit können Verzögerungen innerhalb eines Taktzyklus sowie „Glitches" und „Spikes", das sind Störimpulse (Hazards) entdeckt und vermessen werden. Im Zustands-Modus wird der sequenzielle Zeitablauf überprüft wie er sich beispielsweise im Zustandsdiagramm widerspiegelt, während im Timing-Modus Verzögerungen und Störimpulse untersucht werden, die durch die Leitungsführung und die logische Schaltung selbst verursacht werden.

Abbildung 8.3 zeigt schematisch die Architektur eines Logikanalysators. Die Signale werden abgetastet („gesampelt") und auf einfache Speicherelemente (Latche oder D-FlipFlops, siehe Seite 196) gegeben, die je nach Modus vom System-Takt oder vom internen Takt gesteuert werden. Danach wird jeder Abtastwert (Sample) in einen Vektor-Speicher, den Sample-Speicher, kontrolliert von einem Zustandsautomaten (FSM siehe Abschnitt 3.8.1), kopiert. Die Latche, die Timing-Schaltkreise, der Sample-Speicher und die Steuereinheit müssen für hohe Geschwindigkeiten ausgelegt sein, da im Timing-Modus mehrere Samples pro Taktzyklus abgearbeitet werden. Der Sample-Speicher fasst je nach Größe, eingestelltem Modus und Anzahl der Samples eine bestimmte Zeitspanne der aufgenommenen Signale, die „Sample History" genannt wird. Die Sample History wird vom Einsatzzeitpunkt des Trigger-Signals an gemessen. Im Timing-Modus wird naturgemäß ein wesentlich größerer Sample-Speicher benötigt, um die Signale einer bestimmten Zeitspanne (beispielsweise 10 ms) aufzunehmen als im Zustands-Modus. Bei gleichem Sample-Speicher wird die größte aufgezeichnete Zeitspanne im Timing-Modus kürzer sein als im Zustands-Modus.

Eine immer komplexer werdende System-Hardware verlangt komplexe Debugging- und Analysemethoden wie z. B. eingebaute Selbsttests (BISTs siehe Abschnitt 8.5.1, Seite 375) und Diagnoseschnittstellen (siehe Boundary Scan, Abschnitt 8.5.4, Seite 378), diese Methoden liefern wichtige Informationen, können aber noch in vielen Fällen die Hochgeschwindigkeits-Datenaufzeichnung eines Logikanalysators nicht ersetzen.

Unter **Co-Verifikation** versteht man die nebenläufige Simulation von Hardware und Software in einem System-Modell. Die allgemeinste Form der Co-Verifikation ist die **Co-Simulation**. Beispielsweise wird hierbei die Software auf einem (oder mehreren) Instruction-Set Simulator(en) (ISS) ausgeführt und die Hardware auf einem (oder mehreren) FPGA(s). Diese Methode wird beispielsweise auf der Basis von Transaction-Level Modellen (TLM) in der Modell-basierten Entwicklungsmethode (siehe Abschnitt 2.8, Seite 69) angewendet.

Eine bewährte Technik, die für System-Prototypen eingesetzt wird, ist die Verwendung von Hardware-Emulatoren. Ein **Hardware-Emulator** ist ein System, das nicht der endgültigen Hardware des zu entwickelnden Systems entspricht. Als Hardware-Emulatoren werden in der Regel FPGAs verwendet, auf denen ein Modell der entwickelten Hardware, zum Beispiel eines Mikroprozessors in einer Hardware-Beschreibungssprache läuft. Beispielsweise kann die VHDL-Beschreibung eines Prozessors (bzw. die wesentlichen Teile davon) in ein FPGA geladen werden und damit sind Programme auf diesem emulierten Prozessor ausführbar. Die Simulation des Mikroprozessor-Modells auf einem FPGA kann Schwierigkeiten bereiten, da man oft mehr Signale prüfen möchte, als durch die gegebene Anzahl der Anschlüsse des FPGA möglich ist. In diesem Fall müssen eventuell mehrere Signale über den gleichen Anschluss des FPGA seriell im Zeitmultiplex transportiert werden [Schmitt05]. Die Virtex-7-FPGAs der Firma Xilinx (siehe Abschnitt 1.8.2, Seite 27) mit 1200 Anschlüssen kommen in dieser Beziehung dem Entwicklungsingenieur entgegen. Ein großer Vorteil der Emulation ist, dass die Ausführungsgeschwindigkeit sehr viel höher ist als bei der Simulation auf RT- oder Logik-Ebene.

Neue Systementwicklungen müssen sich in vielen Fällen in realistischen Umgebungen bewähren, bevor sie in der endgültigen Version z. B. als Ein-Chip-System hergestellt werden. Ein Beispiel dafür sind Steuergeräte in Kraftfahrzeugen [Mar07], sogenannte „Electronic Control Units" (ECU). In der Industrie werden Prototypen von Steuersystemen z. B. auf der Basis von FPGA-Emulatoren gebaut und in Testfahrzeugen von Testfahrern in Extremsituationen geprüft, z. B. in der Sahara bei sehr hohen Temperaturen auf holperigen und staubigen Straßen sowie am Nordkap bei sehr niedrigen Temperaturen. Diese Prototypen verhalten sich im Wesentlichen wie das endgültige System, sind jedoch in der Regel viel größer, benötigen weit mehr Energie, haben eine längere Startzeit und eventuell noch andere Eigenschaften, die aber von Testfahrern akzeptiert werden können. Auch Emulationen können nicht garantieren, dass alle Grenzfälle abgedeckt werden, daher sollten zusätzlich Analysemethoden eingesetzt werden wie Leistungsbewertung sowie Risiko- und Verlässlichkeitsanalyse, die derartige Fälle erfassen [Mar07].

Die **Simulation** hat Vorteile, da sie relativ einfach durchzuführen ist, aber sie hat für die Verifikation von Eingebetteten Systemen **einige schwerwiegende Einschränkungen**:
– Simulationen sind in der Regel viel langsamer als das reale Eingebettete System.
– Simulationen werden an Modellen durchgeführt und sind in der realen Umgebung in der Regel nicht möglich. Beispiel: Eine Simulation des Autopilots eines Flugzeugs in der realen Umgebung kann zur Zerstörung des Flugzeugs führen. Hier kommen Prototypen zum Einsatz.
– Viele datenorientierte Anwendungen verwenden große Datenmengen. Eine ausreichende Abdeckung in akzeptabler Zeit ist in der Regel durch Simulation kaum möglich. Beispiel: Multimedia-Anwendungen. Die Simulation der Kompression eines Video-Datenstroms benötigt viel Zeit.
– Die meisten praktisch eingesetzten Systeme sind zu komplex, um alle möglichen Eingabezustände simulieren zu können. Simulationen können helfen, die grundsätzliche Funktion für einige Eingabefälle zu überprüfen – und dafür sind sie durchaus nützlich,
   – sie können aber die *Fehlerfreiheit eines Systems nicht garantieren*.
Aufgrund dieser Einschränkungen gewinnt die formale Verifikation an Bedeutung [Mar07].

# 8.3    Formale Verifikation

Eine bessere Alternative zur Simulation ist der **mathematische Beweis** [Kropf99]. Falls wir mathematisch beweisen können, dass sich ein System-Modell bzw. eine Hardware-Implementierung für alle möglichen Eingangszustände und zu allen Zeitinstanzen entsprechend der Spezifikation verhält, so wird das formale Verifikation (Formal Verification) genannt. In diesem Fall können wir absolut sicher sein, dass das System korrekt funktioniert und eine Simulation würde sich erübrigen. (Eine ausführliche Behandlung der Verifikation findet man in dem Buch von C. Haubelt und J. Teich [HaTei10].)

Der grundlegende Unterschied zwischen Simulation und Verifikation wird illustriert durch folgendes einfaches Beispiel (nach [Kropf99]): Es soll gezeigt werden, dass beide Seiten der Gleichung $(x + 1)^2 = x^2 + 2x + 1$ für alle möglichen Eingaben von x zum gleichen Ergebnis führen.

Eine Simulation würde konkrete Werte für $x$ einsetzen, um die obige Gleichung auf Korrektheit zu prüfen, beispielsweise wie in Tabelle 8.1 gezeigt.

| $x$ | $(x + 1)^2$ | $x^2 + 2x + 1$ |
|-----|-------------|----------------|
| 0 | 1 | 1 |
| 1 | 4 | 4 |
| 2 | 9 | 9 |
| 3 | 16 | 16 |
| 9 | 100 | 100 |
| 67 | 4624 | 4624 |
| ... | ... | ... |

**Tabelle 8.1:** *Simulationswerte für die Gleichung $(x + 1)^2 = x^2 + 2x + 1$ (nach [Kropf99]).*

Jedoch gilt die obige Formel für alle möglichen $x$, nicht nur für die, in Tabelle 8.1 simulierten natürlichen Zahlen. Selbst wenn die Datenbreite der Zahl $x$ auf 32 Bit beschränkt wäre, müssten $2^{32}$ Eingangswerte überprüft werden, um die Gültigkeit der obigen Gleichung bei einer hundertprozentigen Testabdeckung (siehe Abschnitt 8.9, Seite 378) durch die Simulation zu bestätigen.

Ein formaler mathematischer Beweis kann durch Anwendung mathematischer Transformationsregeln sicherstellen, dass beide Seiten der Gleichung $(x + 1)^2 = x^2 + 2x + 1$ äquivalent sind, wie es in Tabelle 8.2 gezeigt wird. Eine formale Verifikation kann mit einem *formalen Modell* des Systems bzw. des Teilsystems durchgeführt werden. Mit solch einem Modell können bestimmte Eigenschaften bewiesen werden. Die Techniken der formalen Verifikation können anhand der verwendeten Logik wie folgt klassifiziert werden.

## 8.3.1 Aussagen-Logik

Modelle von zustandslosen Logik-Netzwerken auf Gatterebene werden durch Boolesche Gleichungen beschrieben, die aus Booleschen Variablen und Operatoren wie UND, ODER, XOR, Negation usw. bestehen. Beispiele sind Addierer, Multiplexer usw. Die verfügbaren Werkzeuge zielen häufig darauf ab, die Äquivalenz zweier Modelle zu beweisen, von denen beispielsweise das eine als Verhaltensmodell, das andere als Strukturmodell beschrieben ist. Diese Werkzeuge werden **Äquivalenz-Checker** (Equivalence Checker), Äquivalenz-Prüfer oder auch Tautologie-Checker genannt. Die Aussagenlogik ist entscheidbar, das heißt, es kann immer entschieden werden, ob zwei Modellbeschreibungen in Aussagenlogik äquivalent sind oder nicht. Die Mächtigkeit von Äquivalenz-Prüfern basiert auf der Verwendung von binären Entscheidungs-Diagrammen (Binary Decision Diagrams, BDD) [Kropf99]. Die Komplexität von BDD-basierten Äquivalenz-Prüfungen

| | Transformationen | Definitionen, Gesetze, Substitutionen |
|---|---|---|
| 1. | $(x+1)^2 = (x+1)(x+1)$ | Definition des Quadrats |
| 2. | $(x+1)(x+1) = (x+1)x + (x+1)1$ | Distributivgesetz |
| 3. | $(x+1)^2 = (x+1)x + (x+1)1$ | Substitution von 2. in 1. |
| 4. | $(x+1)1 = x+1$ | Neutrales Element 1 |
| 5. | $(x+1)x = xx + 1x$ | Distributivgesetz |
| 6. | $(x+1)^2 = xx + 1x + x + 1$ | Substitution von 4. und 5. in 3. |
| 7. | $1x = x$ | Neutrales Element 1 |
| 8. | $(x+1)^2 = xx + x + x + 1$ | Substitution von 7. in 6. |
| 9. | $xx = x^2$ | Definition des Quadrats |
| 10. | $x + x = 2x$ | Definition von 2x |
| 11. | $(x+1)^2 = x^2 + 2x + 1$ | Substitution von 9. und 10. in 8. |
| | | qed (Was zu beweisen war) |

**Tabelle 8.2:** *Formaler Beweis für die Gleichung* $(x+1)^2 = x^2 + 2x + 1$ *[Kropf99].*

für Aussagenlogik wächst linear mit der Anzahl der Knoten des BDD, während die Äquivalenz-Prüfung von Funktionen einer Disjunktiven Normalform (DNF) NP-hart ist [Mar07]. Äquivalenz-Prüfer können auch mit Systemen umgehen, die für simulationsbasierte Verifikation zu groß sind, also Gatternetze mit vielen Millionen Gattern. Andererseits ist die Verifikation von sequenzieller Logik, also von Deterministischen Endlichen Automaten (DEA) bzw. Finite State Machines (FSM, siehe Abschnitt 3.8.1, Seite 101) sehr eingeschränkt.

## 8.3.2  Prädikatenlogik erster Ordnung: FOL

Die Prädikatenlogik erster Ordnung (First Order Logic, FOL) basiert auf der Quantisierung der Existenz-($\exists$)- und All-Quantoren ($\forall$) [Mar07]. Die Automatisierung der Verifikation mit Hilfe von FOL ist „halb-entscheidbar" (semi-decideable) [Kropf99], daher können unsichere Fälle auftreten. First Order Logic besitzt eine „ausdrucksstarke" (expressive) Logik, d. h. es können auch Zusammenhänge und Eigenschaften beschrieben werden, die mit Booleschen Ausdrücken nicht beschreibbar sind. Zudem gibt es viele Beweis-Algorithmen und Werkzeuge, Theorem-Beweiser genannt. Natürliche Zahlen und abstrakte Datentypen sowie die Zeit können in FOL nicht als Formeln dargestellt werden. Deshalb können auch Induktionsbeweise nicht exakt, sondern nur unter Anwendung von speziellen Methoden und Algorithmen in beschränkter Weise durchgeführt werden. Ein Beispiel dafür ist der „Boyer-Moor-Beweiser" (NQTHM bzw. ACL2, zitiert in [Kropf99]), der vielfach für Hardware-Verifikation eingesetzt wurde.

## 8.3.3  Model Checking

Zum Verifizieren sequenzieller Logik, die mit Deterministischen Endlichen Automaten bzw. Finite State Machines beschrieben werden, kann Model Checking verwendet werden [Mar07]. Model Checking verifiziert Eigenschaften von Endlichen Automaten durch eine Analyse des Zustandsraums des Systems. Ein Model-Checking-System benötigt als Eingabe das Modell und die Eigenschaften des Systems, die als „Computational Tree Logic" (CTL) ([Clar00] zitiert in [Kropf99]) beschrieben sind. Ein „Modelchecker" kann

Eigenschaften verifizieren oder widerlegen. Im letzteren Fall findet der Modelchecker mindestens eine Eigenschaft, die der Spezifikation, die in CTL geschrieben ist, nicht entspricht. Model-Checking ist automatisierbar.

### 8.3.4    Higher Order Logic

Prädikatenlogik höherer Stufe bzw. „Higher Order Logic" kann als semantisches Rahmenwerk angesehen werden, in das verschiedene Formalismen eingebunden werden können, die für bestimmte Anwendungen zugeschnitten sind [Kropf99]. Man könnte eher von „Higher Order Logics" sprechen, *„die Higher Order Logic"* gibt es nach [Kropf99] nicht. Higher Order Logic (HOL) ist nicht entscheidbar, d. h. es gibt möglicherweise unsichere Fälle. Die Beweissysteme in HOL sind interaktiv, sie können nicht voll automatisch durchgeführt werden und benötigen manuellen Eingriff des Entwicklers bzw. des „Verifizierers". Daher werden HOL-Beweiser oft Beweis-Assistenten (Proof Assistants) genannt. Die Beweis-Ideen müssen vom Anwender kommen. Das System prüft die korrekte Anwendung der Beweisregeln und führt die „Buchführung" durch, d. h. prüft nach, ob noch Beweis-Lücken bestehen. Für bestimmte Anwendungsgebiete und für bestimmte Beweisziele sind die Strukturen der Beweise oft gleich oder zumindest ähnlich. In diesen Fällen werden die Beweise nur einmal erstellt und in Form von Beweis-Schemata (Proof Scripts oder Proof Tactics) wiederverwendet. Auf diese Weise kann wenigstens eine teilweise Automatisierung erreicht werden. Systeme, die diesen Beweisstil unterstützen, werden taktische Theorem-Beweiser genannt.

Es gibt eine Reihe von HOL-Beweiser-Werkzeugen. Eins der ersten HOL-Theorem-Beweiser war HOL88, dessen Entwicklung von Mike Gordon geleitet wurde ([Gord88] zitiert in [Kropf99]). HOL88 wurde weiter entwickelt zu HOL90 und HOL98. Isabelle [ISAB07] ist ein interaktiver Theorembeweiser, in dem mathematische Theoreme in Higher-Order Logic (HOL) formuliert und bewiesen werden können. Veritas ist ein interaktiver Theorembeweiser ([HaDae92] zitiert in [Kropf99]) ähnlich HOL98 und Isabelle mit zusätzlichen HOL-Konstrukten.

## 8.4    Werkzeuge für Modellierung und Simulation

Auf dem Markt gibt es eine Menge von Simulationswerkzeugen, zum Beispiel die bereits erwähnten Systeme Modelsim™ der Firma Mentor oder das frei erhältliche „Spice" für die analoge und digitale Simulation. Im Folgenden gehen wir auf das Werkzeug Matlab/Simulink etwas näher ein, dessen Entwicklung wie beim Werkzeug „Spice" zunächst an einer Universität in den USA begann.

**MATLAB und Simulink** sind kommerzielle Werkzeug-Systeme der Firma MathWorks [Math12]. Während MATLAB hauptsächlich zur Lösung von numerischen mathematischen Problemen geeignet ist, kann Simulink als Simulationswerkzeug und als Modellierungsumgebung für die Generierung von Berechnungsmodellen (MoCs, siehe Seite 81) für Eingebettete Systeme eingesetzt werden. Die Anfänge des Werkzeugs MATLAB wurden in den späten 1970er Jahren von dem Mathematikprofessor Cleve Moler an der Universität von New Mexico entwickelt [Mol04] [Mol06]. Die Motivation für die erste Entwicklung von MATLAB war, den Studenten die Möglichkeit zu geben, die Fortran-

Pakete LINPACK und EISPACK zu nutzen, ohne selbst Fortran-Programme schreiben zu müssen. Die ebenfalls von Cleve Moler entwickelten Pakete EISPACK und LINPACK enthalten Fortran-Programme für die Berechnung von Matrizen-Eigenwerten und Funktionen um lineare Gleichungen zu lösen. MATLAB wurde zunächst hauptsächlich für Matrizen-Berechnungen in der Programmiersprache FORTRAN eingesetzt, so entstand der Name „MATrix-LABoratory". Das Werkzeug wurde ständig erweitert, zum Beispiel für numerische Analyse-Aufgaben, für Signal-Prozessierung und mit grafischen Ausgabemöglichkeiten.

Jack Little und Steve Bangert schrieben MATLAB in die Programmiersprache C um und gründeten zusammen mit Cleve Moler im Jahre 1984 die Firma MathWorks in Kalifornien, die die Produkte MATLAB und Simulink vertreibt.

Das Werkzeugpaket (Toolbox) **MATLAB** ist eine technisch/wissenschaftliche Berechnungsplattform mit einer proprietären Sprache und grafischen Ausgabemöglichkeiten, die leicht durch zusätzliche Funktionspakete, den „Toolboxen" erweitert werden kann. MATLAB kann beispielsweise eingesetzt werden in der Wissenschaft, in Hochschulen zur Lehre und in der Industrie zur Lösung und zur Simulation vieler numerischen Probleme zum Beispiel Matrizenberechnungen, Lösung von Differentialgleichungen, Berechnungen in der Regelungstechnik usw.

**Simulink** ist in MATLAB integriert und ist für die Generierung von Berechnungsmodellen und für die modellbasierte Entwicklung von Eingebetteten Systemen einsetzbar. Mit Hilfe von Simulink können hierarchisch strukturierte Modelle auf Blockdiagramm-Basis erstellt, simuliert und die Ergebnisse grafisch während der Simulation angezeigt werden [Math12]. Simulink enthält definierte Blöcke von mathematischen Funktionen, die zu einem Blockdiagramm kombiniert werden können. Es gibt unter anderem Funktions-Blöcke für die Modellierung elektrischer, mechanischer oder hydraulischer Systeme. Aus den Simulink-Modellen kann mit Hilfe der Toolbox „Simulink Coder" Programmcode in verschiedenen Programmiersprachen wie zum Beispiel C, C++ generiert werden. Der „Simulink HDL-Coder" erzeugt aus Simulink-Modellen Hardware-Beschreibungen in Beschreibungssprachen wie VHDL oder Verilog. Damit können FPGAs konfiguriert und/oder ASICs synthetisiert werden.

Interessant sind die **Simulink-S-Funktionen** (Simulink S-Functions). Es sind Simulink-Blöcke, mit denen ein Anwender eigene Programm-Funktionen einfügen kann, die in verschiedenen Programmiersprachen wie C, C++, Ada, Fortran oder MATLAB geschrieben sind. Dadurch können beispielsweise auch Kommunikationselemente wie Sockets in die Simulation mit Simulink integriert werden. Abbildung 8.4 linke Seite zeigt schematisch den vereinfachten Simulationszyklus eines Simulink-Funktionsblocks [Simu12]. Der Funktionsblock kann auch eine S-Funktion sein. Rechts ist schematisch der Ausgabevektor einer Funktion $f = f(t)$ gezeigt. Die Funktion kann kontinuierlich sein, in diesem Fall würde sie bei einer Simulink-Simulation auch kontinuierlich abgebildet werden. Im Bild sind einzelne Punkte dargestellt, um anzudeuten, dass die Funktionen punktweise jeweils zu den Zeiten $t + \Delta t$ errechnet werden. Die Funktion, die in einem Funktionsblock errechnet wird, kann beispielsweise nicht nur von der Zeit, sondern auch von inneren Zuständen abhängen, in letzterem Fall wäre $f = f(t, E, A, Z, \delta, \omega, z_0)$, wobei $E, A, Z, \delta, \omega, z_0$ endliche Mengen beziehungsweise Funktionen eines endlichen Zustandsautomaten sind (siehe Abschnitt 3.8.1, Seite 101). Bei der Simulink-Simulation (siehe Abbildung 8.4 links) werden folgende Schritte durchgeführt:

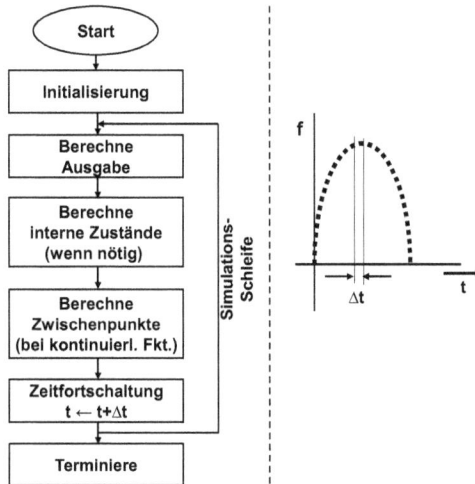

**Abbildung 8.4:** *Linke Seite: Vereinfachte Darstellung eines Simulationszyklus eines Simulink-Funktionsblocks, zum Beispiel einer S-Funktion [Simu12]. Auf der rechten Seite ist schematisch eine Funktion f = f(t) gezeigt.*

– Initialisierung der Funktions-Parameter und der Zeit $t$.
– Berechne die (grafische) Ausgabe zur Zeit $t = t + \Delta t$. Das entspricht einem Element des Ausgabevektors.
– Berechne interne Zustände, falls zutreffend.
– Berechne Zwischenstützpunkte der Funktion $f$ und die (grafischen) Ausgaben bei kontinuierlichen Funktionen.
– Fortschaltung der Zeit $t \leftarrow t + \Delta t$ um den Wert $\Delta t$.
– Solange die Zeit $t < t_{final}$ ist, führe die Simulationsschleife aus und berechne erneut die Ausgabe für den neuen Zeitwert.
– Falls $t = t_{final}$, beende die Simulation.

Bei den S-Funktionen stellt Simulink dem Benutzer sogenannte *Callback Functions* zur Verfügung, die die Kommunikation mit dem Simulationskern sowie mit der Simulations-umgebung erlauben. Die Callback-Funktion für die Initialisierung heißt zum Beispiel: `mdlInitializesSizes(SimStruct * S)`. In der C-Struktur (`SimStruct S`) werden die Funktionsparameter übergeben, beispielsweise die Anzahl der Simulationsschritte $\Delta t$ (Sample Times), die Simulationszeit $t_{final} - t_0$, die Anzahl der inneren Zustände (falls die Funktion innere Zustände hat), die Breite der Eingabe- und Ausgabevektoren usw. Matlab und Simulink bilden eine Werkzeug-Einheit um Eingebettete Systeme zu entwickeln und zu simulieren, die das Lösen mathematischer Funktionen erfordern [Simu12].

## 8.5 Test

Mit Hilfe der Verifikation und Simulation kann geprüft werden, ob ein System-Modell der Spezifikation entspricht, d. h. es wird versucht, Fehler im Entwurf zu finden. Mit Hilfe des Tests wird versucht sicher zu stellen, *dass jedes ausgelieferte Exemplar eines*

*Systems entsprechend der Spezifikation funktioniert.* Die Verifikation mit der Simulation ist daher in den Entwicklungsabteilungen angesiedelt, der Test wird in der Produktion durchgeführt. Verifikation und Test untersteht dem **Qualitätsmanagement**. Ein effektives Qualitätsmanagement ist für eine Firma, die Eingebettete Systeme entwickelt und produziert, überlebenswichtig.

## 8.5.1  Begriffsbestimmungen, Ausbeute, Black-Box- und White-Box-Test

### Ausbeute

Bei der Fertigung von Hardware-Chips sind bei den heutigen winzigen Strukturabständen fehlerhafte Teile unvermeidlich. Eine wichtige Kennzahl einer Chip-Produktion ist die Ausbeute. Die **Ausbeute** (Yield) eines Produktionsprozesses ist das Verhältnis der funktionierenden Teile $(T_f)$ zur Gesamtzahl der gefertigten Teile $(T_{ges})$.

$$Ausbeute = T_f/T_{ges} \tag{8.1}$$

Die Ausbeute zu Beginn einer neu aufgelegten Chip-Fertigung liegt meist unter 50%, steigt aber durch korrigierende Maßnahmen während der Fertigung auf knapp unter 100%. Daher sind Tests nötig.

### Black-Box- und White-Box-Test

Man unterscheidet zwischen **Black-Box-Tests und White-Box-Tests**. Bei Black-Box-Tests wird das zu testende Objekt, das „Device under Test (DUT)" als „schwarzer Kasten" betrachtet, dessen Inhalt unbekannt ist. Getestet wird wie folgt: An den Eingang des Device under Test werden die in der Spezifikation beschriebenen Signale gegeben. Die Ausgangssignale werden entsprechend der Spezifikation geprüft. Die Testanordnung entspricht im Wesentlichen der Simulationsanordnung (siehe Seite 362). Black-Box-Tests werden meist von unabhängigen (eventuell sogar externen) Testabteilungen durchgeführt und können dadurch recht effektiv sein. Der Entwickler selbst ist in der Regel ein schlechter Tester, da er das entwickelte System kennt und oft unbewusst die möglichen Schwächen des Systems beim Testen umgeht oder diesen nicht genügend Beachtung schenkt. Bei White-Box-Tests kennt der Tester den „Inhalt" des Device under Test. Er kennt die Architektur, die Struktur, die Algorithmen und meist auch verschieden abstrakte Modelle des Systems, kurz, er hat nicht nur die Spezifikation, sondern auch Entwurfsdokumente als Testgrundlage. Dadurch kann gezielter getestet werden. Auch hier ist es wichtig, dass die Tests von unabhängigen Testabteilungen durchgeführt werden.

Der Begriff **Grey-Box-Test** stammt aus der Software-Entwicklung, er soll die Vorteile von Black-Box-Tests und White-Box-Tests miteinander verbinden. Die Idee der Grey-Box-Tests ist, dass ein Teil der Tests nach der Festlegung der Spezifikation geschrieben werden, also *bevor* die Entwicklung beginnt. Dieser Test-Teil ist ein Black-Box-Test, da man die Interna des Systems noch nicht kennt. Der zweite Teil des Tests wird nach Beendigung der Entwicklung des Systems bzw. eines Teilsystems erstellt, das dann separat getestet wird. Diese Test-Teile sind White-Box-Tests, das System ist bekannt. Beide Test-Teile werden als Grey-Box-Test angewendet.

„Eingebaute Selbsttests" (**Built-in-Self-Tests**: BIST) werden in Eingebetteten Systemen verwendet, die Mikroprozessoren integriert haben. Das sind Programme, die beim Zurücksetzen (Reset) bzw. beim Einschalten des Systems ablaufen und die Mikroprozessoren selbst und seine Umgebung testen.

### Testbewertung, Vorhersagen und Fehlerwahrscheinlichkeit

Die **Testtheorie** ist ein Teilgebiet der mathematischen Statistik, auf die wir in unserem Rahmen nicht weiter eingehen können.

Beim Testen ergeben sich zwangsläufig auch Fehler. Es ist wichtig, vorhersagen zu können, mit welcher Wahrscheinlichkeit Fehler auftreten werden. Beispiel: Wartung eines Servers, auf dem Programme für das Bestellwesen in einer Automobilfabrik ausgeführt werden. Die Frage ist: Soll man die Anlage „reaktiv" warten, also erst dann reagieren, wenn ein Fehler auftritt, oder soll „vorhersagend" gewartet werden, also durch eine vorkehrende Wartung versucht werden einen Stillstand zu vermeiden? [WiRi17] Ein unvorhergesehener Stillstand der Maschine ist zweifellos unangenehmer, da dadurch Verzögerungen in der Bestellung wichtiger Teile auftreten. Das bedeutet möglicherweise Stillstand der Montagebänder und kostet Geld. Eine vorkehrende Wartung kann Geld sparen, wenn die Wartung in Nutzerpausen durchgeführt wird. Hier stellt sich die Frage, wie oft die Wartung geschehen soll? Kann das Auftreten eines Fehlers vorhergesagt werden und wenn ja mit welcher Wahrscheinlichkeit bzw. Genauigkeit? Dafür müssen Fehlerdaten des genannten Servers aus der Vergangenheit bekannt sein. Die Ausfallraten einer Maschine bzw. einer elektronischen Schaltung kann aus der **Fehlerwahrscheinlichkeit** der Einzelteile errechnet werden.

### Wahrheitsmatrix

Bei Tests und Vorhersagen können Fehler auftreten. Um den Test oder die Vorhersage zu bewerten, wird oft die Wahrheitsmatrix eingesetzt, man spricht hierbei von einem „Zwei-Klassenproblem". Es gibt nur zwei Klassen: (Aktion)-positiv und (Aktion)-negativ. Es wird eine Klassifizierung von einer positiven und einer negativen Aktion vorgenommen, wobei die Aktion jeweils „richtig" und „falsch" ausfallen kann. Aktionen können sein: Tests, Aussagen, Vorhersagen usw. Beispiele: Medizinische Tests, Wettervorhersage, Wahl-Vorhersagen usw. Um die Wahrheitsmatrix erstellen zu können muss zuerst eine größe Anzahl Daten der jeweiligen Aktion gesammelt und analysiert werden.

Als Beispiel nehmen wir die Tests, die in großem Umfang während der Coronavirus-Pandemie in den Jahren 2020 und 2021 durchgeführt wurden. Es wurde getestet, ob sich Personen mit dem SARS-2-Coronavirus infiziert hatten. Ein positives Testergebnis bedeutet, die Person ist infiziert, also krank, ein negativer Test bedeutet: Die Person ist gesund.

Abbildung 8.5 oben zeigt die Wahrheitsmatrix für einen Gesundheits-Test und die beiden Klassen: „Person ist krank" und „Person ist gesund". Es gibt vier Fälle:

- Fall 1. Das Testergebnis ist positiv und richtig (RP: richtig positiv). Fakt: Die Person ist krank.
- Fall 2. Das Testergebnis ist positiv und falsch (FP: falsch positiv). Fakt: Die Person ist gesund, obwohl der Test das Ergebnis „krank" angezeigt hat.
- Fall 3. Das Testergebnis ist negativ und falsch (FN: falsch negativ). Fakt: Die Person ist krank, obwohl der Test das Ergebnis „gesund" angezeigt hat.

| Testergebnis / Fälle | Person ist krank RP + FN | Person ist gesund FP + RN | |
|---|---|---|---|
| Positive Fälle (PF) Test positiv: RP+FP | Richtig positiv RP | Falsch positiv FP | *Falsch-Positiv-Rate FP/(RP+ FN)* |
| Negative Fälle (NF) Test negativ: FN+RN | Falsch negativ FN | Richtig negativ RN | *Falsch-Neagtiv-Rate FN/(RP+ FN)* |
| *Präzvalenz PF/(PF+NF)* | *Sensitivität (S) RP/(RP+FN)* | *Spezifität RN/(FP+RN)* | *Treffergenauigkeit (RP+RN)/(PF+NF)* |

**Abbildung 8.5:** *Wahrheitsmatrix am Beispiel für einen medizinischen Test. Beispiel: FP: Falsch Positiv: Das Testergenis ist positiv, obwohl die Person gesund ist (nach [AIu-W21]).*

– Fall 4. Das Testergebnis ist negativ und richtig (RN: richtig negativ). Fakt: Die Person ist gesund.

Aus der Wahrheitsmatrix werden verschiedene Kennwerte abgeleitet: zum Beispiel die **Prävalenz**. Es ist das Verhältnis der positiven Fälle zur Gesamtzahl der Fälle:

$$Prävalenz = PF/(PF + NF) \tag{8.2}$$

Die **Präzision** ist die Anzahl der richtig positiven Fälle im Verhältnis zur Gesamtzahl der positiv gemessenen Fälle ($RP + FP$), das heißt gibt die Genauigkeit der Tests an (im Bezug auf die positiven Fälle).

$$Präzision = RP/(RP + FP) = RP/PF \tag{8.3}$$

Die **Sensitivität** gibt an, welcher Prozentsatz erkrankter Personen durch den Test erkannt wird.

$$Sensitivitaet = RP/(FP + RN) = RP/NF \tag{8.4}$$

Die **Spezifität** gibt an, wie viel gesunde Personen im Test als gesund erkannt werden.

$$Spezifität = RN/(FP + RN) \tag{8.5}$$

Die **Falsch-Positiv-Rate** gibt den Anteil der fälschlicherweise als positiv klassifizierten Fälle an, im Verhältnis zu allen positiv getesteten Fällen.

$$Falsch - Positiv - Rate = FP/(RP + FN) \tag{8.6}$$

Die **Falsch-Negativ-Rate** gibt den Anteil der fälschlicherweise als negativ klassifizierten Fälle an, im Verhältnis zu allen positiv getesteten Fällen.

$$Falsch - Negativ - Rate = FN/(RP + FN) \tag{8.7}$$

Die **Treffergenauigkeit** gibt den Anteil der richtig getesteten Fälle an, im Verhältnis zu der Gesamtzahl der getesteten Fällen.

$$Treffergenauigkeit = (RP + RN)/(PF + NF) \tag{8.8}$$

Bei Vorhersagen gilt die selbe Wahrheitsmatrix. Beispiel: Vorhersagen von Wartungsintervallen an Systemen, an Servern oder Maschinen. Nehmen wir das Beispiel einer Zeitungsdruck-Maschine. Wann soll eine Wartung durchgeführt und Teile ausgetauscht werden? Eine vorbeugende Wartung ist sinnvoll. Ein Wartungsintervall wird errechnet und die Teile, die ausgetauscht werden müssen, werden bestimmt. In einer Druckpause kann den Wartungstechniker an die Maschine gelassen werden. Man liest aus der Wahrheitsmatrix ab, wie gut die berechnete Vorhersage für das Wartungsintervall ist. Dafür müssen allerdings zuvor Daten analysiert worden sein, auch Fehlerdaten, die man bei einer vorbeugenden Wartung gerade vermieden hat.

## 8.5.2 Ein klassisches Fehlermodell in der Chipproduktion

Auf einem CMOS-Chip kann es durch kleinste Verunreinigungen oder durch Produktionsfehler vorkommen, dass nach der Produktion der Eingang eines Gatters mit der Drain-Spannung ($V_{dd}$) oder mit der Masse auf dem Chip kurzgeschlossen ist. Im ersten Fall nennt man das „Stuck at 1" („Klebt an der 1"), im letzten Fall „Stuck at 0". „Stuck at 1/0" ist ein klassisches Fehlermodell (Fault Model).

In Abbildung 8.6 ist dieses Fehlermodell erläutert. Links im Bild 8.6 ist ein einfaches UND-Gatter als Testobjekt mit der entsprechenden Wahrheitstabelle dargestellt. Rechts im Bild ist dieses UND-Gatter mit einem „Stuck at 1"-Fehler gezeigt. Dieser Fehler wird durch Vergleich der linken und der getesteten Wahrheitstabelle entdeckt. Äquivalent dazu kann ein Fehler „Stuck at 0" (unten rechts im Bild) gefunden werden.

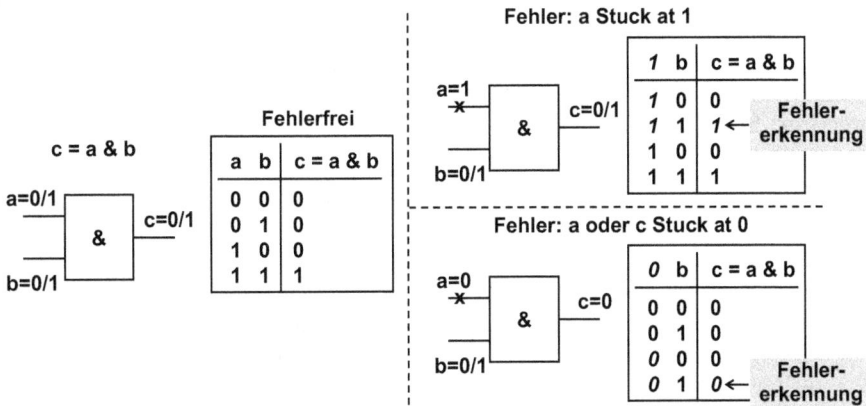

**Abbildung 8.6:** *Linke Seite: Fehlerfreies UND-Gatter. Rechte Seite: UND-Gatter mit Fehler: Fehlermodell „Stuck at 1/0".*

## 8.5.3    Testmuster

Jedes Hardware-Chip, das produziert wird, muss in möglichst kurzer Zeit möglichst ausreichend getestet werden. Die Testanordnung ist ähnlich der Simulationsanordnung, mit dem Unterschied, dass anstatt der Stimuli am Eingang „Testmuster" (Testpattern) eingegeben werden. Die Testmustererzeugung versucht für alle Fehler, die nach einem bestimmten Fehlermodell auftreten können, passende Tests zu generieren. Das Generieren der Testmuster für ein Schaltnetz bzw. Schaltwerk ist sehr aufwändig, es ist ein NP-vollständiges Problem. Man erzeugt daher die Testmuster automatisch. Die automatische Testmuster-Generierung (Automatic Test Pattern Generation ATPG) wird von Software-Werkzeugen übernommen. Die Qualität der Testmuster bzw. der Tests selbst kann mit Hilfe der **Testabdeckung** bestimmt werden. Testabdeckung $T_{abd}$ (Test coverage) wird definiert als

$$T_{abd} = T_{tat}/T_{ges} \tag{8.9}$$

wobei $T_{tat}$ die Anzahl der tatsächlich durchgeführten Tests sind und $T_{ges}$ die Anzahl der theoretisch möglichen, insgesamt durchführbaren Tests. Eine vollständige (100%ige) Testabdeckung ist praktisch aus Kostengründen meist nicht möglich. Beispiel: Eine vollständige Testabdeckung für eine einfache Multiplizierer-Schaltung mit zwei 16-Bit-Werten am Eingang, würde $2^{16} \times 2^{16}$, also ca. 4 Milliarden Testfälle bedeuten. Aus diesem Grunde werden bereits während der Entwicklung von Schaltungen Testmöglichkeiten eingebaut. Diese Art Entwicklung wird „testorientierte Entwicklung" (Test Driven Design) genannt.

## 8.5.4    JTAG Boundary-Scan

Die Notwendigkeit, eine effektive und standardisierte Testmethode zur Verfügung zu haben, erkannten bereits 1985 europäische Elektronikfirmen und gründeten die „Joint European Test Action Group (JETAG)". Im Jahre 1988 griffen Elektronik-Firmen aus den USA diese Idee auf und bildeten zusammen mit den Mitgliedern der JETAG die Joint Test Action Group (JTAG). Im Jahre 1990 wurde vom „Institute of Electrical and Electronic Engineers IEEE" der „IEEE Standard Test Access Port and Boundary Scan Architecture"-Standard IEEE 1149.1 herausgegeben.

Abbildung 8.7 zeigt das Schema der JTAG-Boundary-Scan Schaltung [JTAG01]. Sie benötigt folgende Eingänge: Testdaten-Eingang (TDI), Test-Takt (TCLK), Test-Mode-Select-Anschluss (TMS), den optionalen Test-Reset-Eingang (TRst) und den Testdaten-Ausgang (TDO). Diese Anschlüsse ergeben den Test Access Port (TAP). Der TAP-Controller ist ein endlicher Automat mit 16 Zuständen, der auf der Basis von ladbaren Testinstruktionen verschiedene Testmodi steuern kann. Es gibt 4 Register: Das Instruction-Register (IR), das Bypass-Register, das Device-ID-Register (IDR) und das Basic-Scan-Register (BSR, im Bild BSR (1) und BSR (2)). Im IR werden die Befehle für bestimmte Testabfolgen gesetzt. Das Bypass-Register erlaubt eine direkte Verbindung zwischen TDI und TDO, damit können einzelne Module im Test übersprungen werden. In das IDR kann eine Seriennummer für ein Modul oder für das Chip eingespeichert werden und in das BSR (1) werden Eingangswerte und in das BSR (2) Ausgangswerte vom Device under Test (DUT) aufgenommen. Mit Hilfe des TMS-Signals und der Testinstruktion werden die Signale: Extest (Externer Test), Intest (interner Test) und

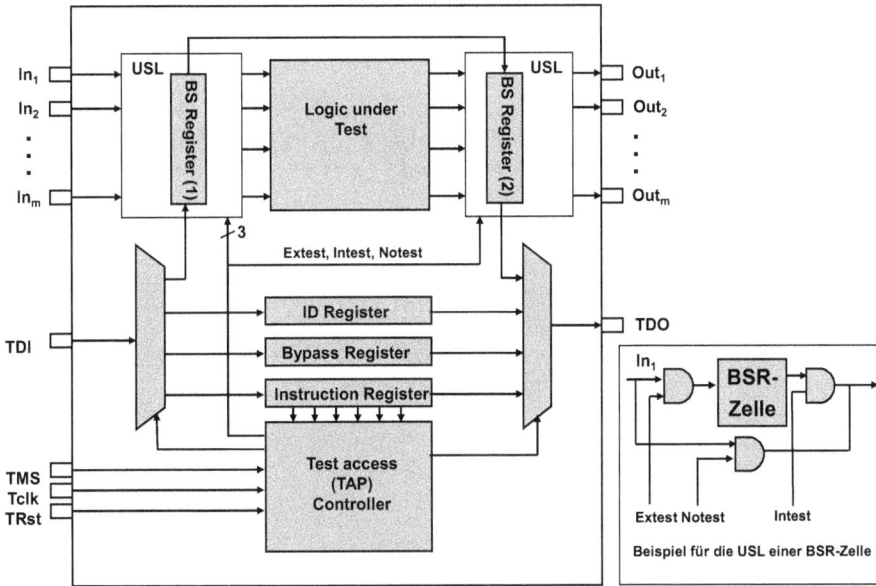

***Abbildung 8.7:*** *Schematischer Aufbau einer JTAG 1149.1 Boundary-Scan-Testschaltung (BST). $In_1$ bis $In_n$ sind die Eingänge, $Out_1$ bis $Out_n$ die Ausgänge der Schaltung. TDI, TMS, Tclk, TRst und TDO gehören zum Test Access Port (TAP) der BST. Rechts ist als Beispiel die Umschaltlogik (USL) für eine Boundary-Scan-Register-(BSR)-Zelle gezeigt.*

Notest (Kein Test, Normaler Arbeitsmodus) im TAP-Controller gesetzt. Diese Signale schalten entsprechend die Gatter in der Umschaltlogik USL (siehe Abbildung 8.7 rechte Seite). Beispiel: Bei normalem Arbeitsmodus ist $Notest = 1$ und $Extest, Intest = 0$, bei internem Test ist $Intest = 1$ und $Extest, Notest = 0$. Interner Test bedeutet: Über BSR (1) werden Testmuster an die Eingänge der zu testenden Logik gelegt und die Ausgänge der Logik werden in BSR (2) gespeichert und können über TDO und den Test-Takt „herausgeschoben" und geprüft werden. Externer Test bedeutet: das BSR (1) wird über die externen Eingänge geladen. Die Prüfung der Ausgänge der Logik erfolgt wie beim internen Test. Der Test-Takt TCLK ist unabhängig vom „normalen" Takt (Clk) der Schaltung. Die zusätzliche Chipfläche beträgt beim Scantest ca. 10% der gesamten Chipfläche [RechPom02].

In einem Standard-Testablauf wird zunächst allgemein eine Testinstruktion seriell in das IR geschoben, das IDR gesetzt und danach die Testdaten über TDI seriell eingegeben und die zu testenden Daten über TDO und den Takt TCLK seriell ausgegeben und geprüft. Die Abbildung 8.8 zeigt eine Boundary-Scan-Kette [JTAG08] auf einer gedruckten Schaltungskarte. Alle Bausteine auf der Karte sind als Dual-in-line-Bausteine angedeutet und sind JTAG-1149.1-verträglich (JTAG 1149.1 compliant). Sie verfügen somit über einen TAP-Controller. Die Steuerleitungen TCLK, TMS und wahlweise TRst müssen an alle Bausteine geführt werden. TDI wird nur an den ersten, TDO an den letzten Baustein in der Reihe gelegt und nach außen geführt. Dazwischen sind alle Bausteine über TDO und TDI zu einer Scan-Kette verbunden. Über TDI können so Testmuster

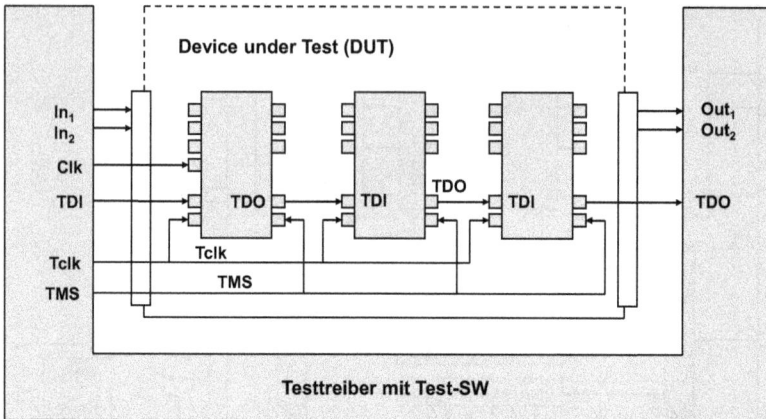

**Abbildung 8.8:** *Beispiel einer einfachen Boundary Scan-Kette für Dual-in-line-Bausteine (DIP) auf einer Platine. Alle Bausteine sind JTAG-1149.1 kompatibel (compliant).*

in die Schaltung seriell mit Hilfe des Test-Takts hineingeschoben werden, die über TDO wieder ausgelesen und geprüft werden. Tief in der Schaltung verborgene Schaltungsteile sind so „vom Rand her (boundary)" beobachtbar. Werden mehrere Scan-Ketten auf der gedruckten Schaltungskarte oder auf einem SoC eingesetzt, so können diese nebenläufig getestet werden. Dadurch wird die gesamte Testzeit verringert.

Beispiel: Ein endlicher Automat innerhalb einer Schaltung kann wie folgt ausgetestet werden: Zunächst wird der Automat in den Zustand $Z_n$ mit Hilfe des „normalen" Takts (Clk) und den entsprechenden Eingabewerten über BSR (1) gesetzt, danach wird über die Eingabesignale und den Takt der Automat in den Folgezustand $Z_{n+1}$ geschaltet und die Ausgabedaten des Automaten können über das Register BSR (2) geprüft werden.

Es gibt einige Erweiterungen des 1149.1 BST-Standards. Beispiele: Der JTAG-Standard IEEE 1149.4 ist eine Erweiterung der Boundary-Scan-Tests für Analog-Mixed-Signal-Systeme. IEEE 1149.6 ist eine Erweiterung der Boundary-Scan-Tests für „Low Voltage Differential Signal (LVDS)"-Systeme. LVDS ist ein Schnittstellen-Standard für Hochgeschwindigkeits-Datenübertragung. Das „Differentielle Signal" bewirkt eine gute Sicherheit gegen Störsignale.

# 8.6 Zusammenfassung

In Zeiten starken Wettbewerbs spielt die Qualität eines Produkts eine große Rolle. Damit rückt das Thema Verifikation in den Vordergrund, insbesondere geht der Trend mehr und mehr in Richtung formaler Verifikation. „Qualität kann man nicht in das Produkt hineintesten" lautet ein Schlagwort, daher muss die Entwicklung die Qualität garantieren. Der Test kann lediglich sicherstellen, dass das Produkt mindestens so gut ist wie die Entwicklung des Systems. Um effektiv zu testen, müssen Tests in das System mit hinein entwickelt werden (Design for Testability). Dies wird beispielsweise mit eingebauten Selbsttests (BIST) und Boundary-Scan-Tests erreicht.

# 9 Mikroprozessor-Grundlagen: vom MP zum SoC

Ein Mikroprozessor (MP) ist per Definition „eine zentrale Recheneinheit (CPU) auf einem Chip". Als der Begriff „Mikroprozessor" geprägt wurde, war das noch etwas Besonderes, heute ist es die Regel. Eingebettete Systeme haben heute meist mehrere Mikroprozessoren oder/und Mehrkern-Mikroprozessoren (Multi-Core-Processors), oft sind es verschiedene Typen, RISC-Prozessoren, DSPs, VLIW-Prozessoren, Neural Engines usw. Diese verschiedenen Prozessoren plus Peripherie- und Speicherbausteinen sind in der Regel zu einem „System on a Chip (SoC)" vereint und auf einem Chip integriert.

Die Wahl des Prozessors bzw. der Prozessoren trägt wesentlich zum Gelingen des Entwurfs eines Eingebetteten Systems bei. Aus der großen Vielzahl der Mikroprozessoren, die es heute auf dem Markt gibt, gilt es anhand der gestellten Aufgabe, die geeignetsten Mikroprozessoren in Bezug auf Performanz, Energiebedarf, Preis, Schnittstellen, SW-Entwicklungsplattformen, Testmöglichkeiten usw. herauszufinden.

Das Ziel dieses Kapitels ist es, Hilfestellung für das Aussuchen des passenden Prozessors für die Entwicklungsaufgabe zu geben. Es kann hier wieder nur eine Übersicht über die einzelnen Themengebiete wie Mikroprozessor-Architekturen, Eingabe/Ausgabe, Speicher und Speicherverwaltung, Energiebedarf, gegeben werden. Wer weiter in die Tiefe gehen möchte, der sei auf die Bücher von Hennessy & Patterson [HenPat19] und Brinkschulte & Ungerer [BriUng10] verwiesen. Weitere Literatur ist im Text zitiert.

## 9.1 Evolution der Mikroprozessoren

Mikroprozessoren und Mikrocontroller haben in den letzten fünf Jahrzehnten eine enorme Entwicklung durchgemacht. Angefangen mit dem ersten Intel 4004-Prozessor im Jahr 1971 mit einer Strukturbreite von 10 $\mu m$ ($10 \times 10^{-6}m$) bis zum Apple M1-Chip von der Firma Apple mit einer Strukturbreite von 5 nm ($5 \times 10^{-9}m$) im November 2020 [App20] (siehe Seite 418), hat die Prozessorentwicklung zwei grundlegende Hindernisse zu überwinden: Das erste Hindernis wird das Speicher-Hindernis „Memory Wall" und das zweite Hindernis wird die Leistungsgrenze „Power Wall" genannt [BriUng10]. Die Memory Wall entstand durch die unterschiedlichen Taktraten von Speicher und Prozessor. Die Befehls-Ausführungszeiten des Prozessors verringerten sich ständig durch die steigenden Taktraten, zudem gelang es, durch ausgeklügelte Pipeline-Techniken (siehe Abschnitt 9.2.7, Seite 398) die Anzahl der Taktzyklen pro Befehlsverarbeitung nahezu bis auf einen Zyklus zu verringern, bei superskalarer Technik (siehe Abschnitt 9.2.7, Seite 401) sogar noch darunter. Die Versorgung des Prozessors mit genügend Befehlen, das heißt die Geschwindigkeit des Speicherzugriffs stieß jedoch früh an Grenzen. Der Ausweg aus diesem Dilemma war der Einsatz von Caches und die Entwicklung von

https://doi.org/10.1515/9783110702064-009

Speicherhierarchien (siehe Abschnitt 9.2.3, Seite 390), die den Zugriff auf Programm-
speicher und Daten wesentlich beschleunigten. Das zweite Hindernis, die „Power Wall",
entstand durch die kontinuierliche Erhöhung der Taktraten, die in gleichem Maße eine Erhöhung der Prozessor-Temperatur bedeutete. Die Kühlung der Prozessoren wurde
immer aufwändiger und kam an technische und wirtschaftliche Grenzen. Eine Prognose
der Semiconductor Industry Association (SIA) aus dem Jahre 1998 sagte für die Jahre
2008 und 2010 Taktraten von 6 und 10 GHz voraus ([BriUng10]). Beide Prognosen waren falsch, die Power Wall stand im Weg. Eine Überwindung der Power Wall ist durch
den Einsatz von Mehrkernprozessoren möglich geworden. Mehrkernprozessoren haben
mehrere Prozessorkerne auf dem gleichen Chip, die unabhängig voneinander Programme
ausführen können. Sie weisen ein besseres Verhältnis der Performanz zur Leistungsaufnahme auf (Performance/Watt Ratio), das heißt die Leistungsaufnahme steigt lediglich
linear mit der Performanz und die Temperaturverteilung auf dem Chip lässt sich beherrschen und bleibt in Grenzen. Einerseits stagnieren die Taktfrequenzen für Mikroprozessoren bei etwa 4 GHz (2014), andererseits erlauben die Mehrkernprozessoren durch
Parallelverarbeitung weiterhin Performanzsteigerungen.

Die Anzahl der Prozessorkerne wächst ständig an und führte zur „Erweiterung" bzw. zur
Fortsetzung des Mooreschen Gesetzes (siehe Abschnitt 2.5.1, Seite 53), das besagt, dass
sich die Anzahl der Prozessoren pro Chip in jeweils 18 bis 24 Monaten verdoppeln wird.
Gordon Moore hat sein „Gesetz" in Bezug auf die Anzahl der Transistoren pro Chip
formuliert und diese steigt tatsächlich weiterhin im vorhergesagten Maße an. Ein Beispiel zum Anstieg der Prozessorkerne ist der Fermi-Grafikprozessor der Firma NVIDIA
(www.nvidia.com), er weist im Jahre 2010 bereits 512 Kerne auf ([BriUng10]). Um die
steigende Prozessorzahl pro Chip tatsächlich zu nutzen, sind nicht nur parallelisierende
Compiler gefragt, sondern auch Anwenderprogramme, die entsprechend parallelisiert
werden können. Das heißt, damit alle Prozessorkerne auf dem Chip ausgelastet sind,
müssen genügend Threads zur Verfügung stehen. Diese Parallelitäts-Mauer, „Paralle-
lism Wall" genannt, stellt die Compiler- und SW-Entwicklung vor Herausforderungen.

Seit etwa 2015 breiten sich Funktionsblöcke mit künstlicher Intelligenz (KI, siehe Kapitel
4) aus und werden Teil von Systemen auf einem Chip. Sie erweitern damit die bunte
Vielfalt an Prozessorarten, die auf einem Chip vereint sind. Als Beispiel kann hier der
Apple M1-Chip auf Seite 418 dienen.

## 9.2     Mikroprozessoren in Eingebetteten Systemen

Es gibt viele Möglichkeiten, Eingebettete Systeme in verschiedenen Technologien zu
entwickeln. Einige davon wurden im Abschnitt 1.8, Seite 23 erwähnt. Wir betrachten
die Möglichkeit, einen oder mehrere Mikroprozessoren für die Entwicklung eines Eingebetteten Systems zu verwenden, im Gegensatz zu anwendungsspezifischen integrierten
Schaltkreisen (ASICs) oder feldprogrammierbaren Schalkreisen (FPGAs). Welche Vor-
und Nachteile bieten (programmierbare) Mikroprozessoren? Zunächst seien einige Vorteile von Mikroprozessoren genannt:

- Mikroprozessoren sind kostengünstig und in vielen verschiedenen Bauweisen verfügbar. „Einfache" Mikroprozessoren, zum Beispiel Intels 8051-Derivate (siehe Abschnitt 9.3.1, Seite 407) sind bei hohen Stückzahlen (ab etwa $10^4$ bis $10^5$ Stück) sehr

preisgünstig. Es gibt eine Vielzahl von Bauweisen des Intel 8051 und die Kunst ist es, hier das Richtige auszusuchen.

- Mikroprozessoren (MP) sind sehr vielseitig und flexibel, die Funktionen, die auf den MP laufen sind leicht erweiterungsfähig (Upgradeability, Scaleability).
- Mit Mikroprozessoren ist es einfacher, *Produktfamilien* zu entwickeln. Ist in einem Eingebetteten System ein Mikroprozessor eingebaut, so bedarf es oft nur einer Programmänderung, um Zusatzfunktionen zu ermöglichen. Damit kann schnell auf neue Märkte oder auf Konkurrenzprodukte reagiert werden.
- Mikroprozessoren sind stark optimiert auf Geschwindigkeit. Die neueste Technologie wird in der Produktion verwendet.
- Mikroprozessoren verarbeiten Programme sehr effizient. Zum Beispiel kann ein RISC-Prozessor etwa einen Befehl pro Taktzyklus verarbeiten, ein superskalarer Prozessor sogar mehrere Befehle pro Taktzyklus (siehe Abschnitt 9.2.7, Seite 401). Damit kann man in manchen Fällen Ausführungszeiten erreichen, die vergleichbar sind mit der Ausführungszeit eines ASIC der gleichen Funktionalität.
- Hardware (z. B. Anpassungslogik (Glue Logic, siehe Abbildung 9.14, Seite 406) und Software können nebenläufig entwickelt werden.

Es gibt allerdings auch Nachteile bei der Verwendung von Mikroprozessoren:

- Ein non-volatile (nicht flüchtiger) Programmspeicher und ein Arbeitsspeicher werden benötigt.
- Das Testen und Debuggen mit Mikroprozessoren ist komplex, da die Beobachtbarkeit und Prüfbarkeit von Funktionen des Eingebetteten Systems mit Mikroprozessoren eingeschränkt sind. Computergestützte Entwicklungsumgebungen für Eingebettete Systeme mit Mikroprozessoren sind oft nicht vorhanden und müssen erst erstellt werden.

Folgende Punkte sind bei der Auswahl von Mikroprozessoren für Eingebettete Systeme unter Einbeziehung von Produktionskosten und Performanz zu beachten:

- Welcher Mikroprozessoren-Typ kommt in Frage?
- Welcher Speicher ist am besten und welche Speichergröße wird benötigt?
- Welche Peripherie (Eingabe/Ausgabe-Schnittstellen) und welche Peripheriebausteine werden benötigt?
- Gibt es für den gewählten Mikroprozessoren-Typ Entwicklungsumgebungen und Entwicklungswerkzeuge auf dem Markt?

## 9.2.1 Mikroprozessor-Architekturen

Zur Architektur eines Prozessors zählt beispielsweise der Befehlssatz (RISC oder CISC), der Aufbau und der Zugriff zum Speichersystem, die Unterteilung nach Anzahl der Prozessorkerne, Pipelining-Eigenschaften usw. (siehe auch Abschnitt 2.2.1 Seite 41).

Abbildung 9.1 zeigt schematisch zwei grundlegende Mikroprozessor-Architekturen, die nach der Speicherverwaltung unterschieden werden: die Von-Neumann- und die Harvard-Architektur. John von Neumann (1903-1957) war ein österreichisch-ungarischer Mathematiker, der 1933 in die USA emigrierte und als Mathematikprofessor an der Princeton-Universität – als Kollege von Albert Einstein – tätig war. Die nach ihm benannte Architektur bildet die Grundlage für die Arbeitsweise eines Großteils der heutigen Computer, wonach ein gemeinsamer Speicher sowohl Computer-Programmbefehle als auch Daten

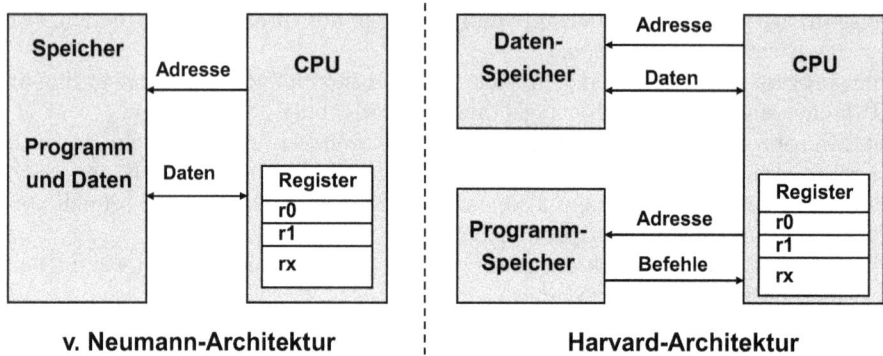

**v. Neumann-Architektur**          **Harvard-Architektur**

***Abbildung 9.1:*** *Schematische Darstellung der Von-Neumann- und der Harvard-Architektur von Mikroprozessoren.*

hält. Ein gemeinsamer Bus wird für die Übertragung von Programmbefehlen und Daten zwischen Speicher und Verarbeitungseinheit verwendet. Dies kann zum Engpass werden und beeinträchtigt die Verarbeitungsgeschwindigkeit. Die Struktur dieser Prozessoren ist relativ einfach und diese Prozessoren sind geeignet für **steuerungsdominante** Anwendungen (siehe Seite 102).

| | |
|---|---|
| ADD r3,r0,r1 | ; Addiere Inhalt von (r0, r1) nach r3 |
| ADD r0,r1,#2 | ; Addiere Inhalt von r1 und die Zahl 2 nach r0 |
| SUB r3,r0,r1 | ; Subtrahiere Inhalt von (r0, r1) nach r3 |
| MUL r4,r4,r6 | ; Multipliziere Inhalt von r4 mit Inh. v. r1 nach r4 |
| LDR ro,[r1] | ; Laden von Speicher, Adresse steht in r1 |
| | ; ins Register r0 (indirekte Adressierung) |
| STR r3,[r4] | ; Speichere Wert von r3 in den HS nach Adr. r4 |
| ADR r1,a | ; Setze Adresse von Variable a in Register r1 |

***Tabelle 9.1:*** *Beispiel: Eine Auswahl von Assembler-Befehlen eines Prozessors mit Von-Neumann-Architektur (hier des $ARM7^{TM}$-Prozessors) (nach [Wolf02]).*

Die Harvard-Architektur, benannt nach der US-amerikanischen Harvard-Universität in Cambridge (Massachusetts), umgeht diesen Engpass durch die Aufteilung des Speichers in Programm- und Datenspeicher, die durch zwei Busse getrennt addressierbar und auslesbar sind. Dadurch kann die Verarbeitungsgeschwindigkeit des Prozessors verglichen mit der Von-Neumann-Architektur wesentlich erhöht werden. Diese Prozessoren werden bevorzugt eingesetzt bei der Verarbeitung großer Datenmengen und bei Datenströmen, also bei **datendominanten** Anwendungen z. B. bei Digitalen Signalprozessoren (DSP). Wird die Prozessor-Architektur nach dem Befehlssatz eingeteilt, so kann zwischen RISC- und CISC-Prozessoren unterschieden werden.

Ein **RISC** (Reduced Instruction Set Computer)-Prozessor verwendet kürzere, dafür einheitlich gleich lange Befehle. Dadurch ist der Dekodieraufwand pro Befehl geringer, die Befehls-Ausführungsgeschwindigkeit kann höher sein als beim CISC-Rechner. RISC-Prozessoren eignen sich besser zur Fließbandverarbeitung (Pipelining, siehe später) als

| ADR r4,a | ; Setze Speicher-Adresse von a in Reg. 4 |
| LDR r0,[r4] | ; Lade Wert von a aus dem HS |
| ADR r4,b | ; Setze Speicher-Adresse von b in Reg. 4 |
| LDR r1,[r4] | ; Lade Wert von b aus dem HS |
| ADD r3,r0,r1 | ; Addiere (a + b) nach r3 |
| ADR r4,x | ; Setze HS-Adresse von x in Reg. 4 |
| STR r3,[r4] | ; Speichere Wert von r3 in den HS nach Adr. r4 |

**Tabelle 9.2:** *Beispiel der Assembler-Befehlsfolge für eine Addition: $x = a + b$ eines Prozessors mit Von-Neumann-Architektur (hier des ARM7). Die Variablen a und b stehen im Hauptspeicher (HS), das Ergebnis wird in den HS zurückgeschrieben (nach [Wolf02]).*

**CISC-Prozessoren.** Der Befehlssatz eines **CISC** (Complex Instruction Set Computer)-Prozessors zeichnet sich durch verhältnismäßig leistungsfähige Einzelbefehle aus, die komplexe Operationen durchführen können. Der Vorteil ist, dass man mit insgesamt weniger Befehlen für einen bestimmten Algorithmus auskommen kann, die „Speicherbandbreite" kann geringer sein als beim RISC-Rechner gleicher Leistung. Daher geht die Tendenz bei leistungsstarken Prozessoren heute oft wieder in Richtung CISC-Rechner.

Die **Load-Store-Architektur**, auch als Register-Register Architektur bezeichnet, wird meist in RISC-Prozessoren angewendet. Bei dieser Architektur werden Daten-Speicherzugriffe ausschließlich mit speziellen Ladebefehlen (Load) und Speicherbefehlen (Store) durchgeführt. Während klassische CISC-Architekturen für Befehle der ALU (Arithmetisch-Logische Einheit), etwa Addieren oder Multiplizieren, direkten Speicherzugriff erlauben, können ALU-Befehle von RISC-Prozessoren nur auf Register zugreifen. Daher ist der Registersatz bei RISC-Prozessoren meist größer als bei CISC-Prozessoren.

**RISC-V** („RISC-five") ist eine „offene", frei verfügbare Instruktions-Satz-Architektur (ISA, Instruction Set Architecture), die im Jahre 2010 von der Computer Science Division der Universität Berkeley in Kalifornien (University of California, Berkeley) ursprünglich entwickelt und vorgestellt wurde. Das große Interesse der Computer-Industrie an einer offenen RISC-Architektur führte im Jahr 2015 zur „RISC-V Foundation", einem Zusammenschluss vieler namhafter Firmen [RISCV17], wie z. B. AMD, Google, HP, IBM, Microsoft, Nvidia, Oracle, Qualcom, Siemens, usw. sowie der Computer Division der Universität Berkeley und der Eidgenössische Technische Hochschule (ETH) Zürich. Die Firmen ARM oder Intel sind nicht von der Partie, denn RISC-V ist ein direkter Konkurrent zu deren Produkten. Viele der oben genannten Firmen zahlten und zahlen beträchtliche Summen an Lizenzgebühren, für die Verwendung von ARM- und/oder Intel-Prozessor-Architekturen. Bei Einsatz der RISC-V-Architektur, fallen hingegen keine Lizenzgebühren an. Die RISC-V-Foundation, hat sich zum Ziel gesetzt, in einer „Open Standard Collaboration", freien Zugriff auf Hardware, Software, Entwicklungssysteme wie Debugger, Simulatoren etc. zu gewähren und an einer „in die Zukunft weisenden" Architektur mitzuarbeiten.

RISC-V bietet eine Load-Store-Architektur mit **32-bit, 64-bit** und **128-bit**-Adressier-Instruktionen (siehe [RVSpc17]). In der RISC-V-Architektur beträgt die Registeranzahl 32 Register mit je einer Bitbreite von einem Doppelwort (**doubleword**), das sind definitionsgemäß für diese Architektur 64 Bit [HenPat18]. Tabelle 9.3 zeigt eine kleine Auswahl von Instruktionen, auch Assemblerbefehle genannt, der RISC-V-Architektur.

| | |
|---|---|
| add x5,x6,x7 | // Addiere Inhalt von Registern (x6, x7) Ergebnis nach Register x5 |
| addi x5,x6,20 | // Add immediate: Addiere Inhalt von x6 zur Zahl 20, nach x5 |
| sub x5,x6,x7 | // Subtrahiere Inhalt von (x6, x7) Ergebnis nach x5 |
| ld x5,40(x6) | // Load Doubleword: Lade vom HS ein Doppelwort, |
| | // Adresse steht in x6, plus 40 Bytes, ins Register x5 |
| sd x5,8(x6) | // Store Doubleword: Speichere vom Register x5 in den HS. |
| | // Adresse steht in x6 + 8 |

**Tabelle 9.3:** *Beispiel: Einige Assembler-Befehle der RISC-V-Architektur. HS steht für Hauptspeicher (nach [HenPat18]).*

In der obigen Tabelle sind einige arithmetische Instruktionen sowie je ein „Load" und ein „Store"-Befehl aufgeführt. Die drei Operanden der arithmetischen Befehle müssen jeweils in drei Registern stehen. Der „Load Doubleword"-Befehl ld lädt ein Doppelwort aus dem Hauptspeicher (HS) in das angegebene Register x5. Die Addressierung des Hauptspeichers in der Tabelle 9.3 ist mit 40(x6) angegeben, das bedeutet, das zu ladende Doppelwort ist das 40. Byte-Element der „Basisadresse", die in Register x6 steht. In verkürzter Schreibweise lautet die genaue Adresse im Beispiel: Memory[x6 + 40]. Die RISC-V-Architektur verwendet eine Byte-Adressierung beim Zugriff auf den Hauptspeicher. Neben dem „Load Doubleword"-Befehl ld gibt es noch mindestens acht weitere Load-Befehle, wie z. B. „Load Word" (lw), „Load Word, unsigned" (lwu), „Load Halfword" (lh), „Load Halfword, unsigned" (lhu), usw. Da die Bitbreite eines Doppelworts genau die eines der Register entspricht, wird ld am häufigsten verwendet. Der „Store Doubleword"-Befehl sd x5,8(x6) funktioniert entsprechend dem ld-Befehl: Ein Doppelwort wird aus dem Register x5 an die Adresse Memory[x6 + 8] im Hauptspeicher gespeichert.

Bekannte **Mikroprozessoren mit RISC-V-Architektur** sind z. B. :
- Pulp und Pulpino entwickelt in der Eidgenössischen Technischen Hochschule (ETH) Zürich [Pulp17]. Der Name „Pulp" steht für „Parallel Ultra Low Power". In Zusammenarbeit mit anderen Hochschulen wird an der Realisierung von „Prozessor-Clustern" (mehreren Prozessoren auf einem Chip) mit sehr geringer Leistungsaufnahme geforscht. Pulpino ist der „kleinere Bruder von Pulp", ein 32-Bit-Mikroprozessor mit RISC-V-Architektur und einer Menge Peripherieeinheiten [Pulp17].
- Rocket und Orca. Diese RISC-V-Prozessor-Projekte werden an der Universität von Kalifornien Berkeley (UC Berkeley) entwickelt [RV-Co17].
- Weitere Mikroprozessor-Realisierungen mit RISC-V-Architektur findet man auf der Home-Page der RISC-V-Foundation unter dem Stichwort „Cores" [RV-Co17].

Im Folgenden werden anhand der Befehlssätze zwei verschiedene Prozessor-Architekturen miteinander verglichen [Wolf02]. Zuerst betrachten wir einen RISC-Prozessor mit Load-Store- und Von-Neumann-Architektur Als Beispiel dient der ARM7™ (siehe Abschnitt 9.5, Seite 410), der inzwischen von den ARM-Cortex-Typen der Firma ARM abgelöst wurde).

Die zweite Prozessor-Architektur, ist die SHARC™-Architektur (Super-Harvard-Architecture). Als Beispiel nehmen wir den „SHARC-Prozessor" der Firma Analog Devices (AMD), der als Digitaler Signal-Prozessor eingesetzt wird. Tabelle 9.1 zeigt eine Auswahl von *Assemblerbefehlen* einer Von-Neumann-Architektur, hier des ARM7-Prozessors. R0, r1, r2 .. sind Registerbezeichnungen. Assemblerbefehle, auch Maschinenbefehle genannt, sind „direkte" Prozessorbefehle in einer symbolischen Sprache. Der „Assembler" übersetzt sie eins zu eins in „Binärcode", das sind in diesem Fall Ziffernfolgen, die der Prozessor als Befehle versteht. Das Semikolon (;) in der Assemblerliste (im Assemblercode) dient als Kommentarzeichen, danach folgt ein Kommentar bis zum Ende der Zeile. In Tabelle 9.2 ist als Beispiel die Assembler-Befehlsfolge einer Von-Neumann-Architektur, hier des des ARM7 für die Addition $x = a + b$ gezeigt. Die Variablen a und b werden zunächst aus dem Hauptspeicher (HS) in Register geladen, danach addiert und wieder an die Stelle x im HS zurückgeschrieben. Der ARM7 benötigt dafür sieben Assemblerbefehle. In

| | |
|---|---|
| Rn = Rx + Ry; | ! Festkomma-Addition Reg-n = Reg-x + Reg-y |
| Rn = PASS Rx; | ! Kopiere = Reg-x nach Reg-n |
| Fn = Fx + Fy; | ! Fließkomma-Addition Reg-n = Reg-x + Reg-y |
| R0 = DM(_a); | ! Lade Wert von a aus Data-Memory nach R0 |
| DM(_a) = R0; | ! Speichere R0 an den Speicherplatz von a |
| R0 = PM(_b); | ! Lade Wert von b aus Programm-Memory nach R0 |

*Tabelle 9.4:* *Beispiel: Eine Auswahl von Assembler-Befehlen eines Prozessors mit Harvard-Architektur (SHARC-Prozessor nach [Wolf02]).*

der Literatur hält man sich nicht strikt an die Begriffe Assemblercode, Maschinencode bzw. Binärcode. Oft wird auch der Assemblercode als Binärcode bezeichnet. Um den Unterschied zu verdeutlichen, nehmen wir als Beispiel den Assemblerbefehl *LR R1,R2* eines älteren RISC-Mikroprozessors, der vom Prozessor verlangt, den Registerinhalt von Register R2 nach Register R1 zu laden. Der Assembler wird diesen Befehl übersetzen in den Maschinencode (dezimal) $44R1, R2$, wobei 44 den (dezimalen) *Lade nach-Register von-Register*-Befehl darstellt. Nehmen wir weiter an, Register R1 sei Register Nr. 4 und R2 sei Register Nr. 5, dann heißt der Maschinenbefehl jetzt (dezimal) 4445 und der Binärcode dazu ist 0100 0100 0100 0101.

| | |
|---|---|
| R0 = DM(_a); R1 = PM(_b); | ! Lade a aus Data-Memory nach R0 |
| | ! Lade b parallel aus Progr.-Memory nach R1 |
| R3 = R0 + R1 | ! Addition, Wert nach R3 |
| DM(_x) = R3; | ! Speichere R3 an den Speicherplatz von x |

*Tabelle 9.5:* *Befehlsfolge eines Prozessors mit SHARC-Architektur für eine Addition $x = a+b$ unter Ausnutzung der Harvard-Architektur (nach [Wolf02]).*

Tabelle 9.4 zeigt eine Auswahl von Assemblerbefehlen der SHARC-Architektur. Das Ausrufezeichen (!) dient als Kommentarzeichen, danach folgt ein Kommentar bis zum Ende der Zeile. In Tabelle 9.5 ist als Beispiel die Assembler-Befehlsfolge eines Prozessors mit SHARC-Architektur für die Addition $x = a + b$ gezeigt. Die Variablen a und b werden zunächst aus dem Daten-Speicher (HS) in Register geladen, dies geschieht bei der SHARC-Architektur jeweils mit Hilfe *eines* Befehls. Es ist möglich, auch im Programm-speicher Daten unterzubringen. Die Variable a liegt im Daten-Speicher, die Variable b im Programm-Speicher. Da der Zugriff zum Daten- und zum Programm-Speicher parallel erfolgen kann, wird dies in der Programmierung ausgenutzt. In der SHARC-Architektur kann so eine komplette Addition mit Operanden-Laden und -Rückschreiben des Ergebnisses in drei Assemblerbefehlen ausgeführt werden. Setzt man die gleiche Taktfrequenz bei ARM7 und SHARC-Prozessor voraus, so ist dies im Vergleich zum ARM7 eine Geschwindigkeitserhöhung um mehr als das Doppelte.

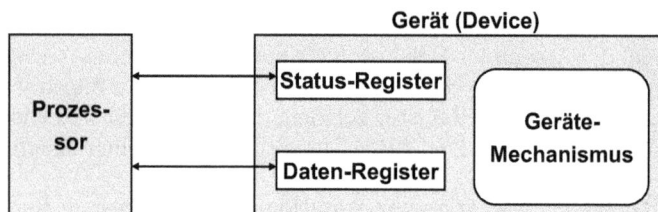

**Abbildung 9.2:** *Schematische Darstellung der speicherabbildenden Ein-Ausgabe in einem externen Gerät (Memory-mapped I/O) (nach [Wolf02]).*

## 9.2.2     Ein- und Ausgabe durch Befehle und Interrupts

Prozessor-Eingabe- und -Ausgabebefehle, Interrupts (Unterbrechungen) usw. erlauben es dem Prozessor bzw. dem Eingebetteten System mit der Außenwelt in Verbindung zu treten. Die Eingabe kann ein einzelnes Datum, z. B. ein Temperaturwert eines Temperaturreglers (siehe Seite 5) oder ein Datenstrom sein, z. B. die Lesedaten von einer Festplatte. Man spricht vom *Lesen* (Read) der Eingabedaten. Die Ausgabe ist äquivalent: ein einzelnes Datum kann beim Temperaturregler der Stellwert für den Mischer einer Heizanlage sein, bei der Festplatte sind es entsprechend die Schreibdaten. Man spricht vom *Schreiben* der Ausgabedaten.

Eingabe und Ausgabe eines Prozessors von und zu externen Geräten – man spricht von der Schnittstelle zur Außenwelt – können auf verschiedene Weise ausgeführt werden:

– Durch Ein-Ausgabebefehle (I/O-Commands),
– speicherabbildende Ein-Ausgabe (Memory-mapped I/O),
– Ein-Ausgabe durch Unterbrechungen (Interrups).

Ein Beispiel für **Ein-Ausgabebefehle** beim Intel-86-Prozessor sind die Befehle *In(..)* und *Out(..)*. Abbildung 9.2 zeigt schematisch die **speicherabbildende Ein-Ausgabe** (Memory mapped I/O). Der Prozessor kann nacheinander mehrere Register lesen oder schreiben. Hier sind zwei Register in einem Gerät dargestellt: Das Statusregister und das Datenregister. Tabelle 9.6 zeigt als Beispiel die Befehlsfolge für die speicherabbildende Ein-Ausgabe beim ARM-Prozessor. Jedem Gerät wird eine Gerätenummer zugewiesen. Im Beispiel Tabelle 9.6 ist es die Nummer 0x100. Das Lesen eines Status- oder Datenregisters geschieht durch den Ladebefehl (LDR) von *Gerätenummer* nach *Register* (hier r1). Das Schreiben wird durch den Speicherbefehl (STR) von *Register* nach *Gerätenummer* ausgeführt In unserem Beispiel wird die Zahl 8 in das Geräteregister geschrieben. Die speicherabbildende Ein-Ausgabe ist sehr ineffizient, wenn der Prozessor darauf wartet, bis jeweils ein Byte gelesen oder geschrieben wird. Die Methode, diese Wartephase zu programmieren, nennt man *Busy-Wait I/O* ([Wolf02]).

Die **Unterbrechung** (Interrupt) ist eine wesentlich effizientere Methode eine „Synchronisierung" mit einem Kommunikationspartner, z. B. mit einem Ein/Ausgabegerät herzustellen. Unter Synchronisierung versteht man in diesem Fall „die Bereitschaft von

| DEV1 EQU 0x100 | ; Definiere die Geräteadresse |
|---|---|
| LDR r1,DEV1 | ; Setze die Geräteadresse in Register r1 |
| LDR r0,[r1] | ; Lies ein Register aus dem Gerät |
| ...... | ; Warten bis das Geräteregister gelesen wurde |
| ...... | ; Auswerten der Gerätedaten |
| LDR r0,#8 | ; Setze den Schreibwert auf |
| STR r0,[r1] | ; Speichere den Schreibwert in das Geräteregister |

**Tabelle 9.6:** *Beispiel: Befehlsfolge des ARM7 für einen speicherabbildenden Lese-Schreibvorgang von/zu einem externen Gerät (Memory mapped I/O), nach [Wolf02].*

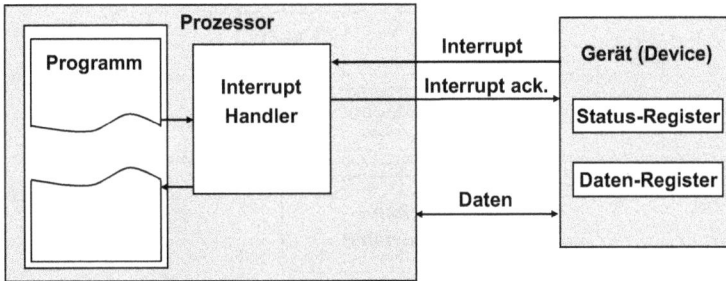

**Abbildung 9.3:** *Schematische Darstellung der Unterbrechungs-Methode. Das Gerät kann das laufende Programm des Prozessors durch einen Interrupt-Befehl unterbrechen.*

Kommunikationspartnern, Daten auszutauschen" (siehe auch Abschnitt 10.6, Seite 467). Der Interrupt-Mechanismus erlaubt Geräten, das gerade laufende Programm des Prozessors mit einem Interrupt-Signal zu unterbrechen. Damit wird die Ausführung eines bestimmten Programmteils, des Interrupt-Handlers erzwungen (siehe Abbildung 9.3). Wir nehmen an, der Prozessor setzt in einem Programm A einen Lesebefehl an das Gerät ab. Anstatt im Programm A zu warten bis der Lesevorgang beendet ist, kann der Prozessor z. B. an einem anderen Programm B weiter arbeiten. Hat das Gerät den Lesevorgang beendet, wird das Interrupt-Signal aktiviert, der Prozessor widmet sich dem Interrupt-Handler, der die gelesenen Daten speichert und danach wieder zum unterbrochenen Programm A zurückkehrt und zwar zu der Instruktion, die nach der Unterbrechung auf die Abarbeitung wartet. Das Programm A kann jetzt z. B. einen Schreibbefehl an das Gerät absetzen, der gleich behandelt wird wie der Lesebefehl.

Etwas leistungsfähigere Prozessoren haben mehrere Interrupt-Leitungen und können damit mehrere Geräte bedienen. Weiterhin ist es möglich, dass Interrupt-Leitungen von mehreren Eingabe/Ausgabegeräten gemeinsam genutzt werden (shared Interrupts). Dies legt „Interrupt-Prioritäten" nahe, die eine „Interrupt-Hierarchie" erlauben. „Schnellere" Geräte wie z. B. Festplatten mit höherem Datenaufkommen erhalten eine höhere Priorität als „langsamere" Geräte wie z. B. eine Tastatur. Ein Gerät mit niedrigerer Priorität kann ein Gerät mit höherer Priorität nicht unterbrechen. Mit Hilfe von **Interrupt-Maskierungen** können Unterbrechungen verhindert werden. Dies ist wichtig, wenn ein Programm eine „kritische Befehlsfolge" ausführt, die nicht unterbrochen werden darf wie z. B. einen Speicherzugriff. Die kritische Befehlsfolge wird in diesem Fall mit einem „mask"-Befehl eingeleitet und einem „unmask"-Befehl beendet. Die Interrupt-Maskierung lässt nur eine Ausnahme zu und zwar eine Unterbrechung mit höchster Priorität, die sofort ausgeführt werden muss, ein sogenannter „Non-Maskable-Interrupt" **NMI**, der nicht maskiert werden kann. Beispiele für NMIs sind: Schwerwiegende Software-Fehler, sogenannte System-Fehler, Netzteil-Versagen (Power failure), der Akku ist leer und Daten sollten noch gesichert werden usw.

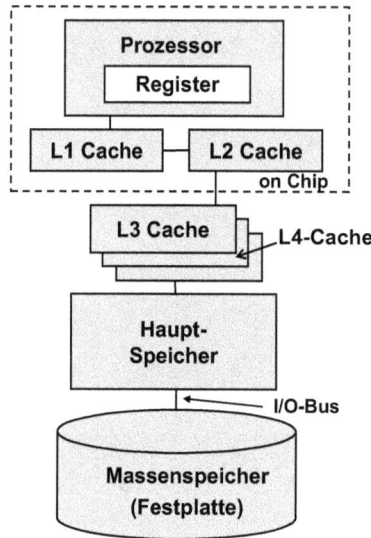

***Abbildung 9.4:*** *Schema einer typischen Computer-Speicherhierarchie. Die kleinen und schnellen Cache-Speicher liegen nahe am Prozessor. Darunter liegt der Hauptspeicher, der über den I/O-Bus an einen Massenspeicher (i. A. eine Festplatte) angeschlossen ist.*

## 9.2.3   Speicher-Systeme

**Speicher-Hierarchie**

Programmierer wünschen sich unbegrenzten Speicher mit schnellem Speicherzugriff. Unbegrenzter Speicher ist natürlich nicht realisierbar, jedoch ist eine ökonomische Lösung, diesem Wunsch nahe zu kommen, eine Speicher-Hierarchie wie sie die Abbildung 9.4 darstellt. Unten im Bild 9.4 liegt der Massenspeicher (meist eine Festplatte) mit einer Speicherkapazität von vielen Terabyte (TB) (1 TB = $10^{12} Byte$) und einer Zugriffszeit von einigen Millisekunden (ms). Darüber der Hauptspeicher mit vielen Gigabyte (GB) bis einigen TB, der über den I/O-Bus mit der Festplatte verbunden ist und eine Zugriffszeit von etwa 10 bis 50 Nanosekunden (ns) (DRAM) aufweist. Über dem Hauptspeicher liegen die Level 3 (L3), Level 4 (L4), .. -Caches in der Größenordnung MB und einer Zugriffszeit von bis zu 10 ns. Der L1- und L2-Cache liegt seit längerer Zeit auf dem Prozessor-Chip. Der L1-Cache hat eine Speicherkapazität in der Größenordnung von einigen hundert Kilobytes (kB) und eine Zugriffszeit von einigen Nanosekunden. Die Speicherkapazität des L2-Cache liegt in der Größenordnung MB. Großrechner (Main Frames) können bis zu zehn Cache-Ebenen (L1 bis L10) haben.

## 9.2.4 Wozu brauchen wir Caches?

Die Ausführungsgeschwindigkeit von Prozessoren steigt von Jahr zu Jahr, die Zugriffszeit zum Hauptspeicher wird nicht im gleichen Maße kürzer und hält den Prozessor auf. Caches sind relativ kleine schnelle Speicher mit aufwändigerer Technologie, die der Regel folgen: „smaller-is-faster" (kleiner ist schneller) [HenPat19]. Kleinere Speicher haben geringere Signalverzögerungszeiten und benötigen weniger Zeit, um die Adresse zu dekodieren. Zudem gilt das Prinzip der „Lokalität der Bezugsdaten" (Locality of Reference), das besagt: Daten die gerade verwendet werden, werden sehr wahrscheinlich in nächster Zukunft wieder benötigt und sollten in einem schnellen Speicher nahe dem Prozessor aufbewahrt werden: im Cache.

Der Cache enthält einen Teil des Hauptspeichers als Kopie. Man unterscheidet zwischen Daten-Cache, in dem nur Daten gespeichert werden und Instruktions-Cache (Instruction Cache), in dem Instruktionen, also das Programm bzw. Programmteile eines Prozessors gespeichert sind. Im „Unified Cache", sind beides, Daten und Instruktionen gespeichert. Wir werden auf diese Unterteilung nicht weiter eingehen und behandeln im Wesentlichen den Unified Cache. Eine „Cache-Steuereinheit", der „Cache Controller" vermittelt zwischen Prozessor und dem Speichersystem. Benötigt der Prozessor ein Programm oder Daten aus dem Speicher, so sendet er eine Speicher-Anforderung (Memory-Request) an den Cache Controller. Der schickt die Anforderung an den Cache und an den Hauptspeicher weiter. Befinden sich die angeforderten Daten im Cache, so gibt der Cache Controller die Datenlokation an den Prozessor zurück und verwirft die Speicher-Anforderung. Wir sprechen von einem **Cache Hit** (Cache-Treffer). Befinden sich die gewünschten Daten nicht im Cache, so bedeutet dies einen **Cache Miss** (Cache Fehlschlag). Man unterscheidet verschiedene Cache Misses [HenPat19]:

- Ein „Compulsory-Miss" (zwangsweiser Fehlschlag) oder „Cold Miss" tritt bei der ersten Speicheranforderung auf. Die geforderten Daten können noch nicht im Cache sein.
- Ein „Capacity-Miss" wird dadurch verursacht, dass der Datensatz zu groß für den Cache ist.
- Ein „Conflict-Miss" entsteht in Satz-assoziativen (Set associative) und direkt-abbildenden Caches (siehe nächsten Abschnitt), wenn in einem Satz (Set) nicht genügend Platz ist, obwohl in anderen Sätzen noch freie Blockrahmen vorhanden sind und ein Block entfernt werden muss. Erscheint eine erneute Anfrage auf diesen entfernten Block, so wird dieser Fehlschlag als Conflict Miss bezeichnet.

Die Cache-Hit-Rate $h$ ist die Wahrscheinlichkeit, dass eine gegebene Speicherlokation im Cache ist. Damit ist $1-h$ die Miss-Rate. Die mittlere Zugriffszeit zum Cache $t_{av}$ ist dann [Wolf02]: $t_{av} = ht_{cache} + (1-h)t_{main}$, wobei $t_{cache}$ die Zugriffszeit zum Cache ist. Sie liegt im Bereich weniger Nanosekunden (ns). Die Zugriffszeit zum Hauptspeicher $t_{main}$ liegt für einen DRAM-Speicher in der Größenordnung von 50 bis 60 ns. Die Hit-Rate hängt von der Cache-Organisation, der Cache-Größe und vom Programm selbst ab.

### Cache-Organisationen

Es wird zwischen drei verschiedenen Cache-Ausprägungen unterschieden:
- Vollassoziativem Cache (Fully associative),
- Direkt-abbildendem Cache (Direct mapped Cache) und
- Satz-assoziativem (Set associative) Cache.

Abbildung 9.5 zeigt oben von links nach rechts schematisch die drei genannten Cache-Organisationen, beispielhaft jeweils mit 8 Cache-Blöcken zu typisch je 4kB [HenPat19]. Unten in Abbildung 9.5 ist schematisch der Hauptspeicher mit z. B. 32 Speicherblöcken zu je 4kB gezeigt.

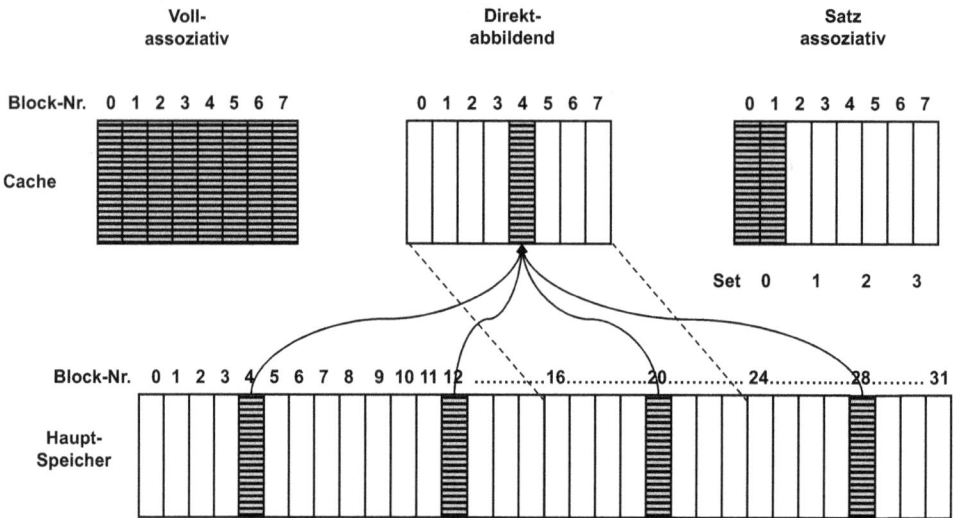

**Abbildung 9.5:** *Schematische Darstellung eines Hauptspeichers mit 32 Speicherblöcken (unten) und drei Caches mit je 8 Speicherblöcken und verschiedenen Organisationen. Der Cache oben links stellt schematisch den vollassoziativen Cache dar, der in der Mitte zeigt einen direkt-abbildenden (direct mapped) und der oben rechts einen Set-assoziativen Cache [HenPat19].*

Beim **vollassoziativem Cache** können sich die Daten einer Adresse in jedem beliebigen Block im Cache befinden [HenPat19]. Die Assoziativität $n$ ist gleich der Anzahl der Blöcke im Cache. Soll z. B. der Speicher-Block Nr. 20, der im Bild 9.5 unten dunkel unterlegt ist, in den vollassoziativen Cache mit $n = 8$ abgebildet werden, so kann er dort in jeden beliebigen Block geladen werden (alle Blöcke sind dunkel unterlegt). Bei einer Anfrage an den Cache ist es daher notwendig, alle Adressen (Tags) des Caches zu überprüfen. Da Caches möglichst schnell sein müssen, wird dies parallel ausgeführt, was den notwendigen Hardwareaufwand an Komparatoren (Tag-Vergleichern) vergrößert.

Beim **direkt-abbildenden** (direct mapped) Cache (Abbildung 9.5 oben Mitte) gibt es für eine gegebene Adresse nur eine Möglichkeit bzw. einen Cache-Block-Rahmen, in dem sich die Daten befinden können: Die Adresse ist genau auf einen Cacheblock-Rahmen abgebildet, daher der Name „direkt abgebildet". Der Blockrahmen, in den ein Hauptspeicherblock geladen wird, berechnet sich zu $(Hauptspeicherblock)\ modulo\ (Cacheblockzahl)$. Im Beispiel Abbildung 9.5 ist die Cacheblockzahl $= 8$. Wir nehmen an, die Hauptspeicherblock-Adresse ist 20, dann wird er in den Cacheblockrahmen $(20) modulo (8) = 4$ geladen. Dasselbe gilt für die Cache-Blöcke Nr. 4, 12 und 28, die ebenfalls auf den Cache-Block Nr. 4 abgebildet werden [HenPat19].

Für die **Adressierung** des direkt-abbildenden Cache wird der Hauptspeicher in Bereiche aufgeteilt, die genau der Cachegröße (im Beispiel acht Blöcke) entsprechen, Für unser Beispiel kann der Hauptspeicher in 32/8 = 4 Bereiche aufgeteilt werden. Die einzelnen Bereiche werden abgezählt und erhalten eine Nummer, den *Tag*. Somit enthält der Bereich mit dem Tag Nr. 0 die Blöcke 0 bis 7, der Bereich mit dem Tag Nr. 1 die Blöcke 8 bis 15 usw. Der Block Nr. 20 befindet sich im Bereich mit der Tag Nr. 2 (hexadezimal: $T = 0x010$). Abbildung 9.6 zeigt schematisch die Adressierung des direkt-abbildenden Caches. Die Cache-Adresse besteht aus drei Feldern: Dem Tag-Feld, Index-Feld und dem Offset. Vor dem Tag-Feld des Cache-Blocks steht noch das „Valid"-Bit, das anzeigt, ob der jeweilige Cache-Block gültig ist. Vor dem ersten Beschreiben des Cache stehen alle Valid-Bits auf Null. Die einzelnen Blöcke sind über das Index- und Tag-Feld adressierbar. Das gesuchte Byte wird mit Hilfe des Offset-Feldes gefunden. Das Index-Feld entspricht der Block-Adresse, es ergibt sich aus der Beziehung $(Hauptspeicherblock) modulo (Cacheblockzahl)$ also $32 modulo 8 = 4$, hexadezimal $(0x100)$.[6] Stimmt das Tag-Feld der Adresse mit dem Tag-Feld des Speicherblocks im Cache überein, so haben wir einen Cache-Hit, der gesuchte Speicherblock befindet sich im Cache. Schließlich kann mit dem Offset-Feld ein einzelnes Byte aus dem 4 kByte-Block des Beispiels adressiert werden, das Offset-Feld muss also 12 Bit breit sein.

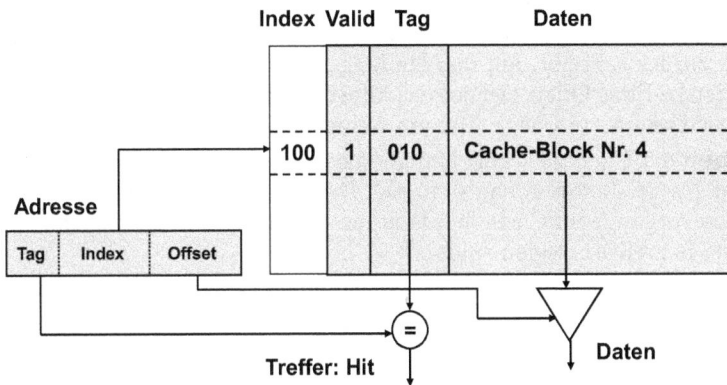

***Abbildung 9.6:*** *Adressierung eines direkt-abbildenden Cache. Die Adresse enthält drei Felder: Das Tag-Feld, das Index-Feld und das Offset-Feld. Im Bild befindet sich der Speicherblock Nr. 20 im Cache, ist gültig und soll gelesen werden. Das Index-Feld enthält den Wert '0x100', das Tag-Feld enthält den Wert '0x10' (nach [Wolf02]).*

Der **Satz-assoziative** (set associative) Cache ist sozusagen eine Mischung aus voll assoziativem Cache und direkt-abbildendem Cache. Im Beispiel Abbildung 9.5 oben rechts ist ein zweifach (zwei-Weg oder two-way) Satz-assoziativer Cache mit $n = 2$ und 4 Sätzen (sets) abgebildet, wobei die Assoziativität $n$ gleich der Anzahl der „Wege" ist. Eine gegebene Adresse kann nur in einem bestimmten Satz mit n Möglichkeiten abgebildet werden. Der Satz, in den ein Hauptspeicherblock geladen wird, berechnet sich zu $(Hauptspeicherblock) modulo (Satzzahl)$. In unserem Beispiel mit $n = 2$ und 4 Sätzen berechnet sich dieser Satz für den Hauptspeicherblock 20 zu: $(20) modulo (4) = 0$, d.h. im Satz 0 gibt es für die Hauptspeicherblöcke 4, 12, 20 und 28 zwei Möglichkeiten der Speicherung (in Bild 9.5 oben rechts dunkel unterlegt) [HenPat19].

Zusammenfassend kann man sagen: Der Satz-assoziative Cache ist der Allgemeinfall. Der direkt-abbildende Cache ist ein Sonderfall des Satz-assoziativen Caches mit einer Assoziativität von Eins und so vielen Sätzen wie Cache-Blocks vorhanden sind. Ein vollassoziativer Cache ist ein Satz-assoziativer Cache mit einer Assoziativität gleich der Anzahl der Cache-Blocks und nur einem Satz. Der vollassoziative Cache hat den Nachteil, dass die Blocksuche aufwändig ist: es muss jeder einzelne Tag geprüft werden. Der direkt-abbildende Cache ist relativ schnell und einfach zu realisieren, aber in der Performanz begrenzt, denn es können vermehrt Conflict-Misses auftreten: Falls im Beispiel Abbildung 9.5 die Hauptspeicher-Blöcke 0 bis 10 in einen direkt-abbildenden Cache geladen werden, ist kein Platz mehr für die Blöcke 8 bis 10. Der n-fach Satz-assoziative Cache hat Vorteile gegenüber den anderen beiden Cache-Organisationen. Die Block-Suche wird dadurch vereinfacht, dass nur jeweils in einem Satz gesucht werden muss und durch die mehrfache Assoziativität treten weniger Cache-Misses auf [HenPat19].

### Cache-Verwaltungsstrategien und Cache-Kohärenz

Der Cache ist ein relativ teurer und kleiner Speicher, daher ist es sinnvoll, immer nur die Blöcke im Cache zu halten, auf die auch häufig zugegriffen wird. Es gibt verschiedene Strategien, Speicherblöcke wieder aus dem Cache „auszulagern", d. h. in den Hauptspeicher zurück zu schreiben, auch „Verdrängungsstrategien" genannt:

- Die LRU-Strategie (Least Recently Used). Eine häufig verwendete Variante, die immer den Block zurück schreibt, auf den am längsten nicht mehr zugegriffen wurde.
- FIFO (First In First Out): Der jeweils älteste Eintrag wird verdrängt.
- LFU (Least Frequently Used): Der am wenigsten gelesene Eintrag wird verdrängt.

Das **Schreiben** der Caches ist aufwändiger als das Lesen, denn der Hauptspeicher muss ebenfalls neu geschrieben werden, wenn sich Daten im Cache ändern. Zum Glück dominieren die Lesevorgänge im Cache bei Weitem. Alle Instruktions-Zugriffe im Cache sind Lesevorgänge. Schreibstrategien sind:

- Das „Write through": Bei jedem Schreibvorgang wird sowohl der Cache als auch der Hauptspeicher beschrieben.
- Das „Write back": Der Hauptspeicher wird nur zurückgeschrieben, wenn ein Cache-Block aus dem Cache entfernt wird.

Bei **Mehrprozessorsystemen** arbeiten mehrere Prozessoren bzw. „Prozessorkerne" mit jeweils eigenen Caches auf der Basis gemeinsamer Daten, die im Hauptspeicher stehen. Dadurch kann das Problem der „Cache-Inkohärenz" entstehen, das heißt, dass möglicherweise derselben Speicheradresse unterschiedliche bzw. nicht aktuelle Daten zugewiesen werden. Die Konsistenz der Daten kann zum Beispiel bei relativ wenigen Prozessorkernen durch eine Snoop Control Unit (SCU, siehe auch Seite 413) gewahrt werden, die die **Cache-Kohärenz** (Cache Coherency) sicherstellt [HenPat96].

Als **Cache-Beispiel** einer bekannten Mikroprozessor-Architektur sei die Cache-Organisation des ARM Cortex-A57-MPCore$^{TM}$ (siehe Abschnitt 9.5, Seite 410) genannt, der über getrennte Caches für Daten und Instruktionen verfügt. Der L1-Daten-Cache ist ein 32kB großer 2-Weg-Satz-assoziativer Cache. Die Cache Verwaltungsstrategie ist „Least Recently Used" LRU. Der L1-Instruktions-Cache ist ein 32kB großer 3-Weg-Satz-assoziativer Cache. Die Cache Verwaltungsstrategie ist ebenfalls LRU. Der L2-Cache ist ein 16-Weg-Satz-assoziativer Cache. Die konfigurierbaren Größen des L2-Cache sind: 512KB, 1MB, und 2MB [ARM18].

# 9.2.5    Hauptspeicher

Der Hauptspeicher oder Arbeitsspeicher, als nächste Komponente unterhalb des Cache in der Speicherhierarchie (siehe Abbildung 9.4), hält die im Prozessor momentan ablaufenden Programme und die zugehörigen Daten. Auf den Hauptspeicher greift einerseits der Cache zu, andererseits dient er als Schnittstelle für die Ein- und Ausgabe zur Festplatte. Der Hauptspeicher ist in der Regel ein „flüchtiger" (volatile) Speicher mit „wahlweisem Zugriff" (Random Access Memory RAM) und kann sowohl beschrieben als auch ausgelesen werden. Flüchtiger Speicher bedeutet: Die gespeicherten Daten sind nach dem Ausschalten der Spannungsversorgung gelöscht. Wahlweiser Zugriff bedeutet: Auf jedes Datum im RAM kann direkt zugegriffen werden. Der Hauptspeicher wird charakterisiert durch:

– die Speicherkapazität,
– die Datenbreite,
– durch die Latenz und Bandbreite.

Aus Tradition wird die Latenz im Zusammenhang mit dem Cache aufgeführt, während die Bandbreite als Charakteristikum für die Ein-Ausgabegeschwindigkeit genannt wird. Die Latenz wird durch zwei Maße angegeben: die Speicher-Zugriffszeit (Access Time) und die Zykluszeit (Cycle Time) [HenPat96]. Die **Zugriffszeit** ist die Zeit zwischen Anlegen der Adresse und Verfügbarkeit der Daten. Die **Zykluszeit** ist die Mindestzeit zwischen zwei aufeinanderfolgenden Speicherzugriffen. Die Zykluszeit ist größer als die Zugriffszeit. Ein Grund dafür ist: Die Speicher-Adressleitungen müssen zwischen den Zugriffen stabil sein (siehe Abschnitt 10.2, Seite 424).

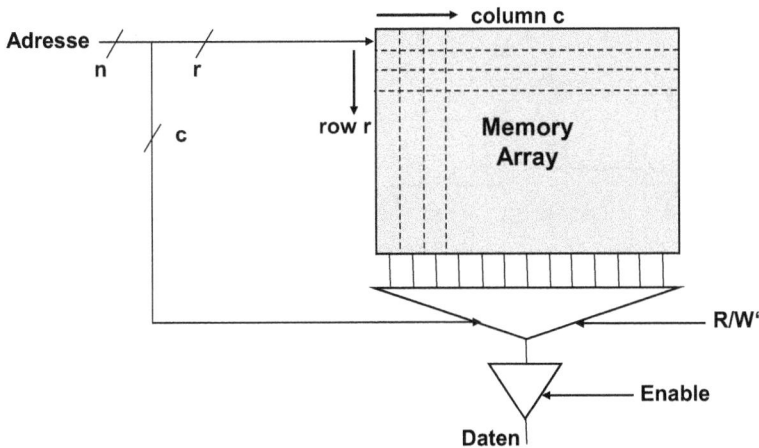

**Abbildung 9.7:** *Innere Organisation einer Speicher-Komponente (nach [Wolf02]). Die Daten werden als Memory-Array von Speicherzellen mit Zeile r (row) und Spalte c (column) organisiert, wobei die Adresse $n = r + c$ ist.*

### Organisation des Hauptspeichers

Hauptspeicher-Bausteine sind in verschiedenen Höhe/Breite-Verhältnissen (Ratios) verfügbar. Ein 64 MB DRAM (Dynamic RAM)-Speicherbaustein kann angegeben werden als

- 64 MB (Speicher-Höhe) mit 8 Bit Wortbreite oder als
- 16 MB mit 32 Bit Wortbreite.

Das Verhältnis Höhe/Breite wird als Aspect-Ratio [Wolf02] bezeichnet. Intern werden die Daten als zweidimensionales Feld von Speicherzellen mit Zeilen und Spalten (Array) organisiert, wie Abbildung 9.7 zeigt. Die n-Bit-Adresse $n$ kann ein einzelnes Speicherele-ment adressieren und wird aufgeteilt in eine Zeilenadresse $r$ (row) und Spaltenadresse $c$ (column) mit $n = r + c$. Die Datenworte werden mit einer bestimmten Datenbreite in den RAM geschrieben bzw. ausgelesen. In diesem Fall wird jeweils eine Untermenge von Spalten adressiert. Die Datenbreite kann folgende Werte betragen: (1), (4), 16, 32, 64, 128, (256) Bit. Die Werte 1 und 4 Bit sind heute nicht mehr üblich. Datenbreiten von 256 Bit und mehr findet man z. B. bei Eingebetteten Systemen für Multimediaanwendungen. Das R/W'-Signal (Read/Write, low aktiv, siehe auch Abschnitt 10.2, Seite 424) steu-ert die Datenrichtung (schreiben bzw. lesen). Das Enable-Signal in Abbildung 9.7 wird eingesetzt, um einzelne Speicherbänke auszuwählen, wenn größere Speichereinheiten aus mehreren Speicherbänken aufgebaut werden.

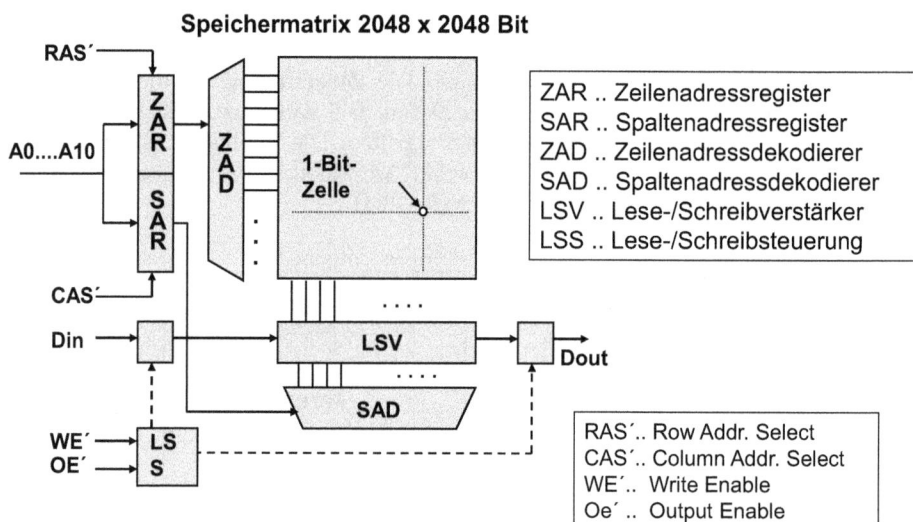

**Abbildung 9.8:** *Schematische Darstellung eines DRAM-Bausteins mit 4 M × 1 Bit ohne Refresh-Logik (nach [RechPom02]).*

### Speicherbausteine

Man unterscheidet grundsätzlich zwischen Statischen RAM- (SRAM) und Dynamischen RAM-Bausteinen. SRAM-Bausteine sind schneller, wesentlich teurer als DRAMs und werden für Caches und Hochleistungsrechner eingesetzt [RechPom02]. Jede Speicherzelle im SRAM (d. h. jedes Bit) wird durch ein Flipflop (meist sechs Transistoren) realisiert. DRAM-Bausteine sind sehr viel einfacher aufgebaut als SRAM-Chips. Eine Speicher-zelle besteht lediglich aus dem sehr kleinen Gate-Kondensator plus dem dazugehörigen CMOS-Transistor. Dadurch kann die Speicherdichte praktisch etwa achtmal größer sein als bei SRAMs. Abbildung 9.8 nach [RechPom02] zeigt schematisch einen DRAM-Baustein der Größe 4 M x 1 Bit. Die Zellen werden über eine Zeilen- und Spaltenadresse angesprochen, die aus der Adresse A0 .. A10 plus den Signalen RAS' (Row Address select), CAS' (Column Address select) im ZAD (Zeilenadressdekoder) und SAD (Spaltenadressdekoder) dekodiert werden. Die Apostrophe an den Signal-Kürzeln bedeuten: Die Signale sind „low aktiv". Mit den Signalen WE' (Write enable) und OE' (Output enable) wird sowohl der Baustein ausgewählt als auch die Datenrichtung (Schreiben/Lesen) angegeben. Mit der Zeilenadresse wird eine ganze Zeile ausgelesen bzw. geschrieben, die beim Auslesen zwischengespeichert wird. Mit der Spaltenadresse können einzelne Bits gelesen bzw. geschrieben werden.

Ein Nachteil der DRAM-Bausteine ist, dass die Daten beim Auslesen zerstört werden. Um die Daten zu erhalten, muss eine ausgelesene Zeile umgehend über einen Lese/Schreibverstärker (LSV) wieder zurückgeschrieben werden. Das besorgt die Lese/Schreibsteuerung (LSS). Durch die hohe Speicherdichte bei DRAMs droht zudem ein Datenverlust durch Leckströme. Daher muss innerhalb bestimmter Zeitabstände (8 bis 128 ms) der Speicherinhalt regeneriert werden (Refresh). Die Zugriffszeit (s. o.) bei SRAM-Bausteinen beträgt einige Nanosekunden (z. B. 5-6ns), bei DRAMs etwa das Zehnfache [RechPom02]. Die Zykluszeit (s. o.) bei DRAM-Bausteinen ist etwa doppelt so groß wie die Zugriffszeit und beträgt in der Größenordnung von 100 ns. Bei SRAMs gilt etwa: Zykluszeit = Zugriffszeit, also ca. 5-6 ns. Einige Sonderausführungen von DRAM-Bausteinen sind wie folgt:

- SDRAM: *Synchrone DRAMs* werden synchronisiert mit dem Prozessor-Datenbus betrieben. Dadurch erhält man kürzere Ansteuerzeiten. Insbesondere im Burst-Betriebsmodus (siehe Abschnitt 10.2.3, Seite 429) wird Zeit eingespart.
- DDR-SDRAM: *Double Datarate SDRAM*. Daten werden sowohl bei steigender als auch bei fallender Taktflanke übertragen (siehe Abschnitt 10.2.3, Seite 427).
- RAMBus und DRAMs (*RDRAMS*): Über einen „schnellen" Bus sind DRAM-Speicherbänke parallel angeschlossen. Datenraten bis zu 1,6 GB/s bei 400 MHz Taktrate (2007) bei einer Busbreite von 16 Bit sind möglich.

# 9.2.6 Festwertspeicher (ROM)

Festwertspeicher bzw. *Read Only Memories* (ROM) werden einmalig mit „festen" d. h. danach unveränderbaren Daten geladen. Die Daten sind nach dem Laden nicht flüchtig (non volatile), d. h. bleiben auch nach dem Abschalten der Spannungsversorgung erhalten. Ein Beispiel für ein ROM ist das Basic Input/Output System (BIOS) im PC. In Eingebetteten Systemen werden ROMs häufig verwendet, da oft größere Programmteile und auch einige Daten über längere Zeiten unverändert bleiben können. Festwertspeicher sind gegenüber Strahlung und Störungen sehr viel weniger empfindlich als volatile Speicher. ROMs sind daher für den Einsatz in strahlungsbelasteter Umgebung wie zum Beispiel in Weltraum-Labors, in Atomkraftwerken, Bergwerken usw. gut geeignet. Es gibt eine Vielfalt von Festwertspeichern. Zunächst wird unterschieden zwischen

- Hersteller-programmierten ROMs und
- Feldprogrammierbaren ROMs (PROMs, EPROMS usw.).

Hersteller-programmierte ROMs, auch **Masken-programmierte** ROMs genannt, werden beim Hersteller programmiert (factory-programmed) und lohnen erst bei großen Stückzahlen. PROMs (programmable Read Only Memories) und EPROMs (eraseable PROMs) können beim Benutzer mit Hilfe von speziellen Geräten programmiert werden.

## 9.2.7 Befehls-Verarbeitungsmethoden und Pipelining

Eingebettete Systeme müssen in der Regel Echtzeitanforderungen erfüllen. Bei Verwendung von Mikroprozessoren setzt das voraus, dass der Prozessor die Befehle innerhalb bestimmter Zeitgrenzen verarbeiten muss, d. h. die Performanz (siehe Abschnitt 7.3, Seite 302) des Prozessors ist wichtig. Folgende Befehls-Verarbeitungsmethoden bestimmen die Performanz:

- Fließbandverarbeitung oder Pipelining,
- - Superskalare Verarbeitung,
- Speichermethoden, z. B. Caching.

Der Entwickler von Eingebetteten Systemen muss mit Performanzanalysen und Simulationsmethoden (siehe Abschnitt 8.2, Seite 362) überprüfen, ob die geforderten Zeitgrenzen eingehalten werden.

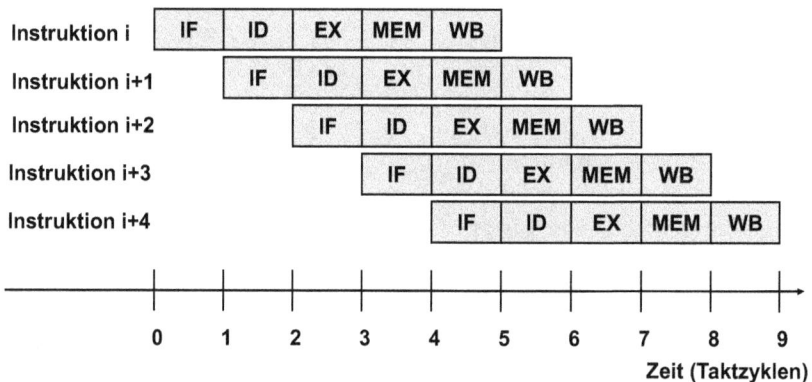

**Abbildung 9.9:** *Fünfstufige Pipeline des DLX-Prozessors aus [HenPat19]. Die Pipeline-Stufen sind: IF: Instruction fetch, ID: Instruction decode, EX: Execute, MEM: Memory access, WB: Write back.*

### Fließbandverarbeitung bzw. Pipelining

Fließbandverarbeitung bzw. Pipelining ist die wirksamste Methode, um die Befehls-Verarbeitungsgeschwindigkeit von Prozessoren zu erhöhen. Praktisch alle leistungsfähigen Prozessoren haben vielstufige, hochentwickelte Pipelines. Pipelining kann mit der Fließbandverarbeitung in einer Automobilmontage verglichen werden. Die Montage des Automobils wird in viele Schritte aufgeteilt, wobei jeder Schritt nebenläufig zu den anderen Schritten ausführbar ist. In einer Prozessor-Pipeline werden die Instruktionen „überlappt" ausgeführt, jeder Pipeline-Schritt führt einen Teil einer Instruktion aus. Damit die Pipeline-Schritte parallel ausführbar sind, ist dafür jeweils separate Hardware erforderlich, die „Pipeline-Stufe" genannt wird. Es ist ein Kompromiss (Trade-off) zwischen Hardware und Performanz: Mit erhöhtem Hardware-Aufwand erkauft man höhere Performanz. Die **Beschleunigung** (Speedup), die ein Prozessor durch Pipelining erhält, entspricht in etwa der Anzahl der Pipeline-Stufen. Abbildung 9.9 zeigt die fünfstufige Pipeline des DLX-Prozessors aus dem Buch von Hennessy & Patterson [HenPat19]. Die einzelnen Pipeline-Stufen sind: IF: Instruction fetch: Instruktion holen, ID: Instruction decode: Instruktion dekodieren, EX: Execute: Instruktion ausführen, MEM:

Memory Access: Speicherzugriff, WB: Write back: Zurückschreiben des Ergebnisses in den Cache. Das Pipeline-Schema ist nur zu verwirklichen, wenn jede Stufe die gleiche Ausführungszeit aufweist. Man erreicht dies durch Anpassen der Ausführungszeiten der einzelnen Stufen an die Ausführungszeit der „langsamsten" Stufe. Im Fall der DLX-Pipeline ist die Ausführungszeit einer Stufe gleich einem Prozessor-Taktzyklus.

In jedem Taktzyklus führt jede Stufe den gleichen Arbeitsschritt aus, z. B. holt die Instruction-fetch-Stufe einen Befehl aus dem Cache. Dies setzt eine erhöhte „Speicher-bandbreite" bei Pipeline-Prozessoren voraus, der Instruktions-Bus muss in der Lage sein, eine Instruktion pro Taktzyklus zu transportieren, dasselbe gilt für den Datenbus, der in der Lage sein muss, in jedem Taktzyklus Daten und Ergebnisse weiterzugeben. Die **Speicherbandbreite** ist eine Kennzahl von Speicherbausteinen. Es ist sozusagen die Datentransport-Geschwindigkeit für das Lesen aus einem Speicher bzw. Schreiben von Datenmengen in einen Speicher und wird angegeben z. B. in MByte pro Sekunde, also beispielsweise 8 MByte pro Sekunde.

Die Instruktions-Abarbeitung in Abbildung 9.9 zeigt einen stetigen Ablauf der Pipeline. Nach dem fünften Taktzyklus wird jeweils eine komplette Instruktion pro Taktzyklus beendigt und dabei wird genau ein Zyklus pro Instruktion (Cycle per Instruction: CPI) benötigt. CPI ist die Kennzahl, die den **Daten-Durchsatz** (Throughput) einer Pipeline angibt [HenPat19]. Dieser stetige Ablauf kann jedoch nicht dauernd anhalten. Es gibt Ereignisse, „Hazards" genannt, die den Ein-Zyklus-pro-Instruktions-Ablauf einer Pipeline stören und die Abarbeitung einzelner Instruktionen aussetzen lassen. Diese Aussetzer werden „Pipeline Stalls" genannt. Es gibt drei Klassen von Hazards [HenPat19]:

(1) **Struktur-Hazards** (Structural Hazards) resultieren von Ressourcen-Konflikten. Die Hardware kann nicht alle möglichen Kombinationen von Instruktionen in gleichzeitiger Überlappung ausführen.

(2) **Daten-Hazards** treten bei Datenabhängigkeiten auf. Eine Folgeinstruktion hängt von den Ergebnis-Daten der vorhergehenden Instruktion ab.

(3) **Control-Hazards** treten bei Verzweigungen auf, wenn die Adresse der Folgeinstruktion von einer Bedingung in der vorhergehenden Instruktion abhängt.

Ein Beispiel für einen Daten-Hazard zeigt die Abbildung 9.10: Es ist die Assembler-Code-Sequenz des DLX-Prozessors nach [HenPat19] für die Addition $A = B + C$. In der ersten Instruktion „LW R1,B" wird Variable B nach Register R1 geladen, danach in „LW R2,C" Variable C nach Register C. In der folgenden Instruktion „ADD R3,R1,R2" werden die Registerinhalte R1, R2 addiert und das Ergebnis nach R3 geladen. Allerdings ist zum Zeitpunkt der geplanten Ausführung (EX) des ADD-Befehls das Laden des Registers R3 noch nicht abgeschlossen und die Ausführung des Add-Befehls muss daher um einen Taktzyklus verzögert werden (stall). Dieser „stall" wirkt sich auf alle folgenden Instruktionen aus.

Wie gesagt, treten **Control-Hazards** bei Verzweigungen (Branches) auf. Wir betrachten den folgenden C-Code eines Kontroll-Konstrukts:

```
if (a > b) x = a + b;
    else  x = b - a;
```

Die Instruktion a > b ist eine Vergleichs-Instruktion (Compare). Falls sie wahr ist, folgt eine Addition, sonst eine Subtraktion. Welche Instruktion soll die Instruction-fetch-Stufe als Nächstes nach dem Compare laden? Die Instruktion, ob Addition oder Subtraktion,

| LW R1,B | IF | ID | EX | MEM | WB | | | |
|---|---|---|---|---|---|---|---|---|
| LW R2,C | | IF | ID | EX | MEM | WB | | |
| ADD R3,R1,R2 | | | IF | ID | *stall* | EX | MEM | WB |
| SW A, R3 | | | | IF | ID | EX | MEM | WB |

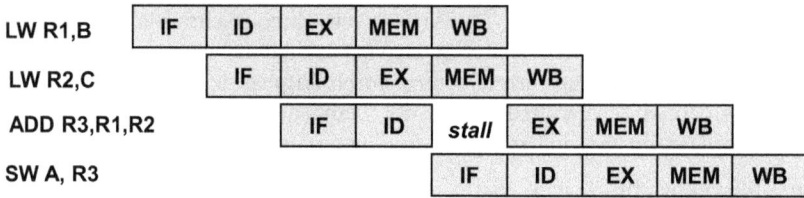

**Abbildung 9.10:** *Beispiel für einen Daten-Hazard: Für die Addition A = B + C ist die DLX-Code-Sequenz dargestellt. „LW R1,B" bedeutet: Lade Variable B nach Register R1. „ADD R3,R1,R2": Addiere Registerinhalte R1, R2 und lade das Ergebnis nach R3. „SW A,R3": Speichere Registerinhalt R3 nach Variable A. Die Add-Instruktion muss um einen Taktzyklus verzögert werden, da die Lade-Instruktion noch nicht abgeschlossen ist (nach [HenPat19]).*

hängt vom Ergebnis der Compare-Instruktion ab, das aber erst nach drei Taktzyklen beim DLX-Prozessor verfügbar ist.

Eine Verzögerung von drei Taktzyklen (**branch penalty**) bei Verzweigungen ist ein bedeutender Verlust und würde die Gesamtperformanz des Prozessors erheblich beeinträchtigen. Daher wird z. B. beim DLX-Prozessor eine andere Lösung eingesetzt: Durch zusätzliche Hardware wird das Ergebnis des Compare früher ermittelt und die Folgeadresse (die „Branch-Adresse") entsprechend errechnet. Dadurch kann die Verzögerung auf einen Taktzyklus bei Verzweigungen reduziert werden.

Eine andere Möglichkeit, um die Verzögerung bei Control-Hazards zu verringern, ist die **Sprungvorhersage** (Branch Prediction). Das Ziel der Sprungvorhersage ist ein möglichst frühes Erkennen eines Sprungbefehls und die Sprungzieladresse der Instruktion zu wählen, die mit der größten Wahrscheinlichkeit als Nächstes in der Pipeline an der Reihe ist. Man unterscheidet die statische und die dynamische Sprungvorhersage.

Die statische Sprungvorhersage ändert ihre Vorhersage während das Programmablaufs nicht und erreicht dadurch nur eine relativ geringe Vorhersagegenauigkeit. Diese Methode geht von bekannten Tatsachen aus. Beispielsweise ist die Wahrscheinlichkeit relativ hoch, dass bei While-Schleifen die nächste Schleifeniteration gleich ist wie die vorhergehende, also der Aussprung (branch) aus der Schleife *nicht* genommen wird. Hat zum Beispiel eine While-Schleife 30 Iterationen, so gibt es dreißig Mal keinen „Sprung" und erst beim 31. Mal den Aussprung. Hier wird man spekulativ zunächst als nächste Adresse nicht den Sprung wählen und diese Adresse auch für die nächsten Iterationen beibehalten. Kommt dann schließlich der Sprung, so steht in der Pipeline die falsche Instruktion, das heißt diese Instruktion und auch die Folgeinstruktionen werden gelöscht, man nennt das die „Pipeline wird gespült" (**Pipeline Flush**). Die Sprungadresse wird errechnet und die entsprechende Instruktion plus Folgeinstruktionen werden in die Pipeline geholt.

Die dynamische Sprungvorhersage geschieht nur zur Laufzeit. Sie benutzt verschiedene Techniken zur Erzeugung einer Vorhersage. Ihre Vorhersagegenauigkeit liegt wesentlich höher als die der statischen Methode.

**Beispiele von Pipelines:** Der Prozessor ARM11_56T2-S (siehe Abschnitt 9.5, Seite 410) hat eine 9-stufige, der ARM11_36JF-S eine 8-stufige Pipeline [ARM18].

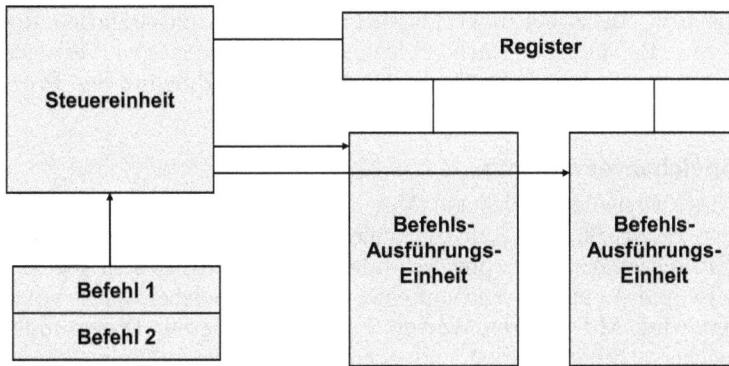

***Abbildung 9.11:*** *Schematische Darstellung der Befehls-Steuereinheit eines superskalaren Prozessors mit 2 Befehls-Ausführungseinheiten [Wolf02].*

## Superskalare Prozessoren

Während „Skalare Architekturen" maximal einen Befehl pro Taktzyklus ausführen können, sind Superskalare Prozessoren in der Lage, mehrere Befehle pro Taktzyklus zu verarbeiten. Das Prinzip des superskalaren Prozessors ist schematisch in Abbildung 9.11 dargestellt. Eine Steuereinheit verteilt die Befehle auf zwei Befehls-Ausführungseinheiten, sie prüft dynamisch, ob eine parallele Verarbeitung der Befehle möglich ist, d. h. es dürfen keine Datenabhängigkeiten zwischen den Befehlen bestehen. Prozessoren können beispielsweise 2-, 3-, 4-, 8-, 16-, 32-fach superskalar sein [BriUng10], das heißt sie können 3 bis 32 Befehls-Ausführungseinheiten besitzen. Der erste zweifach superskalare Prozessor war der Intel i960, ein RISC-Prozessor der 1990 in den Handel kam und sehr erfolgreich war [BriUng10]. Ein weiteres Beispiel ist der Opteron$^{TM}$ der Firma AMD, ein 3-fach superskalarer Prozessor der auf der Intel x86-Architektur basiert [ChipArch03].

Um superskalare und Mehrkernprozessoren (siehe Abschnitt 9.1, Seite 382) effektiv zu nutzen, müssen parallel ausführbare Programmbefehle bzw. Programmteile zur Verfügung stehen, die vom Compiler in einem sequenziell erstellten Programm als parallel ausführbar erkannt und gekennzeichnet werden. Man spricht von *feinkörniger Parallelität*. Brinkschulte/Ungerer [BriUng10] berichten von Untersuchungen die gezeigt haben, dass sequenzielle Programme nicht mehr als fünf- bis siebenfache feinkörnige Parallelität aufweisen. Das bedeutet, dass vielfach superskalare Prozessoren und Mehrkernprozessoren nur dann effektiv genutzt werden können, wenn auf diesen mehrere Prozesse bzw. mehrere Prozessfäden (Threads) parallel zur Ausführung zur Verfügung stehen. Für diesen Fall sind die „mehrfädigen" Mikroprozessoren entwickelt worden.

Cache-Fehlzugriffe (Cache-Misses), können zu Verzögerungszeiten führen, die um viele Größenordnungen über der Befehls-Ausführungszeit eines Mikroprozessors liegen. Die Pipeline eines Prozessors muss aber ständig mit Befehlen versorgt werden, um alle Einheiten des Prozessors auszunutzen. Eine Technik, die dies unterstützt, ist die **Mehrfädigkeit** (Multithreading). Ein Prozess- bzw. Taskwechsel bringt neue Befehlsfolgen, ist aber in der Regel mit einem aufwändigen Kontextwechsel und mit dem Laden von Daten aus dem Speicher bzw. Cache verbunden. Dies kostet Zeit und verursacht Leerlauf des Prozessors. Deshalb wird der Kontext von zur Ausführung bereiten Prozessen bzw. Tasks bei mehrfädigen Prozessoren in zusätzlichen Registersätzen gespeichert, zum Beispiel bei Cache-Fehlzugriffen und sonstigen Verzögerungen. Die Verzögerungszeiten werden dadurch verringert und die Pipeline des Prozessors kann weiterlaufen [BriUng10].

**Virtuelle Speicherverwaltung**

Das Prinzip des „Virtuellen Speichers" (Virtual Memory) vermittelt einem Anwendungsprogramm den Eindruck, dass ihm kontinuierlicher Hauptspeicherplatz zur Verfügung steht, während dieser real bzw. physisch oder auch physikalisch in sogenannten pages fragmentiert ist und eventuell sogar auf einen Sekundärspeicher, meist auf die Festplatte, ausgelagert wird. Mit anderen Worten: Falls mehrere große Programme gleichzeitig im Hauptspeicher geöffnet werden und der Hauptspeicher dafür zu klein ist, können Programmteile auf einen Sekundärspeicher – in der Regel die Festplatte – ausgelagert werden. Das organisiert die „Memory Management Unit", die MMU.

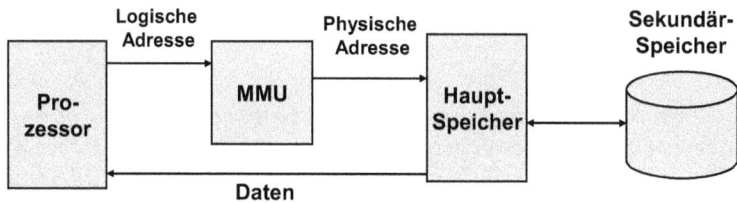

**Abbildung 9.12:** *Prinzip der virtuellen Adressierung. Die Memory-Management Unit (MMU) übersetzt die logischen Adressen in physische Adressen und gibt diese an den Hauptspeicher weiter (nach [Wolf02]).*

In Abbildung 9.12 ist das Prinzip der virtuellen Speicherverwaltung dargestellt. Der Prozessor arbeitet nicht mehr mit „physischen Adressen" des Hauptspeichers, sondern mit „Logischen Adressen", die an die MMU weitergegeben werden. Das heißt, die MMU bildet den logischen Adressraum eines Programms auf einen physischen Adressraum im Hauptspeicher ab. In modernen Prozessoren ist die MMU oft in die Cache-Steuerung integriert wie z. B. beim Opteron$^{TM}$ der Firma AMD [ChipArch03]. Alle modernen Vielzweck-Computer (General Purpose)-Betriebssysteme verwenden virtuelle Speichertechniken. Zum Beispiel unterstützt die ARM-Cortex A-Familie (siehe Abschnitt 9.5, Seite 410) eine virtuelle Speicherverwaltung.

## 9.2.8    Performanz

Warum verwenden wir das unschöne Fremdwort **„Performanz"**, wenn wir die Rechenleistung eines Computers charakterisieren wollen? Weil „Rechenleistung" die sehr verschiedenen Eigenschaften eines Computers in Bezug auf seine Leistungsfähigkeit nur ungenau wiedergibt.

Zum Beispiel: Wie hoch ist die Rechenleistung eines „Mainframe", also eines Großrechners, der meist für kommerzielle Anwendungen in Banken und Versicherungen eingesetzt wird? Die Rechenleistung von Mainframes gemessen in MegaFlops, GigaFlops oder TeraFlops ($10^6$, $10^9$ oder $10^{12}$ Floatingpoint Operations per second) ist relativ gering, verglichen mit sogenannten „Supercomputern" (zum Beispiel einem CRAY-Computer).

Der Mainframe ist auf einen möglichst hohen Datendurchsatz und auf Zuverlässigkeit ausgelegt, d. h. möglichst viele Transaktionen, also Eingabe/Ausgabe-Operationen pro Sekunde sehr zuverlässig auszuführen und kann damit in Bezug auf reine Rechenleistung mit einem Supercomputer nicht konkurrieren. Andererseits kann der bereits erwähnte Supercomputer, der für wissenschaftliche Anwendungen verwendet wird, sehr viele arithmetische Vektoroperationen – meist Fließkomma-Operationen – pro Sekunde ausführen. Diese Computer werden auch oft „Numbercruncher" (Zahlenfresser) genannt.

Ein Mikroprozessor für Eingebettete Systeme muss in der Lage sein, komplizierte Berechnungen innerhalb gewisser Zeitgrenzen auszuführen, falls er beispielsweise als Dekoder/Enkoder für Videodatenströme eingesetzt wird.

Computer-Performanz wird daher mit Hilfe von **„Benchmarks"** („Richtwert", in unserem Sinne aber „Vergleichstest") gemessen. Die „Standard Performance Evaluation Corporation" (SPEC) [Spec] ist eine „Non-Profit Organisation", die Benchmarks, also Vergleichstests zur Leistungsbewertung von Computer-Hardware und auch von Software entwickelt. Der Benchmark selbst ist jedoch kostenpflichtig. Diese Benchmarks sind meist „Benchmark Suites", Sammlungen von verschiedenartigen Programmen, die den Computer nicht nur in Bezug auf Ganzzahl-Rechnungen, sondern auch Fließkomma-Zahlen- und Vektor-Berechnungen testet. Die populäre „SPEC92"-Suite [HenPat19] war einer der ersten Vergleichstests. Die SPEC bringt in bestimmten Zeitabständen aktualisierte Benchmarks für Prozessoren, Server usw. heraus. Wie wird beispielsweise ein CPU2006-Benchmark eingesetzt? Man lässt den zu testenden Prozessor die Benchmark, also die Test-Programm-Sammlung ausführen, misst die Ausführungszeit, prüft die Ergebnisse und vergleicht beides mit anderen Prozessoren. Die Ergebnisse müssen natürlich gleich sein, aber die Art der Ausgabe kann verschieden sein. Einige Benchmarks sind auf Seite 322 aufgeführt.

Im Fokus des Benchmarking steht die Performanz bzw. die Ausführungszeit für die Lösung einer bestimmten Aufgabe. Es können auch andere Metriken Ziel des Benchmarking sein wie z. B. der Energiebedarf. Dabei ist, wie oben bereits erwähnt, darauf zu achten, dass zielgleiche Computer bzw. Prozessoren miteinander verglichen werden, also z. B. Mainframe mit Mainframe und Numbercruncher mit Numbercruncher, sonst sind die Ergebnisse irrelevant.

Eine hohe Performanz wird erreicht durch Pipelining und superscalare, also parallele Befehls-Verarbeitung bei hoher Taktfrequenz (siehe Abschnitt 9.2.7, Seite 398), verbunden mit effektivem „Caching" (siehe Abschnitt 9.2.4, Seite 391)).

# 9.2.9   Leistungsaufnahme-Steuerung (Power Management)

Um den Energiebedarf von Computern und Eingebetteten Systemen, insbesondere in tragbaren Geräten zu senken, wird ein „Power Management" bzw. ein „Power Manager" eingesetzt. Man unterscheidet zwischen **„statischem Power-Management"** und **„dynamischem Power-Management"**. Das statische Power-Management schaltet beispielsweise durch eine Unterbrechung (Interrupt) den Computer/das Eingebettete System in den „Power-down-Modus", wenn der Prozessor eine bestimmte Zeit stillsteht. Beim dynamischen Power-Management werden Teile des Prozessors angehalten, wenn sie während der Ausführung des Prozessors nicht benötigt werden.

| Global System State | Power Consumption | Description |
|---|---|---|
| G0 Working | Large | full on |
| G1 Sleeping | Smaller | Sleeping has 5 substates: S1 .. S4 |
| G2 Soft off | Very near zero | SW and OS is off OS restart required |
| G3 Mechanical off | Zero | System switched off |

**Tabelle 9.7:** *Globale System-Zustände bei der Leistungsaufnahme-Steuerung nach dem APCI-Standard. SW bedeutet Software, OS: Operation System. Modifiziert nach [APCI13].*

Erweiterte Leistungsaufnahme-Steuerung bzw. **Advanced Power Management**, abgekürzt APM und **Advanced Configuration and Power Interface Specification (APCI)** sind Standards und spezifizieren die Leistungsaufnahme-Steuerung (Power Management) für den Personal Computer (PC). Der ältere APM-Standard aus dem Jahre 1990 wurde 1996 abgelöst durch die APCI-Spezifikation, der von mehreren Firmen, zum Beispiel Hewlett Packard, Microsoft, Intel usw. herausgegeben und gepflegt wird [APCI13]. Die APCI-Spezifikation schließt das Betriebssystem in das Power Management mit ein und unterteilt das „globale System" in Untersysteme, zum Beispiel System Power Management, Device Management, Processor Management usw. Tabelle 9.7 zeigt die Globale Leistungsaufnahme-Zustände G0 bis G3. Je höher die Zustandsnummer, desto geringer ist die Leistungsaufnahme. G1, als Sleeping-Zustand bezeichnet, wird in die Unterzustände S1 bis S4 unterteilt. Auch die Leistungsaufnahme-Zustände für den Prozessor (CPU States C0 bis Cn) und für die einzelnen Geräte (D0 bis D3) werden unterteilt. Über das BIOS wird dem Betriebssystem in Tabellen Auskunft über die angeschlossenen Geräte, ihre Leistungsaufnahme-Zustände und die Steuerbefehle gegeben, mit denen in die verschiedenen Zustände geschaltet wird. Die APCI-Spezifikation ist eine Richtlinie nicht nur für tragbare Geräte wie Laptops und Notebooks, die besonders auf geringen Energiebedarf angewiesen sind, sondern auch für stationäre, an die Stromversorgung angeschlossene PCs. Ein Personal Computer ist allerdings ein übergeordnetes System, das Untersysteme wie Monitor, Tastatur, Maus usw. enthält, deren Steuerungen Eingebettete Systeme sind.

**Beispiel: Leistungsaufnahme-Steuerung (Power Control) beim LPC800**
Als Beispiel für die Leistungsaufnahme-Steuerung nehmen wird den „Power Management Controller" eines Mikrocontrollers aus der LPC800-Serie der Firma NXP-Semiconductors (siehe Abschnitt 9.5, Seite 415). Die Leistungs-Spar-Modi bzw. Leistungs-Sparzustände eines Prozessors können durch einen „Leistungs-Zustands-Automaten" (Power State Machine) dargestellt werden (siehe Abbildung 9.13). Der „normale" Ausführungs-Zustand mit der höchsten Leistung des Beispiel-Mikrocontrollers ist „Active", die „Sparzustände" sind „Sleep" und „Power down", wobei der Power down-Zustand noch die Unterzustände „Deep Sleep Mode", „Power down" und „Deep Power down Mode" hat. Ist der Mikrocontroller eine bestimmte Zeit lang inaktiv, so wird er stufenweise nach Ablauf von Timeouts in die Sparzustände geschaltet. „Sleep" ist der „Schlafzustand", bei dem der Takt des Prozessors abgeschaltet ist, aber die Peripherie-Kontroller und die Speicher noch aktiv bleiben. Der „Deep-Sleep-Modus" ist ein erweiterter Schlaf-

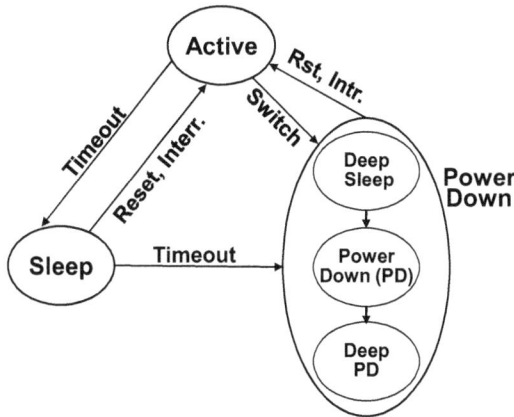

**Abbildung 9.13:** *Leistungs-Zustands-Automat (Power State-Machine) der Mikrocontroller LCP800-Serie der Firma NXP. Die Leistungs-Zustände sind: „Active", „Sleep" und „Power Down".*

zustand, in dem nicht nur der Takt des Prozessors abgeschaltet ist, sondern auch alle Taktgeber für die Peripherie-Kontroller mit Ausnahme des Interrupt-Kontrollers. Der Flash-Speicher ist im „Standby-Modus" und kann relativ schnell wieder aktiviert werden. Die Leistungsaufnahme wird im Deep-Sleep-Modus stark reduziert wobei die „Reaktivierungszeit" (Wake-up Time) relativ kurz ist. Im „Power-down-Modus" sind alle Taktgeber und der Flash-Speicher ausgeschaltet. Die Leistungsaufnahme ist auf ein Minimum reduziert, aber die Reaktivierungszeit ist auch relativ lang, verglichen mit dem Sleep-Modus. Im „Deep-Power-Down-Modus" ist die Spannung des Chips abgeschaltet, ausgenommen für den „Wakeup-Pin" und dem „Self-Wakeup-Timer", falls der konfiguriert ist. Der Prozessor kehrt aus den Leistungs-Sparmodi (Sleep und Power down) zum Active-Modus zurück entweder durch ein Rücksetz-Signal (Reset) oder durch ein Unterbrechungs-Signal (Interrupt) von einem der internen oder peripheren System-Einheiten. Im Active-Modus wird der Prozessor-Takt wieder eingeschaltet und der Prozessor macht an dem Punkt weiter, an dem er in den Leerlauf geschaltet wurde.

## 9.2.10  Ein-Ausgabe-Geräte und Schnittstellen

Im Rahmen dieses Buches kann auf Ein-Ausgabe (E/A)-Geräte nicht ausführlich eingegangen werden. Wir beschränken uns auf die Aufzählung folgender E/A-Geräte und verweisen sonst auf die entsprechende Grundlagen-Literatur:
- Zeitglieder (Timer) und Zähler: basieren auf Addierer- und Schieberegisterlogik.
- Analog-Digital (A/D)- und D/A-Wandler werden sehr häufig in Eingebetteten Systemen eingesetzt. Siehe Beispiel Abbildung 1.3, Seite 5.
- Tastaturen (Keyboards),
- Anzeigegeräte wie zum Beispiel
  - LEDs, Hexadezimal-Anzeigen, Berührungs-Bildschirme (Touchscreens).
- Kartenleser, wie z. B. Magnetstreifen- und Chipkarten-Kartenleser (Beispiel für eine Kartenleser-StateChart siehe Abbildung 3.11, Seite 92).

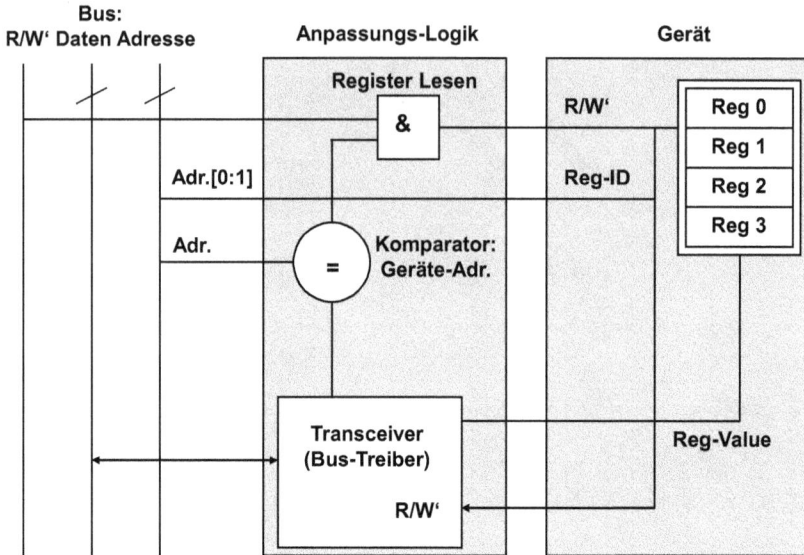

**Abbildung 9.14:** *Beispiel einer Schnittstellen-Anpassung eines E/A-Geräts über eine Anpassungs-Logik (Glue Logic) an einen einfachen Bus (nach [Wolf02]).*

**Schnittstellen zu E/A-Geräten**: Häufig sind die E/A-Geräte an einem Bus angeschlossen (siehe Abschnitt 10.2, Seite 424). Ein Beispiel für die Schnittstellen-Anpassung über eine Anpassungs-Logik „Glue-Logic" genannt, an einen einfachen Bus zeigt Abbildung 9.14 (nach [Wolf02]). Der Zweck der Anpassungslogik ist, die Signale vom Prozessor zum Gerät – um umgekehrt – anzupassen. Zum Beispiel könnte ein R/W'-Signal vom Prozessor in zwei Signale (Read und Write) aufgeteilt werden, wenn das Gerät das so verlangt. Andere Beispiele sind das Registerformat (Big/Little Endian) oder das Bus-Protokoll.

Im Bild 9.14 links ist der Bus angedeutet mit der Steuerleitung RW', dem Datenleitungsbündel und dem Adressleitungsbündel. Das Gerät, schematisch rechts im Bild gezeigt, hat 4 Register: Reg 0 bis Reg 3, die gelesen und geschrieben werden können. Die Steuerleitung für das Schreiben bzw. Lesen der Register: RW' ist „low aktiv", d. h. ist die Leitung aktiviert, so steht sie auf der logischen Null, sonst auf Eins. Das Gerät wird identifiziert über die Geräteadresse, die an die Adressleitungen des Prozessor angelegt wird, wobei die niedrigsten beiden Bits der Adresse die Registernummer angeben. Die oberen Bits der Adresse werden von einem Komparator auf die Geräteadresse überprüft. Die Geräteadresse wird in der Regel über Mikroschalter am Gerät eingestellt. Erkennt der Komparator die Geräteadresse, so wird der Transceiver aktiviert, der je nach Polarität der RW'-Leitung Daten über die Datenleitungen in die Register (Reg-Value) überträgt oder umgekehrt.

# 9.3    Mikrocontroller

Was versteht man unter Mikrocontrollern im Gegensatz zu Mikroprozessoren? Mikrocontroller (MK, Microcontroller, MCU, $\mu$Controller, $\mu$C) sind Mikroprozessoren auf einem Chip, die für spezielle Anwendungen zugeschnitten sind. Sie werden in einem Eingebetteten System einmal dafür programmiert und behalten auf Lebenszeit diese Funktion bei [BriUng10]. Meist verfügt ein Mikrocontroller über spezielle Peripheriefunktionen, der Arbeits- und Programmspeicher befindet sich ebenfalls teilweise oder komplett auf dem gleichen Chip. Die Grenze zwischen Mikrocontrollern und Mikroprozessoren ist fließend. In vielen Fällen wurden im Laufe der Entwicklung bei einem klassischen Mikroprozessor die sogenannten Unterstützungs- und Peripheriebausteine wie Takt- und Reset-Erzeugung, Interruptkontroller, Zeitgeber, Schnittstellenbausteine und zum Teil auch Speicherkontroller in den Chip selbst integriert, so dass für ein funktionsfähiges Prozessorsystem oft nur noch ein Quarz (für den Takt) und Speicherbausteine nötig sind.

Mikrocontroller sind traditionell für steuerungsdominante Anwendungen (siehe Seite 102) ausgelegt. Steuerungsdominante Anwendungen sind gekennzeichnet durch:

– Das Kernprogramm ist in der Regel die Verhaltensbeschreibung eines Zustandsautomaten (FSM, siehe Abschnitt 3.8.1 Seite 101) und enthält relativ viele Verzweigungen und Sprünge.
– Das Kernprogramm enthält wenig arithmetische Operationen, dafür häufiger Bit- und Logikoperationen. Die Kontroller sind oft auf diese Operationen optimiert.
– An die Geschwindigkeit werden meist keine hohen Ansprüche gestellt.

## 9.3.1    Niedrigpreis-Mikrocontroller

Mikrocontroller werden häufig bei kleinen Board-Serien für Eingebettete Systeme eingesetzt, die schnell auf den Markt kommen sollen. Die gefertigten Stückzahlen für Mikrocontroller sind hoch. Da, wie gesagt, keine hohen Ansprüche an die Geschwindigkeit gestellt werden, wird auch nicht die neueste Technologie verwendet und ermöglicht dadurch einen relativ geringen Preis. Bei einer Bestellung von sehr hohen Stückzahlen kann der Preis eines einfachen Mikrocontrollers in der Größenordnung von einigen Cent liegen. Die typischen Eigenschaften solcher Niedrigpreis-Mikrocontroller sind:

– Die Wortbreite bei älteren Generationen beträgt 4, 8 bis 16 Bit. Ab 32 Bit spricht man von Mikrocontrollern höherer Leistung (siehe unten).
– Im Befehlssatz sind Zugriffsoperationen auf die Peripherie integriert.
– Die Register sind häufig im RAM realisiert.
– Die Interruptverzögerungen sind mit etwa 1 Mikrosekunde relativ hoch.
– Die Rechnerleistung (Performanz) ist relativ gering, etwa im Bereich 1 Mikrosekunde/Befehl (Taktfrequenz: 1 MHz).

Ein Klassiker unter den Niedrigpreis-Mikrocontrollern ist der Intel 8051. Die Architektur dieses Typs ist in vielen auf dem Markt befindlichen Mikrocontrollern in Abwandlungen und Erweiterungen realisiert, z. B. Siemens 88C166, NXP 83C552, Atmel AT89C51, ARM-M0 als IP usw. Die Eigenschaften des 8051 sind:

– Es ist ein 8-Bit-CISC-Prozessor (siehe Abschnitt 9.2.1, Seite 385), die Register und die Daten sind 8 Bit breit. Die Adressbreite beträgt 16 Bit.

– Die Register liegen im RAM. Es sind 8 Registerbänke mit je 8 Registern. Die Um-
schaltung der Registerbänke geschieht durch Interrupts oder Unterprogramme.
– Die Assemblerprogrammierung umfasst folgende Adressierungsarten:
  – direkt, indirekt, immediate (Zahlen können direkt ins Register geschrieben werden)
  – Register-Register-Befehle
  – Memory-Memory-Befehle, Register-Memory-, Memory-Register-Befehle
– Eingabe/Ausgabeports haben ihren separaten Adressraum. Es gibt Spezialbefehle für
den Zugriff auf E/A-Ports, sogar auf einzelne Bits.
– Es gibt mehrere „Power-Down-Modi".

## 9.3.2   Mikrocontroller höherer Leistung

Mikrocontroller höherer Leistung verfügen meist über mehrere 32- oder 64-Bit-Prozes-
sorkerne. Sie sind konzipiert für Systeme mit höheren Berechnungsanforderungen zum
Beispiel für Signalverarbeitung, Regelungstechnik, Echtzeitanforderungen und auch für
die Verarbeitung von Datenströmen z. B. in steuerungsdominanten Aufgaben, Telekommunikation, in der Kraftfahrzeugtechnik, Multimedia-Anwendungen wie zum Beispiel
Video-Anwendungen hoher Qualität usw. Neben den Prozessoren enthalten Mikrocontroller höherer Leistung oft mehrere Busse, Speicherkomponenten: ROM, RAM, Flash-
Speicher, EPROM sowie periphere Einheiten wie z. B. Zeitgeber-Einheiten (Time Processing Unit), Serielle Eingabe/Ausgabe (Serial I/O), Direct Memory Access (DMA)
usw. Jedes Systemhaus bietet unterschiedliche Mikrocontroller-Familien an.

**Digitale Signalprozessoren DSPs**   Für datenflussdominante bzw. datendominante
Systeme und Datenverarbeitung von Datenströmen wie z. B. bei Video- und Multimedia-
Anwendungen werden Digitale Signalprozessoren (DSPs) eingesetzt. Sie müssen in der
Lage sein, komplexe arithmetische Operationen, z. B. für digitale Filter, Fast Fourier
Transformation (FFT), Matrizen-Operationen, Bildverarbeitung usw. in Echtzeit aus-
zuführen. Digitale Signalprozessoren sind optimiert für:
– Festkomma- u. Gleitkomma-Operationen, für Multiplikationen,
– Parallel-Befehle, Wortlängen: 16, 32, 64 Bit,
– Mehrprozessor-Syteme und Systeme mit Koprozessoren.
Ein Trend bei DSPs ist die VLIW- (Very Long Instruction Word)-Architektur.

# 9.4   Multi-Core- und Mehrprozessorsysteme

Es wird zwischen Multi-Core-, Mehrprozessor- und verteilten Systemen unterschieden.
Multi-Core-Systeme oder Multi-Core-Prozessoren stellen praktisch eine Prozessoreinheit
mit mehreren „Prozessorkernen" dar, die meist auf einem Chip integriert sind. Ein Beispiel dafür sind die Prozessoren der NXP LPC4300-Serie, die schematisch in Abbildung
9.18, Seite 415 dargestellt sind. Mehrprozessorsysteme bestehen aus mehreren separaten
Mikroprozessoren, die über ein Verbingungssystem miteinander kommunizieren können.
Der Trend geht klar in Richtung Multi-Core-Prozessoren. „Verteilte Systeme" werden
in Abschnitt 1.6, Seite 17 behandelt.

Warum werden Mehrprozessorsysteme oder Multi-Core-Systeme eingesetzt? Manche
Echtzeit-Aufgaben erfordern so viel Rechenleistung, dass sie auch mit einem sehr schnel-

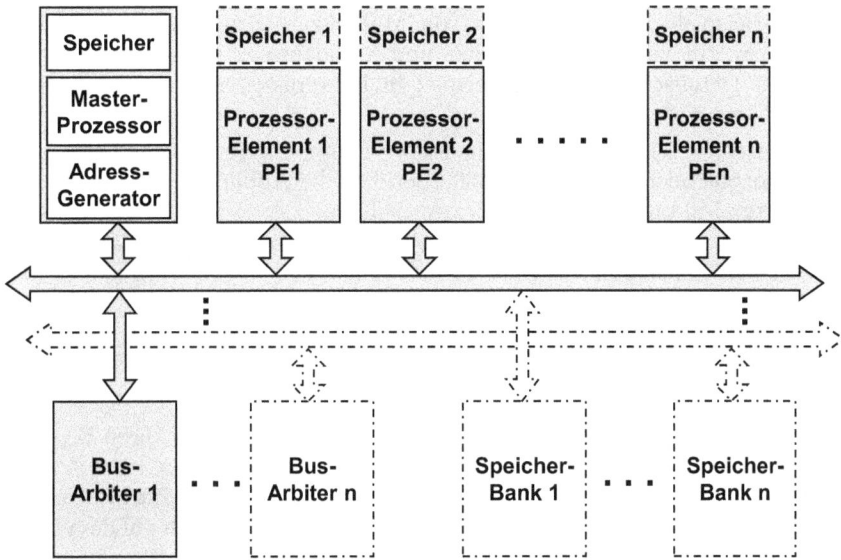

**Abbildung 9.15:** *Schema eines Mehrprozessorsystems. Ein Standard-Prozessor als Master-Prozessor koordiniert die Aufgaben mehrerer Hochleistungs-Prozessorelemente. Oft gibt es mehrere Busse, Speicherbänke und Zusatzeinheiten wie z. B. Bus-Arbiter.*

len (und teuren) einzelnen Mikroprozessor kaum lösbar sind. Die Verteilung der Rechenleistung auf mehrere Mikroprozessoren bzw. Mikroprozessor-Kerne liefert nicht nur eine vielfach erhöhte Rechenleistung durch parallele Datenverarbeitung, sondern auch ein besseres Verhältnis von Performanz zu Energiebedarf (siehe Abschnitt 9.1, Seite 382) und damit in der Regel auch eine bessere Leistungs- und Wäremeverteilung auf dem Chip. Zudem ist das Kosten/Performanz-Verhältnis wesentlich besser als eine Lösung mit einem einzelnen Prozessor.

Abbildung 9.15 zeigt schematisch ein Mehrprozessorsystem wie es beispielsweise für Hochleistungs-Digitale Signalprozessoren (DSPs) Anwendung findet. Das ganze Prozessorsystem kann auf einem Chip integriert sein. Ein „Master-Prozessor", meist ein RISC-Prozessor, koordiniert und verteilt die Aufgaben an die Prozessorelemente PE1 bis PEn. In unmittelbarer Nähe des Master-Prozessors befindet sich ein Speicherbaustein und ein Adressgenerator. Die Prozessorelemente sind oft Hochleistungsprozessoren oder Spezialprozessoren für bestimmte Anwendungen, zum Beispiel Digitale Signalprozessoren. Multi-Core- und Mehrprozessorsystemen werden nur dann effizient genutzt, wenn die Rechenlast möglichst gleichmäßig auf die einzelnen Prozessoren bzw. Prozessorkerne verteilt wird (Load Balancing). Bei Multi-Core-Prozessoren gibt es meist passende Compiler, die beim Kompilieren der Programme, die Rechenlast möglichst gleichmäßig aufteilen. In einem Mehrprozessorsystem übernimmt die Aufgabe der Rechenlast-Verteilung der Master-Prozessor. Für die Anbindung der Speicher an die Prozessoren gibt es verschiedene Philosophien. Die einzelnen Prozessorelemente können jeweils Zugriff auf einen eigenen Speicherblock haben oder es gibt gemeinsame Speicherbänke, die über ein oder mehrere Bussysteme zugreifbar sind. Für jeden Bus ist jeweils ein Arbiter nötig.

Anwendungs-Beispiele für den Einsatz von Multi-Core- bzw. Mehrprozessorsystemen sind Grafik- bzw. Bildverarbeitung, Video- und Audioanwendungen, Steuerung und Verarbeitung von Datenströmen, zum Beispiel in Fahrerassistenzsystemen. Beispiele für Multi-Core-Prozessoren sind:

- Der ARM Cortex-A57 mit einem Quad-Core-Prozessor-Kern (siehe Seite 410).
- NXP-Mikrocontroller aus der LPC4300-Serie (siehe Abbildung 9.18, Seite 415) enthalten Cortex-M0 und Cortex-M4-Prozessor-Kerne.
- Die Texas Instruments KeyStone$^{TM}$-Multicore DSPs, z. B. die TMS320C66x-Serie (siehe Seite 417) enthalten mehrere Prozessor-Kerne.

# 9.5    Mikroprozessor-Familien

Im Folgenden nennen wir einige Beispiele von Mikroprozessoren mit ihren Eigenschaften. Es liegt nicht in der Absicht der Autoren, Werbung für die genannten Firmen zu machen. Es soll vielmehr die Vielfalt der Eigenschaften von verfügbaren Mikroprozessoren und Mikrocontrollern gezeigt werden. Der Entwickler ist angehalten, sich auf dem Markt auch bei anderen Firmen kundig zu machen. Die Auswahl der erwähnten Prozessoren ist auch keinesfalls repräsentativ. Möglicherweise werden nach dem Erscheinen des Buches einige der erwähnten Prozessoren nicht mehr auf dem Markt verfügbar, dagegen werden neue hinzugekommen sein.

### Die ARM-Prozessorfamilien

Bei Eingebetteten Systemen nehmen die Prozessorfamilien der Firma ARM (oder Arm) eine führende Rolle ein. Die Firma ARM hat ihren Ursprung im britischen Unternehmen Acorn, in dem 1983 die sehr erfolgreiche „Acorn RISC-Machine"-Architektur entwickelt wurde. Acorn gründete 1990 zusammen mit Apple und VLSI Technology die Firma *Advanced Risc Machines Ltd. (ARM)*. Die Firma ARM produziert die Prozessor-Hardware-Chips nicht selbst, sondern verkauft Intellectual-Property-Lizenzen (IP-Lizenzen) zusammen mit Entwicklungsdokumentation und -werkzeugen. Das heißt, der Kunde, der eine ARM-Prozessor-Lizenz erwirbt, kauft die Lizenz für eine ARM-Prozessor-Architektur, mit dem dazugehörigen Befehlssatz. Das bedeutet, der Lizenznehmer erhält die Technologie-unabhängige Beschreibung eines ARM-Prozessor-Typs mit der dazugehörigen ARM-Peripherie zum Beispiel als Netzliste in einer bestimmten Hardware-Beschreibungssprache (siehe Kapitel 5) und entwickelt mit dem ARM-Prozessor oder den ARM-Prozessoren und eventuell mit eigenen Komponenten ein Hardware-Ein-Chip-System (SoC). Das so entwickelte SoC kann danach auf der Basis einer gewählten Technologie als Hardware-Chip produziert werden.

Ein Hinweis auf die Beliebtheit der ARM-Prozessoren sind nicht nur über zwanzig Milliarden verkaufte ARM-Lizenzen (2014) in etwa zwanzig Jahren, sondern auch die vielen ARM-Lizenznehmer in der Halbleiterindustrie. Beispiele dafür sind [WikArm21]: Analog Devices, Atmel, Freescale, Fujitsu, Intel, IBM, Infineon, Nintendo Semiconductors, NXP-Semiconductors, Samsung, Sharp, STMicroelectronics, Texas Instruments usw.

Die Abbildung 9.16 zeigt eine vereinfachte, schematische Zusammenstellung der ARM-Prozessorfamilien (nach [ARM18] und [WikArm21]). Jede Familie (Armv6, Armv7, Armv8 etc.) ist durch bestimmte Prozessorkerne gekennzeichnet. Die Prozessorkerne

Performance →

| | Armv7-A | Armv8-A | Armv9 | | |
|---|---|---|---|---|---|
| **High performance** | Cortex-A17 / Cortex-A15 | Cortex-A75 / Cortex-A57 | Cortex-A710 / Neoverse | Cortex-A | Application |
| **High efficiency** | Cortex-A9 / Cortex-A8 | Cortex-A55 / Cortex-A53 | | | |
| **Ultra high efficiency** | Cortex-A7 / Cortex-A5 | Cortex-A35 / Cortex-A32 | | | |
| | Armv7-R | Armv8-R | | | |
| **Real Time** | Cortex-R8 / Cortex-R7 / Cortex-R5 / Cortex-R4 | Cortex-R52 | | Cortex-R | Real Time |
| | Armv7-M | Armv8-M | | | |
| **High performance** | Cortex-M7 | | | Cortex-M | Microprocessors |
| **Performance efficiency** | Cortex-M4 / Cortex-M3 | Cortex-M33 | | | |
| | Armv6-M | | | | |
| **Lowest power and area** | Cortex-M0+ / Cortex-M0 | Cortex-M23 | | | |

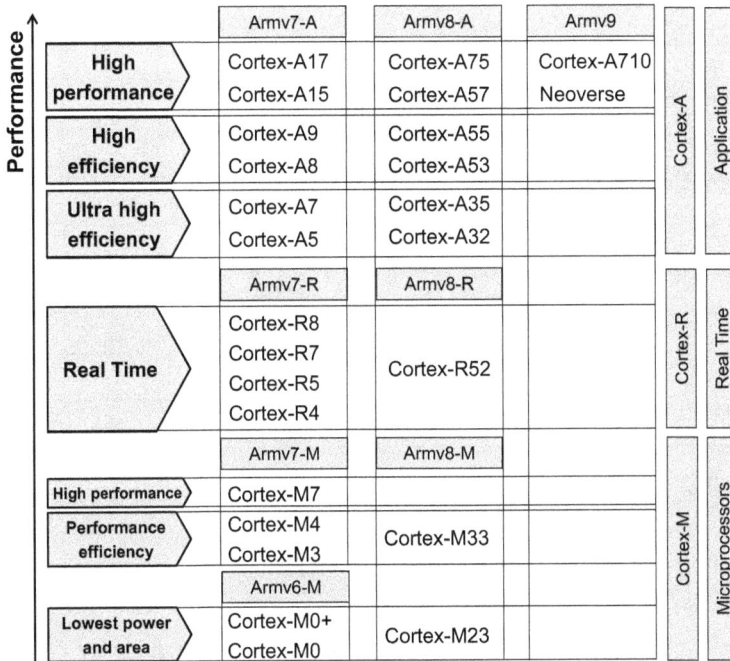

*Abbildung 9.16:* Die ARM-Prozessor-Familien, schematisch und vereinfacht dargestellt. Es sind nur Beispiele der ARM-Typen aufgeführt. Die ARMv9-Familie kam 2021 auf den Markt (nach [ARM18] und [WikArm21]).

unterscheiden sich in mehreren Eigenschaften beispielsweise in der Stufenzahl der Pipeline (siehe Seite 398), in der Anzahl der Caches, in der Cache-Verwaltung usw. Im Folgenden werden die einzelnen Prozessorfamilien etwas näher beschrieben.

### Die Cortex-M-Prozessoren

Die Cortex-M-Familie umfasst die ARM-Mikrocontroller. Der Cortex-M0-Prozessor ist der kostengünstigste und der „kleinste" Prozessor der ARM-Familien, das heißt, nach einer Synthese und Implementierung nimmt er die kleinste Chipfläche ein, verglichen mit anderen Typen aus den Cortex-Familien. Verfügbar sind die Typen M0, M0+, M1 (2021).

Die Abbildung 9.17, linke Seite zeigt das Blockdiagramm des Cortex-M7-Prozessors. Er ist ein ein sehr leistungsstarker Prozessor der Cortex-M-Familie und kombiniert eine sechsstufuge, superskalare Pipeline mit Daten- und Instruktions-Cache (I-Cache, D-Cache), Fließkomma-Einheit (Floating Point Unit, FPU) und Memory Protection Unit (MPU). Der Cortex-M7 verfügt über viele zusätzliche Funktionseinheiten wie eine „Debug"-Einheit mit einem „Embedded Trace Macrocell Interface" (ETM), einer Interrupt-Steuerung (Nested Vectored Interrupt Controller), die 8 bis 256 priorisierte Unterbrechungen zulässt, den „Wakeup Interrupt Controller (WIC)", der den Prozessor bei einem Interrupt aufweckt, wenn dieser im „Sleep"-Energiespar-Modus liegt (siehe Abschnitt 2.10), eine „Error Checking and Correction" (ECC)-Einheit, so-

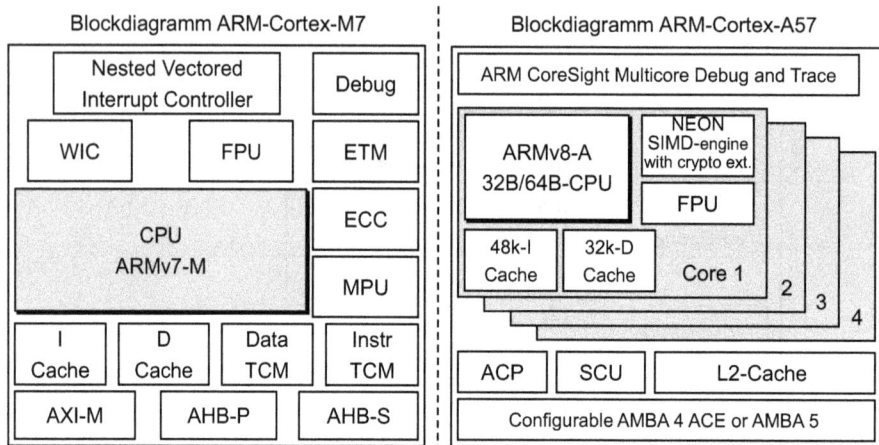

**Abbildung 9.17:** *Linke Seite: Blockdiagramm des ARM-Cortex-M7. Rechte Seite: Blockdiagramm des ARM-Cortex-A57, ein Quad-Core-Prozessor für hohe Performanz-Ansprüche. Auf die Abkürzungen wird im Text kurz eingegangen. (vereinfacht aus [ARM18]).*

wie „Tightly Couples Memories (TCM)", das sind Registerspeicher mit kurzem Zugriff. Die flexiblen System- und Speicherschnittstellen wie AXI-M (Advanced extensible Master-Interface), eine erweiterbare Schnittstelle für Speicherzugriffe, die Bus-Anschlussschnittstellen AHB-P (AHB-Peripheral) und AHB-S erlauben schnelle Datenübertragung zur Peripherie und anderen Systemelementen. AHB steht für „Advanced High-Performance-Bus", der ein Teil des AMBA-Bussytems ist (siehe Abschnitt 10.2.6, Seite 433).

Die Cortex-M-Prozessoren werden beispielsweise verwendet für energieeffiziente Haushaltsgeräte-Steuerungen, in der Automobilindustrie für nicht-zeitkritische Steuerungen, für einfache industrielle Kontrollsysteme, Gebäudeüberwachung, medizinische Geräte, für Spiele, Sensor-, Touch-Screen- und Power-Management-Anwendungen.

**Cortex-R-Prozessorfamilie**

Die Cortex-R-Familie (R wie Real Time) wird für Echtzeitsysteme (siehe Abschnitt 6.1.7, Seite 254), eingesetzt. Der Prozessor, insbesondere die Pipeline-Steuerung ist so ausgelegt, dass die Ausführungszeiten der Instruktionen vorhersagbar sind und damit kann die Ausführungszeit für Basis-Programmblöcke zuverlässig berechnet werden.

Die Cortex-R-Prozessoren basieren auf einer „Protected Memory" System-Architektur. Das heißt, die Speicher für das Betriebssystem einschließlich sensitiver Daten und Tabellen liegen in einem geschützten Bereich, Benutzer und Benutzerprogramme können darauf nicht zugreifen.

Anwendungsbereiche für die Cortex-R-Familie sind beispielsweise Echtzeitanwendungen im Automobilbau wie das Bremssystem und die Motorsteuerung, zuverlässige Systemsteuerungen in der Medizin, in Netzwerken, in Druckern, Gerätetreibern für Festplattensteuerungen, Smartphones usw.

**Cortex-A-Prozessorfamilie**

Die Cortex-A-Familie (A wie Application) basiert auf einer Mehrprozessor-Technologie die von einem bis (mindestens) vier Prozessorkernen konfigurierbar ist. Sie schließt das obere Ende der Cortex-Familien mit einer 15-stufigen Pipeline, höchster Leistung und guter Energieeffizienz ab [ARM18]. Die Cortex-A-Familie zielt auf Eingebettete Systeme mit rechenintensiven Anwendungen. Die Typen A5 bis A17 (siehe Abbildung 9.16) umfassen 32-Bit-Prozessoren, während die Typen von A53 an aufwärts 32-Bit und 64-Bit Prozessorkerne einschließen können. Betriebssysteme wie Linux (Ubuntu), Android, Chrome, Debian, QNX, Wind River, Symbian, Windows CE usw. werden unterstützt.

Die Abbildung 9.17, rechte Seite zeigt ein vereinfachtes Blockdiagramm einer Multiprozessor-Konfiguration des ARM Cortex-A57 mit vier Prozessorkernen [ARM18]. Die Armv8- und Armv9-Architektur kann 64-Bit Anwendungen ausführen und ist „rückwärts kompatibel" zu bestehenden 32-Bit-Anwendungen. Die Instruktionsverarbeitung ist superscalar, die Pipeline ist „Out-Of-Order" von variabler Länge, garantiert höchste Verarbeitungsgeschwindigkeit, ist aber für Echtzeitsysteme nicht geeignet.

Der NEON SIMD (Single Instruction Multiple Data)-Prozessor ist für Multimedia-Anwendungen geeignet und kann Datenströme verarbeiten. Zusätzlich gibt es eine Verschlüsselungs-Erweiterung (Cryptographic Extension). Jeder Prozessorkern enthält einen Instruktions- und einen Daten-Cache (I-Cache, D-Cache). Ein Level-2-Cache wird von allen Kernen genutzt (siehe auch Cache-Beispiel, Seite 394). Die „**Snoop Control Unit**" (SCU) koordiniert die Daten die von den einzelnen Caches in den Hauptspeicher geschrieben werden und die Arbitrierung bei der Kommunikation, kurz: sie sorgt für Cache-Kohärenz (Cache Coherency, siehe auch Seite 394). ACP bedeutet „Accelerator Coherency Port" für eine „Slave-Schnittstelle", sie unterstützt eine Datenbreite von 64 Bit oder 128 Bit. Configuralble AMBA 4 ACE (AMBA Coherency Extensions) ist eine konfigurierbare Speicher-Schnittstelle (Memory Interface) über den AMBA-Bus, die Hardware-Cache-Kohärenz-Funktionen unterstützt.

Bei der **Arm-Neoverse-N1**-Familie, die bestimmt ist für Server mit Cloud-Anwendungen, wird Wert auf hohe Leistungseffizienz (Performance/Watt) gelegt. Arm wirbt mit Slogans wie: Es wird „eine im Markt führende Leistung bei halber Leistungsaufnahme geliefert" [Arm-N1-21]. Neoverse N1 verwendet die Armv8.2-A- oder Armv9-A-Architekturen. Arm-Partner haben Prozessoren auf der Neoverse-Plattform mit 128 Prozessorkernen pro Modul entwickelt. Weitere Versionen der Neoverse-Plattform sind zum Beispiel die Neoverse-N2 und die Neoverse-SVE (Scalable Vector Extension) [Arm-N1-21].

Weitere Beispiele von Anwendungsbereichen für die Cortex-A-Familie sind: Mobiles Computing und Smartphones, DSP-Anwendungen für digitale Heimgeräte, zum Beispiel Set-top-Boxen und digitales Fernsehen (HDTV), Laserjet-Drucker-Steuerungen, Web-Server mit virtuellem Speichermanagement, Router, Automotives Infotainement, Navigationssysteme, Drahtlose Infrastruktur (z.B. WLAN) mit virtuellem Speichermanagement und Unterstützung für bis zu 1 TB Daten.

Die **Arm-Ethos-N**-Familie, ist bestimmt für Künstliche-Intelligez-(KI)- Anwendungen (siehe Kapitel 4). Arm kündigte die Ethos-Familie im Jahr 2019 an, die synthetisierbare „Neural Prozessor Units (NPUs)" für verschiedene Marktsegmente beinhaltet.

Die Prozessor-IPs von ARM sind für die Integration in Mikrocontrollern und Ein-Chip-Systemen (SoCs) vorgesehen. Wer Prozessor-Hardware für eine Eingebettetes System oder für ein Prototypen-Board benötigt, sollte sich auch bei anderen Prozessor-Anbietern kundig machen, z. B. bei den unten aufgeführten. Viele dieser Produzenten von Mikroprozessoren und Mikrocontrollern verwenden auch ARM-Prozessor-IPs. Der Firma ARM erwächst Konkurrenz von frei verfügbaren RISC-V-Prozessor-Kernen (siehe Seite 385).

### Die Microchip-Mikrocontroller

Die Firma Microchip Technology Inc. [MIC21] wurde 1989 in Chandler (Arizona, USA) gegründet. Sie wurde bekannt durch ihre PIC®-Mikrocontroller (Microcontroller Units MCU). Im Jahr 2016 kaufte Microchip die traditionsreiche Firma Atmel und übernahm deren Entwicklung und Fertigung. Die Firma Atmel Corporation wurde im Jahre 1984 in San Jose in Kalifornien gegründet und begann ihre Erfolgsserie mit Mikrocontrollern, die auf Intels 8051-Architektur (siehe Abschnitt 9.3.1, Seite 407) basieren. Microchip liefert eine sehr breite Produktpalette von kleinsten 8-Bit-Mikroprozessoren, der PIC- und „ATtiny"-Serie in Dual-in-Line-Modulen mit $2 \times 3$ Anschlusspins bis zu quadratischen Modulen mit 32-Bit MCUs und mehr als 100 Anschlusspins.

Je nach Chipgröße bzw. Modulgröße sind in die Mikrocontroller neben Flash-Speichern eine Vielzahl von Peripheren Bausteinen integriert, wie zum Beispiel:
- Analog-Digital und Digital-Analog Umwandler (ADCs, DACs),
- Komaparatoren (Comparators),
- Stromtreiber (HC I/O: High Current Input/Outputs),
- Puls-Weiten-Modulatoren (Pulse Width Modulators PWMs, siehe Seite 416),
- Zeitgeber (Timer),
- Numerisch gesteuerte Oszillatoren (Numeric Controlled Oscillators, NCO),
- Watchdog Timer (WDT) und Windowed Watchdog Timer (WWDT, siehe Seite 416,
- Schnittstellen-Bausteine wie UART (Universal Asynchoneous Receive Transmit), I2C (Inter Integrated Chip, siehe Seite 447), SPI (Serial-Parallel-Interface),
- Bildschirm-Berührungs-Schnittstelle (Touch Screen Sensing Interface), und einige weitere.

Die Anwendungsgebiete für Mikrocontroller der Firma Microchip sind vielfältig, zum Beispiel [MIC21]:
- Für praktisch alle verteilten Systeme im automotiven Bereich (siehe Seite 18), zum Beispiel Batterie-Ladesteuerungen, Schnittstellen zum CAN-, LIN- und MOST-Bus (siehe Seiten 455, 462),
- Anzeigesteuerungen (Display-Controller) für alle möglichen Bildschirme (z. B. LED-Monitore),
- Ethernet-Schnittstellen (siehe Seite 452),
- Messungen hoher Temperatur und hoher Spannungen, Produktion von MEMS (siehe Seite 20),
- Haushaltsgeräte- und Beleuchtungs-Steuerungen,
- Steuerungen medizinischer Geräte,
- Berührungs-Sensoren (Touch Screen Sensors),
- Steuerungen für Drahtlose Verbindungen,
- und viele weitere.

**NXP-Prozessoren**

Die niederländische Firma NXP Semiconductors ist im Jahre 2006 aus der Firma Philips Semiconductors hervorgegangen und hat deren Produktbereich übernommen. Im Jahr 2015 hat NXP die Firma Freescale Semiconductor Ltd. (ehemals Motorola) übernommen. Der Lieferumfang umfasst Halbleiterbausteine und Mikrocontroller (MCU) für die Analogtechnik, „Near Field Communication" (NFC, drahtlose Kommunikation im Nahbereich), Automatisierungstechnik, Beleuchtungssteuerung, Automotive Bauteile, Radio, Fernsehen, Mobilfunk, tragbare Medizintechnik, Druckersteuerungen usw. Wir stellen je einen NXP-Mikroprozessor am unteren und am oberen Leistungsende vor. Am unteren Leistungsende liegt die LPC800-Serie mit 8-Bit- und 16-Bit-Typen. Am oberen Leistungsende findet man z. B. die LPC4300-Serie mit zwei 32-Bit-ARM-Prozessoren (2021).

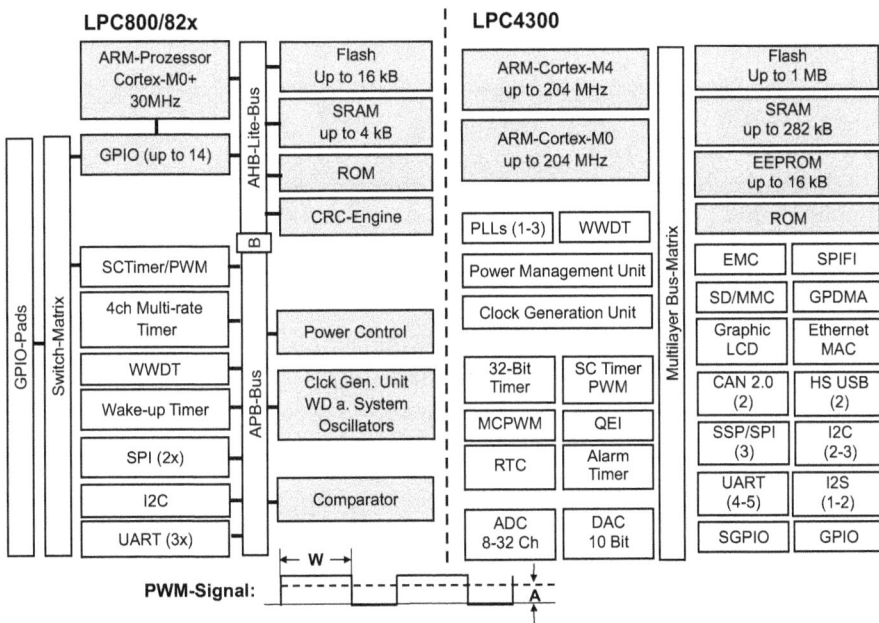

**Abbildung 9.18:** *Linke Seite: Schematisch vereinfacht dargestellt: Mikrocontroller-Blockschaltbild der LPC800-Serie. Rechte Seite: Schematisch vereinfacht dargestellt: MCU-Blockschaltbild der LPC4300-Serie (nach NXP-Datenblättern [NXP21]).*

Abbildung 9.18 linke Seite zeigt schematisch das Blockschaltbild der **LPC800**-Serie, die zur unteren Leistungsklasse der NXP-Mikrocontroller-Familie gehört. Die LPC800- und die LPC82x-Serie basiert auf einem ARM Cortex-M0-Prozessor, der bis zu 30 MHz getaktet werden kann. Als Speicher stehen zur Verfügung: Ein Flash-Speicher bis 32 kB, ein SRAM bis 8 kB und ein Read-Only-Memory (ROM)-Block. Die Cyclic Redundancy Check (CRC)-Engine erzeugt Prüffelder für Datenblöcke, um Fehler bei der Speicherung von Daten zu erkennen.

Es gibt eine Reihe von Zeitgebern (Timer) im LPC82x: Den „State Configurable Timer (SC Timer) mit PWM-Funktion. PWM steht für ein periodisches „Puls-Weiten-

Modulations"-Signal (siehe Abbildung 9.18 unten). Schickt man ein PWM-Signal durch
ein Tiefpassfilter, so ist die Pulsweite W proportional zu der Amplitude A des Analog-
signals am Ausgang des Filters. Damit kann das PWM-Signal z. B. für Motorsteuerun-
gen oder für regelbare Beleuchtungen verwendet werden, wobei in den beiden genannten
Fällen in der Regel auf ein Filter verzichtet werden kann. Der „Windowed Watchdog
Timer (WWDT)" hilft das Zeitintervall für den „Watchdog" durch ein „Fenster" ein-
zustellen. Der „Watchdog" setzt den Prozessor bei Störungen oder wenn das laufende
Programm in einer Endlosschleife verharrt, in den Anfangszustand zurück. Der „Wake
Up Timer" wird eingesetzt, um den Prozessor aus einem „Power down-Zustand" (siehe
Abschnitt 9.2.9, Seite 404) wieder aufzuwecken.

Mit Hilfe einer „Switch-Matrix", die einem Kreuzschienenverteiler (siehe Seite 443)
ähnlich ist, können verschiedene Schnittstellen von außen oder nach außen auf die
Anschluss-Pins geschaltet werden. Es sind dies die General Purpose-I/O-Schnittstelle
mit bis zu 29 Anschlüssen oder drei „Universal Synchroneous/Asynchroneous Recei-
ve/Transmit" (USART)-Anschlüsse, zwei Serial Peripheral Interfaces (SPI) oder bis zu
vier I2C-Bus-Anschlüsse (siehe Abschnitt 10.4.1, Seite 447). Eine Leistungsaufnahme-
Steuerung (Power Control) sorgt dafür, dass die Leistungsaufnahme im Leerlauf in vier
Stufen abgesenkt wird (siehe Abschnitt 9.2.9, Seite 404). Für die Generierung verschiedener Taktsignale stehen mehrere System-Oszillatoren zur Verfügung, darunter ist ein
programmierbaren „Watchdog (WD)"-Oszillator. Analoge Peripherie-Anschlüsse sind
ein Komparator (Comparator) mit externer oder interner Referenzspannung und ein
12-Bit-Analog-Digital-Konverter (ADC). Der Prozessor, der GPIO-Kontroller, die Speicher und der CRC-Generator sind über einen AMBA-Lite-Bus (AHB-Lite) verbunden,
der über eine Brücke (B) an den AHB-Peripheral-Bus (APB-Bus) angeschlossen ist.

Anwendungsbeispiele für einen Mikrocontroller der LPC800-Serie sind einfache Regelungen und Steuerungen für Spiele oder industrielle Anwendungen, beispielsweise die
Steuerung eines Kaffee-Automaten, Klimaregelung, sowie einfache Motor- und Beleuchtungssteuerungen.

Abbildung 9.18 rechte Seite zeigt schematisch das Blockschaltbild der **LPC4300**-Serie,
die zur oberen Leistungsklasse der NXP-Mikrocontroller-Familie gehört. Die LPC4300-
Serie beinhaltet zwei ARM Cortex-Prozessoren, einem Cortex-M4- und einem Cortex-
M0-Prozessor (siehe Abschnitt 9.5, Seite 410) die bis zu 204 MHz getaktet werden
können. Verglichen mit der LPC800-Serie gibt es mehr und anspruchsvollere Funktionen, zum Beispiel größere Speicher, weitaus mehr und schnellere Schnittstellen, mehr
justierbare Oszillatoren, mehr Zeitgeber usw. Die einzelnen Prozessor- und Funktionselemente werden über eine „Multilayer Bus Matrix" miteinander verbunden, die einem
Kreuzschienenverteiler für Busse ähnlich ist (siehe Abschnitt 10.3.2, Seite 443). Die Bedeutung der Abkürzungen aus dem schematischen Blockschaltbild Abbildung 9.18 rechts
sind:

– PLLs: Phase-Locked Loop-Schaltungen werden im Zusammenhang mit regelbaren
  Oszillatoren verwendet, um Oszillatoren hoher Konstanz zu realisieren.
– WWDT: Windowed Watchdog Timer.
– SC Timer/PWM: State Configurable Timer, PWM: Puls-Weiten-Modulation.
– MCPWM: Motor Control PWM.
– QEI: One Quadrature Encoder Interface. Wird verwendet um z. B. Motor-Drehzahlen
  zu messen.

- RTC: Real Time Clock.
- ADC/DAC: Analogue Digital Converter, Diagital Analogue Converter.
- EMC: External Memory Controller.
- SPIFI: SPI Flash Interface.
- SD/MMC: Secure Digital Input/Output Interface für Multimedia-Karten.
- GPDMA: General Purpose Direct Memory Access.
- Graphic LCD: Liquid Crystal Display Controller mit DMA support.
- CAN 2.0: Controller Area Network (siehe Seite 455).
- HS USB: High Speed USB.
- SSP/SPI: Synchroneous Serial Port, Serial Peripheral Interface.

Auf die Beschreibung der einzelnen Funktionselemente können wir hier nicht eingehen und verweisen auf die Datenblätter von NXP Semiconductors [NXP21]. Anwendungsbeispiele für einen Mikrocontroller der LPC4300-Serie sind Haushaltsgeräte-Steuerungen, industrielle Automation, Audio-Anwendungen für Eingebettete Systeme, beispielsweise die Steuerung für einen MP3-Player, wobei der Cortex-M4 Prozessor die Verarbeitung des Audio-Signals und der Cortex-M0 die Steuerung und das Interrupt-Handling übernehmen können.

**Prozessoren und Mikrocontroller der Firma Texas Instruments**

Die Firma Texas Instruments (TI) gehört nicht nur zu den größten Technologieunternehmen der USA, sondern rangiert auch in der Liste der „Top Ten" der weltweit größten Halbleiterhersteller. Entsprechend groß ist auch die Auswahl der Halbleiter-Produkte von TI. Die verfügbaren Prozessoren von TI werden in drei Kategorien eingeteilt: ARM-basierte 32-Bit-Prozessoren, Digitale Signal-Prozessoren (DSP) und Mikrocontroller [TI21].

- Die **ARM-basierten 32-Bit-Prozessoren** sind für Anwendungen mit hohen Leistungsansprüchen vorgesehen (Power Applications), sie bestehen aus der „Sitara$^{TM}$"- sowie der „KeyStone$^{TM}$" und der OMAP$^{TM}$-Serie. Die Sitara-Serie basiert auf ARM-Cortex-A8, Cortex-A9 und ARM9-Prozessoren. Die KeyStone-Serie beinhaltet Cortex-A15-Prozessoren und die OMAP-Serie enthält Cortex-A8, A9 und A15-Prozessoren. Als Anwendungsbereiche werden zum Beispiel angegeben: Industrielle und Gebäude-Automation, Mensch-Maschine-Schnittstellen (Human Machine Interface HMI), Supermarkt-Kassenanwendungen, automotive Anwendungen mit hohem Leistungsbedarf.
- Die Multicore-Serie mit mehreren ARM-basierten Prozessor-Kernen bietet folgende Typen an: die KeyStone$^{TM}$-Multicore- und die C6000 Multicore-Typen. Anwendungsbereiche sind zum Beispiel: Tragbare Geräte für Sprachaufnahme und -Wiedergabe, tragbare Video-, medizinische- und Messgeräte, maschinelles Sehen, bildgebende Verfahren in der Medizin, drahtlose Datenübertragung.
- Die **Mikrocontroller**-Familie von TI wird aufgeteilt zum Beispiel in die 16-Bit-Ultra Low Power Mikrocontroller, repräsentiert durch die MSP430-Serie, die 32-Bit Real Time-Mikrokontroller mit der C2000-Serie und in die 32-Bit ARM-basierten Mikrocontroller mit der Tiva$^{TM}$ C-Serie.

  Anwendungen sind zum Beispiel: Mixed-Signal-Anwendungen für tragbare Geräte der Unterhaltungs- und Haushaltselektronik, industrielle Messgeräte, Anwendungen in Tablet-Computern, in Blutzucker-Messgeräten, Rauchmeldern, Motorsteuerungen, Beleuchtungssteuerungen, Steuerungen für Photo-Voltaik-Anlagen, Medizinische Geräte.

**Infineon-Mikrocontroller**

Die Firma Infineon hat im Jahre 1999 das Halbleitergeschäft der Siemens A.G. übernommen. Das Infineon-Mikrocontroller-Angebot reicht von der 8/16-Bit-Serie mit programmierbaren Systemen-auf-einem-Chip (PSoCs) bis zu den 32-Bit-PSoC 6-Products mit Dual-Core Arm Cortex-M-Prozessoren.

Die 8-Bit und 16-Bit Familien sind vorgesehen zum Beispiel für einfachere Anwendung im automotiven Bereich, für Berührungsbildschirme, Haushaltsgeräte, Lichtsteuerungen.

Die **TriCore**$^{TM}$ mit den AURIX$^{TM}$, und Pro-SIL$^{TM}$-Serien [Inf21] enthalten jeweils einen RISC-, einen Mikrocontroller- und einen DSP-Prozessorkern.

Die 32-Bit- und die TriCore-Prozessor-Familie (zum Beispiel der AURIX$^{TM}$-Mikrocontroller) ist bestimmt für höhere Datenverarbeitungsleistungen, sowie sicherheitskritische (Security und Safety)- Anwendungen z. B. im Automobilbereich, für Echtzeitanwendungen und in Eingebetteten Systemen der Steuerungstechnik, Mess- und Regeltechnik. Der TriCore-Prozessor (Drei-Kern-Prozessor) kombiniert die Befehlssätze eines RISC-Prozessors, eines Mikrocontrollers sowie eines DSP-Prozessors und enthält neben einem 32-Bit-Mikroprozessor einen Peripherieprozessor, der die Anbindung an verschiedene Sensorumgebungen ermöglicht.

Apple M1-System on a Chip

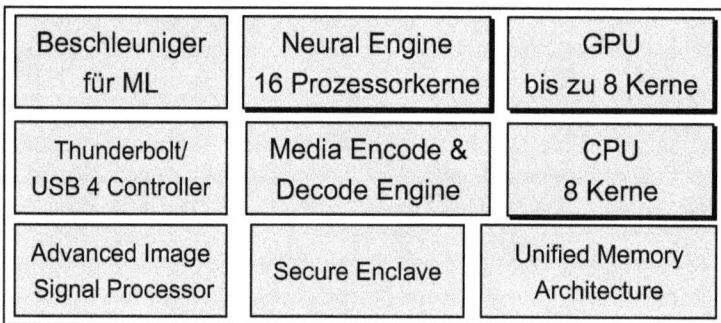

| Beschleuniger für ML | Neural Engine 16 Prozessorkerne | GPU bis zu 8 Kerne |
|---|---|---|
| Thunderbolt/ USB 4 Controller | Media Encode & Decode Engine | CPU 8 Kerne |
| Advanced Image Signal Processor | Secure Enclave | Unified Memory Architecture |

**Abbildung 9.19:** *Schematische Darstellung der wichtigsten Funktionsblöcke des Apple-M1-SoC [App20].*

**Das Apple-M1-Chip**

An vorderster Front der Technologieentwicklung im Jahr 2020 steht das M1-Chip der Firma Apple, das im November 2020 freigegeben wurde [App20]. Abbildung 9.19 zeigt schematisch die wichtigsten Funktionsblöcke des Chips. Das M1-Chip ist ein „System on a chip (SoC)" mit folgenden Kennzahlen:

– Die Strukturbreite beträgt 5 nm.
– Auf dem Chip befinden sich 16 Milliarden ($16 \cdot 10^9$) Transistoren.
– Um KI-(künstliche Intelligenz)-Funktionen realisieren zu können ist eine „Neural Engine" mit 16 Prozessorkernen implementiert, die 11 Billionen ($11 \cdot 10^{12}$) Operationen pro Sekunde leistet.
– Einige Beschleuniger für „Machine Learning" (siehe Seite 132) unterstützen die KI-Funktionen.

- Für Bildverarbeitung steht ein „Advanced Image-Signal Processor" zur Verfügung.
- Eine Graphik Processor Unit (GPU) mit bis zu 8 Prozessorkernen mit je 16 Execution-Units, also insgesamt 128 Ausführungs-Einheiten, die insgesamt bis zu 25.000 Threads gleichzeitig ausführen können. Das ergibt eine Rechenleistung von 2,6 Teraflops pro Sekunde ($2,6 \cdot 10^{12}$ Floating Point Operationen pro Sekunde) bei 10 Watt elektrischer Leistungsaufnahme.
- Eine Central Prcessor Unit (CPU) mit 8 Prozessorkernen sorgt für starke Rechenkapizät.
- Die „Secure Enclave" ist ein sicheres Subsystem, das vom Hauptprozessor isoliert ist [AppSE21]. Es verschlüsselt sensible Benutzerdaten mit Hilfe eines AES-Algorithmus [WikAES21]. Die Daten können unabhängig vom Anwendungsprozessor in einem NAND-Flashspeicher abgelegt werden.
- Die „Media Encode and Decode Engines" encodieren und kodieren Media-Daten, das sind Bild- und Tondaten.
- Der „Thunderbolt USB 4 Controller" implementiert eine schnelle Eingabe/Ausgabe-Schnittstelle.
- Ein Arbeitsspeicher mit vereinheitlichter Seicherarchitektur (Unified Memory Architecture) und 16 GB Speicherkapazität. der Speicher ist leider nicht erweiterbar.

Die Firma Apple, die bisher Prozessoren der Firma Intel verwendete, beginnt mit dem M1-Chip Apple-Produkte wie zum Beispiel das Macbook mit eigenen SoCs zu versorgen.

Die **Neural Engine** arbeitet mit der CPU und der GPU zusammen und wird für Aufgaben der künstlichen Intelligenz und des maschinellen Lernens verwendet, wie zum Beispiel Spracherkennung, Sprachübersetzung, Bilderkennung, Videoanalyse, Bewegungsvorhersage usw.

Apple gibt an, dass der Energiebedarf der CPU des M1-Chips eine 3,5-fache höhere Rechenleistung pro Watt liefert als die Vorgänger-Chips von Intel. Das Gleiche gilt für die GPU. Damit wird die Akkulaufzeit des Geräts mit eingebautem M1-Chip verlängert.

Das M1-Chip ist erst der Anfang, es werden in den kommenden Jahren voraussichtlich weitere Versionen des Chips folgen, zum Beispiel mit erweiterbarem Speicher und zusätzlichen Eingabe-Ausgabe-Funktionen.

# 9.6    Zusammenfassung

Mikroprozessoren werden mehr und mehr, vor allem als Mehrprozessorsysteme für Eingebettete Systeme eingesetzt. Daher ist eine gute Kenntnis der Grundlagen wichtig. Der Trend geht vom einzelnen Mikroprozessor hin zu Einchipsystemen (Systems on a chip SoC), bei denen mehrere Prozessoren und oft auch eine „Neural Engine" auf einem Chip implementiert sind. Eine Neural Engine ist ein Prozessor, der Funktionen mit künstlicher Intelligenz und maschinellem Lernen (siehe Kapitel 4) unterstützt.

Mikroprozessoren und SoCs haben nicht nur den Vorteil kostengünstig zu sein, sie sind auch vielseitig, flexibel, erweiterungsfähig und begünstigen die Entwicklung von Produktfamilien. Wichtig ist hier, den geeignetsten Mikroprozessor bzw. das geeignetste SoC einschließlich Speicher und Peripherie für den Entwurf eines Eingebetteten Systems auszuwählen, wobei die kleine Übersicht über handelsübliche Beispiele von Mikroprozessoren und SoCs dem Leser die Suche erleichtern soll.

# 10    Kommunikation und Netzwerke

Unter Kommunikation verstehen wir hier den Datenaustausch zwischen Prozessoren oder Komponenten von Prozessoren in Eingebetteten Systemen und verteilten Systemen. Kommunikation zwischen Computern wurde durch das ISO-OSI Referenzmodell relativ früh genormt. Der Schichtenaufbau des Referenzmodells erlaubt eine Systematisierung der Kommunikation und trägt dazu bei, die Komplexität der einzelnen Kommunikationsschritte zu meistern und übersichtlicher darzustellen.

Netzwerke sind uns aus dem Gebiet der Telekommunikation bekannt und bilden einen eigenen Fachbereich. Wir gehen in diesem Kapitel auf Netzwerke ein, die für Eingebettete Systeme von Bedeutung sind, zum Beispiel Kreuzschienenverteiler, parallele Busse, serielle Busse und Feldbusse. Wir behandeln eingehend die Synchronisierung von Sender und Empfänger, die einen Datenaustausch vorbereitet und die eine wichtige Methode der Kommunikation darstellt.

Dieses Kapitel basiert auf den Büchern von Tanenbaum [Tan96], Wolf [Wolf02], Marwedel [Mar21], Gajski et al. [Ga09]. Weiter verwendete Literatur ist im Text zitiert.

In Folgendem gehen wir zunächst auf den Schichtenaufbau des ISO-OSI-Referenzmodells ein. Parallele Busse als Rückgrat eines Prozessors oder als Verbindungselemente in Eingebetteten Systemen werden vorgestellt. Weiterhin lernen wir verschiedene Netzwerke kennen, zum Beispiel Sensornetzwerke. Serielle Busse, wie sie beispielsweise im automotiven Bereich Verwendung finden, werden behandelt. Wir beschreiben die Synchronisierung und verschiedene Synchronisierungsmethoden, als Grundlage für einen zuverlässigen Datenaustausch.

## 10.1    Das ISO-OSI-Referenzmodell

Die Internationale Standardisierungsorganisation ISO hat 1983 die Kommunikation zwischen „offenen Systemen" im Open Systems Interconnection-Referenzmodell (OSI-RM), auch OSI-Schichtenmodell genannt, festgelegt. Offene Systeme sind solche, die für die Kommunikation mit anderen Systemen offen sind. Einerseits hat das OSI-RM wie keine andere Norm zum Verständnis der Telekommunikation beigetragen und Grundlagen für die Weiterentwicklung gelegt [Tan96], andererseits gibt es auch viel Kritik an dieser Norm und einige technische Implementierungen genau dieser Norm haben sich nicht durchgesetzt, weil sie zu langsam und zu komplex waren. Trotzdem ist es sinnvoll, das OSI-RM vorzustellen, da die Sprache und Begriffe des ISO-OSI-RM allgemein bekannt sind und nicht nur im Bereich Telekommunikation, sondern auch in der Kommunikation zwischen Computern und Eingebetteten Systemen verwendet wird.

https://doi.org/10.1515/9783110702064-010

Das ISO-OSI-RM teilt die Funktionalität der Kommunikation von der Anwendung bis zur Bitübertragung in sieben Schichten auf. Wir beziehen uns von Anfang an auf die Kommunikation zwischen Computern bzw. Prozessorelementen. Jeder Schicht im OSI-RM, das schematisch in Abbildung 10.1 gezeigt ist, werden bestimmte Aufgaben, *Dienste* genannt, zugewiesen. Jede Schicht kann mit der benachbarten Schicht „nach unten" bzw. „nach oben" über eine **Schnittstelle** kommunizieren. Im Laufe eines Datenaustauschs, zum Beispiel von einer Anwendung (Application) in Schicht 7 im Computer A zur Anwendung im Computer B, werden die Daten von einer Schicht zur anderen „nach unten" weitergegeben, bis sie schließlich in der Schicht 1 angekommen sind und von dort an das physikalische Medium beispielsweise über ein Kabel von Computer A in die Schicht 1 des Computers B weitergereicht werden. Von dort aus werden die Daten wieder von Schicht zu Schicht „nach oben" bis zur Anwendungsschicht durchgereicht.

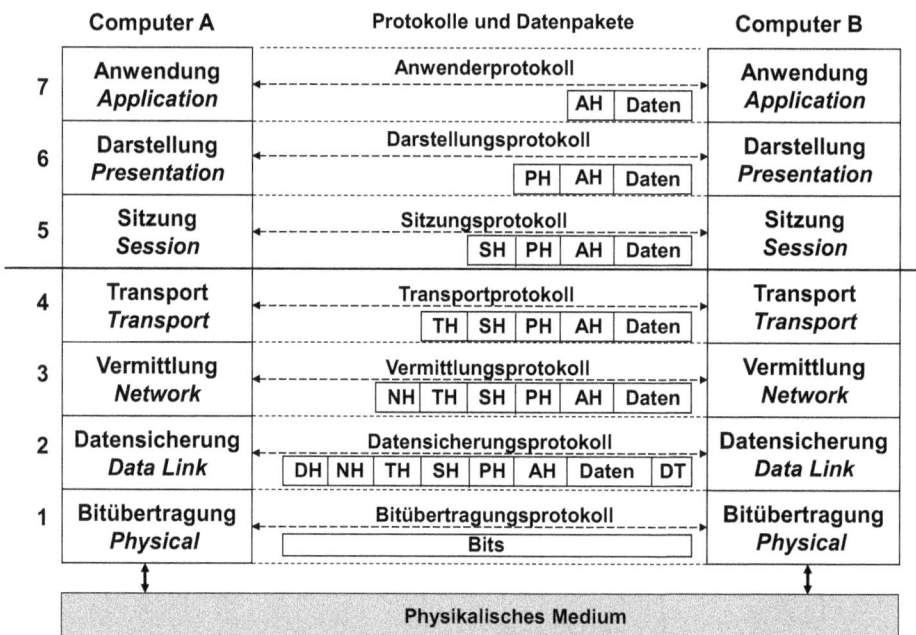

**Abbildung 10.1:** *ISO-OSI-Referenzmodell oder OSI-Schichtenmodell. Die Schichten 5 bis 7 nennt man „anwendungsorientiert", Die Schichten 1 bis 4 nennt man „transportorientiert".*

Wir unterscheiden zwischen einer „verbindungslosen" und „verbindungsorientierten" Datenübertragung. Bei einer verbindungsorientierten Übertragung wird zunächst eine Verbindung aufgebaut, die während der Übertragung bestehen bleibt und danach wieder abgebaut wird. Ein Beispiel dafür ist eine Telefonverbindung. Bei einer verbindungslosen Übertragung besteht diese Verbindung nicht. Beispielsweise werden hier Datenpakete mit einer Adresse in ein Netzwerk geschickt, die von Knoten zu Knoten übertragen werden. Jede Schicht des OSI-RM in Abbildung 10.1 wird im Folgenden kurz beschrieben.

**OSI-Schicht 1: Die Physikalische (Physical)** oder Bitübertragungsschicht ist verantwortlich für den Bitstrom zwischen physisch oder drahtlos verbundenen Systemen.

Aus mechanischer Sicht wird hier z. B. das Kabel/das Medium, der Stecker usw. bestimmt. Für die Elektronik wird z. B. die Spannung, die Bitdauer usw. festgelegt. Prozedural wird als Beispiel die Übertragungsart, z. B. unidirektional, bidirektional usw. definiert.

**OSI-Schicht 2: Die Daten-Sicherungsschicht (Data Link)** ist verantwortlich für die gesicherte Datenübertragung. Die Daten werden meist (bei einer Paketvermittlung) in nummerierte Pakete (Rahmen, Frames) zerlegt. Hier werden Fehler in der Übertragung erkannt und eventuell korrigiert. Für lokale und auch für drahtlose Netze, bei denen sich mehrere Knoten ein physisches Medium teilen, hat sich eine Untergliederung in Schicht 2a: Media Access Control (MAC) und Schicht 2b: Logical Link Control durchgesetzt [Ga09].

**OSI-Schicht 3:** In der **Vermittlungs- oder Netzwerkschicht (Network)** werden die Wege für die einzelnen Datenpakete festgelegt, d. h. der Pakettransport von Endgerät zu Endgerät wird gesteuert. Falls eine Überlastkontrolle nötig ist, wird sie hier oder in der Transportschicht durchgeführt.

**OSI-Schicht 4: Die Transportschicht (Transport)** übernimmt die Daten von der Netzwerkschicht und bereitet sie für die Sitzungsschicht vor. Werden Daten in die andere Richtung übertragen, übernimmt die Transportschicht die Daten von der Sitzungsschicht und bereitet sie auf den Transport vor. Eventuell müssen die Daten in kleinere Einheiten zerlegt werden. Die Transportschicht baut bei verbindungsorientierter Datenübertragung eine Netzverbindung auf. Die Transportschicht ist verantwortlich für eine zuverlässige Datenübertragung, d. h. sie muss für die Gewährleistung der geforderten Dienstqualität (Quality of Service QoS) sorgen. Das bedeutet, falls ein hoher Datendurchsatz benötigt wird, können auch mehrere Netzverbindungen (parallel) aufgebaut werden, man nennt dies Flusskontrolle (Flow Control) und Überlastkontrolle (Congestion Control). Die Transportschicht wird auch als eine echte *Ende-zu-Ende-Schicht* bezeichnet. Führt ein Programm bzw. ein Betriebssystem auf dem Sende-Computer eine Datenübertragung mit einem ähnlichen Betriebssystem aus wie auf dem Empfangs-Computer, so werden bekannte Datenheader und Steuerdaten ausgetauscht.

**OSI-Schicht 5: Die Sitzungsschicht (Session)** ermöglicht den Aufbau einer „Sitzung". Eine Sitzung kann eine einmalige Datenübertragung mit möglicherweise großen Datenmengen sein, die über eine längere Zeit hinweg andauert oder ein „Dialog", bei dem sowohl Computer A als auch Computer B senden als auch empfangen darf. Die Sitzungsschicht übernimmt dabei den Dienst „Dialogsteuerung", d. h. sie legt fest, wer jeweils mit dem Senden an die Reihe kommt. Falls einen Sitzung beispielsweise durch eine abgebrochene Transportverbindung unterbrochen wird, kann die Sitzungsschicht diese Verbindung durch Einfügen von „Check Points" in den Datenstrom nahezu an der Stelle wieder aufsetzen, an der sie abgebrochen wurde.

**OSI-Schicht 6: Die Darstellungsschicht (Presentation)** übernimmt die Kodierung von Daten für die Anwendung. Die Daten können in einer bestimmten Kodierungsart im Netzwerk übertragen werden, beispielsweise im „Unicode UTF-8". Zudem können im Anwendungsprogramm Datenstrukturen definiert werden. Ein Beispiel für eine Datenstruktur ist die Sammlung von Personendaten, also Namen, Geburtstag, Geschlecht usw.

Das heißt eine Sammlung verschiedener Datentypen. In der Darstellungsschicht werden die seriellen Daten, die aus der Schicht 5 übergeben werden, wieder in eine Struktur umgesetzt und an die Schicht 7 zur Anzeige weitergereicht.

**OSI-Schicht 7: Die Anwendungsschicht (Application)** enthält eine Vielzahl anwenderbezogener Dienste und Protokolle, z. B. elektronische Post, Dateitransfer usw.

Die Schichten 1 bis 4 werden als „transportorientierte Schichten" bezeichnet, die Schichten 5 bis 7 als „anwendungsorientierte Schichten".

**Protokolle** sind Datenverarbeitungs- und Darstellungsregeln, die für jede Schicht vereinbart werden. In Abbildung 10.1 sind diese Protokolle bezeichnet. Es gibt das Anwenderprotokoll auf Schicht 7, das Darstellungsprotokoll auf Schicht 6 usw. Jede Schicht muss ihr Protokoll genau kennen und einhalten, sonst ist eine Verbindung zwischen Computern bzw. Prozessoren nicht möglich. Jede Schicht generiert im Protokoll ein eigenes „Kopfdatenfeld", den „Header", der vor die „Nutzdaten" gesetzt wird (siehe Abbildung 10.1). Der Inhalt der Header muss genau definiert werden.

Ein einfaches, fiktives Beispiel für das Anwenderprotokoll und das Darstellungsprotokoll eines „Hello World"-Programms ist wie folgt denkbar: Die Anwenderschicht setzt in unserem Fall eine Programmkennung „HWP" als Anwendungsheader (AH siehe Abbildung 10.1) vor die Daten (den Text) der Anwendungsschicht, wobei in unserem fiktiven Fall als Regeln für den AH und den Text gilt: AH ist ein Feld mit drei ASCII-Zeichen, das Feld $< Text > = $ „Hello World" ist im Unicode UTF-8 kodiert. Folgende Daten werden in unserem Beispiel an die Darstellungsschicht weitergereicht: $< AH > < Text > = < HWP > < Hello World >$. Die Darstellungsschicht setzt vor die Daten der Anwendungsschicht, noch ein Feld mit $< Textlaenge >$. Das Datenfeld der Schicht 6 besteht aus $< Textlaenge > < HWP > < Hello World >$, wobei das Feld $< Textlaenge >$ 4 Byte lang und eine vorzeichenlose (unsigned) Hexadezimalzahl ist, die die Länge des gesamten Datenfeldes der Anwendungsschicht darstellt.

Wie oben erwähnt, wurde das OSI-Referenzmodell vielfach wegen seiner Komplexität kritisiert. Das TCP/IP (Transmission Control Protocol/Internet Protocol)-Referenzmodell kommt z. B. mit insgesamt vier Schichten aus, d. h. mit drei transportorientierten und einer anwendungsorientierten Schicht: der Anwendungsschicht. Das TCP/IP-Referenzmodell eignet sich allerdings nicht als allgemeines Referenzmodell, um ein anderes offenes System zu erklären. So wäre es beispielsweise praktisch unmöglich, das IBM-Kommunikationssystem „SNA" *(System Network Architecture)* zu beschreiben, mit dem OSI-Referenzmodell ist dies sehr wohl möglich [Tan96]. Tanenbaum [Tan96] verwendet in seinem Buch ein 5-schichtiges Referenzmodell. Im Unterschied zum OSI-Referenzmodell wird bei Tanenbaum die Sitzungs- und Darstellungsschicht in die Anwendungsschicht integriert.

# 10.2   Der parallele Bus

In einem Mikroprozessor und in vielen Eingebetteten Systemen ist der parallele Bus das Haupt-Kommunikationselement, er ist sozusagen das „Rückgrat" des Prozessor-Systems (siehe Abbildung 1.2, Seite 4). Abbildung 10.2 zeigt schematisch eine typische Struktur eines einfachen, sogenannten parallelen Busses mit einem Prozessor, zwei Geräten

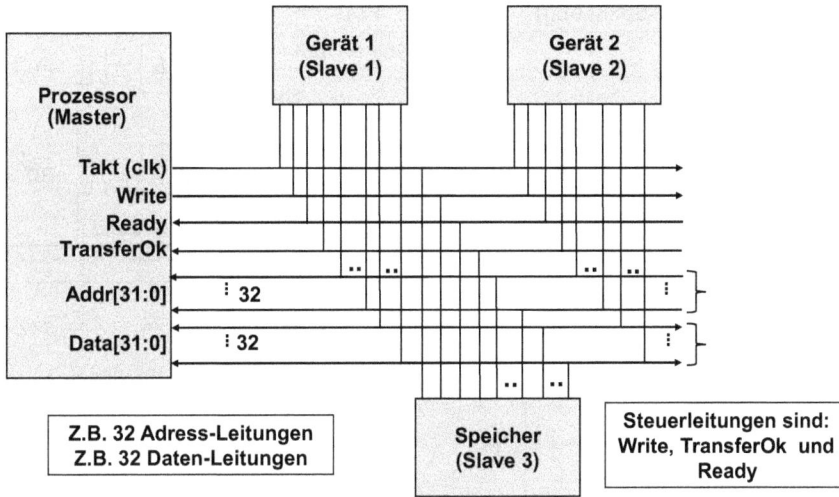

**Abbildung 10.2:** *Typische, sehr einfache Busstruktur. Adress- und Datensignale haben hier zum Beispiel 32 Leitungen.*

und einem Speicherbaustein. Aus physikalischer Sicht besteht der Bus aus einem Leitungsbündel, wobei drei Typen von Leitungen unterschieden werden:

- Datenleitungen (meist 16, 32, 64, 128, 256 ... Einzeldrähte),
- Adressleitungen (meist 16, 32, 64 Einzeldrähte),
- Steuerleitungen und Takt (clock).

Die Leitungen *Write*, *Ready*, *TransferOk* sowie die Taktleitung (clock) sind im Bild 10.2 die Steuerleitungen. Der Prozessor ist hier der „Master" des Busses, er initiiert und kontrolliert den Datenaustausch auf dem Bus. Der Bus-Master gibt – wir sagen: er „schreibt" – in der Regel die Steuersignale und den Takt auf die entsprechenden Busleitungen. Die Taktleitung ist *unidirektional*, d. h. nur ein Gerät, bei uns der Master, kann diese Leitung beschreiben, die anderen Geräte können nur lesend auf die Taktleitung zugreifen. Die Information geht sozusagen nur in eine Richtung. Kann eine Leitung von mehreren Geräten beschrieben werden, so wird sie *bidirektional* genannt, der Informationsaustausch geht in beiden Richtungen, vom Master zu den Geräten und umgekehrt. Im Bild 10.2 sind die Datenleitungen und die „Ready-Leitung" bidirektional. Die gezeigten Geräte in Abbildung 10.2 und der Speicherbaustein sind die „Slaves", die vom Master adressiert werden können und mit denen der Master Daten austauschen kann, die Slaves „lesen" die Steuerleitungen, können aber auch schreibend auf die Datenleitungen und auf bidirektionale Steuerleitungen zugreifen.

## 10.2.1 Schema eines Bustreibers

Sind mehrere Geräte an einem Bus angeschlossen, die sowohl „schreibend" als auch „lesend" auf dieselbe Busleitung zugreifen, so müssen zwischen den Ausgängen des Geräts und den Busleitungen so genannte „Tri-State-Treiber" oder **Bustreiber** liegen. Bustreiber können am Ausgang drei Zustände haben:

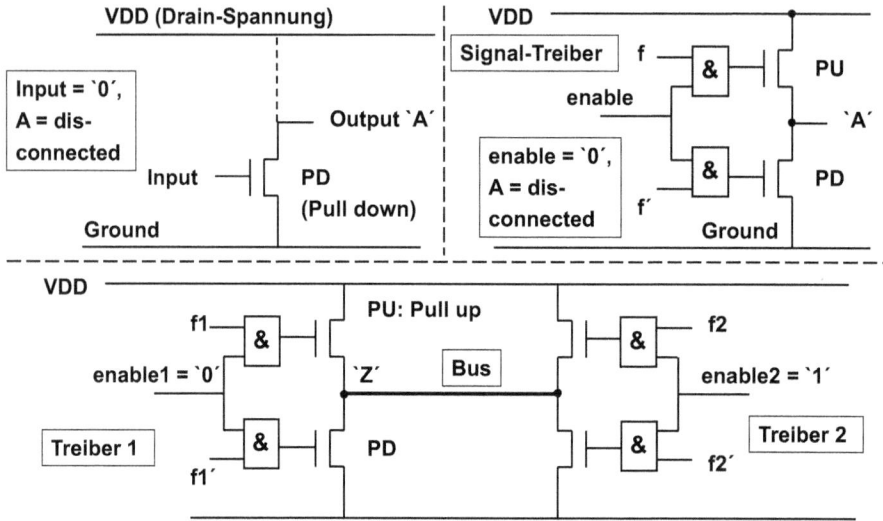

**Abbildung 10.3:** *Schema eines Bustreibers oder Tri-State-Treibers (nach [Mar21]).*

1. Die Logische 1 (In unserem Fall etwa die Spannung VDD),
2. Die Logische 0 (In unserem Fall etwa die Spannung 0),
3. Hochohmig: Z.

An jede Bus-Signalleitung werden meist mehrere Bustreiber angeschlossen. Abbildung 10.3 zeigt vereinfacht das Schema eines Bustreibers [Mar21], der aus CMOS (Complementary Metal Oxyde Semiconductor)-Transistoren aufgebaut ist. Oben links im Bild ist schematisch ein einzelner CMOS-Transistor dargestellt. Die drei Anschlüsse des Transistors nennt man „Source" (liegt im Bild auf „Ground"), Gate (Anschluss an „Input") und Drain (gestrichelt angeschlossen an die „Drain-Spannung VDD"). Liegt der Gate-Eingang (Input) auf der Spannung 0, so ist der Transistor abgeschaltet, der Ausgang „A" (Output) ist hochohmig (Z). Oben rechts im Bild ist vereinfacht ein einzelner Bustreiber dargestellt. Er besteht aus zwei Transistoren, einem „Pull Up (PU)"- und einem „Pull down PD"-Transistor. Vor den Gates derselben liegt je ein UND-Gatter, an das beim PU-Transistor die Signale $f$ und *enable* (aktivieren, einschalten) und beim PD-Transistor die Signale $f'$ (f invertiert) und *enable* anliegen. Liegen die Signale $f$ und *enable* auf logisch 1, so leitet der PU-Transistor, der PD ist gesperrt und damit liegt auch der Ausgang „A" auf der Spannung VDD, die der logischen 1 entspricht. Liegt das Signal *enable* auf 0, (entspricht hier der Spannung 0), so sind sowohl PU als auch PD gesperrt und der Ausgang „A" ist hochohmig (Z).

In Abbildung 10.3 unten sind schematisch zwei Bustreiber dargestellt, die an einem Bus angeschlossen sind. Die Leseschaltung ist nicht gezeigt. Nur einer der beiden Treiber kann aktiv sein, d. h. schreibend auf den Bus einwirken, alle anderen Treiber können zwar lesen, müssen aber sonst inaktiv („disabled") sein, d. h. das *enable*-Signal muss auf 0 liegen. Falls zwei Treiber fälschlicherweise gleichzeitig aktiv sind und der eine Treiber eine 0 schreibt, der andere eine 1, so ist, wie aus Abbildung 10.3 ersichtlich, VDD direkt auf Ground geschaltet und es entsteht ein „Kurzschluss". In diesem Fall würden beide

Transistoren PU und PD leiten, ein hoher Strom fließt und zerstört die Transistoren. Um das zu vermeiden, sind in die Source- und Drain-Leitungen in der Regel „Depletion-Transistoren" geschaltet, die wie Widerstände wirken und den Strom begrenzen.

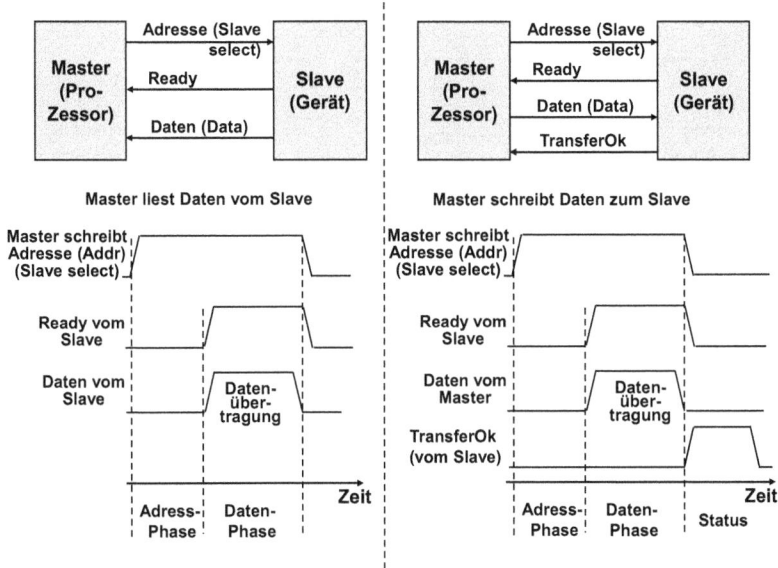

**Abbildung 10.4:** *Prinzip der Bus-Kommunikation: Links: Master liest Daten von einem Slave. Rechts: Master schreibt Daten zu einem Slave.*

## 10.2.2 Bus-Kommunikation

Abbildung 10.4 zeigt das Prinzip der Bus-Kommunikation. Links in der Abbildung liest ein Master eine Dateneinheit in der „Breite" des Datenbusses (z.B. 32 Bit), Datenwort genannt, von einem Slave (z. B. von einem Gerät oder einem Speicher). Rechts schreibt der Master ein Datenwort zu einem Slave. Man unterscheidet zwei Phasen: In der Adressphase adressiert der Master einen bestimmten Slave, in der Datenphase geschieht die Datenübertragung von oder zum Slave. Wenn das adressierte Gerät (der Slave) bereit für die Datenübertragung ist, setzt es das Signal „Ready" aktiv. Wenn der Master Daten vom Slave liest und die Datenübertragung fehlerlos ist, so gibt es kein Bestätigungssignal (den Slave interessiert die fehlerlose Übertragung nicht).

Schreibt der Master Daten zum Slave (rechte Seite im Bild 10.4), so setzt nach der erfolgreichen Datenübertragung der Slave das Bestätigungs-Signal (TransferOk) auf '1'.

## 10.2.3 Bus-Zeitablaufpläne

In Abbildung 10.2 ist ein einfacher Bus mit den Leitungen und Leitungsbezeichnungen gezeigt. Im typischen Bus-Zeitablaufplan Abbildung 10.5, sind die Zeitabläufe der Signale dargestellt, die an die Busleitungen mit gleicher Bezeichnung gelegt werden. Wir gehen, wie gewohnt, von *synchronen* Schaltungen aus, d. h. unsere Schaltungen sind

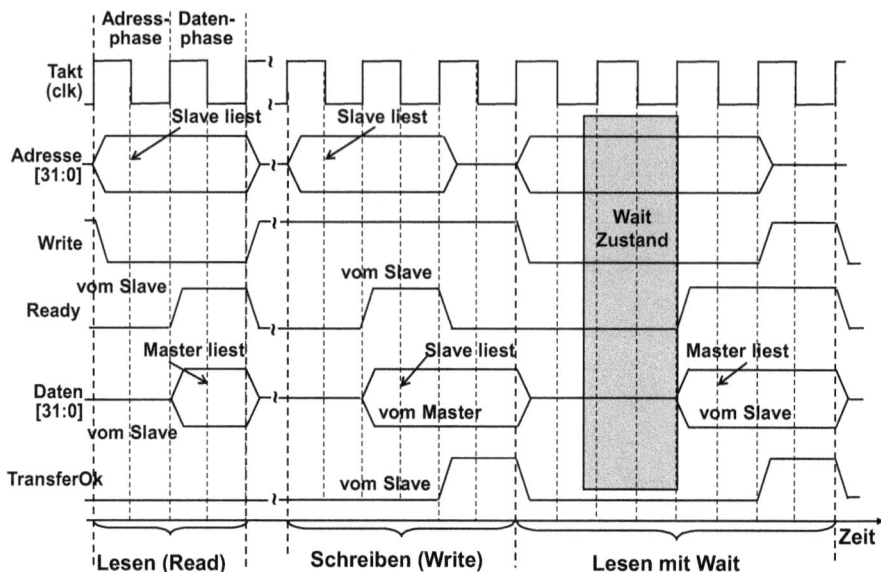

**Abbildung 10.5:** *Typischer Bus-Zeitablauf. Link5e Seite: Master liest Daten vom Slave (Beispiel: Prozessor liest vom Speicher). Mitte: Master schreibt zum Slave. Rechts: Master liest vom Slave mit Wait-Zustand.*

taktgesteuert. Alle Signale werden zeitgleich mit der positiven (oder negativen) Taktflanke aktiv oder inaktiv. Im Allgemeinen werden Signale mit der steigenden Taktflanke gesetzt (geschrieben) und mit der fallenden oder auch, – je nach Bussystem mit der steigenden – Taktflanke abgefragt (gelesen). Abbildung 10.7, Seite 430 rechts zeigt die Erklärung der Signalübergänge im Bus-Zeitablaufplan.

Auf der linken Seite in Abbildung 10.5 ist beispielhaft ein typischer Lesevorgang dargestellt. Der Master, z. B. ein Prozessor liest ein Datenwort von einem Slave, z. B. aus einem Speicherbaustein. Der Master setzt die Adresse des Slave und gleichzeitig das *Write*-Signal auf '0', das bedeutet, er möchte Daten lesen. Der Slave erkennt seine Adresse, liest das *Write*-Signal und setzt synchron mit der nächsten positiven Taktflanke das Signal *Ready* und das gewünschte Datenwort auf den Bus (auf die Datenleitungen *Data[31:0]*). Wir gehen hier von 32 Datenleitungen aus. In der Mitte der Abbildung 10.5 schreibt ein Master (z. B. ein Prozessor) ein Datenwort an einen Slave (z. B. an einen Speicher). Er adressiert dieses Gerät wie oben, setzt gleichzeitig die *Write*-Leitung auf „Schreiben", d. h. auf die logische 1. Der Slave setzt wieder das *Ready*-Signal aktiv (auf die logische 1), wenn er bereit ist zu lesen. Der Master setzt das zu schreibende Datenwort auf die Datenleitungen. Der Slave liest das Datenwort synchron mit der nächsten negativen Taktflanke und setzt danach das Signal *TransferOk* aktiv. Damit bestätigt er dem Master, dass der Schreibvorgang erfolgreich war. Im Fehlerfall bleibt das Signal *TransferOk* auf '0'.

Geräte können langsamer sein als der Prozessor und ein Gerät hat die Daten z. B. beim Lesevorgang einen oder mehrere Takte später bereit. In diesem Fall hält das Gerät (der Slave) das *Ready*-Signal solange auf '0', bis die Daten verfügbar sind. Diese Verzögerung nennt man „Wait". In der Abbildung 10.5 rechts ist so ein Wait-Zustand bei einem Lesevorgang dargestellt, der Master muss einen Takt lang auf das Datenwort warten.

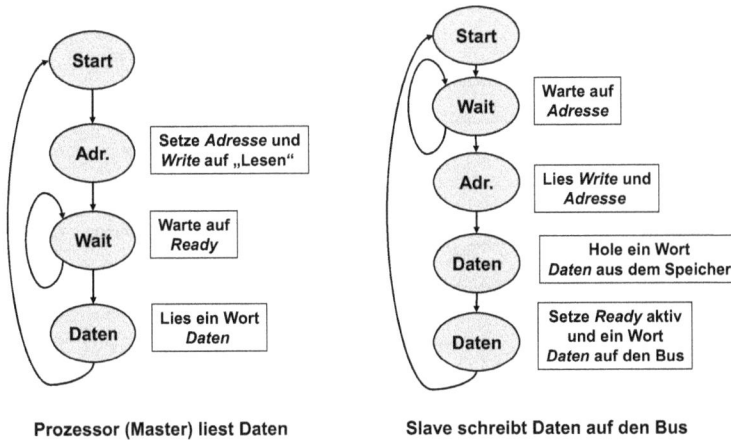

**Abbildung 10.6:** *Vereinfachte Zustandsautomaten für die Modellierung eines Lesevorgangs über den Bus.*

Die Bus-Aktionen werden meist mit Hilfe von Zustandsautomaten (DEAs bzw. FSMs, siehe Anschnitt 3.8.1, Seite 101) modelliert. In Abbildung 10.6 ist jeweils ein einfacher Zustandsautomat für die Aktion: „Prozessor liest Daten von einem Gerät über den Bus" (ohne Fehlerbehandlung) gezeigt, links der Automat für den Prozessor, rechts der Automat für das Gerät. Will der Prozessor Daten vom Gerät lesen, so setzt der Prozessor im ersten Zustand die Adresse des Slave und das Signal *Write* auf „Lesen". Im nächsten Zustand wartet er auf das Signal *Ready* vom Slave. Danach liest er ein Datenwort von den Datenleitungen. Der Zustandsautomat des Slave (bzw. des Geräts) durchläuft nach Abbildung 10.6 rechts folgende Zustände: Zunächst wartet der Slave auf seine Adresse (Signal *Adresse[31:0]*) und erscheint diese, so geht der Slave in den nächsten Zustand und liest das *Write*- Signal. Steht das *Write*-Signal auf „Lesen", so geht der Zustandsautomat in die Zustände: "Hole ein Datenwort aus dem Speicher" und „Daten auf den Bus setzen". Gleichzeitig mit den Daten wird das Signal *Ready* aktiviert.

Sowohl Daten als auch das Signal werden meist nur für eine Taktperiode gesetzt. Benötigt das Gerät für diese Aktionen zwei Taktzyklen, so muss der Prozessor einen „Wait"-Zustand einplanen (siehe oben).

### Optimierte Übertragungsmodi: Burst und Pipelining

**„Burst"** und „Pipelining" gehören zu den so genannten optimierten Übertragungsmodi (siehe auch Abschnitt „AHB-Burst und Pipelining", Seite438). Bei der Burst-Transaktion wird die Adressphase nur einmal ausgeführt, danach werden die Datenworte nacheinander übertragen. Abbildung 10.7 zeigt den Zeitablaufplan für das Lesen einer Datenfolge im Burst-Modus. Der Bus erhält zusätzlich eine neue Steuerleitung mit der Bezeichnung *Burst*. Solange die *Burst*-Leitung aktiv ist, werden pro Takt jeweils ein Datenwort in der Datenbreite des Busses (32 Bit, 64 Bit usw.) übertragen. So kann eine ganze Datei im Burst-Modus geladen oder gespeichert werden. Meist werden jedoch die

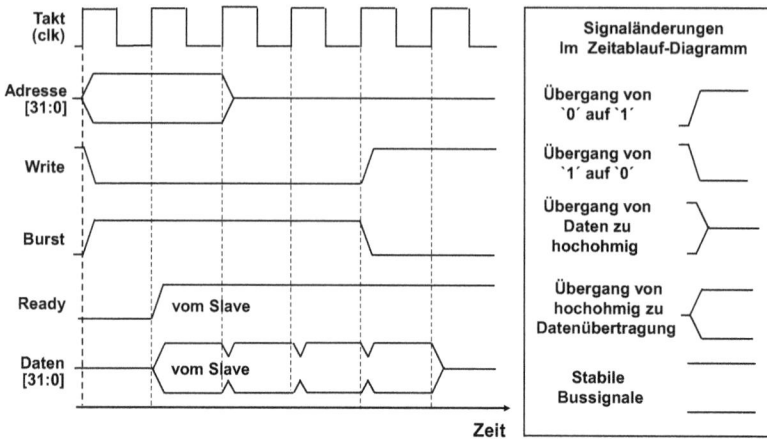

**Abbildung 10.7:** *Bus-Zeitablauf beim Lesen einer Datenfolge (Burst).*

Anzahl der im Burst-Modus auf einmal übertragenen Datenworte beschränkt, damit der Bus nicht zu lange belegt bleibt.

Bei der **Bus-Pipelining**-Transaktion überlappt die Datenphase einer Transaktion mit der Adressphase der nächsten Transaktion. Die optimierten Übertragungsmodi können die gesamte Datenübertragungszeit um fast die Hälfte reduzieren.

Die **Bus-Bandbreite** ist ein Maß für die Daten-Übertragungsgeschwindigkeit eines Busses, angegeben in Bit/s. Die maximale Bus-Bandbreite wird in etwa errechnet aus *Busttakt × Datenbreite*. Der Bustakt wird in Hertz angegeben, die Datenbreite ist die Anzahl der Datenleitungen. Beispiel: Der Bustakt sei 100 MHz ($10^8$ Hertz), der Bus hat 32 Datenleitungen. Damit ist die maximale Bus-Bandbreite: ca. 3,2 GB/s (Gigabit/s). Diese Übertragungsrate kann nur näherungsweise erreicht werden, da der Verwaltungsaufwand (die Adressphase) hier nicht eingerechnet wurde.

### Direkter Speicherzugriff (DMA) über einen Bus

Oft müssen größere Datenmengen von einem Eingabe/Ausgabe-Gerät z. B. von der Festplatte oder einem USB-Stick, zum Hauptspeicher übertragen werden oder umgekehrt. In diesem Fall wird der Prozessor oft durch eine so genannte „DMA-Steuereinheit" (Direct Memory Access Controller) entlastet. Abbildung 10.8 zeigt schematisch den Anschluss einer DMA-Steuereinheit oder eines DMA-Kontrollers. Der DMA-Kontroller holt sich die Erlaubnis für die Bussteuerung beim Prozessor mit einer Bus-Anfrage *Bus request*. Falls der Prozessor den Bus zwischenzeitlich entbehren kann, übergibt er den Bus an den DMA-Kontroller, indem er das Signal *Bus grant* aktiviert. Der DMA-Kontroller wirkt damit temporär wie ein Bus-Master. Damit der Prozessor nicht zu lange ohne den Bus auskommen muss, gibt es Übertragungsmodi, in denen die DMA-Steuereinheit die Bus-Kontrolle nach Übertragung von Datenblöcken in Blockgrößen von beispielsweise 4, 8, 16, 32 usw. Datenworten wieder an den Bus zurück gibt.

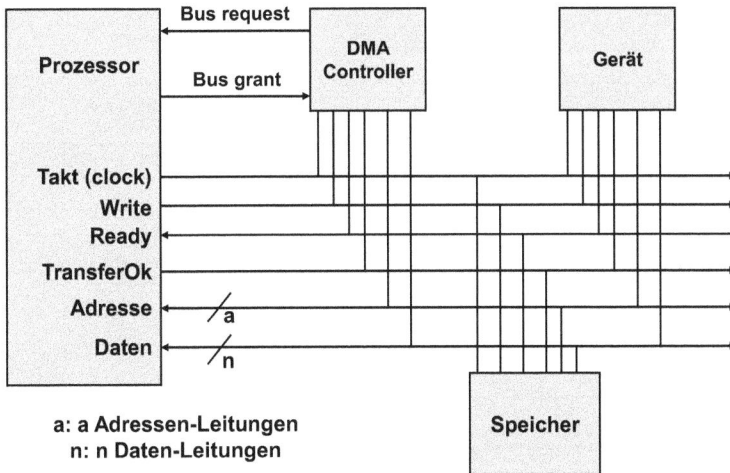

**Abbildung 10.8:** *Direkter Speicherzugriff über eine DMA-Steuereinheit (Direct Memory Access Controller).*

## 10.2.4 Multiprozessor- und Multibus-Systeme

Eingebettete Systeme haben oft mehrere Prozessoren und mehrere Busse. Man spricht dann von einem Multiprozessor- und Multibus-System. Ein Multiprozessor-Multislave-System mit mehreren Bussen kann über eine **Bus-Matrix** miteinander verbunden sein. Ein einfaches Multiprozessor-Multibus-System mit nur zwei Bussen „in Reihe" und zwei Prozessoren zeigt schematisch Abbildung 10.9.

Im Eingebetteten System Abbildung 10.9 Seite 432 oben teilen sich zwei Prozessoren einen Hochgeschwindigkeits-Bus, an dem auch ein Datenspeicher und ein „schnelles" Eingabe/Ausgabe (E/A)-Gerät angeschlossen ist. Man spricht von einem **„Shared Bus"**. In diesem Fall wird ein Arbiter (siehe Abschnitt 10.2.4) eingesetzt, der die Busbenutzung regelt. Am langsamen Bus, der oft auch „Peripheral"- oder „Peripherals"-Bus genannt wird, sind „langsame" E/A- bzw. Peripherie-Geräte angeschlossen.

Der „schnelle" Bus kann breiter sein als der langsame Bus und/oder mit einem höherfrequenten Takt betrieben werden. Zwischen schnellem Bus und langsamem Bus wird eine Brücke (oder Transducer) eingefügt. Der Transducer kann Daten, die übertragen werden müssen, zwischenspeichern, die Brücke nicht [Ga09]. Wir führen diese Unterscheidung nicht weiter und nennen die Übertragungseinheit zwischen zwei verschiedenen Bussen immer Brücke. Die Brücke ist „Sklave" (Slave) des schnellen Busses und „Master" des langsamen Busses. Falls Busstrukturen und Busgeschwindigkeiten zu unterschiedlich sind, muss die Brücke die Daten, die für die Geräte des langsamen Busses bestimmt sind lesen, zwischenspeichern, an den langsamen Bus weitergeben und umgekehrt.

PC-Systeme haben meist (mindestens) 4 miteinander verbundene Busse, zusammen bilden sie eine **„Bus-Hierarchie"** wie folgt:

– Ein „schneller" Prozessor-Bus an dem auch die Speicher angeschlossen sind. Oft gibt es zusätzlich einen „Memory-Bus".

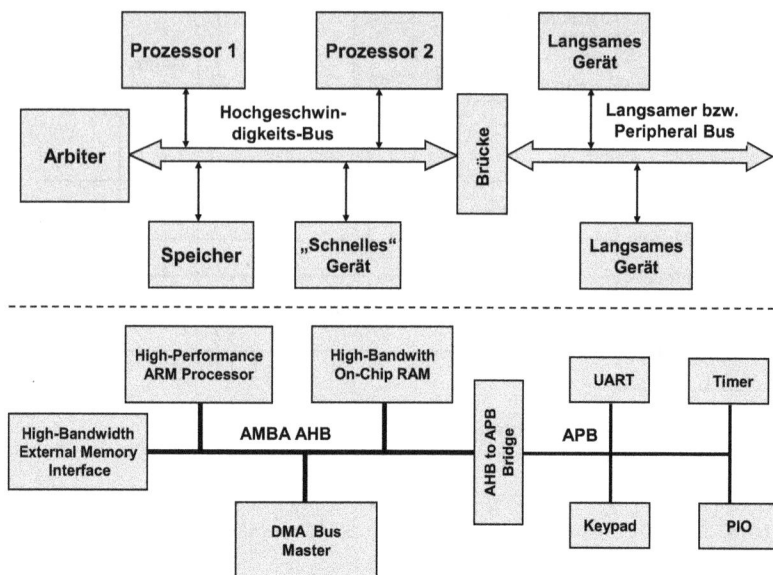

**Abbildung 10.9:** *Oben: Ein Multiprozessor-Multibus-System. Am Hochgeschwindigkeits-Bus sind mehrere Prozessoren und Geräte angeschlossen. Ein Arbiter teilt den Hochgeschwindigkeits-Bus den einzelnen Prozessoren zu. Zwischen „schnellem" und „langsamem" Bus wird eine Brücke eingefügt. Unten: Typische Anordnung für einen ARM-Mikrocontroller an einem AMBA-AHB-Bus [AMBA18].*

– Ein Cache-Bus: Er ist bestimmt für die Datenübertragungen von und zum Cache. Oft verbunden mit dem Memory-Bus.
– Lokaler I/O-Bus: Ein schneller Eingabe/Ausgabe-Bus für die Kommuniukation zum Beispiel für Video-Geräte, Solid State Disks usw.
– Standard I/O-Bus: Er wird verwendet für langsamere Eingabe/Ausgabe-Geräte (Maus, Tastatur, Lautsprecher usw.)

**Der Arbiter**

Falls mehrere Prozessoren (Master) sich einen Bus teilen, verwaltet ein Bus-Arbiter (Bus-Schiedsrichter, siehe Abbildung 10.9 oben), die „Ressource Bus" und weist sie je nach Anforderung (Request) den einzelnen Prozessoren zu. Jeder Master belegt eine eigene „Request-Leitung" im Bus. Der Bus-Arbiter kann mehrere Bus-Anforderungen erhalten, erlaubt aber gleichzeitig nur einem Master einen (schreibenden) Bus-Zugriff. Der Arbiter wird eine Warteschlange für die Busanforderungen einrichten und diese nach verschiedenen Arbitrierungsmethoden (der „Arbitrierungs-Policy") einplanen wie zum Beispiel:

– Feste Priorität. Der Buszugriff wird nach der Reihenfolge der „Wichtigkeit" des Prozessorelements verteilt. Beispiel: Prozessor 1 hat die höchste Priorität (Priorität 1) und erhält den Buszugriff zuerst, Prozessor 2 hat die Priorität 2, und kommt danach usw.
– Round Robin oder „Fair Arbitration": Jeder Prozessor und jedes Gerät wird der Reihe

nach eingeplant („geschedult"). Alle Prozessorelemente bekommen die gleiche Chance auf den Bus zuzugreifen.
- „First Come First Serve" (FCFS): Der erste Prozessor (der erste Master), der die Bus-Anforderung stellt, bekommt den Bus.

## 10.2.5 Bekannte Bus-Protokolle

Viel verwendete Bus-Protokolle sind z. B. :
- Der AMBA-Bus,
- IBM-CoreConnect,
- Sonics Smart Interconnect,
- STMicroelectrinics STBus.

Zu erwähnen sind:
- OpenCores WishBone Bus (opencores.org),
- und viele weitere.

## 10.2.6 AMBA-Bus-Systeme

AMBA steht für „Advanced Microcontroller Bus Architecture" der Firma ARM (siehe Abschnitt 9.5, Seite 410). Der AMBA-Bus$^{TM}$ wird meist in ARM-Prozessor-Systemen verwendet. Die AMBA-Bus-Spezifikation ist ein De-facto-Bus-Standard für ein „On-Chip"-Bus-System, das heißt, für ein Bus-System, das auf dem Prozessor-Chip, (einem SoC) integriert ist. De-facto-Standard bedeutet: Die Spezifikation ist nicht von der internationalen Standard Organisation (ISO) oder von einer nationalen Standard Organisation (z. B. DIN) herausgegeben worden, sondern von der Firma ARM. Die Spezifikation ist frei verfügbar („open") und so weit verbreitet, dass sie allgemein als Standard akzeptiert wird. Man spricht von einem „open standard" (das ist eine „Tautologie", ein Standard ist immer „offen").

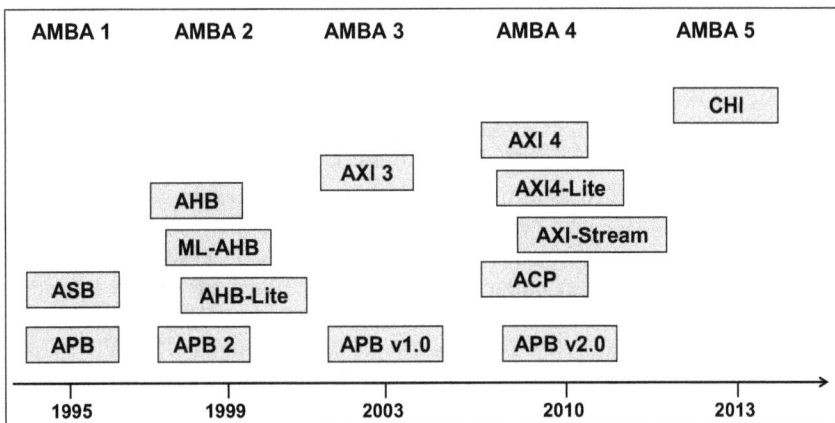

**Abbildung 10.10:** *Entwicklung der AMBA-Bus-Familien aus [AMBA18] und [AMBA-WP-18].*

Die Firma ARM hat den AMBA-Bus im Jahr 1995 als Advanced System Bus (ASB) und Advanced Peripheral Bus (APB) eingeführt (siehe Abbildung 10.10). Der APB wird für Peripheriegeräte verwendet (Siehe Abbildung 10.9, Seite 432). Die 2. Generation des AMBA-Bus: AMBA 2.0 wurde 1999 frei gegeben und war die erste Version, die eine größere Verbreitung fand. ARM fügte den AMBA High Performance Bus (AHB) hinzu. Die Bus-Systeme Advanced Extensible Interface (AXI) und der Advanced Trace Bus (ATB) wurden in der dritten Generation (AMBA 3.0) im Jahr 2003 veröffentlicht. Der ATB ist Teil des „CoreSight"-Debug-Systems und dient zum analysieren bzw. Fehler finden eines neu konfigurierten bzw. programmierten On-Chip-Systems. In den Jahren 2010 und 2013 folgten die AMBA 4.0 und AMBA 5.0 Spezifikationen. Das ACP- (Accelerator Coherency Port) Protokoll erweitert das AXI4-Protokoll zur effizienten Einbindung von Caches (siehe Seite 390). Die AMBA 5.0 Spezifikation enthält den CHI, den „Coherent Hub Interface", der eine Art zentrale Verbindungsstruktur in heutigen SoCs darstellt. Der AMBA 5.0-Bus wird in den ARM Cortex A 55 und A 75-Kernen verwendet (siehe Seite 410). Als besonderes Kennzeichen ist die Multi-Master-Fähigkeit der AMBA-AHB, AXI und CHI-Busse zu nennen.

## AMBA-AHB (AMBA 2.0)

AMBA AHB steht für: „AMBA High Performance Bus". Er wird z. B. im ARM-Cortex M3 (siehe Abbildung 9.16, Seite 411) verwendet. Kennzeichen des AMBA AHB sind:

- Pipelined Ausführung (siehe Seiten 430 und 438),
- Kann als „Shared Bus" mit Multiple Bus Masters eingesetzt werden (siehe Seite 432),
- Burst-Übertragungsmodus (siehe Seiten 429 und 438),
- Split Transactions: siehe unten: AHB Steuersignale, SPLIT[15:0],
- Kann in einem hierarchischen Bus-System und an eine Bus-Matrix angeschlossen werden (Seite 431),
- Datenbreiten bzw. Busbreiten: 32, 64, 128, 256, 512 oder 1024 Bit. Empfohlen ist eine Mindestbreite von 32 Bit und eine maximale Breite von 256 Bit.1

Die Signale des AMBA-Bus haben jeweils einen vorangestellten Großbuchstaben (Prefix) wie folgt:

- H bedeutet: Es handelt sich um ein AHB-Signal. z. B. HREADY.
- A ist ein unidirektionales Signal zwischen den ASB-Bus-Master und dem Arbiter.
- B ist ein Signal des ASB (Advanced System Bus).
- D ist ein unidirektionales ASB-Dekoder-Signal.
- P ist ein Signal des APB (Advanced Peripheral Bus).

Abbildung 10.11 zeigt den Zeitablaufplan für drei Datenübertragungen über den AMBA-AHB. Links: Der Busmaster liest ein 32-Bit Datenwort von einem Gerät mit der Adresse „A". Mitte: Ein Datenwort wird zum Gerät mit Adresse „B" geschrieben. Rechts: Der Master liest ein Datenwort von einem Slave „C". Der Slave ist jedoch langsamer und bewirkt eine Verzögerung, ein „Wait", dadurch, dass er das Signal HREADY solange auf '0' hält, bis er das gewünschte Datenwort auf die Leitungen HRDATA[31:0] setzen kann. Das Signal HWRITE bestimmt die Transfer-Richtung, ist es auf '1', so will der Master vom Slave lesen, ist es auf '0', so schreibt der Master Daten zum Slave.

Der AHB hat zwei gleich breite Daten-Leitungsbündel, HRDATA[n:0] (Read Data) für das Lesen vom Slave zum Master und HWDATA[n:0] (Write Data) zum Schreiben vom Master zum Slave. „n" ist die Busbreite (siehe oben).

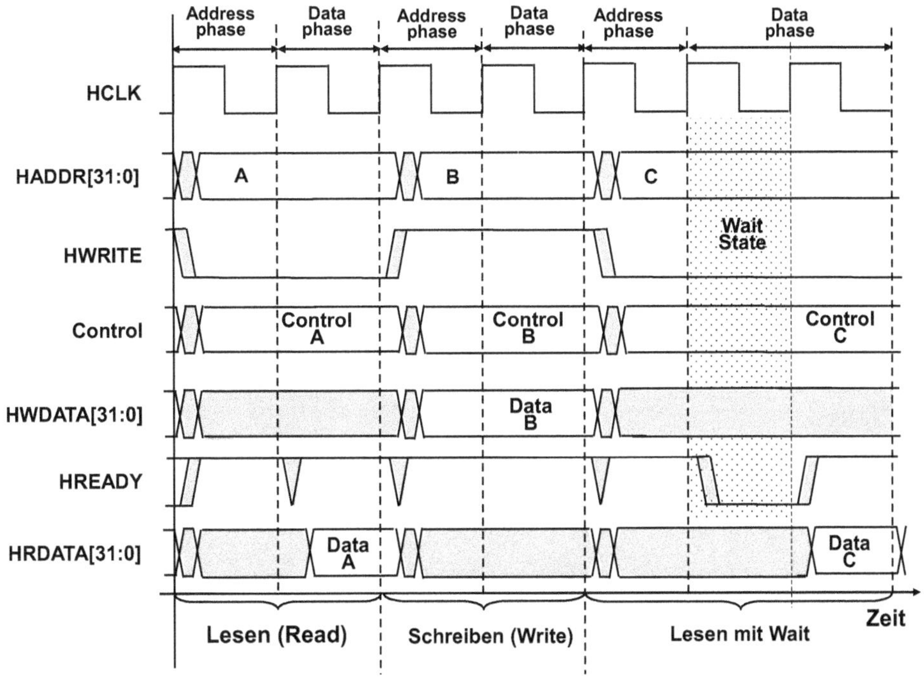

**Abbildung 10.11:** *Zeitablaufplan für drei Bus-Transfers des AMBA-AHB-Bus [AMBA18]. Links: Der Busmaster liest ein 32-Bit Datenwort von einem Gerät mit der Adresse „A". Mitte: Ein Datenwort wird zum Gerät mit Adresse „B" geschrieben. Rechts: Leseoperation mit „Wait"-Zustand von Gerät C. Die dunkel hinterlegten Signalteile sind ungültig.*

## AMBA-AHB-Busstruktur

Teilen sich mehrere Master einen Bus, so entscheidet ein Arbiter (siehe Abschnitt 10.2.4, Seite 432), welcher Master Zugriff auf den Bus erhält. Die schematische Struktur eines AHB-Busses mit drei Mastern, drei Slaves plus Arbiter und einigen Steuerleitungen zeigt die Abbildung 10.12, Seite 436. Wünscht einer der Master, z.B. Master-1 den Buszugriff bzw. den Zugriff zu einem der Slaves, so sendet er einen Request (HREQ1) an den Arbiter. Ist der Bus verfügbar und hat der Master die höchste Priorität, so erteilt der Arbiter die Zugriffserlaubnis durch Aktivierung des Signals HGRANT1. Gleichzeitig gibt er die Multiplexer Mux-1 und Mux-2 für den Master-1 frei. Für die anderen Master ist der Zugriff zu den Slaves blockiert.

Der **Decoder** in Abbildung 10.12 dekodiert die Adressleitungen. Der Eingang zum Decoder ist somit HADDR (am Ausgang von Mux-1) des gerade zum Bus zugelassenen Masters. Jeder Slave hat seinen eigenen Adressbereich. Der Decoder dekodiert die höherwertigen Stellen der Adress-Signale, die spezifisch den einzelnen Slaves zugeordnet sind und selektiert so den adressierten Slave durch Aktivierung der entsprechenden HSELx-Leitung. Gleichzeitig gibt er den Multiplexer Mux-3 für den selektierten Slave frei, falls dieser Lesedaten HRDATA an „seinen" Master schicken möchte.

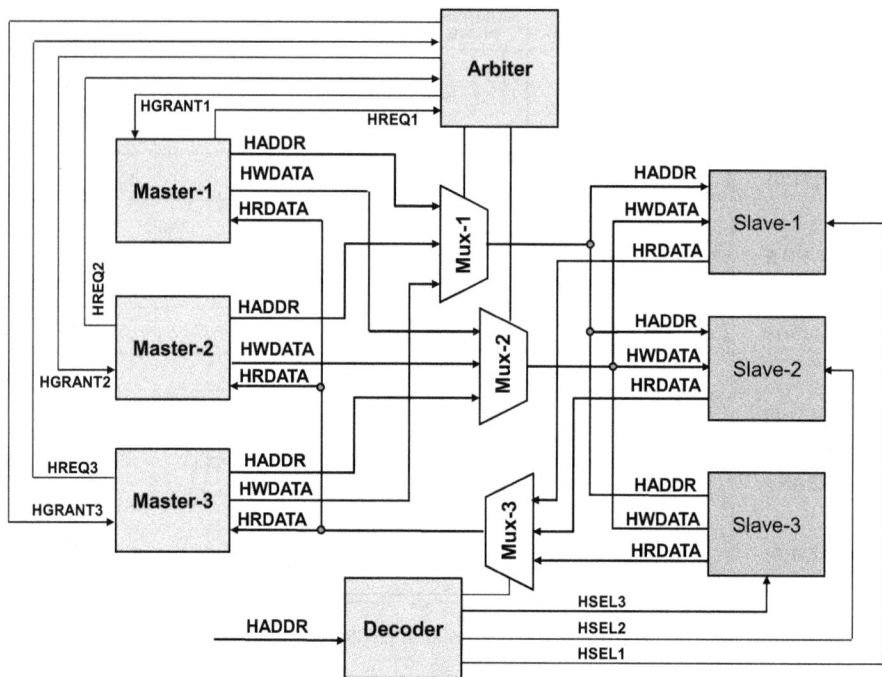

**Abbildung 10.12:** *AMBA-Bus-Struktur [AMBA18]. Schematische Struktur eines AMBA-Busses mit drei Mastern, drei Slaves, Arbiter und Decoder. Die restlichen Steuerleitungen werden nicht gezeigt.*

### AHB-Steuersignale

Falls nur ein Master den Bus (mit einem Slave) kontrolliert, verfügt der AMBA-AHB über mindestens 9 Steuersignale („Control") mit mindestens 18 Leitungen. Pro zusätzlichem Slave kommt noch je eine Leitung hinzu (HSELx). Beanspruchen mehrere Master den Bus, so muss ein Arbiter den Buszugriff regeln. In diesem Fall gibt es zusätzlich 6 Steuersignale mit 24 Leitungen. Im Unterschied zum Zeitablaufplan Bild 10.7, Seite 430, fehlt das Signal TransferOK, als Ersatz dafür dient das Signal HRESP[1:0].

Die Steuersignale des AMBA-AHB ohne Arbiter sind [AMBA18]:

- HRESETn: Bus-Reset-Signal (siehe Abbildung 10.13).
- HTRANS[1:0] bezeichnet den Transfer-Typ (Details siehe Abbildung 10.13).
- HWRITE bestimmt die Transfer-Richtung. '1' bedeutet: Master schreibt zum Slave, HWRITE = '0' bedeutet: Master liest Daten vom Slave.
- HSIZE[2:0] bezeichnet die Breite eines übertragenen Datenworts: (Details siehe Abbildung 10.13).
- HRESP[1:0] überträgt den Status eines Transfers. (Details siehe Abbildung 10.13).
- HBURST[2:0]: Im Burst-Modus wird eine Folge von Datenworten übertragen (siehe Abbildung 10.13, Seite 438 und Abschnitt 10.2.6 „AHB-Burst und Pipelinig" unten).
- HPROT[3:0] liefert zusätzliche Informationen über den Buszugriff in Bezug auf Zugriffsrechte, z. B. ob ein Benutzerprogramm (ein User) auf die aktuell übertragenen Daten zugreifen darf oder nicht.

| HRESETn | Quelle (Source): Reset-Kontroller. Einziges nullaktives Signal. Setzt das System und den Bus zurück | | | |
|---|---|---|---|---|
| HTRANS[1:0] | Quelle: Master. Legt den Transfertyp fest. | | | |

| HTRANS[1] | HTRANS[0] | Typ | Beschreibung |
|---|---|---|---|
| 0 | 0 | IDLE | Master wünscht keinen weiteren Datentransfer |
| 0 | 1 | BUSY | Master ist beschäftigt und kann den nächsten Transfer nicht starten |
| 1 | 0 | NON-SEQ | Definiert einen Single Transfer oder den 1. Transfer eines Burst |
| 1 | 1 | SEQ | Nächste Transfers im Burst: sequentielle Adressen Schrittgröße definiert durch HSIZE. |

| HSIZE[2:0] | Quelle: Master. Bestimmt Datenbreite. | | | | HBURST[2:0] Burst-Steuerung und Typen. Quelle: Master. | | | |
|---|---|---|---|---|---|---|---|---|
| HSIZE[2] | HSIZE[1] | HSIZE[0] | Breite | Beschreibung | HBURST[2] | HBURST[1] | HBURST[0] | Beschreibung |
| 0 | 0 | 0 | 8 Bit | Byte | 0 | 0 | 0 | Einfache Übertragg. |
| 0 | 0 | 1 | 16 Bit | Halbwort | 0 | 0 | 1 | Incr. Burst undef. Lg. |
| 0 | 1 | 0 | 32 Bit | Wort | 0 | 1 | 0 | 4-Beat wrapp. Burst |
| 0 | 1 | 1 | 64 Bit | Doppelwort | 0 | 1 | 1 | 4-Beat incr. Burst |
| 1 | 0 | 0 | 128 Bit | 4-Wort-Zeile | 1 | 0 | 0 | 8-Beat wrapp. Burst |
| 1 | 0 | 1 | 256 Bit | 8-Wort-Zeile | 1 | 0 | 1 | 8-Beat incr. Burst |
| 1 | 1 | 0 | 512 Bit | -- | 1 | 1 | 0 | 16-Beat wrapp. Burst |
| 1 | 1 | 1 | 1024 Bit | -- | 1 | 1 | 1 | 16-Beat incr. Burst |

| HRESP[1:0] | Quelle: Slave. Liefert Information über das Ergebnis eines Transfers | |
|---|---|---|
| HRESP[1] | HRESP[0] | Beschreibung |
| 0 | 0 | OKAY |
| 0 | 1 | ERROR |
| 1 | 0 | RETRY |
| 1 | 1 | SPLIT |

*Abbildung 10.13:* *Detaillierte Beschreibungen der Steuersignale HRESET, HTRANS, HSI-ZE, HBURST, HRESP des AMBA-AHB [AMBA18]. Incr. bedeutet: Incrementing, Wrapp.: Wrapping. Undef. Lg.: Undefinierter Länge.*

– HSELx: Quelle für HSELx ist der Dekoder, der die Adressdekodierung für die Slaves durchführt. Jeder Slave hat sein eigenes SELx-Signal (siehe Abbildung 10.12, Seite 436).
– HREADY: Quelle für HREADY ist ein Slave. HREADY = '1' bedeutet, eine Übertragung ist beendet. '0' bedeutet: Der Slave ist nicht bereit Daten aufzunehmen, die Übertragung muss durch Wait-Zyklen gedehnt werden (siehe Abbildung 10.11).

Die Steuersignale des AMBA-AHB mit Arbiter sind [AMBA18]:
– HBUSREQx: Bus-Request-Signal von einem Master x zum Arbiter. Der Master x fordert den Bus an. Es können bis zu 16 Master den Bus anfordern (Abb. 10.12).
– HLOCKx: (Locked Transfers) Mit HLOCKx auf '1' fordert ein Master x den Bus vom Arbiter „locked access" (ausschließlichen Zugriff) solange an, bis HLOCKx wieder auf '0' gesetzt wird.
– HGRANTx (Bus grant): Der Arbiter setzt dieses Signal, wenn er dem Master x, (der gerade höchste Priorität hat), Buszugriff gewährt (grant, siehe Abbildung 10.12).
– HMASTER[3:0] (Master number) Der Arbiter setzt dieses Signal, das angibt, welcher Master gerade den Bus belegt. Das Signal wird von den Slaves gelesen, die Split-Übertragungen unterstützen, um festzustellen, welcher Master einen Zugriff zum Bus versucht.

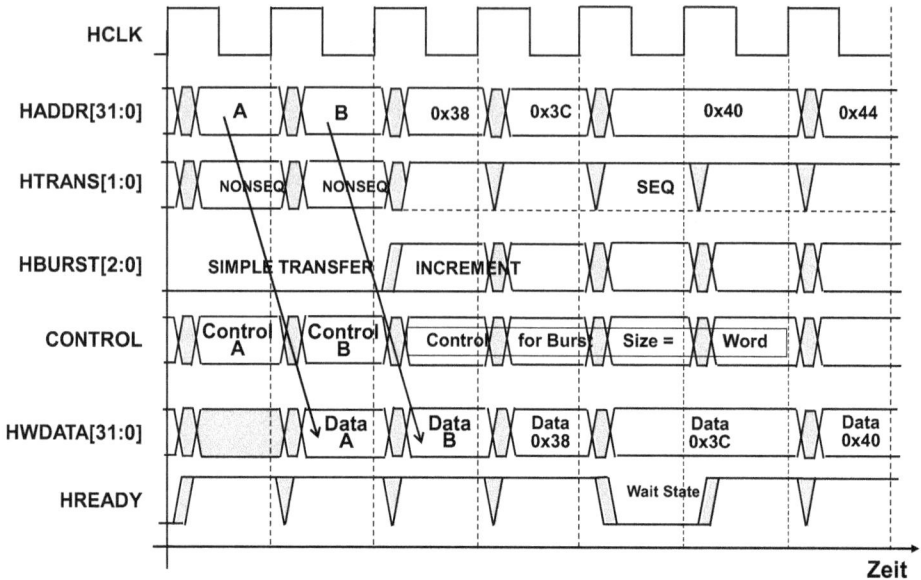

**Abbildung 10.14:** *Zeitablaufplan für Pipelining- und Burst-Bus-Transfers des AMBA-AHB-Bus [AMBA18]. In den ersten beiden Taktzyklen schreibt der Busmaster 32-Bit Datenworte zu den Slaves mit den nicht-sequentiell aufeinander folgenden Adressen A und B im Pipelining-Modus. In den nächsten Taktzyklen werden Datenworte im Burstmodus zu den sequentiellen Adressen 0x38 bis 0x44 geschrieben.*

- HMASTLOCK (Locked Sequence): Wird vom Arbiter gesetzt und gibt an, dass die gerade laufende Busbelegung eines Masters nicht unterbrochen werden darf.
- HSPLIT[15:0] (Split completion request): Split Transfers gibt es nur bei mehreren Mastern und wenn die Slaves „split-fähig" sind. Jedes Bit von HSPLIT[15:0] korrespondiert zu einem Bus-Master. Fordert ein Master x von einem Slave eine längere Datenübertragung an, die der Slave temporär nicht bedienen kann, dann signalisiert der Slave dem Arbiter, dass der betroffene Master keinen Buszugriff bekommen darf, indem er HSPLIT[x] auf '0' setzt. Ist der Slave bereit, die Übertragung durchzuführen, setzt er HSPLIT[x] auf '1'. Dadurch wird vermieden, dass ein Bus längere Zeit von einem nicht bereiten Slave blockiert wird. Die Busauslastung wird verbessert.

### AHB-Burst und Pipelining

Bei der **Pipelining-Datenübertragung**, (siehe Seite 430), überlappt die Adressphase der nächsten Übertragung mit der Datenphase der vorhergehenden Übertragung. Abbildung 10.14 zeigt in den ersten beiden Taktzyklen die Schreib-Übertragung von jeweils 32-Bit-Daten, (bzw. 4 Datenworten mit je einem Byte Wortbreite), im Pipelining-Modus zu den Slaves mit den nicht-sequentiell aufeinander folgenden Adressen A und B. Die Steuerleitungen von HTRANS[1:0] stehen dabei auf [1,0] (nicht sequentielle Adressen), die von HBURST[2:0] auf [0,0,0] (Einfache Übertragung). In den nächsten Taktzyklen, (ab Takt 3), werden Datenworte im **Burst**-Modus zu den sequentiellen Adressen 0x38 bis 0x44 geschrieben. Hier stehen die Steuerleitungen von HTRANS[1:0] auf [1,1] (sequentielle Adressen), die von HBURST[2:0] auf [0,0,1] (incrementing Burst undefinierter Länge, siehe Abbildung 10.13).

Im AHB-Burst-Modus können Übertragungen von sequentiellen Folgen undefinierter Länge oder Folgen begrenzter Länge, sogenannte „Schläge" (Beats) von 4, 8, 16 Datenworten mit aufeinander folgenden Adressen festgelegt werden (siehe „Details zum Steuersignal HBURST" Abbildung 10.13). HBURST[1,0,0] bedeutet z. B. „8-Beat Wrapping Burst". Wrapping Bursts greifen auf sequentielle Adressen zu, und „brechen die Adresse um", wenn die Startadresse nicht bei „0x..0" beginnt. Beispiel: Adressenfolge: 0x68, 0x6C, **0x60**, 0x64. Jede Adresse adressiert jeweils ein Byte im Speicher. Pro Transfer können bei 32-Bit-Busbreite 4 Bytes übertragen werden.

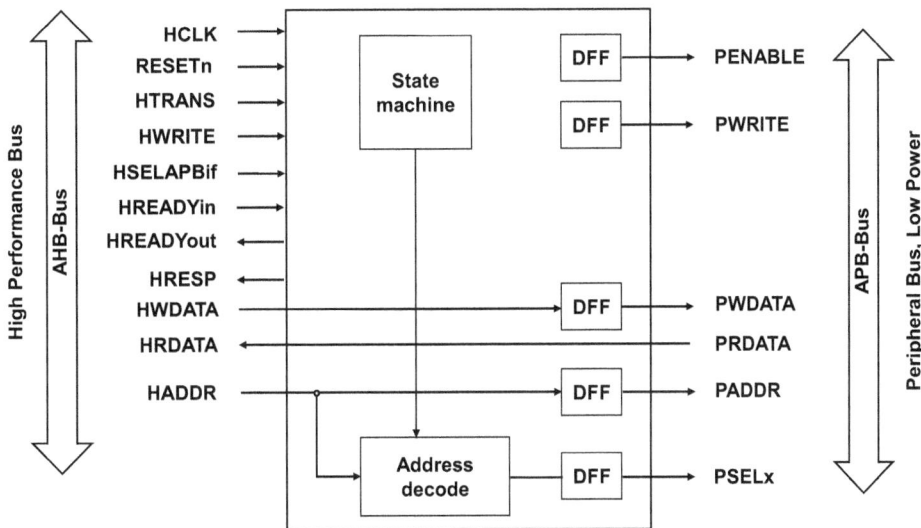

*Abbildung 10.15:* *AMBA-AHB-APB-Brücke [AMBA18]. Schematische Struktur einer Brücke zwischen AMBA-AHB- und APB-Bus. Die Brücke ist ein Slave für den AHB und ein Master für den APB.*

**AHB-APB-Bus-Brücke**

Ein Brücke zwischen dem AMBA-High-Performance-Bus (AHB) und dem AMBA-Peripheral-Bus (APB) zeigt schematisch Abbildung 10.15. Die Brücke muss die Signale des AHB-High-Performance-Bus auf die Signale des peripheren APB-Busses, der meist mit niedrigeren Taktraten und niedrigerer Leistung (Low Power) betrieben wird, abbilden (mit Ausnahme der Lesedaten (HRDATA)). Die Brücke verhält sich wie ein Slave des AHB und wie ein Master des APB. Die Eingangsdaten der Brücke sind hier die Daten-, Adress- und Steuerleitungen des AHB, die in D-FlipFlops (DFF) zwischengespeichert werden. Die Ausgangssignale sind die Daten-, Adress- und Steuerleitungen des APB-Bus. Die Zustandsmaschine (State machine, FSM) steuert die Datenübertragung zum APB (siehe Abbildung 10.6, Seite 429).

**Deadlock-Situation beim AHB**

In bestimmten Fällen kann es beim AMBA-AHB zu einer Deadlock-Situation (Blockierung) kommen. Zum Beispiel:

- Ein Master x führt eine Schreibübertragung zu einem Slave durch.
- Der Slave fordert in einer HRESP[1,0] ein Retry an.
- In diesem Augenblick fordert ein Master y mit höherer Priorität den Bus vom Arbiter an und bekommt ihn auch mit HGRANT[y] zugewiesen, da der Arbiter davon ausgeht, dass die vorherige Übertragung abgeschlossen ist.
- Der Slave hält das SPLIT[y]-Bit auf '0' weil er auf den Retry vom Master x wartet. Doch Master y belegt den Bus. Der Bus bleibt blockiert, bis ein Reset vom Reset-Controller den Deadlock aufhebt.

**Der AMBA-AXI-Bus**

Der AMBA „Advanced Extension Interface"-Bus (AXI) ist eine Weiterentwicklung des AMBA-AHB. Der AXI ist vielseitiger, flexibler und Deadlock-Situationen wie sie beim AHB auftreten können, (siehe oben), sind nahezu ausgeschlossen. Die große Anzahl Steuersignale macht eine Beschreibung durch Zeitablaufpläne, wie sie in der AHB-Spezifikation gezeigt werden, unübersichtlich. Daher wurde in der AXI-Spezifikation [AMBA21] die Einteilung der Bus-Übertragungsfunktionen in Kanäle (Channels) festgelegt. Beim AXI werden fünf unabhängige „Burst-basierte" Channels beschrieben:

- Read Address Channel (Lese-Adress-Übertragungskanal),
- Read Data Channel (Lesedaten-Übertragungskanal),
- Write Address Channel (Schreib-Adress-Übertragungskanal),
- Write Data Channel (Schreibdaten-Übertragungskanal),
- Write Response Channel (Schreibantwort-Übertragungskanal).

In der Abbildung 10.16 sind die wesentlichen Unterschiede zwischen AMBA-AHB und AMBA-AXI zusammengefasst.

**Vergleich des AMBA-AXI- mit dem AMBA-AHB-Bus**

Abbildung 10.16 [PaDu08] zeigt den Vergleich des AMBA-AHB- mit dem AMBA-AXI-Bus in einigen Punkten.

- Punkt 1: Auf die Unterschiede in der Spezifikation wurde oben bereits eingegangen: Die Beschreibung des AXI-Busses ist „Kanal-basiert", während die des AHB-Busses explizit Bus-basiert ist.
- Punkt 2 und 3: AXI-Bus: Im Burst-Modus ist nur die Adressierung des ersten Elements erforderlich, die folgenden Elemente werden durch Inkrementierung der ersten Adresse angesprochen. Fixed Burste Modus bedeutet, die Adresse für jede Datenübertragung im Burst bleibt gleich. Dies ist sinnvoll, wenn ein FIFO (First in first out)-Speicher geladen oder entladen wird.
- Punkt 4 und 5: Out of Order Transaktionen bedeuten: Bei der Programmabarbeitung des Prozessors können Befehle und Daten „außer der Reihe" abgearbeitet werden. Das füllt gelegentlich Lücken und Wartezeiten. Gleichermaßen können Daten „zwischendurch" übertragen werden. Das Gleiche gilt für exklusive (ausgewählte, außer der Reihe) Datenzugriffe.
- Punkt 7: Register Slices, das Heißt Registerinhalte oder Teile von Registerinhalten, können in jedem Kanal beim AXI-Bus „zwischendurch" übertragen werden.

| AMBA 3.0 AXI | AMBA 2.0 AHB |
|---|---|
| Kanal-basierte Spezifikation, 5 separate Kanäle. Bietet hohe Flexibilität | Explizite Bus-basierte Spezifikation, mit gemeinsamem Adress- und separaten Lese- und Schreibdatenbus |
| Burst erfordert nur die Adresse des 1. Elements | Jedes Datenelement im Burst muss adressiert werden |
| Fixed Burst-Mode | Kein Fixed Burst-Mode |
| Out of order Transaktionen werden unterstützt | Rudimentäre Split-Transaktionen. Keine Out of order Transaktionen |
| Unterstützung von exklusiven Datenzugriffen | Keine exklusive Datenzugriffen |
| Erweiterter Schutz und Cache-Support | Einfache Schutz- und Cache-Mechanismen |
| Register Slice Support | Kein Register Slice Support |
| Low-Power Clock Control Interface | Kein Low-Power Interface |
| Standardmäßiger Bus-Matrix-Topologie-Support | Standardmäßiger hierarchischer Bus-Topologie-Support |
| Bessere Ausnutzung der Datenbusse durch Überlappen von Read und Write | Read- und Write-Bus können nur exklusiv genutzt werden |

**Abbildung 10.16:** *Vergleich des AMBA-AHB- mit dem AMBA-AXI-Bus (nach [PaDu08])*

- Punkt 8: Low-Power Clock Control: Steuerung für niedrigeren Verbrauch des Taktsignals. Verringert den Energiebedarf.
- Punkt 9: Bus Matrix Topologie: Das „Bus-Matrix-Modul" ermöglicht AHB-Master von verschiedenen AHB-Bussen die Verbindung zu AHB-Slaves an AHB-Bussen. Ein „Bus-Matrix-Modul", wenn nötig, muss beim AHB zusätzlich implementiert werden. Beim AXI-Bus ist es standardmäßig enthalten.
- Punkt 10: Beim AHB ist die Nutzung von Schreib-Datenbus und Lese-Datenbus exklusiv. Beim AXI können beide Busse gleichzeitig genutzt werden.

### CoreConnect™

CoreConnect™ ist eine Mikroprozessor-Bus-Architektur der Fa. IBM für Ein-Chip-Systeme (SoC), die für IBMs „Power-PC-Architektur" entwickelt wurde. Ähnlich wie der AMBA-Bus wird der CoreConnect-Bus kostenlos an Chip-Entwicklungs-Unternehmen lizensiert. Die CoreConnect-Architektur schließt u. a. einen schnellen „Processor Local Bus (PLB)" und einen „On-chip Peripheral Bus (OPB)" ein.

# 10.3 Netzwerke

Zwischen zwei Computern gibt es verschiedene Prinzipien des Datenaustauschs, beispielsweise kann dieser Austausch über einzelne Leitungen, Leitungsbündel, (Busse) oder drahtlos „durch die Luft" erfolgen. Gibt es mehrere Sender und Empfänger auf einem Datenaustausch-Pfad, so nennt man diese „Knoten" und das Ganze ein „Datennetzwerk". Netzwerke sind uns aus dem Gebiet der Telekommunikation bekannt und bilden einen eigenen Fachbereich, aber auch bei Eingebetteten Systemen sind Netzwerke wichtig, Beispiele sind das „Inter-Integrated-Chip" $I^2C$-Netzwerk, das Computer Area Network (CAN) oder Sensornetzwerke.

## 10.3.1  Kommunikationsmodi

In einem Netzwerk gibt es verschiedene „Kommunikations-Modi", zum Beispiel:
- Punkt-zu-Punkt-Kommunikation oder Direktverbindung: Zwei Prozessorelemente, beziehungsweise zwei Endgeräte sind miteinander verbunden und können direkt miteinander kommunizieren. Im Telefonnetz ist in diesem Fall eine Leitung bzw. eine Leitungsverbindung reserviert.
- **Unicast:** Für eine Nachricht (von einem Prozessorelement (PE)) gibt es nur eine (PE-)Empfangsadresse.
- **Broadcast**-Kommunikation: Ein Prozessorelement steht mit allen anderen Prozessorelementen in Verbindung und sendet Daten an alle anderen Prozessorelemente. Diese nehmen die Daten auf.
- **Multicast**, auch „Gruppenruf" oder „Mehrpunktverbindung" (Multipoint) genannt. Ein Prozessorelement schickt Daten an mehrere andere Prozessorelemente. Broadcast ist eine Sonderfall von Multicast.

Bei Punkt-zu-Punkt-Verbindungen gibt es zwei verschiedene Sende/Empfangsmodi:
- Voll-duplex: Jedes Prozessorelement kann gleichzeitig senden und empfangen.
- Halb-duplex: Zu einem Zeitpunkt kann nur ein Prozessorelement senden oder empfangen.

## 10.3.2  Netzwerk-Topologien

Es gibt eine Vielzahl verschiedener Netzwerk-Topologien, zum Beispiel:
- Vermaschtes Netzwerk,
- Kreuzschienenverteiler (Crossbar Network),
- Eindimensionale Bus-ähnliche Netzwerke, z. B. serielle Busse (Abschnitt 10.4),
- Eindimensionale (Ring-)Netzwerke (z. B. Token-Ring-LAN)
- und viele andere mehr.

### Vermaschte Netzwerke

Vermaschte Netzwerke (siehe Abbildung 10.17 oben) kennen wir aus der Telekommunikation. So sind zum Beispiel das Telefon-Netzwerk oder das Internet vermascht. In einem vermaschten Netzwerk nennt man die einzelnen Kommunikations-Teilnehmer „Knoten". Ein Knoten stellt ein Eingebettetes System in einem Netzwerk dar. Kennzeichen des vermaschten Netzwerks ist, dass die meisten Knoten nicht nur mit zwei, sondern mit mehreren Nachbarknoten verbunden sein können. Vermaschte Netzwerke werden oft auch „zweidimensional" genannt, weil die Knoten in einer Ebene liegen. Bei einem „vollständig vermaschten Netzwerk" ist jeder Knoten mit jedem anderen Knoten verbunden; das bedeutet, es gibt bei diesem Netzwerk bei n Knoten $(n-1)!$ Verbindungen. Dieser Aufwand ist in der Regel nicht vertretbar. Jeder Knoten ist „autark" (selbstständig), hat ein eigenes Prozessorelement mit Speicher und ein eigenes Datenmanagement. Zwei Knoten die Punkt-zu-Punkt miteinander kommunizieren, nennt man „Endknoten", sie können dies über verschiedene Verbindungswege tun. Das heißt, die Knoten zwischen den Endknoten

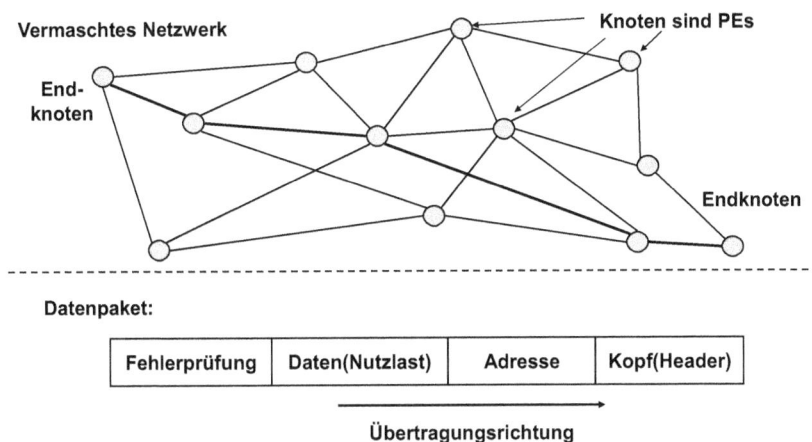

**Abbildung 10.17:** *Oben: Schematische Darstellung eines vermaschten Netzwerks. Unten: Beispiel eines Datenpakets.*

leiten Daten, die nicht für sie bestimmt sind, in die Richtung des Endknotens weiter. Deshalb werden sie oft auch „Router" genannt.

**Vorteile** von vermaschten Netzwerken sind:

– Daten können einen Endknoten über verschiedene Verbindungswege erreichen. Bei Störungen auf einem Verbindungsweg, kann ein anderer Weg genommen werden.
– Das Netz ist sehr leistungsfähig, der Lastausgleich ist gut.
– Es ist keine zentrale Verwaltung nötig. Es gibt keinen Master und keine Slaves, alle Knoten sind gleichberechtigt.

**Nachteile** von vermaschten Netzwerken sind:

– Hoher Hardware-Aufwand und hoher Energiebedarf.
– Jeder Knoten ist nicht nur als Endknoten ausgelegt, sondern auch als Router. Das Routing ist komplex.

Für Eingebettete Systeme werden vermaschte Netzwerke sehr selten eingesetzt. Ein Beispiel sind die Sensornetzwerke (siehe Abschnitt 10.7).

## Kreuzschienenverteiler

Abbildung 10.18 zeigt schematisch die Verteilermatrix eines 4x4-Kreuzschienenverteilers (Crossbar Switch), auch „Koppelfeld" genannt. Die Verteilermatrix besteht im Prinzip aus senkrecht übereinander gelegten, nicht miteinander verbundenen Leitungen, an deren Ende jeweils ein Prozessorelement angeschlossen ist. In jedem Kreuzungspunkt sitzt ein elektronischer Schalter.

In unserem Beispiel in Abbildung 10.18 ist der Schalter in der linken oberen Ecke der Verteilermatrix geschlossen und verbindet direkt Prozessorelement PE 1 mit PE 5. In einem Netzwerk mit der Anzahl $n$ PE gibt es $(n/2)^2$ Schalter. Früher gab es Kreuzschienenverteiler mit elektromechanischen Schaltern (Relais), mit denen auch analoge Signale übertragen werden konnten. Heute werden meist CMOS-Transistoren als Schalter für die Übertragung digitaler Signale verwendet. Kreuzschienenverteiler werden heute meist in

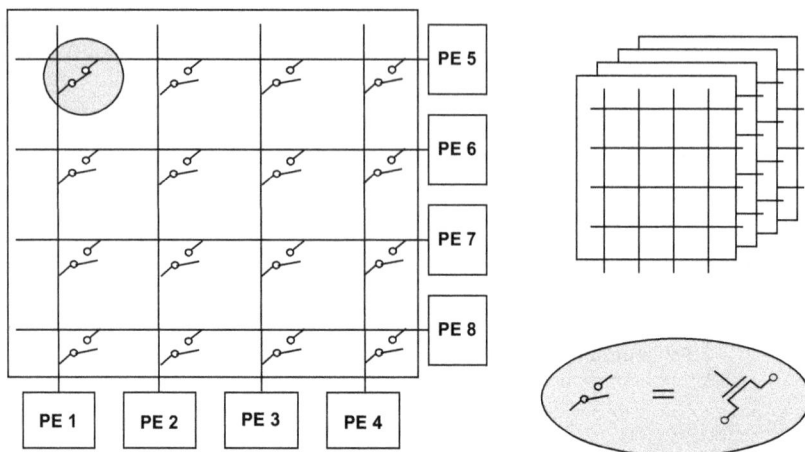

**Abbildung 10.18:** *Links: Schematische Darstellung der Verteilermatrix eines 4x4-Kreuz-schienenverteilers (auch Koppelfeld genannt). Im Beispiel sind die Prozessorelemente PE 1 und PE 5 direkt miteinander verbunden. Rechts oben: Um größere Datenbreiten zu schalten, werden mehrere Koppelfelder übereinander gepackt (hier sind es vier Stück). Rechts unten: In einem Koppelfeld sind die Schalter meist als CMOS-Transistoren ausgeführt.*

der MEMS-Technologie (Micro Electronic Mechanical Systems, siehe Abschnitt 1.7, Seite 20) implementiert. Um größere Datenbreiten zu schalten, werden mehrere Koppelfelder übereinander gepackt, im Bild 10.18 sind es beispielsweise vier Koppelfelder für die Datenbreite 4 Bit. In einem Kreuzschienenverteiler sind mehrere verschiedene Verbindungs-arten möglich: Zum Beispiel Punkt-zu-Punkt-Verbindungen, „Broadcast" (Einer spricht zu allen) - und „Multicast" (Einer spricht zu vielen)-Verbindungen. Es sind gleichzeitig $n/2$ wählbare Punkt-zu-Punkt-Verbindungen zwischen $n$ Prozessorelementen möglich. In Bild 10.18 können beispielsweise zusätzlich zu PE 1 – PE 5 die direkten Punkt-zu-Punkt-Verbindungen PE 2 – PE 6, PE 3 – PE 7 und PE 4 – PE 8 gleichzeitig bestehen ohne sich gegenseitig zu beeinflussen. Damit jedes Prozessorelement lesen und schreiben kann, sind Tri-State-Treiber (siehe Abschnitt 10.2.1, Seite 425) nötig. Ein Kreuzschienen-verteiler bedeutet einen relativ großen Hardware-Aufwand, bietet aber Vorteile, wenn sehr schnelle Punkt-zu-Punkt-Verbindungen oder auch Multicast-Verbindungen gefordert sind. Kreuzschienenverteiler werden in der Telekommunikation aber auch in „Syme-tric Multiprozessor-Systemen" (SMP) verwendet, um direkte und schnelle Verbindungen zwischen Multiprozessor-Systemen zu ermöglichen. Für Eingebettete Systeme wird der Kreuzschienenverteiler wegen der hohen Kosten selten verwendet.

## 10.3.3   Datenformatierung

Da in Netzwerken nicht über einen gemeinsamen Speicher (Shared Memory, siehe Abschnitt 6.1.3, Seite 248), kommuniziert werden kann, werden Nachrichten durch „Nach-richtenblöcke" (Messages) ausgetauscht. Diese Methode nennt man **„Message passing"** (siehe Abschnitt 6.1.3, Seite 248. Ein Nachrichtenblock kann in mehrere „Datenpakete" aufgeteilt werden. Abbildung 10.17 unten zeigt das Format eines typischen Datenpakets.

Ein **Datenpaket** besteht aus mehreren Feldern: Vorne (in Übertragungsrichtung) ist der „Paketkopf" (Header), danach folgt die Adresse, das heißt, die Endknoten- bzw. die Empfängeradresse, danach die zu transportierenden Daten oder die Nutzlast (Payload). Das Paket endet mit einem Fehlerprüffeld.

Zwischen heterogenen kommunizierenden Prozessor-Elementen muss in der Regel eine **Datenformatierung** durchgeführt werden. Dies gilt sowohl für Nachrichten als auch für Daten (Variablen). Folgende Datenformate müssen bei der Datenübertragung angepasst werden:

**Byte-Reihenfolge (Endianess)**: Es wird zwischen „Big-Endian" und „Little Endian" unterschieden.
- Bei „Big-Endian" wird das Byte mit dem höchsten Stellenwert zuerst, an die „niedrigsten" Speicherstellen (vorne) gespeichert. Beispiel Uhrzeit: Std:Min:Sek.
- Bei „Litttle-Endian" wird das Byte mit dem niedrigsten Stellenwert zuerst, an die „niedrigsten" Speicherstellen gespeichert. Ein Beispiel ist die deutsche Schreibweise für das Datum: Tag.Monat.Jahr.

**Die Datenbreite** auf Bit-Ebene, z. B. 32 Bit (4 Bytes) muss angepasst werden. Ein „Padding" muss durchgeführt werden. Wird ein Datenelement mit n Bit in eine Datenstruktur mit der Datenbreite m Bit eingegeben und ist m > n, so wird das Datenelement meist rechtsbündig eingepasst und die vorderen $m-n$ Stellen mit einem Padding-Zeichen „gepaddet", d. h. aufgefüllt. Beispiel: Wird die Ganzzahl „123" mit 3 Bytes in eine Speicherstelle mit der Breite 32 Bit (4 Bytes) rechtsbündig eingespeichert, so wird in der Regel das erste Byte mit Nullen „gepaddet", d. h. aufgefüllt. Der Prozess der Konvertierung des Anwendungs- bzw. Prozess-Datenformats zum Netzwerk-Datenformat wird **„Marshalling"** genannt, bei dem die Nutzdaten in einen „flachen" (sequenziellen), typfreien Datenstrom umgewandelt werden. Der umgekehrte Prozess, also die Umwandlung des flachen Datenstroms in Anwender-Datenformate nennt man „Demarshalling". Marshalling und Demarshalling wird in der Regel in der „Präsentierungsschicht", (Schicht 6 des ISO/OSI-Referenzmodells, siehe Seite 423), durchgeführt. Der typfreie Datenstrom, der im Marshalling-Prozess erzeugt wird, kann beliebig lang sein. Dieser Datenstrom wird entsprechend den Erfordernissen des Netzwerks, zum Beispiel entsprechend der begrenzten Speichermöglichkeit in einem Kommunikationselemnt (Transducer), in Pakete aufgeteilt und durch die Netzwerkschicht übertragen. Diesen Vorgang nennt man **Paketierung**.

**Media Access Control (MAC)** ist eine Teilschicht von OSI-Schicht 2, (siehe Seite 423). Der MAC-Treiber ist spezifisch für das verwendete physikalische Übertragungsmedium und formatiert die zu übertragenden Daten passend zum Medium, beispielsweise zu einem Bus. Der MAC-Treiber kennt das Bus-Protokoll und teilt die Datenpakete aus dem Paketierungsprozess in „Bus-Primitive", d. h. „Buspakete" auf.

# 10.4 Busähnliche Netzwerke oder serielle Busse

Wir beschäftigen uns bei verteilten Systemen hauptsächlich mit lokalen, busähnlichen (eindimensionalen) Netzwerken oder seriellen Bussen, zu denen auch die so genannten **Feldbusse** gehören. Im Gegensatz zu parallelen Bussen, die ein vieladriges Datenbündel

aufweisen (siehe Abschnitt 10.2, Seite 424), haben serielle Busse in der Regel relativ
wenig, oft nur zwei Datenleitungen. Feldbusse finden breite Anwendung in der Automatisierungstechnik und im Automobil. Durch den Einsatz von Feldbussen wird ein hoher
Anteil an Kabelkosten eingespart.

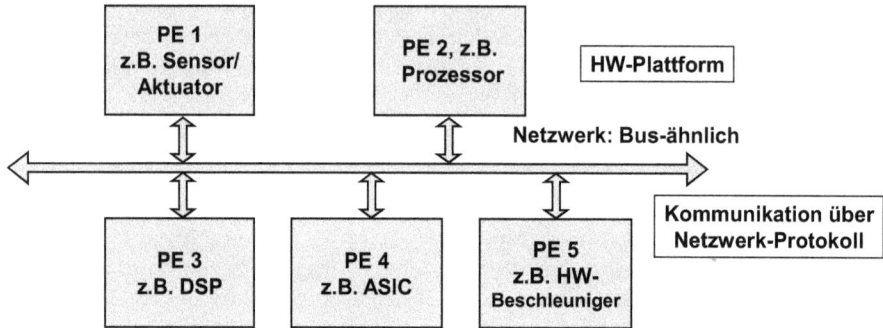

***Abbildung 10.19:*** *Schematische Darstellung eines busähnlichen Netzwerks (nach [Wolf02]).*

Es gibt heute etwa 50 verschiedene Feldbusse, die sich hinsichtlich ihrer technischen
Funktionen, Einsatzgebiete und Anwendungshäufigkeit unterscheiden [Feldb14] und die
teilweise für Eingebettete Systeme eingesetzt werden.

Abbildung 10.19 zeigt ein busähnliches Netzwerk. Jedes Prozessorelement ist gleichberechtigt und autark, es besitzt mindestens einen Prozessor und einen eigenen Programm-
und -Datenspeicher. Jedes Prozessorelement kann schreibend oder lesend auf das Netzwerk zugreifen, d. h. es ist eine Steuerung bzw. „Arbitrierung" notwendig, um Kollisionen beim Schreiben zu vermeiden. Das Ethernet-Netzwerk und ähnliche Netzwerke bzw.
Busse benötigen keine Arbiter, sie rechnen mit Kollisionen und können diese meistern.

**Arbitrierungsmethoden** bzw. Zugriffsmethoden oder Zugriffsstrategien sind zum Beispiel:
- **CSMA/CD**: Carrier Sense Multiple Access with Collision Detection. Es ist eine Pro-
  tokollstrategie, bei der nach Feststellen einer freien Leitung jeder Teilnehmer senden
  kann und bei einer auftretenden Kollision (während des Sendens) jeweils für unterschiedliche (per Zufallsgenerator bestimmte) Zeit unterbricht (Konkurrenzbetrieb).
- **CSMA/CA**: Carrier Sense Multiple Access with Collision Avoidance. Protokoll-
  variante von CDMA/CD, bei der Kollisionen durch Vorausmaßnahmen vermieden
  werden.
- **CSMA/CR**: Carrier Sense Multiple Access Collision Resolution. Erkennen und gleich-
  zeitiges Auflösen von Kollisionen beim gleichzeitigen Starten der Übertragung

Beispiele für Zugriffsmethoden sind:
- CSMA/CD: Ethernet (siehe Seite 452. Kollisionen werden heutzutage jedoch durch
  Switches vermieden).
- CSMA/CA: WLAN (IEEE 802.11)
- CSMA/CR: CAN-Bus (siehe Seite 455).

Für Computersysteme werden folgende Bus-Netzwerke eingesetzt:

– **VME-Bus** „Versa Module Eurocard"-Bus, wurde 1981 von den Firmen Motorola und Philips entwickelt. Es ist ein „Backplane-Bus" (Platinen-Rückwandbus) für Mehrkarten-Systeme ohne eigene elektronische Bauteile. Der Bus wurde von der IEC als ANSI/IEEE 1014-1987-Norm standardisiert. Eine Vielzahl von Prozessoren unterstützen den VME-Bus: Zum Beispiel: HP PA-RISC, Motorola 88000, PowerPC, Intel x86.
– **Multibus II** wurde von der Firma Intel in Konkurrenz zum VME-Bus für die Intel 80x86-Prozessoren entwickelt.
– **USB**: Universal Serial Bus. Schneller, sehr verbreiteter Bus für Eingabe/Ausgabe. USB 2.0 wurde im Jahre 2000 mit einer Datenrate von 480 Mbit/s spezifiziert. Es folgte 2008 die Spezifikationen für USB 3.0 mit einer Brutto-Datenrate von ca. 4 GBit/s. Die Datenübertragung erfolgt Null-symmetrisch über zwei verdrillte Leitungen ähnlich wie beim CAN-Bus (siehe Abschnitt 10.5.1). Dadurch erhält man eine hohe Störsicherheit. Zwei zusätzliche Leitungen dienen zur Stromversorgung der angeschlossenen Geräte.
– **FireWire**: Von der Fa. Apple als Konkurrenz zum USB entwickelt, als IEEE-1394-Standard im Jahr 1995 genormt. FireWire wird zum schnellen Datenaustausch zwischen Computern und Peripheriegeräten eingesetzt.

Weitere serielle Busse für Eingebettete Systeme, sind zum Beispiel:
– $I^2C$-**Bus**, siehe Abschnitt 10.4.1.
– **CAN-Bus**, siehe Abschnitt 10.5.1.
– **FlexRay, LIN und MOST**, siehe Abschnitt 10.5.2.
– **Profibus**, siehe Abschnitt 10.4.2.
– **LON** (Local Operating Network): Netzwerk der Firma Echelon. Wird u. a. in der Gebäudeautomatisierung eingesetzt. Entwickelt um 1990 von der US-Firma Echelon Corporation. Die LON-Technologie ist genormt unter ISO/IEC 14908-x und ermöglicht damit den Datenaustausch zwischen Geräten unterschiedlicher Hersteller, die ein LON-Adapter besitzen.
– **Serial Peripheral Interface (SPI)**, ein von der Fa. Motorola entwickeltes Bussystem nach dem Master-Slave-Prinzip mit drei Leitungen, das zwar weit verbreitet, aber nicht genormt ist.
– „**Microwire**" ist ein ähnliches Bussystem wie SPI, das von der Fa. National Semiconductor entwickelt wurde.

## 10.4.1   Der $I^2C$-Bus

Der $I^2C$-Feldbus (Inter Integrated Circuit-Bus, auch I2C-Bus genannt) wurde etwa 1980 von der Firma Philips entwickelt. Im Jahr 1992 wurde die erste Spezifikation veröffentlicht. Der $I^2C$-Bus wird häufig verwendet, um Mikroprozessoren mit Peripherie-ICs zu verbinden. Ein Anwendungsbeispiel ist die Befehlsschnittstelle in einem MPEG-2 Video-Chip, während ein separater, schneller Bus die Videodaten transportiert [Wolf02]. Der $I^2C$-Bus ist preisgünstig und leicht einzubauen. Die Daten-Übertragungs-Geschwindigkeit beim ursprünglichen Standard ist 100 kbit/s, der „schnelle" erweiterte Modus der Spezifikation 1.0 ist 400 kbit/s. 1998 wurde mit der Version 2.0 ein „Hochgeschwindigkeitsmodus" mit max. 3,4 Mbit/s herausgegeben. Die Version 3.0 aus dem Jahr 2007 füllte die Lücke in Bezug auf die Geschwindigkeit zwischen Version 1.0 und Version 2.0 mit dem „Fast-mode Plus" und 1 Mbit/s. Version 4.0 aus dem Jahre 2012 brachte den „Ultra Fast Mode" mit einer Übertragungsgeschwindigkeit von 5 Mbit/s.

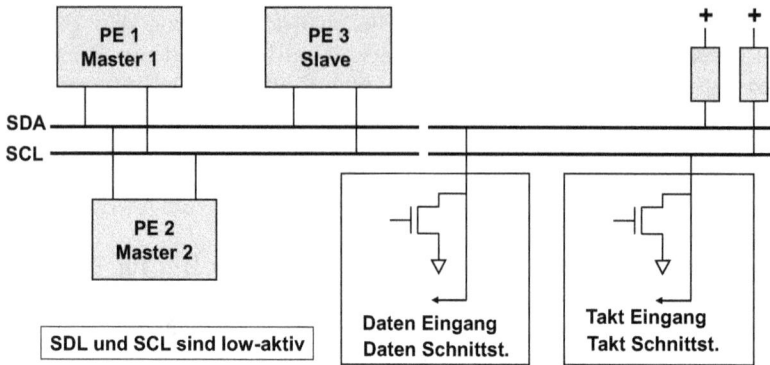

**Abbildung 10.20:** *Schematische Darstellung der physikalischen Schicht des $I^2C$-Bus (nach [Wolf02]).*

Abbildung 10.20 zeigt schematisch die **physikalische Schicht** des $I^2C$-Bus. Es gibt zwei Leitungen: Eine Datenleitung SDA (Serial Data) und eine Taktleitung SCL (Serial Clock Line). Sowohl Daten- als auch Taktleitung sind „low active", d. h. das aktive Signal liegt auf der Spannung „0", das inaktive Signal liegt auf einer positiven Spannung. In Abbildung 10.20 oben links sind zwei „Master" (PE 1, PE 2) und ein „Slave" dargestellt. Der „aktuelle" Master treibt die beiden Leitungen SDA und SCL, wenn Daten gesendet werden.

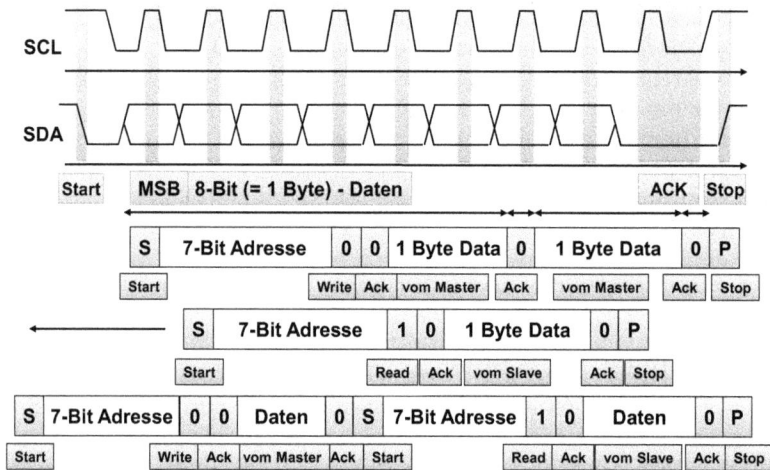

**Abbildung 10.21:** *Darstellung von Datenpaketen auf der Sicherungsschicht bzw. Data-Link-Schicht des $I^2C$-Bus. Oben sind schematisch Start- und Stop-Bit auf der seriellen Taktleitung (SCL) und der seriellen Datenleitung (SDL) dargestellt, darunter Beispiele für Datenpakete. MSB heißt: „Most significant Bit", es folgt dem Start-Bit (nach [Wolf02]).*

Die Datensicherungs- oder Data-Link-Schicht des $I^2C$-Bus zeigt Abbildung 10.21. Ein Bus-Datenaustausch besteht aus einer Folge von Ein-Byte-Übertragungen, die mit einem

Start-Bit beginnen und mit dem Stop-Bit enden. Das Start-Bit ist gekennzeichnet durch eine negative Flanke, das Stop Bit durch eine positive Flanke auf der SDA-Leitung während die Taktleitung SCL positiv bleibt.

Ein Datenpaket beginnt nach dem Start-Bit mit der 7-Bit langen Geräte-Adresse, gefolgt vom Read/Write-Bit, bei dem die „0" Write bedeutet und die „1" Read. Danach folgen Byte-Daten bis zum nächsten Stop-Bit. Es ist auch möglich, dass nach den Daten unmittelbar wieder ein Start-Bit mit einer neuen Geräte-Adresse folgt. Die Daten (Einzelbits) sind nur gültig, wenn sich ihr logischer Pegel während einer Clock-High-Phase nicht ändert. Das lesende Prozessorelement kann die Übertragungsgeschwindigkeit dadurch verlangsamen, dass es die „Low-Periode" der Taktleitung SCL „streckt", das heißt, länger auf „0" hält. Das ist möglich, weil der Ausgang des Senders hochohmig ist.

Die **Arbitrierung** beim $I^2C$ Bus geschieht nach dem CSMA/CA- (Carrier Sense Multiple Access/Collision Avoidance siehe auch Seite 446), bzw. nach CSMA/AMP- (CSMA/Arbitration on Message Priority) Prinzip wie folgt (siehe auch Arbitrierung beim CAN-Bus): Der Master (zum Beispiel PE 1) überprüft die gesendeten Adressdaten im 7-Bit-Adressen-Feld. Falls er andere Daten liest als er geschrieben hat, bedeutet das eine Kollision. Beispiel: Der Master schreibt eine '1', liest aber gleichzeitig eine '0'. Die '0' hat Priorität über die '1'. In diesem Fall unterbricht PE 1 seine Übertragung und überlässt dem anderen Prozessorelement die Priorität. Die Adresse mit den meisten führenden Nullen hat die höchste Priorität.

## 10.4.2 Profibus (Process Field Bus)

Die Entwicklung des Profibus begann 1987 auf der Basis eines vom Bundesministerium für Forschung und Entwicklung geförderten Verbundprojekts zwischen Hochschulinstituten und Firmen der Automatisierungstechnik wie beispielsweise die Fa. Siemens AG [Ets94] [Feldb14]. Ziel des Projekts war die Realisierung eines offenen Kommunikationssystems basierend auf einem seriellen Bussystem. Profibus ist ein universeller Feldbus, der breite Anwendung in der Fertigungs-, Prozess- und Gebäudeautomatisierung findet, er wurde in der internationalen Normenreihe IEC 61158 standardisiert. Mit über 20 Millionen Geräten, die weltweit in Produktionsstätten wie der chemischen Industrie, der Kraftfahrzeug-Produktion, der Nahrungsmittelverarbeitung bis hin zur Wasseraufbereitung und Abfallaufarbeitung im Einsatz sind, ist Profibus eine bedeutende und bewährte Technologie. Profibus ist sowohl für schnelle, zeitkritische Anwendungen, als auch für komplexe Kommunikationsaufgaben geeignet. Profibus gibt es z. B. in den folgenden Varianten [Prof14]:
- Profibus DP (Decentralised Peripherals): Zur Ansteuerung von Sensoren und Aktoren durch eine zentrale Steuerung. Datenraten bis zu 12 Mbit/s auf verdrillten Leitungen (Twisted Pair) und Glasfaserleitungen sind möglich.
- Profibus-PA (Prozess-Automation): Wird beispielsweise zur Kommunikation zwischen einer Prozesszentrale und Messgeräten in explosionsgefährdeten Bereichen eingesetzt. In den Leitungen fließt nur ein schwacher Strom, so dass im Störfall keine explosionsauslösende Funken entstehen können. Dadurch ist nur eine relative geringe Datenübertragunsrate von 31,25 kbit/s möglich.
- Profibus FMS (Fieldbus Message Specification) ist für die Datenkommunikation zwischen Automatisierungsgeräten und Feldgeräten bestimmt [ProfSie14].

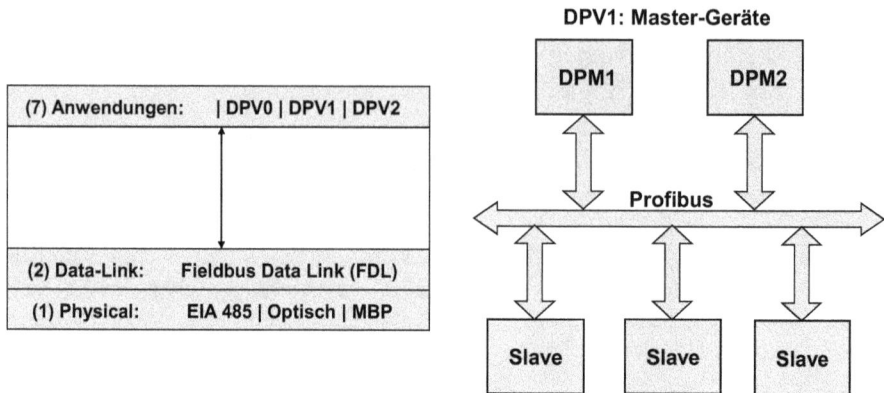

**Abbildung 10.22:** *Links: Die drei genormten Schichten des Profibus. DPV0 war das erste Protokoll, danach kamen die Erweiterungen DPV1 und DPV2. Rechts: Schematische Anordnung von Geräten an einem Profibus (vereinfacht nach [ProfSie14]).*

Abbildung 10.22 zeigt links die drei Schichten, die in der Profibusnorm IEC 61158 enthalten sind. Die Anwendungsschicht 7 enthält drei Anwendungsprotokolle, die im Laufe der Zeit für den Profibus DP erarbeitet wurden. Abbildung 10.22 zeigt rechts schematisch eine Anordnung von Geräten, die an einen Profibus angeschlossen sind. Die Master-Geräte sind aktive Steuer-, Regel- oder Bedienungs-Geräte, sie lesen Informationen von den Slaves aus und geben Informationen sowohl an Master- als auch an Slave-Geräte weiter. Slave-Geräte sind passive Peripheriegeräte, es können Messfühler wie z. B, Temperaturfühler, Waagen oder Stellglieder wie Stellmotoren, stellbare Ventile usw. sein. Das Anwendungsprotokoll DPV1 definiert die DP-Master-Klassen DPM1 und DPM2. DPM1 regelt den periodischen bzw. zyklischen Prozess-Datenverkehr (siehe unten) zwischen Master-Master und Master-Slave-Geräten. Typische Geräte sind Speicherprogrammierbare Steuerungen SPS, andere Eingebettete Systeme und Datenendgeräte. Hier ist anzumerken, dass die Prozess- und Fertigungs-Automatisierung ihre eigene Terminologie hat. Der Begriff SPS, der für die Programmierung beispielsweise von Robotern und Maschinenanlagen steht, gehört dazu. Der DP-Master Klasse 2 (DPM2) greift „azyklisch" auf den Bus zu, d. h. er tauscht nicht andauernd zyklisch Informationen aus. Er ermöglicht z. B. als Bedienungsgerät die Konfiguration, Parametrisierung, Wartung usw. von intelligenten Feldgeräten.

Das Buszugriffsprotokoll auf Schicht 2 wird **„Fieldbus Data Link (FDL)"** genannt. Es beruht auf dem sogenannten „Token-Ring-Passing-Verfahren", das die Buszugriffsberechtigung, dem Token, innerhalb eines festgelegten Zeitrahmens garantiert. Die logische Aneinanderreihung der aktiven Teilnehmer (Master) nennt man „Token-Ring" (Nicht zu verwechseln mit dem Token-Ring-LAN-Netzwerk der Fa. IBM). Die Busadressen der Master bilden einen Ring. Der Token wird in diesem Ring nach aufsteigenden Adressen von Master zu Master weitergereicht. Solange ein Master den Token besitzt, kann er sowohl mit anderen Mastern als auch mit Slaves kommunizieren. Die Fieldbus Data Link-Schicht definiert für die jeweiligen Datenübertragungs-Ansprüche verschiedene Paketlängen mit verschiedenen Übertragungsfeldern. Auf dem Profibus kann sowohl im Punkt-zu-Punkt-Modus als auch im Broadcast- und Multicast-Modus kommuniziert werden. Da der Profibus in Fertigungsstätten, also oft in störungsreicher Umgebung eingesetzt wird, ist eine gute Übertragungssicherheit gefragt. Dies wird sowohl durch Start- und Endezeichen als auch durch Prüffelder im Datenpaket erreicht.

In der **physikalischen Schicht** können entweder verdrillte Zweidrahtleitungen nach der Norm EIA-485 oder optische Übertragungsverfahren mit Lichtwellenleitern in Stern-, Bus- und Ring-Topologien eingesetzt werden. Für den Profibus PA (Prozessautomation) wurde die „Manchester Bus Powered MBP"-Übertragungstechnik definiert. Die Energieversorgung für die Anschlussgeräte ist bei dieser Technik im Kabel integriert. Die Leitungslänge kann bis zu 1900 m betragen.

Weitere Verbindungsmöglichkeiten für verteilte Eingebettete Systeme sind teilweise aus der Computerwelt übernommen, z. B. der PCI Express-Bus und Infiniband. Auch das Ethernet und das Internet wird für verteilte Systeme verwendet.

## 10.4.3 PCI Express

(Peripheral Component Interconnect, PCIe) löst den in die Jahre gekommenen PCI-Bus und den „Accelerated Graphic Port" (AGP) im PC als Verbindung vom Chipsatz des Graphik-Prozessors mit den Peripheriegeräten ab [PCISIG14]. Im Gegensatz zum parallelen Bus-System des „alten" PCI-Bus ist der PCI-Express eine serielle voll duplexfähige Punkt-zu-Punkt-Verbindung, die im einfachsten Fall aus je zwei Doppelleitungen, „Lane" genannt, besteht, wobei die eine Doppelleitung für das Senden, die andere für das Empfangen bestimmt ist. Wie beim CAN-Bus (siehe Abschnitt 10.5.1) werden auf einer Doppelleitung die Daten differentiell übertragen, um Störeinflüsse durch magnetische und elektrische Felder zu verringern.

Für den PCI-Express gibt es die Versionen 1.0 bis 4.0 (2014). Es ist zu erwarten, dass es in Zukunft weitere PCIe-Versionen mit größeren Bandbreiten geben wird. Die effektive Bandbreite (pro Lane und in jeder Übertragungsrichtung) der einzelnen Versionen reicht von 2 Gbit/s bei Version 1.0 bis zu 15,754 Gbit/s bei Version 4.0. Es wird eine 8Bit/10Bit-Übertragungscodierung bei den Versionen 1.0 und 2.0 verwendet, die u. a. eine Synchronisierung des Senders mit dem Empfänger und eine erhöhte Datenübertragungs-Sicherheit erlaubt. Bei den Versionen 3.0 und 4.0 ist die Übertragungscodierung 128 Bit/130 Bit. Die 8Bit/10Bit-Codierung bedeutet beispielsweise: ein 8-Bit-Byte wird als 10-Bit-String mit eigener Codierung übertragen. Entsprechendes gilt für die 128 Bit/130 Bit-Codierung. Dadurch entsteht ein „Overhead-Verlust", der einerseits die Datenübertragungsrate verringert, andererseits aber die Übertragungs-Sicherheit (durch Redundanz) erhöht. Durch Bündeln der Lanes kann die Bandbreite erhöht werden. Der PCIe 1x besitzt eine Lane mit 2 Doppelleitungen, der PCIe 2x besteht aus 2 Lanes, der PCIe 4x, 8x, 12x, 16x, 32x weist entsprechend das Vielfache der Lanes und der Bandbreiten auf. Einzelne Komponenten werden über „Switches" verbunden. Ein Beispiel für einen Switch ist der Kreuzschienenverteiler (Seite 443).

## 10.4.4 InfiniBand

[Infb14] ist ein Standard für Netzwerk- und Eingabe/Ausgabe-Schnittstellen. Die Infiniband Trade Association, die u. a. aus den Firmen Cray, Intel, IBM, Microsoft, HP, Oracle usw. besteht, wurde im Jahr 1999 gegründet und hat sich die Entwicklung eines Verbindungsnetzwerks für das Rechenzentrum, z. B. für Server-Cluster mit Anbindung an das Internet zum Ziel gesetzt. Auf der physikalischen Ebene stellt InfiniBand einen bidirektionalen seriellen Bus mit latenzarmer Datenübertragung (Übertragung mit geringer Verzögerung) dar, der einfach, vierfach und zwölffach einsetzbar ist. Üblich ist ein vierfacher Bus, man spricht von vier Kanälen, die in einem Kabel gebündelt sind. Zum Beispiel leistet das „Infiniband Dual 4x Host Channel Adapter Modul" eine Duplex-Übertragung, mit (2014) je 25 Gbit/s Übertragungsgeschwindigkeit pro Kanal. In der „Infiniband-Roadmap" [Infb14] werden von Jahr zu Jahr steigende Datenraten (Übertragungsgeschwindigkeiten) als Ziel angegeben. Zum Beispiel gilt für 2014 die „Enhanced Data Rate EDR" für eine vierfach (4x) Datenleitung von insgesamt 100 GBit/s (in eine Übertragungsrichtung); für 2017 ist dafür die „High Data Rate HDR" von 200 GBit/s vorhergesagt. Infiniband wird bisher meist für große Computer-Systeme verwendet und ist zum Beispiel bei den oberen Stellen der Top-500-Computer-Liste anzutreffen. Es kann aber auch für Eingebettete Systeme eingesetzt werden, die Verbindungen mit hoher Bandbreite benötigen.

## 10.4.5   Ethernet

Ethernet ist ein etabliertes und weitverbreitetes Kommunikationsprotokoll für kabelgebundene Datennetze, das Signale auf der Bitübertragungsschicht, Paketformate sowie Kabeltypen und Stecker spezifiziert. Die starke Durchdringung des Ethernet-Standards in drahtgebundenen Kommunikationsnetzen – von professionellen IT-Umgebungen bis hin zur Unterhaltungselektronik – erlaubt es kostengünstige Produkte mit hoher Zuverlässigkeit anzubieten, so dass ein abgeleiteter Standard (Automotive Ethernet, Seite 464) unter Berücksichtigung der spezifischen Anforderungen der Automobiltechnik ein konsequenter und erwartbarer Schritt war. Automotive Ethernet bietet sich für einen Einsatz im Automobil an, da inzwischen wichtige Anforderungen in Bezug auf Übertragungsraten, Fehlertoleranz und Betriebssicherheit erfüllt werden konnten. Zudem gilt Ethernet als zukunftssichere Technologie, so dass ein nachhaltige und skalierbare Lösung für künftige Fahrzeuggenerationen, insbesondere im Hinblick auf das automatisierte Fahren vorliegt. Automotive Ethernet wird in aktuellen Fahrzeugen bereits in vielen Bereichen eingesetzt. Hierzu zählen die fahrzeuginterne Kommunikation, das Infotainment, die Fahrzeugdiagnose, die Kommunikation zwischen Elektrofahrzeugen und Ladestationen und zur Kopplung verschiedener bestehender Kommunikationsdomänen im Fahrzeug. Ferner setzen zentralisierte Rechensysteme bzw. Zonenarchitekturen zur Unterstützung des automatisierten Fahrens auf Ethernet-Kommunikation in künftigen Fahrzeugen.

Die Übertragungsraten bei Ethernet reichen von 10 Mbit/s über 100 Mbit/s bis 1 GBit/s (Gigabit-Ethernet). Die Knoten an einem Ethernet-Bus sind nicht synchronisiert. Falls zwei Prozessorelemente versuchen gleichzeitig zu übertragen, stören sie sich gegenseitig, man spricht von einer Datenkollision.

Die Arbitrierungs-Methode bei Ethernet ist CSMA/CD (Carrier Sense Multiple Access/Collision Detection, siehe Seite 446), abgeleitet aus dem Aloha-Verfahren (siehe Seite 479). Colllision Detection bedeutet: Entdeckt ein sendebereiter Knoten, dass ein anderer Knoten bereits Daten auf dem Bus sendet, so wartet er, bis die Datenübertragung beendet ist und versucht es danach wieder. Aus diesem Grund ist die Analyse der Datenübertragungszeit bei Ethernet-Verbindungen schwierig.

## 10.4.6 Internet

Das Internet ist allgegenwärtig und deshalb auch geeignet für die Verbindung verteilter Eingebetteter Systeme. Internet-basierte Verbindungen werden in industriellen Produktionsstätten bereits seit einiger Zeit eingesetzt. Ein anderes Anwendungsgebiet sind an das Internet angeschlossene „intelligente" Haushaltsgeräte. Das Internetprotokoll TCP/IP (Transmission Control Protocol/Internet Protocol) ist eine Familie von Netzwerkprotokollen. Es ist paketbasiert und verbindungslos. Internetpakete können durch verschiedene andere Netzwerke, z. B. Ethernet transportiert werden.

# 10.5 Bussysteme im Kraftfahrzeug

Aufgrund der ständigen Weiterentwicklung des Kraftfahrzeugs zu mehr Sicherheit und Komfort, – nicht nur bei der Premiumklasse, – sind auch die Anforderungen an den Datenaustausch innerhalb des Automobils gestiegen. Die treibenden Kräfte für die Einführung immer leistungsfähigerer Bussysteme im Kraftfahrzeug waren nicht nur die weiter zunehmende Elektrifizierung und die anspruchsvolleren Wünsche der Kunden, sondern auch strengere Vorgaben des Gesetzgebers zur Abgasemission und ein steigender Innovationsdruck.

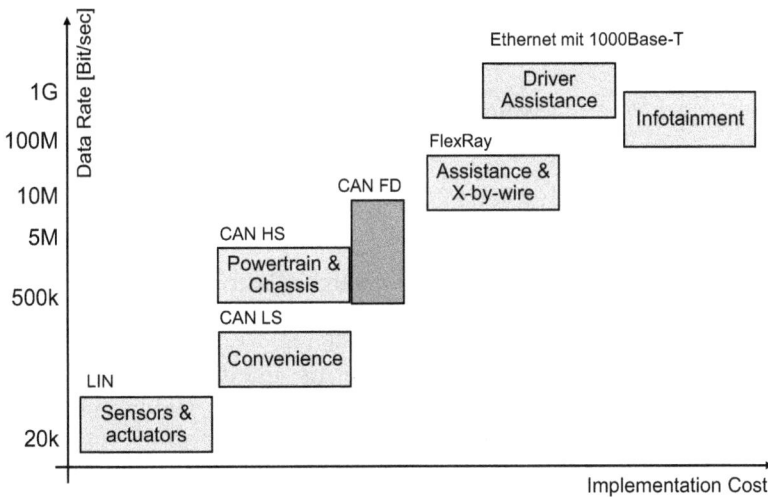

Quelle: Vector Informatik GmbH

**Abbildung 10.23:** *Datenübertragungssysteme im Kraftfahrzeug: Datenübertragungsrate (Data Rate) in Abhängigkeit der Implementierungskosten (Quelle: Vector Informatik GmbH).*

Abbildung 10.23 zeigt einen Überblick über Datenübertragungssysteme im Kraftfahrzeug und deren Datenübertragungsrate in Abhängigkeit der Implementierungskosten (Quelle: Vector Informatik GmbH). Die Datenübertragungsrate der Sensoren und Aktuatoren (bzw. Aktoren) steigt an von etwa 20 kBit/s bei den Bussystemen CAN, LS, HS, FD, FlexRay, bis zu 1 GBit/s bei Ethernet mit 1000Base-T. Die Implementierungskosten wachsen mit höheren Übertragungsraten.

Als Beispiel für die Vielzahl von elektrischen und elektronischen Geräten im Automobil, verbunden mit einem Bordnetz und Steuergeräten, führen wir den VW-Phaeton auf: Der Phaeton hat:

- 11.136 elektrische und elektronische Komponenten,
- insgesamt 61 vernetzte Steuergeräte,
- ein Bordnetz mit insgesamt 3860 m Länge,
- 35 Steuergeräte an CAN-Bus-Systemen.

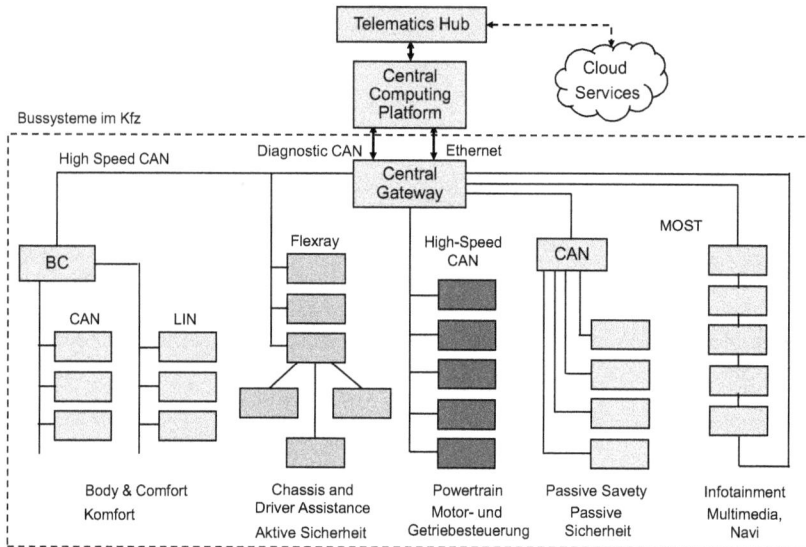

***Abbildung 10.24:*** *Netzwerk-Architekturen bzw. Bussysteme im Kraftfahrzeug. BC steht für Bus Controller.*

Abbildung 10.24 zeigt beispielhaft die Netzwerkarchitekturen bzw. Bussysteme im Kraftfahrzeug. Über einen zenralen Netzwerkverteiler (Central Gateway), der über Ethernet mit dem Bordcomputer des Automobils in Verbindung steht, sind verschiedene Bussysteme je nach Anwendungsbereich angeschlossen: Es sind dies zum Beispiel:

- CAN- und LIN-Systeme für die Anwendung „Komfort" (Body and Comfort) zum Beispiel: Klimaautomatik, Innenraumbeleuchtung.
- Flexray Systeme für „Aktive Sicherheit" (Chassis and Driver Assistance) z. B. Fahrdynamikregelung.
- High Speed CAN für den „Antriebsstrang" (Powertrain, Motor- und Getriebesteuerung).
- CAN-Systeme für die „Passive Sicherheit" (Passive Savety) z. B. Airbag, Gurtstraffer.
- Ein MOST-Ringsystem für die Anwendung „Multimedia und Technik" (Infotainment) z. B. Radio, CD-Wechsler, Navigationssystem.

**Anforderungen an Bussysteme** sind:

- Funktional und technisch: Deterministische und fehlertolerante Datenübertragung.
- Ausreichende Bandbreite.
- Flexibilität hinsichtlich Einsetzbarkeit in verschiedenen Fahrzeugen.
- Konfigurierbarkeit.
- Skalierbarkeit.

## 10.5.1 Der CAN-Bus

Der CAN-Feldbus (Controller Area Network) wurde 1986 von der Firma Bosch GmbH für die Verbindung von Elektronik-Steuerschaltungen im Kraftfahrzeug entwickelt und unter der Nummer ISO-DIS 11898 genormt. Ziel der Entwicklung war, Kabelbäume im Auto zu reduzieren [Ets94]. Heute wird der CAN-Bus wegen seiner guten Sicherheit gegen elektrische und magnetische Störungen nicht nur in der Automobiltechnik verwendet, sondern auch in vielen anderen sicherheitsrelevanten Anwendungen wie z. B. in der Medizintechnik, der Flugzeugtechnik, der Industrie-Automatisierung, in Robotern, in Druckmaschinen, in der Raumfahrt usw.

Im Jahre 1992 brachte Daimler-Benz als erster Hersteller den CAN-Bus in Serienfahrzeugen auf den Markt. 2012 wurde der CAN-Bus mit flexibler Datenrate vorgestellt: (CAN FD) und 2020 der „Next Generation"-CAN-Bus (CAN XL) eingeführt.

**Das CAN-Netzwerk und seine grundsätzlichen Eigenschaften**

Der klassische CAN-Bus realisiert ein nachrichtentechnisches Übertragungsprotokoll bis zu 1 Mbit/s. (High Speed CAN: CAN HS).

- Jede Nachricht (bis zu 8 Byte Länge) ist durch einen **eindeutigen Identifier** gekennzeichnet.
- **Jeder Knoten** in einem CAN-Netzwerk **prüft selbstständig die Relevanz** der aktuell auf dem Bus gesendeten Nachricht und entscheidet über die Übernahme.
- Das CAN-Protokoll verwirklicht eine **Broadcasting**-Nachrichtenübertragung.
- Es gibt keine ausgezeichneten Knoten. Das CAN-System gilt als **Multi-Master-Bussystem**.

Abbildung 10.25 oben zeigt schematisch ein CAN-Netzwerk. es besteht aus den Komponenten:

- Die Busleitung, ein verdrilltes Leitungspaar (Twisted Pair).
- Zwei Abschlusswiderstände (vorne, nicht gezeigt) und am Ende.
- Mehrere CAN-Knoten, auch CAN-Steuergeräte genannt.

Die CAN-Knoten stellen eine **CAN-Schnittstelle** dar, die CAN-Kommunikations-Software und -Hardware enthält. Die **Zugriffsmethode** ist CSMA/CR: Carrier Sense Multiple Access/Collision Resolution (siehe Seite 446). Die **Übertragungsgeschwindigkeiten** bzw. die Datenrate beim CAN-Bus richtet sich nach der physikalischen Länge des Busses:

- ca. 1 Mbit/sec bei 40 m Buslänge.
- ca. 0,5 Mbit/sec bei 100 m Buslänge.
- ca. 0,1 Mbit/sec bei 500 m Buslänge.

Es gibt **drei CAN-Klassen** für verschiedene Einsatzgebiete und mit verschiedenen Datenraten (Übertragungsgeschwindigkeiten):

- CAN A: „Lowspeed-Modus": Datenrate max. 10 kbit/s, Bus-Länge maximal: 500 m. Einsatzgebiet: Diagnose.
- CAN B: Datenrate max. 125 kbit/s, Bus-Länge maximal: 500 m. Einsatzgebiet: für Steuerungen und für Armaturen-Anzeigen.
- CAN C: „Highspeed-Modus": Datenrate max. 1Mbit/s (High-Speed CAN) über eine Bus-Länge von 20 m bis max. 40 m. Einsatzgebiet: Motor- und Getriebesteuerung.

**CAN-Netzwerk** (schematisch)

CAN-Knoten 1  CAN-Knoten 2

Vcc=3,5 V

Transistor H

CAN H

Leitung 1
Leitung 2

Twisted-Pair

Anordnung beim Senden

CAN L

Abschluss-Widerstand

Transistor L

min 1 µs

CAN H

Anordnung beim Empfang

3,5 V
2,5 V  Leitung 1

2,5 V
+ 1,5 V  Leitung 2

CAN L

Logisch 1 = rezessiv    Logisch 0= dominant

R

R

R

R

-  +

Differenz-Baustein

2,5 V

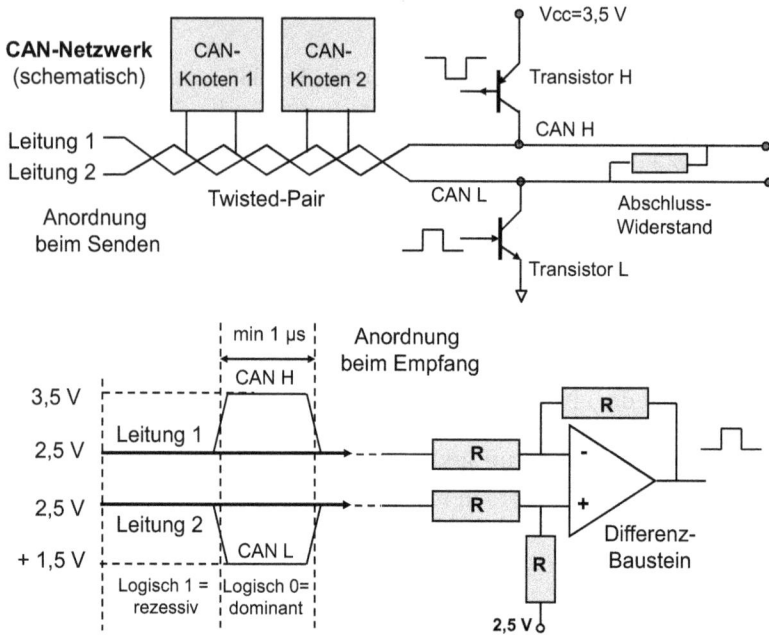

*Abbildung 10.25:* *Physikalische Schicht des CAN-HS-Bus, schematisch dargestellt. Oben: Ein kleines CAN-Netzwerk mit zwei CAN-Knoten. Anordnung beim Senden. Das Leitungspaar ist verdrillt (Twisted Pair). Unten: Die Spannungspegel des CAN-HS-Netzwerks liegen im positiven Spannungsbereich. Anordnung beim Empfang.*

## Physikalische Schicht des CAN-High-Speed-Bus

Die großen Ströme, die beim Anlassen eines Verbrennungsmotors in einem Auto fließen, und die hohen Zündspannungs-Impulse an den Zündkerzen und andere elektrische Einstreuungen können Störungen in den Leitungsverbindungen von Elektronikschaltungen erzeugen. Daher galt es bei der Entwicklung des CAN-Bus auf **gute Störsicherheit** zu achten.

Abbildung 10.25 stellt schematisch Teile aus der physikalischen Schicht des CAN-High-Speed-Bus dar, der unter ISO/OSI 11898-2 (Highspeed Physical Layer) genormt ist. Der CAN-„Lowspeed Physical Layer" unter der Nummer ISO/OSI 11898-3 unterscheidet sich zum Beispiel in den Spannungspegeln. Die Wirkungsweise ist aber sehr ähnlich.

Die Verdrahtung besteht aus einem verdrillten Kabelpaar (Twisted Pair). Verdrillte Kabel sind relativ sicher gegen Störungen von magnetischen Feldern. Wirkt ein magnetisches Feld auf ein verdrilltes Kabel, so sind die induzierten Spannungen in zwei benachbarten Schleifen des Kabels einander entgegengerichtet und heben sich gegenseitig auf.

Abbildung 10.25 oben zeigt die **Anordnung beim Senden**. Soll eine logische 0 auf die Leitungen geschrieben werden (dominanter Zustand), so werden die Transistoren H und L durchgeschaltet: Transistor H zieht den Pegel auf Vcc und Transistor L auf +1,5 V. Der Differenzpegel ist 2 V. Eine logische 1 (rezessiver Zustand) auf den Leitungen bedeutet, dass beide Transistoren (H und L) gesperrt sind. Dadurch liegen die Leitungen 1 und 2 auf dem Spannungspegel 2,5 V. Der dominante Zustand kann den rezessiven Zustand überschreiben. Umgekehrt ist dies nicht möglich. Mit Rücksicht auf die Spannungsversorgung im Automobil liegen die Spannungspegel alle im positiven Bereich.

In Abbildung 10.25 unten ist die **Anordnung beim Empfang** wiedergegeben. Die elektrischen Spannungspegel zeigen den Signalverlauf auf den beiden Signalleitungen für den Wechsel von einer logischen '1' zu einer logischen '0' und wieder zurück. Ein Bitwechsel von einem rezessiven zu einem dominanten Signalwert geschieht „differentiell", d. h. die Signalflanken beim Bitwechsel auf den beiden Leitungen sind gegenläufig. Der Spannngspegel liegt bei der Logischen '1' (rezessives Bit) auf beiden Drähten bei 2,5 Volt. Für eine logische '0' gibt es auf Draht 1 einen positiven Impuls bis auf den Pegel „CAN High" (CAN H) und auf Draht 2 einen negativen Impuls bis auf den Pegel „CAN Low" (CAN L), die Pulslänge ist beim Highspeed-CAN $< 1 \mu sec$.

Ein **Differenzbaustein** (Diff-Baustein, zum Beispiel ein analoger Differenzverstärker), dessen Eingänge an beiden Leitungen angeschlossen sind, liefert für den in Abbildung 10.25 gezeigten Signalverlauf folgende Spannungspegel:
- Logische '1': rezessives Bit: Diff-Baustein liefert: $2,5V - 2,5V \approx 0V$
- Logische '0': dominantes Bit: Diff-Baustein liefert: $2,5V + 1V - (2,5V - 1V) \approx 2V$

Kapazitiv eingespeiste Störimpulse, die auf beiden Leitungen in gleicher Größe, Form und Richtung auftreten, werden durch den Differenzbaustein dadurch eliminiert, dass diese Störimpulse auf Leitung 1 und Leitung 2 voneinander abgezogen werden. Die Datenübertragung über zwei Leitungen mit entgegengesetzten Pegeln, wobei das Nutzsignal durch Differenzbildung gewonnen wird, ist eine bewährte Methode zur Erhöhung der **Robustheit gegen Störungen**.

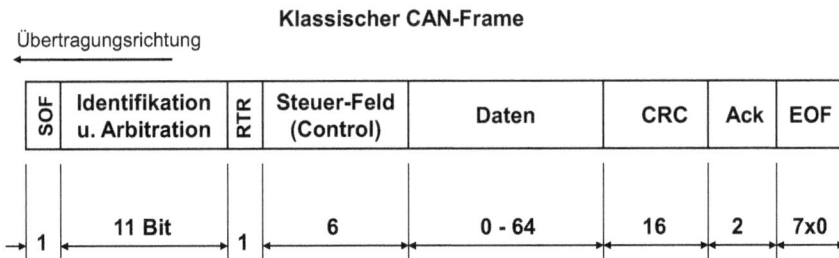

**Abbildung 10.26:** Data-Link-Schicht des CAN-Bus: Ein Datenpaket (Frame) des CAN-Bus.

### Data-Link-Schicht des CAN-Busses

In Abbildung 10.26 ist aus der Datensicherungsschicht (Data-Link) ein CAN-Datenpaket, „**Frame**" genannt, dargestellt.
- Der Frame beginnt mit dem Start-Bit „SOF" (Start of Frame).
- Danach folgt das 11-Bit lange „Identification/Arbitration"-Feld, auch Objekt-ID (Objektidentifier) genannt. Sie dient zur Kennzeichnung der Nachricht nicht des Geräts, und wird auch zur Priorisierung der Nachrichten verwendet. Die Spezifikation definiert zwei verschiedene Identifier-Formate:
  - 11-Bit-IDs, Base Frame Format (CAN 2.0A)

- 29-Bit-IDs, Extended Frame Format (CAN 2.0B). Ein Teilnehmer kann Empfänger und Sender von Nachrichten mit beliebig vielen IDs sein, aber umgekehrt darf es zu einem Identifier immer nur maximal einen Sender geben, damit die Arbitrierung funktioniert.
- Das RTR-Bit: Remote Transmission Request. RTR = 0 und Datenfeld = 0 bedeuten, dass Daten angefordert werden. RTR = 1 bedeutet, dass die Daten im Datenfeld geliefert werden.
- Das 6-Bit lange Steuerfeld enthält die Datenlänge, die 0 bis 64 Bit betragen kann.
- Die Länge des Prüffelds CRC (Cyclic Redundancy Check) beträgt 16 Bit. Bis zu 5 Bit-Fehler können erkannt werden.
- Das Bestätigungsfeld „Ack" ist 2 Bit lang.
- Der Frame endet mit dem EOF (End of Frame)-Feld mit 7 Null-Bits.

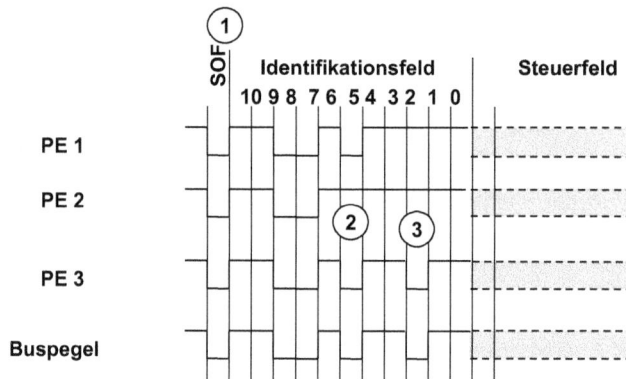

1: Beginn der Arbitrierung. 2: PE 2 verliert zum Zeitpunkt 2
3: PE 1 verliert zum Zeitpunkt 3. PE 3 erhält das Bus-Zugriffsrecht

*Abbildung 10.27: Beispiel eines Arbitrierungsvorgangs beim CAN-Bus (nach [Ets94]).*

**CAN-Synchronisation**: Um eine zeitliche Synchronisation zu gewährleisten, sind nach einer gewissen Zeit Flanken (Übergänge 0 → 1 oder 1 → 0) notwendig. Bei Folgen von fünf gleichen Bits wird vom Sender ein inverses Bit eingefügt (**Bit-Stuffing**), das vom Empfänger wieder entfernt wird. Alle Knoten prüfen das CRC-Feld, die Stuffing-Bits usw. Alle empfangenden Knoten quittieren – ungeachtet der Korrektheit – mit einem dominanten Bit, das heißt mindestens ein Knoten hat korrekt empfangen. Erkennt ein Knoten einen Fehler bei der Übertragung, so kann er ein „Active Error Flag" senden Dieses Flag besteht aus sechs aufeinander folgenden Nullen, womit die Bit-Stuffing-Regeln verletzt sind. Alle Knoten erkennen Verletzung des Bit-Stuffings und senden ebenfalls ein Error-Flag

Die **Arbitrierung in der Datensicherungsschicht** geschieht wie folgt: Die Netzwerk-Knoten übertragen die Datenpakete synchron, d. h. sie beginnen gleichzeitig die Identifikationsfelder (IF) zu senden. Sieht ein Prozessorelement (ein Knoten) ein dominantes Bit, während es ein rezessives Bit sendet, so bedeutet das eine Kollision, es stoppt die Übertragung und versucht es etwas später wieder. Abbildung 10.27 [Ets94] zeigt das

Beispiel eines Arbitrierungsvorgangs. Es sind die CAN-Bus-Signale dreier Prozessorelemente PE 1 bis PE 3 und der CAN-Buspegel dargestellt. Zu Beginn des gezeigten Frames
im Zeitpunkt 1 schreiben alle Prozessorelemente ein dominantes Bit als SOF (Start of
Frame). Im Zeitpunkt 2 schreibt PE 1 ein rezessives, PE 2 und PE 3 ein dominantes Bit.
PE 1 zieht sich daher zurück, PE 2 und PE 3 schreiben weiter. Im Zeitpunkt 3 schreibt
PE 2 ein rezessives, PE 3 ein dominantes Bit, PE 2 zieht sich zurück und PE 3 erhält
die Priorität und darf seinen Frame komplett auf den Bus schreiben.

Das **CAN-Kommunikationsprinzip** ist wie folgt: Die übertragenen Data Frames und
deren Reihenfolge ist nicht vom Fortschreiten der Zeit, sondern vom Auftreten spezieller Ereignisse abhängig. Jeder CAN-Knoten ist prinzipiell berechtigt, sofort nach
Auftreten eines Ereignisses auf den CAN-Bus zuzugreifen. In Verbindung mit der vergleichsweise kurzen Nachrichtenlänge von maximal 130 Bit im Standard-Format und der
Datenübertragungsrate von bis zu 1 MBit/s (bei CAN HS) ermöglicht das Verfahren
schnelle Reaktionen auf asynchrone Vorgänge.

Kollisionen bei Buszugriff werden verlustfrei mittels der bitweisen Arbitrierung (siehe
oben) auf Basis der Identifier (IDs) aufgelöst. Jeder Sender überwacht den Bus, während
er sendet. Senden zwei Teilnehmer gleichzeitig, so überschreibt das erste dominante
Bit ('0') eines der beiden Teilnehmer das entsprechend rezessive Bit ('1') des anderen
Teilnehmers, was dieser erkennt und seinen Übertragungsversuch beendet. Haben zwei
Teilnehmer die gleiche ID, wird nicht sofort ein Error-Frame erzeugt, sondern erst bei
einer Kollision innerhalb der restlichen Bits, was durch die Arbitrierung ausgeschlossen
sein sollte. Der Standard empfiehlt, dass eine ID von maximal nur einem Teilnehmer
verwendet werden soll.

### Fehlererkennung und Fehlerbehandlung

Es gibt beim CAN-Bus fünf Mechanismen zur **Fehlererkennung** und Gewährleistung
der netzweiten Datenkonsistenz:
- Bitmonitoring: Der sendende Knoten prüft, ob der zur Sendung beabsichtigte Pegel
  auch auf dem Bus erscheint.
- Überwachung des Datenformats: Jeder Netzknoten überwacht, ob das über den Bus
  gesendete Nachrichtformat Formfehler enthält.
- Überwachung des Bit-Stuffing: Alle Busteilnehmer überwachen die Einhaltung der
  Bit-Stuffing-Regel.
- CRC: Die CRC Summe wird empfängerseitig überprüft.
- Überwachung des Acknowledgement (Ack)-Feldes: Der Sender einer Nachricht erwar-
  tet die Bestätigung des fehlerfreien Empfangs durch Aufschaltung eines dominanten
  Pegels im ACK-Feld durch die Empfänger. Bleibt die Bestätigung aus, geht der Sender
  davon aus, dass ein Fehler aufgetreten ist.

**Fehlerbehandlung**: Wird ein Fehler erkannt, so initiiert der erkennende Teilnehmer
einen Error-Frame. Der Error-Frame beginnt mit sechs dominanten Bits, die als Error-
Flag bezeichnet werden und die Übertragung der Nachricht zerstören (Verletzung der
Bit-Stuffing-Regel). Das Error-Flag veranlasst den Sender die Botschaft zu wiederholen.

### CAN FD: CAN-Bus mit flexibler Datenrate

Viele CAN-Netze erreichen oft eine hohe Auslastung von 50-95%. Die Übertragungsgeschwindigkeit ist aber begrenzt (< 1Mbit/s; typisch 0,5 Mbit/s). Zudem enthalten die

CAN-Nachrichten einen hohen Overhead bis zu 50% (andere Netzwerke < 10%). Eine Beschleunigung der Übertragungsgeschwindigkeit kann erreicht werden durch Verwendung flexibler Bitrate und größerer Nutzdatenlänge.

Daher wurde 2012 das CAN FD: CAN mit flexibler Daten-Bitrate eingeführt. Die Anwendungen können von größerer Nutzdatenlänge (Payload) und höherer Datenrate: 5 Mbit/s, neuerdings bis 8 Mbit/s profitieren. Diese Bitraten haben sich als „ideale" Daten-Bitraten erwiesen. Die Nutzdatenlänge wurde erweitert von 8 auf 64 Bytes (12, 16, 20, 24, 28, 32, 48, 64 Byte). Die Kompatibilität zum klassischen CAN-Bus wurde durch Beibehaltung der Bitrate während der Arbitrierung erreicht.

| Frame Type | No. Data Bytes | Arbitration Bit-Rate | Optimum Bit-Rate | Average Bit-Rate | Frame Duration |
|---|---|---|---|---|---|
| CAN (klassisch) | 8 | 500 kbit/s | (1) | (1) | 222 μs |
| CAN FD | 8 | 500 kbit/s | 2 Mbit/s | 1.16 Mbit/s | 103.5 μs |
| CAN FD | 8 | 500 kbit/s | 5 Mbit/s | 1.57 Mbit/s | 76.2 μs |
| CAN FD | 64 | 500 kbit/s | 2 Mbit/s | 1.74 Mbit/s | 329.5 μs |
| CAN FD | 64 | 500 kbit/s | 5 Mbit/s | 3.43 Mbit/s | 166.6 μs |

**Abbildung 10.28:** *Übertragungsperformanz von CAN FD. (1): Bit-Raten hängen von der CAN-Klasse ab (siehe Seite 455) (Quelle: Vector Informatik GmbH).*

Die Tabelle Abbildung 10.28 zeigt die Übertragungsperformanz von CAN FD im Vergleich mit dem klassischen CAN-Bus. Die Annahmen für die Zusammenstellung sind:
- Stuff-Bits werden nicht berechnet.
- Der maximale klassische CAN-Frame ist 111 Bit lang.
- Der maximale CAN FD-Frame ist 120/572 Bit lang.

Aus der Tabelle ist beispielsweise ersichtlich, dass die Frame-Dauer eines CAN FD weniger als halb so lang ist wie beim klassischen CAN-Bus (zweite Zeile in der Tabelle).

## CAN XL: CAN-Bus für zukünftige Technologien

Nur wenige Jahre nach der Markteinführung von CAN FD wurde CAN XL im Jahr 2020 vorgestellt. CAN XL liefert die Grundlagen für eine Zusammenarbeit von IP (Internet)-Technologien mit signalbasierter (klassischer CAN)-Kommunikation. Für das autonom fahrende Automobil sind Assistenzsysteme wichtig, die eine ständige Verbindung zum Internet haben. Zudem werden leistungsfähige Sensorsysteme benötigt, wie Radar, Lidar (Laserscanner) und Videokameras. Diese Systeme erzeugen große Datenmengen, die es zu transportieren und in Echtzeit zu verarbeiten gilt.

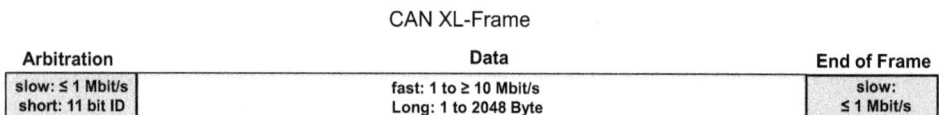

CAN XL-Frame

| Arbitration | Data | End of Frame |
|---|---|---|
| slow: ≤ 1 Mbit/s short: 11 bit ID | fast: 1 to ≥ 10 Mbit/s Long: 1 to 2048 Byte | slow: ≤ 1 Mbit/s |

**Abbildung 10.29:** *CAN XL-Frame. Das Datenfeld kann bis zu 2048 Byte lang sein.*

**Eigenschaften von CAN XL**

Die wesentlichen Eigenschaften von CAN-XL sind:

- CAN XL ist kompatibel mit CAN FD. Damit sind gemischte Netzwerke von CAN FD und CAN XL möglich.
- Die Bandbreite beträgt 1 bis 10 Mbit/s.
- Die Arbitrierungsphase beträgt ≤ 1 Mbit/s.
- Die Datenfeldlänge liegt zwischen 1 und 2048 Byte mit 1 Byte Granularität.

Abbildung 10.29 zeigt schematisch einen CAN XL-Frame. Das Arbitrierungsfeld ist kompatibel mit CAN FD. Das Datenfeld ist bis zu 2048 Byte lang. Damit kann CAN XL auch Ethernet-Frames transportieren und Internet-Kommunikation (TCP/IP) nutzen. Die CAN- und Ethernet-Technologien sind die Kommunikations-Technologien der Zukunft, Ethernet könnte FlexRay und MOST ablösen.

Es gibt heute eine Vielzahl von kompletten CAN-Controllern auf dem Markt, sie umfassen die Funktionalität der physikalischen Schicht und der Sicherungsschicht (Data-Link). Die Data-Link-Schicht ist in die Unterschichten Medium Access Control MAC und Logical Link Control LLC aufgeteilt (siehe [CAN14]).

Der CAN-Bus kann als kostengünstig, zuverlässig, robust und relativ störsicher bezeichnet werden und wird daher in der Automobilindustrie weiterhin an den Stellen verwendet, wo er den Anforderungen genügt.

## 10.5.2  FlexRay, LIN und MOST

Aufgrund der stark gestiegenen Anforderungen an den Datenaustausch in Kraftfahrzeugen der Premiumklasse wurden die Feldbussysteme FlexRay, LIN und MOST entwickelt. Mittelfristig könnten die drei Systeme von „Automotive Ethernet" (siehe Seite 464) abgelöst werden.

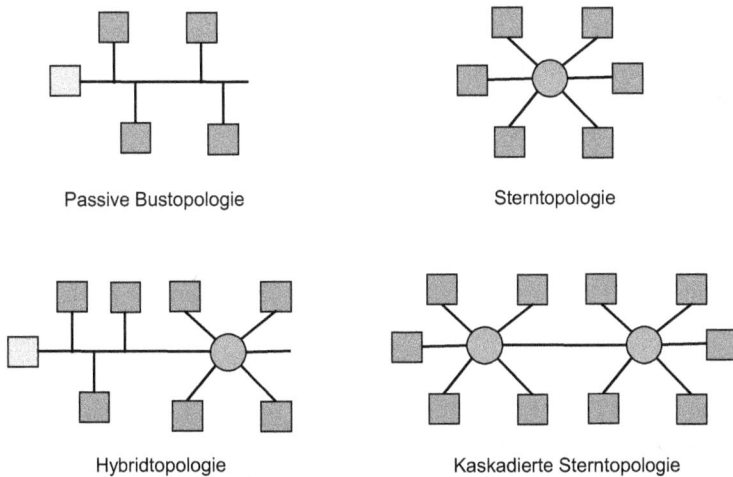

Passive Bustopologie          Sterntopologie

Hybridtopologie          Kaskadierte Sterntopologie

**Abbildung 10.30:** *Beispiel für verschiedene FlexRay-Topologien.*

**FlexRay**

FlexRay wurde im Jahre 2000 von verschiedenen Automobilherstellern und Freescale (Tochter der Fa. Motorola) aus der Taufe gehoben. Es wurde für harte Echtzeitanforderungen sicherheitskritischer Systeme konzipiert wie z. B. für den Airbag, das „Electronic Stability Control Program" ESP und zukünftig für den Fahrspurassistenten sowie für die Funktionen „Steer-by-wire", „Brake-by-wire" und „Shift-by-wire". „Steer-by-wire" ist die elektronische Steuerung ohne mechanische Lenkrad/Lenkgestängen-Anordnung, „Brake-by-wire" ist die elektronische Bremse und „Shift-by-wire" das Schalten des Getriebes mit Hilfe einer Elektroniksteuerung.

FlexRay ist ein serielles „Multimaster-Feldbus-System". Die Topologie (siehe Abbildung 10.30) kann ein lineares Bussystem sein, es kann aber auch als Stern- oder Hybrid-System (Linear/Stern) ausgeführt sein, das nach dem TDMA-Verfahren arbeitet (siehe Abschnitt 10.7.3, Seite 479). Die Datenrate ist 2x10 Mbit/s, das heißt ein optimaler Einsatz von zwei Kanälen zu je 10 Mbit/s ist möglich, der zweite Kanal kann redundant arbeiten oder die verfügbare Datenrate steigern. Die Verbindungen können verdrillte Zweidrahtleitungen sein, es können aber auch Lichtwellenleiter eingesetzt werden [FlxRy14]. FlexRay ist ein synchrones Netzwerk, Daten und ein Taktsignal werden übertragen.

## LIN: Local Interconnect Network

Das kostengünstige **LIN** (Local Interconnect Network)-System wurde für den „Low-Cost-Bereich" im Automobil mit weichen Echtzeitforderungen entwickelt, z.B. beim Fensterheber, Regensensor, Lichtsensor, Sitzverstellung, Schiebedach, Zentralverriegelung usw. Die maximale Daten-Übertragungsrate beim LIN-System ist 20 bis 25 kbit/s [LIN14]. Die LIN-Spezifikation wurde im Jahr 1998 initiiert.

Die **wesentlichen Eigenschaften** von **LIN** sind:
- „Eindraht"-Bus: Eine Signalleitung. Das Autochassis dient als Bezugspotential.
- Zugriffsverfahren : Master/Slave.
- Übertragungsrate: 1 - 20 kBit/s.
- Die Daten bzw. die Nachricht ist 8 Byte lang.
- Fehlererkennung: Checksumme (2 Bit).
- Empfohlene Anzahl der Busteilnehmer: 2 bis 10.
- Ein Scheduler stellt die Reihenfolge der Botschaften fest.
- Es treten keine Kollisionen auf.

Die **Fehlererkennung und -behandlung** von LIN geschieht wie folgt:
- Fehlermanagement wird zentral durch den Master vorgenommen.
- Es stehen eine Reihe von Fehlerbehandlungs-Mechanismen zur Verfügung.
- Reaktionen auf Fehler sind nicht in der LIN-Spezifikation festgelegt.

## MOST: Media Oriented System Transport

Das Bussystem **MOST** ist für Multimedia- und Telematik (Telekommunikation und Informatik)-Anwendungen im Automobilbereich entwickelt worden. MOST ist nicht für sicherheitskritische Anwendungen geeignet. Es ist mit einer Datenrate von 22,5 Mbit/s für Video- und Audio-Datenströme, GPS, Telefon, Rückfahrkamera usw. einsetzbar [MOST14]. Die MOST-Cooperation erarbeitet die MOST-Spezifikation, sie wurde 1998 gegründet. Die Eigenschaften von MOST sind:

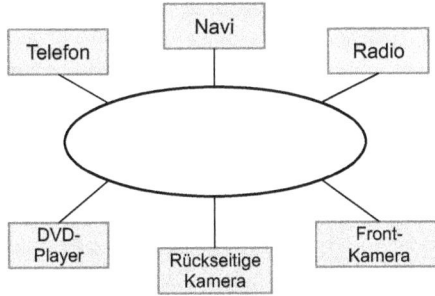

*Abbildung 10.31: Beispiel für eine MOST-Ring-Struktur (ähnlich MOST Cooperation).*

– Es ist ein optisches Bussystem mit Lichtwellenleitern.
– Die Übertragungsrate reicht bis zu 150 Mbit/s.
– Video- und Audio-Signale können übertragen werden.
– Die aktuelle Spezifikation umfasst alle Schichten des ISO/OSI Modells.

Das **MOST-Netzwerk** besteht aus einer Ring-Struktur mit bis zu 64 Knoten (siehe Abbildung 10.31). Es ist ein synchrones Netzwerk, Daten und ein Taktsignal werden übertragen. Die Geräte synchronisieren sich nach dem lokalen Taktsignal. Der Systemtakt wird durch einen Timing-Master generiert. Im Most-Ring werden die Daten von einem Steuergerät zum nächsten weiter gegeben. Kommt ein Datenpaket wieder an dem Steuergerät an, welches es als erstes gesendet (initiiert) hat, so schließt sich der Ring. Auf diese Weise ist gewährleistet, dass jedes Steuergerät das Datenpaket empfangen hat. Unter den angeschlossenen Steuergeräten befinden sich zwei Geräte mit besonderen Funktionen: Der **Systemmanager** hat eine Gateway-Funktion und steuert die Systemzustände, verwaltet die Übertragungskapazitäten und sendet Nachrichten an andere Systeme. Das **Diagnose-Interface** ermöglicht den Anschluss von Diagnosegeräten.

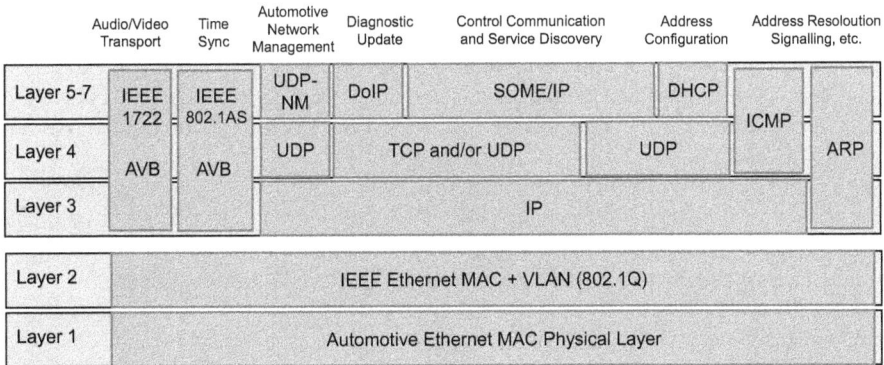

Quelle: BMW, etwas geändert

*Abbildung 10.32: Protokollstack für Automotive Ethernet und SOME/IP (Quelle: BMW, etwas geändert).*

## 10.5.3   Automotive Ethernet

Auf Grund der steigenden Anzahl von Einzelsystemen, und den Anforderungen an Echtzeit-Steuerungen sind Ansätze gefordert, die diesen Ansprüchen genügen. Automotive Ethernet ist eine vielseitige Kommunikationsstruktur für moderne Kraftfahrzeuge, die diese Ansprüche erfüllt.

Die Ethernet-Technologie wird im Automobil bereits zum Beispiel für die Diagnose, für die interne Kommunikation, für Fahrerassistenzsysteme (ADAS: Advanced Driver Assistance System), im Infotainment-Bereich, für die Verständigung zwischen Elektrofahrzeugen und Ladestationen usw. eingesetzt. Zudem kann Ethernet die verschiedenen Kommunikationsdomänen der automotiven Busstruktur verbinden.

Automotive Ethernet deckt hauptsächlich die erste Schicht (Physical Layer) des ISO/OSI-Referenzmodells (siehe Seite 421) ab. Automotive Ethernet unterstützt mit 10Base-T1S, 100Base-T1 und 1000Base-T1 Datenraten zwischen 10 Mbit/s und 1 Gbit/s (siehe unten) und nutzt ein einzelnes verdrilltes Kabelpaar (Single Twisted-Pair) zur Bereitstellung einer dünnen, leichten und kostengünstigen Verkabelung mit kleinen Biegeradien, das relativ leicht zu installieren ist. Der Standard wurde ursprünglich von der Open Alliance BroadR-Reach (OABR) vorgeschlagen und inzwischen in die IEEE-Standards IEEE 802.3cg, IEEE 802.3bw bzw. IEEE 802.3bp überführt.

Das Automotive Ethernet hat über IEEE Ethernet MAC (Media Access Control) im Layer 2, Schnittstellen zu folgenden Kommunikationsprotokollen der Automobilelektronik (siehe Abbildung 10.32) vorgesehen:

- IEEE 1722 und IEEE 802.1AS, Audio Video Bridging (AVB). Das Audio/Video Transport Protocol (AVTP) bedient zeitintensive Anwendungen in segmentierten Automobil-Netzwerken. IEEE 802.1AS erzeugt einen hochgenauen Clock-Tree entlang des Netzwerks zur Zeitsynchronisation.
- IEEE 802.1, Time-Sensitive Networking (TSN) wurde von AVB abgeleitet und über zusätzliche anwendungsspezifische Profile und Anforderungen erweitert, wobei AVB als ein spezielles Profil eingegangen ist: Ziel sind deterministische Dienste (Services) mit definierten Latenzschranken auf einer getakteten Ende-zu-Ende-Übertragung von Kommunikationsströmen unter Verwendung von Zeitsynchronisation, verkehrsklassenspezifischer Zeitfenster und Schutzbänder (guard bands) sowie die Unterstützung von Frame-Präemption. Das Automobil-Profil wird TSN Profile for Automotive In-Vehicle Ethernet Communications (P802.1DG) bezeichnet.
- User Datagram Protocol UDP (Schicht 4) und Transmission Control Protocol (TCP).
- Diagnostics over Internet Protocol: DoIP (Schichten 5-7): (ISO-Norm 13400-2).
- Dynamic Host Configuration Protocol (DHCP, Schichten 5-7).
- Scalable Service-Oriented Middleware over IP (SOME/IP, siehe unten).
- Internet Control Message Protocol (ICMP).
- Address Resolution Protocol (ARP).

**SOME/IP: Scalable Service Oriented Middleware over IP**

SOME/IP ist eine „Automotive-Middleware" zur Nachrichtenübertragung innerhalb eines Automobils. IP steht für „Internet Protocol". Unter Middleware versteht man eine Softwareschicht, die zwischen dem Betriebssystem und den Anwendungen liegt. In unserem Fall unterstützt SOME/IP die Einbindung in AUTOSAR (siehe Seite 263)

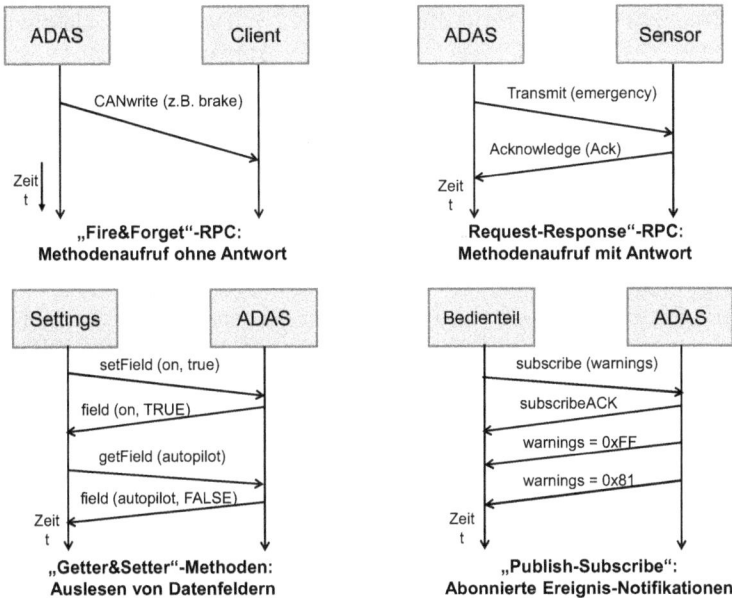

*Abbildung 10.33:* *Beispiele von Kommunikationskonzepten und Methodenaufrufen für SO-ME/IP. Die Pfeile nach unten stellen die Zeitachse dar. Die Rechtecke veranschaulichen Programmteile (Server oder Clients).*

mit Anbindung an die Anwendungssoftware. Abbildung 10.33 zeigt einige Beispiele von Kommunikationskonzepten von SOME/IP:

SOME/IP ist Teil der „Service-orientierten Kommunikation". Der Server initiiert die Datenübertragung wenn der Client diese benötigt. Es gibt zum Beispiel folgende Methoden der Kommunikation (siehe Abbildung 10.33 unten rechts).

- Publish: Server bietet Dienste (Services) an, die über ein Service-Interface definiert werden können.
- Subscribe: Clients können mittels der „Service Discovery" (SOME/IP-SD) den Service eines Servers abonnieren.

Folgende Notifikationsstrategien werden angewendet (Strategien, um sich bemerkbar zu machen: Entweder der Server oder der Client meldet sich, um eine Nachricht abzusetzen):

- Update-on-Change-Notifikation: Der Server sendet eine Benachrichtigung sobald sich der Wert eines Feldes ändert.
- Epsilon-Change-Notifikation: Der Server sendet eine Benachrichtigung sobald sich ein Feld um mehr als ein definiertes $\epsilon$ ändert.
- Cyclic-Update-Notifikation: Der Server sendet einen Feldinhalt in festgelegten Zeitintervallen unabhängig von einer Wertänderung.
- Remote Procedure Call (RPC): Der Client ruft eine entfernte Funktion auf dem Server auf.
- Fire&Forget: Der Client ruft eine vom Server angebotene Methode auf, erwartet jedoch keinen Rückgabewert (Abbildung 10.33 oben links).

- Request-Response Remote Procedure Call (RPC): Das ist die klassische Form eines entfernten Methodenaufrufs gefolgt von einer Antwortnachricht (Abbildung 10.33 oben rechts).
- „Getter-/Setter-Methoden" bedeuten direktes Auslesen und Ändern von Datenfeldern eines Services durch Client-Serialisierung komplexer Nachrichten (Abbildung 10.33 unten links).
- UDP-(User Datagram Protocol) basierte Nachrichtenübertragung: Unterstützung von Multicast-, Broadcast- und Unicast-Kommunikation.

**Hochgeschwindigkeits-Datenbus 1000Base-T1**

Für Echtzeitanforderungen bei Fahrerassistenzsystemen im Automobil (ADAS) sind schnelle Datenbusse nötig. Diese Anforderungen können die Standards 10Base-T, 100Base-T und 1000Base-T1 erfüllen. Zur Zeit ist 100Base-T (wird auch 100BaseT geschrieben) die am häufigsten verwendete Norm für Fast-Ethernet Busse. Die Zahl 100 steht für die maximale Geschwindigkeit der Datenübertragung von 100 Megabit pro Sekunde, „Base" bedeutet „Basisbandsignalisierung Ethernet" und „T1" steht für „Twisted Pair" (Kabel mit einem verdrillten Leitungspaar). Es sind inzwischen auch Multi-Giga-Bit-Versionen des Automotive-Standards (IEEE 802.3ch und 802.3cy) in Vorbereitung.

100Base-TX (bzw. 100BaseTX) ist eine Ethernet-Variante, die im Vollduplex-Punkt-zu-Punkt-Modus arbeitet. Es werden zwei Leitungspaare (je eins für jede Richtung) verwendet. Es gibt keine Daten-Kollisionen, das heißt, es kann auf das Zugriffsverfahren CSMA/CD verzichtet werden, stattdessen ist eine Flusssteuerung (Flow Control) nach IEEE 802.3 (Fast Ethernet) notwendig. Die Netzwerk-Topologie ist sternförmig mit Kabellängen von maximal 100 m. Die Zweidraht-Vollduplex-Signalisierung 100Base-T1 (PAM 3) verwendet ein Pulsamplituden-Modulationsverfahren mit drei Amplitudenstufen.

## 10.5.4    Zusammenfassung: Bussysteme im Kraftfahrzeug

Im Jahr 1983 wurde das Bussystem **CAN** in Europa standarisiert und in verschiedenen, vor allem sicherheitsrelevanten Bereichen etabliert, z. B. für die Motorsteuerung. CAN mit flexibler Datenrate (CAN FD) gibt es seit 2012.

Das „Local Interconnect Network" **LIN** hat sich zur kostengünstigen Vernetzung nicht-sicherheitskritischer Steuergeräte etabliert.

Das für harte Echtzeitanforderungen sicherheitskritischer Systeme konzipierte **Flex-Ray** findet noch keine größere Verbreitung, es wird meistens als so genannter Backbone eingesetzt. Als Backbone (Rückgrat, Basisnetz) wird eine zentrale Einheit bezeichnet, bei der die Leitungen der Teilsysteme zusammengeführt werden. Im Backbone sind die Datenübertragungsraten meist sehr hoch, deshalb werden dort oft Glasfaserleitungen verwendet.

Das Bussystem „Media Oriented System Transport" **MOST** wurde für den Bereich „Car-Infotainment" entwickelt und fand insbesondere im Automobil-Premium-Segment eine starke Verbreitung.

**Automotive-Ethernet** wird aktuell stark von einigen Automobilherstellern (insbesondere BMW) für eine Vernetzung von nicht-sicherheitskritischen Systemen im Kraftfahrzeug propagiert.

# 10.6   Synchronisierung

Das Wort „Synchronisierung" kommt aus dem Griechischen („syn": zusammen, „chronos" die Zeit) und bedeutet soviel wie „Abstimmen der Zeit". Synchronisierung in der Kommunikation bedeutet die „Herstellung der Bereitschaft der Kommunikationspartner zur Datenübertragung" [Ga09]. Im ISO/OSI-Referenzmodell geschieht die Synchronisierung in der Link-Schicht (siehe Abschnitt 10.1). Die Synchronisierung ist für den zuverlässigen Datenaustausch zwischen zwei Prozessen, dem „Sendeprozess" und dem „Empfangsprozess" über ein Verbindungselement erforderlich. Der Prozess, der den Datenaustausch anstößt (initiiert), ist der „Master" in der Kommunikation, er kommuniziert mit einem „Slave". Grundlegende Synchronisierungsstrategien beschreiben die „Kommunikationsprimitive". Darüber hinaus gibt es verschiedene Synchronisierungsmethoden, wenn zwei Prozessorelemente über einen parallelen Bus miteinander verbunden sind, die Interrupt-basierte und die Polling-basierte Synchronisierung, auf die wir weiter unten näher eingehen.

## 10.6.1   Kommunikationsprimitive

Die Funktionalität eines Eingebetteten Systems wird in Prozesse aufgeteilt, die entweder auf dem selben Prozessorelement oder auf verschiedenen Prozessorelementen ausgeführt werden. Diese Prozesse müssen gelegentlich Daten austauschen (siehe auch Abschnitt 6.1.3, Seite 246). Es ist wichtig, dass der Datenaustausch zwischen zwei Prozessen nur dann stattfindet, wenn beide Prozesse dazu bereit sind, d. h. der Sendeprozess muss sich im Sendezustand, der Empfangsprozess im Empfangszustand befinden. Ist dies der Fall, dann sagt man, die Prozesse sind *synchronisiert*. Die Synchronisierung der Kommunikation zwischen Prozessen durch die sogenannten „Kommunikationsprimitive" zeigen die Abbildungen 10.34 und 10.35.

Abbildung 10.34 zeigt das **„blockierende Senden und Empfangen"** dargestellt am Beispiel eines Sende- und Empfangsprozesses. Von beiden Prozessen wird nur jeweils ein Zustand dargestellt, d. h. man muss sich in beiden Fällen weitere Zustände „oberhalb" und „unterhalb" des Sende- und Empfangszustands vorstellen. Das „blockierende Senden und Empfangen" benötigt neben dem Datensignal zwei Steuersignale. Das „Valid-Signal" (valid) und das „Acknowledge-Signal" (ack), die jeweils über gleichlautende Leitungen geführt werden. Die Datenleitung, die das Datensignal überträgt, kann aus mehreren Einzelleitungen bestehen, beispielsweise aus 32 Leitungen bei einer „Datenbreite" von 32 Bit.

Überträgt der Sendeprozess Daten an den Empfangsprozess, so wird das Valid-Signal aktiviert und gleichzeitig werden die Daten auf die Datenleitung gesetzt. Der Empfangsprozess wartet auf das Valid-Signal, er ist so lange „blockiert", bis das Valid-Signal aktiv wird. Sobald dies geschieht, werden die Daten im Empfangsprozess übernommen und gleichzeitig wird das Acknowledge (Bestätigungs)-Signal aktiviert. Sieht die Senderseite das aktivierte Acknowledge-Signal, werden sowohl die Datensignale als auch das Valid-Signal zurückgesetzt. Der Empfangsprozess setzt das Acknowledge-Signal zurück, wenn das Valid-Signal deaktiviert wird. Der Zeitablauf der Signale wird von einem Taktsignal synchronisiert, das heißt, die einzelnen Signale werden jeweils gleichzeitig mit einer positiven (oder negativen) Taktflanke aktiviert (siehe Zeitablauf Abbildung 10.34 unten).

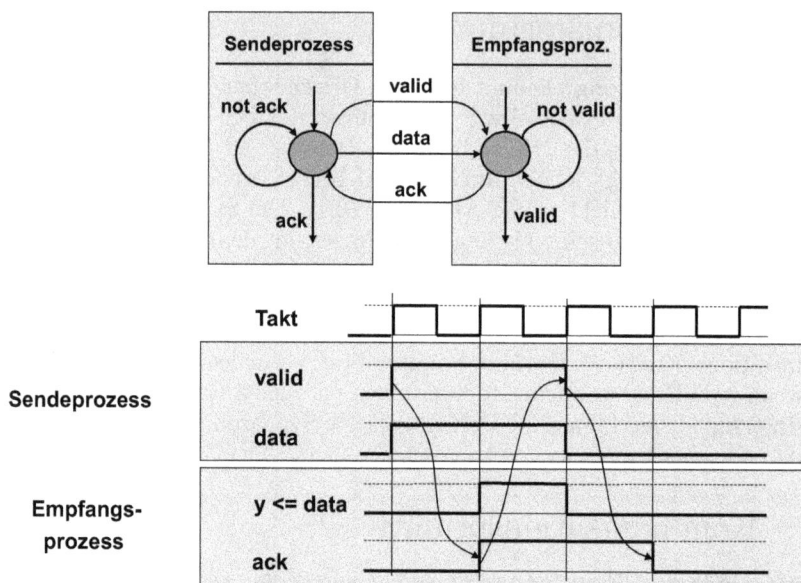

*Abbildung 10.34:* *Synchronisierung zwischen Sende- und Empfangsprozess: Blockierendes Senden und Empfangen. Oben: Schematisch dargestellt: Sende- und Empfangszustand mit den Daten- und Steuerleitungen. Unten ist schematisch der Zeitablauf der Signale valid, data und ack dargestellt, synchronisiert mit dem Prozess-Takt (nach [Bring03]).*

Abbildung 10.35 oben links zeigt das **„blockierende Senden und nichtblockierendes Empfangen"**. Hier wird neben der Datenleitung nur noch eine Steuerleitung benötigt, die „Request-Leitung" (req), die vom Empfangsprozess aktiviert wird. Der Sendeprozess blockiert, d. h. er wartet solange, bis der Empfangsprozess Daten durch die Aktivierung der Request-Leitung anfordert. Danach werden unmittelbar, d. h. eine Taktperiode später, die Daten auf die Leitung gestellt. Abbildung 10.35 oben rechts zeigt das **„nichtblockierende Senden und blockierendes Empfangen"**. Diese Methode ist ähnlich dem blockierenden Senden und Empfangen, jedoch fehlt die Acknowledge-Leitung. Der Sender übergibt Daten an den Empfänger, ohne sich zu vergewissern, ob die Daten angekommen sind. Beim **„nichtblockierenden Senden und Empfangen"** in Abbildung 10.35 unten gibt es keine Synchronisierung. Der Empfangsprozess muss entweder immer bereit sein oder die Daten werden in einem FIFO-Speicher gepuffert. Abbildung 10.36 zeigt als Beispiel schematisch das Zusammenspiel zwischen Hardware, einem Steuer-Prozess und einem Timer-Prozess (Zeitgeber). Das Beispiel zeigt die Anwendung der Methode „blockierendes Empfangen" zwischen Steuerprozess und Timer. Es werden nur Steuerleitungen verwendet, Daten werden nicht übertragen. Es kann hier die Steuerung des Wassereinlaufs für eine Waschmaschine nach Abbildung 5.17, Seite 207 angenommen werden. Oben im Bild 10.36 ist gezeigt, wie die Hardware erwartungsgemäß funktionieren soll: Der Steuerprozess startet die Hardware (den Wassereinlauf) und gleichzeitig den Zeitgeber-Prozess (Timer). Steuerprozess, Hardware und Timerprozess sind nebenläufig. Der Timerprozess „blockiert" (wartet) auf das Start-Signal (Start_tm). Der Steuerprozess „blockiert" (wartet) auf das HW_ok-Signal

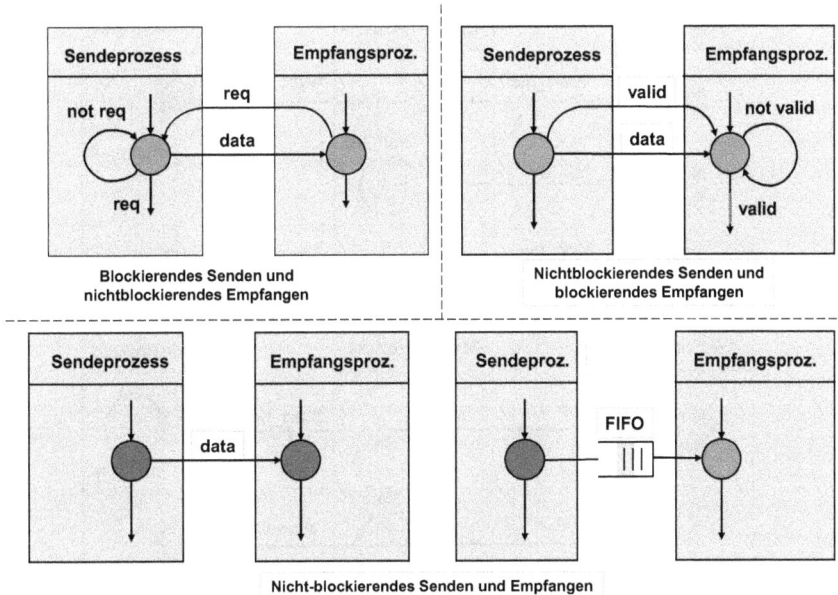

**Abbildung 10.35:** *Synchronisation zwischen Sende- und Empfangsprozess: Oben links: Blockierendes Senden und nichtblockierendes Empfangen. Oben rechts: Nichtblockierendes Senden und blockierendes Empfangen. Unten: Nichtblockierendes Senden und Empfangen (nach [Bring03]).*

oder auf das Timeout-Signal. Nach einer gewissen Zeit meldet der Wasserstands-Sensor: Die Waschtrommel ist gefüllt (HW_ok). Der Steuerprozess schaltet den Wasserzulauf ab (Stop_hw) und stoppt gleichzeitig den Timer-Prozess. Danach führt der Steuerprozess einen Zustandsübergang aus zum nächsten regulären Schritt der Waschmaschinensteuerung (z. B. „Heizen"). Unten im Bild 10.36 ist ein Fehlerfall gezeigt, möglicherweise ist das Wasser-Stellventil defekt oder der Wasserzulaufschlauch ist nicht angeschlossen. Der Steuerprozess startet die Hardware (den Wassereinlauf) und gleichzeitig den Zeitgeber (Timer)-Prozess. Da jetzt kein Wasser in die Waschtrommel fließt, bleibt das HW_ok-Signal aus. Der Zeitgeber, dessen Ablaufzeit so eingestellt ist, dass der Wasserzulauf in dieser Zeit bei intakter Hardware abgeschlossen sein muss, läuft ab und gibt das Timeout-Signal zurück. Der Steuerprozess gibt das Stopp-Signal an die Hardware ab, gleichzeitig ein Warnsignal und beendet das Waschprogramm.

## 10.6.2  Synchronisierung von Prozessorelementen

Die Kommunikationsprimitive zeigen lediglich das Prinzip von verschiedenen Synchronisierungsarten. Sind mehrere Prozessorelemente und andere Komponenten durch einen Bus miteinander verbunden, und ist die Synchronisierung zwischen zwei Elementen *nicht* im Busprotokoll beschrieben, so kann der Benutzer zwischen *„interruptbasierter Synchronisierung"* und *„pollingbasierter Synchronisierung"* wählen. Bei der Wahl der Methode müssen die Möglichkeiten und die Vor- und Nachteile der beiden Synchronisierungsarten in Betracht gezogen werden.

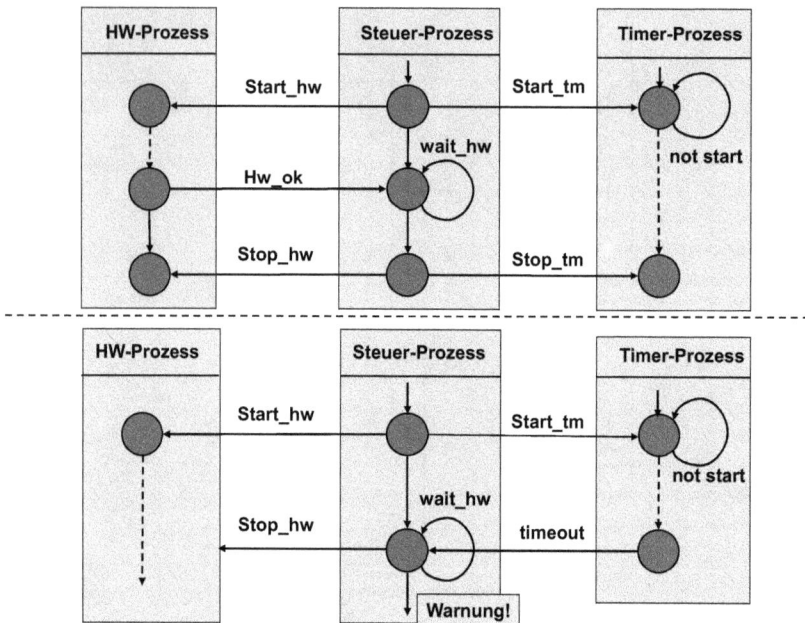

**Abbildung 10.36:** *Beispiel von Zusammenspiel zwischen Hardware, einem Steuer-Prozess und einem Timer-Prozess (Zeitgeber). Oben: Die Hardware funktioniert erwartungsgemäß. Unten: Die Hardware antwortet nicht, der Zeitgeber läuft vor der Rückmeldung der Hardware ab. Deshalb stoppt der Steuerprozess die Hardware und gibt eine Warnung aus.*

## Interruptbasierte Synchronisierung

Wir nehmen an, dass ein interruptfähiger programmierbarer Prozessor PE1, auf dem ein Prozess „Prozess1" ausgeführt wird, Daten erwartet von einem Hardwareprozessor PE2 auf dem ein Prozess „Prozess2" läuft. Die Prozessoren PE1 und PE2 sind durch einen Bus miteinander verbunden, der auch eine „Interruptleitung" enthält. Dabei soll PE1 der „Master" der Kommunikation sein, der die Kommunikation einleitet und PE2 soll der „Slave" sein, der in diesem Fall Daten liefert. Die interruptbasierte Synchronisierung verwendet die zusätzliche Leitung, die „IR-Leitung" zwischen PE1 und PE2 um das asynchrone Interrupt-Signal von PE2 nach PE1 zu senden.

Der vereinfachte Ablauf der Interrupt-Synchronisierung ist wie folgt: Der Prozess1 auf P1 wartet auf die Daten von Prozess2, setzt die Ausführung aus und ein Prozess3 auf PE1 (mit niedrigerer Priorität) kann los laufen. Der Prozess2 auf PE2 weiß, dass Prozess1 auf PE1 die Daten erwartet. Sobald Prozess2 die Daten bereit hat, schickt er ein Interrupt-Signal zum Betriebssystem von PE1, das den laufenden Prozess Prozess3 unterbricht. Das Betriebssystem speichert den „Kontext" von Prozess3, der den Prozessstatus enthält, auf dem Stack. Danach wird der Interrupt-Handler (IH) gestartet, der die Quelle des Interrupt ermittelt. Ist die Quelle Prozess2 auf PE2, so wird das Betriebssystem den Prozess1 wieder starten, der die Datenübertragung von PE2, Prozess2 über den Bus nach PE1, Prozess1 in die Wege leitet.

**Pollingbasierte Synchronisierung**

Die Pollingbasierte-Synchronisierung funktioniert ohne Interrupt und ist weniger aufwändig als die interruptbasierte Synchronisierung. Wir gehen wie im vorhergehenden Beispiel davon aus, dass ein Master-Prozess1 auf PE1, der diesmal nicht interruptfähig ist, Daten von einem Prozess2 auf PE2 über einen Bus erwartet. Sobald der Master (also Prozess1) bereit zum Datenempfang ist, fragt er periodisch über den Bus (pollt) den Slave, also Prozess2 auf PE2, ob er die Daten für die Übertragung bereit hat. Falls Prozess2 für die Datenübertragung bereit ist, so wird Prozess1 wieder die Datenübertragung von Prozess2, PE2 über den Bus nach PE1, Prozess1 in die Wege leiten. Durch das Polling entsteht eine Verzögerung zwischen der aktuellen Verfügbarkeit der Nachricht und seiner Entdeckung. Diese Verzögerung beträgt maximal eine Polling-Periode. Durch eine kürzere Polling-Periode wird die maximale Verzögerung kleiner, dafür steigen auch die Anzahl der Status-Abfragen, („Polls") und damit wird die Busbelastung und der „System-Overhead" größer. Es gibt daher einen Kompromiss zwischen der Polling-Verzögerung und dem System-Overhead.

Beide Verfahren der Synchronisation haben Vor- und Nachteile. Die interruptbasierte Methode ist aufwändiger, benötigt zusätzliche Hardware und Software, ist aber auch „schneller" als die pollingbasierte Synchronisierung. Das pollingbasierte Verfahren ist einfacher, benötigt aber mehr System-Overhead und hat eine zusätzliche Verzögerung, die maximal eine Polling-Periode betragen kann. Ob interruptbasierte oder pollingbasierte Synchronisierung gewählt wird, hängt von der Anwendung und den System-Charakteristika ab. interruptbasierte Synchronisierung wird im Allgemeinen bevorzugt, wenn die Voraussetzungen dafür vorhanden sind [Ga09].

# 10.7   Sensornetzwerke

Sensornetzwerke sind eine Familie von drahtlosen Netzwerken, die theoretisch zum Fachbereich Rechnernetze gehören. Sie sind zukunftsträchtig und gelten als Vorgänger allgegenwärtiger Computernetze. Die Sensorknoten, die größtenteils zur Kategorie Mikroelektronische/Mechanische Systeme (MEMS, Seite 20) einzuordnen sind, bilden eine gemeinsame Schnittmenge zwischen Sensornetzwerken und Eingebetteten Systemen.

## 10.7.1   Drahtlose Sensornetzwerke

Drahtlose selbst-organisierende Sensornetzwerke DSNW (Wireless Sensor Networks) bestehen aus einer Vielzahl von autonomen, sich selbst-organisierenden Sensorknoten, die topographisch in einem Gelände, in/an einem Körper oder Medium verteilt sind, Messungen vornehmen und diese drahtlos an einen zentralen Knoten weiterleiten. Drahtlose Sensornetzwerke sind damit ein Verbund aus „intelligenten" Sensorknoten, die drahtlos miteinander kommunizieren [Aky02]. Die Philosophie eines Sensornetzwerks ist: Ein einzelner Sensor ist ungenügend, erst das Zusammenwirken vieler Sensoren bringt ausreichende Mengen von signifikanten Ergebnissen mit guter Qualität.

Die Kombination von drahtlos verbundenen Prozessor-/Sensorelementen, die Daten austauschen und weitergeben, resultiert in einer neuen Form von Datenverarbeitungs-Modell, das mehr kommunikations- und datenorientiert arbeitet als bisher. Drahtlose

Sensornetzwerke sind Teil von Konstrukten der Informations-Technologie, die sich von der Desktop-Verdrahtungs-Architektur zu einer universelleren Art eines Informations-Verbundes entwickelt [Soh00].

Drahtlose Sensornetzwerke haben meist einen festen Standort. Dadurch unterscheiden sie sich von „Ad-hoc"-Netzwerken und **Mobilen-Ad-hoc-Netzwerken (MANET)**, bei denen sich mobile Knoten unsystematisch zu einem bestimmten Zweck zusammen-finden und miteinander kommunizieren. Ein Beispiel: Teilnehmer in einer Besprechung, deren Laptops über WLAN miteinander verbunden sind, bilden ein MANET und können so beispielsweise Folien austauschen.

Ein anderes Beispiel ist eine Feuerwehr-Einheit bei einer Katastrophenbekämpfung, die über Funkgeräte miteinander in Verbindung steht [KaWi05]. In Abschnitt 10.7.6 werden einige Kommunikationsstandards von MANETs verglichen. Eine wichtige Eigenschaft von Sensornetzwerken ist, dass die Sensorknoten kooperieren und die Kommunikation selbst organisieren, d.h. einmal verteilt, nehmen sie selbstständig Verbindung zu einem zentralen Knoten auf, der auch Datensenke (Sink) genannt wird. In dieser Beziehung verhalten sie sich ähnlich wie Ad-hoc-Netzwerke, die jedoch meist keinen festen Standort haben. Sensornetzwerke sind sozusagen eine Sonderform der Ad-hoc-Netze.

Die **Geschichte der Sensornetzwerke** beginnt im Militärbereich. Dort werden sie schon seit geraumer Zeit als Frühwarnsysteme, zur Überwachung von Grenzgebieten oder Sicherheitszonen usw. eingesetzt. Als Vorläufer der Sensornetzwerke gilt das „Sound Surveillance System" (SOSUS), das etwa ab dem Jahre 1950 im „Kalten Krieg" von den USA eingesetzt wurden, um U-Boote der damaligen UDSSR zu orten und deren Bewegungen zu überwachen [Pike09].

Im Jahre 2000 wurde das **ARGO-Projekt** [Arg21] [Arg21-02] begonnen, es ist ein globales Forschungsnetzwerk zur Erforschung der Ozeane. Ziel des Projekts ist, eine quantitative Beschreibung des Zustands der oberen Wasserschichten bis zu einer Tiefe von ca. 2000 m zu erhalten sowie Muster der Meeresvariablen wie Wärme- und Frisch-wassertransport zu registrieren, woraus Rückschlüsse auf die Klimaentwicklung gezogen werden können. Gemessen wird die Temperatur, der Salzgehalt und die Strömungen mit Hilfe von sogenannten ARGO-„floats" oder „floating profiling sensor nodes", die man auf Deutsch „Profiling-Schwimmer" nennen könnte, weil sie Temperatur- und Salzgehalt-Profile in Abhängigkeit von der Meerestiefe aufnehmen. Diese schwimmenden Sensor-knoten werden von Schiffen oder Flugzeugen ausgesetzt und haben etwa die Form einer Gas-Druckflasche. Sie sind ca. 2 m hoch mit einem Durchmesser von ca. 26 bis 30 cm, tauchen senkrecht ein und tragen Messgeräte für Temperatur- und Salzgehalt. Das zeit-liche Programm der Profiling-Schwimmer verläuft in einem 10-Tage-Zyklus, in dem sie laufend Messungen vornehmen. Sie tauchen zunächst in einer Zeit von ca. 6 Stunden in eine Tiefe von 1000 m, treiben dort 9 Tage, tauchen weitere 1000 m bis auf eine Tiefe von 2000 m, tauchen wieder auf und treiben ca. 6 bis 12 Stunden an der Meeresoberfläche um ihre Messdaten per Funk an einen Satelliten und von dort an eine Bodenstation zu übertragen. Bis zur Mitte des Jahre 2005 waren etwa 1700 Profiling-Schwimmer aus-gesetzt, im Jahr 2020 sind es etwa 3930. Die Lebensdauer eines solchen Sensorknotens beträgt ungefähr 4 bis 5 Jahre.

Ein drahtloses Sensor-Aktor-Netzwerk wurde im Jahre 2002 im Rahmen einer Koope-ration des Intel Research Laboratory, dem „College of the Atlantic" in Bar Harbor und

der University of California, Berkeley auf Great Duck Island vor der Küste von Maine
aufgebaut [Main02], um das Brutverhalten der „Leache's Sturmschwalbe", eines seltenen
Seevogels, zu erforschen. Die dort eingesetzten 32 Sensoren waren „Mica Sensor Motes"
die weiter unten beschrieben werden. Weiter Beispiele sind in [RoeMat04] zu finden.

## 10.7.2   Einsatz von Sensornetzwerken, Topologie

Der Einsatz von Sensornetzwerken ist außerordentlich vielfältig. Einige Beispiele aus der
Forschung, der Medizin, dem Kommerz und dem Militär sind:
- Gebäudevernetzung in Heimen, Büros und Supermärkten: Beispiele: Überwachung
  von Klimawerten (Temperatur, Feuchtigkeit), Raumbelegung, Umgebungskontrolle,
- Umweltmonitoring: Beispiele: Großräumige Erdüberwachung/Erforschung: z. B. zu
  Bewässerungszwecken, Hochwasser- und Seismologische Überwachung für Erdbeben-
  und Tsunamiwarnung, Überwachung von Katastrophengebieten, von Luft- und Wasser-
  verschmutzung, Messungen chemischer Substanzen in Luft und Wasser,
- Ozeanographie: Messung von Strömungen, Temperatur und Salzgehalt der Ozeane,
- Meterologische Messungen für die Wettervorhersage und Forschung,
- Landwirtschaft und Forsten: Überwachung der Umweltbedingungen, die Getreide und
  Vieh beeinflussen könnten, Entdeckung von Waldbränden,
- In der Forschung: Überwachung der Reiserouten von Tieren wie Vögel, Großwild,
  bis hin zu Insekten, In der Medizin und im Krankenhaus: Patienten-Monitoring
  zur Diagnose-Unterstützung, Kontrolle von Arzneianwendungen z. B. bei der „Smart
  Pill", die eingenommen wird und Sensordaten an den Arzt zurück gibt, Lokalisierung
  von Personal und Patienten,
- Monitoring im Verkehr und Transportwesen (Logistik), Beispiel: Autobahnmaut, Loka-
  lisierung und Alarm bei Autodiebstählen,
- In der Industrie: Steuern und Leiten von Robotern in der Automatisierungstechnik
  und in strahlungsbelasteten Umgebungen,
- Materialüberwachungen z. B. bei Brücken, Hängebrücken usw.
- Militärische Anwendungen: z. B. Geländeüberwachung usw.

Abbildung 10.37 [Aky02] zeigt schematisch die **Toplogie** eines drahtlosen Sensornetzwerks. Es ist im Prinzip ein vermaschtes Netzwerk, in dem es einen zentralen Knoten
gibt, der auch Datensenke genannt wird.

Die einzelnen Sensorknoten liegen im „Sensorfeld". Sie können dort von Hand ausgelegt,
von einem Flugzeug abgeworfen oder auf andere Art verteilt worden sein. Die Sensorknoten dienen zur Messung eines physikalischen Phänomens und geben die Messwerte an
den zentralen Knoten weiter. Oft dienen die einzelnen Knoten auch als „Router", um die
Messdaten von benachbarten Knoten in Richtung des zentralen Knotens weiter zu leiten
(Multi-Hop-Kommunikation, siehe unten). Die Sensorknoten sind damit Datenquellen,
der zentrale Knoten stellt eine Datensenke dar.

Der zentrale Knoten ist mit größeren Energiereserven, einem leistungsfähigeren Prozessor und größerem Speicher als die Sensorknoten ausgestattet. Er sammelt alle Messdaten
des Netzwerks, bereitet sie auf und gibt sie, meist in bestimmten Zeitintervallen per Internet, über Satellitenfunk oder über eine ähnliche Kommunikationsverbindung an die
Hauptzentrale weiter. Die Hauptzentrale wird auch als Task-Manager-Knoten bezeichnet und ist der eigentliche Nutzer des Sensornetzwerks.

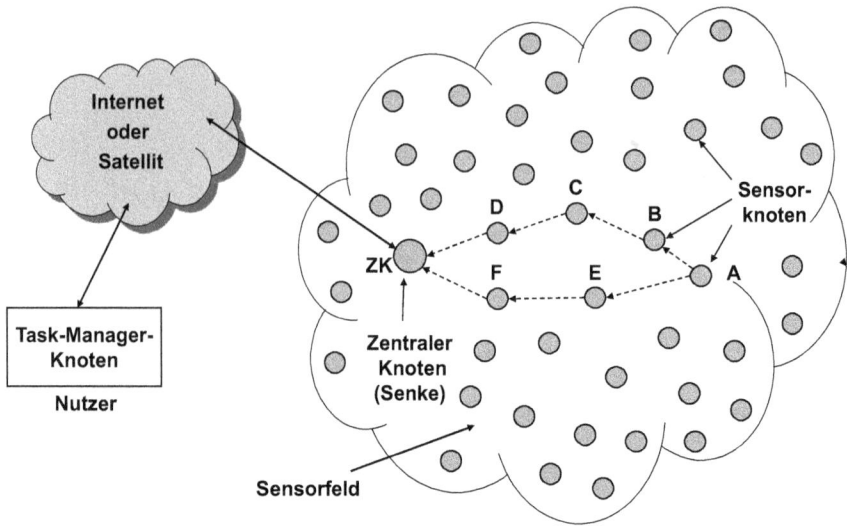

**Abbildung 10.37:** *Schematische Darstellung eines drahtlosen Sensornetzwerks (nach [Aky02]).*

## 10.7.3    Kommunikation im Sensornetzwerk

Sensornetzwerke haben meist einen festgelegten Standort, an dem die Sensorknoten relativ dicht verteilt sind. Ein Sensornetzwerk arbeitet in der Regel unbeaufsichtigt und die Netzwerk-Protokolle müssen dafür sorgen, dass das Netzwerk sowohl bei Inbetriebnahme, als auch bei Dauerbetrieb und im Fehlerfall funktioniert [Soh00].

Sobald nach Inbetriebnahme die Sensorknoten hochgefahren sind und diese ein Netzwerk gebildet haben, werden die Knoten einen Dauerbetrieb aufrecht erhalten. Ihre Energiespeicher sind noch gefüllt und sie können ihren Aufgaben, wie Messdaten aufnehmen, verarbeiten und weiterleiten, nachkommen. Das Weiterleiten der Daten kann im „Single-hop"-Modus oder im „Multi-hop"-Modus erfolgen (siehe Abbildung 10.38).

Single-hop-Kommunikation bedeutet: Ein Sensorknoten überträgt direkt drahtlos zum zentralen Knoten bzw. zur Daten-Senke, während bei Multi-hop-Kommunikation der Übertragungsweg zum zentralen Knoten über einen oder mehrere andere Sensorknoten führt, die als „Router" dienen. Beispiel für einen Multi-Hop-Pfad ist die Route von Sensor A über die Sensorknoten B und C zum zentralen Knoten ZK in Abbildung 10.37. Multi-hop-Kommunikation benötigt in der Regel weniger elektrische Energie als Single-hop, dafür sind aber ausgeklügelte Protokolle nötig, um die „beste" Route zu ermitteln (siehe Abschnitt „Netzwerk-Schicht", Seite 477).

Das Multi-hop-Netzwerk funktioniert in beiden Richtungen, sowohl in Sensor-zur-Datensenke, als auch Datensenke-zu-Sensor. Der Haupt-Datenverkehr fließt von den Sensoren zur Datensenke bzw. zum zentralen Knoten, das bedeutet, dass die Energiereserven der Knoten in der Nähe des zentralen Knotens stärker beansprucht werden und früher ausfallen können als die der weiter entfernten Knoten. Die Media Access Control (MAC)- und die Routing-Protokolle müssen in Fällen, wo Knoten im Multi-Hop-Pfad ausfallen,

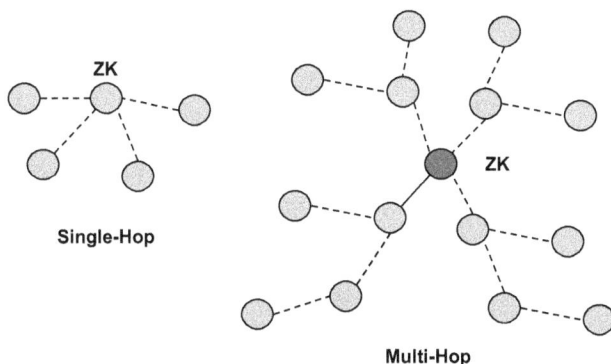

**Abbildung 10.38:** *„Single-Hop"-Kommunikation und „Multi-Hop"-Kommunikation in einem Sensornetzwerk. ZK bedeutet Zentraler Knoten, der auch Daten-Senke (Sink) genannt wird.*

neue Routen über intakte Knoten finden. Protokolle in drahtlosen Sensornetzwerken haben drei Hauptaufgaben zu erfüllen [Soh00]:

– Organisiere die Sensorknoten so, dass sie auf das Kommunikationsmedium, das alle Knoten teilen müssen, energieeffizient zugreifen. Man nennt das auch *Formen einer Infrastruktur.*

– Durchführen des Daten-Routing im Netzwerk.

– Die Netzwerk-Organisation muss aufrecht erhalten bleiben, auch falls einzelne Knoten ausfallen oder mobil sind.

Diese drei Aufgaben *„Organize, Routing, Maintain the NW-Organization in Case of Mobility"* werden abgekürzt die **ORM**-Tasks genannt.

*Protokolle für drahtlose Sensornetzwerke sollten möglichst energieeffizient sein.* Im Sensorknoten wird in drei Bereichen elektrische Energie verbraucht: beim Aufnehmen von Messdaten (Sensing), für die Datenverarbeitung und für die Kommunikation, also für das Senden und für das Empfangen von Daten. Auch das „Lauschen" auf Daten, also die Empfangsbereitschaft kostet elektrische Energie. Die drahtlose Datenübertragung von 1kByte Daten über eine Distanz von 100m kostet etwa so viel elektrische Energie wie die Verarbeitung von 300 Millionen Instruktionen in einem General Purpose Prozessor mit einer Performanz von ca. 100 MIPS (Millionen Instruktionen pro Sekunde) [PoKa00], zitiert in [Soh00].

Das bedeutet, es sollten keine unnötig große Mengen an Rohdaten geschickt werden, sondern die Daten sollten aufbereitet, d. h. wenn möglich vor der Übertragung, zusammengefasst und komprimiert werden. Datenverarbeitungs-Algorithmen sollten auf die Knoten verteilt und lokalisiert arbeiten. Das Protokoll muss daher so ausgelegt werden, dass die Datenübertragung und das Lauschen auf Daten energiesparend eingesetzt werden.

In Sensornetzwerken werden Messdaten nur in bestimmten Zeitabständen aufgenommen, beispielsweise jede Sekunde, jede Minute oder eventuell nur jede Stunde. Daher ist es sinnvoll, sowohl Sender als auch Empfänger nur zu den Sendezeiten zu aktivieren und zwischen diesen Zeiten in einen Ruhe- oder Schlafzustand (Standby-Modus) zu versetzen, in dem sie nur sehr wenig elektrische Energie verbrauchen. Lediglich eine Uhr bleibt in diesem Zustand eingeschaltet, die periodisch synchronisiert wird.

Energiesparende Protokolle definieren daher Ruhe- und „Wachphasen" sowie „Aufwecknachrichten" und Synchronisations-Nachrichten oder -Impulse für die Uhr. Diese Funktionen sind hauptsächlich in der Media Access Control (MAC)-Schicht (siehe Seite 479) des jeweiligen Protokolls angesiedelt.

### Der Protokoll-Stapel (Protocol Stack) von drahtlosen Sensornetzwerken

Der Protokoll-Stapel eines drahtlosen Sensornetzwerks ist in Abbildung 10.39 gezeigt [Aky02]. Dieser Protokoll-Stapel kombiniert Energiemanagement-Funktionen (Power Management), Mobilitäts-Management und Task-Management in den jeweils gezeigten Ebenen, die den fünf Schichten (Schicht 1 bis 4 und 7) des reduzierten ISO-OSI-Schichtenmodells überlagert sind (siehe Abschnitt 10.1 und Bild 10.39). Das Mobilitäts-Management wird nicht benötigt, wenn die Sensorknoten einen festen Standort haben.

Das **Energiemanagement** organisiert die Energiereserven des Sensorknotens. Beispielsweise kann ein Sensorknoten die Energiequelle abschalten, nachdem eine Nachricht von einem Nachbarknoten eingetroffen ist. Zudem kann der Sensorknoten zu seinen Nachbarknoten eine Rundumnachricht (Broadcast) schicken, wenn der Akku- oder die Batteriefüllung niedrig ist. In diesem Fall ist er nicht mehr in der Lage, Routingfunktionen auszuführen, also Nachrichten weiterzuleiten. Die übrige elektrische Energie muss für Sensoraufgaben reserviert werden.

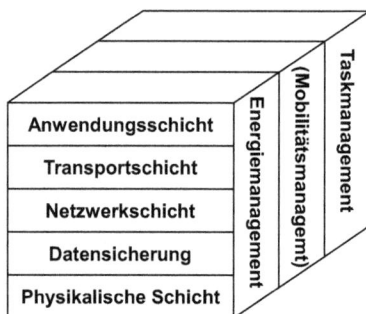

**Abbildung 10.39:** *Der Protocol Stack eines Drahtlosen Sensornetzwerks [Aky02].*

Falls ein **Mobilitätsmanagement** vorhanden ist, wird dieses Bewegungen des Sensorknotens registrieren, einen Nachrichtenübertragungsweg zum zentralen Knoten unterhalten und sich merken, wer und wo die (neuen) Nachbarknoten sind, um die elektrische Energie beim Senden zu minimieren.

Das **Taskmanagement** gibt den Zeitablaufplan der Sensoraufgaben für eine bestimmte Region vor. Es ist beispielsweise nicht nötig, dass alle Sensorknoten ihre Sensoraufgaben gleichzeitig ausführen. Je nach Energiereserven könnten einige Sensorknoten öfter Messdaten aufnehmen als andere.

Die Managementebenen sind verantwortlich dafür, dass die Sensorknoten energieeffizient arbeiten, um die Daten zum zentralen Knoten weiterzuleiten (insbesondere wenn die Knoten mobil sind) und die Ressourcen zwischen den Sensorknoten effizient teilen. Analog zu beispielsweise einem Entwicklungsteam in der Industrie, ist es aus der Sicht des gesamten Netzwerks weitaus wirkungsvoller, wenn die einzelnen Sensorknoten kollaborieren, also sozusagen im Team zusammenarbeiten, als wenn jeder Knoten individuell seinen Aufgaben nachgeht. Damit kann die „Lebenszeit" des Sensornetzwerks wesentlich verlängert werden. Die Prinzipien und Protokoll-Ansätze für alle Schichten des DSNW-Protokoll-Stacks werden ausführlich in [KaWi05] behandelt, eine Übersicht findet man in [Aky02]. Wir gehen im Folgenden in Ausschnitten auf einige dieser Protokoll-Ansätze ein. Allerdings gibt es bisher keine genormten Protokolle für drahtlose Sensornetzwerke, d. h. hier ist ein weites Feld offen für die Forschung.

### Anwendungsschicht

In der Anwendungsschicht legt ein Anwendungsprogramm die Sensor-Aufgaben fest. In der Anwendungsschicht gibt es bisher drei Protokoll-Vorschläge [Aky02]: Das SMP, das TADAP und das SQDDP. Wir gehen hier kurz auf das SMP ein. Das *Sensor Management Protocol SMP* unterstützt folgende Verwaltungsaufgaben im Sensornetzwerk:

- Datenaustausch mit den Sensorknoten,
- Synchronisierung mit den Sensorknoten,
- Ein-und-Ausschalten der Sensorknoten,
- Abfrage der Sensornetzwerk-Konfiguration und des Status der Knoten. Rekonfigurierung des Sensornetzwerks, wenn nötig,
- Sicherheit im Sensornetzwerk: Bei Datenverschlüsselung, ist das Sensor Management Protocol für die Schlüsselverwaltung und Schlüsselverteilung zuständig.

Systemadministratoren (die Nutzer) kommunizieren mit dem Sensornetzwerk über das Sensor Management Protocol.

### Transportschicht

Die Transportschicht ist nach [KaWi05] [Aky02] verantwortlich für:

- Zuverlässigen und zeitgerechten Datentransport. Zum Beispiel müssen Datenpaketverluste erkannt werden,
- Flusskontrolle und Überlastkontrolle (Verstopfungskontrolle: Congestion Control),
- Skalierbarkeit des Sensornetzwerks: Falls mehr Knoten hinzukommen oder falls Knoten ausfallen, muss die Transportschicht entsprechend darauf reagieren.

Eine Verstopfung tritt auf, wenn mehr Datenpakete erzeugt werden, als das Netz transportieren kann. Wegen des begrenzten Speichers und der begrenzten Prozessorleistung in den Sensorknoten kann es vorkommen, dass Pakete verworfen werden müssen. Dies ist Verschwendung von Daten und elektrischer Energie und daher unerwünscht. Die Transportschicht muss in einem solchen Fall die Paketrate durch eine globale Nachricht an alle Knoten im Sensornetzwerk verringern. Ein Protokoll wie das TCP (Transmission Control Protocol), das im Internet verwendet wird, verbietet sich in Sensornetzwerken wegen des Aufwands. Hier können User Datagram Protocol (UDP)-ähnliche Protokolle Verwendung finden.

### Netzwerkschicht

Die Netzwerkschicht wird nach folgenden Prinzipien entworfen [Aky02]:

- Energieeffizienz,

- in Sensornetzwerken wird oft „datenzentrisches" Routing angewendet (siehe unten),
- Sensornetzwerke haben oft eine Attribut-basierte Aufgaben-Zuordnung (Attribute Based Naming) für die Sensorknoten und ein Lokationsbewusstsein (Location Awareness).

Der Nutzer eines Sensornetzwerks ist in vielen Fällen eher an einem Attribut eines physikalischen Phänomens interessiert, statt an der Abfrage des Messwerts eines einzelnen Sensorknotens. Ein Attribut ist beispielsweise „ein Gebiet mit einer Temperatur über 30° Celsius". Attribut-basierte Aufgaben-Zuordnung bedeutet, dass alle Sensorknoten des Gebiets, dessen Lokation bekannt ist und die ein Phänomen mit einem bestimmten Attribut messen, angesprochen werden.

Datenzentrisches Routing bedeutet, dass eine Interessen-Verteilung (Interest Dissemination) durchgeführt wird, um die Messaufgaben den Sensorknoten eines Gebietes zuzuweisen. Es gibt zwei Ansätze für die Interessen-Verteilung: Der eine ist: Der zentrale Knoten verteilt das „Interesse" rundum an alle Knoten (beispielsweise: wichtig sind alle Messungen über 30°) und wartet auf die Antworten. Der andere Ansatz ist: Die Sensorknoten senden eine Ankündigung (Advertisement), dass interessante Daten (zum Beispiel Messungen über 30°) verfügbar sind und darauf warten, dass der zentrale Knoten diese Daten anfordert.

Einer der folgenden Ansätze kann z. B. genutzt werden, um eine energieeffiziente Route auszuwählen:

- Minimum-Energie (ME)-Route: Die Route wird gewählt, auf der die Datenübertragung minimale Energie benötigt. Beispiel: Das könnte die Route A-B-C-D-ZK in Abbildung 10.37 sein,
- Minimum-Hop-Route (MH): Die Route, die die wenigsten Knoten bis zum zentralen Knoten aufweist. Beispiel: Dies ist die Route A-E-F-ZK in Abbildung 10.37,
- Maximal-verfügbare-Energie-Route (PA): Die Route auf der die einzelnen Knoten (noch) mehr Energiereserven zur Verfügung haben, als alle anderen möglichen Routen. Beispiel: Das könnte auch die Route A-B-C-D-ZK in Abbildung 10.37 sein.

Um diese Routen zu finden, muss jeder Knoten die Daten über die Energiereserven und etwa die Längen der Datenübertragungsstrecken der in Frage kommenden Knoten zur Verfügung haben. Dazu muss in einer „Initialisierungsphase" eine Infrastruktur in Selbstorganisation aufgebaut werden, die auch während des Betriebs immer wieder auf den letzten Stand gebracht wird. Zudem wird angestrebt, dass die Kommunikations-Ressourcen fair und effizient zwischen den Sensorknoten aufgeteilt werden.

### Datensicherungsschicht (Data Link)

Die Datensicherungsschicht ist verantwortlich für folgende Aufgaben [Aky02]:

- Datenströme bündeln (Multiplexen),
- Erkennen von Datenrahmen (Frames) bei Empfang,
- Den Zugriff zu einem Medium steuern (Media Access Control siehe Abschnitt 10.7.3),
- Eine Fehlersicherung durchführen,
- Punkt-zu-Punkt oder Punkt-zu-Multipunkt-Verbindungen sicherstellen.

Die Hauptaufgaben der Datensicherungsschicht sind die Formatierung und Aufrechterhaltung direkter Kommunikations-Verbindungen (Links) zwischen Nachbarknoten sowie die zuverlässige und energieeffiziente Übertragung von Daten über diese Verbindungen. Fehlererkennung wird in der Regel über Fehlerprüf-Felder (z. B. CRC) durchgeführt.

Die Fehlersicherungs-Methoden (Error Control Schemes) sind beispielsweise: Redundanz und Übertragungswiederholungen (Retransmissions) sowie eine günstige Wahl der Übertragungsparameter: Datenpaket-Größe und Übertragungsleistung. Fehlerfreiheit, zum Beispiel kleine Fehlerraten kosten elektrische Energie, wenn sie beispielsweise durch Redundanz in der Datenübertragung erreicht werden. Hohe Fehlerraten kosten aber eher noch höheren Energiebedarf, bedingt durch die nötigen Übertragungs-Wiederholungen. Die Aufgabe des Entwicklers ist es, hier eine günstige Balance zu finden zwischen geringer Fehlerrate und Energiebedarf [KaWi05].

## Medium Access Control (MAC)

Die Zugriff-Steuerung auf das Übertragungs-Medium übernimmt in Sensornetzwerken die Medium Access Control (MAC)-Schicht, die in der Datensicherungsschicht integriert ist. Das MAC-Protokoll der Sensorknoten ist bedeutend für den Energiebedarf und muss im gesamten Netzwerk abgestimmt werden.

Bei drahtlosen Sensornetzwerken werden Daten *in einer bestimmten Trägerfrequenz* zu einem anderen Knoten gesendet, ohne dass eine materielle Verbindung zu diesem Knoten besteht. In einem bestimmten Zeitintervall kann jedoch immer nur ein Knoten ein Datenpaket in der Trägerfrequenz $f$ senden, versuchen dies zwei in Reichweite liegende Knoten, so gibt es eine Kollision (Collision) und beide Datenpakete werden zerstört. Kollisionen kosten unnötig elektrische Energie, deshalb versucht die MAC-Schicht in drahtlosen Sensornetzwerken Kollisionen zu vermeiden [KaWi05].

Es gibt grundsätzlich zwei Verfahren, sich das Medium zwischen zwei sendewilligen Knoten zu teilen: Das eine ist das Time Division Multiple Access **TDMA**, das andere ist das Frequency Division Multiple Access **FDMA**-Verfahren. Das Prinzip bei FDMA ist, dass Sender mit unterschiedlicher Frequenz gleichzeitig senden können, ohne sich gegenseitig zu stören.

Beim Time Division Multiple Access (TDMA)-Verfahren gibt es wieder zwei Konzepte. Das eine beruht auf „Carrier Sensing Multiple Access" CSMA, das andere ist ein „Scheduling"-Verfahren, bei dem jeder Sender Zeitschlitze bzw. Zeitintervalle zugeteilt bekommt, in denen er alleine ungestört senden darf.

Das Carrier Sense Multiple Access (CSMA)-Konzept beruht auf dem **Aloha**-Vefahren, das 1970 von Abramson vorgestellt wurde [Abr70]. Die Idee von Abramson ist wie folgt: Die sendewilligen Knoten A und B liegen in Reichweite und jeder schickt in zufälligen Zeitabständen je ein Datenpaket ab, hört aber gleichzeitig, ob sein Datenpaket ungestört übertragen wird. Bei einer Kollision starten die Knoten danach je einen Zeitgeber mit einem zufällig gewählten Timeout. Der Knoten dessen Timeout kürzer ist, beginnt wieder zu senden, in der Hoffnung, dass es diesmal klappt.

Das Aloha-Verfahren ist Grundlage für beispielsweise das Ethernet, WLAN usw. und wird dort auch sehr erfolgreich angewendet. Es gibt verschiedene Aloha-Verfahren wie zum Beispiel das pure Aloha, slotted Aloha usw. Für drahtlose Sensornetzwerke ist Aloha jedoch ungeeignet, da Kollisionen unnötig elektrische Energie kosten und möglichst zu vermeiden sind.

Beim TDMA-Verfahren ist eine *Zeitsynchronisation* nötig, d. h. die Uhren in den Sensorknoten müssen abgestimmt werden. In regelmäßigen Zeitabständen muss ein ausgewählter Knoten (z. B. ein *Synchronizer*, siehe unten) ein Synchronisations-Paket rundum verteilen.

**Einige Probleme bei drahtlosen Sensornetzwerken in der MAC-Schicht**

Das **Hidden-Terminal-Problem** tritt auf bei CSMA-Protokollen, wie in Bild 10.40 oben gezeigt: Bei den Sensorknoten A, B, C und D überschneiden sich jeweils die Sendebereiche zweier benachbarter Knoten. Wir betrachten zunächst nur die drei Knoten A, B und C. Die Knoten A und B können miteinander kommunizieren. Da der Knoten C, das Hidden-Terminal in Bezug auf Knoten A, die Kommunikationszeiten zwischen A und B nicht kennt und möglicherweise gleichzeitig wie A sendet, kollidiert er mit der Datenübertragung von A und stört die Kommunikation zwischen A und B.

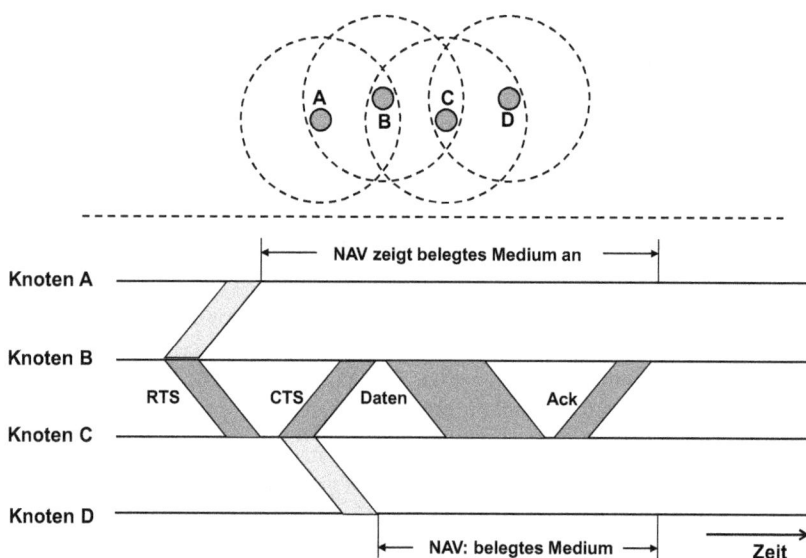

*Abbildung 10.40:* Oben: Szenario des Hidden-Terminal-Problems und des Exposed-Terminal-Problems. Die gestrichelten Kreise stellen jeweils die Sende/Empfangsbereiche der Knoten A, B, C und D dar [KaWi05]. Unten: RTS/CTS-Handshake mit NAV (Network-Allocation Vector) im IEEE 802.11-Standard [KaWi05].

Beim **Exposed-Terminal-Problem** sind nicht Kollisionen das Problem, sondern die unnötige Verzögerung der Kommunikation zwischen zwei Knoten. Sendet beispielsweise Knoten B an Knoten A, so registriert Knoten C einen belegten Kanal und sendet nichts an D (siehe Abbildung 10.40), was theoretisch möglich wäre. Dadurch wird Kanalbandbreite verschwendet [KaWi05].

Eine **Lösung** für obige Probleme zeigt beispielsweise Abbildung 10.40 unten. Es ist der RTS/CTS-Handshake mit NAV (Network Allocation Vector) wie es im Standard IEEE 802.11 vorgeschlagen wird [KaWi05]. RTS steht für *Request to send* und CTS steht für *Clear to Send*. Knoten B möchte an Knoten C Daten senden. Er lauscht am Kanal und, wenn er frei ist, schickt Knoten B ein RTS-Paket an C, zusammen mit einem NAV-Feld, in dem die ungefähre Belegtzeit des Kanals steht. Das RTS empfängt auch Knoten A, der jetzt durch das NAV-Feld über die Kanalbelegung informiert ist. Knoten C schickt ein CTS-Paket, ebenfalls mit einem NAV-Feld mit der ungefähren Belegungszeit, das für die Knoten B und D bestimmt ist. Beide Nachbarknoten, A und D kennen die Belegungsdauer des Kanals und greifen während der Belegungszeit nicht auf den Kanal zu. B sendet die angekündigten Daten an C. Nach erfolgreichem Empfang der Daten schickt Knoten C ein Bestätigungs-Datenpaket, ein Ack (Acknowledgement)-Datenpaket an den Knoten B.

### Energiebedarf in der MAC-Schicht

Ein Sender/Empfänger (Transceiver) kann in einem der folgenden vier Zuständen in der MAC-Schicht sein, in jedem Zustand ist der **Energiebedarf** unterschiedlich:
- Beim Senden ist der Energiebedarf hoch.
- Beim Empfangen wird nahezu soviel Energie benötigt wie beim Senden.
- Beim Leerlauf (Idling) ist der Energiebedarf niedriger als beim Empfang.
- Der Schlafzustand (schlafend, sleeping) kostet sehr wenig elektrische Energie.

Es gibt einige uneffiziente Aktionen bzw. Ereignisse die viel elektrische Energie kosten und vermieden werden sollten [KaWi05] wie:
- **Kollisionen** (Collisions) zwischen Datenpaketen sollten vermieden werden, sie kosten viel elektrische Energie. TDMA-Protokolle und Kollisions-Vermeidung (Collision Avoidance) bei CSMA-Protokollen wie z.B. Einsatz eines NAV in RTS/CTS-Prozeduren (siehe oben) helfen Kollisionen zu vermeiden.
- **Overhearing** bedeutet soviel wie „unnötiges Zuhören". Nachbarknoten, die im Empfangszustand sind und Datenpakete empfangen, die nicht für sie bestimmt sind und die deshalb verworfen werden, sind im „Overhearing-Modus".
- **Protokol Overhead**: Protokoll-Verwaltungsdaten wie z.B. RTS/CTS-Pakete oder lange Paketköpfe sind zweifellos in den meisten Fällen notwendig, sollten aber auf das Nötigste beschränkt werden.
- **Idle Listening**: Empfangsbereitschaft im Leerlauf kostet elektrische Energie. TDMA-Protokolle, die Zeitschlitze für Sende- und Empfangszeiten reservieren, sind hier eine Lösung.

Die meisten der im folgenden Abschnitt genannten MAC-Protokolle für drahtlose Sensornetzwerke nehmen einen oder mehrere der obigen Probleme in Angriff [KaWi05].

### Beispiele von MAC-Protokollen für DSNW

Einige Beispiele für energiesparende Protokolle sind S-MAC, SMACS, EAR, AMRIS, T-MAC, WiseMAC, DSMAC, B-MAC, $\mu$-MAC, M-MAC und Z-MAC. Wir gehen nur ansatzweise auf das Protokoll S-MAC ein. Eine umfassende Beschreibung der Protokolle ist im Rahmen diese Buches nicht möglich, wir verweisen auf [Aky02], [KaWi05] und weiterführende Literatur.

### Das S-MAC-Protokoll

Eines der ersten energiesparenden Protokolle war das **S-MAC** (Sensor-MAC) [Ye02]. S-MAC ist ein reines TDMA-Multiplex-Verfahren. Für alle Knoten in einem Sensornetzwerk wird eine aktive „Wach"-Periode (Listen) und eine „Schlaf"-(Sleep) Periode festgelegt. Das Verhältnis von Listen/Sleep kann z.B. 1:1 sein. Während der Wach-Periode müssen die Knoten einer Gruppe (Cluster) alle anstehenden Kommunikationsaufgaben erledigen. Bevor jeder Knoten seine Wach- und Schlafperiode beginnt, muss er einen

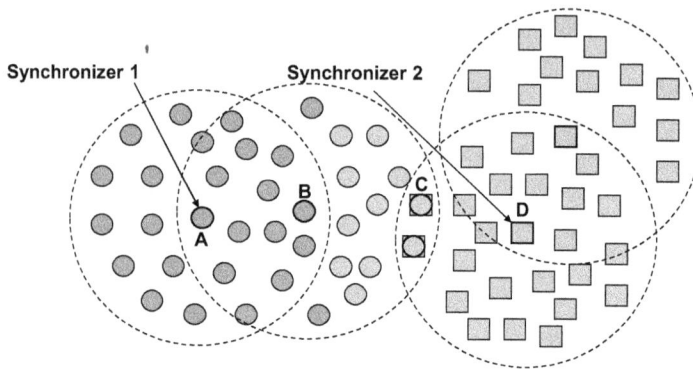

**Abbildung 10.41:** *Die Bildung von Clustern mit gleichem Schedule beim S-MAC-Protokoll. Die runden Knoten und die rechteckigen Knoten haben jeweils ein eigenes Schedule. Der Knoten A ist Synchronizer 1, Der Knoten D ist Synchronizer 2 [UM08].*

Zeitablaufplan (Schedule) wählen, den er mit seinen in Reichweite liegenden Nachbarn teilt. Die Verteilung der Schedules bei S-MAC läuft wie folgt ab:

(1) Zu Beginn wird bei allen Knoten ein Zufalls-Zeitgeber der *Contention Timer* angestoßen. Der erste Knoten, dessen Timeout abgelaufen ist, wird *Synchronizer* genannt, wir bezeichnen ihn mit Knoten A (siehe Abbildung 10.41). Er wählt zufällig eine Zeit $t$ aus, nach der er in den Schlafzustand gehen wird und verbreitet diesen Schedule im Broadcast-Modus. Der Schedule besteht hauptsächlich aus der Zeit $t$; denn sowohl die Zeitdauer der Wach- als auch der Schlafphase sind bereits bekannt. Es bildet sich eine Gruppe (Cluster) von Knoten, die den gleichen Schedule haben.

(2) Nachbarknoten von A, die noch ohne eigenen Schedule sind, adoptieren den Schedule von Knoten A. Sie werden *Follower* genannt. Ein Follower-Knoten ist z. B. Knoten B in Abbildung 10.41. Knoten B wartet eine Zufallszeit $t_d$ und verbreitet im Broadcast-Modus den Schedule von Knoten A, d. h. B gibt an, dass er zur gleichen Zeit wie Knoten A schlafen gehen wird. Die Zufallsverzögerung $t_d$ wird gewählt, um Kollisionen mit anderen Follower-Knoten zu vermeiden, die ebenfalls ihre Schedules verbreiten wollen.

(3) Empfängt ein Knoten einen unterschiedlichen Schedule, nachdem er seinen eigenen Schedule verteilt hat, so adoptiert er beide Schedules, d. h. zumindest seine Wachzeiten stimmen mit beiden Schedules überein. Es wird erwartet, dass Knoten relativ selten mehrere Schedules annehmen und wenn, dass diese Knoten nur im sich überschneidenden Randbereich (z. B. Knoten C) von zwei Synchronizer-Knoten liegen.

Abbildung 10.41 illustriert die Bildung von Gruppen mit dem gleichen Schedule. Der Knoten A ist *Synchronizer-Knoten Nr. 1*, er verbreitet seinen Schedule an Knoten, die in seinem Sendebereich liegen. Knoten B ist ein *Follower* und verbreitet den Schedule von Knoten A. Alle „runde Knoten" im Bild haben den Schedule von Knoten A. Knoten D liegt außerhalb des Sendebereichs von Knoten A und B und wird zum *Synchronizer 2*. Er verteilt sein eigenes Schedule (eckige Knoten im Abbildung 10.41), das unterschiedlich von Knoten A und B ist. Im Randbereich der Schedules von A und D liegt z. B. der Knoten C, der beide Schedules adoptiert. Dieser Vorgang setzt sich wellenartig über das ganze Sensorfeld fort, bis alle Knoten mindestens einen Schedule besitzen. Die Kommunikation in der Wachphase wird durch den Contention Timer geregelt, der in jedem Knoten zur Verfügung steht. Zu Beginn jeder Wachphase wird der Timer gestartet und der Knoten mit dem kürzesten Timeout beginnt die Kommunikation zunächst mit einem *Sync-Signal*, das die Uhren in den Knoten synchronisiert. Auch der Datenaustausch wird über den Contetion Timer geregelt, jedoch wird die Verfügbarkeit des Empfängers über den Austausch von RTS (Request-to-Send)- und CTS (Clear-to-Send)-Signalpaaren sicher gestellt.

S-MAC hat einige Schwachstellen wie zum Beispiel die Randknoten, die zwei Schedules bedienen müssen. Des Weiteren kann die Regelung der Kommunikation über den Contention Timer Kollisionen nicht ganz vermeiden. Sensor-MAC-Protokolle anderer Forschungsvorhaben versuchen diese Schwachstellen zu vermeiden.

**Physikalische Schicht von drahtlosen Sensornetzwerken**

Die physikalische Schicht muss für einen stabilen und robusten Sende- und Empfangs-Funkverkehr sorgen. Die Verbindungen können über Funk, Infrarot oder über ein optisches Medium erfolgen [Aky02]. Entscheidet man sich für Funkverbindungen, so ist zu beachten, dass die Funk-Kommunikation zwischen Objekten, die klein sind und deren Antennen sich in unmittelbarer Erdnähe befinden, nicht sehr effektiv ist. Im Artikel S5 der „ITU Radio Regulations (Volume 1)" werden in einer Tabelle die internationalen ISM (Industrial Scientific Medical)-Frequenz-Zuordnungen spezifiziert [ISM12]. Die Wahl einer Funkfrequenz aus dem ISM-Band ist eine gute Option, weil dieses in den meisten Ländern der Welt eine Lizenz-freie Kommunikation anbietet. Zieht man Antenneneigenschaften und Energiebedarf in Betracht, so wird eine Frequenzwahl im oberen MHz-Bereich empfohlen, z. B. das 433 MHz-ISM-Band für Europa oder das 915-MHz-ISM-Band für Nord-Amerika.

## 10.7.4   Der Sensorknoten

Sensorknoten werden heutzutage hauptsächlich in Mikrosystemtechnik hergestellt und gehören somit zu den Mikrosystemen bzw. zu den „Micro Electronic Mechanical Systems" (MEMS), insbesondere die Sensorknoten, die über mechanische Mikrostrukturen verfügen, wie beispielsweise Beschleunigungssensoren oder Gyroskope (Kreiselkompasse, siehe Abschnitt 1.7, Seite 20). Sensorknoten als Mikrosysteme sind sehr energiesparsam und verfügen in der Regel über eine drahtlose Netzwerk-Schnittstelle [Leo06] [Elw01].

Abhängig von der Anwendung, kann die Form und Größe eines Sensorknotens variieren von beispielsweise etwa der Größe einer Gasdruckflasche (siehe ARGO-Anwendung weiter oben), einer Schuhschachtel (z. B. bei Wetterstationen) bis zu mikroskopisch kleinen Partikeln (siehe unten) für militärischen Einsatz, bei dem die Knoten fast unsichtbar sein sollten. Römer und Mattern [RoeMat04] haben die physikalische Größe von Sensorknoten grob in vier Klassen eingeteilt: Ziegelstein, Streichholzschachtel, Korn und Staubpartikel.

Die Entwicklung zu immer kleineren Abmessungen, sowohl im Sensorbereich als auch in der Mikroelektronik, ermöglicht den Einsatz immer kleinerer und billigerer Sensorknoten, bis hin zur anvisierten Größe eines Staubkorns. Aus diesem Grund wurde der Begriff „Smart Dust" für winzige Sensorknoten geprägt. In diesem Zusammenhang seien auch

die Sensor-Aktor-Netzwerke (SAN) und die drahtlosen SAN (WSAN) erwähnt, deren
Knoten nicht nur Sensor- sondern auch Aktor- (oder Aktuator)-Funktionen ausführen
können. Ein Aktor kann aktive Schaltfunktionen ausführen, beispielsweise eine Beleuch-
tung oder einen Antriebsmotor einschalten.

Die wesentlichen Bestandteile eines **Sensorknotens** (siehe Abbildung 10.42) sind:
– Der Sensor mit Analog-Digital-Converter (ADC),
– ein Prozessor mit Arbeitsspeicher und Programmspeicher (ROM),
– eine Kommunikationseinheit mit drahtloser Schnittstelle,
– eine Energiequelle.

Abbildung 10.42 stellt schematisch den Aufbau und die Basiskomponenten eines Sensorknotens dar. Der Sensor nimmt eine physikalische Messung vor, die im ADC, dem
Analog-Digital-Wandler, in ein digitales Signal umgewandelt und an den Prozessor ge-
leitet wird. Der Prozessor verarbeitet, speichert das Messdatum und gibt es an die
Kommunikationseinheit weiter. Die Kommunikationseinheit gibt die Daten, meist per
Funk, an den zentralen Knoten oder an den nächsten Sensorknoten zur Übermittlung
an den zentralen Knoten weiter. Die Sensoreinheit misst eine physikalische Größe, z. B.
– Temperatur,
– Feuchtigkeit,
– Druck/Luftdruck, Wind, Windrichtung,
– Bewegung (Geschwindigkeit, Richtung), Präsenz bzw. Abwesenheit von Objekten,
– Lichtverhältnisse,
– Geräusche usw.
– Seismische Messungen: Erschütterungen, Erdstöße.

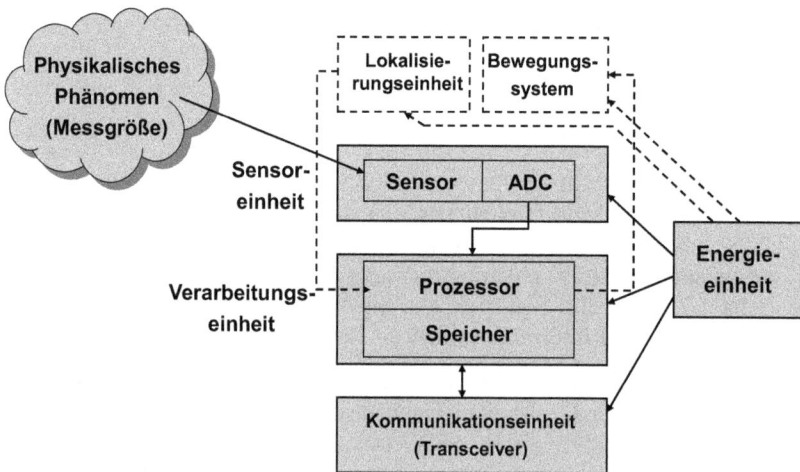

*Abbildung 10.42:* Die Basiskomponenten und der Aufbau eines Sensorknotens bzw. Sensor-
Aktor-Knotens (nach [Aky02]).

Der Prozessor bereitet die Messgröße auf, beispielsweise wird sie komprimiert, ungültige
Werte werden eliminiert, es werden Mittelwerte gebildet usw. Eine der wichtigsten Komponenten ist die Energieeinheit, sie gewährleistet die Funktionen der anderen Einheiten.

Oft ist der Austausch der Energieeinheit unmöglich, dann bestimmt diese die Lebensdauer des Sensorknotens. Die Energieeinheit kann aus einer langlebigen Batterie bestehen oder sie wandelt Energie aus der Umgebung in elektrische Energie um wie dies beispielsweise Solarzellen tun. In manchen Fällen wird beides verwendet.

Für viele Sensoranwendungen ist die Kenntnis der Posiion wichtig, die die die Lokalisierungseinheit übernimmt. Die Lokalisierung kann zum Beispiel über das Global Positioning System (GPS) erfolgen. Allerdings ist dafür ein relativ hoher Energiebedarf nötig, sodass in diesem Fall oft nur einige Knoten diese Aufgabe übernehmen und benachbarte Knoten die relative Nähe zu einem GPS-Knoten anzeigen.

Fügt man dem Sensorknoten einen Aktor oder Aktuator hinzu, so erhält man einen Sensor-Aktor-Knoten (SAK). Ein Aktor formt eine elektrische Energie – oder eine andere Energieform – in eine mechanische Bewegung um, entweder in eine lineare Bewegung oder in eine Rotation. In manchen Anwendungen ist eine Bewegung des Sensorknotens in beschränktem Ausmaß gefordert. In diesem Fall werden Sensor-Aktor-Knoten mit Fahrgestell und kleinem elektrischem Motor als Aktor eingesetzt. Die Forderungen an einen Sensorknoten sind [Aky02]:
- Der Energiebedarf soll extrem niedrig sein,
- die Produktionskosten sollen sehr gering sein,
- der Knoten soll autonom, wartungsfrei und unbeaufsichtigt arbeiten,
- der Knoten soll der Umgebung angepasst sein.

Da Sensorknoten oft in großen Mengen (einige hundert bis einige tausend) eingesetzt werden, sind niedrige Produktionskosten wichtig. Der Verlust oder Ausfall eines Sensorknotens in einem Sensornetzwerk darf keinen großen Schaden bedeuten, auch darf dadurch die Funktion des gesamten Sensornetzwerks nicht entscheidend beeinträchtigt werden. Ein Sensorknoten soll der Umgebung angepasst sein heißt: Sensorknoten müssen manchmal in extrem heißer, kalter, feuchter, staubiger, verschmutzter, verstrahlter Umgebung, auf dem Meeresgrund, unter hohem Druck, an der Meeresoberfläche, an Tieren befestigt usw. funktionstüchtig bleiben.

## 10.7.5 Beispiele von Sensorknoten

In [WikSN21] findet man eine Liste von drahtlosen Sensorknoten, in der über 150 Sensorknoten aufgelistet sind (2021), teilweise mit Preisen und Herstelleradressen. Im amerikanischen Sprachraum nennt man einen Sensorknoten „Mote" (Staubkorn). Die in [WikSN21] aufgelisteten Sensorknoten sind kleine, energieeffiziente Plattformen, auf denen bestimmte Sensoraufgaben programmierbar sind. Oft sind Sensoren bereits integriert, in den meisten Fällen sind Sensoren anschließbar. Wir stellen zwei bekannte Beispiele solcher Sensorknoten vor, die MICAz-Mote und die BTnode.

### Mica Motes der UC Berkeley

Aus den Forschungsaktivitäten auf dem Gebiet Sensornetze an der University of California Berkeley (UC Berkeley, USA) entstanden etwa seit Ende der 1990er Jahre mehrere Generationen von Sensorknoten, die sogenannten „Mica Motes" („Glimmer-Staubkorn"). Ziel der Forschung ist es, eine Plattform für immer kleinere Sensorknoten, „Smart Dust" (Intelligenter Staub) genannt, zu schaffen, die auf den Mica Motes basiert. Diese Sensorknoten erfüllen die Anforderungen an Energieeffizienz und wurden bereits in verschiedenen Forschungsprojekten eingesetzt. K. Pister stellte 2001 die Plattform Smart Dust in [SmrtD01] vor. Die Firma Crossbow Technology in San Jose, CA stellte die ersten Mica Motes her, zum Beispiel die „MICA 2". Crossbow wurde im Jahre 2011 von der Firma Moog Inc. übernommen. Die Firma Memsic (www.memsic.com) produziert seit 2010 Mica Motes.

### Die MICAz-Mote

von Memsic ist eine vielseitige, drahtlose Sensor-Plattform, deren gedruckte Schaltung auf der Halterung für zwei AA-Batterien montiert ist. Die Abmessungen der MICAz-Mote sind etwa gleich wie bei der BTnode (siehe unten).

Der Prozessor der MICAz basiert auf dem Atmel ATmega128L, einem „Low Power Mikrokontroller". Die MICAz hat drei Speicher, einen 128 kB-Programm-Flashspeicher, einen 512 kB-Speicher für Messdaten und einen Konfigurations-EEPROM mit 4k Bytes. Die Konfiguration umfasst die Sensordatenaufnahme und die Regulierung der drahtlosen Kommunikation, die nebenläufig operieren können. Es gibt einen 51-poligen Stecker für Sensoranschlüsse und folgende serielle Schnittstellen: I2C, UART und SPI.

Der Funk-Baustein (Radio Transmitter) erlaubt eine Datenübertragungsrate von 250 kilobit pro Sekunde (kbps) und eine Verschlüsselung der Datenübertragung mit dem „Advanced Encryption Standard" (AES). Die Sende-Empfangsfrequenzen liegen im ISM-Band (Industry Scientific Medical) zwischen 2,4 und 2,48 GHz. Die Reichweite ist innerhalb von Gebäuden 20 bis 30m, außerhalb 75 bis 100m.

Das Betriebssystem „MoteWorks$^{TM}$" basiert auf dem open-source „TinyOS". Es unterstützt niedrige Leistungsaufnahme, Netzwerk- und Analysefunktionen.

Die Anwendungen sind zum Beispiel „Indoor Monitoring and Secutity", das heißt, je nach Sensor-Anschluss können Temperatur, Relative Feuchtigkeit, Barometrischer Luftdruck, Bewegungen, akustische und optische Signale sowie Vibrationen erfasst und weitergeleitet werden. MICAz-Motes können in großen Sensornetzen (über 1000 Knoten) eingesetzt werden.

### Die BTnode der ETH Zürich

Eine BTnode ist eine vielseitige, autonome, kabellose Datenübertragungs- und Datenverarbeitungs-Plattform, die für Anwendungen in Ad-Hoc- und Sensornetzwerken gedacht ist. Sie wurde an der Eidgenössischen Technischen Hochschule (ETH) Zürich zu Forschgungszwecken entwickelt [BTnode21].

Der vereinfachte schematische Aufbau der BTnode ist in Abbildung 10.43 gezeigt. Die BTnode besteht im Wesentlichen aus einem Mikrokontroller Atmel ATmega128L mit SRAM und ROM, einem Bluetooth-System Version 1.2 auf einem Zeevo-ZV 4002-Chip mit Sender/Empfänger und Antenne, LED-Anzeigen, General-Purpose-I/O (GPIO), ADC, UART (Universal Asynchroneous Receive Transmit), $I^2C$-Bus-Anschluss, GI0-(General Purpose Input Output), Serial Peripheral Interface (SPI), Zeitgeber (Timer), In-System Programmierung (ISP)-Anschluss und einer Energieversorgung, basierend auf zwei AA-Batterien. Ein zweites Funk-Sende-/-Empfangssystem (Chipcom CC1000) gewährleistet die Kompatibilität zu den „Mica Motes" (siehe oben). Die Abmessungen der BTnode sind etwa $59 \times 33 \times 23$ mm. Die gedruckte Schaltung ist auf dem Halter für zwei AA-Batterien montiert.

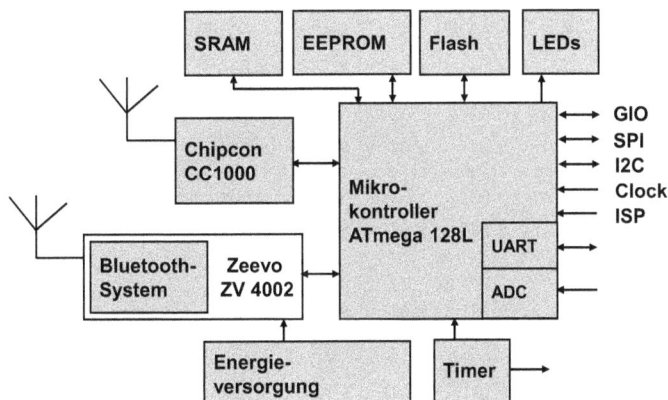

**Abbildung 10.43:** *Vereinfachter schematischer Aufbau des Sensorknotens „BTnode" der ETH Zürich (nach [BTnode21]).*

Das Zeevo ZV4002-Chip mit Bluetooth-System, unterstützt bis zu 4 unabhängige Bluetooth-Pico-Netze mit je 7 Slaves. Neben dem 64+180kB SRAM-Speicher gibt es ein 128 KB Flash-ROM sowie ein 4 KB EEPROM. Die Energieversorgung zu den Funk-Systemen kann vom Mikrokontroller-Programm gesteuert werden. Programmiert wird die BTnode in der Programmiersprache Standard-C. Das Betriebssystem ist TinyOS. Auf der BTnode-Homepage [BTnode21] gibt es Links zu einer Installations-Anleitung und einem Tutorial mit vielen Programmbeispielen in C.

## 10.7.6  Kommunikationsstandards für drahtlose Netzwerke

Wir beschränken uns hier auf vier Standards: WLAN, Bluetooth, ZigBee und UWB, die wir kurz vorstellen. Die ersten drei Standards sind vergleichsweise in Tabelle Abbildung 10.44 aufgeführt. WLAN, Bluetooth und UWB sind für Mobile Ad-Hoc Netzwerke (MA-NETs) geeignet, ZigBee wird zum Beispiel für Heimnetzwerke verwendet. Die Kosten in der untersten Zeile der Tabelle sind lediglich Richtwerte, die für größere Stückzahlen gelten und sich hauptsächlich auf den Kommunikationsteil eines Geräts beziehen.

**WLAN** (Wireless Local Area Network), gehört zur Familie des IEEE 802.11-Standards, die eine Menge Unterstandards enthält. WLAN ist ein drahtloses Single Hop-Funknetzwerk mit sternförmiger Topologie (siehe Abbildung 10.38). Die Zugriffsmethode auf das Medium wird Distributed Coordination Function DCF genannt [KaWi05]. Die Adressierung ist dieselbe wie bei Ethernet (siehe Abschnitt 10.4.5, Seite 452), daher kann über einen WLAN „Hotspot" leicht eine Verbindung zum Ethernet-LAN hergestellt werden. Das oberste Ziel bei WLAN ist nicht Energieeffizienz, es ist für hohe Daten-Übertragungsraten gedacht und für Netzbetrieb [WLAN21].

Der Name **Bluetooth** stammt von dem im 10. Jahrhundert lebenden dänischen Wikingerkönig Harald Blauzahn, der für seine Kommunikationsfähigkeit bekannt war und zu seiner Zeit Dänemark weitgehend christianisiert und vereint hat [BT21]. Bluetooth wurde ursprünglich mit dem Ziel entwickelt, Kabel zwischen einem Personal Computer und den Peripheriegeräten zu ersetzen. Die *Bluetooth Special Interest Group* hat die

| IEEE-Standard | WLAN 802.11 | Bluetooth 4.0 (BLE) | Bluetooth 5 BT 5.2 LE | ZigBee + 802.15.4 |
|---|---|---|---|---|
| Max. Übertragungsrate | z.B. 22 Mbit/s | 25 Mbit/s | 50 Mbit/s | 250 kbit/s |
| Max. Sendebereich | 100 m | Indoor: 10 m Outdoor: 50 m | Indoor: 40 m Outdoor: 200 m | Indoor: 100 m Outdoor: 300 m |
| Max. Sendeleistung | 0,1 W (Europa) 1 W (USA) | 2,5 mW | 100 mW | 0,1 - 10 mW |
| Verbindungen Anzahl Knoten | Ad hoc 30 Knoten | ca. $10^{10}$ Knoten | ca. $10^{10}$ Knoten | Master + 64000 Knoten |
| Enrgiebedarf 1 Batterie reicht: | Tage | 1 - 2 Jahre | 1 - 2 Jahre | Jahre |
| Kosten/Verbin-dungsteil ca. | 20 Euro | 2 Euro | 2 Euro | 2 Euro |

**Abbildung 10.44:** *Vergleich einiger Kenngrößen der drahtlosen Kommunikations-Standards WLAN, Bluetooth 4.0, Bluetooth 5 und ZigBee.*

Weiterentwicklung von Bluetooth (BT) vorangetrieben und BT ständig weiter entwickelt. Die Bluetooth Version 1.1 wurde im Jahre 2001 unter IEEE 802.15.1 genormt. Die BT-Version 4.0 (BLE: Bluetooth Low Energy) kam 2010 auf den Markt, mit BT 5.1 (2019) wurde eine zentimetergenaue Ortung eingeführt. BT 5.2 (2020) brachte eine verbesserte „Low Energy" Audio-Kommunkation (Tabelle Abbildung 10.44).

Das klassische Bluetooth hat in vielen Bereichen als *Wireless Personal Area Network* (WPAN) Einzug gehalten, beispielsweise als zusätzliche Funktion in Mobiltelefonen, für Freisprecheinrichtungen in Kraftfahrzeugen usw. Bluetooth LE hat einen deutlich reduzierten Energiebedarf gegenüber dem klassischen Bluetooth-Standard, es hat verbesserte Sicherheitseigenschaften (Verschlüsselung) und wird beispielsweise in Uhren, tragbaren medizinischen Geräten (Telemedizin), im Sport- und Fitnessbereich, in Tastaturen, Unterhaltungsgeräten usw. eingesetzt.

Die Bluetooth-Kommunikationsfrequenz liegt im ISM-Band zwischen 2,4 und 2,48 GHz (siehe Abschnitt 10.7.3, Seite 483). Um Störungen, beispielsweise durch WLAN zu vermeiden, das im gleichen Frequenzband sendet, verwendet Bluetooth in der physikalischen Ebene das sogenannte „Frequenzsprungverfahren" (Frequency Hopping). Ursprünglich teilte dieses Verfahren das zur Verfügung stehende Frequenzband in 79 Frequenzstufen ein, mit dem Abstand 1 MHz. Zwischen den Frequenzstufen wurde ca. 1600 Mal in der Sekunde in einer bestimmten „Hopping Sequenz" gewechselt. Ab Version 5.0 wird das Frequenzband in 40 Kanäle geteilt, mit einer Breite von 2 MHz, die Hopping Sequenz wird verringert. Die Datenübertragungsrate liegt bei der BT Version 5.2 bei 50 Mbit/s.

**ZigBee** setzt auf den, im Jahre 2004 eingeführten Standard IEEE 802.15.4 auf, der für die physikalische Schicht und die MAC-Schicht gilt. Die ZigBee-Allianz [ZB21], ein Zusammenschluss von über 200 Unternehmen, sorgt für eine ständige Weiterentwicklung des Standards. ZigBee ist für den energiesparsamen Einsatz in Heimnetzwerken und WPANs (siehe oben) vorgesehen. Die Energieeffizienz bei ZigBee ist gut, ZigBee-Netzwerke können bis zu 64000 Knoten adressieren. Ein Problem beim Einsatz von

ZigBee könnten Störungen der Kommunikation sein, die von nahe gelegenen WLAN- oder Bluetooth-Netzen ausgehen.

**Ultra Wide Band** UWB ist unter IEEE 802.15a genormt. UWB hat eine relativ große Bandbreite und ist für die drahtlose Kommunikation im Nahbereich entwickelt worden. UWB-Geräte sind energieeffizient und für geringe Kosten ausgelegt.

## 10.8  Zusammenfassung

Kommunikation bestimmt unser Leben. Ähnliches gilt für Eingebettete Systeme, bei denen die Kommunikation mit der Außenwelt und der Datenaustausch mit anderen Eingebetteten Systemen eine wesentliche Funktion ist. Im vorliegenden Kapitel befassen wir uns zunächst mit der Abstraktion der Kommunikation auf der Basis des ISO-OSI-Referenzmodells. Der parallele Bus, sowie serielle Busse wie CAN-Bus, FlexRay usw. als wichtige Verbindungs- und Kommunikationselemente werden behandelt. Wir gehen kurz auf die Themen „Netzwerke" und Synchronisierung ein, die wir aus Sicht der Eingebetteten Systeme besprechen.

Drahtlose Sensornetzwerke gehören zum Fachgebiet Netzwerke, sie gelten als Vorläufer für allgegenwärtiges Computing und haben als gemeinsame Schnittmenge mit Eingebetteten Systemen die Sensorknoten. Letztere, hauptsächlich als Mikrosysteme bzw. Mikro-Elektro-Mechanische-Systeme (MEMS) ausgelegt, kommen in verschiedenen Größen vor, etwa in der Größe einer Gasflasche im ARGO-Projekt bis hin zu sehr kleinen Partikeln, dem „Smart Dust". Sie organisieren sich in Sensornetzwerken selbst, ihre Aktionen und Protokolle sind für niedrigsten Energiebedarf ausgelegt.

# Literaturverzeichnis

[Abr70]  Abramson, N.; *Power-aware Routing in Mobile Ad hoc Networks*. Proceedings of the Fall 1970 AFIPS Computer Conferece 1970

[Ag14]  `http://www.it-agile.de/wissen/methoden/agilitaet/` Letzter Zugriff: Mai 2014.

[Aho07]  Aho, Alfred V.; Lam, Monica S.; Sethi, Ravi; Ullman, Jeffrey D.; *Compilers, Principles, Techniques & Tools*. Second Edition. Pearson, Addison Weslay. 2007.

[AIu-W21]  *Grundlegendes zur Wahrheitsmatrix* `http://www.ai-united.de/grundlegendes-zur-wahrheitsmatrix/` Letzter Zugriff: Januar-2021

[AKT18]  Deutsche Akademie der Technikwissenschaften. `http://www.acatech.de` Zugriff: Januar 2018.

[Alpha17]  *AlphaGo und AlphaGo Zero* `https://de.wikipedia.org/wiki/AlphaGo#AlphaGo_Zero`   Letzter Zugriff: Januar 2020

[AlxN12]  *AlexNet* `//https://en.wikipedia.org/wiki/AlexNet` 2012

[AMBA18]  AMBA™ Specification (Rev 2.0) Herausgegeben von der Firma ARM 1999. `https://community.arm.com/` Zugriff: Januar 2018.

[AMBA-WP-18]  AMBA™ White Paper. Introduction to AMBA 4 ACE. Zugriff: Februar 2018.

[AMBA21]  AMBA™ AMBA Specification. September 2021. `https://www.arm.com/products/silicon-ip-system/embedded-system-design/amba-specifications`

[Aky02]  Akyildiz, I.F., Su, W., Sankarasubramaniam, Y., Cayirci, E.; *Wireless sensor networks: a survey*. Computer Networks 38, 2002 pp. 393–422.

[APCI13]  Hewlett Packard Corp., Intel Corp., Microsoft Corp., Phoenix Technologies Ltd., Toshiba Corp.; *Advanced Configuration and Power Interface Specification*. Revision 5.0a November-13, 2013. Letzter Zugriff: September 2014.

[App20]  *Apple stellt den M1 vor*. Letzter Zugriff: Juli 2021. `https://www.apple.com/de/newsroom/2020/11/apple-unleashes-m1/`

[AppSE21]  *Apple-M1-SoC: Secure Enclave*. Letzter Zugriff: September 2021. `https://support.apple.com/de-de/guide/security/sec59b0b31ff/web`

https://doi.org/10.1515/9783110702064-011

[Arg21] ARGO – Global Ocean Sensor Network. `www.argo.ucsd.edu`
Letzter Zugriff: September 2021.

[Arg21-02] *ARGO (Programm)*. Letzter Zugriff: September 2021.
`https://de.wikipedia.org/wiki/Argo_%28Programm%29`

[ARM18] Home-Page der Firma ARM *Advanced Risc Machines Ltd.* 2018. `www.arm.com`
und Technical Reference Manuals der ARM-Produkte 2014.
Letzter Zugriff: 01-2018.

[Arm-N1-21] *Arm Neoverse N1 CPU*. Zugriff: Juli 2021.
`https://www.arm.com/products/silicon-ip-cpu/neoverse/neoverse-n1`
und `neoverse/neoverse-v1`

[Arst05] Stokes, J.; *Ars technika.*, 2005. Internet: `http://arstechnica.com`
`articles/paedia/cpu/cell-2.ars`

[AU14] Home-Page der AUTOSAR-Organisation (Zugriff: 2014). `www.autosar.org`

[AuF21] *Autonomes Fahren* `https://de.wikipedia.org/wiki/Autonomes_Fahren`
Letzter Zugriff: Januar 2021

[Beck00] Beck, Kurt; *Extreme Programming* Addison Weseley, München, 2000.

[BeCun89] Beck, K.; Cunningham, W.; *A Laboratory For Teaching Object-Oriented Thinking* SIGPLAN Notices, OOPSLA'89, Conference Proceedings, Volume 24, No. 10, Oct. 1989

[Ben17] Benoit, Jacob; Skirmantas, Kligys; Bo Chen; Menglong Zhu; Mattew Tang; Andrew Howard; Hartwig Adam; Dmitry Kalenichenko; *Quantization and Training of Neural Networks for Efficient Integer-Arithmetic-Only Inference* `arXiv:1712.05877v1` 2017

[Blfd05] Blachford, N.; *Cell Architecture Explained Version 2.*, 2005. Internet:
`www.blachford.info/computer/Cell/Cell0_v2.html`

[BlckDon04] Black, D.; Donovan, J.: *SystemC from the Ground up*. Kluver Academic Publisher, 2004.

[Boehm86] Boehm, B. W.: *A Spiral Model of Software Development and Enhancement.* ACM SIGSOFT Software Engineering Notes 11, 22–42, 1986.

[Booch99] Booch, G.; Rumbaugh, J.; Jacobson, I.: *The Unified Modeling Language Users Guide*. Reading 1999.

[BT21] *Bluetooth* Letzter Zugriff: September 2021.
`https://www.bluetooth.com/de/specifications/specs/`
`https://de.wikipedia.org/wiki/Bluetooth`
`https://de.wikipedia.org/wiki/Bluetooth_Low_Energy`

[Bring03] Bringmann, O.: *Synchronisationsanalyse zur Multi-Prozess-Synthese*. Dissertation der Fakultät f. Informatik, Univ. Tübingen. Logos-Verlag Berlin, 2003.

[BriUng10] Brinkschulte, Uwe; Ungerer, Theo.: *Mikrocontroller und Mikroprozessoren*. Springer, 2010.

[BTnode21] ETH Zürich: *BTnodes*. Letzter Zugriff: September 2021.
http://www.btnode.ethz.ch

[Camp91] Camposano, R.: *Path based Scheduling for Synthesis*.
IEEE Trabsactions for CAD, Vol 10, No. 1, Januar 1991.

[CAN14] *CAN Controller Area Network* (2014)
www.controllerareanetwork.de/ Letzter Zugriff: 09-2014

[Can17] Canziani, Alfredo; Culurciello; Paszke, Adam; *An Analysis of Deep Neural Network Models for Practical Applications*
arxiv.1605.07678 (2017)

[CaWo91] Camposano, R.; Wolf, W. (Editors): *High-Level-VLSI Synthesis*
Kluwer Academic Publishers, Boston etc. 1991.

[Chang99] Chang, H.; Cooke, L.; Hunt, M.; Grant, M.; McNelly, A.; Todd, L.: *Surviving the SoC Revolution*. Kluwer Academic Publishers, 1999.

[ChipArch03] de Vries, H.: *Micro Processor Analysis*, chip-architect.com/news
/2003_09_21_Detailed_Architecture_of_AMDs_64bit_Core.html (2014)

[ChoiT19] Choi, Seungwoo and Seo; Seokjun and Shin; Beomjun and Byun; Hyeongmin and Kersner; Martin and Kim; Beomsu and Kim; Dongyoung and Ha; Sungjoo; *Temporal convolution for real-time keyword spotting on mobile devices*
arXiv:1904.03814 2019

[Clar00] Clarke, E. M.; Grumberg, O.; Peled, D., A.: *Model Checking*. MIT Press, 2000.

[CoreCon09] Das CoreConnect-Bus-System der Fa. IBM 2009:
http://www-01.ibm.com/chips/techlib/techlib.nsf/
productfamilies/CoreConnect_Bus_Architecture

[Dav81] Davidson, S. et al.: *Some experiments in local microcode compaction for horizontal machines*. IEEE Transactions on Computers, pp. 460–477, July 1981

[deMan03] de Man, H.: *Designing Nano-Scale Systems for the Ambient-Intelligence World*. It-Information Technologie 45 (2003) 6, Oldenbourg Verlag

[DeMi94] De Micheli, G.: *Synthesis and Optimization of Digital Circuits*. McGraw-Hill, Inc. New York etc. 1994

[DIN69905] *Deutsche Industrie-Norm Nr. 69905*: www.quality.de/lexikon/
din_69905.htm, Oder: *DIN Normen*, Beuth Verlag GmbH, 2005.

[Doug00] Douglas, B. P: *Real Time UML*. Second Edition. Addison Wesley, 2000.

[Do96] Dorigo, M.; Maniezzo, V.; Colorni, A.: *Ant System Optimization by a Colony of cooperating Agents*. IEEE Transactions on Systems MAN and Cybernetics – Part B: Cybernetics, Vol. 26, No 1. February 1996.

[DrusHar89] Drusinsky, D.; Harel, D.: Using StateCharts for Hardware Description and Synthesis. IEEE Transactions on Computer Design. 1989.

[Elw01] Elwenspoek, M., Wiegerink, R.; *Mechanical Microsensors* Springer, 2001.

[Ets94] Etschberger, K.; *CAN: Grundlagen, Protokolle, Bausteine, Anwendungen*. Hanser Verlag 1994.

[Feldb14] *Feldbusse* http://www.feldbusse.de/Profibus/profibus.htm (2014)

[FlxRy14] *FlexRay*: http://www.kfz-tech.de/FlexRay1.htm; Zugriff: 09-2014.

[Gam96] Gamma, E.; Helm, R.; Johnson, R.; Vlissides, J.: *Entwurfsmuster – Elemente wiederverwendbarer objektorientierter Software*. Addison Wesley Publ. 1996

[Ga92] Gajski, D. D.; Dutt, N.; Wu, A. C-H.; Lin, Steve. Y-L.: *High-Level-Synthesis. Introduction to Chip and System Design*. Kluwer Academic Publishers, 1992.

[Ga09] Gajski, Daniel D.; Abdi, Samar; Gerstlauer, Andreas; Schirner, Gunar: Embedded System Design: Modeling, Synthesis and Verification. Springer, 2009.

[GaKu83] Gajski, D., D.; Kuhn, R.: *Guest Editor's Introduction: New VLSI Tools*. IEEE Computer, 1983.

[Gar94] Gary, S.; Ippolito, P.; Gerosa, G.; Dietz C.; Eno, J.; Sanchez, H.: *PowerPC 603, a microprocessor for portable Computers*. IEEE Design and Test of Computers, 11(4), 1994.

[Gerez00] Gerez, S., H.: *Algorithms for VLSI Design Automation*. J. Wiley & Sons, 2000.

[Ge00] Gers, Felix A.; Schmidhuber, Jürgen; Cummings, Fred: *Learning to Forget: Continual Prediction with LSTM*. Journal: Neural Computation, Vol. 12, 10. 2000. http://citeseerx.ist.psu.edu/viewdoc/summary?doi=10.1.1.55.5709

[Glo08] Gloger, Boris; *Scrum Produkte zuverlässig und schnell entwickeln* Hanser-Verlag 2008.

[Go16] Goodfellow, Ian; Bengio, Yoshua; Courville, Aaron; *Deep Learning* MIT Press, http//www.deeplearningbook.org, 2016

[Gord88] Gordon, M. J. C.: *HOL: A Proof Generating System for Higher-Order Logic*. In: Birtwistle, G. M. and Subrahmanyam, P. A., Editors: VLSI Specification, Verification and Synthesis, pp. 73–128. Kluwer Academic Publishers, Boston 1988.

[Groet02] Grötker, Thorsten; Liao, Stan; Martin, Grant; Swan, Stuart: *System Design with SystemC* Kluwer Academic Publishers 2002.

[GrAI19] Schwartz, Roy et al. *Green AI* https://arxiv.org/abs/1907.10597 Letzer Zugriff: Januar 2021

[Han16] Han, Song; Mao, Huizi; Dally, William J.; *Deep Compression: Compressing Deep Neural Networks with Pruning, Trained Quantization and Huffman Coding.* https://arxiv.org/abs/1510.00149 February 2016.

[Hnsm01] Hansmann, U., Merk, L., Nicklous, M.: *Pervasive Computing Handbook.* Springer, Berlin, 2001.

[HaDae92] Hanna, F.K.; Daeche, N.: *Dependent Types an Formal Synthesis.* Phil. Trans. Royal Soc. London, 339: 121–135, 1992.

[HaTei10] Haubelt, C; Teich, J.: *Digitale Hardware/Software-Systeme, Spezifikation und Verifikation.* Springer-Verlag, 2010.

[Harel87] Harel, D.: StateCharts: *A Visual Formalism for Complex Systems.* Science of Computer Programming. 1987.

[Heise05] Heise online Newsticker 2005, KW 6. Internet: www.heise.de/newsticker/ ISSCC-IBM-und-Sony-praesentieren-Cell-Prozessor--/meldung/56139

[HenPat96] Hennessy, J. L.; Patterson D. A.: *Computer Architecture. A Quantitative Approach* Morgan Kaufman, Second Edition 1996.

[HenPat18] Hennessy, J. L.; Patterson D. A.: *RISC-V Edition: Computer Organization and Design. The Hardware/Software Interface* Elsevier, Morgan Kaufman, 2018.

[HenPat19] Hennessy, J. L.; Patterson D. A.: *Computer Architecture. A Quantitative Approach.* Morgan Kaufmann Publishers, sixth Edition 2019.

[Her06] Herder, J. N.; Bos, H.; Gras B.; Homburg, P.; and Tanenbaum, A. S.; *Construction of a Highly Dependable Operating System.* Sixth European Dependable Computing Conference, pp. 3-12, 2006.

[HoSch97] Hochreiter, S.; Schmidhuber, J.; *Long Short-Term Memory.* J. of Neural Computation, Vol. 9 (8), pp. 1735–1780, 1997.

[HiSi21] *Ascend-310 der Firma HiSilicon.* https://www.hisilicon.com/en/products/Ascend/Ascend-310 Zugriff: Oktober 2021.

[Horn74] Horn, W.: *Some Simple Scheduling Algorithms.* Naval Research Logistics Quarterly, Vol. 21, pp. 177–185, 1974.

[Hu61] T. C. Hu: *Parallel Sequencing and Assembly Line Problems.* Operations Research, No. 9. pp. 841–848, 1961.

[IEEE1801] *IEEE Standard for Design and Verification of Low-Power Integrated Circuits* 2013

[Infb14] *Infiniband Trade Association*
www.infinibandta.org/ Letzter Zugriff: 09-2014.

[Inf21] *Homepage der Firma Infineon*
https://www.infineon.com/ Letzter Zugriff: 07-2021.

[Ind40-21] *Industrie 4.0 Plattform* http://www.plattform-i40.de/ Letzter Zugriff:
11-2017

[IoT17] *Internet der Dinge*
http://www.enzyklopaedie-der-wirtschaftsinformatik.de/lexikon/..
/Internet-der-Dinge Letzter Zugriff: 11-2017

[Io15] Ioffe, Sergey; Szegedy, Christian; *Batch normalization: Accelerating deep network training by reducing internal covariate shift.* International Conference on Machine Learning ICML, 2015 arXiv:1502.03167

[ISM12] *ITU Radio Regulation 5.150 – ISM Bands*
http://www.ictregulationtoolkit.org/en/PracticeNote.aspx?id=3191

[ITRS] http://www.itrs.net/reports.html *International Technology Roadmap for Semiconductors.* On-line reports

[ISAB07] http://isabelle.in.tum.de *Ein interaktiver Theorembeweiser in Higher-Order Logic (HOL)* 2007.

[IRob20] *Firma iRobot, USA* https://www.irobot.de/about-irobot/
company-information Letzter Zugriff: März 2020.

[IR-Fuk20] https://spectrum.ieee.org/automaton/robotics/
industrial-robots/irobot-sending-packbots- and-warriors-to-fukushima
Letzter Zugriff: März 2020.

[Ji14] Jia, Y.; Shelhamer, E.; Donahue, J.; Karayev, S.; Long, J.; Girshick, R.; Guadarrama, S.; Darrell, T.; *Caffe: Convolutional architecture for fast feature embedding.* ACM International Conference on Multimedia, 2014

[Jan04] Jantsch, A.; *Modeling Embedded Systems and SoCs.* Morgan Kaufmann Publishers 2004.

[Jin20] Jining Yan; Lin Mu; Lizhe Wang; Rajiv Ranjan; Albert Y. Zomaya; *Temporal Convolution Networks for the Advance Prediction of ENSO* Scientific Reports 10, Article Number 8055 (2020)

[Jon97] Jones, M.; *What really happened on Mars Rover Pathfinder.* in: *P.G. Neumann (ed.): comp. risks, The Risks Digest, Vol. 19, Issue 49;* available at www.cs.berkeley.edu/~brewer/cs262/PriorityInversion.html

[JTAG01] Patavalis, N.: *A Brief Introduction to the JTAG Bondary Scan Interface*. `www.inaccessnetworks.com/projects/ianjtag/jtag--intro/` `jtag--intro.html` (2001).

[JTAG08] `http://www.jtag.com/en/Learn/Standards/IEEE_1149.1` (2008).

[Kai15] Kaiming He; Xiangyu Zhang; Shaoqing Ren; Jian Sun; *Deep Residual Learning for Image Recognition* arxiv: 1512.03385 Dezember 2015.

[KaWi05] Karl, H., Willig, A.; *Protocols and Architectures for Wireless Sensor Networks*. John Wiley & Sons, Ltd. 2005

[Kop97] Kopetz, H.; *Real Time Systems: Design Principles for Distributed Embedded Applications*. Boston, Kluwer 1997.

[Kow14] Kowalewski, S. et. al.; *Industrie 4.0 - Cloud-basierte Automation*. Technischer Bericht 2014.

[Kri12] Krizhewski, I.; Sutskever; Hinton, G. E.; *ImageNet Classification with Deep Convolutional Neural Networks* NIPS, 2012.

[Kropf99] Kropf, T.: *Introduction to Formal Hardware Verification*. Springer, Berlin, 1999.

[KuPa87] Kurdahi, F. J.; Parker, A. C.: *REAL: A Program for Register Allocation*. Proceedings of the 24th Design Automation Conference (DAC), pp. 210–215, 1987.

[Lam91] Lam, M. S., Rothberg, E. E., Wolf, M. E.; *The cache performance and optimizations of blocked algorithms*. Proceedings of ASPLOS IV, 1991.

[LaBo15] Lange, Walter; Bogdan, Martin; Schweizer, Thomas; *Eingebettete Systeme* De-Gruyter Oldenbourg, 2. Auflage 2015.

[Lea16] Lea, Colin; Vidal, Rene; Reiter, Austin; Hager, Gregory D.; *Temporal Convolutional Networks: A Unified Approach to Action Segmentation* John Hopkins University, August 2016.

[Lee97] Lee, C.; Potkonjak, M.; Mangione-Smith, W. H.: *MediaBench: A Tool for Evaluating and Synthesizing Multimedia and Communication Systems*. Proc. 30th Annu. ACM/IEEE Int. Symp. Microarchitecture, p. 330, 1997.

[Lee06] Lee, E. A.: Cyber-Physical Systems - Are Computing Foundations Adequate?. Position Paper for NSF Workshop On Cyber-Physical Systems: Research Motivation, Techniques and Roadmap, Austin, October 16-17, 2006.

[Leo06] Leondes, C. T. (Hrsg.) *MEMS/NEMS Handbook, Techniques and Applications* Volumes 1-5, Springer, 2006.

[LIN14] *Der LIN-Bus*: `http://www.kfz-tech.de/LIN-Bus.htm` Letzter Zugriff: 09-2014.

[Liu73] Liu, C. L. and Layland J. W.: „Scheduling Algorithms for Multiprogramming in a Hard-Real-Time Environment", *Journal of the ACM, 20(1) January 1973*, pp. 46–61

[LuSe20] Luis Serrano: *„A friendly Introduction to CNN and Image Recognition"*, `https://www.youtube.com/watch?v=2-Ol7ZBOMmU` Letzter Zugriff: April 2020

[LuSe2-20] Luis Serrano: *„A friendly Introduction to Recurrent Neural Networks"*, `https://www.youtube.com/watch?v=UNmqTiOnRfg` Letzter Zugriff: Oktober 2020

[MaDa19] Marcus, Gary; Davis, Ernest: *Rebooting AI, Building Artificial Intelligence We Can Trust.* Pantheon Books, New York 2019.

[Main02] Mainwaring, A.; Polastre, J.; Szewczyk, R.; Culler, D.; Anderson, J.: *Wireless Sensor Networks for Habitat Monitoring* WSNA '02 (Wireless Sensor Networks Architecture), September 28, 2002, Atlanta, GA, USA

[Mar07] Marwedel, P. : *Eingebettete Systeme.* Springer, 2007.

[Mar21] Marwedel, P. : *Eingebettete Systeme.* Springer, 2007, 2021, e-Book.

[Mart03] Martin, G.; Chang, H.: *Winning the SoC Revolution.*
Kluwer Academic Publishers, 2003.

[Math12] `http://www.mathworks.de/products/simulink`

[McaMts09] Fa. Crossbow Technology: *Mica Wireless Measurement System*, 2009. `http://www.xbow.com/Products/Product_pdf_files/Wireless_pdf/MICA.pdf`

[McCu43] McCulloch, Warren; Pitts, S., Walter; *A logical calculus of the ideas immanent in nervous activity*
Bulletin of mathematical biophysics, vol. 5 (1943), pp. 115–133.

[MFCC21] *Mel Frequency Cepstral Coefficients*
`https://de.wikipedia.org/wiki/Mel_Frequency_Cepstral_Coefficients`
Letzter Zugriff: 2021

[MIC21] *Homepage der Firma Microchip*
`http://www.microchip.com/` Letzter Zugriff: 07-2021.

[MIT6S191-20] MIT lecture 6.S191: Ava Soleimany:
*Introduction to Deep learning part 2: Recurrent NN.* January 2020.
`https://www.youtube.com/watch?v=SEnXr6v2ifU`

[MolRit04] Molitor, Paul; Ritter, Jörg: *VHDL: Eine Einführung.* Pearson Verlag, 2004

[MoEye21] *The Evolution of EyeQ*
`https://www.mobileye.com/our-technology/evolution-eyeq-chip/`
Letzter Zugriff: April 2021.

[Mol04] Moler, Cleve; *The Origins of MATLAB* 2004.
www.mathworks.de/company/newsletters/articles/
the-origins-of-matlab.html

[Mol06] Moler, Cleve; *The Growth of MATLAB and The MathWorks over Two Decades* 2006. www.mathworks.com/company/newsletters/news_notes/clevescorner/jan06.pdf

[MOST14] *Der Most-Bus*: www.kfz-tech.de/MOST-Bus.htm Letzter Zugriff: 09-2014

[Nair10] Nair, Vinod; Hinton, Geoffrey E.; *Rectified linear units improve restricted boltzmann machines.* https://icml.cc/Conferences/2010/papers/432.pdf

[Nv21] *Nvidia: Deep Learning Frameworks*
https://developer.nvidia.com/deep-learning-frameworks

[NXP21] *Homepage der Fa. NXP Semiconductors*: www.nxp.com
Letzter Zugriff: 07-2021

[OSE14] http://osek-vdx.org *Das OSEK/VDX-Portal* (Zugriff: 2014)

[OpAI19] *Open AI: AI and Compute*
https://openai.com/blog/ai-and-compute/ 2019

[PCISIG14] PCI-SIG: PCI-Special Interest Group. www.pcisig.com/home Letzter Zugriff: 09-2014

[PaBe20] Palomero Bernardo, Paul; Gerum, Christoph; Frischknecht, Adrian; Lübeck, Konstantin; Bringmann, Oliver; *UltraTrail: A Configurable Ultralow-Power TC-ResNet AI Accelerator for Efficient Keyword Spotting.* IEEE Transactions on Computer-Aided Design of Integrated Circuits and Systems, Vol. 39, Issue: 11, Nov. 2020

[Pan19] Pandey, Ashutosh; Wang, DeLiang; *TCNN: Temporal Convolution NN for Real-Time Speech Enhancement in the Time Domain,* Ohio State University and IEEE Transactions, 2019

[Pau86] Paulin, P. G.; Knight, J. P.; Girczyc, E. F.: *HAL: A Multi-Paradigm Approach to Automatic Data Path Synthesis.* Proceedings or 23rd Design Automation Conference, July 1986, pp. 263–270.

[PaKn89] Paulin, P. G.; Knight, J.: *Force-Directed Scheduling for the Behavioral Synthesis of ASICs.*
IEEE Transactions on CAD/ICAS, Vol. CAD-8, No. 6 pp. 661–679, July 1989.

[Per91] Perry, Douglas L.: *VHDL*, McGraw Hill, 1991.

[Pet18] Peterson, Dustin; Boekle, Yannik; Bringmann, Oliver: *Detecting non-functional circuit activity in SoC designs.* 23rd ASP-Design Automation Conference 2018, pp. 464-469,

[PhiM20]  Phi, M., *Illustrated Guide to LSTM's and GRU's* 2015
          http://colah.github.io/posts/2015-08-Understanding-LSTMs/

[PoKa00]  Pottie, G. J., Kaiser, W. J., *Wireless integrated network sensors.*
          Communications of the ACM 43(5), 2000.

[PaDu08]  Sudeed Pasricha, Nkil Dutt: *On-Chip Communication Architectures*
          Morgan Kaufmann, 2008

[Pike09]  Pike, J.: *Sound Surveillance System (SOSUS)* (2009)
          http://www.globalsecurity.org/intell/systems/sosus.htm

[Prof14]  *PROFIBUS* http://www.profibus.com Letzter Zugriff: 09-2014.

[ProfSie14]  *Siemens: Industrielle Kommunikation.* Letzter Zugriff: 09-2014.
          http://w3.siemens.com/mcms/automation/de/industrielle-kommunikation/

[Pulp17]  *Pulp: Parallel Ultra Low Power Chips Plattform*
          http://www.pulp-platform.org/ Letzter Zugriff: Dezember 2017.

[Pimo21]  *Pulpissimo Platform*
          https://www.librecores.org/drossi/pulpissimo Letzter Zugriff: März 2021

[Qual18]  *Qualcomm-announces-snapdragon-845-SoC*
          https://www.anandtech.com/show
          /12114/qualcomm-announces-snapdragon-845-soc

[Raasch91]  Raasch, J.: *Systementwicklung mit strukturierten Methoden.*
          Hanser Verlag, 1991.

[RechPom02]  Rechenberg, P.; Pomberger, G.: *Informatik Handbuch.*
          Verlag Hanser, 2002.

[ReiSch07]  Reichardt, Jürgen; Schwarz, Bernd: *VHDL-Synthese: Entwurf digitaler
          Schaltungen und Systeme.* Oldenbourg Verlag, 2007

[Ren21]  *Das Renesas-V3U-SoC* Letzter Zugriff: Oktober 2021.
          https://www.renesas.com/us/en/document/fly/renesas-r-car-v3u

[Reu20]  Reuther, Albert; Michaelas, Peter; Gadepally, Vijay; Siddharth, Samsi; Kepner,
          Jeremy; *Survey of Machine Learning Accelerators*
          arXiv: 2009.00993v1 Sep.2020 Letzter Zugriff September 2021.

[RISCV17]  *RISC-V Open ISA* RISC-V Foundation.
          https://riscv.org Letzter Zugriff: 12-2017.

[Ro58]  *The Perceptron: A Probalistic Model for Information Storage and Organization
          in the Brain.* Journal of Psychological Review. Vol. 65, No. 6, 1958. pp. 386 ff

[RoeMat04]  Römer, K.; Mattern, F.: *The Design Space of Wireless Sensor Networks.*
          IEEE Wireless Communications, December 2004, pp. 54–61.

[Royce70] Royce, W. W.: *Managing the Development of Large Software Systems, Concepts and Techniques.* Proceedings, Wescon, August 1970.

[RuNo12] Russell, Stuart; Norwig, Peter: *Künstliche Intelligenz Ein moderner Ansatz,* 3. Auflage, Pearson Verlag, München 2012

[Ru15] Russakovsky, Olga et al. *ImageNet Large Scale Visual Recognition Challenge ILSVRC* `arxiv: 1409.0575` Januar 2015

[RV-Co17] *RISC-V Cores* RISC-V Foundation. `https://riscv.org/risc-v-cores/` Letzter Zugriff: 12-2017

[RVSpc17] *RISC-V-Specification* `https://riscv.org/specifications/` Letzter Zugriff: 12-2017

[Sam59] Samuel, Arthur, L.; *Some studies in machine learning using the game of checkers,* IBM J. Res. Dev., 3(3):210 – 229, July 1959.

[SCGRG06] *SystemC Golden Reference Guide* Doulos, www.doulos.com, 2006.

[SC-LRM] *IEEE 1666–2005 Standard LRM (Language Reference Manual)* `www.systemc.org > Downloads`

[Scikit20] *Decision Trees* `https://scikit-learn.org/stable/modules/tree.html` Letzter Zugriff: 09 2020

[Simu12] *MathWorks: Simulink® Developing S-Functions R2012b.* September 2012. `http://www.mathworks.com/help/pdf_doc/simulink/sfunctions.pdf`

[Si15] Simonyan, Karen; Zisserman, Andrew; *Very Deep Convolutional Networks For Large-Scale Image Recognition.* April 2015. `https://arxiv.org/pdf/1409.1556`

[Schmitt05] Schmitt, S.: *Integrierte Simulation und Emulation eingebetteter Hardware/Software-Systeme.* Dissertation der Fakultät für Informations- und Kognitionswissenschaften der Universität Tübingen 2005, Cuvillier Verlag, Göttingen, 2005

[SmrtD01] Pister, K. *SMART DUST, Autonomous sensing and communication in a cubic millimeter, 2001* `http://robotics.eecs.berkeley.edu/~pister/SmartDust/`

[SmGr21] *Smart Grids, Intelligente Stromnetze* `http://www.smartgrids-net.de/` Letzter Zugriff: 09-2021.

[Soh00] Sohrabi, K., Gao J., Ailawadhi V., Pottie, G. J.; *Protocols for Self-Organization of a Wireless Sensor Network* IEEE Personal Communications, Oct. 2000

[Spec] *Standard Performance Evaluation Corporation (SPEC)* `http://www.spec.org/`

[Stat12] Stattelmann, Stefan; Viehl, Alexander; Bringmann, Oliver; Rosenstiel, Wolfgang: *Towards Accurate Source-Level Annotation of Low-Level Properties Obtained from Optimized Binary Code.* System Specification and Design Languages – Kazmierski, Tom J.; Morawiec, Adam (Eds.); Lecture Notes in Electrical Engineering, Vol. 106; Springer, 2012.

[Stat13] Stattelmann, Stefan: *Source-Level Performance Estimation of Compiler-Optimized Embedded Software Considering Complex Program Transformations.* Dissertation an der Universität Tübingen.
Verlag Dr. Hut 2013. ISBN 978-3-8439-1052-1.

[StLi18] Li, Fei-Fei; Johnson, Justin; Yeung, Serena; *Convolutional NN for Visual Recognition.* Stanford University, Lecture CS231n 2018.

[Str12] Streichert, Thilo; Traub, Matthias; *Elektrik/Elektronik-Architekturen im Kraftfahrzeug* Springer-Verlag, 2012.

[SUN09] *Homepage der Fa. SUN 2009* http://www.sun.com/

[Sze17] Sze, Vivienne; Chen, Yu-Hsin; Yang, Tien-Yu, Elmer, Joel; *Efficient Processing of Deep Neural Networks: A Tutorial and Survey* https://arxiv.org/abs/1703.09039v2 August 2017.

[Sze20] Sze, Vivienne; Chen, Yu-Hsin; Yang, Tien-Yu, Elmer, Joel; *Efficient Processing of Deep Neural Networks*, Morgan & Claypool Publishers 2020.

[Szg15] C. Szegedy; W. Liu; Y. Jia; P. Sermanet; S. Reed; D. Anguelov; D. Erhan, V. Vanhoucke, A. Rabinovich; *Going deeper with convolutions*, in Conference on Computer Vision and Pattern Recognition (CVPR), 2015.
https://arxiv.org/pdf/1409.4842.pdf

[TaCl19] *Tackling Climate Change with Machine Learning*
https://arxiv.org/abs/1906.05433

[Tan96] Tanenbaum, A. S.: *Computernetze.* Prentice Hall, 1997.

[Tan09] Tanenbaum, A. S.: *Modern Operating Systems* Third Edition, Pearson Instructional Edition 2009.

[TeFSD19] *Tesla Full Self Driving Chip*
https://en.wikichip.org/wiki/tesla_(car_company)/fsd_chip 2019

[TeiHa10] Teich, J.; Haubelt, C.: *Digitale Hardware/Software-Systeme, Synthese und Optimierung.* Springer-Verlag, 2010.

[Te20] Teman, Adam; *Lecture Series on Hardware vor Deep Learning* Four Parts. EnICS Labs Bar-Ilan University. 2020

[Teme03] Temerinac, M.; Noeske, C.; Herz, R.; Zimmermannn, S.; Wagner, V.:
*Eine neue DSP Plattform für Multimedia-Anwendungen.* it-Information Technologie, 45 (2003) Nr. 6 Oldenbourg Verlag.

[TI21] *Homepage der Firam Texas Instruments* `https://www.ti.com/` Letzter Zugriff:
07-2021.

[TLM2.0] Open SystemC Initiative; *OSCI TLM-2.0 LANGUAGE REFERENCE MANUAL* Software version: TLM 2.0.1, 2007–2009 `www.doulos.com`

[UML12] *UML 2.4 Diagrams Overview*
`http://www.uml-diagrams.org/uml-24-diagrams.html`

[UM08] Universität Mannheim: *Vorlesung Sensornetze SS 2008.*
`www.informatik.uni-mannheim.de/pi4.data/content/`
`courses/2008-fss/sensornetze/`

[VDI-CPS13] VDI/VDE-Gesellschaft Mess- und Automatisierungstechnik, Thesen und Handlungsfelder; Cyber-Physical Systems: Chancen und Nutzen aus Sicht der Automation. Aufsatz zum VDI-Kongress Automation. 2013

[VHDL93] *IEEE Standard VHDL Language Reference Manual* IEEE Std. 1076–1993.

[VHDL97] *IEEE Standard VHDL Synthesis Packages* IEEE Standard 1076.3–1997.

[VHDL08] *IEEE Standard Language Reference Manual, IEEE Std 1076–2008.*
`standards.ieee.org/findstds/.../1076-2008.html`

[VSI06] *Virtual Component Identification Soft IP Tagging Standard Version 2.0 2006.*
`http://www.vsi.org/docs/IPPTagStndSoft_14Sep06.pdf`

[Wak00] Wakabayashi, K.; Okamoto, T.: *C-based SoC Design Flow and EDA Tools: An ASIC and System Vendor Perspective.* IEEE Transactions on Computer-Aided Design of Integrated Circuits and Systems, Vol. 19, No. 12, December 2000.

[Wa18] Warden, P. *Speech commands: A dataset for limited-vocabulary speech recognition.* `arXiv:1804.03209, 2018`

[Wang07] Wang, G.; Gong, W.; DeRenzi B.; Kastner, R.: *Ant Colony Optimizations for Resource- and Timing-Constrained Operation Scheduling.* IEEE Transactions on CAD. VOl. 26, No 6. pp. 1010–1029 June 2007.

[WikAEC21] *Automotive Electronics Council.* Letzter Zugriff: Februar 2021.
`https://de.wikipedia.org/wiki/Automotive_Electronics_Council`

[WikAES21] *Advanced Encryption Standard.* Letzter Zugriff: September 2021.
`https://de.wikipedia.org/wiki/Advanced_Encryption_Standard`

[WikArm21] *Arm-Architektur.* Letzter Zugriff: Juli 2021
`https://de.wikipedia.org/wiki/`
`Arm-Architektur#cite_note-arm2012-10-31-28`

[WikJMC20] *John McCathy.* Zugriff: Februar 2020
https://de.wikipedia.org/wiki/John_McCarthy,

[WikKI20] *Künstliche Intelligenz.*
https://de.wikipedia.org/wiki/
Künstliche_Intelligenz. Zugriff: Februar 2020

[WikMat20] *Matrizenmultiplikation* https://de.wikipedia.org/wiki/
Matrizenmultiplikation Zugriff: Oktober 2020

[WikPe20] *Perzeptron* https://de.wikipedia.org/wiki/Perzeptron
Zugriff: April 2020

[WikPT21] *Pytorch, Open source ML library.*
https://en.wikipedia.org/wiki/PyTorch Zugriff: September 2021.

[WikSN21] *List of wireless sensor nodes.*
https://en.wikipedia.org/wiki/List_of_wireless_sensor_nodes
Letzter Zugriff: September 2021

[WikXa21] *Nvidia Tegra Xavier.*
https://en.wikichip.org/wiki/nvidia/tegra/xavier Zugriff: April 2021.

[WikTrC21] *Transistor Count.*
https://en.wikipedia.org/wiki/Transistor_count Zugriff: April 2021.

[Wim12] Wimer, S; Koren, L: *The optimal fan-out of clock network for power minimi-
zation by adaptive gating.*
IEEE Transactions on VLSI Systems 2012, pp: 1772–1780.

[WiRi17] Wierse, Andreas; Riedel, Till: *Smart Data Analytics.*
DeGruyter-Oldenbourg Verlag, Praxishandbuch, 2017

[WKS-20] *WKS-Abtasttheorem: Whittaker, Kotelnikow und Shannon.*
https://en.wikipedia.org/wiki/

[WLAN21] *WLAN*
https://de.wikipedia.org/wiki/Wireless_Local_Area_Network

[Wolf02] Wolf, Wayne: *Computers as Components. Principles of Embedded Computing
System Design.* Morgan Kaufmann Publishers 2002.

[Wolf07] Wolf, Wayne: *High Performance Embedded Computing.*
Morgan Kaufmann Publishers 2007.

[Xi21] Internetseite der Fa. Xilinx, (letzter Zugriff: Juli 2021)
https://www.xilinx.com/products/silicon-devices/fpga.html

[XiSoC21] Internetseite der Fa. Xilinx, Produkte (letzter Zugriff: Juli 2021)
https://www.xilinx.com/products/silicon-devices/soc/
zynq-ultrascale-mpsoc.html

[YaLeC89] LeCun, Yann; Denker, John, S.; Solla, Sara A.; *Optimal Brain Damage.* http://yann.lecun.com/exdb/publis/pdf/lecun-90b.pdf Conference Paper in Advances in Neural Information Processing Systems, January 1989.

[YaLeC89-1] LeCun, Yann; Jackel, L. D.; Boser, B.; Denker, J.S.; Graf, I.; Guyon, D.; Henderson, R.F.; Howard, R.E:; Hubbard, W.; *Handwritten Digit Recognition: Applications of Neural Network Chips and Automatic Leaqrning.* „IEEE Commun. Mag., Vol. 27, No. 11. Nov. 1989.

[Ye02] Ye, W., Heidemann, J., Estrin, D.: *An Energy-Efficient MAC Protocol for Wireless Sensor Networks* Proceedings of the IEEE Infocom New York, June 2002, pp. 1567–1576. www.isi.edu/~weiye/pub/smac_infocom.pdf

[ZB21] *ZigBee: Kommunikationsstandard.* Letzter Zugriff: September 2021. https://zigbeealliance.org/de/Lösung/zigbee/

# Index

https://doi.org/10.1515/9783110702064-012

www.ingramcontent.com/pod-product-compliance
Lightning Source LLC
Chambersburg PA
CBHW060954210326
41598CB00031B/4824